토목구조기술사 합격 바이블 제3판

재료 및 구조역학

이 책은 기본서 위주의 이론과 최신의 KDS 설계기준과 편람, 학회지 등의 주요 내용을 정리하고 있으며, 기존의 기출 문제를 분석하여 최대한 이론을 바탕으로 작성하였다.

토목구조기술사 합격 바이블 제3판 **1권**

재료 및 구조역학

안시준, 최성진 저

머리말

인류의 수명이 지금처럼 길어진 10대 요인 중 가장 중요한 요인이 의학의 발전과 더불어 사회기반시설의 발전이라고 합니다. 상하수도가 놓이면서 오염으로 인한 전염병 등 질병의 전파가 늦어지고, 험한 지형에 교량과 터널을 이용한 도로가 만들어지면서 사람의 이동이 수월해졌습니다. 인류는 모르는 사이에 인류복지를 실현하는 중요한 역할을 토목기술자가 최일선에서 수행하고 있다는 사실을 잊고 있었는지도 모릅니다.

기술은 빠르게 변하고 있습니다. 그 변화의 중심에는 바로 AI(Artificial Intelligence)가 있습니다. 과거에 인간이 만든 모든 피조물은 인간의 명령에 따라 움직였는데 이 AI는 스스로 생각하고 판단한다고 합니다(유발 하라리). 어떻게 하면 구조기술자가 이 변화하는 흐름 속에서 주도적인 역할을 할까? 업종의 경계가 없어지고 업종 간 융복합되고, 심지어 기획–설계(디자인)–홍보–판매–피드백 순의 시간적 흐름도 순서가 없어지는 시대의 한복판에 서 있습니다. 빅데이터, 사물인터넷(Iot), 인공지능, 공간정보 등을 이용하여 기존의 요소기술을 조합한 새로운 업역을 창출해서 우리 구조기술자가 그것들의 플랫폼 역할을 해야 합니다. 부화뇌동할 필요는 없지만 시작은 하여야 하는 시점입니다.

토목구조기술사는 수치적인 감이 있어야 하고 과목도 다양해서 시험 준비가 만만치 않습니다. 과거와 달리 지금은 학원이 있기는 하나 학원에 다닌다고 공부를 잘하는 것이 아니라는 사실은 잘 알고 계실 것입니다. 최소 하루에 4시간 집중해서 6개월은 하셔야 시험을 볼 수 있습니다. 기술사를 취득한다고 해서 많은 것이 달라지지는 않지만, 자기만족이라는 성취감과 자신감이라는 귀한 선물을 얻어 세상을 사는 데 힘이 될 것입니다.

기술사가 되시면 헬기를 타고 아래를 내려보듯 과업 전체를 보시기 바랍니다. 그리고 복잡하다고 생각되시면 목적물의 기능성, 안전성, 미관, 경제성을 차례로 생각하십시오.

개정판을 준비하면서 안시준 님께서 바쁜 가운데에도 장시간에 걸쳐 자료를 수집하고, 바뀐 기준을 정리하는 등 힘든 과정을 거쳐 애써 주신 덕분에 좋은 책이 세상에 나오게 되었습니다. 이 책이 많은 분에게 도움이 되리라 확신합니다.

기술사가 되는 날까지
Never, Never, Never, Give up

2025년 12월
최 성 진 올림

개정판을 준비하면서

'토목구조기술사'라는 길을 함께 걸어가고자 하는 분들에게 조금이나마 도움이 되고자 하는 마음으로 『토목구조기술사 합격 바이블』을 처음 세상에 선보인 지 벌써 10년이 흘렀습니다.

이 책을 처음 집필하게 된 계기는 방대한 기술사 시험 범위와 자료를 체계적으로 정리한 책이 필요하다는 생각에서 시작되었습니다. 저 또한 수험생 시절, 정리되지 않은 자료 속에서 어려움을 겪으며 '누군가 이 내용을 일목요연하게 정리해 두었더라면 얼마나 좋았을까'라는 생각을 늘 해왔습니다.

이번 3판을 준비하면서 과목별로 정리하다 보니, 과거와 현재의 설계기준이 혼재되어 출제되고 있어 수험생들에게 많은 혼란을 주고 있다는 생각이 들었습니다. 그나마 다행스러운 것은 과거 설계기준 변경에 따른 혼선과 허용응력설계법, 강도설계법, 한계상태설계법의 혼용 문제들이 KDS 기준 체계로 정비되면서 체계적이고 명확하게 정리되어 가고 있다는 점입니다.

이론에서부터 실무에 이르기까지, 전문 기술사를 준비하는 수험생들에게 요구되는 지식과 역량은 더욱 폭넓어지고 있습니다. 단순한 공학적 문제뿐만 아니라, 관계 법령과 기술기준, 신기술, 그리고 제도 변화까지도 폭넓은 이해를 필요로 합니다. 실제 최근 기출문제를 분석해 보면, 구조역학 19%, 철근 콘크리트 17%, 프리스트레스트 9%, 강구조 13%, 교량공학 27%, 동역학 및 내진 6%, 가시설 및 지하시설물 등 3%로 구성되어 있으며, 건설기술진흥법, 중대재해처벌법, BIM, CM, 건설사업관리 등 다양한 관계 법령·제도와 관련된 문제도 약 6% 정도 출제되고 있습니다. 특히, 계산문제의 비중은 1교시에서 점차 낮아지고 있으며, 2~4교시 선택 문제로 이동하는 경향을 보이고 있습니다. 또한, KDS 기준의 개정과 새로운 제도 도입에 관련된 문제들도 꾸준히 출제되고 있어, 수험생 여러분께서는 과목별 학습 비중을 잘 조절하여 대비하시기 바랍니다.

기술사라는 길은 언제나 그렇듯 많은 시간과 노력이 필요한 과정입니다. 바쁜 일상과 어려운 환경 속에서도 꿈을 향해 도전하는 모든 수험생께 진심 어린 응원과 찬사를 보냅니다. 지금 흘리고 있는 땀과 노력이 반드시 값진 결실로 돌아오리라 믿습니다. 처음 품었던 목표와 꿈을 끝까지 잊지 마시고, 포기하지 마시기를 바랍니다.

최근의 설계기준에 대한 이론과 출제경향을 반영해 개정한 본 수험서가 부족하나마 수험생 여러분에게 도움이 되기를 바랍니다.

마지막으로, 언제나 저를 인도해주시는 하나님께 감사드리며, 사랑하는 가족의 변함없는 응원에도 이 자리를 빌려 깊은 감사의 마음을 전합니다.

2025년 12월

안 시 준 올림

차 례

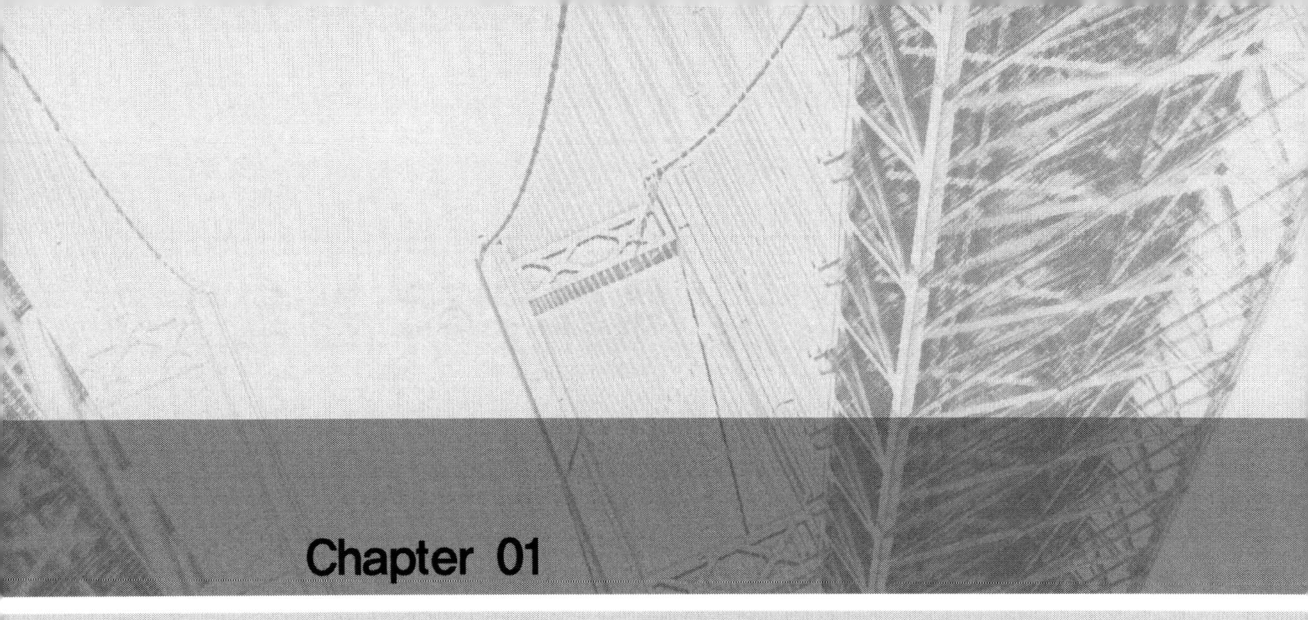

Chapter 01

구조 및 재료역학 논술

구조 및 재료역학 논술

01 재료의 성질 94회/110회/131회

【 기출유형 ① 】 비선형 탄성, 소성, 점탄성, 점소성의 응력-변형률
【 기출유형 ② 】 탄성과 비탄성, 선형과 비선형, 비선형 탄성, 등방성과 이방성, 균질성과 비균질성 설명

1) 탄성(Elasticity)과 비탄성(Inelasticity)

재료의 탄성과 비탄성은 외부의 하중이 가해져 변형이 발생된 이후 재료가 원래의 형상으로 돌아오는지 여부에 따라 구분할 수 있다. 고무와 같이 변형된 후 가해진 하중을 제거했을 때 원래의 형상으로 돌아오는 재료를 탄성재료로 구분하고 재료가 깨어지거나 잔류변형이 남아서 원래의 형상으로 돌아오지 않는 재료는 비탄성 재료로 구분할 수 있다. 일반적으로 탄성재료는 Hooke's Law가 적용되는 재료로 분류한다. 일반적인 재료에서는 하중이 작용하는 점에서 일정구간 떨어진 지점(B영역, Bernoulli's Zone)에서 St.Venant의 정의가 성립되는 곳을 탄성영역으로 보며, 하중작용점 인근의 지점(D영역, Distributed Zone)에서는 비탄성영역으로 구분할 수 있다.

2) 선형(Linear)과 비선형(Nonlinear), 비선형 탄성(Nonlinear Elasticity)

탄성재료가 외부하중과 변형의 관계가 직선적으로 변화하는지 여부에 따라 선형 또는 비선형재료로 구분할 수 있다. 선형재료의 경우 가하여지는 힘의 크기와 그에 따른 변위의 변화량은 비례한다는 선형관계가 성립되며 이때 통상 탄성계수를 이용하여 선형관계를 나타낸다. 비선형의 경우는 선형재료와 달리 힘의 크기와 그에 따른 변위의 변화량은 비례한다는 선형관계가 성립되지 않는 경우이며 그 원인은 기하학적 원인, 재료적인 원인, 경계조건 등이 있다. 구조물의 해석에서는 선형해석의 경우에는 하중에 따라 중첩의 원리가 성립되나 비선형 해석에서는 성립되지 않는다. 일반적으로 재료에서는 비례한도까지를 선형재료로 보고 비례한도 이후에는 비선형으로 구분한다.

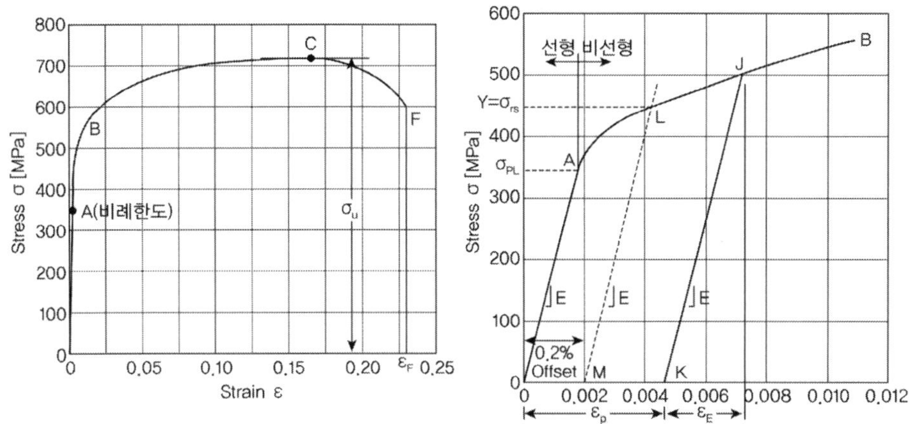

비선형 탄성은 재료가 탄성적이지만 하중과 변위와의 관계가 선형적으로 변화하지 않는 경우를 말하며 재료가 비선형이면서도 가해진 하중을 제거했을 때 잔류변형이나 파괴로 인해서 원래의 형상으로 돌아오지 않는 재료를 비선형 비탄성재료 또는 비선형 소성재료로 구분한다.

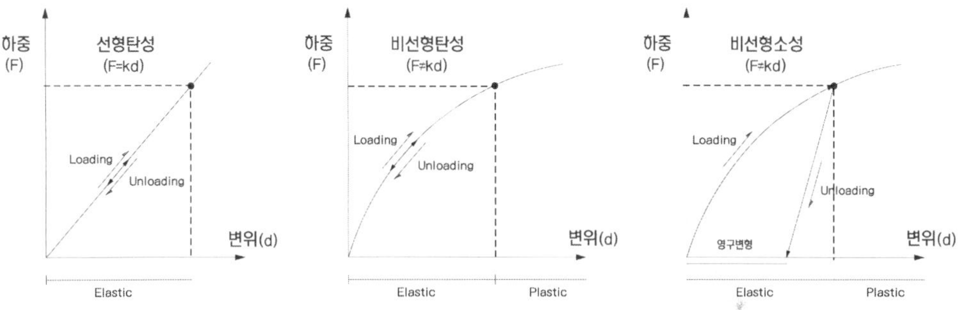

① 선형거동과 비선형거동의 특징(정적거동)

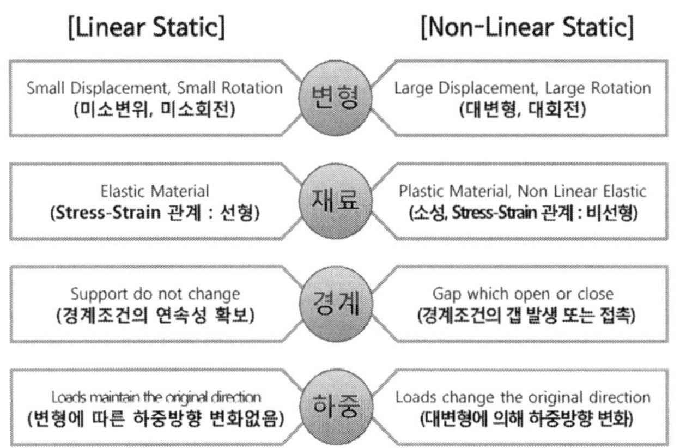

② 탄성과 소성 : 하중재하로 변형이 없는 것을 탄성, 영구변위가 발생하는 것을 소성으로 구분

③ 점탄성(viscoelasticity), 점소성(viscoplasticity) : 점성(viscosity)을 지닌 탄성 물체의 특징으로 콘크리트와 고무가 대표적인 재료이다. 하중을 받는 동안 변형률에 비례하여 응력이 증가하다가 하중을 제거하는 시점부터 변형률은 일정하게 유지되지만 응력이 서서히 감소하는 특성을 가진다. 이러한 특성을 특별히 응력이완(stress relaxation)이라고 부른다. 점탄성 재료에 대한 역학적 모델은 스프링에 감쇠기를 직렬로 연결한 것으로 표현된다. 항복응력(yield stress)을 초과하는 하중상태에서 소성변형(plsatic deformation)영역에 있는 경우에도 하중을 제거하면 응력이 감소하는 현상이 발생하는 경우를 점소성(viscoplasticity)이라고 한다. 주로 고분자물질이 이에 해당된다.

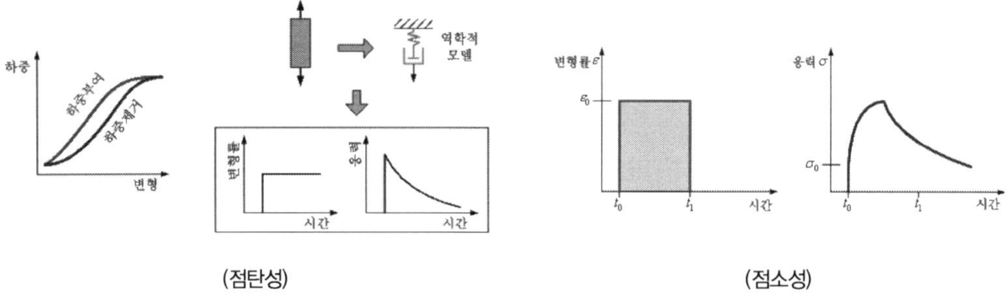

(점탄성) (점소성)

3) 방향성에 따른 재료의 구분

① 등방성(Isotropic) 재료 : 재료의 물리적 성질이 모든 방향으로 일정한 성질을 갖는 재료

② 이방성(Anisotropic) 재료 : 재료의 물리적 성질이 방향에 따라 서로 다른 성질을 갖는 재료

③ 직교이방성(Orthotropic) 재료 : 서로 직각인 방향으로 동일한 성질을 갖는 재료로서 Orthogonally isotropic 재료

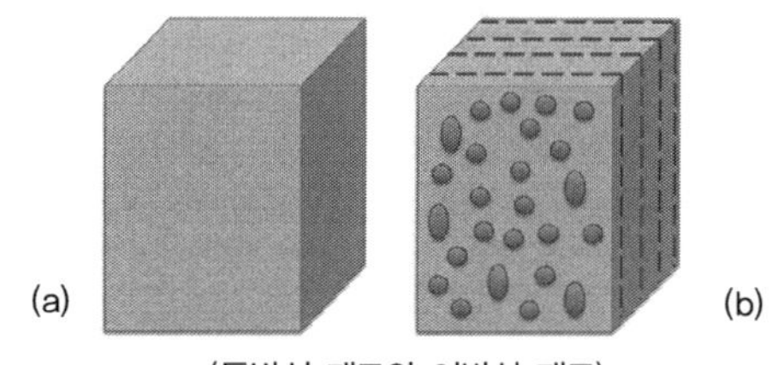

(등방성 재료와 이방성 재료)

4) 분포성에 따른 분류

① 균등질 재료 : 물질이 구조체의 전체적에 걸쳐 어느 위치에서나 균질하게 연속적으로 분포되어 있어 물질의 어느 부분도 동일한 물리적 성질을 갖는 재료

② 비균등질 재료 : 물질이 구조체의 위치에 따라 균질하지 못하고 연속적으로 분포되어 있지 않아 물질의 위치에 따라 서로 다른 물리적 성질을 갖는 재료

02 선형해석과 비선형해석 ^{129회}

【 기출유형 ① 】 비선형 거동의 종류와 사례

1) 선형설계는 재료의 탄성한계 내의 영역, 즉 Hooke의 법칙에 따라 하중과 변형량이 비례하는 한도 내를 대상으로 해석하는 경우이다.

2) 비선형 해석은 가하여지는 힘의 크기와 그에 따른 변위의 변화량은 비례한다는 선형관계가 이루어지지 않는, 즉 $F \neq k \times U$인 경우로, 그 원인은 기하학적 원인, 재료적인 원인, 경계조건 등이 있다.

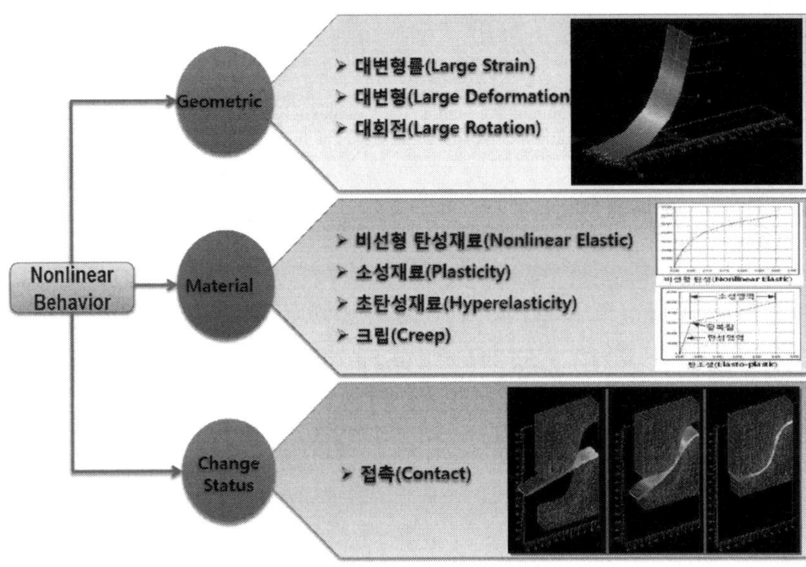

3) 기하학적 비선형(Geometric Non-linearity)

구조시스템의 형상 때문에 하중의 증가에 따른 변형량이 비선형으로 증가하는 경우이다. 가장 대표적인 예로서 좌굴을 들 수 있다. 좌굴은 재료가 비록 탄성거동을 하고 있지만, 미소한 하중의 증가에 많은 양의 변형을 유발하는 문제이다. 또 다른 예는 현수교 등에서 하중에 따라 케이블과 행거로프로 지지된 보강형의 변위가 선형적이지 않다. 이러한 특성을 가지고 있는 것으로는 large deformation, large strain, buckling 등이 있다.

4) 재료의 비선형성(Material Non-linearity)

구조물을 구성하고 있는 재료의 특성으로 인하여 하중과 변형과의 관계가 선형적이지 않는 경우이다. 대표적인 경우로는 재료의 소성특성, 크리프 특성 등이 있으며, 다른 예로는 고무재료 등이 있다. 최근 내진설계에 적용되는 납면진받침(LRB)의 경우도 그 수평거동 자체가 비선형이지만 해석에서는 이를 bi-linear로 가정하여 해석한다.

5) 경계조건의 비선형(Boundary Non-linearity)

Opening/Closing of gaps, Contact, Follower force 등 구조물에 작용하는 하중이나, 구속조건 등이 선형적인 거동을 보이지 않는 경우이다. 대표적인 예로는 접촉문제로서 서로 접촉하지 않는 경우에는 전혀 하중이 작용하지 않다가 접촉을 하면서부터 하중이 작용한다. 다른 예로서 시간에 따라 변하는 온도 조건 등이 있으며, Shock Transmission Unit(STU) 및 Shear Key의 경우도 경계조건의 비선형으로 볼 수 있다.

03 슬립 밴드(Slip Bands) 113회/133회

축하중을 받는 강봉에서 인장보다 전단에 취약한 재료는 전단응력이 응력을 지배하여 인장하중이나 압축하중을 받을 때 중심축과 대략 45°로 재료가 파괴되는 띠를 볼 수 있다. 이 띠(Bands)를 슬립 밴드(Slip Bands) 또는 루더스 밴드(Luders Bands), 피오버트 밴드(Piobert's Bands)라고 한다.

① 인장보다 전단에 취약한 재료에 발생한다.
② 슬립밴드는 응력이 항복응력에 도달했을 때 발생한다.
③ 슬립밴드는 전단응력이 최대인 평면을 따라 발생한다.
④ 슬립밴드는 주로 축방향력과 45° 각도로 발생한다.
⑤ 인장과 압축에서의 파괴도 축방향과 45° 각도에서 발생한다.

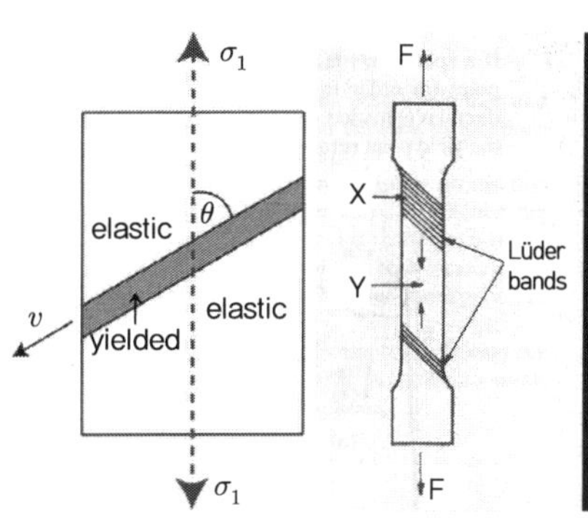

(강재의 Luders Bands)

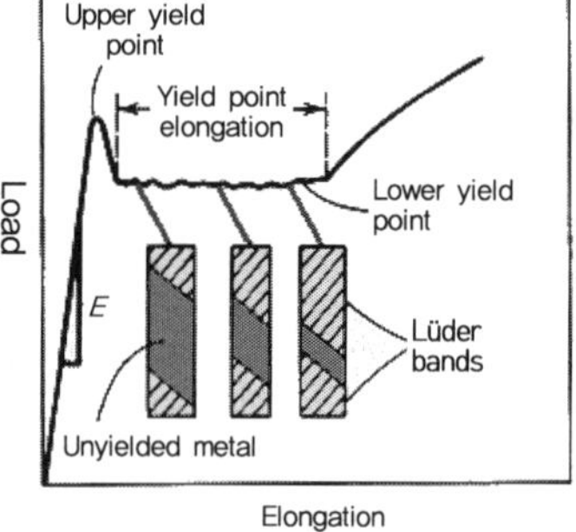

04 Saint venant의 원리 ^{101회}

【 기출유형 ① 】 Saint vernat 원리 설명

일반적으로 Saint venant's Principal은 '정적으로 동일한 서로 다른 두 하중에 의한 효과의 차이는 하중으로부터 충분히 떨어진 위치에서 아주 작다'라고 정의한다. 이 원리는 재료 및 구조역학적으로 집중하중에 의해서 발생하는 영향은 집중하중이 위치한 지점 인근으로 국한하며 하중작용점에서 충분히 떨어져 있는 위치에서의 하중은 등분포하는 것으로 가정한다. 이 원리를 이용하여 STM모델의 경우에는 이 원리가 적용되는 영역을 B영역으로 구분하며, 하중집중점에 가까워 이 원리가 적용되지 않는 영역을 D영역으로 구분한다.

「The stresses and strains in a body at points that are sufficiently remote from points of application of load depends only on the static resultant of the loads and not on the distribution of loads.」

1) Saint venant's Principal

하중 바로 밑의 단면에서는 하중점 주변에 집중이 발생하며, 이러한 하중의 집중은 하중점에서 멀어질수록 완화된다. 이는 즉 응력이 집중되는 영역을 제외한 영역에서는 등분포하중으로 가정할 수 있다는 의미로 재료 역학에서는 이러한 응력집중현상(Stress concentration)을 영역의 최대치수(부재의 폭, 지름) 이상 떨어진 위치에서의 응력상태는 동일하다고 본다.

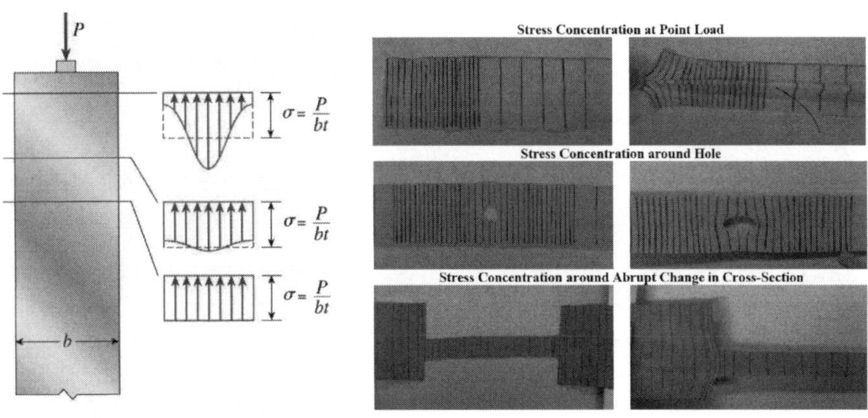

① 강재의 인장강도(Tensile strength) : 재료가 감당할 수 있는 최대의 응력을 말하며, 재료에 인장하중을 재하하면 하중에 따라 변형이 선형적으로 증가하다가 항복점을 지나 소성변형이 발생되는데 어느 최대점을 지나면 인장에 의한 단면적의 감소로 인장하중이 감소하다가 파괴되는데 이 인장하중이 최대가 되는 점에서의 응력을 인장강도라고 한다.

② 강재의 인성(Toughness) : 인성은 파괴에 저항하는 강재의 능력을 의미하며, 축방향인장을 받는 부재의 인성은 응력-변형률 곡선의 하부 면적에 해당한다. 노치의 인성의 경우 샤르피노치 테스트를 통해서 측정한다.

③ 취성(Brittleness)파괴 : 소성한지발생이 없이 갑자기 파괴되는 경우에 취성파괴라고 하며, 급작스럽게 파괴되는 성질을 취성이라고 한다. 취성파괴의 영향인자로는 온도, 재하비율, 응력레벨, 결함의 크기, 판의 두께, 구속조건, 기하학적 조인트 형상 등이 있다.

④ 강성(rigidity) : 재료가 변형에 저항하는 정도를 나타내며 단위길이당 힘으로 표현된다. 같은 재료라도 모양, 길이, 부피 등에 따라서 달라지게 된다. 재료의 탄성계수의 함수로 표현된다.

⑤ 연성(Ductility) : 파괴까지의 영구변형량을 기준으로 정의한다.

$$\text{Ductility ratio}(\gamma) = \frac{\epsilon_{fracture}}{\epsilon_{elastic}}$$

⑥ 전성(malleability) : 부재의 압축에서 소성변형이 발생할 수 있는 능력을 의미한다.

⑦ 경성(Hardness) : 국부적인 압축하중에 대해 소성변형이 없이 견딜 수 있는 능력을 의미한다.

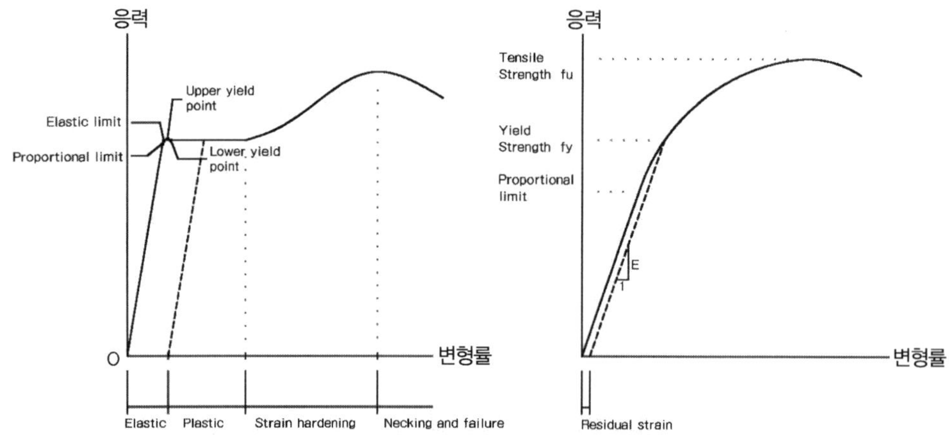

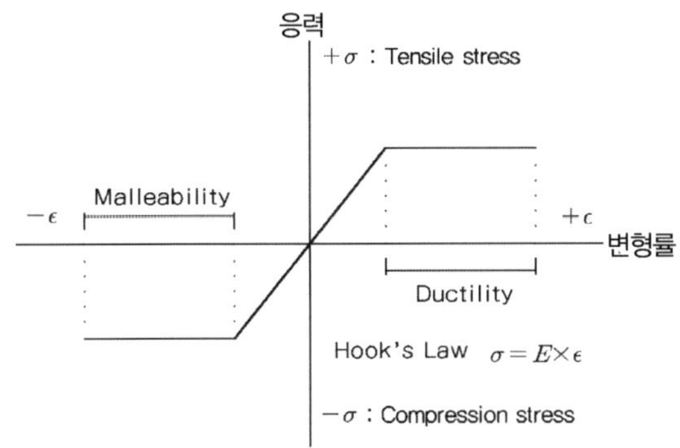

물체에 힘을 점진적으로 작용시키면 비례한도(proportional limit)라 불리는 응력 값까지는 물체의 늘어난 변형률(strain)과 내부 저항력인 응력(stress)은 비례 관계에 있다. 그리고 이 지점보다 더 큰 힘을 가하게 되면 항복점(yielding point)이라 불리는 응력 값에 도달하여 힘을 제거하여도 물체는 어느 정도 영구적인 변형을 일으킨다. 이론적으로 항복 값은 물체가 잡아당기는 힘을 받을 때나 압축시키는 힘을 받는 두 경우에 있어 동일한 크기여야 한다. 하지만 물체를 항복점을 초과하여 하중을 가한 다음 역으로 압축시키는 교번하중을 받는 경우, 압축하중에 의한 항복은 이론적인 항복 값보다 낮은 압축응력에서 발생한다. 이러한 현상을 바우싱거 효과(Bauschinger effect)라고 부른다. 따라서 물체는 인장과 압축을 반복해서 받게 되면 보다 낮은 하중에서도 영구적인 변형을 일으킬뿐더러 쉽게 파괴될 수 있다.

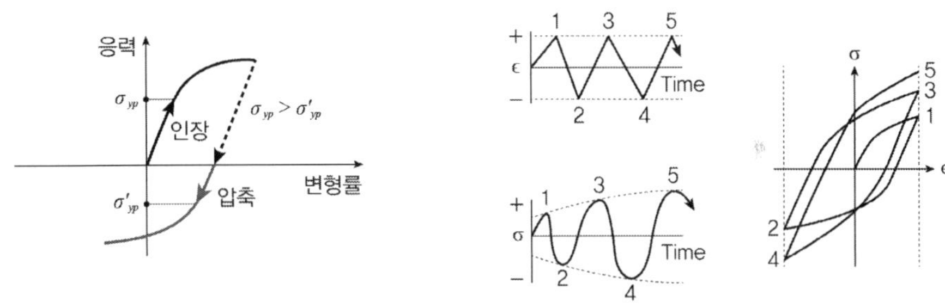

교대하중 바우싱거 효과 – 변형연화   반복하중 바우싱거 효과 – 변형강화

1) 교대(교번)하중 : 강재와 같은 금속재질에 항복응력을 초과하는 하중을 인장에서 압축 혹은 압축에서 인장으로 교대해서 교번하중을 가하면, 바우싱거 효과로 인해 같은 변형률에 대해 응력이 감소한다. 소성변형으로 인해 반대방향으로 하중을 재하하면 항복하중이 감소한다. 하중이 작용된 반대방향의 항복응력이 저하되기 때문에 이 현상을 변형연화(Strain softening), 또는 가공연화(Work softening)라고도 한다.

2) 반복하중 : 교대(교번)하중을 반복적으로 재하하는 반복하중을 가하면, 소성 변형으로 인해 동일 방향의 하중에 대해서는 같은 변형률에 대해서 항복하중이 증가하는 경향이 나타난다. 이 현상을 변형강화(Strain hardening)라고도 한다.

가상일의 방법은 에너지의 원리를 이용한 방법으로 구조물에 작용한 하중에 의해 행하여진 또는 이루어진 외적인 일은 그 구조물에 저장된 내적인 탄성에너지와 같다는 에너지 보존의 정리에 근거를 둔 방법이다. 구조물의 처짐을 계산할 수 있는 에너지 방법의 하나이며 단위하중법이라고도 한다. 트러스, 보, 라멘 등의 처짐에 적용할 수 있으며 트러스의 처짐에 적용성이 가장 좋다.

가상일 방법은 구조물에서 하중과 내력은 서로 평형을 유지하며, 구조물의 재료는 탄성한도 내에서 거동한다는 가정하에서 유도된다.

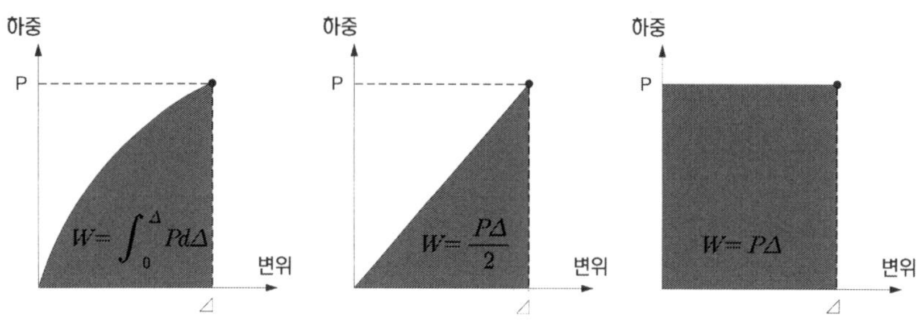

1. 가상일의 방법의 기본 방정식

1) 가상일의 방법의 유도

임의의 구조물에 외력 P_1, P_2, …가 서서히 작용하여 작용선 방향으로 각각 변위 Δ_1, Δ_2,…. 를 이동하는 경우(그림 (a)), 구조물의 임의의 점 i의 처짐 Δ_i를 알아내기 위해서 (b)와 같이 점 i에 원하는 처짐 방향으로 가상의 힘($Q=1$)을 서서히 작용시킨다. 이때 가상의 힘($Q=1$)은 무시할 만큼 작기 때문에, 이로 인하여 일어나는 가상의 변형도 매우 작다.

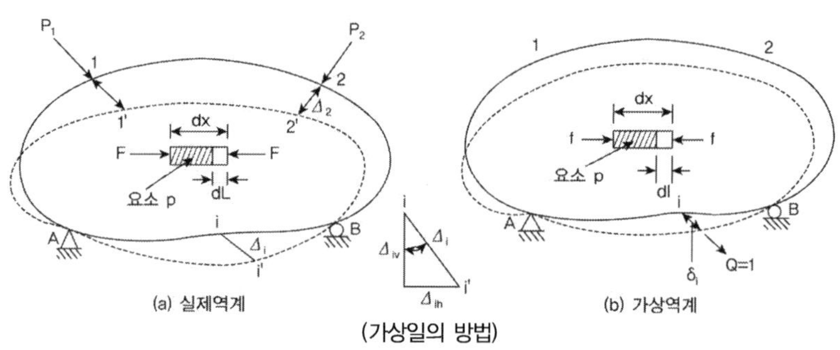

(가상일의 방법)

그림 (a)의 실제역계에서, $\dfrac{1}{2}\,P_1\,\Delta_1 + \dfrac{1}{2}\,P_2\,\Delta_2 \;=\; \dfrac{1}{2}\Sigma F\,dL$

그림 (b)의 가상역계에서, $\dfrac{1}{2}(1)\,\delta_i \;=\; \dfrac{1}{2}\Sigma f\,dl$

(b)의 경우가 먼저 일어났다고 가정하면, 다시 말해서, 가상의 힘이 먼저 i점에 서서히 작용하고 난 다음에, 실제의 외력 P_1, P_2, …가 점 1과 2에 서서히 작용하였다고 하면 다음과 같은 관계가 성립된다.

$$\dfrac{1}{2}(1)(\delta_i) + \left[\dfrac{1}{2}\,P_1\,\Delta_1 + \dfrac{1}{2}\,P_2\,\Delta_2 + (1)(\Delta_i)\right] = \dfrac{1}{2}\Sigma f\,dl + \left[\dfrac{1}{2}\,\Sigma F\,dL + \Sigma\,(f)\,(dL)\right]$$

여기서, Δ_i는 외력에 의해 일어난 i점의 변위이다.

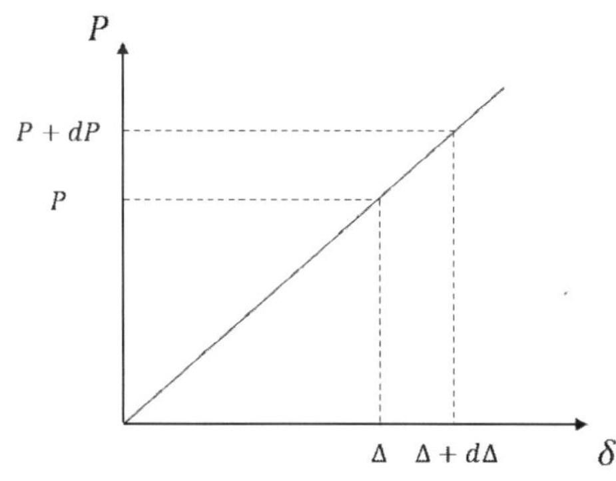

2) 가상일의 방법의 기본 방정식

위의 식으로부터 다음과 같은 식을 얻을 수 있다.

$$(1)\,(\Delta_i) = \Sigma f\,dL$$

여기서, $Q = 1$: Δ_i의 방향으로 작용시킨 외적인 가상력

    f : 가장 단위하중 Q로 인한 가상내력, 특정 요소 p에 dL방향으로 작용

    Δ_i : 작용하중으로 인한 점 i의 처짐

    dL : 작용하중으로 인한 특정 요수 p의 내부변형

위 식은 가상일의 방법에 관한 기본방정식이며, 실제 하중으로 인한 처짐을 (가상력 $Q = 1$로 인한 내력)×(실제 하중으로 인한 내부 변형)의 합으로 표시한 것으로, 가상의 힘을 $Q = 1$로 하였다고 해서 단위하중법(Unit Load Method)이라고도 한다.

2. 각 부재별 가상일의 방법

1) 가상일의 방법의 일반식

$$(1)(\Delta_i) + W_R = \Sigma \frac{fFL}{EA} + \int_0^L \frac{mM}{EI}dx + \int_0^L \frac{tT}{GJ}dx$$

$$+ \kappa \int_0^L \frac{vV}{GA}dx + \left[\Sigma f(\alpha \Delta TL) + \int_0^L m\frac{\alpha \Delta t}{c}dx\right]$$

2) 보의 처짐

$$(1)(\Delta_i) = \int_0^L \frac{mM}{EI}dx + \int_0^L m\frac{\alpha \Delta t}{c}dx$$

3) 트러스의 처짐

$$(1)(\Delta_i) = \Sigma f\frac{FL}{EA} + \Sigma f\alpha \Delta TL$$

4) 외력, 온도, 침하에 의한 처짐산정 (트러스) $\Delta_i = \Delta_{ik} + X\delta_{ik}$

Δ_{ik} : 기본구조물의 처짐, X : 과잉력, δ_{ik} : 단위하중에 의한 처짐

① 외력에 의한 처짐 : $\Delta_{iO} = \Sigma \dfrac{FfL}{AE}$

② 온도에 의한 처짐 : $\Delta_{iT} = \Sigma (\alpha \Delta TL)f$

③ 침하에 의한 처짐 : $\Delta_{iS} + W_R = 0$

　　W_R : i점에 단위하중이 작용한 기본구조물에서 각 지점의 반력 성분에 지점침하량을 곱한 값
　　　　들의 합

④ 오차에 의한 처짐 : $\Delta_{iE} = \Sigma f(\Delta L),\ \ \Delta_L = \dfrac{Fl}{EA}$

1) Betti의 법칙 정의

재료가 탄성적이고 Hooke의 법칙을 따르는 구조물에서 지점침하와 온도변화가 없을 때, 한 역계 P_n에 의해 변형하는 동안에 다른 역계 P_m이 한 외적인 가상일은, P_m 역계에 의해 변형하는 동안에 P_n 역계가 한 외적인 가상일과 같다. 이를 Betti의 법칙이라고 한다.

2) Betti의 법칙의 유도

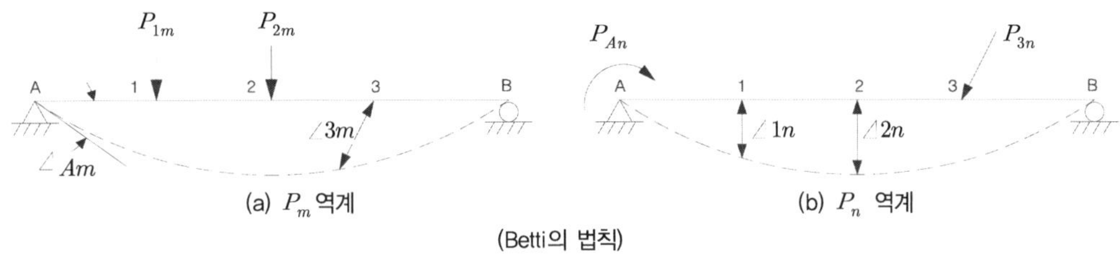

단순보 AB에 P_{1m}과 P_{2m}이라는 P_m 역계 때문에 임의 단면에는 모멘트 M_m이 발생하고 P_{3n}과 P_{An}이라는 P_n 역계로 인해서 모멘트 M_n이 발생한다. 그리고 Δ_{1n}과 Δ_{2n}은 P_n 역계로 인해서 일어난 점 1과 2의 처짐(각각 P_m 역계의 P_{1m}과 P_{2m}과 같은 방향의)이라고 하자.

처음에 P_m 역계가 보 위에 재하된 다음에 P_n 역계가 더해졌다면, P_m 역계는 가상역계이고 P_n 역계는 실제역계라고 생각하여 다음과 같이 가상일의 방법이 적용된다.

$$\Sigma P_{im} \Delta_{in} = \Sigma \int M_m M_n \frac{dx}{EI}$$

이번에는 P_n 역계가 먼저 보 위에 재하된 다음에 P_m 역계가 더해졌다면, P_n 역계는 가상역계이고 P_m 역계는 실제역계라고 생각하여 다음과 같이 가상일의 방법이 적용된다.

$$\Sigma P_{in} \Delta_{im} = \Sigma \int M_n M_m \frac{dx}{EI}$$

위 두 식의 오른 변은 사실상 같으므로 $\Sigma P_{im} \Delta_{in} = \Sigma P_{in} \Delta_{im}$

3) Maxwell의 상반처짐의 법칙

아래 그림 (a), (b)에 Betti의 법칙을 적용하면, $P^\swarrow \delta_{cb}^\swarrow = P^\downarrow \delta_{bc}^\downarrow$, 따라서 $\delta_{cb}^\swarrow = \delta_{bc}^\downarrow$

같은 방법으로 (b)와 (c)의 그림에 Betti을 법칙을 적용하면, $\widehat{P\theta_{ac}} = P^\swarrow \delta_{ca}$

따라서 $\widehat{\theta_{ac}} = \delta_{ca}^\swarrow$

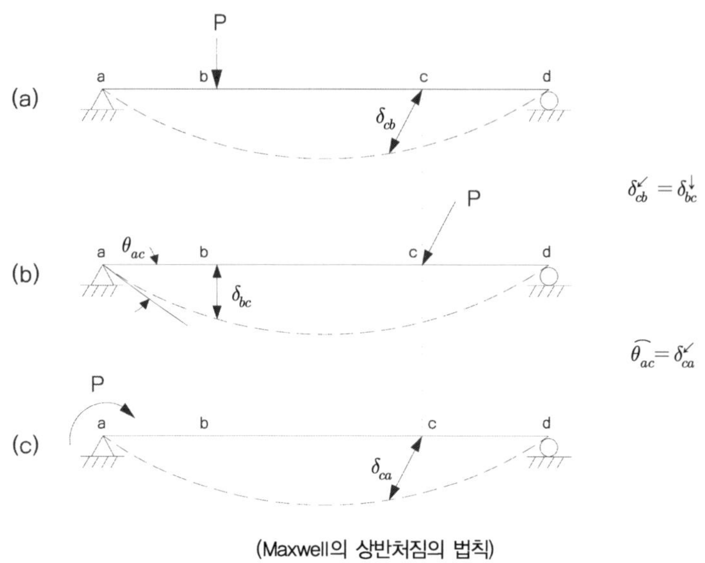

(Maxwell의 상반처짐의 법칙)

위 식을 더 일반화시키면 다음과 같이 된다.

$$\Delta_{ik} = \Delta_{ki}$$

위 식을 Maxwell의 상반처짐의 법칙(또는 정리), 또는 Maxwell의 상반정리라고 하며, Betti의 법칙의 특수한 경우로서 다음과 같이 말할 수 있다.

『재료가 탄성적이며 Hooke의 법칙을 따르는 구조물에서 지점침하와 온도변화가 없을 때, k점에 작용하는 하중 P로 인한 i점의 처짐 Δ_{ik}(i점에 작용시킨 하중 P방향의)는 i점에 작용하는 다른 하중 P로 인한 k점의 처짐 Δ_{ki}(k점에 작용시킨 하중 P방향의)와 값이 같다.』

08 전단형상계수(Shear Form Factor) [95회]

보의 처짐은 휨모멘트, 축력뿐만 아니라 전단력에 의해서도 발생한다. Castigliano의 제2정리에 의한 전단을 고려한 처짐 산정 시에 사용되는 단면의 형상에 따라 정해지는 계수를 전단형상 계수라고 한다.

1) 전단에 의한 처짐 산정 및 전단형상계수의 유도

전단변형으로 인해 축적된 변형에너지는 다음과 같다.

$$W_I = \int_V \frac{1}{2} v_{xy}\, \gamma_{xy}\, dV, \quad \text{전단 변형률 } \gamma_{xy} = \tau_{xy}/G \text{ 이므로,} \quad W_I = \int_V \frac{v_{xy}^2}{2G}\, dV$$

여기서, 휨을 받는 부재의 전단응력은 $v_{xy} = \dfrac{VQ}{Ib}$

이를 위 식에 대입하면,

$$W_I = \int_0^L dx \int_A \frac{\left(\frac{VQ}{Ib}\right)^2}{2G}\, dA \;=\; \int_A \left(\frac{Q}{Ib}\right)^2 A\, dA \int_0^L \frac{V^2}{2GA}\, dx \;=\; \chi \int_0^L \frac{V^2}{2GA}\, dx$$

여기서 사용된 χ 를 전단형상계수라고 하며, 다음과 같다.

$$\therefore \chi = \int_A \left(\frac{Q}{Ib}\right)^2 A dA = \frac{A}{I^2} \int_A \frac{Q^2}{b^2} dA$$

2) 전단형상계수의 특징

χ 는 단면의 형상에 따라 정해지는 계수이며, 직사각형 단면에 대해서는 6/5, 원형단면에 대해서는 10/9, 그리고 I형 단면에서는 단면적을 복부의 단면적으로 대치하면 $\chi = 1.0$이 된다.

에너지 방법 중 Castigliano's 2법칙은 선형 탄성 문제에 많이 사용되는 방법이다. 부재별 변형에너지로부터 변형은 다음과 같이 표현된다.

$$\text{(축방향 부재) } U = \frac{P^2 L}{2EA} \;\rightarrow\; \frac{dU}{dP} = \frac{PL}{EA} = \Delta$$

$$\text{(비틀림 부재) } U = \frac{T^2 L}{2GJ} \;\rightarrow\; \frac{dU}{dT} = \frac{TL}{GJ} = \phi$$

$$\text{(휨 부재) }\quad U = \frac{M^2 L}{2EI} \;\rightarrow\; \frac{dU}{dM} = \frac{ML}{EI} = \theta$$

$$\text{일반식}\quad \Delta_i = \frac{\partial U}{\partial P_i}$$

1) Castigliano's의 제1정리

단위하중 P를 받고 있는 구조물에서 하중으로 인해 발생하는 변위가 Δ 이면 변형에너지는

$$U = \frac{1}{2} P\Delta$$

여기서 추가로 하중 dP가 발생하였을 경우 발생하는 변위를 $d\Delta$ 라고 하면, 추가되는 변형에너지는

$$\Delta U = Pd\Delta + \frac{1}{2} dPd\Delta$$

만약 하중 $P + dP$가 동시에 작용하였다면 변형에너지는

$$U' = \frac{1}{2}(P + dP)(\Delta + d\Delta)$$

이 변형에너지는 $U + dU$와 같아야 하므로 $Pd\Delta = \Delta dP$

$$\therefore\; dU = \Delta dP + \frac{1}{2} dPd\Delta$$

양변을 dP로 나누고 $dP \rightarrow 0$ 이면

$$\therefore\; \frac{dU}{dP} = \Delta \;\text{ Castigliano's 2nd theorem}$$

만약 양변을 $d\Delta$ 로 나누고 $d\Delta \rightarrow 0$ 이면

$$\therefore\; \frac{dU}{d\Delta} = P \;\text{ Castigliano's 1st theorem}$$

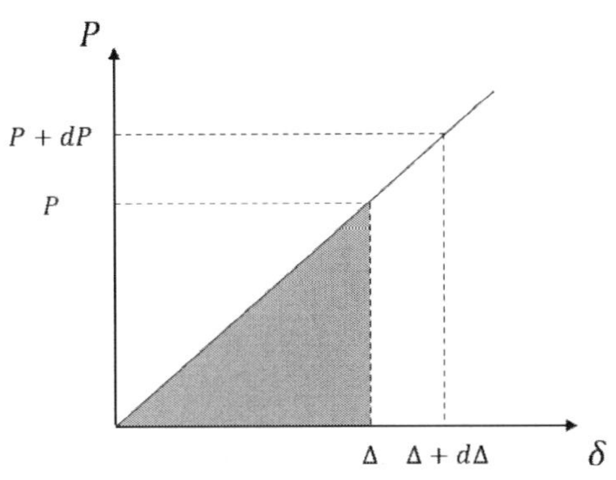

2) Castigliano의 제2정리

구조물의 재료가 탄성적이고 온도변화나 지점의 부등침하가 없는 경우에 변형에너지의 어느 특정한 힘(또는 우력)에 관한 1차 편도함수는 그 힘의 작용점에서 작용선 방향으로 처짐(또는 기울기)과 같다. 이를 Castigliano의 제2정리라고 한다.

그림과 같이 $P_1, P_2, \dots, P_i, \dots, P_n$을 받는 구조물에서 어떤 점 i의 처짐 Δ_i은 에너지 보존법칙에 의하여 $W_E = W_I$ 이므로, 외력 $P_1, P_2, \dots, P_i, \dots, P_n$을 받는 구조물에서 점 i에 작용한 힘 P_i가 미소량 dP_i만큼 증가했다면 다음 관계가 성립해야 한다.

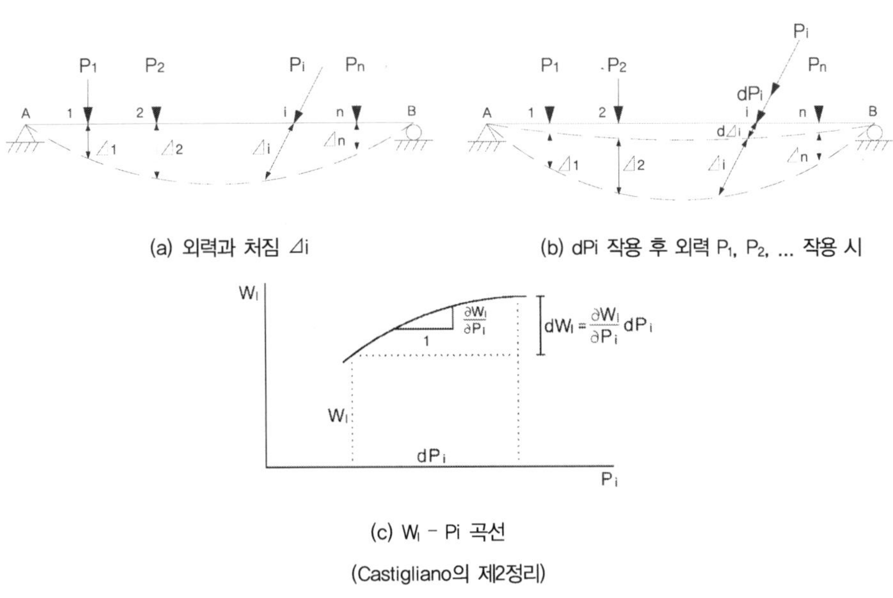

(a) 외력과 처짐 △i

(b) dPi 작용 후 외력 P1, P2, ... 작용 시

(c) W$_I$ – Pi 곡선

(Castigliano의 제2정리)

$$W_E + dW_E = W_I + dW_I, \qquad \text{따라서, } dW_E = dW_I$$

① 외적일의 증가량 : $dW_E = dP_i \Delta_i$

② 내적일의 증가량 : $dW_I = \dfrac{\partial W_I}{\partial P_i} dP_i$

③ 위 세 식을 정리하면

$$dP_i \Delta_i = \dfrac{\partial W_I}{\partial P_i} dP_i \ , \quad \text{또는 } \Delta_i = \dfrac{\partial W_I}{\partial P_i}$$

3) Castigliano의 제2정리의 적용

① 보의 처짐 : $\Delta_i = \Sigma \int M \left(\dfrac{\partial M}{\partial P_i} \right) \dfrac{dx}{EI}$

② 트러스의 처짐 : $\Delta_i = \Sigma F \left(\dfrac{\partial F}{\partial P_i} \right) \dfrac{L}{AE}$

③ 라멘의 처짐 : $\Delta_i = \Sigma \int M \left(\dfrac{\partial M}{\partial P_i} \right) \dfrac{dx}{EI} + \Sigma F \left(\dfrac{\partial F}{\partial P_i} \right) \dfrac{L}{AE}$

④ 라멘의 경우 축방향력에 의한 값이 적기 때문에 무시하는 경우가 많다. 때로는 하중이 실제로 작용하지 않는 점의 처짐(또는 기울기)을 구하고 싶을 때가 있는데, 이런 경우 잠시 그 점에 처짐을 원하는 방향으로 가상의 힘(또는 우력)을 도입시켜서 변형에너지를 구하고 편미분한 다음에 가상의 힘을 0으로 놓고 계산하면 된다.

⑤ Castigliano의 제2정리는 보, 라멘 등 모든 종류의 구조물의 처짐과 기울기를 산정하는 데 적용할 수 있으나, 지점침하나 온도변화 등으로 일어나는 처짐의 계산에는 적용할 수 없는 단점이 있다.

10 영향선(influence line)과 Müller-Breslau의 원리 [84회]

단위하중으로 인한 임의 점의 단면력이나 처짐값의 크기를 그 단위하중이 작용하는 위치마다 종거로 나타낸 선을 말하며, 활하중 재하로 인한 임의점의 단면력이나 처짐의 최댓값을 알기 위해서 영향선을 이용한다.

1) 영향선의 작도 : 어떤 특정한 기능의 영향선은 단위하중이 이동할 때 각 위치에서 어떤 특정한 기능의 크기를 연결한 곡선을 그리면 이것이 구하고자 하는 기능의 영향선이다.

> **TIP** | 영향선 작성법 |
>
> ① 반력의 영향선은 구하고자 하는 지점의 종거가 1이 되는 삼각형이다(상대편 지점의 종거는 0).
> ② 전단력의 영향선은 구하고자 하는 점을 중심으로 양쪽 지점의 종거가 −1과 1이 되도록 교차한다.
> ③ 모멘트의 영향선은 구하는 점까지의 거리가 같은 쪽 지점의 종거가 되도록 교차시킨다.
> ④ 연속보에서는 영향선이 계속 연장된다.
> ⑤ 게르버보에서는 게르버 위치에서 영향선의 기울기가 바뀐다.

2) 영향선의 용도

   ① 어떤 특정한 기능에 대한 영향선으로부터 그 기능의 최댓값을 주는 활하중의 위치를 결정한다.
   ② 위치가 결정된 활하중으로 인한 특정한 기능의 최댓값을 산정하기 위해 영향선을 사용한다.

3) 영향선의 성질

   ① 1개의 집중 활하중에 의한 어떤 특정한 기능의 최댓값을 구하려면 그 기능에 대한 영향선의 종거가 최대인 점에 하중이 놓일 때이다.
   ② 1개의 집중 활하중에 의한 어떤 특정한 기능의 값은 그 하중 작용점의 영향선의 종거에 그 집중 활하중의 크기를 곱한 값과 같다.
   ③ 등분포 활하중에 의한 + 최댓값은 영향선의 종거가 +인 전 부분에 하중을 분포시킨다.
   ④ 등분포 활하중에 의한 어떤 특정한 기능의 값은 그 구조물에 하중이 재하된 부분에 놓인 영향선의 면적에 등분포하중의 강도를 곱한 값과 같다.

4) 간접하중에 대한 영향선

   간접하중을 받는 구간은 그 하중이 양 단부의 집중 반력하중으로 작용하기 때문에 간접하중을 받는 부재(또는 요소) 양단까지의 단면의 영향선을 작성한 후 간접하중을 받는 구간의 양 단부를 직선으로 연결한다.

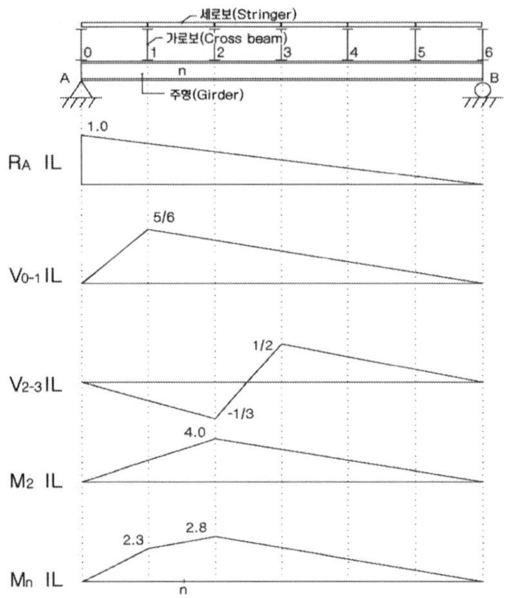

5) 부정정 구조물의 영향선

부정정 구조물의 영향선은 일반적으로 부정정 구조물 해석법(변위일치법, 에너지의 방법, 3연모멘트법, 처짐각법, 모멘트 분배법, 매트릭스법 등)을 이용하여 산정하여 풀이할 수 있는데 통상 정량적 영향선을 파악하고자 할 때에는 Műller-Breslau의 원리가 주로 사용된다.

① Műller-Breslau의 원리의 유도

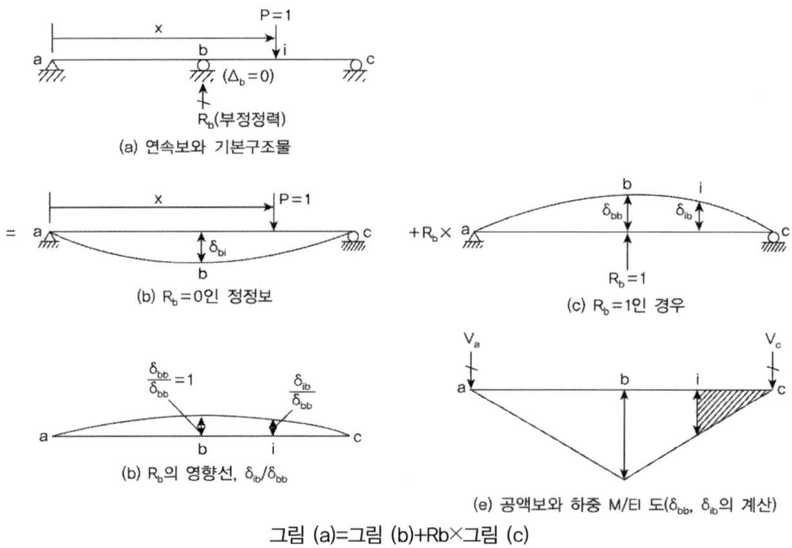

그림 (a)=그림 (b)+Rb×그림 (c)

(R_b의 영향선)

위 그림에 있는 1차 부정정 보에서 변위일치의 방법을 이용하여 R_b에 대한 영향선을 작성하기로 한다. 위 그림의 (a)에서 ac 사이의 임의의 점 i에 이동 단위하중이 작용할 때의 R_b의 값이 바로 R_b의 영향선에서 i점의 종거가 된다. 그림 (a)는 (b)에 (c)의 R_b배를 겹친 것과 같기 때문에 지점 b에서의 다음과 같은 관계가 성립하여야 한다.

$\Delta_b = 0$이라야 하므로,

$$\delta_{bi} \downarrow \ = \ R_b{\uparrow} \ \delta_{bb}{\uparrow},$$

따라서,

$$R_b{\uparrow} \ = \ \frac{\delta_{bi} \downarrow}{\delta_{bb} \uparrow}$$

위 식은 바로 i점에 단위하중이 놓였을 때의 R_b의 값이며, R_b의 영향선에서 점 i의 종거가 된다. 여기서, δ_{bb}는 그림(c)에서 계산하며, δ_{bi}는 x의 여러 값에 대하여 그림 (b)로부터 계산되어야 하는 값이다. ac 사이에는 i점이 무한히 많으므로 단위하중의 위치에 따라 계산하여야 할 δ_{bi}의 값도 무한히 많아지게 된다. 이러한 과정을 피하기 위해 Maxwell의 상반처짐의 법칙 $\delta_{bi}=\delta_{ib}$을 이용하여 다음과 같이 쓸 수 있다.

$$R_b{\uparrow} \ = \ \frac{\delta_{ib} \downarrow}{\delta_{bb} \uparrow}$$

여기서, R_b와 δ_{bb}는 동일방향이고, δ_{bi}는 이동단위하중과 동일방향이며, δ_{ib}는 δ_{bi}와 반대방향이다. 그리고 δ_{bb}나 δ_{ib}는 그림의 (c)의 공액보인 그림 (e) 하나에서 모두 함께 계산된다. 일반적으로 공액보법으로 계산하면 편리하다.

위의 식에서 $\delta_{bb}=1$이라고 하면, $\delta_{ib}\uparrow$는 바로 점 i에 P=1이 작용할 때의 R_b의 값, 즉, R_b의 영향선에서의 점 i의 종거가 된다. 그러므로 그림 (c)에서 $\delta_{bb}=1$로 만든 것이 그림 (d)이며, 이 그림 (d)가 R_b의 영향선이다. 따라서 R_b의 영향선은 지점 b를 제거하고 $\delta_{bb}=1$을 R_b방향으로 발생시켰을 때의 구조물의 처진 모양과 똑같다.

② Müller–Breslau의 원리
　　가. 구조물의 어느 한 응력요소(반력, 전단력, 휨모멘트, 부재력, 또는 처짐)에 대한 영향선의 종거는, 구조물에서 그 응력요소에 대응하는 구속을 제거하고 그 점에 응력요소에 대응하는 단위 변위를 일으켰을 때의 처짐곡선의 종거와 같다.
　　나. 이는 어느 특정기능(반력, 전단력, 휨모멘트, 부재력, 또는 처짐)의 영향선은, 그 기능이 단위 변위만큼 움직였을 때 구조물이 처진 모양과 같다.

다. 그림의 (d)가 바로 R_b 의 영향선이며 Müller-Breslau의 원리와 일치한다. 그림 (d)와 (e)만
　으로 R_b 의 영향선을 작도하는 과정을 Müller-Breslau의 원리를 이용하는 방법이라고 할 수
　있다. 이 방법은 부정정보, 라멘, 그리고 트러스의 영향선 작도에 모두 이용할 수 있다.

라. 2차 또는 그 이상의 부정정 구조물의 영향선을 작도할 때는 한 부정정력을 제거하여도 기
　본 구조물은 역시 부정정이다. 그러나 이 부정정인 기본 구조물을 변위일치의 방법이나 모
　멘트 분배법 등으로 미리 풀어야 한다.

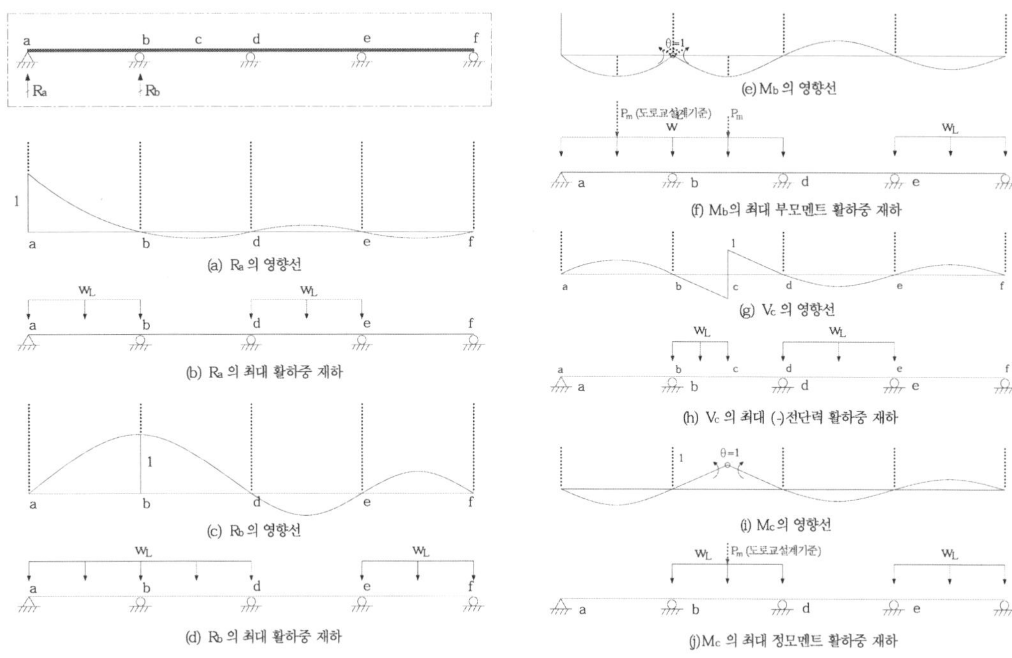

 토목구조기술사 합격 바이블 1권_재료 및 구조역학

【 기출유형 ① 】 매트릭스 구조해석 방법 중 응력법과 변위법을 비교하고 해석절차 설명

완성 구조물은 정정, 부정정 구조물로 구분된다. 정정 구조물은 평형방정식만으로 그 해가 가능하지만, 부정정 구조물은 평형방정식, 적합방정식 및 힘-변형 관계식이 필요하다.

고전적인 구조물의 해석방법은 강성도법과 유연도법의 두 가지 방법으로 구분할 수 있다. 강성도법(Stiffness Method, 변위법 Displacement Method)의 해석은 변위를 미지수로 하여 해석하는 방법으로 통상적으로 강성도(k)로 표현되며, 유연도법(Flexibility Method, 응력법 Force Method)의 해석은 유연도(f)로 표현된다.

구분	강성도법(변위법)	유연도법(응력법)
해석 방법	처짐각법, 모멘트 분배법, 매트릭스 변위법	가상일의 방법(단위하중법), 최소일의 방법, 3연 모멘트법, 매트릭스 응력법
특징	① 변위가 미지수 ② 평형방정식에 의해 미지변위 구함 ③ 평형방정식의 계수가 강성도(EI/L) ④ 한 절점의 변위의 개수가 한정적(일반적으로 자유도 6개 ; u_x, u_y, u_z, θ_x, θ_y, θ_z)이어서 컴퓨터를 이용한 계산방법인 매트릭스 변위법에 많이 사용된다.	① 힘이 미지수 ② 적합조건(변형일치법)에 의해 과잉력을 구함. ③ 적합조건식의 계수가 유연도(L/EI) ④ 미지의 과잉력이 다수 있을 수 있으므로 각 구조물별로 별도의 매트릭스를 산정하여야 하는 다소 불편이 있음.

유연도 Matrix와 강성도 Matrix 사이에는 역의 관계가 성립하기 때문에 어느 방법을 선택하든지 기본적으로 방법상의 차이는 없으나 다만 방정식의 수가 달라지기 때문에 컴퓨터를 활용한 계산의 방법에 차이가 있다. 변위법은 기본적으로 격점의 변위를 미지수로 하기 때문에 미지수가 한정적이나 응력법에서는 부정정력이 미지수이므로 부정정력의 수가 부정정 차수에 따라 달라지는 차이가 있다. 따라서 수치해석 프로그램의 대부분은 변위법을 이용한 방법이 주로 적용되고 있다.

1) 응력법(유연도법) : 변위 일치의 방법과 동일하게 부정정력을 미지수로 하여 이를 구한 다음 평형관계로부터 격점변위, 부재력 및 반력 등을 구한다.

① 외적 격점 하중, 부재 내력를 정의하고, 부정정력을 지정한다.

② 평형조건으로부터 평형 방정식을 수립한다.
    Load-Force Matrix $[S] = [B][W]$

③ 요소 유연도 매트릭스를 구한 후 구조물 유연도 매트릭스를 구한다.
    Force-Deformation Matrix $[U] = [FM][S] \rightarrow [U] = [FM][B][W]$

④ 격점 변위를 격점 하중의 힘으로 표시한다.

Deformation-Displacement Matrix $[\Delta] = [D][U] = [B]^T[U] = [B]^T[FM][B][W]$

여기서, $[F] = [B]^T[FM][B]$; Structure Flexibility Matrix
$\therefore [\Delta] = [F][W]$

2) 변위법(강성도법) : 격점변위를 미지수로 택한 후 평형조건, 힘-변형관계식 및 적합조건을 적용하여 구조물의 격점변위, 부재력 및 반력 등을 구한다.

① 평형조건 $[P] = [A][Q]$, $[A]$: Static Matrix(평형 Matrix)

② 힘-변형관계식 $[Q] = [S][e]$ $[S]$: Element Stiffness Matrix(부재강도 Matrix)

$$(\text{보, 라멘}) \ [S] = \begin{bmatrix} \dfrac{4EI}{L} & \dfrac{2EI}{L} \\ \dfrac{2EI}{L} & \dfrac{4EI}{L} \end{bmatrix} \qquad (\text{트러스}) \ [S] = \begin{bmatrix} \dfrac{EA}{L} \end{bmatrix}$$

③ 적합조건 $[e] = [B][d]$ $[B] = [A]^T$: Deformed Shape Matrix(적합 Matrix)
$[P] = [A][Q] \rightarrow [Q] = [S][e] \rightarrow [e] = [B][d] \ ([B] = [A]^T)$
$$\rightarrow [P] = [A][S][B][d] = [A][S][A]^T[d]$$

④ Global Stiffness Matrix $[K] = [A][S][A]^T$ 산정

⑤ Displacement $[d] = [K]^{-1}[P]$ 산정

⑥ Internal Force $[Q] = [Q_0] + [S][A]^T[d]$ 산정

3) 응력법과 변위법 매트릭스 해석방법

유연도 Matrix와 강성도 Matrix 사이에는 역의 관계가 성립하기 때문에 어느 방법을 선택하던지 기본적으로 방법상의 차이는 없으나 다만 방정식의 수가 달라지기 때문에 컴퓨터를 활용한 계산의 방법에 차이가 있다. 변위법은 기본적으로 격점의 변위를 미지수로 하기 때문에 미지수가 한정적이나 응력법에서는 부정정력이 미지수이므로 부정정력의 수가 부정정차수에 따라 달라지는 차이가 있다. 따라서 수치해석프로그램의 대부분은 변위법을 이용한 방법이 주로 적용되고 있다.

12 직접강도법

직접강도법은 변위법이 전체구조물의 강도매트릭스(K)에 대해 구성되는 것에 비해 각각의 부재 요소별 부재강도 매트릭스를 구하고, 이를 중첩원리에 의해 부재별 강도매트릭스를 중첩시켜 전체 구조물의 강도매트릭스를 직접 구하는 방법이다. 직접강도법은 큰 매트릭스를 형성할 필요가 없으므로 구조물이 클수록 유리한 방법으로 분류된다.

1) 직접강도법 해석절차

① 국부좌표계로 각 부재의 부재강도 매트릭스 산정
② 부재강도 매트릭스를 전체 좌표계로 변환
③ 부재강도 매트릭스를 중첩하여 전체 구조물 강도 매트릭스(K_T) 산정
④ 각 절점에서 힘의 평형조건으로부터 변위량 직접 산정
⑤ 격점 변위량으로 각 부재력과 응력 산정

2) 직접강도법의 특징

① 부재 수요가 많은 트러스 구조에 대해서도 매트릭스 크기만 커질 뿐 해석과정은 동일하다.
② 강도매트릭스는 겹침원리를 사용하여 구한다.
③ 직접강도법은 직접 변위와 반력을 동시에 구하므로 구조물 해석과 설계에 유리하다.
④ 일부 부재의 강도가 변하면 K_t의 해당 요소만 변경하므로 수정이 용이하다.
⑤ K_T는 하중, 경계조건, 또는 부정정 여부에 관계없이 구성이 가능하다.

13 미소변위이론과 유한변위이론 [110회]

【 기출유형 ① 】 미소변위 이론과 유한변위 이론에 대해 설명

연속체의 해석을 위해서 변형이 미소한 것으로 가정하고 근사적으로 변형 전의 힘의 평형조건이 지속된다고 가정하며, 변위 성분의 1차 미분항까지만 표현한 것을 미소변위이론(Theory of infinite small deformation)이라고 한다. 통상적으로 미소변위이론을 적용하는 구조체는 균질하고 등방성을 가지는 탄성론적 이론에 기반을 둔다. 이와 다르게 변형 전의 힘의 조건이 변화하고 변위성분의 미분항을 모두 고려하여 소성론적 이론을 기반으로 한 것을 유한변위이론(Theory of finite deformation)이라고 한다.

1) 미소변위이론

구조역학에서 미소변위이론이 적용되어 사용되는 분야는 보의 탄성해석에서 유도되는 처짐방정
식 $EIy'' = -M$, 뉴턴의 운동방정식을 이용한 동역학적인 자유진동방정식 $m\ddot{x} + c\dot{x} + kx = 0$,
기둥의 좌굴방정식 $M = -EIy'' = Py$ 등이 있다. 일반적으로 미소변위이론은 변위의 크기가 무
시할 정도로 작기 때문에 1차 미분항까지만 고려된다.

2) 유한변위이론

특별한 형식의 케이블지지구조나 케이블망 구조와 같이 큰 변형이 발생되는 구조물은 일반 구조
물과는 달리 미소변위이론으로 산정된 해가 실제 거동과 다르게 된다. 즉, 구조해석 시 변형의 영
향을 무시한 미소변위이론으로는 의미있는 해를 구할 수 없으며, 이 경우에는 변형 후의 형상에
대하여 평형방정식을 구성하는 대변위 이론을 적용해야 한다. 이때 유한변위이론은 주어진 하중
조건에 대해 정적해석을 수행한 다음, 각 요소에 발생한 부재력 또는 응력을 사용하여 기하강성
행렬(geometric stiffness matrix)을 구성하고, 원래의 강성행렬과 조합하여 수정된 강성행렬을
만들어 주어진 조건을 만족할 때까지 해석을 반복 수행하게 된다. 유한변위이론에서 하중과 변위
의 관계는 다음과 같다.

{F} = { [K1]+[K2]+[K3] }{U}

[K1] : 선형 강성행렬, [K2] : 초기 부재력에 의한 기하강성행렬,
[K3] : 하중에서 발생한 부재력에 의한 기하강성행렬

유한변위이론에서 [K3]항의 영향을 무시하여 선형화하여 보다 간단히 정의된 이론이 선형화 유한
변위 이론이다. 동적해석과 같이 계산량이 많은 경우에 대해서는 해석시간을 단축할 수 있는 장
점이 있다.
유한변위이론과 대변위이론의 차이점은 대변위이론에서 변형에 의한 좌표변화를 고려한 강성행
렬을 사용하는 데 있다. 유한변위이론에서는 변형 후의 형상을 고려하지 않으므로 변환행렬[T]이
변형 전 좌표를 기준으로 한 기지값이지만, 대변위 해석에서는 변환행렬[T]이 변형 후의 좌표를
기준으로 결정되며 반복연산 과정을 필요로 한다.

14 유한요소법(FEM)

유한요소법은 고차구조물을 해석하기 위해 개발된 방법으로 구조물을 여러 개의 단순형태 요소 (Element)로 나눈 뒤 절점(Node)으로 결합시켜 구조물의 모델을 만들고 힘과 변위 또는 응력과 변형률로 정의된 적절한 형상함수(Shape Function)와 요소강성도 행렬(K)과 요소 방정식으로 행렬을 만들고, 여기에 경계조건(Boundary Condition)을 대입하여 컴퓨터로 수치해석을 수행해 구조물의 부재력, 응력, 변형 및 변위 등을 구하는 구조물의 해석방법이다.

1) 요소와 절점

유한요소법에서 전체 구조물은 요소(Element)들로 구성되어 있으며, 절점(Node)들은 요소 경계에 생기며 요소들을 묶는 역할을 한다. 요소는 그 요소에 포함된 절점의 개수와 각 방향으로 움직일 수 있는 자유도(Degree of Freedom) 등에 따라 구분한다. 유한요소법에서는 적절한 요소망 (Element Network) 생성과 경계조건의 부여가 중요하다고 할 수 있으며, 실제 구조물의 형상과 거동에 알맞게 요소망과 경계조건을 적용해야 한다.

2) 형상함수

구조물을 요소들의 결합으로 모델링하였으므로 구조물의 거동은 각 요소가 가지는 응력-변형률에 관련된 힘-변위의 상관관계를 나타내는 함수가 필요하다. 이들 요소의 힘-변위 관계를 나타낸 함수를 요소의 형상함수(Shape Function)라 한다.

3) 경계조건과 모델링

경계조건이란 구조물 원래의 경계에서 받고 있는 힘과 변위의 상태를 의미하며, 구조물의 지점조건과 부재 결합조건에 따라 다르다. 실제 구조물의 물리적 거동과 일치하도록 경계조건과 형상함수를 적용해야 하며, 이를 위해 적절한 가정과 근사화가 필요하다.

예를 들어 3차원 구조물도 구속조건과 하중상태를 고려하여 2차원으로 근사화하는 데 축대칭 요소나 쉘요소가 그 예이다. 또한 2차원이나 3차원 문제도 대칭인 경우가 많기 때문에 전체를 모델링하기보다는 1/2 내지, 1/4, 1/8로 축소하여 모델링을 하기도 한다.

4) 후처리(Post Processing)

후처리 과정은 유한요소해석으로부터 얻어진 각종 자료를 수집하고 처리하는 과정을 말하며, 후처리 과정을 통해 응력, 변형률, 변위, 힘, 에너지 등 실제 설계나 해석결과를 이용하기에 편한 방법으로 처리해주는 단계를 말한다.

실제 후처리 과정은 후처리된 결과를 분석하여 실제 구조물의 거동과 상이한 해석결과가 얻어질 경우 초기 요소망을 수정하거나 경계조건을 바꾸어 실제 구조물의 거동과 유사한 해석을 얻기 위해 사용되는 유익한 단계이다.

5) 유한요소 해석 프로그램

각종 구조물 해석에 사용되는 범용 유한요소 해석법 프로그램으로는 ABAQUS, ANSIS, NASTRAN, ADINA, SAP, GTSTRUDL, MIDAS 등이 있으며 각각의 구조해석 프로그램의 장단점이 있기 때문에 프로그램 사용 시 사용하고자 하는 구조물의 해석 목적에 맞게 프로그램을 선정하여야 한다.

15 구조해석 요소 ^{109회/130회}

유한요소(Finite Element Method) 프로그램을 통해 구조물의 해석을 수행할 때 일반적으로 구조물을 이상화하기 위해 모델링을 할 때 해석의 효율성이나 사용자의 편의성 등을 고려하여 몇 가지의 구조요소 중에 선택할 수 있다. 유한요소 해석 프로그램에서 지원하는 형식에 따라 다르지만 일반적으로 1~3차원의 해석요소가 있으며 다음과 같이 구분된다.

구분	1차원	2차원	3차원	기타
종류	봉(Rod) 바(bar)	판(Plate), 막(Membrane) 평면변형률(Plane Strain) 쉘(Shell)	솔리드(Solid)	스프링(Spring) 감쇠(Damper)

1) 요소별 특성

유한요소(Finite Element Method)의 프로그램에서는 대부분 그래프화하여 보여주는 모델링을 지원하고 있다. 일반적으로 절점(Node)과 절점 간 연결을 통해 1차원 선 요소 혹은 프레임 요소를 표현하며, 선 요소 간 연결을 통해 2차원 면 요소 혹은 판 요소로 표현된다. 면 요소는 요소망(mesh)을 어떻게 구분하느냐에 따라 삼각형 혹은 사각형의 요소로 표현될 수 있다.

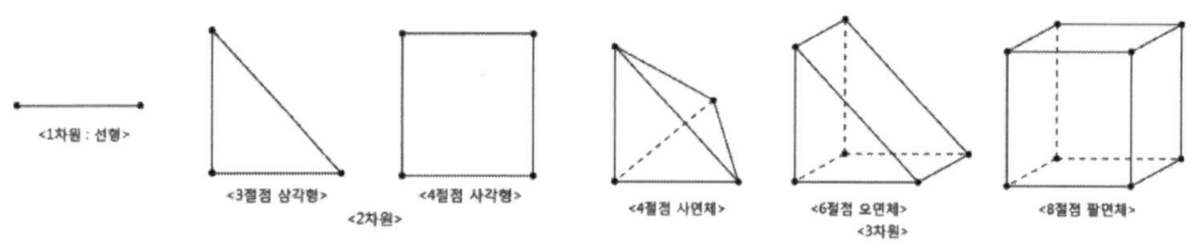

(차원별 유한요소 형태)

① 1차원 요소 : 1차원 요소는 선으로 표현되기 때문에 형상적으로 가장 단순하고 효율적으로 해석을 수행할 수 있는 모델 형태이다. 일반적으로 프레임 요소로 만들어서 해석하는 것이 일반적이다. 다만 선으로 표현되기 때문에 단면의 특성을 별도로 산정하거나 정의해서 1차원 요소와 연결(assign)해야 한다. 1차원 요소는 단면적에 비해 길이가 긴 모델에 주로 적용하며, 일반적으로 절점(Node)에 휨, 비틀림, 인장, 압축 하중을 적용할 수 있다. 주로 이상화된 구조물의 전체적인 거동과 설계 부재의 적합성을 판단하기 위해 사용된다. 그러나 1차원 요소는 보의 접합부와 같은 특정부분의 국부적인 거동은 고려 대상이 아니다.

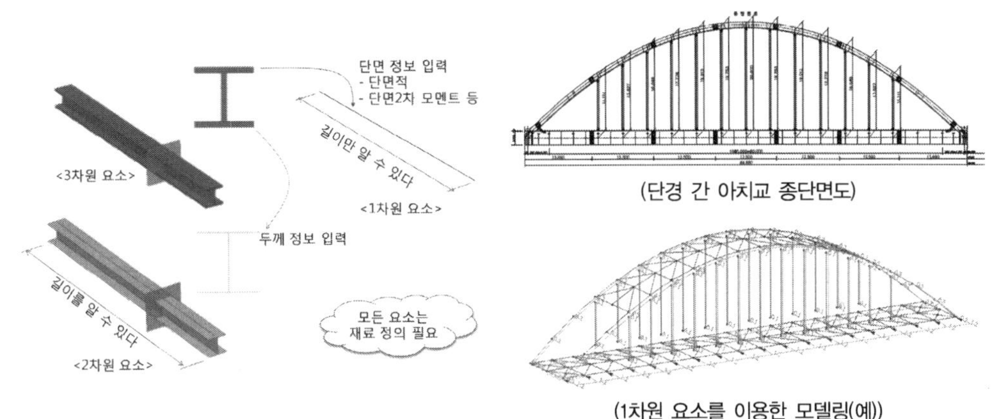

구분	봉(Rod)요소	바(Bar)요소
특징	① 축방향 강성과 비틀림 강성을 가진다. ② 핀결합으로 회전력을 전달하지 못한다. ③ 주로 트러스와 같은 구조물 모델에 사용된다.	① 축방향, 비틀림, 모멘트, 전단강성을 가진다. ② 강접합 요소로 회전력을 전달한다. ③ 주로 일반적인 보, 프레임 해석에 사용된다.

② 2차원 요소 : 2차원 요소는 주로 박판(薄板) 구조물을 표현하기 위해서 사용된다. 전체 크기나 표면적에 비해 두께가 얇은 구조물을 표현하는 데 사용되며, 1차원 요소와 달리 두께 정보를 제외하고 입체적으로 표현이 가능하다. 일반적으로 2차원 판요소에 적합한 구조는 구조물의 판의 변길이가 판 두께의 5~10배 이상인 경우가 적합하다.

2차원 면 요소는 크게 판(Plate)요소와 막(Membrane)요소로 구분한다. 판요소는 면내와 면외 방향 모두 힘을 전달하고, 막요소는 면내 방향 힘만 전달하는 요소로 정의한다. 면내 방향 힘은 판 요소를 굽게 만드는 모멘트가 발생하는 경우이고, 면외 방향 힘은 모멘트가 아닌 면내력 또는 막력으로 힘이 전달되는 경우를 의미한다. 막요소는 원통, 구, 타원 등과 같은 곡면판 구조를 해석할 경우에 적합하며, 휨에 대한 저항력이 없기 때문에 모멘트가 발생하지 않는 경우에 적합하다(Plate요소는 5자유도, Shell요소 6자유도 회전 저항성능 없음).

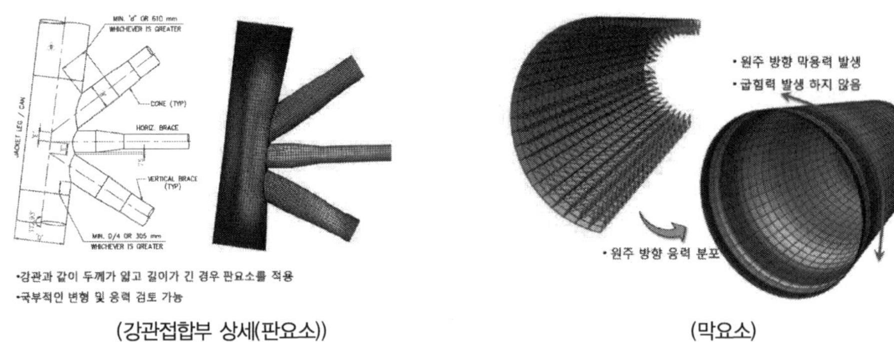

•강관과 같이 두께가 얇고 길이가 긴 경우 판요소를 적용
•국부적인 변형 및 응력 검토 가능

(강관접합부 상세(판요소))　　　　　　(막요소)

판요소에서 유용하게 사용할 수 있는 요소에서는 평면 변형률 요소와 축대칭 요소가 있다.

물체가 외부로부터 힘을 받아 변형하게 되면 변형의 크기를 나타내는 변형률(strain)은 거의 대부분 3차원적인 성분들로 구성되지만, 특수한 물체 형상과 외부 하중조건에서는 임의 한 방향으로 변형률이 거의 0이 되는 경우가 있다. 이처럼 임의의 한 방향으로 수직 변형률(normal strain)과 전단 변형률(shear strain)이 0이 되는 변형률 상태를 특별히 평면 변형률(Plane Strain) 상태라고 부르는 데, 물체의 거동이 평면 변형률 상태가 되기 위해서는 물체의 형상, 구속조건 그리고 하중조건이 임의 한 방향으로 일정해야 할 뿐만 아니라 그 방향으로 물체의 길이가 상당히 길어야 한다. 터널이나 댐과 같은 경우가 가장 대표적인 예이다.

회전체는 임의 단면을 특정 축을 중심으로 회전하여 만들어진 것이기 때문에 기하학적 형상이 원주를 따라 동일하다. 만일 이 회전체가 동일한 재질로 만들어진 등방성(homogeneity) 물질이고, 또한 하중과 구속 경계조건(boundary condition)이 원주방향으로 동일하다면 이 물체의 거동 역시 원주방향으로 일정하게 된다. 이러한 특수한 대칭성을 축대칭(axisymmetry)이라고 하며, 이러한 축대칭 거동은 물체 전체를 대상으로 분석할 필요 없이, 회전체의 기초가 되는 2차원 단면만을 고려하는 것이 효과적이다. 축대칭 거동을 나타내는 물체의 역학적 분석을 위해 2차원 단면만을 수치해석(numerical analysis) 모델로 생성한 것을 특별히 축대칭 모델이라고 하며, 이렇게 2차원 축대칭 모델을 이용하여 수치적으로 해석하는 작업을 축대칭 해석(axisymmetric analysis)이라고 한다.

③ 3차원 요소 : 3차원 요소는 일반적으로 솔리드(Solid)요소라고 하며 3차원적으로 형상 변화표현이 적합한 구조물의 해석에 사용된다. 골조 구조나 판 구조보다는 실린더블록, 고압펌프의 피스톤, 밸브 등과 같이 하나의 덩어리로 이루어진 구조물을 모델화하는 데 주로 사용된다. 구조가 얇은 판이더라도 용접부 같이 입체적인 응력집중을 보고자 하는 경우에는, 솔리드요소를 사용해 모델화하기도 한다.

3차원 요소는 실제 구조물과 가장 유사하게 모델화할 수 있다는 장점은 있지만, 그만큼 요소의 수가 많아 저장 데이터가 크고 해석 수행을 위한 계산시간이 오래 걸리는 단점이 있다.

【 기출유형 ① 】 구조물 해석 시 구조물 좌표계의 종류와 적용 예
【 기출유형 ② 】 구조물 해석 시 구조물 형상에 따른 좌표의 종류

일반적으로 구조해석 시 구조물 형상에 따른 좌표계는 직교좌표계(Cartesian coordinate system, Rectangular coordinate system)와 극좌표계(Polar coordinate system)의 2가지가 가장 많이 사용된다.

1) 구조물 형상에 따른 좌표계

① 직교좌표계 : 직교좌표계는 부재가 직선이면서 연결도 직선으로 연결된 구조물에서 주로 사용되며, 구조물 해석 시에는 구조물 전체좌표계(GCS, Glabal coordinate system), 요소좌표계(ECS, Element coordinate system) 및 절점좌표계(NCS, Node Local coordinate system)로 구분되어 적용된다.

이는 부재의 Global 좌표와 부재의 축선에 따른 Local 좌표에 따라서 부재의 응력방향이나 처짐 등이 달라지기 때문에 구조해석 시에는 구조물의 Global 좌표와 Local 좌표에 대한 확인이 반드시 필요하다.

② 극좌표계 : 극좌표계는 부재가 곡선으로 이루어져 있어서 직교좌표계로 표현하는 데 한계가 있을 때 구조물의 회전반경이나 각도 등 벡터 등을 활용하여 표현된 좌표계를 말한다.

일반적으로 원형이나 곡선면을 가지는 구조물에 적용되며, 직교좌표계가 $(x,\ y,\ z)$로 표현되는 데 반해 극좌표계는 $(r,\ \theta,\ \phi)$로 표현된다.

극좌표계와 직교좌표계와의 관계는 아래와 같이 표현된다.

$$x = rsin\phi cos\theta,\ y = rsin\phi sin\theta,\ z = rcos\phi$$

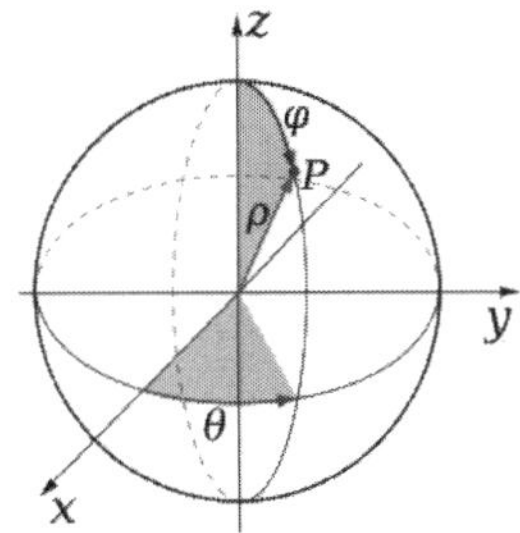
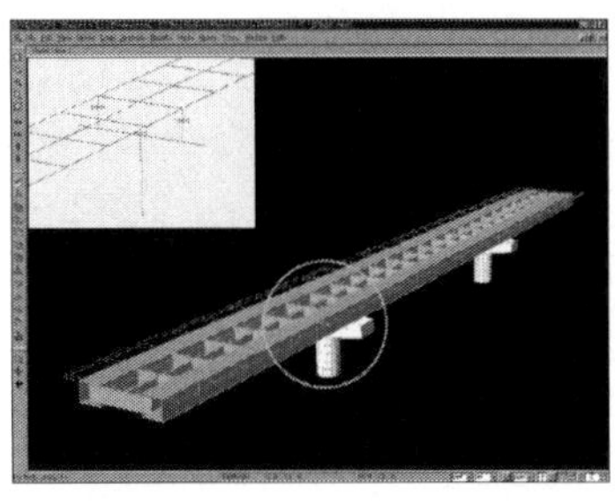
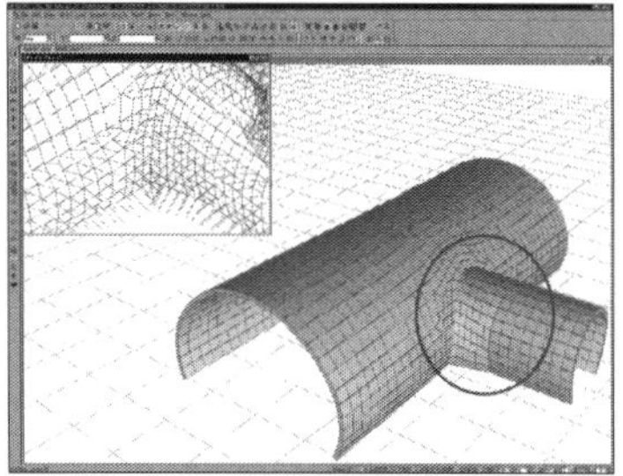

③ 혼합좌표계 : 일반적으로 구조물의 해석 시에 요소를 작게 생성할수록 그 정확도는 향상되나 많은 요소수로 인하여 구조해석시간의 문제가 발생할 수 있다. 곡선면을 가지는 부재는 직선

으로 표현할 경우 요소를 잘게 잘라서 곡선의 요소와 비슷하게 생성하여야 하나 이렇지 못할 경우 직선의 부재와 곡선의 부재를 동시에 효과적으로 표현하기 위해서 두 좌표계를 혼용하여 사용하는 경우도 있으며, 곡선과 직선의 부재 모두 주부재로 사용되는 경우에는 그 정확도를 위해서도 혼용된 자표계의 사용이 더욱 필요하다.

아치교의 Rib를 정확하게 표현하거나 케이블과 같은 비선형 부재의 경우에는 Cable의 세그의 영향이나 대변형으로 인한 비선형성을 고려하기 위해서도 현수방정식 등의 고려가 필요한 경우에도 사용될 수 있다.

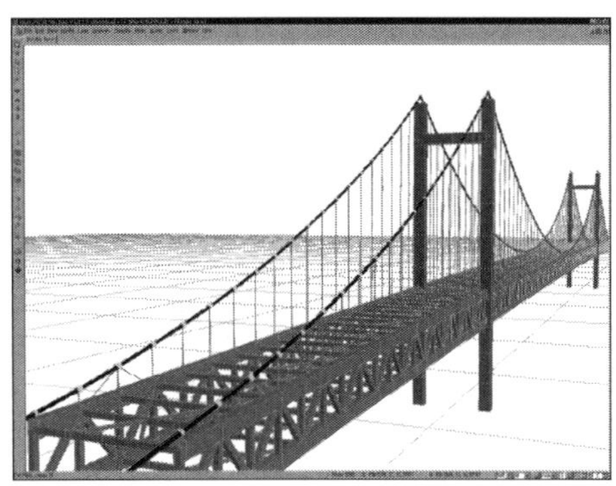
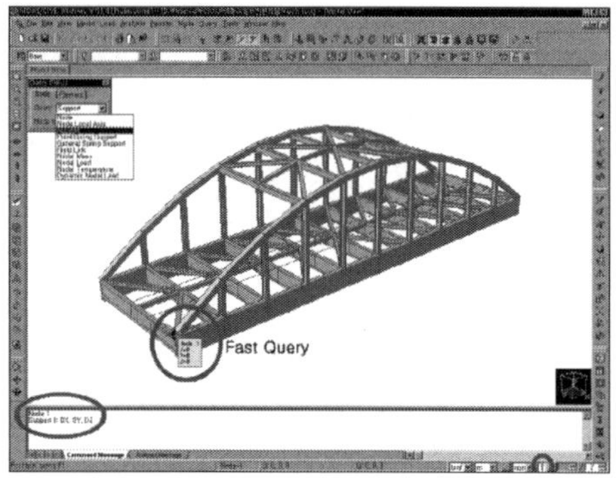

【 기출유형 ① 】 구조역학에서 사용되는 지배방정식

구조역학에서의 지배방정식은 구조물해석에 있어서 일반화된 방정식을 의미한다. 대표적으로 보의 탄성해석상에서 미소변위 이론을 적용함으로 인해서 유도되는 처짐방정식 $EIy'' = -M$이나 뉴턴의 운동방정식을 이용한 동역학적인 자유진동방정식 $m\ddot{x} + c\dot{x} + kx = 0$과 같은 방정식을 말한다.

1) 구체적인 지배방정식의 예

① 보의 지배 미분방정식

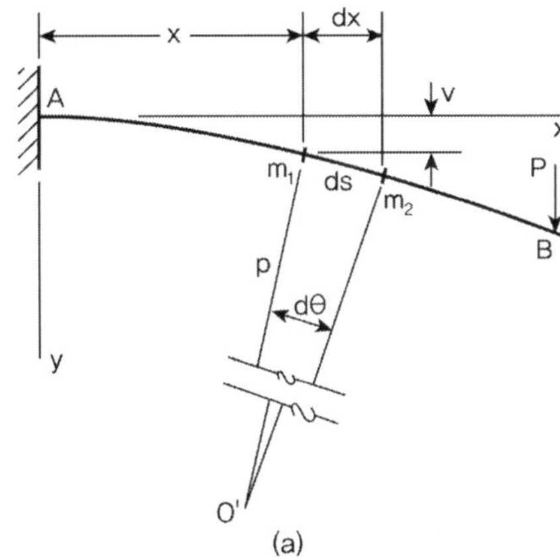

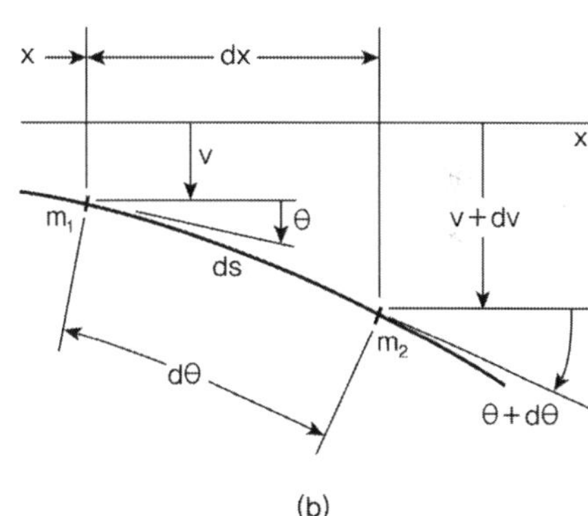

$$\text{Let, } \kappa = \frac{1}{\rho} \quad dx \approx ds = \rho d\theta \qquad \therefore \kappa = \frac{1}{\rho} = \frac{d\theta}{dx}$$

중립축에서 y만큼 떨어진 임의의 위치에서 부재의 원래 길이를 l_1, 변형 후의 길이를 l_2라 하면,

$$l_1 = dx$$

$$l_2 = (\rho - y)d\theta = \rho d\theta - y d\theta = dx - y\left(\frac{dx}{\rho}\right)$$

$$\therefore \epsilon_x = \frac{l_2 - l_1}{l_1} = -y\left(\frac{dx}{\rho}\right)\frac{1}{dx} = -\frac{y}{\rho} = -\kappa y$$

$\sigma_x = E\epsilon_x = -E\kappa y$이므로,

$$\therefore M = \int \sigma_x y dA = \int y(-E\kappa y)dA = -\kappa E \int y^2 dA = -\kappa EI = -\frac{EL}{\rho}$$

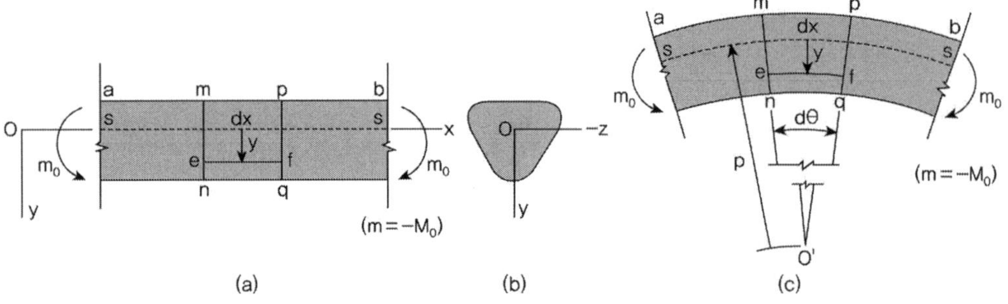

(a)   (b)   (c)

$$\theta \approx \tan\theta = \frac{dv}{dx} \text{ 이므로,} \qquad \kappa = \frac{1}{\rho} = \frac{d\theta}{dx} = \frac{d^2 v}{dx^2} \qquad (\text{여기서 } v \text{는 처짐})$$

$$\therefore M = -EI\frac{d^2 v}{dx^2} = -EIv'' \qquad (\text{보의 처짐곡선의 기본 지배 미분방정식})$$

② 기둥의 좌굴방정식

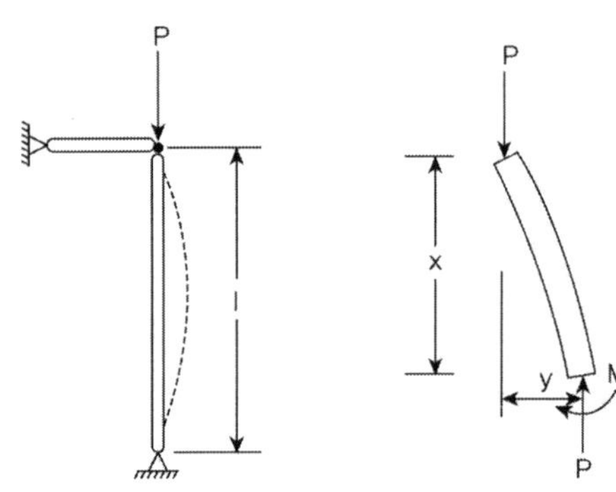

$$M = -EIy'' = Py$$

$$EIy'' + Py = 0 \quad \text{let } \lambda^2 = \frac{P}{EI}$$

General solution $\quad y = A\sin\lambda x + B\cos\lambda x$

From B.C

$$y(0) = 0 \ : \ B = 0$$

$$y(l) = 0 \ : \ A\sin\lambda l = 0$$

if $A = 0 \rightarrow$ trivial solution(무용해)

$$\therefore A \neq 0, \quad \sin\lambda l = 0 \quad \lambda l = n\pi \quad \lambda = \frac{n\pi}{l} \qquad \therefore P_{cr} = \frac{\pi^2 EI}{l_e^2} = \frac{\pi^2 EI}{(kl)^2} = \frac{\pi^2 EA}{(kl/r)^2}$$

③ 판의 좌굴 방정식(유도과정은 강구조편 참조)

Differential Equation of plate buckling

$$D\left(\frac{\partial^4 w}{\partial x^4} + 2\frac{\partial^4 w}{\partial x^2 \partial y^2} + \frac{\partial^4 w}{\partial y^4}\right) = N_x\frac{\partial^2 w}{\partial x^2} + N_y\frac{\partial^2 w}{\partial y^2} + N_{xy}\frac{\partial^2 w}{\partial x \partial y}, \qquad D = \frac{Eh^3}{12(1-\mu^2)}$$

지배방정식은 공학적으로 현상을 간편화하기 위해서 일반적인 가정을 포함하여 현상의 지배적인 일반화된 방정식을 산정한 내용을 의미한다.

변형(Deformation)

크기와 모양의 변화를 고려하여 변형(Deformation)을 두 가지 형태로 분류하고, 특징에 대하여 설명하시오

풀 이

▶ 개요

물체에 힘이 가해지면 물체의 크기와 모양의 변화가 발생되며 이를 변형(Deformation)이라고 정의한다. 공학적으로 재료의 변형에 대해 구분할 때는 통상 고무줄과 같이 물체의 크기와 모양의 변화가 눈에 띄게 변화했다 원래의 모양으로 돌아오는 탄성변형(Elastic deformation)과 하중이나 외부 힘이 가해지면 미세하게 변화하거나 거의 변화가 없으나 한계이상의 힘이 가해지면 원래의 모양으로 돌아가지 않는 소성변형(Plastic deformation)으로 구분할 수 있다.

▶ 탄성 및 소성 변형

물체에 힘이나 열과 같이 외부에서 하중(힘)이 작용하면 그 크기와 모양이 변화하는 변형이 발생한다. 물체는 외부자극에 변형에 저항하려는 성질과 함께 변형을 유지하려는 두 가지 상반된 성질을 가지는데 변형에 저항하려는 성질을 탄성이라고 하며 변형을 그대로 유지하려는 성질을 소성이라고 한다.

1) 탄성변형(Elastic deformation) : 물체에 외력이 가해지면 크기와 모양에 변형이 발생하지만 하중을 제거하면 변형 전의 상태로 돌아가게 되며 이를 탄성변형이라고 한다.

2) 소성변형(Plastic deformation) : 물체에 외력이 가해지면 탄성변형을 지나 연속적으로 변형하고 외력을 제거해도 원래의 상태로 돌아가지 않고 영구변형이 발생하게 되는 경우를 소성변형이라고 한다. 소성변형은 재료의 비탄성 구간에서 발생되며 영구변형이 발생한다는 특성을 가진다.

3) 탄성(Elasticity)과 비탄성(Inelasticity)/소성(Plastic) : 재료의 탄성과 비탄성은 외부의 하중이 가해져 변형이 발생된 이후 재료가 원래의 형상으로 돌아오는지 여부에 따라 구분할 수 있다. 고무와 같이 변형된 후 가해진 하중을 제거했을 때 원래의 형상으로 돌아오는 재료를 탄성재료로 구분하고 재료가 깨어지거나 잔류변형이 남아서 원래의 형상으로 돌아오지 않는 재료는 비탄성 재료 또는 소성재료로 구분할 수 있다. 일반적으로 탄성재료는 Hooke's Law가 적용되는 재료로 분류한다. 일반적인 재료에서는 하중이 작용하는 점에서 일정구간 떨어진 지점(B영역, Bernoulli's Zone)에서 St.Venant의 정의가 성립되는 곳을 탄성영역으로 보며, 하중작용점 인근의 지점(D영역, Distributed Zone)에서는 비탄성/소성영역으로 구분할 수 있다.

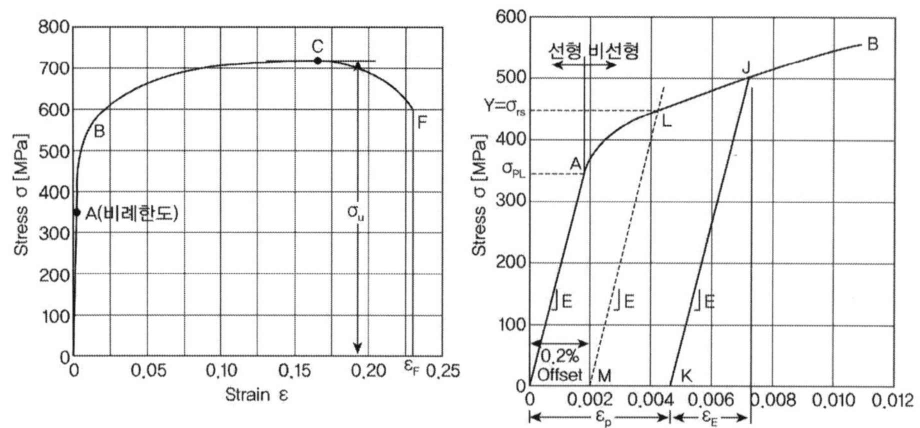

비선형탄성은 재료가 탄성적이지만 하중과 변위와의 관계가 선형적으로 변화하지 않는 경우를 말하며 재료가 비선형이면서도 가해진 하중을 제거했을 때 잔류변형이나 파괴로 인해서 원래의 형상으로 돌아오지 않는 재료를 비선형 비탄성재료 또는 비선형 소성재료로 구분한다.

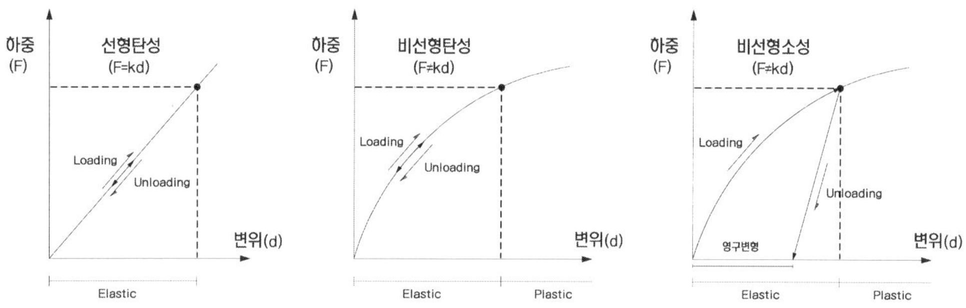

비선형 거동

정적상태의 구조물에서 발생할 수 있는 비선형 거동의 종류와 사례에 대하여 설명하시오.

풀 이

▶ 개요

탄성재료가 외부하중과 변형의 관계가 직선적으로 변화하는지 여부에 따라 선형 또는 비선형재료로 구분할 수 있다. 선형재료의 경우 가하여지는 힘의 크기와 그에 따른 변위의 변화량은 비례한다는 선형관계가 성립되며, 이때 통상 탄성계수를 이용하여 선형관계를 나타낸다. 비선형의 경우는 선형재료와 달리 힘의 크기와 그에 따른 변위의 변화량은 비례한다는 선형관계가 성립되지 않는 경우이며 그 원인은 기하학적 원인, 재료적인 원인, 경계조건 등이 있다. 구조물의 해석에서는 선형해석의 경우에는 하중에 따라 중첩의 원리가 성립되나 비선형 해석에서는 성립되지 않는다. 일반적으로 재료에서는 비례한도까지를 선형재료로 보고 비례한도 이후에는 비선형으로 구분한다.

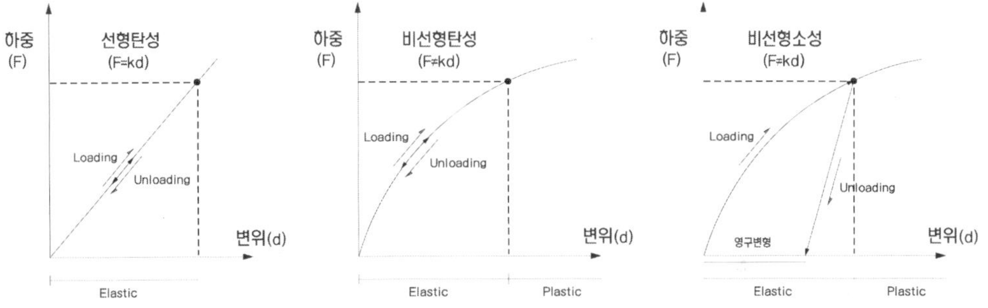

▶ 비선형 거동의 종류와 사례

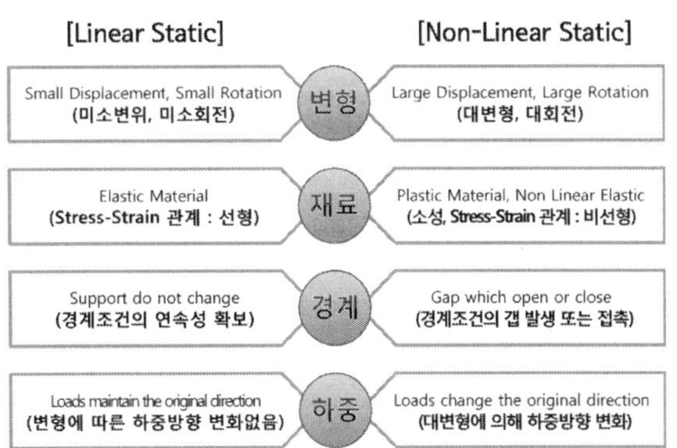

1) 기하학적 비선형(Geometric Non-linearity)

구조시스템의 형상 때문에 하중의 증가에 따른 변형량이 비선형으로 증가하는 경우이다. 가장 대표적인 예로서 좌굴을 들 수 있다. 좌굴은 재료가 비록 탄성거동을 하고 있지만, 미소한 하중의 증가에 많은 양의 변형을 유발하는 문제이다. 또 다른 예는 현수교 등에서 하중에 따라 케이블과 행거로프로 지지된 보강형의 변위가 선형적이지 않다. 이러한 특성을 가지고 있는 것으로는 large deformation, large strain, buckling 등이 있다.

2) 재료의 비선형성(material Non-linearity)

구조물을 구성하고 있는 재료의 특성으로 인하여 하중과 변형과의 관계가 선형적이지 않는 경우이다. 대표적인 경우로는 재료의 소성특성, 크리프 특성 등이 있으며, 다른 예로는 고무재료 등이 있다. 최근 내진설계에 적용되는 납면진받침(LRB)의 경우도 그 수평거동 자체가 비선형이지만 해석에서는 이를 bi-linear로 가정하여 해석한다.

3) 경계조건의 비선형(Boundary Non-linearity)

Opening/Closing of gaps, Contact, Follower force 등 구조물에 작용하는 하중이나, 구속조건 등이 선형적인 거동을 보이지 않는 경우이다. 대표적인 예로는 접촉문제로서 서로 접촉하지 않는 경우에는 전혀 하중이 작용하지 않다가 접촉을 하면서부터 하중이 작용한다. 다른 예로서 시간에 따라 변하는 온도 조건 등이 있으며, Shock Transmission Unit(STU) 및 Shear Key의 경우도 경계조건의 비선형으로 볼 수 있다.

재료비선형 : 섬유요소

재료 비선형을 고려하여 해석할 수 있는 섬유요소(Fiber Element)에 대하여 설명하시오.

풀 이

▶ 개요

재료의 비선형성(material Non-linearity)은 구조물을 구성하고 있는 재료의 특성으로 인하여 하중과 변형과의 관계가 선형적이지 않는 경우를 말한다. 대표적인 경우로는 재료의 소성 특성, 크리프 특성 등이 있으며, 다른 예로는 고무재료 등이 있다.

▶ 섬유요소의 특징

섬유요소를 이용한 모델은 부재의 단면을 부재 축방향에 대해 작은 단면적으로 분할한 섬유요소에 대해 각각의 단면에 1축 응력−변형률 재료 물성치를 넣은 부재 모델이다. 하나의 부재 내에는 여러 개의 적분점을 모델링 과정에서 위치시킬 수 있는데 해당 적분점을 기준으로 곡률의 변화를 계산한다. 이때 $\epsilon = \kappa y$이므로 곡률과 중립축으로부터의 거리를 통해 각각의 섬유요소의 적분점에서의 축변형률이 계산되고 축변형률에 대한 재료 물성치에서 각각의 섬유요소의 응력이 결정되어 이를 통해 해당위치에서 모멘트가 계산되게 된다.

① 단면 분할 : 구조물을 여러개의 섬유로 분할하여 각각의 섬유에 대한 응력−변형률 관계를 계산한다. 이때 섬유는 재료의 특성과 형상에 따라 정의된다.

② 재료 비선형 모델 : 각 섬유의 응력−변형률 관계는 재료의 비선형 특성을 고려한 모델로 나타난다.

③ 응력 분배 : 구조물에 작용하는 하중에 따라 각 섬유의 응력이 계산되고 분배된다. 이를 통해 전체 구조물 내의 응력분포를 추정할 수 있다.

④ 섬유 간 상호작용 : 섬유들 사이의 상호작용을 고려하여 전체 구조물의 거동을 예측한다. 이를 통해 구조물의 변형, 파손, 결함 형성 등을 예측한다.

⑤ 비선형 해석 : 재료 비선형 특성을 고려하므로 구조물의 비선형 행위를 모델링할 수 있고 이는 구조물의 부착, creep, 팽창 및 복원 등의 특성을 반영할 수 있다.

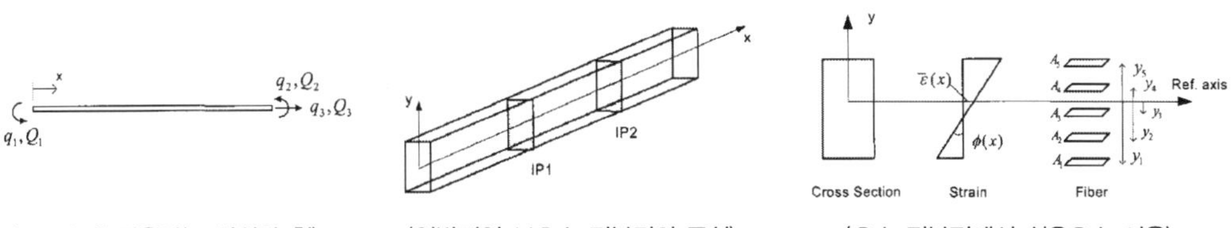

(보요소에 작용하는 변위와 힘) (일반적인 보요소 적분점의 구성) (요소 적분점에서 섬유요소 이용)

응력-변형률

Ramberg-Osgood의 응력-변형률 법칙에 대하여 설명하시오.

풀 이

➤ 개요

Ramberg-Osgood의 응력-변형률 관계식은 항복점 근처의 재료에서 응력과 변형률 사이의 비선형관계를 설명하는 데 주로 사용된다. 재료의 응력과 변형률 관계는 탄성영역과 비탄성(비선형)영역으로 구분되며, Ramberg-Osgood 방정식은 탄성영역을 지나 비선형 관계를 가지는 영역까지 재료의 응력과 변형률을 설명할 때 사용된다.

➤ Ramberg-Osgood의 응력-변형률 법칙

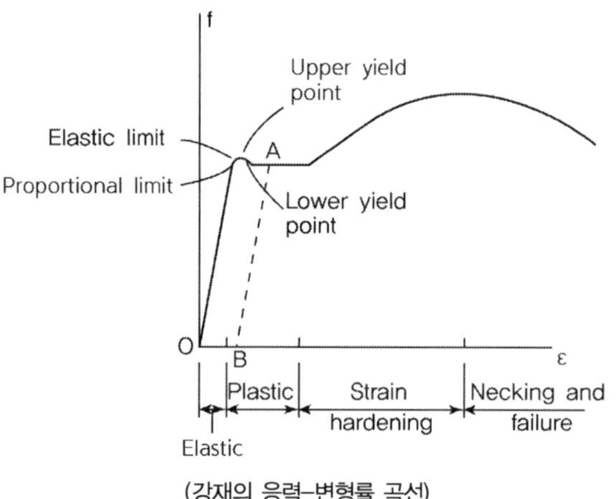

(강재의 응력-변형률 곡선)

재료가 탄성한계(Elastic limit)를 지나면 응력과 변형률의 관계는 비선형성을 보이게 되며, Ramberg-Osgood 방정식은 이러한 경화로 인해 소성변형을 한 재료의 탄성과 소성 변이를 함께 표현할 때 주로 사용된다.

$$\epsilon = \frac{\sigma}{E} + K\left(\frac{\sigma}{E}\right)^n$$

$K,\ n$은 재료에 의해 결정되는 계수

구조물의 자유도

구조물의 자유도(degree of freedom)에 대하여 설명하고, 아래 그림과 같은 평면 라멘 구조물(A점은 고정 지점, D점은 롤러 지점)의 자유도를 구하시오.

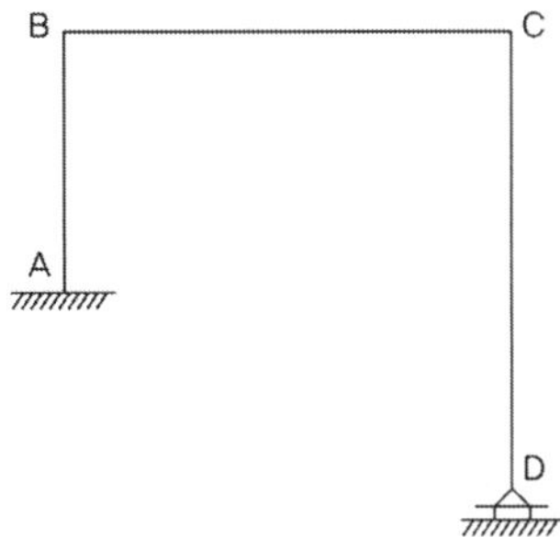

풀 이

▶ 개요

자유도란 구조물이 변형할 수 있는 방향의 수를 의미하며, 일반적으로 구조해석에서 사용되는 한 절점의 변위의 개수는 6개의 자유도(u_x, u_y, u_z, θ_x, θ_y, θ_z)로 구분한다. 특별한 경우 Warping으로 인한 Distorsion을 포함한 7자유도로 구성되는 경우도 있다. 이러한 자유도의 정의는 매트릭스 해석법이나 이 해석법을 이용한 컴퓨터 해석방법에 주로 사용된다.

▶ 구조물의 자유도 산정

2D 구조물에 대해서 다음과 같이 7개의 자유도를 산정할 수 있다.

변형도

다음 변형도에서 잘못된 것을 4개 이상 지적하고 옳은 변형도를 그리시오.

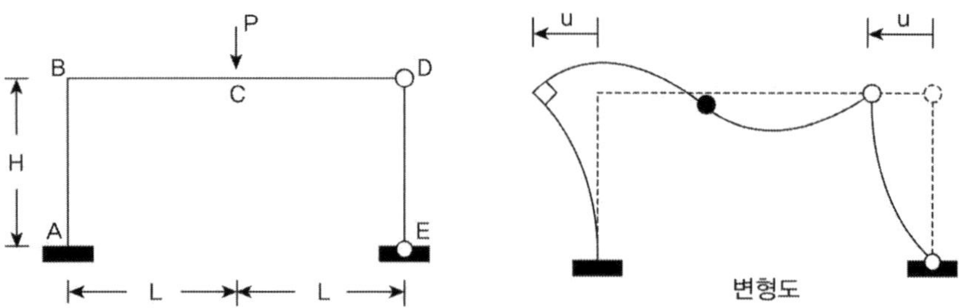

풀 이

1) 하중이 중앙에 작용 시 횡방향 변위는 구조물이 상대강성이 약한 쪽으로 발생한다. 여기서 C-D-E 부재에 내측힌지가 포함되어 있으므로 D쪽을 향해(→) 횡방향 변위가 발생한다.

2) DE부재는 양단이 힌지이고 경간 내 하중이 작용하지 않았으므로 전단력이나 모멘트가 발생하지 않는다(트러스 부재와 동일). 그러므로 DE부재는 휨이 발생하지 않는다. 부재는 직선 유지

3) DE부재에서 휨모멘트가 0이므로 E지점의 횡방향 반력은 없다. 전체 구조물에서 A지점 또한 횡방향 반력을 받지 않는다. 그러므로 AB부재에는 전단력이 작용하지 않고 순수 휨만 작용한다. 곡률이 일정한 AB부재에는 전단력이 작용하지 않고 순수 휨만 작용한다. 곡률이 일정한 AB부재가 우측 횡변위가 발생하기 위해서는 위의 그림과 반대의 곡률이 필요하다. AB부재 곡률 반대

4) 두 개의 부재가 만나는 강절점은 평형방정식을 만족시키기 위해 다음과 같은 두 종류로 구분한다. 위의 그림에서의 B절점은 그림 iii)이 되어 평형을 만족시키지 못한다.

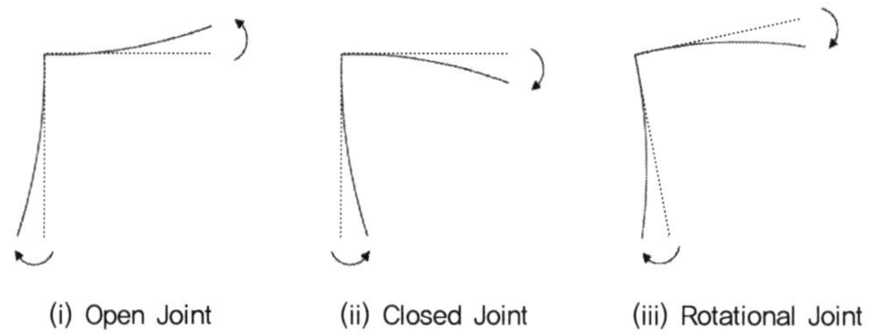

5) BD부재의 대략적인 BMD를 보아도 곡률이 바뀌는 변곡점은 부재 중앙이 아니라 B절점에 가까이 있다.

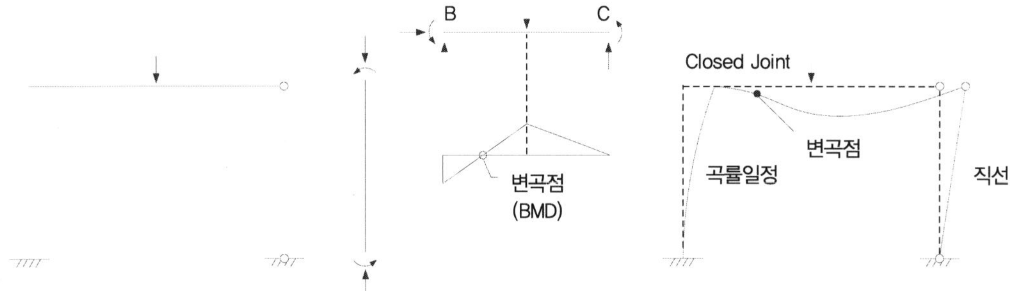

B
C
변곡점
(BMD)
Closed Joint
변곡점
곡률일정
직선

변형도

그림의 구조물에서 집중하중 P에 의해 변형된 형태를 그리고 변위가 발생한 이유를 설명하시오.

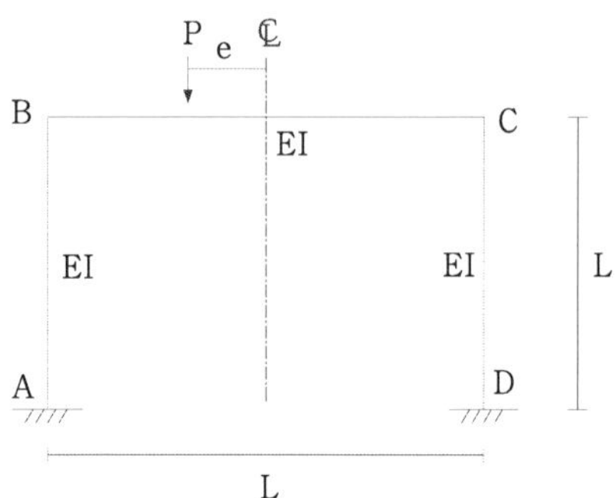

풀 이

▶ 개요

하중에 의한 변형형상을 계산하는 방법은 크게 여러 가지로 풀이할 수 있으나, 크게 분류하면 구조물의 하중에 대한 미분방정식을 적분하여 처짐방정식을 산정하여 계산하는 방법과 중요지점의 포인트점에서의 변위를 매트릭스 해석법과 같은 해석을 통해서 변위를 산정하여 연결하는 방법으로 볼 수 있다.

▶ 하중에 대한 미분방정식을 통한 변위형상 계산하는 방법

주어진 문제의 부정정 구조물의 미분방정식 산정을 위해서는 반력을 Redundant force로 치환하거나 단위하중으로 치환하여 부정정력을 별도로 산정하고 산정된 부정정력으로부터 휨에 의한 변위를 계산하는 방법으로 구할 수 있다.

▶ 매트릭스 해석법을 통한 변위형상 계산

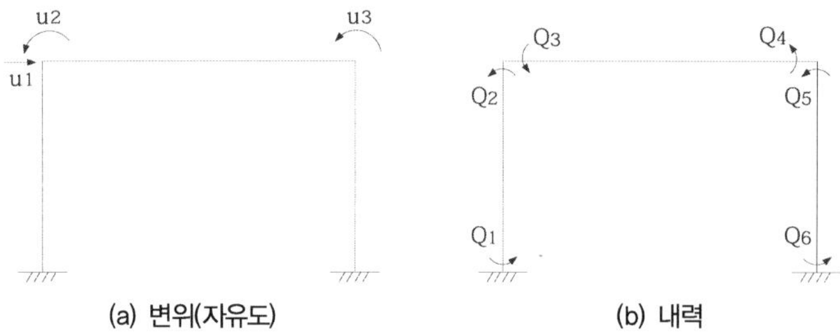

1) Fixed End Moment

$$\begin{bmatrix} C_{BC} \\ C_{CB} \end{bmatrix} = \begin{bmatrix} \dfrac{P}{l^2}\left(\dfrac{l}{2}-e\right)\left(\dfrac{l}{2}+e\right)^2 \\[4mm] -\dfrac{P}{l^2}\left(\dfrac{l}{2}-e\right)^2\left(\dfrac{l}{2}+e\right) \end{bmatrix}$$

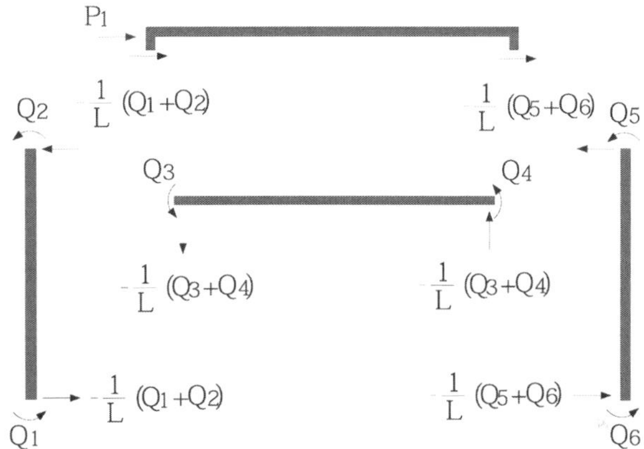

2) Static Matrix([A] Matrix) : 평형조건

$$[P]=[A][Q]$$

$$\begin{bmatrix} P_1 \\ P_2 \\ P_3 \end{bmatrix} = \begin{bmatrix} 0 \\[2mm] -\dfrac{P}{l^2}\left(\dfrac{l}{2}-e\right)\left(\dfrac{l}{2}+e\right)^2 \\[4mm] \dfrac{P}{l^2}\left(\dfrac{l}{2}-e\right)^2\left(\dfrac{l}{2}+e\right) \end{bmatrix}$$

$$P_1 = \frac{1}{l}(Q_1 + Q_2 + Q_5 + Q_6), \quad P_2 = Q_2 + Q_3, \quad P_3 = Q_4 + Q_5$$

$$[P]=[A][Q]=\begin{bmatrix} \dfrac{1}{l} & \dfrac{1}{l} & 0 & 0 & \dfrac{1}{l} & \dfrac{1}{l} \\[2mm] 0 & 1 & 1 & 0 & 0 & 0 \\[1mm] 0 & 0 & 0 & 1 & 1 & 0 \end{bmatrix} \begin{bmatrix} Q_1 \\ Q_2 \\ Q_3 \\ Q_4 \\ Q_5 \\ Q_6 \end{bmatrix}$$

3) Element Stiffness Matrix([S] Matrix) : 힘-변형 관계식

$$[Q]=[S][e]$$

$$[S]=\frac{EI}{l}\begin{bmatrix} 4 & 2 & & & & \\ 2 & 4 & & & & \\ & & 4 & 2 & & \\ & & 2 & 4 & & \\ & & & & 4 & 2 \\ & & & & 2 & 4 \end{bmatrix}$$

4) 적합조건

$$[e]=[B][d]=[A]^{T}[d]$$

5) Global Stiffness Matrix([K] Matrix, $[A][S][A]^{T}$)

$$[P]=[A][Q]=[A][S][e]=[A][S][B][d]=[A][S][A]^{T}[d]=[K][d] \;\therefore [d]=[K]^{-1}[P]$$

$$[K]=[A][S][A]^{T}=\frac{EI}{l}\begin{bmatrix} \dfrac{24}{l^{2}} & \dfrac{6}{l} & \dfrac{6}{l} \\ \dfrac{6}{l} & 8 & 2 \\ \dfrac{6}{l} & 2 & 8 \end{bmatrix}$$

6) Displacement Matrix([d] Matrix, $[K]^{-1}[P]$)

$$[d]=[K]^{-1}[P]=\frac{l}{EI}\begin{bmatrix} -\dfrac{e(2e+l)(2e-l)P}{56l} \\ \dfrac{(2e+l)(2e-l)(12e+7l)P}{336l^{2}} \\ \dfrac{(2e+l)(2e-l)(12e-7l)P}{336l^{2}} \end{bmatrix}$$

3

TIP | 변위형상을 통한 Global 매트릭스 산정 |

① $u_1 = 1 : Q_1 = Q_2 = \dfrac{1}{l}, \; Q_3 = Q_4 = 0, \; Q_5 = Q_6 = \dfrac{1}{l}$

② $u_2 = 1 : Q_1 = 0, \; Q_2 = Q_3 = 1, \; Q_4 = Q_5 = Q_6 = 0$

③ $u_3 = 1 : Q_1 = Q_2 = Q_3 = 0, \; Q_4 = Q_5 = 1, \; Q_6 = 0$

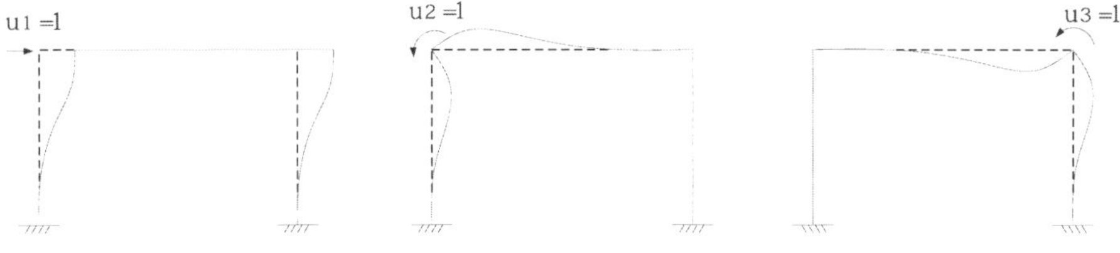

$$[A_r] = \begin{pmatrix} \dfrac{1}{l} & 0 & 0 \\ \dfrac{1}{l} & 1 & 0 \\ 0 & 1 & 0 \\ 0 & 0 & 1 \\ \dfrac{1}{l} & 0 & 1 \\ \dfrac{1}{l} & 0 & 0 \end{pmatrix} \qquad [k] = \dfrac{EI}{l} \begin{bmatrix} 4 & 2 & & & & \\ 2 & 4 & & & & \\ & & 4 & 2 & & \\ & & 2 & 4 & & \\ & & & & 4 & 2 \\ & & & & 2 & 4 \end{bmatrix} \qquad [K_{rr}] = [A_r]^T \cdot [k] \cdot [A_r] = \dfrac{EI}{l} \begin{bmatrix} \dfrac{24}{l^2} & \dfrac{6}{l} & \dfrac{6}{l} \\ \dfrac{6}{l} & 8 & 2 \\ \dfrac{6}{l} & 2 & 8 \end{bmatrix}$$

$$[d] = [K_{rr}]^{-1}[P] = \dfrac{l}{EI} \begin{bmatrix} -\dfrac{e(2e+l)(2e-l)P}{56l} \\ \dfrac{(2e+l)(2e-l)(12e+7l)P}{336l^2} \\ \dfrac{(2e+l)(2e-l)(12e-7l)P}{336l^2} \end{bmatrix}$$

7) Displacement Shape

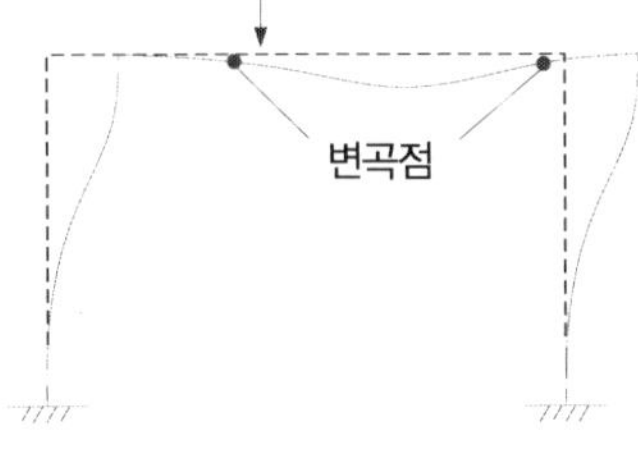

브레이싱이 설치되지 않은 구조물이나 하중의 비대칭이 발생할 경우에는 Sidesway가 발생하며, 본 구조물에서는 하중의 비대칭성에 의하여 Sidesway가 발생과 함께 하중으로 인한 변형으로 그림과 같은 변위 형상이 발생하였다(Sidesway의 발생은 하중이 재하되는 쪽의 강성이 더 크기 때문에 변곡점을 강성이 약한 쪽으로 밀어내는 성질이 생겨서 발생한다).

2개의 부재가 만나는 강절점은 절점에 coupling moment가 작용하지 않는 한 평형을 만족시키기 위해서 open joint 또는 closed joint여야 한다(FBD를 그려보면 기둥과 연결되는 단면에서 휨모멘트는 반시계 방향이며, 보와 연결되는 단면에서도 휨모멘트도 반시계 방향이므로 절점에서의 평형이 만족되지 않는다). 따라서 위의 변형도는 2개의 변곡점을 가져야 한다.

평면변형과 평면응력 / Plane stress & Plane strain

Plane stress 상태에서 응력–변형률, 변형률–응력 관계식, 토목구조물 적용 사례

풀 이

▶ 평면변형과 평면응력의 조건

탄성해석 시에 2차원적 해석이나 탄성평판해석을 만족하도록 다루어진다. 통상 이러한 해석에서 Plane stress와 Plane strain이 포함되는데 이 두 방법은 구속조건이나 응력과 변위에서의 가정 사항에 따라서 달라진다. Plane stress는 2차원적으로 xy평면에 수직한 응력 σ_z, τ_{xz}, τ_{yz}은 0이라고 가정하는 것으로 기하학적으로 한 방향이 다른 방향에 비해서 월등히 작은 경우에 해당하며, 하중이 두께방향으로 균등하게 작용하는 경우에 해당되며, Plane strain는 2차원적으로 xy평면에 수직한 변형률 ϵ_z, γ_{xz}, γ_{yz}은 0이라고 가정하는 것으로 기하학적으로 한 방향이 다른 방향에 비해서 월등히 큰 경우에 해당하며, 하중은 x, y 방향으로 작용하고 z방향으로는 변하지 않는 경우에 해당된다.

▶ 2차원 해석

1) Stress

σ_x, σ_y, τ_{xy}

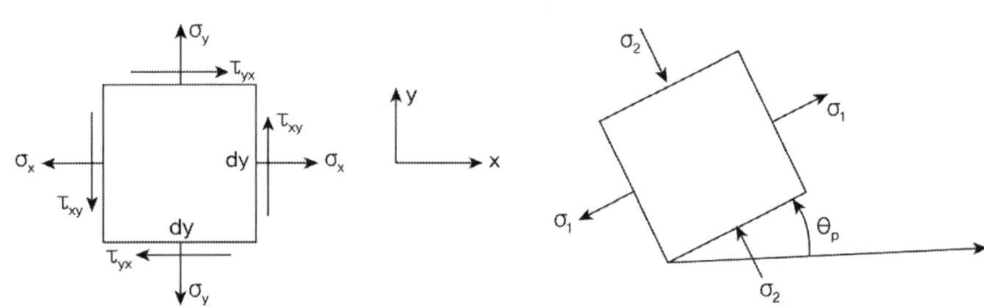

주응력 $\sigma_{1,2} = \dfrac{\sigma_x + \sigma_y}{2} \pm \sqrt{\left(\dfrac{\sigma_x - \sigma_y}{2}\right)^2 + \tau_{xy}^2}$, $\tan 2\theta_p = \dfrac{2\tau_{xy}}{\sigma_x - \sigma_y}$

2) Strain

$\epsilon_x = \dfrac{\partial u}{\partial x}$, $\epsilon_y = \dfrac{\partial v}{\partial y}$　$\gamma_{xy} = \dfrac{\partial u}{\partial y} + \dfrac{\partial v}{\partial x}$

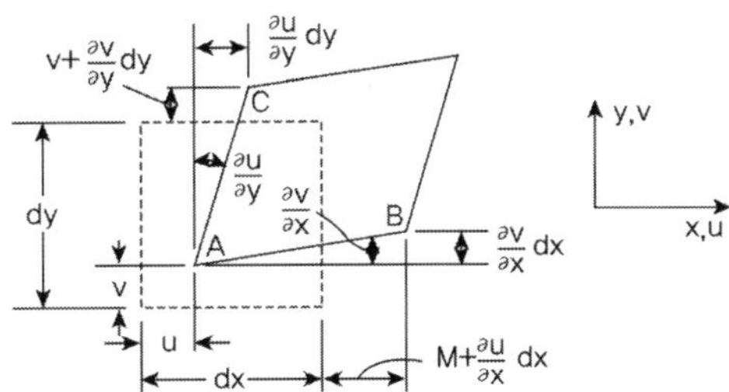

Differential Equation for plane elasticity

$$\frac{\partial \sigma_x}{\partial x} + \frac{\partial \sigma_{xy}}{\partial y} + X = \rho \frac{\partial^2 u}{\partial t^2} \quad X, Y : \text{Body force}$$

$$\frac{\partial \sigma_{yx}}{\partial x} + \frac{\partial \sigma_y}{\partial y} + Y = \rho \frac{\partial^2 v}{\partial t^2} \quad \rho : \text{density of material}$$

➤ **Plane stress : xy평면에 수직한 응력 σ_z, τ_{xz}, τ_{yz}은 0이라고 가정한다**

기하학적으로 한 방향이 다른 방향에 비해서 월등히 작은 경우에 해당하며, 하중이 두께방향으로 균등하게 작용하는 경우

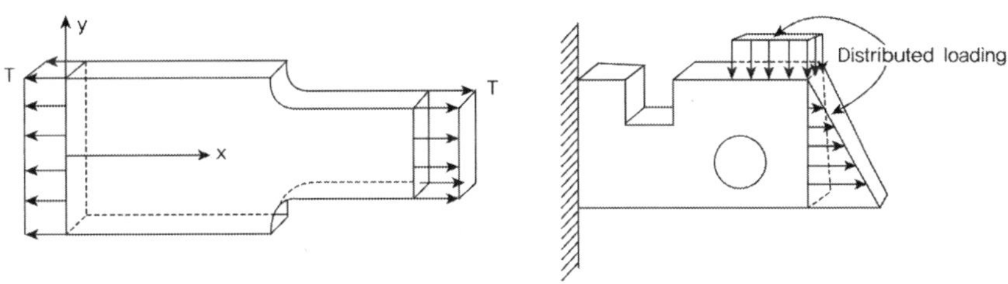

전형적인 Plane stress 경계조건 문제
① 두께방향으로 균등한 분포하중을 받거나 집중하중을 받는 경우
② 한 지점에서 고정단이거나 한 면이 고정단이거나 롤러지점인 경우

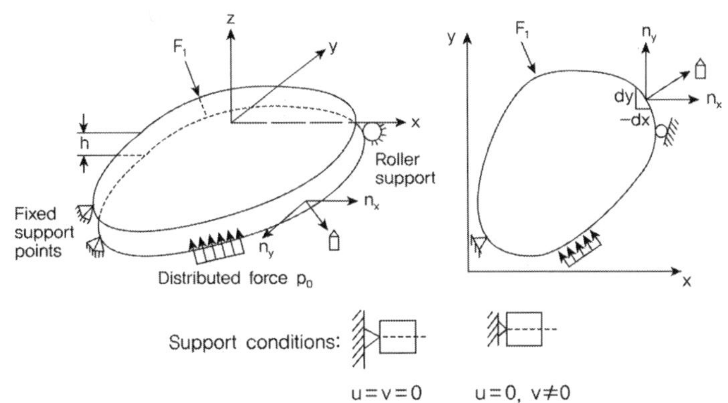

등방의 재료인 경우 $\sigma_z = \tau_{xz} = \tau_{yz} = 0$, $\gamma_{xz} = \gamma_{yz} = 0$로 가정할 수 있다.

$$\{\sigma\} = [D]\{\epsilon\} \quad [D] = \frac{E}{1-\nu^2} \begin{bmatrix} 1 & \nu & 0 \\ \nu & 1 & 0 \\ 0 & 0 & \dfrac{1-\nu}{2} \end{bmatrix}$$

Strain in Plane stress

$$\{\epsilon\} = [C]\{\sigma\} \quad \begin{bmatrix} \epsilon_x \\ \epsilon_y \\ \gamma_{xy} \end{bmatrix} = \frac{1}{E} \begin{bmatrix} 1 & -\nu & 0 \\ -\nu & 1 & 0 \\ 0 & 0 & 2(1+\nu) \end{bmatrix} \quad [C]^{-1} = [D]$$

Differential Equation for plane stress including body and inertia force

$$G\left(\frac{\partial^2 u}{\partial x^2} + \frac{\partial^2 u}{\partial y^2}\right) + G\frac{1-\nu}{1+\nu}\frac{\partial}{\partial x}\left(\frac{\partial u}{\partial x} + \frac{\partial v}{\partial y}\right) + X = \rho\frac{\partial^2 u}{\partial t^2}$$

$$G\left(\frac{\partial^2 v}{\partial x^2} + \frac{\partial^2 v}{\partial y^2}\right) + G\frac{1-\nu}{1+\nu}\frac{\partial}{\partial y}\left(\frac{\partial u}{\partial x} + \frac{\partial v}{\partial y}\right) + Y = \rho\frac{\partial^2 v}{\partial t^2} \quad G = \frac{E}{2(1+\nu)}$$

▶Plane strain : xy평면에 수직한 변형률 ϵ_z, γ_{xz}, γ_{yz}은 0이라고 가정한다

기하학적으로 한 방향이 다른 방향에 비해서 월등히 큰 경우에 해당하며, 하중은 x, y방향으로 작용하고 z방향으로는 변하지 않는다. 댐이나 터널 또는 옹벽 등에서 적용할 수 있다.

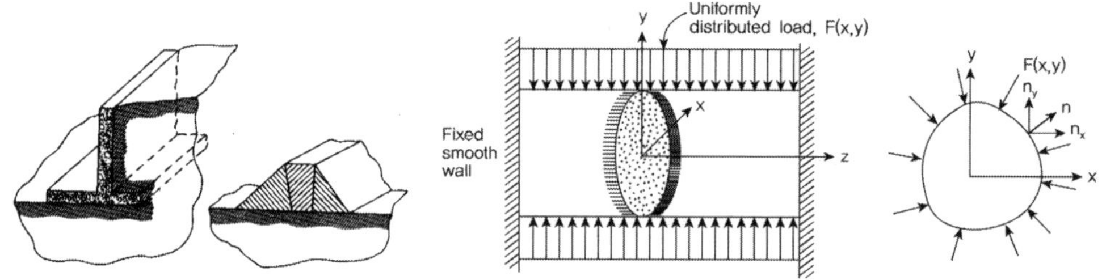

전형적인 Plane strian 경계조건 문제는 2방향 탄성해석 문제이다.

등방의 재료인 경우 $\epsilon_z = \gamma_{xz} = \gamma_{yz} = 0$, $\tau_{xz} = \tau_{yz} = 0$로 가정할 수 있다.

$$\{\sigma\} = [D]\{\epsilon\} \quad [D] = \frac{E}{(1+\nu)(1-2\nu)} \begin{bmatrix} 1-\nu & \nu & 0 \\ \nu & 1-\nu & 0 \\ 0 & 0 & \dfrac{1-2\nu}{2} \end{bmatrix}$$

Differential Equation for plane stress including body and inertia force

$$G\left(\frac{\partial^2 u}{\partial x^2} + \frac{\partial^2 u}{\partial y^2}\right) + \frac{G}{1-2\nu}\frac{\partial}{\partial x}\left(\frac{\partial u}{\partial x} + \frac{\partial v}{\partial y}\right) + X = \rho\frac{\partial^2 u}{\partial t^2}$$

$$G\left(\frac{\partial^2 v}{\partial x^2} + \frac{\partial^2 v}{\partial y^2}\right) + \frac{G}{1-2\nu}\frac{\partial}{\partial y}\left(\frac{\partial u}{\partial x} + \frac{\partial v}{\partial y}\right) + Y = \rho\frac{\partial^2 v}{\partial t^2} \quad G = \frac{E}{2(1+\nu)}$$

구조해석-메쉬

유한요소 해석 시 메쉬(mesh)의 개수, 조밀도, 형상, 차수에 대하여 설명하시오.

풀 이

유한요소법의 기본개념(Midas Korea)
설계자를 위한 해석입문 : 정확도는 메쉬로 결정된다(민승재, 한양대)

▶ 개요

연속된 무한의 구조체를 해석의 편의를 위해서 유한한 요소로 잘게 쪼개서 해석하는 방법을 유한요소해석(Finite Element Method, FEM)이라고 한다. 유한요소해석은 복잡한 구조물을 정확한 이론해로 구하기 어렵기 때문에 수치적으로 근사해법을 구하는 방법으로 유한개의 요소(element)로 분할해서 개별의 요소의 특성을 조합해 근사적 해법을 만들어내는 방법이다. 이때 이 요소를 분할하는 것을 사각형 혹은 삼각형으로 요소망으로 분할한 것을 메쉬(mesh)라고 한다.

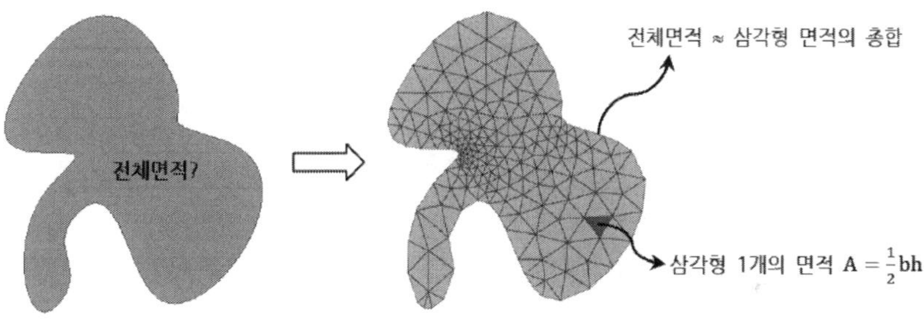

▶ 메쉬의 개수, 조밀도, 형상, 차수

요소망, 메쉬는 정다면체, 정다각형에 가까운 형상일수록 해석결과가 정확해지며, 조밀도가 높을수록 연속되는 구조물을 정확히 표현할 수 있기 때문에 정확도가 향상된다. 그러나 무한한 메쉬의 생성은 해석시간의 과다하게 소요되고 고사양의 연산처리가 필요하기 때문에 적정하게 선정하는 것이 중요하다.

1) 메쉬의 개수 : 연속된 구조물을 메쉬가 분할한 부분의 절점에서 계산결과를 알 수 있기 때문에 적정한 개수의 메쉬 분할은 정확한 해석결과를 산출하는 데 중요하다. 일반적으로 메쉬 수가 많을수록 정해에 수렴해 가지만, 해석시간 과다 등의 문제가 발생할 수 있다.

2) 메쉬의 조밀도 : 응력이 집중되는 구간에서는 메쉬의 조밀도를 높게 하고 매끄럽게 응력이 전달되는 과정을 묘사하기 위해서는 요소망의 크기의 변화도 매끄럽게 변화되어져야 한다. 개수와 마찬가지로 조밀도가 높을수록 해석 결과가 좋기 때문에 국부적으로 응력이 집중되는 구간은 조밀도를 높게 하고 그와 연결되는 구간은 점차적으로 매끄럽게 조밀도를 낮추어 가면서 모델을 만드는 것이 좋다.

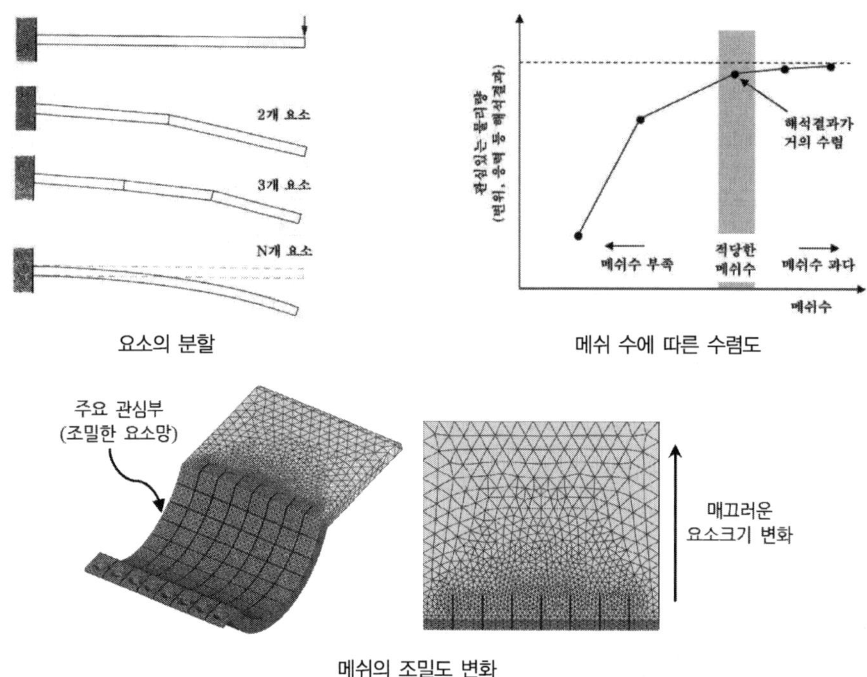

요소의 분할

메쉬 수에 따른 수렴도

메쉬의 조밀도 변화

3) 메쉬의 형상 : 메쉬의 형상은 정다면체, 정다각형에 가까운 형상일수록 그 정확도가 높다. 따라서 형상이 뒤틀어지거나 고르지 않은 메쉬의 형상으로의 분할은 해석프로그램의 오류나 오차가 발생되기 쉽다.

4) 메쉬의 차수 : 일반적으로 메쉬에는 1차 요소와 2차 요소가 있다. 1차 요소는 꼭지점의 절점만으로 요소의 변형을 표현하는 것에 비하여 2차 요소는 꼭지점과 꼭지점 사이에 존재하는 절점도 이용하여 요소의 변형을 계산한다. 예를 들어 솔리드 사면체 요소의 경우 1차 요소의 절점은 4개이지만 2차 요소는 10개의 절점을 갖고 있다. 따라서 2차 요소가 변형을 보다 잘 표현하고 정확도가 높은 결과를 얻을 수 있다. 2차 요소로 단순지지 보에 작용하는 변형량을 해석하면 육면체 1차 요소의 경우 지배방정식을 이산화하지 않고 구한 해석해와 거의 동일한 값을 얻을 수 있는 반면에 사면체 1차 요소는 40% 정도 변형량이 적게 계산된다. 그러나 2차 요소가 1차 요소에 비해 절점수가 많기 때문에 요소크기를 적게 할수록 해석모델전체의 절점수가 급격히 증가하여 계산시간이 길어진다. 따라서 차수에 따른 요소크기의 설정에 주의가 필요하다. 또한 중간절점에서 요소 모서리가 접히기 때문에

요소형상이 왜곡되어 메쉬품질을 악화시켜 계산이 불가능하게 되거나 2차 요소로 구성된 여러 개의
부품이 접촉된 해석이 어렵게 되는 등 문제도 발생할 수 있다.

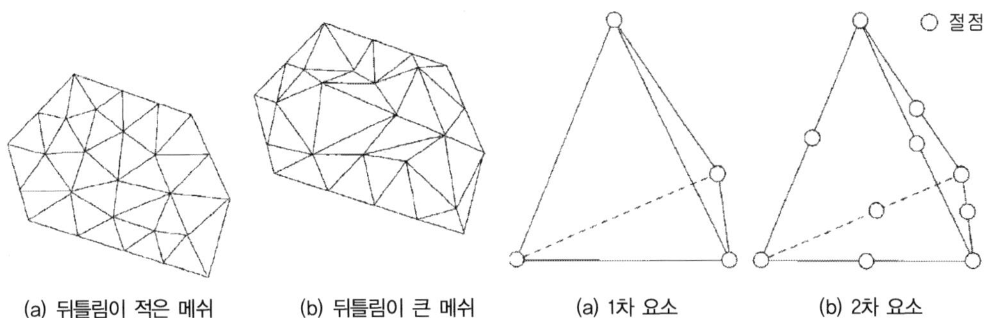

(a) 뒤틀림이 적은 메쉬   (b) 뒤틀림이 큰 메쉬   (a) 1차 요소   (b) 2차 요소

처짐 방정식

휨강성(EI)과 보의 처짐의 상관관계

풀 이

▶개요

보의 처짐 방정식은 탄성해석상에서 미소변위 이론을 적용하여 $EIy'' = -M$로 유도된다. 따라서 처짐 y''은 휨강성(EI)와 반비례 관계에 있다.

▶휨강성(EI)과 보의 처짐의 상관관계 유도

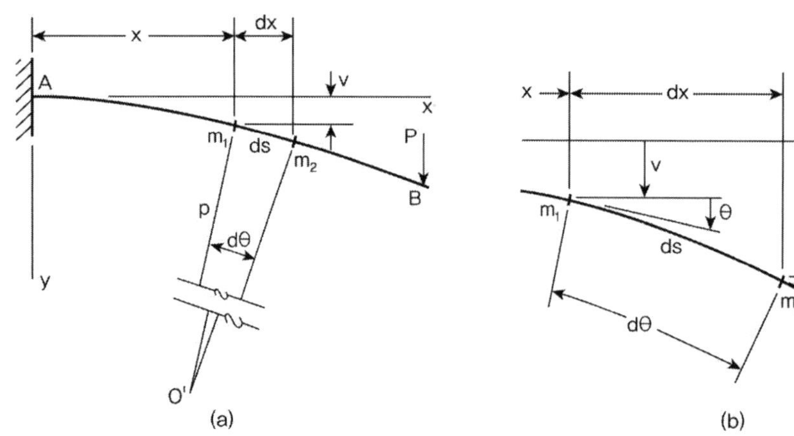

$$\text{Let, } \kappa = \frac{1}{\rho} \quad dx \approx ds = \rho d\theta \qquad \therefore \kappa = \frac{1}{\rho} = \frac{d\theta}{dx}$$

중립축에서 y만큼 떨어진 임의의 위치에서 부재의 원래 길이를 l_1, 변형 후의 길이를 l_2라 하면,

$$l_1 = dx$$

$$l_2 = (\rho - y)d\theta = \rho d\theta - y d\theta = dx - y\left(\frac{dx}{\rho}\right)$$

$$\therefore \epsilon_x = \frac{l_2 - l_1}{l_1} = -y\left(\frac{dx}{\rho}\right)\frac{1}{dx} = -\frac{y}{\rho} = -\kappa y$$

$\sigma_x = E\epsilon_x = -E\kappa y$ 이므로,

$$\therefore \ M = \int \sigma_x y\, dA = \int y(-E\kappa y)\, dA = -\kappa E \int y^2\, dA = -\kappa EI = -\frac{EL}{\rho}$$

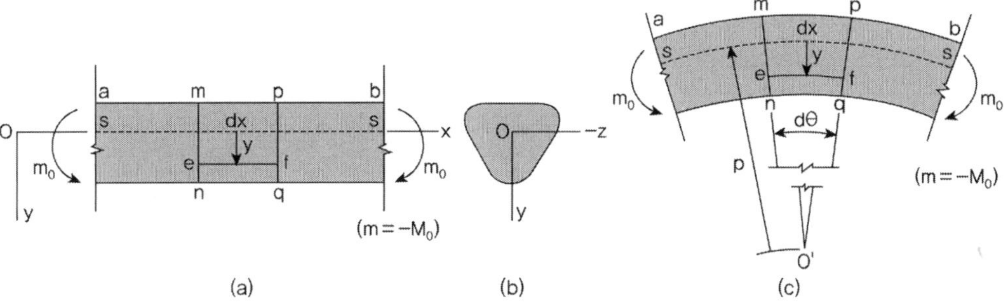

$\theta \approx \tan\theta = \dfrac{dv}{dx}$ 이므로,

$$\kappa = \frac{1}{\rho} = \frac{d\theta}{dx} = \frac{d^2 v}{dx^2} \quad (\text{여기서 } v \text{는 처짐})$$

$$\therefore \ M = -EI\frac{d^2 v}{dx^2} = -EIv'' \quad (\text{보의 처짐곡선의 기본 지배 미분방정식})$$

따라서, 보에서는 동일한 하중이 작용할 때 휨강성(EI)이 클수록 처짐이 작아지는 특성을 가진다.

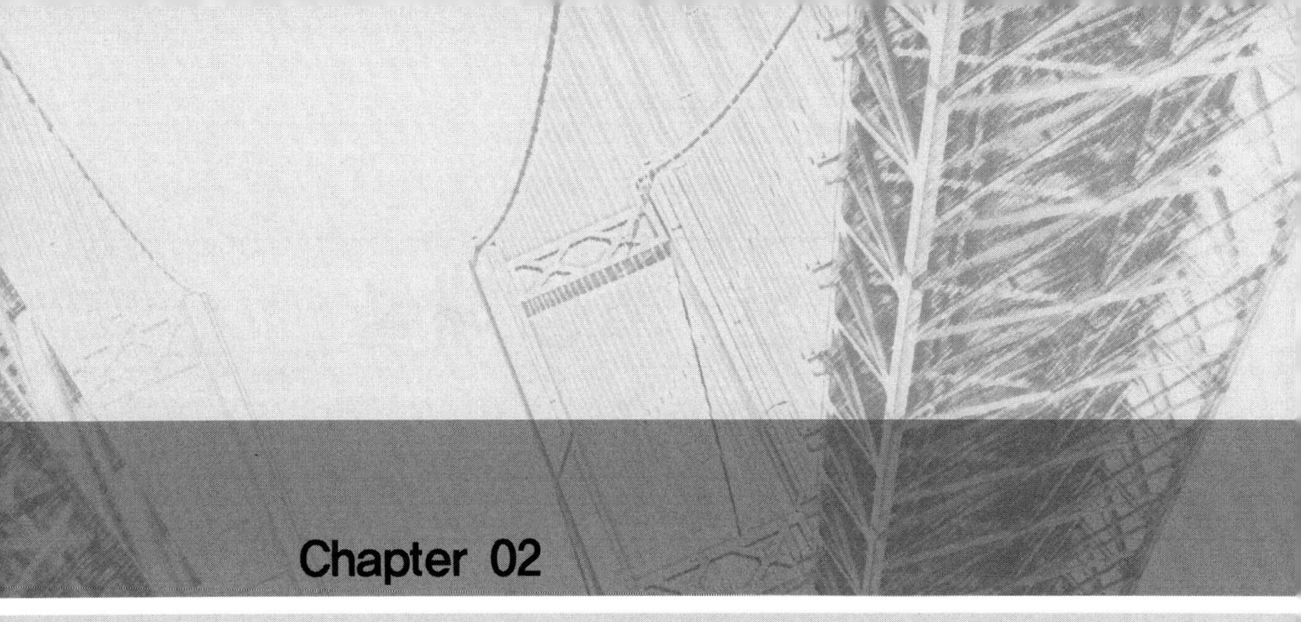

탄·소성 해석

탄·소성 해석

01 단면계수

1. 단면의 도심(Neutral Axis)

1) 단면 1차 모멘트 : $Q_x = \displaystyle\int y\,dA,\quad Q_y = \displaystyle\int x\,dA$

2) 도심 : $\overline{y} = \dfrac{Q_x}{A} = \dfrac{\displaystyle\int y\,dA}{\displaystyle\int dA} = \dfrac{\sum y_i A_i}{\sum A_i},\quad \overline{x} = \dfrac{Q_y}{A} = \dfrac{\displaystyle\int x\,dA}{\displaystyle\int dA} = \dfrac{\sum x_i A_i}{\sum A_i}$

형상	도심
	$\overline{y} = \dfrac{4r}{3\pi} = \dfrac{2D}{3\pi}$
	2차 곡선 $A_1 = \dfrac{2}{3}bh,\ A_2 = \dfrac{1}{3}bh$ $\overline{x} = \dfrac{5}{8}b,\ \overline{y} = \dfrac{2}{5}h$

형상	도심
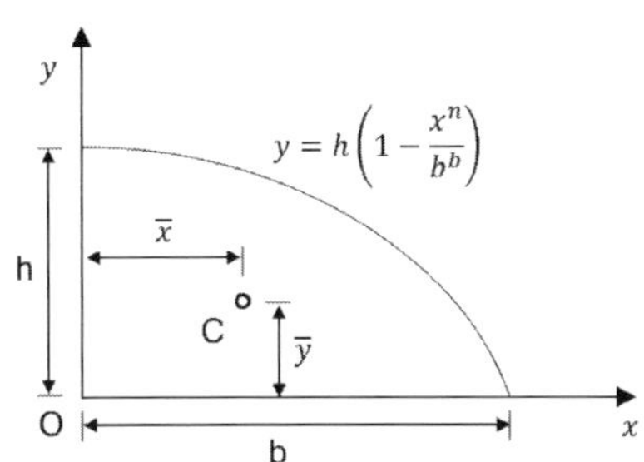	n차 곡선 $A = bh\left(\dfrac{n}{n+1}\right)$ $\overline{x} = \dfrac{b(n+1)}{2(n+2)}, \ \overline{y} = \dfrac{hn}{2n+1}$
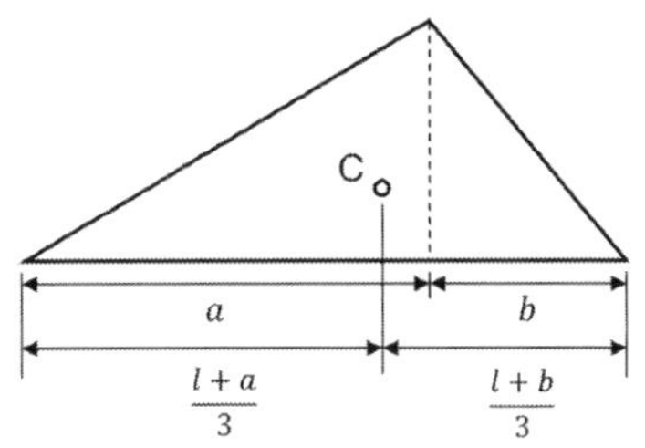	$l = a + b$ $\overline{x}_1 = \dfrac{l+a}{3}, \ \overline{x}_2 = \dfrac{l+b}{3}$
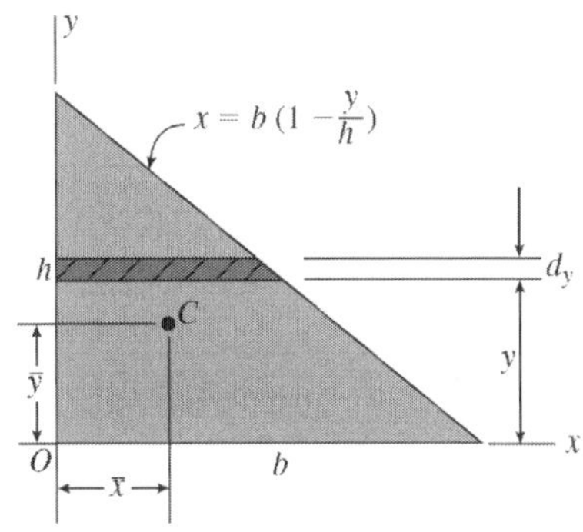	$dA = xdy = b(1-y/h)dy$ $A = \displaystyle\int dA = \int_0^h b(1-y/h)dy = \dfrac{bh}{2}$ $Q_x = \displaystyle\int ydA = \int_o^h yb(1-y/h)dy = \dfrac{bh^2}{6}$ $\therefore \overline{y} = \dfrac{Q_x}{A} = \dfrac{h}{3}, \qquad \overline{y} = \dfrac{h}{3}, \ \overline{x} = \dfrac{b}{3}$
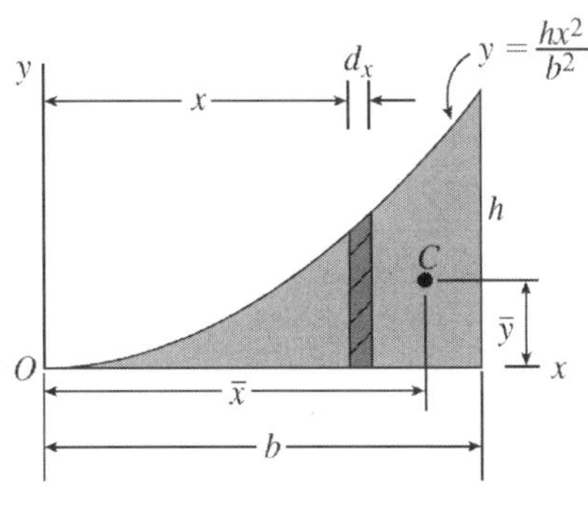	$dA = ydx = \dfrac{hx^2}{b^2}dx$ $A = \displaystyle\int dA = \int_0^b \dfrac{hx^2}{b^2}dx = \dfrac{bh}{3}$ $Q_y = \displaystyle\int xdA = \int_0^b \dfrac{hx^3}{b^2}dx = \dfrac{b^2h}{4}$ $Q_x = \displaystyle\int ydA = \int_0^b \dfrac{y}{2}dA = \int_0^b \dfrac{1}{2}\left(\dfrac{hx^2}{b^2}\right)^2 dx = \dfrac{bh^2}{10}$ $\overline{x} = \dfrac{Q_y}{A} = \dfrac{3}{4}b, \ \overline{y} = \dfrac{3}{10}h, \ A = \dfrac{bh}{3}$

2. 단면 2차 모멘트(Moment of inertia, I)

미소면적에 대하여 임의 축에서 미소면적까지의 거리의 제곱하여 곱한 값을 전단면에 대해 적분한 것이 단면 2차 모멘트로 구조물의 강성에 직접적인 영향을 미치는 단면의 성질

$$I_x = \int_A y^2 dA, \quad I_y = \int_A x^2 dA$$

① 평형축 정리 : $I_{x1} = I_x + Ad^2$

② 극관성 단면 2차 모멘트 : 구하고자 하는 직교좌표축 x, y에 대한 단면 2차 모멘트 합
극관성 단면 2차 모멘트는 좌표축의 회전에 관계없이 항상 일정하다.

$$I_p = I_x + I_y = \int_A r^2 dA = \int_A (x^2 + y^2)dA = \int_A x^2 dA + \int_A y^2 dA$$

③ 단면상승 모멘트(I_{xy}) :

$$I_{xy} = \int_A xy dA, \quad I_{xy(임의축)} = I_{XY(주축)} + A\overline{x}\overline{y} \quad (대칭도형\ I_{XY}=0)$$

3. 단면계수(Section Modulus, S)

도심을 지나는 임의의 축에 대한 단면 2차 모멘트 값에 그 축에서 가장 먼 수직거리를 나눈 값

$$S_{x_t} = \frac{I_x}{y_t},\ S_{x_b} = \frac{I_x}{y_b}$$

구분	사각단면	삼각단면	원형단면
형상			
I	$I_x = \dfrac{bh^3}{12}$ $I_{x_1} = I_x + Ad^2 = \dfrac{bh^3}{3}$	$I_x = \dfrac{bh^3}{36}$ $I_{x_1} = I_x + Ad^2 = \dfrac{bh^3}{12}$	$I_x = \dfrac{\pi d^4}{64}$
S	$S_x = \dfrac{I_x}{y} = \dfrac{bh^3}{12} \times \dfrac{2}{h} = \dfrac{bh^2}{6}$	$S_{x_t} = \dfrac{I_x}{y_t} = \dfrac{bh^3}{36} \times \dfrac{3}{2h} = \dfrac{bh^2}{24}$ $S_{x_b} = \dfrac{I_x}{y_b} = \dfrac{bh^2}{12}$	$S_x = \dfrac{I_x}{y} = \dfrac{\pi d^4}{64} \times \dfrac{2}{d} = \dfrac{\pi d^3}{32}$

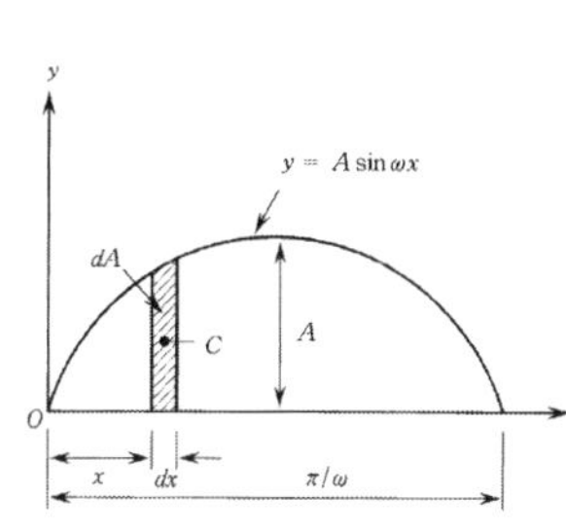

$$I_x = \int y^2 dx \quad dA = ydx$$

$$dI_x = \frac{1}{3}y^3 dx = \frac{1}{3}A^3 \sin^3 \omega x \ dx$$

$$I_x = \int dI_x = \frac{A^3}{3}\int_0^{\frac{\pi}{\omega}} \sin^3 \omega x \ dx = \frac{A^3}{3}\int_0^{\frac{\pi}{\omega}} \sin \omega x (1 - \cos^2 \omega x) dx$$

$$I_x = \frac{4A^3}{9\omega}$$

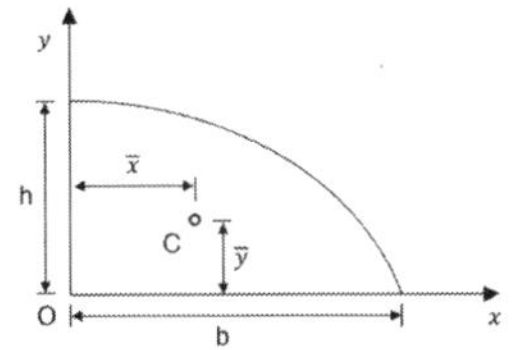

$$b_0 = \frac{b(h-y)}{h}$$

$$dA = b_0 dy = \frac{b(h-y)}{h}dy \quad dA\text{의 도심좌표} \left(\frac{b_0}{2},\ y\right)$$

O점의 I_{xy}

$$I_{xy} = \int_A xydA = \int_0^h \frac{b_0}{2}ydA$$

$$= \int_0^h \frac{b(h-y)}{2h} \times y \times \frac{b(h-y)}{h}dy = \frac{b^2}{2h^2}\int_0^h (h-y)^2 ydy = \frac{b^2 h^2}{24}$$

평형축 정리 $I_{xy} = I_{XY} + A\overline{x}\,\overline{y}$

$$I_{XY} = I_{xy} - A\overline{x}\,\overline{y} = \frac{b^2 h^2}{24} - \frac{bh}{2}\left(\frac{b}{3}\right)\left(\frac{h}{3}\right) = -\frac{b^2 h^2}{72}$$

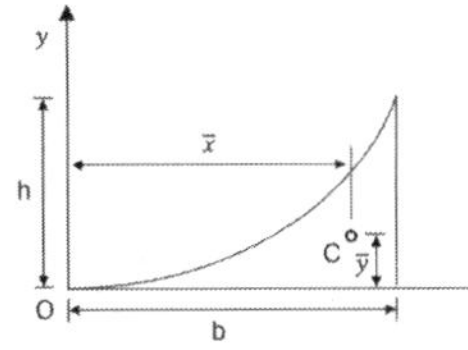

$$y = f(x) = h\left(1 - \frac{x^2}{b^2}\right)$$

$$A = \frac{2bh}{3},\ \overline{x} = \frac{3b}{8},\ \overline{y} = \frac{2h}{5},\ I_x = \frac{16bh^3}{105},\ I_y = \frac{2hb^3}{15},\ I_{xy} = \frac{b^2 h^2}{12}$$

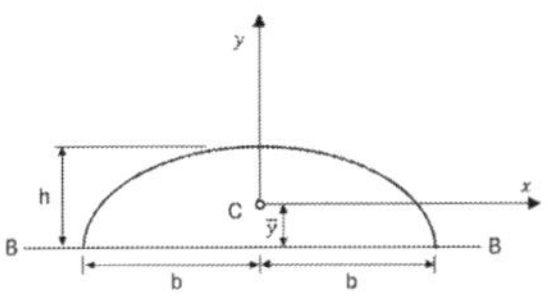

$$y = f(x) = \frac{hx^2}{b^2}$$

$$A = \frac{bh}{3},\ \overline{x} = \frac{3b}{4},\ \overline{y} = \frac{3h}{10},\ I_x = \frac{bh^3}{21},\ I_y = \frac{hb^3}{5},\ I_{xy} = \frac{b^2 h^2}{12}$$

$$A = \frac{4bh}{\pi},\ \overline{y} = \frac{\pi h}{8},\ I_x = \left(\frac{8}{9\pi} - \frac{\pi}{16}\right)bh^3,\ I_y = \left(\frac{4}{\pi} - \frac{32}{\pi^3}\right)hb^3,\ I_{xy} = 0$$

$$I_{BB} = \frac{8bh^3}{9\pi}$$

1. 탄·소성 보의 방정식

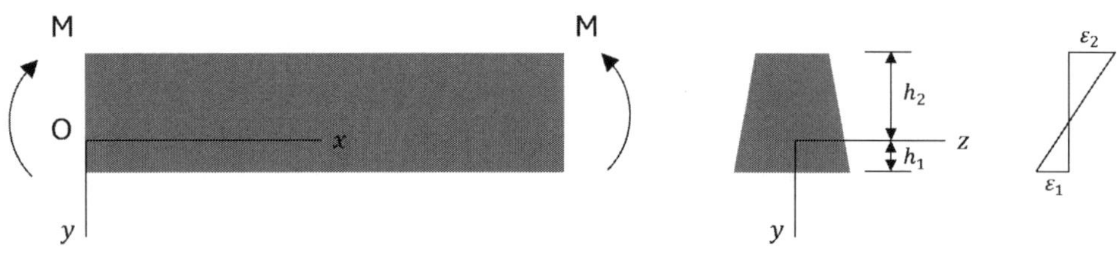

$$\epsilon = -\frac{y}{\rho} = -\kappa y, \quad \epsilon_1 = -\kappa h_1, \ \epsilon_2 = -\kappa h_2, \quad \int \sigma dA = 0, \quad \int \sigma y dA = M$$

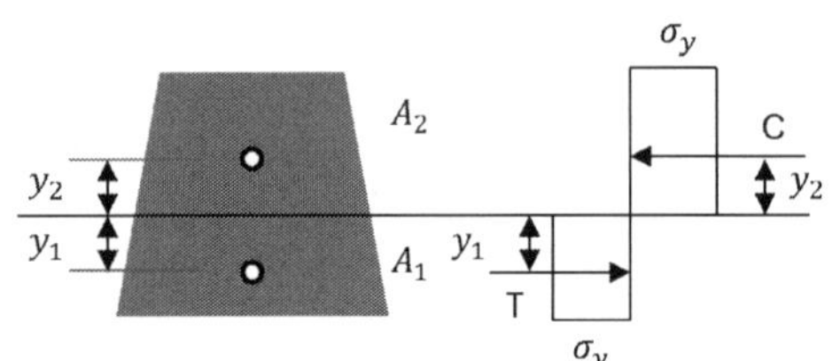

$$M_y = \frac{\sigma_y I}{y} = \sigma_y S$$

$$T = C \ ; \ \sigma_y A_1 = \sigma_y A_2$$

$$\therefore A_1 = A_2 = \frac{A}{2}$$

$$\therefore M_p = Ty_1 + Cy_2 = \frac{\sigma_y A(y_1 + y_2)}{2} = \sigma_y Z$$

2. 탄·소성 보

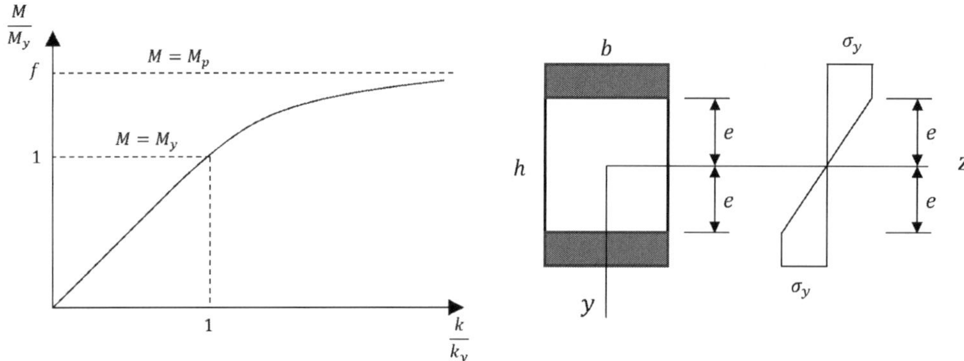

$$\kappa = -\frac{M}{EI} \text{ 로부터 항복 시 곡률을 } \kappa_y \text{ 라고 하면,}$$

$$\kappa_y = -\frac{M_y}{EI} \text{ 이므로,} \qquad \therefore \frac{M}{M_y} = \frac{\kappa}{\kappa_y}$$

그림의 탄·소성 보에서 중립축으로부터 소성영역 끝단까지의 거리를 e라고 하면,

$$M = \sigma_y b\left(\frac{h}{2} - e\right)\left(\frac{h}{2} + 2\right) + \sigma_y b\left(\frac{2e^2}{3}\right) = \frac{\sigma_y bh^2}{6}\left(\frac{3}{2} - \frac{2e^2}{h^2}\right) = M_y\left(\frac{3}{2} - \frac{2e^2}{h^2}\right)$$

소성영역 끝단의 임의의 점에서 $\epsilon = \dfrac{\sigma_y}{E}$, $y = e$ 이므로

$$\kappa = -\frac{\sigma_y}{Ee} \qquad \therefore \kappa_y = -\frac{M_y}{EI} = -\frac{2\sigma_y}{Eh}, \qquad \frac{\kappa}{\kappa_y} = \frac{h}{2e}$$

$$\therefore \frac{M}{M_y} = \frac{3}{2} - \frac{\kappa_y^2}{2\kappa^2}, \qquad \frac{\kappa}{\kappa_y} = \frac{1}{\sqrt{3 - 2M/M_y}} \qquad\qquad (M_y \leq M \leq M_p)$$

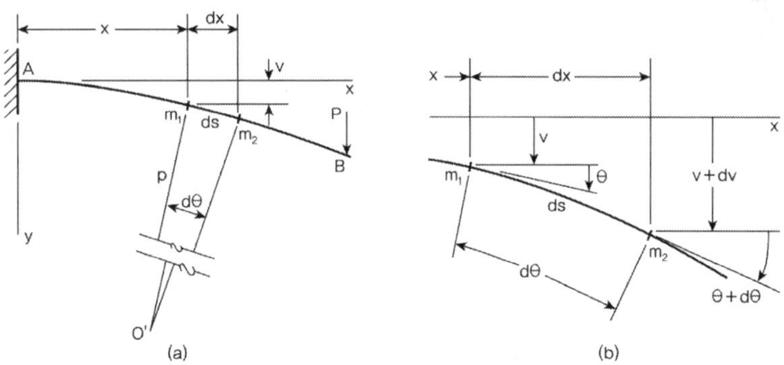

$$\text{Let, } \kappa = \frac{1}{\rho} \quad dx \approx ds = \rho d\theta \qquad \therefore \kappa = \frac{1}{\rho} = \frac{d\theta}{dx}$$

중립축에서 y 만큼 떨어진 임의의 위치에서 부재의 원래 길이를 l_1, 변형 후의 길이를 l_2 라 하면,

$$l_1 = dx \qquad\qquad l_2 = (\rho - y)d\theta = \rho d\theta - y d\theta = dx - y\left(\frac{dx}{\rho}\right)$$

$$\therefore \epsilon_x = \frac{l_2 - l_1}{l_1} = -y\left(\frac{dx}{\rho}\right)\frac{1}{dx} = -\frac{y}{\rho} = -\kappa y$$

$\sigma_x = E\epsilon_x = -E\kappa y$ 이므로,

$$\therefore M = \int \sigma_x y dA = \int y(-E\kappa y)dA = -\kappa E \int y^2 dA = -\kappa EI = -\frac{EL}{\rho}$$

3. 탄·소성 보의 처짐

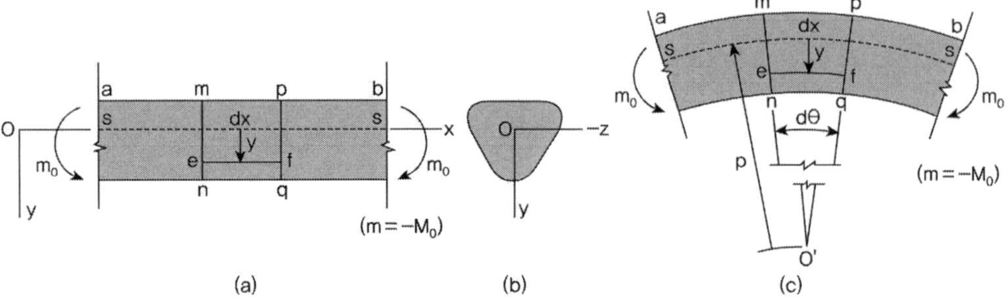

탄성 보 해석 시에 $\theta \approx \tan\theta = \dfrac{dv}{dx}$ 이므로, $\kappa = \dfrac{1}{\rho} = \dfrac{d\theta}{dx} = \dfrac{d^2 v}{dx^2}$ (여기서 v 는 처짐)

$$\therefore M = - EI\dfrac{d^2 v}{dx^2} = - EIv''$$

비탄성 보의 처짐을 구할 때는 탄성보의 해석과 마찬가지로 곡률관계식으로부터 계산하거나 모멘트 면적법을 이용할 수 있다. 캔틸레버 보에서 단부에 집중하중 P가 파괴에 이르기까지 작용할 때 보의 자유단에서의 회전각와 처짐은 다음과 같이 산정할 수 있다.

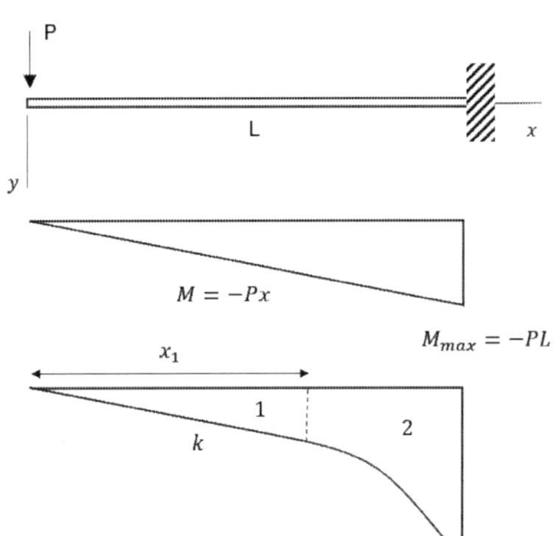

탄성 구간에서의 회전각과 처짐은

$$\theta = \frac{PL^2}{2EI}, \ \delta = \frac{PL^3}{3EI}$$

보가 최초로 항복하기 시작할 때 항복하중은

$$P_y = \frac{M_y}{L}$$

따라서, 항복하중에 의한 탄성범위에서의 최대 회전각과 처짐은 다음과 같다.

$$\theta_y = \frac{P_y L^2}{2EI}, \ \delta_y = \frac{P_y L^3}{3EI}$$

탄성범위를 초과할 때는 탄성영역(1)과 탄소성영역(2)의 두 가지 영역을 갖게 된다.

영역 (1)에서는 $\kappa = \dfrac{Px}{EI}$, 영역 (2)에서 $\dfrac{\kappa}{\kappa_y} = \dfrac{1}{\sqrt{2 - 2M/M_y}}$ 로부터 $\kappa = \dfrac{\kappa_y}{\sqrt{3 - 2Px/M_y}}$

여기서, $\kappa_y = \dfrac{M_y}{EI}$, $Px_1 = M_y$ 이므로, $x_1 = \dfrac{M_y}{P}$

$\kappa = \dfrac{1}{\rho} = \dfrac{d\theta}{dx}$ 로부터,

$$\theta = \int_0^{x_1} \frac{Px}{EI}\,dx + \int_{x_1}^{L} \frac{\kappa_y}{\sqrt{3 - 2Px/M_y}}\,dx$$

$$= \frac{Px_1^2}{2EI} + \frac{\kappa_y M_y}{P}\left[\sqrt{3 - 2Px_1/M_y} - \sqrt{3 - 2PL/M_y}\right]$$

$$\therefore \ \frac{\theta}{\theta_y} = \frac{P_y}{P}\left(3 - 2\sqrt{3 - 2\frac{P}{P_y}}\right) \quad \left(1 \le \frac{P}{P_y} \le \frac{3}{2}\right), \quad \theta_y = \frac{P_y L^2}{2EI}$$

최대모멘트가 소성모멘트 M_p와 같게 될 때 $\dfrac{P}{P_y} = \dfrac{3}{2}$ 이며 이때의 $\dfrac{\theta}{\theta_y} = 2$ 가 된다.

곡률과 처짐의 관계로부터

$$\delta = \int_0^{x_1} \frac{Px^2}{EI}\,dx + \int_{x_1}^{L} \frac{\kappa_y x}{\sqrt{3 - 2Px/M_y}}\,dx$$

$$\therefore \ \frac{\delta}{\delta_y} = \left(\frac{P_y}{P}\right)^2\left[5 - \left(3 + \frac{P}{P_y}\sqrt{3 - \frac{2P}{P_y}}\right)\right] \quad \left(1 \le \frac{P}{P_y} \le \frac{3}{2}\right), \quad \delta_y = \frac{P_y L^3}{3EI}$$

최대모멘트가 소성모멘트 M_p와 같게 될 때 $\dfrac{P}{P_y} = \dfrac{3}{2}$ 이며 이때의 $\dfrac{\theta}{\theta_y} = \dfrac{20}{9}$ 가 된다.

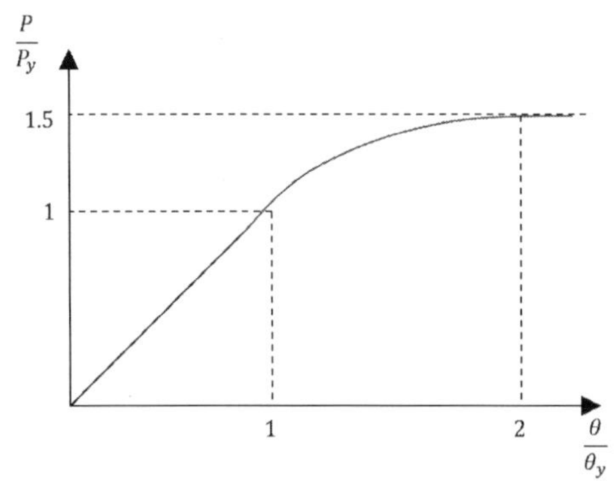

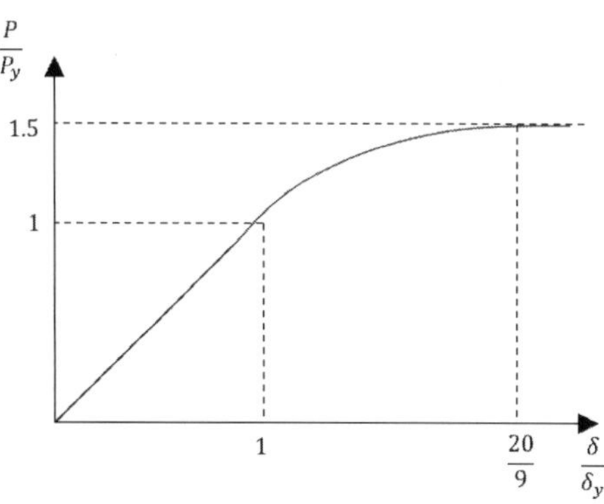

4. 탄·소성 보의 응력

어떤 부재의 응력–변형률곡선이 아래와 같이 AOB의 비탄성 보 거동을 할 때, 보의 중립축과의
거리가 h_1, h_2 라고 하면,

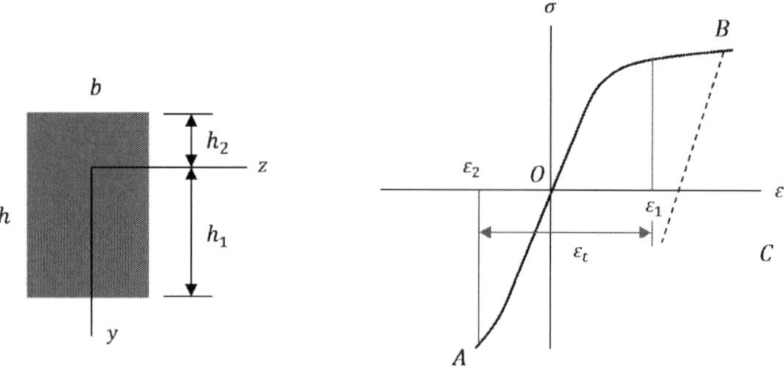

$$y = -\rho\epsilon, \quad dy = -\rho d\epsilon$$

보의 작용합력은 평형을 이루므로 $\displaystyle \int \sigma dA = \int_{-h_2}^{h_1} \sigma b\,dy = -\rho b \int_{\epsilon_2}^{\epsilon_1} \sigma d\epsilon = 0 \quad \therefore \int_{\epsilon_2}^{\epsilon_1} \sigma d\epsilon = 0$

여기서, $\epsilon_t = \epsilon_1 - \epsilon_2 = -\kappa h_1 - \kappa h_2 = -\kappa h$

변형률 관계식으로부터, $\displaystyle \frac{h_1}{h_2} = \frac{\epsilon_1}{-\epsilon_2} = \left| \frac{\epsilon_1}{\epsilon_2} \right|$

보의 모멘트 합력으로부터 $\displaystyle \int \sigma y\,dA = \int_{-h_2}^{h_1} \sigma y b\,dy = \rho^2 b \int_{\epsilon_2}^{\epsilon_1} \sigma \epsilon d\epsilon = M$

여기서, $\displaystyle \rho = \frac{1}{\kappa} = -\frac{h}{\epsilon_t}$

$$\therefore M = \frac{bh^2}{\epsilon_t^2} \int_{\epsilon_2}^{\epsilon_1} \sigma \epsilon d\epsilon$$

단면계수 : 중공단면과 개단면의 단면 효율

구조용 부재로 중공단면이나 개단면을 사용하는 이유를 아래 단면을 예로 들어 설명하시오.

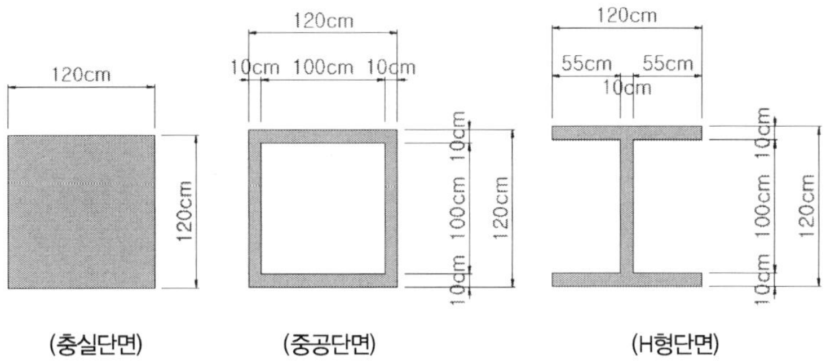

풀 이

▶ **개요**

단면의 효율성에 대한 비교는 축력, 전단과 같은 면적을 기준으로 하는 비교와 함께, 단면 2차 모멘트와 소성단면계수, 비틀림상수를 비교하여 항복과 소성모멘트에 대한 비교와 비틀림 강성에 대해 비교할 수 있으며 이를 통해 각 단면의 효율성을 알 수 있다.

▶ **부재별 단면 상수**

① 충실단면 : b=120cm, h=120cm

$$A_1 = bh = 120 \times 120 = 14,400\text{cm}^2, \quad I_1 = \frac{bh^3}{12} = \frac{120 \times 120^3}{12} = 17,280,000\text{cm}^4$$

$$Z_{p1} = \frac{bh^2}{4} = 432,000\text{cm}^3, \quad J_1 = I_x + I_y = \frac{bh}{12}(h^2 + b^2) = 34,560,000\text{cm}^4$$

$$\therefore \ I_1 \ / \ A_1 = 1,200\text{cm}^2, \quad Z_{p1} \ / \ A_1 = 30\text{cm}, \quad J_1 \ / \ A_1 = 2,400\text{cm}^2$$

② 중공단면 : b=120cm, h=120cm, t=10cm

$$A_2 = 120 \times 120 - 100 \times 100 = 4,400\text{cm}^2, \quad I_2 = \frac{120 \times 120^3}{12} - \frac{100 \times 100^3}{12} = 8,946,667\text{cm}^4$$

$$J_2 = \frac{4A_m^2}{\int_0^{L_m} \frac{ds}{t}} = \frac{4tA_m^2}{L_m} \ (\text{두께가 일정한 경우}) = \frac{4 \times 10 \times (110 \times 110)^2}{(110 \times 4)} = 13,310,000\text{cm}^4$$

$$Q_2 = 120 \times 10 \times 55 + 2^{EA} \times 50 \times 10 \times \frac{50}{2} = 91{,}000 \text{cm}^3$$

$$\therefore Z_{p2} = 2Q_2 = 182{,}000 \text{cm}^3$$

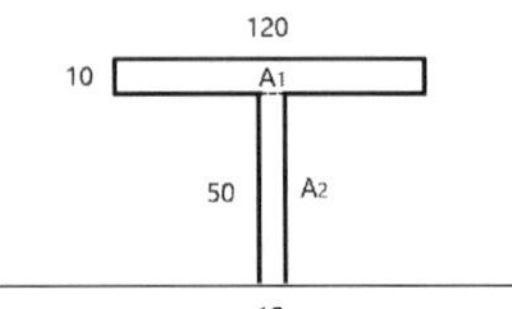

$$\therefore \; I_2 \,/\, A_2 = 2{,}033.3 \text{ cm}^2, \quad Z_{p2} \,/\, A_2 = 41.4 \text{ cm}, \quad J_2 \,/\, A_2 = 3{,}025 \text{ cm}^2$$

③ H형단면

$$A_3 = 120 \times 10 \times 2 + 10 \times 100 = 3{,}400 \text{cm}^2, \quad I_3 = \frac{120 \times 120^3}{12} - \frac{110 \times 100^3}{12} = 8{,}113{,}333 \text{cm}^4$$

$$J_3 = \sum \frac{1}{3} bt^3 = \frac{1}{3} \times \left[(120 \times 10^3) \times 2 + (100 \times 10^3) \right] = 113333 \text{cm}^4$$

$$Q_3 = 120 \times 10 \times 55 + 50 \times 10 \times \frac{50}{2} = 78{,}500 \text{cm}^3$$

$$\therefore Z_{p3} = 2Q_3 = 157{,}000 \text{cm}^3$$

$$\therefore \; I_3 \,/\, A_3 = 2{,}386.2 \text{cm}^2, \quad Z_{p3} \,/\, A_3 = 46.2 \text{ cm}, \quad J_3 \,/\, A_3 = 33.33 \text{cm}^2$$

▶ 단면 효율성 비교

구분	I / A (휨)	Z / A (소성)	J / A (비틀림)
충실	1,200	30	2,400
중공	2,033.3	41.4	3,025
I형	2,386.2	46.2	33.33

단면의 효율성을 비교하기 위해 단면2차 모멘트와 소성단면계수를 각 단면의 단위면적으로 비교해 보면, H형단면(개단면), 중공단면(폐단면), 충실단면(폐단면) 순으로 효율이 높음을 알 수 있으며, 이러한 단면의 효율성으로 인해서 개단면이 가장 이상적으로 많이 사용된다.

다만, 개단면의 경우 비틀림 강성이 작기 때문에 비틀림 강성 보강을 위해서 중공단면이 사용되는 경우도 있으며, 앞서 비교한 바와 같이 개단면보다는 휨에 대한 효율은 다소 낮으나 비틀림에 대해서는 폐단면이 개단면보다 높으므로 재료의 효율성 측면과 비틀림 강성을 모두 고려하여 사용되기도 한다.

일반적으로 직선교에서는 I형 단면의 거더교가 많이 사용되는 반면에 곡선교에서는 박스형 단면이 많이 사용되는 것이 그 예로 볼 수 있다.

핵거리

아래 그림과 같은 한 변이 B인 정삼각형의 핵심거리를, 핵에 대한 기본개념을 이용하여 구하고, 핵구역을 그리시오.

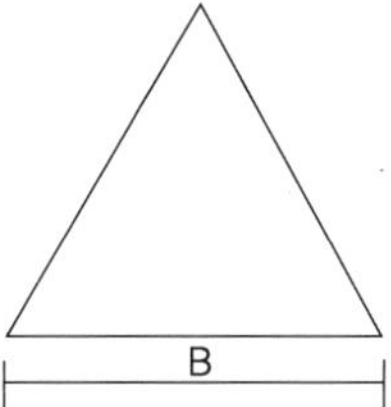

풀 이

▶ 개요

핵심거리는 단면 내에 압축응력만 일어나는 하중의 편심거리의 한계치를 말하며 핵거리로 둘러싸인 부분을 핵(Core)이라고 한다.

$$f = \frac{P}{A} - \frac{M}{I}y = \frac{P}{A} - \frac{Pe}{I}y = \frac{P}{A}\left(1 - \frac{e}{r^2}y\right) \geq 0$$

$$\therefore e \leq \frac{r^2}{y}\left(= \frac{I}{Ay} = \frac{S}{A}\right)$$

▶ 삼각형의 핵심거리 산정

1) x축

$$I_x = \frac{bh^3}{36}, \ A = \frac{bh}{2}, \ y_b = \frac{1}{3}h, \ y_t = \frac{2}{3}h$$

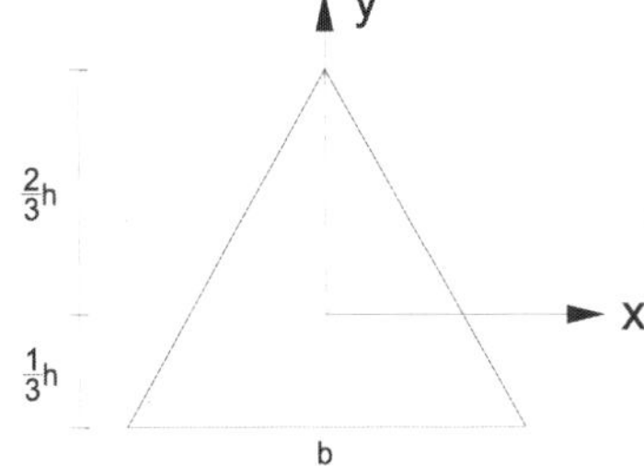

$$S_t = \frac{I_x}{y_t} = \frac{bh^3}{36}\times\frac{3}{2h} = \frac{bh^2}{24}$$

$$S_b = \frac{I_x}{y_b} = \frac{bh^3}{36}\times\frac{3}{h} = \frac{bh^2}{12}$$

$$\therefore e_{y_1} \leq \frac{h}{12}, \quad e_{y2} \leq \frac{h}{6}$$

2) y축

$$I_y = \frac{h\left(\dfrac{b}{2}\right)^3}{12} \times 2 = \frac{hb^3}{48} \ , \ x_b = x_t = \frac{b}{2} \times \frac{2}{3} = \frac{b}{3}$$

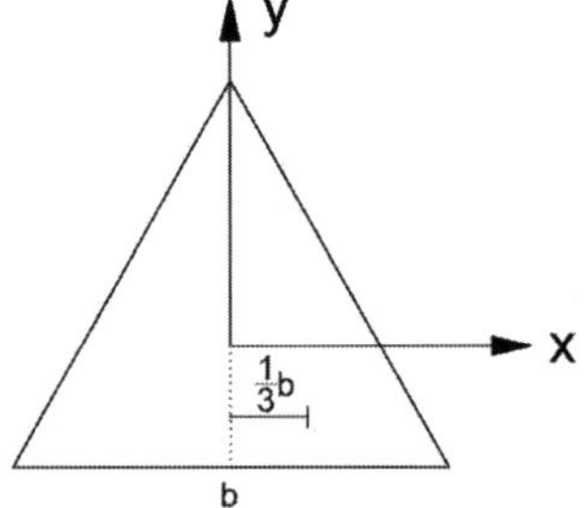

$$S_t = S_b = \frac{hb^3}{48} \times \frac{3}{b} = \frac{hb^2}{16}$$

$$\therefore \ e_x \leq \frac{b}{8}$$

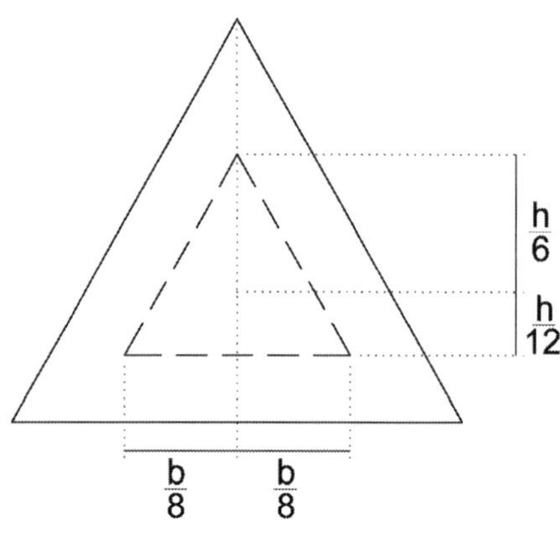

도심

다음 그림의 도심을 구하시오.

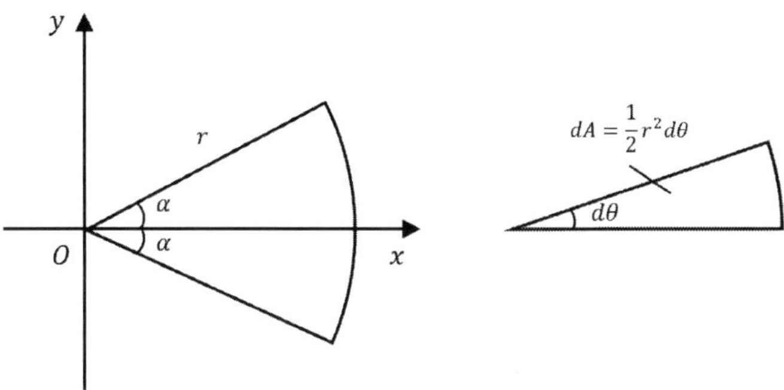

풀 이

▶ 도심 산정

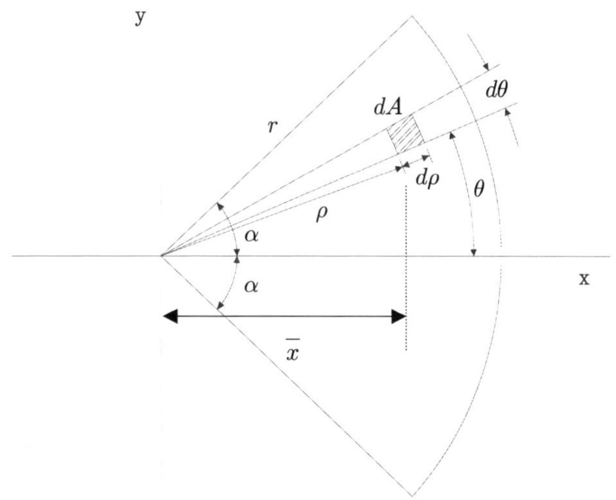

$$A\overline{x}=\int xdA, \quad x=\rho\cos\theta, \quad dA=\rho d\theta d\rho, \quad A\overline{x}=\int_0^r\int_{-\alpha}^{\alpha}\rho\cos\theta\rho d\rho d\theta=\frac{2r^3\sin\alpha}{3}$$

$$\therefore \ \overline{x}=\frac{(2/3)r^3\sin\alpha}{A}=\frac{(2/3)r^3\sin\alpha}{r^2\alpha}=\frac{2r\sin\alpha}{3\alpha}, \quad \overline{y}=0$$

탄·소성 보 : 휨 모멘트

폭 150mm, 높이 240mm의 단면을 갖는 보가 그림과 같은 응력-변형률 곡선을 가지고 있다. (1) 탄성범위에서 보의 중립축 위치, (2) 비탄성거동이 시작할 때의 휨모멘트, (3) 보의 파괴가 발생할 때의 휨모멘트를 구하시오.

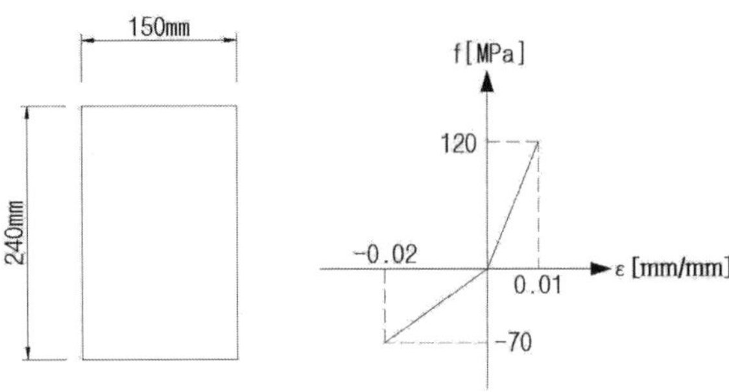

풀 이

▶ 개요

비탄성재료의 항복상태와 소성상태의 모멘트를 산정한다. 보의 상하면의 변형률을 ϵ_1, ϵ_2라 하고 그에 대응하는 최대 응력을 f_1, f_2라고 하면 중립축의 위치를 구하기 위해서는 응력 변형률곡선의 면적이 같아야 한다.

▶ 탄성 범위에서 보의 중립축 위치

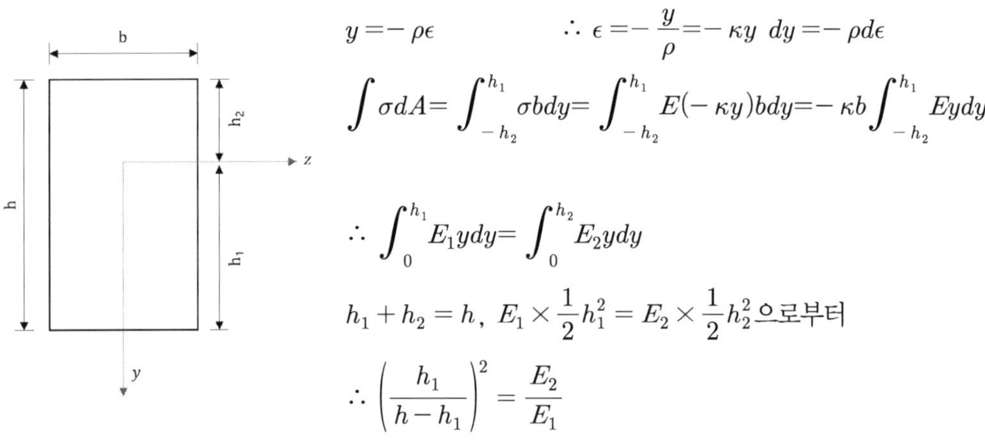

$$y = -\rho\epsilon \qquad \therefore \epsilon = -\frac{y}{\rho} = -\kappa y \quad dy = -\rho d\epsilon$$

$$\int \sigma dA = \int_{-h_2}^{h_1} \sigma b\, dy = \int_{-h_2}^{h_1} E(-\kappa y) b\, dy = -\kappa b \int_{-h_2}^{h_1} Ey\, dy$$

$$\therefore \int_0^{h_1} E_1 y\, dy = \int_0^{h_2} E_2 y\, dy$$

$$h_1 + h_2 = h, \quad E_1 \times \frac{1}{2}h_1^2 = E_2 \times \frac{1}{2}h_2^2 \text{ 으로부터}$$

$$\therefore \left(\frac{h_1}{h - h_1}\right)^2 = \frac{E_2}{E_1}$$

$$E_1 = \frac{\sigma_1}{\epsilon_1} = \frac{70}{0.02} = 3{,}500\,\text{MPa}, \quad E_2 = \frac{120}{0.01} = 12{,}000\,\text{MPa} \quad \therefore h_1 = 155.838\,\text{mm}, \quad h_2 = 84.162\,\text{mm}$$

➤ 비탄성 거동 시작할 때 휨모멘트

비탄성 거동이 시작될 때의 휨모멘트는 상부 또는 하부가 항복 시에 발생한다. 주어진 응력-변형률 관계 그래프가 탄성 시 거동을 나타내고, 상부의 항복응력이 120MPa, 하부의 항복응력을 70MPa라고 가정한다.

① 상부가 항복할 때

$$\sigma_2 = E_2\epsilon_2 = \kappa E_2 h_2 = 120\,\text{MPa} \qquad \therefore \kappa = \frac{120}{12{,}000 \times 84.162} = 0.000119$$

② 하부가 항복할 때

$$\sigma_1 = E_1\epsilon_1 = \kappa E_1 h_1 = 70\,\text{MPa} \qquad \therefore \kappa = \frac{70}{3{,}500 \times 155.838} = 0.000128$$

$\therefore \kappa = 0.000119$일 때 비탄성 거동을 시작한다.

따라서, 부재 항복 시 항복모멘트 M_y는

$$\therefore M_y = \int_A \sigma_x y\,dA = -\kappa E_1 \int_1 y^2\,dA - \kappa E_2 \int_2 y^2\,dA = -\kappa b \left[E_1 \int_0^{h_1} y^2\,dy + E_2 \int_0^{h_2} y^2\,dy \right]$$

$$= 121{,}193{,}540\,\text{Nmm} = 121.2\,\text{kNm}$$

➤ 보 파괴 시 휨모멘트

보의 일정구간에서 소성구간에 진입했을 때 보가 파괴된다고 보고 이때의 소성모멘트를 산정한다.

① 소성 중립축 산정

상·하부가 각각 항복하중인 120MPa, 70MPa에 도달할 때의 소성 중립축을 산정하면,

$$\int_0^{y_1} \sigma_1\,dA = \int_0^{y_2} \sigma_2\,dA$$

$$\int_0^{y_1} 70b\,dy = \int_0^{y_2} 120b\,dy, \quad 70y_1 = 120(240 - y_1), \quad y_1 + y_2 = 240$$

$$\therefore y_1 = 151.58\,\text{mm}, \quad y_2 = 88.42\,\text{mm}$$

② 소성 모멘트 산정

$$\therefore M_y = \int_A \sigma_x y\,dA = \int_0^{y_1} 70yb\,dy + \int_0^{y_2} 120yb\,dy = 190989473\,\text{Nmm} = 190.99\,\text{kNm}$$

탄·소성 강체

다음 그림과 같이 힌지로 지지된 A지점과 2개의 케이블(CE, DF)로 지지된 보 AB에 연직하중 P가 B점에 작용할 때 다음 물음에 답하시오(단, 보 AB는 강체이고, 두 케이블의 단면적(A_c)과 재료물 성치는 동일하며 완전탄소성체로서 항복응력 f_y는 일정하다. 재하 전에 보 AB는 수평이며 케이블은 연직방향으로 설치되었다).

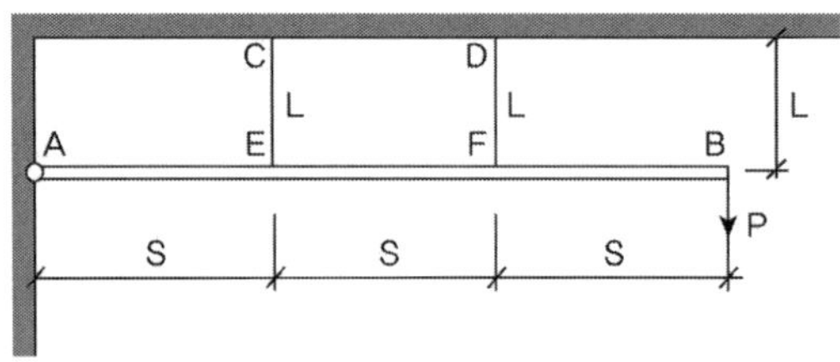

1) 항복하중 P_y 2) 극한하중 P_u 3) 하중—변위 그래프

▶ 개요

1차 부정정 구조물로 변위일치의 방법이나 에너지법을 이용하여 풀이할 수 있다. 케이블 CE의 장력을 F_1, 케이블 DF의 장력을 F_2로 치환하여 산정한다.

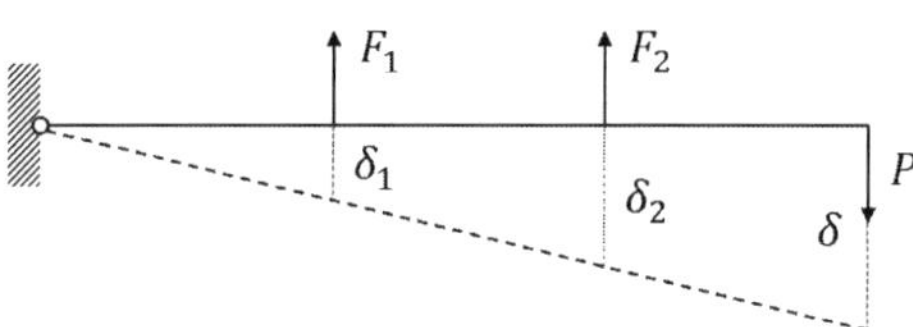

▶ 에너지법

$$\sum M_A = 0 : F_1 + 2F_2 = 3P \qquad \therefore F_1 = 3P - 2F_2$$

$$U = \frac{F_1^2 L}{2EA} + \frac{F_2^2 L}{2EA} = \frac{(3P - 2F_2)^2 L}{2EA} + \frac{F_2^2 L}{2EA}$$

최소일의 원리로부터

$$\frac{\partial U}{\partial F_2} = 0 : \frac{L}{EA}\left[-2(3P - 2F_2) + F_2\right] = 0 \qquad \therefore F_2 = \frac{6}{5}P,\ F_1 = \frac{3}{5}P$$

▶ 변위일치법

Rigid Body이므로, $\delta_2 = 2\delta_1$ $\quad \therefore \dfrac{F_2 L}{EA} = 2\dfrac{F_2 L}{EA}$, $\quad F_2 = 2F_1$ $\quad \therefore F_2 = \dfrac{6}{5}P,\ F_1 = \dfrac{3}{5}P$

▶ 항복하중

$F_2 > F_1$ 이므로 F_2가 먼저 항복한다.

$$F_2 = f_y A = \frac{6}{5}P \qquad \therefore P_y = \frac{5}{6}f_y A$$

$$\therefore \delta = \frac{3}{2}\delta_2 = \frac{3}{2}\frac{F_2 L}{AE} = \frac{3}{2}\left(\frac{f_y L}{E}\right)$$

▶ 극한하중

$$F_1 = F_2 = f_y A$$
$$F_1 + 2F_2 = 3f_y A = 3P_u \qquad \therefore P_u = f_y A$$
$$\therefore \delta = 3\delta_1 = 3\left(\frac{f_y L}{E}\right)$$

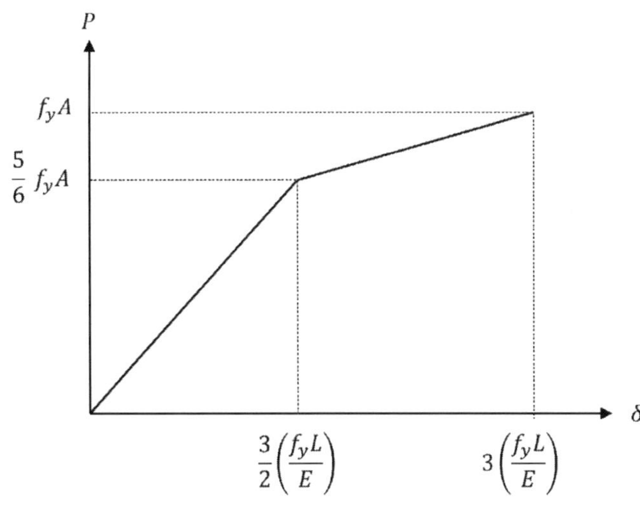

탄·소성 축부재

다음 그림과 같이 양단이 고정된 봉 AC에서 B점에 축하중 P가 작용할 때 응력–변형률선도를 고려하여 B점의 연직처짐을 구하시오(단, 부재 AB의 단면적은 $a = 1000\,mm^2$, 부재 BC의 단면적은 $2a = 2000\,mm^2$이며 축하중 P=80kN이다).

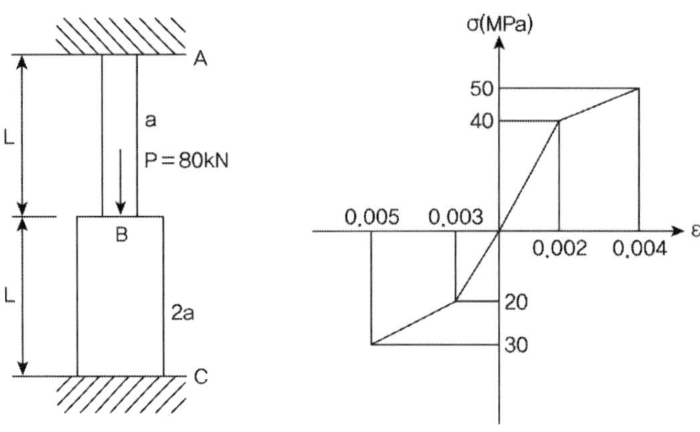

풀 이

➤ 개요

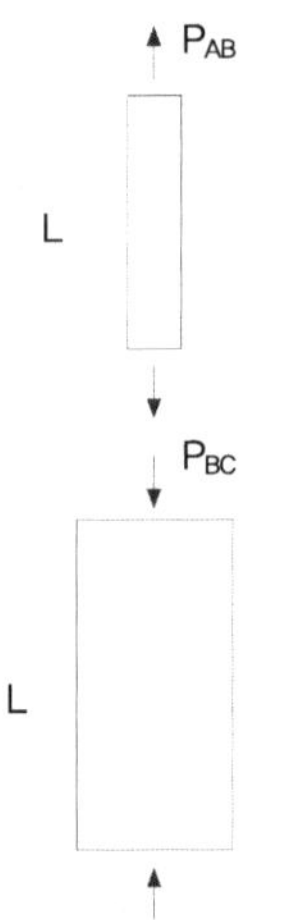

1차 부정정 구조물이므로 부정정력으로 치환하여 산정한다.

$$P_{AB} + P_{BC} = 80^{kN}$$

부재 AB는 인장, 부재 BC는 압축력이 작용하므로 AB부재에 작용하는 인장력 R_A를 부정정력(X)으로 한다.

➤ 선형 구간 내의 하중산정

탄성계수가 변화하는 비선형이므로 탄성영역에서의 하중을 산정하면,

1) AB 부재 : 인장

$$\frac{P_{AB}}{a} = 40^{MPa} \qquad \therefore P_{AB} = 40^{kN}$$

2) BC부재 : 압축

$$\frac{P_{BC}}{2a} = 20^{MPa} \qquad \therefore P_{BC} = 40^{kN}$$

➤ 작용하중 산정

$P = \dfrac{EA}{L}\delta$ 에서 AB부재와 BC부재의 L, δ가 동일하므로

탄성영역 내의 탄성계수를 각각 E_{AB1}, E_{BC1} 이라고 하면

$P_{AB} = E_{AB1} \times A_{AB} > P_{AB} = E_{AB2} \times A_{BC}$ 의 관계가 성립된다.

따라서, $P_{AB} + P_{BC} = 80^{kN}$ 이므로 $P_{AB} > 40^{kN}$, $P_{BC} < 40^{kN}$ 임을 알 수 있다.

➤ 부정정력의 산정

$$E_{AB1} = \frac{40}{0.002} = 20,000^{MPa}, \qquad E_{AB2} = \frac{10}{0.002} = 5000^{MPa}$$

$$E_{BC1} = \frac{20}{0.003} = 666.67^{MPa}, \qquad E_{BC2} = \frac{10}{0.002} = 5000^{MPa}$$

$$\delta_{AB} = \frac{40}{E_{AB1}A_{AB}} \times L + \frac{X-40}{E_{AB2}A_{AB}} \times L \qquad \delta_{BC} = \frac{80-X}{E_{BC1}A_{BC}} \times L$$

적합조건에 따라

$$\delta_{AB} = \delta_{BC} : \frac{40}{20000 \times a} \times L + \frac{X-40}{5000 \times a} \times L = \frac{80-X}{6666.67 \times 2a} \times L$$

$$\therefore X = 43.64^{kN} > 40^{kN} \qquad O.K$$

$$\therefore P_{AB} = 43.64^{kN}(T), \qquad P_{BC} = 36.36^{kN}(C)$$

➤ B점의 수직처짐 산정

$$\therefore \delta_{BC} = \frac{80-X}{E_{BC1}A_{BC}} \times L = 2.73 \times 10^{-3} L$$

탄·소성 축부재 : 부정정

다음의 양단고정 기둥에서 b점의 하중(P)이 증가됨에 따라 수직처짐(δ)과의 관계식을 구하고 그림으로 도시하시오(단, 부재 ①, ②의 응력(σ)−변형률(ε) 관계는 아래 그림과 같다).

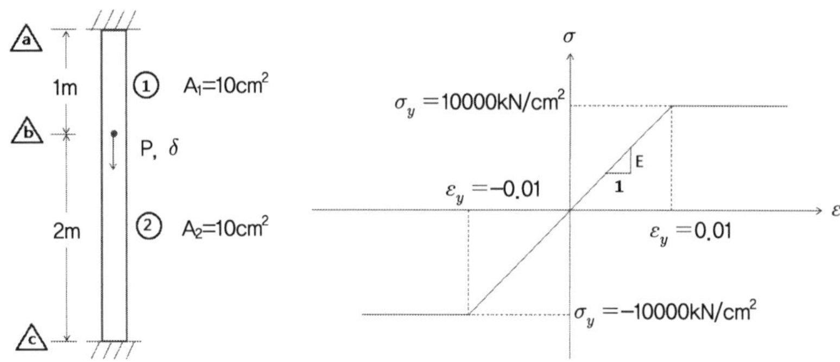

풀 이

➤ 개요

축력을 받는 부정정 구조물에서 비선형을 가질 경우에 대한 문제로 먼저 부정정력을 가정해서 부재별 축력을 산정한 후 항복점과 극한점에서의 변위를 구해본다.

➤ 부정정력 산정

① 부재의 축력 X를 부정정력으로 산정하여 에너지 방법으로 구해본다(변위일치법으로 산정할 경우 ②번 부재의 축력을 부정정력으로 산정해서 하중에 의한 축력과 부정정력에 의한 축력이 적합조건상 0이라는 조건을 이용한다).

$$U = U_1 + U_2 = \frac{XL_1^2}{2EA_1} + \frac{(P-X)^2 L_2}{2EA_2} = \frac{1}{2EA}\left(100X^2 + 200(P-X)^2\right)$$

최소일의 원리로부터, $\dfrac{\partial U}{\partial X} = 0 \qquad \therefore X = \dfrac{2}{3}P$

➤ 항복 변위 산정

$F_{ab} = \dfrac{2}{3}P$, $F_{bc} = \dfrac{1}{3}P$이고 두 부재의 면적 $A_1 = A_2$이므로 따라서 ① 부재가 먼저 항복한다.

$$F_{ab} = \frac{2}{3}P = \sigma_Y A = 10,000 \times 10 \qquad \therefore P_Y = 150,000^{kN}$$

$$\delta_Y = \frac{F_{ab}L_1}{EA_1} = \frac{2}{3}\frac{P_Y L_1}{EA_1} = \frac{2}{3} \times \frac{150,000 \times 100}{10^6 \times 10} = 1.0^{cm}$$

$$(E = \sigma_Y / \epsilon = 10,000/0.01 = 10^6)$$

▶ 극한 변위 산정

① 부재 항복 후 ② 부재도 항복할 경우

$$F_{ab} + F_{bc} = P : 2\sigma_Y A = P \qquad \therefore P_u = 200,000^{kN}$$

$$P_u = P_Y + \Delta P \qquad \therefore \Delta P = 50,000^{kN}$$

$$\Delta \delta = \frac{\Delta P L_2}{EA_2} = \frac{50,000 \times 200}{10^6 \times 10} = 1^{cm}$$

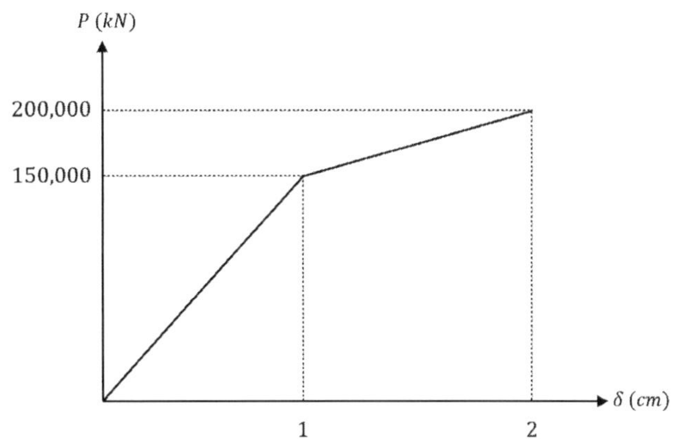

탄·소성 해석

다음 그림과 같은 응력–변형률 관계를 갖는 두 재료 A, B가 있다. 각각의 단면이 폭 b, 높이 h인 직사각형 단면일 때, 각각의 경우에 대하여 소성모멘트 M_p를 구하시오.

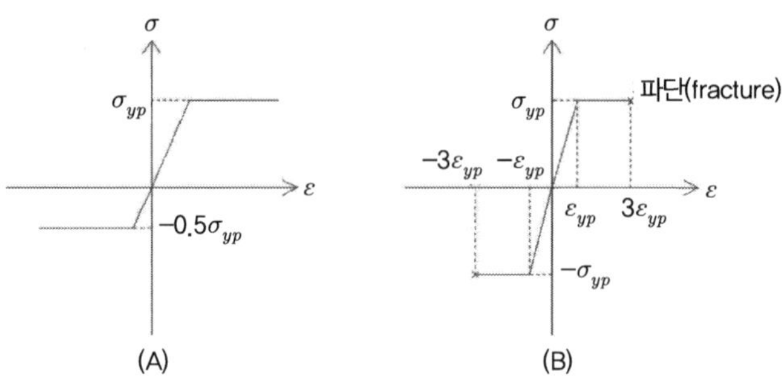

풀 이

▶ A의 중립축 산정 및 M_p

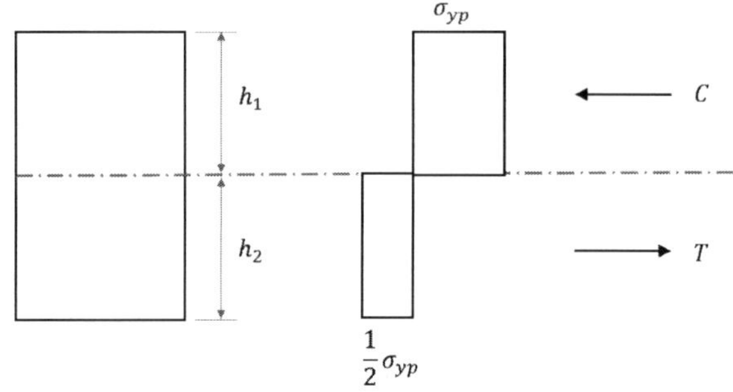

$$C = \sigma_{yp}bh_1, \quad T = \frac{1}{2}\sigma_{yp}bh_2, \quad C = T, \quad h = h_1 + h_2$$

$$\therefore h_2 = 2h_1, \quad h_1 = \frac{1}{3}h, \quad h_2 = \frac{2}{3}h$$

$$\therefore M_p = C \times \frac{1}{2}h_1 + T \times \frac{1}{2}h_2 = \sigma_{yp}b\left(\frac{1}{3}h\right) \times \left(\frac{1}{6}h\right) + \frac{1}{2}\sigma_{yp}b\left(\frac{2}{3}h\right) \times \left(\frac{1}{3}h\right) = \frac{1}{6}\sigma_{yp}bh^2$$

➤ **B의 중립축 산정 및 M_p**

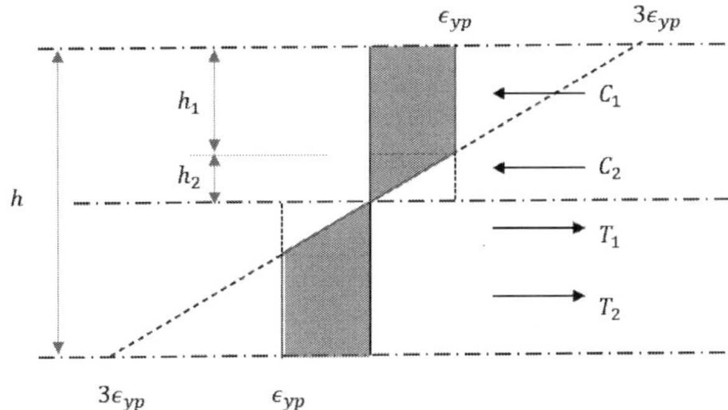

Elastic–fully plastic 조건과 달리 $3\epsilon_{yp}$에서 파단하므로, 주어진 응력–변형률 곡선으로부터 단면의 일부 구간에서는 완전소성영역에 도달하지 못한다.

비례식으로부터,

$$\therefore h_1 = \frac{1}{3}h \ (\because \frac{h}{2} : 3\epsilon_{py} = h_1 : 2\epsilon_{py}), \qquad h_2 = \frac{h}{6}$$

$$\therefore M_p = 2\left[C_1 \times \left(\frac{h_1}{2} + h_2 \right) + C_2 \times h_2 \times \frac{2}{3} \right]$$

$$= 2\left[\left(\sigma_{yp} \times \frac{bh}{3} \right) \times \left(\frac{h}{3} \right) + \left(\frac{1}{2}\sigma_{yp} \times \frac{bh}{6} \right) \times \frac{h}{9} \right] = \frac{13}{54}\sigma_{yp}bh^2$$

탄·소성 보

다음 그림과 같은 직사각형 강재 단면의 단순보에 집중하중이 작용할 때 다음 항목을 구하시오
(단, 전단력의 영향은 무시, 강재의 항복강도 $F_y = 240MPa$, 강재의 탄성계수 $E = 200GPa$).

(1) 최대 휨모멘트가 발생하는 위치에서 탄성영역 두께 및 중립면의 곡률반경

(2) 하중 P가 0으로 감소된 후 잔류응력 분포 및 중립면의 곡률반경

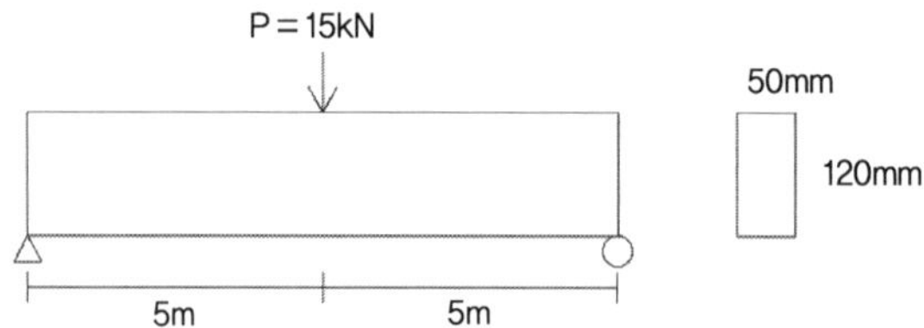

풀 이

▶ 최대 단면력 $M_{\max}$

$$M_{\max} = Pl/4 = 37.5kNm$$

▶ 단면 상수

$$I = \frac{50 \times 120^3}{12} = 7,200,000mm^4 \qquad S = \frac{I}{y} = 120,000mm^3$$

▶ f_b 및 탄성영역의 두께 산정

$$f_b = \frac{M_{\max}}{S_b} = 312.5^{MPa} > f_y$$

$$M = C_1\left(\frac{1}{2}\left(\frac{h}{2} - e\right) + e\right) \times 2 + C_2 \times \frac{2}{3}e \times 2$$

$$C_1 = f_y\left(\frac{h}{2} - e\right) \times b, \qquad C_2 = \frac{1}{2}f_y \times e \times b$$

$$\therefore \quad M = 12000(3600 - e^2) + 8000e^2$$

$$M_{\max} = 37.5 \times 10^6 = 12000(3600 - e^2) + 8000e^2 \qquad \therefore e = 37.8^{mm}$$

▶ 중립면의 곡률반경 산정

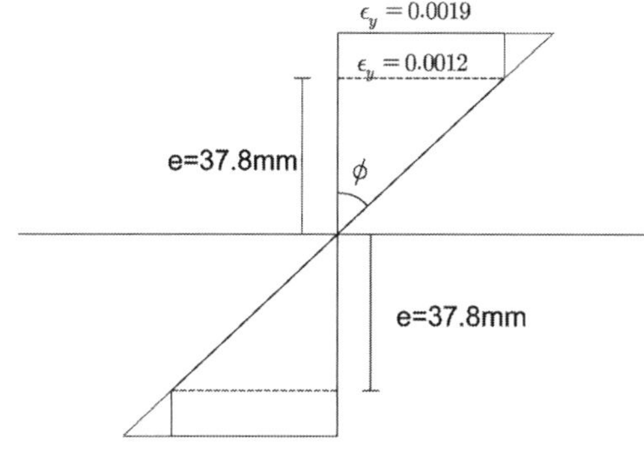

$$\epsilon_y = f_y / E_s = 0.0012$$

$$\therefore \phi = \frac{0.0012}{37.8} = 0.000032^{rad}$$

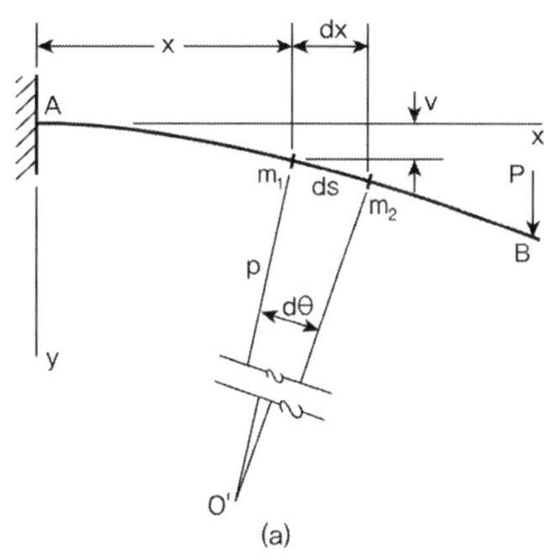

(a)

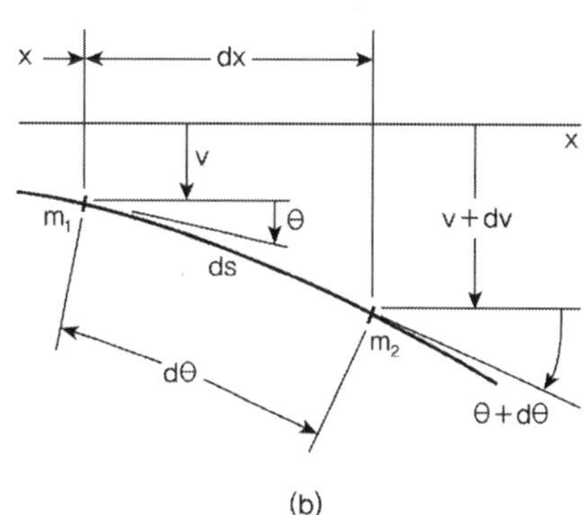

(b)

$$\text{Let, } \kappa = \frac{1}{\rho} \quad dx \approx ds = \rho d\theta \qquad \therefore \kappa = \frac{1}{\rho} = \frac{d\theta}{dx}$$

중립축에서 y만큼 떨어진 임의의 위치에서 부재의 원래 길이를 l_1, 변형 후의 길이를 l_2라 하면,

$$l_1 = dx$$

$$l_2 = (\rho - y)d\theta = \rho d\theta - yd\theta = dx - y\left(\frac{dx}{\rho}\right)$$

$$\therefore \epsilon_x = \frac{l_2 - l_1}{l_1} = -y\left(\frac{dx}{\rho}\right)\frac{1}{dx} = -\frac{y}{\rho} = -\kappa y$$

따라서, 중립면의 곡률반경은 $\quad \rho = \dfrac{1}{\kappa} = \dfrac{y}{\epsilon_y} = \dfrac{37.8}{0.0012} = 31,500mm$

▶ 하중 P가 0으로 감소된 후 잔류응력 분포와 중립면의 곡률반경 산정

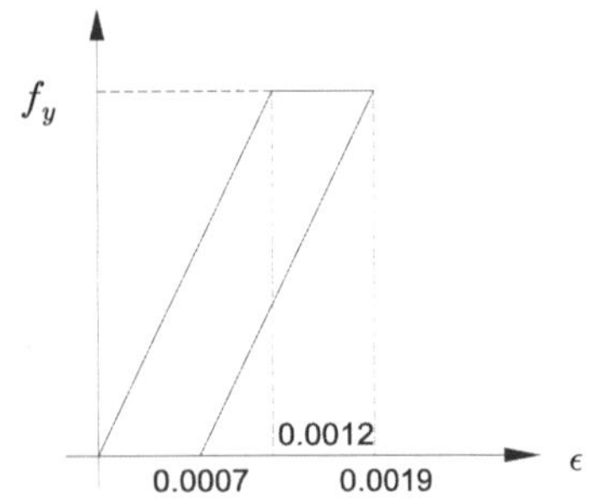

비례식으로부터

$$37.8 : 0.0012 = 60 : x$$

$$\therefore\ x = 0.0019$$

잔류변형률 산정

$$\epsilon_r = 0.0019 - 0.0012 = 0.0007$$

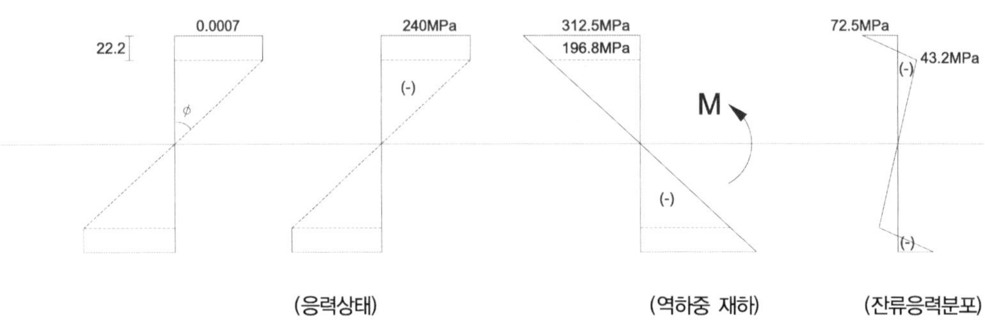

잔류변형률로 인하여 발생하는 응력상태는 다음과 같이 구분하여 볼 수 있다.

① 탄소성 하중으로 인한 단부 소성응력상태

② 하중 P가 0이 되는 상태를 $M_{\max}$ 를 역으로 재하한 것으로 가정

$$f_u = \frac{M_{\max}}{S} = 312.5^{MPa} \qquad f_{pl} = f_{\max} \times \frac{37.8}{60} = 196.87^{MPa}$$

③ 두 응력상태의 합산으로부터 잔류응력 분포 산정

$$\epsilon_r = f_r / E_s = 43.2 / 200 \times 10^3 = 0.000216$$

중립면의 곡률반경은

$$\rho = \frac{1}{\kappa} = \frac{y}{\epsilon_y} = \frac{37.8}{0.0007} = 175,000mm$$

지점 비선형

다음 그림에서 P와 M_A와의 관계를 도시하시오. 단, Δ만큼 처짐이 발생한 후 지점과 접합되며 $l = 1.0m$, $EI = 1.0 \times 10^5 Nmm^2$, $\Delta = 2mm$로 한다.

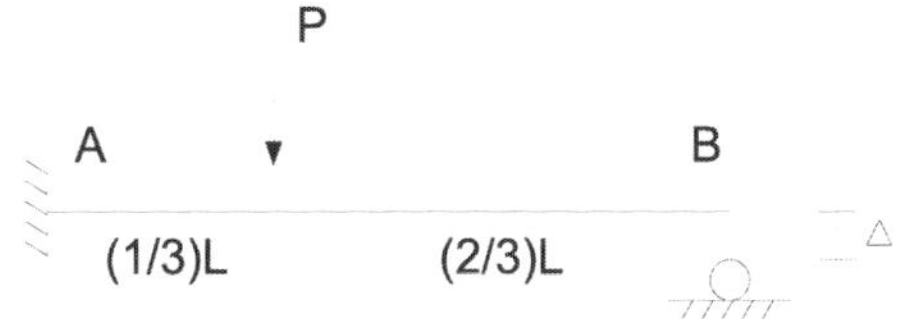

풀 이

▶ 개요

지점 비선형 문제로 주어진 구조물은 최초 정정 구조물에서 Δ만큼의 변위가 발생한 이후에 1차 부정정 구조물로 변환된다. 하중 P에 의해서 Δ만큼의 변위가 발생될 때까지는 켄틸레버 구조로 작용되며, Δ만큼의 변위가 발생된 이후에는 1차 부정정 구조로 변화하므로 구간을 구분하여 P와 M_A의 관계를 도식한다.

▶ 변위 Δ 발생 시의 하중 P와 M의 관계

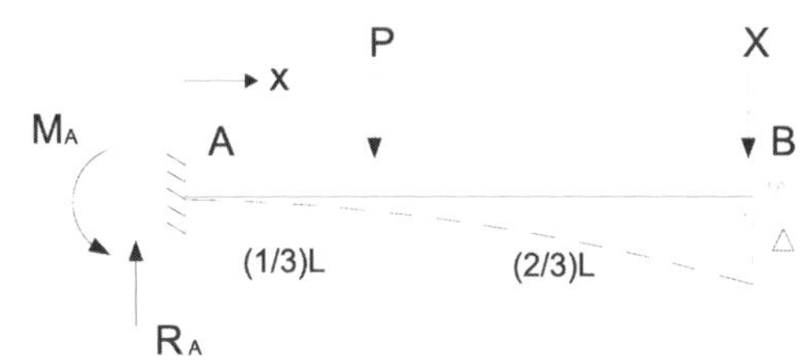

$$R_A = P + X, \quad M_A = \frac{PL}{3} + XL$$

① $0 \leq x \leq L/3$ $\quad M_{x1} = R_A x = (P+X)x, \quad \dfrac{\partial M_{x1}}{\partial X} = x$

② $2L/3 \leq x \leq L$ $\quad M_{x2} = R_A x - P(x-L) = (P+X)x - P(x-L), \quad \dfrac{\partial M_{x2}}{\partial X} = x$

$$\Delta = \frac{\partial U}{\partial X} = \frac{1}{EI}\left[\int_0^{L/3} M_{x1}\left(\frac{\partial M_{x1}}{\partial X}\right)dx + \int_{L/3}^L M_{x2}\left(\frac{\partial M_{x2}}{\partial X}\right)dx\right] = \frac{37PL^3}{81EI} \quad (\because X = 0)$$

$\therefore \Delta = 2mm$ 일 때 P=0.000438 N, M_A=0.146 Nmm (M_A=333.3P, $-$ counter-clockwise)

△만큼의 변위가 발생된 이후에는 1차 부정정 구조로 변화하므로 지점 B에서의 반력을 부정정력 X로 가정하면,

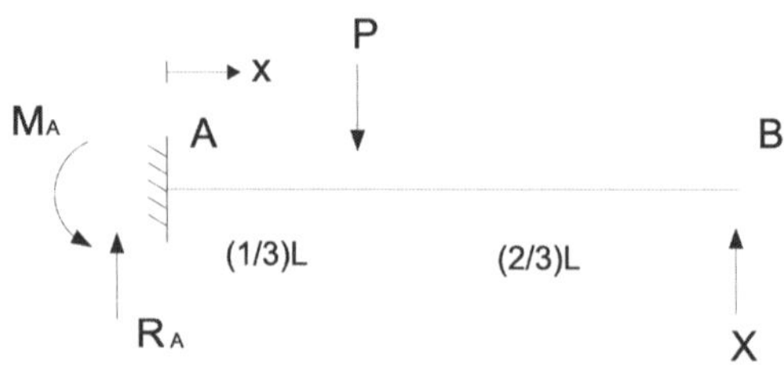

$$R_A = P - X, \quad M_A = \frac{PL}{3} - XL$$

① $0 \leq x \leq L/3 \quad M_{x1} = R_A x = (P - X)x, \quad \dfrac{\partial M_{x1}}{\partial X} = x$

② $2L/3 \leq x \leq L \quad M_{x2} = R_A x - P(x - L) = (P - X)x - P(x - L), \quad \dfrac{\partial M_{x2}}{\partial X} = x$

$$\Delta = \frac{\partial U}{\partial X} = \frac{1}{EI}\left[\int_0^{L/3} M_{x1}\left(\frac{\partial M_{x1}}{\partial X}\right)dx + \int_{L/3}^{L} M_{x2}\left(\frac{\partial M_{x2}}{\partial X}\right)dx \right] = \frac{(37P - 27X)L^3}{81EI}$$

$$\frac{\partial U}{\partial X} = 0 \; ; \; \therefore X = \frac{37P}{27}, \quad M_A = \frac{PL}{3} - XL = -1037.04P \ (+ \text{ clockwise})$$

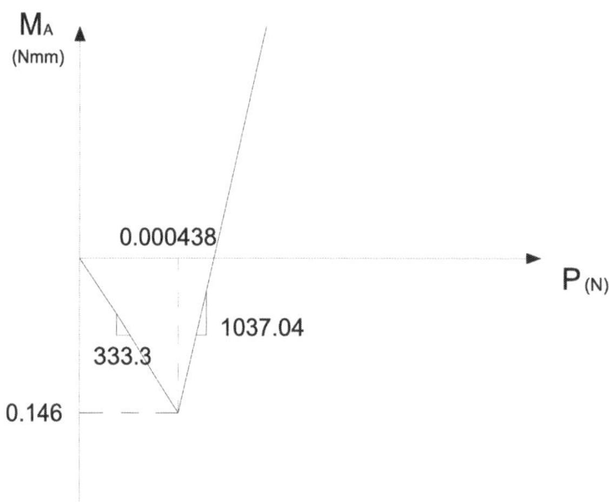

지점 비선형 : 최소일의 원리

다음 그림과 같은 프레임 구조에서 지점 C의 우측 Δ만큼 떨어진 곳에 강성벽체가 있다. B점에 수평하중이 작용할 때, 지점 A의 수평반력을 구하시오(단, $E = 200\,GPa$, $I = 4{,}720\,cm^4$, $\Delta = 2.5cm$).

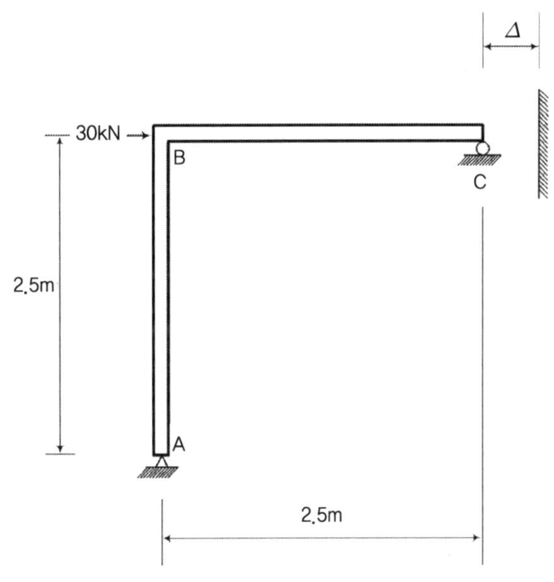

풀 이

▶ 개요

지점 비선형 문제로 주어진 구조물은 최초 정정 구조물에서 Δ만큼의 변위가 발생한 이후에 1차 부정정 구조물로 변환된다. 주어진 조건에서 강성벽체는 지점 역할을 한다고 가정하고 지점의 반력을 과잉력으로 보고 최소일의 원리를 이용하여 풀이한다.

▶ 최소일의 원리

지점의 반력 H_c를 과잉력 R로 산정

$$M_1 = (30 - R)x, \quad M_2 = (R - 30)x$$

$$U = \sum \int \frac{M^2}{2EI}dx = \frac{1}{2EI}\left[\int_0^{2.5} M_1^2 dx + \int_0^{2.5} M_2^2 dx\right]$$

$$= \frac{1}{2EI}\left[\int_0^{2.5}(30-R)^2 x^2 dx + \int_0^{2.5}(R-30)^2 x^2 dx\right] = 5.52\times10^{-4}(R-30)^2$$

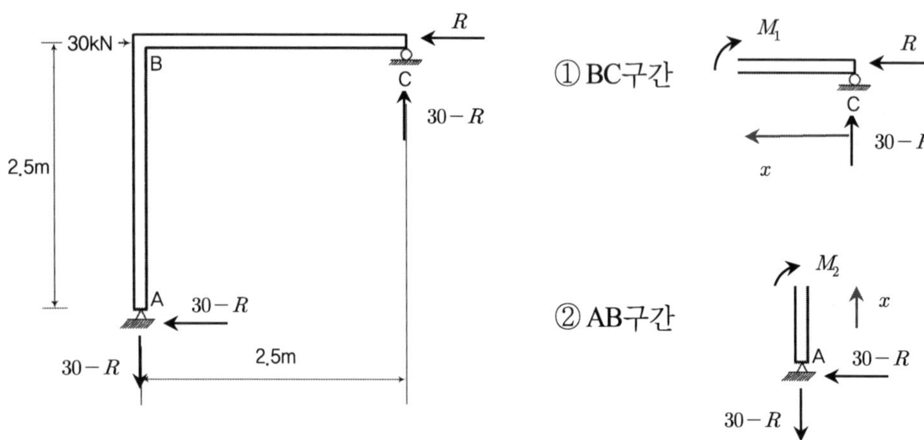

최소일의 정리로부터

$$\therefore\ \frac{\partial U}{\partial R} = -0.025\ :\qquad R = 7.34kN\ (\leftarrow)$$

▶ A점의 수평반력

$$\therefore\ H_A = 30 - R = 22.66kN\ (\leftarrow)$$

지점 비선형 : 외팔보

외팔보 AB에 균일분포하중이 작용하기 전에 외팔보 AB 끝단과 외팔보 CD 끝단 사이에 $\delta_0 = 1.5\,mm$ 의 간격이 있다. 하중작용 후의 (1) A점의 반력, (2) D점의 반력을 구하시오. 단, $E = 105\,GPa$, $w = 35\,kN/m$ 이다.

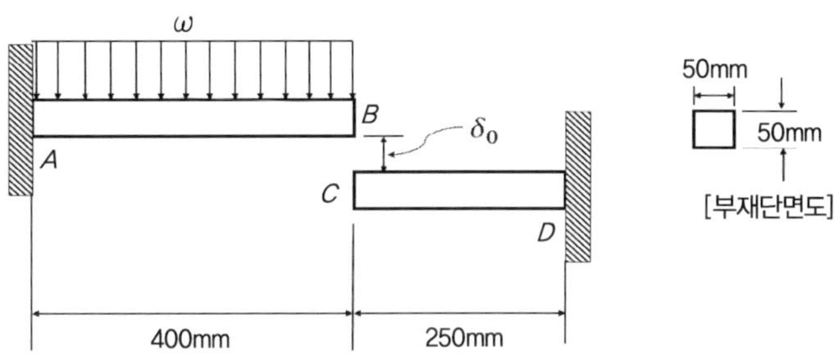

풀 이

▶ 개요

등분포하중을 δ_0 까지 하중과 δ_0 이후의 하중으로 구분하여 산정한다.

▶ δ_0 에서의 등분포하중 ω_1 산정

$$E = 105 \times 10^3\,MPa,\quad I = 50^4/12 = 520,833\,mm^4$$

$$\delta_0 = \frac{\omega_1 L_{AB}^4}{8EI} \qquad \therefore\ \omega_1 = 25.634\,N/mm$$

▶ δ_0 이후 등분포하중 ω_2 로 인한 반력 산정

B점이 CD부재에 닿은 후 B점에서 작용하는 하중을 X라고 하면, AB부재에서 ω_2 로 인한 하향처짐 과 X하중으로 인한 상향처짐의 합은 CD부재에서 X하중으로 인한 처짐과 같으므로,

$$\omega_2 = 35 - 25.634 = 9.365\,kN/m$$

$$\frac{\omega_2 L_{AB}^4}{8EI} - \frac{X L_{AB}^3}{3EI} = \frac{X L_{CD}^3}{3EI}\ ;\ \frac{9.365 \times 400^4}{8} - \frac{X \times 400^3}{3} = \frac{X \times 250^3}{3} \qquad \therefore\ \text{X=1129.1N}$$

1) A점의 반력 산정

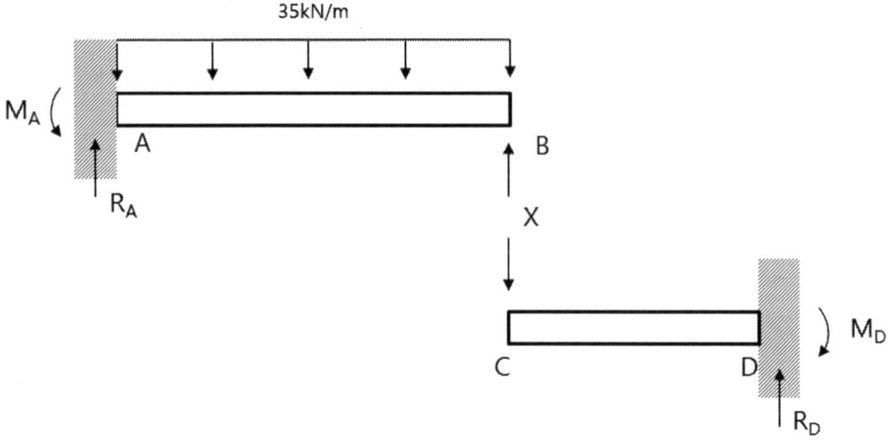

$$AB부재에서 \ \sum F_y = 0 \ ; \ R_A = 35 \times 0.4 - 1.129 \ = 12.871 \ \text{kN} \ (\uparrow)$$

$$\sum M_A = 0; \ M_A = \frac{35 \times 0.4^2}{2} - 1.129 \times 0.4 \ = 2.3484 \ \text{kNm}(\downarrow)$$

2) D점의 반력 산정

$$AB부재에서 \ \sum F_y = 0 \ ; \ R_D = X = \ = 1.129 \ \text{kN} \ (\uparrow)$$

$$\sum M_D = 0; \ M_A = 1.129 \times 0.25 \ = 0.282 \ \text{kNm}(\downarrow)$$

03 소성해석

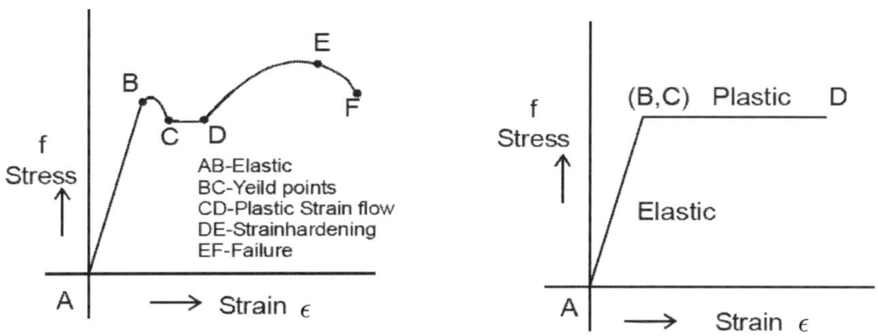

1. 소성 휨의 해법상 가정사항

1) 재료는 균질하고 등방성의 재료이다.

2) 변형률은 중립축의 거리에 비례한다.

3) 응력–변형률의 관계는 정적 항복점(f_y)에 도달할 때까지는 탄성이며, 이후에는 이상적인 소성(무제한의 변형)으로 본다.

4) 압축측의 응력–변형률의 관계는 인장측과 동일하다.

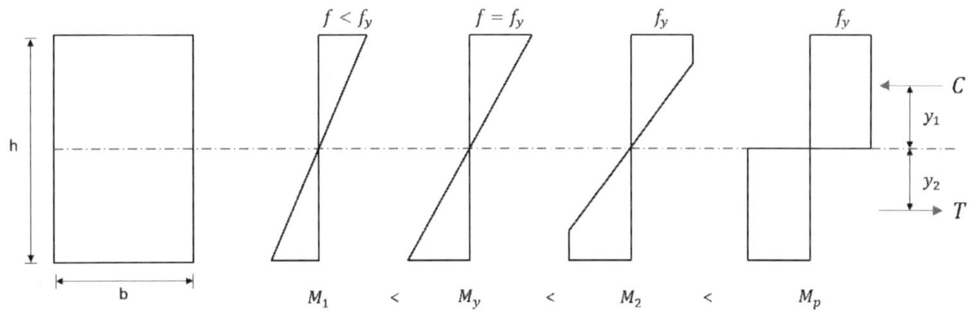

2. 항복모멘트(M_y)와 소성모멘트(M_p)

1) 항복모멘트 : 보의 최연단 응력이 항복응력에 도달할 때 보에 작용한 휨모멘트

2) 소성모멘트 : 보 단면 내부의 응력이 모두 항복응력에 도달할 때 보에 작용한 휨모멘트

$$C = T = f_y \times b \times \frac{h}{2},\ y_1 = y_2 = \frac{h}{4}$$

$$M_p = C(y_1 + y_2) = T(y_1 + y_2) = f_y \frac{bh^2}{4} = f_y Z_p$$

3. 소성단면계수(Z_p)

소성상태의 단면에서 중립축 상하 부분에 대한 단면 1차 모멘트의 합

$$Z_p = \Sigma \int_A dA, \qquad Z_p = Q_t + Q_b \quad (\text{대칭구조물 } Z_p = 2Q)$$

1) Moment Capacity in Elasto−Plastic Range

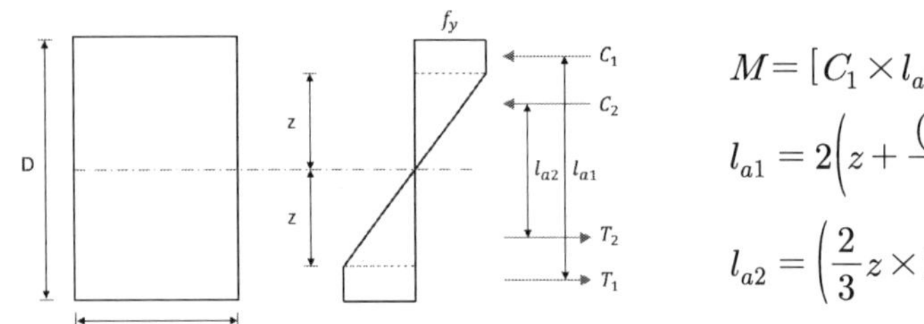

$$M = [C_1 \times l_{a1} + C_2 \times l_{a2}](A)$$

$$l_{a1} = 2\left(z + \frac{(D/2 - z)}{2}\right) = \frac{D}{2} + z$$

$$l_{a2} = \left(\frac{2}{3}z \times 2\right) = \frac{4}{3}z$$

$$C_1 = f_y \times b \times \left(\frac{D}{2} - z\right), \qquad C_2 = \left(\frac{f_y}{2}\right) \times z \times b = \frac{zb}{2}f_y$$

$$M = f_y \times b \times \left(\frac{D}{2} - z\right) \times \left(\frac{D}{2} + z\right) + \frac{zb}{2}f_y \times \frac{4}{3}z = f_y b\left(\frac{D^2}{4} - \frac{z^2}{3}\right) = f_y b\left(\frac{3D^2 - 4z^2}{12}\right)$$

2) Circular Section

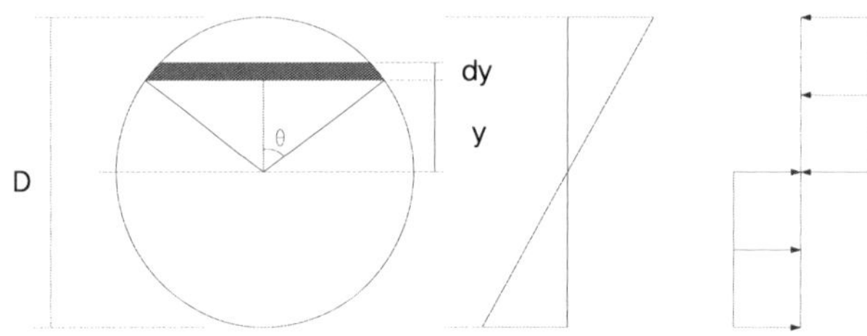

(a) Cross Section　　　　(b) Strain Distribution　　(c) Stress at full plastification Distribution

$$Z_p = \frac{A}{2}(y_1 + y_2) = \frac{1}{2}\frac{\pi D^2}{4}\left(\frac{2D}{3\pi} + \frac{2D}{3\pi}\right) = \frac{D^3}{6}$$

3) Hollow Circular Section

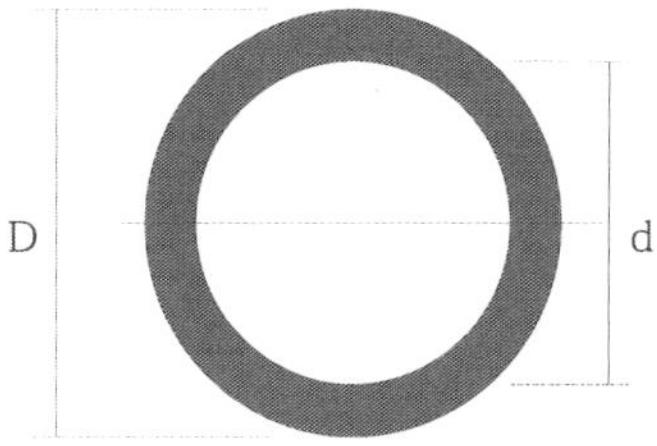

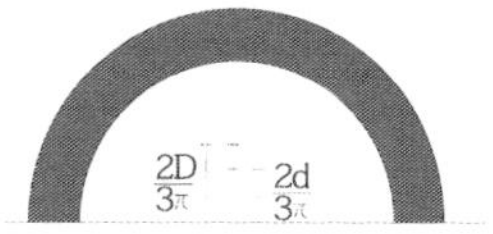

$$Z_p = \frac{A}{2}(y_1 + y_2) = \frac{1}{2}\frac{\pi}{4}(D^2 - d^2)\left(2 \times \frac{2}{3\pi}\frac{(D^3 - d^3)}{(D^2 - d^2)}\right) = \frac{D^3 - d^3}{6}$$

4. 형상계수(Shape factor, f)

소성모멘트(M_p)와 항복모멘트(M_y)의 비로 소성단면계수 Z_p와 단면계수 S와의 비이다.

$$f = \frac{M_p}{M_y} = \frac{f_y \times Z_p}{f_y \times S} = \frac{Z_p}{S}$$

단면형상	형상계수
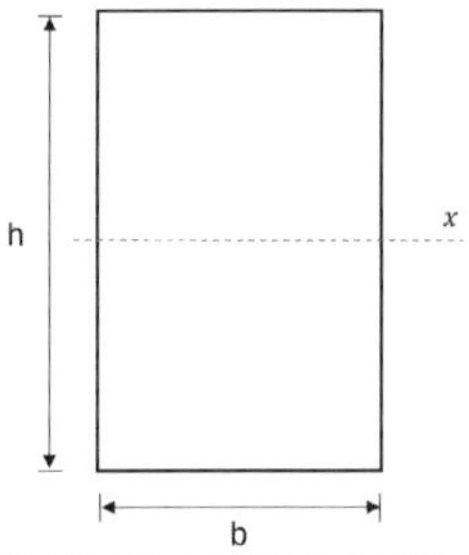	$S = \frac{I}{y} = \frac{bh^2}{6}$, $Z_p = \left(b \times \frac{h}{2} \times \frac{h}{4}\right) \times 2 = \frac{bh^2}{4}$ $f = \frac{Z_p}{S} = \frac{3}{2}$
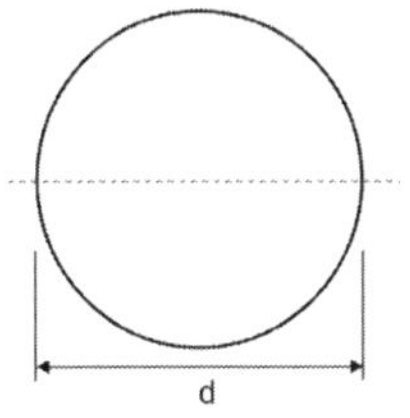	$S = \frac{I}{y} = \frac{\pi d^3}{32}$, $Z_p = \left(\frac{1}{2} \times \frac{\pi d^2}{4} \times \frac{2d}{3\pi}\right) \times 2 = \frac{d^3}{6}$ $f = \frac{Z_p}{S} = \frac{32}{6\pi} \fallingdotseq 1.7$

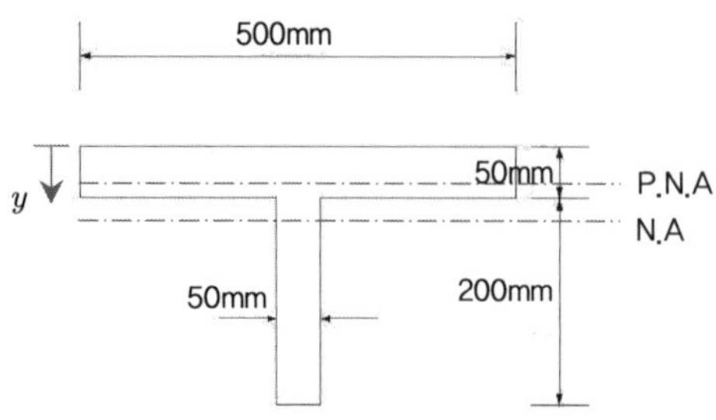

1. 중심축(Centroid, Neutral Axis)

$$\bar{y} = \frac{\Sigma y_i A_i}{\Sigma A_i} = \frac{(500 \times 50) \times 25 + (50 \times 200)(50 + 100)}{(500 \times 50 + 50 \times 200)} = 60.714mm$$

$y_t = 60.71mm$, $y_b = 189.29mm$

2. $I_x = \Sigma(I_{x1} + Ad^2) = 1.501 \times 10^8 mm^4$

3. 단면계수 S_x

$$S_{xt} = \frac{I_x}{y_t} = 2.472 \times 10^6 mm^3, \ S_{xb} = \frac{I_x}{y_b} = 7.930 \times 10^5 mm^3$$

1. 소성중심(Plastic Neutral Axis)

$C = T$: $(500 \times 50) > (200 \times 50)$ flange 단면 내에 존재

$f_y[(500 \times y_p)] = f_y[500 \times (50 - y_p) + 50 \times 200]$, $y_p = 35mm$

2. 소성단면계수 Z_p

$$Z_p = Q_1 + Q_2 = (500 \times 35) \times \frac{35}{2} + (500 \times 15) \times \frac{15}{2} + 50 \times 200 \times (15 + 100) = 1.5125 \times 10^6 mm^3$$

$$f = \frac{Z_p}{S_{\min}} = 1.91 \ (\text{항복모멘트는 } S_{\min} \text{ 일 때 발생})$$

5. 보의 소성해석(Plastic Analysis, Colin Caprani)

보의 소성해석을 위한 접근법은 크게 세 가지로 구분된다. 먼저, 맨처음 소성힌지가 생길 때까지 하중을 점차 증가시켜보는 점층적 방법(Incremental method)으로 접근할 수 있다. 두 번째로 정역학적 방법(Statical or Equilibrium Method)으로 자유물체도와 휨모멘트도를 통해 소성힌지가 발생할 수 있는 지점을 찾아가는 방법이다. 마지막으로 붕괴상태의 가상의 일 에너지와 붕괴모멘트 간의 관계로 해석하는 운동학적 붕괴메커니즘(Kinematic or mechanism method)을 통해 접근한다.

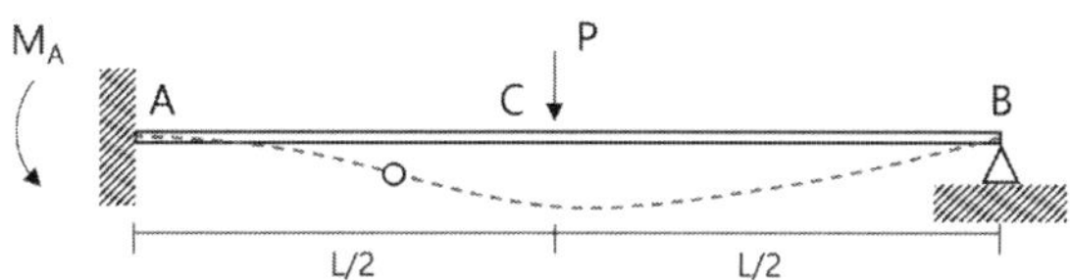

1) Incremental Method

예를 들어 힌지로 지지된 캔틸레버 구조물은 1차 부정정 구조물로 해석하면,

$$M_A = \frac{3PL}{16}, \quad M_c = \frac{5PL}{32}, \quad \delta_c = \frac{7PL^3}{768EI}$$

이 구조물의 항복 모멘트 $M_y = 7.5\,\mathrm{kNm}$, $M_p = 9.0\,\mathrm{kNm}$이고, $L = 1\,\mathrm{m}$, $EI = 10\,\mathrm{kNm^2}$이라면,

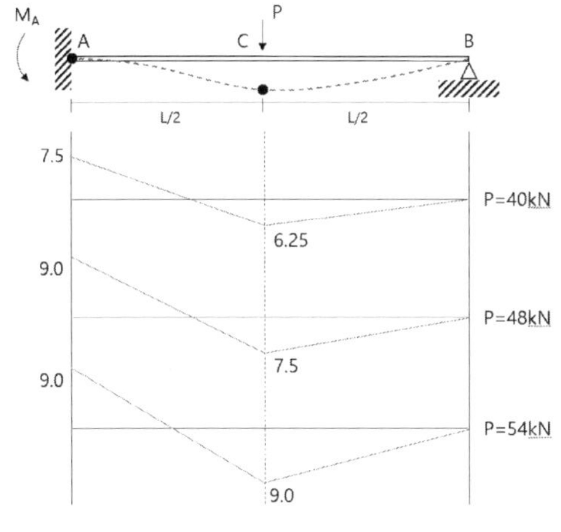

① $P = 32\,\mathrm{kN}$일 때

    $M_A = 6\,\mathrm{kNm}$, $M_c = 5\,\mathrm{kNm}$ $<$ M_y

    $\delta_c = 29.17\,\mathrm{mm}$ $\theta_A = 0$

② A점에서 최대모멘트이고, $M_y/M_A = 1.2$이므로, Assume $P = 30 \times 1.25 = 40\,\mathrm{kN}$

    $M_A = 7.5\,\mathrm{kNm} = M_y$

    $M_c = 6.25\,\mathrm{kNm} < M_y$

    $\delta_c = 36.45\,\mathrm{mm}$, $\theta_A = 0$

③ B점 모멘트로부터, $M_y/M_B = 1.2$이므로, Assume $P = 48\,\mathrm{kN}$

    $M_A = 9\,\mathrm{kNm} = M_p$, $M_c = 7.5\,\mathrm{kNm} = M_y$, $\delta_c = 43.75\,\mathrm{mm}$ $\theta_A = 0$

    ∴ A점에 소성힌지가 발생하였다.

④ Assume $P = 54\,\text{kN}$: 하중 54kN 중 소성힌지를 발생하게 하는 힘은 48kN이며, 이로 인해 A 점에 소성힌지가 발생하고, 남은 힘 6kN(54-48)은 힌지를 회전하는 모멘트로 작용한다.

$$\therefore\ M_A = M_p = 9\,\text{kNm},\ M_c = M_p = 9\,\text{kNm},\ \delta_c = 43.75 + \frac{PL^3}{48EI} = 56.25\,\text{mm}$$

$$\theta_A = \frac{PL^2}{16EI} = \frac{6 \times 1^2}{16 \times 10} = 37.5$$

따라서, 구조물에는 소성힌지가 2곳 발생하며, P=54kN이 붕괴하중이다.

2) Equilibrium Method

이 방법에 따른 해석은 다음의 순서에 따른다.

① 정정구조가 될 때까지 구속을 제거하여 기본 구조(primary structure)를 찾는다.

② 기본구조의 BMD를 그린다.

③ 기본구조의 각 구속을 하나씩 적용하여 이에 대한 반응 모멘트 선도(reactant BMD)를 그린다.

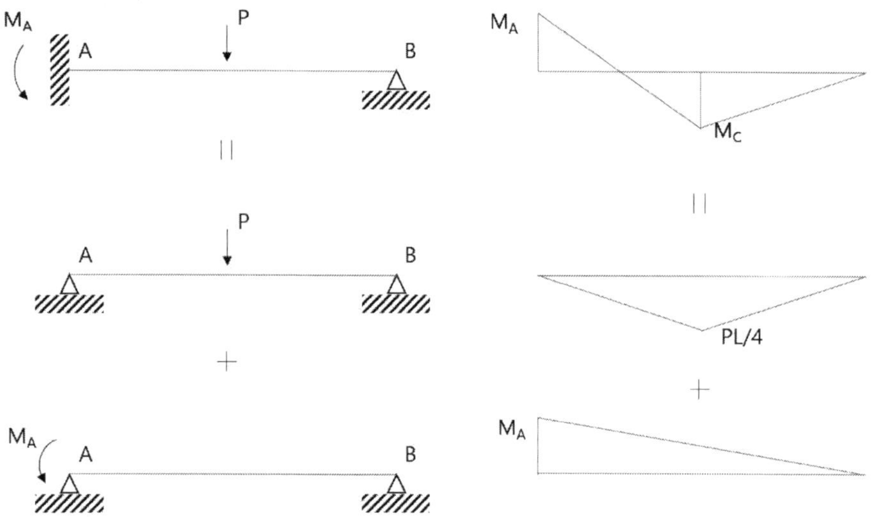

④ 기본구조의 BMD와 각 여분 반응 모멘트선도를 합쳐서 종합 BMD를 그린다.

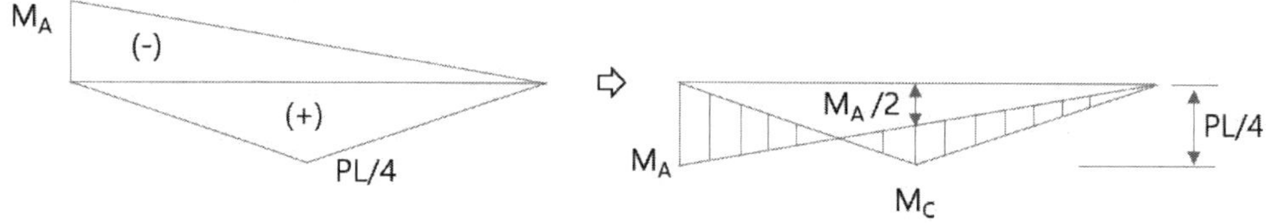

⑤ 종합 BMD로부터 평형방정식을 설정한다.

$$M_C = \frac{PL}{4} - \frac{M_A}{2}$$

⑥ 소성힌지가 형성될 가능성이 있는 위치를 선정하여 평형방정식에 반영한다.

구조물의 붕괴하기 위해서는 2개의 소성힌지가 A, C점에 발생하여야 하므로,

$$M_A = M_C = M_p \; ; \; M_p = \frac{PL}{4} - \frac{M_p}{2}$$

⑦ 필요에 따라 붕괴하중계수 또는 소성모멘트강도를 계산한다.

$$\frac{3}{2}M_p = \frac{PL}{4} \quad \therefore P = \frac{6M_p}{L}$$

3) Kinematic method using virtual work

소성해석을 수행하기 가장 쉬운 방법으로 가상일을 이용한 운동학적 방법이다. 이 방법에서는 붕괴 시의 가정된 형상을 변위의 양립되는 집합(compatible displacement set)으로 설정하고 외부 하중과 내부 휨모멘트를 평형 집합으로 설정한다. 그리고 외부 가상일과 내부 가상일을 같게 놓고 가정된 메카니즘에 대한 붕괴하중을 산정한다. 이때 실제 소성힌지 사이의 부재는 탄성 변형을 하게 되지만 두 식 사이의 관계식만이 관심사이므로 부재가 힌지 사이에서 직선으로 유지된다고 가정한다.

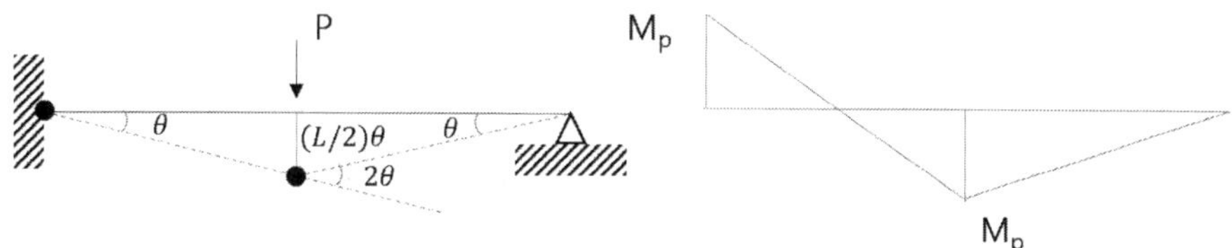

가상일로부터 $dW_I = dW_E$

$$P \times \delta = M_p(\theta + 2\theta), \; \delta = \frac{\theta L}{2} \quad \therefore P = \frac{6M_p}{L}$$

소성극한해석은 통상 Safe theorem으로 알려진 Static Method, Graphics Method와 같은 하계정리 (Lower bound theorem)로 붕괴하중을 결정한다. 하계정리 이외에 붕괴하중을 결정하는 방법으로는 Unsafe theorem 또는 Kinematic theorem으로 알려진 Mechanism Method나 Work Method로 붕괴하중을 결정할 수도 있다.

① 하계정리(Lower bound theorem) : 하중 q_u가 모든 평형조건에서 모멘트를 산정할 수 있고 모든 모멘트가 항복모멘트보다 크지 않으면 하중 q_u는 하한한계 능력이다.

② 상계정리(Upper bound theorem) : 모멘트에 의한 곡률이 일정하다는 가정하에 변형의 가상 증가분에서 내부 에너지가 구조물의 항복모멘트를 모두 흡수하고 이 에너지가 하중 q_u에 대해서 동일한 변형의 증가분에서 동일한 일을 한다면, 하중 q_u는 상한한계 능력이다. 하중 q_u보다 큰 하중은 구조물의 확실한 파괴를 야기한다.

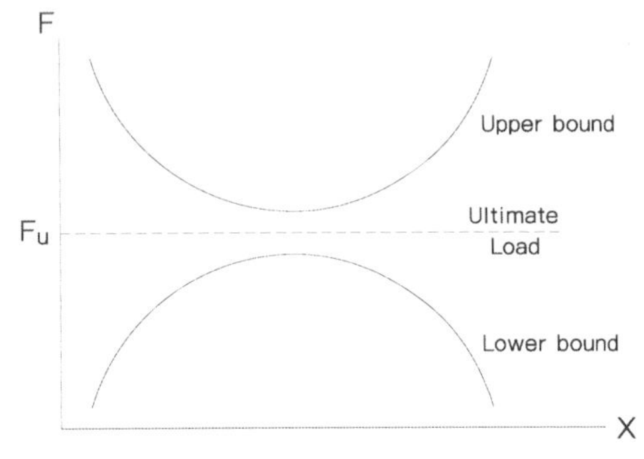

③ 붕괴하중 산정을 위한 일반적인 조건
(a) The Equilibrium condition : 휨모멘트는 외부 하중에 대해 평형을 유지
(b) The Yield condition : 휨모멘트는 부재의 소성모멘트를 초과하지 않는다.
(c) Mechanism condition : 붕괴경로를 위한 충분한 소성힌지가 있어야 한다.

④ Lower bound theorem : (a), (b)
- Draw a statically determinate BMD
- Superimpose the reactant BMD
- Choose where plastic hinges are likely to occur.
- By statics, determine the collapse load.
- Examine possible alternative hinge locations and try to increase the collapse load.

⑤ Upper bound theorem : (a), (c)
- Determine a set of possible mechanisms
- For each mechanism use the virtual work equations and determine the collapse load.
- Choose the mechanism that gives the lowest collapse load.
- By statics, determine the BMD for the selected mechanism. If the yield moment M_p is nowhere exceeded, the Uniqueness Theorem guarantees that the collapse load for that mechanism, is the true collapse load. If M_p is exceeded anywhere, the search must continue for the correct mechanism.

6. 프레임의 소성해석 방법(Example in structural analysis, William M.C. Mckenzie)

1) Failure Mechanism

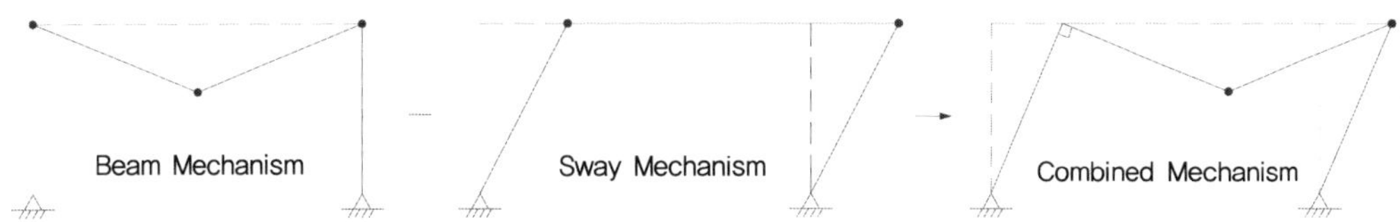

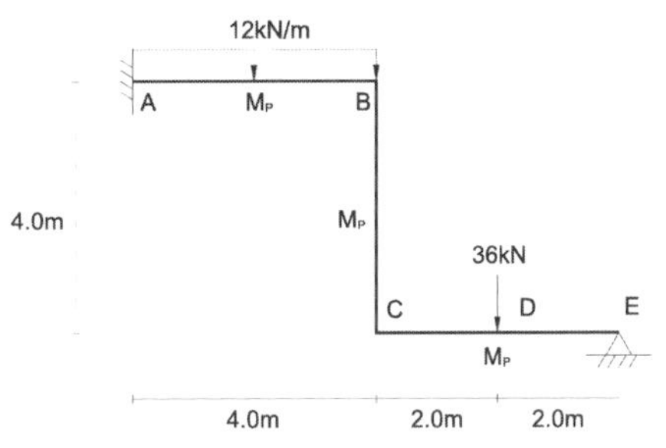

$$n = r + m + s - 2k = 2 \ (2\text{차 부정정})$$
$$p = 5 (\text{힌지 발생가능 점})$$
$$\therefore \text{소성붕괴 메커니즘의 경우 수는 } p - n = 3$$

① Beam AB failure

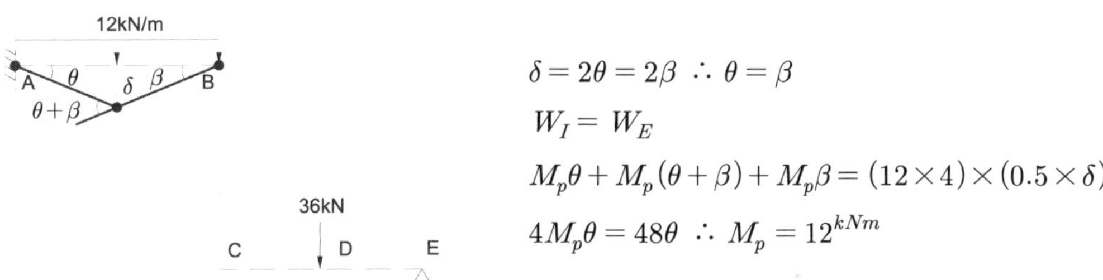

$$\delta = 2\theta = 2\beta \ \therefore \ \theta = \beta$$
$$W_I = W_E$$
$$M_p\theta + M_p(\theta + \beta) + M_p\beta = (12 \times 4) \times (0.5 \times \delta)$$
$$4M_p\theta = 48\theta \ \therefore \ M_p = 12^{kNm}$$

② Beam CDE failure

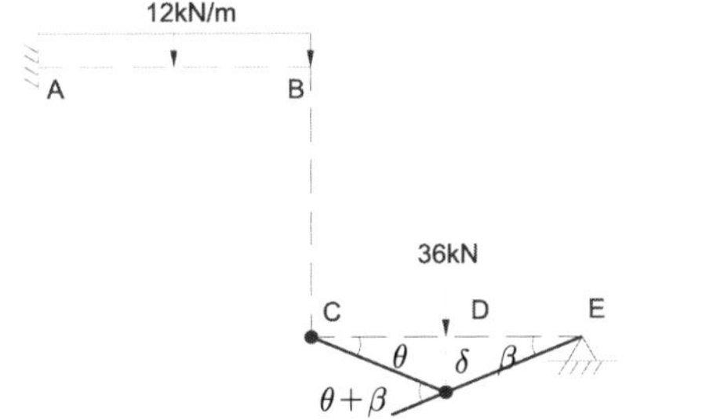

$$\delta = 2\theta = 2\beta \ \therefore \ \theta = \beta$$
$$W_I = W_E$$
$$M_p\theta + M_p(\theta + \beta) + M_p\beta = 36 \times \delta$$
$$3M_p\theta = 72\theta \ \therefore \ M_p = 24^{kNm}$$

③ Sway failure

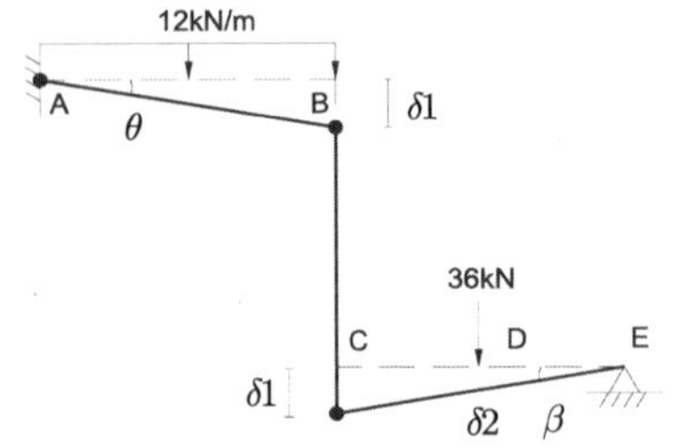

$$\delta_1 = 4\theta = 4\beta \quad \therefore \ \theta = \beta$$

$$\delta_2 = 2\beta = 2\theta$$

$$W_I = W_E$$

$$M_p\theta + M_p\theta + M_p\beta = (12 \times 4) \times (0.5 \times \delta_1) + 36 \times \delta_2$$

$$3M_p\theta = 168\theta \quad \therefore \ M_p = 56^{kNm}$$

④ Combined failure(beam CD + sway)

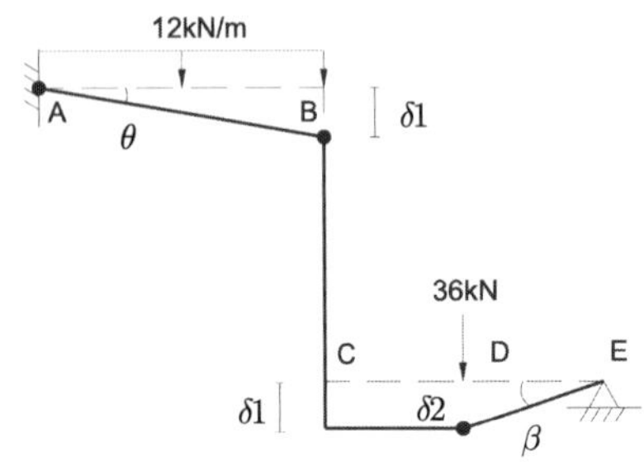

$$3M_p\theta = 72\theta$$

$$3M_p\theta = 168\theta$$

$$\underline{-\,2M_p\theta \qquad \text{(C점의 소성힌지 제거로 인한 감소량)}}$$

$$4M_p\theta = 240\theta$$

$$\therefore \ M_p = 60^{kNm}$$

$$\therefore \ \text{Maximum} \ M_p = 60^{kNm}$$

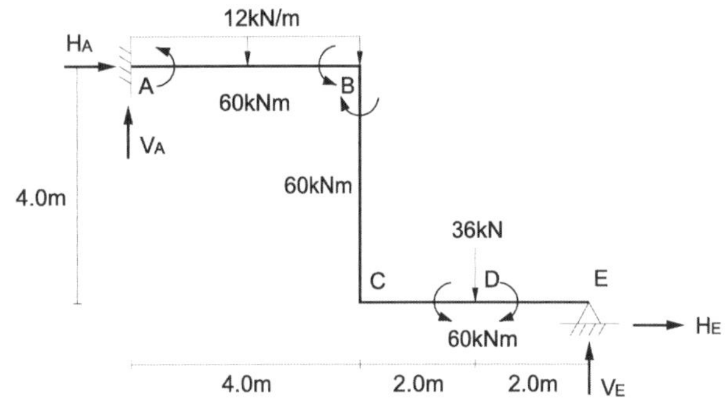

$$\sum M_D = 0 \ : \ 60 - 2V_E = 0 \quad \therefore \ V_E = 30^{kN}(\uparrow)$$

$$\sum F_y = 0 \ : \ V_A - 12 \times 4 - 36 + 30 = 0$$

$$\therefore \ V_A = 54^{kN}(\uparrow)$$

$$M_C = -\,36 \times 2.0 + 30 \times 4.0 = 48^{kNm} < M_p \quad \text{O.K}$$

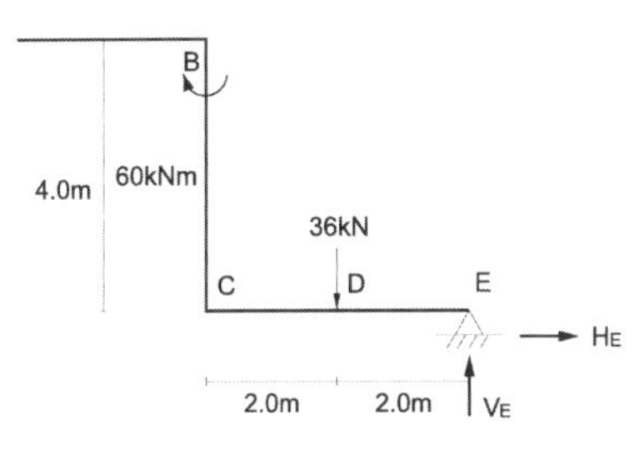

$$\sum M_B = 0 \; : \; 60 + 36 \times 2 - 30 \times 4 - 4 \times H_E = 0$$

$$\therefore \; H_E = 3.0^{kN}(\rightarrow)$$

$$\sum F_x = 0 \; : \; H_A + 3.0 = 0, \; \therefore \; H_A = -3.0^{kN}(\leftarrow)$$

$$M_A = -12 \times 4 \times 2 - 36 \times 6 + 30 \times 8 + 3 \times 4 = -60^{kNm}$$

$$M_A = M_p \quad \text{O.K}$$

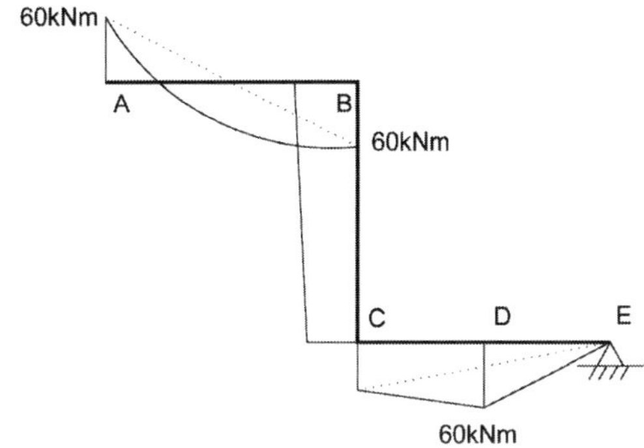

2) Failure Mechanism(Gable)

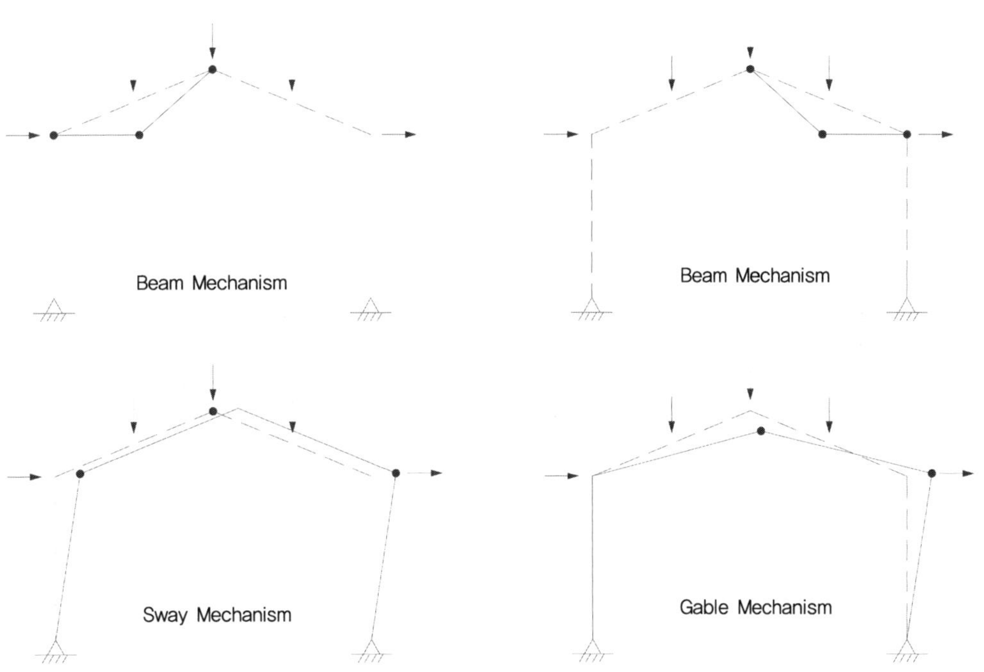

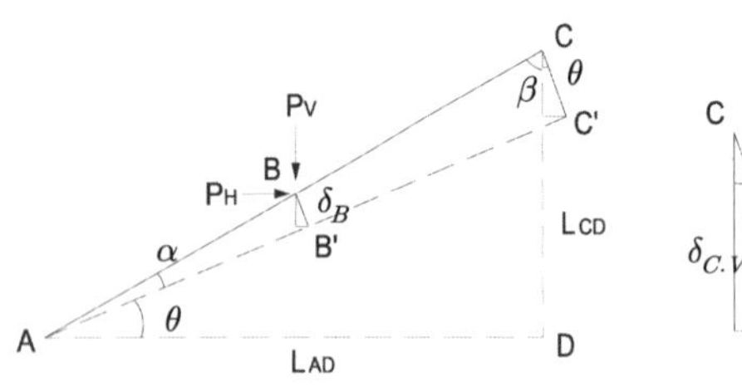

$$\delta_C = L_{AC}\alpha$$

$$\delta_{C.V} = \delta_C\cos\theta = L_{AC}\alpha\left(\frac{L_{AD}}{L_{AC}}\right) = L_{AD}\alpha$$

$$\delta_{C.H} = \delta_C\sin\theta = L_{AC}\alpha\left(\frac{L_{CD}}{L_{AC}}\right) = L_{CD}\alpha$$

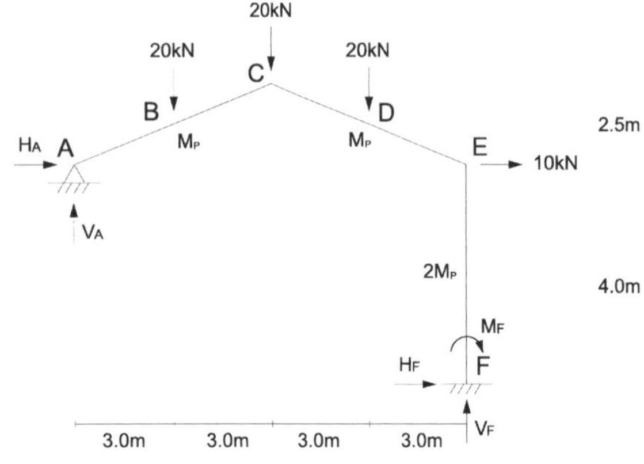

$$n = r + m + s - 2k = 2 \;(2\text{차 부정정})$$

$$p = 5 \,(\text{힌지 발생가능 점})$$

$$\therefore \text{소성붕괴 메커니즘의 경우 수는}$$

$$p - n = 3$$

① Beam ABC failure

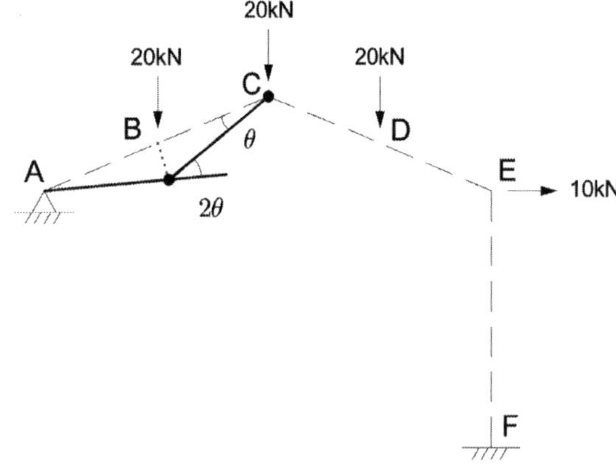

$$\delta_{B.V} = 3\theta$$

$$W_I = W_E$$

$$M_p(2\theta + \theta) = (20 \times 3.0\theta)$$

$$3M_p\theta = 60\theta \;\; \therefore \; M_p = 20^{kNm}$$

② Beam CDE failure

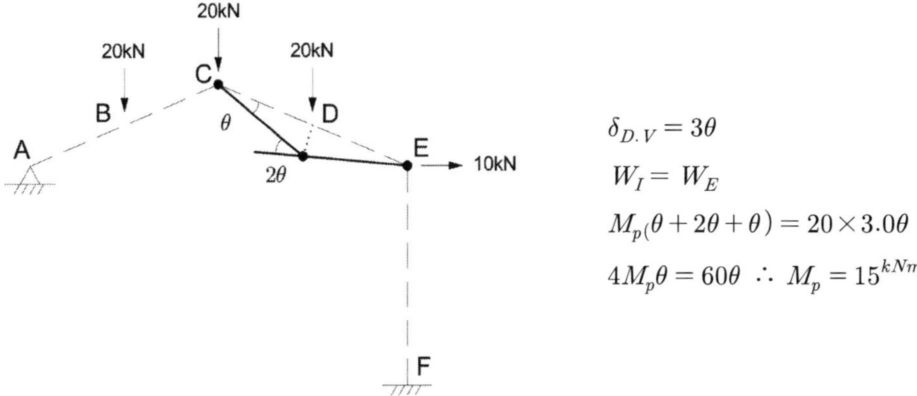

$$\delta_{D.V} = 3\theta$$

$$W_I = W_E$$

$$M_p(\theta + 2\theta + \theta) = 20 \times 3.0\theta$$

$$4M_p\theta = 60\theta \quad \therefore \ M_p = 15^{kNm}$$

③ Gable failure

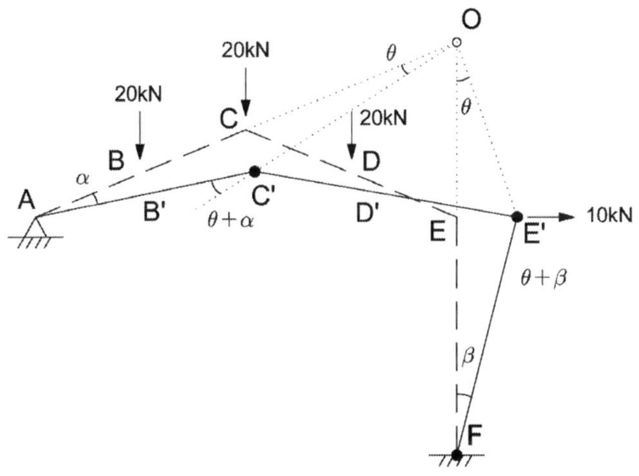

$$\overline{OE} = 5^m, \quad \delta_{E.H} = 4\beta = 5\theta \quad \therefore \ \beta = 1.25\theta$$

$$\delta_{C.V} = 6\alpha = 6\theta \quad \therefore \ \alpha = \theta, \quad \delta_{B.V} = 3\alpha = 3\theta, \quad \delta_{D.V} = 3\theta$$

$$W_I = W_E, \quad W_I = M_p(\theta + \alpha) + M_p(\theta + \beta) + 2M_p\beta = 6.75M_p\theta$$

$$W_E = 20 \times \delta_{B.V} + 20 \times \delta_{C.V} + 20 \times \delta_{D.V} = 290\theta \quad 6.75M_p\theta = 290\theta$$

$$\therefore \ M_p = 42.96^{kNm}$$

④ Combined failure(beam ABC + Gable)

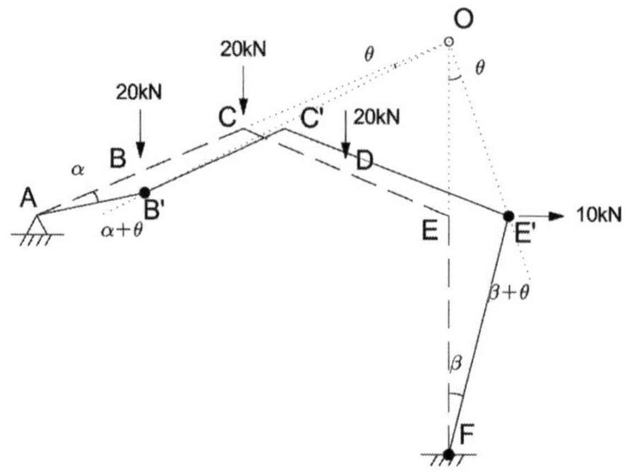

$$\overline{OE} = 5^m, \qquad \delta_{E.H} = 4\beta = 5\theta \qquad \therefore \ \beta = 1.25\theta$$

$$\delta_{B.V} = 3\alpha = 9\theta, \quad \therefore \ \alpha = 3\theta, \quad \delta_{C.V} = 6\theta, \quad \delta_{D.V} = 3\theta$$

$$W_I = W_E, \quad W_I = M_p(\theta + \alpha) + M_p(\theta + \beta) + 2M_p\beta = 8.75M_p\theta$$

$$W_E = 20 \times \delta_{B.V} + 20 \times \delta_{C.V} + 20 \times \delta_{D.V} = 410\theta \quad 8.75M_p\theta = 410\theta$$

$$\therefore \ M_p = 46.86^{kNm}$$

⑤ (별해) Beam파괴 + Gable 파괴 + 소성힌지 제거 감소량

①×2	$6M_p\theta = 120\theta$
③	$6.75M_p\theta = 290\theta$
(C점의 소성힌지 제거로 인한 감소량)	$-2M_p\theta$
	$8.75M_p\theta = 410\theta$

$$\therefore \ \text{Maximum } M_p = 48.86^{kNm}$$

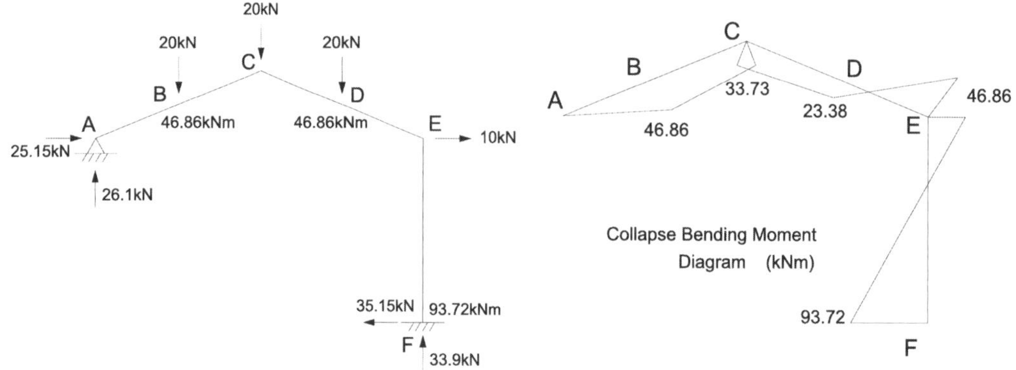

1. 연성파괴(Ductile failure) 이론

정적 하중을 받는 연성재료는 파괴 없이 항복에 의해 응력의 재분포가 발생할 수 있다. 이러한 현상은 금속 부품의 박판성형(stamping: 얇은 금속판을 압축프레스를 이용하여 원하는 형상으로 찍어내는 금속성형)으로 설명할 수 있다. 항복점을 초과하여 하중을 작용시키면 잔류응력이 남게 된다. 하중을 제거한 후 재차 같은 방향으로 하중을 가하면 탄성범위는 확장되는 반면 하중을 반대 방향으로 가하면 탄성범위는 축소된다. 이러한 현상을 바우싱거 효과(Bauschinger effect)라고 한다. 연성파괴는 소성 변형이 상당히 발생한 후에 느린 균열 또는 기공이 확대되는 특징을 나타낸다.

① 최대 수직응력 이론 : 인장 또는 압축상태에서 σ_1 또는 σ_3가 파괴강도에 도달할 때 파괴가 발생한다. 항복에 의한 파괴는 항복강도에 도달할 때 발생하고 파괴에 의한 파손은 극한강도에 도달할 때 발생한다.

② 최대 전단응력(Tresca) 이론 : 최대 전단응력이 항복강도의 1/2과 같을 때 항복이 시작되며, 인장하중이 작용하는 방향과 45°를 이루는 면에서 파괴가 발생한다. 열처리한 연성재료는 이 이론에 따라 파괴되는 경향이 있다. 이 이론은 항복파괴만 예측하므로 연성재료일 경우에만 유효하다. 최대 전단응력 $\tau_{\max}$는 주응력 σ_1과 σ_3이 이루는 평면에 대하여 45° 회전한 평면에서 발생한다. 이 이론은 항복이 재료의 원자수준에서 전단 미끄러짐(Shear slip)과 관련된다는 사실로부터 유추되었다.

③ 비틀림 에너지(Von Mises) 이론 : 가장 광범위하게 사용되는 이론으로 Von Mises 또는 유효응력이 재료의 항복강도에 도달할 때 항복에 의한 파괴가 발생한다. 이 유효응력 σ_{vm}은 변형률 에너지 가설에 기초하여 유도되었으며 다음과 같이 표현된다.

$$\sigma_{vm} = \left[\frac{(\sigma_1 - \sigma_2)^2 + (\sigma_2 - \sigma_3)^2 + (\sigma_3 - \sigma_1)^2}{2} \right]^{1/2}$$

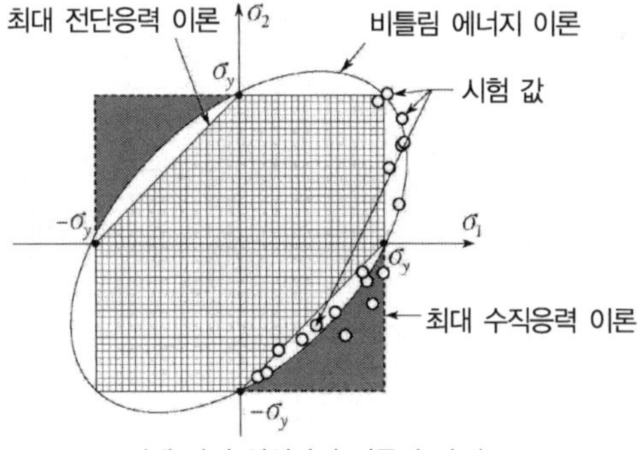

(세 가지 연성파괴 이론의 비교)

이 식의 장점은 매우 복잡한 응력상태에 대해서도 적용할 수 있다는 점이다. 시험데이터와 가장 일치하는 것은 비틀림 에너지 이론이며 최대전단응력 이론은 보수적이지만 설계관점에서는 수용이 가능하다.

2. 취성파괴(Brittle failure) 이론

취성재료는 부서지기 전까지는 파괴되었다고 간주할 수 없다. 이러한 현상은 최대인장응력이 극한 인장강도에 도달할 때 발생하는 인장파괴나 최대 압축응력이 극한 압축강도에 도달할 때 발생하는 전단파괴를 통해서 나타난다. 전단파괴는 최대 압축응력 시 경사진 면에서 발생하지만, 이면이 최대 전단응력 평면은 아니기 때문에 이것을 순수한 전단파괴(shear failure)로 볼 수는 없다.

① 최대 수직응력 이론 : 연성재료에서 정의한 것과 유사하며 파괴는 항복강도가 아닌 극한강도에 도달할 때 발생한다.

② Mohr-Coulomb 이론 : 최대 주응력과 최소 주응력의 조합이 다음 조건식을 만족할 때 파괴가 발생한다.

$$\frac{\sigma_1}{S_{ut}} - \frac{\sigma_3}{S_{uc}} \geq 1$$

여기서 S_{ut}와 S_{uc}는 극한 인장강도 및 극한 압축강도를 나타내며, σ_3와 S_{uc}는 항상 음수인 압축응력이다. 이 이론은 연성 및 취성재료에 모두 적용할 수 있지만 취성재료가 압축에 더 강하기 때문에 취성재료에 주로 적용된다. 압축응력이 인장응력보다 우세하면($\sigma_c \gg \sigma_t$) 이 이론은 가장 신뢰할 수 있다.

③ Mohr 수정 이론 : 그림과 같이 σ_1이 압축상태이고 σ_2가 인장상태인 2사분면과 σ_1이 인장상태이고 σ_2가 압축상태인 4사분면을 제외하면 Mohr-Coulomb 이론에서 정의한 것과 같이 파괴가 발생한다. 하지만 2, 4사분면에서는 Mohr-Coulomb 이론보다 재료를 보다 강하게 예측한다.

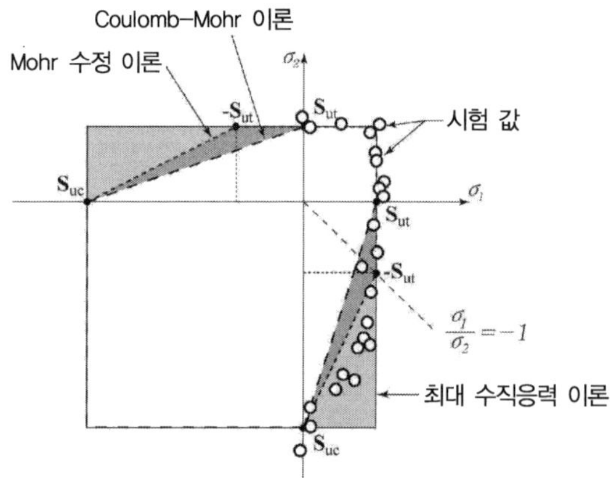

(세 가지 취성파괴 이론의 비교)

취성재료의 시험데이터와 가장 잘 일치하는 것은 Mohr 수정이론이지만 Mohr-Coulomb 이론이 더 보수적인 예측이기 때문에 설계에서 주로 사용한다.

소성해석 : 기본정리

소성해석의 기본정리(상한계 정리, 하한계 정리, 해의 유일성)에 대하여 설명하시오.

풀 이

▶ 개요

소성해석은 구조물이 탄성한계를 넘어 소성거동을 보일 때의 하중인 극한하중을 분석하는 방법이다. 일반적으로 구조물은 안전성을 확보하기 위해서 탄성한계 내에서 설계되나, 구조물의 파괴 시 안전성 확보를 위해서, 혹은 재료의 소성능력을 최대한 활용해 경제적 설계를 위해서, 취성파괴를 방지하고자 하는 목적 등으로 소성해석을 통해 극한하중을 산정한다.

▶ 소성해석의 기본정리

1) 상한계 정리(Upper bound theorem)

구조물이 붕괴할 수 있는 최대 하중을 예측하는 방법으로 가능한 모든 붕괴 메커니즘을 통해 내부 소성변형에너지와 외부 하중에 의한 에너지가 평형을 이루는 지점을 찾는다. 구조물이 어떻게 붕괴할 수 있는지를 가정하고 가정된 붕괴형태에서의 하중을 산정하는 방법으로 계산된 하중은 실제 붕괴하중의 상한선이 된다. 따라서 경제적인 설계가 가능하나 잘못된 붕괴 가정은 실제보다 높은 하중을 예측하기 때문에 위험할 수 있다.

2) 하한계 정리(Lower bound theorem)

구조물이 안전하게 견딜수 있는 최소한의 하중을 예측하는 방법으로 구조물 내의 모든 힘과 모멘트가 평형을 이루고 어느 단면에서도 소성 모멘트를 초과하지 않는 응력 상태로 구조물이 평형을 유지하고 재료의 항복조건을 만족해 그 하중까지 구조물이 안전하다는 의미로 해석하는 방법이다. 따라서 하한계정리를 통해 산정된 극한하중은 구조물이 견딜 수 있는 하중의 하한선이며 이 방법을 통해 보수적인 결과를 산정해 안전한 설계가 가능하다. 다만, 실제 붕괴하중보다 낮게 계산될 수 있다.

3) 해의 유일성

상한계정리와 하한계정리를 통해 계산된 극한하중(붕괴하중)이 동일하면 그 하중이 구조물의 실제 붕괴하중이다. 두 방법의 하중이 동일할 경우 신뢰성이 높은 붕괴하중으로 볼 수 있다.

소성해석 : 형상계수

외경 D=508mm, 두께 t=12mm의 강관말뚝에 대한 항복모멘트(M_y), 소성모멘트(M_p) 및 형상계수(f=M_p/M_y)를 구하시오. 단, 강관의 항복강도 f_y=350MPa이다.

풀 이

▶ 항복모멘트(M_y) 산정

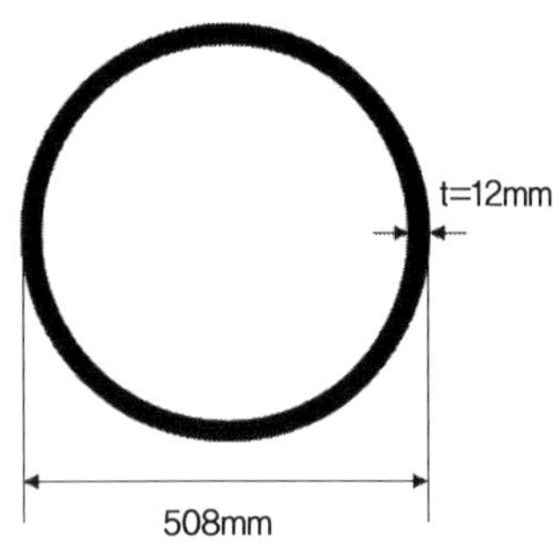

$$I = \frac{\pi}{64} \times \left(508^4 - (508 - 2 \times 12)^4\right) = 183143040\pi$$

$$S = \frac{I}{y} = I \times \frac{2}{D} = 2.265 \times 10^6 \, mm^3$$

$$\therefore M_y = f_y \times S = 792.82 \text{kNm}$$

▶ 소성모멘트(M_p)산정

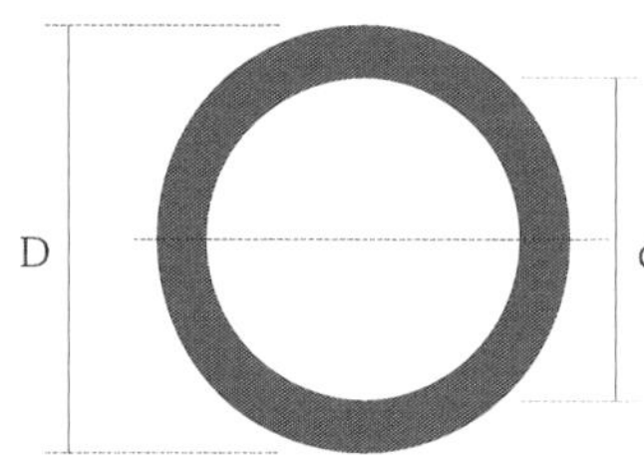

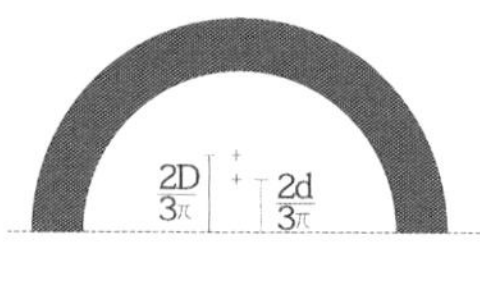

$$A = \frac{\pi}{4} \times \left(508^2 - (508 - 2 \times 12)^2\right) = 5952\pi$$

$$Z_p = \frac{A}{2}(y_1 + y_2) = \frac{1}{2}\frac{\pi}{4}(D^2 - d^2)\left(2 \times \frac{2}{3\pi}\frac{(D^3 - d^3)}{(D^2 - d^2)}\right) = \frac{D^3 - d^3}{6} = 2951768$$

$$\therefore M_p = f_y \times Z_p = 1033.47 \text{kNm}$$

▶ 형상계수(f=M_p/M_y)

$$f = \frac{M_p}{M_y} = \frac{f_y \times Z_p}{f_y \times S} = \frac{Z_p}{S} = 1.034$$

소성해석 : 형상계수

소성설계법에서 원형 단면의 소성강도를 산정할 때 다음을 구하시오.
(1) 반원형 단면의 도심　　　　　(2) 원형 단면의 형상계수
(3) 휨좌굴이 없을 경우 원형 단면의 하중계수(단, 안전계수는 1.5로 가정)

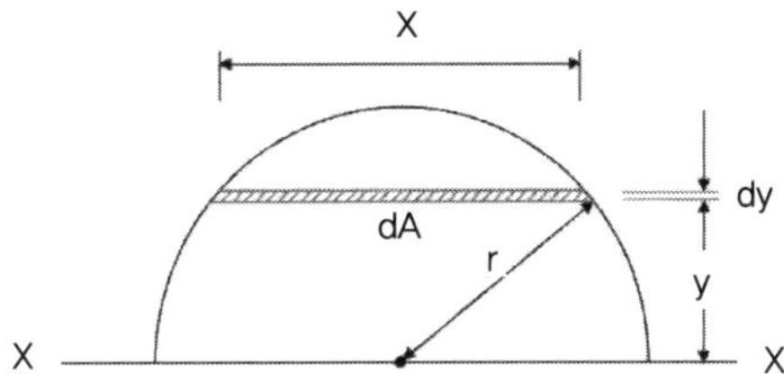

풀 이

▶ 단면의 도심(Neutral Axis)

x축에 대해 대칭구조물이므로 단면의 도심은 y축에 대해서만 산정한다.

$$\bar{y} = \frac{Q_x}{A} = \frac{\int y\,dA}{\int dA} = \frac{\sum y_i A_i}{\sum A_i}$$

주어진 조건에서

$$x^2 + y^2 = r^2, \quad x = \sqrt{r^2 - y^2}, \quad X = 2x = 2\sqrt{r^2 - y^2}, \quad dA = X\,dy$$

$$Q = \int_0^r y\,dA = \int_0^r X y\,dy = \int_0^r 2y\sqrt{r^2 - y^2}\,dy = \frac{2}{3}r^3$$

$$A = \int_0^r X\,dy = \frac{1}{2}\pi r^2 \qquad\qquad \therefore \bar{y} = \frac{Q_x}{A} = \frac{2r^3}{3} \times \frac{2}{\pi r^2} = \frac{4r}{3\pi}$$

▶ 원형 단면의 형상계수

1) 소성단면계수(Z_p)

소성상태의 단면에서 중립축 상하 부분에 대한 단면 1차 모멘트의 합

$$Z_p = \Sigma \int_A dA, \qquad Z_p = Q_t + Q_b \quad (\text{대칭구조물 } Z_p = 2Q)$$

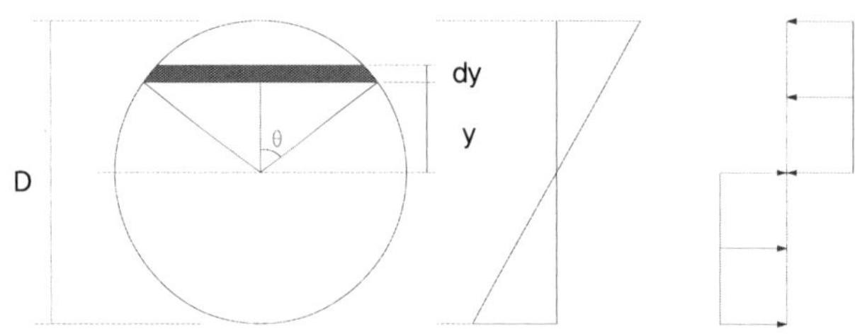

(a) Cross Section   (b) Strain Distribution   (c) Stress at full plastification Distribution

$$Z_p = \frac{A}{2}(y_1 + y_2) = \frac{1}{2}\,\frac{\pi D^2}{4}\left(\frac{2D}{3\pi} + \frac{2D}{3\pi}\right) = \frac{D^3}{6}$$

2) 형상계수(Shape factor, f)

소성모멘트(M_p)와 항복모멘트(M_y)의 비로 소성단면계수 Z_p와 단면계수 S와의 비이다.

$$f = \frac{M_p}{M_y} = \frac{f_y \times Z_p}{f_y \times S} = \frac{Z_p}{S}$$

$$S = \frac{I}{y} = \frac{\pi d^3}{32}, \ Z_p = \left(\frac{1}{2} \times \frac{\pi d^2}{4} \times \frac{2d}{3\pi}\right) \times 2 = \frac{d^3}{6}$$

$$f = \frac{Z_p}{S} = \frac{32}{6\pi} \fallingdotseq 1.7$$

▶ 휨좌굴이 없을 경우 원형 단면의 하중계수

$$\text{하중계수} = \frac{f}{S.F} = \frac{32}{6\pi} \times \frac{1}{1.5} = 1.13$$

소성해석 : 소성모멘트, 소성힌지

소성모멘트 및 소성힌지에 대하여 설명하시오.

풀 이

▶ 소성 모멘트와 소성 힌지

균질하고 등방성인 재료는 정적 항복점(f_y)에 도달할 때까지는 탄성이며, 이후에는 이상적인 소성(무제한의 변형)으로 본다. 이때 보 단면 내부의 응력이 모두 항복응력에 도달할 때 보에 작용한 휨모멘트를 소성모멘트라고 정의하며, 소성모멘트에 도달한 단면은 더 이상 저항력을 가지지 못하고 핀 절점(힌지)처럼 회전하게 되는데 이를 소성힌지(Plastic hinge)라고 한다.

▶ 항복 모멘트와 소성 모멘트

1) 항복모멘트 : 보의 최연단 응력이 항복응력에 도달할 때 보에 작용한 휨모멘트

2) 소성모멘트 : 보 단면 내부의 응력이 모두 항복응력에 도달할 때 보에 작용한 휨모멘트

$$C = T = f_y \times b \times \frac{h}{2}, \ y_1 = y_2 = \frac{h}{4}$$

$$M_p = C(y_1 + y_2) = T(y_1 + y_2) = f_y \frac{bh^2}{4} = f_y Z_p$$

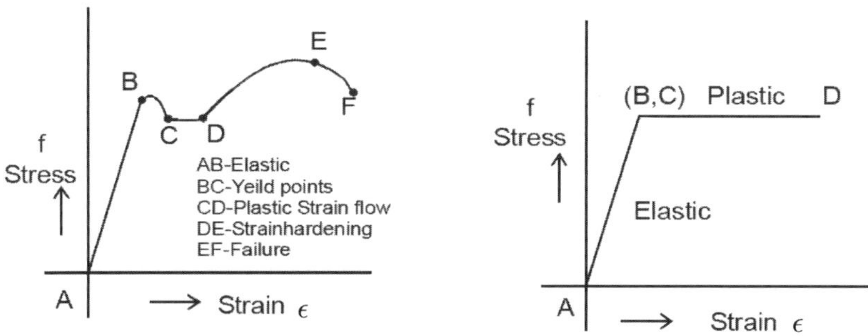

소성해석 : 소성모멘트

다음과 같은 중공 직사각형 단면과 중공 원형단면에서 두 단면 형상의 소성모멘트(M_p)를 구하여, 단면의 효율성을 검토하시오.

- 재료는 선형탄성-완전소성(Linear elastic-perfectly plastic)
- 재료의 항복응력(f_y) = 400MPa
- 부재치수는 mm

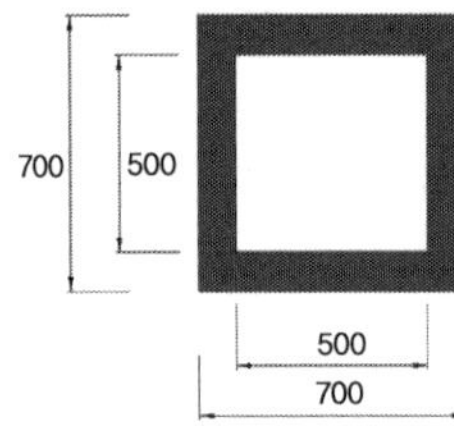

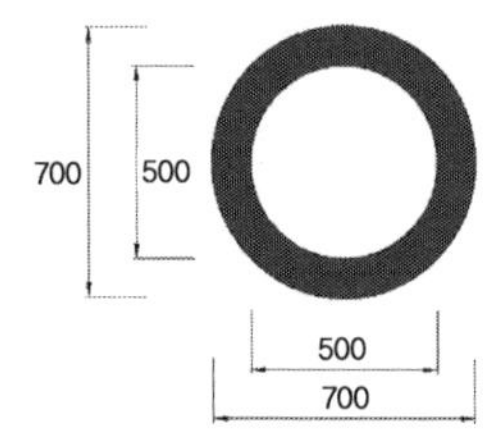

풀 이

$$M_p = f_y \times Z_p$$

Z_p의 산정

1) 사각 중공단면

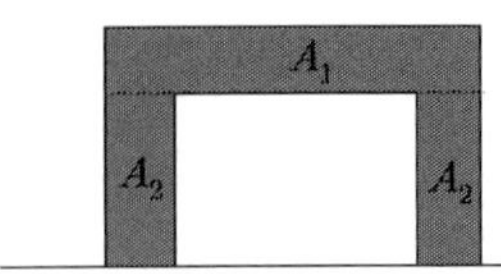

$$Q_1 = 700 \times 100 \times 300 + 2^{EA} \times 250 \times 100 \times \frac{250}{2} = 27{,}250{,}000^{mm^3}$$

$$\therefore Z_{p1} = 2Q_1$$

2) 원형 중공단면

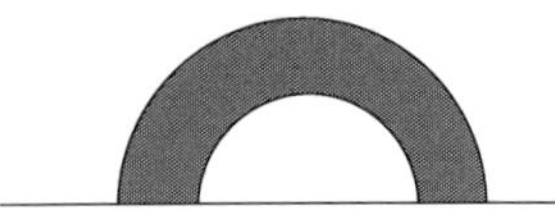

$$Q_2 = \frac{1}{2} \times \left[\frac{\pi \times 700^2}{4} \times \frac{2 \times 700}{3\pi} - \frac{\pi \times 500^2}{4} \times \frac{2 \times 500}{3\pi} \right]$$

$$= 18{,}166{,}667^{mm^3}$$

$$\therefore Z_{p2} = 2Q_2$$

➤ **소성모멘트 M_p 산정**

1) 사각 중공단면 : $M_{p1} = 400 \times Z_{p1} = 21,800 kNm$

2) 원형 중공단면 : $M_{p2} = 400 \times Z_{p2} = 14,533 kNm$

➤ **단면의 효율성**

$A_1 = 240,000 mm^2$, $A_2 = 188,495.6 mm^2$으로 사각중공단면이 원형중공단면에 비해 127% 단면적이 크며 동일한 항복응력에 대하여 소성모멘트의 크기가 1.5배 더 크다. 면적이 동일한 경우와 달리 규격이 일정한 단면에서는 정사각형 중공단면이 원형단면에 비해서 소성모멘트가 더 크게 나타난다.

보의 소성해석 : 부정정

그림과 같은 양단고정보에 집중하중 P가 작용할 때의 항복하중 Py에 대한 극한하중 Pu의 비를 구하시오(단, fy=250MPa이다).

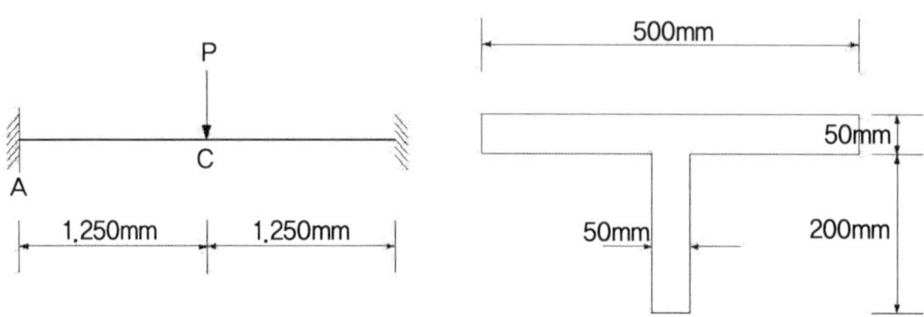

풀 이

▶ 개요

비대칭 구조물에서는 소성중심과 도심이 다를 수 있어 이에 대한 이해를 구하는 문제이다.

▶ 단면의 상수 산정

1) 도심 산정

$$y = \frac{500 \times 50 \times 25 + 200 \times 50 \times 150}{500 \times 50 + 200 \times 50} = 60.71^{mm}$$

2) 단면2차 모멘트

$$I_x = \frac{500 \times 50^3}{12} + 500 \times 50 \times (60.71 - 25)^2 + \frac{50 \times 200^3}{12}$$
$$+ 50 \times 200 \times (189.29 - 100)^2 = 1.501 \times 10^8 mm^4$$

3) 단면계수

$$S_t = \frac{I_x}{y_t} = 2.473 \times 10^6 mm^3, \quad S_b = \frac{I_x}{y_b} = 7.932 \times 10^5 mm^3$$

4) 소성계수

소성중심이 $y_p = t_f$ 일 때, $500 \times 50 \times f_y > 200 \times 50 \times f_y$ 이므로 소성중심은 플랜지 내에 있다.

$$C = T : 500 \times y_p \times f_y = \left[500 \times (50 - y_p) + 200 \times 50 \right] \times f_y \quad \therefore y_p = 35^{mm}$$

$$Q_t = 500 \times 50 \times \frac{35}{2} = 3.062 \times 10^5 mm^3$$

$$Q_b = 500 \times 15 \times \frac{15}{2} + 200 \times 50 \times \left(15 + \frac{200}{2} \right) = 1.206 \times 10^6 mm^3$$

$$\therefore Z_p = Q_t + Q_b = 1.512 \times 10^6 mm^3$$

▶ 항복하중 산정

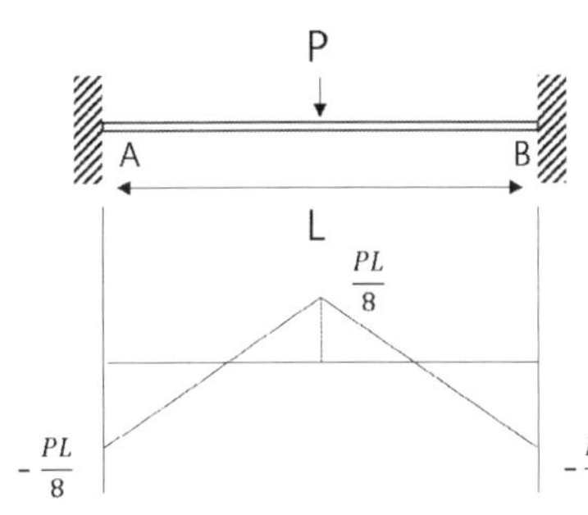

$$C_{AB} = -C_{BA} = \frac{Pab^2}{L^2} = \frac{PL}{8}$$

$$\therefore M_A = -\frac{PL}{8} (\searrow), \ M_B = -\frac{PL}{8} (\searrow), \ M_C = \frac{PL}{8} (\downarrow)$$

$$M_{\max} = \frac{PL}{8} = S_b f_y$$

$$\therefore P_Y = \frac{8 S_b f_y}{L} = \frac{8 \times 7.932 \times 10^5 \times 250}{2500} = 634.56^{kN}$$

▶ 극한하중 산정

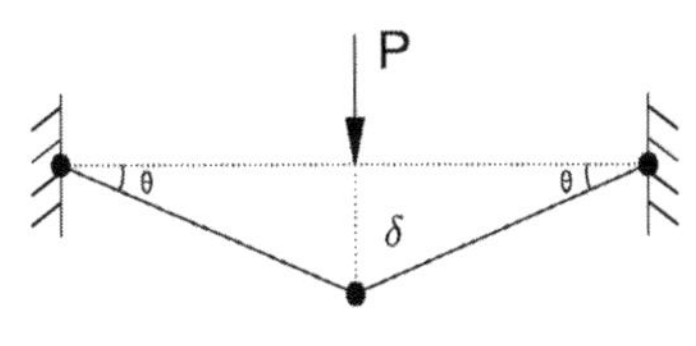

가상일로부터 $dW_I = dW_E$

$$P_u \times \delta = M_p (\theta + 2\theta + \theta), \ \delta = \frac{\theta L}{2}$$

$$\therefore P_u = \frac{8 M_p}{L} = \frac{8 f_y Z_p}{L}$$

$$= \frac{8 \times 250 \times 1.512 \times 10^6}{2500} = 1210^{kN}$$

▶ 극한하중과 항복하중의 비

$$\therefore \frac{P_u}{P_Y} = 1.91$$

보의 소성해석 : 부정정

다음과 같은 2경간 연속보에서 소성붕괴하중을 구하시오(강종은 SM400 사용).

A-A단면(H-900×300×16×38)

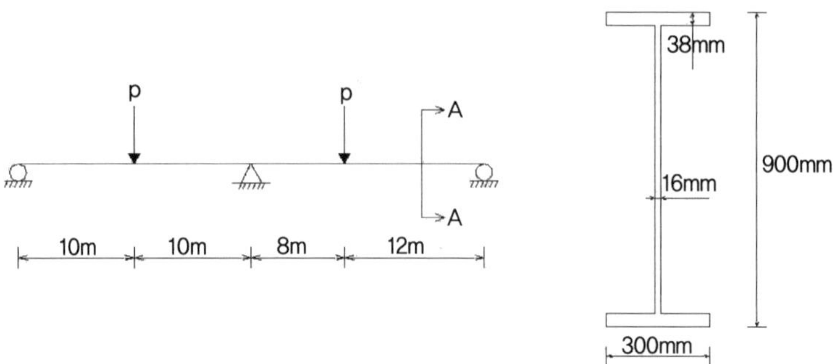

풀 이

➤ 개요

단면의 소성모멘트를 산정하여 붕괴메커니즘으로부터 소성붕괴하중을 구한다.

➤ 소성모멘트 M_p의 산정

1) 단면계수

대칭구조물이므로 $y_b = y_t = 450mm$

$$I = \frac{300 \times 900^3}{12} - \frac{(300-16)(900-2 \times 38)^3}{12} = 4.984 \times 10^9 mm^4$$

단면계수 $S_b = S_t = I/y = 1.1076 \times 10^7 mm^3$

2) 소성계수

대칭구조물이므로

$$Z_p = 2Q = 2 \times \left(38 \times 300 \times \left(450 - \frac{38}{2} \right) + (450 - 38) \times 16 \times \frac{(450-38)}{2} \right)$$

$$= 1.2543 \times 10^7 mm^3$$

3) 소성모멘트

$$M_p = f_y Z_p = 400 \times 1.254 \times 10^7 = 5017^{kNm}$$

▶ 소성붕괴 메커니즘

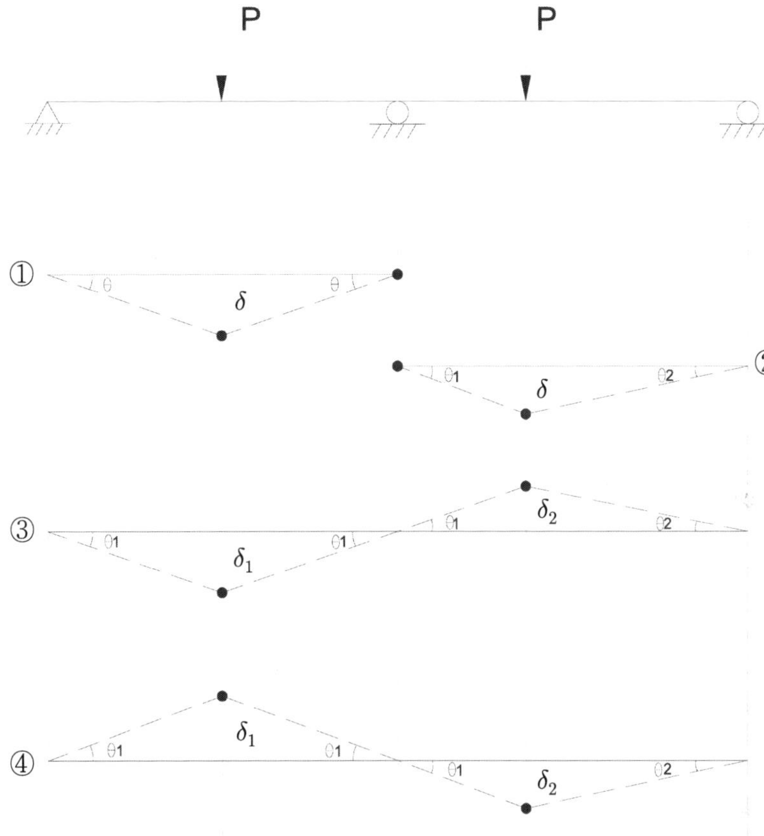

① Case

$$W_I = W_E, \ \delta = 10\theta, \ P\delta = M_p(2\theta + \theta), \quad \therefore P_u = \frac{3}{10}M_p$$

② Case

$$W_I = W_E, \quad \delta = 8\theta_1 = 12\theta_2, \quad \theta_1 = \frac{3}{2}\theta_2$$

$$P(12\theta_2) = M_p(\theta_1 + \theta_1 + \theta_2) = M_p(4\theta_2) \quad \therefore P_u = \frac{1}{3}M_p$$

③ Case

$$W_I = W_E, \quad \delta_2 = 8\theta_1 = 12\theta_2, \quad \delta_1 = 10\theta_1, \quad \theta_1 = \frac{3}{2}\theta_2$$

$$P\delta_1 - P\delta_2 = M_p(2\theta_1) + M_p(\theta_1 + \theta_2) \qquad \therefore P_u = \frac{11}{6}M_p$$

④ Case

$$W_I = W_E, \quad \delta_2 = 8\theta_1 = 12\theta_2, \quad \delta_1 = 10\theta_1, \quad \theta_1 = \frac{3}{2}\theta_2$$

$$-P\delta_1 + P\delta_2 = \frac{11}{2}M_p\theta_2, \qquad \therefore P_u = -\frac{11}{6}M_p$$

$$\therefore P_u = 0.3M_p = 1505^{kN}$$

보의 소성해석 : 부정정

그림과 같은 보를 H-800×300×14×26규격의 강재단면으로 설계할 때, 파괴 시의 극한하중(P_u)을 구하고 이 극한하중이 항복하중(P_y)의 몇 배가 되는지 구하시오(단, 강재는 SM400이고 강재의 항복강도는 f_y=240MPa).

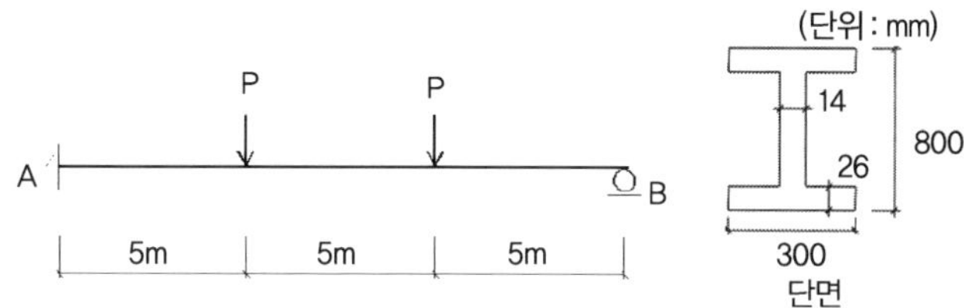

풀 이

▶ **개요**

1차 부정정 구조물의 해석을 통해서 최대 응력 발생지점을 찾아서 항복하중(P_y)을 구하고 소성해석을 통해 극한하중(P_u)을 구하여 두 하중을 비교한다.

▶ **부정정 구조물의 탄성해석**

변형일치의 방법이나 단위하중법, 모멘트 분배법, 3연모멘트법 등을 통해서 산정할 수 있으며, 3연모멘트 방법을 통해서 산정한다.

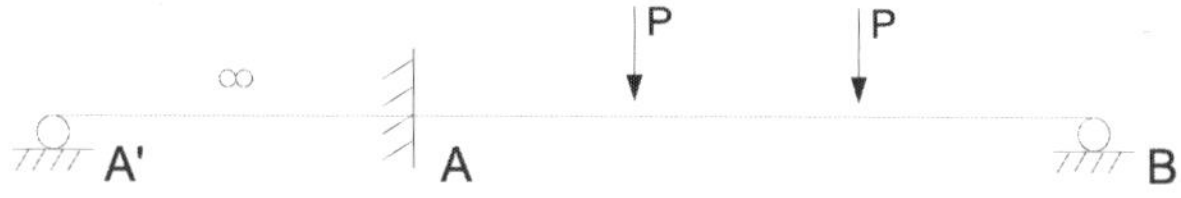

$$M_{A'}(L_1) + 2M_A(L_1 + L_2) + M_B(L_2) = -\frac{Pcd(L+d)}{L}$$

$$M_{A'}(0) + 2M_A(L) + M_B(L) = -\frac{P \times 5 \times 10(15+10)}{15} - \frac{P \times 5 \times 10(15+5)}{15}$$

$$\therefore M_A = -5P \text{ kNm } (\cup)$$

$\sum F_x = 0,\ \sum M_A = 0$ 로부터, $\qquad \therefore R_A = \dfrac{4}{3}P,\quad R_B = \dfrac{2}{3}P$

$$\frac{4}{3}P \times 5 - 5P = \frac{5}{3}P$$

$$\frac{2}{3}P \times 5 = \frac{10}{3}P$$

$$\therefore M_{\max} = 5P \text{ kNm}, \qquad f_y = \frac{M_{\max}}{I}y \text{ 로부터}$$

$$I = \frac{300 \times 800^3}{12} - \frac{(300-14) \times (800-26 \times 2)^3}{12} = 2.82554 \times 10^9 mm^4$$

$$240 MPa = \frac{5P \times 10^6}{2.8255 \times 10^9} \times 400 \qquad \therefore P_y = 339.1 kN$$

▶ 부정정 구조물의 소성해석

1) 소성모멘트 산정(M_p)

$$M_p = f_y Z_p$$

$$Z_p = \left[(300 \times 26) \times (400-13) + \left(\frac{800-26 \times 2}{2}\right)^2 \times 14 \times \frac{1}{2} \right] \times 2 = 7995464 mm^3$$

$$\therefore M_p = f_y Z_p = 1918.9 \text{ kNm}$$

2) 파괴 메커니즘(빔파괴)

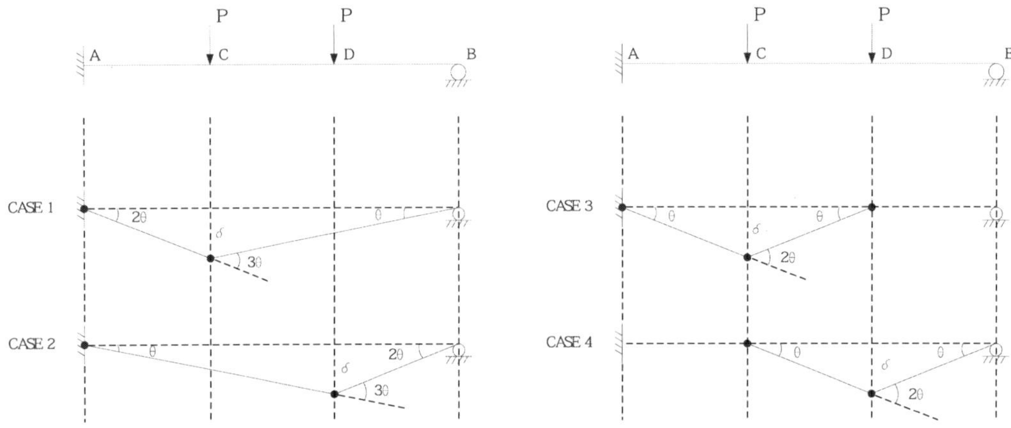

CASE 1) $\delta = 2\theta \times 5m = \theta \times 10m$

$$\sum W = \sum U : \quad P(2\theta \times 5) + P(\theta \times 5) = M_p(2\theta + 3\theta) \qquad \therefore P_u = \frac{1}{3}M_p$$

CASE 2) $\delta = 2\theta \times 5m = \theta \times 10m$

$$\sum W = \sum U : P(\theta \times 5) + P(2\theta \times 5) = M_p(\theta + 3\theta) \qquad \therefore P_u = \frac{4}{15}M_p$$

CASE 3) $\delta = \theta \times 5m$

$$\sum W = \sum U : P(\theta \times 5) = M_p(\theta + 2\theta + \theta) \qquad \therefore P_u = \frac{4}{5}M_p$$

CASE 4) $\delta = \theta \times 5m$

$$\sum W = \sum U : P(\theta \times 5) = M_p(\theta + 2\theta) \qquad \therefore P_u = \frac{3}{5}M_p$$

$$\therefore P_{u(final)} = \min(P_u) = \frac{4}{15}M_p = 511.7kN$$

※ 고정단에서 멀어지는 파괴 메커니즘에서 대부분 극한하중이 발생한다.

$$\therefore \frac{P_u}{P_y} = \frac{511.7}{339.1} = 1.5$$

보의 소성해석 : 부정정

다음 그림에서 1) 탄성한도 내에서 휨모멘트 작성 2) A점, C점이 소성힌지가 될 때의 하중과 탄성하중의 비를 구하시오.

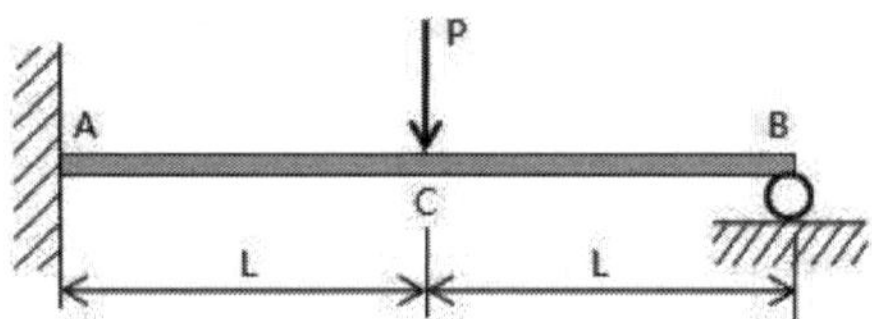

풀 이

▶ 개요

1차 부정정 구조물로 변형일치의 방법이나 단위하중법, 모멘트 분배법, 3연모멘트법 등을 통해서 부정정력을 산정할 수 있다. 주어진 보에서 축력이나 전단력에 의한 에너지는 무시한다고 가정한다.

▶ 부정정력 및 BMD 산정

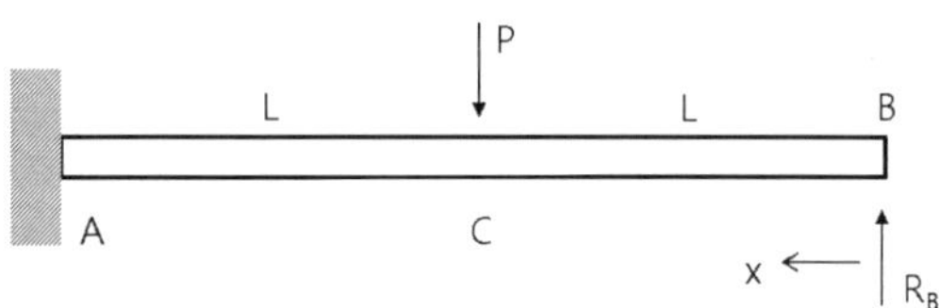

$① \ 0 \leq x \leq L$ $\qquad M_x = R_A x$

$② \ L \leq x \leq 2L$ $\qquad M_x = R_A x - P(x - L)$

$$U = \frac{1}{2EI} \Sigma \int_0^L M^2 dx$$

$$\therefore \ \frac{\partial U}{\partial R_A} = 0 \ ; \ R_A = \frac{5}{16}P(\uparrow), \ R_B = \frac{11}{16}P(\uparrow), \ M_A = \frac{3}{8}PL$$

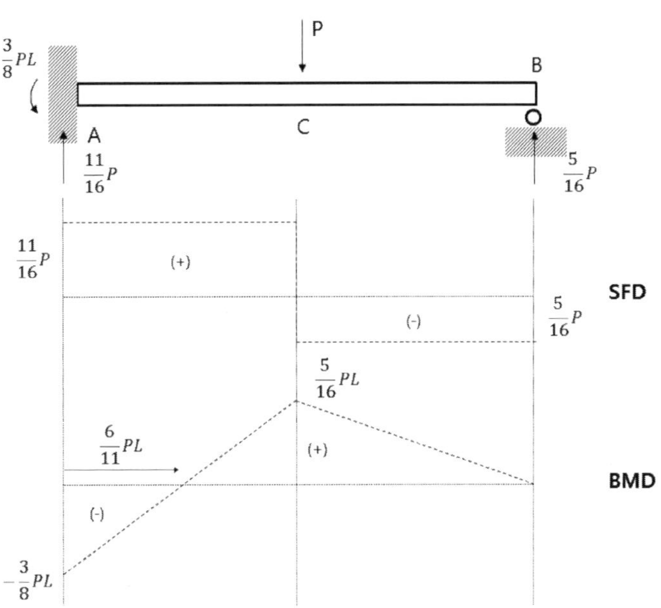

▶ 소성하중 산정

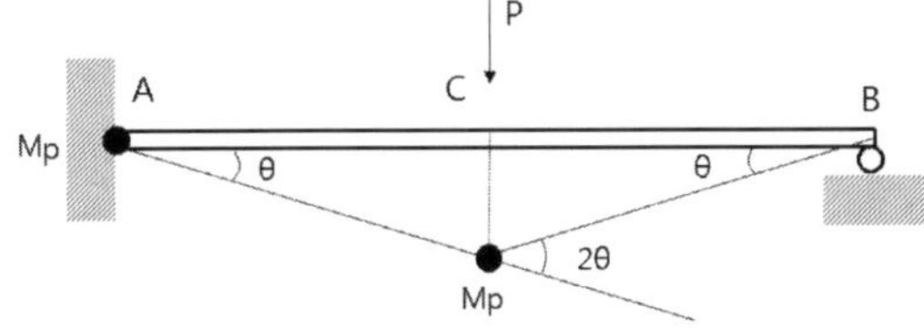

붕괴 시 소성모멘트를 M_p 라 하면,

$dW_E = dW_I$ 로부터

$$M_p\theta + M_p(2\theta) = P(L\theta) \quad \therefore P_u = \frac{3M_p}{L}$$

▶ 소성하중과 탄성하중의 비

M_y 는 $M_{\max} = M_A = \dfrac{3}{8}PL$ 이므로 $P_e = \dfrac{8M_y}{3L}$

$$\therefore \frac{P_u}{P_e} = \frac{3M_p}{L} \times \frac{3L}{8M_y} = \frac{9}{8}\frac{M_p}{M_y} = \frac{9}{8}\frac{Z_p}{S} = \frac{9}{8}f$$

소성모멘트(M_p)와 항복모멘트(M_y)의 비는 소성단면계수 Z_p와 단면계수 S와의 비로 나타낼 수 있으며, 이를 형상계수(f, Shape factor)라고 한다.

$$f = \frac{M_p}{M_y} = \frac{f_y \times Z_p}{f_y \times S} = \frac{Z_p}{S} \qquad \therefore M_p = M_y \times f$$

보의 소성해석 : 부정정

그림과 같은 하중을 받는 1단지지 타단고정보의 소성붕괴하중 q_c와 소성힌지위치 $\overline{x}$ 를 구하시오.

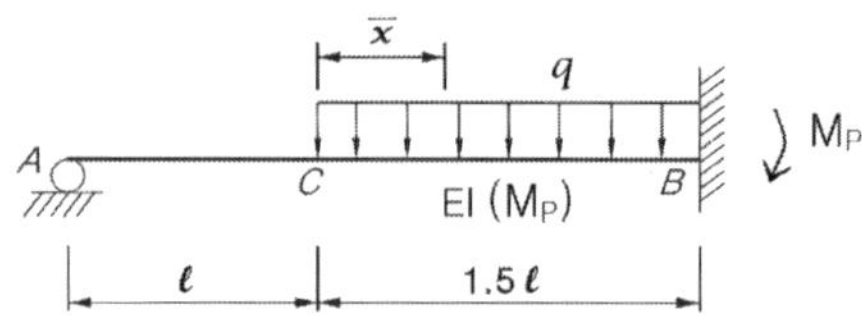

풀 이

▶ 소성붕괴하중 산정

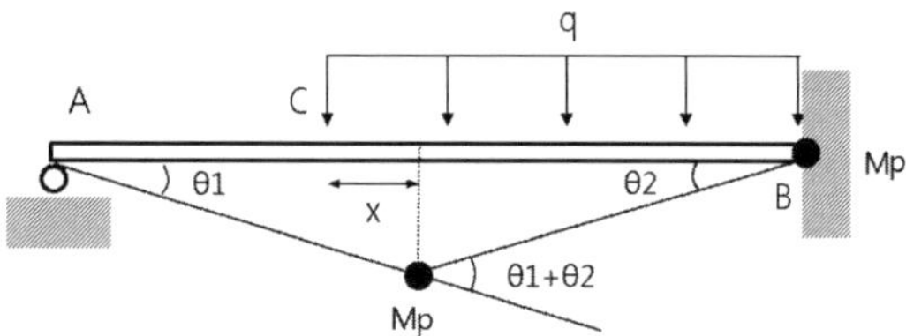

적합조건으로부터, $(l+\overline{x})\theta_1 = (1.5l - \overline{x})\theta_2$, $\quad \therefore\ \theta_1 = \dfrac{1.5l - \overline{x}}{l + \overline{x}}\theta_2$

$$W_I = M_p\theta_2 + M_p(\theta_1 + \theta_2) = 2M_p\theta_2 + M_p\theta_1 = 2M_p\theta_2 + \frac{1.5l - \overline{x}}{l + \overline{x}}M_p\theta_2 = \frac{3.5l + \overline{x}}{l + \overline{x}}M_p\theta_2$$

$$W_E = (면적) \times q = q\left[\frac{1}{2}\overline{x}\big(\theta_1 l + \theta_1(l + \overline{x})\big) + \frac{1}{2}\theta_2(1.5l - \overline{x})^2\right]$$

$$= q\left[\frac{1}{2}\overline{x}\theta_1(2l + \overline{x}) + \frac{1}{2}\theta_2(1.5l - \overline{x})^2\right] = \frac{q\theta_2}{2} \times \frac{l(1.5l - \overline{x})(2.5\overline{x} + 1.5l)}{l + \overline{x}}$$

$$W_I = W_E : \frac{3.5l + \overline{x}}{l + \overline{x}}M_p\theta_2 = \frac{q\theta_2}{2} \times \frac{l(1.5l - \overline{x})(2.5\overline{x} + 1.5l)}{l + \overline{x}}$$

$$\therefore\ q = \frac{2(3.5l + \overline{x})}{l(1.5l - \overline{x})(2.5\overline{x} + 1.5l)}M_p$$

상한계 정리로부터 소성붕괴하중 q_c 는 최솟값을 가져야 하므로,

$$\frac{\partial q}{\partial x} = 0 \ ; \qquad \therefore\ \overline{x} = 0.3079l, \quad 이때의\ q_c = \frac{2.8146}{l^2}M_p$$

보의 소성해석 : 부정정

원형단면(반지름 R) 강재로 된 양단 고정보에 등분포하중(w)이 전 지간(L)에 재하되고 있다. 이보에서 보의 중앙부가 소성힌지로 될 때의 하중은 탄성하중의 몇 배가 되는지를 구하시오.

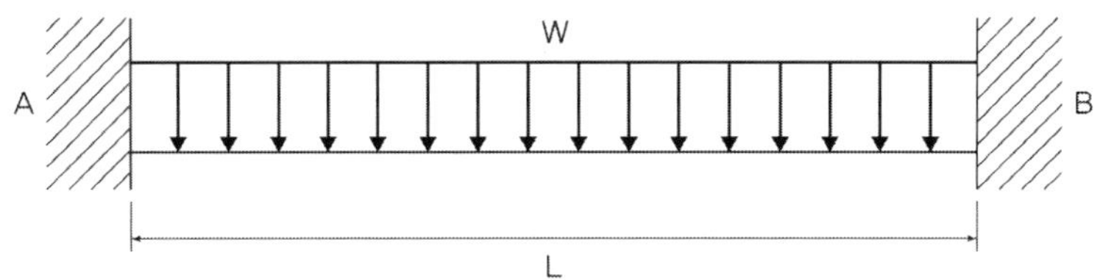

풀 이

▶ 단면의 상수 산정

탄성해석 시의 단면계수(S)와 소성상태에서의 소성단면계수(Z)를 각각 구한다.

1) 탄성해석 시 원형의 단면계수(S)

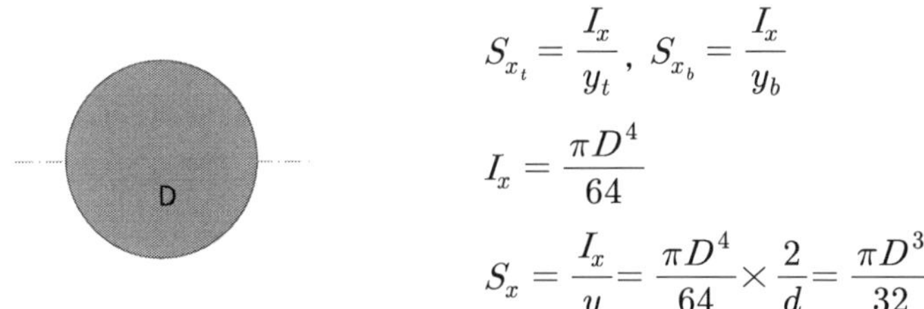

$$S_{x_t} = \frac{I_x}{y_t}, \; S_{x_b} = \frac{I_x}{y_b}$$

$$I_x = \frac{\pi D^4}{64}$$

$$S_x = \frac{I_x}{y} = \frac{\pi D^4}{64} \times \frac{2}{d} = \frac{\pi D^3}{32}$$

2) 소성해석 시 원형의 소성단면계수(Z)

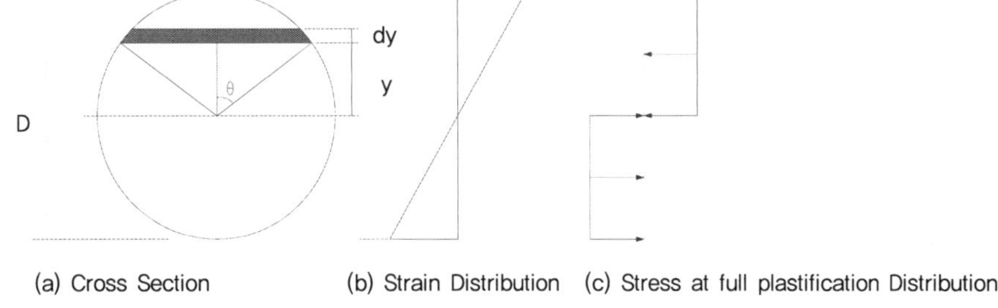

(a) Cross Section   (b) Strain Distribution   (c) Stress at full plastification Distribution

소성상태의 단면에서 중립축 상하 부분에 대한 단면 1차 모멘트의 합

$$Z_p = \Sigma \int_A dA, \qquad Z_p = Q_t + Q_b \quad (\text{대칭구조물 } Z_p = 2Q)$$

$$Z_p = \frac{A}{2}(y_1 + y_2) = \frac{1}{2}\frac{\pi D^2}{4}\left(\frac{2D}{3\pi} + \frac{2D}{3\pi}\right) = \frac{D^3}{6}$$

▶ 항복하중 산정

하중조건	고정단모멘트	하중조건	고정단모멘트
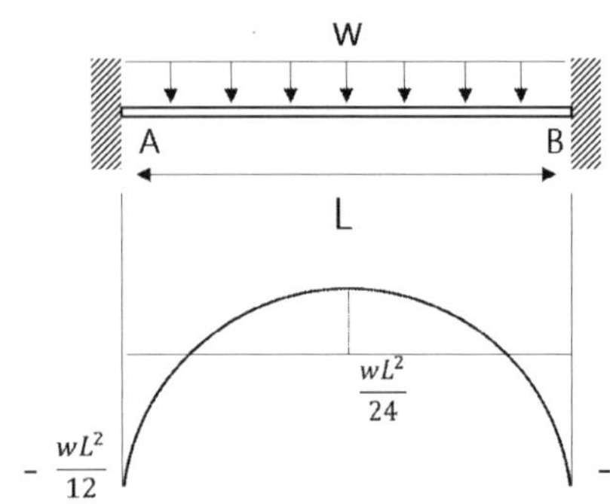	$M_{AB} = -M_{BA} = -\dfrac{Pab^2}{L^2}$		$M_{AB} = -M_{BA} = -\dfrac{w_0 L^2}{12}$

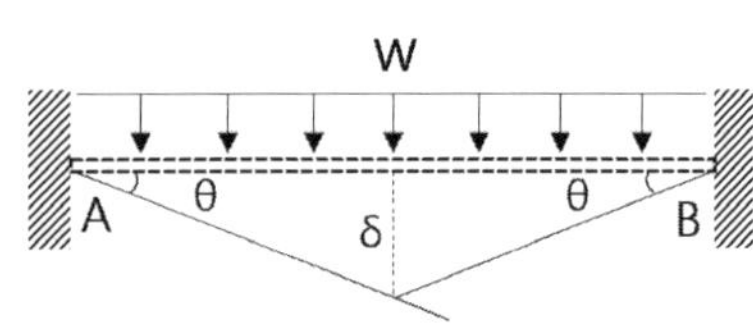

$$C_{AB} = -C_{BA} = \frac{wL^2}{12}$$

$$\therefore M_A = -\frac{wL^2}{12}\,(\downarrow),\ M_B = -\frac{wL^2}{12}\,(\downarrow),$$

$$M_C = \frac{wL^2}{24}\,(\downarrow)$$

$$M_{\max} = \frac{wL^2}{12} = S_b f_y \quad \therefore w_y = \frac{12 S_b f_y}{L^2}$$

▶ 극한하중 산정

가상일로부터 $dW_I = dW_E$

$$dW_E = (\text{면적}) \times w = \left(\frac{1}{2} \times L \times \frac{L}{2}\theta\right) \times w = \frac{wL^2}{4}\theta$$

$$dW_I = M_p(\theta + 2\theta + \theta) = 4M_p\theta$$

$$\therefore dW_E = dW_I \qquad \therefore w_u = \frac{16M_p}{L^2} = \frac{16}{L^2} \times f_y Z_p$$

▶ 극한하중과 항복하중의 비

$$\therefore \frac{w_u}{w_y} = \frac{16 f_y Z_p}{L^2} \times \frac{L^2}{12 S_b f_y} = \frac{4}{3}\frac{Z_p}{S_b} = \frac{4}{3} \times \frac{16}{3\pi} = 2.26$$

보의 소성해석

등분포하중(w)이 전체 경간(L)에 재하되어 있는 강재로 된 양단 고정보의 단면(b×h)이 있다. 이 보에서 경간 중앙부에 소성힌지가 형성될 때의 하중은 탄성하중의 몇 배가 되는가를 구하시오.

풀 이

▶ 단면의 상수 산정

탄성해석 시의 단면계수(S)와 소성상태에서의 소성단면계수(Z)를 각각 구한다.

1) 탄성해석 시 원형의 단면계수(S)

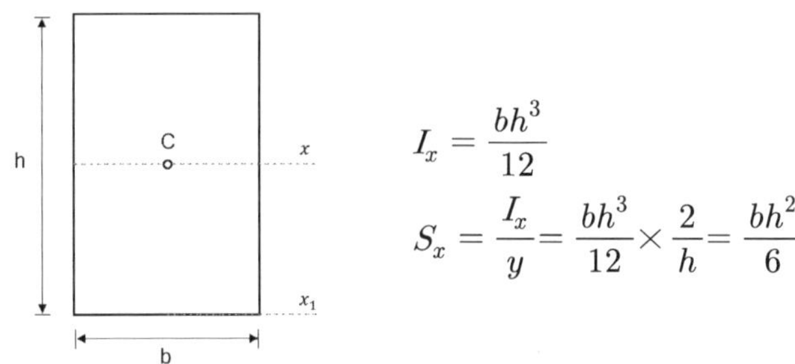

$$I_x = \frac{bh^3}{12}$$

$$S_x = \frac{I_x}{y} = \frac{bh^3}{12} \times \frac{2}{h} = \frac{bh^2}{6}$$

2) 소성해석 시 원형의 소성단면계수(Z)

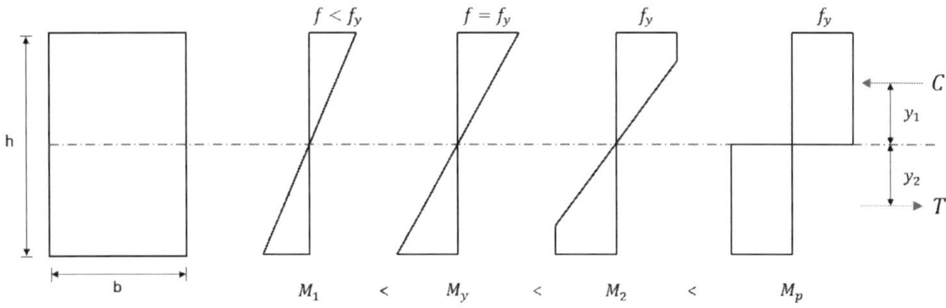

소성상태의 단면에서 중립축 상하 부분에 대한 단면 1차 모멘트의 합

$$Z_p = \left(b \times \frac{h}{2} \times \frac{h}{4}\right) \times 2 = \frac{bh^2}{4}$$

▶ 항복하중 산정

하중조건	고정단모멘트	하중조건	고정단모멘트
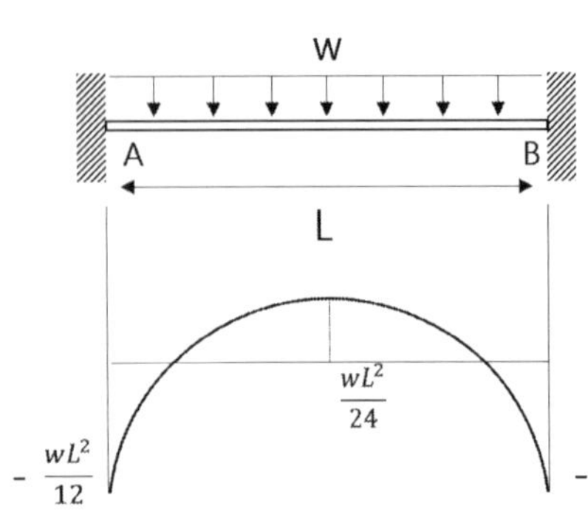	$M_{AB} = - M_{BA} = - \dfrac{Pab^2}{L^2}$	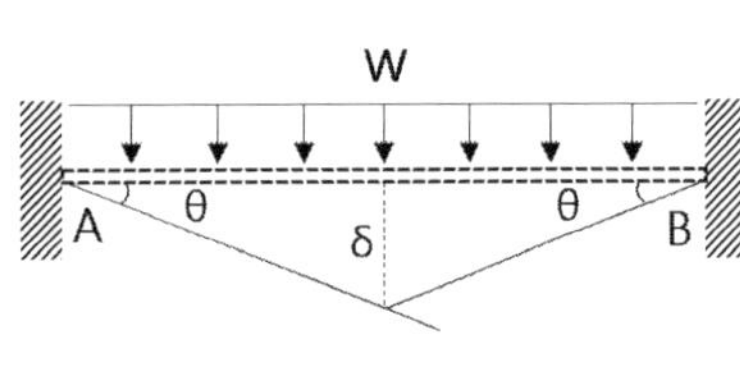	$M_{AB} = - M_{BA} = - \dfrac{w_0 L^2}{12}$

$$C_{AB} = - C_{BA} = \frac{wL^2}{12}$$

$$\therefore \; M_A = - \frac{wL^2}{12} \, (\downarrow), \; M_B = - \frac{wL^2}{12} \, (\downarrow),$$

$$M_C = \frac{wL^2}{24} \, (\downarrow)$$

$$M_{\max} = \frac{wL^2}{12} = S_b f_y \quad \therefore \; w_y = \frac{12 S_b f_y}{L^2}$$

▶ 극한하중 산정

가상일로부터 $dW_I = dW_E$

$$dW_E = (면적) \times w = \left(\frac{1}{2} \times L \times \frac{L}{2}\theta \right) \times w = \frac{wL^2}{4}\theta$$

$$dW_I = M_p (\theta + 2\theta + \theta) = 4M_p \theta$$

$$\therefore \; dW_E = dW_I \qquad \therefore \; w_u = \frac{16 M_p}{L^2} = \frac{16}{L^2} \times f_y Z_p$$

▶ 극한하중과 탄성하중의 비

$$\therefore \; \frac{w_u}{w_y} = \frac{4M_p}{3M_y} = \frac{4}{3} \frac{Z}{S} = \frac{4}{3} \times \frac{3}{2} = 2$$

보의 소성해석 : 부정정

그림과 같은 휨강성 EI가 일정한 양단고정보에 대하여 반력 및 부재력 산정 후 전단력도와 휨모멘트도를 작도하고, 붕괴기구(Collapse Mechanism) 발생에 따른 소성모멘트를 산정하시오.

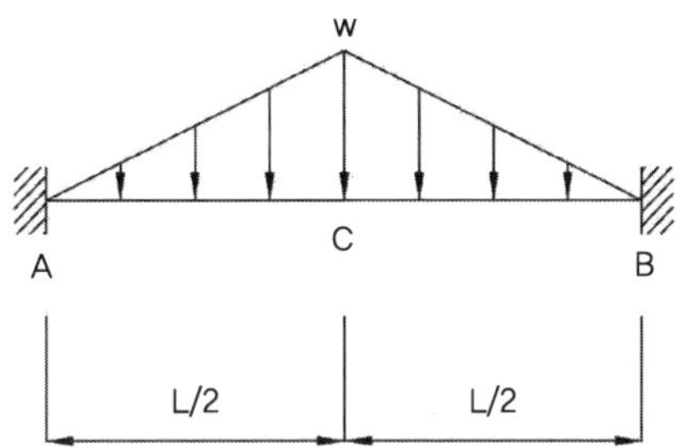

풀 이

▶ 개요

A점의 모멘트 반력을 부정정력으로 치환하여 산정한다. 대칭구조물이므로 L/2구간에 대해서만 고려한다.

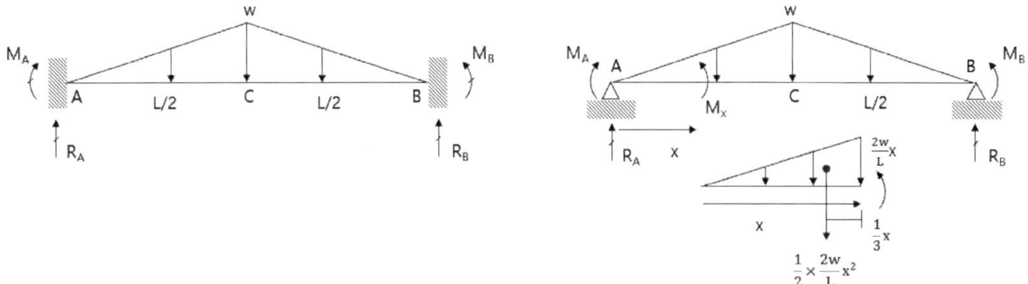

▶ 반력 및 부재력 산정

$$R_A = \frac{wL}{4}, \quad V_x = R_A - \frac{w}{L}x^2 = \frac{wL}{4} - \frac{w}{L}x^2$$

$$M_x = R_A x + M_A - \frac{1}{2}\left(\frac{w}{(L/2)}x \times x\right) \times \frac{1}{3}x = \frac{wL}{4}x + M_A - \frac{w}{3L}x^3$$

$$U = \int \frac{M^2}{2EI}dx = \frac{1}{2EI}\left[\int_0^{L/2}\left(\frac{wL}{4}x + M_A - \frac{w}{3L}x^3\right)^2 dx\right]$$

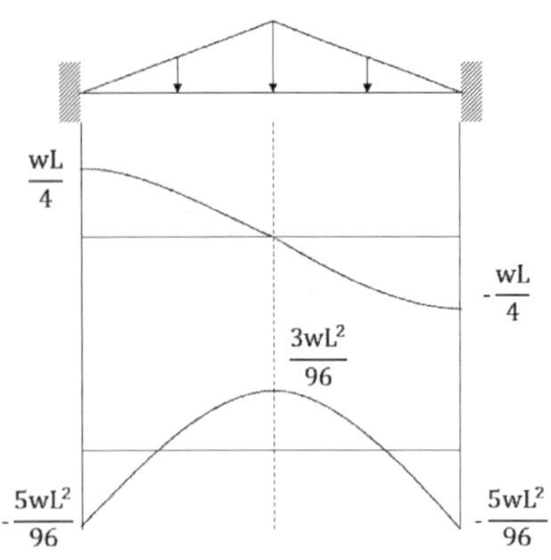

$$\frac{\partial U}{\partial M_A} = 0 \; : \; \frac{5}{96} wL^3 + LM_A = 0,$$

$$\therefore \; M_A = -\frac{5wL^2}{96}$$

A점에서의 전단력 $V_A = R_A = \dfrac{wL}{4}$

C점에서의 전단력 $V_C = 0$

C점에서의 모멘트 $M_C = \dfrac{3wL^2}{96}$

하중조건	고정단모멘트	하중조건	고정단모멘트
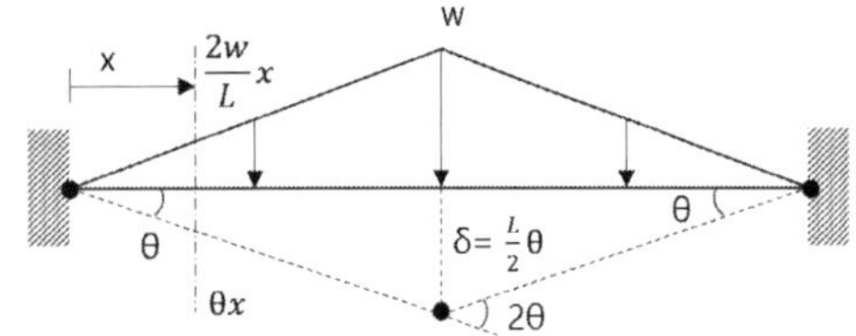	$M_{AB} = -M_{BA} = -\dfrac{Pab^2}{L^2}$		$M_{AB} = -M_{BA} = -\dfrac{w_0 L^2}{12}$
	$M_{AB} = M_{BA} = -\dfrac{6EI}{L^2}\Delta$		$M_{AB} = -M_{BA} = -\dfrac{5w_0 L^2}{96}$

▶ 붕괴기구와 소성 모멘트

A, B와 중앙에서 소성 붕괴가 발생한다고 가정한다.

① A점에서 x위치의 하중의 크기는 $\dfrac{2w}{L}x$

② A점에서 x위치의 변위는 θx

가상일로부터 $dW_I = dW_E$

$$dW_E = (변위) \times (하중) = 2\int_0^{L/2} \frac{2w}{L} x \times \theta x \, dx = \frac{4w\theta}{L} \times \frac{L^3}{3 \times 8} = \frac{wL^2}{6}\theta$$

$$dW_I = M_p(\theta + 2\theta + \theta) = 4M_p\theta$$

$$\therefore \; dW_E = dW_I \qquad \therefore \; M_p = \frac{wL^2}{24}$$

보의 소성해석 : 부정정

아래 그림과 같은 구조계에 대한 소성모멘트(M_p)를 구하시오.

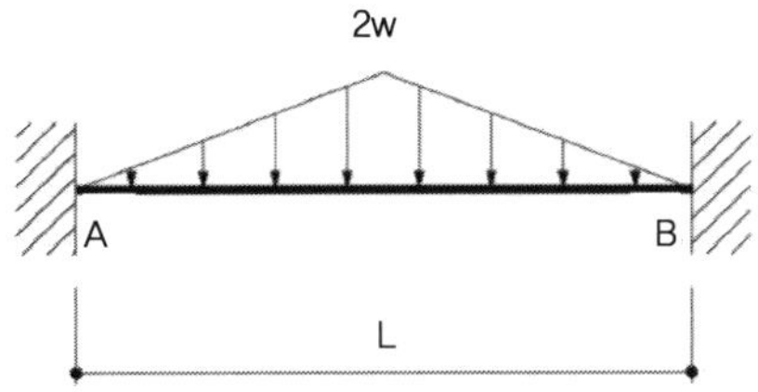

풀 이

▶ 붕괴기구

A, B와 중앙에서 소성 붕괴가 발생한다고 가정한다.

▶ 소성모멘트 산정

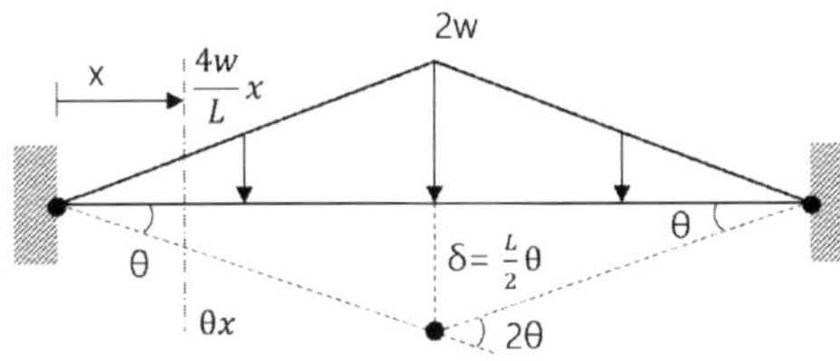

① A점에서 x위치의 하중의 크기는 $\dfrac{4w}{L}x$

② A점에서 x위치의 변위는 θx

가상일로부터 $dW_I = dW_E$

$$dW_E = (\text{변위}) \times (\text{하중}) = 2\int_0^{L/2} \frac{4w}{L} x \times \theta x\, dx = \frac{8w\theta}{L} \times \frac{L^3}{3 \times 8} = \frac{wL^2}{3}\theta$$

$$dW_I = M_p(\theta + 2\theta + \theta) = 4M_p\theta$$

$$\therefore dW_E = dW_I \qquad \therefore M_p = \frac{wL^2}{12}$$

보의 소성해석 : 부정정 붕괴하중

그림과 같은 양단 고정보 중앙에 집중하중이 작용할 때 붕괴메커니즘을 작도하여 붕괴하중을 구하고, 이때의 휨모멘트도를 그리시오(단, 보의 소성모멘트는 M_p).

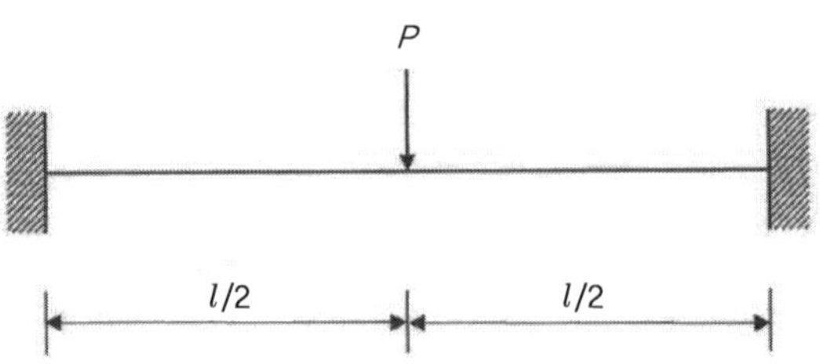

풀 이

▶ **탄성 모멘트와 BMD 산정**

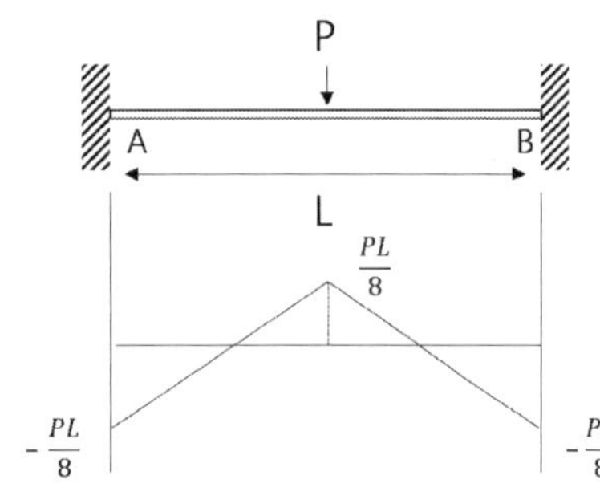

$$C_{AB} = -\,C_{BA} = \frac{Pab^2}{L^2} = \frac{PL}{8}$$

$$\therefore\; M_A = -\frac{PL}{8}\,(\downarrow),\; M_B = -\frac{PL}{8}\,(\downarrow),\; M_C = \frac{PL}{8}\,(\downarrow)$$

따라서 항복 모멘트는

$$\therefore\; M_y = M_{\max} = \frac{PL}{8} = S_b f_y$$

▶ **붕괴 하중 산정**

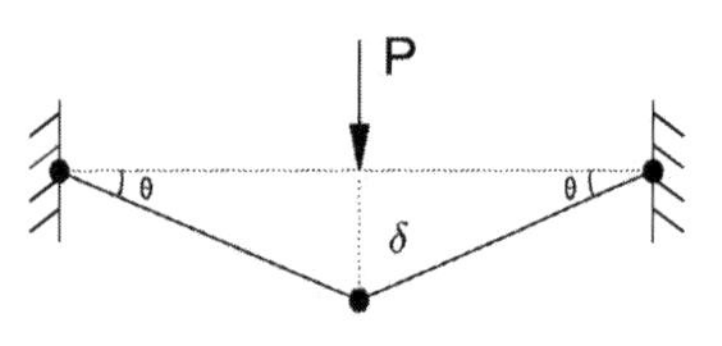

가상일로부터 $dW_I = dW_E$

$$P_u \times \delta = M_p(\theta + 2\theta + \theta),\; \delta = \frac{\theta L}{2}\;\; \therefore\; \frac{P_u L}{2} = 4M_p$$

$$\therefore\; M_p = \frac{P_u L}{8} \qquad P_u = \frac{8M_p}{L} = \frac{8f_y Z_p}{L}$$

형상계수 $f = \dfrac{M_p}{M_y} = \dfrac{f_y \times Z_p}{f_y \times S} = \dfrac{Z_p}{S}$ 이므로, 붕괴하중 $P_u = f P_y$로 표현할 수 있다.

단면이 주어지지 않았으므로 f는 사각단면의 경우 1.5, 원형단면의 경우 1.7을 적용할 수 있으며 붕괴 시에 최대 모멘트 $M_p = fM_y$로 탄성모멘트에 비해 크게 발생한다. 따라서 소성모멘트에 도달한 중앙의 L_b의 범위에서 휨모멘트는 탄성모멘트 BMD에서 f배수만큼 크게 나타난다.

단면형상	형상계수
	$S = \dfrac{I}{y} = \dfrac{bh^2}{6}$, $Z_p = \left(b \times \dfrac{h}{2} \times \dfrac{h}{4}\right) \times 2 = \dfrac{bh^2}{4}$ $f = \dfrac{Z_p}{S} = \dfrac{3}{2}$
	$S = \dfrac{I}{y} = \dfrac{\pi d^3}{32}$, $Z_p = \left(\dfrac{1}{2} \times \dfrac{\pi d^2}{4} \times \dfrac{2d}{3\pi}\right) \times 2 = \dfrac{d^3}{6}$ $f = \dfrac{Z_p}{S} = \dfrac{32}{6\pi} \fallingdotseq 1.7$

▶ 극한하중 작용 시 BMD 산정

1) 항복모멘트 : 보의 최연단 응력이 항복응력에 도달할 때 보에 작용한 휨모멘트

2) 소성모멘트 : 보 단면 내부의 응력이 모두 항복응력에 도달할 때 보에 작용한 휨모멘트

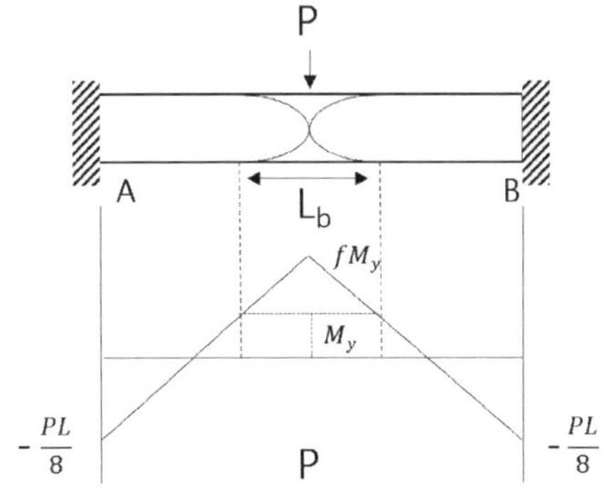

BMD의 형태는 탄성하중(항복하중)이 작용할 때와 같지만, 극한하중으로 하중이 증가하므로 그 절댓값은 형상계수 비 f만큼 커진다.

보의 소성해석 : 부정정

아래 그림과 같이 자유단 A를 직경 d인 원형 강봉으로 매단 강재보의 중앙에 집중하중 P를 재하시키고자 한다. 강재보의 규격은 I-200×100×7×10이며, 보와 강봉의 항복응력 f_y = 280MPa, 탄성계수 E= 210,000MPa일 때 이 강재보가 극한하중 P_L을 지지할 수 있는 강봉의 최소 직경 d를 결정하시오.

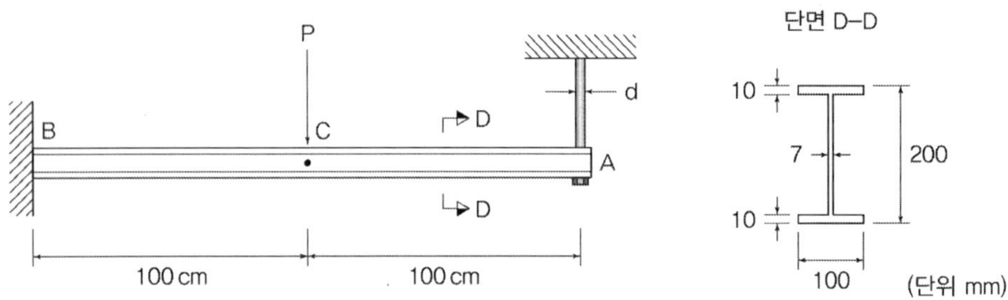

풀 이

▶ 개요

강봉의에 길이가 주어지지 않았기 때문에 변위일치법이나 에너지 방법에 의해 구조물을 해석하기 어렵다. 문제에 주어진 조건에서 보의 단면이 항복응력에 도달할 때의 소성모멘트를 먼저 산정하고, A점을 지지점으로 보고 모멘트가 가장 큰 점이 소성모멘트에 도달한다고 보고 문제를 풀이한다.

▶ 단면계수 산정

1) Beam

$$I_{beam} = \frac{1}{12}(100 \times 200^3 - (100-7) \times (200-20)^3) = 21,468,666.67 \text{mm}^4$$

$$Q = 100 \times 10 \times 105 + 7 \times 90 \times 45 = 133,350 \text{mm}^3 \qquad \therefore Z_p = 2Q = 266,700 \text{mm}^3$$

2) Bar $\qquad A = \frac{1}{4}\pi d^2$

▶ BMD

① $0 \leq x \leq L$ $\qquad\qquad M_x = R_A x$

② $L \leq x \leq 2L$ $\qquad\qquad M_x = R_A x - P(x-L)$

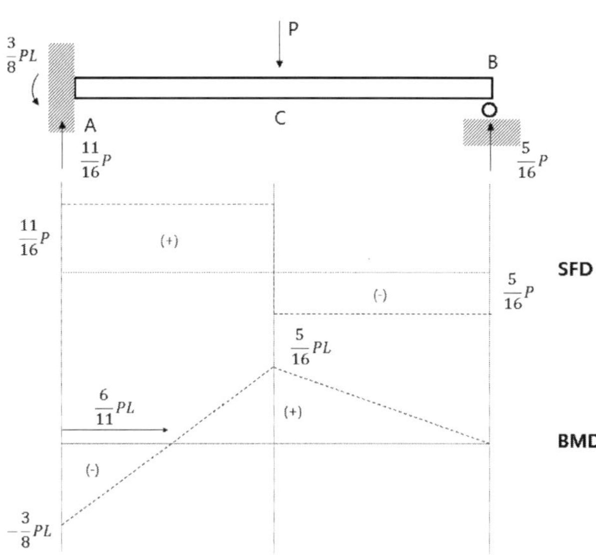

$$\therefore \frac{\partial U}{\partial R_A} = 0 \; ; \; R_A = \frac{5}{16}P(\uparrow), \; R_B = \frac{11}{16}P(\uparrow), \; M_A = \frac{3}{8}PL$$

▶ 소성하중 산정

1) 보의 소성하중 산정

    B점의 모멘트가 가장 크므로 B점이 소성모멘트에 도달하면,

$$\frac{3}{8}P_u L = f_y Z_p \quad \therefore P_u = \frac{8 f_y Z_p}{3L} = \frac{8 \times 280 \times 266,700}{3 \times 1000} \times 10^{-3} = 199.136 \text{ kN}$$

2) 강봉의 최소 직경

    B가 소성모멘트에 도달할 때, 강봉도 소성모멘트에 도달해야 최소 직경을 가지므로

$$\frac{5}{16}P_u = f_y A = \frac{1}{4}\pi d^2 f_y \quad \therefore d = \sqrt{\frac{5P_u}{4\pi f_y}} = \sqrt{\frac{5 \times 199,136}{4 \times \pi \times 280}} = 16.82 \text{mm}$$

보의 소성해석 : 부정정, 항복하중과 붕괴하중

그림과 같은 보에서 다음을 구하라

1) 항복하중 P_y 와 항복 시 C점의 처짐 δ_{cy}

2) 붕괴하중 P_c 와 붕괴 시 C점의 처짐 δ_{cc}

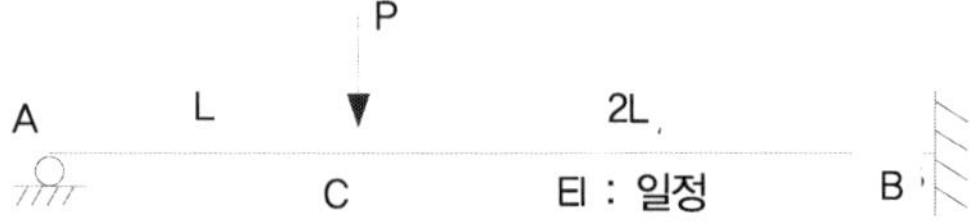

풀 이

▶ 개요

1차 부정정 구조물로 변위일치법이나 에너지방법에 의해서 부정정력을 산정할 수 있다. 에너지 방법에 의해서 A점의 반력을 부정정력으로 가정해서 구조물의 부정정력을 산정한다. 주어진 보에서 축력이나 전단력에 의한 에너지는 무시한다고 가정한다.

▶ 에너지법에 의한 부정정력 산정

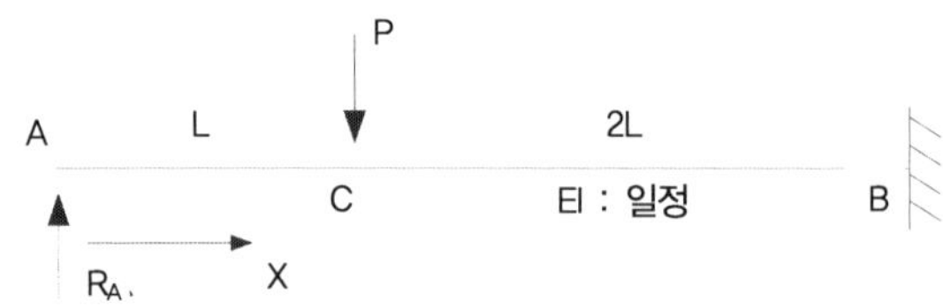

① $0 \leq x \leq L$ $\qquad M_x = R_A x$

② $L \leq x \leq 3L$ $\qquad M_x = R_A x - P(x-L)$

$$U = \frac{1}{2EI} \sum \int_0^L M^2 dx = \frac{1}{2EI}\left[\int_0^L (R_A x)^2 dx + \int_L^{3L}(R_A x - P(x-L))^2 dx\right]$$

$$\frac{\partial U}{\partial R_A} = 0 \ ; \ \frac{2L^3(27R_A - 14P)}{3} = 0 \qquad \therefore R_A = \frac{14}{27}P$$

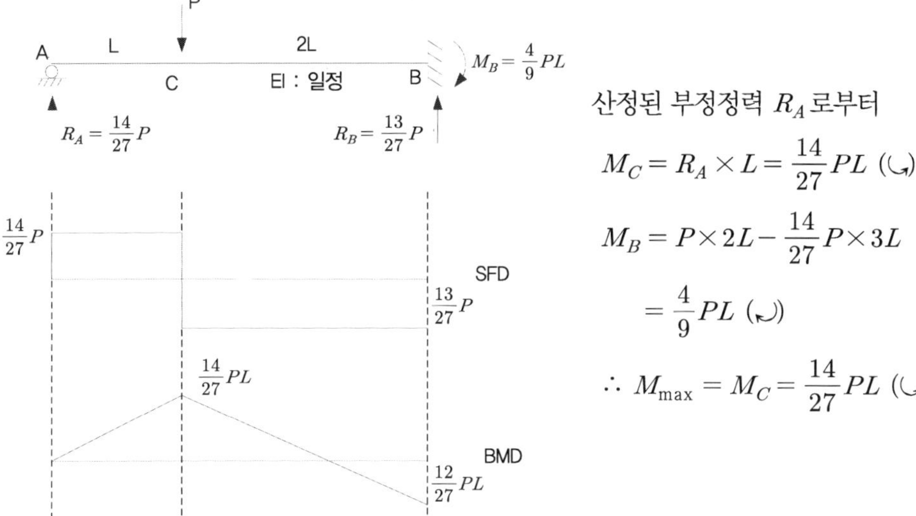

산정된 부정정력 R_A 로부터

$$M_C = R_A \times L = \frac{14}{27}PL \ (\curvearrowright)$$

$$M_B = P \times 2L - \frac{14}{27}P \times 3L$$

$$= \frac{4}{9}PL \ (\curvearrowleft)$$

$$\therefore M_{\max} = M_C = \frac{14}{27}PL \ (\curvearrowright)$$

▶ 항복하중 P_y 와 항복 시 C점의 처짐 δ_{cy}

부재의 항복강도를 f_y 라고 하고, 부재의 단면이 동일하다고 가정하면,

$$f = \frac{M_{\max}}{I}y_{\max} = f_y \qquad \frac{14}{27}PL \times \frac{y_{\max}}{I} = f_y \qquad \therefore P_y = \frac{27If_y}{14Ly_{\max}}$$

에너지방법(Castigliano's 2nd)에 따라

$$U = \frac{1}{2EI}\left[\int_0^L (R_A x)^2 dx + \int_L^{3L} (R_A x - P(x-L))^2 dx \right. \text{으로부터}$$

$$\delta_{cy} = \frac{\partial U}{\partial P} = \frac{4L^3(4P - 7R_A)}{6EI} \qquad \text{여기서 } R_A = \frac{14}{27}P \text{를 대입하면,}$$

$$\therefore \delta_{cy} = \frac{20PL^3}{81EI} \ (\downarrow)$$

▶ 붕괴하중 P_c 와 붕괴 시 C점의 처짐 δ_{cc}

붕괴메커니즘을 가정하여 붕괴하중과 붕괴 시 C점의 처짐량을 산정한다. 붕괴 시 소성모멘트를 M_p 라고 가정한다.

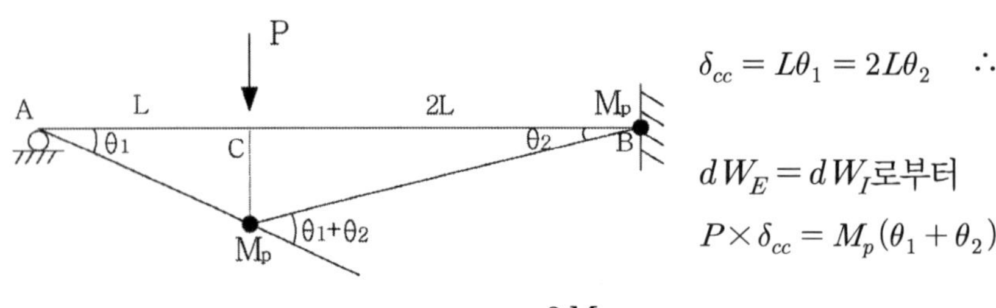

$$\delta_{cc} = L\theta_1 = 2L\theta_2 \quad \therefore \theta_1 = 2\theta_2$$

$dW_E = dW_I$로부터

$$P \times \delta_{cc} = M_p(\theta_1 + \theta_2) + M_p\theta_2$$

$$P_u(2L\theta_2) = 4M_p\theta_2 \qquad \therefore P_u = \frac{2M_p}{L}$$

형상계수(f, Shape factor)는 소성모멘트(M_p)와 항복모멘트(M_y)의 비이므로 소성단면계수 Z_p 와 단면계수 S와의 비로 나타낼 수 있다.

$$f = \frac{M_p}{M_y} = \frac{f_y \times Z_p}{f_y \times S} = \frac{Z_p}{S} \qquad \therefore M_p = M_y \times f$$

여기서 M_y는 $M_{\max} = M_C = \frac{14}{27}PL$이므로 $\qquad \therefore M_p = \frac{14}{27}PL \times \frac{Z_p}{S}$

붕괴 시 A점에서의 회전각을 θ_1이라고 하고, B점에서의 회전각을 θ_2라고 하면,

처짐량 $\quad \therefore \delta_{cc} = L\theta_1 = 2L\theta_2$

보의 소성해석 : 부정정

다음 그림과 같이 지지된 보에서 소성힌지가 발생할 수 있는 곳을 명시하고 소성모멘트 M_p를 구하시오.

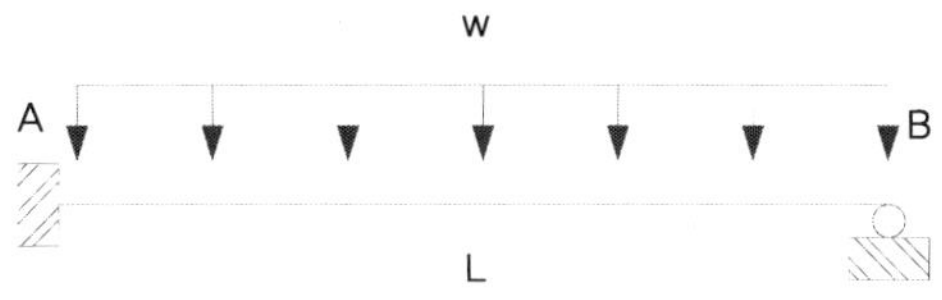

풀 이

> ### 개요

1차 부정정 구조물로 변위일치법이나 에너지방법에 의해서 부정정력을 산정할 수 있다. 에너지방법에 의해서 A점의 반력을 부정정력으로 가정해서 구조물의 부정정력을 산정하거나 변위일치법에 따라 산정된 변위합산량이 0임을 고려하여 부정정력을 산정할 수 있다. 산정된 부정정력과 BMD를 통해서 최대 모멘트가 발생되는 지점을 확인하고 소성모멘트를 산정한다. 이때 주어진 보에서 축력이나 전단력에 의한 에너지는 무시한다고 가정한다.

> ### 부정정 구조물의 해석

지점 B의 반력을 가상의 하중으로 치환하면 아래 구조계(a)와 구조계(b)의 처짐량의 합은 0이다.

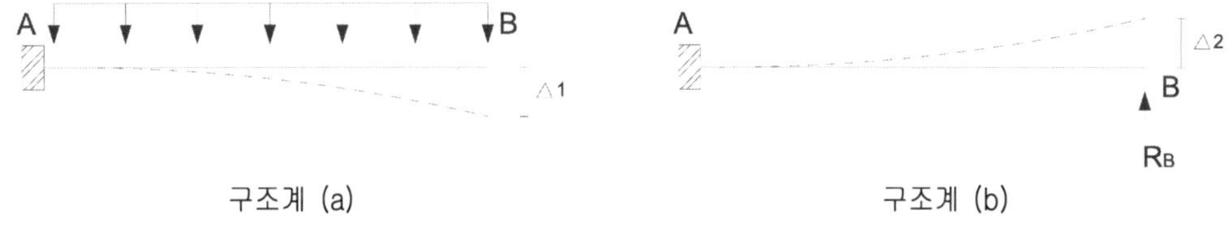

구조계 (a)의 처짐 $\Delta_1 = \dfrac{wL^4}{8EI}$,   구조계 (b)의 처짐 $\Delta_2 = \dfrac{R_B L^3}{3EI}$

적합조건 $\Delta_1 = \Delta_2$ $\therefore R_B = \dfrac{3}{8}wL$, $R_A = \dfrac{5}{8}wL$, $M_A = \dfrac{wL^2}{2} - R_B L = \dfrac{wL^2}{8}$

B점으로부터 떨어진 거리를 x라고 할 때 x위치에서의 모멘트 M_x는

$$M_x = \frac{3}{8}wLx - \frac{w}{2}x^2$$

모멘트가 최대가 되는 점의 위치는 $\dfrac{\partial M_x}{\partial x} = \dfrac{3}{8}wL - wx = 0$

$$\therefore \ x = \dfrac{3}{8}L, \quad M_{\max} = \dfrac{9}{128}wL^2,$$

$M_A > M_{\max}$ 이므로 A점에서 소성힌지 발생 후 B점으로부터 (3/8)L 떨어진 지점에서 소성힌지가 추가로 발생된다.

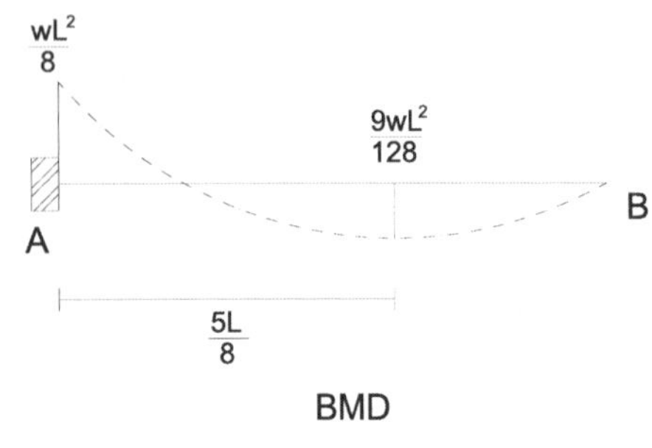

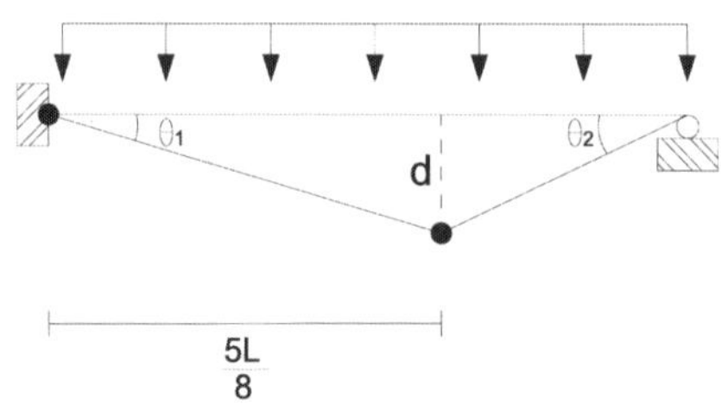

➤ 소성모멘트 산정

적합조건에서 $\quad d = \theta_1 \times \dfrac{5}{8}L = \theta_2 \times \dfrac{3}{8}L \quad \therefore \ \theta_2 = \dfrac{5}{3}\theta_1$

$W_I = W_E$ 로부터, $\quad w \times \left(\dfrac{1}{2} \times L \times d \right) = M_p(\theta_1 + \theta_1 + \theta_2)$

$$\therefore \ M_p = \dfrac{15}{176}wL^2$$

프레임의 소성해석

다음 그림과 같은 구조물(A는 고정 지점, E는 힌지 지점)에서 붕괴하중(collapse load) F의 최솟값을 구하시오. 단, 축력과 전단력의 효과는 무시한다.

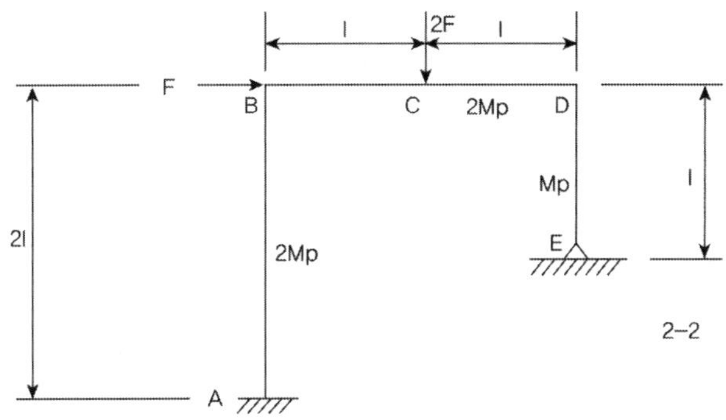

풀 이

▶ 개요

본 프레임의 파괴 메커니즘은 Beam 파괴, Sway 파괴, Combined 파괴로 구분할 수 있다.

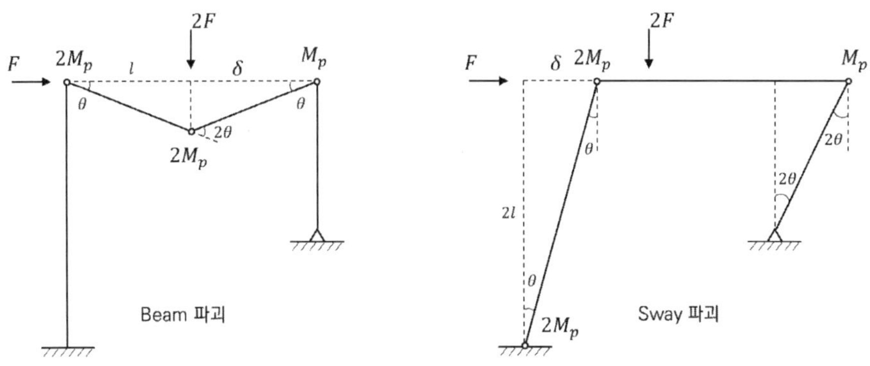

▶ Beam 파괴

$$\delta = l\theta$$

$$\sum F\delta = \sum W\theta$$

$$2F(l\theta) = 2M_p\theta + 2M_p(2\theta) + M_p\theta = 7M_p\theta \qquad \therefore \ F = \frac{7}{2l}M_p$$

▶ **Sway 파괴**

$$\delta = 2l\theta$$

$$\sum F\delta = \sum W\theta$$

$$F(2l\theta) = 2M_p\theta + 2M_p\theta + M_p(2\theta) = 6M_p\theta \qquad \therefore F = \frac{3}{l}M_p$$

▶ **Combined 파괴**

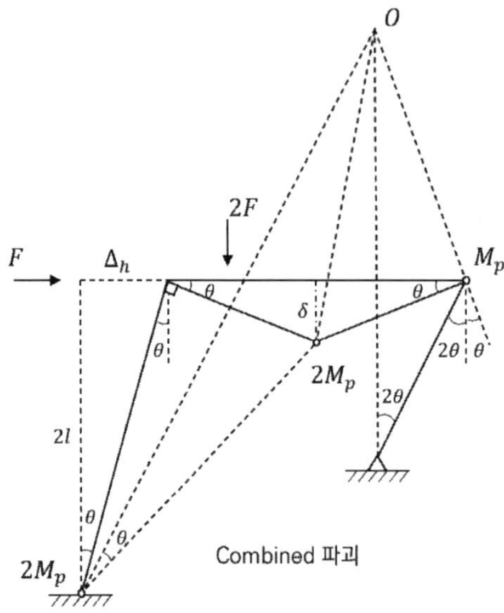

$$\Delta_h = 2l\theta, \ \delta = l\theta$$

$$\sum F\delta = \sum W\theta$$

$$F(2l\theta) + 2F(l\theta) = 2M_p\theta + 2M_p(2\theta) + M_p(3\theta) = 9M_p\theta \qquad \therefore F = \frac{9}{4l}M_p$$

$$\therefore F_{\min} = \frac{9}{4l}M_p = \frac{2.25M_p}{l}$$

프레임의 소성해석

그림과 같은 소성거동을 하는 1점은 고정(fix)이고, 5점은 힌지(Hinge)인 frame의 붕괴하중(Collapse Load)을 구하시오(단, 모든 단면은 동일한 M_p로 가정).

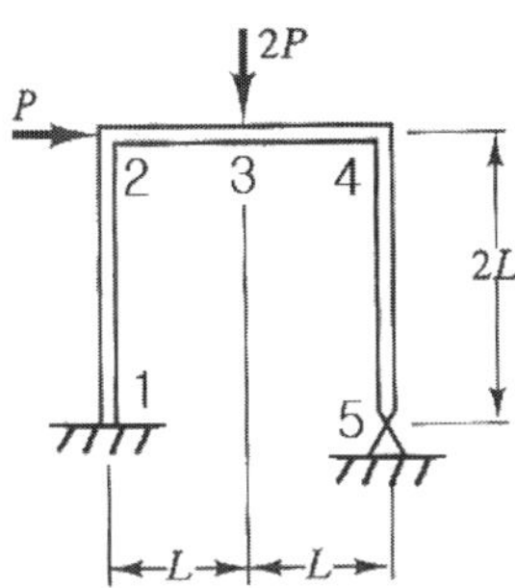

풀 이

▶ 개요

프레임구조의 소성해석은 빔 파괴, 프레임 파괴(Sway failure), 합성 파괴로 구분하여 고려한다.

▶ Beam 파괴와 Sway 파괴

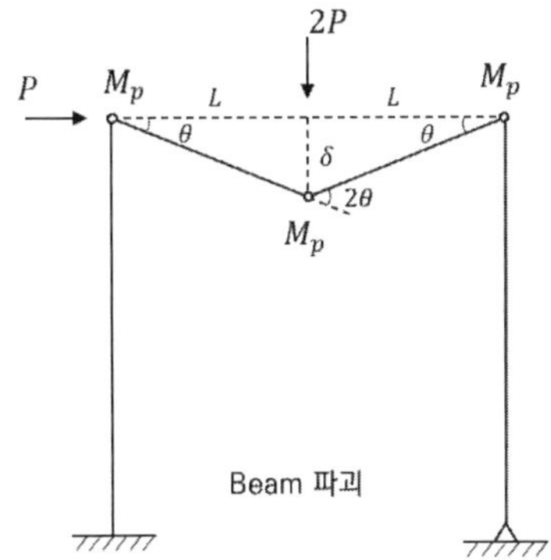

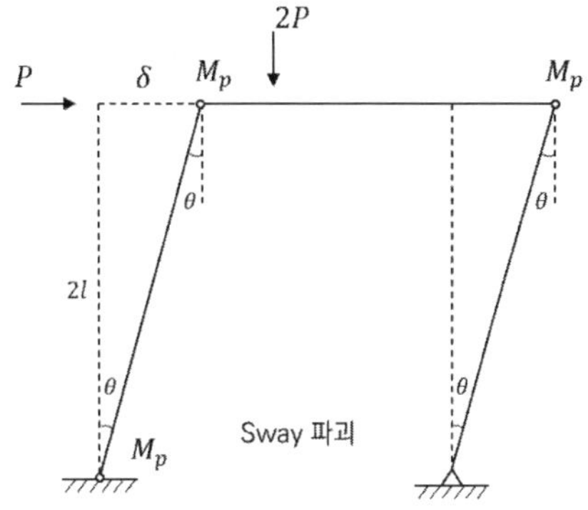

$$dW_E = dW_I, \quad \delta = L\theta$$
$$2P_u\delta = M_p(\theta + 2\theta + \theta)$$
$$2P_u(L\theta) = 4M_p\theta$$
$$\therefore \ P_u = \frac{2M_p}{L}$$

$$dW_E = dW_I, \quad \delta = 2L\theta$$
$$P_u\delta = M_p(\theta + \theta + \theta)$$
$$P_u(2L\theta) = 3M_p\theta$$
$$\therefore \ P_u = \frac{3M_p}{2L}$$

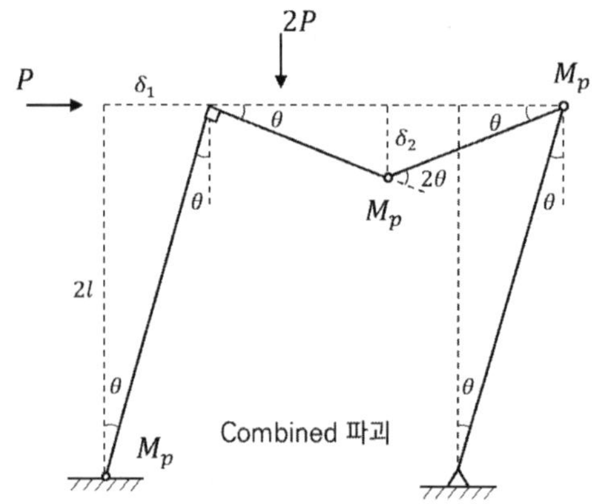

$$dW_E = dW_I, \ \delta_1 = 2L\theta, \ \delta_2 = L\theta$$

$$P_u\delta_1 + 2P_u\delta_2 = M_p(\theta + 2\theta + 2\theta)$$

$$P_u(2L\theta) + 2P_u(L\theta) = 5M_p\theta$$

$$\therefore \ P_u = \frac{5M_p}{4L}$$

붕괴하중은 위의 경우 중 가장 작은 값에서 발생하므로,

$$\therefore \ P_u = \frac{5M_p}{4L}$$

프레임의 소성해석

그림과 같은 강재 프레임의 소성붕괴하중을 계산하시오(각 부재는 동일한 소성모멘트 M_p 를 가진다).

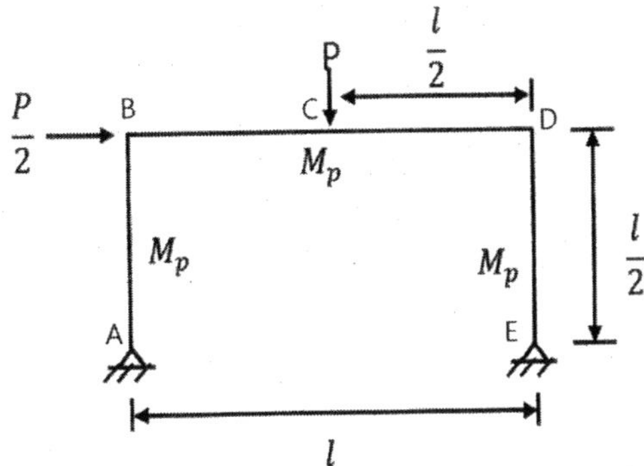

풀 이

▶ 개요

프레임구조의 소성해석은 빔 파괴, 프레임 파괴(Sway failure), 합성 파괴로 구분하여 고려한다.

▶ Beam 파괴와 Sway 파괴

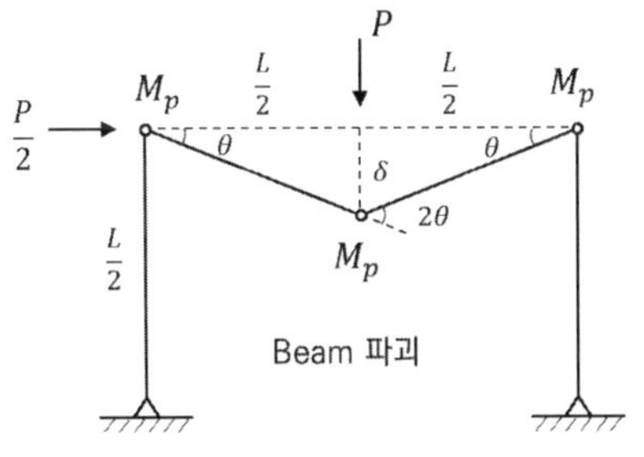

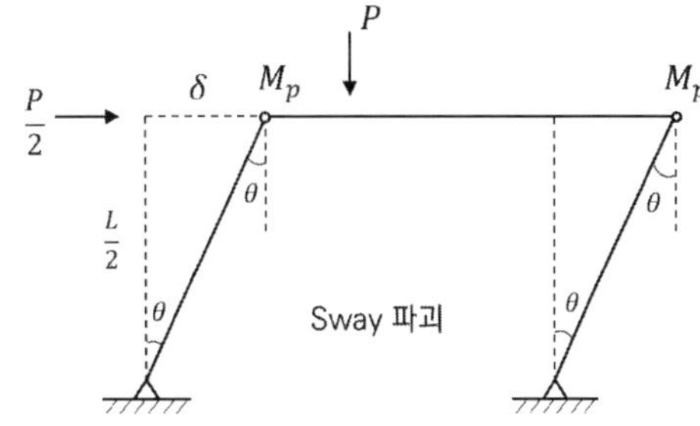

$$dW_E = dW_I, \quad \delta = \frac{L}{2}\theta$$

$$P_u \delta = M_p(\theta + 2\theta + \theta)$$

$$P_u\left(\frac{L}{2}\theta\right) = 4M_p\theta$$

$$\therefore P_u = \frac{8M_p}{L}$$

$$dW_E = dW_I, \quad \delta = \frac{L}{2}\theta$$

$$\frac{P_u}{2}\delta = M_p(\theta + \theta)$$

$$P_u(L\theta) = 8M_p\theta$$

$$\therefore P_u = \frac{8M_p}{L}$$

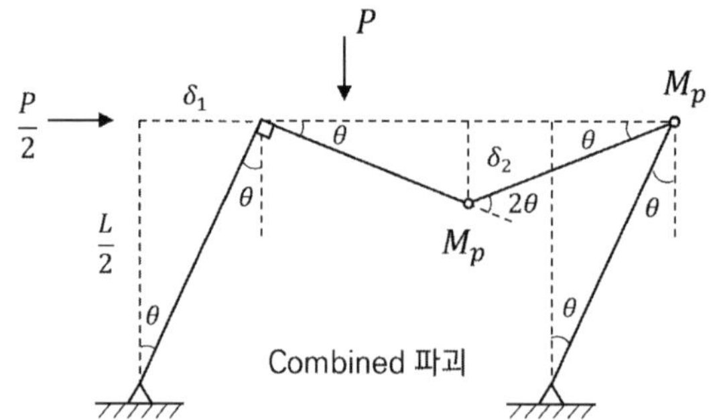

$$dW_E = dW_I, \ \delta_1 = \delta_2 = \frac{L}{2}\theta$$

$$\frac{P_u}{2}\delta_1 + P_u\delta_2 = M_p(2\theta + 2\theta)$$

$$\frac{P_u}{2}\left(\frac{L}{2}\theta\right) + P_u\left(\frac{L}{2}\theta\right) = 4M_p\theta$$

$$\therefore \ P_u = \frac{16M_p}{3L}$$

붕괴하중은 위의 경우 중 가장 작은 값에서 발생하므로,

$$\therefore \ P_u = \frac{16M_p}{3L}$$

프레임의 소성해석

그림과 같은 뼈대 구조물 E점에 20kN의 수평력이 작용하고 C점에 10kN의 연직력이 작용하고 있다(A, F 힌지, B, D는 강절점).

1) 소성힌지 발생할 수 있는 곳을 명시하고 소성붕괴 기구를 그리시오.
2) 붕괴기구별로 소성모멘트를 구하시오.

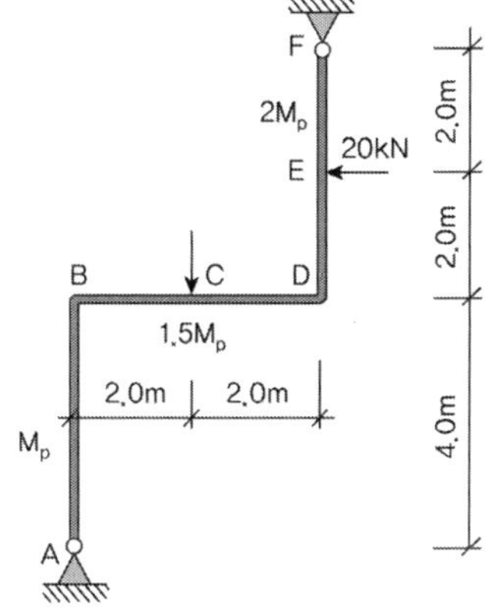

풀 이

▶ 개요

소성붕괴 Mechanism 가정을 통해서 소성하중을 산정한다.

▶ 보 파괴

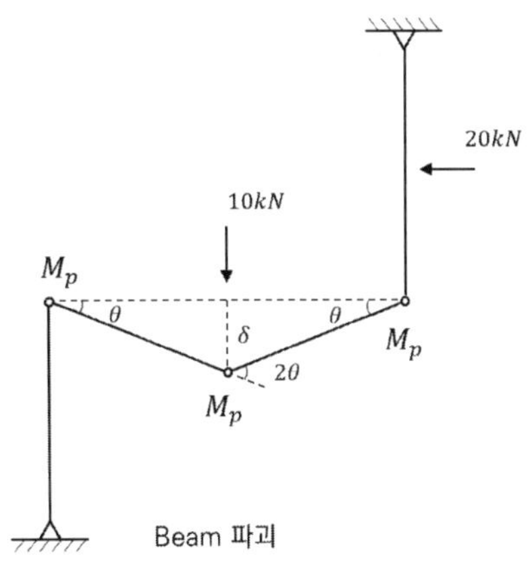

$$W_I = W_E, \quad \delta = \frac{L\theta}{2} = 2.0\theta$$

$$P\delta = M_p\theta + 1.5M_p(2\theta) + 1.5M_p\theta$$

$$\therefore M_p = \frac{20}{5.5} = 3.64^{kNm}$$

➤ 기둥파괴와 Sway 파괴

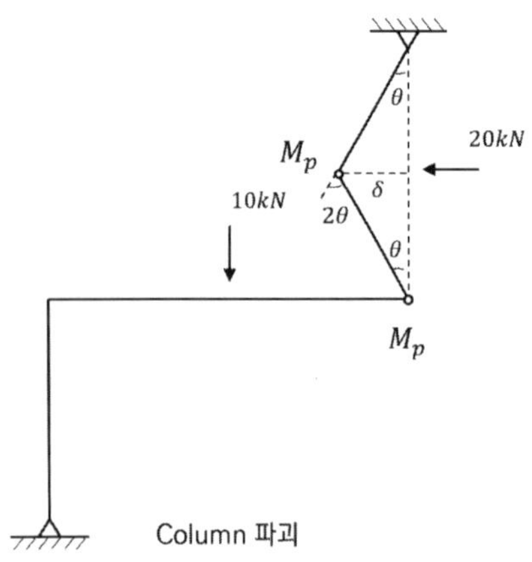

$$W_I = W_E, \ \delta = \frac{L\theta}{2} = 2.0\theta$$

$$P\delta = 2M_p(2\theta) + 1.5M_p\theta$$

$$\therefore M_p = \frac{40}{5.5} = 7.273^{kNm}$$

$$W_I = W_E, \ \delta_1 = 4\theta, \ \delta_2 = 2\theta$$

$$P\delta_2 = M_p\theta + 1.5M_p\theta$$

$$20 \times 2\theta = 2.5M_p\theta$$

$$\therefore M_p = \frac{40}{2.5} = 16.0^{kNm}$$

➤ 합성 파괴(기둥＋Sway)

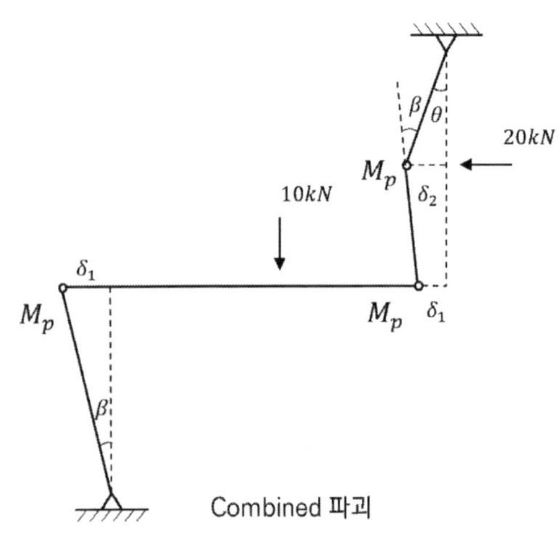

$$W_I = W_E$$

$$\delta_1 = 2\theta = 4\beta, \ \therefore \ \theta = 2\beta$$

$$\delta_2 = \delta_1 = 2\theta = 4\beta$$

$$W_I = M_p\beta + 2.0M_p\theta = 5M_p\beta$$

$$W_E = P\delta_2 = 20 \times 4\beta = 80\beta$$

$$\therefore M_p = \frac{80}{5} = 16^{kNm}$$

∴ 소성 모멘트 M_p는 I ～ IV의 경우 중 가장 큰 경우이므로 $M_p = 16.0^{kNm}$

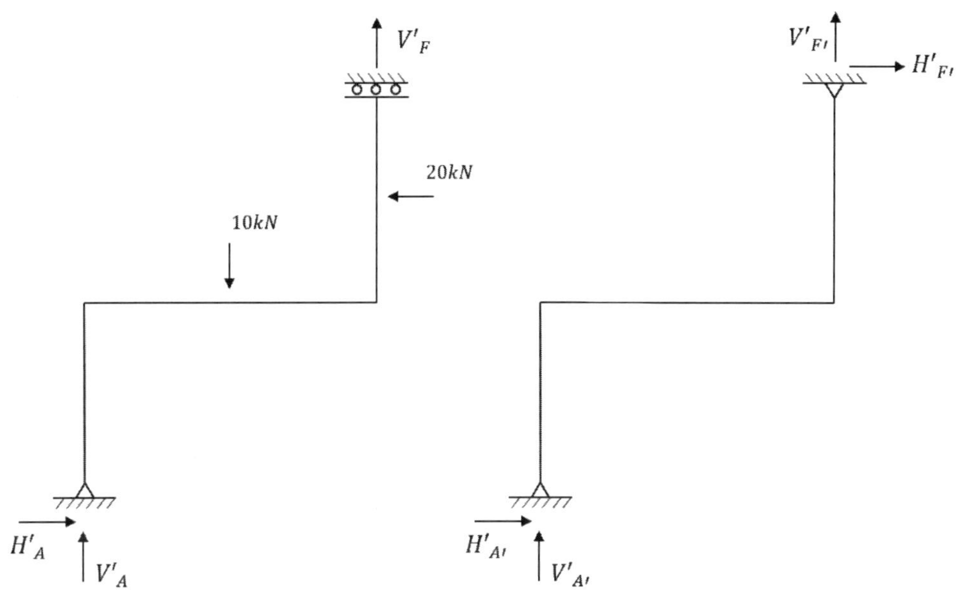

(a) Statically determinate force system   (b) Force system due to redundant reaction

1) (a) System

$$\sum F_y = 0 \ : \ V_A{}' - 10 + V_F{}' = 0$$

$$\sum F_x = 0 \ : \ H_A{}' - 20 = 0$$

$$\sum M_A = 0 \ : \ 10 \times 2.0 - 20 \times 6.0 - V_F{}' \times 4.0 = 0 \quad \therefore \ V_F{}' = -25^{kN}, \ V_A{}' = 35^{kN}$$

2) (b) System

$$\sum F_y = 0 \ : \ V_A{}'' + V_F{}'' = 0$$

$$\sum F_x = 0 \ : \ H_A{}'' + H_F = 0$$

$$\sum M_A = 0 \ : \ -4.0 \times V_F{}'' + 8.0 \times H_F = 0 \quad \therefore \ V_F{}'' = 2H_F, \ V_A{}'' = -2H_F$$

$$M_B = 20 \times 4.0 - 4.0 \times H_F = 80 - 4H_F$$

$$M_C = 20 \times 4.0 - 35 \times 2.0 - H_F \times 4.0 + 2H_F \times 2.0 = 10$$

$$M_D = -20 \times 2.0 + H_F \times 4.0 = -40 + 4H_F$$

$$M_E = 0 + H_F \times 2.0 = 2H_F$$

① 소성힌지가 B점에서 발생한다고 가정하면(B점 M_p, E점 $2M_p$)

$$M_B = 80 - 4H_F = M_p, \quad M_E = 2H_F = 2M_p \quad \therefore \ H_F = 16^{kN}, \ M_p = 16^{kNm}$$

② C점의 모멘트 Check

$$M_C = 10 \leq M_p \qquad \text{O.K}$$

③ D점의 모멘트 Check

$$M_D = -40 + 4H_F = -40 + 4 \times 16 = 24^{kNm} = 1.5M_p \qquad \text{O.K}$$

프레임의 소성해석

다음 그림과 같은 구조물(A는 힌지구조, E는 고정지점)에서 붕괴하중(Collapse Load) F를 구하시오(단, 모든 부재의 소성모멘트는 M_p로 가정하고 축력과 전단력의 효과는 무시).

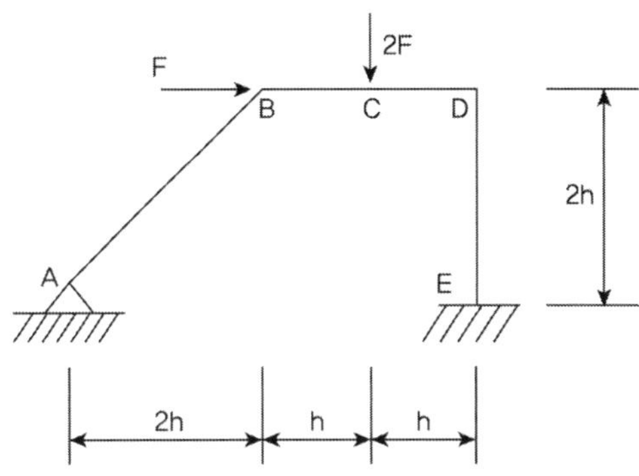

풀 이

▶ 개요

Frame의 소성붕괴 메커니즘은 beam의 파괴, frame파괴, 복합파괴로 구분할 수 있으며 각각의 파괴 메커니즘에 대해 검토하여 그중 제일 작은 극한하중에서 붕괴한다.

▶ Beam의 파괴

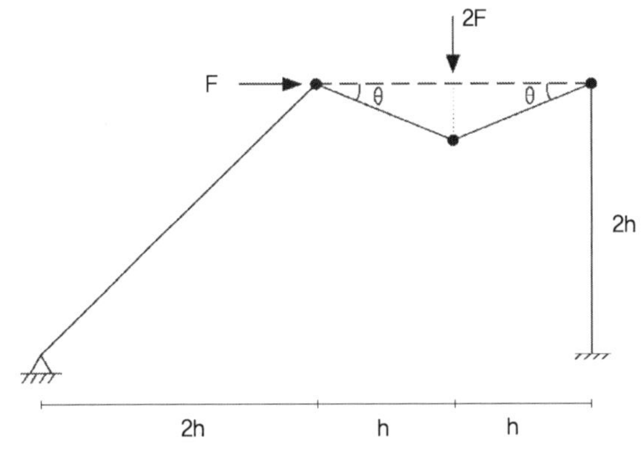

$$W_I = W_E$$

$$2F \times (h\theta) = M_p(\theta + 2\theta + \theta)$$

$$\therefore F = \frac{2M_p}{h}$$

➤ **Frame의 파괴(Sway 파괴)**

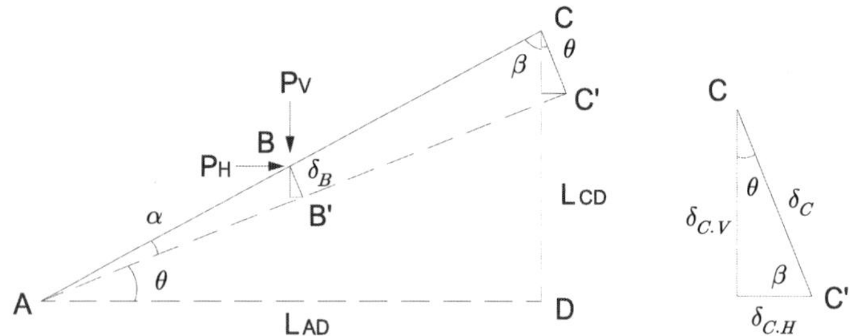

$$\delta_C = L_{AC}\alpha$$

$$\delta_{C.V} = \delta_C \cos\theta = L_{AC}\alpha\left(\frac{L_{AD}}{L_{AC}}\right) = L_{AD}\alpha$$

$$\delta_{C.H} = \delta_C \sin\theta = L_{AC}\alpha\left(\frac{L_{CD}}{L_{AC}}\right) = L_{CD}\alpha$$

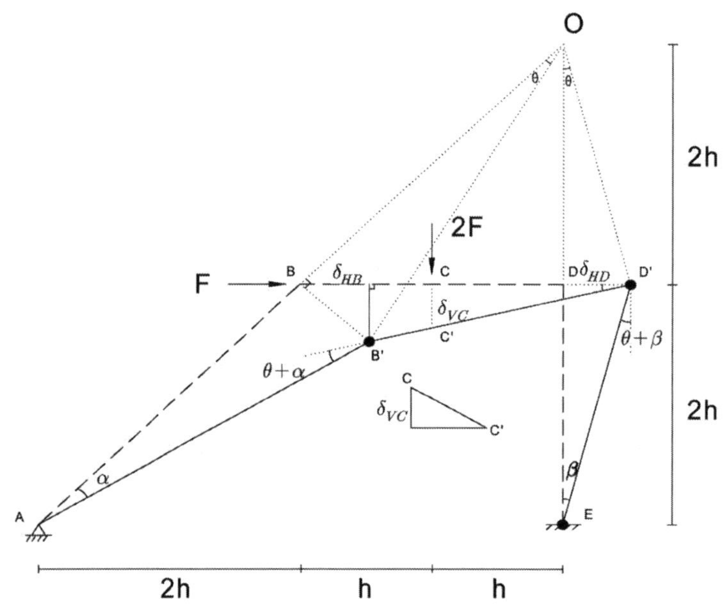

삼각형 비례로부터 $\triangle OAE \equiv \triangle OBD$　　$\therefore \overline{OD} = 2h$

$$\delta_{HD} = 2h\beta = 2h\theta \qquad \therefore \beta = \theta$$
$$\delta_{HB} = 2h\alpha = 2h\theta \qquad \therefore \alpha = \theta$$
$$\delta_{VC} = h\theta$$

$$W_E = F \times \delta_{HB} + 2F \times \delta_{VC} = F(2h\theta) + 2F(h\theta) = 4F(h\theta)$$

$$W_I = M_p[(\theta + \alpha) + (\theta + \beta) + \beta] = 5M_p\theta$$

$$\therefore \ F = \frac{5M_p}{4h}$$

▶ Combined 파괴(Beam + Sway 파괴)

삼각형 비례로부터 $\triangle OAE \equiv \triangle OCD$ $\qquad \therefore \ \overline{OD} = \frac{2}{3}h$

$$\delta_{HD} = 2h\beta = \frac{2}{3}h\theta \qquad \therefore \ 3\beta = \theta$$

$$\delta_{HB} = 2h\alpha = \frac{2}{3}h\theta \qquad \therefore \ 3\alpha = \theta$$

$$\delta_{VC} = h\theta$$

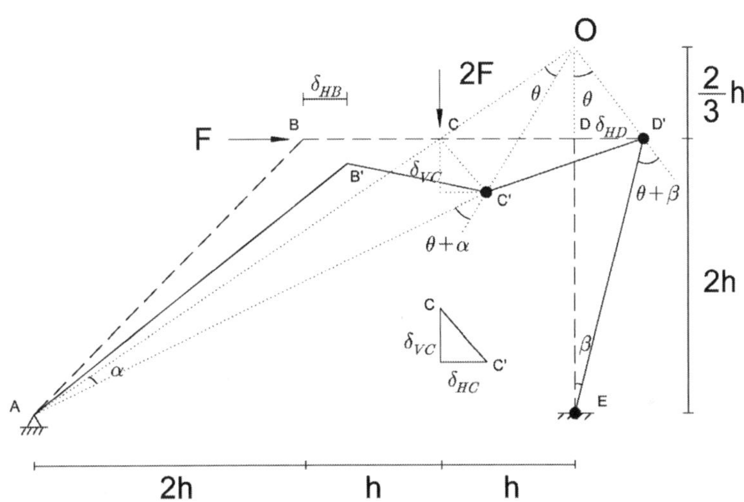

$$W_E = F \times \delta_{HB} + 2F \times \delta_{VC} = F\left(\frac{2}{3}h\theta\right) + 2F(h\theta) = \frac{8}{3}Fh\theta$$

$$W_I = M_p[(\theta + \alpha) + (\theta + \beta) + \beta] = 3M_p\theta$$

$$\therefore \ F = \frac{9M_p}{8h}$$

$\therefore$ 따라서 붕괴하중은 Beam + Sway 파괴 시 발생하는 가장 작은 값은 $F = \dfrac{9M_p}{8h}$ 이다.

프레임의 소성해석

다음 그림과 같은 뼈대 구조물 C점에 15kN의 수평력이 작용하고 E점에 20kN의 연직력이 작용하고 있을 때 다음을 구하시오(A는 롤러, D는 힌지, F는 고정, B는 강절점이다).
(1) 소성힌지가 발생할 수 있는 곳을 명시하고 붕괴기구별 소성모멘트를 구하시오.
(2) 각 지점의 반력을 구하고 BMD를 구하시오.

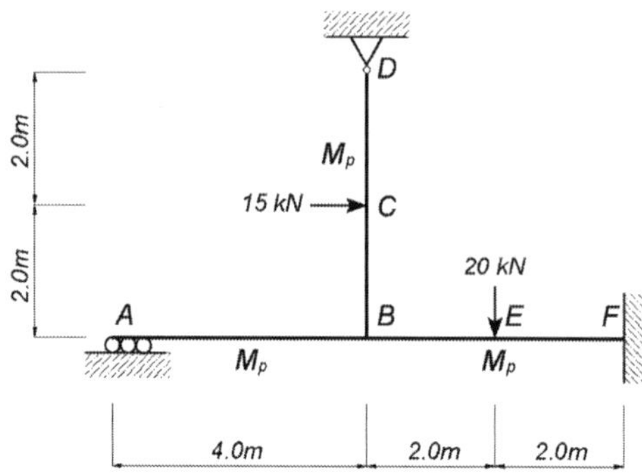

풀 이

▶ 개요

소성힌지는 하중의 작용점과 고정단에서 발생하므로 주어진 문제에서 발생 가능한 곳은 B, C, E, F점이 발생 가능한 점이다.
붕괴 메커니즘은 보의 파괴, 프레임의 파괴, 합성파괴로 구분하여 산정할 수 있으며, 이 중 가장 작은 하중 값에서 파괴가 발생한다.

▶ 붕괴 메커니즘을 이용한 소성해석

1) beam 파괴

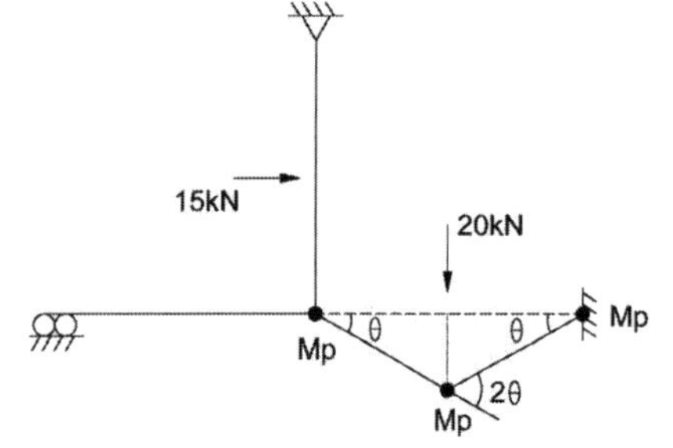

가상일의 원리에 따라

$$\delta W_E = \delta W_I$$
$$2P_u(2\theta) = M_p(\theta + 2\theta + \theta)$$
$$20 \times (2\theta) = M_p(\theta + 2\theta + \theta)$$

$$\therefore\ M_p = 10kNm \quad (P_u = M_p)$$

2) Frame 파괴

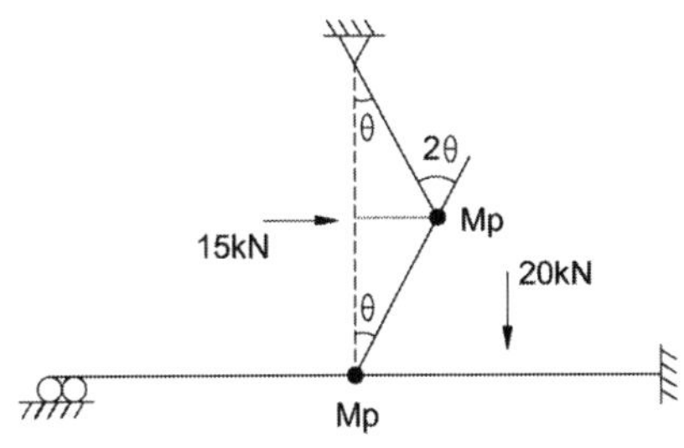

가상일의 원리에 따라

$\delta W_E = \delta W_I$

$1.5 P_u \times (2\theta) = M_p(\theta + 2\theta)$

$15 \times (2\theta) = M_p(\theta + 2\theta)$

$\therefore M_p = 10kNm \ (P_u = M_p)$

3) 합성 파괴

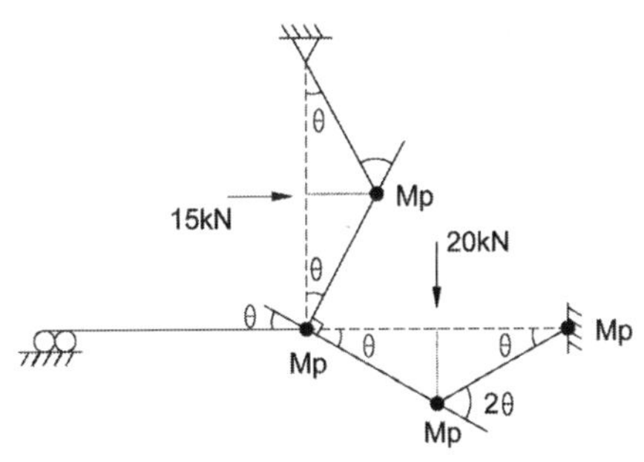

가상일의 원리에 따라

$\delta W_E = \delta W_I$

$1.5 P_u \times (2\theta) + 2P_u \times (2\theta)$

$= M_p(\theta + 2\theta + 2\theta + \theta)$

$15 \times (2\theta) + 20 \times (2\theta) = M_p(\theta + 2\theta + 2\theta + \theta)$

$\therefore M_p = 11.67kNm \ (P_u = \dfrac{6}{7} M_p)$

▶ **지점반력과 BMD**

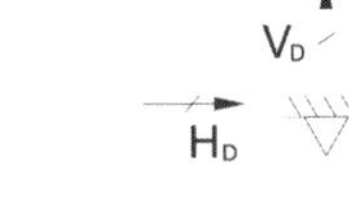

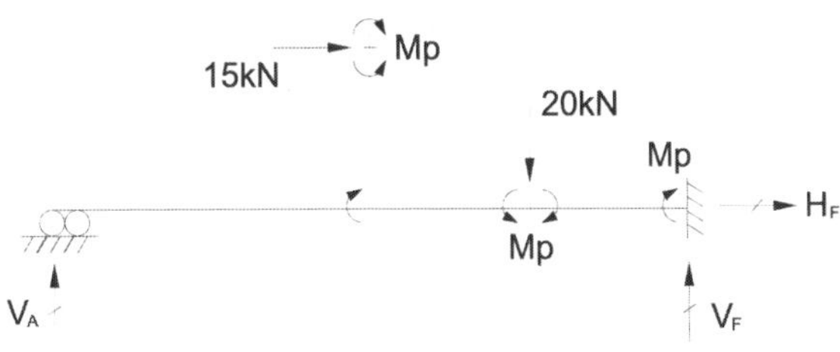

붕괴메커니즘으로 인해 소성힌지가 발생하였을 때의 지점반력과 BMD 산정

최소 붕괴하중 P_u는 합성파괴 시 발생하므로 $M_p = 11.67kNm$

$$\sum F_x = 0 \; : \; H_D + H_F + 15^{kN} = 0$$

$$\sum F_y = 0 \; : \; V_A + V_D + V_F = 20^{kN}$$

1) 상부 프레임(CD구간)

$$\sum M_C(Frame) = 0 \; : \; M_p + 2.0 \times H_D = 0 \qquad \therefore \; H_D = -\frac{11.76}{2} = -5.84kN \; (\leftarrow)$$

$$\therefore \; H_F = -15 - H_D = -9.16kN \; (\leftarrow)$$

2) 하부 빔(AB구간)

$$\sum M_B = 0 \; : \; M_p + 4.0 \times V_A = 0 \qquad \therefore \; V_A = -\frac{M_p}{4} = 2.92kN \; (\downarrow)$$

3) 하부 빔(EF구간)

$$\sum M_E = 0 \; : \; M_p + M_p - 2.0 \times V_F = 0 \qquad \therefore \; V_F = \frac{2M_p}{2} = 11.67kN \; (\uparrow)$$

$$\therefore \; V_D = 20 - V_A - V_F = 11.25kN \; (\uparrow)$$

$$M_{B(frame)} = 15 \times 2 - 5.84 \times 4 = 6.64kNm \leq M_p$$

$$M_{B(beam,\ BF)} = -20 \times 2.0 - 11.67 + 11.67 \times 4.0 = -5.0kNm \leq M_p$$

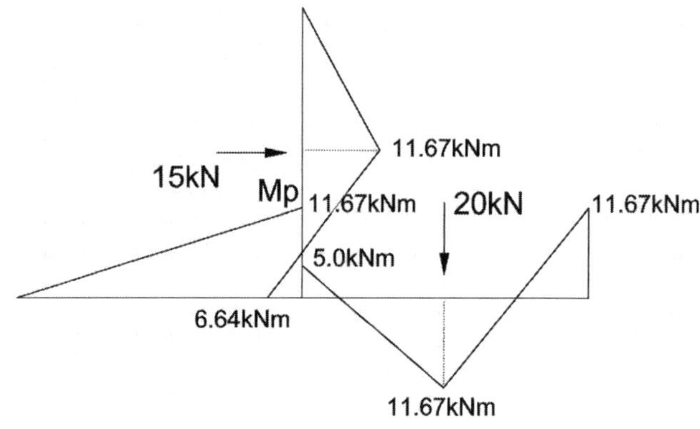

프레임의 소성해석

BC부재에 W가 작용할 때 붕괴하중 P_u를 산정하시오.

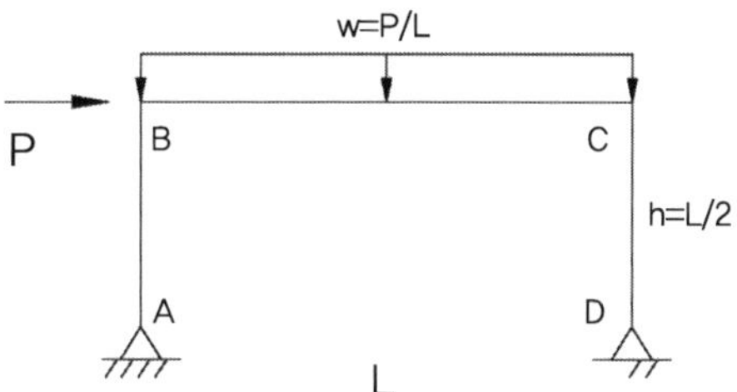

풀 이

▶ 개요

소성해석을 위한 파괴기구는 다음의 3가지로 구분하여 각각의 붕괴하중을 산정하여 비교한다.
프레임 구조의 소성모멘트는 M_p로 전부재에서 동일하다고 가정한다.

▶ 보 파괴

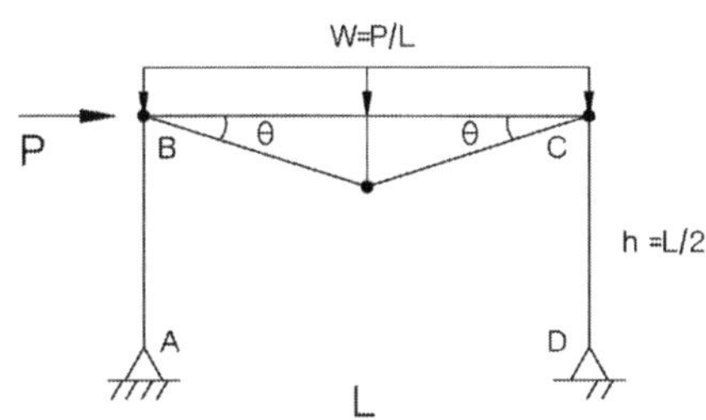

$$dW_E = (면적) \times w = \left(\frac{1}{2} \times L \times \frac{L}{2}\theta\right) \times w = \frac{wL^2}{4}\theta$$

$$= \frac{L^2}{4}\theta \times \left(\frac{P}{L}\right) = \frac{PL}{4}\theta$$

$$dW_I = M_p(\theta + 2\theta + \theta) = 4M_p\theta$$

$$\therefore dW_E = dW_I \qquad \therefore P_{u1} = \frac{16M_p}{L}$$

▶ 프레임 파괴

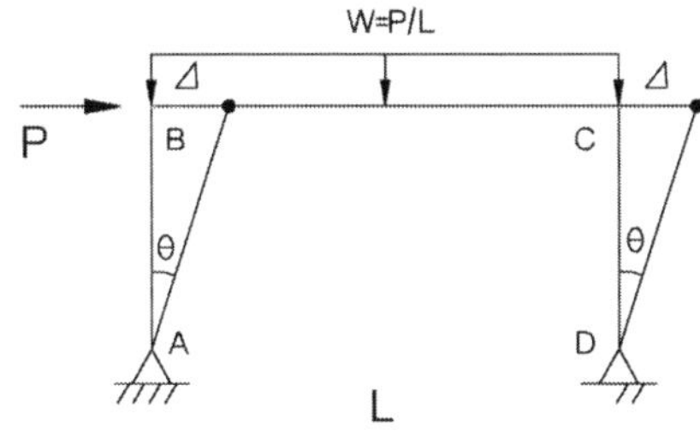

$$\Delta = \frac{L}{2}\theta, \quad dW_E = P \times \frac{L}{2}\theta$$

$$dW_I = M_p(\theta + \theta) = 2M_p\theta$$

$$\therefore dW_E = dW_I \qquad \therefore P_{u2} = \frac{4M_p}{L}$$

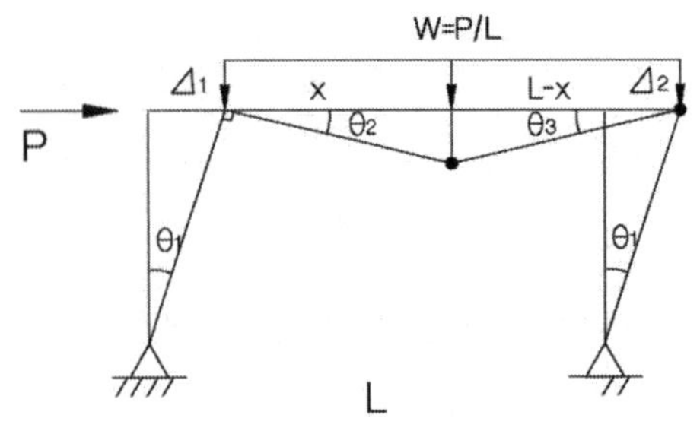

B점에서는 소성힌지가 발생하지 않는다.

$$\therefore\ \theta_1 = \theta_2$$

$$\theta_2 x = \theta_3 (L - x) \quad \therefore\ \theta_3 = \frac{x}{L - x}\theta_2$$

$$dW_E = P \times \Delta_1 + (면적) \times w$$

$$= P\frac{L}{2}\theta_1 + \left(\frac{1}{2}Lx\theta_1\right)w = \frac{PL\theta_1}{2} + \frac{Px\theta_1}{2}$$

$$= \frac{P}{2}(L + x)\theta_1$$

$$dW_I = M_p(\theta_1 + \theta_3) + M_p(\theta_1 + \theta_3) = 2M_p(\theta_1 + \theta_3) = 2M_p\left(\theta_1 + \frac{x}{L - x}\theta_1\right) = \frac{2L}{L - x}\theta_a M_p$$

$$dW_E = dW_I \qquad \therefore\ P_{u3} = \frac{4L}{(L - x)(L + x)}M_p$$

붕괴하중은 P_{u3}의 최솟값에서 발생하므로

$$\frac{\partial P_{u3}}{\partial x} = \frac{8Lx}{(x^2 - L^2)^2} = 0 \quad \therefore\ x = 0 \quad \therefore\ P_{u3} = \frac{4M_p}{L}$$

➤붕괴하중 산정

$$\therefore\ P_u = \min[P_{u1},\ P_{u2},\ P_{u3}] = \frac{4M_p}{L}$$

항복기준

평면응력상태에서 Tresca와 von Mises 항복기준을 도식적으로 비교하고 각각의 배경 이론을 설명하시오.

풀 이

▶ 개요

물체는 외부로부터 힘이나 모멘트를 받게 되면 어느 정도까지는 견디지만 얼마 이상의 크기가 되면 외력을 지탱하지 못하고 파괴된다. 이러한 파괴를 예측하는 기준이 되는 조건을 항복조건(Yield Criterion)이라고 부른다.

이러한 항복조건의 대표적이 기준으로 von Mises 항복조건과 Tresca 항복조건이 있으며, von Mises 응력이란 von Mises 항복조건에 사용되는 응력으로 하중을 받고 있는 물체의 각 지점에서의 비틀림 에너지(Maximum Distortion Energy)를 나타내는 값이다.

물체는 수학적으로 세 개의 주응력 또는 6개의 독립된 응력들로 정의될 수 있으며 이러한 독립된 응력만을 가지고는 외부하중에 의해 파괴여부를 판단하지 못하기 때문에 응력 성분들의 조합으로 각 성분들이 파괴여부를 확인하기 위한 방법으로 파괴기준이 정립되었다.

von Mises 응력은 물체의 각 지점에서 응력성분들에 대한 비틀림 에너지를 표현한 것으로 연성재료인 강재에서 파괴를 예측하는 기준으로 많이 사용된다. 다만, Von Mises는 주응력 간의 차이에 대한 RMS(Root Mean Square)값이고 Principal Stress는 Mohr Cirle 상의 주응력 값이므로 주응력과 Von Mises의 결과는 다르다. Von Mises는 RMS(Root Mean Square)값이므로 항상 0보다 크며, 압축과 인장에 상관없이 어느 부분의 응력이 많이 작용하는지를 알 수 있고, 주응력은 응력의 크기와 함께 인장과 압축을 알 수 있다. 통상 응력의 크기와 인장과 압축의 부호에 관심이 있을 경우에는 주응력을 기준으로 하고 재료의 파괴에 관심이 있을 경우에는 Von Mises 응력을 사용한다. Von Mises 응력은 구조물 내의 임의지점에서의 응력으로부터 계산되는 값으로 '유효응'이라고도 하며, 구조물의 항복여부를 판정할 때 사용된다.

일반적으로 알고 있는 물성 값은 항복강도(σ_y)다. 이 값은 특정 소재에서 인장시편을 채취하여 단축 인장실험을 통해서 획득되기 때문에 1차원적 응력을 받는 시편으로부터 구해진다. 하지만 실제로 구조물은 3차원 응력으로 X축, Y축, Z축의 응력이 모두 존재하며. 따라서 이 값을 단축인장실험을 통한 항복강도와 비교하기 위해서는 대표 값인 등가응력(Effective Stress)이라는 것이 필요하다. 이러한 등가응력의 개념이 Von Mises 응력이다.

연성재료의 파괴기준은 크게 다음의 3가지로 정리된다.

① 최대 수직응력 이론(Maximum Normal stress)

② 최대 전단응력 이론(Tresca의 파괴기준)

③ 최대 비틀림 에너지 이론(Von mises의 재료파괴기준)

▶ 항복기준의 배경 이론

1) 파괴의 종류

일반적으로 재료파괴에 대한 기본적인 개념은 2가지로 정리된다.

- 취성파괴(Brittle Failure or Fracture) : 분필이나 콘크리트와 같은 물질처럼 작은 소성변형이 발생한 후에 2개로 분리되는 취성파괴

- 연성파괴나 항복(Ductile Failure or Yielding) : 알루미늄이나 철, 구리와 같이 탄성범위를 지나서 영구 소성변형이 나타날 때 연성파괴

2) 연성파괴 이론

① Maximum Normal stress : 최대 수직응력 파괴이론은 취성재료 내의 임의의 방향의 최대 수직응력이 재료의 강도에 도달하여 재료의 파괴가 발생하며 이에 따라 위험단면에서의 주응력을 찾는 문제가 중요하다. 수학적으로 파괴가 발생하는 때는

$$\sigma_1 > f_u \quad 또는 \quad \sigma_2 > f_u \quad (인장) \qquad\qquad |\sigma_1| > |f_c| \quad 또는 \quad |\sigma_2| > |f_c| \quad (압축)$$

여기서, $f_u(f_c)$; 인장(압축)의 극한강도 (취성재료는 통상 $f_c > f_u$)

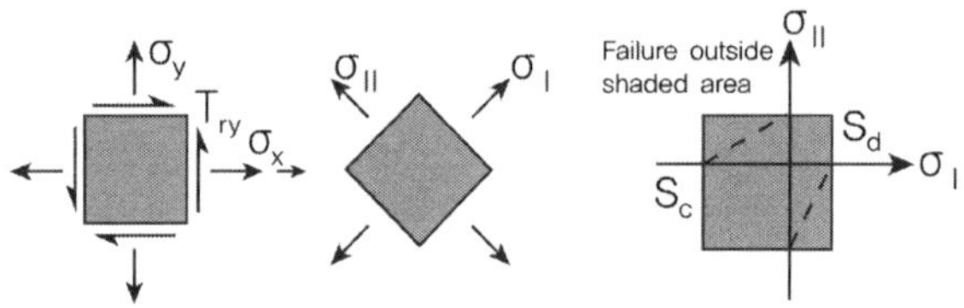

(max normal stress failure surface)

② Tresca의 파괴기준(Maximum Shear stress criterion : Maximum Shear stress reaches to the yield shear stress in uniaxial stress) : Tresca의 항복조건은 연성재료를 기준으로 최대 전단응력이 전단강도(τ_y)를 초과할 때 재료가 항복하며, 이는 주어진 평면에서 최대 면내 전단응력이 평균 면내 주응력을 뜻한다. 이는 연성재료의 항복이 경사면에 따른 재료의 전단에 의해 발생하므로 전단응력에 기인한다는 관점에 기초를 둔 파괴기준이다.

$$\tau_{\max} = \frac{\sigma_{\max} - \sigma_{\min}}{2}$$

Tresca의 기준이 Von Mises 기준의 안쪽에 위치하여 좀 더 보수적이다.

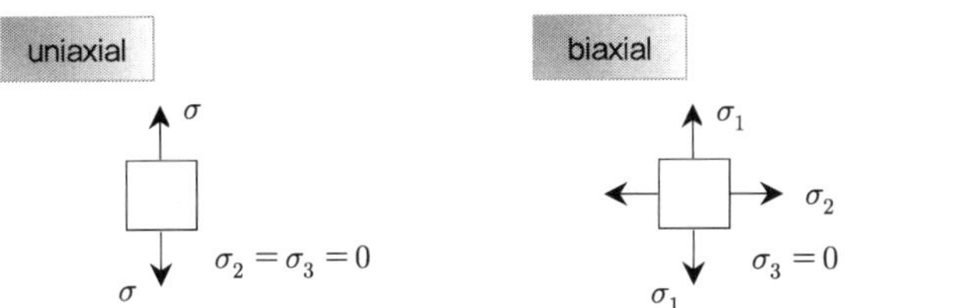

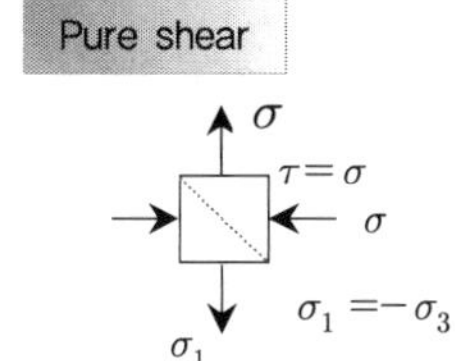

- uniaxial$(\sigma_1 = \sigma_y, \quad \sigma_2 = \sigma_3 = 0) : \tau_{\max} = \dfrac{\sigma}{2}$

$$\tau_y = \frac{\sigma_y}{2} \quad f = \tau_{\max} = \tau_{\max} - \frac{\sigma_y}{2} = \sigma_e - \frac{\sigma_y}{2}$$

- biaxial$(\sigma_3 = 0, \quad \sigma_2 = \pm Y, \quad \sigma_1 = \pm Y, \quad \sigma_1 - \sigma_2 = \pm Y)$

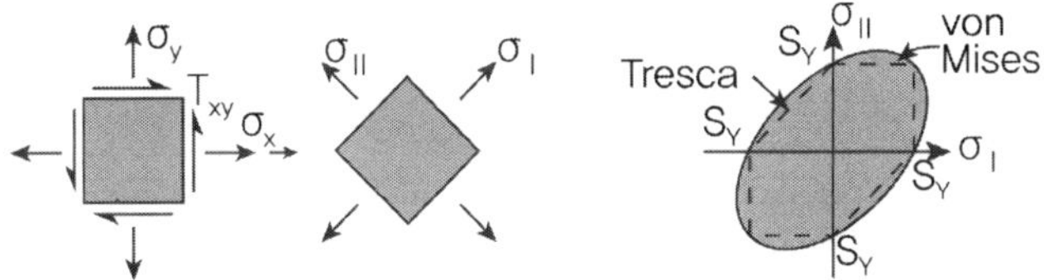

- Maximum Shear stress

$$\tau_1 = \left| \frac{\sigma_2 - \sigma_3}{2} \right|, \quad \tau_2 = \left| \frac{\sigma_3 - \sigma_1}{2} \right|, \quad \tau_3 = \left| \frac{\sigma_1 - \sigma_2}{2} \right| \qquad \tau_{\max} = \max[\tau_1, \ \tau_2, \ \tau_3]$$

$$\therefore \ \sigma_2 - \sigma_3 = \pm Y, \quad \sigma_3 - \sigma_1 = \pm Y, \quad \sigma_1 - \sigma_2 = \pm Y$$

$$\tau_{\max} = \left| \frac{\sigma_1 - \sigma_2}{2} \right| \leq \sigma_y (2\text{차원}), \quad \tau_{\max} = \left| \frac{\sigma_1 - \sigma_3}{2} \right| \leq \sigma_y (3\text{차원})$$

세 개의 전단응력이 전단항복응력에 도달할 때 파괴발생

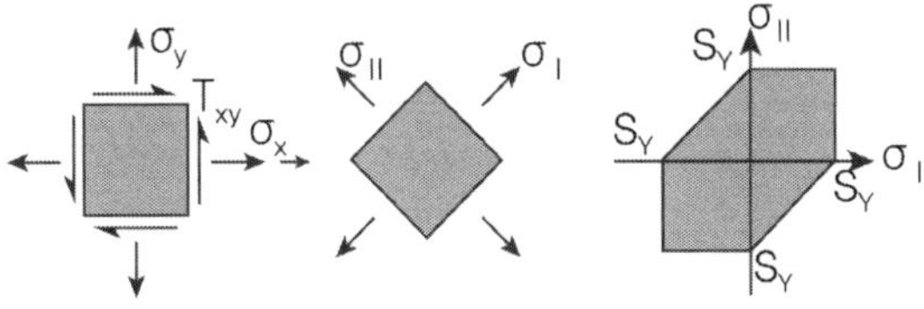

(1) σ_1과 σ_2의 부호가 같을 경우 : $|\sigma_1| < \sigma_y \quad \& \quad |\sigma_2| < \sigma_y$

(2) σ_1과 σ_2의 부호가 다를 경우 : $|\sigma_1 - \sigma_2| < \sigma_y$

③ Von mises의 재료파괴기준(Maximum Distortional energy : Yielding begins when the distortional strain energy density reaches to the distortional strain energy density at yield in uniaxial tension(compression)) : Von mises의 재료파괴기준은 연성의 재료에 사용되는 파괴기준으로 재료의 단위체적당 뒤틀림 변형에너지가 항복응력상태에서의 단위체적당 뒤틀림 변형에너지를 초과하면 파괴되는 것으로 본다.

Strain energy density

$$U_0 = \frac{1}{2}[\sigma_x\epsilon_x + \sigma_y\epsilon_y + \sigma_z\epsilon_z + \tau_{xy}\gamma_{xy} + \tau_{yz}\gamma_{yz} + \tau_{zx}\gamma_{zx}]$$

$$= \frac{1}{2E}[\sigma_x^2 + \sigma_y^2 + \sigma_z^2 - 2\nu(\sigma_x\sigma_y + \sigma_y\sigma_z + \sigma_z\sigma_x)] + \frac{1}{2G}[\tau_{xy}^2 + \tau_{yz}^2 + \tau_{zx}^2]$$

주응력 축에서는 σ_1, σ_2, σ_3만 존재하므로

$$U_0 = \frac{1}{2E}[\sigma_1^2 + \sigma_2^2 + \sigma_3^2 - 2\nu(\sigma_1\sigma_2 + \sigma_2\sigma_3 + \sigma_3\sigma_1)]$$

체적변화에 대한 변형에너지 밀도 U_V와 비틀림에 대한 변형에너지 밀도 U_D로 구분하면,

$$U_0 = U_V + U_D = \frac{(\sigma_1 + \sigma_2 + \sigma_3)^2}{18K} + \frac{(\sigma_1 - \sigma_2)^2 + (\sigma_2 - \sigma_3)^2 + (\sigma_3 - \sigma_1)^2}{12G}$$

여기서, $K = \dfrac{E}{3(1-2\nu)}$, $G = \dfrac{E}{2(1+\nu)}$

$$U_V = \frac{(\sigma_1 + \sigma_2 + \sigma_3)^2}{18K} \quad : \text{Volumetric change associated with Volumn change}$$

$$U_D = \frac{(\sigma_1 - \sigma_2)^2 + (\sigma_2 - \sigma_3)^2 + (\sigma_3 - \sigma_1)^2}{12G} \quad : \text{distortional strain energy density}$$

(1) 3차원 응력상태

시편은 항복 시 1차원 응력상태이고, $\sigma_1 = \sigma_Y$, $\sigma_2 = \sigma_3 = 0$이므로,

$$U_{DY} = \frac{1}{12}(\sigma_Y^2 + \sigma_Y^2) = \frac{\sigma_Y^2}{6G}$$

$$U_D = \frac{1}{12G}[(\sigma_1 - \sigma_2)^2 + (\sigma_2 - \sigma_3)^2 + (\sigma_3 - \sigma_1)^2] \le U_{DY} = \frac{\sigma_Y^2}{6G}$$

$$\therefore \frac{1}{6}[(\sigma_1 - \sigma_2)^2 + (\sigma_2 - \sigma_3)^2 + (\sigma_3 - \sigma_1)^2] \le \frac{\sigma_Y^2}{3}$$

파괴기준을 함수로 표현하면,

$$f = \sigma_e^2 - \sigma_Y^2, \quad \sigma_e = \sqrt{\frac{1}{2}\left[(\sigma_1 - \sigma_2)^2 + (\sigma_2 - \sigma_3)^2 + (\sigma_3 - \sigma_1)^2\right]} = \sqrt{3J_2}$$

(2) 2차원 응력상태

$$\sigma_3 = 0 \text{이므로}, \quad \frac{1}{6}\left[(\sigma_1 - \sigma_2)^2 + \sigma_2^2 + \sigma_1^2\right] \leq \frac{\sigma_Y^2}{3} \qquad \therefore \sigma_1^2 - \sigma_1\sigma_2 + \sigma_2^2 \leq \sigma_Y^2$$

2차원 응력상태에서 순수전단의 경우 $\sigma_1 = -\sigma_2,\ \sigma_3 = 0$이고 $\quad \tau_{\max} = \dfrac{|\sigma_1 - \sigma_2|}{2} = \sigma_1$

$$3\sigma_1^2 = 3\tau_Y^2 \leq \sigma_Y^2 \qquad \therefore \tau_Y = \frac{\sigma_Y}{\sqrt{3}}$$

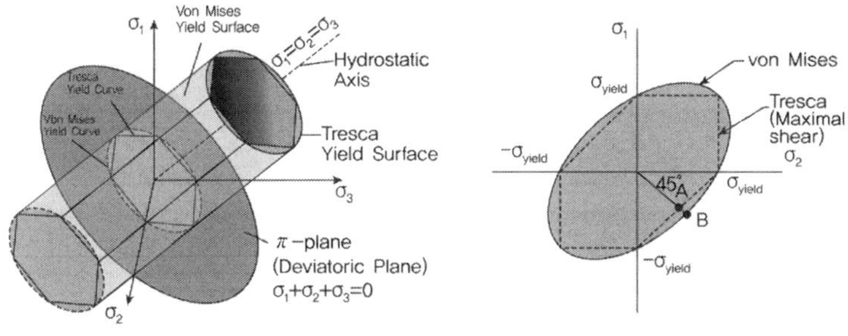

응력과 변형률

응력과 변형률

01 보의 응력

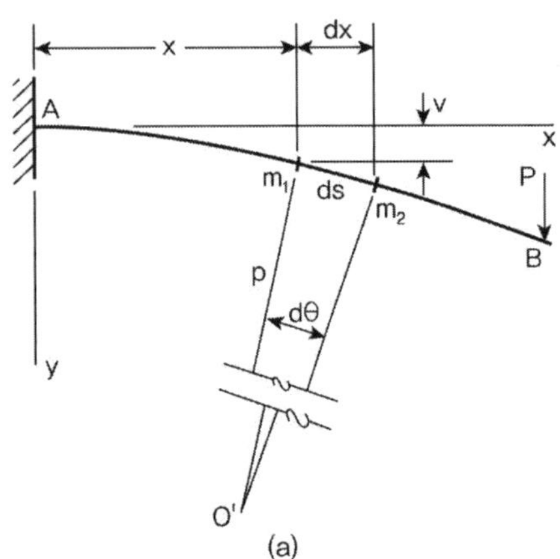
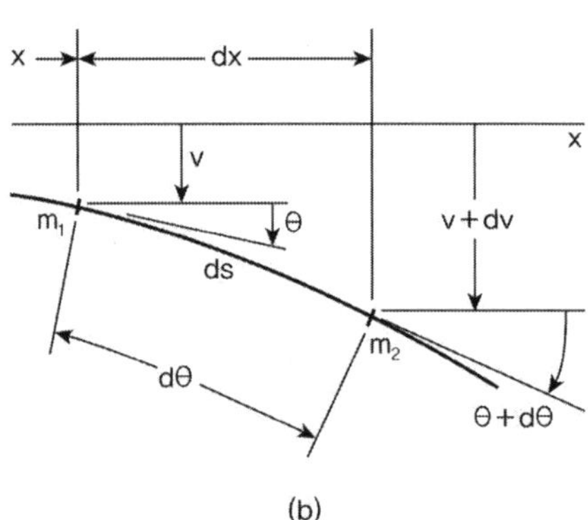

$$\text{Let, } \kappa = \frac{1}{\rho} \quad dx \approx ds = \rho d\theta \qquad \therefore \kappa = \frac{1}{\rho} = \frac{d\theta}{dx}$$

중립축에서 y 만큼 떨어진 임의의 위치에서 부재의 원래 길이를 l_1, 변형 후의 길이를 l_2 라 하면,

$$l_1 = dx$$

$$l_2 = (\rho - y)d\theta = \rho d\theta - y d\theta = dx - y\left(\frac{dx}{\rho}\right)$$

$$\therefore \epsilon_x = \frac{l_2 - l_1}{l_1} = -y\left(\frac{dx}{\rho}\right)\frac{1}{dx} = -\frac{y}{\rho} = -\kappa y$$

$\sigma_x = E\epsilon_x = -E\kappa y$ 이므로,

$$\therefore M = \int \sigma_x y\, dA = \int y(-E\kappa y)\, dA = -\kappa E \int y^2\, dA = -\kappa EI = -\frac{EL}{\rho}$$

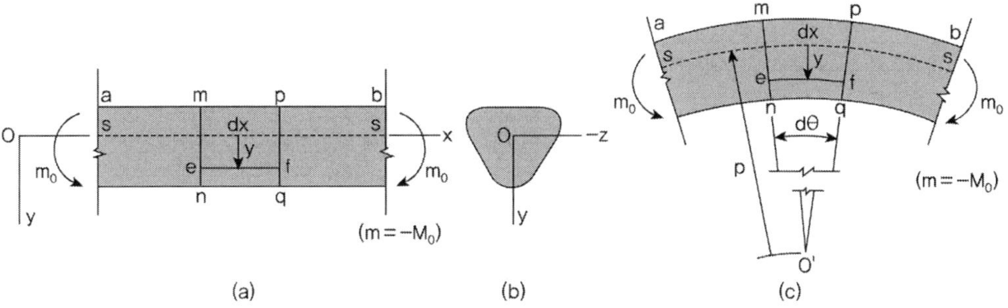

$$\theta \approx \tan\theta = \frac{dv}{dx} \text{ 이므로,}$$

$$\kappa = \frac{1}{\rho} = \frac{d\theta}{dx} = \frac{d^2 v}{dx^2} \quad (\text{여기서 } v \text{ 는 처짐})$$

$$\therefore M = -EI\frac{d^2 v}{dx^2} = -EIv'' = -EI\kappa \quad (\text{보의 처짐곡선의 기본 지배 미분방정식})$$

$$\sigma_x = E\epsilon_x = -E\kappa y$$

$$\therefore \sigma_x = \frac{M}{I}y$$

02 응력과 변형률 관계

1. 응력과 변형률

1) 축응력 $\quad \sigma = \dfrac{P}{A}$

2) 휨응력과 전단응력 $\quad \sigma = \dfrac{M}{I}y,\ \tau = \dfrac{VQ}{Ib}$

3) 비틀림 응력 $\quad \tau = \dfrac{Tr}{J}\ \phi = \dfrac{TL}{GJ}$

2. 변형률

1) 수직변형률 $\epsilon_l = \dfrac{\triangle l}{l}$

2) 전단변형률 $\gamma = \tan\phi \fallingdotseq \phi = \dfrac{\triangle l}{l}$

3) 체적변형률 $\epsilon_x = \dfrac{\sigma_x}{E} - \dfrac{\nu}{E}(\sigma_y + \sigma_z),\ \ \epsilon_y = \dfrac{\sigma_y}{E} - \dfrac{\nu}{E}(\sigma_z + \sigma_x),\ \ \epsilon_z = \dfrac{\sigma_z}{E} - \dfrac{\nu}{E}(\sigma_x + \sigma_y)$

4) 온도변형률 $\epsilon_t = \dfrac{\triangle l}{l} = \alpha\triangle T$

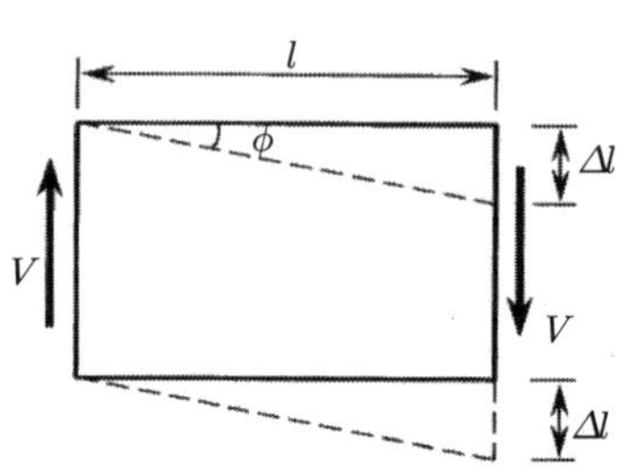
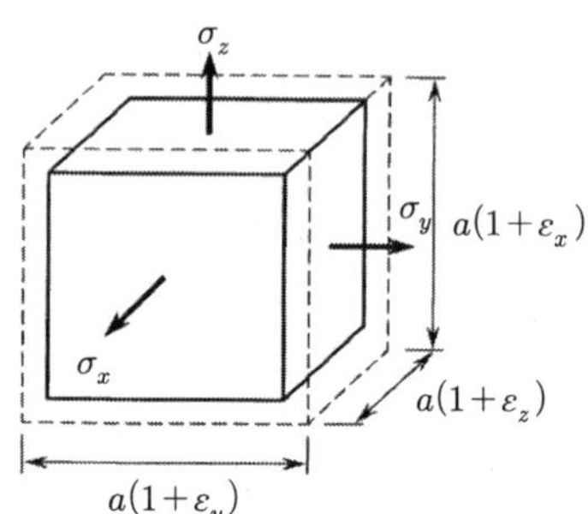

3. 온도와 변형률

온도변형률 $\epsilon_t = \dfrac{\triangle l}{l} = \alpha\triangle T$

휨부재에서의 온도변화로 인한 처짐 $\sigma = \dfrac{M}{I}y = E\epsilon_t = E\alpha\triangle T,\qquad \dfrac{M}{EI} = \dfrac{\epsilon_t}{y} = \dfrac{\alpha\triangle T}{y}$

$$\delta = \int \dfrac{mM}{EI}dx = \int \dfrac{\alpha\triangle T}{y}mdx$$

4. E와 G의 관계

순수전단상태의 정사각형 요소와 Mohr's circle에서 $\sigma_x = -\sigma_y = \tau$

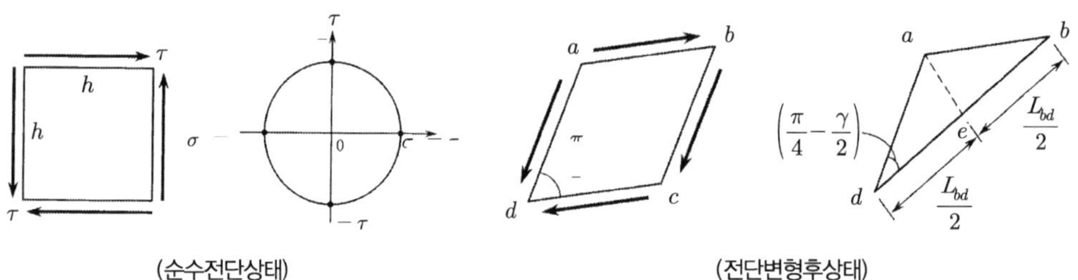

$$L_{bd} = L + \triangle L = \sqrt{2}\,h(1+\epsilon)$$

$$\text{let } \sigma_x = -\sigma_y = \sigma = \tau$$

$$\epsilon = \frac{\sigma}{E}(1+\nu) = \frac{\tau}{E}(1+\nu)$$

$$L_{bd}^2 = h^2 + h^2 - 2h^2\cos\left(\frac{\pi}{2}+\gamma\right) \qquad 2h^2(1+\epsilon)^2 = 2h^2\left(1-\cos\left(\frac{\pi}{2}+\gamma\right)\right) = 2h^2(1-\sin\gamma)$$

$$\epsilon^2 + 2\epsilon + 1 = 1 - \cos\left(\frac{\pi}{2}+\gamma\right)$$

미소변위이므로 $\epsilon^2 \approx 0$, $\sin\gamma \fallingdotseq \gamma$ $\qquad \therefore \epsilon = \frac{\gamma}{2}$

$$\epsilon = \frac{\tau}{E}(1+\nu) = \frac{G\gamma}{E}(1+\nu) = \frac{\gamma}{2} \qquad \therefore G = \frac{E}{2(1+\nu)}$$

5. 전단계수

전단계수(α)는 최대전단응력($\tau_{\max}$)와 평균전단응력(τ_{mean})의 비율을 의미한다.
$\tau = \dfrac{VQ}{Ib}$ 에서 Q_x 에 관한 함수로 표현된다.

1) Rectangular Section ($\alpha = \dfrac{3}{2}$)

$$Q_{\max} = \frac{bh}{2}\times\frac{h}{4} = \frac{bh^2}{8}, \quad I = \frac{bh^3}{12} \qquad \therefore \tau_{\max} = \frac{V\left(\dfrac{bh^2}{8}\right)}{\left(\dfrac{bh^3}{12}\right)b} = \frac{3}{2}\frac{V}{bh} = \frac{3}{2}\frac{V}{A} = \frac{3}{2}\tau_{mean}$$

2) Circular section ($\alpha = \dfrac{4}{3}$)

$$Q_{\max} = \frac{\pi D^4}{64}\times\frac{1}{2}\times\frac{2D}{3\pi} = \frac{D^3}{12}, \quad I = \frac{\pi D^4}{64}$$

$$\therefore \tau_{\max} = \frac{V\left(\dfrac{D^3}{12}\right)}{\left(\dfrac{\pi D^4}{64}\right)D} = \frac{16V}{3\pi D^2} = \frac{4V}{3\left(\dfrac{\pi D^2}{4}\right)} = \frac{4}{3}\frac{V}{A} = \frac{4}{3}\tau_{mean}$$

3) Triangle section ($\alpha = \dfrac{3}{2}$)

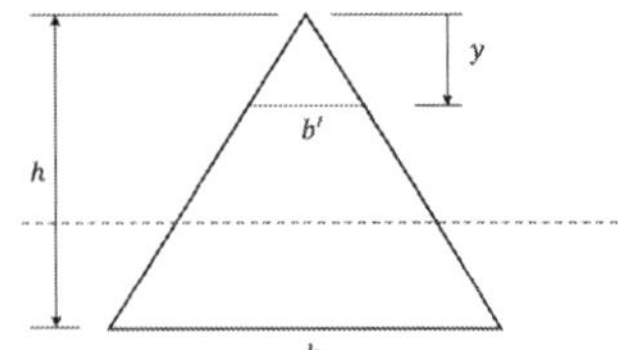

삼각형 단면의 폭 b와 단면 1차 모멘트 Q가 높이 y에 따라 변화하므로, 임의의 y에 대한 τ를 산정하여 $\tau_{\max}$를 산정하고 이에 해당하는 y를 산정한다.

$$b' = \frac{b}{h}y, \quad Q_y = b'y \times \frac{1}{2}\left(\frac{2}{3}h - \frac{2}{3}y\right) = \frac{by^2}{3h}(h - y)$$

$$\tau_y = \frac{VQ_y}{Ib'} = \frac{V}{I} \times \frac{\dfrac{by^2}{3h}(h - y)}{\dfrac{b}{h}y} = \frac{V}{3I}y(h - y)$$

$\tau_{\max}$이기 위해서는 $\dfrac{\partial \tau_y}{\partial y} = 0$: $\dfrac{V}{3I}(h - 2y) = 0$ $\qquad \therefore y = \dfrac{h}{2}$

$$\therefore \tau_{\max} = \frac{V}{3 \cdot 2}\frac{h}{2}\left(h - \frac{h}{2}\right) = \frac{Vh^2}{12I} = \frac{Vh^2}{12\left(\dfrac{bh^3}{36}\right)} = \frac{3V}{bh} = \frac{3}{2}\frac{V}{A} = \frac{3}{2}\tau_{mean}$$

6. 주응력과 주변형률

1. 주응력

1) Mohr's Circle과 주응력

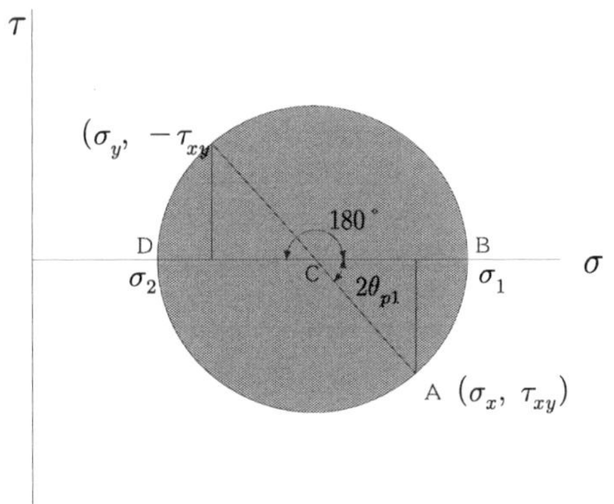

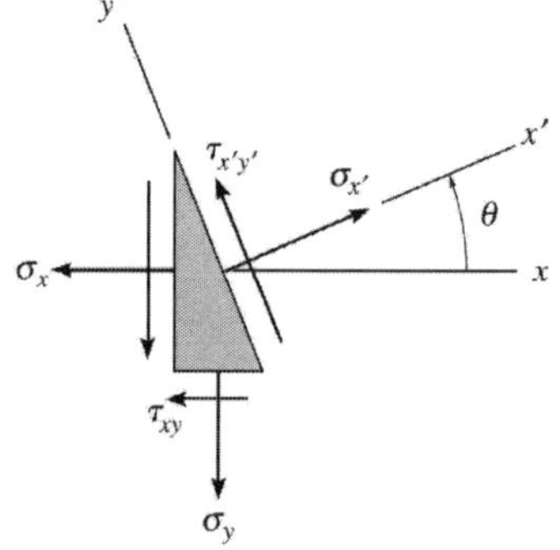

$$\sigma_{1,\,2} = \frac{\sigma_x + \sigma_y}{2} \pm \sqrt{\left(\frac{\sigma_x - \sigma_y}{2}\right)^2 + \tau_{xy}^2}$$

2) 평면응력

$$\sigma_x{}' = \frac{\sigma_x + \sigma_y}{2} + \frac{\sigma_x - \sigma_y}{2}\cos2\theta + \tau_{xy}\sin2\theta$$

$$\tau_{x'y'} = -\frac{\sigma_x - \sigma_y}{2}\sin2\theta + \tau_{xy}\cos2\theta$$

3) Mohr's Circle

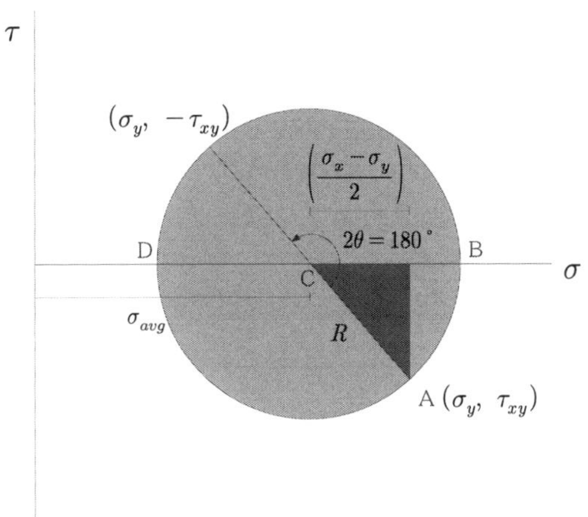

① 수직응력 x 축, 전단응력을 y 축
② 응력의 평균인 점이 원의 중심
③ 반지름 R 산정

4) 3D 주응력(Principal stress)

응력은 한 점을 포함하는 절단면의 방향에 따라 다르게 나타나는데 어떤 특정한 절단면에서는 수직응력만 작용하고 전단응력이 작용하지 않는 면이 나타난다. 이 면을 주응력면이라고 하고 이때의 수직응력을 주응력이라고 한다.

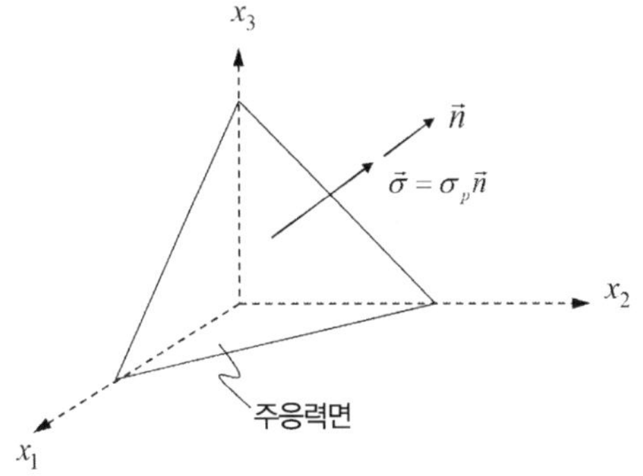

$\vec{\sigma} = \sigma_p \vec{n}$ σ_p : 주응력

주응력 상태에서는 $\sigma_n = \sigma_p$

$\sigma_n = \vec{\sigma} \times \vec{n} = \sigma_p \times \vec{n} \times \vec{n} = \sigma_p$

주응력 산정

$\sigma_p^3 - J_1\sigma_p^2 - J_2\sigma_p - J_3 = 0$ (3차방정식의 해)

여기서 $J_1 = \sigma_{11} + \sigma_{22} + \sigma_{33}$

$$J_2 = -\sigma_{11}\sigma_{22} - \sigma_{22}\sigma_{33} - \sigma_{33}\sigma_{11} + \sigma_{12}^2 + \sigma_{23}^2 + \sigma_{31}^2$$

$$J_3 = \sigma_{11}\sigma_{22}\sigma_{33} + 2\sigma_{12}\sigma_{23}\sigma_{31} - \sigma_{11}\sigma_{23}^2 - \sigma_{22}\sigma_{13}^2 - \sigma_{33}\sigma_{12}^2$$

2. 주변형률

1) 주변형률

주응력 방향으로의 수직변형률을 주변형률(Principal strain)이라고 하며, 이 방향에서 요소의 전단변형률은 0이다. 그러므로 물체의 특정한 위치에서의 주변형률은 그 점에서의 주응력과 관련된다.

1축 응력	2축 응력	3축 응력
$\sigma_1 = E\epsilon_1$	$\sigma_1 = \dfrac{E(\epsilon_1 + \nu\epsilon_2)}{1-\nu^2}$	$\sigma_1 = \dfrac{E\epsilon_1(1-\nu) + \nu E(\epsilon_2 + \epsilon_3)}{1-\nu-2\nu^2}$
$\sigma_2 = 0$	$\sigma_2 = \dfrac{E(\epsilon_2 + \nu\epsilon_1)}{1-\nu^2}$	$\sigma_2 = \dfrac{E\epsilon_2(1-\nu) + \nu E(\epsilon_1 + \epsilon_3)}{1-\nu-2\nu^2}$
$\sigma_3 = 0$	$\sigma_3 = 0$	$\sigma_3 = \dfrac{E\epsilon_3(1-\nu) + \nu E(\epsilon_1 + \epsilon_2)}{1-\nu-2\nu^2}$

(주변형률과 주응력과의 관계식)

$$\epsilon_{1,2} = \frac{\epsilon_x + \epsilon_y}{2} \pm \sqrt{\left(\frac{\epsilon_x - \epsilon_y}{2}\right)^2 + \left(\frac{\gamma_{xy}}{2}\right)^2}, \quad \frac{\gamma_{\max}}{2} = \sqrt{\left(\frac{\epsilon_x - \epsilon_y}{2}\right)^2 + \left(\frac{\gamma_{xy}}{2}\right)^2}$$

$$\tan 2\theta_p = \frac{\gamma_{xy}}{\epsilon_x - \epsilon_y}$$

2) 평면변형률

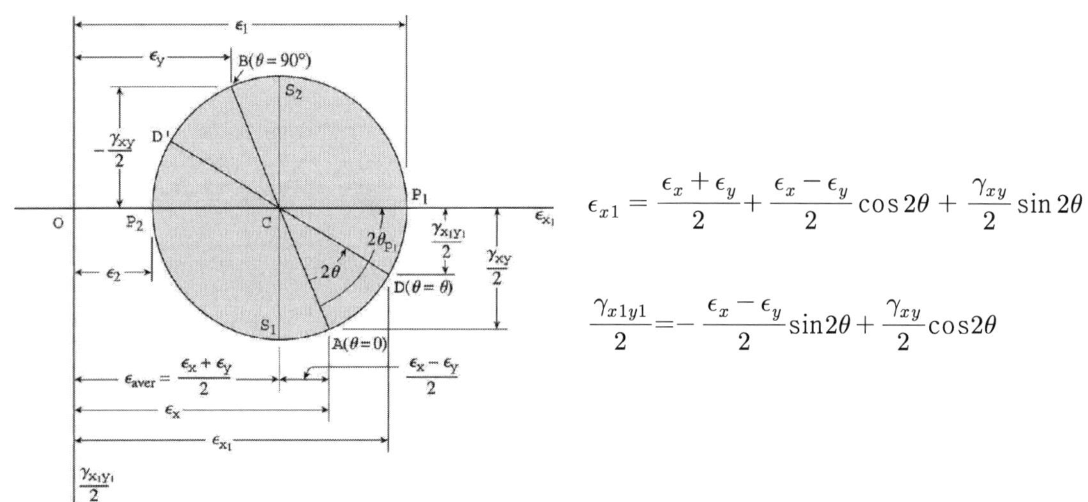

$$\epsilon_{x1} = \frac{\epsilon_x + \epsilon_y}{2} + \frac{\epsilon_x - \epsilon_y}{2}\cos 2\theta + \frac{\gamma_{xy}}{2}\sin 2\theta$$

$$\frac{\gamma_{x1y1}}{2} = -\frac{\epsilon_x - \epsilon_y}{2}\sin 2\theta + \frac{\gamma_{xy}}{2}\cos 2\theta$$

7. 비대칭하중과 비대칭 단면의 응력

1) 합성보

보의 기하학적 가정을 합성보에도 그대로 사용한다. 단면은 평면을 유지한다고 가정

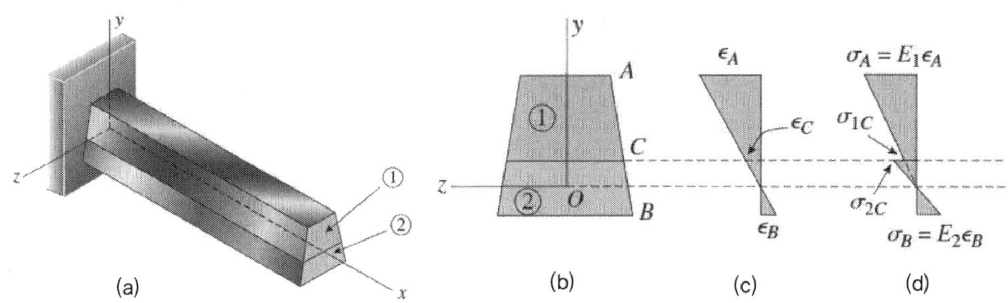

$$\epsilon_x = -\frac{y}{\rho} = -\kappa y$$

$E_2 > E_1$ 이라면,

$$\sigma_{x1} = -E_1\epsilon = -E_1\kappa y, \qquad \sigma_{x2} = -E_2\epsilon = -E_2\kappa y$$

① 중립축

단면에 작용하는 축력의 합은 0

$$\int_1 \sigma_{x1}dA + \int_2 \sigma_{x2}dA = 0 \qquad \therefore E_1\int_1 ydA + E_2\int_2 ydA = 0$$

② 2축 대칭인 단면의 경우

중립축은 도심축과 일치

$$M = \int_A \sigma_x ydA = -\kappa E_1\int_1 y^2 dA - \kappa E_2\int_2 y^2 dA = -\kappa(E_1 I_1 + E_2 I_2)$$

$$\sigma_{x1} = -\frac{MyE_1}{E_1 I_1 + E_2 I_2}, \quad \sigma_{x2} = -\frac{MyE_2}{E_1 I_1 + E_2 I_2}$$

2) 비대칭하중 2축 대칭 보

경사하중을 받는 2축 대칭보의 하중이 도심을 통과할 경우 대칭평면에 작용하는 분력으로 분해해서 각각의 분력에 의한 해석을 중첩한다.

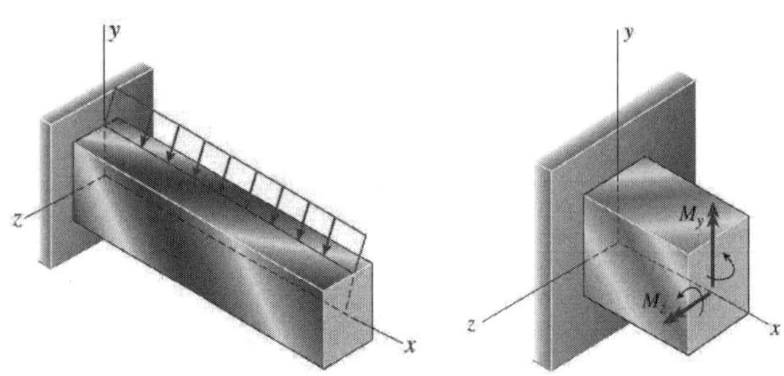

① A점에서의 응력은 M_y, M_z 각각에 의한 응력의 합

$$\sigma_x = \frac{M_y}{I_y}z - \frac{M_z}{I_z}y$$

② 중립축 : 수직응력 $\sigma_x = 0$ 일 때이므로

$$\sigma_x = \frac{M_y}{I_y}z - \frac{M_z}{I_z}y = 0$$

③ 중립축과 z축 사이의 각 β는

$$\tan\beta = \frac{y}{z} = \frac{M_y I_z}{M_z I_y}$$

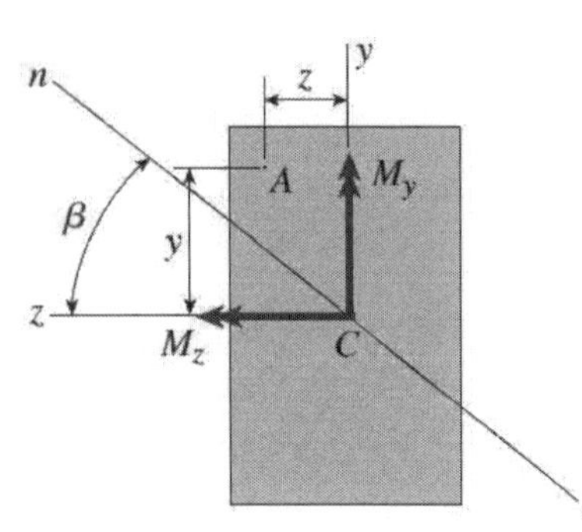

3) 비대칭 단면의 휨 : 가정된 중립축으로부터 시작해서 해석

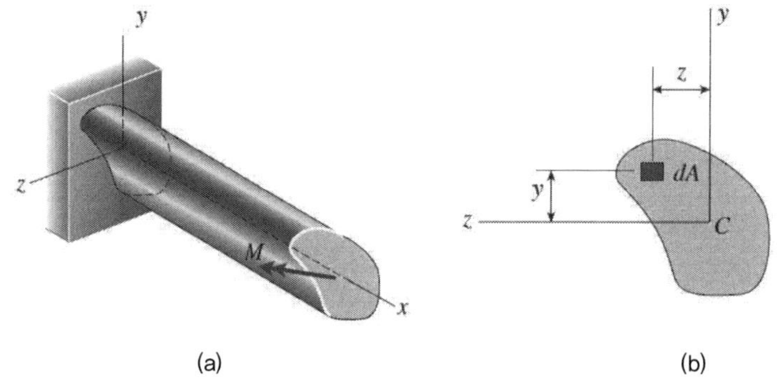

(a)　　　　　　　　　　　　　(b)

① 중립축

z축을 중립축이라고 가정하면,　$\sigma_x = -E\kappa_y y$

x축 방향의 힘의 평형조건으로부터　$\displaystyle\int_A \sigma_x dA = -\int_1 E\kappa_y y\, dA = 0 \left(\int_A y\, dA = 0\right)$

y축을 중립축이라고 가정하면,　$\sigma_x = -E\kappa_z z$

x축 방향의 힘의 평형조건으로부터 $\displaystyle\int_A \sigma_x dA = -\int_1 E\kappa_z z dA = 0 \left(\int_A z dA = 0\right)$

② 응력계산

z축을 중립축이라고 가정하면,

$$M_z = -\int_A \sigma_x y dA = \kappa_y E\int_A y^2 dA = \kappa_y EI_z, \quad M_y = -\int_A \sigma_x z dA = \kappa_y E\int_A yz dA = \kappa_y EI_{yz}$$

y축을 중립축이라고 가정하면,

$$M_y = -\int_A \sigma_x y dA = \kappa_z E\int_A z^2 dA = \kappa_z EI_y, \quad M_z = -\int_A \sigma_x y dA = \kappa_z E\int_A yz dA = \kappa_z EI_{yz}$$

③ 비대칭보의 해석 과정

 – 단면의 도심 C를 결정한다.

 – 도심 C가 중심인 주축 $y-z$축을 설정한다.

 – 하중을 $y-z$축 방향으로 분력을 구한다.

$$M_y = M\sin\theta, \quad M_z = M\cos\theta \qquad \sigma_x = \frac{M_y}{I_y}z - \frac{M_z}{I_z}y = \frac{M\sin\theta}{I_y}z - \frac{M\cos\theta}{I_z}y$$

 – 중립축은 수직응력 $\sigma_x = 0$일 때이므로

$$\sigma_x = \frac{M\sin\theta}{I_y}z - \frac{M\cos\theta}{I_z}y = 0$$

 – 중립축과 z축 사이의 각 β는

$$\tan\beta = \frac{y}{z} = \frac{I_z}{I_y}\tan\theta$$

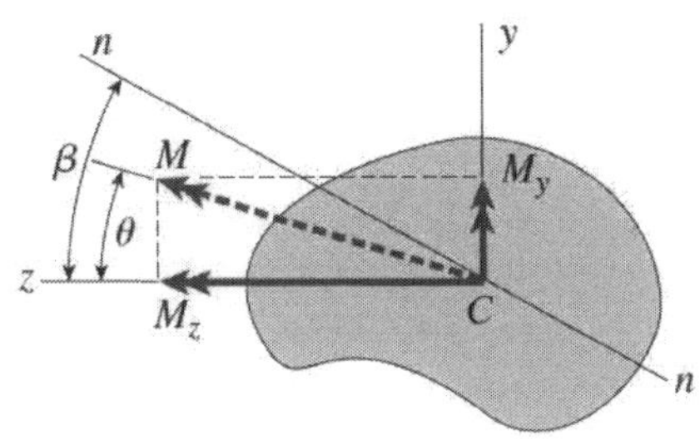

4) 비대칭 단면의 휨 일반이론

　$y-z$축이 주축이 아닌 임의의 축인 경우의 일반해석

　　$\sigma_x = -\kappa_y Ey - \kappa_z Ez$

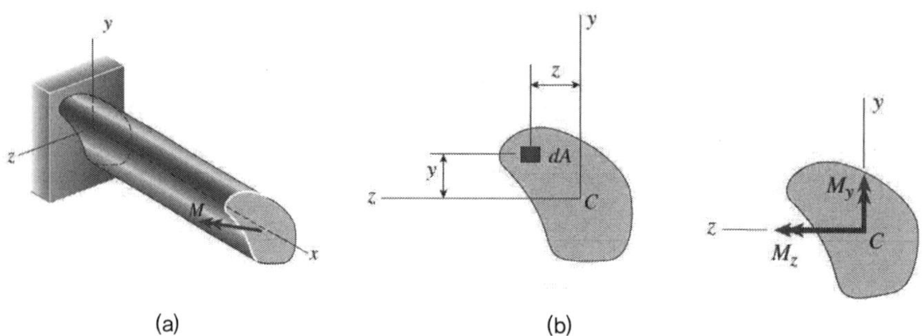

(a)   (b)

힘의 평형조건

$$\sum F_x = \int \sigma_x dx = -\kappa_y E \int y dA - \kappa_z E \int z dA = 0$$

모멘트의 평형조건

$$M_y = \int \sigma_x z dA = -\kappa_y E \int yz dA - \kappa_z E \int z^2 dA = -\kappa_y EI_{yz} - \kappa_z EI_y$$

$$M_z = -\int \sigma_x y dA = \kappa_y E \int y^2 dA + \kappa_z E \int yz dA = \kappa_y EI_z + \kappa_z EI_{yz}$$

연립하면,

$$\kappa_y = \frac{M_z I_y + M_y I_{yz}}{E(I_y I_z - I_{yz}^2)}, \qquad \kappa_z = -\frac{M_y I_z + M_z I_{yz}}{E(I_y I_z - I_{yz}^2)}$$

$$\therefore \sigma_x = -\kappa_y Ey - \kappa_z Ez = \frac{(M_y I_z + M_z I_{yz})z - (M_z I_y + M_y I_{yz})y}{I_y I_z - I_{yz}^2}$$

중립축은 수직응력 $\sigma_x = 0$ 일 때이므로

$$(M_y I_z + M_z I_{yz})z - (M_z I_y + M_y I_{yz})y = 0 \qquad \therefore \tan\beta = \frac{y}{z} = \frac{M_y I_z + M_z I_{yz}}{M_z I_y + M_y I_{yz}}$$

03 평면 응력

1. 구형 압력용기

균일한 압력을 받고 있는 얇은 벽(thin-walled)으로 된 구형 압력용기에서 작용하는 내압 p에 의해 발생하는 압력의 합력 P는 다음과 같다.

$$P = p(\pi r^2)$$

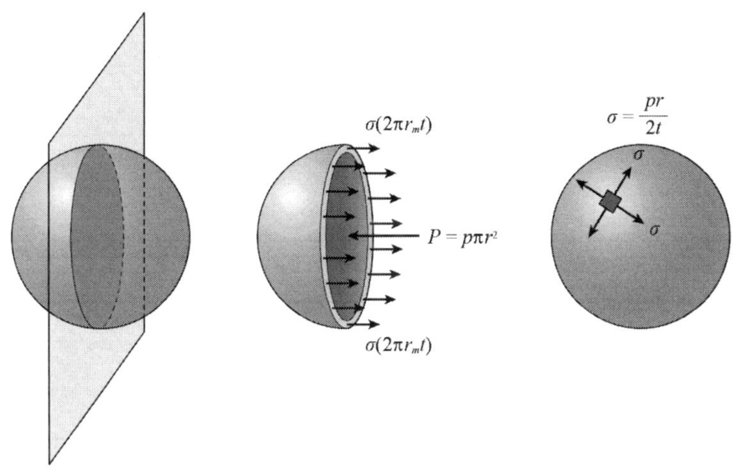

이때 벽에 작용하는 인장응력 σ의 합력은 응력 σ에 그 작용면적을 곱한 것과 같은 수평력이므로

$$\sigma(2\pi r_m t) \qquad \text{여기서 } r_m \text{은 평균 반지름이므로, } r_m = r + \frac{t}{2}$$

힘의 평형으로부터,

$$\sigma(2\pi r_m t) = p(\pi r^2) \qquad \therefore \sigma = \frac{pr^2}{2r_m t}$$

여기서 얇은 쉘 구조로 $r_m \approx r$ 이라고 하면, $\quad \therefore \sigma = \dfrac{pr}{2t}$ (membrane stress)

2. 원통형 압력용기

균일한 압력을 받고 있는 압력용기의 평면응력을 산정하는 문제로 원주응력(원환응력, 후프응력 circumferential stress, hoop stress)과 길이방향응력(자오선응력, 축방향응력, longitudinal stress, axial stress, meridional stress)의 2개의 주응력이 발생한다.

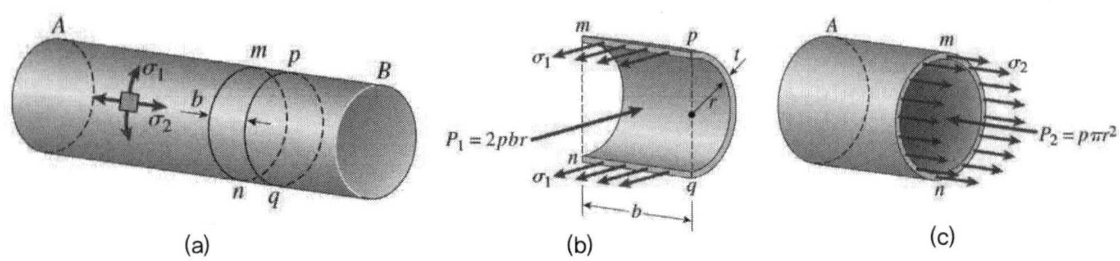

1) 원주응력(원환응력, 후프응력 circumferential stress, hoop stress)

   그림 (b)로부터, $\sigma_1(2bt) - p(2rb) = 0$ $\therefore \sigma_1 = \dfrac{pr}{t}$

2) 길이방향응력(자오선응력, 축방향응력, longitudinal stress, axial stress, meridional stress)

   그림 (c)로부터, $\sigma_2(2\pi rt) - p(\pi r^2) = 0$ $\therefore \sigma_2 = \dfrac{pr}{2t}$

보의 응력 : 곡률과 휨모멘트 관계

두께 t=10mm, 길이 L=1.0m인 고강도 강재가 중심각도에 따라 원호 모양으로 구부러져 있다. 원호의 중심각 α=30°이며, 탄성계수 E=200GPa이다. 이때 강재의 굽힘모멘트를 고려한 최대휨응력을 구하고, 중심각도와 휨응력의 관계를 설명하시오.

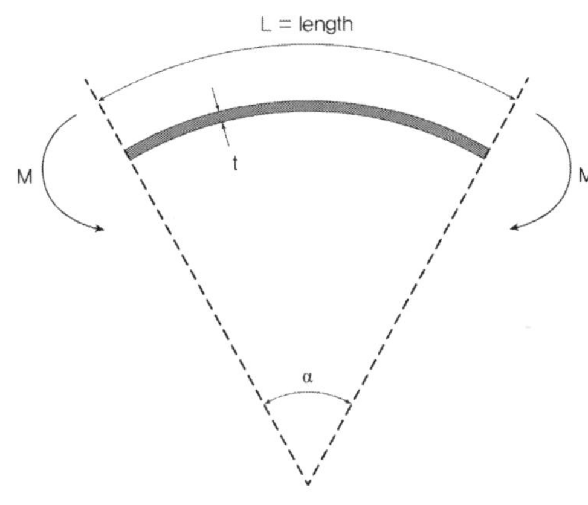

풀 이

▶ 개요

곡률을 고려하여 작용 휨모멘트를 산정하고 휨모멘트로 인한 최대 발생응력을 산정한다.

▶ 응력 산정

곡률반경을 ρ라고 하면

① 원호와 중심각 간의 관계 $\qquad L = \rho\alpha$

② 곡률반경과 휨모멘트 간의 관계 $\qquad \dfrac{1}{\rho} = \dfrac{M}{EI}$

③ 모멘트와 휨응력과의 관계 $\qquad \sigma = \dfrac{M}{I}y$

$$\therefore \sigma = \frac{M}{I}y = \frac{EI}{\rho} \times \frac{1}{I} \times \frac{t}{2} = \frac{Et}{2\rho} = \frac{Et\alpha}{2L} = \frac{200 \times 10^3 \times 10 \times (\pi/6)}{2 \times 1000} = 523.6 \text{N/mm}^3 \text{(MPa)}$$

▶ 응력과 중심각도와의 관계

관계식으로부터 중심각이 커질수록 최대 휨응력도 커진다.

곡률과 휨응력 : 케이블 새들

지름 d=6 mm인 고강도 강연선이 반지름 R=600 mm의 새들에 걸쳐 있으며 이 강연선 1개에는 장력 T=10 kN이 작용하고 있다. 이 강연선의 탄성계수 E=200 GPa, 항복강도 f_y=1,600 MPa일 때, 강연선의 굽힘 모멘트를 고려한 최대 발생응력을 구하시오.

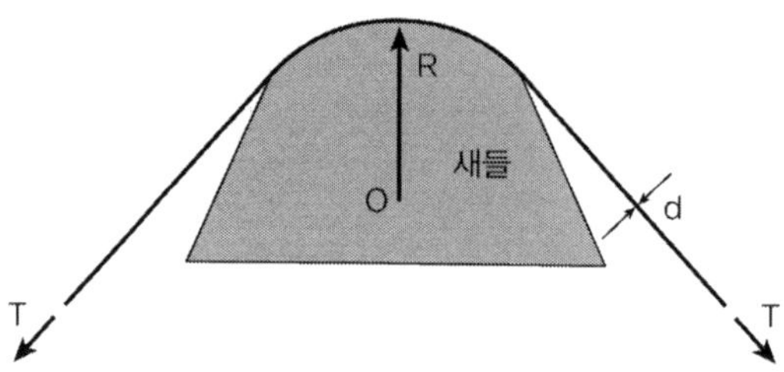

풀 이

▶ 개요

곡률을 고려하여 작용 휨모멘트를 산정하고 장력과 휨모멘트로 인한 최대 발생응력을 산정한다.

▶ 강연선 응력 산정

1) 단면계수 산정

$$A_{st} = \frac{\pi \times 6^2}{4} = 28.2743mm^2, \ I_{st} = \frac{\pi \times 6^4}{64} = 63.6173mm^4$$

2) 작용 휨 모멘트 산정

$$\frac{1}{\rho} = \frac{M}{EI} \qquad \therefore \ M = \frac{EI}{\rho} = 21,205.8 \ Nmm$$

3) 최대응력 산정

$$f_{max} = \frac{T}{A} + \frac{M}{I}y = 1353.68MPa < f_y = 1,600 \ MPa \qquad O.K$$

응력과 변형률 : 전단계수와 전단형상계수

전단계수와 전단형상계수에 대하여 설명하시오.

풀 이

▶ 정의

전단계수는 최대전단응력($\tau_{\max}$)과 평균전단응력(τ_{mean})의 비율을 의미하며, 전단형상계수는 전단변형으로 인한 보의 처짐 산정 시 사용되는 단면의 형상에 따라 정해지는 계수를 의미한다.

▶ 형상에 따른 전단계수 α

$$\alpha = \frac{\tau_{\max}}{\tau_{mean}}$$

① Rectangular Section ($\alpha = \dfrac{3}{2}$)

$$Q_{\max} = \frac{bh}{2} \times \frac{h}{4} = \frac{bh^2}{8}, \quad I = \frac{bh^3}{12} \qquad \therefore \tau_{\max} = \frac{V\left(\dfrac{bh^2}{8}\right)}{\left(\dfrac{bh^3}{12}\right)b} = \frac{3}{2}\frac{V}{bh} = \frac{3}{2}\frac{V}{A} = \frac{3}{2}\tau_{mean}$$

② Circular section ($\alpha = \dfrac{4}{3}$)

$$Q_{\max} = \frac{\pi D^4}{64} \times \frac{1}{2} \times \frac{2D}{3\pi} = \frac{D^3}{12}, \quad I = \frac{\pi D^4}{64}$$

$$\therefore \tau_{\max} = \frac{V\left(\dfrac{D^3}{12}\right)}{\left(\dfrac{\pi D^4}{64}\right)D} = \frac{16\,V}{3\pi D^2} = \frac{4\,V}{3\left(\dfrac{\pi D^2}{4}\right)} = \frac{4}{3}\frac{V}{A} = \frac{4}{3}\tau_{mean}$$

③ Triangle section ($\alpha = \dfrac{3}{2}$)

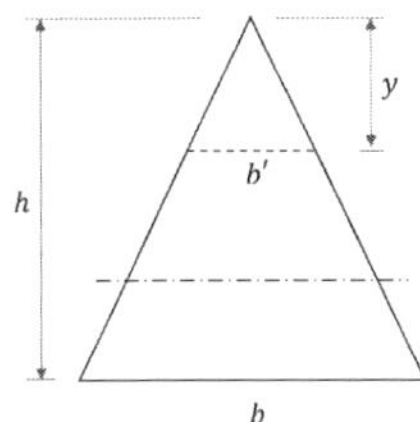

삼각형 단면의 폭 b와 단면 1차 모멘트 Q가 높이 y에 따라 변화하므로, 임의의 y에 대한 τ를 산정하여 $\tau_{\max}$를 산정하고 이에 해당하는 y를 산정한다.

$$b' = \frac{b}{h}y, \quad Q_y = b'y \times \frac{1}{2}\left(\frac{2}{3}h - \frac{2}{3}y\right) = \frac{by^2}{3h}(h-y)$$

$$\tau_y = \frac{VQ_y}{Ib'} = \frac{V}{I} \times \frac{\dfrac{by^2}{3h}(h-y)}{\dfrac{b}{h}y} = \frac{V}{3I}y(h-y)$$

$\tau_{\max}$ 이기 위해서는 $\dfrac{\partial \tau_y}{\partial y} = 0 : \dfrac{V}{3I}(h-2y) = 0 \qquad \therefore y = \dfrac{h}{2}$

$$\therefore \tau_{\max} = \frac{V}{32}\frac{h}{2}\left(h - \frac{h}{2}\right) = \frac{Vh^2}{12I} = \frac{Vh^2}{12\left(\dfrac{bh^3}{36}\right)} = \frac{3V}{bh} = \frac{3}{2}\frac{V}{A} = \frac{3}{2}\tau_{mean}$$

▶ 전단형상계수 χ

전단변형으로 인해 축적된 변형에너지.

$$W_I = \int_V \frac{1}{2}v_{xy}\,\gamma_{xy}\,dV, \quad \text{전단변형률 } \gamma_{xy} = \tau_{xy}/G \text{ 이므로, } \quad W_I = \int_V \frac{v_{xy}^2}{2G}\,dV$$

여기서, 휨을 받는 부재의 전단응력은 $v_{xy} = \dfrac{VQ}{Ib}$

이를 위 식에 대입하면,

$$W_I = \int_0^L dx \int_A \frac{\left(\dfrac{VQ}{Ib}\right)^2}{2G}\,dA \;=\; \int_A \left(\frac{Q}{Ib}\right)^2 A\,dA \int_0^L \frac{V^2}{2GA}\,dx \;=\; \chi \int_0^L \frac{V^2}{2GA}\,dx$$

여기서 사용된 χ를 전단형상계수라고 하며, 다음과 같다.

$$\therefore \chi = \int_A \left(\frac{Q}{Ib}\right)^2 A\,dA = \frac{A}{I^2}\int_A \frac{Q^2}{b^2}\,dA$$

χ는 단면의 형상에 따라 정해지는 계수이며, 직사각형 단면에 대해서는 6/5, 원형단면에 대해서는 10/9, 그리고 I형 단면에서는 단면적을 복부의 단면적으로 대치하면 $\chi = 1.0$이 된다.

응력과 변형률 : 전단변형률과 전단응력

높이가 h이고 면적이 가로 a, 세로 b인 탄성받침에 수평전단력 V가 작용할 때 수평변위 d를 구하시오(단, 전단탄성계수는 G이며, 전단응력과 전단변형률 γ는 탄성고무받침 전체 체적에 대하여 동일하다고 가정한다).

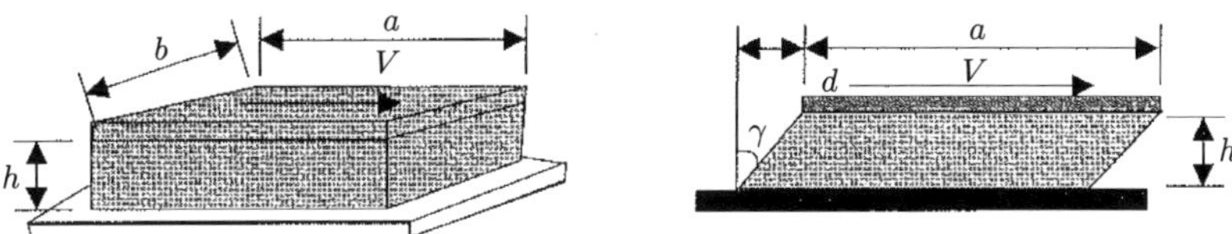

풀 이

▶ 수평변위 산정

$$\tau = G\gamma \quad \gamma = \frac{\tau}{G}$$

$$d = \gamma h$$

탄성고무받침 전체 체적에 대해 전단응력이 동일하므로 $\tau_{mean} = \dfrac{V}{A} = \dfrac{V}{ab}$

$$\therefore d = h\left(\frac{\tau}{G}\right) = \frac{h}{G}\left(\frac{V}{ab}\right) = \frac{Vh}{abG}$$

응력과 변형률 : 신축과 응력분포

작용하중 P를 지지하기 위해 연약지반에 길이 L=10m인 강관말뚝을 설치하였고, 이 강관말뚝은 단위길이당 일정한 분포를 나타내는 마찰력(f)에 의해 지지되고 있다. 강관말뚝의 작용하중 P=1000kN, 강관말뚝의 단면적 A=0.01m², 탄성계수 E=200GPa일 때 다음을 구하시오(강관말뚝의 자중은 무시하고 작용하중은 P만 고려).

1) 작용하중 P에 의해 줄어든 강관말뚝의 길이를 구하시오.
2) 강관말뚝의 허용응력이 200MPa일 때 강관말뚝이 안정성을 검토하고 강관말뚝에 발생되는 응력분포를 구하시오.

풀 이

▶ 자유물체도 산정

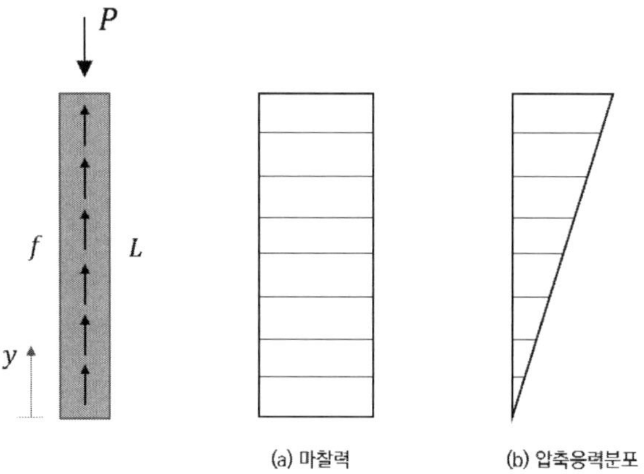

$$\sum V = 0 : fL - P = 0 \qquad \therefore f = \frac{P}{L}$$

▶ 말뚝의 처짐

y축에 따라 변화하는 축력을 $N(y)$라고 하면, $N(y) = fy$

$$d\delta = \frac{N(y)dy}{EA} = \frac{fy\,dy}{EA}$$

$$\therefore \delta = \int_0^L \frac{fy}{EA}\,dy = \frac{fL^2}{2EA} = \frac{PL}{2EA} = \frac{1000 \times 10^3 \times 10 \times 10^3}{2 \times 2 \times 200 \times 10^3 \times 0.01 \times 10^6} = 2.5^{mm}$$

➤ **말뚝의 안정성 검토**

$$\sigma = \frac{N(y)}{A} = \frac{fy}{A} = \frac{Py}{AL}$$

$$\therefore \ \sigma_{y=0} = 0, \quad \sigma_{y=L} = \frac{P}{A} = \frac{1000 \times 10^3}{0.01 \times 10^6} = 100^{MPa} < \sigma_a (= 200^{MPa}) \quad \text{O.K}$$

➤ **응력분포 산정**

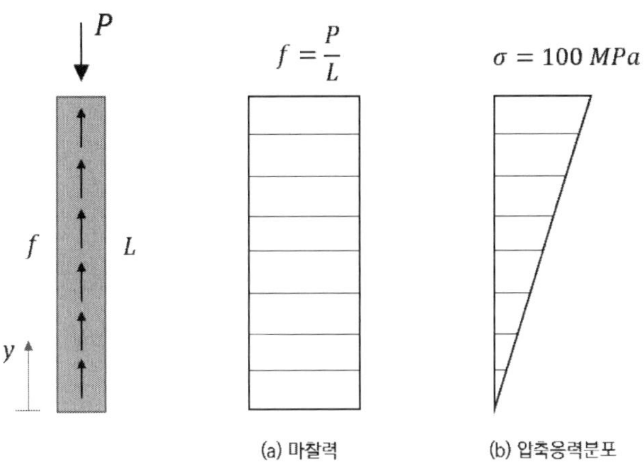

응력과 변형률 : 축방향 구조물

다음 그림과 같이 알루미늄과 강재가 B점에서 강접합되어 축방향 인장력 P를 받고 있다. 단면적 A (직경 10mm인 원형단면)는 일정하며, 알루미늄과 강재의 탄성계수(E_a, E_s)가 각각 다음과 같을 때, 이 합성인장재의 축강성(Axial stiffness)을 구하시오. 단, 알루미늄의 탄성계수 $E_a = 72\,GPa$, 강재의 탄성계수 $E_s = 200\,GPa$

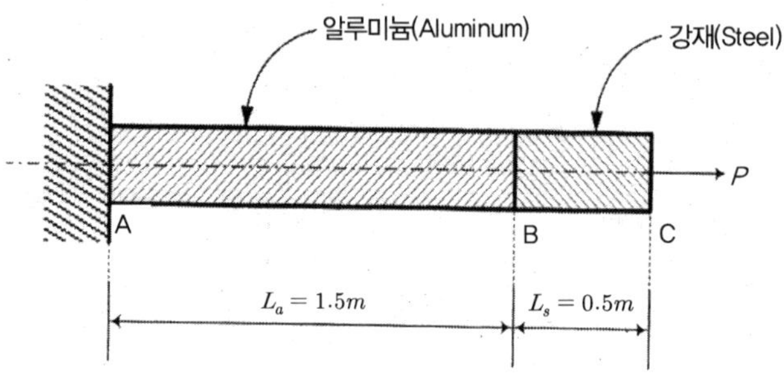

풀 이

▶ 개요

정정 구조물이며, 두 부재의 축력은 동일하고, 최종변위는 두 부재의 변위의 합과 같다(직렬스프링).

▶ 평형방정식 및 적합조건

$$P = P_1 = P_2 \quad \delta = \delta_1 + \delta_2$$

▶ 축방향 강성(k_e) 산정

$$\delta = \delta_1 + \delta_2 = \left(\frac{L_a}{A_a E_a} + \frac{L_s}{A_s E_s} \right) P = \left(\frac{L_a}{E_a} + \frac{L_s}{E_s} \right) \frac{P}{A} \quad (A_a = A_s = A)$$

$$\delta = \frac{P}{k_e}$$

$$\therefore \frac{1}{k_e} = \left(\frac{L_a}{E_a} + \frac{L_s}{E_s} \right) \frac{1}{A} = 0.000297 \qquad k_e = 3{,}366\,N/mm$$

응력과 변형률 : 축방향 구조물

한 변의 길이가 a인 정사각형 단면을 갖는 높이가 L인 사각기둥 모양의 부재가 그림과 같이 세워져 있다. 사각기둥의 꼭대기에는 기둥의 자중과 같은 무게를 가진 강체가 있다. 부재의 자중과 끝단하중으로 인한 사각기둥 자유단의 변위를 구하시오(단, 밀도는 ρ, 탄성계수 E, 중력가속도 g이다).

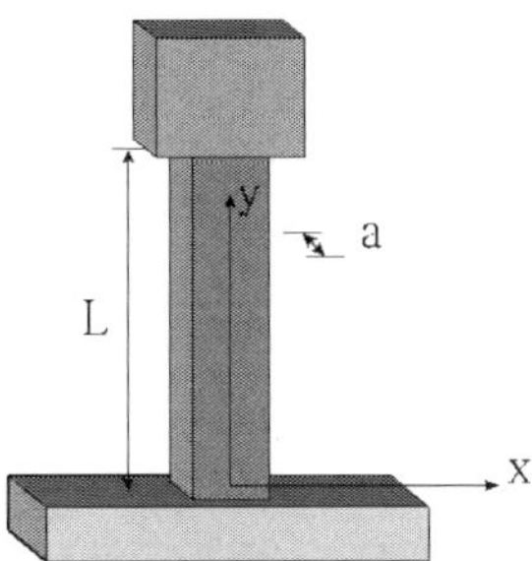

풀 이

▶ 단면의 성질

$$V = AL = a^2 L, \quad m = \rho V = \rho a^2 L, \quad W = mg = (\rho a^2 L)g$$

▶ 자중에 의한 처짐

하단으로부터 거리 y 위치에서

$$V_y = a^2 y, \ W_y = \rho g a^2 y$$

$$\therefore \delta_1 = \int_L \frac{W_y}{EA} dy = \int_0^L \frac{\rho g a^2 y}{EA} dy = \frac{\rho g a^2 L^2}{2EA} \ (\downarrow)$$

▶ 상단하중에 의한 처짐

$$\delta_2 = \frac{WL}{EA} = \frac{\rho g a^2 L^2}{EA} \ (\downarrow)$$

▶ 총 처짐량 산정

$$\therefore \delta = \delta_1 + \delta_2 = \frac{3\rho g a^2 L^2}{2EA} \ (\downarrow)$$

응력과 변형률 : 온도 응력

아래 그림과 같이 슬리브 내에 볼트를 삽입하고, 슬리브가 볼트 주위를 둘러싼 양단에 볼트의 머리와 너트로 꼭 끼도록 조여져 있는 일체의 조립체를 보강부재로 사용하고자 한다. 이 보강부재에 온도가 $\Delta T = 30°C$만큼 상승하는 경우에 슬리브와 볼트에 발생하는 응력(f_S와 f_B)과 보강부재의 신장량(δ)을 구하시오(단, 전체 조립체를 구성하고 있는 재료상수는 아래 조건과 같고, 조립체 길이 L=500mm 이다).

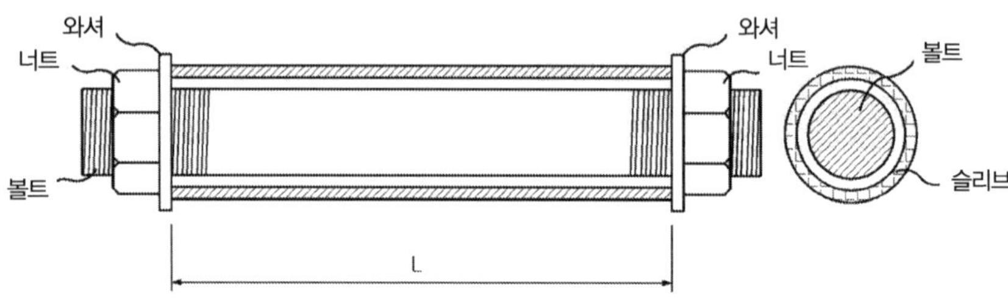

〈조건〉

1) 볼트의 열팽창계수, 단면적, 탄성계수 : $\alpha_B = 1.0 \times 10^{-5}/°C$, $A_B = 300\,mm^2$, $E_B = 150,000\,MPa$
2) 슬리브의 열팽창계수, 단면적, 탄성계수 : $\alpha_S = 1.2 \times 10^{-5}/°C$, $A_S = 400\,mm^2$, $E_S = 200,000\,MPa$

풀 이

▶ 개요

슬리브와 볼트 모두 $\Delta T = 30°C$ 만큼 상승했다고 가정한다.

▶ 신축량 산정

1) 온도변화로 인한 신장량

$$\delta_{b1} = \alpha_B(\Delta T)L = 1.0 \times 10^{-5} \times 30 \times 500 = 0.15mm$$

$$\delta_{s2} = \alpha_S(\Delta T)L = 1.2 \times 10^{-5} \times 30 \times 500 = 0.18mm \qquad \therefore \delta_{s1} > \delta_{b2}$$

2) 상대구속에 의한 신장량

조립체에서 슬리브와 볼트에 작용할 힘들은 슬리브는 압축시키고 볼트는 신장시켜서 슬리브와 볼트의 최종 신장량이 같아지도록 하는 크기여야 한다. 슬리브에 발생하는 압축력을 P_S, 볼트에 발생하는 인장력을 P_B라고 하고 압축력와 인장력에 의한 신축량을 각각 δ_{b2}, δ_{s2} 라고 하면,

$$\delta_{b2} = \frac{P_B L}{E_B A_B}, \ \delta_{s2} = \frac{P_S L}{E_S A_S}$$

3) 최종 신장량

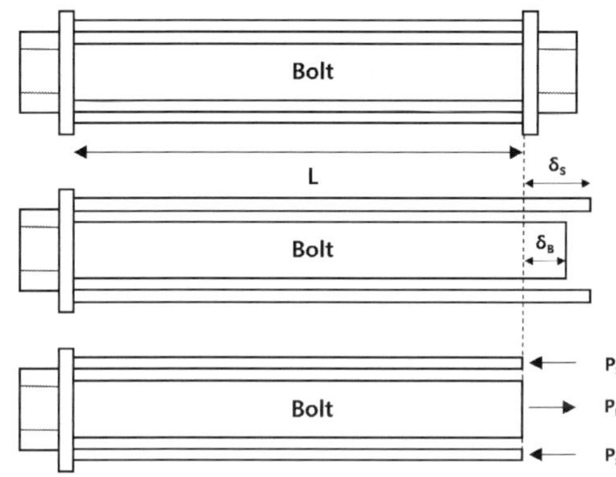

최종 신장량은 두 부재가 모두 같으므로
$$\delta = \delta_{b1} - \delta_{b2} = \delta_{s1} - \delta_{s2}$$

$$\therefore \ \delta = \alpha_S(\Delta T)L - \frac{P_S L}{E_S A_S}$$
$$= \alpha_B(\Delta T)L + \frac{P_B L}{E_B A_B}$$

여기서 $P_S = P_B$ 이므로

$$P_S = P_B = \frac{(\alpha_S - \alpha_B)\Delta T}{\dfrac{1}{E_S A_S} + \dfrac{1}{E_B A_B}}$$

$$\therefore \ \delta = \frac{(\alpha_S E_S A_S + \alpha_B E_B A_B)(\Delta T)L}{E_S A_S + E_B A_B} = 0.1692\text{mm}$$

▶ **발생 응력 산정**

1) 슬리브 $P_s = -\dfrac{E_S A_S}{L}[\delta - \alpha_S(\Delta T)L] = -1,728 \text{ N} = -1.728 \text{ kN (압축)}$

2) 볼트 $P_B = \dfrac{E_B A_B}{L}[\delta - \alpha_B(\Delta T)L] = 1,728 \text{ N} = 1.728 \text{ kN (인장)}$

응력과 변형률 : 부정정 온도 응력

다음 그림과 같은 구조물에서 온도 상승(ΔT) 시 부재의 변형률과 부재 내 응력을 구하시오(단, 부재의 단면적(A), 탄성계수(E) 및 선팽창계수(α)는 일정하며, 스프링상수는 k이다).

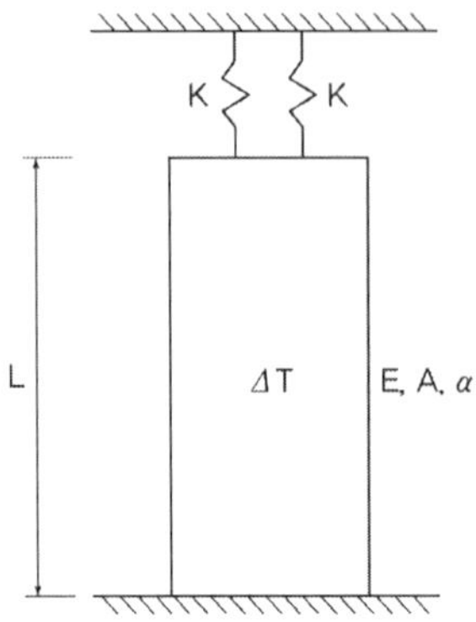

풀 이

▶ **개요**

2개의 병렬 연결된 스프링을 하나의 스프링계수로 환산하고, 작용력을 부정정력으로 보고 변위일치법에 따라 해석한다.

▶ **구조물 해석**

1) 환산스프링계수

두 스프링의 변위는 동일하므로 병렬 스프링 구조로 볼 수 있다. 환산 스프링계수 $k_e = 2k$

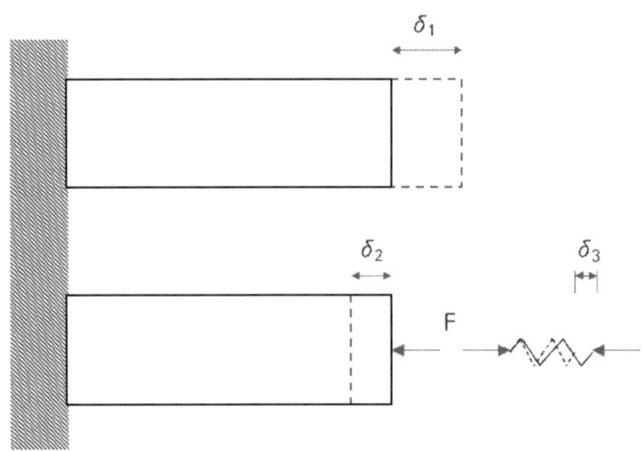

2) 온도에 의해 발생하는 구조물의 변위 δ_1

$$\delta_1 = \alpha(\Delta T)L$$

3) 부정정력 작용으로 인한 구조물의 변위 δ_2

$$\delta_2 = \frac{FL}{EA}$$

4) 부정정력 작용으로 인한 스프링의 변위 δ_3

$$\delta_3 = \frac{F}{k_e} = \frac{F}{2k}$$

5) 적합조건

$$\delta_1 = \delta_2 + \delta_3 \;\; ; \;\; \alpha(\Delta T)L = \frac{FL}{EA} + \frac{F}{2k} \qquad \therefore \; F = \frac{2\alpha\Delta TLEAk}{2kL + EA}$$

▶ 부재의 변형률과 응력

1) 부재의 실제 변위와 변형률

$$\delta = \alpha(\Delta T)L - \frac{FL}{EA} = \frac{L(\alpha\Delta TEA)}{EA + 2kL}, \quad \therefore \; \epsilon = \frac{\delta}{L} = \frac{\alpha\Delta TEA}{EA + 2kL}$$

2) 부재의 응력

$$\therefore \; \sigma = \frac{F}{A} = \frac{2\alpha\Delta TLEk}{2kL + EA}$$

응력과 변형률 : 주응력과 Mohr circle

아래 그림과 같은 강재 판형 거더(Steel Plate Girder) 중앙에 P=1000kN의 집중하중을 재하하였다. 이때 지점 A로부터 우측으로 4m 떨어지고 중립축(N.A)에서 위쪽으로 10cm 떨어진 점 D의 응력상태에 대한 Mohr의 원을 그리고, 주인장응력 σ_1 의 크기와 방향 θ_p 를 구하시오(단, 거더의 자중은 무시한다).

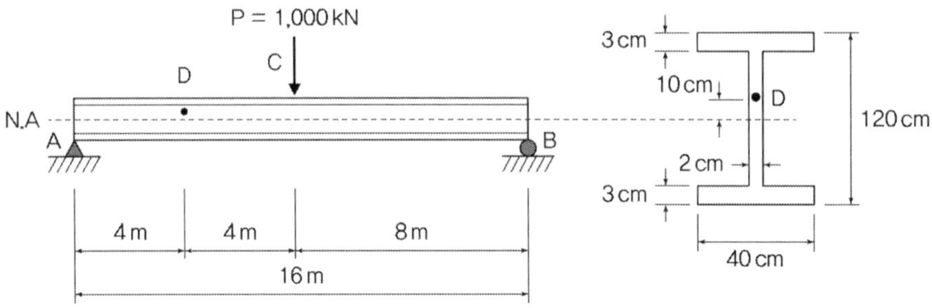

풀 이

> **개요**

주어진 점의 모멘트와 전단력으로 인한 응력을 산정하고 이에 따른 주인장응력과 방향을 구한다.

> **집중하중으로 인한 응력산정**

1) D점의 전단력과 모멘트 산정

$$R_A = R_B = 500\,\text{kN} \qquad\qquad \therefore V_D = 500\,\text{kN}$$
$$M_D = R_A \times 4 = 2,000\,\text{kNm}$$

2) D점에서의 단면계수

$$I = \frac{0.4 \times 1.2^3}{12} - \frac{0.38 \times 1.14^3}{12} = 0.010684\text{m}^4$$

$$\therefore \sigma = \frac{M}{I}y = \frac{2000}{0.010684} \times 0.1 \times 10^{-3} = 18.72\text{MPa}$$

$$Q = 0.4 \times 0.03 \times (0.6 - 0.015) + 0.02 \times 0.47 \times (0.57 - 0.235) = 0.010169\text{m}^3$$

$$\therefore \tau = \frac{VQ}{It} = \frac{500 \times 0.010169}{0.01068 \times 0.02} \times 10^{-3} = 23.79\,\text{MPa}$$

➤ 주인장응력의 크기와 방향

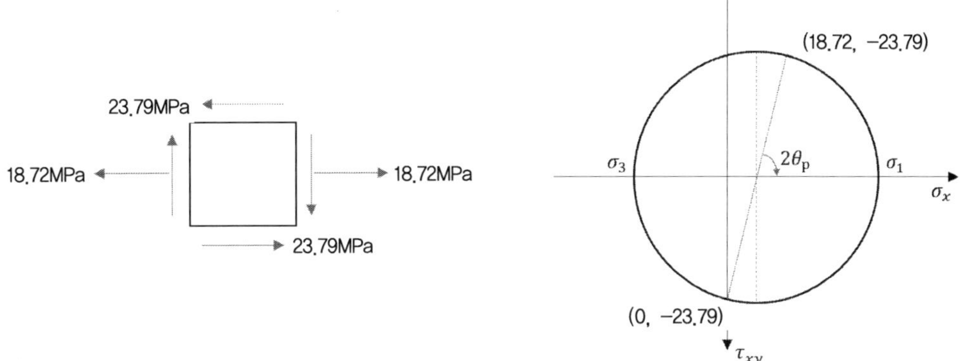

$$\sigma_{1,\,3} = \frac{\sigma_x + \sigma_y}{2} \pm \sqrt{\left(\frac{\sigma_x - \sigma_y}{2}\right)^2 + \tau_{xy}^2} \qquad \therefore \sigma_1 = 34.93\,\text{MPa}, \quad \sigma_3 = -16.21\,\text{MPa}$$

$$\tan(2\theta_P) = \frac{23.79}{18.72 - 9.34}, \qquad 2\theta_p = 68.53° \qquad \therefore \theta_p = 34.26°$$

그림과 같이 자유단에 집중하중이 재하된 변단면 캔틸레버보가 있다. 단면은 직경이 d_x 인 반원이며, 고정단 A에서 자유단 B까지 직경이 선형적으로 감소한다. 단, A와 B에서 d_x 는 각각 d_A, d_B 이고 $d_A \geq d_B$ 이며 π 를 포함한 모든 계산상의 유효숫자는 5자리로 한다.

1) 그림과 같은 반원단면의 도심축의 위치($\bar{y}$)와 도심축에 대한 단면2차 모멘트를 극좌표계를 적용한 적분에 의해서 유도하시오.

2) $d_A/d_B = 3$ 일 때 보의 절대 최대 휨응력($f_{\max}$)의 크기와 위치(x)를 구하시오.

3) 절대 최대 휨응력이 고정단 A에서 발생될 때의 d_A/d_B 범위와 절대 최대 휨응력 크기의 범위를 구하시오.

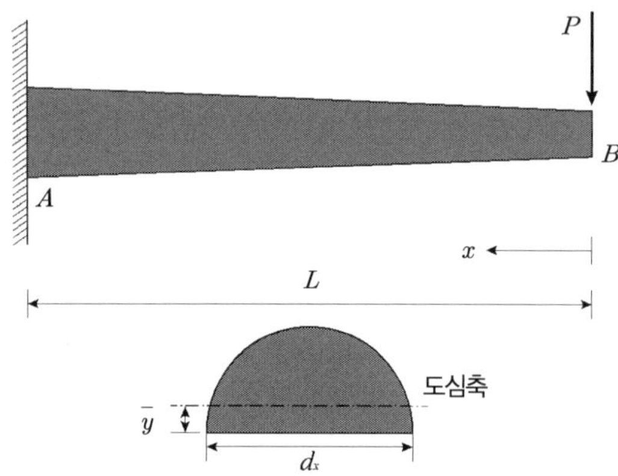

▶ **도심축 및 단면 2차모멘트 산정**

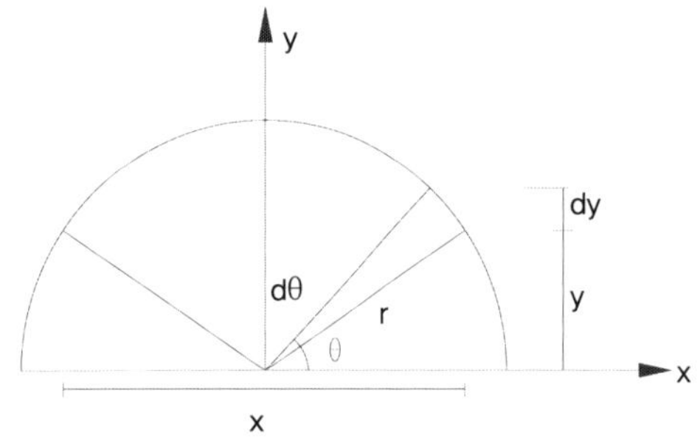

$$y = r_x \sin\theta \quad \therefore \frac{dy}{d\theta} = r_x \cos\theta$$

$$x = 2r_x \cos\theta$$

$$\therefore dA = x dy = 2r_x^2 \cos^2\theta d\theta$$

1) 단면1차 모멘트

$$Q_x = \int y dA = \int_0^{\frac{\pi}{2}} (r_x \sin\theta)(2r_x^2\cos^2\theta d\theta) = 2r_x^3 \int_0^{\frac{\pi}{2}} \sin\theta\cos^2\theta d\theta = \frac{2}{3}r_x^3 = \frac{d_x^3}{12}$$

2) 도심산정

$$\therefore \bar{y} = \frac{Q_x}{A} = \left[\frac{d_x^3}{12}\right] / \left[\frac{1}{2}\frac{\pi d_x^2}{4}\right] = \frac{2d_x}{3\pi}$$

3) 도심축에서의 단면2차모멘트

$$I_x = \int y^2 dA = \int_0^{\frac{\pi}{2}} (r_x\sin\theta)^2(2r_x^2\cos^2\theta d\theta) = 2r_x^4 \int_0^{\frac{\pi}{2}} \sin^2\theta\cos^2\theta d\theta = \frac{\pi r_x^4}{8} = \frac{\pi d_x^4}{128}$$

$$I_x = I_{x0} + Ad^2$$

$$\therefore I_{x0} = I_x - Ad^2 = \frac{\pi d_x^4}{128} - \frac{1}{2}\frac{\pi d_x^2}{4}\left(\frac{2d_x}{3\pi}\right)^2 = \frac{\pi d_x^4}{128} - \frac{d_x^4}{18\pi} = 0.00686 d_x^4$$

▶ $d_A/d_B = 3$**일 때의** $f_{\max}$

$$M_x = Px$$

$d_A = 3d_B$이므로,

$$d_x = d_B + \frac{x}{L}(d_A - d_B) = d_B + \frac{x}{L}(3d_B - d_B)$$

$$= d_B\left(1 + \frac{2x}{L}\right)$$

$$\frac{\partial f_x}{\partial x} = 0 \; : \; x = 0.25L$$

$$\therefore f_{\max(x=0.25L)} = \frac{3.10758PL}{d_B^3}$$

▶ **절대 최대 휨응력이 고정단에서 발생할 경우**

$$d_x = d_B + \frac{x}{L}(d_A - d_B)$$

$$f_x = \frac{M}{I}y = \frac{Px}{0.00686d_x^4}\left(\frac{d_x}{2} - \frac{2d_x}{3\pi}\right) = \frac{41.9524PxL^3}{[d_BL + (d_A - d_B)x]^3}$$

$$\frac{\partial f_x}{\partial x} = 0 \;:\; x = \frac{0.5 L d_B}{d_A - d_B}$$

절대 최대 휨응력이 고정단 A에서 발생하기 위해서는

$$x \geq L \;:\; d_A \geq 1.5 d_B \;\; 1 \leq d_A / d_B \leq 1.5$$

$$\therefore \;\; \frac{12.4303 PL}{d_B^3} \leq f_x \leq \frac{41.9524 PL}{d_B^3}$$

응력과 변형률 : 변단면의 휨응력

아래 그림과 같이 단면은 정사각형, 입면은 사다리꼴 형태의 변단면 캔틸레버 보의 자유단에 100 kN의 집중하중이 작용하고 있을 때, 이 보의 최대휨응력($\sigma_{\max}$) 발생위치와 값을 구하시오.

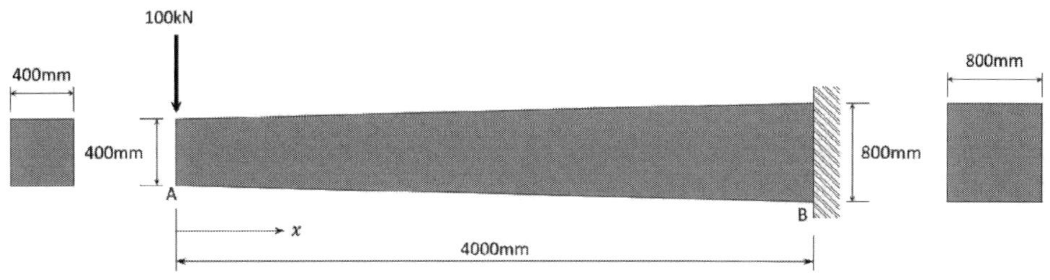

풀 이

▶ 개요

변단면 캔틸레버 보에서 단면의 도심은 중심으로 변화되지 않으나 단면2차 모멘트와 휨모멘트가 변화되므로 이를 고려해 최대 휨응력이 발생하는 위치를 산정한다.

▶ 휨모멘트와 단면2차 모멘트

1) 휨모멘트

$$M_x = Px$$

2) 단면2차 모멘트

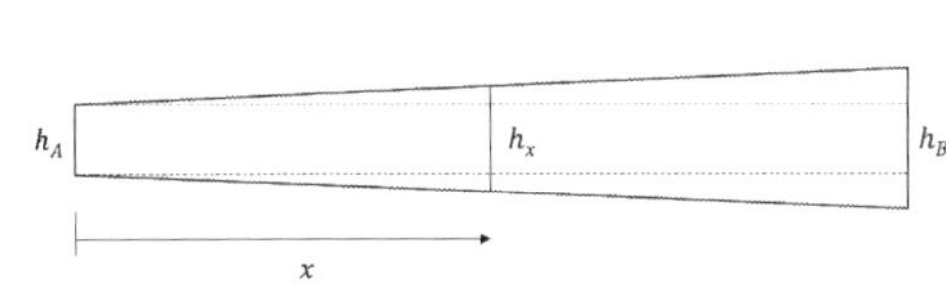

$h_B = 2h_A$ 이므로,

$$h_x = h_A + \frac{x}{L}(h_B - h_A) = h_A + \frac{x}{L}(2h_A - h_A)$$

$$= h_A\left(1 + \frac{x}{L}\right) = \frac{h_A(L+x)}{L}$$

$$\therefore I_x = \frac{bh^3}{12} = \frac{h_x^4}{12}$$

$$\sigma_{max} = \frac{M}{I}y = Px \times \frac{12}{h_x^4} \times \frac{h_x}{2} = \frac{6Px}{h_x^3} = 6Px\left(\frac{L}{h_A(L+x)}\right)^3$$

$$\frac{\partial \sigma_x}{\partial x} = 0 \ : \ \frac{6PL^3(L-2x)}{h^3(x+L)^4} = 0 \quad \therefore \ x = \frac{L}{2}$$

$$\therefore \ \sigma_{max} = 6Px\left(\frac{L}{h_A(L+x)}\right)^3 = 6 \times 100 \times 10^3 \times \frac{4000}{2} \times \left(\frac{4000}{400(4000+4000/2)}\right)^3$$
$$= 5.56 \text{ MPa}$$

응력과 변형률 : 응력집중

다음 그림과 같이 중립축에 지름(d)의 원형구멍이 있는 부재에 굽힘모멘트(M)가 작용하고 있다.
지름(d)의 크기에 따라 최대응력이 발생하는 점의 위치 및 응력을 구하시오.
(단, 단면의 폭 t, 높이 h인 직사각형 단면이며, 구멍의 가장자리 B점의 응력집중계수 K(stress-concentration factor)의 값은 2로 가정한다.)

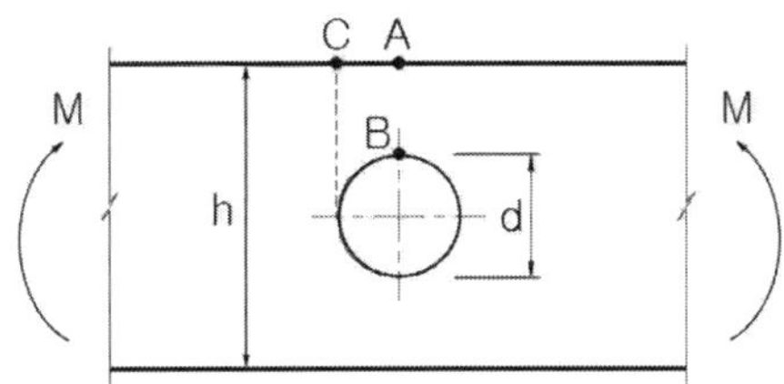

풀 이

> **단면 계수**

$$I_{A,B} = \frac{t(h^3 - d^3)}{12}, \quad I_C = \frac{th^3}{12}$$

> **위치별 응력**

1) C점

$$\sigma_C = \frac{M}{I_C} \times \frac{h}{2} = \frac{6M}{th^2}$$

2) A, B점

$$\sigma_A = \frac{M}{I_A} \times \frac{h}{2} = \frac{6Mh}{t(h^3 - d^3)}, \quad \sigma_B = K \times \frac{M}{I_B} \times \frac{d}{2} = \frac{12Md}{t(h^3 - d^3)} \quad \text{여기서 K=2로 가정}$$

$$\sigma_A = \sigma_B \text{일 때} \quad d = \frac{h}{2}$$

> **지름의 크기에 따른 최대응력**

1) d=0 ; 최대응력 $\sigma_A = \sigma_C = \dfrac{6M}{th^2}$ (A, C 지점)

2) 0<d<h/2 ; 최대응력 $\sigma_A = \dfrac{6Mh}{t(h^3 - d^3)}$ (A지점)

3) d= h/2 ; $\sigma_A = \sigma_B = K \times \dfrac{M}{I_A} \times \dfrac{d}{2} = \dfrac{48M}{7th^2}$ (A, B지점)

4) h/2<d<h ; $\sigma_B = \dfrac{12Md}{t(h^3 - d^3)}$ (B지점)

응력과 변형률 : 응력궤적

응력궤적(Stress Trajectories)에 대하여 설명하시오.

풀 이

▶ 개요

같은 크기를 갖는 주응력의 방향을 나타낸 궤적을 응력궤적(Stress Trajectories)이라고 한다. 일반적으로 실선은 인장응력을, 점선은 압축응력을 나타내며, 곡선의 방향을 보고 파괴되거나 균열이 발생되는 등 불안정해지는 위치를 결정하는 데 이용한다.

▶ 보의 응력궤적

휨 응력 $\sigma = \dfrac{My}{I}$ 과 전단응력 $\tau = \dfrac{VQ}{Ib}$ 의 산정을 통해 요소의 위치별 주응력의 방향과 크기를 산정하고 그 방향을 연결한다. A점에서는 휨에 의한 압축력만 작용되며, B점은 인장력이 작용된다. 중심점인 C점에서는 전단력이 작용되게 되며, B, C점에서는 휨 응력과 전단응력의 합력으로 작용된다. 따라서 주응력의 위치는 위치별로 달라지게 되며 주응력의 방향과 크기에 따라 연결한 선은 아래의 그림과 같이 단면의 위치에 따라 변화하게 된다.

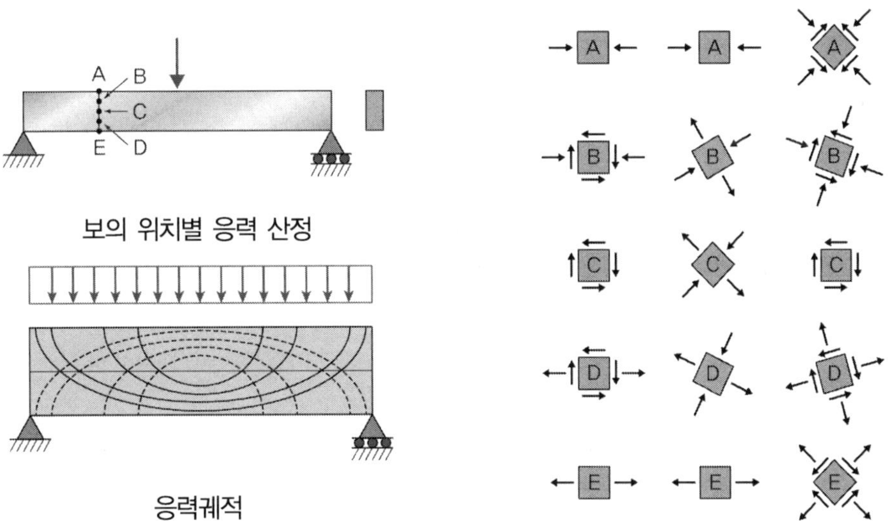

보의 위치별 응력 산정

응력궤적

응력과 변형률 : 주응력

아래 그림과 같이 평면응력상태에 있는 요소의 주응력과 주응력면을 모어(Mohr)의 원을 이용하여 구하시오.

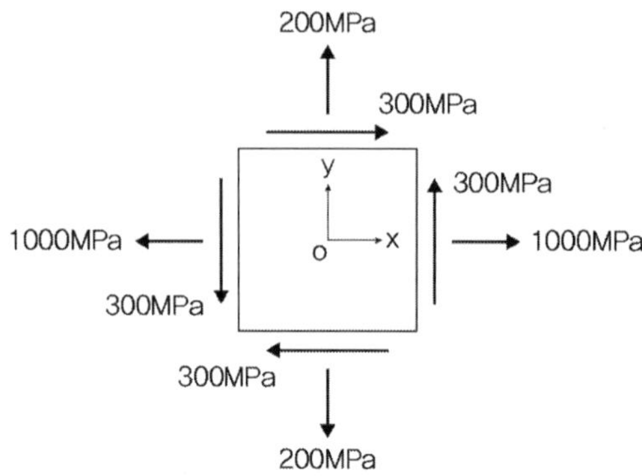

풀 이

▶ 개요

모어원을 이용해 주응력을 산정한다.

주어진 조건에서 $\sigma_x = 1000\text{MPa}$, $\sigma_y = 200\text{MPa}$, $\tau_{xy} = \tau_{yx} = 300\text{MPa}$

▶ 주응력 및 주응력면 산정

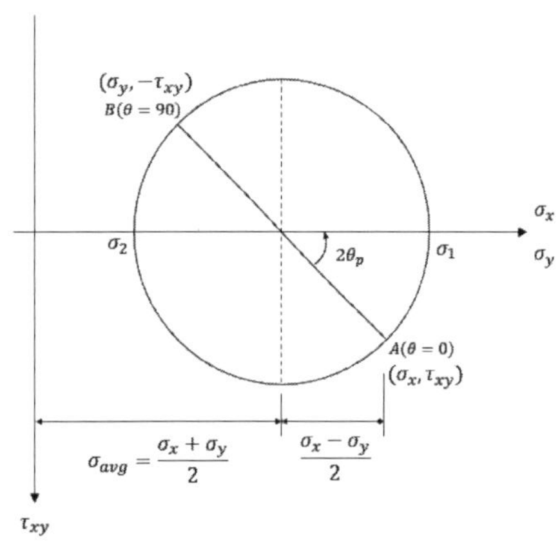

$$\sigma_{1,\,2} = \frac{\sigma_x + \sigma_y}{2} \pm \sqrt{\left(\frac{\sigma_x - \sigma_y}{2}\right)^2 + \tau_{xy}^2}$$

$$= \frac{1000 + 200}{2} \pm \sqrt{\left(\frac{1000 - 200}{2}\right)^2 + 300^2}$$

$$= 600 \pm 500$$

$$\therefore \sigma_1 = 1100\,\text{MPa}, \ \sigma_2 = 100\text{MPa}$$

$$\tan 2\theta_p = \frac{\tau_{xy}}{\left(\dfrac{\sigma_x - \sigma_y}{2}\right)} = \frac{3}{4} \quad \therefore 2\theta_p = 36.87°$$

$$\therefore \text{주응력면} \ \theta_p = 18.43°$$

응력과 변형률 : 주응력

그림과 같은 응력블록에 대하여 다음 물음에 답하시오.

(1) 모어의 응력원(Mohr's stress circle)을 이용하여 주응력 및 최대전단응력 상태를 결정 및 도시하고, 고유치해석에 의해 주응력의 크기 확인

(2) 그림과 같은 응력의 상태에서 반시계방향으로 20° 회전한 응력블록의 응력상태를 도시

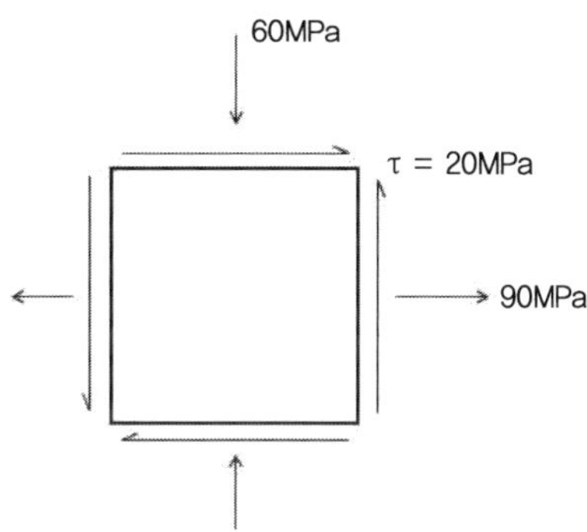

풀 이

▶ Mohr's Circle을 이용한 주응력 산정

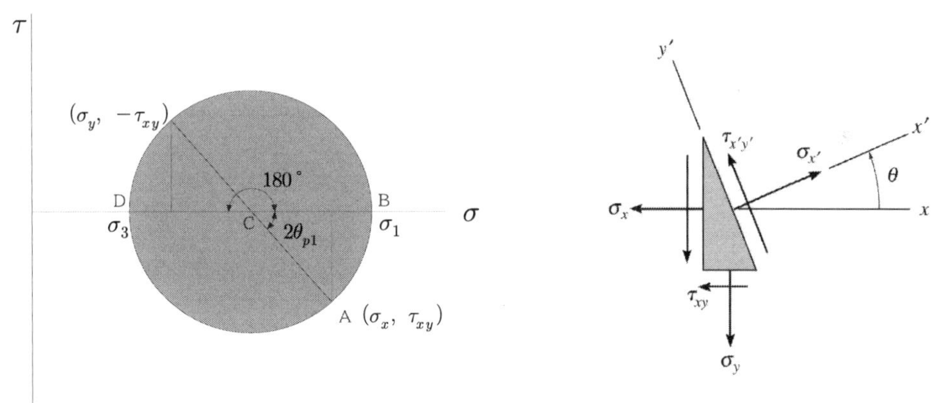

$$\sigma_{1,\,3} = \frac{\sigma_x + \sigma_y}{2} \pm \sqrt{\left(\frac{\sigma_x - \sigma_y}{2}\right)^2 + \tau_{xy}^2} = \frac{(90-60)}{2} \pm \sqrt{\left(\frac{90+60}{2}\right)^2 + 20^2}$$

$$\therefore \ \sigma_1 = 92.62\,\text{MPa (인장)}, \ \sigma_3 = -62.62\,\text{MPa(압축)}, \ 2\theta = \tan^{-1}(20/75) = 14.93°$$

$$(A - \lambda I)x = 0 \quad \therefore \det \mid A - \lambda I \mid = 0$$

$$\det \begin{bmatrix} \sigma_x - \lambda & \tau_{xy} \\ \tau_{xy} & \sigma_y - \lambda \end{bmatrix} = 0 \quad (90 - \lambda)(-60 - \lambda) - 20^2 = 0$$

$$\therefore \ \sigma_1 = 92.62\,\text{MPa (인장)}, \ \sigma_3 = -62.62\,\text{MPa(압축)} \qquad \text{O.K}$$

➤ **반시계방향 20° 회전한 블록의 응력상태**

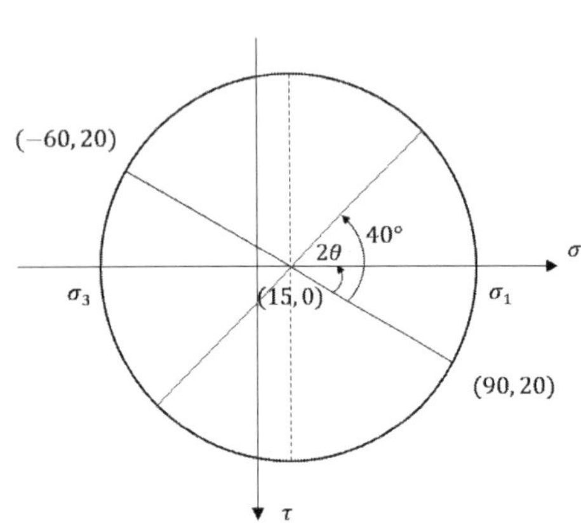

$$R = \sqrt{\left(\frac{\sigma_x - \sigma_y}{2}\right)^2 + \tau_{xy}^2} = \sqrt{75^2 + 20^2}$$
$$= 77.62$$
$$2\theta' = 40 - 14.93 = 25.07°$$
$$\sigma_x' = \frac{\sigma_x + \sigma_y}{2} + R\cos 2\theta'$$
$$= 15 + 77.62\cos(25.07°) = 85.31\,\text{MPa}$$
$$\sigma_y' = \frac{\sigma_x + \sigma_y}{2} - R\cos 2\theta'$$
$$= 15 - 77.62\cos(25.07°) = -55.31\,\text{MPa}$$
$$\tau_{x'y'} = R\sin 2\theta' = 32.89\,\text{MPa}$$

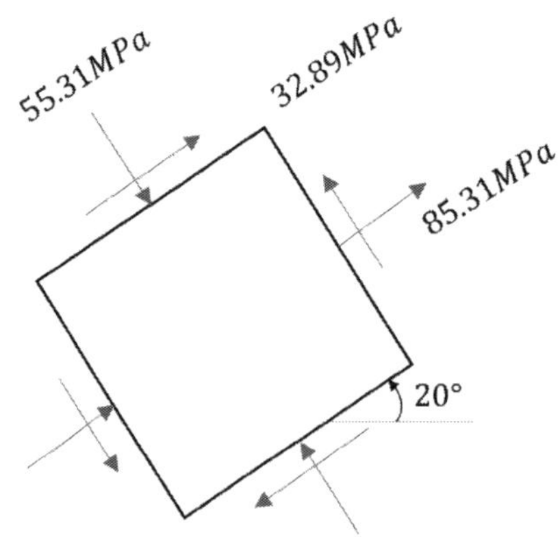

응력과 변형률 : 변형률 게이지

아래 그림과 같이 내민보(단면 25mm×100mm)의 단부 B의 단면의 중앙 높이의 위치에 30° 하방향으로 P가 작용할 때, 두 개의 strain gages를 보 단면의 중앙 높이의 위치에 있는 C점에 부착하였고, Gage 1은 수평방향, Gage 2는 60° 방향으로 그림과 같이 부착하였다. 여기서 P하중이 작용할 때 계측된 변형률이 각각 ϵ_1=125×10^{-6} (Gage 1) , ϵ_2=-375×10^{-6} (Gage 2)일 경우, 작용된 힘 P를 계산하시오(단, 보 단면의 탄성계수 E=2.0×10^{5}MPa , 포와송 비 $\nu = 1/3$로 가정).

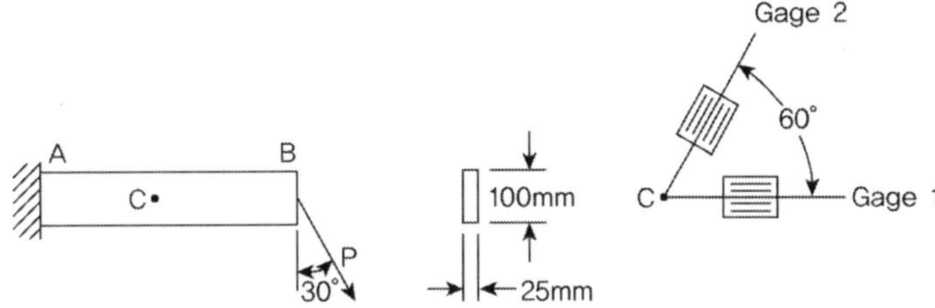

풀 이

▶ 단면 상수

$$A = 2500mm^2, \qquad I = \frac{25 \times 100^3}{12} = 2.083 \times 10^6 mm^4$$

▶ 하중 산정

$$P_x = P\sin30°, \qquad P_y = P\cos30°$$

▶ 변형률

$$\epsilon_1 = \epsilon_x = 125 \times 10^{-6}, \quad \epsilon_2 = \epsilon_\theta = -375 \times 10^{-6}, \qquad E = 2.0 \times 10^5 MPa$$

$$G = \frac{E}{2(1+\nu)} = \frac{2.0 \times 10^5}{2(1+1/3)} = 75000 MPa$$

$$\epsilon_\theta = \frac{\epsilon_x + \epsilon_y}{2} + \frac{\epsilon_x - \epsilon_y}{2}\cos2\theta + \frac{\gamma_{xy}}{2}\sin2\theta \qquad \therefore \gamma_{xy} = -0.000865$$

▶ C점의 응력

$$\sigma_x = \frac{P\sin30°}{A} = 0.0002P, \qquad \tau_{xy} = \frac{VQ}{Ib} = \frac{P\cos30° \times (25 \times 50) \times 25}{2.083 \times 10^6 \times 25} = 0.00052P$$

➤ ϵ_x

$$\epsilon_x = \frac{1}{E}(\sigma_x - \nu\sigma_y) = \frac{1}{2.0\times10^5}(0.0002P) \qquad \therefore P = 125kN$$

➤ τ_{xy}

$$\epsilon_y = \frac{1}{E}(\sigma_y - \nu\sigma_x) = \frac{1}{2.0\times10^5}\left(-\frac{1}{3}\times0.0002P\right) = -0.000042$$

$$\therefore \tau_{xy} = G\gamma_{xy} = -64.91MPa = 0.00052P \qquad \therefore P = 125kN$$

응력과 변형률 : 변형률 게이지

강구조물의 정밀진단 시 임의 지점에 45° 스트레인 로제트를 사용하여 변형률을 측정한 결과 $\epsilon_a = 680 \times 10^{-6}$, $\epsilon_b = 410 \times 10^{-6}$ 그리고 $\epsilon_c = -220 \times 10^{-6}$ 로 계측되었다. 강재의 탄성계수 E=200 GPa, 푸아송비 $\mu = 0.3$일 때 스트레인 로제트를 설치한 계측지점의 최대 주변형률 및 주응력을 구하시오.

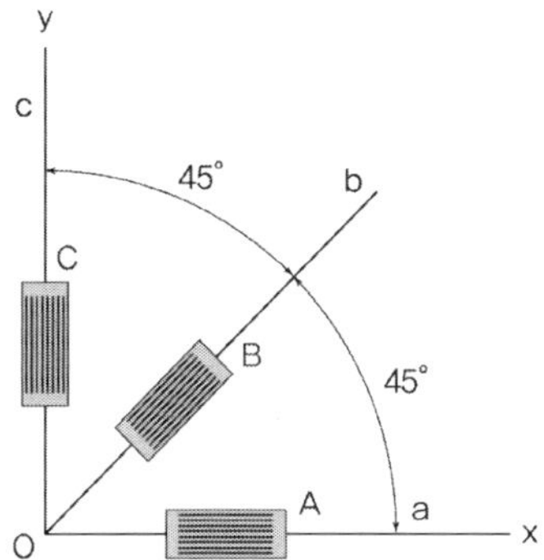

풀 이

▶(2D) 변형률

$$\epsilon_a = \epsilon_x = 680 \times 10^{-6}, \quad \epsilon_c = \epsilon_y = -220 \times 10^{-6}, \quad \epsilon_b = \epsilon_\theta = 410 \times 10^{-6}$$

$$E = 2.0 \times 10^5 MPa, \quad G = \frac{E}{2(1+\mu)} = \frac{2.0 \times 10^5}{2(1+0.3)} = 76923.1 MPa$$

$$\epsilon_\theta = \frac{\epsilon_x + \epsilon_y}{2} + \frac{\epsilon_x - \epsilon_y}{2}\cos 2\theta + \frac{\gamma_{xy}}{2}\sin 2\theta \qquad \therefore \gamma_{xy} = 360 \times 10^{-6}$$

▶(2D 별해) 최대 주변형률 및 주응력 산정

$$\epsilon_{1,3} = \frac{\epsilon_x + \epsilon_y}{2} \pm \sqrt{\left(\frac{\epsilon_x - \epsilon_y}{2}\right)^2 + \left(\frac{\gamma_{xy}}{2}\right)^2} \qquad \therefore \epsilon_{1,3} = 7.146 \times 10^{-4}, \ -2.547 \times 10^{-4}$$

$$\therefore \sigma_1 = \frac{E}{1-\mu^2}(\epsilon_1 + \mu\epsilon_2) = 140.278 MPa$$

$$\therefore \sigma_3 = \frac{E}{1-\mu^2}(\epsilon_2 + \mu\epsilon_1) = -8.849 MPa$$

▶ (3D 별해) 최대 주변형률 및 주응력 산정

$$\tau_{xy} = G\gamma_{xy} = 27.6923\text{MPa}$$

$$\epsilon_x = \frac{\sigma_x}{E} - \frac{\nu}{E}(\sigma_y + \sigma_z), \quad \epsilon_y = \frac{\sigma_y}{E} - \frac{\nu}{E}(\sigma_z + \sigma_x), \quad \epsilon_z = \frac{\sigma_z}{E} - \frac{\nu}{E}(\sigma_x + \sigma_y), \quad \sigma_z = 0$$

$$\begin{bmatrix} 680 \times 10^{-6} \\ -220 \times 10^{-6} \\ \epsilon_z \end{bmatrix} = \frac{1}{E} \begin{bmatrix} 1 & -0.3 & -0.3 \\ -0.3 & 1 & -0.3 \\ -0.3 & -0.3 & 1 \end{bmatrix} \begin{bmatrix} \sigma_x \\ \sigma_y \\ \sigma_z \end{bmatrix}$$

$$\therefore \sigma_x = 134.945\text{MPa}, \quad \sigma_y = -3.516\text{MPa}, \quad \epsilon_z = -0.000197$$

1) 최대 주변형률 산정

$$\gamma_{xz} = \gamma_{yz} = 0$$

$$\begin{vmatrix} \epsilon_x - \epsilon_p & \dfrac{\gamma_{xy}}{2} & \dfrac{\gamma_{xz}}{2} \\ \dfrac{\gamma_{xy}}{2} & \epsilon_y - \epsilon_p & \dfrac{\gamma_{yz}}{2} \\ \dfrac{\gamma_{xz}}{2} & \dfrac{\gamma_{yz}}{2} & \epsilon_z - \epsilon_p \end{vmatrix} = 0, \qquad \therefore \epsilon_{1,2,3} = 0.000715, \ -0.000197, \ -0.000255$$

2) 최대 전단변형률 산정

$$\frac{\gamma_{max}}{2} = \frac{0.000255 + 0.000715}{2} = 0.000485 \qquad \therefore \gamma_{max} = 0.00097$$

3) 최대 주응력 산정

$$\tau_{xz} = \tau_{yz} = 0$$

$$\begin{vmatrix} \sigma_x - \sigma_p & \tau_{xy} & \tau_{xz} \\ \tau_{xy} & \sigma_y - \sigma_p & \tau_{yz} \\ \tau_{xz} & \tau_{yz} & \sigma_z - \sigma_p \end{vmatrix} = 0, \qquad \therefore \sigma_{1,2,3} = 140.278, \ 0, \ -8.849\text{MPa}$$

4) 최대 전단력 산정
$$\tau_{max} = \frac{140.278 + 8.849}{2} = 74.563\text{MPa}$$

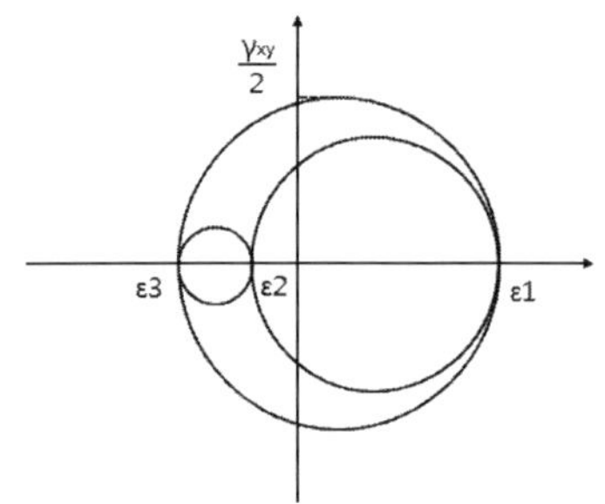

응력과 변형률 : 평면 변형률

구조부재의 미소요소가 $\epsilon_x = -800 \times 10^{-4}$, $\epsilon_z = 400 \times 10^{-4}$, $\gamma_{xz} = 200 \times 10^{-4}$인 평면변형률로 인해 그림과 같이 변형될 때 다음을 구하시오.

1) 주변형률과 요소의 방향
2) 최대전단변형률과 요소의 방향

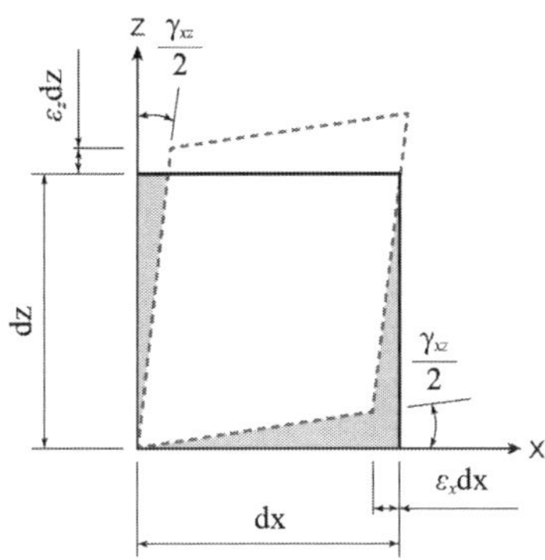

풀 이

▶ 주변형률 산정

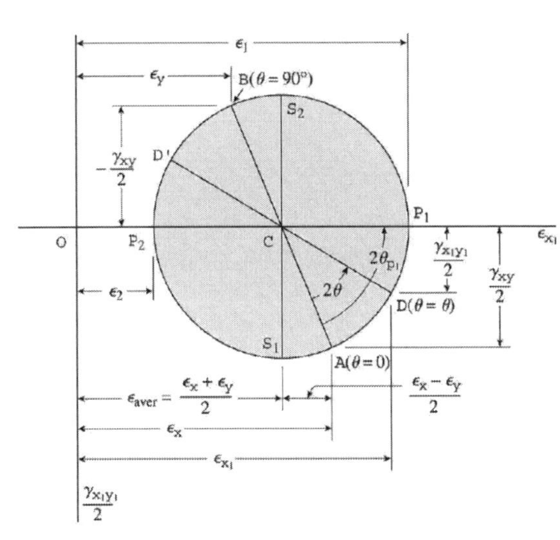

주어진 조건에서부터

$$\epsilon_x = -800 \times 10^{-4},$$

$$\epsilon_z = 400 \times 10^{-4},$$

$$\gamma_{xz} = 200 \times 10^{-4}$$

$$\epsilon_{1,3} = \frac{\epsilon_x + \epsilon_y}{2} \pm \sqrt{\left(\frac{\epsilon_x - \epsilon_y}{2}\right)^2 + \left(\frac{\gamma_{xy}}{2}\right)^2}$$

$$\therefore \epsilon_1 = 4.08 \times 10^{-2}$$

$$\epsilon_3 = -8.08 \times 10^{-2}$$

$$\tan 2\theta_p = \frac{\gamma_{xz}}{\epsilon_x - \epsilon_z} = -0.16667$$

$$\therefore 2\theta_p = -0.165\,(\text{rad}) \text{ or } -9.462°$$

$$\therefore \theta_p = -0.0825\,(\text{rad}) \text{ or } -4.731°$$

➤ **최대전단변형률 산정**

$$\frac{\gamma_{max}}{2} = \sqrt{\left(\frac{\epsilon_x - \epsilon_z}{2}\right)^2 + \left(\frac{\gamma_{xz}}{2}\right)^2} = 0.0608 \quad \therefore \gamma_{max} = 0.1216$$

최대전단변형률에 대한 요소의 방향은 주방향에 대하여 45°인 곳이므로

$$\therefore \theta_s = -4.731° - 45° = 49.731°$$

응력과 변형률 : 변형률 게이지

다음 그림 (a)와 같이 지름 d=40mm인 원형봉에 축력 P와 비틀림 T가 가해지고 있다. 그림 (b)와 같이 C점에 Strain gage를 부착한 결과 gage A는 200×10^{-6}, gage B는 100×10^{-6}, 탄성계수 E=240GPa, 푸아송비 ν =0.2일 때 비틀림 T [kN·m]를 구하시오.

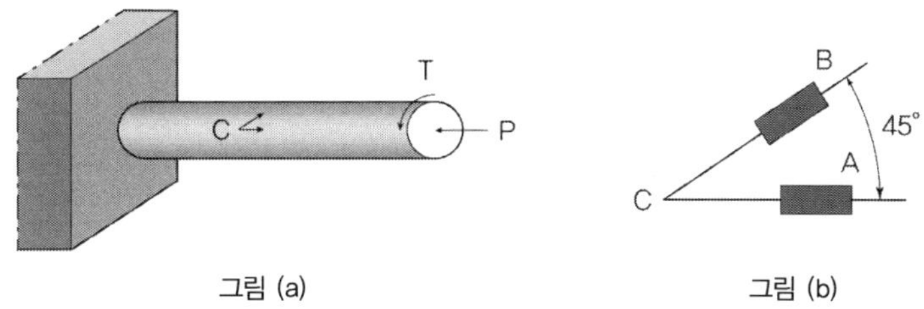

그림 (a)   그림 (b)

풀 이

▶ 단면 상수

$$A = \frac{\pi d^2}{4}, \quad I = \frac{\pi d^4}{64}, \quad I_p = I_x + I_y = \frac{\pi d^4}{32}, \quad G = \frac{E}{2(1+\nu)} = \frac{2.4 \times 10^5}{2(1+0.2)} = 100,000\,\text{MPa}$$

▶ 변형률

① Gage A : 축방향 변형률이므로 $\epsilon_1 = \epsilon_x = 200 \times 10^{-6}$

② Gage B : 45° 방향 변형률이므로 $\epsilon_2 = \epsilon_\theta = 100 \times 10^{-6}$

③ 2차원 체적방정식으로부터

$$\epsilon_y = \frac{\sigma_y}{E} - \frac{\nu}{E}(\sigma_x), \quad \text{여기서 } \sigma_y = 0 \text{이므로 } \epsilon_y = -\frac{\nu}{E}(E\epsilon_x) = -\nu\epsilon_x$$

④ 변형률 관계식으로부터,

$$\epsilon_\theta = \frac{\epsilon_x + \epsilon_y}{2} + \frac{\epsilon_x - \epsilon_y}{2}\cos 2\theta + \frac{\gamma_{xy}}{2}\sin 2\theta, \quad \theta = 45°$$

$$100 \times 10^{-6} = \frac{\epsilon_x}{2}(1-\nu) + \frac{\gamma_{xy}}{2} \qquad \therefore \gamma_{xy} = 4 \times 10^{-5}$$

➤ **축력과 비틀림 산정**

① 축력

$$\sigma_x = E\epsilon_x = \frac{P}{A} \qquad \therefore P = 60{,}318.6 \text{ N} = 60.3 \text{ kN (인장)}$$

② 비틀림

$$\tau = G\gamma_{xy} = \frac{Tr}{I_p} \qquad \therefore T = 50265.5 \text{ Nmm} = 0.0503 \text{ kNm}$$

응력과 변형률 : 변형률 게이지

구조물의 임의 지점에 45° 스트레인 로제트를 사용하여 변형률을 측정한 결과 $\epsilon_a = 70 \times 10^{-6}$, $\epsilon_b = 40 \times 10^{-6}$, $\epsilon_c = -20 \times 10^{-6}$로 계측되었다. 재료의 탄성계수 E=30,000MPa, 푸아송비 $\mu = 0.167$일 때 스트레인 로제트를 설치한 계측지점의 최대 주변형률 및 주응력을 구하시오.

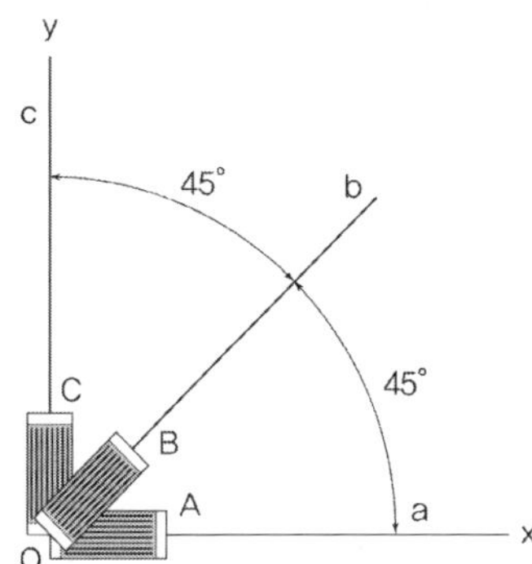

풀 이

▶ 변형률

계측된 스트레인 게이지 변형률로부터

$$\epsilon_a = \epsilon_x = 70 \times 10^{-6}, \quad \epsilon_c = \epsilon_y = -20 \times 10^{-6}, \quad \epsilon_b = \epsilon_\theta = 40 \times 10^{-6}$$

재료의 탄성계수 $E = 30,000\,\text{MPa}$이므로, 탄성계수와 전단계수와의 관계로부터

$$G = \frac{E}{2(1+\mu)} = \frac{30,000}{2(1+0.167)} = 12,853.5 \text{ MPa}$$

평면 변형률 관계식으로부터

$$\epsilon_\theta = \frac{\epsilon_x + \epsilon_y}{2} + \frac{\epsilon_x - \epsilon_y}{2}\cos2\theta + \frac{\gamma_{xy}}{2}\sin2\theta \qquad \therefore \gamma_{xy} = 30 \times 10^{-6}$$

▶ 최대 주변형률 및 주응력 산정

$$\epsilon_{1,3} = \frac{\epsilon_x + \epsilon_y}{2} \pm \sqrt{\left(\frac{\epsilon_x - \epsilon_y}{2}\right)^2 + \left(\frac{\gamma_{xy}}{2}\right)^2} \qquad \therefore \epsilon_{1,3} = 7.24 \times 10^{-5},\ -2.24 \times 10^{-5}$$

$$\therefore \sigma_1 = \frac{E}{1-\mu^2}(\epsilon_1 + \mu\epsilon_3) = 2.12\text{MPa}, \qquad \sigma_3 = \frac{E}{1-\mu^2}(\epsilon_3 + \mu\epsilon_1) = -0.32 \text{ MPa}$$

응력과 변형률 : 체적변화

다음 그림과 같이 원이 5%($\dfrac{\Delta}{D} \times 100 = 5\%$)만큼 변형이 발생하여 타원이 되었다면, 이 원의 단면적은 몇 % 정도의 변화가 발생하는지 설명하시오.

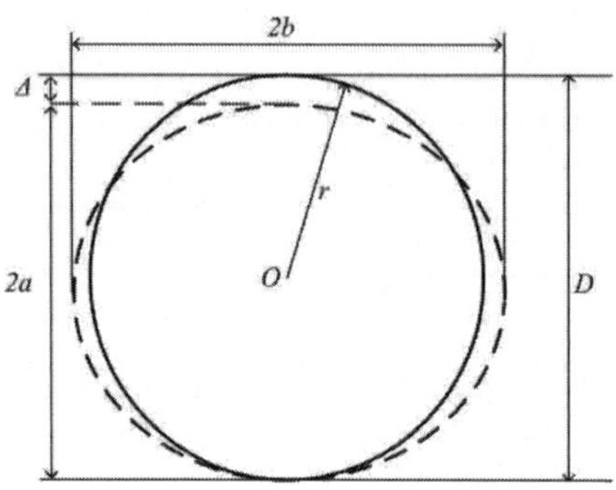

풀 이

▶ 원의 면적

$$\frac{\Delta}{D} = 0.05, \ 2a = 0.95 \times (2r) \quad \therefore \ a = 0.95r, \ b = 1.05r$$

$$S_1 = \pi r^2$$

▶ 타원의 면적

$$\frac{x^2}{b^2} + \frac{y^2}{a^2} = 1 \quad \therefore \ y = \frac{a}{b}\sqrt{b^2 - x^2}$$

$$S_2 = 4\int_0^b y\,dx = 4\int_0^b \frac{a}{b}\sqrt{b^2 - x^2}\,dx = ab\pi$$

▶ 면적 변화

$$\frac{S_2}{S_1} = \frac{ab\pi}{\pi r^2} = \frac{0.95r \times 1.05r \times \pi}{\pi r^2} = 0.9975 \qquad \therefore \ 0.25\% \ \text{감소한다.}$$

응력과 변형률 : 변형에너지

다음 그림과 같은 구조에 100mm×100mm×100mm 크기의 콘크리트 구조체가 고정되어 있을 때 체적변화량 ΔV와 변형에너지 U를 결정하시오. 단, 탄성계수 E=20,000MPa, 푸아송비 v =0.1, F=90kN

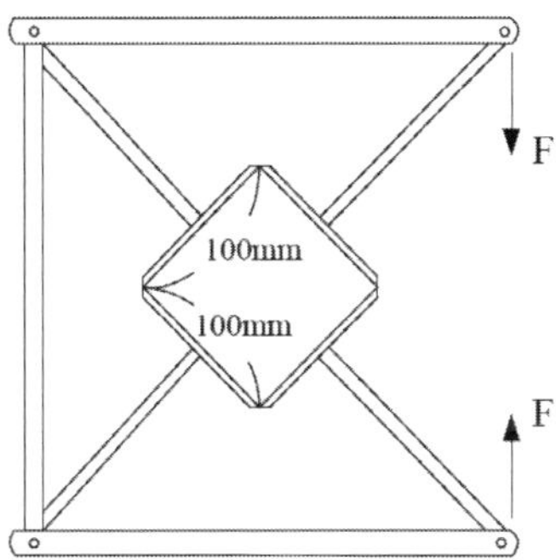

풀 이

▶ 개요

절점에서 발생하는 하중에 대해 트러스 구조의 절점법에 따라 부재별 단면력을 산정하고, 이에 따른 체적변형률을 산정하여 변형에너지를 구한다. 콘크리트 구조체 방향으로 고정된 부재는 45° 의 각을 갖는 것으로 가정한다.

▶ 구조체의 단면력 산정

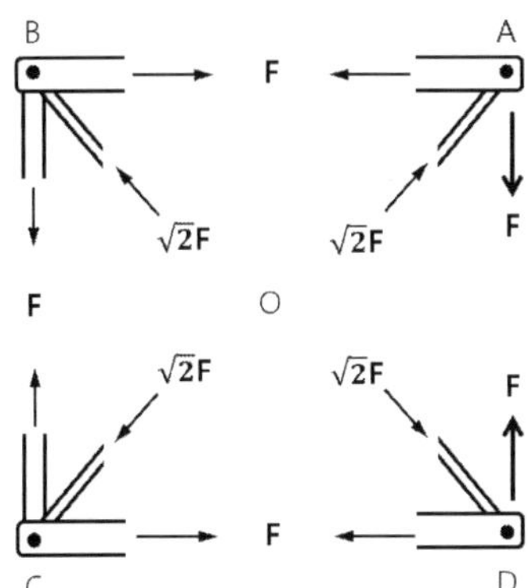

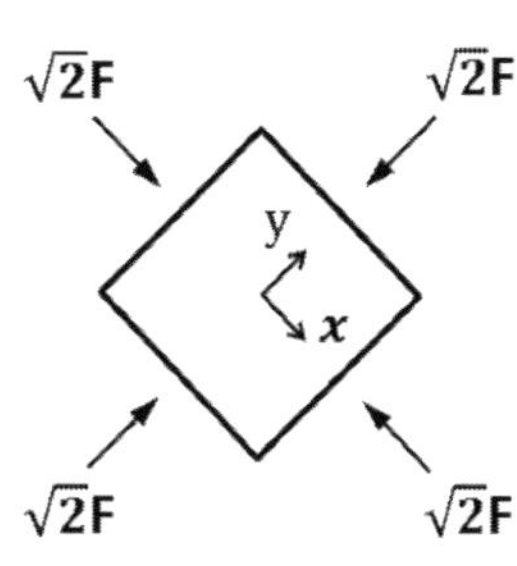

A점에서 $\sum V = 0$, $\sum H = 0$; $F_{AO} = F/\cos 45° = \sqrt{2}\,F(C)$, $F_{AB} = F(T)$

같은 방법으로 부재력을 산정하면, 외부의 부재는 F의 인장력을 받고, 콘크리트 구조체를 고정하는 부재는 $\sqrt{2}\,F$의 압축력을 받는다. 따라서, 콘크리트 구조체도 $\sqrt{2}\,F$의 압축력을 받는다.

▶ 구조체의 체적변형률과 변형에너지

1) 콘크리트 구조체의 응력

$$\sigma_x = \sigma_y = \frac{\sqrt{2}\,F}{A} = 12.7279\text{MPa(압축)}, \ \sigma_z = 0$$

2) 콘크리트 구조체의 변형률

$$\epsilon_x = \frac{\sigma_x}{E} - \frac{\nu}{E}(\sigma_y + \sigma_z) = \frac{\sigma_x}{E} - \frac{\nu\sigma_y}{E} = 0.000573$$

$$\epsilon_y = \frac{\sigma_y}{E} - \frac{\nu\sigma_x}{E} = 0.000573$$

$$\epsilon_z = -\frac{\nu}{E}(\sigma_x + \sigma_y) = -0.000127$$

3) 콘크리트 구조체의 체적변형률

$$\epsilon = \epsilon_x + \epsilon_y + \epsilon_z = \frac{\sigma_x}{E} - \frac{\nu\sigma_y}{E} + \frac{\sigma_y}{E} - \frac{\nu\sigma_x}{E} - \frac{\nu}{E}(\sigma_x + \sigma_y)$$

$$= \frac{1}{E}(\sigma_x + \sigma_y) - \frac{2\nu}{E}(\sigma_x + \sigma_y) = \frac{(\sigma_x + \sigma_y)(1 - 2\nu)}{E} = \frac{2\sqrt{2}\,F(1 - 2\nu)}{AE} = 0.001018$$

$$\therefore \ \Delta V = V_0 \times \epsilon = 100^3 \times 0.001018 = 1018.23\text{mm}^3$$

4) 콘크리트 구조체의 변형에너지

$$\therefore \ U = \frac{1}{2}V(\sigma_x\epsilon_x + \sigma_y\epsilon_y + \sigma_z\epsilon_z) = 7290\text{Nmm}$$

비대칭 하중과 비대칭 단면 : 합성구조

강재와 콘크리트 합성구조인 샌드위치 보 부재의 구조적 원리와 특징 및 시공 시 유의사항에 대하여 설명하시오.

풀 이

▶ 개요

한 가지 이상의 재료로 제작된 보를 합성보라고 하며, 이 중 재료를 절감하고 무게를 줄이기 위해서 상·하단의 표면에 상대적으로 고강도의 재료의 얇은 바깥층을 두고 내부 Core에 경량이고 저강도의 두꺼운 중간층을 두어서 합성된 보를 샌드위치 보라고 한다.

샌드위치 보는 경량의 무게와 고강도, 고강성의 재료를 활용하여 항해, 우주산업 등 산업분야에 응용되어 많이 사용되고 있다.

(a) 플라스틱 구조

(b) 벌집구조
샌드위치 보의 예

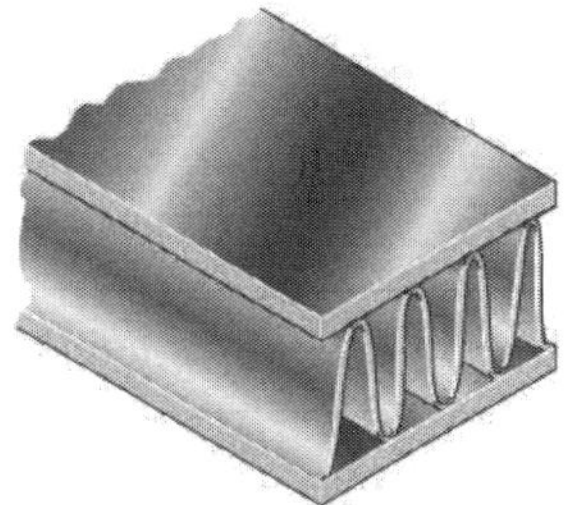

(c) 파형구조

▶ 샌드위치 보의 구조적 원리와 특징

샌드위치 보의 표면은 상대적 고강도의 재료의 얇은 바깥층은 I형강의 플랜지와 같은 역할을 하며, 내부 Core는 상대적으로 경량이며 저강도의 두꺼운 층을 두어 I형강의 웨브와 같은 역할을 수행한다. 이때 내부의 중간층은 filler의 역할을 수행하며 바깥층의 주름과 좌굴에 대한 안전성을 향상시킬 수 있는 역할을 수행한다. 중간층의 형상에 따라 플라스틱구조(Foam), 벌집구조(Honeycomb), 파형구조(corrugated)로 구분한다.

보의 기하학적 가정인 단면은 평면을 유지한다는 가정을 합성보에서도 그대로 적용하며 2축 대칭인 단면의 경우 모멘트-곡률의 관계식으로부터 유도된 수직응력은 다음과 같다.

$$\sigma_{x1} = -\frac{MyE_1}{E_1 I_1 + E_2 I_2}, \ \sigma_{x2} = -\frac{MyE_2}{E_1 I_1 + E_2 I_2}$$

샌드위치 보에서 두 재료의 물성치 값의 차이가 클 경우에는 $E_2 \approx 0$으로 가정하며, 이 경우 수직응력은 바깥층이 전부 지지하는 것으로 가정하고, 전단에 대해서는 바깥층이 두께가 얇을 경우 중간층이 전부 지지하는 것으로 가정한다.

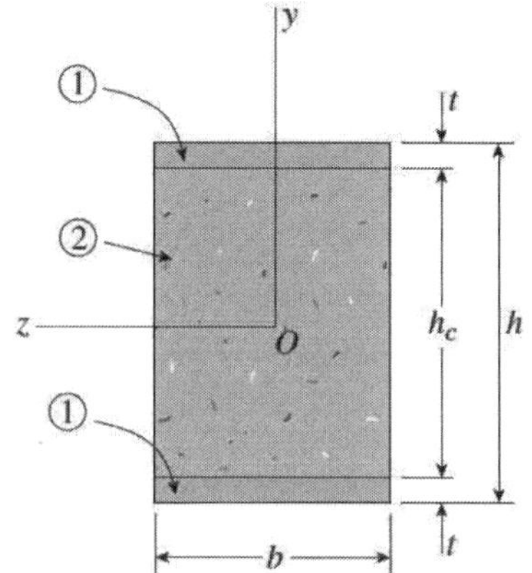

1) 수직응력 : 물성치 값의 차가 클 경우

$$E_2 \approx 0, \quad \therefore \sigma_{x1} = -\frac{My}{I_1}, \ \sigma_{x2} = 0$$

여기서, $I_1 = \frac{b}{12}(h^3 - h_c^3)$

$$\therefore \sigma_{top} = -\frac{Mh}{2I_1}, \ \sigma_{bottom} = \frac{Mh}{2I_1}$$

2) 전단응력 : 바깥층의 두께가 얇을 경우

$$\tau_{aver} = \frac{V}{bh_c}, \ \gamma_{aver} = \frac{V}{bh_c G_c}$$

▶ 샌드위치 보 시공 시 유의사항

샌드위치 보의 가정사항은 해석의 가정 특성상 선형탄성구간에서만 적용이 가능하다. 또한 합성보가 일체 거동하는 것으로 가정하기 때문에 두 부재의 접합부에서의 응력전달이 확실한 구조로 되어 있어야 하며, 강재와 콘크리트 간의 상호연결에 주로 사용되는 Stud 형식에 대하여 설계기준에 따르거나 새로운 연결방식의 경우에는 이에 대한 실험적인 검증이 필요하다.

비대칭 하중과 비대칭 단면 : 적층보의 전단응력

40mm×180mm의 널판지가 8층으로 접착된 적층목재보(폭 180mm, 총높이 320mm)가 길이 3.2m 로 단순지지되어 있다. 지간 중앙에서 45kN의 집중하중을 받고 있는 보의 지점 A로부터 0.8m 떨어진 단면 a-a에 대하여 다음을 구하시오.
1) b, c, d의 접합부에서의 평균 전단응력
2) 단면 a-a에서의 최대 전단응력

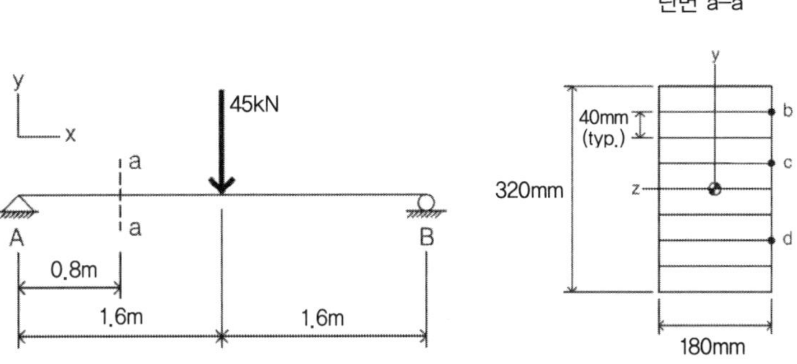

풀 이

▶ 단면계수 산정

① 단면적 $A = bh = 320 \times 180 = 57,600\,\text{mm}^2$

② 단면 2차 모멘트 $I = \dfrac{bh^3}{12} = \dfrac{180 \times 320^3}{12} = 491,520,000\,\text{mm}^4$

③ a-a단면에서의 전단력 : A, B점의 반력은 22.5kN이므로 a-a단면에서의 전단력 $V = 22.5\text{kN}$

▶ 접합부에서의 평균 전단응력 산정

1) b 접합부

$$Q_b = A'y' = (40 \times 180) \times (3.5 \times 40) = 1,008,000\,\text{mm}^3$$

$$\therefore \tau_b = \frac{VQ_b}{Ib} = \frac{22.5 \times 10^3 \times 1,008,000}{491,520,000 \times 180} = 0.256\ \text{N/mm}^2 = 0.256\ \text{MPa}$$

2) c 접합부

$$Q_c = A'y' = (120 \times 180) \times 100 = 2,160,000\,\text{mm}^3$$

$$\therefore \tau_b = \frac{VQ_b}{Ib} = \frac{22.5 \times 10^3 \times 2,160,000}{491,520,000 \times 180} = 0.549 \text{ N/mm}^2 = 0.549 \text{ MPa}$$

3) d 접합부

$$Q_c = A'y' = (80 \times 180) \times 120 = 1,728,000 \text{mm}^3$$

$$\therefore \tau_b = \frac{VQ_b}{Ib} = \frac{22.5 \times 10^3 \times 1,728,000}{491,520,000 \times 180} = 0.439 \text{ N/mm}^2 = 0.439 \text{ MPa}$$

▶ a-a단면의 최대 전단응력 산정

단면의 V, I, b값이 고정되어 있으므로 최대 전단응력은 Q값이 최대일 때 발생한다.

$$Q_{\max} = \frac{bh}{2} \times \frac{h}{4} = \frac{bh^2}{8}, \quad I = \frac{bh^3}{12} \qquad \therefore \tau_{\max} = \frac{V\left(\dfrac{bh^2}{8}\right)}{\left(\dfrac{bh^3}{12}\right)b} = \frac{3}{2}\frac{V}{bh} = \frac{3}{2}\frac{V}{A} = \frac{3}{2}\tau_{mean}$$

$$\therefore \tau_{\max} = \frac{3}{2} \times \frac{22.5 \times 10^3}{57,600} = 0.586 \text{ MPa}$$

비대칭 하중과 비대칭 단면 : 합성부재의 응력

아래 그림과 같이 폭이 120mm, 높이가 240mm, 탄성계수 E_w =9,000MPa인 목재보에 폭이 100mm, 두께가 24mm, 탄성계수 E_a =72,000MPa인 알루미늄관을 합성하였다. 이 보의 수평축(Y축)에 대하여 25kNm인 휨모멘트가 작용하고 있다면, 이 합성부재를 이루는 두 부재의 최대응력과 최소응력을 구하시오.

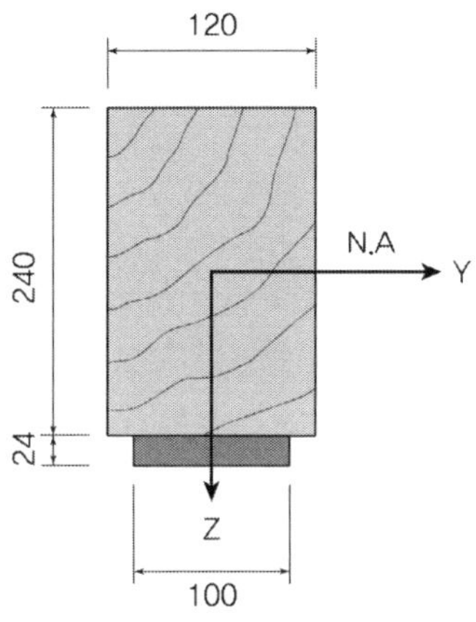

풀 이

> ### 개요

합성부재의 중립축과 단면 2차 모멘트를 구하고 각 부재의 응력을 산정한다.

> ### 합성부재의 중립축과 단면2차 모멘트 산정

1) 중립축 산정

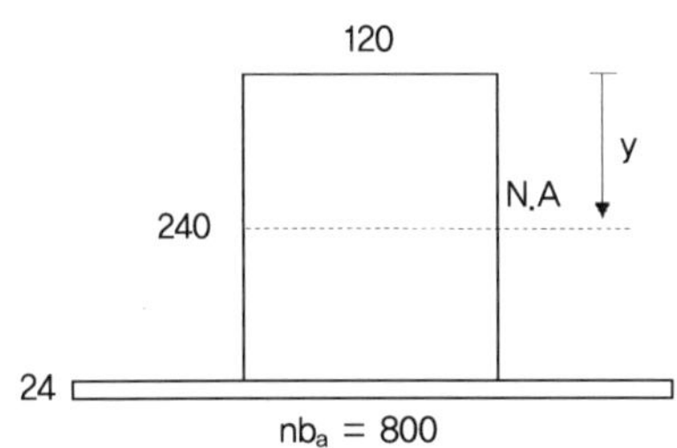

$$n = \frac{E_a}{E_w} = \frac{72,000}{9,000} = 8$$

$$y = \frac{120 \times 240 \times 120 + 24 \times 800 \times (240 + 12)}{120 \times 240 + 24 \times 800}$$

$$= 172.8mm$$

2) 단면 2차 모멘트 산정

$$I_Y = \frac{120 \times 240^3}{12} + 120 \times 240 \times (172.8 - 120)^2 + \frac{800 \times 24^3}{12} + 800 \times 24 \times (240 + 12 - 172.8)^2$$

$$= 339,886,080 \text{mm}^4$$

▶ 합성부재의 응력

1) 목재보

$$f_w = \frac{M}{I} y_t = \frac{25 \times 10^6}{339,886,080} \times 172.8 = 12.71 \text{ MPa (압축)}$$

$\therefore$ 최댓값 12.71MPa

$$f_w = -\frac{M}{I} y_b = -\frac{25 \times 10^6}{339,886,080} \times (240 - 172.8) = -4.94 \text{ MPa (인장)}$$

$\therefore$ 최솟값 4.94MPa

2) 알루미늄관

$$f_a = -\frac{M}{I} y_t \times n = -\frac{25 \times 10^6}{339,886,080} \times (240 - 172.8) \times 8 = -39.54 \text{ MPa (인장)}$$

$\therefore$ 최솟값 39.54MPa

$$f_w = -\frac{M}{I} y_b \times n = -\frac{25 \times 10^6}{339,886,080} \times (240 - 172.8 + 24) \times 8 = -53.67 \text{ MPa (인장)}$$

$\therefore$ 최댓값 53.67MPa

비대칭 하중과 비대칭 단면 : 합성보

다음 그림과 같이 보의 단면이 2가지 재료로 구성된 합성보(composite beam)가 있다. 이 보의 휨 공식(flexure formula)에 대하여 설명하시오. 단, $E_2 > E_1$이다.

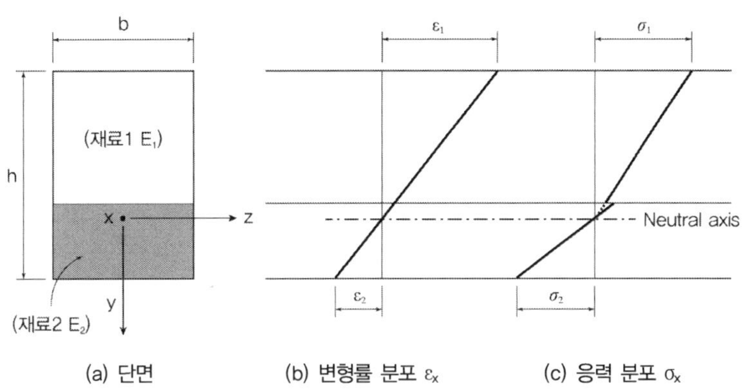

(a) 단면   (b) 변형률 분포 ε_x (c) 응력 분포 σ_x

풀 이

▶ 개요

주어진 합성보는 일체로 거동하며, 미소변위 이론에 따라 보의 기하학적 가정을 그대로 사용한다. 단면은 평면을 유지한다고 가정한다.

▶ 휨 공식

x축 방향에 대한 보의 휨은 다음과 같다.

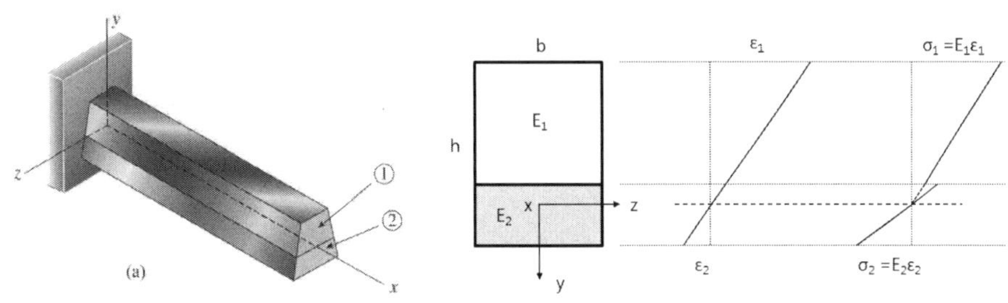

$$\epsilon_x = -\frac{y}{\rho} = -\kappa y$$

여기서, $E_2 > E_1$이므로, $\sigma_{x1} = -E_1\epsilon = -E_1\kappa y$, $\sigma_{x2} = -E_2\epsilon = -E_2\kappa y$

중립축에서 단면에 작용하는 축력의 합은 0이므로,

$$\int_1 \sigma_{x1}dA + \int_2 \sigma_{x2}dA = 0 \qquad \therefore E_1\int_1 ydA + E_2\int_2 ydA = 0$$

주어진 조건에서 2축 대칭인 단면이므로, 중립축은 도심축과 일치한다.

$$M = \int_A \sigma_x ydA = -\kappa E_1\int_1 y^2 dA - \kappa E_2\int_2 y^2 dA = -\kappa(E_1 I_1 + E_2 I_2)$$

$$\therefore \sigma_{x1} = -\frac{MyE_1}{E_1 I_1 + E_2 I_2}, \quad \sigma_{x2} = -\frac{MyE_2}{E_1 I_1 + E_2 I_2}$$

비대칭 하중과 비대칭 단면 : 이중보와 합성보의 비교

다음과 같은 이중보와 합성보의 중앙점에서 발생하는 응력과 처짐을 비교하고 합성효과에 대해 설명하시오.

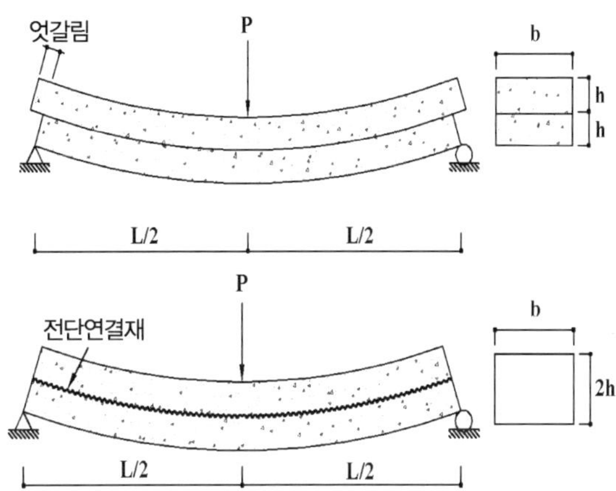

풀 이

▶ 개요

이중보와 합성보는 단면2차 모멘트에서 그 크기가 차이가 나기 때문에 응력과 처짐에서도 큰 차이를 보인다.

▶ 이중보와 합성보의 단면상수 산정

1) 이중보

$$A_1 = b \times 2h = 2bh, \quad I_1 = 2I = 2 \times \frac{bh^3}{12} = \frac{bh^3}{6}, \quad I_0 = \frac{bh^3}{12} \text{ 라고 하면,} \quad I_1 = 2I_0$$

2) 합성보

$$A_2 = b \times 2h = 2bh, \quad I_2 = 2I = \frac{b(2h)^3}{12} = 8 \times \frac{bh^3}{12} = 8I_0$$

➤ **이중보와 합성보의 처짐 및 응력 비교**

1) 이중보

  중앙의 집중하중 P에 의한 처짐 $\delta_1 = \dfrac{PL^3}{48EI_1}$, $\delta_0 = \dfrac{PL^3}{48EI_0}$ 라고 하면, $\delta_1 = \dfrac{1}{2}\delta_0$

  응력은 $f_1 = \dfrac{M}{EI_1}y$, $f_0 = \dfrac{M}{EI_0}y$ 라고 하면, $f_1 = \dfrac{1}{2}f_0$

2) 합성보

  중앙의 집중하중 P에 의한 처짐 $\delta_2 = \dfrac{PL^3}{48EI_2}$, $\delta_0 = \dfrac{PL^3}{48EI_0}$ 라고 하면, $\delta_2 = \dfrac{1}{8}\delta_0$

  응력은 $f_2 = \dfrac{M}{EI_2}y$, $f_0 = \dfrac{M}{EI_0}y$ 라고 하면, $f_2 = \dfrac{1}{8}f_0$

비대칭 하중과 비대칭 단면 : 합성단면의 휨응력

아래 그림과 같이 중공 합성단면을 갖는 2경간 부정정 구조에서 D점의 최대 휨응력을 구하시오 (단, Es=2.04×10⁵MPa, Ec=2.04×10⁴MPa, 단면도상의 치수는 STEEL 두께 중심선 기준이고 자중 은 고려하지 않음).

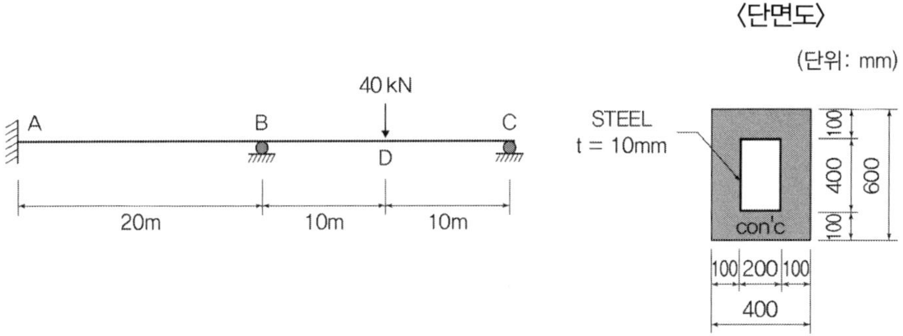

풀 이

▶ 개요

2차 부정정 구조로 3연 모멘트법에 따라 D점의 부재력을 구하고 이때의 최대 휨응력을 산정한다.

$$M_L\frac{L_L}{I_L}+2M_C\left(\frac{L_L}{I_L}+\frac{L_R}{L_R}\right)+M_R\frac{L_R}{I_R}$$

$$=-\frac{1}{I_L}\left(\frac{6A_L\overline{x_L}}{L_L}\right)-\frac{1}{I_R}\left(\frac{6A_R\overline{x_R}}{L_R}\right)+6E\left[\frac{\Delta_L}{L_L}-\Delta_C\left(\frac{1}{L_L}+\frac{1}{L_R}\right)+\frac{\Delta_R}{L_R}\right]$$

여기서 M_L, M_C, M_R는 상연에 압축을 일으키면 (+), Δ_L, Δ_C, Δ_R는 상향이면 (+)

1) 부재 A'AB $\qquad 2M_A(20) + M_C(20) = 0$

2) 부재 ABC $\qquad M_A(20) + 2M_B(20+20) = -\dfrac{40 \times 10 \times 10 \times (20+10)}{20} = -6000 \ (M_c = 0)$

$$\therefore M_A = 428.57\,\mathrm{kNm}, \quad M_B = -857.14\,\mathrm{kNm}, \quad M_D = -228.5\,\mathrm{kNm}$$

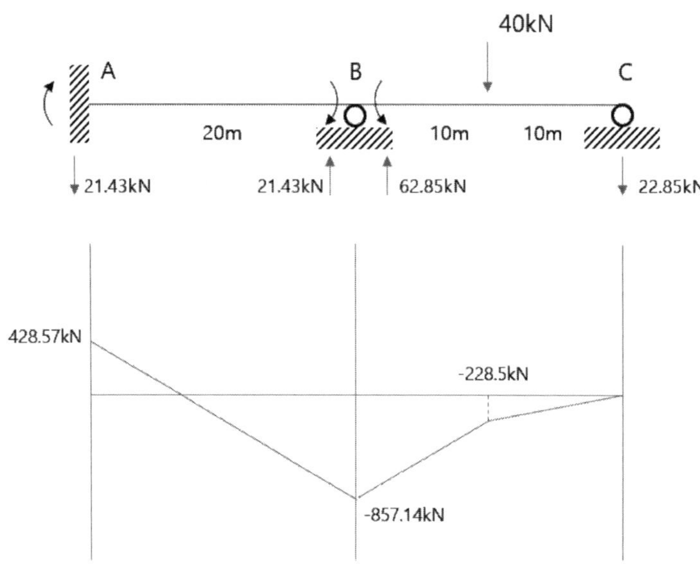

▶ 중공 합성단면의 최대 휨응력

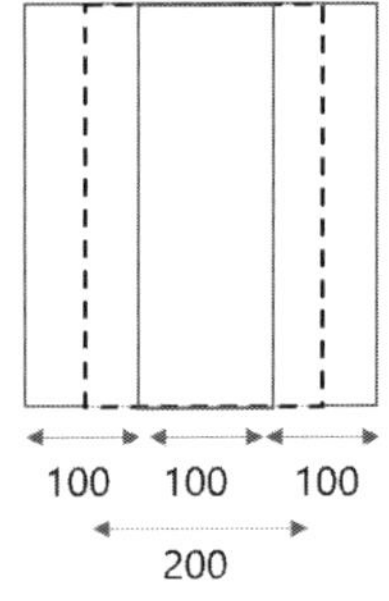

박스형 Hollow 단면으로 도심축은 부재의 중앙에 위치한다.

콘크리트와 steel의 탄성계수비를 이용해 환산단면으로 고려한다.

$$n = \frac{E_s}{E_c} = \frac{2.04 \times 10^5}{2.04 \times 10^4} = 10$$

Steel 두께 중심선을 기준으로 폭이 n배 확대된 것으로 가정한다.

1) 단면 2차모멘트

① 콘크리트 $I_c = \dfrac{b_1 h_1^3}{12} - \dfrac{b_2 h_2^3}{12} = \dfrac{400 \times 600^3}{12} - \dfrac{200 \times 400^3}{12} = 6,133,333,333 \text{mm}^4$

② Steel $\quad I_s = \dfrac{300 \times 400^3}{12} - \dfrac{100 \times 400^3}{12} = 1,066,666,667 \text{mm}^4$

$\therefore I = I_c + I_s = 7,200,000,000 \text{mm}^4$

$\therefore$ 콘크리트 발생하는 최대 응력 $f_c = \dfrac{M_D}{I} y = \dfrac{228.5 \times 10^6}{7,200,000,000} \times 300 = 9.52 \text{ MPa}$

$\therefore$ Steel 발생하는 최대 응력 $f_c = n\dfrac{M_D}{I} y = 10 \times \dfrac{228.5 \times 10^6}{7,200,000,000} \times 200 = 63.47 \text{ MPa}$

$\therefore$ 최대 휨응력은 63.47MPa

비대칭 하중과 비대칭 단면 : 합성보 온도하중

합성보에서 1번 부재의 온도만 동일하게 50℃ 증가할 경우 B점의 반력을 구하시오(단, 1, 2번 부재의 열팽창계수 α=10×10⁻⁵/℃, 1번 부재의 탄성계수 E_1=20MPa, 2번 부재의 탄성계수 E_2= 50MPa이며, 1, 2번 부재는 완전부착되어 있어 미끄러짐(slip)이 없고, 부재의 자중은 무시하는 것으로 가정한다).

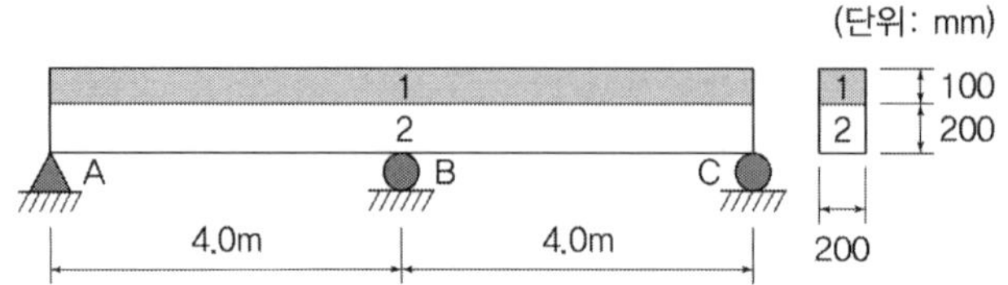

풀 이

> **개요**

1번 부재에만 온도가 증가할 경우 부재는 늘어나려고 하지만 2번 부재와 합성되어 있어 변형되지 못하게 되므로 변형되지 못한 만큼 축력으로 작용한다. 두 부재의 합성 단면의 중심점으로부터 1번 부재의 축력으로 인해서 휨모멘트가 발생하며 이로 인해 발생하는 B점의 반력을 구한다. 합성 단면의 평면은 유지한다고 가정한다.

> **팽창 억제로 인한 하중 산정**

1) 합성부재의 중심산정

$$n = \frac{E_1}{E_2} = \frac{2}{5}$$

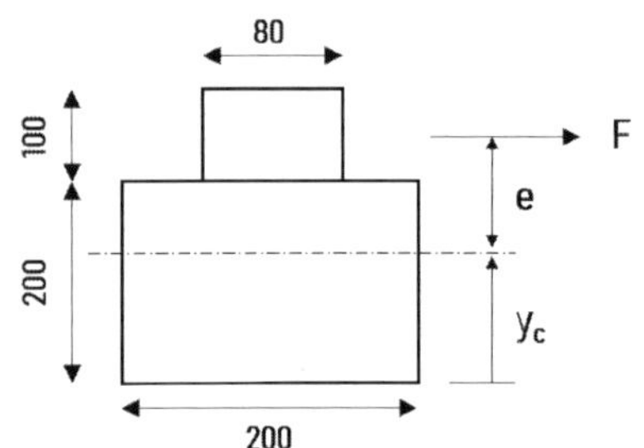

$$b_1 = 200 \times \frac{2}{5} = 80mm$$

$$\therefore y_c = \frac{200 \times 200 \times 100 + 80 \times 100 \times 250}{80 \times 100 + 200 \times 200}$$

$$= 125mm$$

$$\therefore e = (200-125)+50 = 125mm$$

합성 단면의 단면 2차 모멘트는 $I_x = \sum\left(\dfrac{b_i h_i^3}{12} + A_i d^2\right)$

$$I_x = \dfrac{200 \times 200^3}{12} + 200 \times 200 \times (125 - 100)^2 + \dfrac{80 \times 100^3}{12} + 80 \times 100 \times 125^2$$

$$= 290{,}000{,}000 \text{mm}^4$$

2) 발생력 산정

$\epsilon = \alpha \Delta TL = 10 \times 10^{-5} \times 50 \times 8 = 0.04\text{m}$

$\therefore F = E\epsilon = 20 \times 40 = 800\text{N}, \quad M = Fe = 800 \times 125 = 100{,}000\text{Nmm} = 100\text{Nm}$

▶B점의 반력 산정

B점을 부정정력으로 보고 B점의 처짐을 AC지점을 가진 보에서 온도하중으로 인한 B점의 처짐값과 B점의 반력 하중이 작용할 때 처짐값을 superpostion으로 합산해 같다고 보고 풀이한다. 이때 1번 단면은 2번 부재의 탄성계수비만큼 축소했으므로 2번 부재의 탄성계수를 이용한다.

1) 전단면에 M이 작용할 때 B점(중앙)의 처짐

공액보법에 따라 $\delta_B = \dfrac{ML^2}{8E_2 I}$

2) B점에 부정정력 R_B로 인한 상향 처짐

공액보법에 따라 $\delta_B{}' = \dfrac{R_B L^3}{48 E_2 I}$

$\therefore \delta_B = \delta_B{}' \;\; ; \;\; R_B = \dfrac{6M}{L} = \dfrac{100}{8} = 12.5 \text{ N } (\uparrow)$

비대칭 하중과 비대칭 단면

다음 그림과 같이 하중 P가 복부판을 포함하는 연직면에서 수직으로 작용할 때, 최대 휨응력을 구하시오.

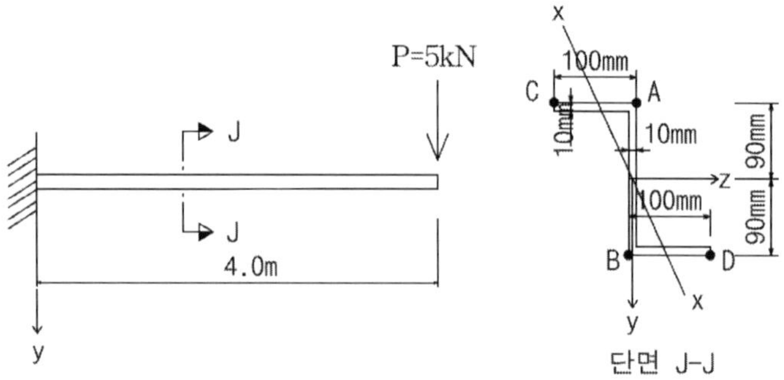

풀 이

▶ 개요

비대칭 단면의 최대 휨응력 산정을 위하여 단면의 상수를 산정하여 부재의 응력을 구한다.

▶ 단면해석

$$M_z = PL = 2 \times 10^7 \, \text{Nmm}, \quad M_y = 0$$

$$I_z = \frac{100 \times 90^3}{3} \times 2 - \frac{90 \times 80^3}{3} \times 2 = 1.788 \times 10^7 \, \text{mm}^4$$

$$I_y = \frac{180 \times 10^3}{12} + 2 \times \left(\frac{10 \times (100-5)^3}{3} - \frac{10 \times 5^3}{3} \right) = 5.73 \times 10^6 \, \text{mm}^4$$

$$I_{yz} = \int yz\,dA = A\overline{y}\,\overline{z} = 2 \times 100 \times 10 \times (50-5)(90-5) = 7.65 \times 10^6 \, \text{mm}^4$$

▶ 최대 휨응력 산정

$M_y = 0$ 이므로 비 대칭보의 휨응력 산정식으로부터

$$\sigma_x = \frac{(M_y I_z + M_z I_{yz})z - (M_z I_y + M_y I_{yz})y}{I_y I_z - I_{yz}^2} = \frac{M_z(I_{yz}z - I_y y)}{I_y I_z - I_{yz}^2}$$

1) A점 : z=5, y=−90
$$\therefore \sigma_x = \frac{M_z(I_{yz}z - I_y y)}{I_y I_z - I_{yz}^2} = 252.2\text{MPa (T)}$$

2) B점 : z=−5, y=90
$$\therefore \sigma_x = \frac{M_z(I_{yz}z - I_y y)}{I_y I_z - I_{yz}^2} = -252.2\text{MPa (C)}$$

3) C점 : z=−95, y=−90
$$\therefore \sigma_x = \frac{M_z(I_{yz}z - I_y y)}{I_y I_z - I_{yz}^2} = -96.1\text{MPa (C)}$$

4) D점 : z=95, y=90
$$\therefore \sigma_x = \frac{M_z(I_{yz}z - I_y y)}{I_y I_z - I_{yz}^2} = 96.1\text{MPa (T)}$$

$\therefore$ A(인장), B(압축)점에서 최대 휨응력 252.2MPa이 발생한다.

▶ 중립축

중립축은 수직응력 $\sigma_x = 0$ 일 때이므로

$$(M_y I_z + M_z I_{yz})z - (M_z I_y + M_y I_{yz})y = 0$$

$$\therefore \tan\beta = \frac{y}{z} = \frac{M_y I_z + M_z I_{yz}}{M_z I_y + M_y I_{yz}} = \frac{I_{yz}}{I_y} = 1.335 \quad \therefore \beta = 53.17°$$

비대칭 하중과 비대칭 단면

아래 그림과 같이 L형 앵글(L-150×150×15mm) 단면의 단순지지된 보의 지간 중앙에 집중하중 P=22.5kN의 힘이 작용한다. 이 경우 비대칭 휨에 의한 (1) 점A 위치에서의 x축방향의 응력 σ_x를 구하고 (2) 중립축의 위치를 구하시오(단, 휨에서 전단효과는 무시하고, 보의 비틀림(twisting)은 방지되었다고 가정).

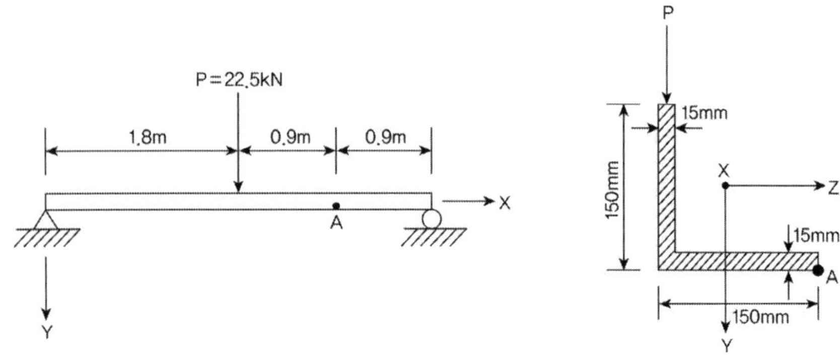

풀 이

▶ 도심 산정

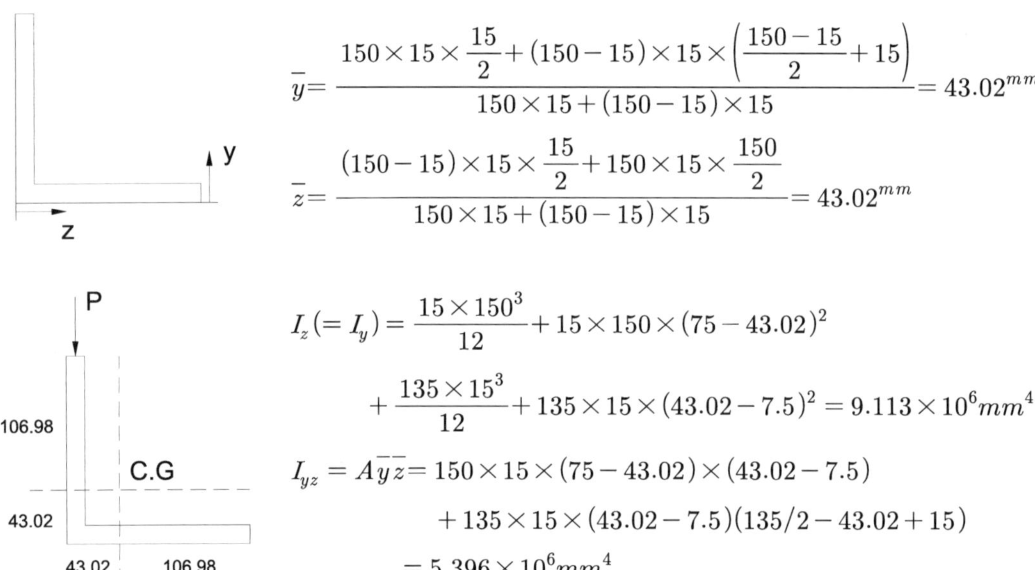

$$\overline{y}=\frac{150\times15\times\dfrac{15}{2}+(150-15)\times15\times\left(\dfrac{150-15}{2}+15\right)}{150\times15+(150-15)\times15}=43.02^{mm}$$

$$\overline{z}=\frac{(150-15)\times15\times\dfrac{15}{2}+150\times15\times\dfrac{150}{2}}{150\times15+(150-15)\times15}=43.02^{mm}$$

$$I_z(=I_y)=\frac{15\times150^3}{12}+15\times150\times(75-43.02)^2$$

$$+\frac{135\times15^3}{12}+135\times15\times(43.02-7.5)^2=9.113\times10^6mm^4$$

$$I_{yz}=A\overline{y}\,\overline{z}=150\times15\times(75-43.02)\times(43.02-7.5)$$

$$+135\times15\times(43.02-7.5)(135/2-43.02+15)$$

$$=5.396\times10^6mm^4$$

➤ **A점의 단면력 산정**

$$M_{A(z)} = \frac{P}{2} \times \frac{l}{4} = \frac{Pl}{8} = \frac{22.5^{kN} \times 3.6^{m}}{8} = 10.125^{kNm}$$

보의 비틀림 방지로 가정하였으므로 $M_{A(y)} = 0$

(방지되었다고 가정하지 않을 경우, $M_{A(y)} = 22.5^{kN} \times (43.02 - 7.5) = 799.2^{kNmm}$)

➤ **비대칭 단면보에서 임의점의 수직응력**

$$\sigma_x = \frac{(M_y I_z + M_z I_{yz})z - (M_z I_y + M_y I_{yz})y}{I_y I_z - I_{yz}^2}$$

중립축에서 $\sigma_x = 0$: $(M_y I_z + M_z I_{yz})z - (M_z I_y + M_y I_{yz})y = 0$

$$\therefore \tan\theta = \frac{z}{y} = \frac{(M_z I_y + M_y I_{yz})}{(M_y I_z + M_z I_{yz})}$$

주어진 문제에서 $M_y = 0$ 이므로,

$$\therefore \sigma_x = \frac{M_z I_{yz} z - M_z I_y y}{I_y I_z - I_{yz}^2}$$

$$= \frac{10.125 \times 10^6 \times 5.396 \times 10^6 \times 106.98 - 10.125 \times 10^6 \times 9.113 \times 10^6 \times 43.02}{9.113^2 \times 10^{12} - 5.396^2 \times 10^{12}}$$

$$= 34.8^{MPa} \ (C)$$

$$\therefore \tan\theta = \frac{z}{y} = \frac{(M_z I_y + M_y I_{yz})}{(M_y I_z + M_z I_{yz})} = \frac{M_z I_y}{M_z I_{yz}} = 1.689, \qquad \theta = 59.36°$$

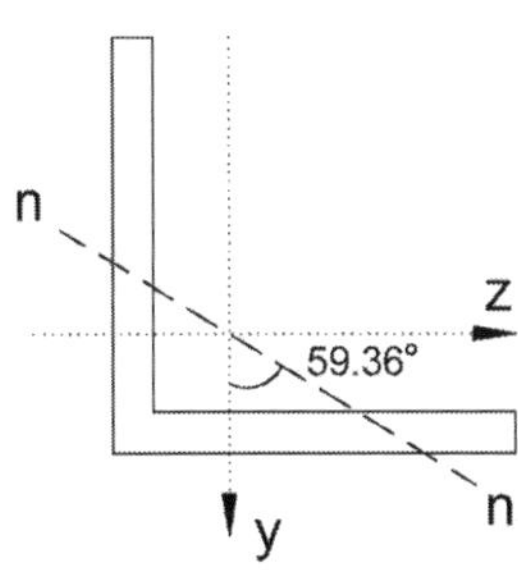

비대칭 하중과 비대칭 단면

캔틸레버 T형보에 다음과 같은 하중이 작용할 경우 아래 사항을 검토하시오.

1) T형보의 도심, 단면2차 모멘트, B점의 단면1차모멘트
2) 캔틸레버 보의 부재력 산정
3) A점의 주응력, 최대전단응력
4) B점의 주응력, 최대전단응력

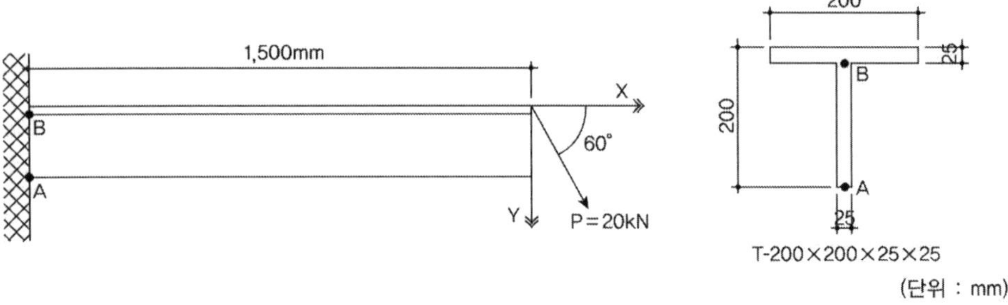

풀 이

▶ 개요

비대칭 단면의 주응력, 최대전단응력 산정을 위하여 단면의 상수(도심, 단면2차모멘트, 단면1차모멘트)를 산정하고 부재의 부재력과 응력을 구한다.

▶ 단면의 상수

1) 도심 : T형보의 상단으로부터 떨어진 거리를 y 라 하면 도심의 위치는

$$\bar{y} = \frac{\sum A \bar{x}}{\sum A} = \frac{\left[200 \times 25 \times \dfrac{25}{2} + (200 - 25) \times 25 \times \left(25 + \dfrac{(200 - 25)}{2} \right) \right]}{200 \times 25 + (200 - 25) \times 25} = 59.167 mm$$

2) 단면2차모멘트

$$I_z = \sum I_0 + \sum A d^2 = \frac{200 \times 25^3}{12} + \frac{25 \times (200 - 25)^3}{12}$$

$$+ (200 \times 25)\left(59.16 - \frac{25}{2} \right)^2 + (175 \times 25)\left(59.16 - 25 - \frac{175}{2} \right)^2 = 34,759,115 mm^4$$

3) A, B점의 단면1차모멘트

$$Q_B = \int y dA = (200 \times 25) \times \frac{25}{2} = 62,500 mm^3, \qquad Q_A = 0$$

4) 면적

$$A = 200 \times 25 + (200 - 25) \times 25 = 9,375 mm^2$$

▶ 부재력 산정

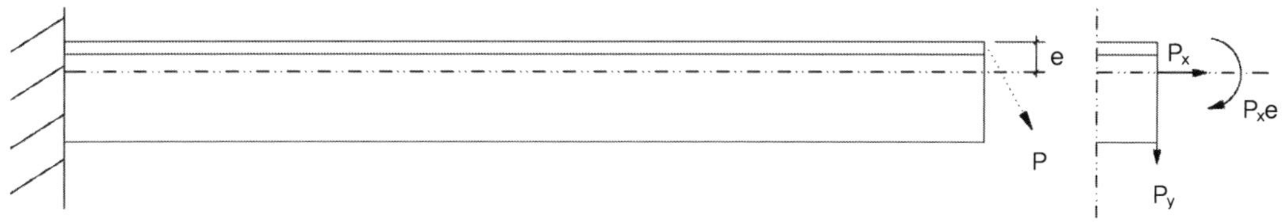

$$P_x = P\cos 60° = 10kN, \qquad P_y = P\sin 60° = 17.32kN$$

편심으로 인한 모멘트 $M_e = P_x e = P\cos 60° \times 59.167^{mm} = 591.67 kNmm$

단부의 반력 산정
$$V_R = P_y = 17.32kN(\uparrow), \ H_R = P_x = 10kN(\leftarrow), \ M_R = P_y \times L = 25,980.76kNmm(\downarrow)$$

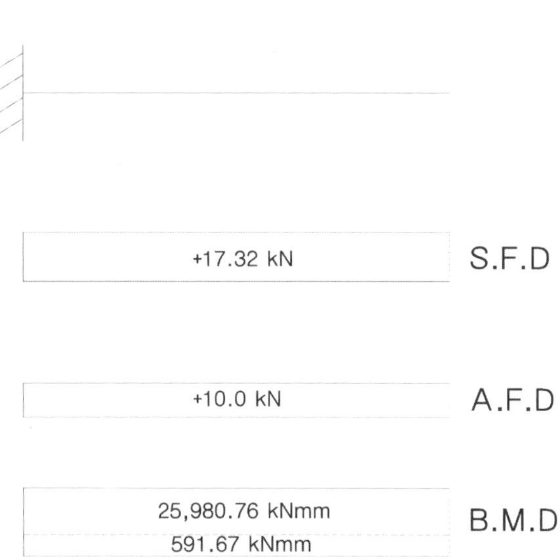

1) A점의 응력

$$\sigma_A = \frac{P_x}{A} - \frac{(M_R + M_e)}{I}y = \frac{10 \times 10^3}{9,375} - \frac{(591.67 \times 10^3 + 25,980.76 \times 10^3)}{34,759,115}$$

$$\times (200 - 59.167) = 1.067 - 107.663 = -106.596 MPa$$

$$\tau_A = \frac{VQ}{Ib} = 0$$

$$\therefore \ \sigma_{1,\,2} = \frac{\sigma_x + \sigma_y}{2} \pm \sqrt{\left(\frac{\sigma_x - \sigma_y}{2}\right)^2 + \tau_{xy}^2} = -106.596 MPa, \quad 0 MPa$$

$$\tau_{\max} = \sqrt{\left(\frac{\sigma_x - \sigma_y}{2}\right)^2 + \tau_{xy}^2} = 53.298 MPa$$

2) B점의 응력

$$\sigma_B = \frac{P_x}{A} + \frac{(M_R + M_e)}{I}y = \frac{10 \times 10^3}{9,375} + \frac{(591.67 \times 10^3 + 25,980.76 \times 10^3)}{34,759,115}$$

$$\times (59.167 - 25) = 1.067 + 26.119 = 27.186 MPa$$

$$\tau_A = \frac{VQ}{Ib} = \frac{17.32 \times 10^3 \times 62,500}{34,759,115 \times 25} = 1.2457 MPa$$

$$\therefore$$

$$\sigma_{1,\,2} = \frac{\sigma_x + \sigma_y}{2} \pm \sqrt{\left(\frac{\sigma_x - \sigma_y}{2}\right)^2 + \tau_{xy}^2} = 13.593 \pm 13.650 = 27.243 MPa, \quad -0.06 MPa$$

$$\tau_{\max} = \sqrt{\left(\frac{\sigma_x - \sigma_y}{2}\right)^2 + \tau_{xy}^2} = 13.65 MPa$$

비대칭 하중과 비대칭 단면 : ㄷ형강 비틀림과 모멘트

그림과 같이 y축 대칭인 Channel 단면에 $M = 15\text{kNm}$의 휨모멘트가 yz평면상의 z축에 30° 경사진 상태로 작용하고 있을 때 다음을 구하시오(단, $I_y = 4.18 \times 10^7 \text{mm}^4$, $I_z = 2.94 \times 10^6 \text{mm}^4$이다).

1) Channel 단면에 발생하는 최대 수직응력(인장 및 압축)
2) 모멘트로 인한 중립축과 y축의 사이각 ϕ

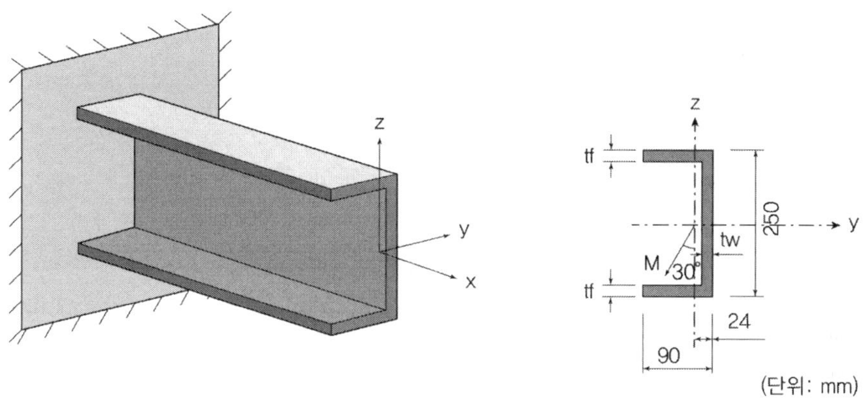

풀 이

▶ 최대 수직응력

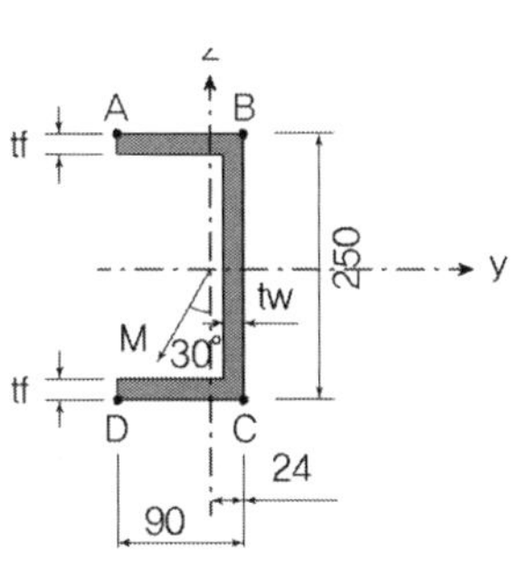

하중 작용점이 중립축이라고 가정하면,

$$\sigma_x = \frac{M\sin\theta}{I_y}z - \frac{M\cos\theta}{I_z}y$$

위치	y(mm)	z(mm)	σ_x	
A	−66	125	314.05	(압축)
B	24	125	−83.62	(인장)
C	−66	−125	269.19	(압축)
D	24	−125	−128.47	(인장)

∴ 최대 수직응력은 A점에서 $\sigma_x = 314.05\text{MPa}$(압축), $\sigma_x = -128.47\text{MPa}$(인장) 발생

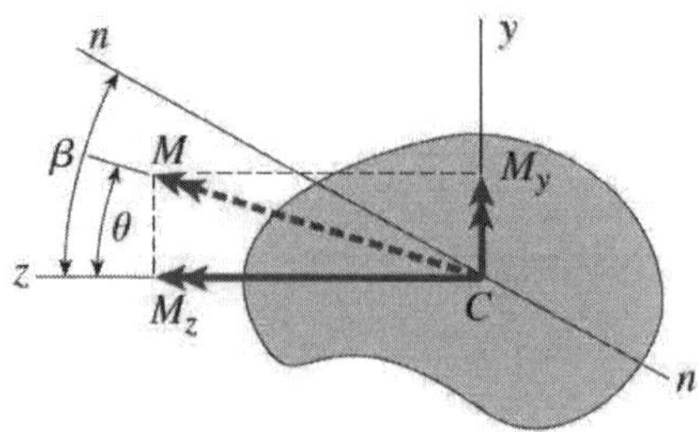

① 중립축은 수직응력 $\sigma_x = 0$ 일 때이므로 $\sigma_x = \dfrac{Msin\theta}{I_y}z - \dfrac{Mcos\theta}{I_z}y = 0$

② 중립축과 z축 사이의 각 β는 $\tan\beta = \dfrac{y}{z} = \dfrac{I_z}{I_y}\tan\theta$

$$\tan\beta = \dfrac{y}{z} = \dfrac{2.94 \times 10^6}{4.18 \times 10^7}\tan30° = 0.0406 \quad \therefore \ \beta = 2.325°, \ \phi = 90 - \beta = 87.67°$$

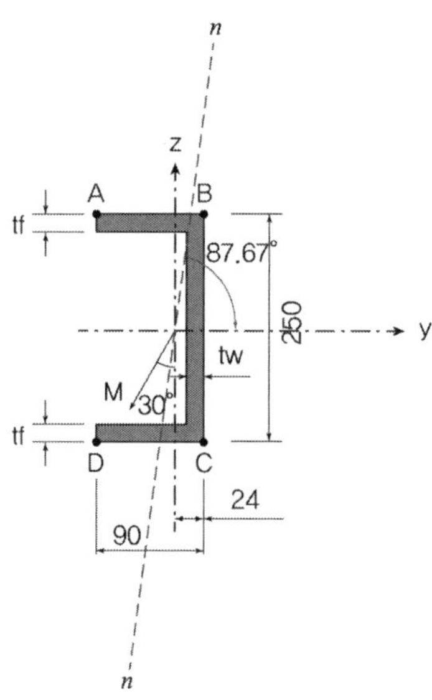

비대칭 하중과 비대칭 단면 : 주축 회전

길이 L인 캔틸레버보의 자유단 단부에 하중 P가 작용할 때, 그림과 같은 직사각형 단면의 y방향 최대변위와 최대 휨응력을 구하시오.

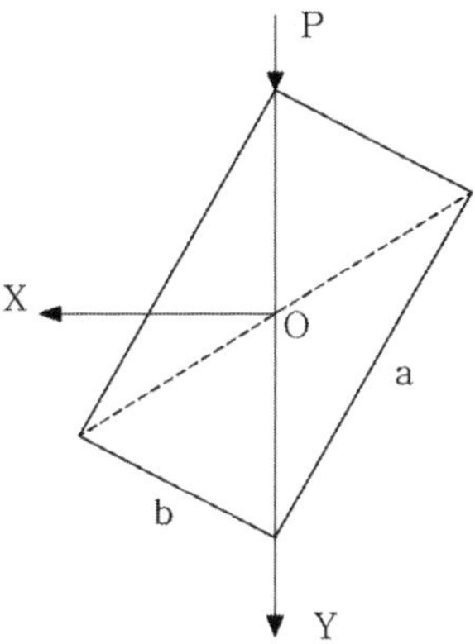

풀 이

▶ 개요

비대칭 보 단면의 휨모멘트 산정에 관한 문제로 하중을 좌표축에 따라 분리하여 산정한다.

▶ 하중의 분배

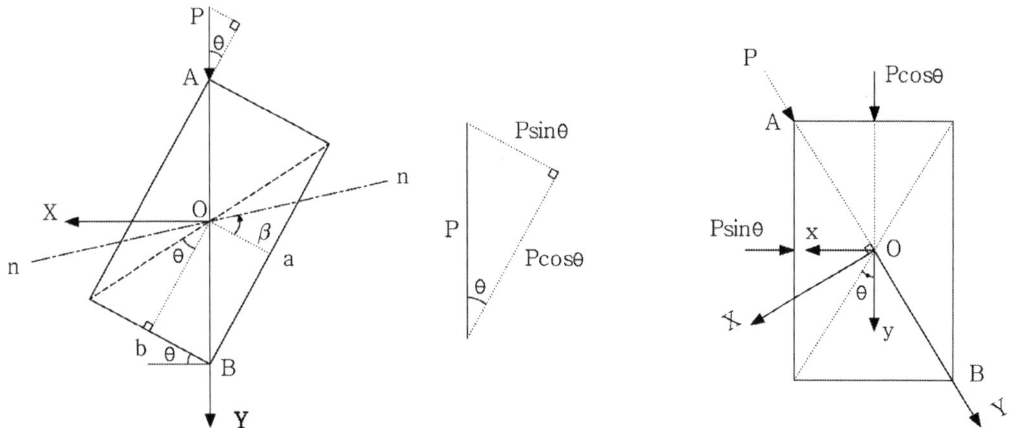

$$\tan\theta = \frac{b}{a}, \quad \sin\theta = \frac{b}{\sqrt{a^2+b^2}}, \quad \cos\theta = \frac{a}{\sqrt{a^2+b^2}}$$

$$\therefore\; P_x = P \times \sin\theta = \frac{Pb}{\sqrt{a^2+b^2}}, \quad P_y = P \times \sin\theta = \frac{Pa}{\sqrt{a^2+b^2}}$$

$$M_x = P_y \times L = \frac{PLa}{\sqrt{a^2+b^2}}, \quad M_y = P_x \times L = \frac{PLb}{\sqrt{a^2+b^2}}$$

▶ 단면의 특성

$$I_x = \frac{ba^3}{12},\; I_y = \frac{ab^3}{12},\; I_{xy} = 0$$

▶ 최대 휨응력의 산정

$$\sigma_z = -\kappa_y E y - \kappa_x E x = \frac{(M_y I_x + M_x I_{yx})x - (M_x I_y + M_y I_{yx})y}{I_y I_x - I_{yx}^2} = \frac{M_y I_x x - M_x I_y y}{I_y I_x}$$

$$= \left[\frac{PLb}{\sqrt{a^2+b^2}} \times \frac{ba^3}{12} \times x - \frac{PLa}{\sqrt{a^2+b^2}} \times \frac{ab^3}{12} \times y\right] \times \frac{12}{ba^3} \times \frac{12}{ab^3}$$

$$= \frac{PLa^2 b^2}{12\sqrt{a^2+b^2}}(ax - by) \times \frac{12^2}{a^4 b^4}$$

$$= \frac{12PL(ax - by)}{a^2 b^2 \sqrt{a^2+b^2}}$$

여기서 중립축(n-n, Neutral axis)은 $\tan\beta = \dfrac{I_x}{I_y}\tan\theta = \left(\dfrac{a}{b}\right)^2\dfrac{b}{a} = \dfrac{a}{b}$

$\therefore$ 최대 휨 압축응력은 A점에서 발생하므로 $(x,\, y) = (b/2,\, -a/2)$

$$\sigma_z = \frac{12PL(ax - by)}{a^2 b^2 \sqrt{a^2+b^2}} = \frac{12PL}{ab\sqrt{a^2+b^2}} \;\text{(compression)}$$

최대 휨 인장응력은 B점에서 발생하므로 $(x,\, y) = (-b/2,\, a/2)$

$$\sigma_z = \frac{12PL(ax - by)}{a^2 b^2 \sqrt{a^2+b^2}} = -\frac{12PL}{ab\sqrt{a^2+b^2}} \;\text{(tension)}$$

▶ 최대 변위의 산정

$$\delta_x = \frac{P_x L^3}{3EI_y} = \frac{4PL^3}{a^2 bE\sqrt{a^2+b^2}}, \quad \delta_y = \frac{P_y L^3}{3EI_x} = \frac{4PL^3}{ab^2 E\sqrt{a^2+b^2}}$$

$$\therefore\; \delta = \sqrt{\delta_x^2 + \delta_y^2} = \frac{4PL^3}{a^2 b^2 E}$$

풀이에서 중립축(n–n, Neutral axis)은 $\tan\beta = \dfrac{I_x}{I_y}\tan\theta = \left(\dfrac{a}{b}\right)^2\dfrac{b}{a} = \dfrac{a}{b}$ 이므로 폭 b와 높이 a를 가지는 사각형의 대칭단면을 β만큼 좌표축을 회전한 것과 같다. 축회전에 의한 단면 2차 모멘트는 다음과 같이 표현된다.

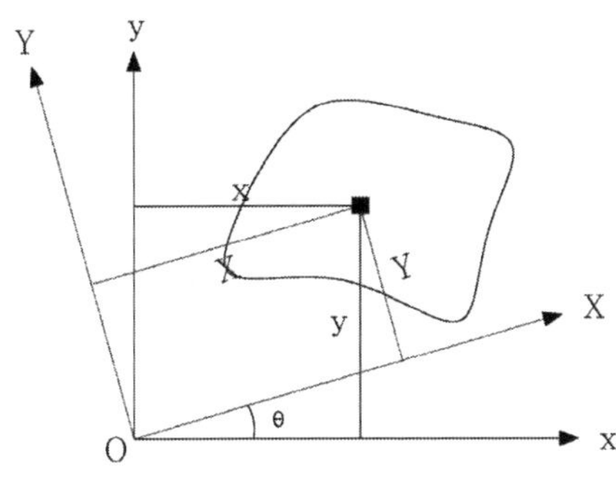

축이 θ만큼 회전하게 되면,

$$X = x\cos\theta + y\sin\theta, \quad Y = -x\sin\theta + y\cos\theta$$

이므로,

$$I_X = \int Y^2 dA = \int (y\cos\theta - x\sin\theta)^2 dA$$
$$= \int (y^2\cos^2\theta - 2xy\sin\theta\cos\theta + x^2\sin^2\theta)dA$$
$$= I_x\cos^2\theta - 2I_{xy}\sin\theta\cos\theta + I_y\sin^2\theta$$

따라서 주어진 단면은 사각형 단면의 주축을 시계방향으로 β만큼 회전시킨 것이므로, 다음과 같이 X축의 단면2차 모멘트를 산정할 수 있다.

$$I_x = \frac{ba^3}{12},\ I_y = \frac{ab^3}{12},\ I_{xy} = 0$$

$$\tan\beta = \frac{a}{b},\ \sin\beta = \frac{a}{\sqrt{a^2+b^2}},\ \cos\beta = \frac{b}{\sqrt{a^2+b^2}}$$

$$I_X = I_x\cos^2\beta - 2I_{xy}\sin\beta\cos\beta + I_y\sin^2\beta = \frac{ba^3}{12}\times\frac{b^2}{a^2+b^2} + \frac{ab^3}{12}\times\frac{a^2}{a^2+b^2} = \frac{a^3b^3}{6(a^2+b^2)}$$

비대칭 하중과 비대칭 단면 : 비대칭 휨모멘트

다음 그림과 같이 h=25cm인 I빔에 2°의 경사로 휨모멘트가 작용할 때 수직으로 휨모멘트가 작용할 경우보다 A점에서의 인장응력이 몇 %가 증가하는지 계산하시오(단, 단면2차모멘트 $I_z=5700cm^4$, $I_y=330cm^4$).

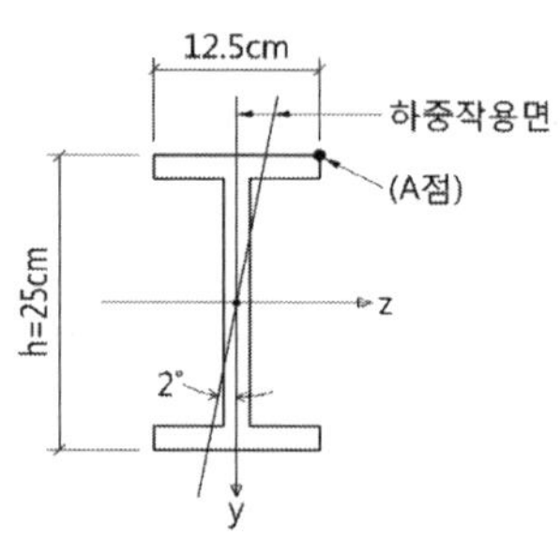

풀 이

▶ 개요

2축대칭 단면의 비대칭 휨모멘트에 대해서 휨모멘트 분력을 통해 산정한다.

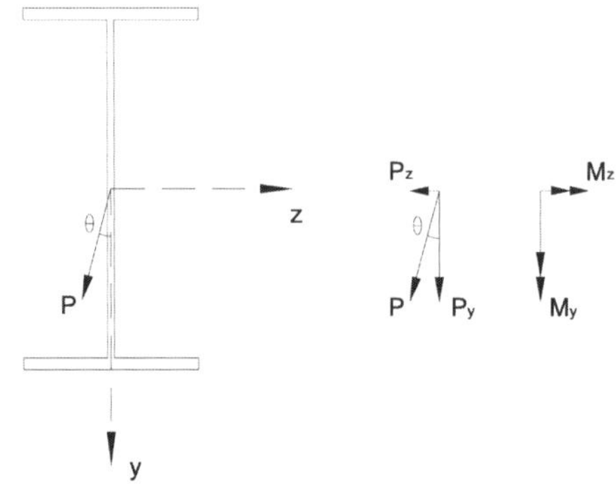

▶ 휨모멘트 분력

$$P_z = P\sin\theta, \quad P_y = P\cos\theta$$

$$M_y = P_z L = PL\sin\theta, \quad M_z = P_y L = PL\cos\theta$$

A점 $z = \dfrac{b}{2} = \dfrac{12.5}{2} = 6.25cm, \quad y = -\dfrac{25}{2} = -12.5cm$

▶ 인장응력 산정

1) 수직하중 작용 시

$$\sigma_A = -\frac{M_z}{I_y}z = -\frac{PL}{I_z}\left(-\frac{h}{2}\right) = 0.0021936PL$$

2) 경사하중 작용 시

$$\sigma_A{}' = \frac{M_y}{I_y}z - \frac{M_z}{I_z}y = \frac{PL\sin\theta}{I_z}\left(\frac{b}{2}\right) - \frac{PL\cos\theta}{I_z}\left(\frac{h}{2}\right) = 0.002853PL$$

3) 응력비교

$$\frac{\sigma_A{}'}{\sigma_A} = 1.3008 \quad \therefore \text{ 약 30\% 정도 응력이 증가한다.}$$

평면응력 : 막응력

내부에 균일한 압력 p=3MPa을 받는 원형탱크(circular tank) 구조물이 있다. 직경이 4m, 높이가 3m이고 부재의 두께가 3cm일 때, 2축 막응력(膜應力, biaxial membrane stress)을 산정하는 일반식을 유도하고 이를 이용하여 자오선응력(meridional stress) σ_2과 원환응력(hoop stress) σ_1를 구하시오.

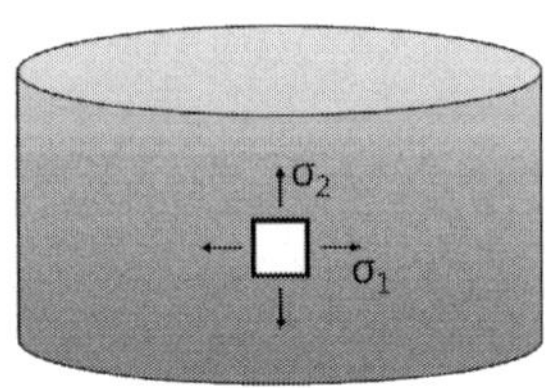

풀 이

> **개요**

균일한 압력을 받고 있는 압력용기의 평면응력을 산정하는 문제로 원주응력(원환응력, 후프응력 circumferential stress, hoop stress)과 길이방향응력(자오선응력, 축방향응력, longitudinal stress, axial stress, meridional stress)의 2개의 주응력이 발생한다.

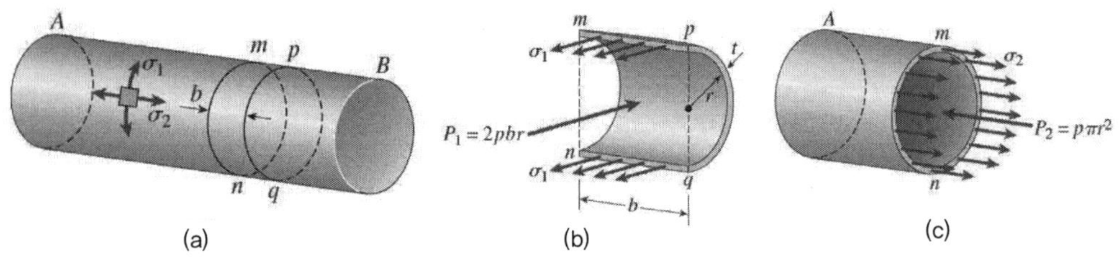

> **일반식 유도 및 응력산정**

1) 원주응력(원환응력, 후프응력 circumferential stress, hoop stress)

그림 (b)로부터, $\sigma_1(2bt) - p(2rb) = 0$ $\therefore \sigma_1 = \dfrac{pr}{t} = \dfrac{3 \times 2000}{30} = 200 MPa$

2) 길이방향응력(자오선응력, 축방향응력, longitudinal stress, axial stress, meridional stress)

그림 (c)로부터, $\sigma_2(2\pi rt) - p(\pi r^2) = 0$ $\therefore \sigma_2 = \dfrac{pr}{2t} = \dfrac{3 \times 2000}{2 \times 30} = 100 MPa$

04 비틀림과 전단중심

1. 비틀림

비틀림 모멘트 T가 탄성 봉의 길이 방향 축에 대해 작용할 때 봉의 단면에는 전단응력이 발생한다. 원형단면의 경우 변형 후에도 단면이 평형을 유지하고 반경선이 직선을 유지한다고 가정하면 전단응력과 비틀림 각 θ 는 다음 식으로 주어진다.

$$\tau = \frac{Tr}{J}, \quad \theta = \frac{TL}{GJ}$$

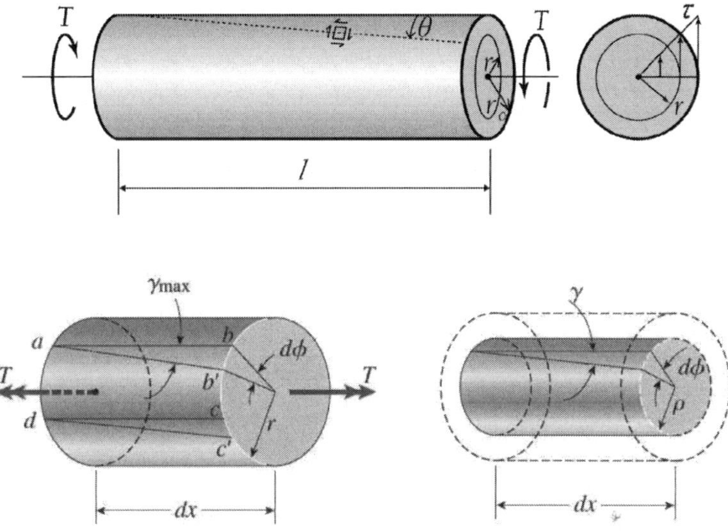

$$\gamma_{\max} \approx \tan\gamma_{\max} = \frac{bb'}{ab} = \frac{rd\phi}{dx} = r\theta$$

$$\theta = \frac{d\phi}{dx} = \frac{\phi}{L}$$

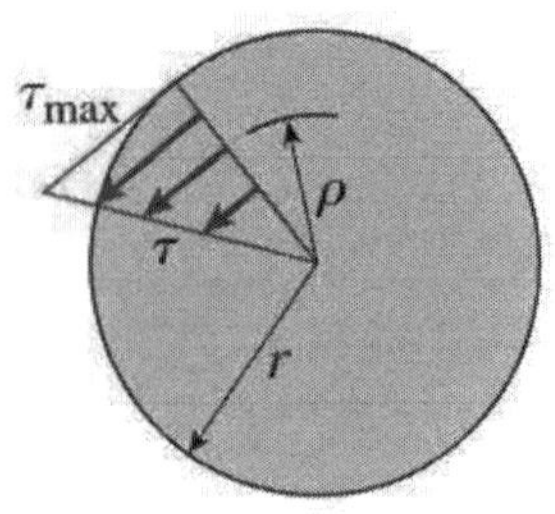

Hook's 법칙 : $\tau = G\gamma$

$$\tau_{max} = Gr\theta$$

$$\tau = G\rho\theta = \frac{\rho}{r}\tau_{max}$$

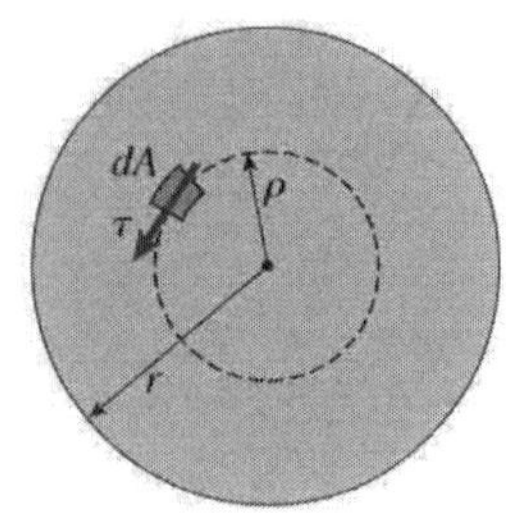

$$dM = \tau\rho dA = \frac{\tau_{max}}{r}\rho^2 dA$$

$$T = \int_A dM = \frac{\tau_{max}}{r}\int_A \rho^2 dA = \frac{\tau_{max}}{r}I_p$$

$$J = I_p = \int_A \rho^2 dA \ : \ \text{극관성 모멘트}, \quad \tau_{max} = \frac{Tr}{I_p}$$

1) 두께가 얇은 관(Thin walled tube)

$f = \tau t$ (전단흐름)은 일정하고 최대전단응력이 관의 두께가 최소인 곳에서 발생한다. 전단흐름의 단위는 단위길이당 전단력이다.

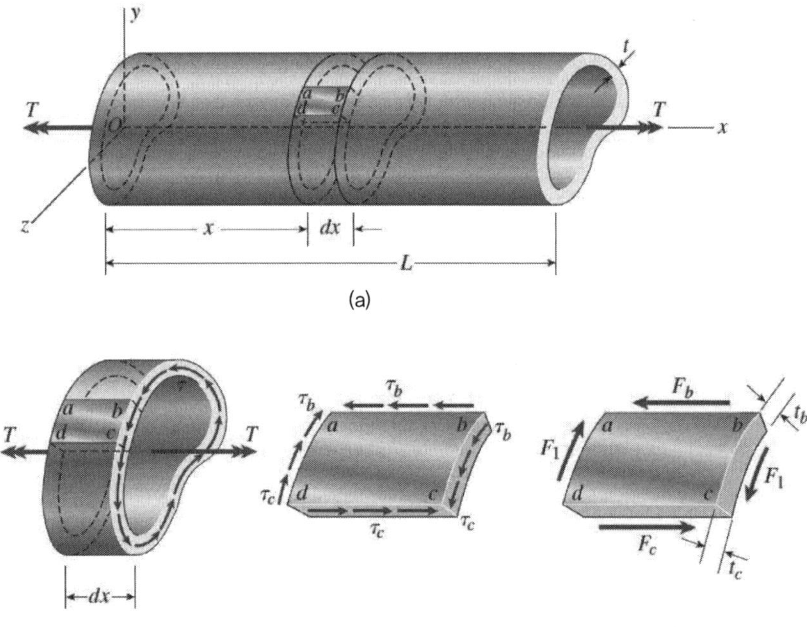

(a)

(b)　　　　　(c)　　　　　(d)

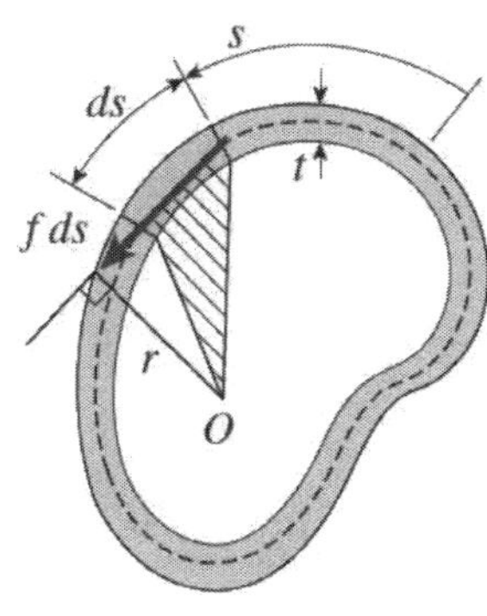

미소요소에 작용하는 전단력의 크기는 fds이므로 O점에 대한 모멘트는

$$dT = rfds$$

$$\therefore\ T = f\int_0^{L_m} rds = 2fA_m\ (A_m : \text{중심선의 면적})$$

$$f = \frac{T}{2A_m} = \tau t \qquad \therefore\ \tau = \frac{T}{2tA_m}$$

2) 박판구조물의 비틀림 상수의 유도

미소요소 abcd의 체적은 $tdsdx$이며, 변형에너지 밀도는 $\tau^2/2G$이므로 미소요소에 저장된 에너지는

$$dU = \frac{\tau^2}{2G}tdsdx = \frac{\tau^2 t^2}{2G}\frac{ds}{t}dx = \frac{f^2}{2G}\frac{ds}{t}dx$$

$$\therefore\ U = \int dU = \frac{f^2}{2G}\int_0^{L_m}\frac{ds}{t}\int_0^L dx = \frac{f^2 L}{2G}\int_0^{L_m}\frac{ds}{t}, \qquad f = \frac{T}{2A_m}\ \text{을 대입하면}$$

$$U = \frac{T^2 L}{8GA_m^2}\int_0^{L_m}\frac{ds}{t}\ \text{이므로,}\quad U = \frac{T^2 L}{2GJ}\ \text{라고 하면}$$

$$\therefore\ J = \frac{4A_m^2}{\displaystyle\int_0^{L_m}\frac{ds}{t}}\ \ (\text{두께가 일정할 경우}\ J = \frac{4tA_m^2}{L_m})$$

2. 전단중심(shear center) ^{42회/110회/126회/129회}

비틀림이 없이 보가 휨모멘트와 전단력을 받기 위해서는 특정한 점인 전단중심(Shear center)에 하중이 작용하여야 한다.

① 2축 대칭보 : 전단중심 S와 도심 C가 일치하므로 비틀림 없이 휨이 작용한다.

② 1축 대칭보 : 전단중심 S와 도심 C는 모두 대칭축상에 서로 다른 점에 위치하며 하중을 y축 성분과 z축 성분으로 분해해서 해석해야 한다.

③ 비대칭단면 : 도심 C를 찾고 주축 $y-z$축을 찾아서 하중을 y축 성분과 z축 성분으로 분해해서 해석

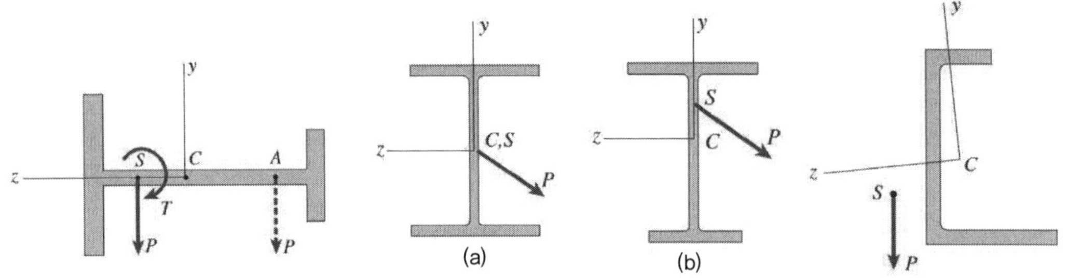

1) 두께가 얇은 열린 단면 보의 전단응력(thin-walled open cross section)

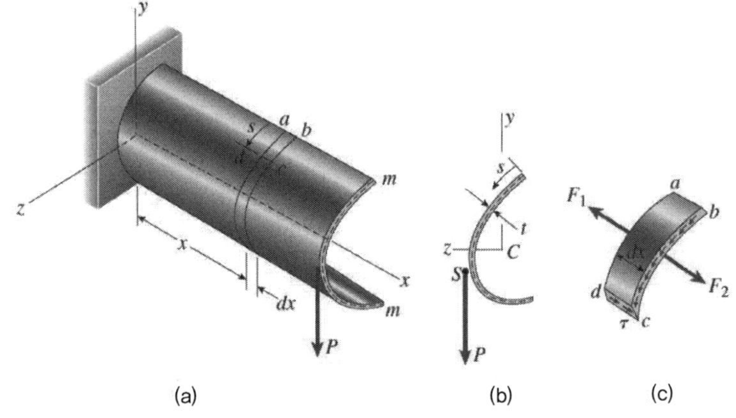

보의 임의의 점에서의 수직응력은 $\sigma_x = -\dfrac{M_z}{I_z}y$

$$F_1 = \int_0^s \sigma_x dA = -\frac{M_{z1}}{I_z}\int_0^s y\,dA \; : \text{ad면에 작용하는 합력}$$

$$F_2 = \int_0^s \sigma_x dA = -\frac{M_{z2}}{I_z}\int_0^s y\,dA \quad : bc면에 작용하는 합력$$

ad 단면의 모멘트가 더 크므로 $F_1 > F_2$이며, 평형을 위하여 전단응력 τ가 cd면에 필요하다.

따라서 $\tau t dx + F_2 - F_1 = 0$

$$\tau = \left(\frac{M_{z2} - M_{z1}}{dx}\right)\frac{1}{I_z t}\int_0^s dA$$

여기서 $\left(\dfrac{M_{z2} - M_{z1}}{dx}\right) = \dfrac{dM}{dx} = V_y$ 이므로,

$$\tau = \frac{V_y}{I_z t}\int_0^s y\,dA = \frac{V_y Q_z}{I_z t}$$

① 전단흐름

$$f = \tau t = \frac{V_y Q_z}{I_z} \quad : 전단흐름\ f는\ V_y와\ I_z가\ 일정하므로\ Q_z에\ 정비례한다.$$

② WF 상부플랜지의 전단응력

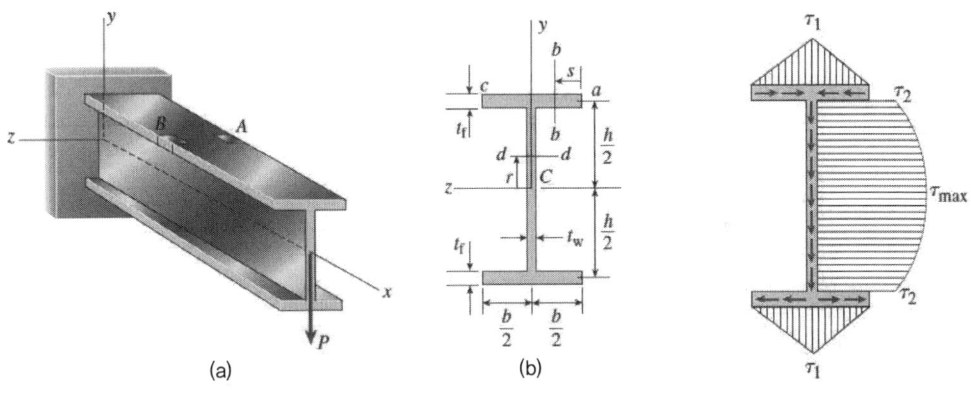

(a)   (b)

단면 bb에서의 전단응력 $Q_z = st_f \times \dfrac{h}{2}$

$$\tau_f = \frac{V_y Q_z}{I_z t} = \frac{P(st_f h/2)}{I_z t_f} = \frac{shP}{2I_z}$$

$s = b/2$ 일 때 $\tau_{max} = \tau_1 = \dfrac{bhP}{4I_z}$

③ 웨브의 전단응력

웨브의 상단 $Q_z = bt_f h/2$, 이때의 전단응력 $\tau_2 = \dfrac{bht_f P}{2I_z t_w}$

단면 dd에서 $Q_z = \dfrac{bt_f h}{2} + \left(\dfrac{h}{2} - r\right)t_w\left(\dfrac{h/2 + r}{2}\right) = \dfrac{bt_f h}{2} + \dfrac{t_w}{2}\left(\dfrac{h^2}{4} - r^2\right)$

∴ 중립축에서 r만큼 떨어진 웹의 전단응력은

$$\tau_w = \left(\dfrac{bt_f h}{t_w} + \dfrac{h^2}{4} - r^2\right)\dfrac{P}{2I_z}$$

중립축$(r = 0)$에서 $\tau_{\max} = \left(\dfrac{bt_f}{t_w} + \dfrac{h}{4}\right)\dfrac{Ph}{2I_z}$

2) Channel Section

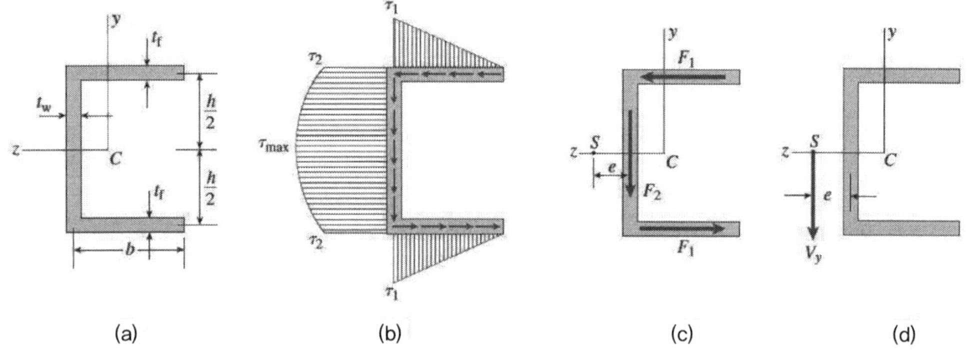

(a)   (b)   (c)   (d)

플랜지 $Q_z = bt_f h/2$

플랜지의 최대 전단응력 $\tau_1 = \dfrac{V_y Q_z}{I_z t_f} = = \dfrac{bh V_y}{2I_z}$

웨브 상단에서의 응력 $\tau_2 = \dfrac{V_y Q_z}{I_z t_w} = \dfrac{bt_f h V_y}{2t_w I_z}$

중립축에서 1차 단면 모멘트 $Q_z = \dfrac{bt_f h}{2} + \dfrac{ht_w}{2}\left(\dfrac{h}{4}\right) = \left(bt_f + \dfrac{ht_w}{4}\right)\dfrac{h}{2}$

∴ $\tau_{\max} = \dfrac{V_y Q_z}{I_z t_w} = \left(\dfrac{bt_f}{t_w} + \dfrac{h}{4}\right)\dfrac{h V_y}{2I_z}$

각 플랜지에 걸리는 수평 전단력 $F_1 = \left(\dfrac{\tau_1 b}{2}\right)t_f = \dfrac{hb^2 t_f V_y}{4I_z}$ (삼각형의 면적)

웹의 수직력(사각형 + 포물선의 면적)

$$F_2 = \tau_2 h t_w + \frac{2}{3}(\tau_{\max} - \tau_2)h t_w = \left(\frac{t_w h^3}{12} + \frac{bh^2 t_f}{2}\right)\frac{V_y}{I_z} = V_y$$

이때, 전단 중심의 위치는 $F_1 h - F_2 e = 0$: $e = \dfrac{b^2 h^2 t_f}{4I_z} = \dfrac{3b^2 t_f}{h t_w + 6b t_f}$

1. Warping torsion(뒴, 뒴비틀림)

외력이 부재의 전단중심에서 벗어나 작용하면 편심으로 인한 비틀림 모멘트가 발생하며 이러한 부재의 비틀림에는 순수비틀림(Pure torsion)과 뒤틀림(Warping torsion)으로 분류할 수 있다. 순수비틀림은 단면의 변형이나 길이방향의 직응력을 일으키지 않고 단면 전체가 일정하게 각 변위를 일으키는 비틀림이다. 이를 Saint vernant Torsion이라고도 하며 T_s로 나타내고, 순수비틀림에 의한 부재의 단위길이당 비틀림 각과 비틀림 모멘트는 다음과 같이 표시한다.

$$\frac{d\theta}{dz} = \frac{T_s}{GJ} \qquad T_s = GJ\frac{d\theta}{dz}$$

GJ : 단위길이당 단위비틀림각을 유발하는 데 필요한 비틀림 모멘트, 비틀림 강성(torsional rigidity)

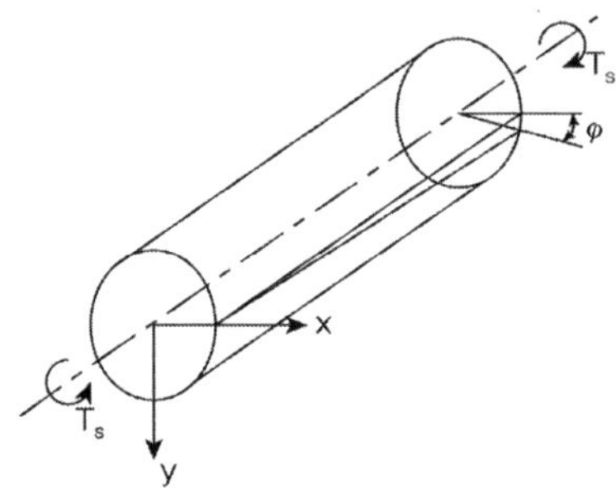

원형단면이 아닌 부재가 비틀림 하중을 받게 되면 뒤틀림변형을 동반하게 되며 H형강의 경우 단면에 작용하는 뒤틀림모멘트는 양쪽 플랜지에 작용하는 힘 V_f의 우력으로 치환할 수 있다. $V_f = T_w/h$로 계산되고 변형된 부재의 전단중심에서의 각 변위를 ϕ라고 하면 횡변위 $u_f = h\phi/2$가 된다. M_f와 u_f의 관계는 모멘트–곡률 관계식으로부터 다음처럼 표현할 수 있다.

$$M_f = -EI_f\frac{d^2 u_f}{dz^2}$$

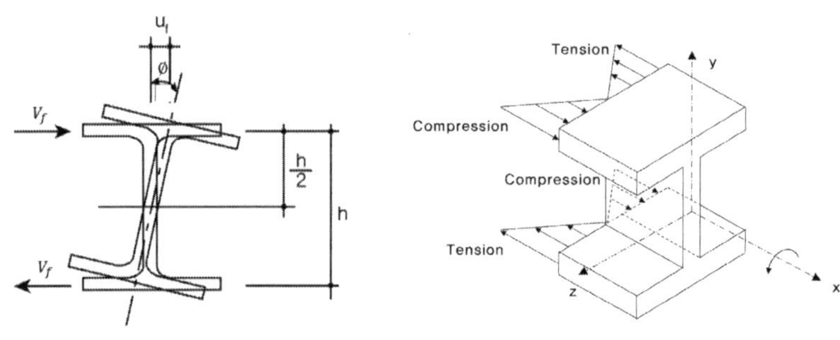

앞의 식에서 I_f는 한 플랜지의 y축에 대한 단면2차 모멘트이고 $V_f = dM_f/dz$이므로 단부에서의 뒤틀림 모멘트는 다음과 같이 비틀림 각으로 표시할 수 있다.

$$T_w = V_f h = -EI_f \frac{d^3 u_f}{dz^3}h, \quad u_f = \frac{h}{2}\phi, \quad \therefore T_w = -EI_f \frac{h}{2}\frac{d^3 \phi}{dz^3}h \quad \text{여기서 } I_y \approx 2I_f$$

$$T_w = -E\left(\frac{I_y}{2}\right)\frac{h^2}{2}\frac{d^3 \phi}{dz^3}$$

H형강의 뒤틀림상수(Warping constant)를 $C_w = \frac{h^2}{4}I_y$로 정의하면,

$$T_w = -EC_w \frac{d^3 \phi}{dz^3}$$

따라서 뒤틀림이 발생하는 H형강과 같은 부재의 비틀림 응력전달은 다음과 같이 순수비틀림과 뒤틀림에 의한 2개의 성분의 합으로 표시한다.

$$T = T_s + T_w = GJ\frac{d\theta}{dz} - EC_w \frac{d^3 \phi}{dz^3}$$

2. Distorsion(뒤틀림)

개단면(open section)과 달리 박스형 단면과 같은 폐단면(closed section)의 경우 편심하중을 받을 경우 비틀림 하중이 발생되며, 이때 비틀림 하중을 순수비틀림과 박스의 대각방향으로 집중되는 뒤틀림을 받을 수 있다.

1) 편심하중으로 인한 휨하중과 비틀림 하중으로의 분력

단일 박스거더 형식에 편심(e)만큼의 하중이 작용할 때 아래 그림과 같이 (a) 편심하중(P)은 (b) 휨하중(P/2+P/2)과 (c) 비틀림하중(m_T, P/2+−P/2)에 의한 응력으로 구분해 고려될 수 있다.

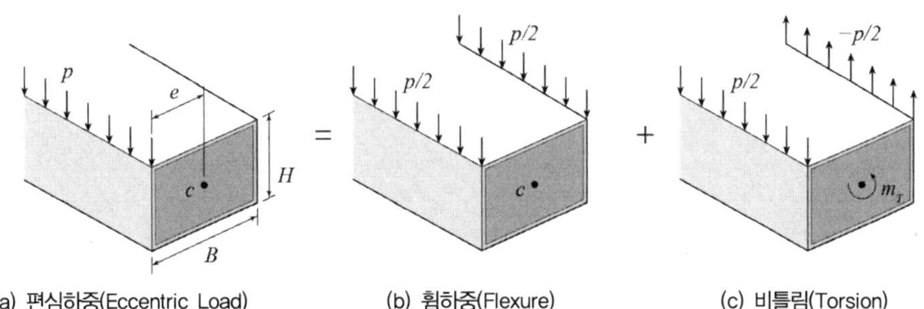

(a) 편심하중(Eccentric Load)　　(b) 휨하중(Flexure)　　(c) 비틀림(Torsion)

2) 비틀림 하중의 순수비틀림과 뒤틀림으로 분력

여기서 (c) 비틀림하중(m_T)은 다시 상자의 높이(H)와 폭(B)을 고려해 (d) 순수비틀림($m_T/2B$, $m_T/2H$)와 (e) 뒤틀림($m_T/2B$, $-m_T/2H$)의 합력으로 표현될 수 있으며 각각의 하중에 의해 발생하는 응력이 발생한다.

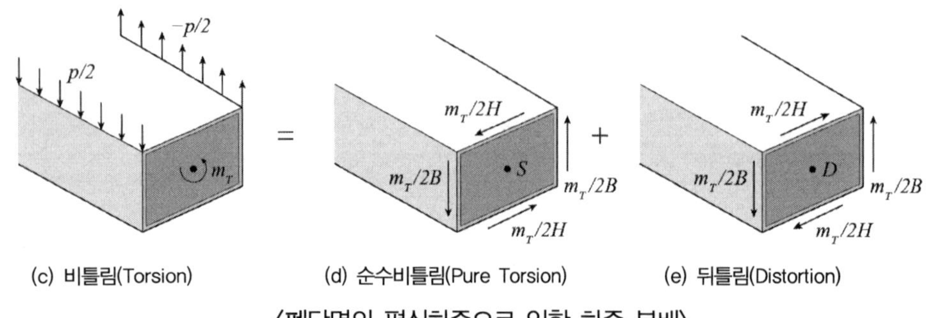

(c) 비틀림(Torsion)   (d) 순수비틀림(Pure Torsion)   (e) 뒤틀림(Distortion)

〈폐단면의 편심하중으로 인한 하중 분배〉

비틀림과 전단중심 : 전단중심

전단중심(Shear Center)의 정의와 단면의 대칭성에 따른 전단중심의 위치에 대하여 설명하시오.

풀 이

▶ 전단중심의 정의

단면에 휨이 작용할 때 비틀림이 없이 보가 휨 작용만 하는 중심점을 전단중심(shear center or center of twist)이라고 정의한다.

▶ 단면의 대칭성에 따른 전단중심의 위치

대칭단면의 경우 통상적으로 도심 축과 일치하나 비대칭 단면의 경우에는 별도의 전단응력 산정을 통해 전단중심을 산정하여야 한다.

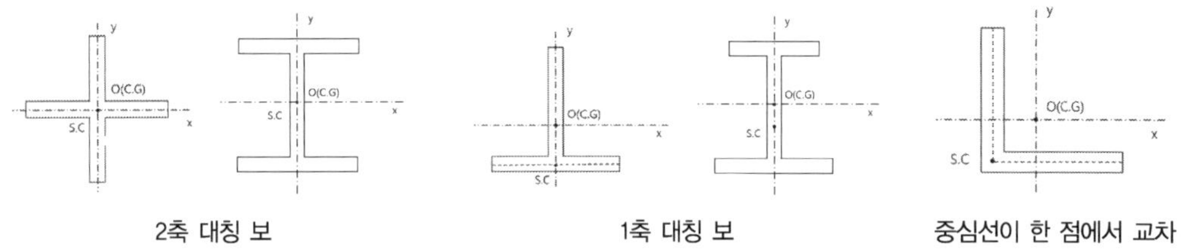

1) 2축 대칭 보 : 전단중심 S와 도심 C가 일치한다.

① +형강, 2축 대칭 H형강 : 2축 대칭 보로 전단중심 S와 도심 C가 일치한다.

2) 1축 대칭 보 : 전단중심 S와 도심 C는 대칭축 상의 서로 다른 점에 위치한다.

① T형강, 1축 대칭 H형강 : 1축 대칭 보로 전단중심 S와 도심 C는 대칭축(y축) 상의 서로 다른 점에 위치하며, 특히, 중심선이 1점에서 교차하는 개단면은 그 교점에 하중이 작용해야 비틀림이 작용하지 않는다.

3) 중심선이 1점에서 교차하는 개단면의 경우 그 교점이 전단중심이다.

① L형강 : 중심선이 1점에서 교차하는 개단면은 그 교점에 전단중심이 위치한다.

4) 어느 축도 대칭이 아닌 단면의 전단 중심은 축상 존재하지 않는 경우가 많아 따로 산정한다.

비틀림과 전단중심 : 전단중심

전단중심(shear center or center of twist)을 정의하고, 다음 그림과 같은 부재단면에서 전단중심의 위치를 나타내시오.

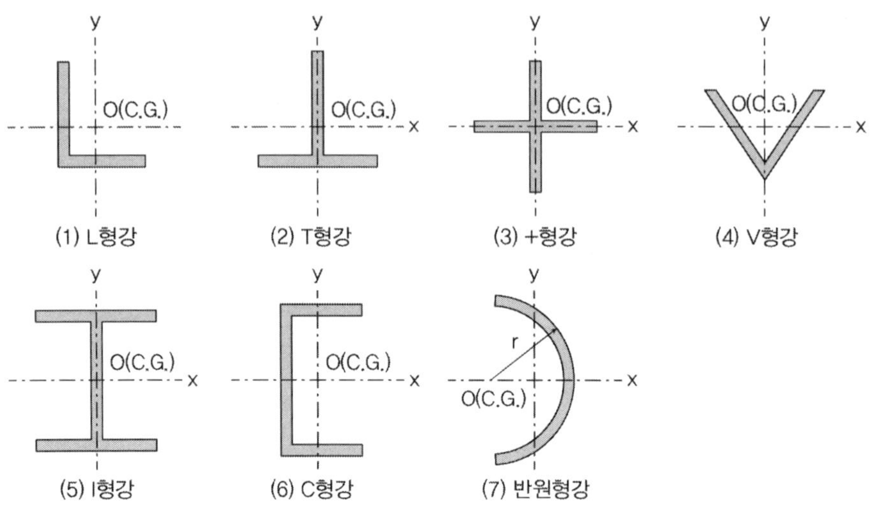

풀 이

▶ 개요

단면에 휨이 작용할 때 비틀림이 없이 보가 휨 작용만 하는 중심점을 전단중심(shear center or center of twist)이라고 정의한다. 대칭단면의 경우 통상적으로 도심 축과 일치하나 비대칭 단면의 경우에는 별도의 전단응력 산정을 통해 전단중심을 산정하여야 한다.

1) 2축 대칭 보 : 전단중심 S와 도심 C가 일치한다.

2) 1축 대칭 보 : 전단중심 S와 도심 C는 대칭축 상의 서로 다른 점에 위치한다.

3) 중심선이 1점에서 교차하는 개단면의 경우 그 교점이 전단중심이다.

4) 어느 축도 대칭이 아닌 단면의 전단 중심은 축상 존재하지 않는 경우가 많아 따로 산정한다.

▶ 부재별 전단중심

1) L형강 : 중심선이 1점에서 교차하는 개단면은 그 교점에 전단중심이 위치한다.

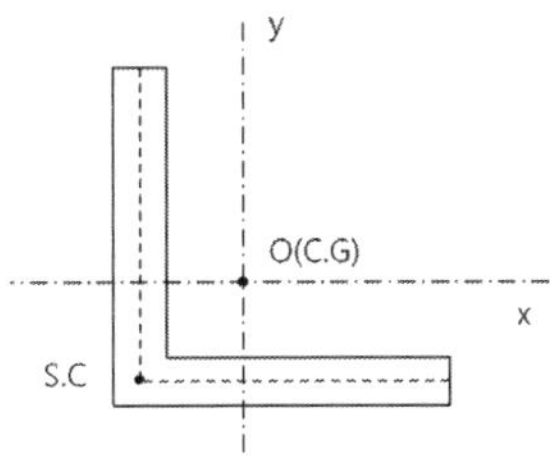

2) T형강 : 1축 대칭 보로 전단중심 S와 도심 C는 대칭축(y축) 상의 서로 다른 점에 위치하며, 특히, 중심선이 1점에서 교차하는 개단면은 그 교점에 하중이 작용해야 비틀림이 작용하지 않는다.

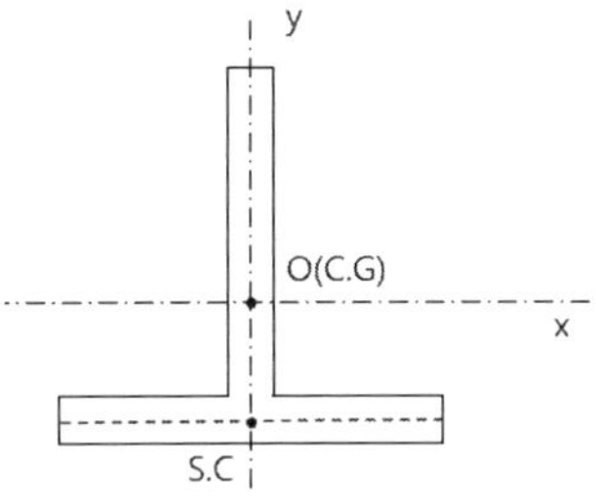

3) +형강 : 2축 대칭 보로 전단중심 S와 도심 C가 일치한다.

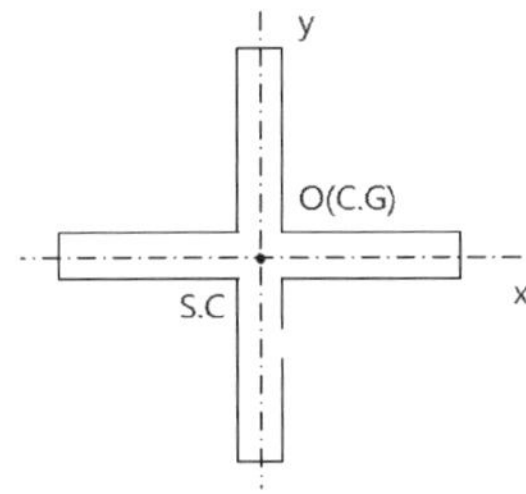

4) V형강 : 1축 대칭 보로 전단중심 S와 도심 C는 대칭축(y축) 상의 서로 다른 점에 위치하며, 특히, 중심선이 1점에서 교차하는 개단면은 그 교점에 하중이 작용해야 비틀림이 작용하지 않는다.

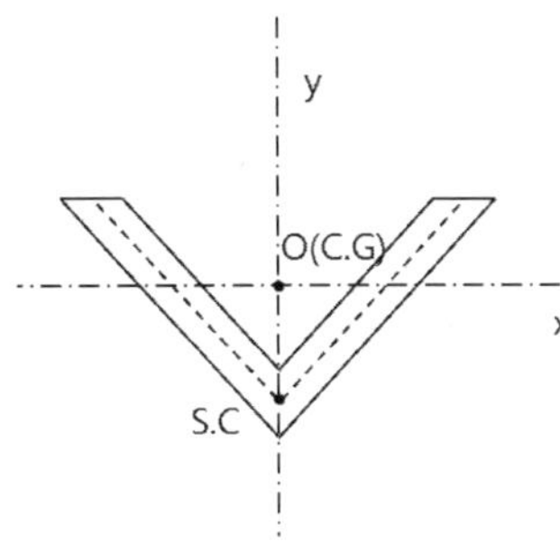

5) I형강 : 주어진 I형강은 2축 대칭 보로 가정한다. 2축 대칭 보의 경우 전단중심 S와 도심 C가 일치한

다. 1축 대칭 I형강인 경우 전단중심 S와 도심 C는 대칭축 상의 서로 다른 점에 위치한다.

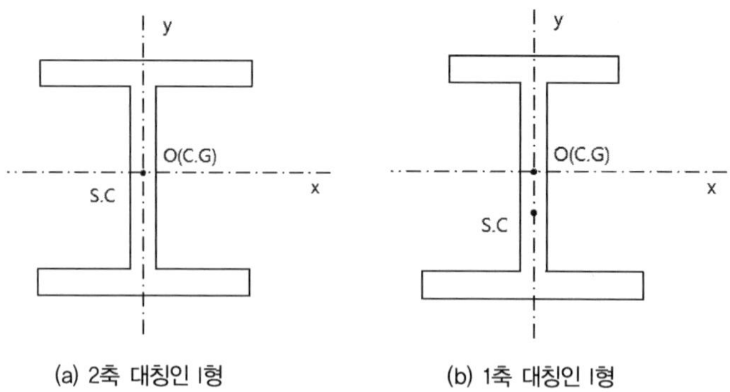

6) C형강 : 1축 대칭 보로 전단중심 S와 도심 C는 대칭축(x축) 상의 서로 다른 점에 위치한다.

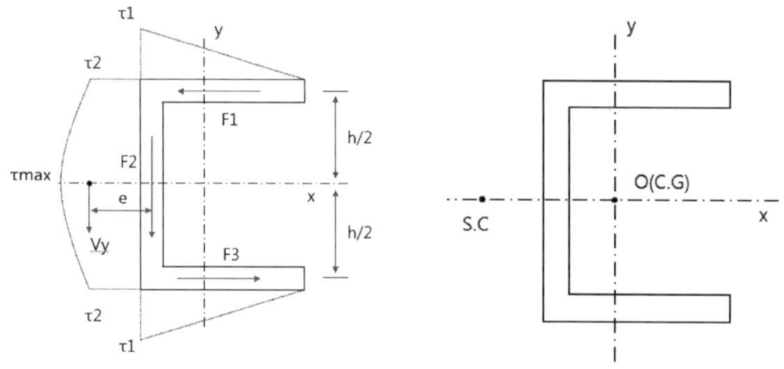

$$Q_x = \frac{bt_f h}{2}$$

플랜지 최대 전단응력 $\tau_1 = \dfrac{V_y Q_x}{I_x t_f} = \dfrac{bh\,V_y}{2I_x}$, 웨브 상단 $\tau_2 = \dfrac{V_y Q_x}{I_x t_w} = \dfrac{bt_f h\,V_y}{2t_w I_x}$

중립축에서 면적의 1차 모멘트 $Q_x = \dfrac{bt_f h}{2} + \dfrac{ht_w}{2}\left(\dfrac{h}{4}\right) = \dfrac{h}{2}\left(bt_f + \dfrac{ht_w}{4}\right)$

$$\therefore \ \tau_{\max} = \frac{V_y Q_x}{I_x t_w} = \frac{h\,V_y}{2I_x}\left(bt_f + \frac{ht_w}{4}\right)$$

플랜지의 전단력 $F_1 = \left(\dfrac{\tau_1 b}{2}\right)t_f = \dfrac{hb^2 t_f V_y}{4I_x}$

웨브의 전단력 $F_2 = \tau_2 ht_w + \dfrac{2}{3}(\tau_{\max} - \tau_2)ht_w = \left(\dfrac{t_w h^3}{12} + \dfrac{bh^2 t_f}{2}\right)\dfrac{V_y}{I_x} = V_y$

$$F_1 h - F_2 e = 0, \quad \therefore e = \frac{b^2 h^2 t_f}{4 I_x} = \frac{3 b^2 t_f}{h t_w + 6 b t_f}$$

7) 반원형강 : 1축 대칭 보로 전단중심 S와 도심 C는 대칭축(x축) 상의 서로 다른 점에 위치한다.

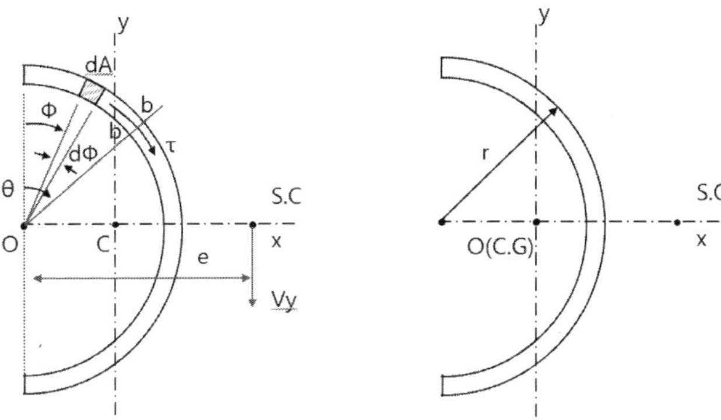

$$Q_x = \int y\, dA = \int_0^\theta (r\cos\phi)(tr\, d\phi) = r^2 t \sin\theta$$

단면 bb에서의 전단응력 $\tau = \dfrac{V_y Q_x}{I_x t} = \dfrac{V_y r^2 \sin\theta}{I_x}$,   여기서 $I_x = \dfrac{\pi r^3 t}{2}$

$$\therefore \tau = \frac{2 V_y \sin\theta}{\pi r t}$$

$\theta = 0,\ \pi$ 일 때 $\tau = 0$, $\theta = \dfrac{\pi}{2}$ 일 때 $\tau_{\max}$

O점에 대한 dA요소의 모멘트 $dM_0 = r(\tau\, dA) = \dfrac{2 V_y \sin\phi}{\pi t}\, dA = \dfrac{2 r V_y \sin\phi}{\pi}\, d\phi$

$$\therefore M_0 = \int dM_0 = \int_0^\pi \frac{2 r V_y \sin\phi}{\pi}\, d\phi = \frac{4 r V_y}{\pi}$$

$$M_0 = V_y e, \quad \therefore e = \frac{M_0}{V_y} = \frac{4r}{\pi}$$

비틀림과 전단중심 : 비틀림 상수

아래와 같은 박스단면의 비틀림상수 J값을 구하시오.

(단, h=3.0m, b=2.0m, t_1=0.25m, t_2=0.5m, h 및 b는 부재 중심 간 거리이다.)

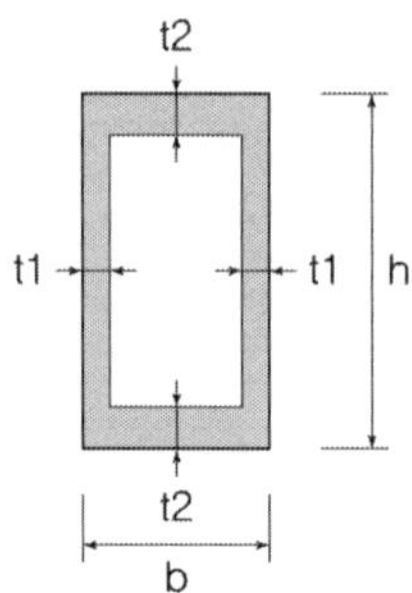

풀 이

▶ 두께가 얇은 관의 비틀림 상수

$f = \tau t$(전단흐름)은 일정하고 최대전단응력이 관의 두께가 최소인 곳에서 발생한다. 전단흐름의
단위는 단위길이당 전단력이다.

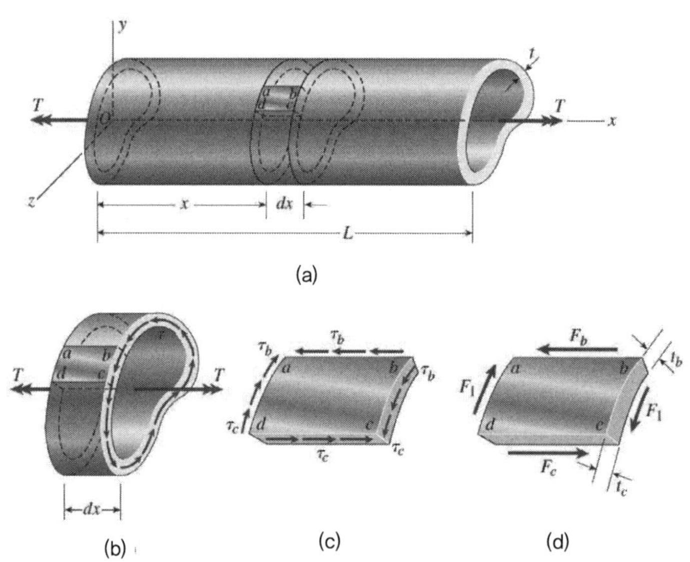

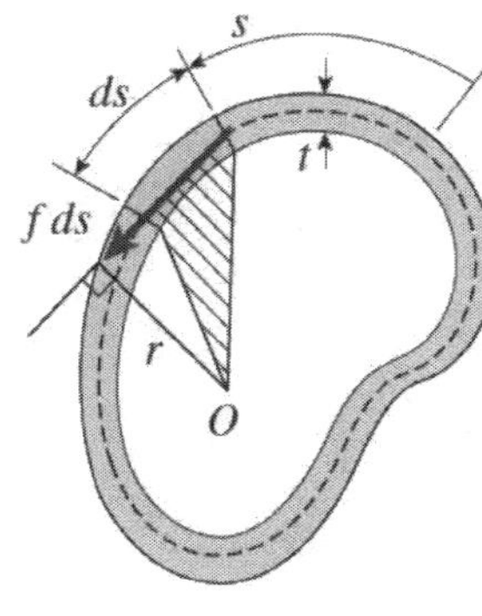

미소요소에 작용하는 전단력의 크기는 $f\,ds$ 이므로 O점에 대한 모멘트는

$$dT = rf\,ds$$

$$\therefore\ T = f\int_0^{L_m} r\,ds = 2fA_m \quad (A_m\ :\ \text{중심선의 면적})$$

$$f = \frac{T}{2A_m} = \tau t \qquad \therefore\ \tau = \frac{T}{2tA_m}$$

미소요소 abcd의 체적은 $t\,ds\,dx$ 이며, 변형에너지 밀도는 $\tau^2/2G$ 이므로 미소요소에 저장된 에너지는

$$dU = \frac{\tau^2}{2G} t\,ds\,dx = \frac{\tau^2 t^2}{2G}\frac{ds}{t}dx = \frac{f^2}{2G}\frac{ds}{t}dx$$

$$\therefore\ U = \int dU = \frac{f^2}{2G}\int_0^{L_m}\frac{ds}{t}\int_0^L dx = \frac{f^2 L}{2G}\int_0^{L_m}\frac{ds}{t}, \qquad f = \frac{T}{2A_m}\ \text{을 대입하면}$$

$$U = \frac{T^2 L}{8GA_m^2}\int_0^{L_m}\frac{ds}{t}\ \text{이므로}, \quad U = \frac{T^2 L}{2GJ}\ \text{라고 하면}$$

$$\therefore\ J = \frac{4A_m^2}{\displaystyle\int_0^{L_m}\frac{ds}{t}} \quad (\text{두께가 일정할 경우}\ J = \frac{4tA_m^2}{L_m})$$

▶ **중공 사각 단면의 비틀림 상수 산정**

$$4A_m^2 = 4(b\times h)^2 = 4\times(2\times3)^2 = 144\ \text{m}^4$$

$$\int_0^{L_m}\frac{ds}{t} = 2\left[\int_0^h\frac{ds}{t_1} + \int_0^b\frac{ds}{t_2}\right] = 2\left[\frac{h}{t_1} + \frac{b}{t_2}\right] = 2\left[\frac{3.0}{0.25} + \frac{2.0}{0.5}\right] = 32$$

$$\therefore\ J = \frac{4A_m^2}{\displaystyle\int_0^{L_m}\frac{ds}{t}} = \frac{144}{32} = 4.5\ \text{m}^4$$

비틀림과 전단중심 : 전단중심

다음과 같은 그림에서 상부플랜지의 폭(b_1)과 하부 플랜지의 폭(b_2)이 상이하고 상하플랜지 두께 중심선의 간격이 h인 I-형 단면의 전단중심(e)의 위치를 구하시오.

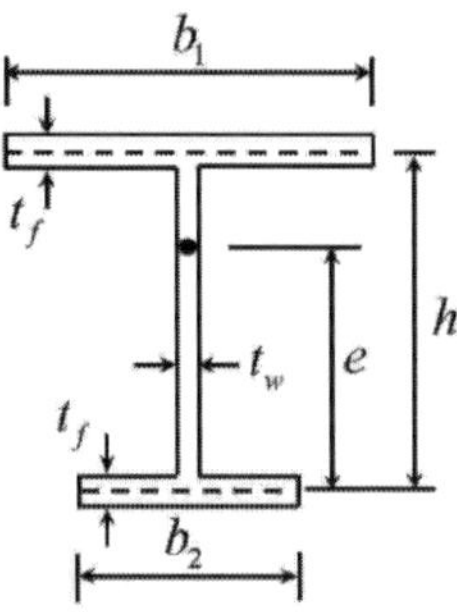

풀 이

➤ 개요

비틀림이 없이 보가 휨모멘트와 전단력을 받기 위해서는 특정한 점인 전단중심(Shear center)에 하중이 작용하여야 한다. 주어진 조건의 1축 대칭보는 전단중심 S와 도심 C 모두 대칭축 상에 서로 다른 점에 위치하며 하중을 y축 성분과 z축 성분으로 분해해서 해석해야 한다.

➤ 전단중심의 산정

1축 대칭보이므로 비대칭축을 기준으로 하중 P로 인해 휨모멘트를 받는다고 가정한다. 이때 단면을 두 개의 플랜지와 웨브의 3개로 각각 구분해 사각형으로 고려한다(① 상부플랜지, ② 하부플랜지, ③ 웨브). 같은 단면에서 휨모멘트를 받을 때 같은 곡률을 가져야 하므로

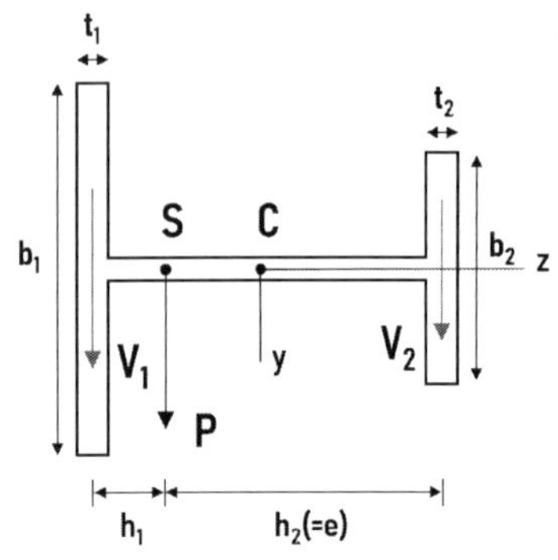

$$\kappa = \frac{M_1}{EI_1} = \frac{M_2}{EI_2} = \frac{M_3}{EI_3} \qquad \therefore \ \frac{M_1}{I_1} = \frac{M_2}{I_2}$$

웨브의 z축에 대한 관성모멘트는 플랜지에 비해 매우 작으므로 무시하고 모든 모멘트는 플랜지가 받는다고 가정하면,

$$M_z = M_1 + M_2 \qquad \therefore \ M_1 = \frac{M_z I_1}{I_1 + I_2}, \ M_2 = \frac{M_z I_2}{I_1 + I_2}$$

플랜지 내의 전단력 V_1과 V_2와의 비는 $V = \dfrac{dM}{dx}$ 로부터 모멘트의 비와 같다.

$$\frac{V_1}{V_2} = \frac{M_1}{M_2} \qquad \therefore \; V_1 = \frac{V_y I_1}{I_1 + I_2}, \quad V_2 = \frac{V_y I_2}{I_1 + I_2}$$

전단중심 S를 중심으로 V_1과 V_2는 모멘트가 발생되지 않아야 하므로,

$$V_1 h_1 = V_2 h_2 \qquad \therefore \; \frac{h_1}{h_2} = \frac{V_2}{V_1} = \frac{I_2}{I_1}$$

여기서 $I_1 = \dfrac{t_1 b_1^3}{12}$, $I_2 = \dfrac{t_2 b_2^3}{12}$ 이므로

$$\therefore \; h_1 = \frac{t_2 b_2^3 h}{t_1 b_1^3 + t_2 b_2^3}, \quad h_2 = \frac{t_1 b_1^3 h}{t_1 b_1^3 + t_2 b_2^3}$$

$t_1 = t_2 = t_f$ 이므로, $\quad \therefore \; e = h_2 = \dfrac{b_1^3 h}{b_1^3 + b_2^3}$

비틀림과 전단중심 : 전단중심

아래 그림과 같은 플랜지 폭이 B이고 복부판의 높이가 H이며 플랜지와 복부판의 두께 t가 일정한 ㄷ형강이 있다. 플랜지 중심선의 길이 b와 복부판 중심선의 길이 h를 이용하여 복부판 중심선으로부터 전단중심(o)까지의 거리 e를 구하시오(단, b=h).

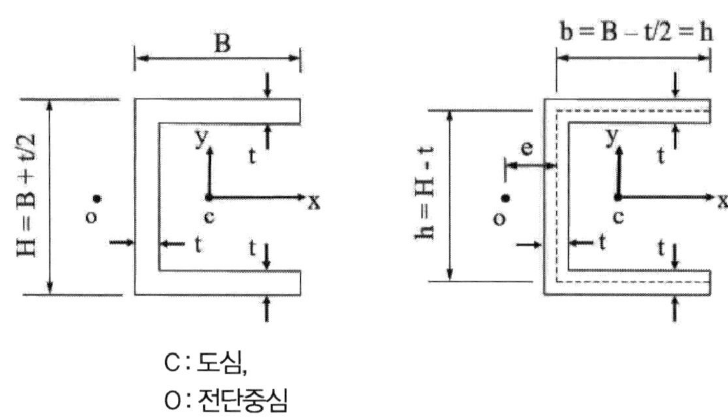

C : 도심,
O : 전단중심

풀 이

▶ 개요

1축 대칭 보로 전단중심 S와 도심 C는 대칭축(x축) 상의 서로 다른 점에 위치한다.

▶ 전단중심 산정

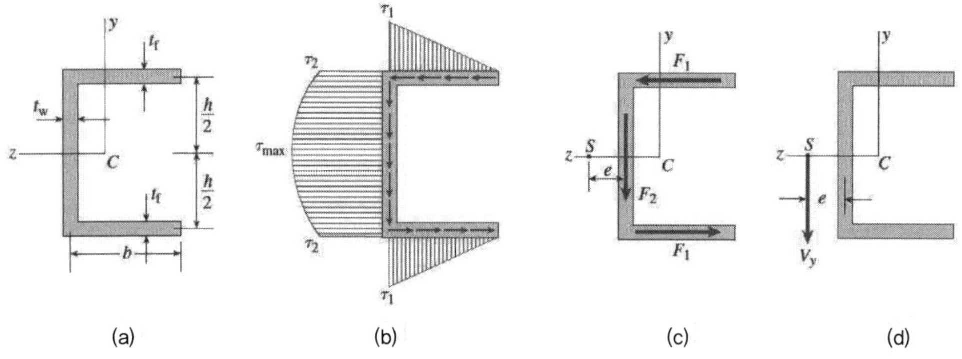

플랜지 $Q_z = bt_f h/2$

플랜지의 최대 전단응력 $\quad \tau_1 = \dfrac{V_y Q_z}{I_z t_f} == \dfrac{bh\,V_y}{2I_z}$

웨브 상단에서의 응력 $\quad \tau_2 = \dfrac{V_y Q_z}{I_z t_w} = \dfrac{bt_f h\,V_y}{2t_w I_z}$

중립축에서 1차 단면 모멘트 $\quad Q_z = \dfrac{bt_f h}{2} + \dfrac{ht_w}{2}\left(\dfrac{h}{4}\right) = \left(bt_f + \dfrac{ht_w}{4}\right)\dfrac{h}{2}$

$\therefore\ \tau_{\max} = \dfrac{V_y Q_z}{I_z t_w} = \left(\dfrac{bt_f}{t_w} + \dfrac{h}{4}\right)\dfrac{h\,V_y}{2I_z}$

각 플랜지에 걸리는 수평 전단력 $\quad F_1 = \left(\dfrac{\tau_1 b}{2}\right)t_f = \dfrac{hb^2 t_f V_y}{4I_z}$ (삼각형의 면적)

웹의 수직력(사각형 + 포물선의 면적)

$$F_2 = \tau_2 ht_w + \dfrac{2}{3}(\tau_{\max} - \tau_2)ht_w = \left(\dfrac{t_w h^3}{12} + \dfrac{bh^2 t_f}{2}\right)\dfrac{V_y}{I_z} = V_y$$

이때, 전단 중심의 위치는 $\quad F_1 h - F_2 e = 0$

$\therefore\ e = \dfrac{b^2 h^2 t_f}{4I_z} = \dfrac{3b^2 t_f}{ht_w + 6bt_f} = \dfrac{3h^2 t}{7ht} = \dfrac{3}{7}h$

비틀림과 전단중심 : 전단흐름

전단흐름(Shear Flow)에 대하여 설명하시오.

풀 이

> ### 개요

부재가 비틀림이나 굽힘을 받을 때 무게 대비 효율적인 단면을 갖기 위해서는 속을 최대한 비우는 것이 좋다. 비틀림을 받을 때에는 도심에서 멀어질수록 큰 토크를 부담하게 되며 도심 부근을 거의 부담을 하지 않기 때문이다. 이러한 이유로 중공원형단면과 같은 두께가 얇은 관(Thin walled tube)을 많이 사용한다. 전단흐름은 두께가 아주 얇은 단면에서 두께가 아주 얇다면 두께 방향으로의 전단 응력 차이를 거의 무시할 수 있고 이러한 부재에서 전단응력은 두께 t에 작용하는 평균 전단응력으로 생각하는 것이 편리하다. 전단 흐름 $f = \tau t$는 일정한 유량(flow)이라고 생각하면 $f = \tau t$(전단흐름)은 일정하고 최대전단응력이 관의 두께가 최소인 곳에서 발생한다. 이때 전단흐름의 단위는 단위길이당 전단력이다.

> ### 전단흐름

두께가 얇은 관의 ds 간격을 두고 A, B점에서의 전단응력을 각각 τ_A, τ_B라 하고, 두께를 각각 t_A, t_B라고 하면, $\sum V = \tau_A t_A dx - \tau_B t_B dx = 0$이므로, $\tau_A t_A = \tau_B t_B$이며, 이때, 두 점의 두께가 같다면

$$f = \tau t = constant$$

이 단면에 작용하는 전단력 $T = \tau t ds = f ds$이므로 $f = \tau t = \dfrac{T}{ds}$

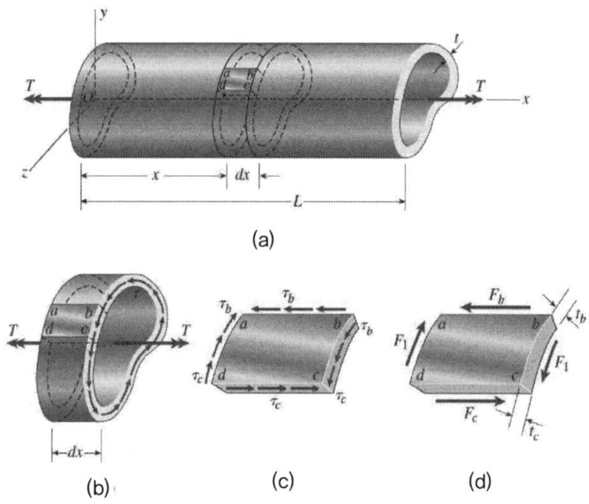

(a)

(b)　　　　(c)　　　　(d)

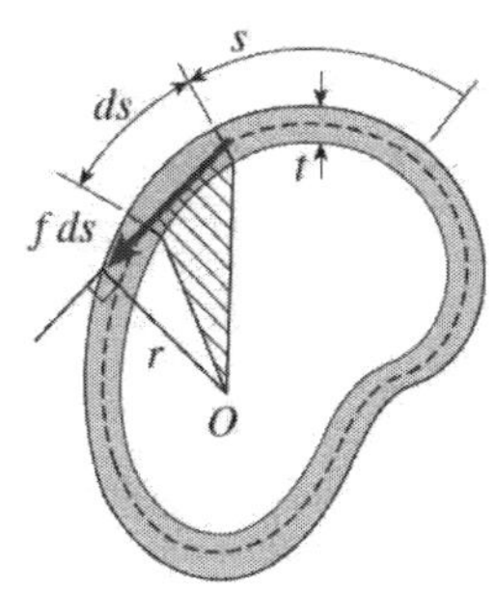

미소요소에 작용하는 전단력의 크기는 $f ds$ 이므로 O점에 대한 모멘트는

$$dT = rfds$$

$$\therefore\ T = f\int_0^{L_m} rds = 2fA_m \quad (A_m\ :\ \text{중심선의 면적})$$

$$f = \frac{T}{2A_m} = \tau t \qquad \therefore\ \tau = \frac{T}{2tA_m}$$

비틀림과 전단중심 : 전단흐름

아래 그림과 같이 목재 상자형 보가 두 개의 플랜지(40mm×180mm)와 두 개의 합판(15mm× 280mm)으로 만들어졌다. 합판은 허용 전단력 F=1.4kN을 갖는 나사에 의해 플랜지에 고정되어 있다. 이 단면에 작용하는 전단력 V=12kN일 때 나사의 최소 간격 S를 산정하시오.

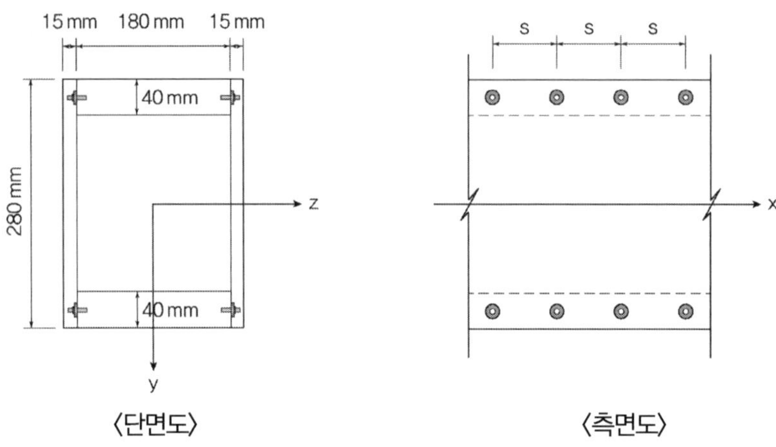

풀 이

➤ 개요

한 플랜지와 두 개의 웹 사이에 전달되는 수평전단력은 전단흐름식 $f = VQ/I$로 구할 수 있다.

➤ 전단흐름을 이용한 나사 간격 산정

1) 단면 계수

$$Q = \overline{y}A = 120 \times 180 \times 40 = 864,000\,\text{mm}^3$$

$$I = \frac{1}{12} \times 210 \times 280^3 - \frac{1}{12} \times 180 \times 200^2 = 264,160,000\,\text{mm}^4$$

2) 전단흐름

$$f = \frac{VQ}{I} = \frac{12,000 \times 864 \times 10^3}{264.16 \times 10^6} = 39.25\,\text{N/mm}$$

3) 나사 간격

두 줄의 나사가 배치되므로 단위길이당 나사의 전단력은 $2F/s$

$$\therefore s = \frac{2F}{f} = \frac{2 \times 1400}{39.25} = 71.34\,\text{mm}$$

비틀림과 전단중심 : 전단흐름

다음과 같은 하중을 받는 단순지지보의 최대 전단하중 작용위치에서 아래 사항을 결정하시오.
(단, 도심은 단면 하단으로부터 232.98mm에 위치, 단면2차모멘트 I=42.079×10^{-6}m^{4}을 사용)
(1) 전단흐름(shear flow)　　　　　(2) 전단중심의 위치
(3) 최대 전단응력의 크기와 단면에서의 위치

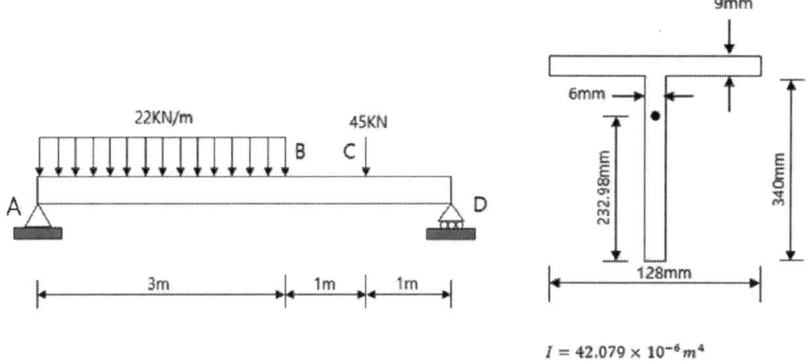

풀 이

> **개요**

정정보 해석을 통해 최대 전단하중이 작용하는 위치를 선정하고 이 위치에서의 단면1차 모멘트를 통해 전단흐름과 최대전단응력의 크기를 산정한다.

> **최대전단하중 작용위치 산정**

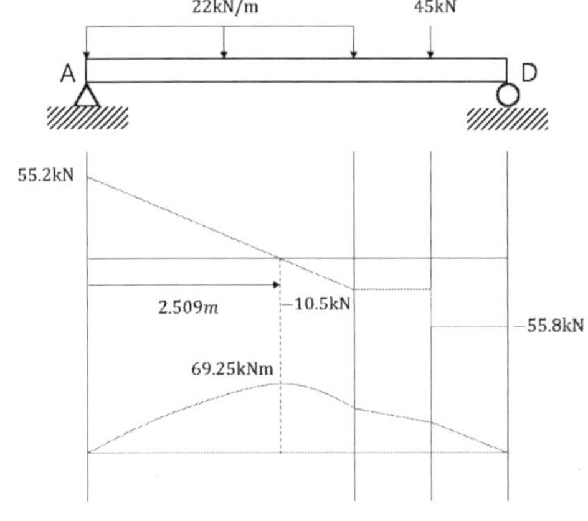

$$\sum F_y = 0\,;$$
$$R_A + R_D = 22 \times 3 + 45 = 111\,\text{kN}$$

$$\sum M_A = 0\,;$$
$$22 \times 3 \times 1.5 + 45 \times 4 - 5R_D = 0$$

$$\therefore\ R_D = 55.8\ \text{kN},\ R_A = 55.2\ \text{kN}$$

1) 전단중심

T형강은 1축 대칭 보로 전단중심 S와 도심 C는 대칭축(y축) 상의 서로 다른 점에 위치하며, 특히, 중심선이 1점에서 교차하는 개단면은 그 교점에 하중이 작용해야 비틀림이 작용하지 않으므로 전단중심은 플랜지의 중심에 있다.

2) 전단흐름

$$f = \tau t = \frac{V_y Q_z}{I_z} : \text{전단흐름 } f \text{는 } V_y \text{와 } I_z \text{가 일정하므로 } Q_z \text{에 정비례한다.}$$

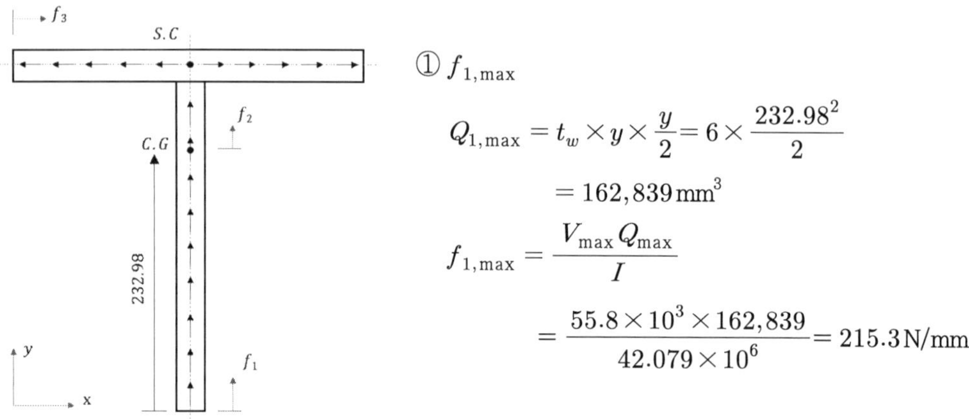

① $f_{1,\max}$

$$Q_{1,\max} = t_w \times y \times \frac{y}{2} = 6 \times \frac{232.98^2}{2}$$

$$= 162,839 \, \text{mm}^3$$

$$f_{1,\max} = \frac{V_{\max} Q_{\max}}{I}$$

$$= \frac{55.8 \times 10^3 \times 162,839}{42.079 \times 10^6} = 215.3 \, \text{N/mm}$$

② $f_{2,\min}$

$$Q_{2,\max} = t_w \times (y - 232.98) \times \frac{(y - 232.98)}{2} = \frac{6 \times (340 - 232.98)^2}{2} = 34,359.8 \, \text{mm}^3$$

$$f_{2,\min} = f_{1,\max} - \frac{VQ}{I} = 215.3 - \frac{55.8 \times 10^3 \times 34,359.8}{42.079 \times 10^6} = 169.8 \, \text{N/mm}$$

③ $f_{3,\max}$

$$Q_{1,\max} = t_f \times x \times (340 + 4.5 - 232.98) = 6 \times \frac{128}{2} \times 111.52 = 64,235.5 \, \text{mm}^3$$

$$f_{3,\max} = \frac{V_{\max} Q_{\max}}{I} = \frac{55.8 \times 10^3 \times 42,823.7}{42.079 \times 10^6} = 85.2 \, \text{N/mm}$$

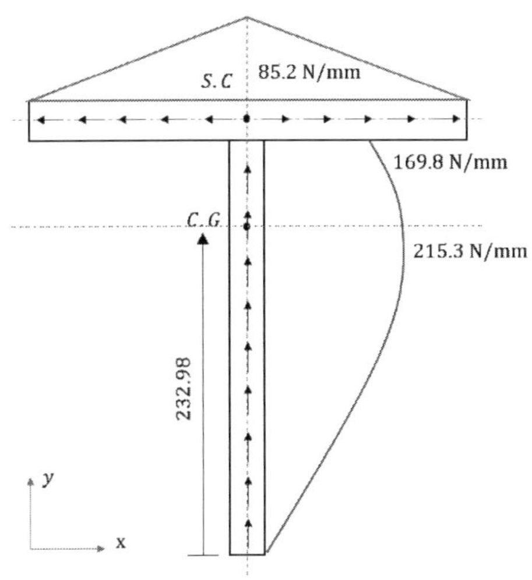

∴ 최대 전단흐름은 D점에서 T형 단면의 웨브
의 도심에서 발생되며 이때의 최대 전단흐
름의 크기는 215.3 N/mm이다.

3) 최대 전단응력

$$f = \tau t \text{이므로 } \tau_{\max} = \frac{215.3}{6} = 35.9\,\text{MPa}$$

비틀림과 전단중심 : 비틀림모멘트, 주응력

외팔보의 Box 단면에서 자중과 편심하중 w와 축하중 P_H가 작용할 때 다음을 계산하시오.

Box 단면은 두께가 얇은 판으로 고려함($J_T = \dfrac{4A_m^2}{\displaystyle\int \dfrac{ds}{t}}$), P_H = 5kN

1) $x = 2m$ 인 곳(B점)의 부재력(축력, M_B, V, M_T)
2) B점의 단면도심에서 웨브의 전단응력($\tau_V + \tau_T$)
3) B점의 최대수직응력 $\sigma_{\max}$

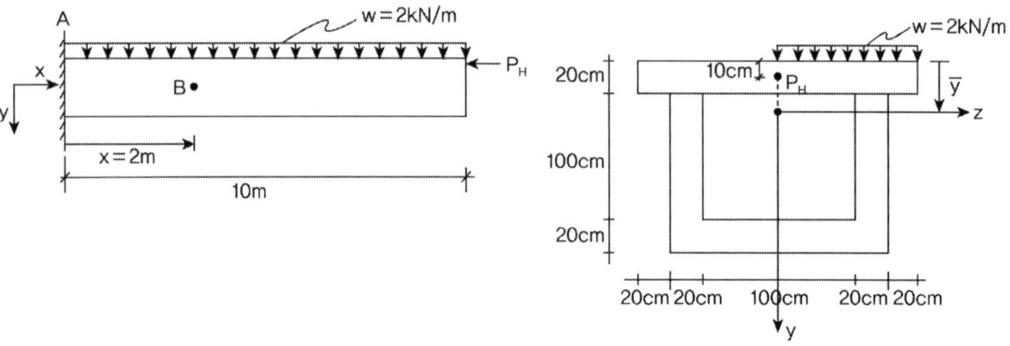

풀 이

▶ 단면의 상수 산정

1) 중립축 산정

$$\bar{y} = \frac{180 \times 20 \times 10 + 2 \times 120 \times 20 \times 80 + 100 \times 20 \times 130}{180 \times 20 + 2 \times 120 \times 20 + 100 \times 20} = 65.38^{cm}$$

2) 단면2차 모멘트 산정

$$I_x = \frac{180 \times 20^3}{12} + 180 \times 20 \times (65.38 - 10)^2$$
$$+ 2 \times \left[\frac{20 \times 120^2}{12} + 120 \times 20 \times (80 - 65.38)^2 \right] + \frac{100 \times 20^3}{12} + 100 \times 20 \times (74.62 - 10)^2$$
$$= 2.6365 \times 10^7 cm^4$$

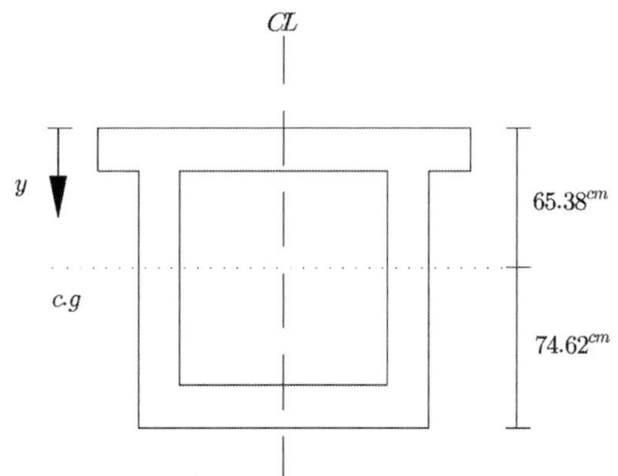

> **하중산정**

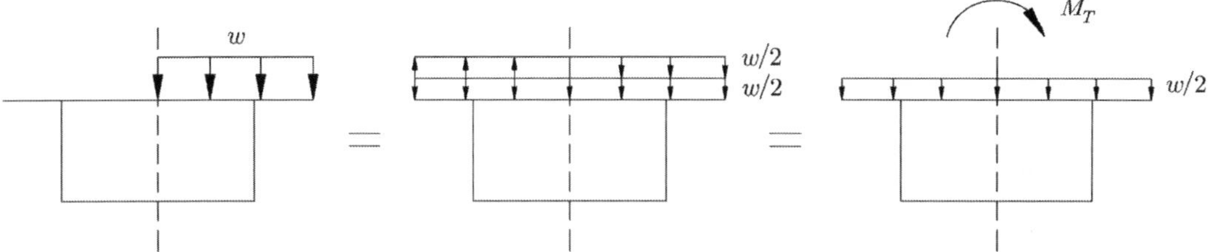

1) B점의 비틀림 모멘트

$$m_T = \frac{w}{2}\times\frac{1.8}{2}\times\frac{1.8}{2} = \frac{w}{8}\times1.8^2 = 0.81^{kNm/m}$$

$$\therefore\ M_{T(B)} = 0.81^{kNm/m}\times8^m = 6.48^{kNm}$$

2) B점의 전단력

콘크리트 단면의 자중이 포함되었다고 가정한다.

$$V_B = l\times w_t = 8^m\times\left(\frac{w}{2}\times1.8\right) = 14.4^{kN}$$

3) B점의 축력

$$N = P_H = 5^{kN}$$

4) B점의 모멘트

① 축력편심으로 인한 모멘트　　$M_P = -\,P_H\times0.5538 = -\,2.769^{kNm}$ (시계방향)

② 하중으로 인한 모멘트 $\quad M_w = \dfrac{w_t l^2}{2} = \dfrac{1.8 \times 8^2}{2} = 57.6^{kNm}$ (반시계방향)

$$\therefore M_B = M_P + M_w = -2.769 + 57.6 = 54.831^{kNm}$$

▶ B점의 단면도심에서 웹의 전단응력

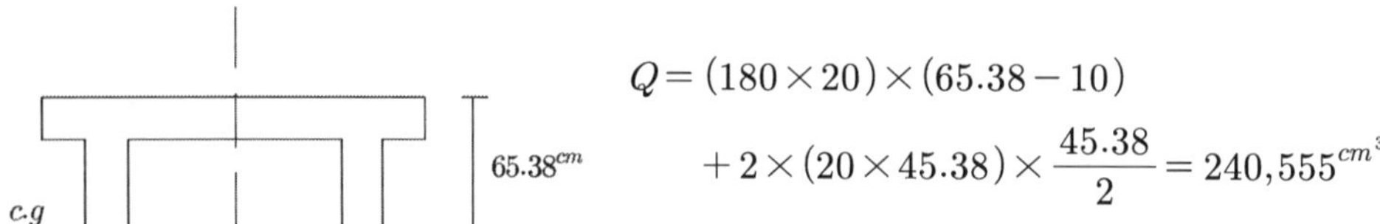

$$Q = (180 \times 20) \times (65.38 - 10)$$
$$+ 2 \times (20 \times 45.38) \times \frac{45.38}{2} = 240,555^{cm^3}$$

$$\tau_V = \frac{VQ}{Ib} = \frac{14.4 \times 10^3 (N) \times 240,555 (cm^3)}{2.6365 \times 10^7 (cm^4) \times 20 (cm)} = 640.5 N/cm^2 = 6.41^{MPa}$$

$$J = \frac{4A_m^2}{\displaystyle\int \frac{ds}{t}} = \frac{4 \times (120 \times 120)^2}{\dfrac{4 \times 120}{20}} = 34,560,000 cm^4$$

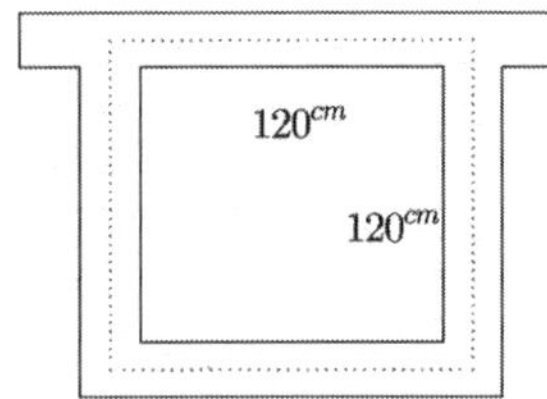

$$\tau_T = \frac{M_T}{2A_m t} = \frac{6.48 \times 10^5 (Ncm)}{2 \times (120 \times 120) \times 20}$$
$$= 1.125 N/cm^2 = 0.0125^{MPa}$$

1) 합력 산정

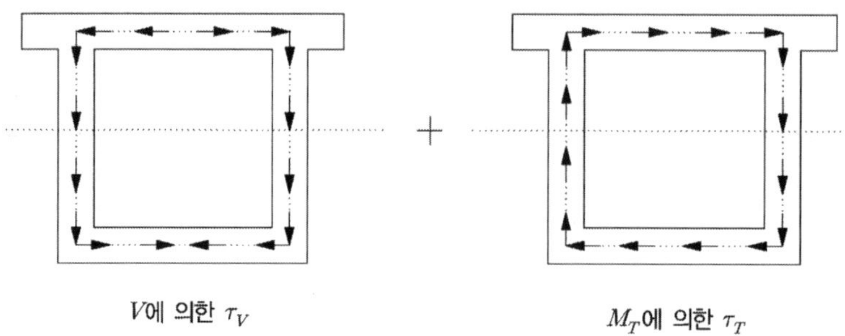

① 좌측 웹 : $\tau_{left} = \tau_V - \tau_T = 6.41 - 0.0125 = 6.40^{MPa}$

② 우측 웹 : $\tau_{right} = \tau_V + \tau_T = 6.41 + 0.0125 = 6.42^{MPa}$

▶ B점의 최대수직응력

$$\sigma = \frac{P}{A} \pm \frac{M}{I}y = \frac{5 \times 10^3}{10400} \pm \frac{54.831 \times 10^6}{2.6365 \times 10^7}y = 0.4808 \pm 2.0797y$$

(상연응력) $y = 65.38^{cm}$, $\sigma = 0.4808 - 2.0797 \times 65.38 = -135.49 N/cm^2 = -1.35 MPa(T)$

(하연응력) $y = 74.62^{cm}$, $\sigma = 0.4808 + 2.0797 \times 74.62 = 155.668 N/cm^2 = 1.56 MPa(C)$

1) 주응력검토

휨과 압축력에 의해서 최대응력이 발생하는 부재 하연에서의 응력과 전단력과 비틀림에 의해서 최대응력이 발생하는 부재 중립축에서의 응력을 비교하여 최대 주응력을 산정한다.

① 부재 하연

$$\sigma_b = 1.56 MPa, \ \tau = \tau_V + \tau_T = \tau_T = 0.0125 MPa \ \ (\because Q = 0)$$

$$\sigma_{1,2} = \frac{\sigma_b}{2} \pm \sqrt{\left(\frac{\sigma_b}{2}\right)^2 + \tau^2} \quad \therefore \ \sigma_1 = 1.56 MPa(C), \ \sigma_2 = -0.0001 MPa(T)$$

② 부재 중립축

$$\sigma_b = 0, \ \tau = \tau_V + \tau_T = 6.42 MPa \ (최댓값)$$

$$\sigma_{1,2} = \frac{\sigma_b}{2} \pm \sqrt{\left(\frac{\sigma_b}{2}\right)^2 + \tau^2} = \pm \tau \quad \therefore \ \sigma_1 = 6.42 MPa(C), \ \sigma_2 = -6.42 MPa(T)$$

$\therefore$ 부재의 중립축 45° 방향으로 최대 주응력이 발생한다.

비틀림과 전단중심 : 비틀림, 부반력

다음 그림과 같은 강박스거더교의 반침부에 발생한 부반력을 해소하기 위해 Out-Rigger를 설치하여 받침 간 반력이 동일하게 계획 시, 합리적인 Out-Rigger의 받침위치를 결정하시오(단, $S_1 = 100kN$, $S_1 = 2100kN$).

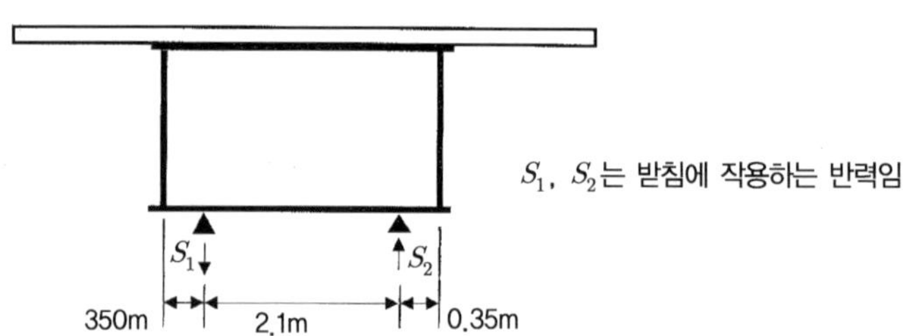

풀 이

▶ 반력의 합계

$$P = S_1 + S_2 = 2000^{kN} \ (\uparrow)$$

▶ 합력점 산정

$$\sum M_2 = 0 \ : \ x = \frac{100 \times 2.1}{2000} = 0.105^m$$

▶ Out-rigger의 위치 선정

받침의 반력값이 동일하도록 적용하기 위해서는 합력점의 위치가 반력선의 중심에 위치하여야 하므로 두 받침 간의 거리는 $l = 2(2.1 + x) = 4.41^m$

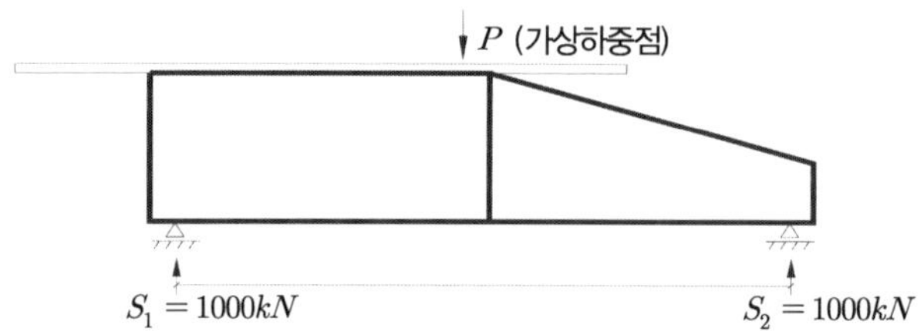

비틀림과 전단중심 : 주응력

그림과 같은 표지판 구조물에 기본풍속압이 1.5kPa인 풍하중이 작용하고 있다. 기둥하단의 각 위치별 전단응력을 구하고 설계적정 여부를 검토하시오.

단, 1) 기둥은 중공원형 강재 기둥으로서 재질은 SM490이며 외경이 150mm, 두께는 10mm이다.

    2) 거스트계수는 1.2, 항력계수 1.0, 고도 관련계수 1.0으로 가정한다.

    3) 자중은 무시한다.

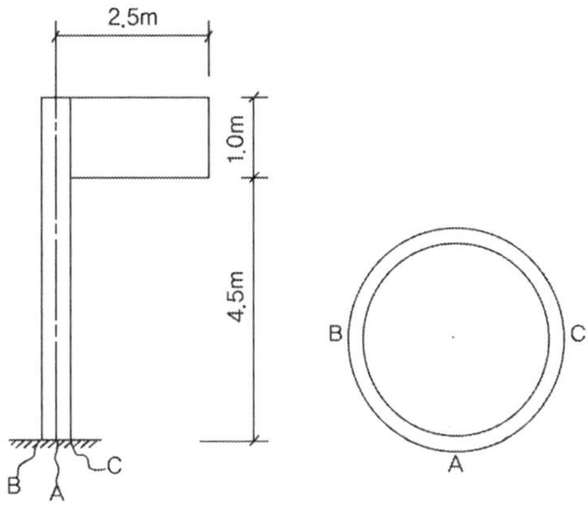

풀 이

> ▶ 풍압 및 하중 산정

도로교 설계기준상 풍압

$$p = \frac{1}{2}\rho V_d^2 C_d G = \frac{1}{2}, \quad V_d = 1.723\left(\frac{z_D}{z_G}\right)^\alpha V_{10}$$

주어진 조건에서 기본 풍속

$$V_{10} = 1.5kPa, \quad V_d = V_{10} \text{(고도 관련계수 1.0으로 가정)}$$

$$p = \frac{1}{2}\times 1.225^{kg/m}\times(1.5^{kPa})^2\times 1.0\times 1.2 = 1.65^{kPa}$$

$$\therefore P = pA = 1.65\times 10^3\times 2.5\times 1.0 = 4.13^{kN}$$

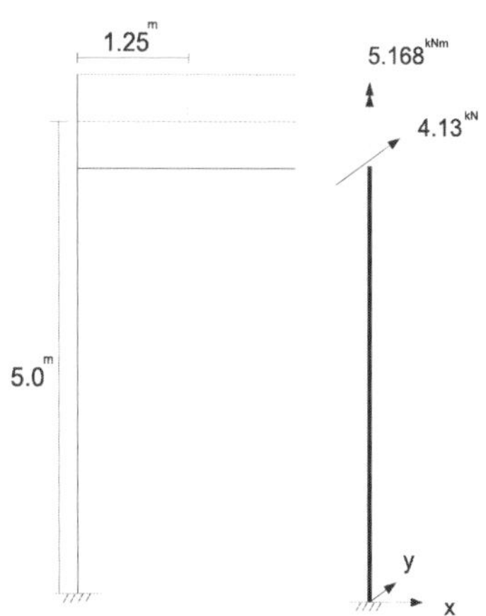

하단에 작용하는 하중 산정(자중은 무시)

$$M_x = 4.13\times 5 = 20.67^{kNm}, \quad T = M_z = 5.168^{kNm}, \quad V = 4.13^{kN}$$

➤ **단면계수산정**

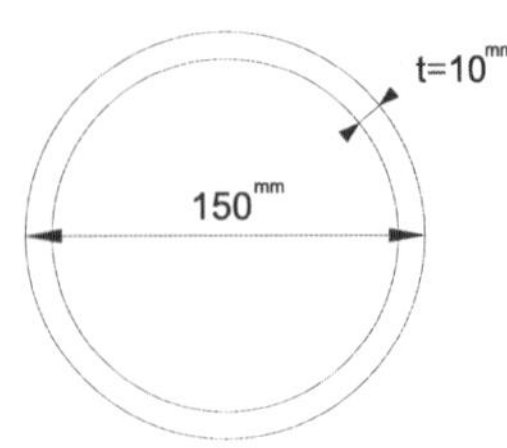

$$I = \frac{\pi}{64}\left(d_1^4 - d_2^4\right) = \frac{\pi}{64}\left(150^4 - 130^4\right) = 1.083 \times 10^7 mm^4$$

$$J = I_x + I_y = 2I = 2.16 \times 10^7 mm^4$$

단면중심에서의 Q

$$Q = \frac{\pi}{4}d_1^2 \times \frac{2d_1}{3\pi} - \frac{\pi}{4}d_2^2 \times \frac{2d_2}{3\pi} = \frac{1}{6}\left(d_1^3 - d_2^3\right) = 196,333 mm^3$$

➤ **응력산정**

1) 점 A

① 전단력에 의한 전단응력 $Q = 0$　∴ $\tau_V = 0$

② 비틀림에 의한 전단응력

$$\tau_T = \frac{Tr}{J} = \frac{5.168^{kNm} \times 75}{2.16 \times 10^7} = 17.944^{MPa}$$

cf) 박판구조물 가정 시 $\tau_T = \dfrac{T}{2A_m t} = \dfrac{5.168^{kNm}}{2 \times \dfrac{\pi}{4} \times 140^2 \times 10} = 16.786^{MPa}$

안전을 고려하여 $\tau_T = 17.944^{MPa}$ 적용

③ 휨응력

$$f_b = \frac{M}{I}y = \frac{20.67^{kNm}}{1.083 \times 10^{7mm^4}} \times 75 = 143.14^{MPa}$$

2) 점 B, C

① 전단력에 의한 전단응력

$$\tau_V = \frac{VQ}{It} = \frac{4.13 \times 10^{3N} \times 196,333^{mm^3}}{1.083 \times 10^{7mm^4} \times 10^{mm}} = 7.487^{MPa}$$

구분	τ_V(MPa)	τ_T(MPa)	τ	f_b(MPa)	σ_1	σ_2	σ_{all}	비고
A	0	17.944	17.944	143.14	145.35	−2.215	210	OK
B	− 7.487	17.944	10.457	0	10.457	−10.457	210	OK
C	7.487	17.944	25.431	0	25.431	−25.431	210	OK

비틀림과 전단중심 : 합성응력, 앵커볼트

다음 그림과 같이 설치된 교통안전시설에 대해 지주와 앵커볼트의 응력을 검토하고 앵커볼트의
매입길이를 구하라.

〈조건〉

교통표지판의 중량은 10,000N, 작용하는 풍압은 5,000Pa이고 지주는 중공강관으로서 외경 $d_0 = 300mm$, 두께
t=10mm, 허용 휨인장 응력 $f_{sta} = 140MPa$, 허용 휨압축응력 $f_{sca} = 100MPa$, 허용전단응력 $f_{sva} = 80MPa$이며, 콘
크리트의 허용부착응력 $f_{cwa} = 2.0MPa$, 앵커볼트의 유효외경 30mm, 허용인장응력 $f_{bta} = 180MPa$, 허용전단응력
$f_{bva} = 100MPa$이다. 지주의 중량은 무시하며, 지주와 교통표지판의 중심선은 일치한다(단, 단위는 mm임).

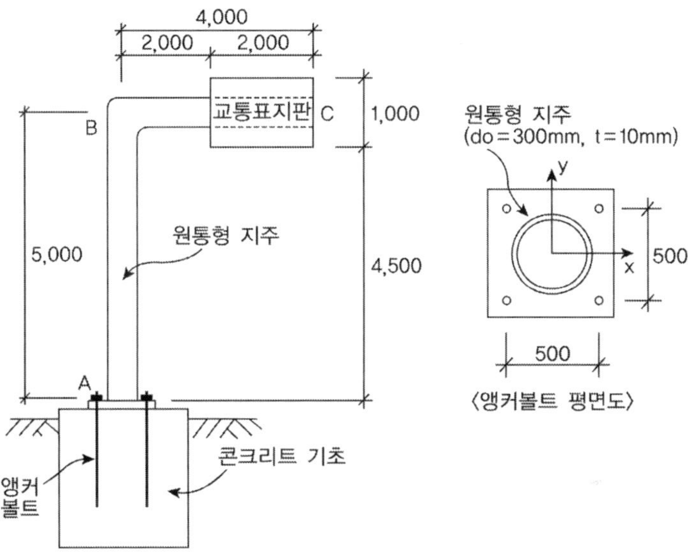

풀 이

▶ 단면 계수 산정

$$I = \frac{\pi}{64}\left(300^4 - 280^4\right) = 9.589 \times 10^7 mm^4$$

$$Q = \frac{1}{2}\frac{\pi d_1^2}{4}\frac{2d_1}{3\pi} - \frac{1}{2}\frac{\pi d_2^2}{4}\frac{2d_2}{3\pi} = \frac{1}{12}(d_1^3 - d_2^3) = 420667 mm^3$$

$$A = \frac{\pi}{4}(d_1^2 - d_2^2) = 9110.62 mm^2$$

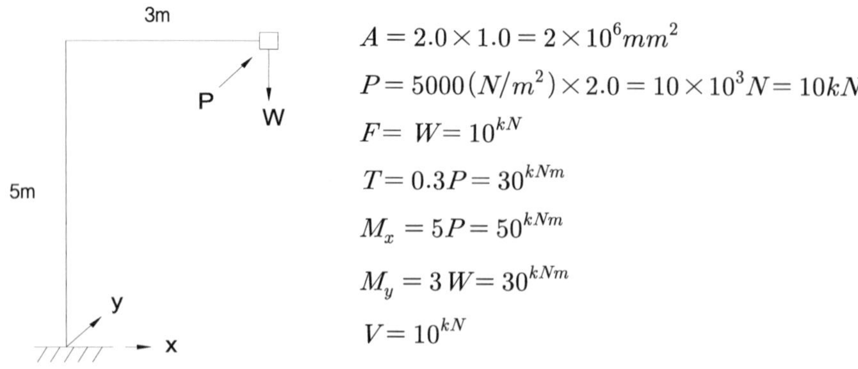

$$A = 2.0 \times 1.0 = 2 \times 10^6 mm^2$$

$$P = 5000\,(N/m^2) \times 2.0 = 10 \times 10^3 N = 10 kN$$

$$F = W = 10^{kN}$$

$$T = 0.3P = 30^{kNm}$$

$$M_x = 5P = 50^{kNm}$$

$$M_y = 3W = 30^{kNm}$$

$$V = 10^{kN}$$

➤ A점에 작용하는 응력

① 압축응력

$$\sigma_F = \frac{W}{A} = \frac{10 \times 10^3}{9110.62} = 1.0976 MPa \ \ (C)$$

② 휨응력

$$\sigma_b = \frac{M_x}{I}y + \frac{M_y}{I}x = \frac{50 \times 10^6}{9.588 \times 10^7}y + \frac{30 \times 10^6}{9.588 \times 10^7}x = 0.5214y + 0.31286x$$

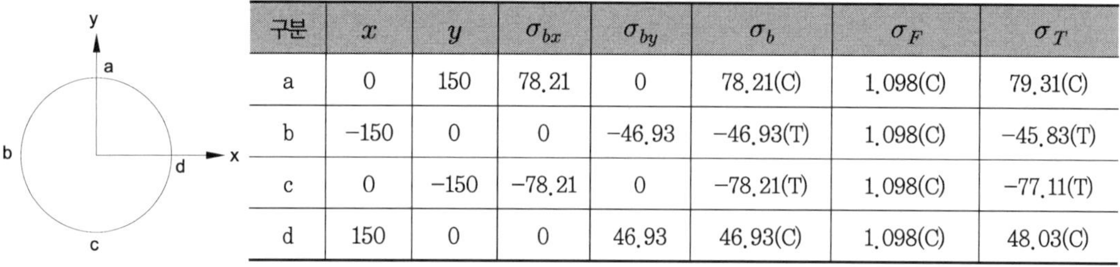

구분	x	y	σ_{bx}	σ_{by}	σ_b	σ_F	σ_T
a	0	150	78.21	0	78.21(C)	1.098(C)	79.31(C)
b	−150	0	0	−46.93	−46.93(T)	1.098(C)	−45.83(T)
c	0	−150	−78.21	0	−78.21(T)	1.098(C)	−77.11(T)
d	150	0	0	46.93	46.93(C)	1.098(C)	48.03(C)

③ 전단응력

$$\tau_V = \frac{VQ}{Ib} = \frac{VQ}{I(2t)} = \frac{10 \times 10^3 \times 420667}{9.589 \times 10^7 \times 2 \times 10} = 2.193 MPa$$

④ 비틀림 응력

$$\tau_T = \frac{Tr}{J} = \frac{Tr}{2I} = \frac{30 \times 10^6 \times 150}{9.589 \times 10^7 \times 2} = 23.464 MPa$$

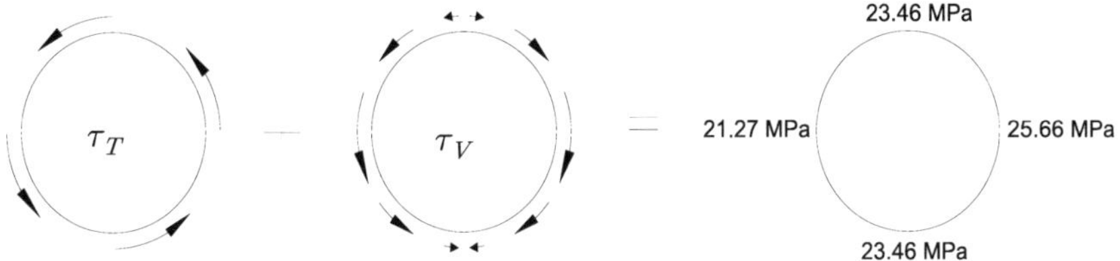

⑤ 주응력 산정

$$\sigma_{1,\,2} = \frac{\sigma_x + \sigma_y}{2} \pm \sqrt{\left(\frac{\sigma_x - \sigma_y}{2}\right)^2 + \tau_{xy}^2}$$

구분	σ	τ	σ_1	σ_2	τ_{max}
a	79.31	23.46	85.73	−6.42	46.07
b	−45.83	21.27	8.35	−54.18	31.26
c	−77.11	23.46	6.58	−83.68	45.13
d	48.03	25.66	59.16	−11.13	35.14

▶ 허용응력 비교

$$\sigma_{1(max)} = 85.73^{MPa}(C) < f_{sca}(= 100^{MPa}) \qquad \text{O.K}$$

$$\sigma_{2(max)} = 83.68^{MPa}(T) < f_{sta}(= 140^{MPa}) \qquad \text{O.K}$$

$$\tau_{max} = 46.07^{MPa} \qquad < f_{sva}(= 80^{MPa}) \qquad \text{O.K}$$

▶ 앵커볼트 응력 검토

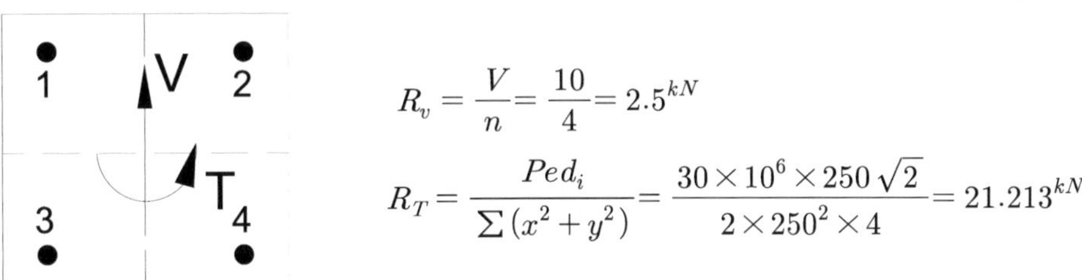

$$R_v = \frac{V}{n} = \frac{10}{4} = 2.5^{kN}$$

$$R_T = \frac{Ped_i}{\sum (x^2 + y^2)} = \frac{30 \times 10^6 \times 250\sqrt{2}}{2 \times 250^2 \times 4} = 21.213^{kN}$$

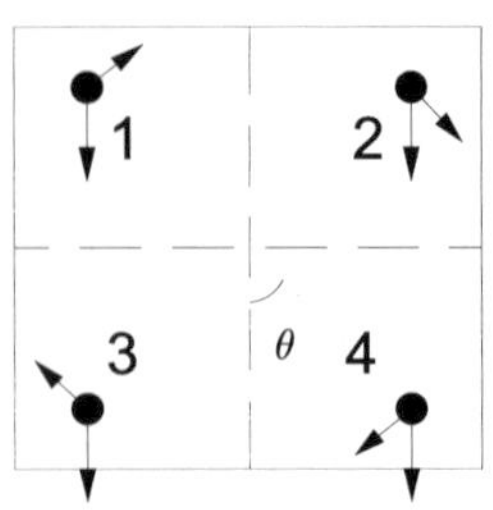

볼트가 최대 전단력을 받으므로,

$$R = \sqrt{R_V^2 + R_T^2 + 2R_V R_T \cos\theta} = 23.05^{kN} \ (\theta = 45°)$$

$$\therefore \tau = \frac{R}{A} = \frac{23.05 \times 10^3}{\frac{\pi}{4} \times 30^2} = 32.61^{MPa} < f_{bva}(=100^{MPa}) \quad \text{O.K}$$

▶ 매입길이 검토

1) M_x : $M_x = 2 \times P_1 \times 0.5^m$ $\therefore P_1 = P_2 = 50^{kN}(C), \qquad P_3 = P_4 = 50kN(T)$

2) M_y : $M_y = 2 \times P_1 \times 0.5^m$ $\therefore P_1 = P_3 = 30kN(T), \qquad P_2 = P_4 = 30kN(C)$

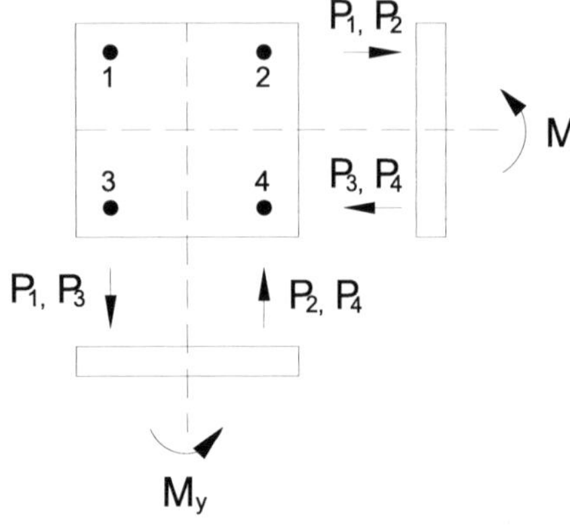

구분	M_x 시 P	M_y 시 P	P
1	50	−30	20
2	50	30	80
3	−50	−30	−80
4	−50	30	−20

$$\therefore \text{최대 인장력} \ P = 80kN$$

$$(\pi d) \times f_{cwa} \times L = P_{\max} \qquad L_{req} = \frac{80 \times 10^3}{\pi \times 30 \times 2.0} = 424.4^{mm} \quad \text{USE } L = 450^{mm}$$

▶ 볼트의 최대 인장력 검토

$$\frac{P_{\max}}{A} = 113.18^{MPa} < f_{bta}(=180^{MPa}) \qquad \text{O.K}$$

비틀림과 전단중심 : 비틀림

그림과 같은 강재 캔틸레버 보에서 A점의 비틀림각(θ_A)과 최대전단응력(τ_{max})을 근사적으로 구하시오(단 보에 작용하는 비틀림모멘트 $M_t = 1.5kNm$, 강재의 전단탄성계수 $G = 8.1 \times 10^4 MPa$, 강재의 길이 $l = 7m$이다).

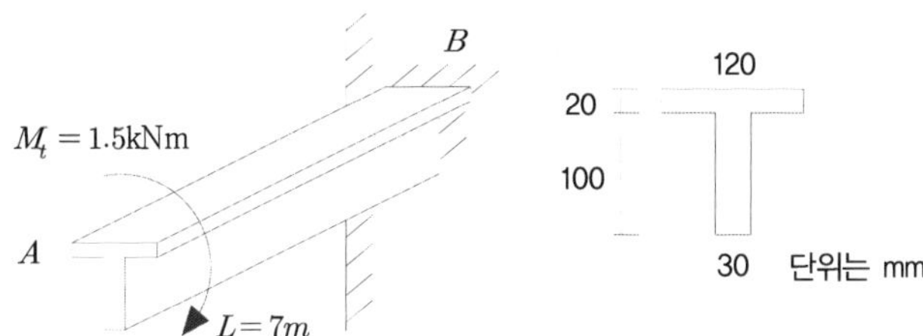

풀 이

▶ 개요

정정 캔틸레버보에서 반력은 $M_B = 1.5kNm$이므로 전부재에 걸쳐 비틀림 모멘트는 동일하다.

비틀림 각 θ_A는 $\theta = \dfrac{TL}{GJ}$로부터 산정하고 $\tau = \dfrac{Tr}{J}$로 산정할 수 있다.

▶ 중립축 산정

$$\bar{y} = \frac{120 \times 20 \times 10 + 100 \times 30 \times 70}{120 \times 20 + 100 \times 30} = 43.33mm$$

▶ T형단면의 비틀림 상수 산정

박판구조물의 St. Vernant torsional constant J는

$$J = \frac{4A_m^2}{\displaystyle\int_0^{L_m} \frac{ds}{t}} \quad (\text{두께가 일정할 경우 } J = \frac{4tA_m^2}{L_m})$$

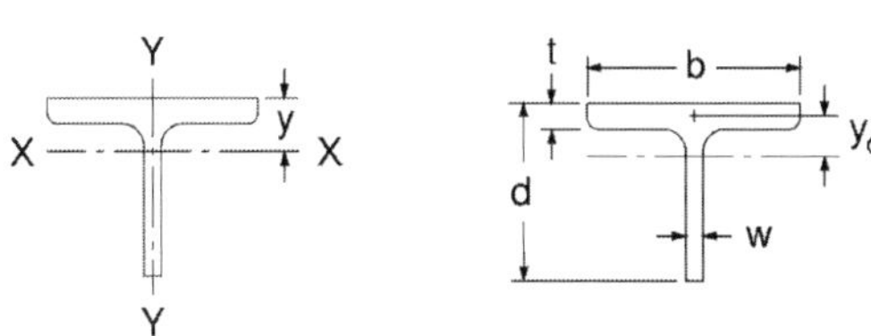

개략적으로 H형강이나 T형의 경우

$$J = \sum \frac{1}{3}bt^3 \text{ 으로 표현되므로 T형은 } \quad J = \frac{1}{3}(bt^3 + d'w^3)$$

$$\therefore \text{ 주어진 단면은 } J = \frac{1}{3}(120 \times 20^3 + 100 \times 30^3) = 1,220,000mm^4$$

주어진 단면을 박판구조물로 보지 않고 극관성 모멘트를 산정하면,

$$I_x = \frac{120 \times 20^3}{12} + 120 \times 20 \times (43.33 - 10)^2 + \frac{30 \times 100^3}{12} + 30 \times 100 \times (70 - 43.33)^2$$

$$= 7.38 \times 10^6 mm^4$$

$$I_y = \frac{20 \times 120^3}{12} + \frac{100 \times 30^3}{12} = 3.105 \times 10^6 mm^4$$

$$I_p = I_x + I_y = 1.0485 \times 10^7 mm^4$$

➤ 비틀림각과 최대전단응력

주어진 단면의 $b/10 = 1.2 < t(= 20)$ 이므로 박판구조물로 가정하지 않고 극관성 모멘트를 적용한다.

비틀림각 산정 : $\quad \theta = \dfrac{TL}{GJ} = \dfrac{1.5 \times 10^6 \times 7000}{8.1 \times 10^4 \times 1.0485 \times 10^7} = 0.0123rad/m$

최대전단응력 : 최대거리 r_{max} 는 $r_{max} = \sqrt{(120 - 43.33)^2 + 15^2} = 78.123mm$

$$\therefore \tau_{max} = \frac{Tr_{max}}{J} = \frac{1.5 \times 10^6 \times 78.123}{1.0485 \times 10^7} = 11.176MPa$$

(박판구조물로 적용할 경우, $\tau_{max} = \dfrac{Tr_{max}}{J} = \dfrac{1.5 \times 10^6 \times 78.123}{1220000} = 96.053MPa$)

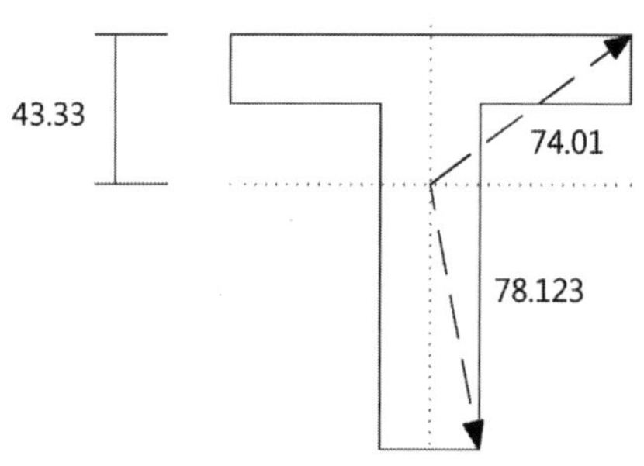

비틀림과 전단중심 : 전단응력

휨 부재인 H형강 300×300×10×15(압연형강)에 전단력(V)=180kN이 작용하고 중립축의 단면 2차 모멘트(I_x)=$2.04 \times 10^8 mm^4$일 때 전단응력도를 작성하고 발생된 전단응력에 대해 안전한지 검토하시오.

풀 이

> **개요**

H형강에서의 전단응력은 $\tau = \dfrac{VQ}{Ib}$ 로부터 전단력과 단면2차 모멘트가 일정할 때, 단면1차모멘트 Q와 폭 b의 값에 따라 변화한다.

> **단면1차모멘트의 산정**

1) 플랜지 하단에서의 Q_1

$$Q_1 = 300 \times 15 \times (150 - 7.5) = 641,250 mm^3$$

① 플랜지 하단에서의 전단응력

$$b = 300, \quad \therefore \tau_1 = \frac{VQ_1}{Ib} = \frac{180 \times 10^3 \times 614,250}{2.04 \times 10^8 \times 300} = 1.89 MPa$$

② 웨브 상단에서의 전단응력

$$b = 10, \quad \therefore \tau_2 = \frac{VQ_1}{Ib} = \frac{180 \times 10^3 \times 614,250}{2.04 \times 10^8 \times 10} = 56.58 MPa$$

③ 플랜지 내의 전단응력 분포

플랜지 상단으로부터 거리를 x라고 하면, $\quad Q_{x1} = 300x(150 - x)$

$$\tau_{x1} = \frac{VQ_{x1}}{Ib} = 0.000882x(150 - x)$$

2) 중립축에서의 $Q_2 (= Q_{max})$

$$Q_2 = 300 \times 15 \times (150 - 7.5) + (150 - 15) \times 10 \times (150 - 15)/2 = 732,375 mm^3$$

$$b = 10, \quad \therefore \tau_{max} = \frac{VQ_2}{Ib} = \frac{180 \times 10^3 \times 732,375}{2.04 \times 10^8 \times 10} = 64.62 MPa$$

3) 웨브에서의 Q_{x2}

플랜지 상단으로부터 거리를 x 라고 하면, $\quad Q_{x2} = Q_1 + 10(x-15)\left(150 - \dfrac{x-15}{2}\right)$

$$\tau_{x2} = \frac{VQ_{x1}}{Ib} = 8.823 \times 10^{-5} \times Q_{x2}$$

▶ 단면 내의 전단응력도

Q는 대칭이므로 단면 내의 전단응력도는 중립축을 기준으로 상하부 대칭을 이룬다.

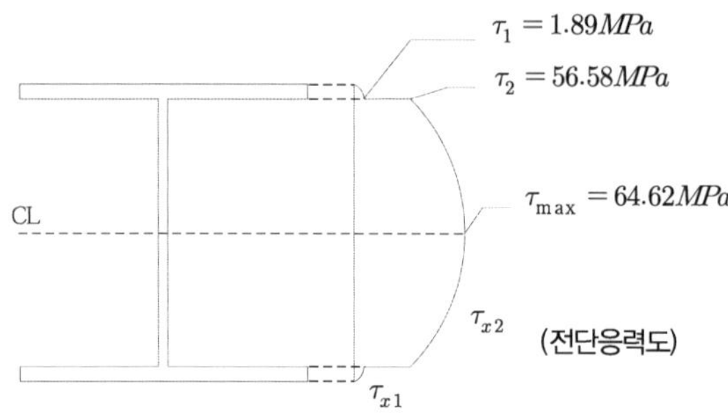

▶ 주어진 휨부재의 안전성 검토

주어진 H형강의 재질은 SM400형강이라고 가정하고, 허용응력을 기준으로 안전성을 검토하면,
허용전단응력은 $\tau_{all} = f_y / \sqrt{3} = 140 / \sqrt{3} = 80 MPa$

$\therefore \tau_{\max} < \tau_{all}$ 이므로 안전하다.

뒴과 뒤틀림 : 단일 박스거더 비틀림과 뒤틀림

단일 강재 박스거더(1-Cell) 교량에 편심하중 작용 시 박판보(thin-walled beam) 이론에 따른 응력의 종류에 대하여 설명하시오.

풀 이

▶ 박판구조물의 비틀림 개요

두께가 얇은 부재에 비틀림이 작용할 때에는 전단응력과 두께의 곱으로 표현되는 전단흐름 $(f = \tau t)$은 일정하게 나타나는 현상을 보인다. 이러한 전단흐름은 단위길이당의 전단력으로 정의된다. 원형과 같은 전단흐름이 환류되는 단면형상과 달리 I형 단면이나 박스형 단면의 경우 이러한 전단흐름으로 인해 뒴(warping)이나 뒤틀림(Distorsion)과 같은 변형이 발생된다. 이러한 현상으로 인해 단일박스 거더에 편심하중이 작용할 경우 편심하중은 휨하중과 비틀림 하중으로 구분될 수 있으며, 비틀림 하중은 다시 순수 비틀림 하중과 뒤틀림 하중으로 구분될 수 있다.

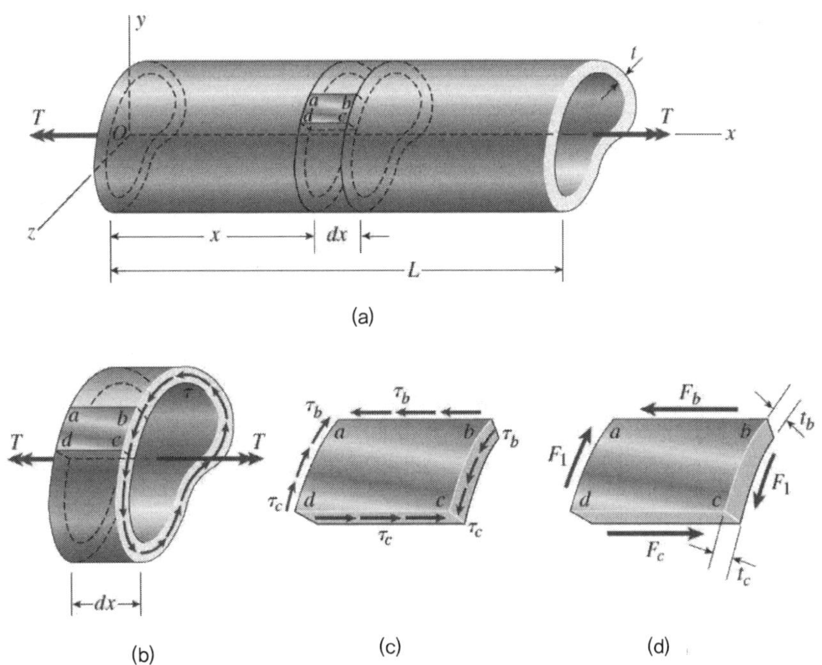

(a)

(b)　　　　(c)　　　　(d)

▶ 단일 강재 박스거더의 편심하중 시 발생 응력

1) 편심하중으로 인한 휨하중과 비틀림 하중으로의 분력

단일 박스거더 형식에 편심(e)만큼의 하중이 작용할 때 아래 그림과 같이 (a) 편심하중(P)은 (b) 휨하중(P/2+P/2)과 (c) 비틀림하중(m_T, P/2+−P/2)에 의한 응력으로 구분해 고려될 수 있다.

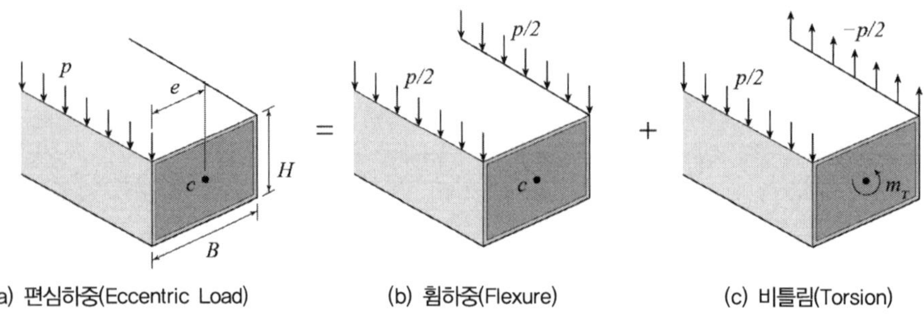

(a) 편심하중(Eccentric Load)   (b) 휨하중(Flexure)   (c) 비틀림(Torsion)

2) 비틀림하중의 순수비틀림과 뒤틀림으로 분력

여기서 (c) 비틀림하중(m_T)은 다시 상자의 높이(H)와 폭(B)을 고려해 (d) 순수비틀림($m_T/2B$, $m_T/2H$)와 (e) 뒤틀림($m_T/2B$, $-m_T/2H$)의 합력으로 표현될 수 있으며 각각의 하중에 의해 발생하는 응력이 발생한다.

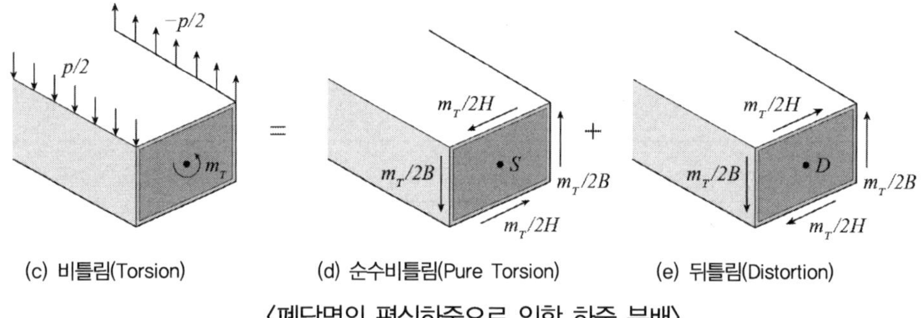

(c) 비틀림(Torsion)   (d) 순수비틀림(Pure Torsion)   (e) 뒤틀림(Distortion)

〈폐단면의 편심하중으로 인한 하중 분배〉

뒴과 뒤틀림 : 순수비틀림과 뒴비틀림

비틀림 하중을 받는 강재보에서 발생하는 순수비틀림(pure torsion)과 뒴비틀림(warping torsion)에 대하여 설명하시오.

풀 이

▶ 개요

외력이 부재의 전단중심에서 벗어나 작용하면 편심으로 인한 비틀림 모멘트가 발생하며 이러한 부재의 비틀림에는 순수비틀림(Pure torsion)과 뒤틀림(Warping torsion)로 분류할 수 있다.

▶ 순수비틀림(pure torsion)과 뒴비틀림(warping torsion)

1) 순수비틀림(pure torsion)

순수비틀림은 단면의 변형이나 길이방향의 직응력을 일으키지 않고 단면 전체가 일정하게 각 변위를 일으키는 비틀림이다. 이를 Saint vernant Torsion이라고도 하며 T_s로 나타내고 순수비틀림에 의한 부재의 단위길이당 비틀림 각과 비틀림 모멘트는 다음과 같이 표시한다.

$$\frac{d\theta}{dz} = \frac{T_s}{GJ} \quad T_s = GJ\frac{d\theta}{dz}$$

GJ : 단위길이당 단위비틀림각을 유발하는 데 필요한 비틀림 모멘트, 비틀림 강성(torsional rigidity)

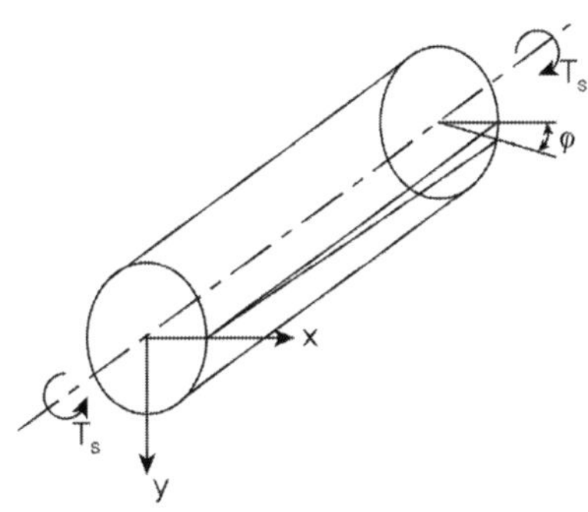

2) 뒴비틀림(warping torsion)

원형단면이 아닌 부재가 비틀림 하중을 받게 되면 뒤틀림변형을 동반하게 되며 H형강의 경우 그림과 같이 단면에 작용하는 뒤틀림모멘트는 양쪽 플랜지에 작용하는 힘 V_f의 우력으로 치환할 수 있다. $V_f = T_w/h$로 계산되고 변형된 부재의 전단중심에서의 각 변위를 ϕ라고 하면 횡변위 $u_f = h\phi/2$가 된다. M_f와 u_f의 관계는 모멘트-곡률 관계식으로부터 다음과 같이 표현할 수 있다.

$$M_f = -EI_f \frac{d^2 u_f}{dz^2}$$

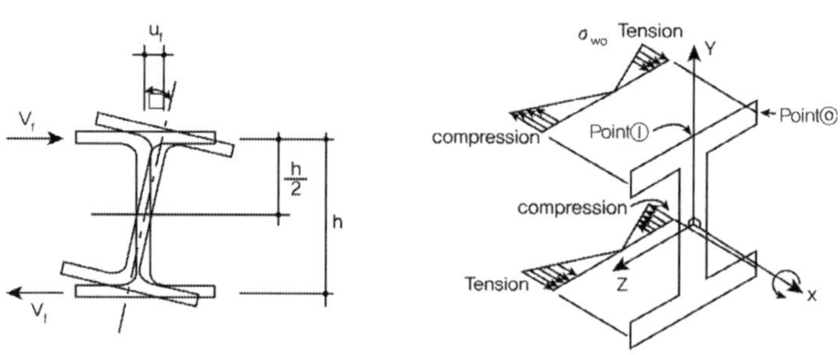

위의 식에서 I_f는 한 플랜지의 y축에 대한 단면2차 모멘트이고 $V_f = dM_f/dz$ 이므로 단부에서의 뒤틀림 모멘트는 다음과 같이 비틀림 각으로 표시할 수 있다.

$$T_w = V_f h = -EI_f \frac{d^3 u_f}{dz^3} h, \quad u_f = \frac{h}{2}\phi, \quad \therefore \ T_w = -EI_f \frac{h}{2} \frac{d^3 \phi}{dz^3} h \quad \text{여기서 } I_y \approx 2I_f$$

$$T_w = -E\left(\frac{I_y}{2}\right) \frac{h^2}{2} \frac{d^3 \phi}{dz^3}$$

H형강의 뒤틀림상수(Warping constant)를 $C_w = \frac{h^2}{4} I_y$ 로 정의하면,

$$T_w = -EC_w \frac{d^3 \phi}{dz^3}$$

따라서 뒤틀림이 발생하는 H형강과 같은 부재의 비틀림 응력전달은 다음과 같이 순수비틀림과 뒤틀림에 의한 2개의 성분의 합으로 표시한다.

$$T = T_s + T_w = GJ\frac{d\theta}{dz} - EC_w \frac{d^3 \phi}{dz^3}$$

뒴과 뒤틀림

비틀림 하중을 받는 부재에서 발생하는 뒴(Warping)과 뒤틀림(Distortion).

풀 이

▶ 개요

원형으로 된 단면과는 달리 박스형 단면이나 I형 단면의 경우에는 곡선 형상 등으로 인해 비틀림이 작용할 경우, 축방향으로의 변형이 발생하게 된다. 일반적으로 폐합된 박스형 단면(Closed Section)에서의 이러한 변형은 뒤틀림변형(Distortion)이라고 하고, I형과 같은 개단면(Open Section)에서의 변형을 뒴 변형(Warping Displacement)이라고 부른다. 이러한 변형이 구속될 경우 부재에서는 응력으로 발생되며 설계기준에서는 Diaphram을 일정 간격으로 설치하지 않아서 뒤틀림(Distortion)이 발생하거나, 플랜지 폭이 넓어서 뒴(Warping)을 무시할 수 없는 경우에 한해 검토하도록 규정하고 있다.

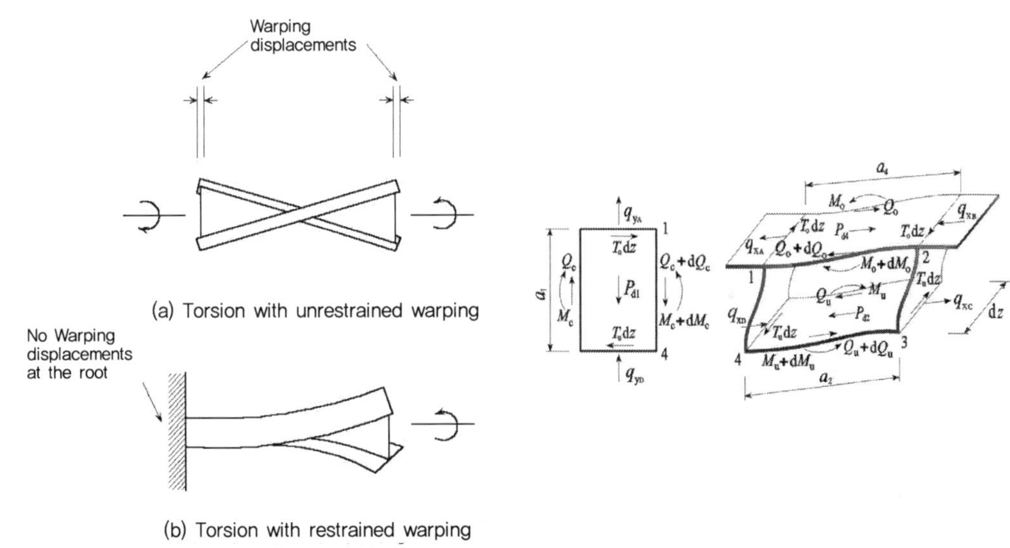

(개단면의 뒴(Warping)과 폐합 단면의 뒤틀림(Distortion))

▶ 뒴(Warping)현상

박스형 단면은 큰 비틀림 저항성을 갖는 데 반해 I형 거더와 같은 개단면(Open Section) 부재는 비틀림 저항성이 작아 비틀림에 의해 큰 변형을 받는 동시에 뒴(Warping)이 발생한다. 이러한 뒴이 구속되거나 회전각($d\phi/dx$)이 일정하지 않은 경우 길이방향으로 축응력(뒴응력 f_w)이 발생한다.

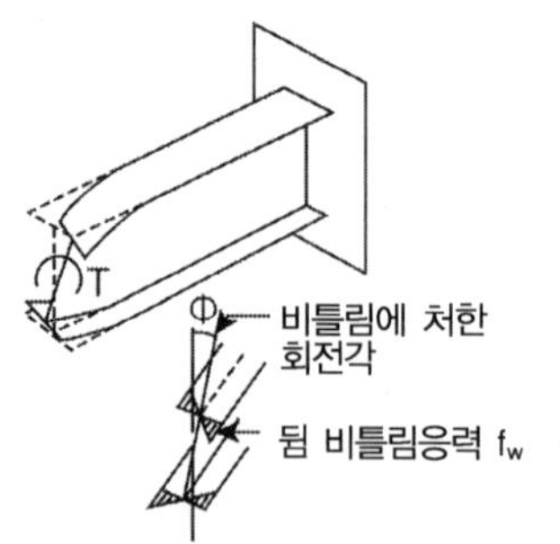

일반적으로 박스형 거더의 경우에는 Diaphram을 일정간격 설치하여 뒤틀림(Distorsion)을 방지하고 있어 큰 문제가 발생하지 않지만 I형 거더와 같은 비틀림 저항력이 작고 플랜지 폭이 넓은 경우에는 무시할 수 없는 응력이 발생할 수 있으므로 설계상에서는 파라메트를 기준으로 뒴 응력에 대한 고려여부를 확인하여야 한다.

$$\alpha = l\sqrt{\frac{GK}{EI_w}} \quad (G: \text{전단탄성계수} \quad K: \text{순수 비틀림 상수} \quad E: \text{탄성계수} \quad I_w: \text{뒴비틀림 상수})$$

① $\alpha < 0.4$: 뒴비틀림에 의한 전단응력과 수직응력에 대해서 고려한다.
② $0.4 \leq \alpha \leq 10$: 순수비틀림과 뒴비틀림 응력 모두 고려한다.
③ $\alpha > 10$: 순수비틀림 응력에 대서만 고려한다.

$$f = f_b + f_w, \quad v = v_b + v_s + v_w, \ f \leq f_a, \quad v \leq v_a, \quad \left(\frac{f}{f_a}\right)^2 + \left(\frac{v}{v_a}\right)^2 \leq 1.2$$

일반적으로 I형 단면 주 거더에서는 α값이 0.4 이하, 박스거더의 경우 30~100이다.
곡선교 구조계 전체를 단일 곡선부재로 치환하여 취급하는 경우에 뒴비틀림 응력을 무시하는 범위는 다음과 같다.

$$\alpha > 10 + 40\Phi \ (0 \leq \Phi < 0.5), \quad \alpha > 30 \ (0.5 \leq \Phi), \quad \Phi: \text{곡선부재의 1경간 회전 중심각(radian)}$$

▶ 뒤틀림(Distortion)현상

곡선교에서의 상부하중은 곡률로 인해 편심하중을 유발하게 되며, 이로 인해 휨과 전단으로 인한 응력이 발생한다. 편심하중은 휨하중(Flexure)과 비틀림하중(Torsion)으로 구분할 수 있으며, 비틀림하중은 다시 순수한 비틀림(Pure torsion) 하중과 뒤틀림(Distortion) 하중으로 구분될 수 있다. 일반적으로 강상형 박스와 같은 폐단면(Closed Section)에서 발생되는 뒤틀림(Distortion) 응력은 그 크기가 통상 작고 고려하기 어렵기 때문에 브레이싱이나 다이아프램의 간격을 적정하게 설치하여 충분한 강성을 확보해 고려하지 않는 것이 일반적이다.

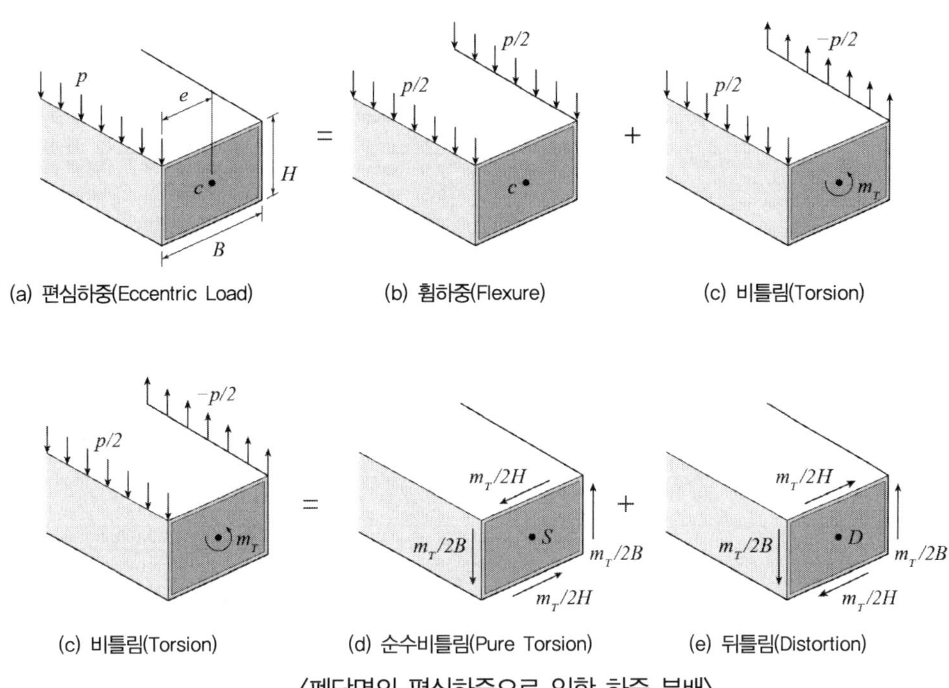

〈폐단면의 편심하중으로 인한 하중 분배〉

뜀과 뒤틀림 : 채널단면의 휨과 뜀 응력

아래 그림과 같이 ㄷ형 단면을 갖는 외팔보의 자유단에 편심 하중이 재하된다. 휨응력 및 뜀응력 (Warping Stress)의 응력도를 도시하고, 최대 인장응력 및 최대 압축응력의 발생위치에 대하여 설명하시오.

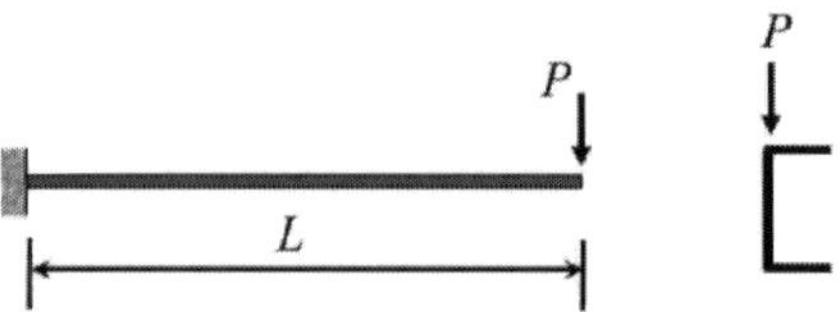

풀 이

▶ 개요

ㄷ형강(Channel Section)은 도심과 전단중심이 일치하지 않기 때문에 전단중심에 하중이 재하되지 않을 경우에는 편심으로 인한 비틀림 응력이 발생될 수 있다. 외력이 부재의 전단중심에서 벗어나 작용하면 편심으로 인한 비틀림 모멘트가 발생하며 이러한 부재의 비틀림에는 순수비틀림 (Pure torsion)과 뒤틀림(Warping torsion)으로 분류할 수 있다.

▶ ㄷ형강의 도심과 전단중심

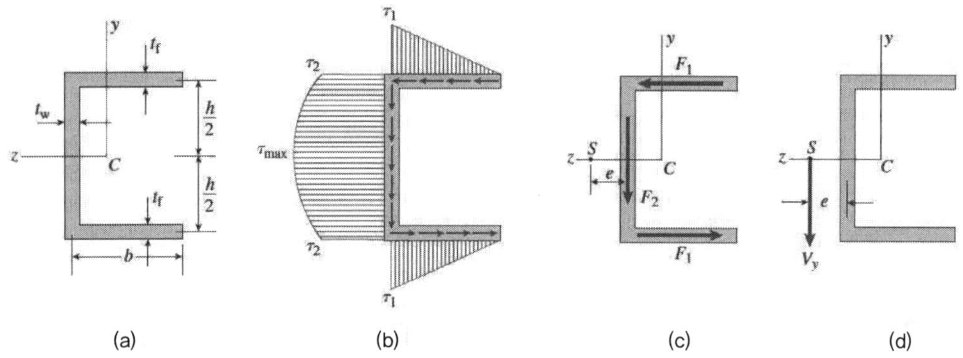

(a)   (b)   (c)   (d)

플랜지 $Q_z = bt_f h/2$

플랜지의 최대 전단응력 $\tau_1 = \dfrac{V_y Q_z}{I_z t_f} == \dfrac{bh V_y}{2 I_z}$

웨브 상단에서의 응력 $\tau_2 = \dfrac{V_y Q_z}{I_z t_w} = \dfrac{bt_f h V_y}{2 t_w I_z}$

중립축에서 1차 단면 모멘트 $Q_z = \dfrac{bt_f h}{2} + \dfrac{ht_w}{2}\left(\dfrac{h}{4}\right) = \left(bt_f + \dfrac{ht_w}{4}\right)\dfrac{h}{2}$

$\therefore \tau_{\max} = \dfrac{V_y Q_z}{I_z t_w} = \left(\dfrac{bt_f}{t_w} + \dfrac{h}{4}\right)\dfrac{h V_y}{2I_z}$

각 플랜지에 걸리는 수평 전단력 $F_1 = \left(\dfrac{\tau_1 b}{2}\right) t_f = \dfrac{hb^2 t_f V_y}{4I_z}$ (삼각형의 면적)

웹의 수직력(사각형 + 포물선의 면적)

$$F_2 = \tau_2 ht_w + \dfrac{2}{3}(\tau_{\max} - \tau_2)ht_w = \left(\dfrac{t_w h^3}{12} + \dfrac{bh^2 t_f}{2}\right)\dfrac{V_y}{I_z} = V_y$$

이때, 전단 중심의 위치는 $F_1 h - F_2 e = 0 \ : \quad e = \dfrac{b^2 h^2 t_f}{4I_z} = \dfrac{3b^2 t_f}{ht_w + 6bt_f}$

▶ 외팔보의 휨응력

집중하중으로 인해 외팔보에 발생되는 최대 휨 모멘트는 단부에서 PL이 발생되며 이때의 휨으로 인한 응력은 $f = \dfrac{M}{I}y = \dfrac{PL}{I}y$로 산정되므로 형강의 최상부에서 최대인장응력 $f_t = \dfrac{PL}{I}y$, 형강의 최하단부에서 최대압축응력 $f_t = -\dfrac{PL}{I}y$이 발생된다.

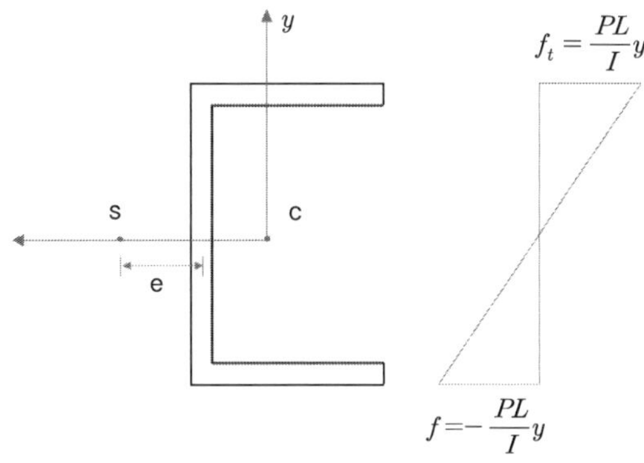

▶ 뒴응력

집중하중으로 인해 외팔보에 발생되는 비틀림 모멘트는 $T_w = Pe$가 발생되며 단면에 작용하는 뒤틀림 모멘트는 양쪽 플랜지에 작용하는 힘 V_f의 우력으로 치환할 수 있다. $V_f = T_w/h$로 계산되고 변형된 부재의 전단중심에서의 각 변위를 ϕ라고 하면 횡변위 $u_f = h\phi/2$가 된다. M_f와 u_f의 관계는 모멘트–곡률 관계식으로부터 다음과 같이 표현할 수 있다.

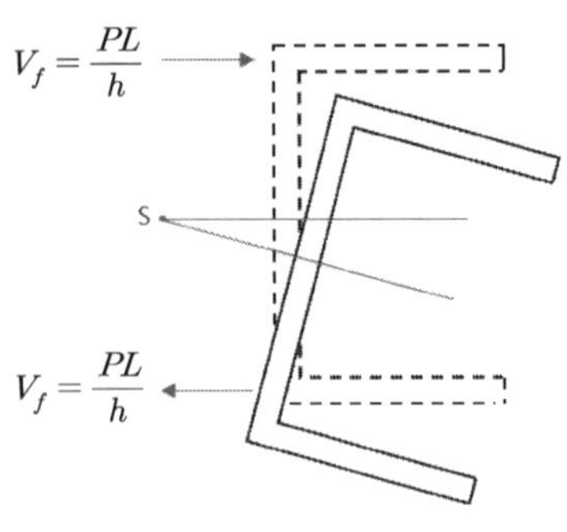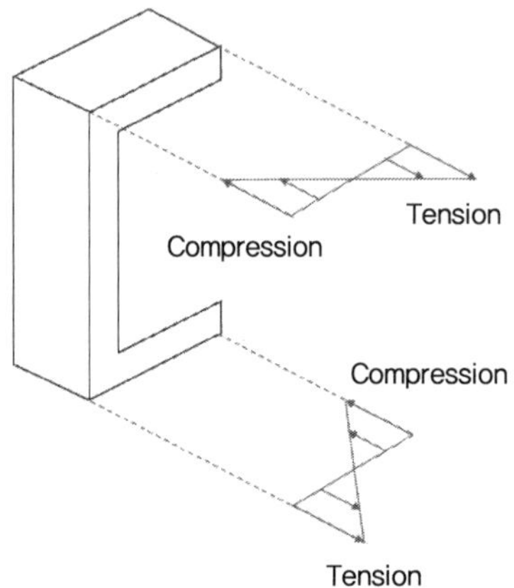

$$M_f = - EI_f \frac{d^2 u_f}{dz^2}$$

$$T_w = V_f h = - EI_f \frac{d^3 u_f}{dz^3} h, \quad u_f = \frac{h}{2}\phi, \quad \therefore \ T_w = - EI_f \frac{h}{2}\frac{d^3 \phi}{dz^3} h \quad \text{여기서 } I_y \approx 2I_f$$

$$T_w = - E\left(\frac{I_y}{2}\right)\frac{h^2}{2}\frac{d^3 \phi}{dz^3}$$

▶ 최대인장응력과 최대압축응력

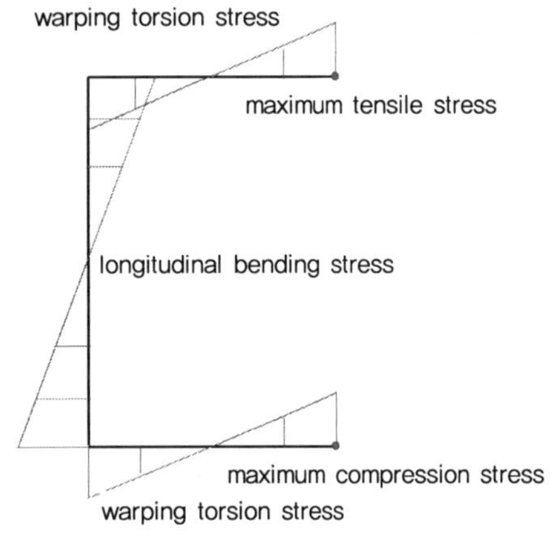

① 최대인장응력 : 휨에 의해 최대인장응력이 발생하는 상단부에서 뒴에 의해 오른쪽 단부에서 인장응력이 발생하므로 단면의 상단 우측 끝단이 최대인장응력 발생지점이다.

② 최대압축응력 : 휨에 의해 최대압축응력이 발생하는 하단부에서 뒴에 의해 오른쪽 단부에서 압축응력이 발생하므로 단면의 하단 우측 끝단이 최대인장응력 발생지점이다.

구조물의 해석 일반

구조물의 해석 일반

01 고전적 구조물의 해석방법

1. 강성도법(변위법)과 유연도법(응력법) [110회]

【기출유형 ①】 힘의 평형을 이용하는 부재를 완전하게 해석할 때 필요한 3가지 조건

완성 구조물은 정정, 부정정 구조물로 구분된다. 정정 구조물은 평형방정식만으로 그 해가 가능하지만, 부정정 구조물과 같은 구조물의 해석을 위해서는 평형방정식(Equilibrium equation), 적합방정식(Compatibility equation), 부재의 힘-변위 관계식(Member force-deformation relations)이 필요하다. 고전적인 구조물의 해석방법은 강성도법과 유연도법의 두 가지 방법으로 구분할 수 있다. 강성도법(Stiffness Method, 변위법 Displacement Method)의 해석은 변위를 미지수로 하여 해석하는 방법으로 통상적으로 강성도(k)로 표현되며, 적합조건(Compatibility condition)을 만족시켜야 한다. 유연도법(Flexibility Method, 응력법 Force Method)의 경우는 유연도(f)로 표현되며, 정적평형(Static equilibrium)을 만족시켜야 한다.

구분	강성도법(변위법)	유연도법(응력법)
해석 방법	처짐각법, 모멘트 분배법, 매트릭스 변위법	가상일의 방법(단위하중법), 최소일의 방법, 3연 모멘트법, 매트릭스 응력법
특징	① 변위가 미지수 ② 평형방정식에 의해 미지변위 구함. ③ 평형방정식의 계수가 강성도(EI/L) ④ 한 절점의 변위의 개수가 한정적(일반적으로 자유도 6개 : u_x, u_y, u_z, θ_x, θ_y, θ_z)이어서 컴퓨터를 이용한 계산방법인 매트릭스 변위법에 많이 사용된다.	① 힘이 미지수 ② 적합조건(변형일치법)에 의해 과잉력을 구함. ③ 적합조건식의 계수가 유연도(L/EI) ④ 미지의 과잉력이 다수 있을 수 있으므로 각 구조물별로 별도의 매트릭스를 산정하여야 하는 다소 불편이 있음.

변위법(강성도법)의 해석의 예를 들면 격점 변위를 미지수로 택한 후 평형조건, 힘-변형관계식 및 적합조건을 적용하여 구조물의 격점변위, 부재력 및 반력 등을 산정하며, 이때에 앞선 3가지 조건식이 필요하다.

① 평형조건(평형방정식) : 외부에서 작용하는 하중과 재료 내부에 발생되는 응력의 관계

$$[P] = [A][Q], \qquad [A] : \text{Static Matrix(평형 Matrix)}$$

② 힘-변형관계식(재료방정식) : 변형률과 응력의 관계

$$[Q] = [S][e] \qquad [S] : \text{Element Stiffness Matrix(부재강도 Matrix)}$$

③ 적합조건(적합방정식) : 재료의 변위와 변형률의 관계

$$[e] = [B][d] \qquad [B] = [A]^T : \text{Deformed Shape Matrix(적합 Matrix)}$$

④ 매트릭스 해석 시 3가지 조건을 이용한 해석 방법

$$[P] = [A][Q] \rightarrow [Q] = [S][e] \rightarrow [e] = [B][d] \ ([B] = [A]^T)$$

$$\rightarrow [P] = [A][S][B][d] = [A][S][A]^T[d]$$

2. 정정 구조물의 처짐과 해석

1) 외팔보

형상	처짐 및 해석
	y : y 방향의 처짐 y' : dy/dx, 보의 처짐곡선의 변화 δ_b : $y(L)$, 보의 처짐 θ_b : $y'(L)$, 보의 처짐 경사각
	$y = \dfrac{qx^2}{24EI}(6L^2 - 4Lx + x^2)$ $\qquad$ $\delta_b = \dfrac{qL^4}{8EI}$ $y' = \dfrac{qx}{6EI}(3L^2 - 3Lx + x^2)$ $\qquad$ $\theta_b = \dfrac{qL^3}{6EI}$
	$y = \dfrac{Px^2}{6EI}(3L - x)$ $\qquad$ $\delta_b = \dfrac{PL^3}{3EI}$ $y' = \dfrac{Px}{2EI}(2L - x)$ $\qquad$ $\theta_b = \dfrac{PL^2}{2EI}$

<table>
<tr><th>형상</th><th>처짐 및 해석</th></tr>
<tr><td></td><td>$y=\dfrac{M_0x^2}{2EI}$ $\delta_b=\dfrac{M_0L^2}{2EI}$
$y'=\dfrac{M_0x}{EI}$ $\theta_b=\dfrac{M_0L}{EI}$</td></tr>
<tr><td>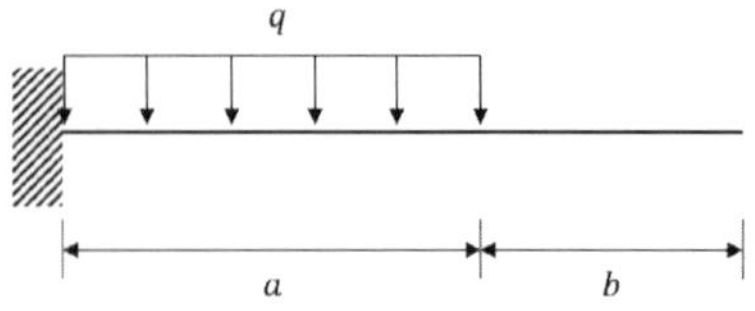
$\delta_b=\dfrac{qa^3}{24EI}(4L-a)$
$\theta_b=\dfrac{qa^3}{6EI}$</td><td>$y=\dfrac{qx^2}{24EI}(6a^2-4ax+x^2)$ $0\le x\le a$
$y=\dfrac{qa^2}{24EI}(4x-a)$ $a\le x\le L$
$y'=\dfrac{qx}{6EI}(3a^2-3ax+x^2)$ $0\le x\le a$
$y'=\dfrac{qa^3}{6EI}$ $0\le x\le a$</td></tr>
<tr><td>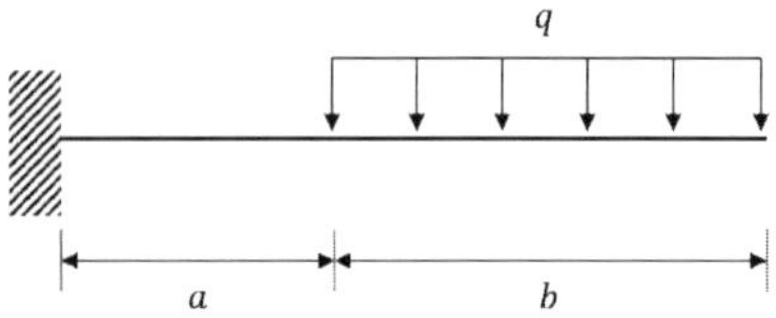
$\delta_b=\dfrac{q}{24EI}(3L^4-4a^3L+a^4)$
$\theta_b=\dfrac{q}{6EI}(L^3-a^3)$</td><td>$y=\dfrac{qbx^2}{12EI}(3L+3a-2x)$ $0\le x\le a$
$y=\dfrac{q}{24EI}(x^4-4Lx^3+6L^2x^2-4a^3x+a^4)$ $a\le x\le L$
$y'=\dfrac{qbx}{2EI}(L+a-x)$ $0\le x\le a$
$y'=\dfrac{q}{6EI}(x^3-3Lx^2+3L^2x-a^3)$ $0\le x\le a$</td></tr>
<tr><td>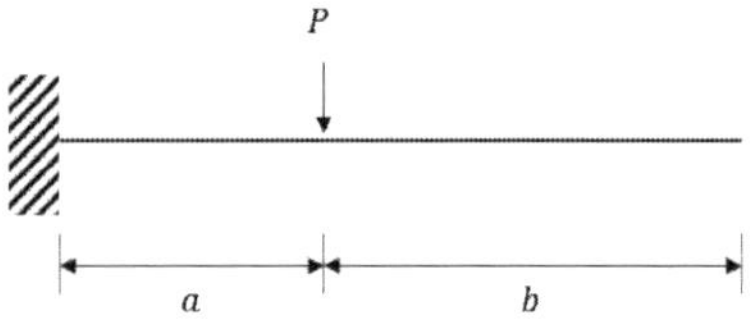
$\delta_b=\dfrac{Pa^2}{6EI}(3L-a)$
$\theta_b=\dfrac{Pa^2}{2EI}$</td><td>$y=\dfrac{Px^2}{6EI}(3a-x)$ $0\le x\le a$
$y=\dfrac{Pa^2}{6EI}(3x-a)$ $a\le x\le L$
$y'=\dfrac{Px}{2EI}(2a-x)$ $0\le x\le a$
$y'=\dfrac{Pa^2}{2EI}$ $0\le x\le a$</td></tr>
<tr><td>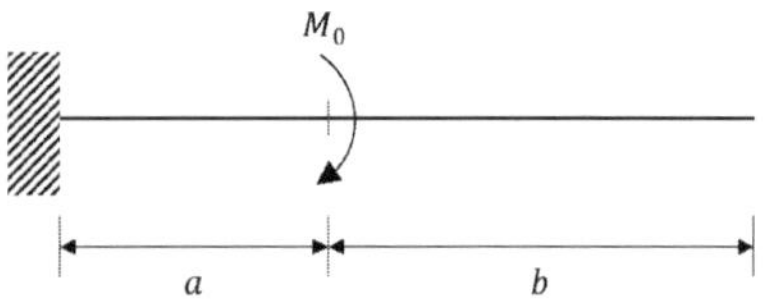
$\delta_b=\dfrac{M_0a}{2EI}(2L-a)$
$\theta_b=\dfrac{M_0a}{EI}$</td><td>$y=\dfrac{M_0x^2}{2EI}$ $0\le x\le a$
$y=\dfrac{M_0a}{2EI}(2x-a)$ $a\le x\le L$
$y'=\dfrac{M_0x}{EI}$ $0\le x\le a$
$y'=\dfrac{M_0a}{EI}$ $0\le x\le a$</td></tr>
</table>

형상	처짐 및 해석
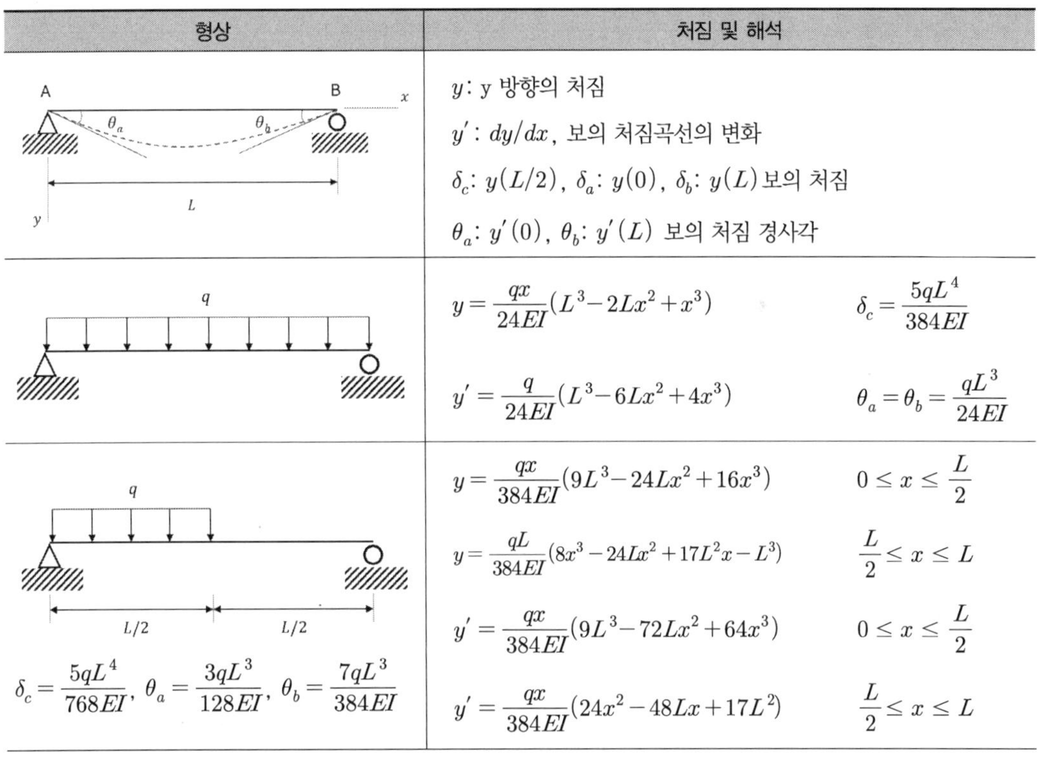	$$y = \frac{q_0 x^2}{120LEI}(10L^3 - 10L^2 x + 5Lx^2 - x^3)$$ $$y' = \frac{q_0 x}{24LEI}(4L^3 - 6L^2 x + 4Lx^2 - x^3)$$ $$\delta_b = \frac{q_0 L^4}{30EI} \qquad \theta_b = \frac{q_0 L^3}{24EI}$$
	$$y = \frac{q_0 x^2}{120LEI}(20L^3 - 10L^2 x + x^3)$$ $$y' = \frac{q_0 x}{24LEI}(8L^3 - 6L^2 x + x^3)$$ $$\delta_b = \frac{11q_0 L^4}{120EI} \qquad \theta_b = \frac{q_0 L^3}{8EI}$$

2) 단순보

형상	처짐 및 해석
	y : y 방향의 처짐 y' : dy/dx, 보의 처짐곡선의 변화 δ_c: $y(L/2)$, δ_a: $y(0)$, δ_b: $y(L)$ 보의 처짐 θ_a: $y'(0)$, θ_b: $y'(L)$ 보의 처짐 경사각
	$$y = \frac{qx}{24EI}(L^3 - 2Lx^2 + x^3) \qquad \delta_c = \frac{5qL^4}{384EI}$$ $$y' = \frac{q}{24EI}(L^3 - 6Lx^2 + 4x^3) \qquad \theta_a = \theta_b = \frac{qL^3}{24EI}$$
$$\delta_c = \frac{5qL^4}{768EI},\ \theta_a = \frac{3qL^3}{128EI},\ \theta_b = \frac{7qL^3}{384EI}$$	$$y = \frac{qx}{384EI}(9L^3 - 24Lx^2 + 16x^3) \qquad 0 \le x \le \frac{L}{2}$$ $$y = \frac{qL}{384EI}(8x^3 - 24Lx^2 + 17L^2 x - L^3) \qquad \frac{L}{2} \le x \le L$$ $$y' = \frac{qx}{384EI}(9L^3 - 72Lx^2 + 64x^3) \qquad 0 \le x \le \frac{L}{2}$$ $$y' = \frac{qx}{384EI}(24x^2 - 48Lx + 17L^2) \qquad \frac{L}{2} \le x \le L$$

형상	처짐 및 해석
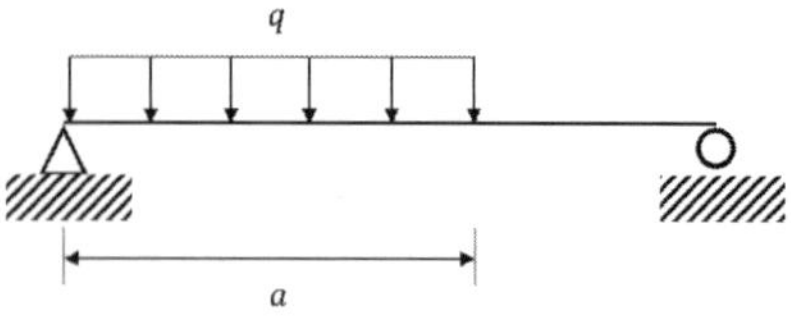 $\theta_a = \frac{qa^2}{24LEI}(2L-a)^2,\ \theta_b = \frac{qa^2}{24LEI}(2L^2-a^2)$	$y = \frac{qx}{24LEI}(a^4 - 4a^3L + 4a^2L^2 + 2a^2x^2 - 4aLx^2 + Lx^3)$　$0 \le x \le a$ $y = \frac{qa^2}{24LEI}(-a^2L + 4L^2x + a^2x - 6Lx^2 + 2x^3)$　$a \le x \le L$ $y' = \frac{q}{24LEI}(a^4 - 4a^3L + 4a^2L^2 + 6a^2x^2 - 12aLx^2 + 4Lx^3)$　$0 \le x \le a$ $y' = \frac{qa^2}{24LEI}(4L^2 + a^2 - 12Lx + 6x)$　$0 \le x \le a$
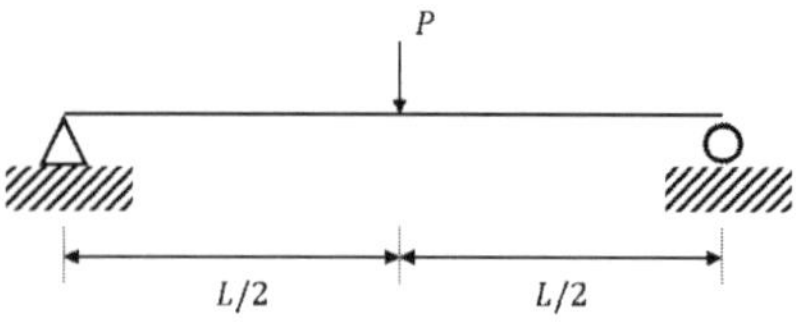	$y = \frac{Px}{48EI}(3L^2 - 4x^2)$　$0 \le x \le \frac{L}{2}$ $y' = \frac{P}{16EI}(L^2 - 4x^2)$　$0 \le x \le \frac{L}{2}$ $\delta_c = \frac{PL^3}{48EI}$　$\theta_a = \theta_b = \frac{PL^2}{16EI}$
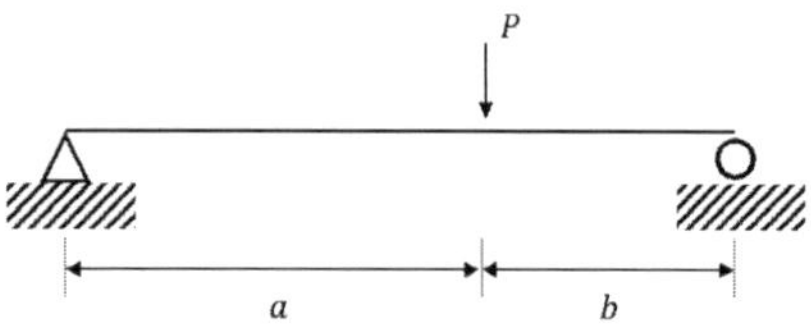	$y = \frac{Pbx}{6LEI}(L^2 - b^2 - x^2)$　$0 \le x \le a$ $y' = \frac{Pb}{6LEI}(L^2 - b^2 - 3x^2)$　$0 \le x \le a$ $\theta_a = \frac{Pab(L+b)}{6LEI},\ \theta_b = \frac{Pab(L+a)}{6LEI}$ If $a \ge b,\ \delta_c = \frac{Pb(3L^2 - 4b^2)}{48EI}$ If $a \ge b,\ x_1 = \sqrt{\frac{L^2 - b^2}{3}},\ \delta_{\max} = \frac{Pb(L^2 - b^2)^{3/2}}{9\sqrt{3}\,LEI}$
	$y = \frac{Px}{6EI}(3aL - 3a^2 - x^2)$　$0 \le x \le a$ $y = \frac{Pa}{6EI}(3Lx - 3x^2 - a^2)$　$a \le x \le L-a$ $y' = \frac{P}{2EI}(aL - a^2 - x^2)$　$0 \le x \le a$ $y' = \frac{Pa}{2EI}(L - 2x)$　$a \le x \le L-a$ $\theta_a = \theta_b = \frac{Pa(L-a)}{2EI},\ \delta_c = \delta_{\max} = \frac{Pa}{24EI}(3L^2 - 4a^2)$
	$y = \frac{M_0 x}{6LEI}(2L^2 - 3Lx + x^2)$ $y' = \frac{M_0}{6LEI}(2L^2 - 6Lx + 3x^2)$ $\delta_c = \frac{M_0L^2}{16EI},\ \theta_a = \frac{M_0L}{3EI},\ \theta_b = \frac{M_0L}{6EI}$ $x_1 = L\left(1 - \frac{1}{\sqrt{3}}\right),\ \delta_{\max} = \frac{M_0L^2}{9\sqrt{3}\,EI}$

형상	처짐 및 해석
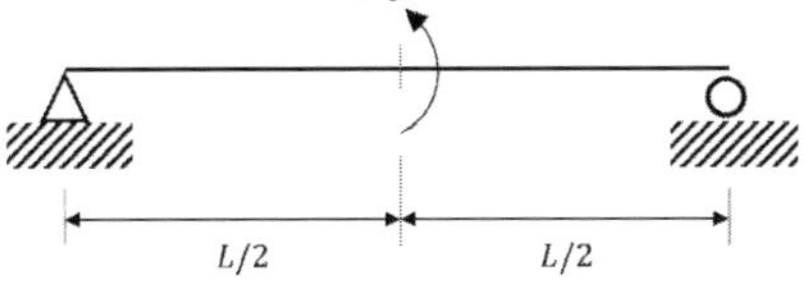 (simple beam with moment M_0 at center, $L/2$ and $L/2$)	$y = \dfrac{M_0 x}{24LEI}(L^2 - 4x^2)$ $\qquad 0 \le x \le \dfrac{L}{2}$ $y' = \dfrac{M_o}{24LEI}(L^2 - 12x^2)$ $\qquad 0 \le x \le \dfrac{L}{2}$ $\delta_c = 0, \quad \theta_a = \dfrac{M_0 L}{24EI}, \quad \theta_b = -\dfrac{M_0 L}{24EI}$
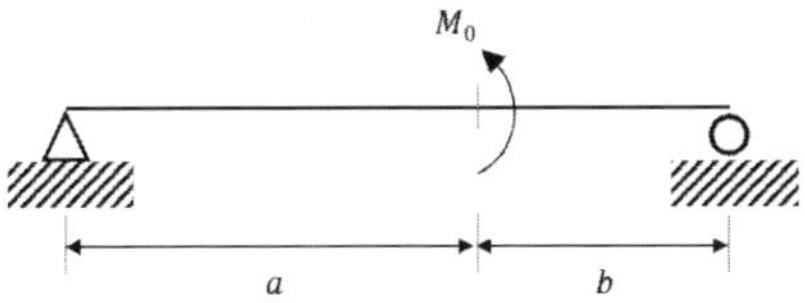 (simple beam with moment M_0 at distance a, spans a and b)	$y = \dfrac{M_0 x}{6LEI}(6aL - 3a^2 - 2L^2 - x^2)$ $\qquad 0 \le x \le a$ $y' = \dfrac{M_o}{6LEI}(6aL - 3a^2 - 2L^2 - 3x^2)$ $\qquad 0 \le x \le a$ $x = a, \quad y = \dfrac{M_0 ab}{3LEI}(2a - L), \quad y' = \dfrac{M_o}{3LEI}(3aL - 3a^2 - L^2)$ $\theta_a = \dfrac{M_o}{6LEI}(6aL - 3a^2 - 2L^2), \quad \theta_b = \dfrac{M_0}{6LEI}(3a^2 - L^2)$
 (simple beam with moments M_0 at both ends)	$y = \dfrac{M_0 x}{2EI}(L - x)$ $y' = \dfrac{M_0}{2EI}(L - 2x)$ $\delta_c = \delta_{\max} = \dfrac{M_0 L^2}{8EI}, \quad \theta_a = \theta_b = \dfrac{M_0 L}{2EI}$
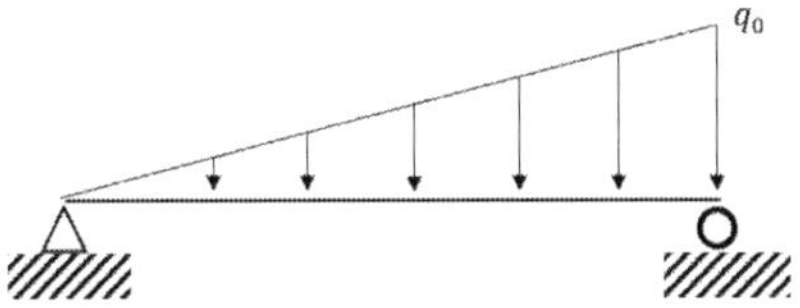 (simple beam with triangular load, q_0 at right)	$y = \dfrac{q_0 x}{360LEI}(7L^4 - 10L^2 x^2 + 3x^4)$ $y' = \dfrac{q_0}{360LEI}(7L^4 - 30L^2 x^2 + 15x^4)$ $\delta_c = \dfrac{5q_0 L^4}{768EI}, \quad \theta_a = \dfrac{7q_o L^3}{360EI}, \quad \theta_b = \dfrac{q_0 L^3}{45EI}$ $x_1 = 0.5193L, \quad \delta_{\max} = 0.00652\dfrac{q_0 L^4}{EI}$
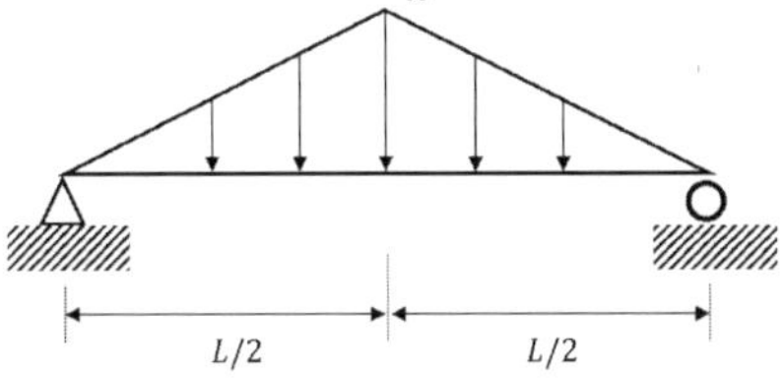 (simple beam with triangular (peaked) load q_0 at center, $L/2$ and $L/2$)	$y = \dfrac{q_0 x}{960LEI}(5L^2 - 4x^2)^2$ $\qquad 0 \le x \le \dfrac{L}{2}$ $y' = \dfrac{q_0}{192LEI}(5L^2 - 4x^2)(L^2 - 4x^2)$ $\qquad 0 \le x \le \dfrac{L}{2}$ $\delta_c = \delta_{\max} = \dfrac{q_o L^4}{120EI}, \quad \theta_a = \theta_b = \dfrac{5q_0 L^3}{192EI}$

원형구조물의 회전력과 마찰력

다음과 같은 그림에서 원형구조물이 서로 직각으로 이루어진 두 개의 접촉면 사이에 놓여 있다. 구조물의 상단에 장력 T를 수평방향으로 작용시켜 이 구조물을 시계방향으로 회전시키려고 할 때 필요한 최소장력 T를 구하고, 그때 A, B면에 작용하는 반력 R_A, R_B와 마찰력 F_A, F_B를 구하시오(단, 구조물과 접촉면의 마찰계수는 0.25이며, 자중 W=280kN이다).

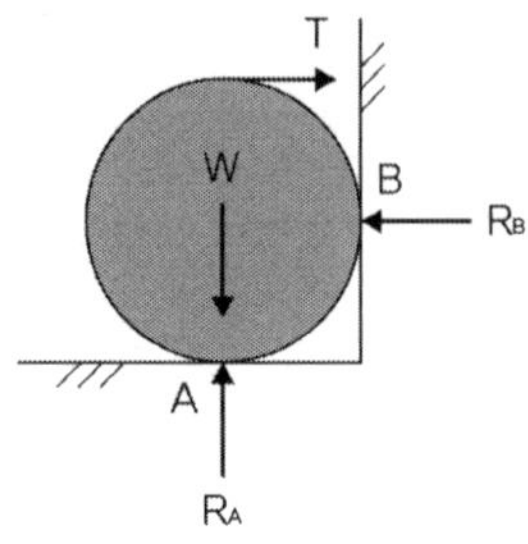

풀 이

▶ 개요

정역학적 개념을 이용해 풀이한다. 마찰력은 수직반력에 비례해 작용한다.

▶ 반력과 마찰력 산정

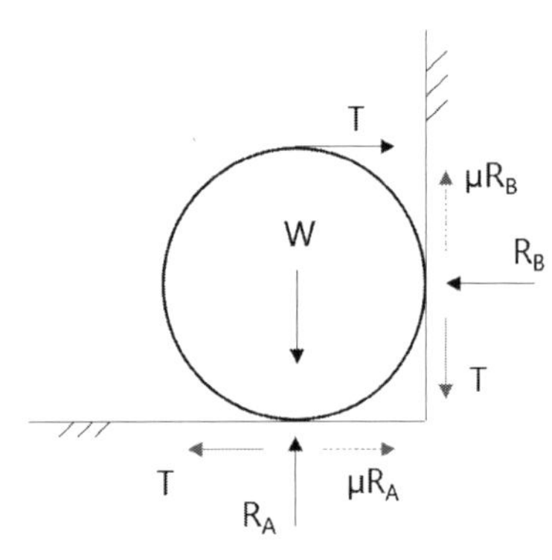

$$\sum F_x = 0 \; ; \; R_B = T$$
$$\sum F_y = 0 \; ; \; R_A = W$$

$$F_A = \mu R_A = 0.25\,W = 0.25 \times 280 = 70 \text{ kN}$$
$$F_B = \mu R_B = 0.25\,T$$

구조물이 회전하기 위해서는

$$T \geq F_A + F_B = 70 + 0.25\,T \quad \therefore T \geq \frac{280}{3} \text{ kN}$$

$$\therefore R_B = T \geq \frac{280}{3} \text{ kN}, \quad R_A = 280 \text{ kN}, \quad F_A = 70 \text{ kN}, \quad F_B = 0.25\,T \geq 23.3 \text{ kN}$$

【 **기출유형 ①** 】 구조물 판별 시 안전, 불안정과 안정인 구조물의 내외적 정정 부정정 판별 설명

평면상에 구조물이 외적 하중에 의해서 구조물의 위치(외적 불안정)가 바뀌거나, 구조물의 형태 (내적 불안정)가 바뀔 때 불안정한 구조물이라고 판별한다. 반대로 위치나 형태가 바뀌지 않는다 면 안정한 구조물이라고 한다. 안정한 구조물은 정정 구조물과 부정정 구조물로 구분되며, 힘의 평형조건(Equilibrium)을 이용하여 미지의 반력을 구할 수 있다면 정정 구조물이라고 하고, 힘의 평형조건보다 반력성분의 수가 더 많은 경우 부정정 구조물이라고 판별한다. 한 구조물의 반력성 분 수를 r, 조건방정식 수를 c라고 하면 구조물의 외적 안정에 대해서는 다음의 관계가 성립된다.

$r < (3+c)$: 외적 불안정, $r = (3+c)$: 외적 정정, $r > (3+c)$: 외적 부정정

1. 부정정 차수 산정

부정정 차수는 외적 부정정 차수와 내적 부정정 차수의 합으로 구성되어 있으며, 내적 부정정 차 수는 부재 내의 힌지 절점 수와 연결부재에 따른 차수의 합으로 구성된다.

부정정 차수(n) = 외적 부정정 차수(n_e) + 내적 부정정 차수(n_i)
내적 부정정 차수(n_i) = 부재 내의 힌지 절점 수 + 연결 부재에 따른 차수
 * (보) 내부 힌지 –1, (라멘) 내부 힌지 –1, 양단고정 +3, 일단고정 타단힌지 +2, 양단힌지+1
  (트러스) 삼각형을 이루고 남은 부재 하나당 +1

부정정 차수의 산정은 최초로 부정정 구조물을 해석하는 단계로 여용력(Redundant Force) 산정 을 위해 사용되며 다음의 두 가지 방법에 따라 산정한다.

1) 방법 1

① 보, 라멘 : $n = r + m + s - 2k$
② 트러스 : $n = r + m - 2k$

> n : 부정정 차수, r : 반력의 수, m : 부재의 수, s : 강절점의 수, k : 절점의 수(내부힌지, 자유단 포함)

2) 방법 2

① BEAM : $n = r - (3+c)$
② TRUSS : $n = [r - (3+c)] + [m - (2j-3)]$
③ RAHMEN : $n = [r - (3+c)] + [3m - (3j-3)]$

2. 부정정 구조물의 해석방법

1) 처짐 곡선의 미분방정식

보의 미분방정식을 직접 적분하여 처짐과 처짐각 등을 해석한다.

2) 처짐각법

라멘 등의 변형률을 미지수로 하고 부재의 응력과 각 부재의 변형과의 관계를 평형조건식에 적용하여 응력을 구하는 방법으로 변형의 관계로부터 간접적으로 부정정합력을 얻는 변형법의 일종이다. 구조물의 휨변형만을 고려하므로 부정정 트러스에는 적용할 수 없다. 평형방정식과 층방정식 (전단방정식)을 이용하여 푼다.

$$M_{ij} = 2EK(2\theta_i + \theta_j - 3R_{ab}) + C_{ij}$$

3) 3연 모멘트법

연속보에서 임의의 연속된 3개 지점의 휨모멘트 상호 간의 관계식을 나타낸 것으로 각 지간 내에서 단면이 균일한 연속보에 작용할 때 실용적이다.

$$M_L \frac{L_L}{I_L} + 2M_C\left(\frac{L_L}{I_L} + \frac{L_R}{L_R}\right) + M_R \frac{L_R}{I_R}$$
$$= -\frac{1}{I_L}\left(\frac{6A_L\overline{x_L}}{L_L}\right) - \frac{1}{I_R}\left(\frac{6A_R\overline{x_R}}{L_R}\right) + 6E\left[\frac{\Delta_L}{L_L} - \Delta_C\left(\frac{1}{L_L} + \frac{1}{L_R}\right) + \frac{\Delta_R}{L_R}\right]$$

4) 모멘트 분배법

근사해법으로 일종의 반복법이며 비교적 간단하게 수계산으로 부정정 보와 라멘의 재단모멘트를 얻을 수 있다. 축변형과 전단변형을 무시하고 휨변형만 고려하는 방법이다.

모멘트 분배법은 처짐각법의 연립방정식을 풀어야 하는 작업을 단축하기 위해서 축차적인 반복에 의해서 근사적으로 풀어가는 방법이다. 그러나 정해에 근접하기 위해서는 모멘트 분배의 순환을 반복하여야 하기 때문에 정해에 가까운 근사해법으로 사용된다.

5) 변위일치법(응력법)

부정정력을 선택하여 Redundant Force로 가정하여 정정 구조물에 대한 변위와 부정정력에 의한 변위를 평형방정식과 적합조건을 이용하여 연립방정식으로 부정정력을 산정하는 방법

① 보, 라멘, 트러스, 아치 등의 부정정 구조물의 해석 적용

② 하중, 지점침하, 온도변화, 부재제작 및 조립시 발생오차 등 모든 원인에 의한 구조물의 내력

을 해석하는 데 적용

6) 에너지 방법 : 최소일의 방법 / $Castigliano's\ 2^{nd}$ / 단위하중법(응력법)

에너지 보존법칙에 따라 내부 변형에너지(Strain Energy)와 외부 에너지(External Work or Potential Energy)의 관계로부터 유도

① 트러스, 합성구조물, 보, 라멘 등의 부정정 구조물의 해석 적용

② Strain Energy : $U = \int \dfrac{M^2}{2EI}dx + \int \dfrac{F^2}{2EA}dx + \int \dfrac{T^2}{2GJ}dx + \int \dfrac{V^2}{2GA}dx$

③ Potential Energy : $V = \Sigma \dfrac{1}{2}P\delta = \Sigma \dfrac{1}{2}kx^2$

④ 적합조건 : $\dfrac{\partial(U+V)}{\partial X_1} = 0$

7) 매트릭스 변위법(평형매트릭스 $[A]$ 활용)

$[P] = [A][Q] \rightarrow [Q] = [S][e] \rightarrow [e] = [B][d] \quad ([B] = [A]^T)$
$\rightarrow [P] = [A][S][B][d] = [A][S][A]^T[d]$

$[Q] = [Q_0] + [S][A]^T[d]$

$[A]$: Static Matrix
$[S]$: Element Stiffness Matrix
$[B] = [A]^T$: Deformed Shape Matrix
$[K] = [A][S][A]^T$: Global Stiffness Matrix

① 평형방정식으로부터 Static Matrix $[A]$ 산정
② Element Stiffness Matrix $[S]$ 산정

(보, 라멘) $[S] = \begin{bmatrix} \dfrac{4EI}{L} & \dfrac{2EI}{L} \\ \dfrac{2EI}{L} & \dfrac{4EI}{L} \end{bmatrix}$ \qquad (트러스) $[S] = \begin{bmatrix} \dfrac{EA}{L} \end{bmatrix}$

③ Global Stiffness Matrix $[K] = [A][S][A]^T$ 산정
④ Displacement $[d] = [K]^{-1}[P]$ 산정
⑤ Internal Force $[Q] = [Q_0] + [S][A]^T[d]$ 산정

8) 매트릭스 변위법(적합매트릭스 $[B] = [A]^T$ 활용)

Static Matrix $[A]$ 산정 대신 변위법에 따른 $[B] = [A]^T$: Deformed Shape Matrix 산정

부정정 구조물의 해석

부정정 구조물의 처짐 계산방법에 대하여 설명하시오.

풀 이

▶ 개요

평면상에 구조물이 외적 하중에 의해서 구조물의 위치(외적 불안정)가 바뀌거나, 구조물의 형태
(내적 불안정)가 바뀔 때 불안정한 구조물이라고 판별한다. 반대로 위치나 형태가 바뀌지 않는다
면 안정한 구조물이라고 한다. 안정한 구조물은 정정 구조물과 부정정 구조물로 구분되며, 힘의
평형조건(Equilibrium)을 이용하여 미지의 반력을 구할 수 있다면 정정 구조물이라고 하고, 힘의
평형조건보다 반력성분의 수가 더 많은 경우 부정정 구조물이라고 판별한다.

▶ 부정정 구조물의 처짐 계산

부정정 구조물의 처짐계산을 위해서는 일반적으로 부정정력을 Redundant Force로 가정하여 정
정 구조물로 치환해 평형방정식과 적합조건 등을 이용 부정정력 계산과 함께 처짐을 산정한다.
변위일치법이나 에너지방법, 처짐각법, 3연 모멘트법, 매트릭스법 등이 이용되며, 각 해석방법별
특징은 다음과 같다.

1) 변위일치법(응력법)

부정정력을 선택하여 Redundant Force로 가정하여 정정 구조물에 대한 변위와 부정정력에 의한
변위를 평형방정식과 적합조건을 이용하여 연립방정식으로 부정정력을 산정하는 방법
① 보, 라멘, 트러스, 아치 등의 부정정 구조물의 해석 적용
② 하중, 지점침하, 온도변화, 부재제작 및 조립 시 발생오차 등 모든 원인에 의한 구조물의 내력
  을 해석하는 데 적용

2) 에너지 방법 : 최소일의 방법 / $Castigliano's\ 2^{nd}$ / 단위하중법(응력법)

에너지 보전법칙에 따라 내부 변형에너지(Strain Energy)와 외부 에너지(External Work or Potential
Energy)의 관계로부터 유도
① 트러스, 합성구조물, 보, 라멘 등의 부정정 구조물의 해석 적용
② Strain Energy : $U = \int \dfrac{M^2}{2EI}dx + \int \dfrac{F^2}{2EA}dx + \int \dfrac{T^2}{2GJ}dx + \int \dfrac{V^2}{2GA}dx$

③ Potential Energy : $V = \sum \dfrac{1}{2} P\delta = \sum \dfrac{1}{2} kx^2$

④ 적합조건 : $\dfrac{\partial (U + V)}{\partial X_1} = 0$

3) 처짐각법

라멘 등의 변형률을 미지수로 하고 부재의 응력과 각 부재의 변형과의 관계를 평형조건식에 적용하여 응력을 구하는 방법으로 변형의 관계로부터 간접적으로 부정정합력을 얻는 변형법의 일종이다. 구조물의 휨변형만을 고려하므로 부정정 트러스에는 적용할 수 없다. 평형방정식과 층방정식(전단방정식)을 이용하여 푼다.

$$M_{ij} = 2EK(2\theta_i + \theta_j - 3R_{ab}) + C_{ij}$$

4) 3연 모멘트법

연속보에서 임의의 연속된 3개 지점의 휨모멘트 상호 간의 관계식을 나타낸 것으로 각 지간 내에서 단면이 균일한 연속보에 작용할 때 실용적이다.

$$M_L \frac{L_L}{I_L} + 2M_C\left(\frac{L_L}{I_L} + \frac{L_R}{L_R}\right) + M_R \frac{L_R}{I_R}$$
$$= -\frac{1}{I_L}\left(\frac{6A_L\overline{x_L}}{L_L}\right) - \frac{1}{I_R}\left(\frac{6A_R\overline{x_R}}{L_R}\right) + 6E\left[\frac{\Delta_L}{L_L} - \Delta_C\left(\frac{1}{L_L} + \frac{1}{L_R}\right) + \frac{\Delta_R}{L_R}\right]$$

5) 모멘트 분배법

근사해법으로 일종의 반복법이며 비교적 간단하게 수계산으로 부정정 보와 라멘의 재단모멘트를 얻을 수 있다. 축변형과 전단변형을 무시하고 휨변형만 고려하는 방법이다.

모멘트 분배법은 처짐각법의 연립방정식을 풀어야 하는 작업을 단축하기 위해서 축차적인 반복에 의해서 근사적으로 풀어가는 방법이다. 그러나 정해에 근접하기 위해서는 모멘트 분배의 순환을 반복하여야 하기 때문에 정해에 가까운 근사해법으로 사용된다.

6) 매트릭스 변위법(평형매트릭스 $[A]$ 활용)

$$[P] = [A][Q] \rightarrow [Q] = [S][e] \rightarrow [e] = [B][d] \quad ([B] = [A]^T)$$
$$\rightarrow [P] = [A][S][B][d] = [A][S][A]^T[d]$$

$$[Q] = [Q_0] + [S][A]^T[d]$$

$[A]$: Static Matrix

$[S]$: Element Stiffness Matrix

$[B] = [A]^T$: Deformed Shape Matrix

$[K] = [A][S][A]^T$: Global Stiffness Matrix

① 평형방정식으로부터 Static Matrix $[A]$ 산정

② Element Stiffness Matrix $[S]$ 산정

$$(보, 라멘) \ [S] = \begin{bmatrix} \dfrac{4EI}{L} & \dfrac{2EI}{L} \\ \dfrac{2EI}{L} & \dfrac{4EI}{L} \end{bmatrix} \qquad (트러스) \ [S] = \begin{bmatrix} \dfrac{EA}{L} \end{bmatrix}$$

③ Global Stiffness Matrix $[K] = [A][S][A]^T$ 산정

④ Displacement $[d] = [K]^{-1}[P]$ 산정

⑤ Internal Force $[Q] = [Q_0] + [S][A]^T[d]$ 산정

7) 매트릭스 변위법(적합매트릭스 $[B] = [A]^T$ 활용)

Static Matrix $[A]$ 산정 대신 변위법에 따른 $[B] = [A]^T$: Deformed Shape Matrix 산정

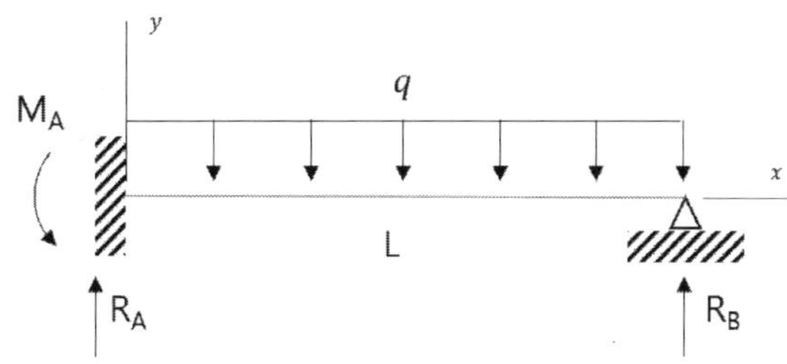

평형방정식으로부터, $R_A = qL - R_B, \quad M_A = \dfrac{qL^2}{2} - R_B L$

고정단으로부터 x만큼 떨어진 지점의 모멘트는 $M_x = R_A x - M_A - \dfrac{qx^2}{2}$

두 식으로부터

$$M_x = qLx - R_B x - \frac{qL^2}{2} + R_B L - \frac{qx^2}{2}$$

보의 미분방정식으로부터

$$EIy'' = M = qLx - R_B x - \frac{qL^2}{2} + R_B L - \frac{qx^2}{2}$$

따라서, $EIy' = \dfrac{qLx^2}{2} - \dfrac{R_B x^2}{2} - \dfrac{qL^2 x}{2} + R_B Lx - \dfrac{qx^3}{6} + C_1$

$$EIy = \frac{qLx^3}{6} - \frac{R_B x^3}{6} - \frac{qL^2 x^2}{4} + \frac{R_B Lx^2}{2} - \frac{qx^4}{24} + C_1 x + C_2$$

From B.C

① $y(0) = 0$; $C_2 = 0$

② $y'(0) = 0$; $C_1 = 0$

③ $y(L) = 0$; $R_B = \dfrac{3qL}{8}$ $\qquad \therefore R_A = \dfrac{5qL}{8},\ M_A = \dfrac{qL^2}{8}$

전단력은 $V_x = R_A - qx = \dfrac{5qL}{8} - qx$ $\qquad\qquad \therefore\ V_{\max} = \dfrac{5qL}{8}$

모멘트는 $M_x = R_A x - M_A = \dfrac{5qLx}{8} - \dfrac{qL^2}{8} - \dfrac{qx^2}{2}$ $\quad \therefore\ M_{\max} = \dfrac{9qL^2}{128},\ M_{\min} = -\dfrac{qL^2}{8}$

보의 처짐방정식은

$$y' = \frac{qx}{48EI}(-6L^2 + 15Lx - 8x^2), \quad y = -\frac{qx^2}{48EI}(3L^2 - 5Lx + 2x^2)$$

최대처짐에서 처짐각 $y' = 0$이므로,

$$y' = 0\ ;\ -6L^2 + 15Lx - 8x^2 = 0 \quad \therefore\ x = 0.5785L$$

이때의 최대처짐값은 $y_{x = 0.5785L} = 0.005416\dfrac{qL^4}{EI}$

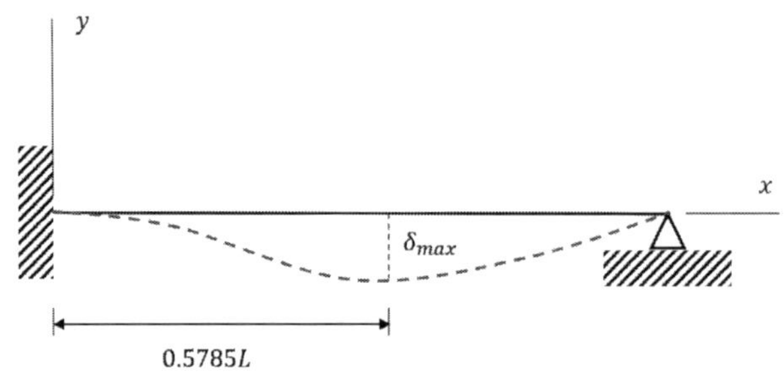

04 공액보법

1) 모멘트면적법

모멘트면적법은 보와 라멘에서 휨 때문에 생기는 처짐과 기울기를 계산하는 방법으로 보와 라멘이 집중하중을 받는 경우에 편리하다.

① 모멘트면적 제1정리 : 탄성곡선상에서 임의의 점 A와 B 사이에서의 접선이 이루는 각(기울기의 변화량)은 두 점 사이의 M/EI도의 면적과 같다.

$$\Delta\theta_{AB} = \int_{A}^{B} d\theta \ = \int_{A}^{B} \frac{M}{EI} dx \ = \text{AB간의}\ \frac{M}{EI}\,\text{도의 면적},\ \left(\frac{M}{EI}\right)_{AB}$$

② 모멘트면적 제2정리 : 탄성곡선상에서 임의의 점 A에서의 접선과 다른 점 B와의 수직거리는 이 두 점 사이의 M/EI도의 면적에 B점에 관해 모멘트 취한 값과 같다.

$$\Delta_{B} = \int_{A}^{B} x\, d\theta \ = \int_{A}^{B} x\frac{M}{EI} dx \ = \left(\frac{M}{EI}\right)_{AB} \times x_{B}$$

2) 탄성하중법

① 하중을 받고 있는 단분소의 어떤 점에서의 기울기를 지점을 잇는 현에 관하여 재었을 때, 그 값은 M/EI도를 하중으로 재하시킨 가상의 단순보에서 바로 그 점의 전단력과 같다.

② 하중을 받고 있는 단순보의 어떤 점에서의 처짐을 지점을 잇는 현에 관하여 재었을 때, 그 값은 M/EI도를 하중으로 재하시킨 가상의 단순보에서 바로 그 점의 휨모멘트와 같다.

3) 공액보법

탄성하중법은 캔틸레버보, 내민보, 고정단보, 연속보 등에는 적용되지 않기 때문에 고정단을 자유단으로, 자유단은 고정단으로 변환시킨 가상적인 보에 M/EI를 재하하면 적용할 수 있다. 이처럼 탄성하중법의 원리를 적용시킬 수 있도록 단부의 조건을 변화시킨 보를 공액보(conjugated beam)라고 하며, 공액보에 M/EI라는 탄성하중을 재하시켜서 탄성하중법을 그대로 적용하여 보의 기울기와 처짐을 구하는 방법을 공액보법이라고 한다. 공액보법은 모든 종류의 보에서 임의의 점의 기울기와 처짐을 계산하는 데 적용할 수 있다.

① 실제보에서 점 i에서의 기울기 θ_i = 공액보에서 점 i의 전단력 V_i

② 실제보에서 점 i에서의 처짐 Δ_i = 공액보에서 점 i의 휨모멘트 M_i

③ 공액보와 실제보 : 고정단 ↔ 자유단, 자유단 ↔ 고정단, 내부 연결힌지 ↔ 내측 지점

처짐각법은 처짐각 방정식(slope-deflection equation)을 연속보나 라멘과 같은 모멘트 저항부재의 해석에 적용한다. 처짐각 방정식은 모멘트 면적법에 의해 유도된 것으로 휨모멘트에 의해서 일어나는 변형만 고려하고 축응력과 전단변형의 영향은 매우 작기 때문에 무시한다. 처짐각 방정식은 한 부재의 재단모멘트(end moment)를 그 부재의 양단의 회전각, 양단을 잇는 현의 회전각, 그 부재에 작용하는 하중에 의한 고정단모멘트 등 4개의 항으로 표시하며, 미지수가 절점의 기울기인 θ_i의 변형이므로 변위법에 속한다.

부호규약 : 모멘트, 부재 회전각, 처짐 모두 시계방향 (+)
부재의 회전각 $R_{ij} = \Delta / l$

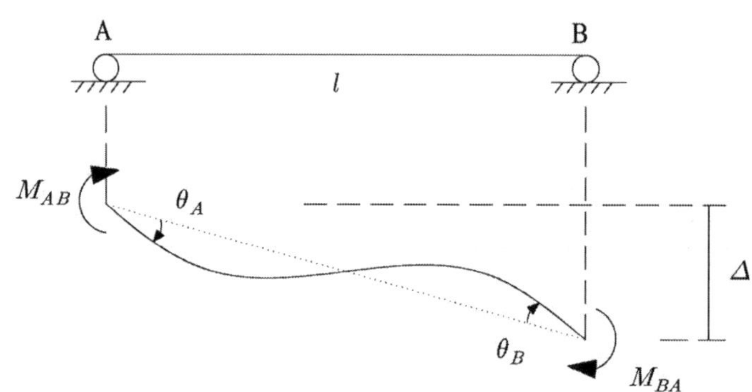

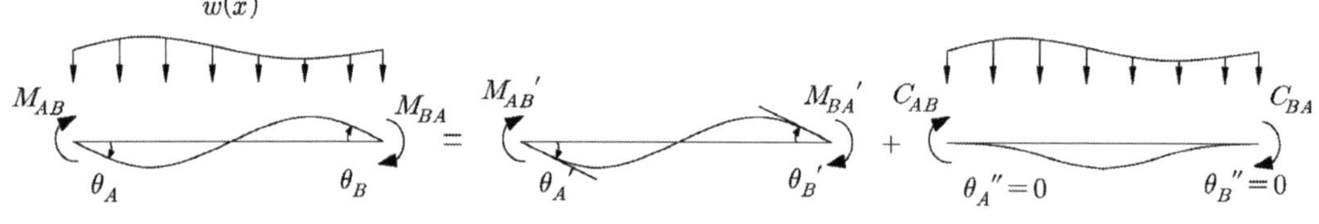

① 힘의 평형방정식 : $M_{AB} = M_{AB}{}' + C_{AB}, \quad M_{BA} = M_{BA}{}' + C_{BA}$
② 적합조건 : $\theta_A = \theta_A{}' + \theta_A{}'' = \theta_A{}', \quad \theta_B = \theta_B{}' + \theta_B{}'' = \theta_B{}'$

1) 처짐각법 일반식 유도(모멘트면적법)

　① 하중에 의한 모멘트 관계(상대처짐이 없는 경우)

$$\theta_A' = V_A' = \frac{2}{3}\left(\frac{1}{2}\frac{M_{AB}'L}{EI}\right) - \frac{1}{3}\left(\frac{1}{2}\frac{M_{BA}'L}{EI}\right)$$

$$= \frac{L}{6EI}(2M_{AB}' - M_{BA}')$$

$$\theta_B' = \frac{L}{6EI}(2M_{BA}' - M_{AB}')$$

$\theta_A = \theta_A'$, $\theta_B = \theta_B'$ 이므로,

$$\therefore\ M_{AB}' = \frac{2EI}{L}(2\theta_A + \theta_B), \quad M_{BA}' = \frac{2EI}{L}(2\theta_B + \theta_A)$$

② 상대처짐에 의한 모멘트 관계

상대처짐 Δ가 있을 경우 $R_{AB} = \Delta/L$

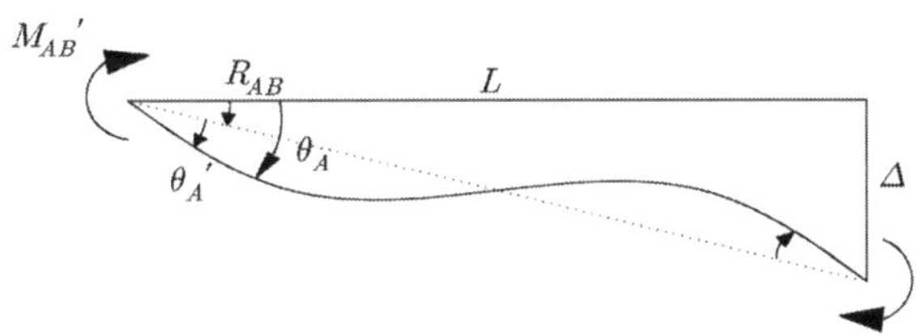

$\theta_A' = \theta_A - R_{AB}$ 이므로,

$$M_{AB}' = \frac{2EI}{L}(2\theta_A' + \theta_B') = \frac{2EI}{L}[2(\theta_A - R_{AB}) + (\theta_B - R_{AB})] = \frac{2EI}{L}(2\theta_A + \theta_B - 3R_{AB})$$

$$M_{BA}' = \frac{2EI}{L}(2\theta_B' + \theta_A') = \frac{2EI}{L}[2(\theta_B - R_{BA}) + (\theta_A - R_{BA})] = \frac{2EI}{L}(2\theta_B + \theta_A - 3R_{BA})$$

③ 고정단 모멘트 C_{ij}, FEM_{ij}

하중조건	고정단모멘트	하중조건	고정단모멘트
	$M_{AB} = -M_{BA} = -\dfrac{Pab^2}{L^2}$		$M_{AB} = -M_{BA} = -\dfrac{w_0L^2}{12}$

하중조건	고정단모멘트	하중조건	고정단모멘트
	$M_{AB} = -M_{BA} = -\dfrac{PL}{8}$		$M_{AB} = -\dfrac{5}{192}w_0 L^2$ $M_{BA} = \dfrac{11}{192}w_0 L^2$
	$M_{AB} = \dfrac{Mb}{L}\left(\dfrac{3a}{L} - 1\right)$ $M_{BA} = \dfrac{Ma}{L}\left(\dfrac{3b}{L} - 1\right)$		$M_{AB} = -\dfrac{w_0 L^2}{30}$ $M_{BA} = \dfrac{w_0 L^2}{20}$
	$M_{AB} = M_{BA} = -\dfrac{6EI}{L^2}\Delta$		$M_{AB} = -M_{BA} = -\dfrac{5w_0 L^2}{96}$

$$\therefore\ M_{ij} = \frac{2EI}{L}(2\theta_i + \theta_j - 3R_{ab}) + C_{ij}$$

2) 처짐각법 일반식 유도(처짐곡선 유도)

$$EIw'' = 0$$

$$\text{B.C}\quad y(0) = \delta^-,\quad y(L) = \delta^+,\quad y'(0) = \theta_A,\quad y'(L) = \theta_B$$

$$R = \phi = \frac{\delta^+ - \delta^-}{L}$$

$$EIy''' = A,\quad EIy'' = Ax + B,$$

$$EIy' = \frac{1}{2}Ax^2 + Bx + C,\quad EIy = \frac{1}{6}Ax^3 + \frac{1}{2}Bx^2 + Cx + D$$

$$EIy(0) = D : D = EI\delta^- \tag{①}$$

$$EIy'(0) = C : C = EI\theta_A \tag{②}$$

$$EIy(L) = \frac{1}{6}AL^3 + \frac{1}{2}BL^2 + CL + D : EI\delta^+ = \frac{1}{6}AL^3 + \frac{1}{2}BL^2 + CL + D \tag{③}$$

$$EIy'(L) = \frac{1}{2}AL^2 + BL + C : EI\theta_B = \frac{1}{2}AL^2 + BL + C \tag{④}$$

$$③ - ① :\ EI\delta^+ - EI\delta^- = \frac{1}{6}AL^3 + \frac{1}{2}BL^2 + CL$$

$$\text{from } ② :\ EI(\delta^+ - \delta^-)/L = EI\phi = \frac{1}{6}AL^2 + \frac{1}{2}BL + C = \frac{1}{6}AL^2 + \frac{1}{2}BL + EI\theta_A \tag{⑤}$$

$$\text{from } ④ :\ EI\theta_B = \frac{1}{2}AL^2 + BL + EI\theta_A \tag{⑥}$$

$\text{⑤×2}-\text{⑥} : EI(2\phi-\theta_B)=-\dfrac{1}{6}AL^2+EI\theta_A$

$$EI(2\phi-\theta_B-\theta_A)=-\dfrac{1}{6}AL^2 \qquad \therefore \ A=\dfrac{6EI}{L^2}(\theta_A+\theta_B-2\phi) \qquad ⑦$$

$\text{⑦}\rightarrow\text{⑥} : EI\theta_B=\dfrac{1}{2}L^2\left[\dfrac{6EI}{L^2}(\theta_A+\theta_B-2\phi)\right]+BL+EI\theta_A$

$$EI\theta_B=EI[4\theta_A+3\theta_B-6\phi]+BL \qquad \therefore \ B=-\dfrac{2EI}{L}(2\theta_A+\theta_B-3\phi) \qquad ⑧$$

$$M_{AB}=M(0)=-EIy''(0)|_{x=0}=-B=\dfrac{2EI}{L}(2\theta_A+\theta_B-3\phi)$$

$$M_{BA}=-M(L)=EIy''(L)=AL+B=\dfrac{2EI}{L}(2\theta_B+\theta_A-3\phi)$$

$$\therefore \ M_{ij}=\dfrac{2EI}{L}(2\theta_i+\theta_j-3R_{ab})+C_{ij}$$

처짐각법 : 라멘

아래 그림과 같은 구조물의 휨모멘트도를 그리시오(단, 1) 전단 변형 및 축방향 변형은 무시한다.
2) 모든 부재의 단면은 동일하며 자중은 무시한다).

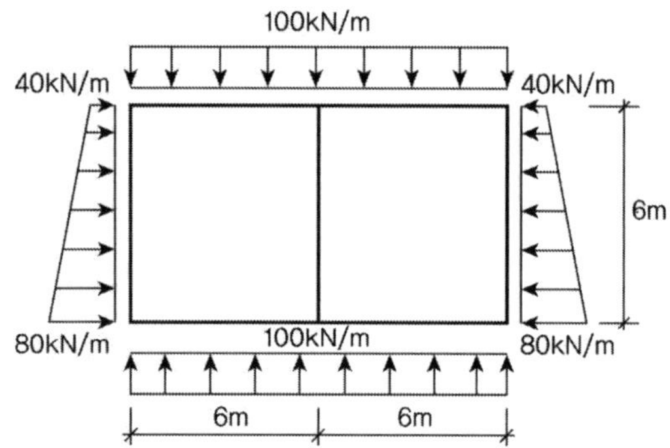

풀 이

▶ 개요

라멘구조물의 BMD산정은 처짐각법을 이용하거나 매트릭스법을 이용하여 풀이할 수 있다. 처짐
각을 이용하여 풀이한다. 대칭구조물이므로 ABDE에 대해서 검토한다.

▶ 처짐각법

1) 강도

부재의 강도 $\dfrac{I}{L} = \dfrac{I}{6} = K$로 동일

2) Fixed End Moment

$$C_{AB} = -C_{BA} = -C_{DE} = C_{ED} = \frac{wl^2}{12} = \frac{100 \times 6^2}{12} = 300^{kNm}$$

$$C_{AD} = -\frac{w_1 l^2}{20} - \frac{w_2 l^2}{12} = -\frac{(80-40) \times 6^2}{20} - \frac{40 \times 6^2}{12} = -192^{kNm}$$

$$C_{DA} = \frac{w_1 l^2}{30} + \frac{w_2 l^2}{12} = \frac{(80-40) \times 6^2}{30} + \frac{40 \times 6^2}{12} = 168^{kNm}$$

3) 절점조건

$$\theta_B = \theta_E = 0$$

4) 처짐각 방정식

$$M_{AB} = 2EK(2\theta_A + \theta_B) + 300 = 4EK\theta_A + 300$$
$$M_{BA} = 2EK(\theta_A + 2\theta_B) - 300 = 2EK\theta_A - 300$$
$$M_{AD} = 2EK(2\theta_A + \theta_D) - 192 = 4EK\theta_A + 2EK\theta_D - 192$$
$$M_{DA} = 2EK(\theta_A + 2\theta_D) + 168 = 2EK\theta_A + 4EK\theta_D + 168$$
$$M_{BE} = 2EK(2\theta_B + \theta_E) = 0$$
$$M_{EB} = 2EK(\theta_B + 2\theta_E) = 0$$
$$M_{DE} = 2EK(2\theta_D + \theta_E) - 300 = 4EK\theta_D - 300$$
$$M_{ED} = 2EK(\theta_D + 2\theta_E) + 300 = 2EK\theta_D + 300$$
$$M_{EF} = - M_{ED}$$
$$M_{BC} = - M_{BA}$$

5) 절점방정식

$$\sum M_A = 0 \ : \ M_{AB} + M_{AD} = 0 \quad \therefore \ 8EK\theta_A + 2EK\theta_D = - 108$$
$$\sum M_D = 0 \ : \ M_{DA} + M_{DE} = 0 \quad \therefore \ 2EK\theta_A + 8EK\theta_D = 132$$
$$\therefore \ EK\theta_A = - 18.8, \quad EK\theta_B = 21.2$$

6) 모멘트 산정(+는 시계방향, −는 반시계방향)

$$M_{AB} = 224.8^{kNm}, \qquad M_{BA} = - 337.6^{kNm}$$
$$M_{AD} = - 224.8^{kNm}, \qquad M_{DA} = 215.2^{kNm}$$
$$M_{BE} = 0, \qquad M_{EB} = 0$$
$$M_{DE} = - 215.2^{kNm}, \qquad M_{ED} = 342.4^{kNm}$$

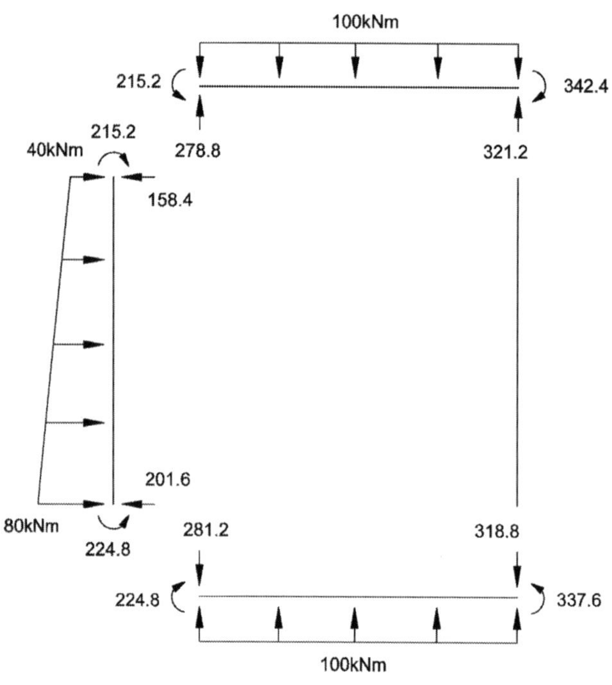

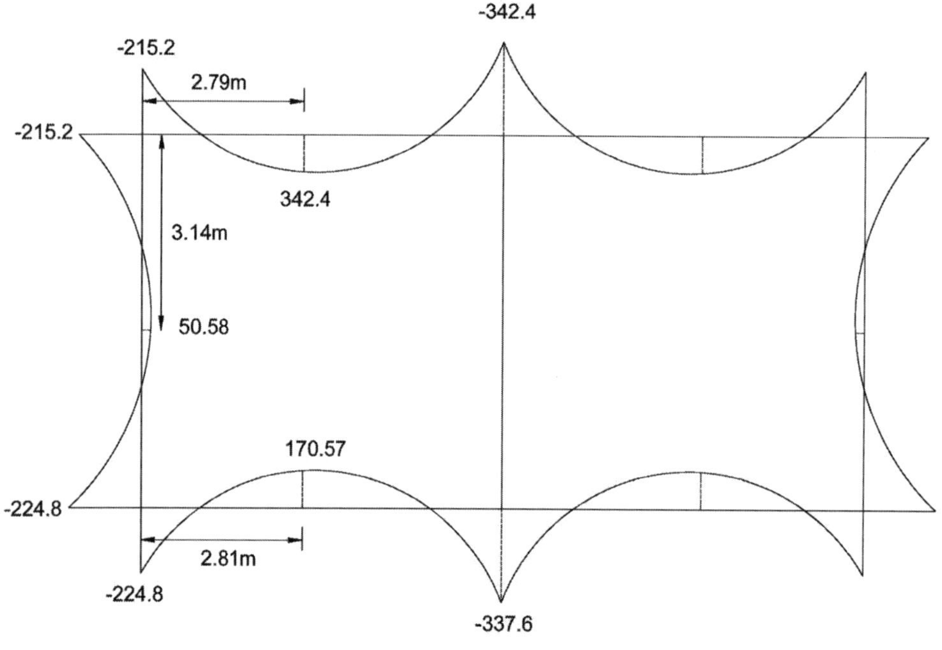

처짐각법 : 라멘

그림과 같은 하중을 받는 상자형라멘(Box Rahmen)의 A, B점 휨모멘트 M_A, M_B를 구하시오.

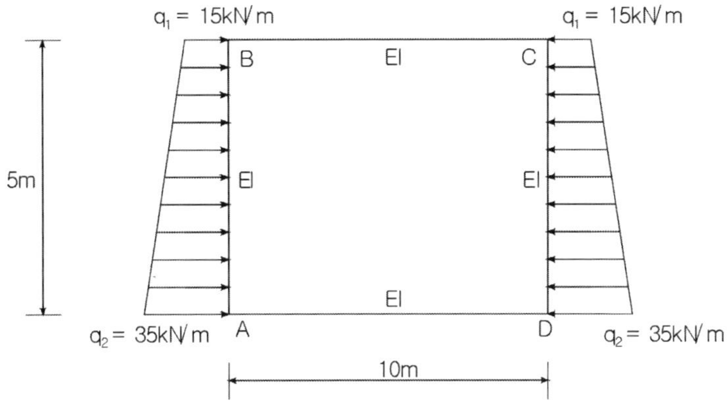

풀 이

▶ 개요

라멘구조물의 BMD산정은 처짐각법을 이용하거나 매트릭스법을 이용하여 풀이할 수 있다. 처짐각을 이용하여 풀이한다. 대칭구조물임을 고려하여 검토한다.

▶ 처짐각법

1) Fixed End Moment

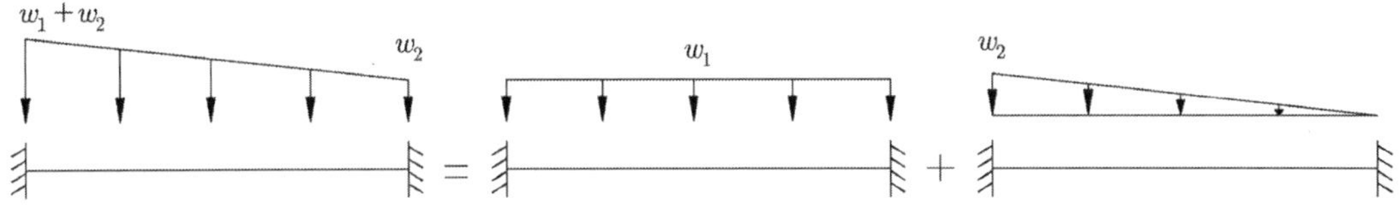

$$C_{AB} = C_{DC} = -\frac{w_2 l^2}{20} - \frac{w_1 l^2}{12} = -\frac{20 \times 5^2}{12} - \frac{15 \times 5^2}{12} = -56.25^{kNm}$$

$$C_{BA} = C_{CD} = \frac{w_1 l^2}{30} + \frac{w_2 l^2}{12} = \frac{20 \times 5^2}{30} + \frac{15 \times 5^2}{12} = 47.92^{kNm}$$

2) 적합조건

　　대칭구조물이므로 $\theta_A = -\theta_D, \quad \theta_B = -\theta_C$

3) 처짐각 방정식

$$M_{AB} = 2E\left(\frac{I}{L_1}\right)(2\theta_A + \theta_B) - 56.25$$

$$M_{BA} = 2E\left(\frac{I}{L_1}\right)(\theta_A + 2\theta_B) + 47.92$$

$$M_{BC} = 2E\left(\frac{I}{L_2}\right)(2\theta_B + \theta_C) = 2EI\left(\frac{1}{10}\right)\theta_B$$

$$M_{CB} = 2E\left(\frac{I}{10}\right)(\theta_B + 2\theta_C) = 0.2EI\theta_C$$

$$M_{AD} = 2E\left(\frac{I}{10}\right)(2\theta_A + \theta_D) = 0.2EI\theta_A$$

4) 절점방정식

$$\sum M_B = 0 : M_{BA} + M_{BC} = 0 \qquad \therefore EI\theta_B + 0.4EI\theta_A + 47.92 = 0$$

$$\sum M_A = 0 : M_{AB} + M_{AD} = 0 \qquad \therefore EI\theta_A + 0.4EI\theta_B - 56.25 = 0$$

$$\therefore EK\theta_A = -89.782, \ EK\theta_B = -83.83$$

5) 모멘트 산정(+는 시계방향, −는 반시계방향)

$$M_{AB} = 2E\left(\frac{I}{5}\right)(2\theta_A + \theta_B) - 56.25 = -17.96^{kNm}$$

$$M_{BA} = 2E\left(\frac{I}{5}\right)(\theta_A + 2\theta_B) + 47.92 = 16.77^{kNm}$$

처짐각법 : 라멘

그림과 같은 라멘(rahmen)의 모든 부재에서 $\triangle T = 30°C$의 온도 상승이 발생할 때, 휨모멘트선도를 구하시오(단, $K_{AB} = K_{BC} = K_{CD} = K = 2 \times 10^6 mm^3$, 탄성계수 $E = 2.0 \times 10^5 MPa$, 열팽창계수 $\alpha = 1.0 \times 10^{-5}/°C$이다).

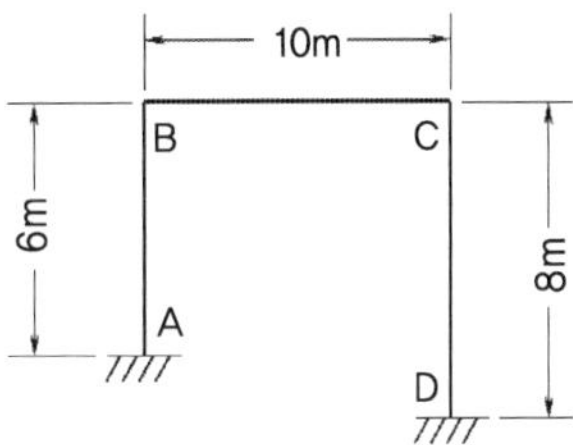

풀 이

▶ 개요

온도에 의해서 부재가 변화한 형상을 가정해 보면 다음과 같다.

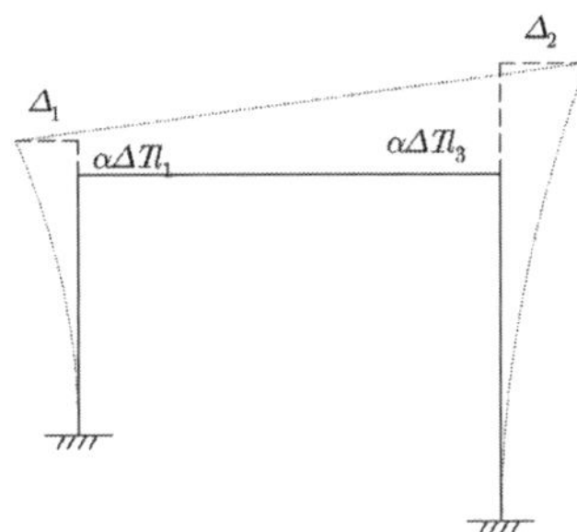

$$\Delta_1 + \Delta_2 = \alpha \Delta Tl_2$$

▶ 상대변위

$$R_{AB} = -\frac{\Delta_1}{l_1} = -\frac{\Delta_1}{6}$$

$$R_{BC} = -\frac{1}{l_2}(l_3 - l_1)\alpha\Delta T = -\frac{1}{10}(8-2) \times 10^{-5} \times 30 = -180 \times 10^{-6}$$

$$R_{CD} = \frac{\Delta_2}{l_3} = \frac{1}{l_3}(\alpha\Delta Tl_2 - \Delta_1) = \frac{1}{8}(10^{-5} \times 30 \times 10 - \Delta_1) = \frac{1}{8}(30 \times 10^{-4} - \Delta_1)$$

➤ **처짐각 방정식**

$$C_{ij} = 0, \quad \theta_A = \theta_D = 0$$

$$M_{AB} = \frac{2EI}{l}(2\theta_A + \theta_B - 3R_{AB}) + C_{AB} = 2EK(\theta_B + \frac{1}{2}\Delta_1)$$

$$M_{BA} = 2EK(2\theta_B + \frac{1}{2}\Delta_1)$$

$$M_{BC} = 2EK(2\theta_B + \theta_C + 540 \times 10^{-6})$$

$$M_{CB} = 2EK(2\theta_C + \theta_B + 540 \times 10^{-6})$$

$$M_{CD} = 2EK(2\theta_C - \frac{3}{8}(30 \times 10^{-4} - \Delta_1))$$

$$M_{DC} = 2EK(\theta_C - \frac{3}{8}(30 \times 10^{-4} - \Delta_1))$$

➤ **절점조건**

B절점에서 $M_{BA} + M_{BC} = 0$: $2EK(2\theta_B + \frac{1}{2}\Delta_1) + 2EK(2\theta_B + \theta_C + 540 \times 10^{-6}) = 0$

$$\therefore 4\theta_B + \theta_C + \frac{1}{2}\Delta_1 + 540 \times 10^{-6} = 0$$

C절점에서 $M_{CB} + M_{CD} = 0$:

$$2EK(2\theta_C + \theta_B + 540 \times 10^{-6}) + 2EK(2\theta_C - \frac{3}{8}(30 \times 10^{-4} - \Delta_1)) = 0$$

$$\therefore \theta_B + 4\theta_C + \frac{3}{8}\Delta_1 - 585 \times 10^{-6} = 0$$

➤ **전단방정식**

$$H_1 = -\frac{1}{6}(M_{AB} + M_{BA})$$

$$H_2 = -\frac{1}{8}(M_{CD} + M_{DC})$$

$$H_1 + H_2 = 0 :$$

$$\frac{1}{6}(M_{AB} + M_{BA}) + \frac{1}{8}(M_{CD} + M_{DC}) = 0$$

$$\therefore \frac{1}{2}\theta_B + \frac{3}{8}\theta_C + 0.26\Delta_1 - 2.8125 \times 10^{-4} = 0$$

$$\therefore \theta_B = -363.173 \times 10^{-6}, \quad \theta_C = 81.124 \times 10^{-6}, \quad \Delta_1 = 1663.134 \times 10^{-6}$$

▶ 재단 모멘트 산정

$$M_{AB} = 374.7^{kNm}, \qquad M_{BA} = 84.2^{kNm}$$
$$M_{BC} = -84.2^{kNm}, \qquad M_{CB} = 271.3^{kNM}$$
$$M_{CD} = -271.3^{kNm}, \qquad M_{DC} = -336.2^{kNM}$$

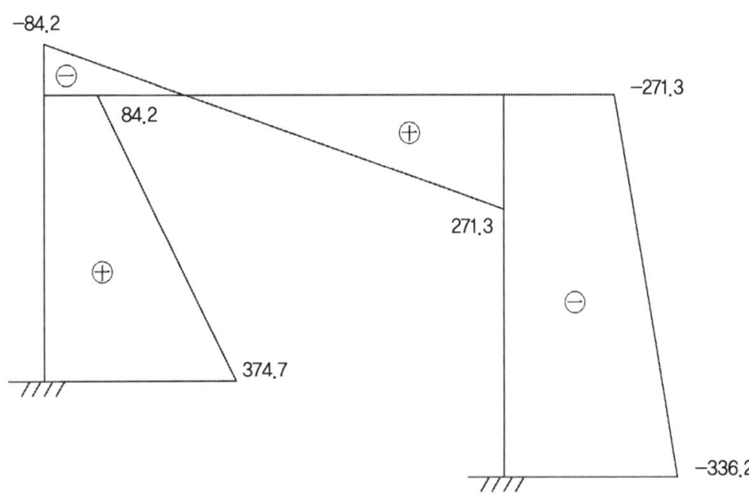

처짐각법 : 부정정 보

그림과 같은 부정정 보에서 A는 고정지점, B는 롤러지점이며, 지점 B의 침하량이 Δ이다. B점에 모멘트하중 M을 작용시켜 B점의 회전각(처짐각)을 반으로 줄이려고 한다. 보 전체에서 EI가 일정할 때, M을 구하시오. 또한 이때 지점 반력을 구하시오.

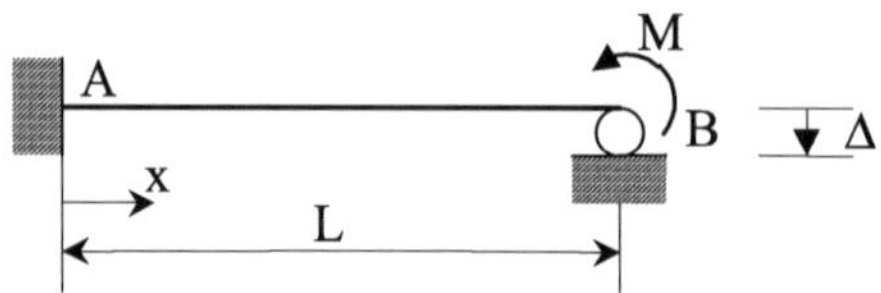

풀 이

▶ 개요

처짐각법을 이용하여 지점 B에 처짐발생으로 인한 모멘트를 먼저 산정한다.

$$R_{AB} = \frac{\Delta}{L}, \quad K = \frac{I}{L}$$

$$M_{AB} = 2E\left(\frac{I}{L}\right)(2\theta_A + \theta_B - 3R_{AB}) = 2EK\left(\theta_B - 3\frac{\Delta}{L}\right) \quad (\because \theta_A = 0)$$

$$M_{BA} = 2EK(2\theta_B - 3R_{AB}) = 0 \quad \therefore \theta_B = \frac{3}{2}R_{AB}$$

$$\therefore M_{AB} = 2EK\left(\frac{3}{2}R_{AB} - 3R_{AB}\right) = -3EKR_{AB} = -\frac{3EI}{L^2}\Delta$$

▶ M 및 반력 산정

M 작용 시 $\theta_B' = \frac{1}{2}\theta_B$이므로

$$M = M_{BA} = 2EK\left(2\left(\frac{1}{2}\theta_B\right) - 3R_{AB}\right) = 2EK\left(\frac{3}{2}R_{AB} - 3R_{AB}\right) = -3EKR_{AB} = -\frac{3EI}{L^2}\Delta \; (\downarrow)$$

$$M_{AB} = 2EK\left(\frac{1}{2}\theta_B - 3R_{AB}\right) = -\frac{9EI}{2L^2}\Delta \, (\downarrow)$$

$$\therefore R_A = \frac{1}{L}(-M_{AB} - M_{BA}) = \frac{1}{L}\frac{EI}{L^2}\Delta\left(\frac{9}{2} + 3\right) = \frac{15EI}{2L^3}\Delta \, (\uparrow)$$

$$R_B = -R_A = -\frac{15EI}{2L^3}\Delta \, (\downarrow)$$

처짐각법 : 라멘, 온도

라멘구조의 부재에 내·외면의 온도차가 그림과 같이 발생하였다. 각 부재의 부재력을 구하고 휨모멘트도와 전단력도를 작성하시오($\alpha = 1.0 \times 10^{-5}/{}^\circ C$, $E = 23,100 MPa$, 폭은 1m로 가정).

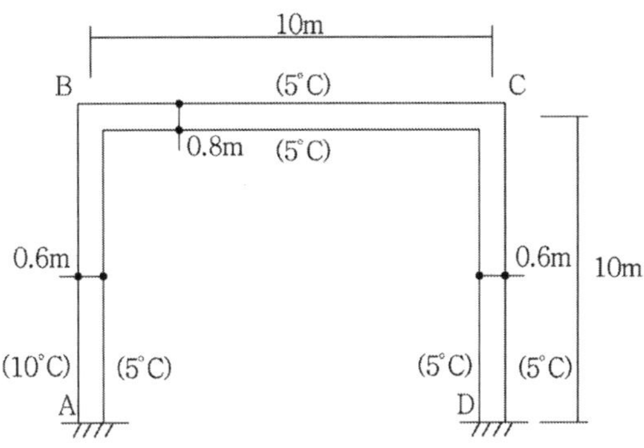

풀 이

▶ 개요

온도변화에 대한 하중을 산정하여 풀이한다.

(축력) $P = \dfrac{AE}{L}(\alpha \Delta TL) = \alpha \Delta TAE$

(모멘트) $\dfrac{dy}{dx} \approx \theta = \dfrac{\alpha \Delta Tx}{h}$, $\quad \dfrac{d^2 y}{dx^2} = \dfrac{M}{EI} = \dfrac{\alpha \Delta T}{h} \quad \therefore M = \dfrac{\alpha \Delta TEI}{h}$

▶ 온도변화에 따른 하중산정

단위폭(1m) 당으로 산정하면,

$$A_{BC} = 0.8m^2, \quad A_{AB} = A_{CD} = 0.6m^2$$

$$I_{BC} = \dfrac{1(0.8)^3}{12} = 0.04267m^4, \quad I_{AB} = I_{CD} = \dfrac{1(0.6)^3}{12} = 0.018$$

1) 온도변화에 따른 발생 축력

온도변화에 따라 신장될 수 있는 있는 경계조건이므로 축력은 고려하지 않는다.

2) 온도변화에 따른 발생 모멘트

$$M = \frac{\alpha \Delta TEI}{h}, \quad \Delta T = 5\,^{\circ}\text{C}$$

$$\therefore\ M_{AB} = \frac{1.0 \times 10^{-5} \times 5 \times 23,100 \times 10^{6} \times 0.018}{0.6} = 34.65 kNm\ (\curvearrowleft)$$

$$M_{BA} = -34.65 kNm\ (\curvearrowright)$$

3) 강비 산정

$$K_{AB} = K_{CD} = \frac{I_{AB}}{L} = 0.0018, \quad K_{BC} = \frac{I_{BC}}{L} = 0.004267$$

▶ 자유물체도

온도차에 의해 비대칭 단면으로 신축하므로

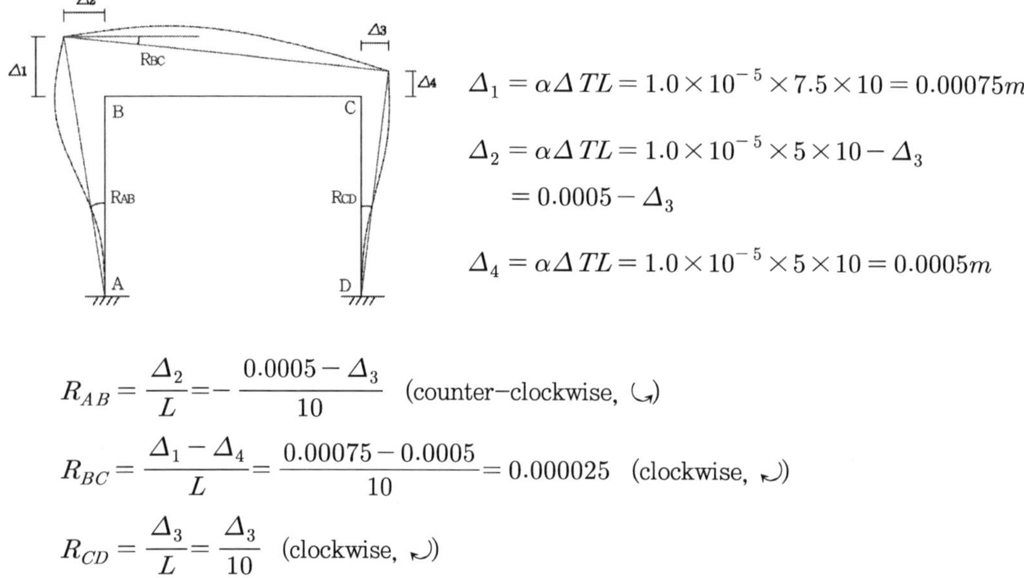

$$\Delta_1 = \alpha \Delta TL = 1.0 \times 10^{-5} \times 7.5 \times 10 = 0.00075m$$

$$\Delta_2 = \alpha \Delta TL = 1.0 \times 10^{-5} \times 5 \times 10 - \Delta_3$$
$$= 0.0005 - \Delta_3$$

$$\Delta_4 = \alpha \Delta TL = 1.0 \times 10^{-5} \times 5 \times 10 = 0.0005m$$

$$R_{AB} = \frac{\Delta_2}{L} = -\frac{0.0005 - \Delta_3}{10}\ (\text{counter–clockwise},\ \curvearrowright)$$

$$R_{BC} = \frac{\Delta_1 - \Delta_4}{L} = \frac{0.00075 - 0.0005}{10} = 0.000025\ (\text{clockwise},\ \curvearrowleft)$$

$$R_{CD} = \frac{\Delta_3}{L} = \frac{\Delta_3}{10}\ (\text{clockwise},\ \curvearrowleft)$$

▶ 처짐각법에 의한 모멘트 산정

처짐각법으로부터,

$$M_{ij} = 2EK(2\theta_i + \theta_j - 3R_{ab}) + C_{ij}, \quad \theta_A = \theta_D = 0$$

$$M_{AB} = 2EK_{AB}(\theta_B - 3R_{AB}) + 34.65$$

$$= 2 \times 23{,}100 \times 10^3 \times 0.0018\left(\theta_B + 3 \times \frac{0.0005 - \Delta_3}{10}\right) + 34.65$$

$$= 83{,}160\left(\theta_B + 3 \times \frac{0.0005 - \Delta_3}{10}\right) + 34.65$$

$$= 83{,}160\theta_B - 24{,}948\Delta_c + 47.124 \quad (\text{kNm, } \curvearrowleft)$$

$$M_{BA} = 2EK_{AB}(2\theta_B - 3R_{AB}) - 34.65 = 83{,}160\left(2\theta_B + 3 \times \frac{0.0005 - \Delta_3}{10}\right) - 34.65$$

$$= 166{,}320\theta_B - 24{,}948\Delta_c - 22.176 \quad (\text{kNm, } \curvearrowleft)$$

$$M_{BC} = 2EK_{BC}(2\theta_B + \theta_C - 3R_{BC}) = 197{,}135.4(2\theta_B + \theta_C - 3 \times 0.000025)$$

$$= 394{,}270.8\theta_B + 197{,}135.4\theta_C - 14.7852 \quad (\text{kNm, } \curvearrowleft)$$

$$M_{CB} = 2EK_{BC}(\theta_B + 2\theta_C - 3R_{BC}) = 197{,}135.4(\theta_B + 2\theta_C - 3 \times 0.000025)$$

$$= 197{,}135.4\theta_B + 394{,}270.8\theta_C - 14.7852 \quad (\text{kNm, } \curvearrowleft)$$

$$M_{CD} = 2EK_{CD}(2\theta_C + \theta_D - 3R_{CD}) = 2EK_{CD}(2\theta_C - 3R_{CD}) = 166{,}320\left(\theta_C - 3 \times \frac{\Delta_3}{10}\right)$$

$$= 166{,}320\theta_C - 24{,}948\Delta_c \quad (\text{kNm, } \curvearrowleft)$$

$$M_{DC} = 2EK_{CD}(\theta_C + 2\theta_D - 3R_{CD}) = 2EK_{CD}(\theta_C - 3R_{CD}) = 83{,}160\left(\theta_C - 3 \times \frac{\Delta_3}{10}\right)$$

$$= 83{,}160\theta_C - 24{,}948\Delta_c \quad (\text{kNm, } \curvearrowleft)$$

1) 절점조건

절점의 조건으로부터,

$$\sum M_B = 0 \ (+, \ \curvearrowleft) \ ; \ M_{BA} + M_{BC} = 0$$
$$166{,}320\theta_B - 24{,}948\Delta_c - 22.176 + 394{,}270.8\theta_B + 197{,}135.4\theta_C - 14.7852$$
$$= 560{,}590.8\theta_B + 197{,}135.4\theta_C - 24{,}948\Delta_c - 36.9612 = 0 \qquad ①$$

$$\sum M_C = 0 \ (+, \ \curvearrowleft) \ ; \ M_{CB} + M_{CD} = 0$$
$$197{,}135.4\theta_B + 394{,}270.8\theta_C - 14.7852 + 166{,}320\theta_C - 24{,}948\Delta_c$$
$$= 197{,}135.4\theta_B + 560{,}590.8\theta_C - 24{,}948\Delta_c - 14.7852 = 0 \qquad ②$$

2) 전단조건(층방정식)

$$\sum V = 0 \ ; \ \frac{1}{L}(M_{AB} + M_{BA}) + \frac{1}{L}(M_{CD} + M_{DC}) = 0$$

$$\frac{1}{10}\left(83,160\theta_B - 24,948\Delta_c + 47.124 + 166,320\theta_B - 24,948\Delta_c - 22.176\right)$$

$$+ \frac{1}{10}\left(166,320\theta_C - 24,948\Delta_c + 83,160\theta_C - 24,948\Delta_c\right) = 0$$

$$24,948\theta_B + 24,948\theta_C - 9,979.2\Delta_c + 2.4948 = 0 \qquad ③$$

①, ②, ③식으로부터,

$$\therefore \theta_B = 0.000081, \quad \theta_C = 0.00002, \quad \Delta_c = 0.000504$$

3) 모멘트 산정 : 시계방향 +

$$M_{AB} = 83,160\theta_B - 24,948\Delta_c + 47.124 = 41.315kNm$$

$$M_{BA} = 166,320\theta_B - 24,948\Delta_c - 22.176 = -21.230kNm$$

$$M_{BC} = 394,270.8\theta_B + 197,135.4\theta_C - 14.7852 = 21.230kNm$$

$$M_{CB} = 197,135.4\theta_B + 394,270.8\theta_C - 14.7852 = 9.202kNm$$

$$M_{CD} = 166,320\theta_C - 24,948\Delta_c = -9.202kNm$$

$$M_{DC} = 83,160\theta_C - 24,948\Delta_c = -10.883kNm$$

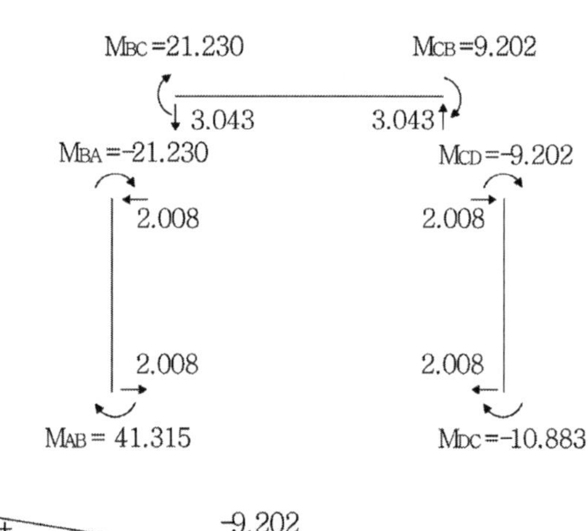

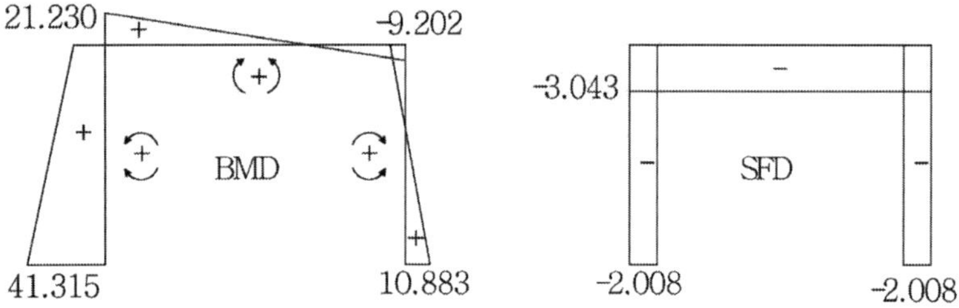

처짐각법 : 라멘, 온도

라멘구조의 부재에 내·외면의 온도차가 그림과 같이 발생하였다. 각 부재의 부재력을 구하고 휨모멘트도와 전단력도를 작성하시오($\alpha = 1.0 \times 10^{-5}/°C$, $E = 2.35 \times 10^6 t/m^2$).

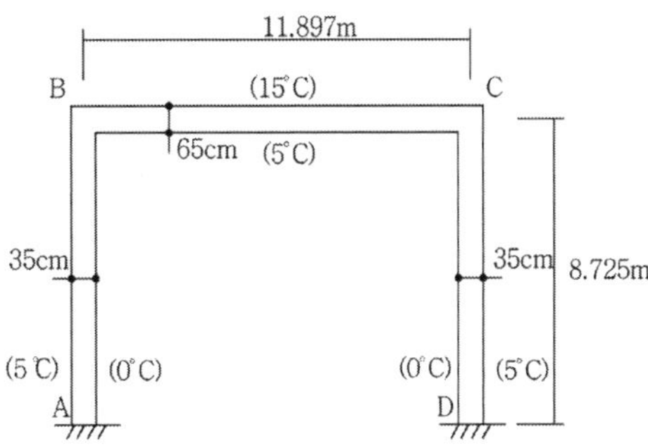

풀 이

▶ 개요

온도변화에 대한 하중을 산정하고, 대칭구조물이므로 반단면에 대해 풀이한다.

(축력) $P = \dfrac{AE}{L}(\alpha \Delta TL) = \alpha \Delta TAE$

(모멘트) $\dfrac{dy}{dx} \approx \theta = \dfrac{\alpha \Delta Tx}{h}$, $\quad \dfrac{d^2y}{dx^2} = \dfrac{M}{EI} = \dfrac{\alpha \Delta T}{h}$ $\quad \therefore M = \dfrac{\alpha \Delta TEI}{h}$

▶ 온도변화에 따른 하중산정

단위폭(1m)당으로 산정하면,

$$A_{BC} = 0.65 \times 1.0 = 0.65m^2, \quad I_{AB} = \frac{1(0.35)^3}{12} = 0.00357292m^4,$$

$$I_{BC} = \frac{1(0.65)^3}{12} = 0.02288542m^4$$

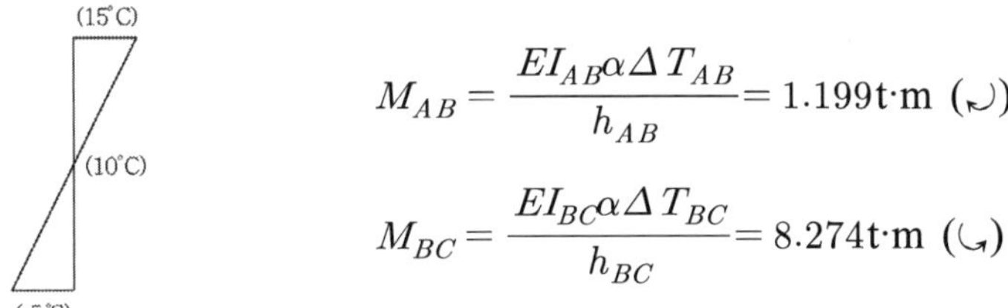

$$M_{AB} = \frac{EI_{AB}\alpha \Delta T_{AB}}{h_{AB}} = 1.199 t \cdot m \ (\curvearrowleft),$$

$$M_{BC} = \frac{EI_{BC}\alpha \Delta T_{BC}}{h_{BC}} = 8.274 t \cdot m \ (\curvearrowright)$$

➤ 자유물체도

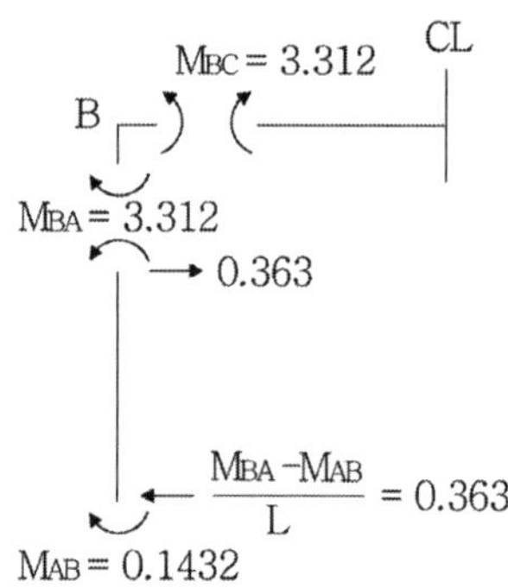

CL $M_B = M_{BC} - M_{AB} = 8.2734 - 1.1994 = 7.0745 \ \text{t·m} \ (\curvearrowleft)$

고정단인 경우 휨 강성은 $\overline{K} = \dfrac{4EI}{L}$ 이므로,

$$k_{\theta_B} = \frac{4EI_{AB}}{L_{AB}} + \left(\frac{4EI_{BC}}{L_{BC}/2}\right) = \frac{4EI_{AB}}{8.725} + \left(\frac{1}{2}\right)\left(\frac{4EI_{BC}}{11.897}\right) = 12,890.389 \ \text{t·m}$$

$$F = kd = k_{\theta_{AB}}\theta_B = 7.0745, \qquad \therefore \theta_B = 0.00054882 \, rad \ (\curvearrowleft)$$

➤ 단면력도 산정

처짐각법으로부터,

$$M_{ij} = 2EK(2\theta_i + \theta_j - 3R_{ab}) + C_{ij}$$

$$\therefore M_{AB} = \frac{2EI_{AB}}{8.725}(\theta_B) - 1.1994 = -0.1432 \ \text{t·m} \ (\curvearrowright)$$

$$M_{BA} = \frac{2EI_{AB}}{8.725}(2\theta_B) + 1.1994 = 3.312 \ \text{t·m} \ (\curvearrowleft)$$

$$M_{BC} = \frac{2EI_{BC}}{11.897}(2\theta_B - \theta_C) - 8,2734 = -3.312 \ \text{t·m} \ (\curvearrowright)$$

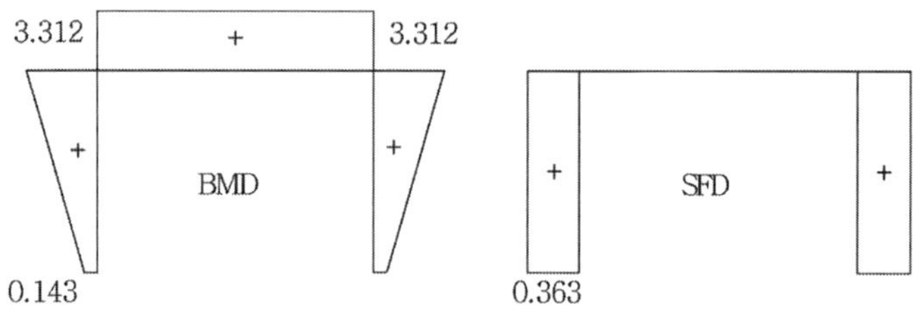

처짐각법 : 라멘

다음 그림과 같은 라멘에서 처짐각법을 이용하여 B점의 반력을 구하고, 휨모멘트도를 작성하시오
(단, 점 A는 롤러, 점 B는 고정단이며, 탄성계수 E와 단면2차모멘트 I는 모든 부재에 일정하다).

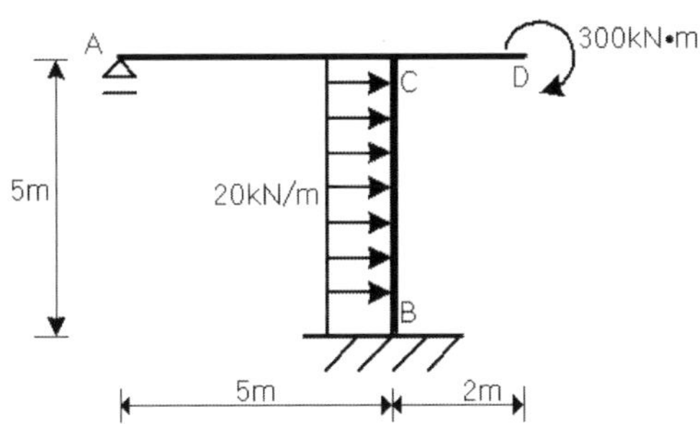

풀 이

> **개요**

일반적으로 라멘 구조물의 해석은 변위일치법, 에너지방법, 처짐각법, 모멘트 분배법, 메트릭스
법 등을 통해 수행할 수 있으며, 주어진 조건에 따라 처짐각법에 따라 풀이하고 휨모멘트도를 작
성한다.

> **처짐각법에 따른 구조물 해석**

1) 지점조건과 고정단 모멘트

$$M_A = 0, \; \theta_B = 0, \; R_{AC} = 0, \; R_{CB} = \frac{\Delta}{L} = \frac{\Delta}{5} = R,$$

$$K_{AC} = K_{BC} = \frac{I}{5} = K, \; K_{CD} = \frac{I}{2} = 2.5K$$

$$C_{CB} = \frac{wL^2}{12} = \frac{20 \times 5^2}{12} = \frac{125}{3}, \; C_{BC} = -\frac{wL^2}{12} = \frac{20 \times 5^2}{12} = -\frac{125}{3}$$

2) 처짐각 방정식 $\qquad M_{ij} = 2EK(2\theta_i + \theta_j - 3R_{ab}) + C_{ij}$

$$M_{AC} = 2EK(2\theta_A + \theta_C), \; M_{CA} = 2EK(2\theta_C + \theta_A)$$

$$M_{CB} = 2EK(2\theta_C - 3R) + \frac{125}{3}, \quad M_{BC} = 2EK(\theta_C - 3R) - \frac{125}{3}$$

3) 절점방정식

$$\sum M_A = 0 \; ; \; M_{AC} = 2EK(2\theta_A + \theta_C) = 0 \qquad\qquad - (1)$$

$$\sum M_C = 0 \; ; \; M_{CA} + M_{CB} - 300 = 2EK(2\theta_C + \theta_A) + 2EK(2\theta_C - 3R) + \frac{125}{3} - 300 = 0$$

$$2EK(2\theta_C + \theta_A) + 2EK(2\theta_C - 3R) + \frac{125}{3} - 300 = 0 \qquad\qquad - (2)$$

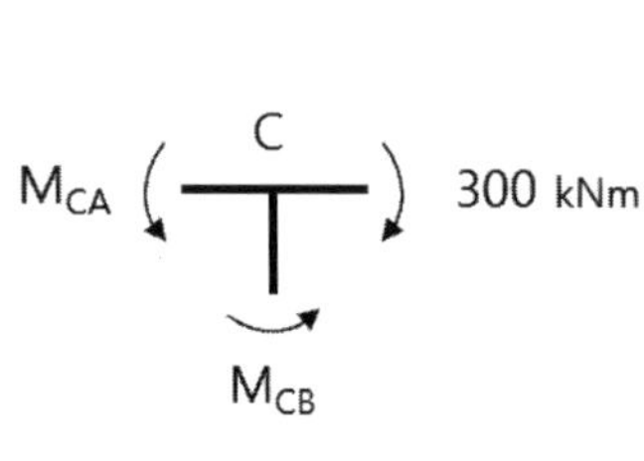

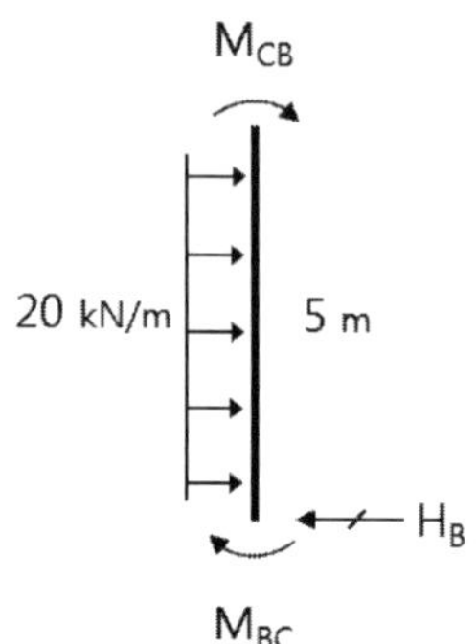

4) 전단방정식

$$\sum F_H = 0 \; ; \; H_B = 20 \times 5 = 100 \text{ kN}$$

$$\curvearrowright \sum M_C = 0 \; ; \; \frac{20 \times 5^2}{2} - H_B \times 5 - M_{BC} - M_{CB} = 0 \qquad\qquad - (3)$$

(1), (2), (3) 식으로부터,

$$\therefore EK\theta_A = -47.9167, \; EK\theta_C = 95.8333, \; EKR = 68.75$$

$$M_A = 0, \; M_{CA} = 287.5 \text{ kNm}, \; M_{CB} = 12.5 \text{ kNm}, \; M_{BC} = -262.5 \text{ kNm}$$

$$\sum M_A = 0 \; ;$$

$$V_B \times 5 - H_B \times 5 + 262.5 + \frac{20 \times 5^2}{2} - 300 = 0 \quad \therefore V_B = 57.5 \text{ kN} \; (\uparrow)$$

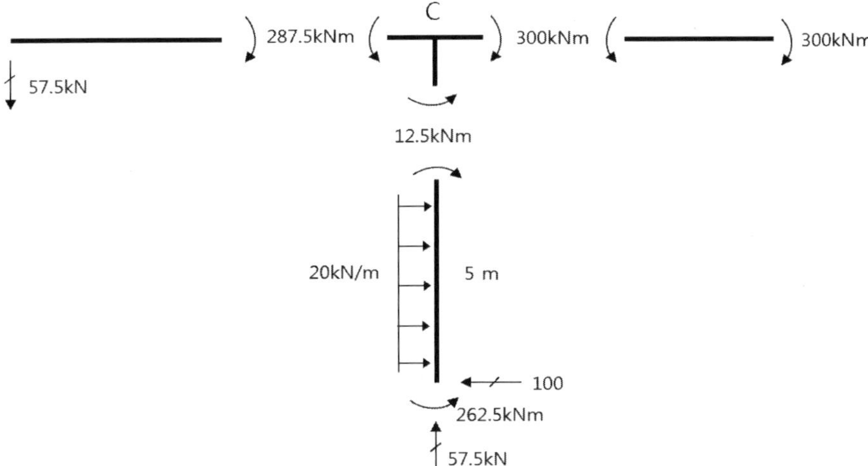

> BMD

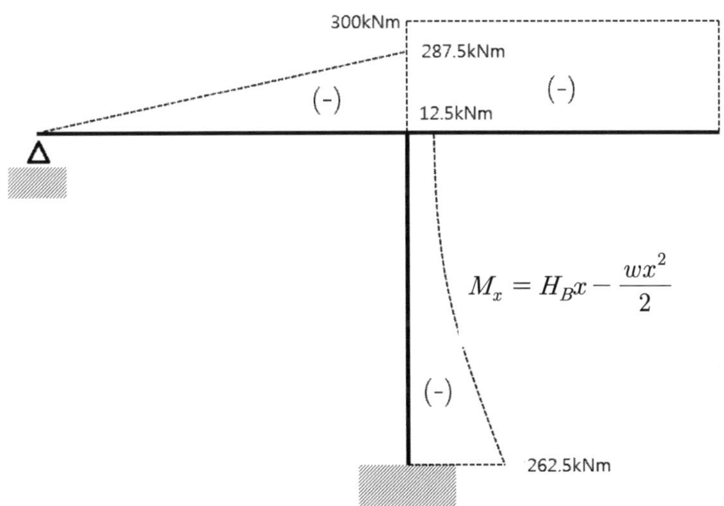

$$M_x = H_B x - \frac{wx^2}{2}$$

처짐각법 : 변형도

다음 그림과 같이 한 변의 길이가 L이고, 각 변의 중앙점에 하중이 작용하는 정사각형 형상으로 배치된 구조물을 해석하여, 구조물의 축력도(AFD), 전단력도(SFD), 휨모멘트도(BMD)를 그리고, 휨에 의한 정성적인 변형도(Deformed Configuration)와 하중 P가 작용하는 점의 변위를 구하시오(단 부재의 휨강성은 EI이다).

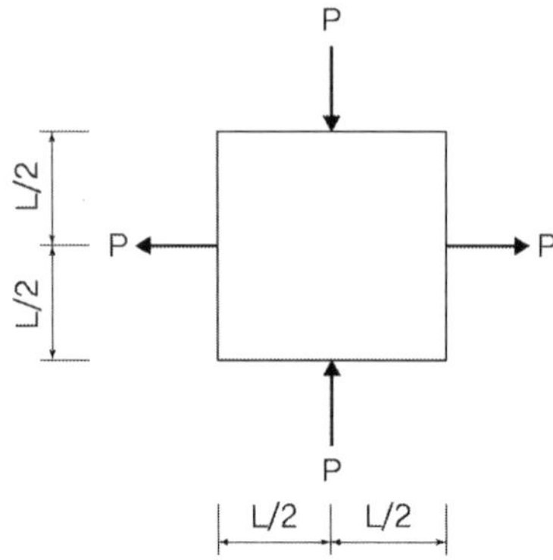

풀 이

> **개요**

프레임 구조형식의 변형도 산정을 위해서 처짐각법을 이용해 풀이한다.

> **처짐각법을 이용한 해석 및 변형도**

$$M_{ij} = 2EK(2\theta_i + \theta_j - 3R_{ab}) + C_{ij}$$

중앙집중하중으로 인한 고정단 모멘트 $-\dfrac{PL}{8}$

1) B점의 모멘트

대칭구조물이므로 $\theta_A = -\theta_B$, $\theta_C = -\theta_B$

$$M_{BA} = \frac{2EI}{L}(2\theta_B + \theta_A) - \frac{PL}{8} = \frac{2EI}{L}(\theta_B) - \frac{PL}{8}$$

$$M_{BC} = \frac{2EI}{L}(2\theta_B + \theta_C) - \frac{PL}{8} = \frac{2EI}{L}(\theta_B) - \frac{PL}{8}$$

절점 B에서 두 모멘트의 합은 0이므로,

$$M_B = M_{BA} + M_{BC} = \frac{2EI}{L}(2\theta_B) - \frac{PL}{4} = 0 \qquad \therefore \theta_B = \frac{PL^2}{16EI}$$

$$\therefore\ M_{BA} = \frac{2EI}{L}(\theta_B) - \frac{PL}{8} = \frac{2EI}{L} \times \frac{PL^2}{16EI} - \frac{PL}{8} = 0,\ M_{BC} = 0$$

최대처짐 $\delta = \dfrac{2}{2EI}\displaystyle\int_0^{L/2}\left(\dfrac{P}{2}x\right)^2 dx = \dfrac{PL^3}{48EI}$

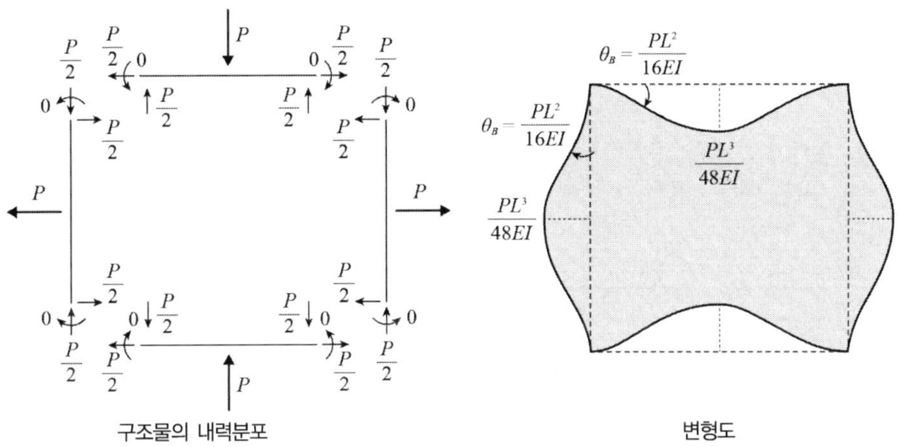

구조물의 내력분포   변형도

▶ 축력도(AFD), 전단력도(SFD), 휨모멘트도(BMD)

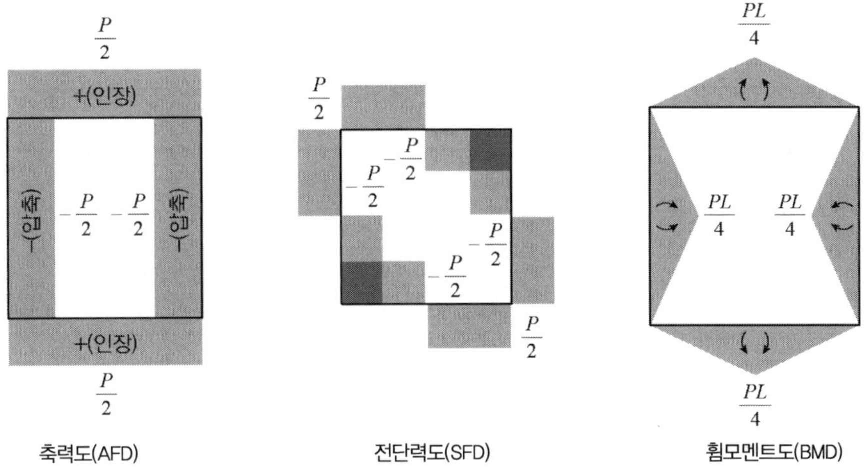

축력도(AFD)   전단력도(SFD)   휨모멘트도(BMD)

연속보에서 임의의 연속된 3개 지점의 휨모멘트 상호 간의 관계식을 나타낸 것으로 각 지간 내에서 단면이 균일한 연속보에 작용할 때 실용적이다.

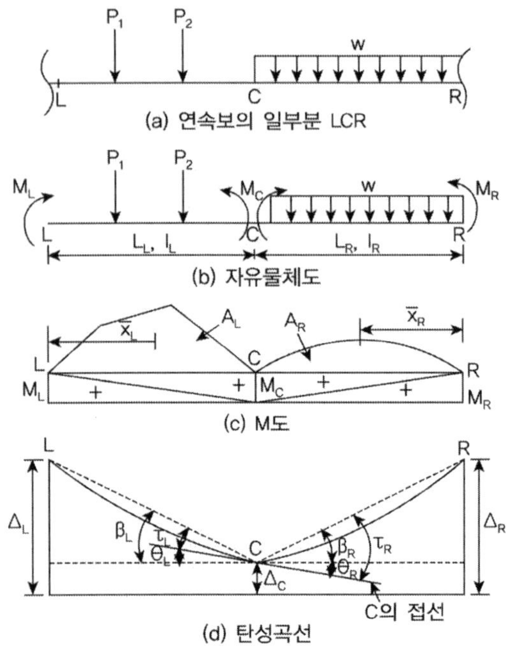

탄성곡선으로부터,

$$\theta_L = \beta_L - \tau_L, \quad \theta_R = \tau_R - \beta_R$$

$\theta_L = \theta_R$ 로부터,

$$\beta_L - \tau_L = \tau_R - \beta_R$$

여기서

$$\beta_L = \frac{\Delta_L - \Delta_C}{L_L}, \quad \beta_R = \frac{\Delta_R - \Delta_C}{L_R}$$

점C의 접선과 점L의 수직거리, 점R의 수직거리는 각각, $\tau_L L_L$, $\tau_R L_R$ 이며, 모멘트 면적법에 의해 다음과 같이 유도된다.

$$\tau_L L_L = \left(\frac{M}{EI}\right)_{CL} x_L = \frac{1}{EI_L}\left(\frac{M_L L_L^2}{6} + \frac{M_C L_L^2}{3} + A_L \overline{x_L}\right)$$

$$\therefore \tau_L = \frac{1}{L_L}\frac{1}{EI_L}\left(\frac{M_L L_L^2}{6} + \frac{M_C L_L^2}{3} + A_L \overline{x_L}\right)$$

$$\tau_R L_R = \left(\frac{M}{EI}\right)_{CR} x_R = \frac{1}{EI_L}\left(\frac{M_R L_R^2}{6} + \frac{M_C L_R^2}{3} + A_R \overline{x_R}\right),$$

$$\therefore \tau_R = \frac{1}{L_R}\frac{1}{EI_R}\left(\frac{M_R L_R^2}{6} + \frac{M_C L_R^2}{3} + A_R \overline{x_R}\right)$$

$\beta_L - \tau_L = \tau_R - \beta_R$ 로부터

$$\frac{\Delta_L - \Delta_C}{L_L} - \frac{1}{L_L}\frac{1}{EI_L}\left(\frac{M_L L_L^2}{6} + \frac{M_C L_L^2}{3} + A_L\overline{x_L}\right) = \frac{1}{L_R}\frac{1}{EI_R}\left(\frac{M_R L_R^2}{6} + \frac{M_C L_R^2}{3} + A_R\overline{x_R}\right) - \frac{\Delta_R - \Delta_C}{L_R}$$

$$\therefore\ M_L\frac{L_L}{I_L} + 2M_C\left(\frac{L_L}{I_L} + \frac{L_R}{L_R}\right) + M_R\frac{L_R}{I_R}$$

$$= -\frac{1}{I_L}\left(\frac{6A_L\overline{x_L}}{L_L}\right) - \frac{1}{I_R}\left(\frac{6A_R\overline{x_R}}{L_R}\right) + 6E\left[\frac{\Delta_L}{L_L} - \Delta_C\left(\frac{1}{L_L} + \frac{1}{L_R}\right) + \frac{\Delta_R}{L_R}\right]$$

여기서 M_L, M_C, M_R는 상연에 압축을 일으키면 (+), Δ_L, Δ_C, Δ_R는 상향이면 (+)

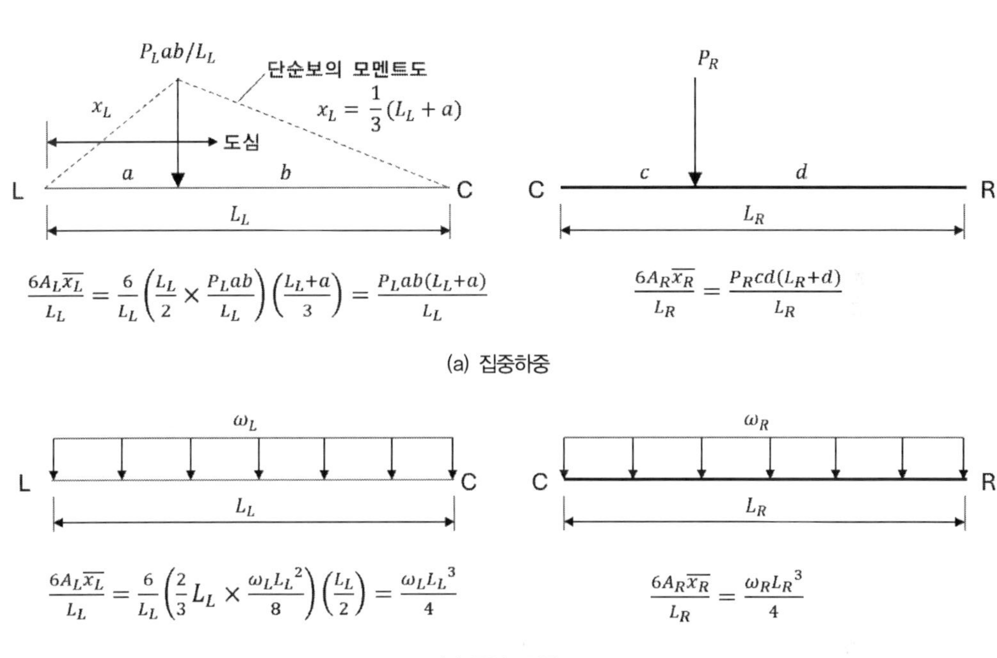

$$\frac{6A_L\overline{x_L}}{L_L} = \frac{6}{L_L}\left(\frac{L_L}{2} \times \frac{P_L ab}{L_L}\right)\left(\frac{L_L+a}{3}\right) = \frac{P_L ab(L_L+a)}{L_L}$$

$$\frac{6A_R\overline{x_R}}{L_R} = \frac{P_R cd(L_R+d)}{L_R}$$

(a) 집중하중

$$\frac{6A_L\overline{x_L}}{L_L} = \frac{6}{L_L}\left(\frac{2}{3}L_L \times \frac{\omega_L L_L^2}{8}\right)\left(\frac{L_L}{2}\right) = \frac{\omega_L L_L^3}{4}$$

$$\frac{6A_R\overline{x_R}}{L_R} = \frac{\omega_R L_R^3}{4}$$

(b) 등분포하중

3연 모멘트법 : 연속교 침하

2경간 연속교에서 우측교대에 지점침하가 발생할 경우에 이 지점침하로 인해 거더에 발생하는 모멘트와 전단력을 구하시오. 단 지점침하량 S_c=10mm, 거더의 탄성계수 E=20,000MPa, 거더의 단면2차 모멘트 I=0.2m^4, 교량의 지간장 L=10m이며, 하중의 영향은 무시한다.

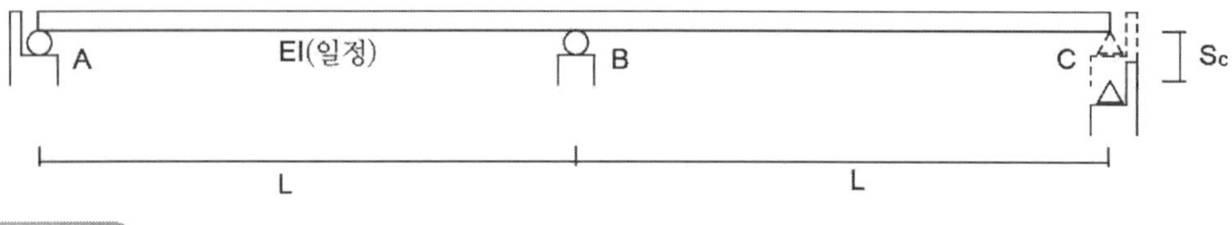

풀 이

➤ 개요

지점침하가 발생하는 2경간 연속교량의 부재력은 3연모멘트법을 이용하여 풀이할 수 있다. 주어진 조건에서 외력의 영향과 자중은 무시한다.

$$M_L\frac{L_L}{I_L}+2M_C\left(\frac{L_L}{I_L}+\frac{L_R}{I_R}\right)+M_R\frac{L_R}{I_R}$$

$$=-\frac{1}{I_L}\left(\frac{6A_L\overline{x_L}}{L_L}\right)-\frac{1}{I_R}\left(\frac{6A_R\overline{x_R}}{L_R}\right)+6E\left[\frac{\Delta_L}{L_L}-\Delta_C\left(\frac{1}{L_L}+\frac{1}{L_R}\right)+\frac{\Delta_R}{L_R}\right]$$

➤ 부재간 모멘트 산정

E=20,000MPa, L=10,000mm, I=2x10^{11} mm^4

$$M_A = M_c = 0, \quad \Delta_c = 10mm \qquad\qquad 2M_B\left(\frac{L}{I}+\frac{L}{I}\right)=6E\left(\frac{\Delta_c}{L}\right)$$

$$\therefore M_B = \frac{3}{2}\frac{EI}{L^2}\Delta_c = \frac{3}{2}\times\frac{20,000\times2\times10^{11}}{10,000^2}\times(-10)=-600kNm \ \text{(counter-clockwise)}$$

$$\therefore R_A = R_C = 60kN \ (\downarrow), \quad R_B = 120kN \ (\uparrow)$$

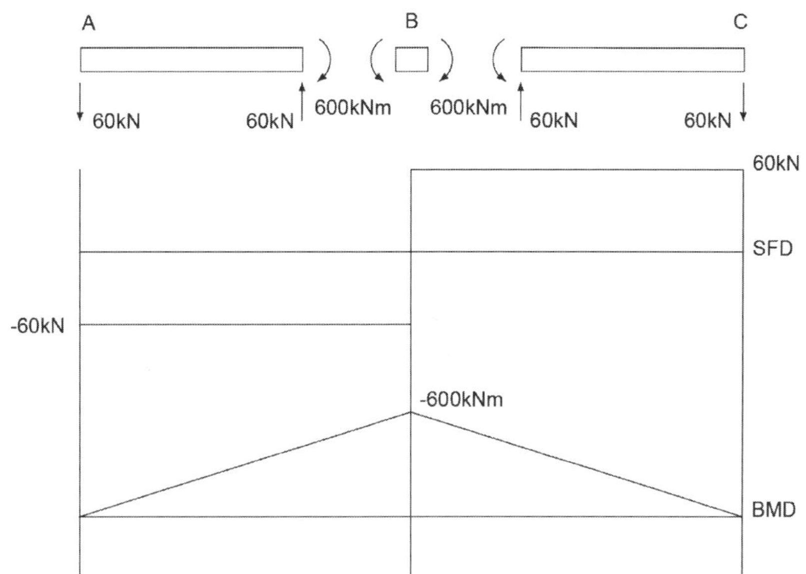
A
B
C
60kN
60kN
600kNm
600kNm
60kN
60kN
60kN
SFD
-60kN
-600kNm
BMD

3연 모멘트법 : 연속교 침하

그림과 같은 3경간 연속보에서 10mm의 지점침하가 지점B에서 발생하였다. 이때 연속보를 해석하여 전단력도와 휨모멘트도를 그리시오.

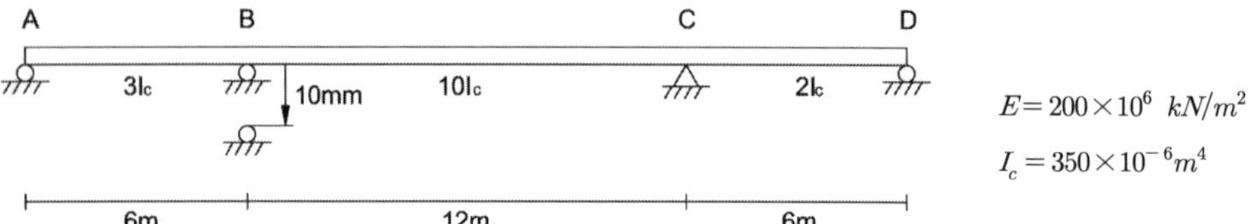

풀 이

▶ 개요

3경간 연속보에 지점침하가 있는 문제로 3연 모멘트법을 이용하여 풀이하는 것이 간편하다.

$$3연 \ 모멘트법 \ M_L\left(\frac{L_L}{I_L}\right) + 2M_C\left(\left(\frac{L_L}{I_L}\right) + \left(\frac{L_R}{I_R}\right)\right) + M_R\left(\frac{L_R}{I_R}\right) = 6E\left(\frac{\Delta_L}{L_L} - \Delta_C\left(\frac{1}{L_L} + \frac{1}{L_R}\right) + \frac{\Delta_R}{L_R}\right)$$

▶ 부재간 모멘트 산정

1) 부재 ABC

$$M_A = 0, \quad \Delta_B = -0.01, \quad 2M_B\left(\frac{6}{3I} + \frac{12}{10I}\right) + M_C\left(\frac{12}{10I}\right) = 6E\left(-\Delta_B\left(\frac{1}{6} + \frac{1}{12}\right)\right)$$

$$\therefore \ 6.4M_B + 1.2M_C = 6EI \times 0.0025$$

2) 부재 BCD

$$M_D = 0, \quad \Delta_B = -0.01, \quad M_B\left(\frac{12}{10I}\right) + 2M_C\left(\frac{12}{10I} + \frac{6}{2I}\right) = 6E\left(\Delta_B\left(\frac{1}{12}\right)\right)$$

$$\therefore \ 1.2M_B + 8.4M_C = 6EI \times (-0.000833)$$

$$\begin{bmatrix} 6.4 & 1.2 \\ 1.2 & 8.4 \end{bmatrix}\begin{bmatrix} M_B \\ M_C \end{bmatrix} = 6EI\begin{bmatrix} 0.0025 \\ -0.000833 \end{bmatrix} \quad \therefore \ M_B = 176.602^{kNm}, \ M_C = -66.879^{kNm}$$

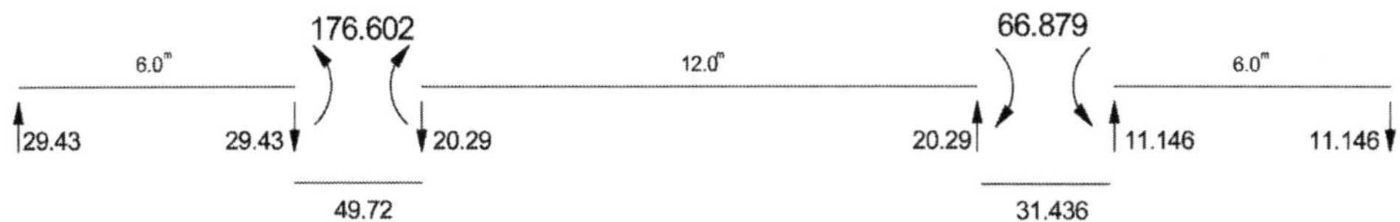
6.0ᵐ
176.602
12.0ᵐ
66.879
6.0ᵐ
29.43
29.43
20.29
20.29
11.146
11.146
49.72
31.436

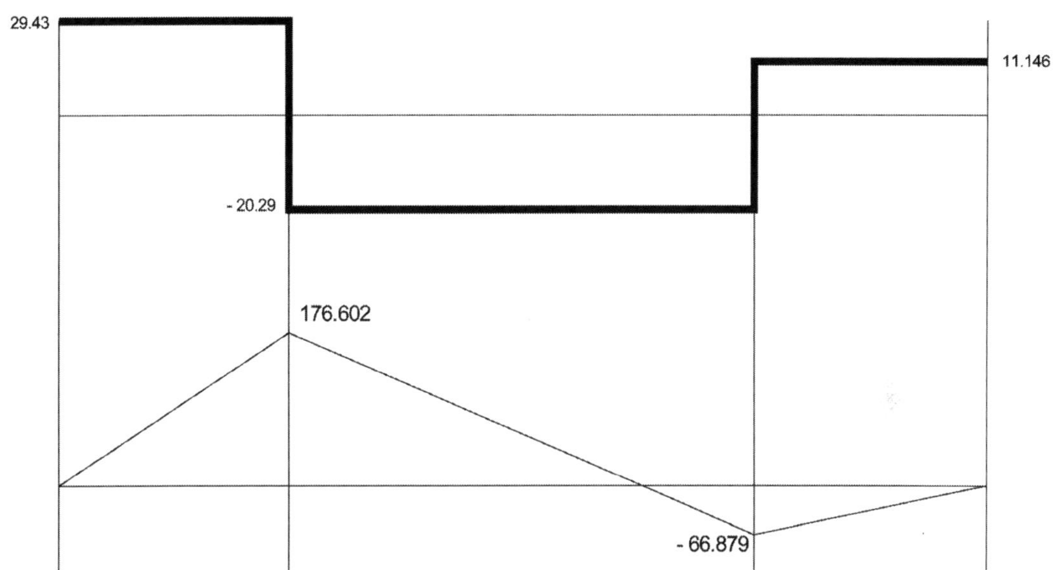
29.43
11.146
- 20.29
176.602
- 66.879

3연 모멘트법 : 연속교 침하

그림과 같이 등분포하중(w=30kN/m)을 받고 있는 3경간 연속보에 지점침하가 A에서 10mm, B에서 50mm, C에서 20mm, 그리고 D에서 40mm가 발생하였다. 각 지점의 반력을 구하시오(단, EI는 일정, E=200GPa, I=700×10⁶ mm⁴).

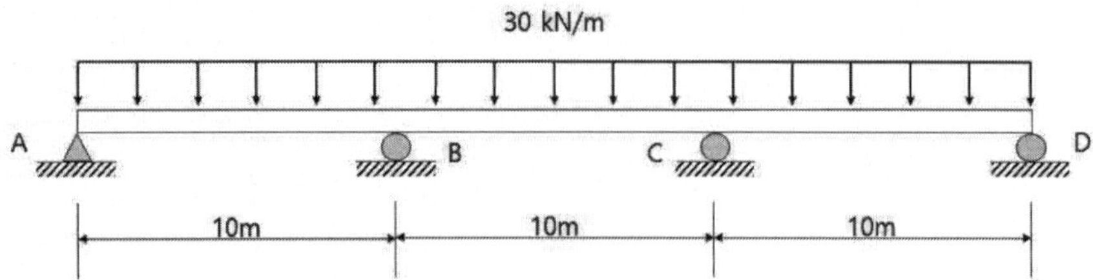

풀 이

➤ 개요

각 지간 내에서 단면이 균일한 연속 보이고 지점침하가 발생하는 3경간 연속 교량의 부재력은 3연모멘트법을 이용하여 풀이할 수 있다. 주어진 조건에서 자중은 무시한다.

$$M_L \frac{L_L}{I_L} + 2M_C\left(\frac{L_L}{I_L} + \frac{L_R}{I_R}\right) + M_R \frac{L_R}{I_R}$$

$$= -\frac{1}{I_L}\left(\frac{6A_L \overline{x_L}}{L_L}\right) - \frac{1}{I_R}\left(\frac{6A_R \overline{x_R}}{L_R}\right) + 6E\left[\frac{\Delta_L}{L_L} - \Delta_C\left(\frac{1}{L_L} + \frac{1}{L_R}\right) + \frac{\Delta_R}{L_R}\right]$$

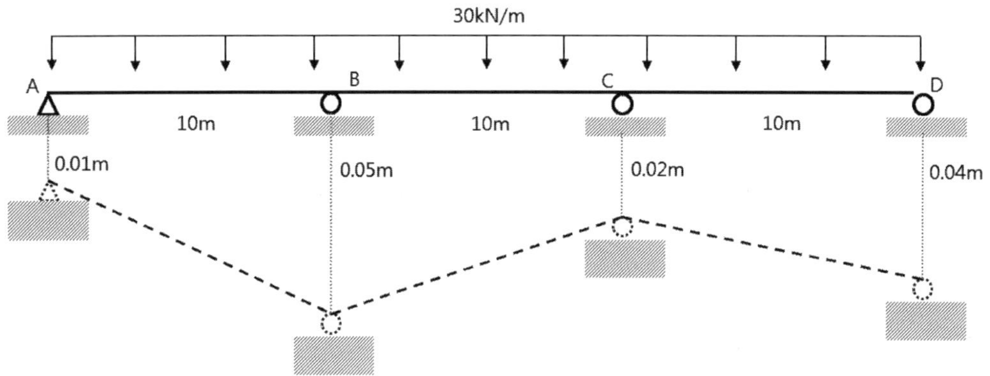

➤ **반력산정**

1) ABC 구간

EI = 200,000 (N/mm^2) $\times$ 700$\times$10^6 (mm^4) = 1.4$\times$10^{14} N $\cdot$ mm^2 = 140,000 kN $\cdot$ m^2

$$C_{AB} = C_{CB} = \frac{wL^3}{4} = \frac{30 \times 10^3}{4} = 7500$$

$$2M_B(10+10) + M_C(10) = -(7500+7500) + 6EI\left(-\frac{0.01}{10} + 0.05\left(\frac{2}{10}\right) - \frac{0.02}{10}\right)$$

$$40M_B + 10M_C = -9120$$

2) BCD 구간

$$C_{BC} = C_{DC} = \frac{wL^3}{3} = \frac{30 \times 10^3}{3} = 7500$$

$$M_B(10) + 2M_C(10+10) += -(7500+7500) + 6EI\left(-\frac{0.05}{10} + 0.02\left(\frac{2}{10}\right) - \frac{0.04}{10}\right)$$

$$10M_B + 40M_C = -19200$$

$$\therefore M_B = -115.2 \text{ kNm}, \quad M_C = -451.2 \text{ kNm}$$

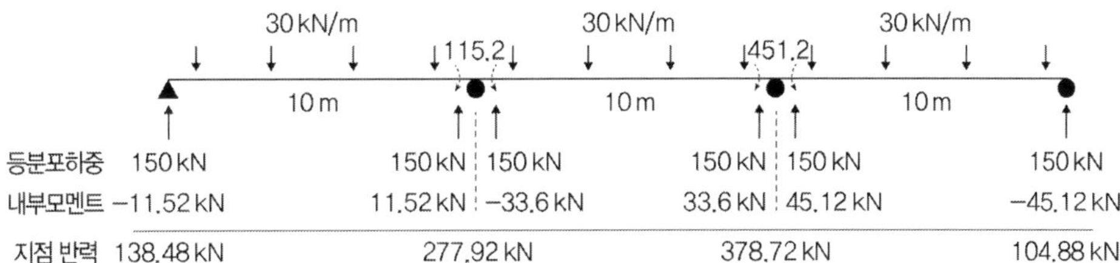

$$\therefore R_A = 138.48\text{kN}, \quad R_B = 277.92\text{kN}, \quad R_C = 378.72\text{kN}, \quad R_D = 104.88\text{kN}$$

3연 모멘트법 : 연속교 침하

그림과 같이 집중하중(10kN)을 받고 있는 3경간 연속보에 지점침하가 A에서 20mm, B에서 30mm, C에서 50mm, D에서 40mm 발생하였다. 지점 B에서의 모멘트(M_b)와 반력(R_b)을 구하시오 (단, E=200GPa, I=500×10⁶mm⁴).

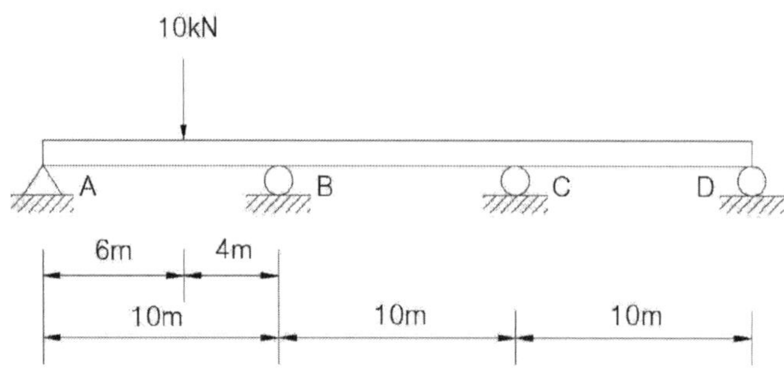

풀 이

➤ 개요

3경간 연속보에 지점침하가 있는 문제로 3연 모멘트법을 이용하여 풀이하는 것이 간편하다.

$$M_L\frac{L_L}{I_L}+2M_C\left(\frac{L_L}{I_L}+\frac{L_R}{L_R}\right)+M_R\frac{L_R}{I_R}=-\frac{1}{I_L}\left(\frac{6A_L\overline{x_L}}{L_L}\right)-\frac{1}{I_R}\left(\frac{6A_R\overline{x_R}}{L_R}\right)+6E\left[\frac{\Delta_L}{L_L}-\Delta_C\left(\frac{1}{L_L}+\frac{1}{L_R}\right)+\frac{\Delta_R}{L_R}\right]$$

여기서 M_L, M_C, M_R는 상연에 압축을 일으키면 (+), Δ_L, Δ_C, Δ_R는 상향이면 (+)

➤ 3연 모멘트법

$$EI=200\times10^3\times500\times10^6=1.0\times10^{14}\,\text{N}\cdot\text{mm}^2=100,000\,\text{kN}\cdot\text{m}^2$$

1) ABC구간

$$M_A(L)+2M_B(L+L)+M_C(L)=-\frac{Pab(L+a)}{L}+6EI\left(\frac{\Delta_L}{L}-\Delta_C\left(\frac{1}{L}+\frac{1}{L}\right)+\frac{\Delta_R}{L}\right),$$

$$M_A=0$$

$$2M_B(20) + M_C(10) = -\frac{10 \times 6 \times 4 \times (10+6)}{20} + 6EI\left(\frac{(-0.02)}{10} - (-0.03)\left(\frac{2}{10}\right) + \frac{(-0.05)}{10}\right)$$

$$\therefore\ 40M_B + 10M_C = -192 - 0.006EI = -792\text{kNm}$$

2) BCD구간

$$M_B(L) + 2M_C(L+L) + M_D(L) = 6EI\left(\frac{\Delta_L}{L} - \Delta_C\left(\frac{1}{L} + \frac{1}{L}\right) + \frac{\Delta_R}{L}\right),\quad M_D = 0$$

$$M_B(10) + 2M_C(20) = 6EI\left(\frac{(-0.03)}{10} - (-0.05)\left(\frac{2}{10}\right) + \frac{(-0.04)}{10}\right)$$

$$\therefore\ 10M_B + 40M_C = 0.018EI = 1{,}800\text{kNm}$$

$$\therefore\ M_B = -33.12\text{kNm},\quad M_C = 53.28\text{kNm}$$

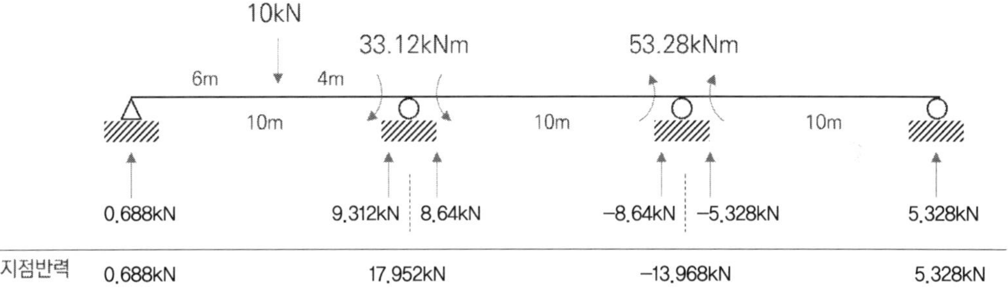

$$\therefore\ M_B = -33.12\text{kNm},\quad R_B = 17.952\text{kN}$$

3연 모멘트법 : 연속교 침하

다음 그림과 같은 보 ABC에 등분포하중과 집중하중이 가해졌을 때, B지점에서 연직으로 6.0mm 의 침하가 발생하였다. 이때 지점 B의 반력 R_B를 구하시오(단, 보의 휨강성 EI=4000kNm²).

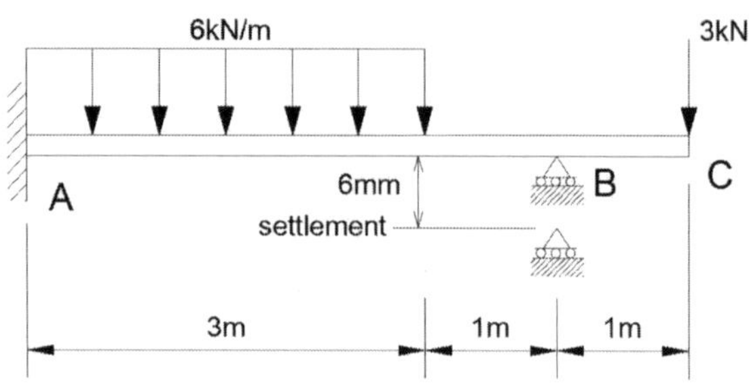

풀 이

➤ 개요

B점의 반력 R_B를 부정정력으로 하여 B점의 처짐식을 통해서 반력을 산정하기 위해 에너지법(최소일의 방법)을 이용한다.

➤ 구조물 해석

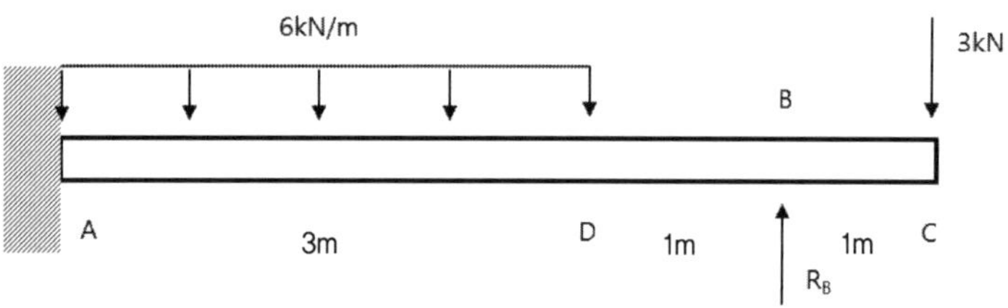

구간	시점	길이(m)	M_x	$\partial M_x / \partial R_B$
CB	C	1	$M_{x1} = 3x$	0
BD	B	1	$M_{x2} = 3(x+1) - R_B x$	$-x$
DA	D	3	$M_{x3} = \dfrac{6x^2}{2} - R_B(x+1) + 3(x+2)$	$-(x+1)$

$$U = \frac{1}{2EI} \Sigma \int_0^L M^2 dx, \qquad \frac{\partial U}{\partial R_B} = \Sigma \frac{1}{EI} \int M_x \left(\frac{\partial M_x}{\partial R_B} \right) dx = -6\text{mm}$$

$$\int_0^1 (3(x+1) - R_B x)(-x) dx + \int_0^3 \left(\frac{6x^2}{2} - R_B(x+1) + 3(x+2) \right)(-x-1) dx$$

$$= -6 \times 10^{-3} EI$$

$$\therefore \left[\frac{R_B x^3}{3} - x^3 - \frac{3x^2}{2} \right]_0^1 - \left[\frac{3x^3}{4} + \frac{(6-R_B)x^3}{3} + \frac{(9-2R_B)x^2}{2} + (6-R_B)x \right]_0^3$$

$$= -6 \times 10^{-3} \times 4000$$

$$\therefore R_B = 7.113\text{kN} \, (\uparrow)$$

3연 모멘트법 : 연속교 침하

다음과 같은 연속보의 지점 B에서 지점침하(Δ)가 발생하였다. 이 연속보를 해석하여 전단력도와 휨모멘트도를 작성하시오(단, 휨강성 EI는 일정하다).

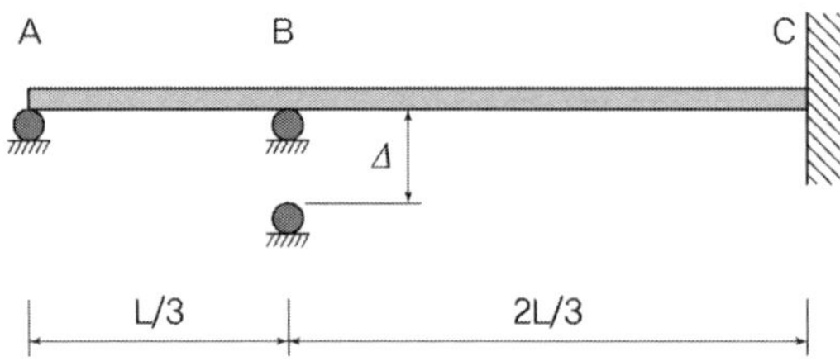

풀 이

➤ 개요

처짐을 고려한 연속보의 휨모멘트 산정은 3연 모멘트 방정식을 이용하는 것이 간편하다. C점 우측에 C'의 가상점이 있다고 가정하여 푼다.

$$M_L \frac{L_L}{I_L} + 2M_C\left(\frac{L_L}{I_L} + \frac{L_R}{L_R}\right) + M_R \frac{L_R}{I_R}$$

$$= -\frac{1}{I_L}\left(\frac{6A_L\overline{x_L}}{L_L}\right) - \frac{1}{I_R}\left(\frac{6A_R\overline{x_R}}{L_R}\right) + 6E\left[\frac{\Delta_L}{L_L} - \Delta_C\left(\frac{1}{L_L} + \frac{1}{L_R}\right) + \frac{\Delta_R}{L_R}\right]$$

여기서 M_L, M_C, M_R는 상연에 압축을 일으키면 (+), Δ_L, Δ_C, Δ_R는 상향이면 (+)

➤ 3연 모멘트법

1) ABC구간

$$M_A\left(\frac{L}{3}\right) + 2M_B\left(\frac{L}{3} + \frac{2L}{3}\right) + M_C\left(\frac{L}{3}\right) = 6EI\left(\Delta\left(\frac{3}{L} + \frac{3}{2L}\right)\right), \quad M_A = 0$$

$$\therefore 2M_B L + M_C \frac{L}{3} = \frac{27EI\Delta}{L}$$

2) BCC'구간

$$M_B\left(\frac{2L}{3}\right)+2M_C\left(\frac{2L}{3}+0\right)=6EI\left(-\Delta\left(\frac{3}{2L}\right)\right)$$

$$\therefore\ 2M_BL+4M_CL=-\frac{27EI\Delta}{L}$$

$$\therefore\ M_B=\frac{351EI\Delta}{22L^2}\,(\downarrow),\quad M_C=-\frac{162EI\Delta}{11L^2}\,(\downarrow)$$

3) 반력 산정

$$\sum M_B=0\ :\ R_A\times\frac{L}{3}-M_B=0\quad\therefore\ R_A=\frac{1053EI\Delta}{22L^3}\,(\uparrow)$$

$$\sum M_B=0\ :\ R_C\times\frac{2L}{3}-M_B-M_C=0\quad\therefore\ R_C=\frac{81EI\Delta}{44L^3}\,(\uparrow)$$

$$\sum F_y=0\ :\ R_B=-R_A-R_C=-\frac{2187EI\Delta}{44L^3}\,(\downarrow)$$

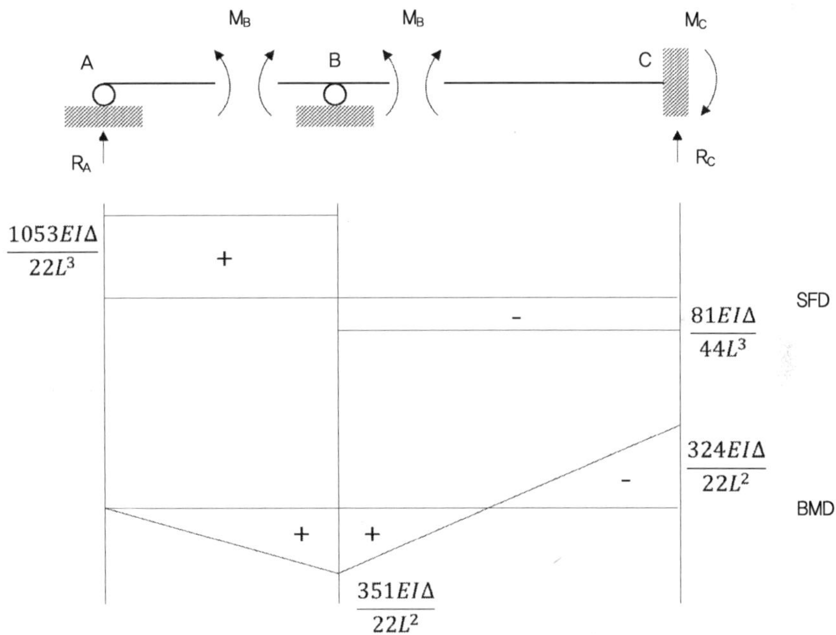

3연 모멘트법 : 연속교 침하

아래 그림과 같은 2경간 연속보의 중앙지점(B)에서 4.5mm의 침하가 발생한 경우, 각 지점에서의
반력을 구하시오(단, E= 200×10³MPa, I=160×10⁻⁶m⁴).

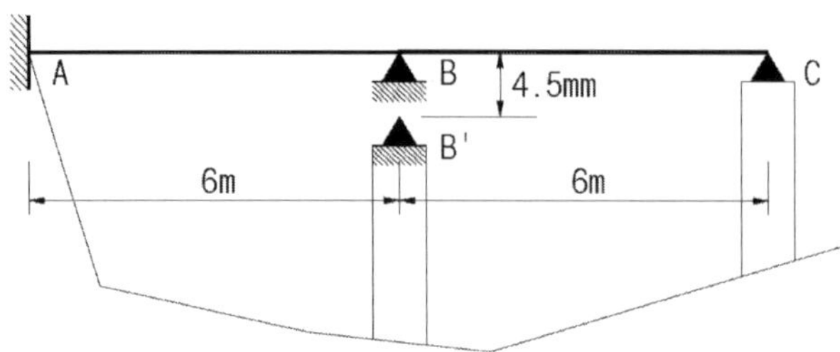

풀 이

▶ 개요

처짐을 고려한 연속보의 휨모멘트 산정은 3연 모멘트 방정식을 이용하는 것이 간편하다. A점 우
측에 C'의 가상점이 있다고 가정하여 푼다.

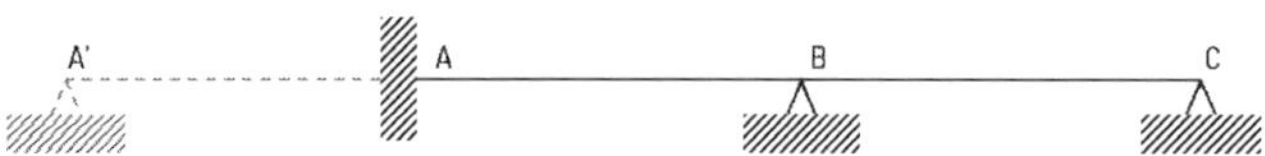

$$M_L\frac{L_L}{I_L}+2M_C\left(\frac{L_L}{I_L}+\frac{L_R}{L_R}\right)+M_R\frac{L_R}{I_R}$$

$$=-\frac{1}{I_L}\left(\frac{6A_L\overline{x_L}}{L_L}\right)-\frac{1}{I_R}\left(\frac{6A_R\overline{x_R}}{L_R}\right)+6E\left[\frac{\Delta_L}{L_L}-\Delta_C\left(\frac{1}{L_L}+\frac{1}{L_R}\right)+\frac{\Delta_R}{L_R}\right]$$

여기서 M_L, M_C, M_R는 상연에 압축을 일으키면 (+), Δ_L, Δ_C, Δ_R는 상향이면 (+)

▶ 3연 모멘트법

1) ABC구간

$$M_A(L)+2M_B(L+L)+M_c(L)=-6EI\left(\Delta\left(\frac{1}{L}+\frac{1}{L}\right)\right), \quad M_c=0$$

$$\therefore\ M_A L + 4 M_B L = -\frac{12EI\Delta}{L}$$

2) A'BC구간

$$M_{A'}(0) + 2M_A(L+0) + M_B(L) = 6EI\!\left(\Delta\!\left(\frac{1}{L}\right)\right) \quad \therefore\ 2M_A L + M_B L = \frac{6EI\Delta}{L}$$

$$\therefore\ M_A = \frac{36EI\Delta}{7L^2},\ M_B = -\frac{30EI\Delta}{7L^2}$$

3) 반력 산정

$$M_A = \frac{36EI\Delta}{7L^2} = \frac{36\times200\times10^3\times160\times10^{-6}}{7\times6^2}\times(-0.0045)\times10^3 = -20.57\text{kNm}$$

$$M_B = -\frac{30EI\Delta}{7L^2} = -\frac{30\times200\times10^3\times160\times10^{-6}}{7\times6^2}\times(-0.0045)\times10^3 = 17.14\text{kNm}$$

$$\Sigma M_B = 0(\text{우측}) : R_C\times L - M_B = 0$$

$$\therefore\ R_C = -\frac{30EI\Delta}{7L^3} = -\frac{30\times200\times10^3\times160\times10^{-6}}{7\times6^3}\times(-0.0045)\times10^3 = 2.857\text{kN}(\uparrow)$$

$$\Sigma M_B = 0(\text{좌측}) : R_A\times L - M_B - M_A = 0$$

$$\therefore\ R_A = \frac{6EI\Delta}{7L^3} = \frac{6\times200\times10^3\times160\times10^{-6}}{7\times6^3}\times(-0.0045)\times10^3 = -0.571\text{kN}(\downarrow)$$

$$\Sigma F_y = 0 : \quad \therefore\ R_B = -R_A - R_C = -2.286\text{kN}(\downarrow)$$

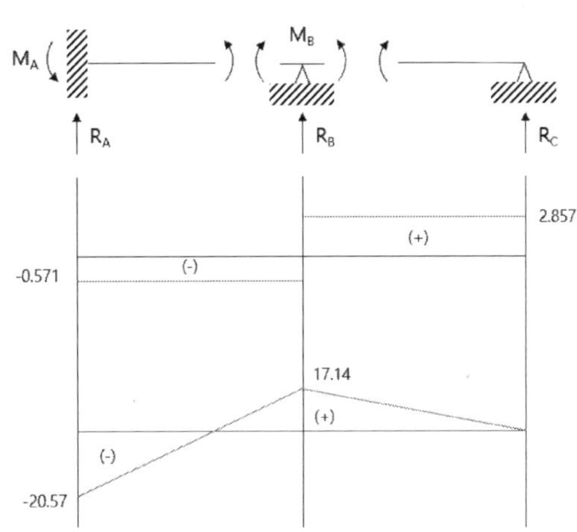

3연 모멘트법 : 연속교

아래 그림과 같은 자중이 W이고 길이가 L인 균일단면 보에서 자중에 의한 각 지점의 휨 모멘트값이 동일하게 되는 a 및 b의 값을 L의 함수로 나타내고 휨모멘트도를 그리시오.

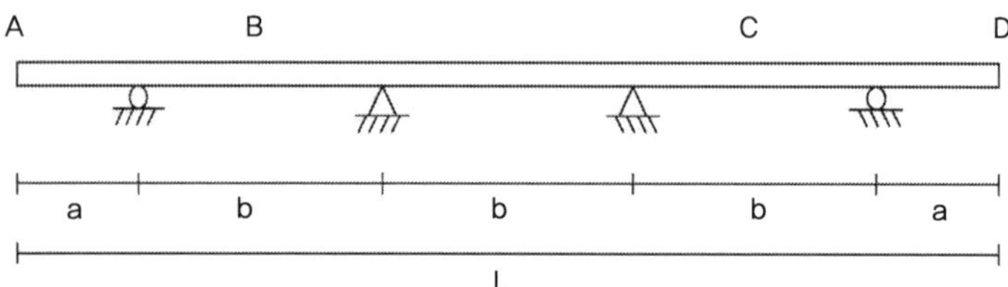

풀 이

▶ 개요

3연 모멘트법을 이용하여 해석한다. 자중에 의한 등분포하중을 w로 하고, 구조물의 내민보를 다음과 같이 모멘트로 치환하여 고려한다.

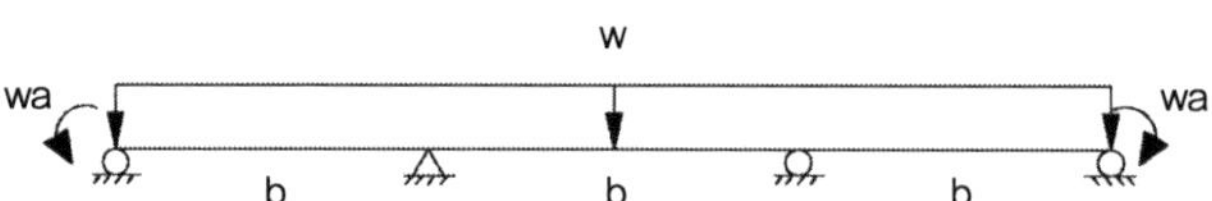

▶ 3연 모멘트 방정식

보 ABC 구간에서

$$M_A = -\frac{wa^2}{2}, \quad M_A(b) + 2M_B(b+b) + M_C(b) = -\frac{wb^3}{4} \times 2$$

$$\therefore \left(-\frac{wa^2}{2}\right) + 4M_B + M_C = -\frac{wb^2}{2}$$

이때, 각 지점에서의 휨모멘트 값이 동일하기 위해서는 $M_A = M_B = M_C = -\dfrac{wa^2}{2}$ 이므로

$$5M_B = 5\left(-\frac{wa^2}{2}\right) = -\frac{w}{2}(b^2 - a^2) \qquad \therefore b^2 = 6a^2$$

➤ **a와 b**

$$L = 2a + 3b \qquad \therefore a = \frac{L}{3\sqrt{6}+2} = 0.107L, \quad b = \frac{\sqrt{6}\,L}{3\sqrt{6}+2} = 0.262L$$

➤ **SFD와 BMD**

$$M_A = M_B = M_C = -\frac{wa^2}{2} = -0.00572wL^2$$

$$M_{\max} = 0.00286wL^2$$

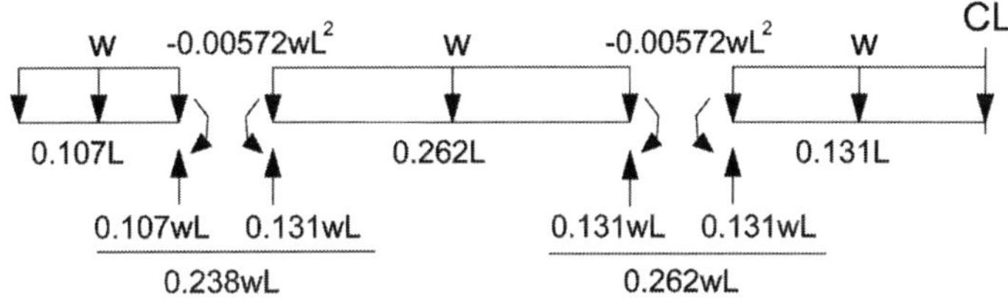

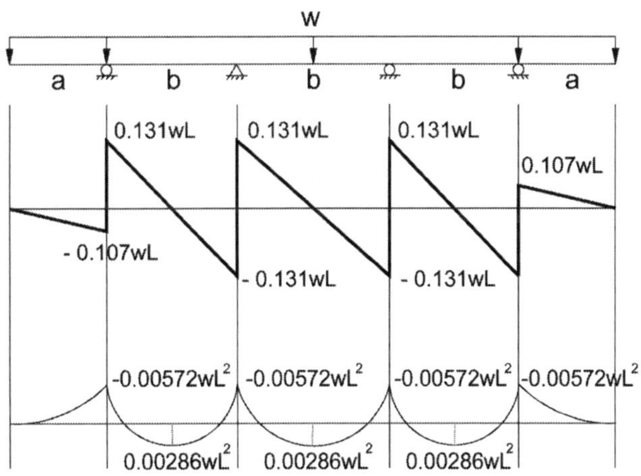

3연 모멘트법 : 연속교 기하비선형(지점비선형)

복공판 시공과정에서 중앙지점 B의 위치가 A점과 C점에 비해 낮게 위치하여($\Delta = 10\,\text{mm}$) 단순지지 형태로 설치되었다. 복공판의 총길이(2L)는 2m이고 휨강성 $EI = 1.2 \times 10^6\,Nm^2$이다. 등분포하중 q의 크기가 0에서 500kN/m까지 변화할 때 B점의 모멘트 M_B와 q의 관계를 그림으로 나타내시오.

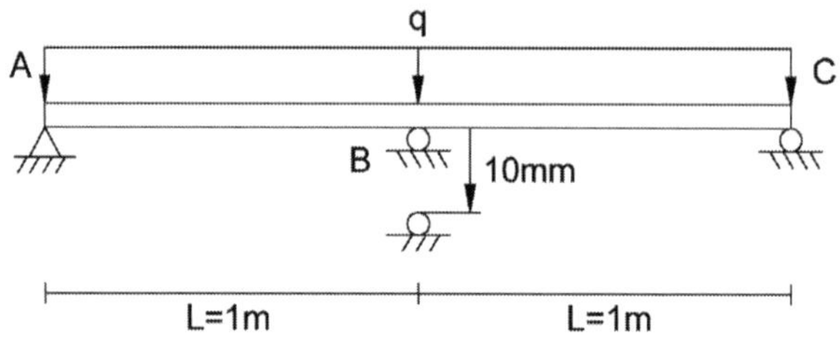

풀 이

▶ 개요

지점비선형(Geometric Nonlinear)에 관한 문제로 단차가 발생한 변위까지의 하중과 그 이후의 하중을 구분하여 산정한다.

▶ $\Delta_B = 10^{mm}$일 때의 등분포하중 q의 산정

단순보이므로 $\Delta_B = \dfrac{5ql^4}{384EI} = 10^{mm}$

$$\therefore q = 10^{mm} \times \frac{384 \times 1.2 \times 10^6 \times 10^6\,(Nmm^2)}{5 \times 2000^4\,(mm^4)} = 57.6^{kN/m}$$

이때의 $M_B = \dfrac{ql^2}{8} = 28.8^{kNm}$

▶ $q \geq 57.6^{kN/m}$인 경우

B점이 지점으로 작용하므로 3연 모멘트 방정식으로부터($I = I_L = I_R$)

$$M_L L_L + 2M_C(L_L + L_R) + M_R L_R = -\left(\frac{6A_L \overline{x_L}}{L_L}\right) - \left(\frac{6A_R \overline{x_R}}{L_R}\right) + 6EI\left[\frac{\Delta_L}{L_L} - \Delta_C\left(\frac{1}{L_L} + \frac{1}{L_R}\right) + \frac{\Delta_R}{L_R}\right]$$

$$M_A + 2M_B(1+1) + M_C = -\frac{ql^3}{4} - \frac{ql^3}{4} + 6EI(+0.01(1+1))$$

$$M_L = M_R = 0$$

$$\therefore 4M_B = -\frac{1}{2}q + 0.12EI, \ M_B = -\frac{q}{8} + 36 \ (kNm)$$

▶ M_B와 q와의 상관 그래프

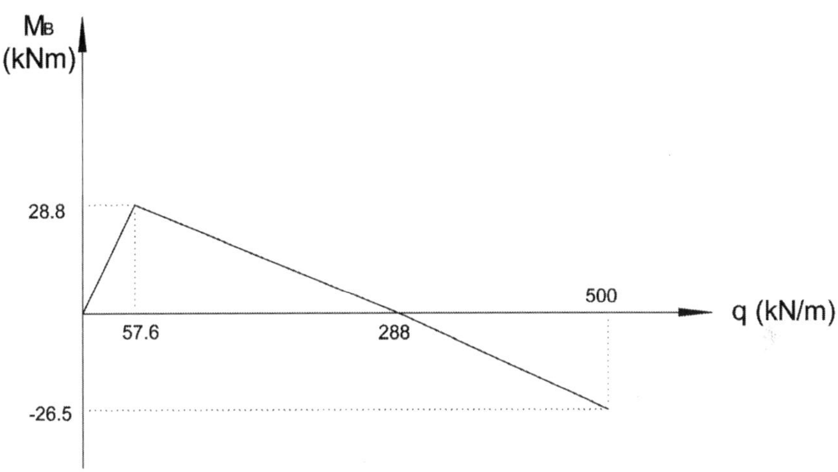

3연 모멘트법 : 연속교 침하

다음 그림과 같은 연속보의 지점 B에 지점침하($\triangle$)가 발생하였다. 이 연속보를 해석하여 전단력도와 휨모멘트도를 작성하시오(EI는 일정하다).

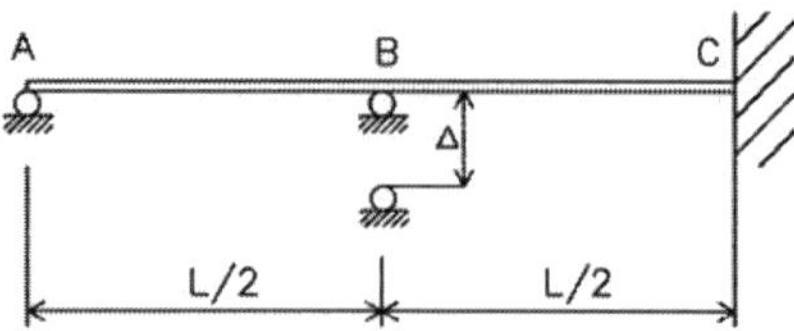

풀 이

▶ 개요

처짐을 고려한 연속보의 휨모멘트 산정은 3연 모멘트 방정식을 이용하는 것이 간편하다. C점 우측에 C′의 가상점이 있다고 가정하여 푼다.

▶ 3연 모멘트법

1) ABC구간

$$M_A\left(\frac{L}{2}\right)+2M_B\left(\frac{L}{2}+\frac{L}{2}\right)+M_c\left(\frac{L}{2}\right)=6EI\left(\Delta\left(\frac{2}{L}+\frac{2}{L}\right)\right), \quad M_A=0$$

$$\therefore 2M_B L+M_C\frac{L}{2}=\frac{24EI\Delta}{L}$$

2) BCC′구간

$$M_B\left(\frac{L}{2}\right)+2M_C\left(\frac{L}{2}+0\right)=6EI\left(-\Delta\left(\frac{2}{L}\right)\right)$$

$$\therefore M_B\frac{L}{2}+M_C L=-\frac{12EI\Delta}{L}$$

$$\therefore M_B=\frac{120EI\Delta}{7L^2}\,(\downarrow), \quad M_C=-\frac{144EI\Delta}{7L^2}\,(\downarrow)$$

3) 반력 산정

$$\sum M_B = 0 : R_A \times \frac{L}{2} - M_B = 0 \quad \therefore R_A = \frac{240EI\Delta}{7L^3}(\uparrow)$$

$$\sum M_B = 0 : R_C \times \frac{L}{2} - M_B - M_C = 0 \quad \therefore R_C = \frac{528EI\Delta}{7L^3}(\uparrow)$$

$$\sum F_y = 0 : R_B = -R_A - R_C = -\frac{768EI\Delta}{7L^3}\ (\downarrow)$$

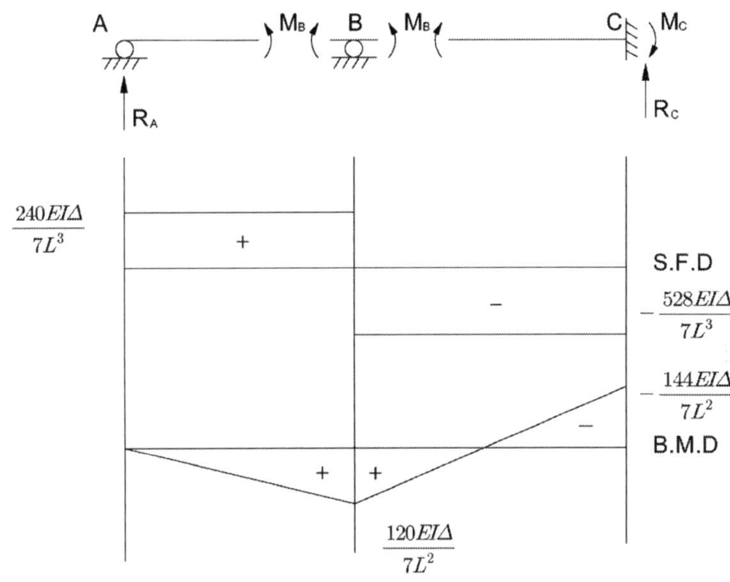

3연 모멘트법 : 연속보의 파단

다음 그림과 같은 집중하중을 받고 있는 3경간 교량에서 E점의 상하연이 파단되어 힌지구조로 변할 때 추가로 파단이 발생할 수 있는 범위를 구하시오(단, 자중은 무시하고 EI는 일정하고 파단강도(M_r)는 $\pm 36kN{\cdot}m$ 이다).

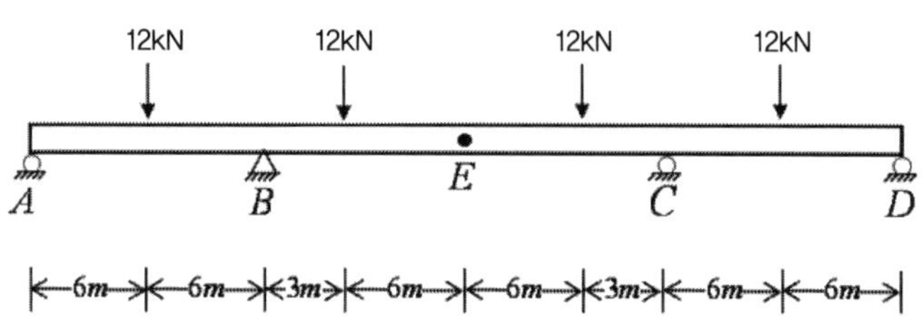

풀 이

▶ 개요

파단 후에는 E점이 힌지로 변하므로 정정 구조물로 해석한다. 3연 모멘트 방정식을 이용할 경우 E점에서 발생하는 변위도 산정할 수 있다. 두 해법 모두 비교해 본다.

▶ 정정 구조물 해석

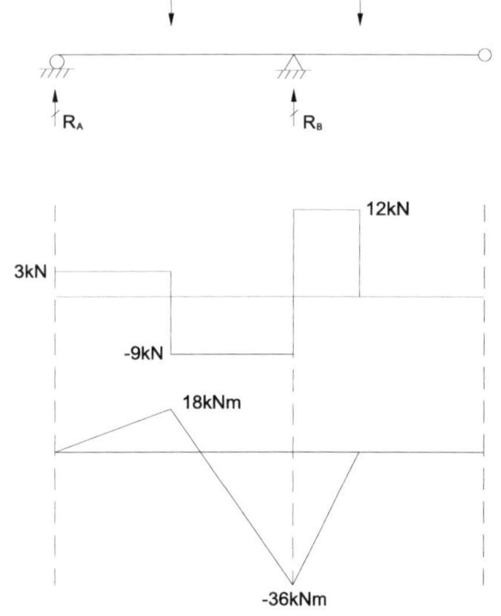

대칭구조물이며 파단 시 E점에 내부힌지가 발생하므로
$$R_A + R_B = 2 \times 12$$

$$\sum M_E = 0 :$$
$$R_A(12+9) - 12 \times 15 + R_B \times 9 - 12 \times 6 = 0$$

$$\therefore R_A = 3kN, \quad R_B = 21kN$$

BMD로부터 E점 파단 이후 파단강도에 도달하는 B, C점에서 추가 파단될 수 있다.

▶3연 모멘트법 해석

파단 후 E점에서 발생하는 수직방향 변위를 Δ 라고 하면, 3연 모멘트 방정식으로부터

$$2M_B(12+9) = -\frac{12\times6\times6\times(12+6)}{12} - \frac{12\times3\times6\times(9+6)}{9} + 6EI\frac{\Delta}{9}$$

$$\therefore\ 42M_B = -414 + \frac{2}{3}EI\Delta$$

$$V_1 = \frac{1}{9}(M_B - 12\times3),\quad V_2 = \frac{1}{9}(M_C - 12\times3)$$

$$V_1 + V_2 = 0,\ M_B = M_C:\quad \therefore\ M_B = M_C = 18kNm,\quad EI\Delta = 1755$$

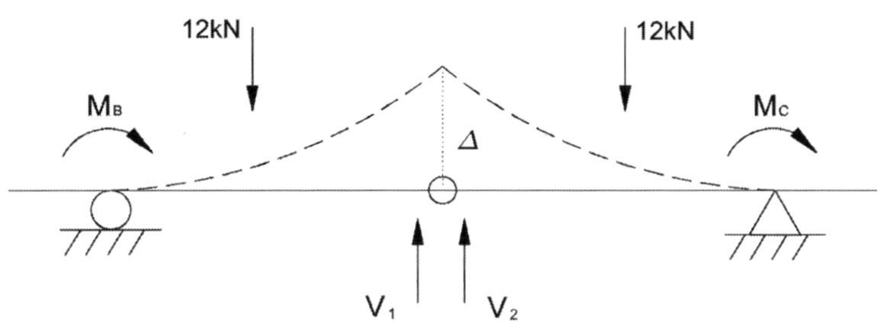

▶파단 전 구조물의 해석(참고)

2차 부정정 구조물로 대칭이므로 1/2에 대해서 부정정력을 구한다. 주어진 조건에서 M_E를 부정정력으로 고려한다.

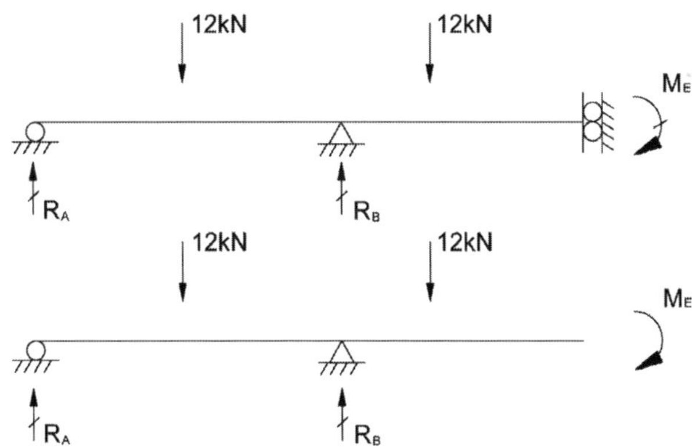

$$\sum M_B = 0:R_A = \frac{1}{12}(12\times6 - 3\times12 - M_E) = 3 - \frac{M_E}{12},\quad R_B = 21 + \frac{M_E}{12}$$

① 시점 A$(0 \leq x \leq 6)$ ： $M_{x1} = R_A x$

② 시점 A$(6 \leq x \leq 12)$： $M_{x2} = R_A x - 12(x-6)$

③ 시점 E$(0 \leq x \leq 6)$ ： $M_{x3} = - M_E$

④ 시점 E$(6 \leq x \leq 9)$ ： $M_{x4} = - M_E - 12(x-6)$

➤ 변형에너지

$$U = \Sigma \int \frac{M^2}{2EI} dx = \frac{1}{2EI} \left[\int_0^6 M_{x1}^2\, dx + \int_6^{12} M_{x2}^2\, dx \int_0^6 M_{x3}^2\, dx \int_6^9 M_{x4}^2\, dx \right.$$

➤ 최소일의 원리

$$\frac{\partial U}{\partial M_E} = \frac{1}{EI} \left[\int_0^6 \left(2 - \frac{M_E}{12} \right) x \left(- \frac{x}{12} \right) dx + \int_6^{12} \left(\left(3 - \frac{M_E}{12} \right) x - 12(x-6) \right) \left(- \frac{x}{12} \right) dx \right.$$

$$+ \int_0^6 M_E dx + \int_6^9 (M_E + 12(x-6)) dx = 0$$

$$\frac{M_E - 36}{2} + \frac{7M_E + 108}{2} + 6M_E + 3M_E + 54 = 0 \qquad \therefore M_E = - 6.923 kNm \ (\text{반시계방향})$$

$$R_A = 3 - \frac{M_E}{12} = 3.576 kN, \quad R_B = 21 + \frac{M_E}{12} = 20.423 kN$$

$$M_B = R_A \times 12 - 12(12-6) = - 29.08 kNm$$

3연 모멘트법 : 연속교 침하

다음의 연속보에서 지점 B가 δ만큼 침하되었을 때 각 지점의 휨모멘트와 BMD를 구하라(단, EI 는 일정하고 3연 모멘트법을 적용).

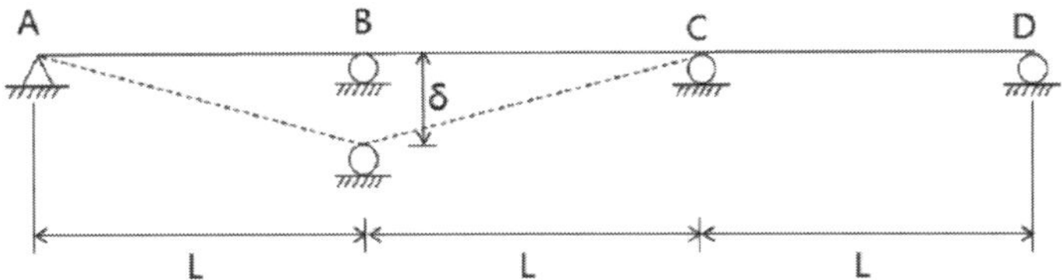

풀 이

▶3연 모멘트 방정식

1) 부재 ABC로부터

EI는 일정하므로

$$\therefore\ M_L L_L + 2M_C(L_L + L_R) + M_R L_R = 6EI\left[-\Delta_c\left(\frac{1}{L_L}+\frac{1}{L_R}\right)\right]$$

$$2M_B(2L) + M_C(L) = 12EI\frac{\delta}{L} \quad (\because \Delta_C = -\delta,\ M_L = M_A = 0)$$

2) 부재 BCD로부터

EI는 일정하므로

$$\therefore\ M_L L_L + 2M_C(L_L + L_R) + M_R L_R = 6EI\left[\frac{\Delta_L}{L_L}\right]$$

$$M_B(L) + M_C(2L) = -6EI\frac{\delta}{L} \quad (\because \Delta_L = -\delta,\ M_R = M_D = 0)$$

3) 두 식으로부터

$$\therefore\ M_B = \frac{30EI\delta}{7L^2}\,(\cup),\ M_c = -\frac{36EI\delta}{7L^2}\,(\cup)$$

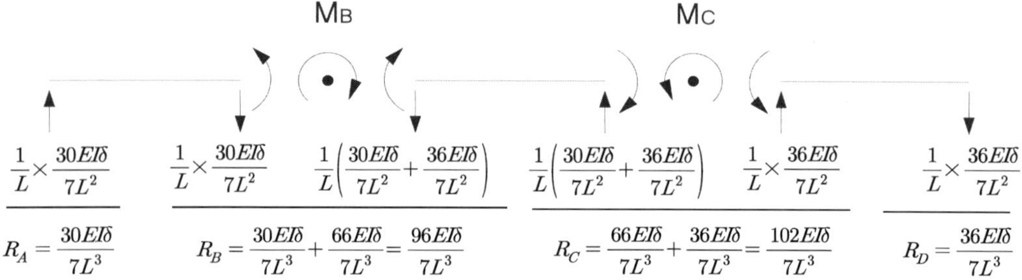

$$R_A = \frac{30EI\delta}{7L^3}(\uparrow), \quad R_B = \frac{96EI\delta}{7L^3}(\downarrow), \quad R_C = \frac{102EI\delta}{7L^3}(\uparrow), \quad R_D = \frac{36EI\delta}{7L^3}(\downarrow)$$

➤ BMD 산정

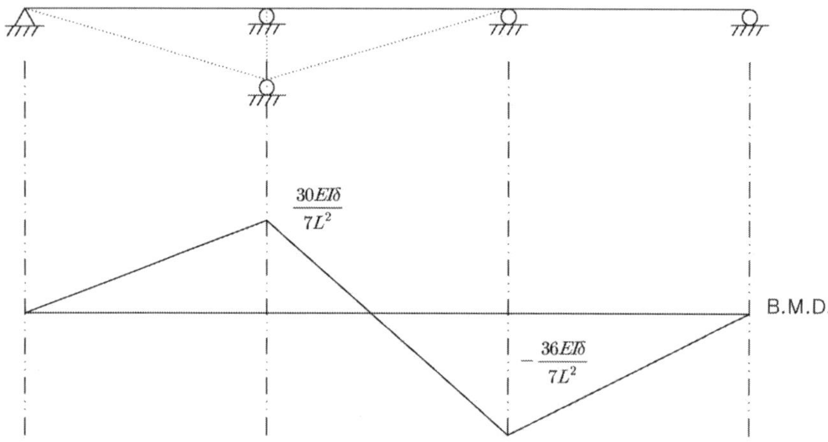

3연 모멘트법 : 연속교 침하

그림과 같은 연속보의 지점 B에서 15mm, 지점 C에서 5mm의 지점침하가 발생하였다. 이 연속보를 해석하여 전단력도(S.F.D)와 휨모멘트도(B.M.D)를 작성하시오(단, 보의 탄성계수 $E = 200 \times 10^6$ kN/m², 단면2차모멘트 $I = 400 \times 10^{-6}$ m⁴로 일정하다).

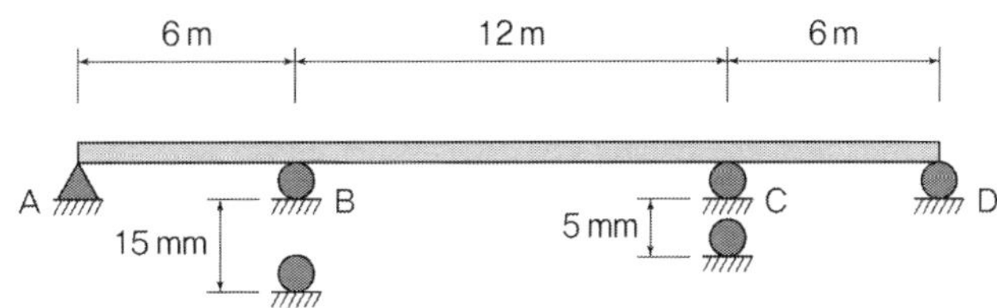

풀 이

▶ 개요

3경간 연속보에 지점침하가 있는 문제로 3연 모멘트법을 이용하여 풀이하는 것이 간편하다.

$$M_L \frac{L_L}{I_L} + 2M_C\left(\frac{L_L}{I_L} + \frac{L_R}{L_R}\right) + M_R \frac{L_R}{I_R} = -\frac{1}{I_L}\left(\frac{6A_L \overline{x_L}}{L_L}\right) - \frac{1}{I_R}\left(\frac{6A_R \overline{x_R}}{L_R}\right) + 6E\left[\frac{\Delta_L}{L_L} - \Delta_C\left(\frac{1}{L_L} + \frac{1}{L_R}\right) + \frac{\Delta_R}{L_R}\right]$$

여기서 M_L, M_C, M_R는 상연에 압축을 일으키면 (+), Δ_L, Δ_C, Δ_R는 상향이면 (+)

▶ 3연 모멘트법

$$EI = 200 \times 10^6 \times 400 \times 10^{-6} = 80,000 \text{kN} \cdot \text{m}^2$$

1) ABC구간

$$M_A(6) + 2M_B(6+12) + M_C(12) = 6EI\left(\frac{\Delta_L}{L} - \Delta_C\left(\frac{1}{L} + \frac{1}{L}\right) + \frac{\Delta_R}{L}\right), \quad M_A = 0$$

$$2M_B(18) + M_C(12) = 6EI\left(\frac{(0)}{6} - (-0.015)\left(\frac{1}{6} + \frac{1}{12}\right) + \frac{(-0.005)}{12}\right)$$

$$\therefore 36M_B + 12M_C = 1600 \text{kNm}$$

2) BCD구간

$$M_B(12) + 2M_C(12+6) + M_D(6) = 6EI\left(\frac{(-0.015)}{12} - (-0.005)\left(\frac{1}{12} + \frac{1}{6}\right) + \frac{0}{6}\right), \quad M_D = 0$$

$$\therefore\ 12M_B(12) + 36M_C = 0$$

두 식으로부터 $\quad \therefore\ M_B = 50\ \text{kNm},\quad M_C = -16.667\text{kNm}$

▶ 전단력도와 휨모멘트도

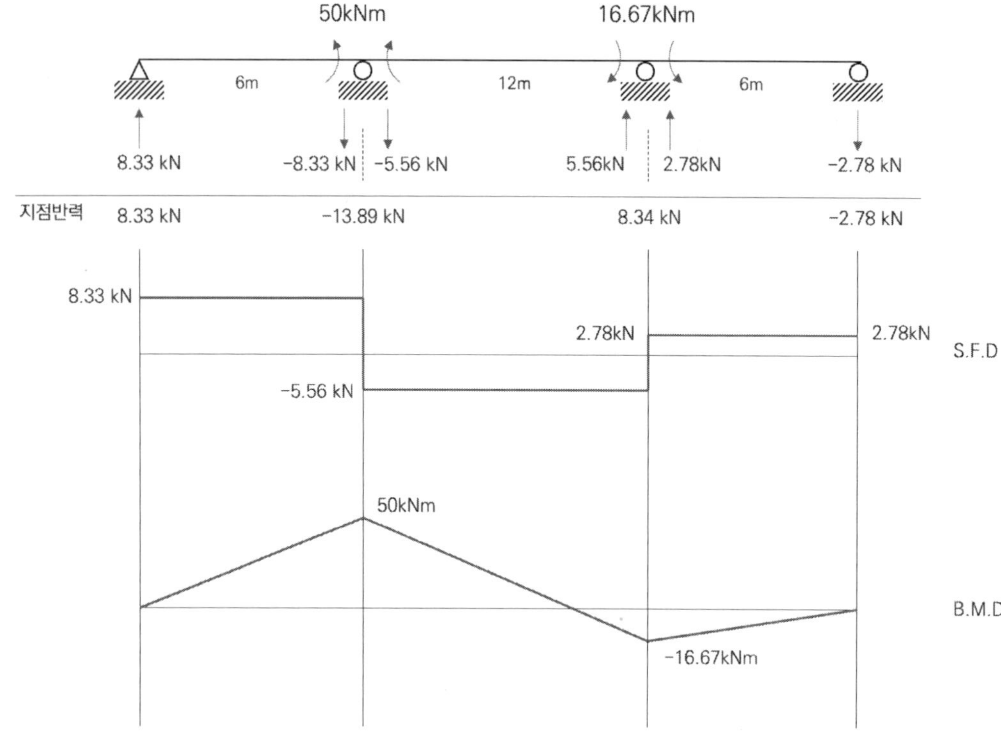

3연 모멘트법 : 연속교 침하

3경간 연속보에서 하중 외에 B점에서 40mm, C점에서 30mm 만큼의 지점침하가 일어난 보의 휨
모멘트를 구하시오(단, E=150×10⁴MPa, I=160×10⁻⁶m⁴).

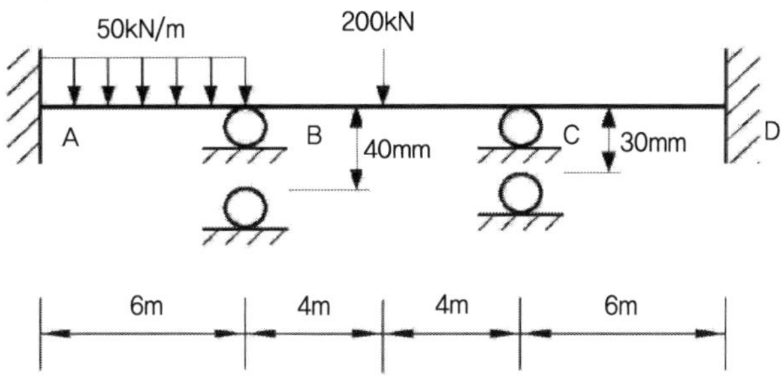

풀 이

> **개요**

A, D에 연결된 가상의 보가 있다고 가정하고, 3연 모멘트법에 따라 풀이한다.

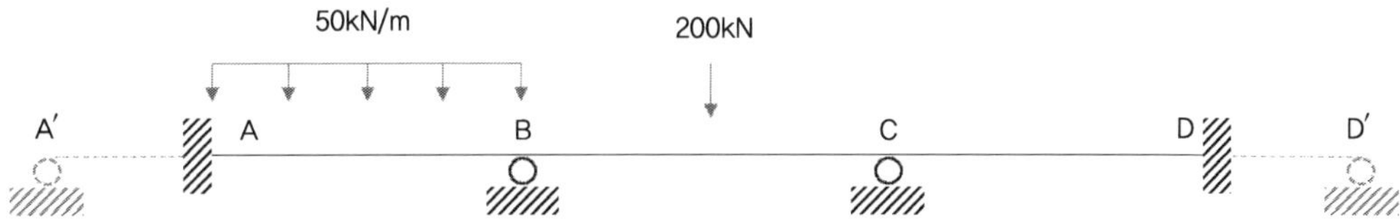

> **3연 모멘트법**

$$M_L\frac{L_L}{I_L}+2M_C\left(\frac{L_L}{I_L}+\frac{L_R}{L_R}\right)+M_R\frac{L_R}{I_R}=-\frac{1}{I_L}\left(\frac{6A_L\overline{x_L}}{L_L}\right)-\frac{1}{I_R}\left(\frac{6A_R\overline{x_R}}{L_R}\right)+6E\left[\frac{\Delta_L}{L_L}-\Delta_C\left(\frac{1}{L_L}+\frac{1}{L_R}\right)+\frac{\Delta_R}{L_R}\right]$$

여기서 M_L, M_C, M_R는 상연에 압축을 일으키면 (+), Δ_L, Δ_C, Δ_R는 상향이면 (+)

$$EI = 150\times10^4\times10^3\times160\times10^{-6} = 240,000 \text{ kN}\cdot\text{m}^2$$

1) A'AB구간

$$M_{A'}(0) + 2M_A(0+6) + M_B(6) = -\frac{50 \times 6^3}{4} + 6EI\left(\frac{0}{0} - 0\left(\frac{1}{0} + \frac{1}{6}\right) + \frac{(-0.04)}{6}\right)$$

$$12M_A + 6M_B = -2700 - 0.04EI = -12300 \qquad \cdots (1)$$

2) ABC구간

$$M_A(6) + 2M_B(6+8) + M_C(8) = -\frac{50 \times 6^3}{4} - \frac{200 \times 4 \times 4 \times (8+4)}{8} + 6EI\left(0.04\left(\frac{1}{6} + \frac{1}{8}\right) - \frac{0.03}{8}\right)$$

$$6M_A + 28M_B + 8M_C = -7500 + 0.0475EI = 3900 \qquad \cdots (2)$$

3) BCD구간

$$M_B(8) + 2M_C(8+6) + M_D(6) = -\frac{200 \times 4 \times 4 \times (8+4)}{8} + 6EI\left(\frac{-0.04}{8} + 0.03\left(\frac{1}{8} + \frac{1}{6}\right)\right)$$

$$8M_B + 28M_C + 6M_D = -4800 + 0.0225EI = 600 \qquad \cdots (3)$$

4) CDD'구간

$$M_C(6) + 2M_D(6+0) = 6EI\left(\frac{-0.03}{6}\right)$$

$$6M_C + 12M_D = -0.03EI = -7200 \qquad \cdots (4)$$

$$\therefore M_A = -1218.98 \text{ kNm}, \ M_B = 387.96 \text{ kNm}, \ M_C = 43.85 \text{ kNm}, \ M_D = -621.92 \text{ kNm}$$

연속된 보나 라멘을 지점에서 절단하여 단지간 보로 풀 때 절단된 지점에서의 불균형 모멘트를 양 지간에 부재강도에 따라 배분하여 균형시키는 방법으로 일종의 반복법이다. 부정정 보와 라멘의 재단모멘트를 얻을 수 있는 근사해법이다. 처짐각법으로 고차의 부정정 구조물을 해석하기 위해 절점 회전각에 현회전각을 더한 수만큼의 연립방정식을 해야 하기 때문에 이를 보완하기 위해 처짐각법의 과정을 연립방정식으로 풀어가는 것이 아니라 축차적인 반복에 의해서 근사적으로 풀어가는 방법이다.

$$M_{ij} = \frac{2EI}{L}(2\theta_i + \theta_j - 3R_{ab}) + C_{ij} = (4EK_{ij}\theta_i + 2K_{ij}\theta_j - 6EK_{ij}R_{ab}) + C_{ij} = M_{ij}' + C_{ij}$$

$$= (\text{근단 i의 회전각의 영향}) + (\text{원단 j의 회전각의 영향}) + (\text{현 ij의 회전각의 영향})$$
$$+ (\text{근단 i의 고정단 모멘트})$$

모멘트 분배법은 축차적인 반복에 의해서 처짐각법에서 θ_i, θ_j, R_{ab}의 값을 가급적 정확치로 수렴시켜서 부재단의 모멘트 M_{ij}를 구하는 방법이다.

1) 모멘트 분배법 기본과정

그림과 같이 절점변위가 없고 각 부재마다 균일한 단면인 경우, 절점 B에서의 고정단 모멘트의 대수합(불균형모멘트) 때문에 절점 B는 회전한다. 이때 절점 B에 모이는 각 부재의 단에서 일종의 저항모멘트(분배모멘트)가 발생하여 불균형모멘트와 평형을 유지함으로써 절점 B는 회전을 멈추게 된다. 이들 분배모멘트의 일부는 부재 Bj의 원단 j로 전달되어간다.

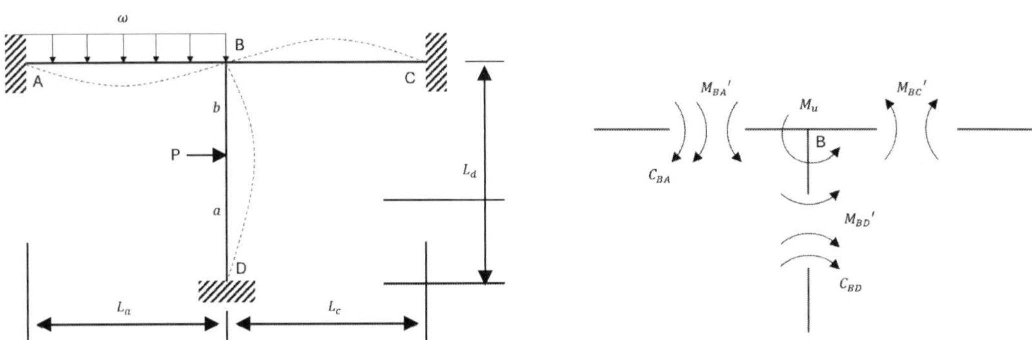

① 라멘의 절점 B만 그 자리에서 회전이 가능하며 절점 A, C, D는 고정단이다. 만일 절점 B가 회전하지 않으면 모든 절점은 고정되기 때문에 각 부재의 단모멘트는 고정단모멘트 C_{ij}값을 갖

게 된다. B점이 회전하지 않는다면, AB부재의 B단부에서는 $\dfrac{wL_a^2}{12}$, 부재 BD의 B단에서는 $\dfrac{Pa^2b}{L_d^2}$ 의 고정단모멘트가 발생한다. 여기서 절점 B가 회전하면, 절점 B에 모이는 모든 부재의 B단에 일종의 저항모멘트가 발생되고 이 저항모멘트의 합이 고정단모멘트의 대수합 $\dfrac{wL_a^2}{12}+$ $\dfrac{Pa^2b}{L_d^2}$ 와 같아질 때까지 절점 B는 θ_B 만큼 회전하게 된다. 이 저항모멘트를 분배모멘트(distributed moment)라고 하며, 기지 값인 고정단모멘트의 대수합을 불균형모멘트(unbalanced moment)라고 한다. 절점 B에 모이는 각 부재의 B단에 일어나는 분배모멘트의 크기는 그 부재의 강도(stiffness)에 비례한다. 이와 동시에 이 B단에 발생된 분배모멘트 때문에 A, C, D와 같은 고정된 원단에는 전달모멘트(carry-over moment)가 유발되어 이 전달모멘트는 분배모멘트에 전달율을 곱한 값이 된다.

부재단의 모멘트는 그 단의 고정단모멘트와 분배모멘트의 대수합이다. $M_{Bj} = C_{ij} + M_{Bj}{}'$

② 회전할 수 있는 절점마다 고정시키고 전달모멘트를 받고 풀어서 분배모멘트를 발생시키는 과정을 축차적으로 반복해 나가면 각 절점에 전달되어온 모멘트의 대수합, 즉 새로운 불균형 모멘트의 값은 급속도로 작아져 간다. 이는 각 절점의 회전각이 신속하게 참 값으로 수렴되어 감을 의미한다. 이 불균형 모멘트의 값이 무시할 정도로 작아질 때까지 모멘트의 분배 및 전달은 반복하면 최종적으로 부재 ij 에서 i 단의 모멘트는

$$M_{ij} = C_{ij} + \sum_n 분배모멘트 + \sum_n j단에서\ i단으로\ 전달된\ 모멘트$$

③ 절점의 횡변위(sidesway)가 없는 경우에는 아무리 고차의 부정정 구조물이라도 모멘트분배법을 적용할 때 많은 미지수를 가진 연립방정식을 풀지 않아도 된다. 절점의 횡변위가 있는 부정정라멘에서도 독립된 절점의 횡변위의 수만큼의 연립방정식을 푸는 과정을 반복한다. 모멘트분배법은 단면이 균일한 부재로 된 구조물뿐만 아니라 부등단면의 부재를 가진 구조물의 해석에도 적용되며 절점의 횡변위가 있는 경우에도 적용할 수 있다.

2) 분배율

한 절점에서 모이는 각 부재의 강도계수의 합을 절점강도계수($\sum K$)라고 하고 이 절점에서의 분배율(DF)은 그 부재의 강도만큼 분배된다. 예를 들어 부재 Bf의 B단에서의 분배율은 다음과 같이 표현된다.

$$DF_{Bf} = \dfrac{K_{Bf}}{\sum K}$$

3) 분배모멘트

부재 Bf에서 B단의 분배되는 모멘트는 다음과 같이 표현된다.

$$M_{Bj}{}' = -DF_{Bj} \times M_u, \quad DF_{Bj} = \frac{K_{Bj}}{\displaystyle\sum_B K}, \quad K_{ij} = \left(\frac{I}{L}\right)_{ij} \text{ 강도계수}$$

4) 전달모멘트

전달모멘트 = 전단율 × 분배모멘트 $M_{jB}{}' = \dfrac{1}{2} M_{Bj}{}'$

한 부재 내에서 단면이 균일하면 전달율은 0.5이지만, 불균일단면에서는 다른 값을 가진다.

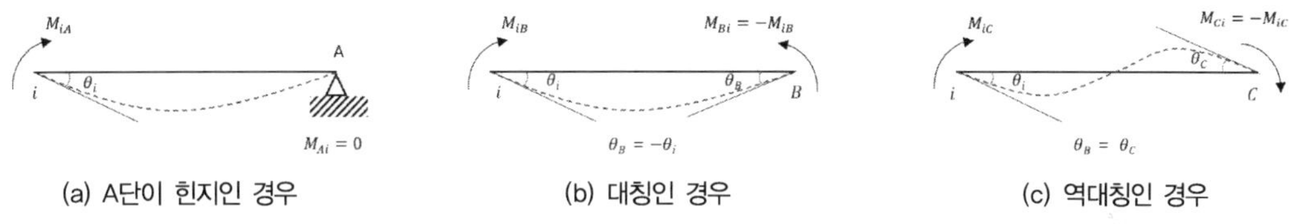

(a) A단이 힌지인 경우   (b) 대칭인 경우   (c) 역대칭인 경우

① 한 단이 힌지로 된 경우 수정강도계수 $K_{iA}^R = \dfrac{3}{4} K_{iA}$

$$M_{iA} = 2EK_{iA}\left(2\theta_i - \frac{1}{2}\theta_i\right) = 3EK_{iA}\theta_i = 4E\left(\frac{3}{4}K_{iA}\right)\theta_i = 4EK_{iA}^R\theta_i$$

② 대칭인 경우 수정강도계수 $K_{iA}^R = \dfrac{1}{2} K_{iA}$

$$M_{iB} = 2EK_{iB}(2\theta_i + \theta_B) = 2EK_{iB}(2\theta_i - \theta_i) = 4E\left(\frac{1}{2}K_{iB}\right)\theta_i = 4EK_{iB}^R\theta_i$$

③ 역대칭인 경우 수정강도계수 $K_{iA}^R = \dfrac{3}{2} K_{iA}$

$$M_{iC} = 2EK_{iC}(2\theta_i + \theta_C) = 2EK_{iC}(2\theta_i + \theta_i) = 4E\left(\frac{3}{2}K_{iC}\right)\theta_i = 4EK_{iC}^R\theta_i$$

분배모멘트, 처짐각법

다음 그림과 같은 구조물에서 A는 강절점, B는 롤러지점, D는 힌지지점이며, E는 고정지점이다. A점에 시계방향의 모멘트하중 M이 작용할 때, 각 부재의 분배모멘트 M_{AB}, M_{AC}, M_{AD}, M_{AE}를 구하시오(단, 부재의 길이는 수평부재 $L_{AB}=2L$, $L_{AD}=L$ 및 수직부재 $L_{AC}=L_{AE}=L$, 부재 AC의 휨강성 EI는 무한대(∞)이고, 나머지 부재의 휨강성 EI는 일정하다).

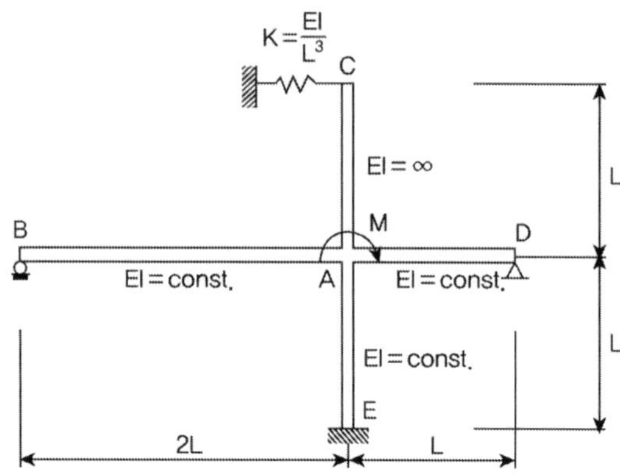

▶ 개요

중앙모멘트에 대해서 각 부재로의 분배를 고려하는 모멘트 분배법이나 처짐각을 고려한 적합조건을 이용하는 처짐각법을 이용해서 풀이할 수 있다.

▶ 처짐각법을 이용한 풀이

1) 부재별 모멘트 산정

$$M_{AB} = 2E\left(\frac{I}{2L}\right)(2\theta_A + \theta_B), \quad M_{BA} = 2E\left(\frac{I}{2L}\right)(2\theta_B + \theta_A)$$

여기서 $M_{BA}=0$ $\therefore \theta_B = -\frac{1}{2}\theta_A$, $\therefore M_{AB} = \frac{3}{2}\frac{EI}{L}\theta_A$

$$M_{AD} = 2E\left(\frac{I}{L}\right)(2\theta_A + \theta_D), \quad M_{DA} = 2E\left(\frac{I}{L}\right)(2\theta_D + \theta_A)$$

여기서 $M_{DA}=0$ $\therefore \theta_D = -\frac{1}{2}\theta_A$, $\therefore M_{AD} = \frac{3EI}{L}\theta_A$

$$M_{AE} = 2E\left(\frac{I}{L}\right)(2\theta_A + \theta_E) = \frac{4EI}{L}\theta_A \quad (\because \theta_E = 0)$$

AC부재의 강성 $EI = \infty$ 이므로 부재 자체의 회전각은 없다.

$$\text{스프링력 } F = k\delta = \frac{EI}{L^3}\delta \qquad \therefore \delta = \frac{FL^3}{EI}$$

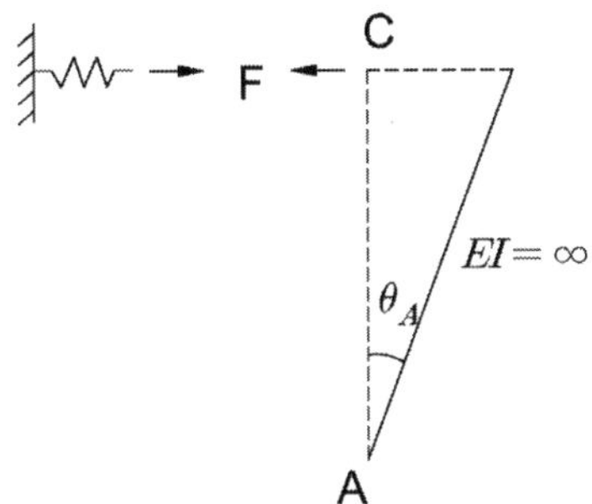

강체 회전에 대해서 $\delta = \theta_A L$ 이므로 $F = \dfrac{EI}{L^2}\theta_A$

$$\therefore M_{AC} = F \times L = \frac{EI}{L}\theta_A$$

절점조건으로부터,

$$M = M_{AB} + M_{AC} + M_{AD} + M_{AE} = \frac{3}{2}\frac{EI}{L}\theta_A + \frac{EI}{L}\theta_A + \frac{3EI}{L}\theta_A + \frac{4EI}{L}\theta_A = \frac{19}{2}\frac{EI}{L}\theta_A$$

$$\therefore \theta_A = \frac{2}{19}\frac{ML}{EI}$$

2) 부재별 분배모멘트

$$M_{AB} = \frac{3}{2}\frac{EI}{L}\theta_A = \frac{3}{19}M, \quad M_{AC} = \frac{EI}{L}\theta_A = \frac{2}{19}M,$$

$$M_{AD} = \frac{3EI}{L}\theta_A = \frac{6}{19}M, \quad M_{AE} = \frac{4EI}{L}\theta_A = \frac{8}{19}M$$

모멘트 분배법

그림과 같은 라멘에서 A는 강절점이고 B, C, D는 고정지점이다. A점에 시계방향의 모멘트 M이 작용할 때 A점의 회전각과 지점반력을 구하시오(단, 부재의 길이는 수평부재 $L_{AB}=2L$, $L_{AD}=L_{AC}=1.5L$이며, 모든 부재의 EI는 일정).

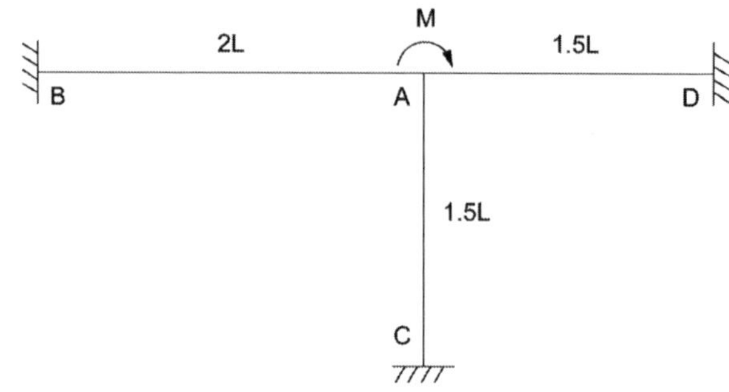

풀 이

▶ 개요

모멘트 분배법을 통하여 산정한다.

▶ 강비 산정

$$K_{AB} = \frac{I}{2L} = 3K, \quad K_{AD} = \frac{2I}{3L} = 4K, \quad K_{AC} = \frac{2I}{3L} = 4K$$

▶ 모멘트 분배율 산정

$$DF_{AB} = \frac{3K}{3K+4K+4K} = \frac{3}{11}, \quad DF_{AD} = DF_{AC} = \frac{4K}{3K+4K+4K} = \frac{4}{11}$$

▶ 분배 모멘트

$$M_{AB} = \frac{3}{11}M, \quad M_{AD} = \frac{4}{11}M, \quad M_{AC} = \frac{4}{11}M$$

▶ 전달 모멘트

$$M_{BA} = \frac{1}{2}M_{AB} = \frac{3}{22}M, \quad M_{DA} = \frac{2}{11}M, \quad M_{CA} = \frac{2}{11}M$$

$$V_B = \frac{1}{2L}\left(\frac{3}{22} + \frac{3}{11}\right)M = \frac{9M}{44L} \qquad V_D = \frac{2}{3L}\left(\frac{4}{11} + \frac{2}{11}\right)M = \frac{4M}{11L}$$

$$H_C = \frac{4M}{11L}$$

$$V_B = \frac{9M}{44L}(\uparrow), \quad V_D = \frac{4M}{11L}(\uparrow), \quad H_C = \frac{4M}{11L}(\rightarrow)$$

$$\sum V = 0 : V_C + V_D = V_B \qquad \therefore V_C = \frac{9M}{44L} - \frac{4M}{11L} = -\frac{7M}{44L}(\downarrow)$$

$$\sum H = 0 : V_B + V_C = V_D \qquad \therefore H_B - H_D = \frac{4M}{11L}$$

A점의 적합조건으로부터
부재의 신장량 = 부재의 신축량

$$\frac{H_B(2L)}{EA} = -\frac{H_D(1.5L)}{EA} \qquad \therefore H_B = -\frac{3}{4}H_D$$

$$\therefore H_D = -\frac{16M}{77L}(\rightarrow), \quad H_B = \frac{12M}{77L}(\rightarrow)$$

처짐각으로부터,

$$M_{AB} = 2E\left(\frac{I}{2L}\right)(2\theta_A + \theta_B) = \frac{3}{11}M, \ \theta_B = 0 \qquad \therefore \theta_A = \frac{3}{22}\frac{ML}{EI}(\downarrow)$$

$$\therefore H_A = H_B = \frac{12M}{77L}(\rightarrow), \quad V_A = V_B = \frac{9M}{44L}(\uparrow), \quad \theta_A = \frac{3}{22}\frac{ML}{EI}(\downarrow)$$

모멘트 분배법

다음 3개의 보를 모멘트 분배법으로 풀어서 A점의 모멘트가 같도록 w_1, w_2, w_3를 결정하고 휨 모멘트도(BMD)를 작성하시오.

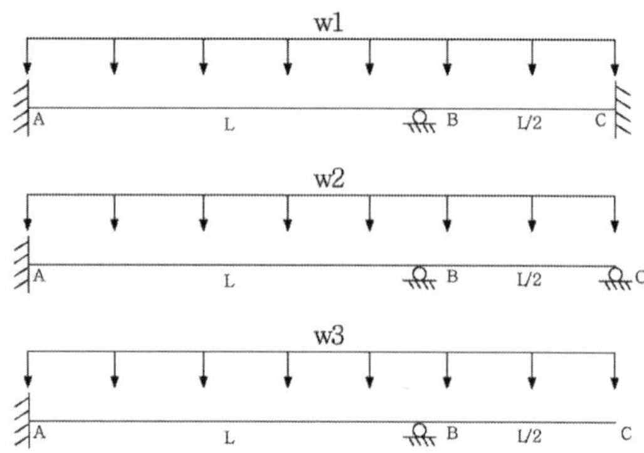

풀 이

➤ 개요

모멘트 분배법 적용 시 지점 조건에 따라 모멘트 전달률을 구분하여 적용한다.

TIP | 모멘트 분배법 |

① 부재 강성(Member stiffness) : $M = \overline{K}\theta$

② 전달 모멘트(Carry-over Moment) : M_{BA}

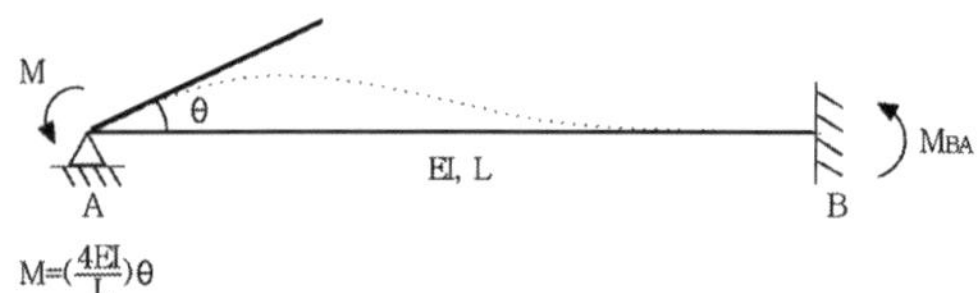

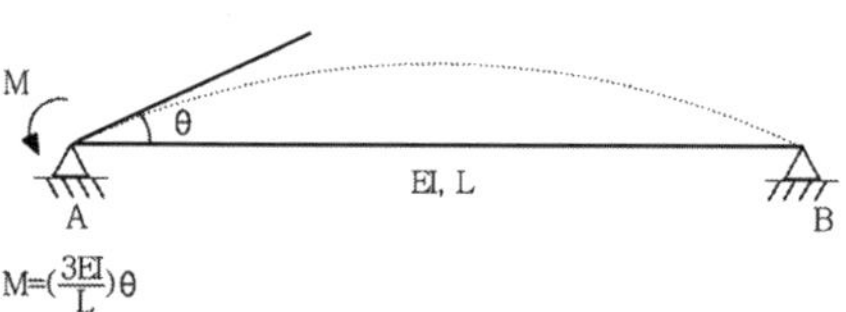

(1) 부재 반대쪽 단부가 고정단인 경우	(2) 부재 반대쪽 단부가 힌지인 경우

(1) 부재 반대쪽 단부가 고정단인 경우

① 휨강성 : $\overline{K} = \dfrac{4EI}{L}$

② 상대 휨강성 : $K = \dfrac{\overline{K}}{4E} = \dfrac{I}{L}$

③ 전달 모멘트 : $M_{BA} = \dfrac{2EI}{K} = \dfrac{M}{2}$

(2) 부재 반대쪽 단부가 힌지인 경우

① 휨강성 : $\overline{K} = \dfrac{3EI}{L}$

② 상대 휨강성 : $K = \dfrac{\overline{K}}{4E} = \dfrac{3}{4}\left(\dfrac{I}{L}\right)$

③ 전달 모멘트 : $M_{BA} = 0$

▶ 강비 산정

단면 2차 모멘트 I값이 동일하다고 가정하고 강비를 산정

1) C단이 고정단인 경우

$$K_{AB} = \frac{\overline{K_{AB}}}{4E} = \frac{1}{4E}\left(\frac{4EI}{L}\right) = \frac{I}{L} = K, \quad K_{BC} = \frac{\overline{K_{BC}}}{4E} = \frac{1}{4E}\left(\frac{8EI}{L}\right) = \frac{2I}{L} = 2K$$

2) C단이 롤러인 경우

$$K_{AB} = \frac{\overline{K_{AB}}}{4E} = \frac{1}{4E}\left(\frac{4EI}{L}\right) = \frac{I}{L} = 2K, \quad K_{BC} = \frac{\overline{K_{BC}}}{4E} = \frac{1}{4E}\left(\frac{3EI\times2}{L}\right) = \frac{3I}{2L} = 3K$$

3) C단이 자유단인 경우

$$K_{AB} = \frac{\overline{K_{AB}}}{4E} = \frac{1}{4E}\left(\frac{4EI}{L}\right) = \frac{I}{L} = K, \quad K_{BC} = 0$$

▶ 모멘트 분배율 산정

1) C단이 고정단인 경우

$$DF_{AB} = \frac{K}{K+2K} = \frac{1}{3}, \quad DF_{BC} = \frac{2K}{K+2K} = \frac{2}{3}$$

2) C단이 롤러인 경우

$$DF_{AB} = \frac{2K}{2K+3K} = \frac{2}{5}, \quad DF_{AB} = \frac{3K}{2K+3K} = \frac{3}{5}$$

3) C단이 자유단인 경우

$$DF_{AB} = 1, \quad DF_{AB} = 0$$

▶ 고정단 모멘트 산정

$$C_{AB} = -\frac{wL^2}{12}, \quad C_{BA} = \frac{wL^2}{12}, \quad C_{BC} = -\frac{wL^2}{48}, \quad C_{CB} = \frac{wL^2}{48}$$

➤ 모멘트 분배법에 의한 A점의 모멘트 산정

1) C단이 고정단인 경우

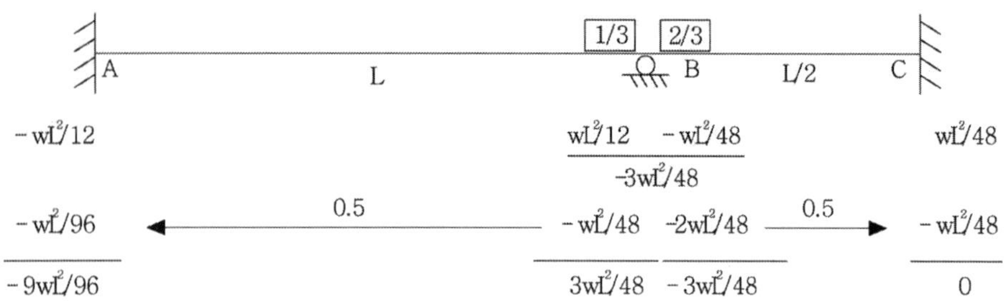

$$\therefore M_A = -\frac{9w_1L^2}{96} = -\frac{3w_1L^2}{32} = -\frac{3wL^2}{32}, \quad M_B = -\frac{wL^2}{16}, \quad M_C = 0$$

2) C단이 힌지인 경우

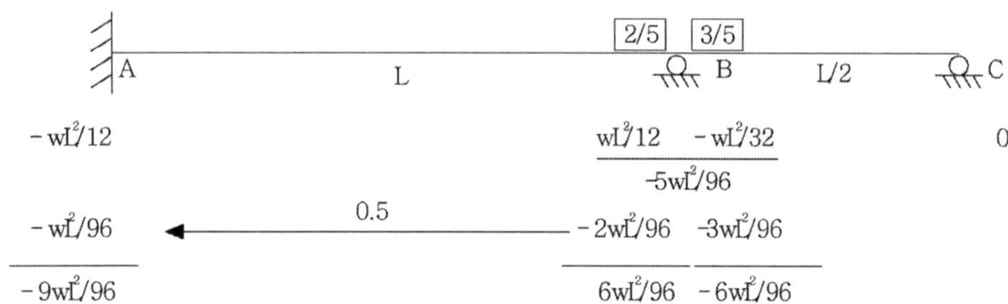

$$\therefore M_A = -\frac{9w_2L^2}{96} = -\frac{3w_2L^2}{32} = -\frac{3wL^2}{32}, \quad M_B = -\frac{3wL^2}{48} = -\frac{wL^2}{16}, \quad M_C = 0$$

3) C단이 자유단인 경우

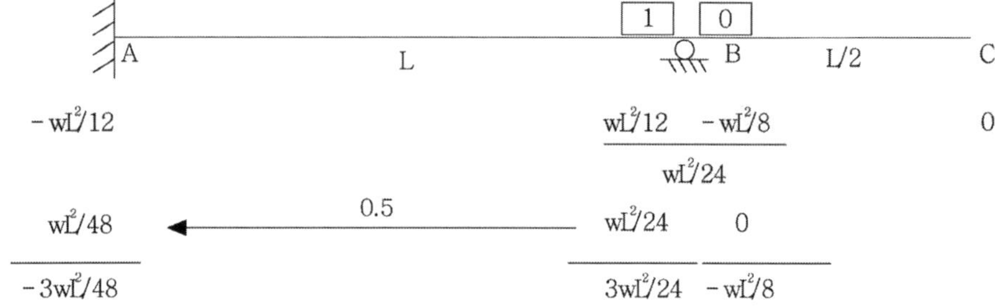

$$\therefore \; M_A = -\frac{3w_3 L^2}{48} = -\frac{w_3 L^2}{16} = -\frac{3wL^2}{32}, \quad M_B = -\frac{w_3 L^2}{8} = -\frac{3wL^2}{16}, \quad M_C = 0$$

▶ 휨모멘트도 산정

A점의 모멘트가 동일하기 위해서 $\quad \therefore \; w_1 = w_2 = \dfrac{2}{3} w_3$

각 경우의 휨모멘트 산정을 위해서, $\quad w_1 = w_2 = w$, $w_3 = \dfrac{3}{2} w$ 라고 하면, BMD는 아래와 같다.

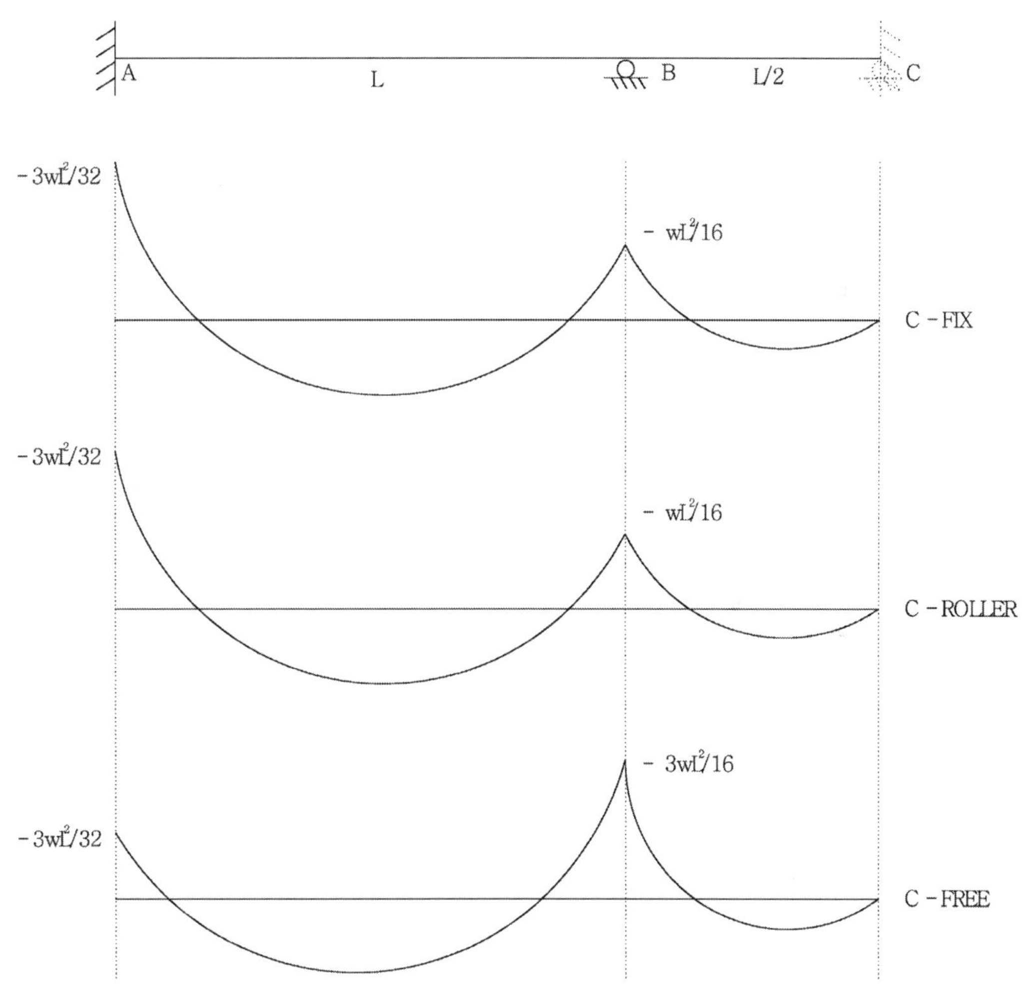

모멘트분배법

아래와 같은 1차 부정정 보에 대하여 A, B, C점에서의 휨모멘트를 구하고 BMD를 그리시오. 단, EI는 일정하고 지점침하는 없다.

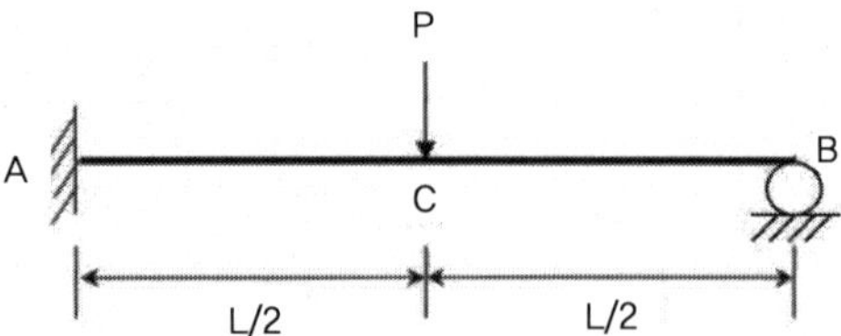

풀 이

▶ **구조물 해석**

$$M_A = C_{AB} + \frac{1}{2}C_{BA} = \frac{3}{2}\frac{Pab^2}{L^2} \qquad \therefore M_A = \frac{3}{16}PL$$

$$\therefore R_B = \frac{5}{16}P, \quad R_A = \frac{11}{16}P$$

▶ **BMD**

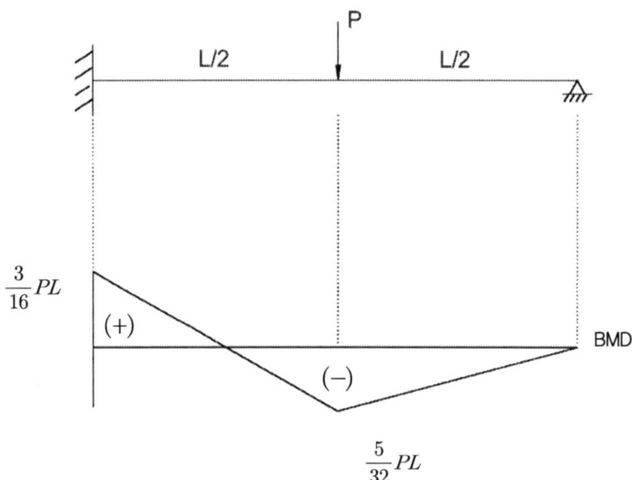

08 변위일치법

부정정력을 미지수로 택하기 때문에 응력법에 속하며 처짐에 대해 겹침의 원리가 적용되는 한 하중, 지점의 침하, 온도변화, 조립 시의 오차 등 그 어떤 원인에 대해서도 부정정 구조물을 해석할 수 있다. 변위일치법은 특히 1차 부정정 구조물이 해석에서 효과적인 방법 중 하나이다. 부정정력을 선택할 때는 다음 원칙에 따른다.

① 가능하다면 구조물의 대칭을 이용하여야 한다.
② 가능한 한 하중으로 인한 영향이 구조물의 좁은 범위에 국한되도록 기본구조물을 선정한다.

1) 1차 부정정 구조물

b점의 R_b를 부정정력으로 치환하고 적합조건 $\Delta_b = 0$ 으로부터,

$$\Delta_b = \Delta_{b0} + R_b\delta_{bb} = 0$$

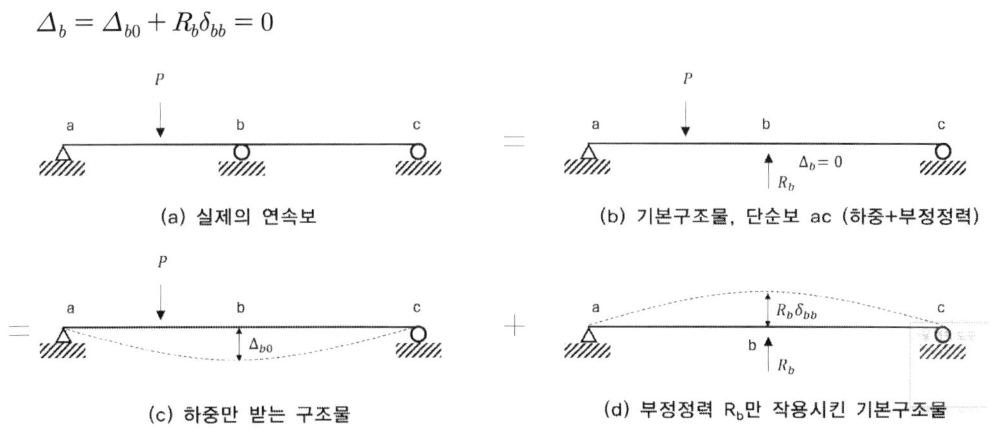

2) 2차 부정정 구조물

3경간 연속보에서 b, c점의 반력을 부정정력으로 치환하고 2개의 적합조건으로부터,

$$\Delta_b = \Delta_{bo} + R_b\delta_{bb} + R_c\delta_{bc} = 0$$
$$\Delta_c = \Delta_{c0} + R_c\delta_{cb} + R_c\delta_{cc} = 0$$

Δ_{bo} : 기본구조물에서 부정정력을 제거했을 때 작용하중만으로 인한 b점의 처짐

δ_{ij} : 기본구조물에서 오진 j점에만 $R_j = 1$을 작용시켰을 때 i점의 처짐이며 유연도 계수 (flexibility coefficient)라고도 한다.

여기서 Maxwell의 상반처짐 법칙에 의해서 $\delta_{cb} = \delta_{bc}$가 성립한다.

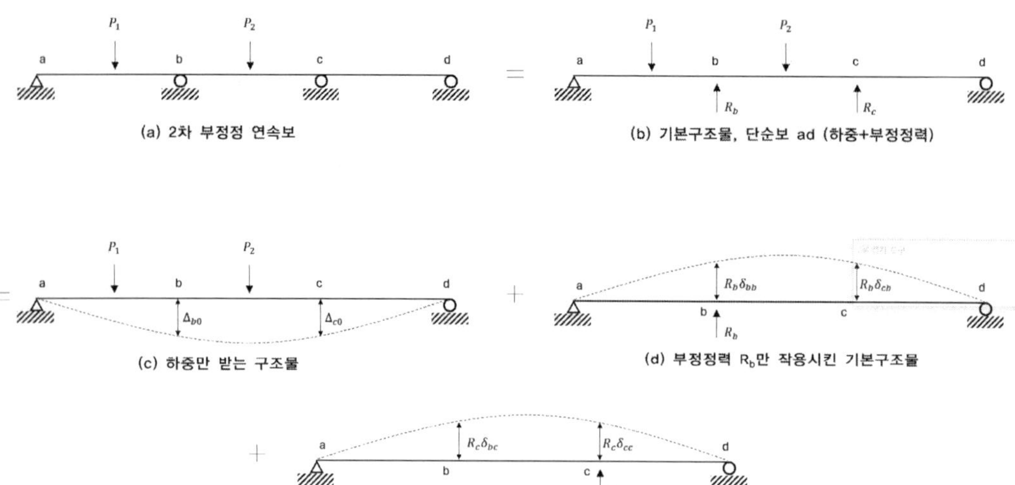

P_1
P_2
a
b
c
d
(a) 2차 부정정 연속보

=

P_1
P_2
a
b
c
d
R_b
R_c
(b) 기본구조물, 단순보 ad (하중+부정정력)

=

P_1
P_2
a
b
c
d
Δ_{b0}
Δ_{c0}
(c) 하중만 받는 구조물

+

a
b
c
d
$R_b\delta_{bb}$
$R_b\delta_{cb}$
R_b
(d) 부정정력 R_b만 작용시킨 기본구조물

+

a
b
c
d
$R_c\delta_{bc}$
$R_c\delta_{cc}$
R_c
(e) 부정정력 R_c만 작용시킨 기본구조물

변위일치법, 중첩법(Superpostion) : 정정 게르버 라멘 해석

다음 그림과 같은 구조계를 해석하고 단면력도를 작성하시오(D,E는 내부힌지, F점은 핀 연결로 가정하며, 등분포하중 q는 지간 l에 걸쳐 작용한다).

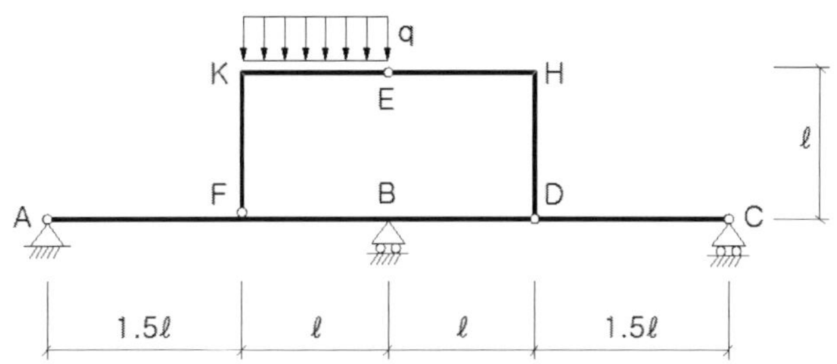

풀 이

> **구조물 ①**

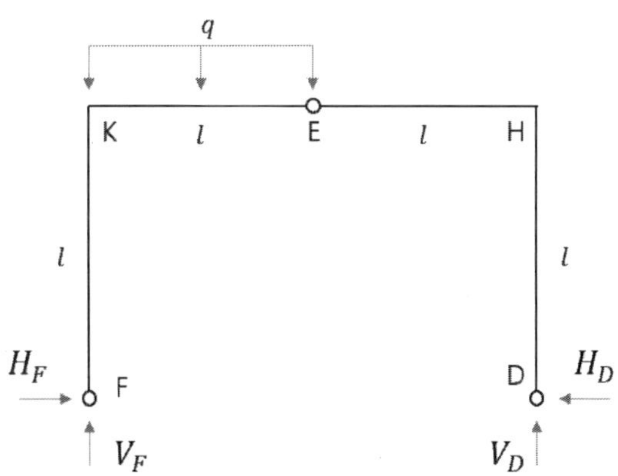

$$\sum M_E = 0\,(\text{좌측}) : ql \times \left(\frac{l}{2}\right) + H_F \times l - V_F \times l = 0 \qquad \therefore\ V_F - H_F = \frac{ql}{2}$$

$$\sum M_E = 0\,(\text{우측}) : H_D \times l - V_D \times l = 0 \qquad \therefore\ V_D = H_D$$

$$\sum M_F = 0\,(\text{전체구조계}) : ql \times \left(\frac{l}{2}\right) - V_D \times 2l = 0 \qquad \therefore\ V_D = \frac{ql}{4}\,(\uparrow),\quad H_D = \frac{ql}{4}\,(\leftarrow)$$

$$\sum M_D = 0\,(\text{전체구조계}) : ql \times \left(\frac{3l}{2}\right) - V_F \times 2l = 0 \qquad \therefore\ V_F = \frac{3ql}{4}\,(\uparrow),\quad H_D = \frac{ql}{4}\,(\rightarrow)$$

➤ **구조물 ①의 단면력도 산정**

1) FK 부재

$$V=-H_F=-\frac{ql}{4}\ (\,\uparrow\boxed{+}\downarrow\,)\qquad M=-H_F\times x_1=-\frac{ql}{4}x_1\ (\,\mathbf{C}\boxed{+}\mathbf{)}\,)$$

2) DH 부재

$$V=-H_D=-\frac{ql}{4}\ (\,\uparrow\boxed{+}\downarrow\,)\qquad M=-H_D\times x_2=-\frac{ql}{4}x_2\ (\,\mathbf{C}\boxed{+}\mathbf{)}\,)$$

3) KE 부재

$$V=V_F-qx_3=\frac{3ql}{4}-qx_3\ (\,\uparrow\boxed{+}\downarrow\,)$$

$$M=-H_F\times l+V_F\times x_3-\frac{qx_3^2}{2}=-\frac{ql^2}{4}+\frac{3ql}{4}x_3-\frac{qx_3^2}{2}\ (\,\mathbf{C}\boxed{+}\mathbf{)}\,)$$

4) HE 부재

$$V=-V_D=-\frac{ql}{4}\ (\,\uparrow\boxed{+}\downarrow\,)$$

$$M=-H_D\times l+V_D\times x_3=-\frac{ql^2}{4}+\frac{ql}{4}x_4\ (\,\mathbf{C}\boxed{+}\mathbf{)}\,)$$

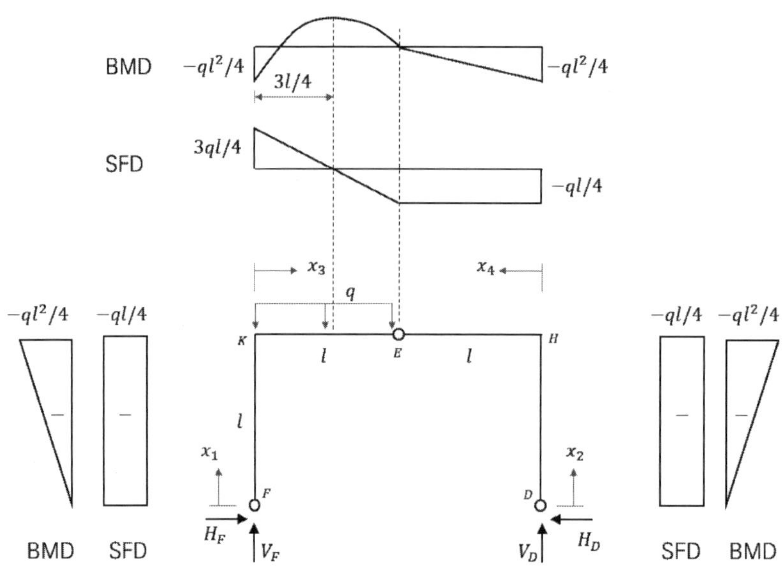

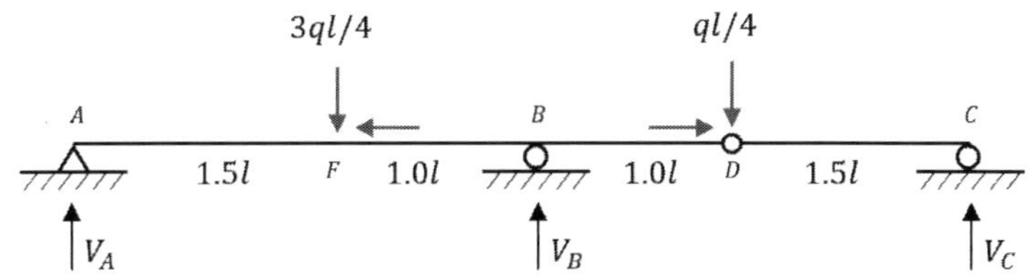

$$\sum F_y = 0 \ : \ V_A + V_B + V_C = ql \quad \rightarrow \quad V_A + V_B = ql$$

$$\sum M_D = 0(\text{좌측}) \ : \ V_A \times 3.5l - \frac{3ql}{4} \times 2l + V_B \times l = 0 \quad \rightarrow \quad 3.5\,V_A + V_B = \frac{3ql}{2}$$

$$\sum M_D = 0(\text{우측}) \ : \ V_C \times 1.5l = 0 \qquad \therefore \ V_C = 0$$

$$\therefore \ V_A = \frac{1}{5}ql \ , \quad V_B = \frac{4}{5}ql, \quad V_C = 0$$

➤ 전체 구조물의 단면력도

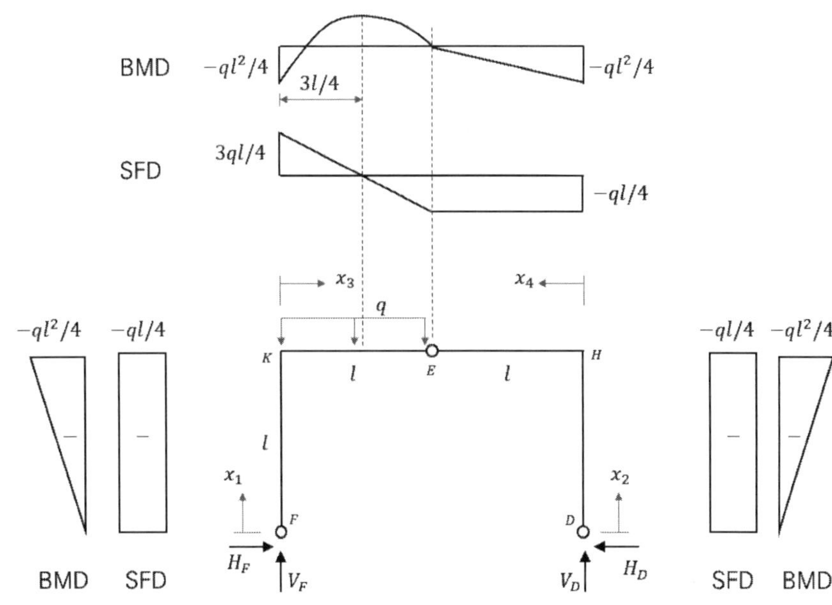

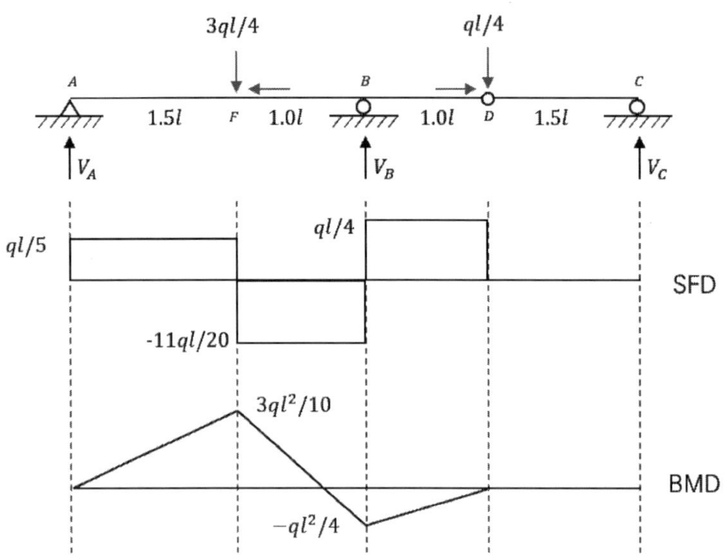
3ql/4
ql/4
A
B
C
1.5l
F
1.0l
1.0l
D
1.5l
V_A
V_B
V_C
ql/5
ql/4
SFD
-11ql/20
$3ql^2/10$
BMD
$-ql^2/4$

부정정 구조물, 변위일치법

그림과 같은 일단고정, 타단이동 지점보를 변형일치의 방법으로 해석하고 BMD 및 SFD를 그리시오(EI는 일정).

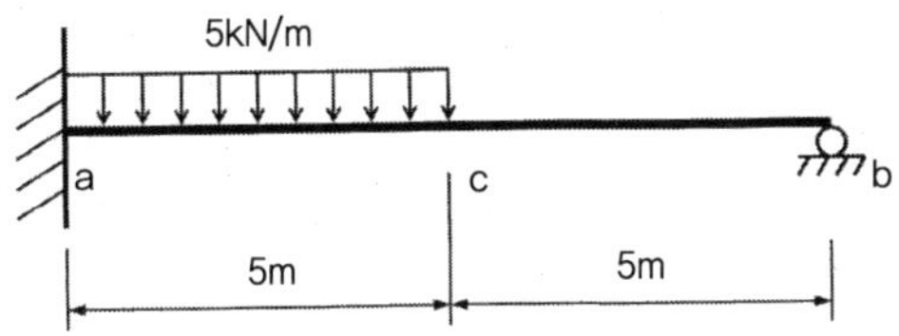

풀 이

▶ 개요

1차 부정정 해석문제에 대해서 변형일치법, 에너지방법, 기타 매트릭스 해석법을 이용할 수 있다.

▶ 변형일치법에 의한 해석

B점의 반력을 부정정력으로 보고 해석한다.

1) 부정정력에 의한 b점의 처짐 δ_1

$$\delta_1 = \frac{FL^3}{3EI}$$

2) 등분포하중 $5kN/m$에 의한 b점의 처짐 δ_2

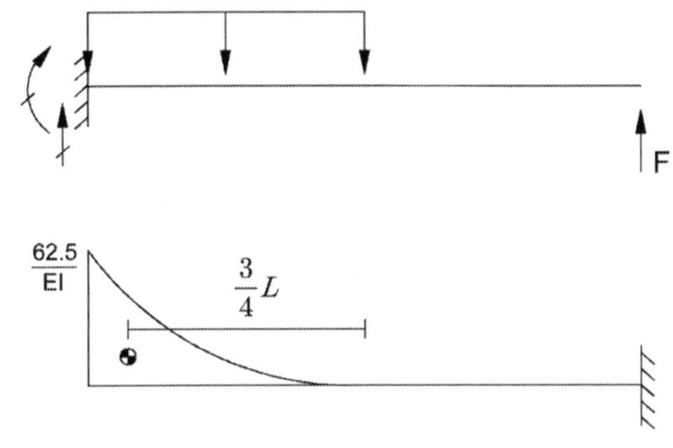

공액보로부터,

$$\delta_2 = \left[\left(\frac{1}{3}\times 5 \times \frac{62.5}{EI}\right)\times\left(\frac{3}{4}\times 5 + 5\right)\right]$$

$$= \frac{911.458}{EI}$$

3) 적합조건

$$\delta_1 = \delta_2 \text{으로부터} \quad \therefore F = 2.73^{kN}(\uparrow)$$
$$\therefore R_A = 5 \times 5 - 2.734 = 22.27^{kN}(\uparrow), \quad M_A = 35.2^{kNm}(\curvearrowleft)$$

➤ SFD, BMD

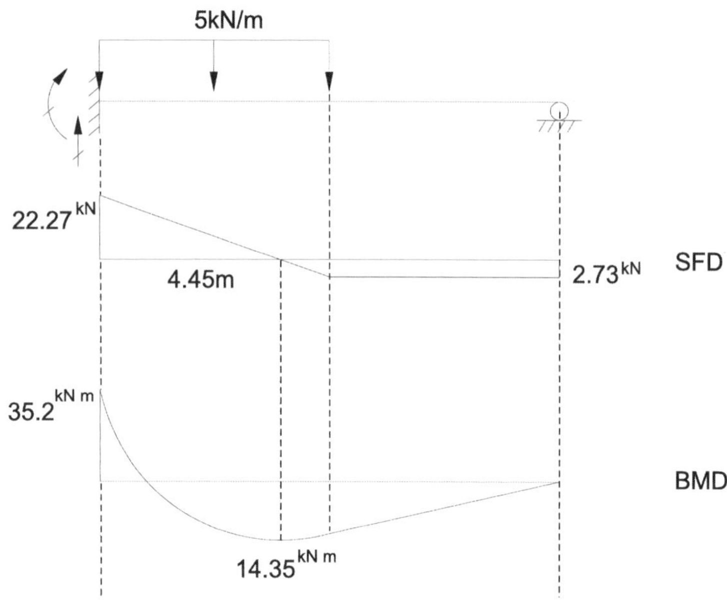

변위일치법 : 라멘 타이

그림과 같이 타이로드가 설치된 강재 프레임에서 타이로드에 걸리는 인장력 T를 구하시오(단, $A_b = 24,000mm^2$, $I_b = 1.5 \times 10^9 mm^4$, $E = 200kN/mm^2$(모든 부재), $A_c = 18,000mm^2$, $I_c = 1.20 \times 10^9 mm^4$ 이다).

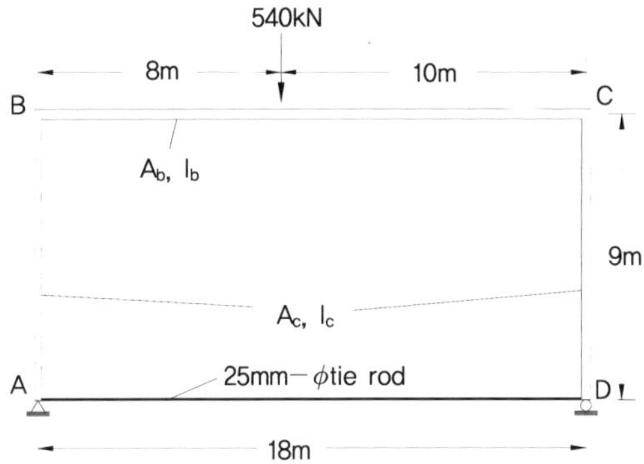

풀 이

➤ 개요

내적 1차 부정정으로 부재의 해석은 에너지법이나 변위일치법 등을 이용하여 풀이할 수 있다. 타이로드의 내력을 T라고 하고 부정정력으로 치환하여 풀이한다.

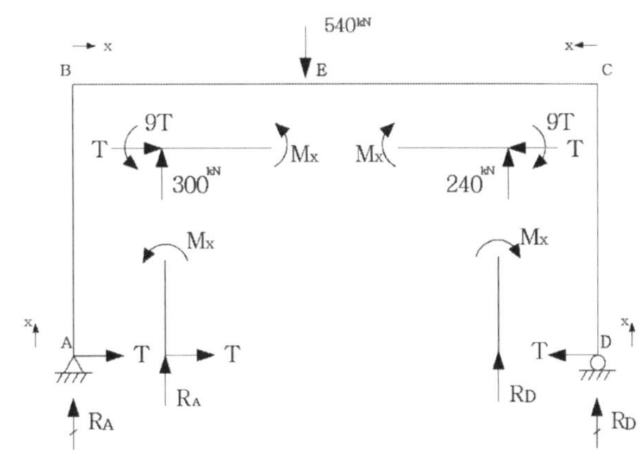

$$R_A = 540 \times \frac{10}{18} = 300^{kN} \,(\uparrow), \qquad R_D = 540 \times \frac{10}{18} = 240^{kN} (\uparrow)$$

① AB구간 : $M_x = -Tx$, $F_x = 300$ ② CD구간 : $M_x = -Tx$, $F_x = 240$

③ BE구간 : $M_x = 300x - 9T$, $F_x = T$ ④ CE구간 : $M_x = 240x - 9T$, $F_x = T$

➤ 변위일치법

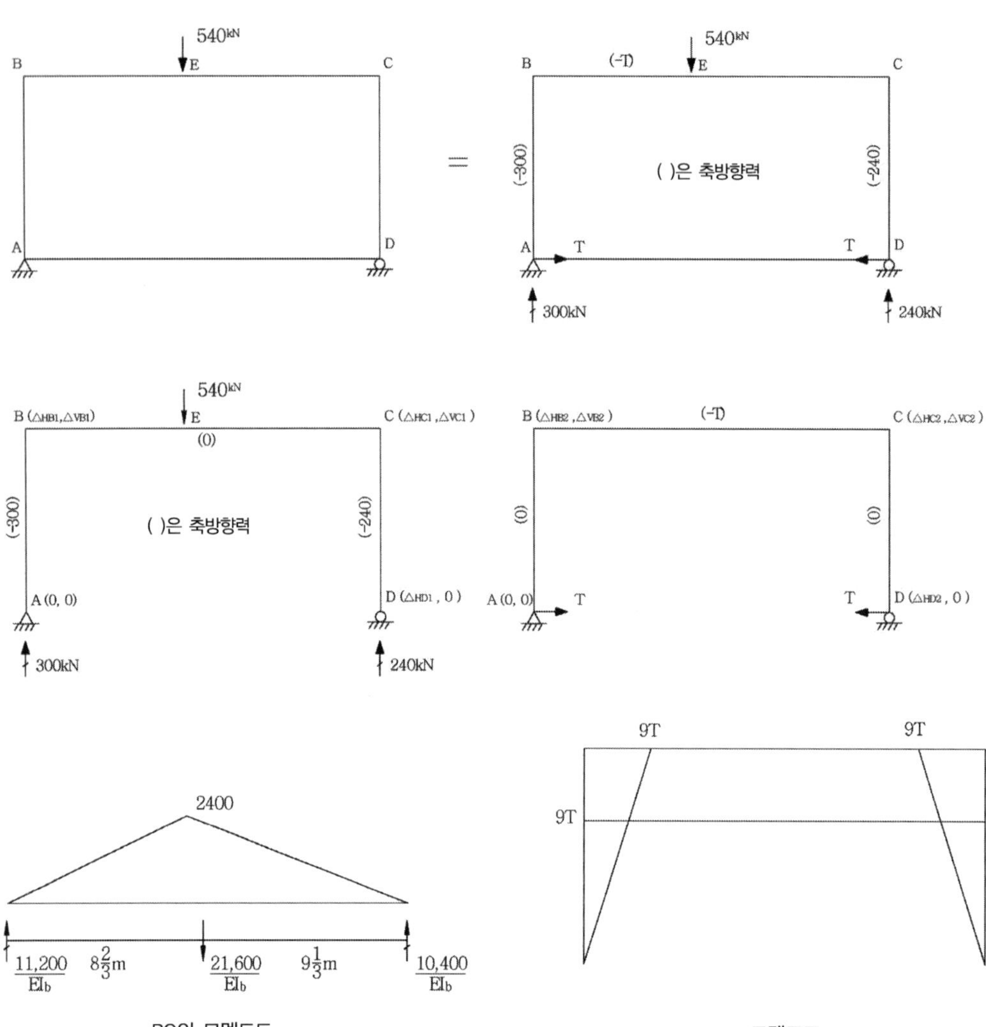

Δ_{HD1} : 타이를 제거한 구조물에 하중(540kN)만 작용하였을 때 D점에서의 수평방향 변위

Δ_{HD2} : 하중(540kN)을 제거하고 타이의 인장력(T)이 외력으로 작용할 때 D점에서의 수평방향 변위

Δ_{tie} : 타이의 신장량

1) 타이를 제거한 구조물에 하중이 작용할 때

B점에서의 수직방향 변위는 $\quad \Delta_{VB1} = \dfrac{300 \times 9}{EA_c}$ (기둥의 축력에 의한 변형, ↓)

C점에서의 수직방향 변위는 $\quad \Delta_{VC1} = \dfrac{240 \times 9}{EA_c}$ (기둥의 축력에 의한 변형, ↓)

현 BC의 처짐각 $\quad -\dfrac{2700/EA_c - 2160/EA_c}{18} = -\dfrac{30}{EA_c}$ (반시계방향)

BC에 대한 모멘트도에서

$$\theta_B = \dfrac{11200}{EI_b} - \dfrac{30}{EA_c}, \quad \theta_C = -\dfrac{10400}{EI_b} - \dfrac{30}{EA_c}$$

$$\Delta_{HB1} = 9\theta_B = 9\left(\dfrac{11200}{EI_b} - \dfrac{30}{EA_c}\right) = \Delta_{HC1}$$

$$\Delta_{HD1} = \Delta_{HC1} - 9\theta_C = 9\left(\dfrac{11200}{EI_b} - \dfrac{30}{EA_c}\right) + 9\left(\dfrac{10400}{EI_b} + \dfrac{30}{EA_c}\right) = \dfrac{194,400}{EI_b}$$

2) 타이를 제거한 구조물에 타이내력이 작용할 때

$$\Delta_{VB2} = \Delta_{VC2} = 0$$

BC에 대한 모멘트도에서

$$\theta_B = -\dfrac{1}{2}\dfrac{9T}{EI_b}(18) = -\dfrac{81T}{EI_b}, \quad \theta_C = \dfrac{81T}{EI_b}$$

$$\Delta_{HB2} = -9\theta_B + (\text{A에 대한 BA의 } \dfrac{M}{EI} \text{ 면적 모멘트})$$

$$= 9\left(\dfrac{81T}{EI_b}\right) + \dfrac{1}{2}\dfrac{9T}{EI_c}(9)(6) = \dfrac{729T}{EI_b} + \dfrac{243T}{EI_c}$$

$$\Delta_{HC2} = \Delta_{HB2} + \text{BC의 단축} = \dfrac{729T}{EI_b} + \dfrac{243T}{EI_c} + \dfrac{T(18)}{EA_b}$$

$$\Delta_{HD2} = \Delta_{HC2} - 9\theta_c + (\text{D에 관한 CD의 } \dfrac{M}{EI} \text{ 면적 모멘트})$$

$$= \dfrac{729T}{EI_b} + \dfrac{243T}{EI_c} + \dfrac{T(18)}{EA_b} + 9\left(\dfrac{81T}{EI_b}\right) + \dfrac{1}{2}\dfrac{9T}{EI_c}(9)(6) = \dfrac{1458T}{EI_b} + \dfrac{486T}{EI_c} + \dfrac{18T}{EA_b}$$

3) 적합조건으로부터

$$\Delta_{HD1} - \Delta_{HD2} = \delta_{tie}$$

$$\dfrac{194,400}{EI_b} - \left(\dfrac{1458T}{EI_b} + \dfrac{486T}{EI_c} + \dfrac{18T}{EA_b}\right) = \dfrac{T(18)}{EA_t} \qquad \therefore T = 91.63^{kN}$$

변위일치법 : 스프링 구조

그림과 같이 길이 2L인 캔틸레버 보의 중앙에 탄성지점을 설치한 결과 자유단 C에서의 처짐이 원래 처짐의 1/2로 감소되었을 때, 스프링력 및 스프링상수를 구하시오(단, 휨강성 EI는 일정하다).

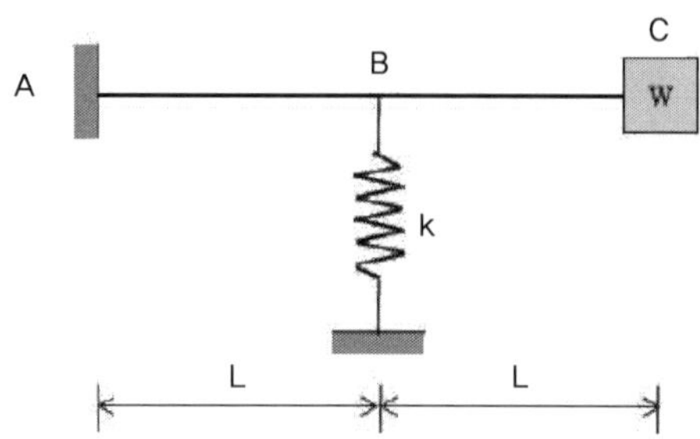

풀 이

▶ 개요

변위일치법(가상일의 원리), 에너지법, 공액보법 등을 이용해서 1차 부정정 구조물을 해석할 수 있다. 스프링력을 F로 치환하여 풀이한다.

▶ 탄성지점 설치 전 C점의 처짐

$$\delta_1 = \frac{W(2L)^3}{3EI} = \frac{8\,WL^3}{3EI}$$

① 변위일치법(가상일의 원리) $\delta = \dfrac{1}{EI}\displaystyle\int_0^{2L} mM dx = \dfrac{1}{EI}\displaystyle\int_0^{2L} Wx \times x\,dx = \dfrac{8\,WL^3}{3EI}$

② 에너지법 $U = \displaystyle\int \dfrac{M^2}{2EI}dx = \displaystyle\int_0^{2L} \dfrac{(Wx)^2}{2EI}dx = \dfrac{8\,W^2L^3}{6EI}$, $\delta = \dfrac{\partial U}{\partial W} = \dfrac{8\,WL^3}{3EI}$

▶변위일치법(가상일의 원리)를 이용한 스프링력 산정

① CB구간(0~L) : $M_x = 0$, $m_x = x$
② BA구간(L~2L) : $M_x = F(x - L)$, $m_x = x$

$$\therefore \delta_2 = \frac{1}{EI}\int_L^{2L} F(x-L)\times x\,dx = \frac{1}{EI}\left[\frac{7}{3}FL^3 - \frac{3}{2}FL^3\right] = \frac{5FL^3}{6EI}$$

$$\delta_2 = \frac{1}{2}\delta_1 \; ; \; \frac{5FL^3}{6EI} = \frac{1}{2}\times\frac{8WL^3}{3EI} \qquad\qquad \therefore F = \frac{8}{5}W$$

▶ 변위일치법(가상일의 원리)을 이용한 스프링상수 산정

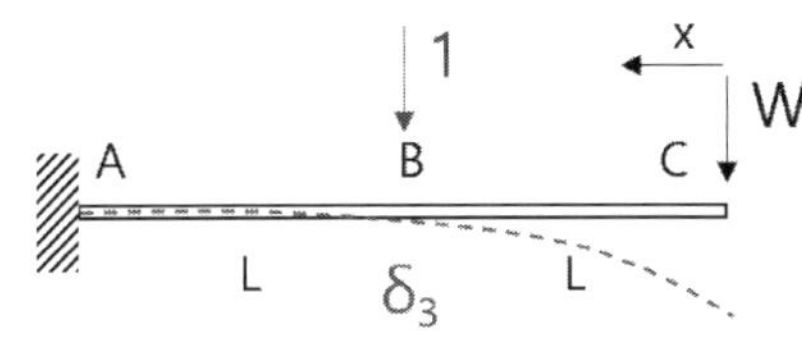
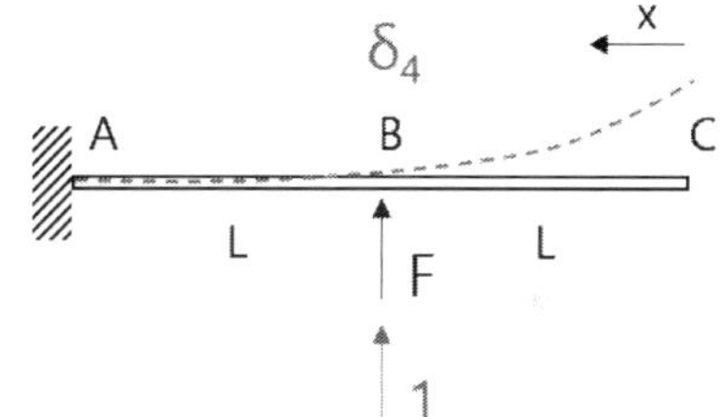

1) W하중으로 인한 B점의 처짐 δ_3

　① CB구간(0~L) : $M_x = Wx, \quad m_x = 0$

　② BA구간(L~2L) : $M_x = Wx, \quad m_x = x - L$

$$\therefore \delta_3 = \frac{1}{EI}\int_L^{2L} Wx(x-L)\,dx = \frac{1}{EI}\left[\frac{7}{3}WL^3 - \frac{3}{2}WL^3\right] = \frac{5WL^3}{6EI}$$

2) 스프링력 F로 인한 B점의 처짐 δ_4

　① CB구간(0~L) : $M_x = 0, \quad m_x = 0$

　② BA구간(L~2L) : $M_x = F(x-L), \quad m_x = x - L$

$$\therefore \delta_4 = \frac{1}{EI}\int_L^{2L} F(x-L)^2\,dx = \frac{FL^3}{3EI}$$

스프링의 실제처짐 $\varDelta = \delta_3 - \delta_4 = \dfrac{5WL^3}{6EI} - \dfrac{FL^3}{3EI} = \dfrac{5WL^3}{6EI} - \dfrac{L^3}{3EI}\left(\dfrac{8}{5}W\right) = \dfrac{3WL^3}{10EI}$

$$\therefore k = \frac{F}{\varDelta} = \frac{8}{5}W\times\frac{10EI}{3WL^3} = \frac{16EI}{3L^3}$$

변위일치법 : 스프링 구조

다음 그림과 같은 구조물에서 AB부재가 수평이 될 때

1) C, D, E점의 반력 2) P하중의 작용위치 x를 구하시오.

단, k_C=50N/cm, k_D=30N/cm, k_E=20N/cm, CD와 DE의 거리는 각각 1m이다.

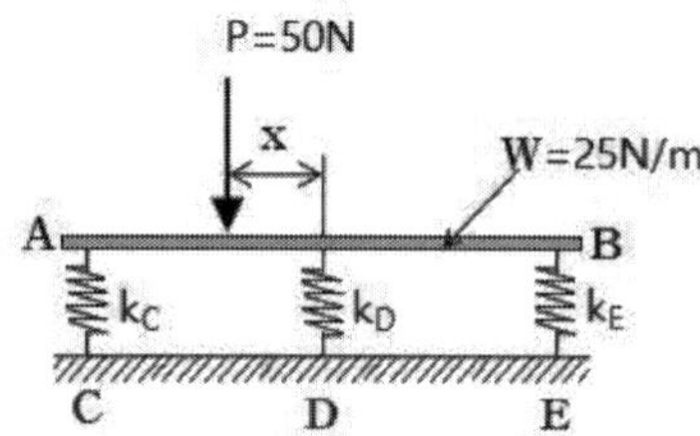

풀 이

➤ 개요

1차 부정정 구조물로 변위일치의 방법이나 에너지법을 이용하여 풀이할 수 있다.

➤ 변위일치의 방법

$$\delta_1 = \delta_2 = \delta_3, \qquad \frac{F_1}{k_1} = \frac{F_2}{k_2} = \frac{F_3}{k_3}, \qquad F_1 + F_2 + F_3 = 100$$

$$\therefore\ F_2 = \frac{k_2}{k_1}F_1 = 0.6F_1, \qquad F_3 = \frac{k_3}{k_1}F_1 = 0.4F_1 \qquad \therefore\ 2F_1 = 100^{kN}$$

$$\therefore\ F_1 = 50\ \text{kN},\ F_2 = 30\ \text{kN},\ F_3 = 20\ \text{kN}$$

$$\sum M_D = 0 : Px - F_1(1000) + F_3(1000) = 0 \qquad \therefore\ x = 600\text{mm}$$

변위일치법 : 스프링 구조

그림과 같이 3개의 스프링에 의해 지지된 질량 20kN인 균질한 강체 AB에 P=40kN의 강체구슬을 올려 놓으려 한다. 강체구슬이 굴러 떨어지지 않고 봉 AB가 수평하게 될 수 있는 위치(x)를 결정하시오(단, 스피링 상수 k_1=2.5kN/mm, k_2=1.5kN/mm, k_3=1.0kN/mm이다).

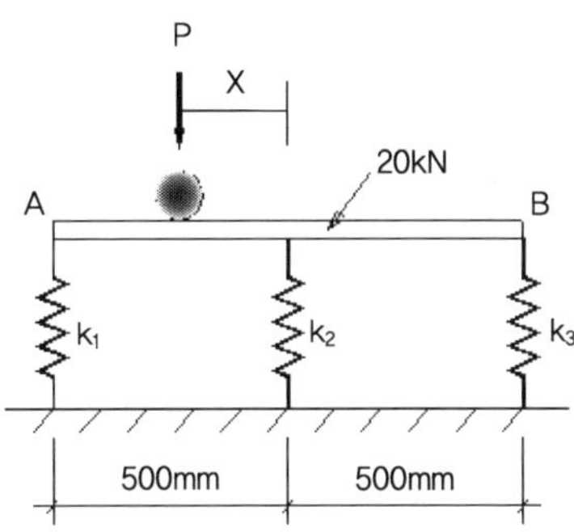

풀 이

▶ 개요

1차 부정정 구조물로 변위일치의 방법이나 에너지법을 이용하여 풀이할 수 있다. 본 문제의 경우 에너지의 방법을 이용할 경우에는 부정정력에 대한 모멘트 산정 등으로 복잡해지므로 간단한 풀이는 변위일치의 방법을 이용하는 것이 편리하다. F_2를 부정정력으로 본다.

▶ 변위일치의 방법

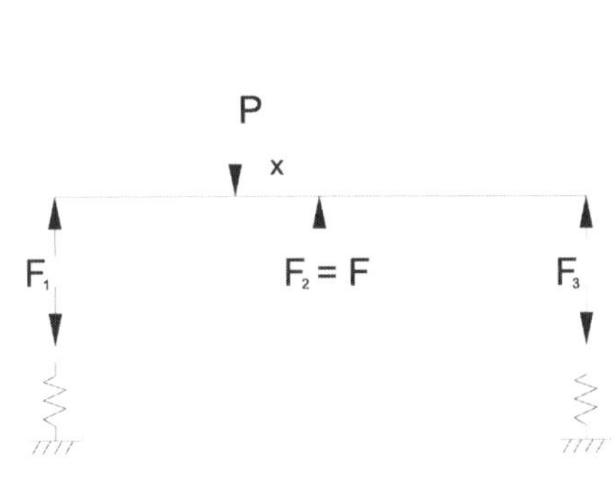

적합조건 $\delta_1 = \delta_2 = \delta_3$으로 부터,

$$\frac{F_1}{k_1} = \frac{F_2}{k_2} = \frac{F_3}{k_3}, \quad F_1 + F_2 + F_3 = P$$

$$\therefore F_2 = \frac{k_2}{k_1}F_1 = 0.6F_1, \quad F_3 = \frac{k_3}{k_1}F_1 = 0.4F_1$$

$$\therefore 2F_1 = 60^{kN}, \ F_1 = 30^{kN}, \ F_2 = 18^{kN}, \ F_3 = 12^{kN}$$

$$\sum M_C = 0 : Px - F_1(500) + F_3(500) = 0$$

$$\therefore x = 225^{mm}$$

변위일치법 : 부정정 축방향 구조, 온도

아래 그림과 조건하에서 고정단 B점에서의 반력을 구하시오.

〈조건〉
$\alpha = 1.0 \times 10^{-5}/℃$ $\Delta T = 30℃$
$A_1 = 2,000mm^2$ $A_2 = 6,000mm^2$
$E_1 = 200,000MPa$ $E_2 = 30,000MPa$

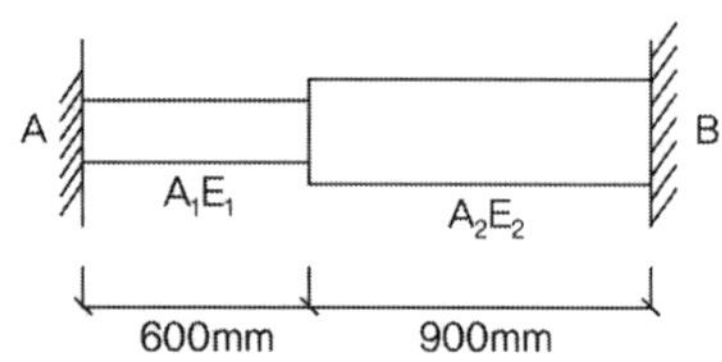

풀 이

> **개요**

1차 부정정 구조물로 변위일치법이나 에너지 방법에 의해 풀이할 수 있다. B점의 반력을 부정정력으로 치환한다.

> **변위일치법에 의한 풀이**

B점의 반력 $R_B = F$를 부정정력으로 가정하여 푼다.

R_B에 의한 부재의 신축량 δ_1, 온도에 의한 부재의 신장량 δ_2

적합조건으로부터 $\delta_1 + \delta_2 = 0$

$$\therefore \ \delta_1 + \delta_2 = \frac{FL_1}{A_1E_1} + \frac{FL_2}{A_2E_2} - \alpha \Delta T(L_1 + L_2) = 0 \qquad \therefore F = 69.231^{kN} \ (\leftarrow).$$

변위일치법 : 부정정 축방향 구조, 온도

다음 그림과 같은 구조물에서 온도상승(ΔT) 시 부재의 신장량과 부재 내 응력을 구하시오(단, 부재의 단면적(A), 탄성계수(E) 및 선팽창계수(α)는 일정하며 스프링상수는 k).

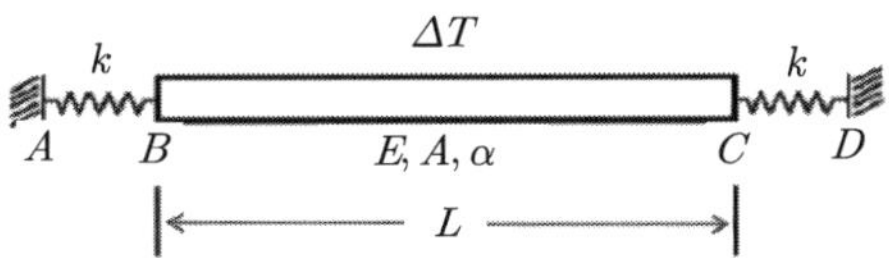

풀 이

▶ **개요**

변위일치법이나 에너지 방법에 의해 풀이할 수 있다. 스프링력 F를 부정정력으로 한다.

▶ **변위일치법**

대칭구조물이므로 1/2 모델로 해석한다.

δ_1 : 부정정력 F에 의한 부재의 수축량 $\delta_1 = \dfrac{F(L/2)}{EA}$

δ_2 : 온도 증가에 의한 신장량 $\delta_2 = \alpha \Delta T\left(\dfrac{L}{2}\right)$

δ_3 : 스프링의 신장량 $\delta_3 = \dfrac{F}{k}$

적합조건 : $\delta_3 = \delta_2 - \delta_1$

$$\alpha \Delta T\left(\dfrac{L}{2}\right) - \dfrac{FL}{2EA} = \dfrac{F}{k}$$

$$\therefore F = \dfrac{\alpha \Delta T EAkL}{2EA + kL} \qquad \text{부재의 신장량 } 2\delta_3 = 2 \times \dfrac{F}{k} = \dfrac{2\alpha \Delta T EAL}{2EA + kL}$$

변위일치법 : 부정정 축방향 구조, 온도, 지점 비선형

온도 20°C에서 두 봉의 끝 간격이 0.4mm이다. 온도가 150°C에 도달했을 때,
(1) 알루미늄 봉의 수직응력, (2) 알루미늄 봉의 길이 변화를 구하시오.

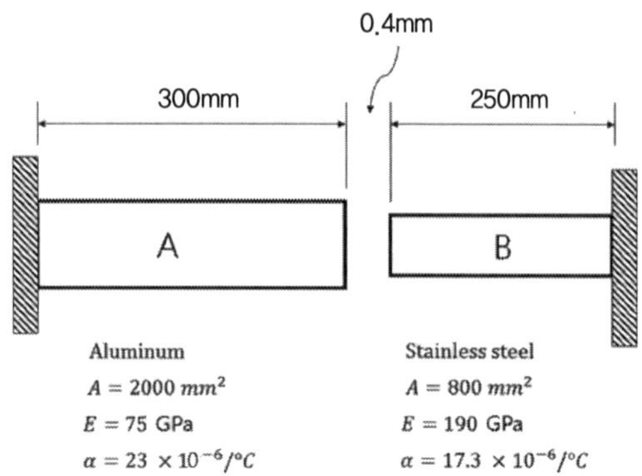

풀 이

▶ 개요

온도로 인한 응력은 변위가 구속될 때 발생하므로, 일정 온도까지는 변위가 자유롭게 발생하다가
그 이상의 온도에서 응력이 발생한다. 따라서 변위 구속에 따라 온도구간을 구분하여 산정한다.

▶ 변위가 구속될 때의 온도 산정

두 봉이 만날 때의 온도를 ΔT라고 하면,

$$\Sigma \alpha \Delta T L = 0.4mm$$
$$23 \times 10^{-6} \times \Delta T \times 300 + 17.3 \times 10^{-6} \times \Delta T \times 250 = 0.4 \quad \therefore \Delta T = 35.63°$$

▶ 변위 구속 이후의 응력과 길이 변화

두 봉이 35.63° 이후부터 150°까지 만나서 변위가 구속되며, 알루미늄의 α값이 더 크므로 스테인
리스 스틸 방향으로 길이가 변화된다. 스테인리스 스틸에 의한 구속력을 X라고 가정하면, 온도변
화로 인한 신장과 함께 구속력 X로 인한 신축이 동시에 발생하고, 그 변화한 양은 동일하므로

$$23 \times 10^{-6} \times (150 - \Delta T) \times 300 - \frac{XL_A}{E_A A_A} = \frac{XL_S}{E_S A_S} - 17.3 \times 10^{-6} \times (150 - \Delta T) \times 250$$

$$\therefore \ X = 352.22\text{kN}$$

1) 알루미늄 봉의 축 응력

$$\therefore \ \sigma_A = \frac{X}{A_A} = 176.11\text{MPa (C)}$$

2) 알루미늄 봉의 길이 변화

① 구속이 없을 때까지의 변화

$$\delta_1 = 23 \times 10^{-6} \times \Delta T \times 300 = 0.246\text{mm}$$

② 구속된 이후 변화

$$\delta_2 = 23 \times 10^{-6} \times (150 - \Delta T) \times 300 - \frac{XL_A}{E_A A_A} = 0.085\text{mm}$$

$$\therefore \ \delta = \delta_1 + \delta_2 = 0.331\text{mm}(\rightarrow)$$

변위일치법 : 스프링 구조

질량 m인 물체가 2개의 선형스프링($k_1 = k$, $k_2 = 2k$)에 의해 양단고정점 사이에 지지되어 있는 경우, 질량 m의 평형위치 y를 스프링상수 k의 항으로 계산하시오(단, 변형 발생 전 스프링 길이는 k_1, k_2에 대해 각각 l_1, l_2로 가정한다).

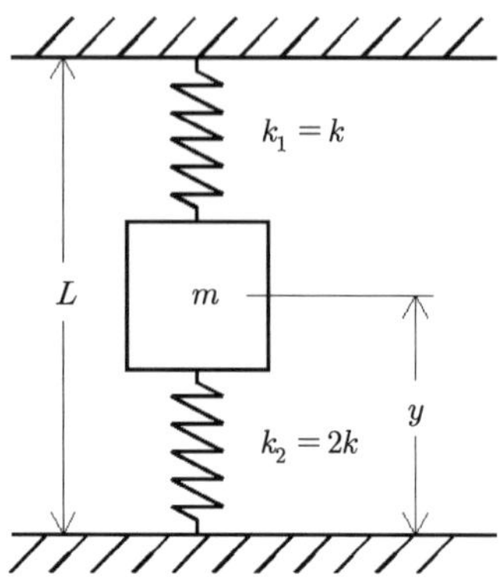

풀 이

▶ **질량 m인 물체를 Lumped Mass로 보고 물체의 길이는 없는 것으로 가정한다.**

$$\therefore L = l_1 + l_2$$

▶ **자유물체도**

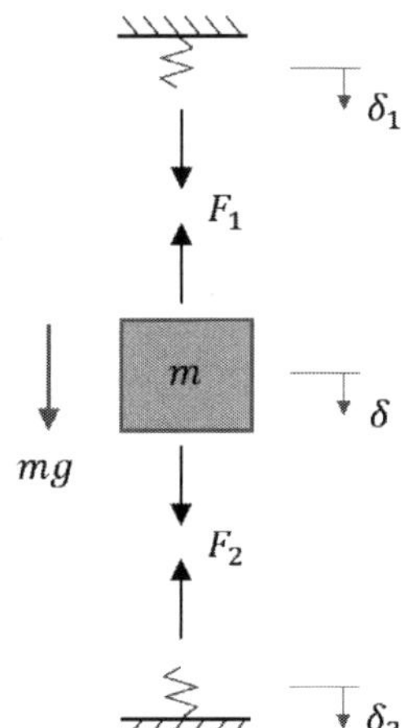

두 스프링의 변형 $\delta_1 = \delta_2 = \delta$, $F_1 + F_2 = mg$

$$k\delta + (2k)\delta = mg \quad \therefore \delta = \frac{mg}{3k}$$

$$(l_1 + \delta) + (l_2 - \delta) = l_1 + l_2 = L$$

$$\therefore y = l_2 - \delta = l_2 - \frac{mg}{3k}$$

변위일치법

그림과 같이 지점 A는 고정단, 지점 C는 스프링으로 지지되어 있는 보–스프링 복합구조물이다.
보의 휨강성은 EI로 일정하다.

1) 보의 처짐과 스프링의 변형에 대한 적합방정식을 유도하라.

2) 스프링상수를 k로 가정할 경우 지점 C에서 $x = 2L/3$ 위치인 B점에 집중하중 P가 작용할 때
   지점 A와 C의 반력 R_A, R_C를 구하라.

3) 스프링상수 $k = \infty$ 일 경우 지점 C에서 $x = 2L/3$ 위치인 B점에 집중하중 P가 작용할 때 지점
   A와 C의 반력 R_A, R_C를 구하라.

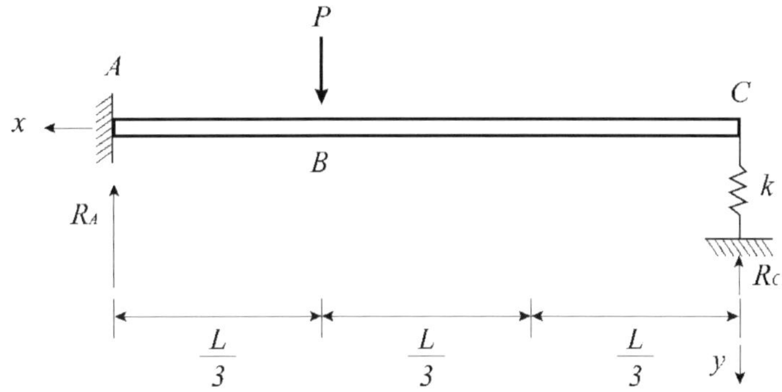

풀 이

➤ 개요

변위일치법에 따라 처짐의 적합방정식을 구성한다. 캔틸레버 구조에 의한 C점의 변위와 스프링
반력에 의한 C점의 변위의 합이 최종 변위와 같다는 조건을 이용한다.

➤ 캔틸레버 구조에서 C점의 변위 δ_1

$$R_A = P, \quad M_A = \frac{PL}{3}$$

공액보로부터

$$\delta_1 = \frac{1}{2} \frac{M}{EI} \frac{L}{3} \times \left(\frac{2}{3} \frac{L}{3} + \frac{2L}{3} \right) = \frac{4ML^2}{27EI} = \frac{4PL^3}{81EI} \ (\downarrow)$$

➤ **스프링력 F에 의한 처짐 δ_2**

$$\delta_2 = \frac{FL^3}{3EI}$$

➤ **적합방정식**

$$\delta_3 = \delta_1 - \delta_2, \ F = k\delta_3$$

$$\therefore \ \delta_3 = \frac{F}{k} = \frac{4PL^3}{81EI} - \frac{FL^3}{3EI} \qquad \therefore \ F = \frac{4PL^3}{81EI} \times \frac{3EIk}{3EI + kL^3} = \frac{4PL^3 k}{27(3EI + kL^3)}$$

$$\therefore \ \delta_3 = \frac{F}{k} = \frac{4PL^3}{27(3EI + kL^3)}$$

➤ **반력산정**

① 스프링상수가 k일 때

$$R_C = F = \frac{4PL^3 k}{27(3EI + kL^3)}, \quad R_A = P - R_C = \frac{(81EI + 23kL^3)P}{27(3EI + kL^3)}$$

② $k = \infty$

$$R_C = \lim_{k \to \infty} \frac{4PL^3 k}{27(3EI + kL^3)} = \frac{4PL^3}{27L^3} = \frac{4}{27}P$$

$$R_A = \lim_{k \to \infty} \frac{(81EI + 23kL^3)P}{27(3EI + kL^3)} = \frac{23PL^3}{27L^3} = \frac{23}{27}P$$

변위일치법 : 부정정 트러스

다음 그림과 같은 트러스의 부재력을 변형일치방법에 의하여 구하시오.
(단, 점C는 힌지, 점A는 롤러, 탄성계수(E)와 단면적(A)는 모든 부재에서 동일)

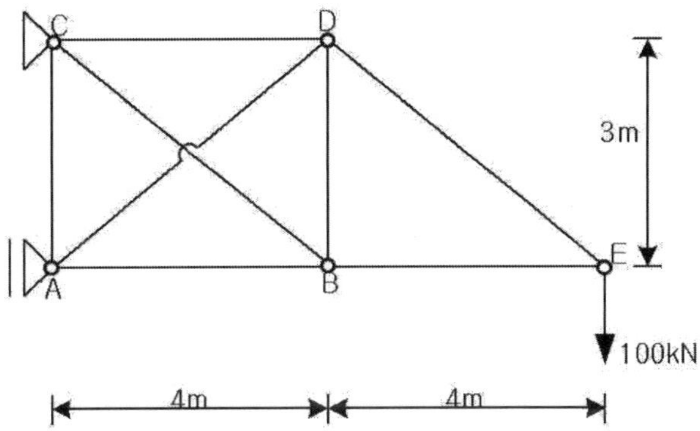

풀 이

➤ 개요

부재수 b=8, 반력성분 r=3, 격점수 j=5 b+r > 2j, 외적으로는 정정이므로 내적으로 1차 부정정
구조물이다. F_{AD}를 부정정력으로 보고 단위하중법(변위일치법)에 의해서 풀이한다.

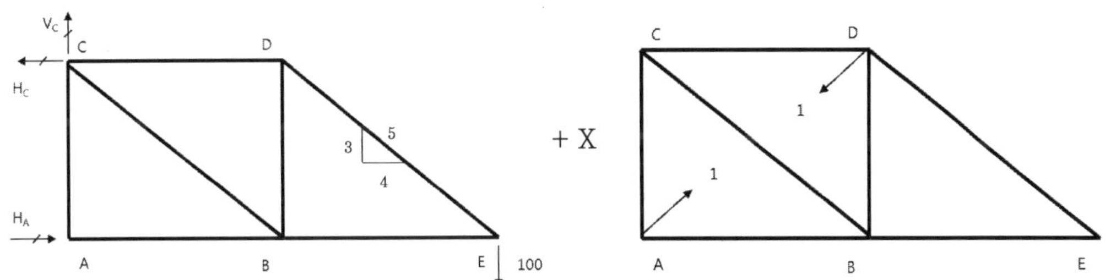

$$\curvearrowright \sum M_C = 0 \ ; \ 100 \times 8 - H_A \times 3 = 0 \quad \therefore \ H_A = 266.667 \ \text{kN} \ (\rightarrow), \ H_C = 266.667 \ \text{kN} \ (\leftarrow)$$

$$\sum V = 0 \ ; \ V_C = 100 \ \text{kN} \ (\uparrow)$$

➤ 부재력 산정

1) 기본 구조물 : 절점법에 따라 부재력 산정(T : 인장, C : 압축)

$$① \ \text{점 E} : F_{ED} \times \frac{3}{5} = 100 \quad \therefore \ F_{ED} = 166.667 \,(\text{T}), \quad F_{EB} = -F_{ED} \times \frac{4}{5} = -133.333 \,(\text{C})$$

② 점 D : $F_{DB} = -F_{ED} \times \dfrac{3}{5} = -100\,(\mathrm{C})$, $F_{DC} = F_{ED} \times \dfrac{4}{5} = 133.333\,(\mathrm{T})$

③ 점 B : $F_{BC} = -F_{DB} \times \dfrac{5}{3} = 166.667\,(\mathrm{T})$, $F_{BA} = -F_{BC} \times \dfrac{4}{5} = -266.667\,(\mathrm{C})$

④ 점 A : $F_{AC} = 0$

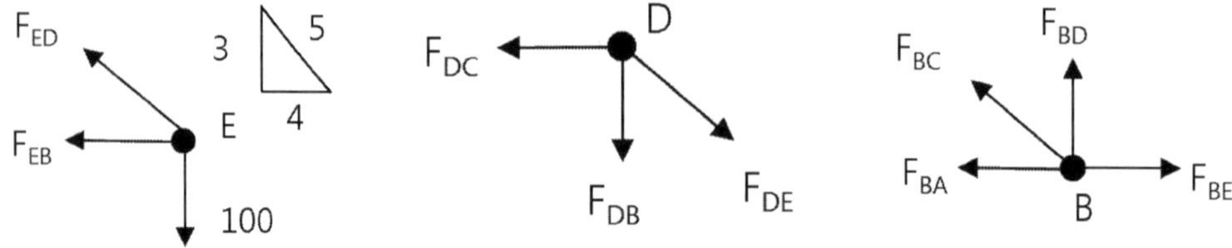

2) 단위하중 구조물 : 절점법에 따라 부재력 산정

　① 점 E : $f_{ED} = f_{EB} = 0$

　② 점 D : $f_{DC} = -0.8\,(\mathrm{C})$, $f_{DB} = -0.6\,(\mathrm{C})$

　③ 점 B : $f_{BC} = 1\,(\mathrm{T})$, $f_{BA} = -0.8\,(\mathrm{C})$

　④ 점 A : $f_{AC} = -0.6\,(\mathrm{C})$

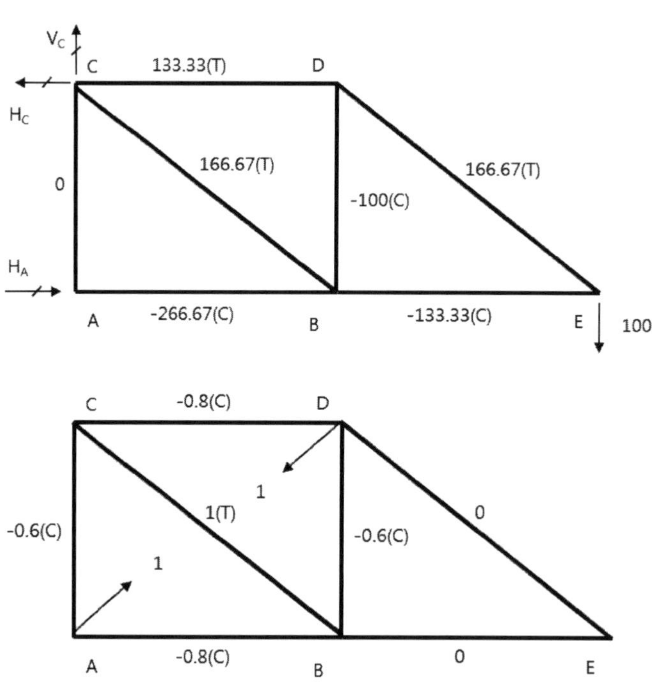

$$\Delta_i = \Delta_{ik} + X\delta_{ik} = 0$$

$$\therefore X = -\frac{\Delta_{ik}}{\delta_{ik}} = -\frac{\sum \dfrac{F_0 f L}{EA}}{\sum \dfrac{f^2 L}{EA}} = -\frac{\sum F_0 f L}{\sum f^2 L} = -83.33 \text{ kN}$$

부재	L(m)	F_0	f	$F_0 f L$	$f^2 L$	$F=F_0+Xf$ (kN)
AB	4	−266.67	−0.8	853.344	2.56	−200
AC	3	0	−0.6	0	1.08	50
BC	5	166.67	1.0	833.35	5	83.33
BD	3	−100	−0.6	180	1.08	−50
BE	4	−133.33	0	0	0	−133.33
CD	4	133.33	−0.8	−426.656	2.56	200
DE	5	166.67	0	0	0	166.67
AD	5	−	1	−	5	−83.33
Σ				1440.038	17.28	

변위일치법 : 트러스

그림과 같은 트러스 상현재 BC에 ΔT만큼 온도가 증가하는 경우, 부재 AC의 부재력을 구하시오.

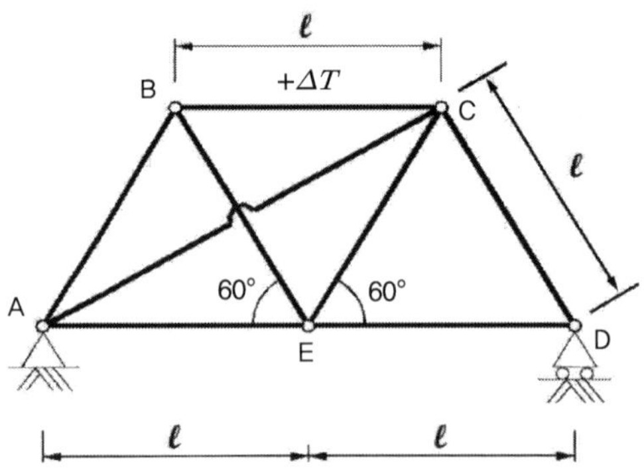

풀 이

➤ 개요

부재수 b=8, 반력성분 r=3, 격점수 j=5 b+r > 2j, 외적으로는 정정이므로 내적으로 1차 부정정 구조물이다. F_{AC}를 부정정력으로 보고 단위하중법(변위일치법)에 의해서 풀이한다.

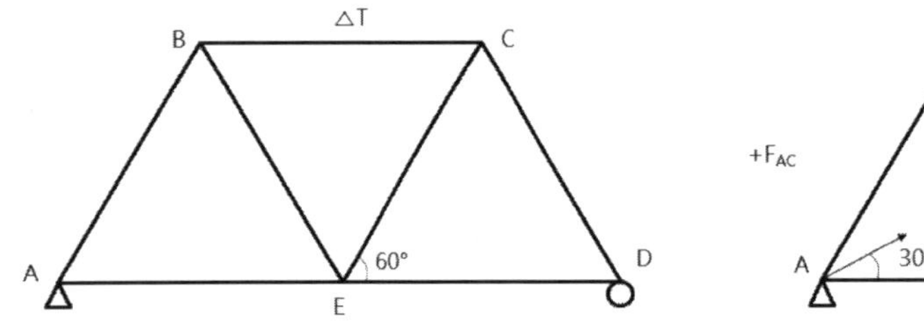

$$\Delta_i = \Delta_T + F_{AC}\delta_{ik} = 0, \qquad \theta = \tan^{-1}(\sqrt{0.75}/1.5) = 30°$$

➤ 부재력 산정

1) 기본 구조물 : $\Delta_T = \alpha \Delta TL$

2) 단위하중 구조물

　　　D점에서 $F_{CD} = F_{DE} = 0$

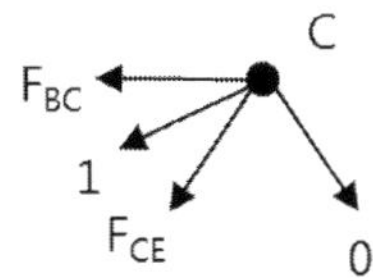

C점에서 $F_{BC} + \cos 30° + F_{CE}\cos 60° = 0$

$\sin 30° + F_{CE}\sin 60° = 0$

$\therefore F_{CE} = -0.577,\ F_{BC} = -0.577$

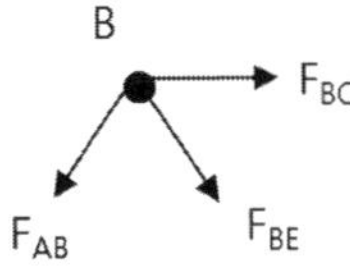

A점에서 $F_{AB}\cos 60° + \cos 30° + F_{AE} = 0$

$F_{AB}\sin 60° + \sin 30D° = 0$

$\therefore F_{AB} = -0.577,\ F_{AE} = -0.577$

B점에서 $-F_{AB}\cos 60° G + F_{BE}\cos 60° + F_{BC} = 0$

$F_{AB}\sin 60° + F_{BE}\sin 60° = 0$

$\therefore F_{BE} = 0.577$

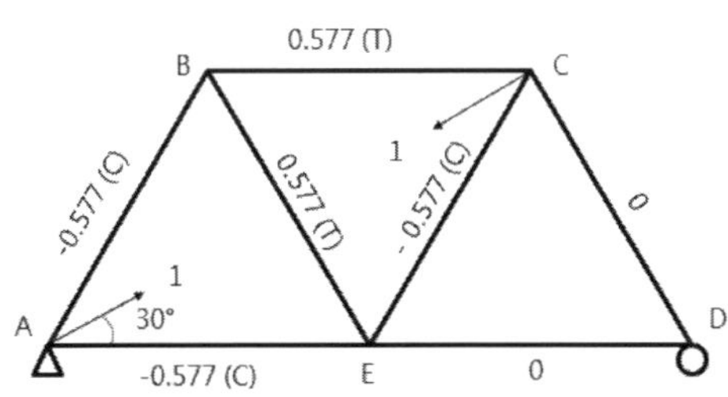

부재	L	f	f²L	fΔTL
AB	L	−0.577	0.333L	
AE	L	−0.577	0.333L	
BC	L	0.577	0.333L	$0.577\alpha\Delta T$L
BE	L	0.577	0.333L	
CD	L	0	0	
CE	L	−0.577	0.333L	
DE	L	0	0	
AC	1.732L	1	1.732L	
Σ			3.397L	$0.577\alpha\Delta T$L

$$\delta_{ik} = \Sigma \frac{f^2 L}{EA} = \frac{3.397L}{EA} \quad \Delta_T = 0.577\alpha\Delta TL$$

$$\Delta_T + F_{AC}\delta_{ik} = 0 \ ; \quad \therefore F_{AC} = -\frac{\Delta_T}{\delta_{ik}} = -0.1699EA\alpha\Delta T \ (압축)$$

변위일치법 : 복합구조

등분포하중을 받는 단순보의 최대모멘트를 감소시키기 위해 그림과 같이 보의 중앙부에 케이블을 설치하였다. 이때 설치된 케이블은 한쪽이 고정된 캔틸레버에 연결되어 있고 설치된 케이블은 하중이 작용하기 전에 설치를 하였다. 등분포하중 6kN/m이 작용할 때 다음을 구하시오.

1) 케이블에 작용하는 힘(F)

2) 캔틸레버에 작용하는 최대모멘트(M)

3) 단순보에 발생하는 최대모멘트의 발생위치와 최대모멘트를 계산하고 단순보의 SFD, BMD를 작성하라.

	캔틸레버빔(AB)	케이블(AC)	단순보(DE)
단면2차 모멘트	$1519 \times 10^4 mm^4$	–	–
단면형상	–	$\Phi = 6mm$	$\square = 100 \times 300mm$
탄성계수	200GPa	200GPa	10GPa
적용길이(Li)	1.8m	3.0m	6.0m

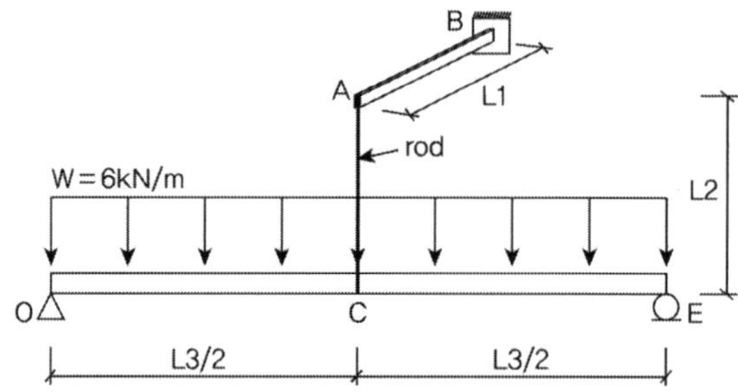

풀 이

▶ 개요

변위일치법이나 에너지 방법에 의해 풀이할 수 있다. 케이블의 발생하는 수평력 F를 부정정력으로 한다.

구간	원점	구간/길이(mm)	M	$\partial M/\partial F$	F	$\partial F/\partial F$
AB	A	0~1800	$-Fx$	$-x$	–	–
DC	D	0~3000	$\left(6 \times \dfrac{6000}{2} - \dfrac{F}{2}\right)x - \dfrac{6}{2}x^2$	$-\dfrac{x}{2}$	–	–
AC		3000	–	–	F	1

➤ **단면의 상수**

$$A_{AC} = \frac{\pi}{4}D^2 = 28.2743mm^2 \qquad I_{DE} = \frac{100 \times 300^3}{12} = 225 \times 10^6 mm^4$$

➤ **변위일치의 방법**

1) 캔틸레버 보 AB

케이블의 장력을 부정정력으로 하여 A점의 처짐을 δ_1 이라고 하면,

$$\delta_1 = \frac{FL^3}{3EI} = \frac{1800^3}{3 \times 200 \times 10^3 \times 1519 \times 10^4}F = \frac{243}{37750}F$$

2) 단순부 DE

등분포하중과 케이블의 장력이 상향으로 작용할 때 C점의 처짐을 δ_2 라고 하면.

$$\delta_2 = \frac{5qL^4}{384EI} - \frac{FL^3}{48EI} = \frac{5 \times 6 \times 6000^4}{384 \times 10 \times 10^3 \times 225 \times 10^6} - \frac{6000^3}{48 \times 10 \times 10^3 \times 225 \times 10^6}F$$

$$= 45 - \frac{F}{500}$$

3) 케이블 AC

부정정력 F에 의한 처짐을 δ_3 라고 하면

$$\delta_3 = \frac{FL}{EA} = \frac{3000}{200 \times 10^3 \times 28.2743}F = 0.000531F$$

4) 적합조건

$$\delta_1 + \delta_3 = \delta_2$$

$$\frac{243}{379750}F + 0.000531F = 45 - \frac{F}{500} \qquad \therefore F = 14.194^{kN} \text{ (동일)}$$

➤ **DE부재의 모멘트 산정**

$$R_D = \frac{ql}{2} - \frac{F}{2} = \frac{6 \times 6}{2} - \frac{14.194}{2} = 10.903^{kN}$$

$$V_x = -6x + 10.903 \qquad V_x = 0 : x = 1.817^m$$

$$\therefore\ M_{\max} = R_D x - \frac{qx^2}{2} = 9.905^{kNm}$$

$$\therefore\ M_c = R_D x - \frac{qx^2}{2} = 5.709^{kNm}$$

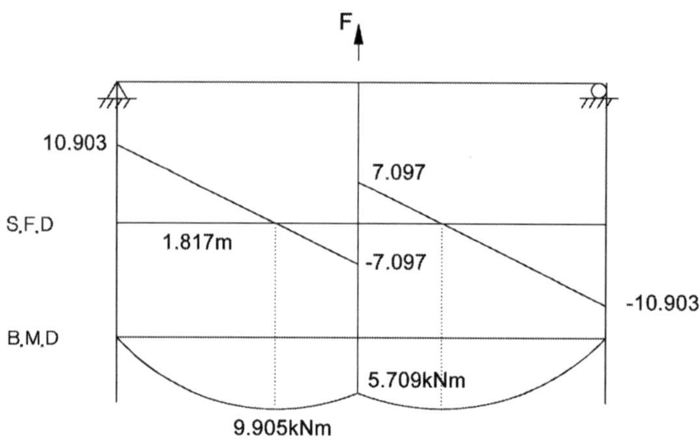

변위일치법 : 복합구조

다음 그림과 같은 구조물에서 $M_A = 4M_B$일 때, 스프링계수 k_S값을 구하고, C점에서의 처짐 δ_c 및 C'점에서의 처짐 δ_c'를 산정하라.

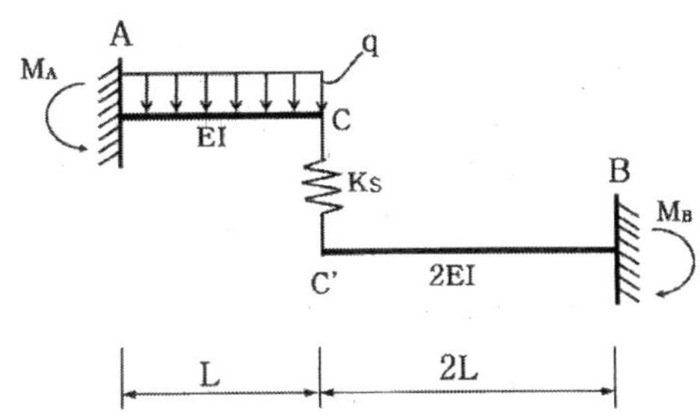

풀 이

▶ 개요

스프링력 F를 부정정력으로 보고 최소일의 원리 또는 변위일치법으로 해석할 수 있다($n = 6 + 3 + 0 - 4 \times 2 = 1$ 1차 부정정 구조물).

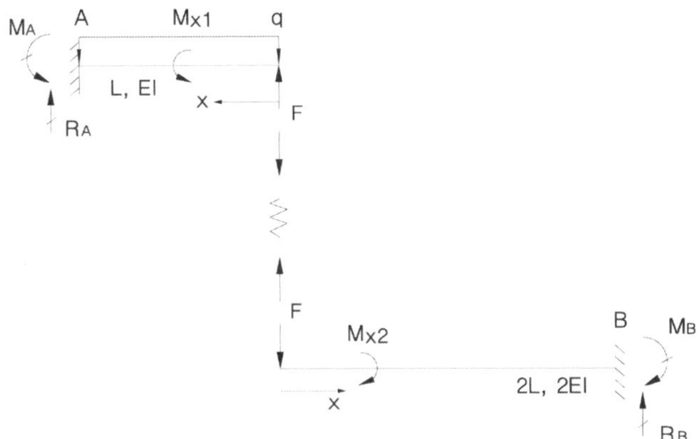

$$M_{x1} = \frac{qx^2}{2} - Fx, \qquad M_{x2} = Fx$$

▶ **변위일치법 개요**

① AC구조물의 C점에서의 처짐(하중 q, 부정정력 F) : δ_c

캔틸레버 구조물의 등분포하중 q에 의한 처짐 : $\delta_1 = \dfrac{qL^4}{8EI}(\downarrow)$

캔틸레버 구조물의 집중하중 F에 의한 처짐 : $\delta_2 = \dfrac{FL^3}{3EI} = \dfrac{L^3}{3EI} \times \dfrac{1}{18}qL = \dfrac{qL^4}{54EI}\ (\uparrow)$

$$\therefore\ \delta_c = \dfrac{qL^4}{8EI} - \dfrac{qL^4}{54EI} = \dfrac{23qL^4}{216EI}(\downarrow)$$

② 스프링구조물의 처짐 : δ_2

$$\delta_2 = \dfrac{F}{k_s} = \dfrac{1}{18}qL \times \dfrac{7L^3}{12EI} = \dfrac{7qL^4}{216EI}(\downarrow)$$

③ CB구조물의 부정정력 F에 의한 C'점에서의 처짐 : $\delta_c{}'$

From 적합조건 : $\delta_c{}' = \delta_c - \delta_2 = \dfrac{16qL^4}{216EI} = \dfrac{4qL^4}{54EI}$

또는 부정정력 F로 의한 처짐방정식으로부터, $\delta_c{}' = \dfrac{F(2L)^3}{3(2EI)} = \dfrac{8L^3}{6EI} \times \dfrac{1}{18}qL = \dfrac{4qL^4}{54EI}$

변위일치법 : 복합구조

아래 그림과 같은 구조계에서 다음 사항에 대하여 설명하시오.

(1) 기본 구조물도(Primary Structure)를 그리시오.

(2) 적합방정식을 구하시오.

(3) 스프링 강성 k가 0에서 무한대(∞)로 변할 때, A점의 휨모멘트 변화를 구하고 그래프로 도시 하시오(단, 부재 AC와 부재 BD의 휨강성(EI)은 일정하다).

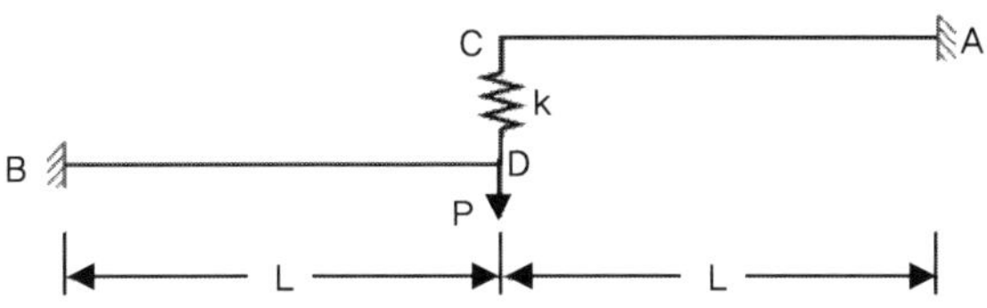

풀 이

▶ 개요

1차 부정정 구조물로 스프링력 F를 부정정력으로 보고 최소일의 원리 또는 변위일치법으로 해석 할 수 있다($n = 6 + 3 + 0 - 4 \times 2 = 1$ 1차 부정정 구조물).

▶ 기본 구조물도

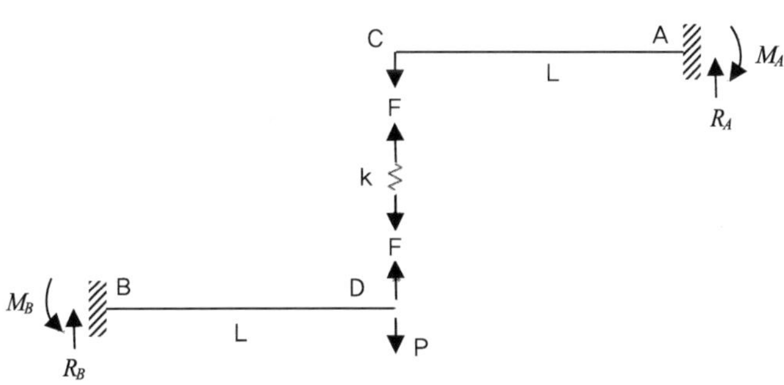

▶ 적합방정식

1) BD 구조물의 하중 P와 스프링력 F에 의한 처짐 δ_1

$$\delta_1 = \frac{(P - F)L^3}{3EI}$$

2) 스프링력 F에 의한 스프링의 처짐δ_2 $\delta_2 = \dfrac{F}{k}$

3) AC 구조물의 스프링력 F에 의한 처짐 δ_3 $\delta_3 = \dfrac{FL^3}{3EI}$

4) 적합조건

$$\delta_1 - \delta_2 = \delta_3 \; ; \; \frac{(P-F)L^3}{3EI} - \frac{F}{k} = \frac{FL^3}{3EI} \qquad\qquad \therefore F = \frac{kPL^3}{2kL^3 - 3EI}$$

▶ A점의 휨모멘트 변화

$$M_A = FL = \frac{kPL^4}{2kL^3 - 3EI}$$

$$① \; k = 0 \; : \; M_A = \lim_{k \to 0} \frac{kPL^4}{2kL^3 - 3EI} = 0$$

$$② \; k = \infty \; : \; M_A = \lim_{k \to \infty} \frac{kPL^4}{2kL^3 - 3EI} = \lim_{k \to \infty} \frac{PL^4}{2L^3 - \dfrac{3EI}{k}} = \frac{PL^4}{2L^3} = \frac{PL}{2}$$

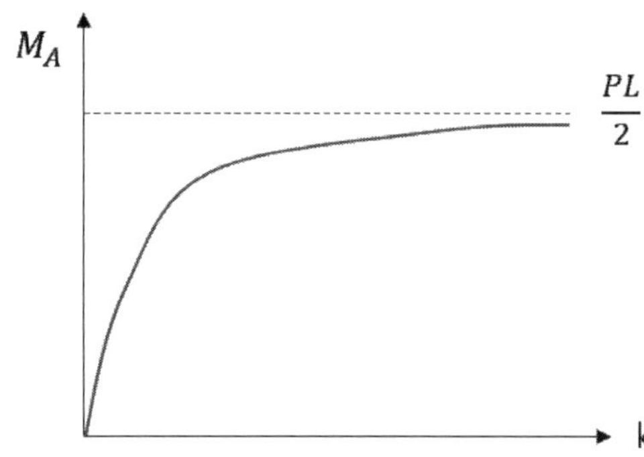

변위일치법

탄성체이고 길이가 각각 L인 3개의 봉을 핀으로 결합한 구조물에서 절점 C에 P가 연직 아랫방향으로 작용할 때 부재 DC에 작용하는 인장력과 부재 AC와 BC에 작용하는 압축력들이 같아지기 위한 부재의 단면적 비(A_1/A)를 구하시오(단, 부재 DC의 단면적은 A이고 부내 AC와 BC의 단면적은 A_1이다. 부재 CD는 연직방향이다).

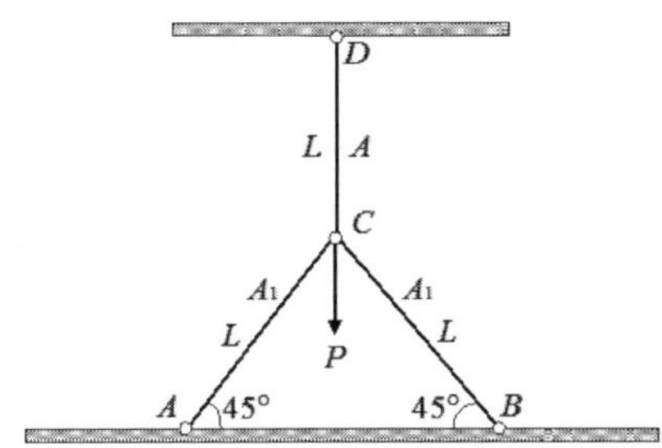

풀 이

▶ 개요

1차 부정정 구조물에 대해서 최소일의 원리를 이용하거나 변위일치법에 의해서 풀이할 수 있다.

▶ 변위일치의 방법

$$F_2 + 2F_1 \sin 45° = P$$

주어진 조건에서 $F_1 = F_2 = F$이므로,

$$\therefore F = \frac{P}{1+\sqrt{2}}$$

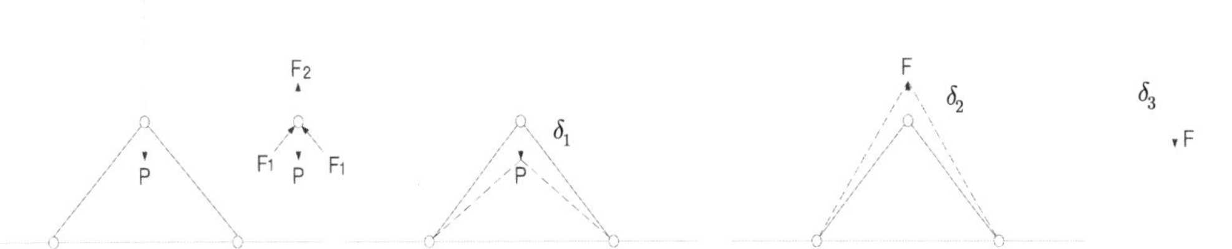

적합조건 : $\delta_1 - \delta_2 = \delta_3$

1) δ_1

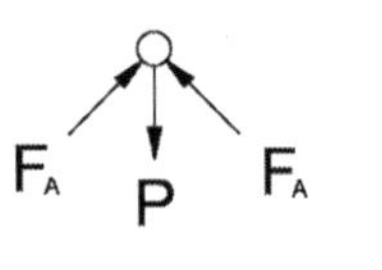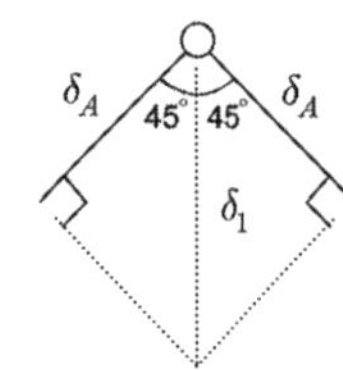

$$2F_A \sin 45° = P \qquad \therefore \ F_A = \frac{P}{\sqrt{2}}$$

Willot Diagram으로부터

$$\delta_1 = \frac{\delta_A}{\cos 45°} = \left(\frac{P}{\sqrt{2}}\right)\frac{L}{EA_1} \times \sqrt{2} = \frac{PL}{EA_1}$$

2) δ_2

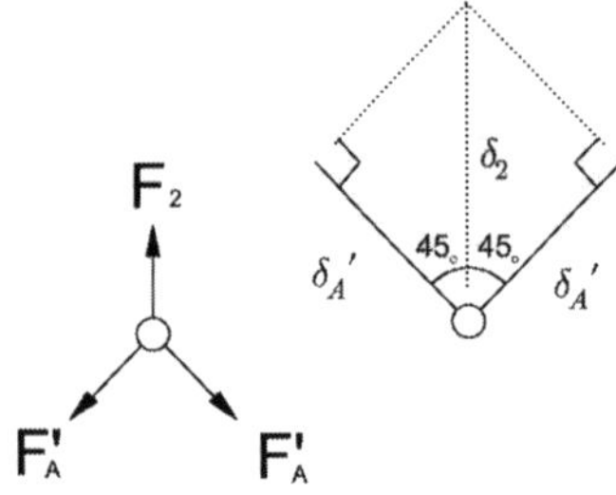

$$2F_A{'}\cos 45° = F \qquad \therefore \ F_A{'} = \frac{F}{\sqrt{2}}$$

Willot Diagram으로부터

$$\delta_2 = \frac{\delta_A{'}}{\cos 45°} = \frac{FL}{EA_1}$$

3) δ_3

$$\delta_3 = \frac{FL}{EA}$$

$\therefore$ 적합조건으로부터 $\dfrac{PL}{EA_1} - \dfrac{FL}{EA_1} = \dfrac{FL}{EA}$, $\dfrac{P}{A_1} - \dfrac{F}{A_1} = \dfrac{F}{A}$ $\qquad \therefore \dfrac{A_1}{A} = \dfrac{P}{F} - 1$

여기서 $F = \dfrac{P}{1 + \sqrt{2}}$ 이므로 $\quad \therefore A_1/A = \sqrt{2}$

변위일치법 : 복합구조

다음은 사장교의 원리를 설명하는 단순 모델이다. 보 중앙에 설치된 케이블의 강성(剛性)을 스프링상수로 치환한 아래 단순보에 등분포하중 $\omega=10\text{kN/m}$이 재하되고 스프링상수 k값이 아래 조건과 같이 변할 때, 보에 대한 휨모멘트도를 작성하고 k값이 변함에 따라 휨모멘트가 어떻게 변화하는지 설명하시오(단, 보의 EI=$7\times10^6\text{kN}\cdot\text{m}^2$이며 자중은 고려하지 않는다).

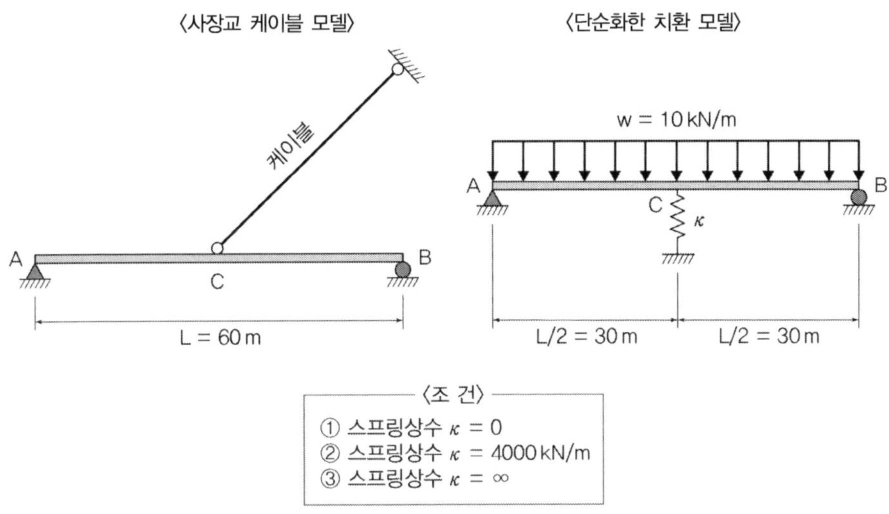

풀 이

▶ 개요

1차 부정정 구조물로 보고 스프링력을 F로 치환해 변위일치법 또는 에너지방법에 따라 풀이한다. 스프링상수의 변화에 따라 휨모멘트의 변화를 확인한다.

▶ 휨모멘트 산정

$$M_x = \left(\frac{wL-F}{2}\right)x - \frac{wx^2}{2}$$

$$U = \frac{2}{2EI}\int_0^{L/2} M_x^2\,dx + \frac{F^2}{2k}$$

1) 변위일치법에 의한 풀이

① 단순보 등분포하중에 의한 중앙지점에서의 처짐 $\delta_1(\downarrow)$ $\qquad \delta_1 = \dfrac{5wL^4}{384EI}$

② 단순보 집중 하중에 의한 중앙지점에서의 처짐 $\delta_2(\uparrow)$ $\qquad \delta_2 = \dfrac{FL^3}{48EI}$

③ 스프링에 하중 F로 인한 처짐 $\delta_3(\uparrow)$ $\qquad \delta_3 = \dfrac{F}{k}$

④ 적합방정식

$$\delta_1 = \delta_2 + \delta_3 \ ; \ \frac{5wL^4}{384EI} = \frac{FL^3}{48EI} + \frac{F}{k} \qquad \therefore F = \frac{5kwL^4}{8(48EI + kL^3)}$$

2) 휨모멘트 산정

여기서, $L = 60\,\text{m}$, $w = 10\text{kN/m}$, EI$=7 \times 10^6 \text{kN} \cdot \text{m}^2$ 이고, $M_x = \left(\dfrac{wL-F}{2}\right)x - \dfrac{wx^2}{2}$

k (kN/m)	F (kN)	R_A (kN)	M_x (kN·m²)
0	0	300	4500
4000	270	165	450
∞	375	112.5	−1125

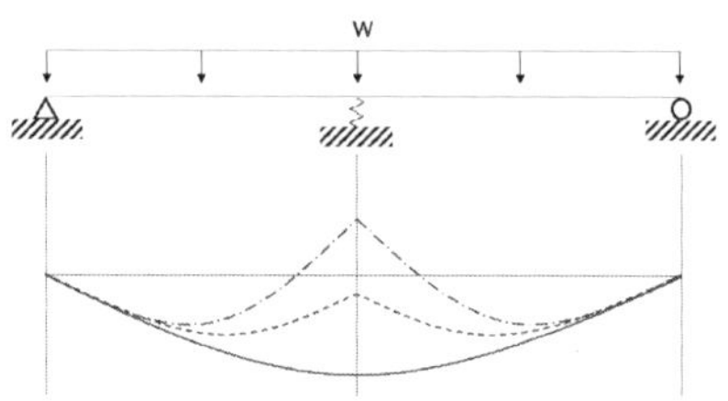

▶ k값에 따른 휨모멘트 변화

사장교에서 cable은 연결부에서 탄성 스프링 지점 역할을 수행한다. 케이블 장력이 도입되기 전에는 탄성 스프링계수 값이 0에 근접한 거동 형상을 보이며 1차 긴장 후에는 일정한 값의 스프링 지점역할을 수행하게 되며, 이후 대칭되는 cable과의 장력도입의 평형을 이루면 지점으로서의 역할을 수행하게 된다. 따라서 주어진 조건에서의 k값의 변화에 따라 최대 모멘트가 줄어드는 것과 마찬가지로 사장 케이블의 장력이 도입됨에 따라서 보강형에 발생하는 최대 휨모멘트는 줄어들게 되고 따라서 보강형을 장경견화 또는 슬림한 형식의 단면으로 채택할 수 있도록 한다.

변위일치법 : 복합구조

그림과 같은 구조계에서 고정단 A에 발생하는 휨모멘트를 구하시오(단, 보AB의 단면2차모멘트는 I, 기둥 CBD의 단면적은 A, 보와 기둥의 탄성계수는 E로 가정, 보AB상에는 등분포하중 w가 작용하며 보와 기둥의 자중은 무시한다).

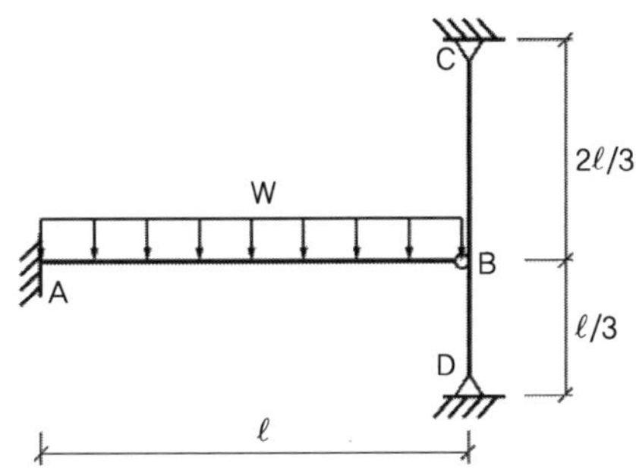

풀 이

▶ 개요

B점이 힌지이므로, 두 구조물을 분리하여 변위일치법을 통해서 반력을 산정하거나 에너지의 방법에 의해서 반력을 산정할 수 있다. 변위일치법을 이용할 경우 R_b를 부정정력(Redundant Force)으로 하고 B점에서의 변위가 구조물 AB와 구조물 CD에서 같다는 것을 이용한다.

▶ 변위일치의 방법

1) AB구조물의 변위(δ_{b1})

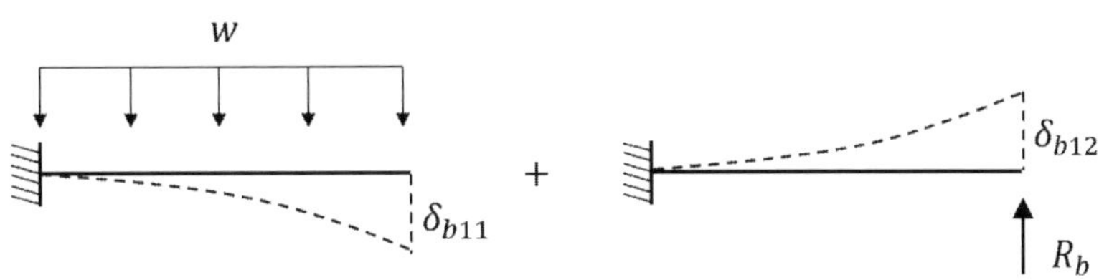

$$\therefore\ \delta_{b1} = \delta_{b11} + \delta_{b12} = \frac{wl^4}{8EI} - \frac{R_b l^3}{3EI}$$

2) CD구조물의 변위(δ_{b2})

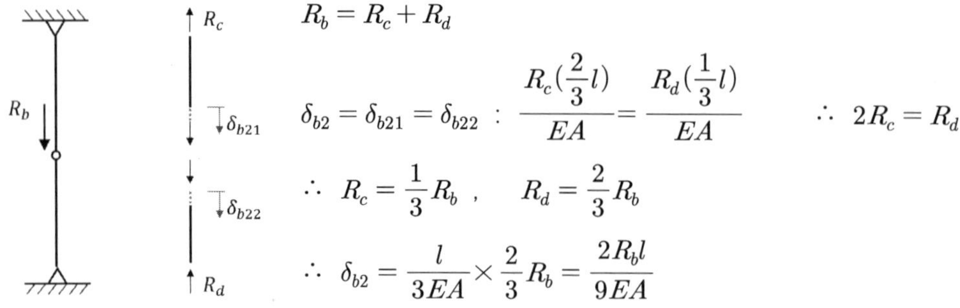

$$R_b = R_c + R_d$$

$$\delta_{b2} = \delta_{b21} = \delta_{b22} \ : \ \frac{R_c(\frac{2}{3}l)}{EA} = \frac{R_d(\frac{1}{3}l)}{EA} \qquad \therefore \ 2R_c = R_d$$

$$\therefore \ R_c = \frac{1}{3}R_b \ , \qquad R_d = \frac{2}{3}R_b$$

$$\therefore \ \delta_{b2} = \frac{l}{3EA} \times \frac{2}{3}R_b = \frac{2R_bl}{9EA}$$

3) 적합조건

$$\delta_{b1} = \delta_{b2} \ : \ \frac{wl^4}{8EI} - \frac{R_bl^3}{3EI} = \frac{2R_bl}{9EA} \ , \quad \left(\frac{2l}{9EA} + \frac{3l^3}{9EI}\right)R_b = \frac{wl^4}{8EI} \qquad \therefore R_b = \frac{9wAl^3}{8(2I + 3Al^2)}$$

$$\therefore \ M_A = \frac{wl^2}{2} - R_bl$$

$$= \frac{wl^2}{2} - \frac{9wAl^4}{8(2I + 3Al^2)} = \frac{4wl^2(2I + 3Al^2) - 9wAl^4}{8(2I + 3Al^2)} = \frac{wl^2(8I + 3Al^2)}{8(2I + 3Al^2)} \ (\curvearrowleft)$$

변위일치법 : 합성구조

다음 그림과 같은 구조계의 E점에 연직하중 P가 작용 시 E점의 처짐과 단부 A와 C의 휨모멘트를 구하시오(EI는 일정하고 직교상태이며 a>b이다).

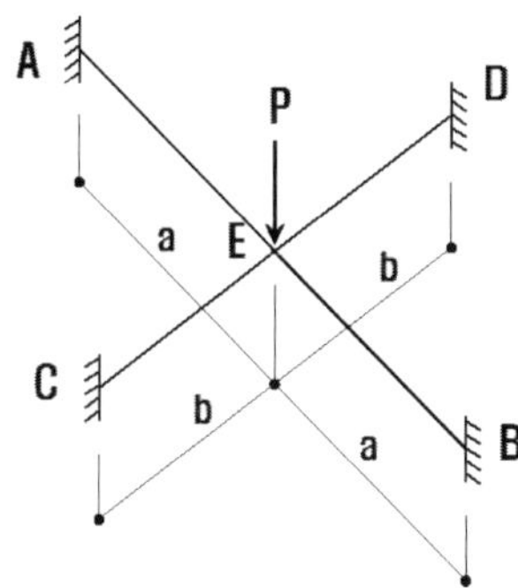

풀 이

▶ 부정정 차수 산정

$$n = r + m + s - 2k$$

변위일치법이나 에너지법을 활용한 해석방법이 가장 무난하다.

▶ 해석방법

1) AB구조와 CD구조가 각각 하중분담을 P_1, P_2로 한다고 하고 $\delta_1 = \delta_2 = \delta$의 조건으로 해석

2) CD구조가 받는 하중분담을 F(Redundant Force)로 가정하고 변위일치법 또는 최소일의 방법 해석

▶ 변위일치법에 의한 해법

1) 구조물의 분리

$$M_{AB} \Big(\quad \overset{A}{\rule{0pt}{0pt}} \quad \overset{a}{\underset{\downarrow P_1}{\rule{0pt}{0pt}}} \quad \overset{B}{a} \quad \Big) M_{BA} \quad + \quad M_{CD} \Big(\quad \overset{C}{\rule{0pt}{0pt}} \quad \overset{b}{\underset{\downarrow P_2}{\rule{0pt}{0pt}}} \quad \overset{D}{b} \quad \Big) M_{DC}$$

2) AB 구조계

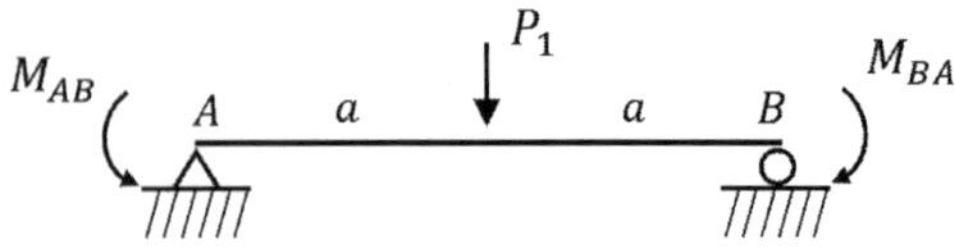

$$M_{AB} = M_{BA} = \frac{P_1 a(a)^2}{(2a)^2} = \frac{1}{4} P_1 a$$

(1) 집중하중 처짐

$$\delta_{11} = \frac{P_1(2a)^3}{48EI} = \frac{8P_1 a^3}{48EI}$$

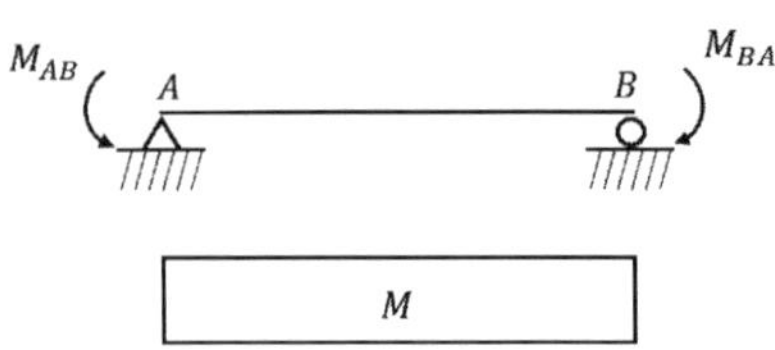

(2) 모멘트 처짐

$$\delta_{12} = \frac{M(2a)^2}{8EI} = \frac{a^2}{2EI}\left(\frac{1}{4}P_1 a\right) = \frac{P_1 a^3}{8EI}$$

$$\delta_1 = \delta_{11} + \delta_{12} = \frac{8P_1 a^3}{48EI} - \frac{6P_1 a^3}{48EI} = \frac{P_1 a^3}{24EI}$$

3) CD 구조계

$$\delta_2 = \delta_{21} + \delta_{22} = \frac{8P_2 b^3}{48EI} - \frac{6P_2 b^3}{48EI} = \frac{P_2 b^3}{24EI}$$

$$\delta = \delta_1 = \delta_2, \quad P = P_1 + P_2 :$$

$$\frac{P_1 a^3}{24EI} = \frac{(P - P_1)b^3}{24EI} \qquad \therefore P_1 = \frac{b^3}{a^3 + b^3}P, \quad P_2 = \frac{a^3}{a^3 + b^3}P$$

4) 처짐 및 모멘트 산정

$$\delta = \frac{a^3}{24EI} \times \frac{b^3}{a^3 + b^3}P = \frac{a^3 b^3 P}{24EI(a^3 + b^3)}$$

$$M_{AB} = -\frac{ab^3}{4(a^3 + b^3)}P \text{ (clockwise)}, \qquad M_{BA} = \frac{ab^3}{4(a^3 + b^3)}P\text{(counter-clockwise)}$$

$$M_{CD} = -\frac{ba^3}{4(a^3 + b^3)}P \text{ (clockwise)}, \qquad M_{BA} = \frac{ba^3}{4(a^3 + b^3)}P\text{(counter-clockwise)}$$

➤ 에너지의 방법에 의한 해법

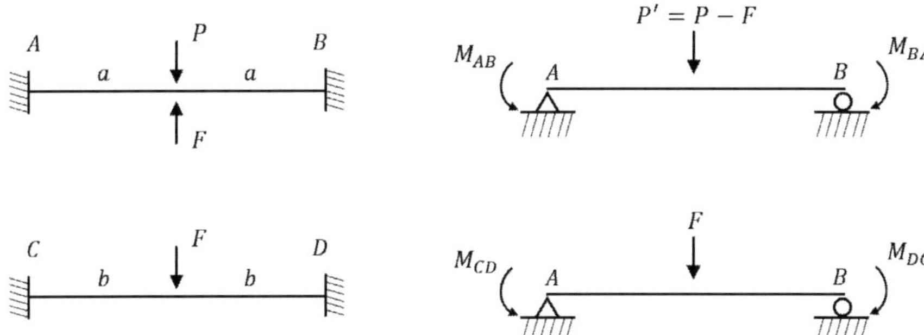

$$M_{AB} = - M_{BA} = \frac{P_1 a(a)^2}{(2a)^2} = \frac{1}{4}(P-F)a, \quad M_{CD} = - M_{DC} = \frac{P_1 b(b)^2}{(2b)^2} = \frac{1}{4}Fb$$

1) AB 구조계

$$M_x = \frac{1}{2}(P-F)x - M_{AB} = \frac{1}{2}(P-F)x - \frac{1}{4}(P-F)a$$

2) CD 구조계

$$M_x = \frac{1}{2}(F)x - M_{CD} = \frac{1}{2}(F)x - \frac{1}{4}Fb$$

3) 변형에너지

$$U = \Sigma \int \frac{M_x^2}{2EI}dx = 2 \times \left[\int_0^a \frac{M_x^2}{2EI}dx + \int_0^b \frac{M_x^2}{2EI}dx \right]$$

$$\frac{\partial U}{\partial F} = \frac{\partial}{\partial F}\left[\int_0^a \frac{\left(\frac{1}{2}(P-F)x - \frac{1}{4}(P-F)a\right)^2}{EI}dx + \int_0^b \frac{\left(\frac{1}{2}(F)x - \frac{1}{4}Fb\right)^2}{EI}dx \right] = 0$$

변위일치법 : 합성구조

그림과 같은 보 ADFB는 강체로서, A점에서는 힌지, D점 및 F점에서는 와이어로 핀 지지된 구조이며, CD및 EF와이어는 C점 및 E점에서 고정 지지된다. 아래와 같은 설계조건에서, 와이어 CD와 EF의 허용응력을 각각 f_{a1}, f_{a2}이라 할 때, 허용응력을 만족하는 P의 최대하중을 구하시오 (단, 강체보와 와이어의 자중은 무시한다).

1) 와이어 CD 부재 제원 : E_1=72GPa, d_1=4.0mm, L_1=0.4m, f_{a1}=200MPa
2) 와이어 EF 부재 제원 : E_2=45GPa, d_2=3.0mm, L_2=0.3m, f_{a2}=175MPa

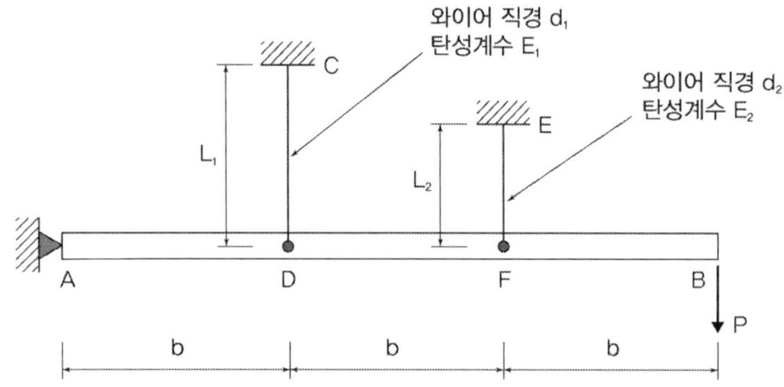

풀 이

▶ 개요

1차 부정정 구조물로 변위일치의 방법이나 에너지법을 이용하여 풀이할 수 있다. 와이어 CD의 장력을 F_1, 케이블 EF의 장력을 F_2로 치환하여 산정한다.

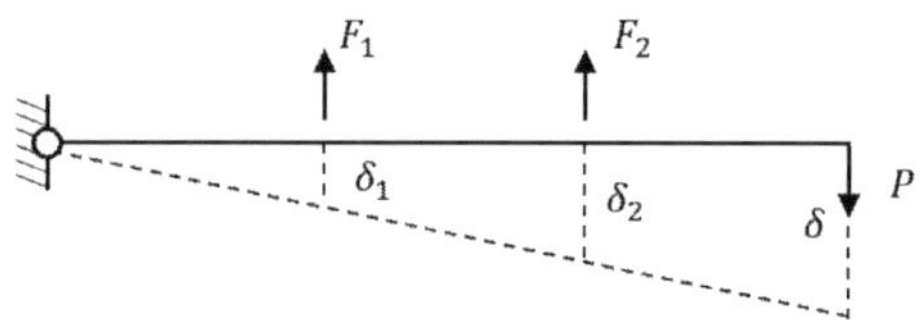

▶ 변위일치법

$$\sum M_A = 0 \ : \ F_1 + 2F_2 = 3P \qquad \therefore \ F_1 = 3P - 2F_2$$

Rigid Body이므로, $\delta_2 = 2\delta_1$, $\dfrac{F_2 L_2}{E_2 A_2} = 2\dfrac{F_1 L_1}{E_1 A_1}$, $\quad \therefore \ F_2 = \dfrac{15}{16}F_1$, $\ F_1 = \dfrac{24}{23}P$, $\ F_2 = \dfrac{45}{46}P$

➤ 최대하중 산정

① 와이어 1이 허용응력에 도달할 경우의 하중 산정

$$F_1 = f_{a1}A_1 = \frac{24}{23}P \qquad \therefore P = \frac{23}{24}f_{a1}A_1 = \frac{23}{24}\times 200 \times \pi \times 4^2 \times 10^{-3} = 9.634 \text{ kN}$$

② 와이어 2가 허용응력에 도달할 경우의 하중 산정

$$F_2 = f_{a2}A_2 = \frac{45}{46}P \qquad \therefore P = \frac{46}{45}f_{a2}A_2 = \frac{46}{45}\times 175 \times \pi \times 3^3 \times 10^{-3} = 5.057 \text{ kN}$$

$\therefore$ 최대하중은 5.057 kN

【 기출유형 ① 】 보의 축력, 모멘트, 전단력 및 비틀림에 이한 변형에너지를 설명

에너지의 방법은 내적 일과 외적 일과의 관계로부터 산출하는 방법으로 일반적으로 최소에너지의 법칙은 평형상태와 관련된다. 변위와 변형, 응력, 내적, 외적 일과의 상관관계는 아래의 그림과 같다. 에너지의 방법은 내적 일과 외적 일과의 관계로부터 산출하는 방법으로 일반적으로 최소에너지의 법칙은 평형상태와 관련된다. 부재의 변형으로 인해 축적되는 변형에너지는 각 부재의 형상과 하중조건에 따라 다르게 표현된다. 에너지의 방법은 이러한 부재의 변형으로 인해 축적되는 변형에너지를 통해서 탄성범위 내에서의 문제(변위, 부정정력 산정 등)를 해결할 수 있다. 가상일의 법칙이나 Castigliano's 2nd theorem 등은 모두 에너지의 방법으로부터 유도된 내용이다.

Strain Energy $\quad U = \int_V U_0 dV$

Strain energy density $\quad U_0 = \int_0^\epsilon \sigma d\epsilon$

Uniaxial tension test $\quad U_0 = \int_0^\epsilon \sigma d\epsilon = \int_0^\epsilon (E\epsilon) d\epsilon = \dfrac{E\epsilon^2}{2} = \dfrac{1}{2} \sigma \epsilon$

3D $\quad U_0 = \dfrac{1}{2}(\sigma_{xx}\epsilon_{xx} + \sigma_{yy}\epsilon_{yy} + \sigma_{zz}\epsilon_{zz} + \tau_{xy}\gamma_{xy} + \tau_{yz}\gamma_{yz} + \tau_{zx}\gamma_{zx})$

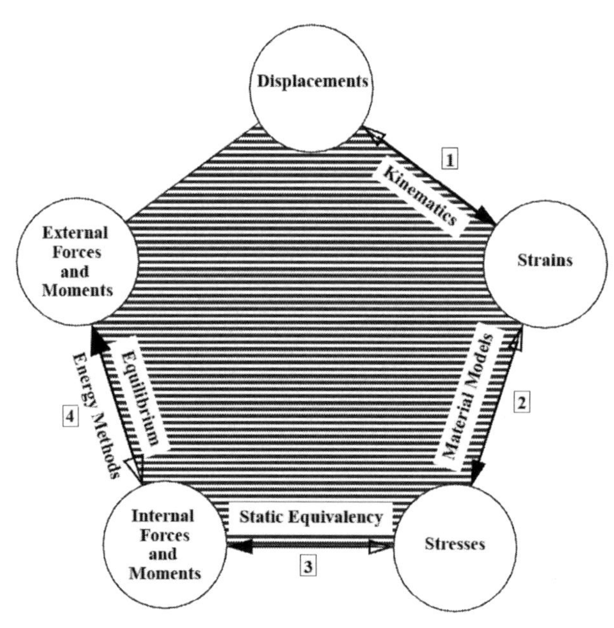

1) Elastic strain energy

부재의 변형으로 인해 축적되는 변형에너지는 각 부재의 형상과 하중조건에 따라 다르게 표현된다. 에너지의 방법은 이러한 부재의 변형으로 인해 축적되는 변형에너지를 통해서 탄성범위 내에서의 문제(변위, 부정정력 산정 등)를 해결할 수 있다. 가상일의 법칙이나 Castigliano's 2nd theorem 등은 모두 에너지의 방법으로부터 유도된 내용이다.

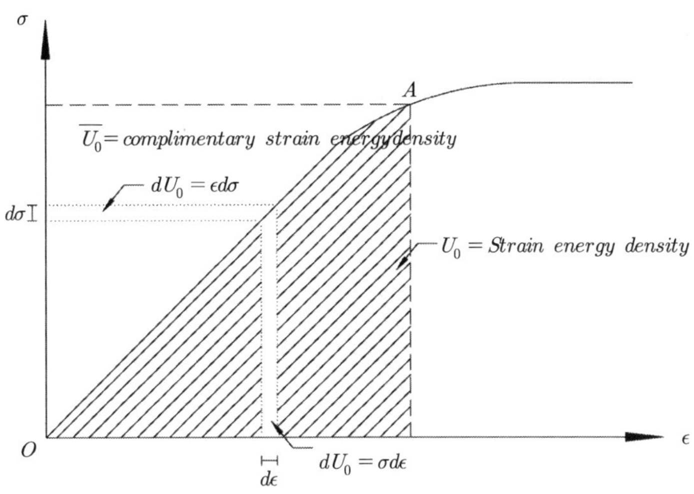

Strain Energy $\quad U = \int_V U_0 dV$

Strain energy density $\quad U_0 = \int_0^\epsilon \sigma d\epsilon$

Uniaxial tension test $\quad U_0 = \int_0^\epsilon \sigma d\epsilon = \int_0^\epsilon (E\epsilon) d\epsilon = \dfrac{E\epsilon^2}{2} = \dfrac{1}{2}\sigma\epsilon$

3D $\quad U_0 = \dfrac{1}{2}(\sigma_{xx}\epsilon_{xx} + \sigma_{yy}\epsilon_{yy} + \sigma_{zz}\epsilon_{zz} + \tau_{xy}\gamma_{xy} + \tau_{yz}\gamma_{yz} + \tau_{zx}\gamma_{zx})$

① Axial strain energy

$$\sigma_{yy} = \sigma_{zz} = 0, \quad \sigma_{xx} = E\epsilon_{xx} = E\left(\dfrac{du}{dx}\right), \quad \epsilon_{xx} = \dfrac{du}{dx}(x)$$

$$U_A = \int_V \dfrac{1}{2}E\epsilon_{xx}^2 dV = \int_L \left[\int_A \dfrac{1}{2}E\left(\dfrac{du}{dx}\right)^2 dA\right] dx = \int_L \left[\dfrac{1}{2}\left(\dfrac{du}{dx}\right)^2 \int_A EdA\right] dx = \int_L U_a dx$$

$$U_a = \dfrac{1}{2}EA\left(\dfrac{du}{dx}\right)^2 : 단위길이당\ strain\ energy$$

$$\overline{U_A} = \int_L \overline{U_a}\,dx \qquad \overline{U_a} = \frac{1}{2}\frac{N^2}{EA}$$

② Torsional strain energy

$$\tau_{x\theta} = G\gamma_{x\theta}, \qquad \gamma_{x\theta} = \rho\frac{d\phi}{dx}(x)$$

$$U_T = \int_V \frac{1}{2}G\gamma_{x\theta}^2\,dV = \int_L \left[\int_A \frac{1}{2}G\left(\rho\frac{d\phi}{dx}\right)^2 dA\right]dx = \int_L \left[\frac{1}{2}\left(\frac{d\phi}{dx}\right)^2 \int_A G\rho^2\,dA\right]dx = \int_L U_t\,dx$$

$$U_t = \frac{1}{2}GJ\left(\frac{d\phi}{dx}\right)^2 : \text{단위길이당 strain energy}$$

$$\overline{U_T} = \int_L \overline{U_t}\,dx \qquad \overline{U_t} = \frac{1}{2}\frac{T^2}{GJ}$$

③ Symmetric bending strain energy(z축)

$$\sigma = E\epsilon_{xx}, \qquad \epsilon_{xx} = -y\frac{d^2v}{dx^2}$$

$$U_B = \int_V \frac{1}{2}E\epsilon_{xx}^2\,dV = \int_L \left[\int_A \frac{1}{2}E\left(y\frac{d^2v}{dx^2}\right)^2 dA\right]dx = \int_L \left[\frac{1}{2}\left(\frac{d^2v}{dx^2}\right)^2 \int_A Ey^2\,dA\right]dx = \int_L U_b\,dx$$

$$U_b = \frac{1}{2}EI_{zz}\left(\frac{d^2v}{dx^2}\right)^2 : \text{단위길이당 strain energy}$$

$$\overline{U_B} = \int_L \overline{U_b}\,dx \qquad \overline{U_b} = \frac{1}{2}\frac{M_z^2}{EI_{zz}}$$

Shear strain energy due to bending : $U_S = \int_V \frac{1}{2}\tau_{zy}\gamma_{xy}\,dV = \int_V \frac{1}{2}\frac{\tau_{xy}^2}{E}\,dV \;\; \ll U_B$

1. Elastic Strain Energy : Strain energy in deformed components

1) Bar under axial load(축방향 부재)

한 단이 고정된 축방향 부재에 대해 하중 P가 지속적으로 천천히 증가할 경우 동적에너지를 무시할 수 있으며 이때 미소변위 $d\Delta$ 만큼 신장됨으로 인해 발생한 일의 양 dW는 다음과 같다.

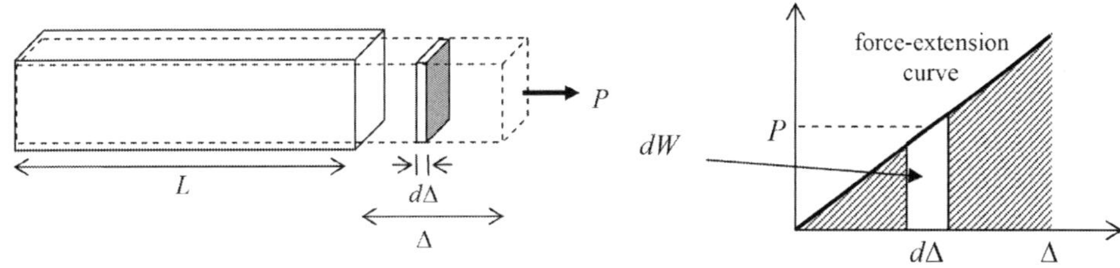

$$dW = Pd\Delta$$

$\Delta = \dfrac{PL}{EA}$ 이며, 하중과 변위와의 관계로부터 변형에너지는

$$U = \frac{1}{2}P\Delta = \frac{P^2L}{2EA}$$

하중이나 단면, 탄성계수가 길이방향으로 변화할 경우

$$U = \int_0^L \frac{P^2}{2EA}dx$$

2) Beam subjected to a pure bending(순수 휨부재)

하중 M에 의해 회전각 $d\theta$로 인하여 발생한 일은 $Md\theta$,

$$M = \frac{EI}{R}, \quad L = R\theta, \quad \theta = \frac{ML}{EI}$$

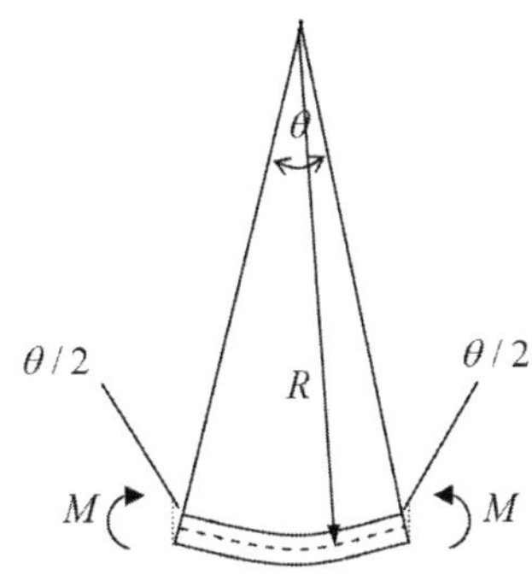

$$U = \frac{1}{2} M\theta = \frac{M^2 L}{2EI}$$

하중이나 단면, 탄성계수가 길이방향으로 변화할 경우 $U = \int_0^L \frac{M^2}{2EI} dx$

3) Shear force

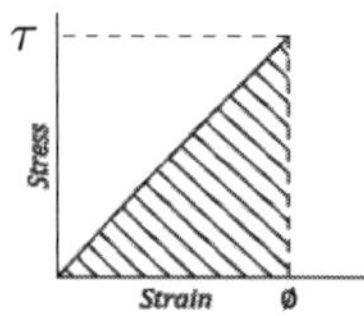
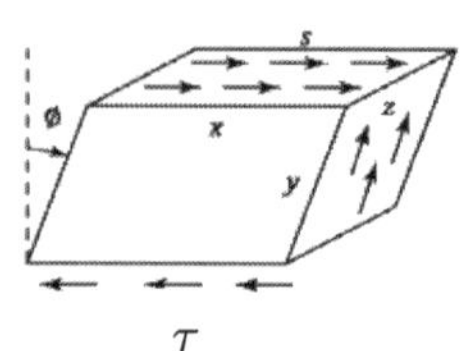
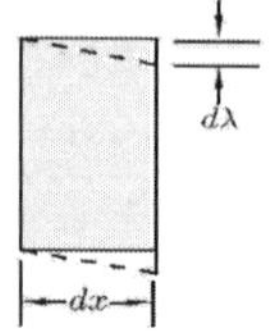

$$\gamma = \frac{d\lambda}{dx} = \tan\phi \doteqdot \phi, \quad \gamma = \tau/G, \quad \tau = \frac{VQ}{Ib} \quad \therefore U = \frac{1}{2}\tau\phi = \frac{\tau^2}{2G} = \frac{\left(\frac{VQ}{Ib}\right)^2}{2G} = \left(\frac{Q}{Ib}\right)^2 \frac{V^2}{2G}$$

하중이나 단면, 탄성계수가 길이방향으로 변화할 경우

$$W_I = \int_A \left(\frac{Q}{Ib}\right)^2 A\, dA \int_0^L \frac{V^2}{2GA}\, dx = \chi \int_0^L \frac{V^2}{2GA}\, dx$$

여기서 사용된 χ를 전단형상계수라고 하며, 다음과 같다.

$$\therefore \chi = \int_A \left(\frac{Q}{Ib}\right)^2 A dA = \frac{A}{I^2} \int_A \frac{Q^2}{b^2} dA$$

4) Circular Bar in Torsion(비틀림 받는 봉강 부재)

반지름이 r인 원형 바에서 하중 F가 커플로 작용할 경우 비틀림력 $T = 2Fr$, 바의 회전으로 인하여 미소 회전각 $\Delta\phi$로 인해 하중 F는 미소변위 $s = r\Delta\phi$

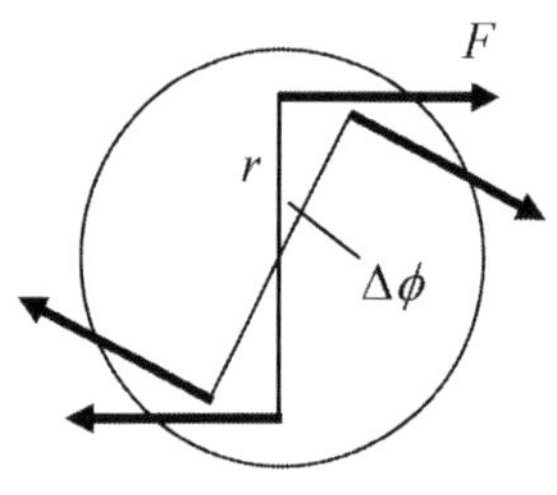
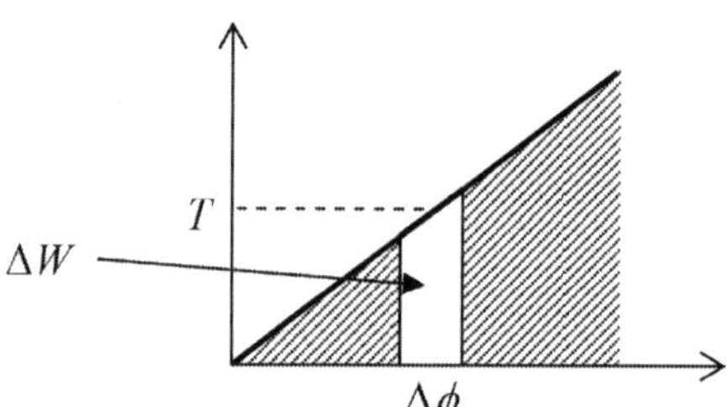

$$\Delta W = 2(Fs) = T\Delta\phi$$

$\phi = \dfrac{TL}{GJ}$ 이며, 하중과 변위와의 관계로부터 변형에너지는 $U = \dfrac{1}{2}\phi T = \dfrac{T^2 L}{2GJ}$

하중이나 단면, 탄성계수가 길이방향으로 변화할 경우 $U = \displaystyle\int_0^L \dfrac{T^2}{2GJ} dx$

2. Castigliano's 2nd theorem

에너지 방법중 Castigliano's 2법칙은 선형 탄성 문제에 많이 사용되는 방법이다. 부재별 변형에너지로부터 변형은 다음과 같이 표현된다.

(축방향 부재) $U = \dfrac{P^2 L}{2EA} \quad\rightarrow\quad \dfrac{dU}{dP} = \dfrac{PL}{EA} = \Delta$

(비틀림 부재) $U = \dfrac{T^2 L}{2GJ} \quad\rightarrow\quad \dfrac{dU}{dT} = \dfrac{TL}{GJ} = \phi$

(휨 부재) $\quad\;\; U = \dfrac{M^2 L}{2EI} \quad\rightarrow\quad \dfrac{dU}{dM} = \dfrac{ML}{EI} = \theta$

일반식 $\quad\;\; \Delta_i = \dfrac{\partial U}{\partial P_i}$

단위하중 P 를 받고 있는 구조물에서 하중으로 인해 발생하는 변위가 Δ 이면 변형에너지는

$$U = \frac{1}{2} P\Delta$$

여기서 추가로 하중 dP 가 발생하였을 경우 발생하는 변위를 $d\Delta$ 라고 하면, 추가되는 변형에너지는

$$\Delta U = Pd\Delta + \frac{1}{2} dPd\Delta$$

만약 하중 $P + dP$ 가 동시에 작용하였다면 변형에너지는

$$U' = \frac{1}{2}(P + dP)(\Delta + d\Delta)$$

이 변형에너지는 $U + dU$ 와 같아야 하므로 $Pd\Delta = \Delta dP$

$$\therefore\; dU = \Delta dP + \frac{1}{2} dPd\Delta$$

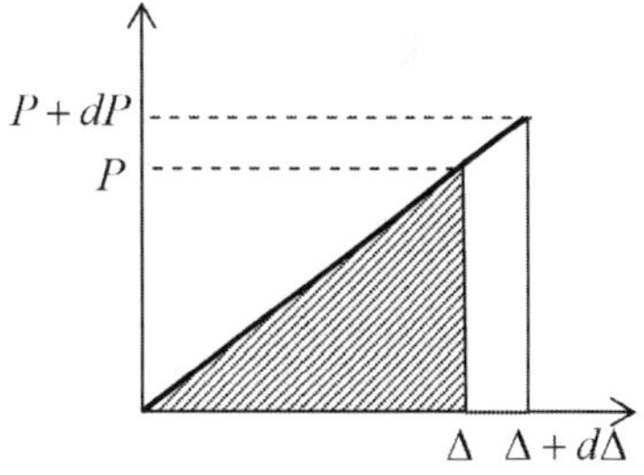

양변을 dP 로 나누고 $dP{\rightarrow}0$ 이면 $\quad \therefore\; \dfrac{dU}{dP} = \Delta$ \qquad Castigliano's 2nd theorem

만약 양변을 $d\Delta$ 로 나누고 $d\Delta{\rightarrow}0$ 이면 $\quad \therefore\; \dfrac{dU}{d\Delta} = P$ \qquad Castigliano's 1st theorem

에너지의 방법 : 최소일의 원리, Castigliano의 제2정리

4분원에서 점A의 수평변위와 수직변위를 구하시오.

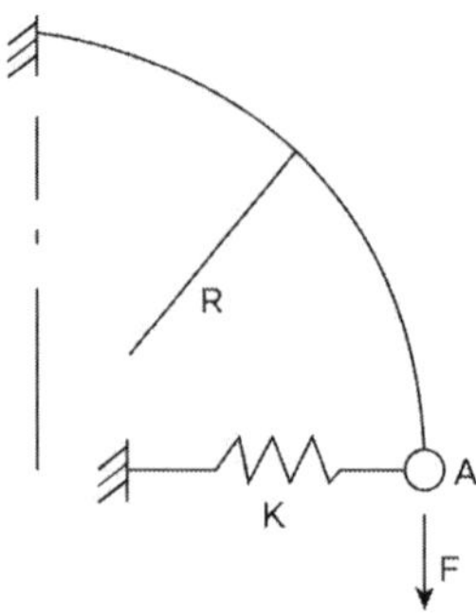

풀 이

▶ 개요

미소변위 이론을 고려하여 스프링계수 k로 인해 발생하는 힘 $F = k\Delta_H$로 가정한다.

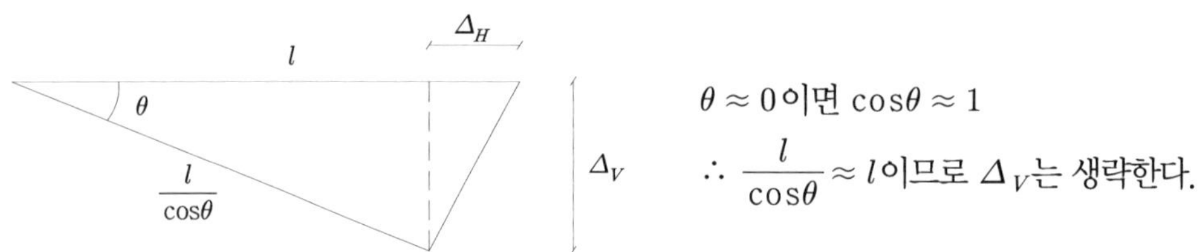

$$\theta \approx 0 이면 \cos\theta \approx 1$$

$$\therefore \frac{l}{\cos\theta} \approx l 이므로 \ \Delta_V 는 \ 생략한다.$$

▶ 에너지 방법 : Castigliano의 제2정리 이용

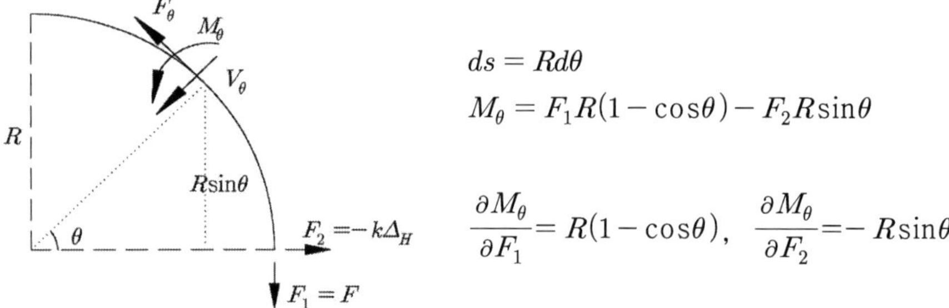

$$ds = Rd\theta$$

$$M_\theta = F_1 R(1 - \cos\theta) - F_2 R\sin\theta$$

$$\frac{\partial M_\theta}{\partial F_1} = R(1 - \cos\theta), \quad \frac{\partial M_\theta}{\partial F_2} = -R\sin\theta$$

1) 수직처짐(Δ_V)

$$\Delta_V = \frac{1}{EI}\int M_\theta \frac{\partial M_\theta}{\partial F_1}ds = \frac{1}{EI}\int_0^{\frac{\pi}{2}}\left[F_1 R(1-\cos\theta) - F_2 R\sin\theta\right](R(1-\cos\theta))(Rd\theta)$$

$$= \frac{R^3}{EI}\left[F_1\left(\frac{3}{4}\pi - 2\right) - \frac{F_2}{2}\right]$$

2) 수평처짐(Δ_H)

$$\Delta_H = \frac{1}{EI}\int M_\theta \frac{\partial M_\theta}{\partial F_2}ds = \frac{1}{EI}\int_0^{\frac{\pi}{2}}\left[F_1 R(1-\cos\theta) - F_2 R\sin\theta\right](-R\sin\theta))(Rd\theta)$$

$$= \frac{R^3}{EI}\left[-\frac{F_1}{2} + \frac{\pi}{4}F_2\right]$$

여기서, $F_1 = F$, $F_2 = -k\Delta_H$이므로

$$\Delta_H = \frac{R^3}{EI}\left[-\frac{F}{2} - \frac{k\pi}{4}\Delta_H\right] \qquad \therefore \Delta_H = -\frac{2R^3 F}{4EI + k\pi R^3}(\leftarrow)$$

$$\therefore \Delta_V = \frac{R^3}{EI}\left[F_1\left(\frac{3}{4}\pi - 2\right) - \frac{F_2}{2}\right] = \frac{FR^3}{EI}\left[\frac{3}{4}\pi - 2 + \frac{kR^3}{4EI + k\pi R^3}\right](\downarrow)$$

에너지의 방법 : 구조물의 처짐

아래 그림과 같이 B단이 고정되어 있고, 반지름이 R인 원호형 캔틸레버보의 자유단 A에 하중 P 가 작용하고 있을 때 자유단 A의 연직처짐 δ_v를 계산하시오.

단, 재료의 탄성계수 $E_s = 210,000\,MPa$, 반지름 R=2m, 보의 직경 d=10cm,

재료의 포아슨비 ν=0.3, 하중 P=10kN

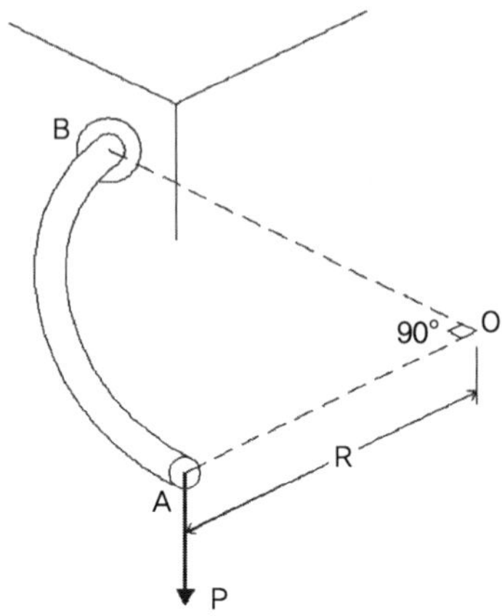

풀 이

▶ 개요

에너지 법칙(Castigliano의 법칙)을 이용하여 풀이한다.

▶ 단면상수 산정

$$A = \frac{\pi d^2}{4} = \frac{\pi \times 100^2}{4} = 7,854\,\text{mm}^2, \quad I = \frac{\pi d^4}{64} = \frac{\pi \times 100^4}{64} = 4.908 \times 10^6\,\text{mm}^4$$

$$G = \frac{E_s}{2(1+\nu)} = \frac{210,000}{2(1+0.3)} = 80,769\text{MPa}$$

▶ 단면력 및 처짐 산정

$$V_x = P, \quad M_x = P(R - R\cos\theta), \quad T_x = PR\sin\theta, \quad x = R\theta$$

$$\frac{dV_x}{dP} = 1, \quad \frac{dM_x}{dP} = R - R\cos\theta, \quad \frac{dT_x}{dP} = R\sin\theta, \quad dx = Rd\theta$$

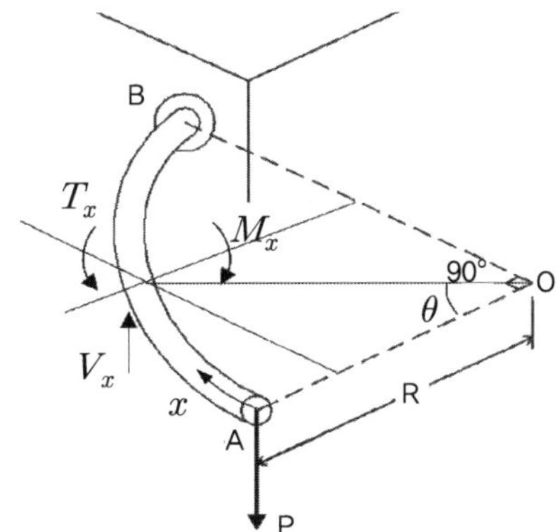

1) 전단에 의한 처짐(δ_1)

$$U_1 = \int \frac{\kappa V^2}{2GA}dx, \quad \delta_1 = \frac{\partial U_1}{\partial P} = \frac{\kappa}{GA}\int_0^{\frac{\pi}{2}} PRd\theta \quad \text{여기서, } \kappa = 10/9 \text{(원형, 전단형상계수)}$$

2) 휨모멘트에 의한 처짐(δ_2)

$$U_2 = \int \frac{M^2}{2EI}dx \ , \quad \delta_2 = \frac{\partial U_2}{\partial P} = \frac{1}{EI}\int_0^{\frac{\pi}{2}} PR^3(1-\cos\theta)^2 d\theta$$

3) 비틀림모멘트에 의한 처짐(δ_3)

$$U_3 = \int \frac{T^2}{2GJ}dx \ , \quad \delta_3 = \frac{\partial U_3}{\partial P} = \frac{1}{GJ}\int_0^{\frac{\pi}{2}} PR^3\sin^2\theta d\theta$$

$$\delta_v = \frac{\kappa}{GA}\int_0^{\frac{\pi}{2}} PRd\theta + \frac{1}{EI}\int_0^{\frac{\pi}{2}} PR^3(1-\cos\theta)^2 d\theta + \frac{1}{GJ}\int_0^{\frac{\pi}{2}} PR^3\sin^2\theta d\theta$$

$$= 96.9\text{mm}\,(\downarrow)$$

4) 전단형상 계수 κ

$$U = \int_V \frac{\tau\gamma}{2}dV = \int_V \frac{\tau^2}{2G}dV = \int_0^l \left[\int_A \frac{1}{2G}\left(\frac{VQ}{Ib}\right)^2 dA\right]dx = \int_0^l \left[\int_A \left(\frac{Q}{Ib}\right)^2 AdA\right]\frac{V^2}{2GA}dx$$

$$= \int_0^l \kappa\frac{V^2}{2GA}dx \qquad \therefore \kappa = \int_A \left(\frac{Q}{Ib}\right)^2 AdA = \frac{A}{I^2}\int_A \frac{Q^2}{b^2}dA$$

κ는 단면의 형상에 따른 계수로 직사각형 단면 6/5, 원형단면 10/9, I형 단면에서는 단면적을 복부의 단면적으로 대치하면 κ=1.0이 된다.

에너지의 방법 : 정정구조 처짐 산정

그림과 같은 곡선보에서 단부 단면의 도심에 P = 5 kN이 작용할 때, 축력과 전단력의 영향을 고려하여 단부의 수직처짐을 구하시오(단, E = 200 GPa, G = 80 GPa이다).

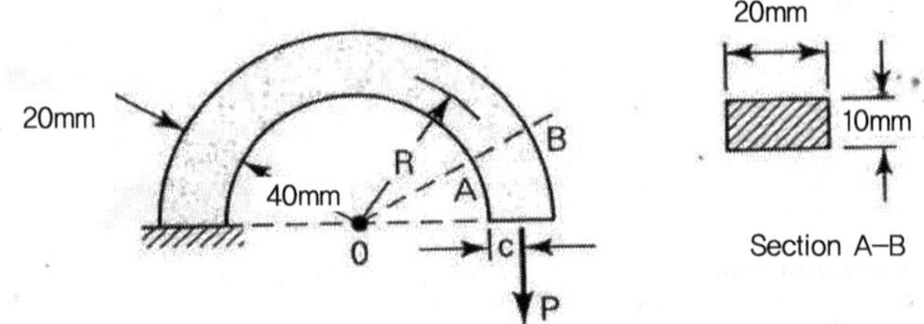

풀 이

▶ 개요

정정 구조물의 수직처짐을 산정하기 위해서 에너지법인 Castigliano의 제2정리를 이용하여 풀이한다. 곡선구조물이므로 곡선의 반경에 대해 표현한다.

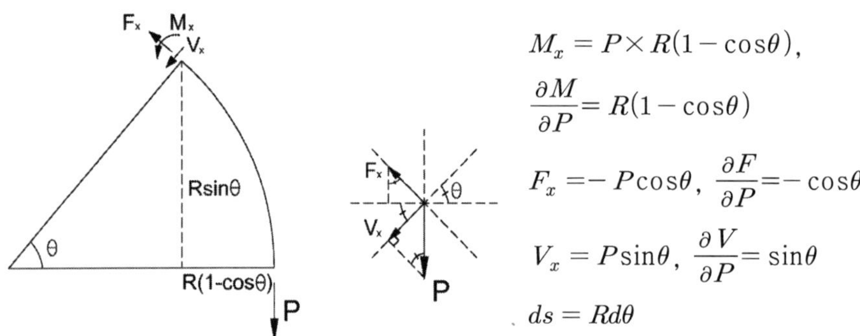

$$M_x = P \times R(1 - \cos\theta),$$

$$\frac{\partial M}{\partial P} = R(1 - \cos\theta)$$

$$F_x = -P\cos\theta, \quad \frac{\partial F}{\partial P} = -\cos\theta$$

$$V_x = P\sin\theta, \quad \frac{\partial V}{\partial P} = \sin\theta$$

$$ds = Rd\theta$$

▶ 단면 계수

$$A = 20 \times 10 = 200mm^2, \quad I = \frac{10 \times 20^3}{12} = 6666.67mm^4, \quad f_s = \frac{6}{5} \text{(직사각형)}$$

▶ Castigliano의 제2정리

$$\Delta_i = \Sigma \int M\left(\frac{\partial M}{\partial P_i}\right)\frac{dx}{EI} + \Sigma F\left(\frac{\partial F}{\partial P_i}\right)\frac{L}{AE} + \Sigma V\left(\frac{\partial V}{\partial P_i}\right)\frac{f_s}{GA}$$

$$= \frac{1}{EI} \int_0^\pi PR^2(1-\cos\theta)^2 Rd\theta + \frac{1}{EA} \int_0^\pi P\cos^2\theta\, Rd\theta + \frac{f_s}{GA} \int_0^\pi P\sin^2\theta\, Rd\theta$$

$$\therefore \Delta = \frac{3\pi PR^3}{2EI} + \frac{\pi PR}{2EA} + f_s \frac{\pi PR}{2GA} = 2.2482^{mm} \ (\downarrow)$$

에너지의 방법 : 프레임의 수평변위

그림의 frame에서 C점의 수평변위를 계산하시오. 단, 부재들의 축변형과 전단변형은 무시한다. $E = 2.0 \times 10^5 MPa$, $I = 1.0 \times 10^8 mm^4$ 이다.

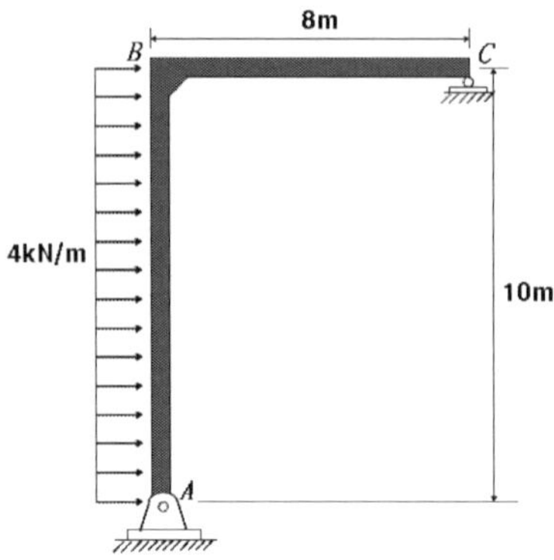

풀 이

▶ 개요

정적구조물인 프레임구조물의 변위산정은 에너지 방법이나 단위하중법에 의하거나 매트릭스 해석법을 통한 방법으로 해석할 수 있다.

▶ 에너지방법(Castigliano's 2nd)에 의한 해석

C점의 수평변위 방향으로 외력 P가 작용하는 것으로 가정한다.

$$\sum M_A = 0 : 10P + 4 \times 10 \times \frac{10}{2} - 8V_c = 0 \qquad \therefore V_c = \frac{1}{8}(10P + 200) \ (\uparrow)$$

$$\sum V = 0 : V_A = \frac{1}{8}(10P + 200) \ (\downarrow)$$

$$\sum H = 0 : H_A = P + 40 \ (\leftarrow)$$

① BC구간(시점 C)

$$M_x = V_c x = \frac{x}{8}(10P + 200), \ \frac{\partial M_x}{\partial P} = \frac{10}{8}x$$

② AB구간(시점 A)

$$M_x = H_A x - \frac{4}{2}x^2 = (P+40)x - 2x^2, \ \frac{\partial M_x}{\partial P} = x$$

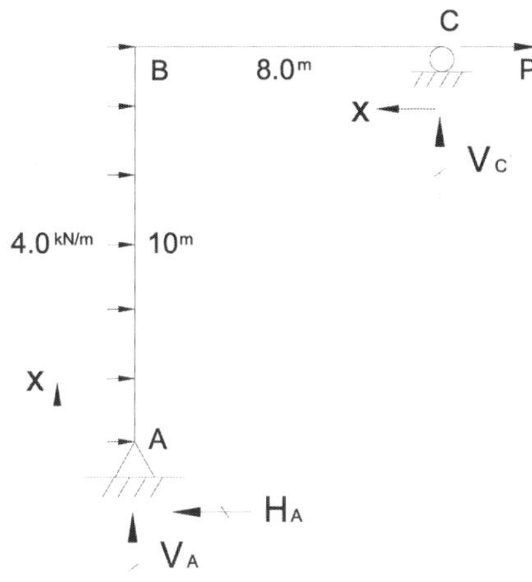

$$\Delta_{H_C} = \Sigma \int \frac{M_x}{EI}\left(\frac{\partial M_x}{\partial P}\right)dx + \Sigma \frac{FL}{EA}\left(\frac{\partial F}{\partial P}\right) + \kappa\Sigma \int \frac{V}{GA}\left(\frac{\partial V}{\partial P}\right)dx$$

여기서, 축변형과 전단변형은 무시하므로,

$$EI = 2 \times 10^{13} Nmm^2 = 2 \times 10^4 kNm^2, \ P = 0 을 대입하면$$

$$\therefore \Delta_{H_C} = \Sigma \int \frac{M_x}{EI}\left(\frac{\partial M_x}{\partial P}\right)dx$$

$$= \frac{1}{EI}\left[\int_0^8 \left(\frac{x}{8}(10P+200)\right)\left(\frac{10}{8}x\right)dx + \int_0^{10}((P+40)x - 2x^2)xdx\right]$$

$$= \frac{1}{EI}\left[\int_0^8 \left(\frac{10}{64}\times 200x\right)dx + \int_0^{10}(40x^2 - 2x^3)dx\right] = \frac{41000}{3EI} = 0.6833^m\,(\rightarrow)$$

에너지의 방법 : 부정정 라멘

아래 그림과 같은 라멘구조물에서 C점의 반력을 구하시오(단, EI는 일정).

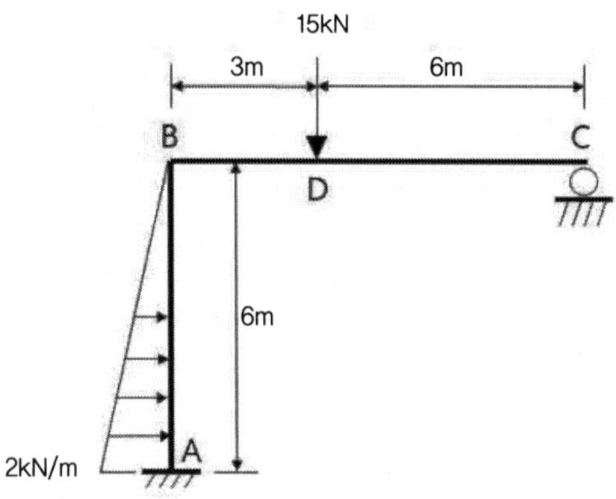

풀 이

➤ 개요

부정정 구조물이므로 C점의 반력을 부정정력으로 치환해서 에너지법(최소일의 원리)을 이용해 풀이한다.

➤ 반력산정

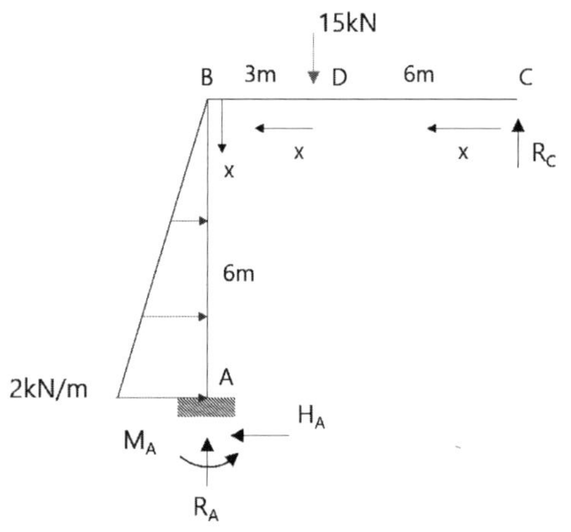

① CD구간

$$M_x = R_c x, \quad \frac{\partial M_x}{\partial R_c} = x$$

② BD구간

$$M_x = R_c(x+6) - 15x, \quad \frac{\partial M_x}{\partial R_c} = x+6$$

③ AB구간

$$M_x = 9R_c - 3 \times 15 - \frac{1}{2}(x)\left(\frac{x}{3}\right) \times \frac{x}{3}$$

$$= 9R_c - 45 - \frac{x^3}{18}, \quad \frac{\partial M_x}{\partial R_c} = 9$$

$$\Delta_C = \sum \frac{1}{EI} \int M_x \left(\frac{\partial M_x}{\partial R_c} \right) dx$$

$$= \frac{1}{EI} \left[\int_0^6 R_c x \times x\, dx + \int_0^3 (6R_c + R_c x - 15x)(x+6)\, dx + \int_0^6 (9R_c - 45 - \frac{x^3}{18})(9)\, dx \right.$$

$$= \frac{1}{EI} \left[729R_c - 3132 \right] = 0 \qquad \therefore R_c = 4.296 \ \text{kN}$$

에너지의 방법 : 변단면 보의 처짐

다음 변단면보에서 C점의 처짐이 δ가 되기 위한 모멘트하중(M)의 크기를 구하시오(단, 탄성계수는 E임).

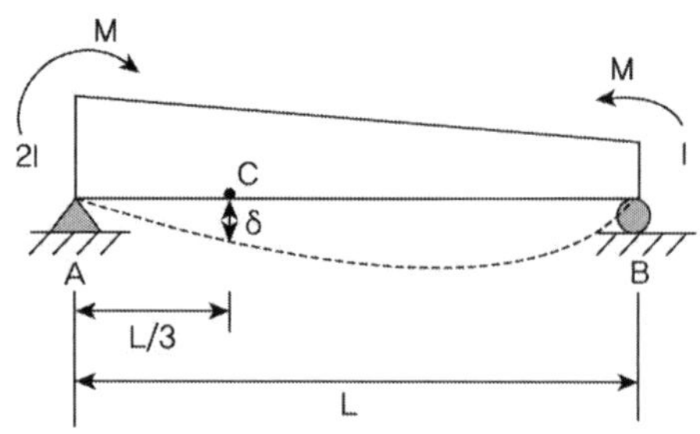

풀 이

▶ 개요

정정 구조물 변단면의 처짐을 산정하기 위해서는 탄성하중법을 이용하여 산정하거나 에너지법을 이용하여 산정할 수 있다. 주어진 문제에서 단면 2차모멘트가 선형적으로 변화한다고 가정하면, B점으로부터 x만큼의 거리 떨어진 지점에서의 단면2차 모멘트는 다음과 같이 표현할 수 있다.

$$I_x = I + \frac{x}{L}I = I\left(1 + \frac{x}{L}\right)$$

▶ 에너지법에 의한 풀이

C점에 가상하중 P가 작용할 경우 구조물은

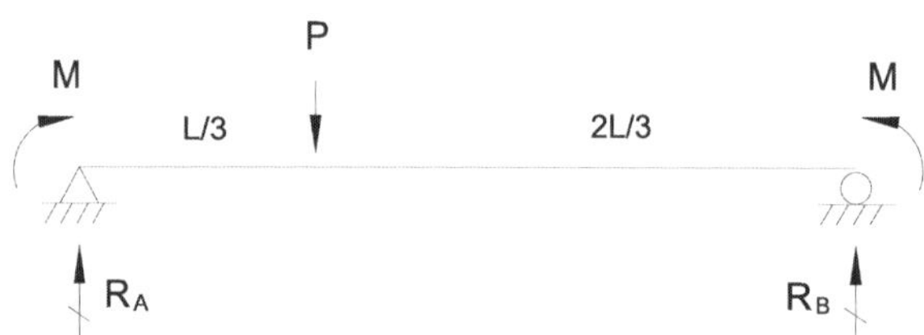

$$R_A = \frac{2}{3}P, \quad R_B = \frac{1}{3}P$$

1) $0 \leq x < \dfrac{2}{3}L$ (시점 B) $\qquad M_x = R_B x + M = \dfrac{1}{3}Px + M$

2) $\dfrac{2}{3}L \leq x \leq L$ (시점 B) $\qquad M_x = R_B x + M - P\left(x - \dfrac{2}{3}L\right) = -\dfrac{2}{3}Px + M + \dfrac{2}{3}PL$

3) Castigliano's 제2정리로부터,

$$\delta = \frac{1}{E}\left[\int_0^{\frac{2}{3}L} \frac{\left(\dfrac{1}{3}Px + M\right)\left(\dfrac{x}{3}\right)}{I\left(1 + \dfrac{x}{L}\right)}dx + \int_{\frac{2}{3}L}^{L} \frac{\left(-\dfrac{2}{3}Px + M + \dfrac{2}{3}PL\right)\left(\dfrac{2}{3}(L-x)\right)}{I\left(1 + \dfrac{x}{L}\right)}dx\right]$$

$$= \frac{1}{EI}\left[\int_0^{\frac{2}{3}L} \frac{\dfrac{Mx}{3}}{\left(1 + \dfrac{x}{L}\right)}dx + \int_{\frac{2}{3}L}^{L} \frac{\dfrac{2M}{3}(L-x)}{\left(1 + \dfrac{x}{L}\right)}dx\right] \qquad (\because P = 0)$$

$$= 0.07282 \frac{ML^2}{EI}$$

$$\therefore M = 13.732 \frac{EI}{L^2}\delta$$

에너지의 방법 : 단위하중법, Castigliano's 2nd theorem

모든 부재의 길이가 L인 정사각형 구조물에서 AD부재의 중앙(E점, L/2 지점)에서 절단되어 있다. 이때 구조물 평면에 직각으로 서로 반대방향의 수평력 P가 E점에 작용할 때 절단부 사이의 수평 변위량($\triangle$)을 구하시오(단, 모든 부재의 휨강성 EI와 비틀림강성 GJ는 일정함).

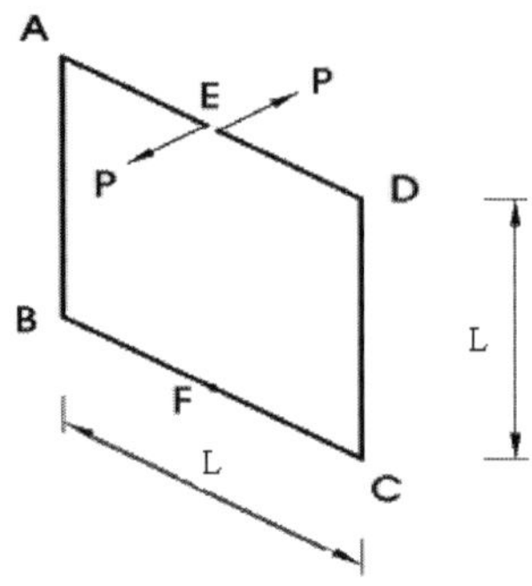

풀 이

➤ 개요

정정 구조물이며 단위하중법이나 Castigliano의 제2정리를 이용하여 처짐을 산정할 수 있다. 대칭구조물이므로 반단면을 기준으로 산정한다. 부재에서 발생하는 전단력은 무시하고 모멘트와 비틀림에 의해 발생하는 처짐량을 기준으로 산정한다.

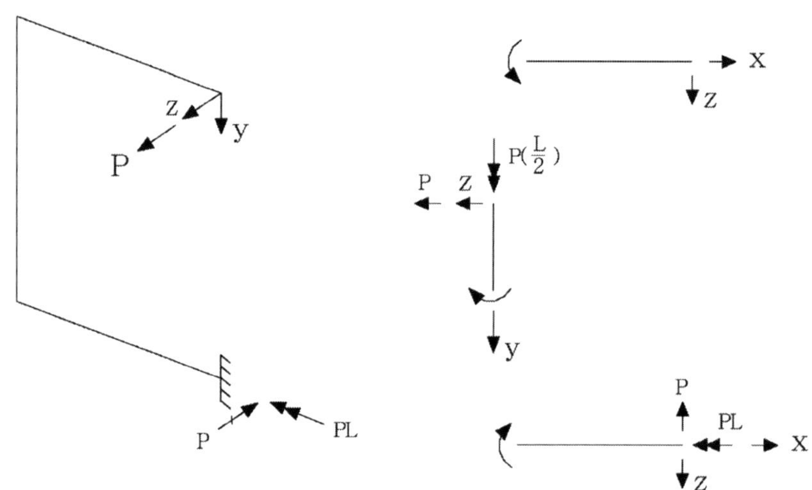

① AE부재 : $M_y = Px$

② AB부재 : $M_x = Px$, $T = \dfrac{PL}{2}$

③ BF부재 : $M_y = Px$, $T = PL$

➤ Castigliano's 2nd

$$\Delta_C = \Sigma \int \frac{M}{EI}\left(\frac{\partial M}{\partial P}\right)dx + \Sigma \frac{TL}{GJ}\left(\frac{\partial T}{\partial P}\right)dx$$

$$= 2^{EA} \times \left[\frac{1}{EI}\left(\int_0^{L/2} Px^2 dx + \int_0^{L} Px^2 dx + \int_0^{L/2} Px^2 dx\right) + \frac{L}{GJ}\left(\frac{PL}{2}\frac{L}{2} + \frac{PL}{2}L\right)\right]$$

$$= \frac{2}{EI}\frac{5PL^3}{12} + \frac{2L}{GJ}\frac{3PL^2}{4} = \frac{10PL^3}{12EI} + \frac{3PL^3}{2GJ} \ (\text{하중작용방향})$$

에너지의 방법 : 프레임 해석

그림과 같이 정팔각형 프레임 구조물에 하중이 작용하는 경우에 대하여 축력선도(Axial Force Diagram), 전단력선도(Shear Force Diagram), 휨모멘트선도(Bending Moment Diagram)를 구하고 개략적인 변형도(Deformed Configuration)를 그리시오. 단, 정팔각형 중심에서 모든 꼭지점까지 거리는 10m이다.

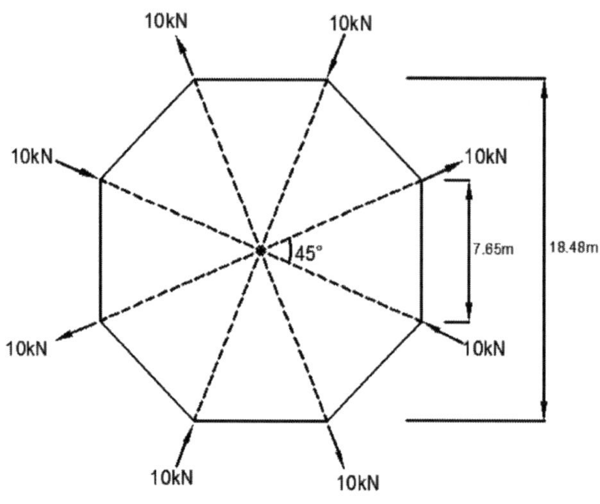

풀 이

➤ 개요

정팔각형 구조로 하중이 교번으로 작용한다. 부재의 대칭성을 고려하여 구조물을 단순화하여 해석한다.

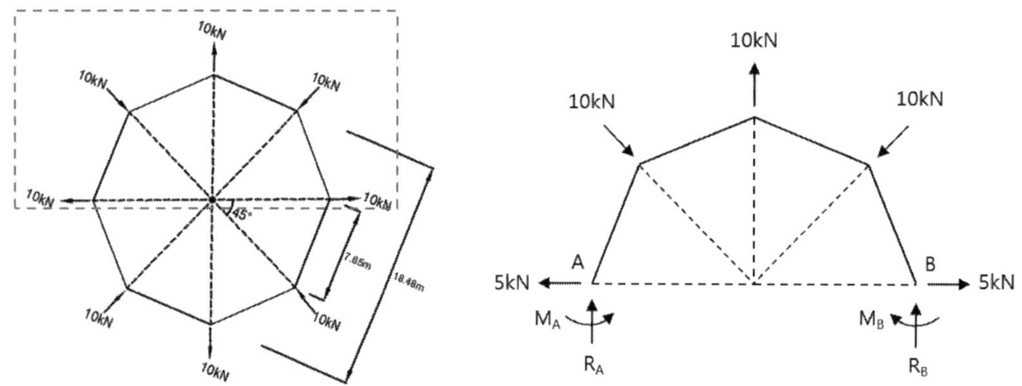

$$R_A = R_B = \frac{1}{2}(-10 + 2 \times 10\sin45) = 2.07\,\text{kN}(\uparrow)$$

➤ 부재력 산정

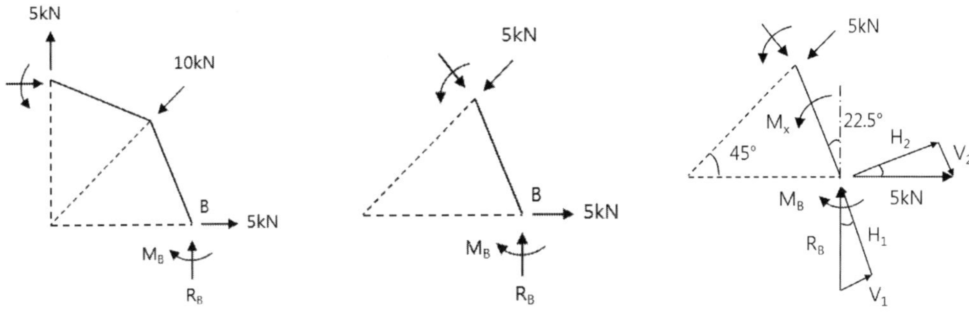

$$V_1 = R_B\sin\frac{\pi}{8}, \quad H_1 = R_B\cos\frac{\pi}{8}, \quad V_2 = 5\sin\frac{\pi}{8}, \quad H_2 = 5\cos\frac{\pi}{8}$$

$$\therefore \text{축력 } F = 2.07\cos\frac{\pi}{8} - 5\sin\frac{\pi}{8} = 0, \qquad \text{전단력 } V = 2.07\sin\frac{\pi}{8} + 5\cos\frac{\pi}{8} = 5.412\,\text{kN}$$

$$M_x = (-V_1 - H_2)x + M_B = -\left(R_B\sin\frac{\pi}{8} + 5\cos\frac{\pi}{8}\right)x + M_B$$

변형에너지 $U = 8\displaystyle\int_0^{7.65} \frac{M_x^2}{2EI}dx,$

$$\therefore \frac{\partial M_x}{\partial M_B} = 0 \; ; \; M_B = 20.7\,\text{kNm}$$

➤ AFD, SFD, BMD

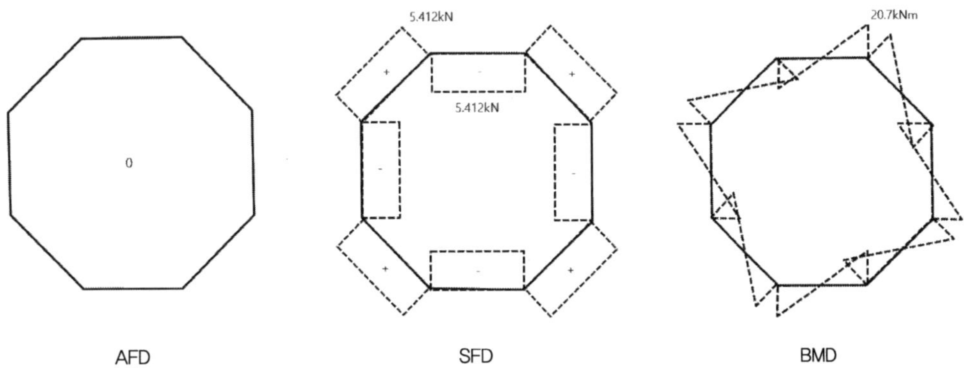

➤ **개략적인 변형도**

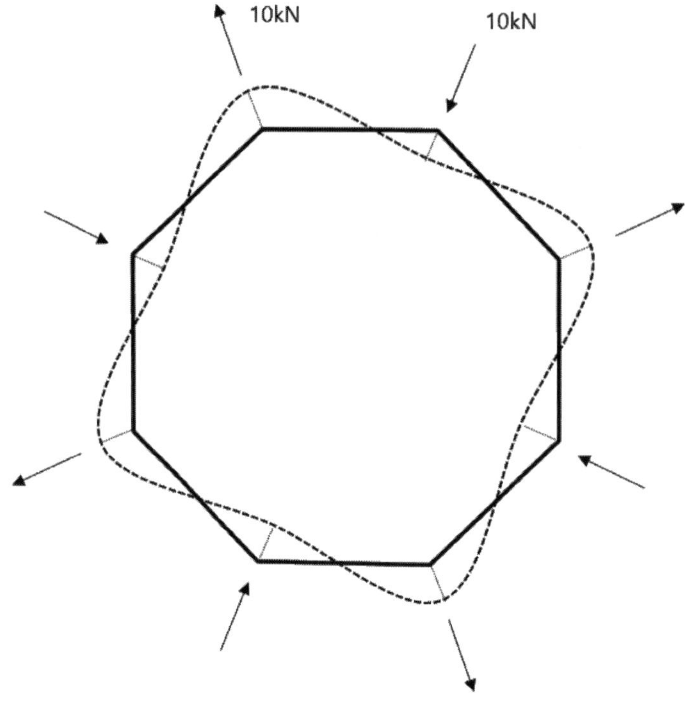

에너지의 방법 : 연속보 해석

다음 그림과 같은 연속보에서 A, B점에서의 모멘트와 D점에서의 처짐을 구하시오. 단 EI는 일정하다.

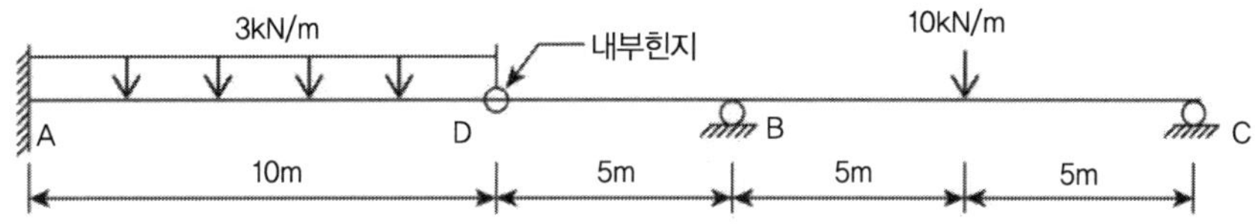

풀 이

▶ 개요

1차 부정정 구조물이므로 A점의 모멘트를 부정정력으로 놓고 풀이한다.

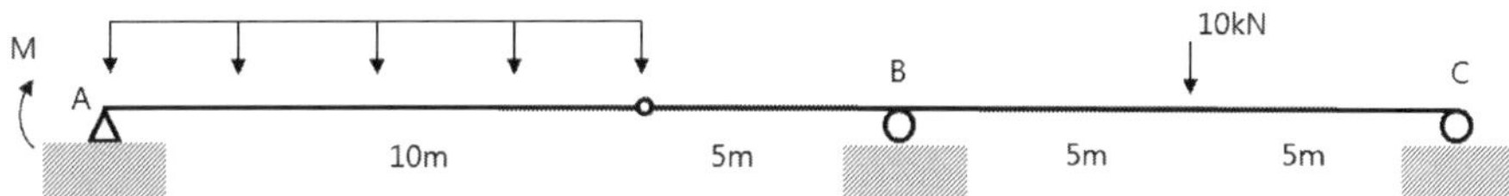

▶ 구조물의 해석

$$\Sigma F_y = 0 \; ; \; R_A + R_B + R_C = 30 + 10 = 40 \, \text{kN}$$

$$\Sigma M_D = 0(좌측) \; ; \; R_B \times 5 - 10 \times 10 + R_C \times 15 = 0, \; (우측) \; ; \; M + R_A \times 10 - 3 \times \frac{10^2}{2} = 0$$

$$\therefore R_A = \frac{150 - M}{10}, \; R_B = \frac{550 + 3M}{20}, \; R_C = \frac{-M - 50}{20}$$

구간	길이(m)	V_x	M_x	$\dfrac{\partial M_x}{\partial M}$
AD	10	$\dfrac{150 - M}{10} - 3x$	$M + \dfrac{150 - M}{10}x - \dfrac{3x^2}{2}$	$1 - \dfrac{x}{10}$
DB	5	$-\dfrac{M}{10} - 15$	$\left(-\dfrac{M}{10} - 15\right)x$	$-\dfrac{x}{10}$
B–P	5	$\dfrac{M}{20} + \dfrac{25}{2}$	$\dfrac{-M - 150}{2} + \left(\dfrac{M}{20} + \dfrac{25}{2}\right)x$	$-\dfrac{1}{2} + \dfrac{x}{20}$
P–C	5	$\dfrac{M}{20} + \dfrac{5}{2}$	$-\dfrac{M}{4} - \dfrac{25}{2} + \left(\dfrac{M}{20} + \dfrac{5}{2}\right)x$	$-\dfrac{1}{4} + \dfrac{x}{20}$

$$\Sigma \frac{1}{EI} \int M_x \left(\frac{\partial M_x}{\partial M} \right) dx = 0 \; ; \quad \therefore M = -61.364\text{kNm}$$

$$\therefore R_A = 21.136\text{kN}, \; R_B = 18.296\text{kN}, \; R_C = 0.568\text{kN}, \; M_B = -44.318\text{kNm}$$

➤ D점의 처짐

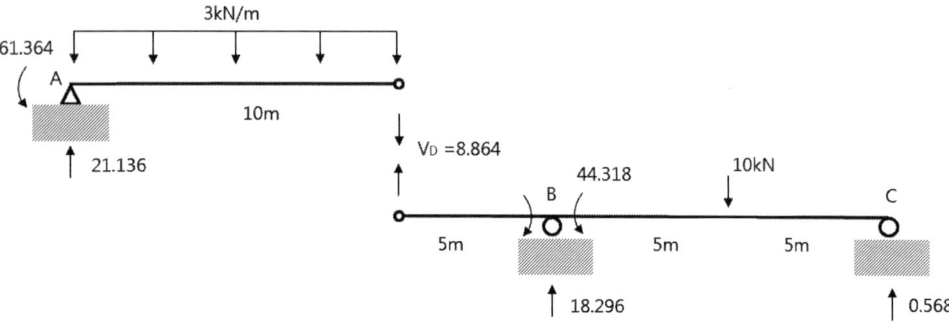

$$\therefore \delta_D = -\frac{wL^4}{8EI} - \frac{V_D L^3}{3EI} + \frac{M_A L^2}{2EI} = -\frac{3636.47}{EI} (\downarrow)$$

에너지의 방법 : 내부힌지 부정정 구조물 해석

내부 힌지(D점)를 갖는 연속보의 A, B점의 휨모멘트와 D점의 처짐을 구하시오.

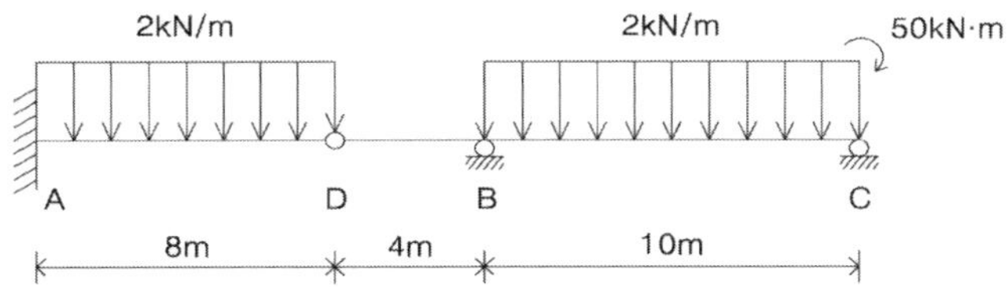

풀 이

▶ 개요

1차 부정정 구조물이므로 A점의 모멘트를 부정정력으로 놓고 풀이한다.

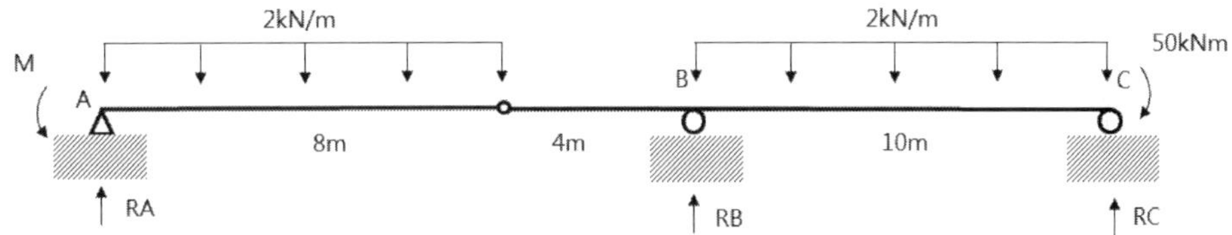

▶ 구조물의 해석

$$\sum F_y = 0 \ ; \ R_A + R_B + R_C = 16 + 20 = 36\,\text{kN}$$

$$\sum M_D = 0(\text{좌측}) \ ; \ R_B \times 4 - 2 \times 10 \times (5 + 4) + R_C \times 14 + 50 = 0, \quad \therefore\ 4R_B + 14R_C = 130$$

$$(\text{우측}) \ ; \ M - R_A \times 8 + 2 \times \frac{8^2}{2} = 0, \quad \therefore\ R_A = 8 - \frac{M}{8}$$

$$\therefore\ R_A = 8 - \frac{M}{8}, \ R_B = \frac{13(M+144)}{72}, \ R_C = \frac{-M+36}{18}$$

구간	길이(m)	V_x	M_x	$\dfrac{\partial M_x}{\partial M}$
AD	8	$-\left(8 - \dfrac{M}{8}\right) + 2x$	$-M + \left(8 - \dfrac{M}{8}\right)x - x^2$	$-1 - \dfrac{x}{8}$
DB	4	$-\dfrac{M}{8} + 8$	$\left(\dfrac{M}{8} - 8\right)x$	$\dfrac{x}{8}$
BC	10	$2x - \dfrac{11M}{36} - 18$	$\left(\dfrac{M}{8} - 8\right)x + \dfrac{13(M+144)}{72}(x-4) - (x-4)^2$	$\dfrac{11x}{36} - \dfrac{13}{18}$

$$\Sigma \frac{1}{EI}\int M_x\left(\frac{\partial M_x}{\partial M}\right)dx = 0 \; ; \quad \frac{16169M}{486} + \frac{631}{9} = 0 \quad \therefore M = -2.1074\text{kNm}$$

$$\therefore R_A = 8.263\text{kN}, \ R_B = 25.620\text{kN}, \ R_C = 2.117\text{kN}, \ M_A = -2.1074\text{kNm}, \ M_B = -33.0537\text{kNm}$$

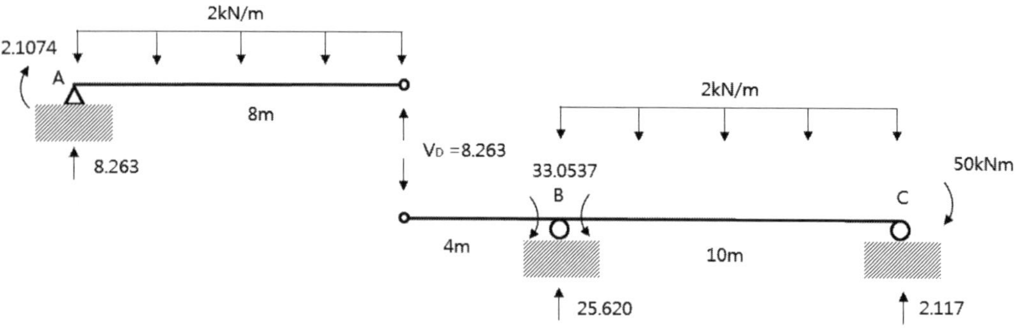

➤ D점의 처짐

$$\therefore \ \delta_D = -\frac{wL^4}{8EI} + \frac{V_D L^3}{3EI} + \frac{M_A L^2}{2EI} = \frac{453.655}{EI}\ (\uparrow)$$

에너지의 방법 : 게르버보 해석

다음과 같은 게르버보에서 최대처짐과 그 위치를 구하시오(단, 휨강성 EI는 일정하다).

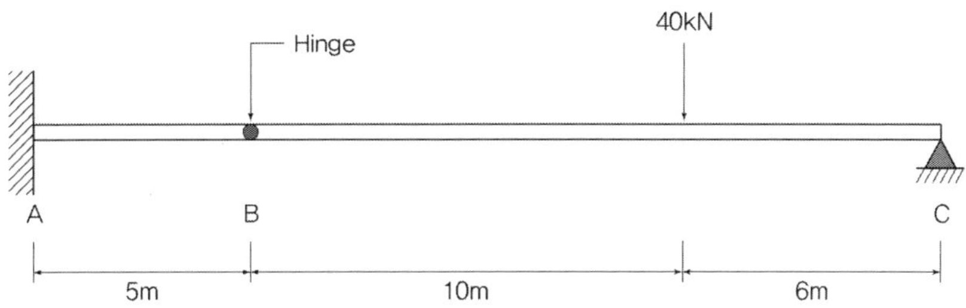

풀 이

▶ 개요

게르버보의 내부힌지에서의 모멘트를 전달하지 않음을 이용하여 반력을 먼저 산정하고, 위치에 따른 모멘트를 산정해 최대 처짐의 위치를 찾는다.

▶ 게르버 보의 해석

1) 반력산정

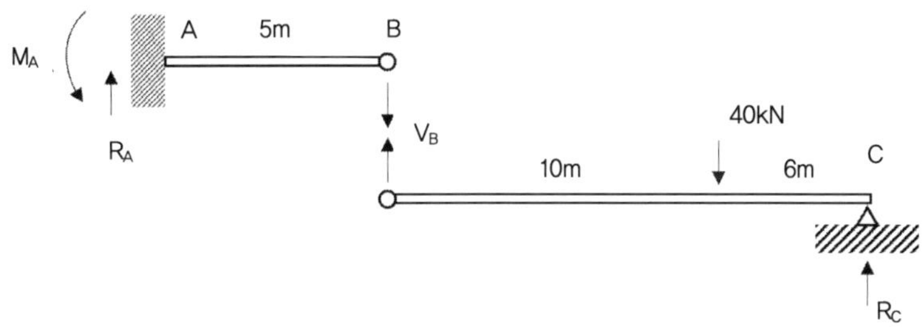

$$\sum F_y = 0 \; ; \; R_A + R_C = 40\text{kN}$$

$$\sum M_B = 0 \text{ (우측)} \; ; \; 16R_C - 40 \times 10 = 0, \quad \therefore R_C = 25\text{kN}, \quad R_A = 15\text{kN}, \quad V_B = 15\text{kN}$$

$$\text{(좌측)} \; ; \; M_A = 5V_B = 75\text{kNm (반시계방향)}$$

2) 구간별 모멘트와 전단력 산정

하중이 작용하는 점의 위치를 D라고 하면

구간	시점	길이(m)	V_x	M_x
AB	A	5	15	$15x - 75$
BD	B	10	15	$15x$
DC	D	6	-25	$15(x+10) - 40x = -25x + 150$

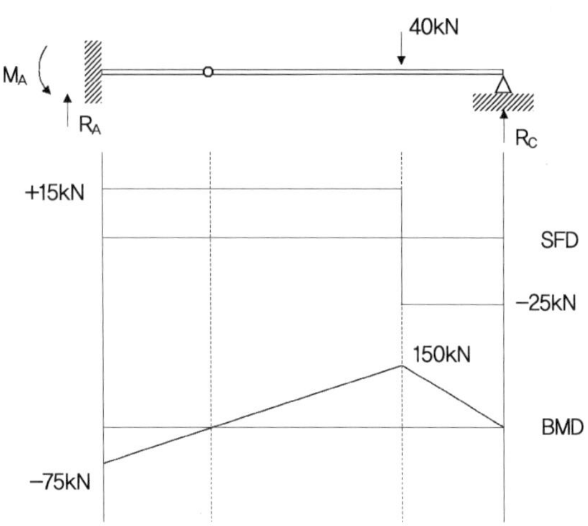

▶ 최대처짐 위치 산정

회전각이 0인 점에서 최대처짐이 발생하며, ① 공액보법, ② 에너지법 등을 이용해 풀이할 수 있다.

1) 공액보법을 이용한 최대처짐 위치와 처짐 산정

① 공액보의 반력 산정

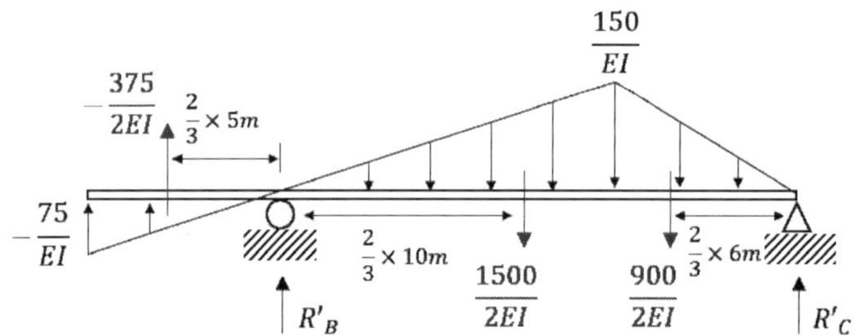

$$\sum F_y = 0 \; ; \; R_B' + R_C' = \frac{1}{2} \times 5 \times \left(-\frac{75}{EI}\right) + \frac{1}{2} \times 16 \times \left(\frac{150}{EI}\right) = \frac{2025}{2EI}$$

$$\sum M_C' = 0 \; : \; \frac{375}{2EI} \times \left(\frac{10}{3} + 16\right) + R_B' \times 16 - \frac{1500}{2EI} \times \left(\frac{10}{3} + 6\right) - \frac{900}{2EI} \times \frac{12}{3} = 0$$

$$\therefore R_B' = \frac{5175}{16EI}, \; R_C' = \frac{11025}{16EI}$$

② 공액보의 전단력의 0인 점(회전각이 0) 산정

B점으로부터 거리 x위치에서의 공액보의 전단력 V_x로부터

$$V_x = \frac{5175}{16EI} + \frac{375}{2EI} - \frac{1}{2} \times \frac{15x}{EI} \times x = 0 \quad \therefore \ x = 8.2538\text{m}$$

③ 공액보의 전단력의 0인 점의 모멘트 산정(최대 처짐)

$$M_{x\,=\,8.2538} = \frac{375}{2EI} \times \left(\frac{10}{3} + x\right) + \frac{5175}{16EI} \times x - \frac{15x^2}{2EI} \times \left(\frac{x}{3}\right) = \frac{3436.45}{EI}$$

$$\therefore \ \delta_{\max} = \frac{3436.45}{EI}$$

2) 에너지법을 이용한 최대처짐 위치와 처짐 산정

① 최대 처짐 위치 산정

최대처짐이 발생할 수 있는 위치는 BD 사이이며, B점으로부터 떨어진 거리를 x_1(E점)이라고 하고 이 점에서의 회전각 산정을 위해 가상의 모멘트 M_1가 작용한다고 가정한다.

$$\sum F_y = 0 \ ; \ R_A + R_C = 40\text{kN}$$

$$\sum M_B = 0 \ ; \ (우측) \ \ 16R_C - 40 \times 10 - M_1 = 0 \ \therefore \ R_C = 25 + \frac{M_1}{16}\text{kN}, \ R_A = 15 - \frac{M_1}{16}\text{kN}$$

$$(좌측) \ \ M_A = 5V_B = 75 - \frac{5M_1}{16} \ (반시계방향)$$

구간	시점	길이	M_x	$\partial M_x/\partial M_1$
AB	A	5	$\left(15 - \dfrac{M_1}{16}\right)x - \left(75 - \dfrac{5M_1}{16}\right)$	$\dfrac{5}{16} - \dfrac{x}{16}$
BE	B	x_1	$\left(15 - \dfrac{M_1}{16}\right)(x+5) - \left(75 - \dfrac{5M_1}{16}\right)$	$-\dfrac{(x+5)}{16} + \dfrac{5}{16}$
ED	E	$10-x_1$	$\left(25 + \dfrac{M_1}{16}\right)(x+6) - 40x$	$-\dfrac{(x+6)}{16}$
DC	C	6	$\left(25 + \dfrac{M_1}{16}\right)x$	$\dfrac{x}{16}$

$$\theta = \frac{\partial U}{\partial M_1} = \sum \frac{1}{EI} \int M\left(\frac{\partial M}{\partial M_1}\right)dx = 0 \ \text{으로부터} \qquad \therefore x_1 = 8.2538\text{m}$$

② 최대처짐 산정

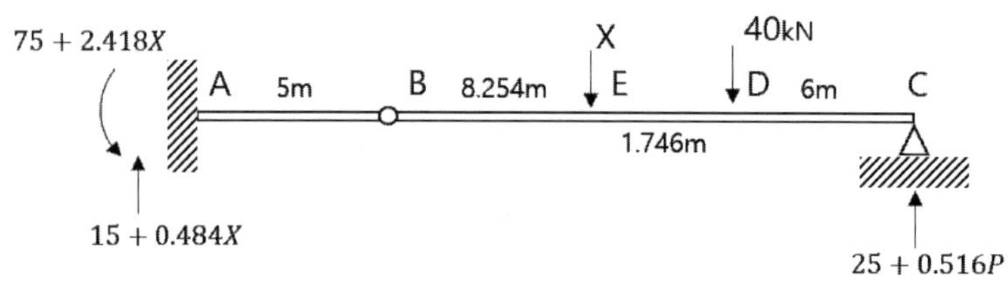

$$\delta = \frac{\partial U}{\partial X} = \sum \frac{1}{EI} \int M\left(\frac{\partial M}{\partial X}\right) dx, \quad X = 0 \text{으로부터} \quad \therefore \delta_{\max} = \frac{3436.45}{EI}$$

에너지의 방법 : ILM 압출노즈, 단위하중법, Castigliano's 2법칙

그림과 같은 PC BOX Girder(ILM)교량의 가설 시 가설용 NOSE 끝단에서의 최대 처짐값을 가상일의 원리를 적용하여 구하시오.

Con : $A_c = 95,000cm^2$, $I_c = 2,100,000,000cm^4$, $E_c = 33,000MPa$

강재(SM400) : $A_s = 1900cm^2$, $I_s = 25,000,000cm^4$, $E_s = 200,000MPa$

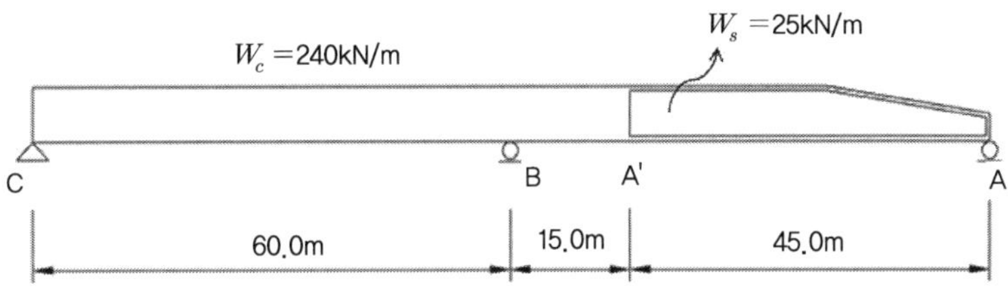

풀 이

▶ 개요

ILM Launching Nose가 지점 A에 다다르기 바로 전의 처짐을 구한다. A점을 자유단으로 가정하여 반력을 산정하고 가상일의 원리를 이용하여 처짐을 구한다.

▶ 하중에 의한 발생 모멘트

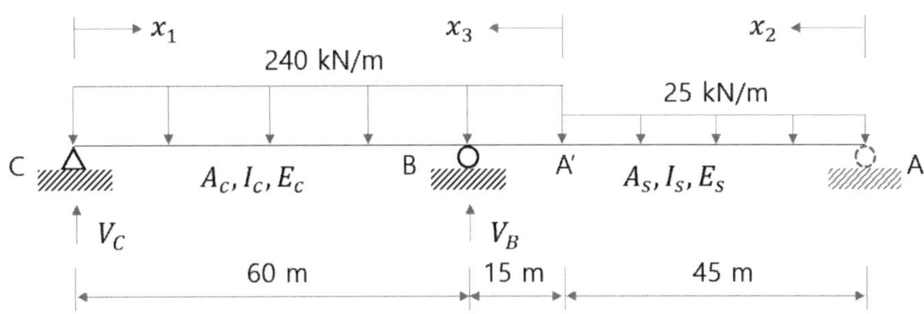

$$\sum M_C = 0 : V_B = \frac{1}{60} \times (240 \times \frac{75^2}{2} + 25 \times 45 \times (\frac{45}{2} + 75)) = 13078.13 kN$$

$$\therefore V_A = 240 \times 75 + 25 \times 45 - 13078.13 = 6046.875 kN$$

1) CB 구간의 모멘트(시점 C, 구간 0~60m) $M_{x_1} = V_C \times x_1 - 240 \times \dfrac{x_1^2}{2} = 13078.13x_1 - 120x_1^2$

2) AA' 구간의 모멘트(시점 A, 구간 0~45m) $M_{x_2} = -\dfrac{25x_2^2}{2}$

3) A'B 구간의 모멘트(시점 A, 구간 0~15m)

$$M_{x_3} = -25 \times 45 \times \left(\dfrac{45}{2} + x_3\right) - \dfrac{240x_3^2}{2} = -1125(22.5 + x_3) + 120x_3^2$$

▶ **단위하중에 의한 모멘트**

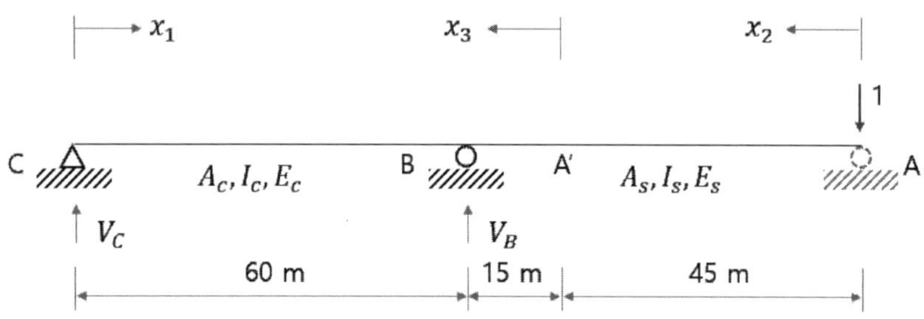

$$\sum F_y = 0 : V_B{}' + V_C{}' = 1$$
$$\sum M_C = 0 : V_B = \dfrac{1}{60} \times (120) = 2(\uparrow), \quad \therefore V_C{}' = -1(\downarrow)$$

1) CB 구간의 모멘트(시점 C, 구간 0~60m) $m_{x_1} = V_C{}' \times x_1 = -x_1$

2) AA' 구간의 모멘트(시점 A, 구간 0~45m) $m_{x_2} = -x_2$

3) A'B 구간의 모멘트(시점 A, 구간 0~15m) $m_{x_3} = -(45 + x_3)$

▶ **처짐계산**

$$E_c I_c = 33{,}000 \times 10^6 N/m^2 \times 2.1 \times 10^9 cm^4 \times 10^{-8} m^4/cm^4 = 6.93 \times 10^{11} Nm^2$$

$$E_s I_s = 200{,}000 \times 10^6 N/m^2 \times 25 \times 10^6 cm^4 \times 10^{-8} m^4/cm^4 = 5 \times 10^{10} Nm^2$$

$$\triangle_A = \sum \int \dfrac{Mm}{EI} dx = \dfrac{1}{E_c I_c} \int_0^{60} (13078.13x_1 - 120x_1^2) \times (-x_1) dx + \dfrac{1}{E_s I_s} \int_0^{45} \left(-\dfrac{25x_2^2}{2}\right) \times (-x_2) dx$$

$$+ \dfrac{1}{E_c I_c} \int_0^{15} (-1125(22.5 + x_3) + 120x_3^2) \times (-(45 + x_3)) dx = -0.0206^{mm}$$

에너지의 방법 : 부정정 구조 해석

다음 구조물에서 A, B점의 연직 반력을 구하시오(단, 수평변위는 없는 것으로 가정하고, 모든 부재의 길이는 l이고 EI는 일정하다).

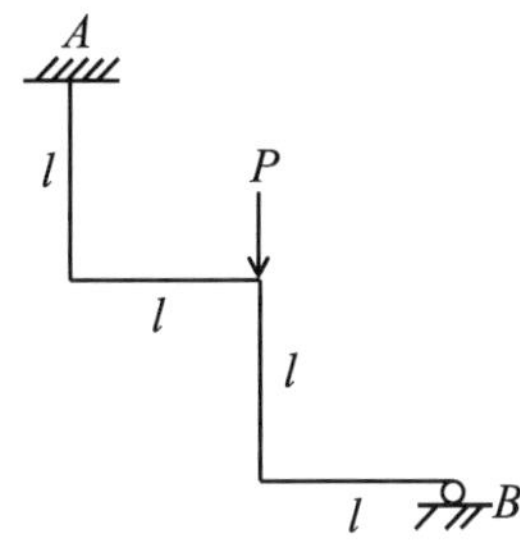

풀 이

> **개요**

1차 부정정 구조물로 지점 B의 반력 $R_B = F$ 부정정력으로 치환하여 산정한다. 부정정력에 대한 산정은 에너지 방법에 의한 해석과 변위일치법에 의한 해석방법을 적용할 수 있다. 단, 축력에 대한 변형에너지는 무시하고 휨에 대한 변형에너지만 고려한다.

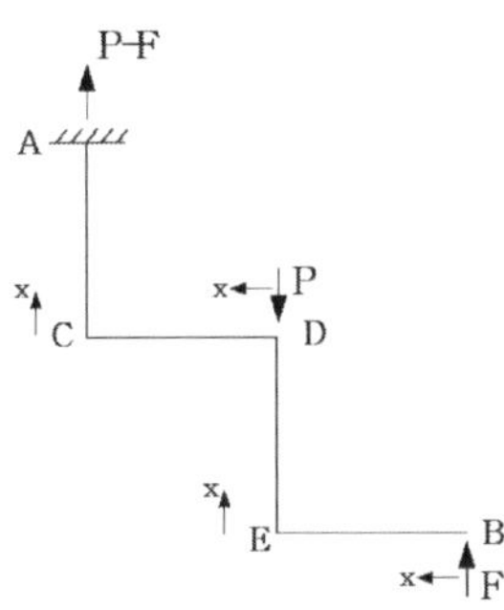

1) BE 구간 : $M_x = Fx$

2) DE 구간 : $M_x = Fl$

3) CD 구간 : $M_x = F(l+x) - Px$

4) AC 구간 : $M_x = 2Fl - Pl$

> **변형에너지**

$$U = \Sigma \int \frac{M^2}{2EI} dx$$

$$= \frac{1}{2EI} \left[\int_0^l (Fx)^2 dx + \int_0^l (Fl)^2 dx + \int_0^l (F(l+x) - Px)^2 dx + \int_0^l (2Fl - Pl)^2 dx \right]$$

최소일의 원리로부터, $\quad \dfrac{\partial U}{\partial F} = 0 : F = \dfrac{17}{46}P \qquad \therefore R_A = \dfrac{29}{46}P, \ R_B = \dfrac{17}{46}P$

에너지의 방법 : 부정정 구조 해석

다음 그림과 같은 보의 지점 A와 B에 발생하는 반력을 구하시오(축방향변형 및 전단변형은 무시, 휨강도 EI는 일정).

풀 이

▶ 개요

1차 부정정 구조물로 에너지법인 최소일의 원리를 이용하거나 3연 모멘트법을 이용하여 풀이할 수 있다. 3연 모멘트 방정식을 이용할 때는 $M_B = Pl/2$, A점 우측에 가상지점 A′이 있다고 가정하여 풀이할 수 있다.

▶ 3연 모멘트법을 이용한 풀이

$$2M_A(l) + M_B l = 0 \qquad \therefore M_A = -\frac{1}{2l} \times \frac{Pl^2}{2} = -\frac{Pl}{4}$$

$$R_A = \frac{1}{l}\left(\frac{Pl}{2} + \frac{Pl}{4}\right) = \frac{3}{4}P(\downarrow), \quad R_B = \frac{3}{4}P\ (\uparrow)$$

▶ 최소일의 원리를 이용한 풀이

R_B를 부정정력으로 하여 외력으로 작용하는 것으로 가정하면,

$$\overline{CB}\ 0 \le x \le \frac{l}{2} \qquad M_x = -Px, \qquad \frac{\partial M}{\partial R_B} = 0$$

$$\overline{AB}\ 0 \le x \le l \qquad M_x = -P \times \frac{l}{2} + R_B \times x, \qquad \frac{\partial M}{\partial R_B} = x$$

$$\frac{\partial U}{\partial R_B} = \frac{1}{EI}\left[\int_0^l (R_B x^2 - \frac{Pl}{2}x)dx\right] = 0$$

$$\therefore R_B = \frac{3}{4}P(\uparrow), \quad R_A = \frac{3}{4}P(\downarrow), \quad M_A = P \times \frac{l}{2} - \frac{3}{4}Pl = \frac{Pl}{4}(\downarrow)$$

에너지의 방법 : 부정정 구조 해석

그림과 같이 외부케이블로 보강된 단순거더의 케이블장력 T를 구하시오. 단, 자중은 무시하며 거더의 탄성계수 및 단면 2차 모멘트, 단면적은 각각 Eg, Ig, Ag이고, 케이블의 탄성계수 및 단면적은 각각 Ep, Ap이다(a < L/3).

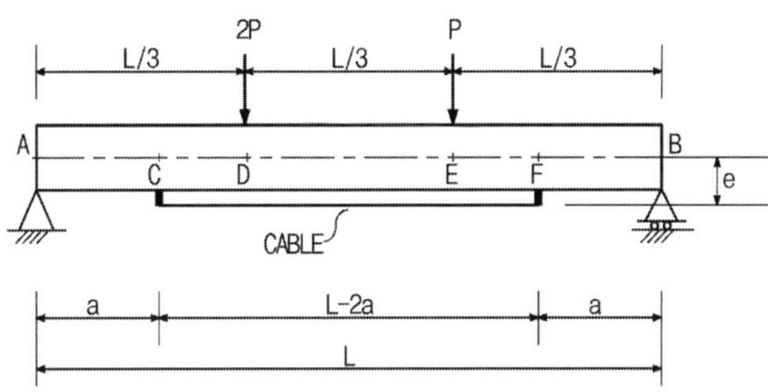

풀 이

▶ 개요

내적 1차 부정정 구조물로 케이블을 부정정력으로 산정하여 에너지 방법을 이용하여 풀이한다.

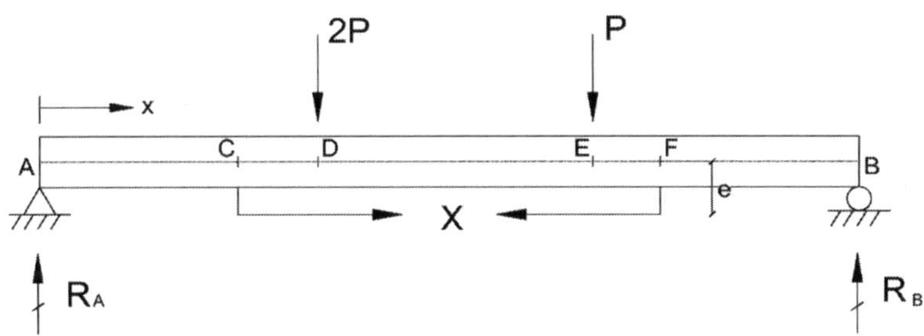

$$R_A = \frac{1}{2}\left(2P \times \frac{2}{3}l + P \times \frac{l}{3}\right) = \frac{5}{3}P, \ R_B = \frac{1}{3}P$$

1) $0 \leq x < a$ $\qquad\qquad M_x = R_A x = \frac{5}{3}Px$

2) $a \leq x < \dfrac{L}{3}$ $\qquad\qquad M_x = R_A x - Xe = \frac{5}{3}Px - Xe$

3) $\dfrac{L}{3} \le x < \dfrac{2}{3}L$ $\qquad\qquad M_x = R_A x - Xe - 2P\left(x - \dfrac{L}{3}\right) = \dfrac{5}{3}Px - Xe - 2P\left(x - \dfrac{L}{3}\right)$

4) $\dfrac{2}{3}L \le x < L - a$ $\qquad\qquad M_x = R_A x - Xe - 2P\left(x - \dfrac{L}{3}\right) - P\left(x - \dfrac{2}{3}L\right)$

5) $L - a \le x \le L$ $\qquad\qquad M_x = R_A x - 2P\left(x - \dfrac{L}{3}\right) - P\left(x - \dfrac{2}{3}L\right)$

➤ **변형에너지**

$$U = \Sigma \int \dfrac{M^2}{2EI}dx + \Sigma \dfrac{X^2(L-2a)}{2E_p A_p}$$

$$= \dfrac{1}{2EI}\left[\int_0^a \left(\dfrac{5}{3}Px\right)^2 dx + \int_a^{\frac{L}{3}} \left(\dfrac{5}{3}Px - Xe\right)^2 dx + \int_{\frac{l}{3}}^{\frac{2l}{3}} \left(\dfrac{5}{3}Px - Xe - 2P\left(x - \dfrac{L}{3}\right)\right)^2 dx \right.$$

$$+ \int_{\frac{2}{3}l}^{l-a} \left(\dfrac{5}{3}Px - Xe - 2P\left(x - \dfrac{L}{3}\right) - P\left(x - \dfrac{2}{3}L\right)\right)^2 dx$$

$$\left. + \int_{l-a}^{l} \left(\dfrac{5}{3}Px - 2P\left(x - \dfrac{L}{3}\right) - P\left(x - \dfrac{2}{3}L\right)\right)^2 dx \right]$$

$$+ \dfrac{X^2(L-2a)}{2E_g A_g} + \dfrac{X^2(L-2a)}{2E_p A_p}$$

최소일의 원리로부터 $\dfrac{\partial U}{\partial X} = 0$

$$\dfrac{\partial U}{\partial X} = 0 : \qquad \therefore X = \dfrac{Pe E_p A_p A_g (9a^2 - 2L^2)}{6(2a - L)\left(e^2 E_p A_g A_p + E_g I_g A_g + E_p I_g A_p\right)}$$

에너지의 방법 : 부정정 구조물

다음 그림과 같이 외부 케이블로 보강된 단순거더의 케이블 장력 T를 구하시오(단, 자중은 무시하며, 거더의 탄성계수 및 단면2차 모멘트, 단면적은 각각 E_g, I_g, A_g이고, 케이블의 탄성계수 및 단면적은 각각 E_p, A_p이며, $a < L/3$이다).

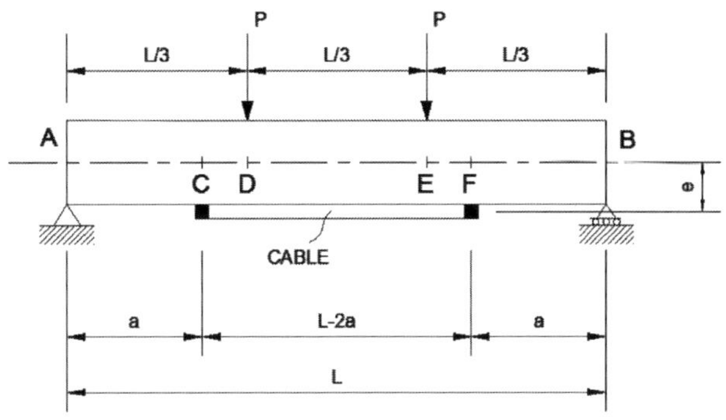

풀 이

➤ 개요

내적 1차 부정정 구조물로 케이블을 부정정력으로 산정하여 에너지 방법을 이용하여 풀이한다.

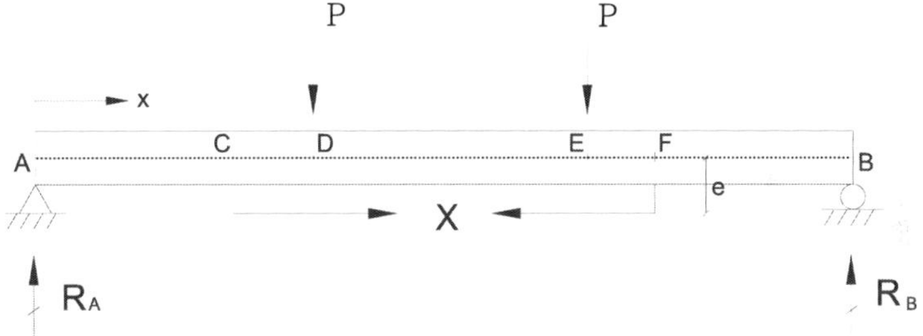

$$R_A = R_B = P$$

1) $0 \leq x < a$

$$M_x = R_A x = Px$$

2) $a \leq x < \dfrac{L}{3}$

$$M_x = R_A x - Xe = Px - Xe$$

3) $\dfrac{L}{3} \leq x < \dfrac{1}{2}L$

$$M_x = R_A x - Xe - P\left(x - \frac{L}{3}\right) = Px - Xe - P\left(x - \frac{L}{3}\right)$$

➤ **변형에너지**

대칭 구조물이므로

$$U = \Sigma \int \frac{M^2}{2EI}dx + \Sigma \frac{X^2(L-2a)}{2E_pA_p}$$

$$= 2 \times \frac{1}{2EI}\left[\int_0^a (Px)^2 dx + \int_a^{\frac{L}{3}} (Px - Xe)^2 dx + \int_{\frac{L}{3}}^{\frac{L}{2}} \left(\frac{PL}{3} - Xe \right)^2 dx \right]$$

$$+ \frac{X^2(L-2a)}{2E_gA_g} + \frac{X^2(L-2a)}{2E_pA_p} \Bigg]$$

최소일의 원리로부터 $\dfrac{\partial U}{\partial X} = 0$

$$\frac{\partial U}{\partial X} = 0 : \quad \therefore X = \frac{Pe\,E_pA_pA_g(2L^2 - 9a^2)}{9(L-2a)\left(e^2 E_pA_gA_p + E_gI_gA_g + E_pI_gA_p\right)}$$

에너지의 방법 : 최소일의 원리

그림과 같이 타이로드가 설치된 강재 프레임에서 타이로드에 걸리는 인장력 T를 구하시오(단, $A_b = 24,000mm^2$, $I_b = 1.5 \times 10^9 mm^4$, $E = 200kN/mm^2$(모든 부재), $A_c = 18,000mm^2$, $I_c = 1.20 \times 10^9 mm^4$ 이다).

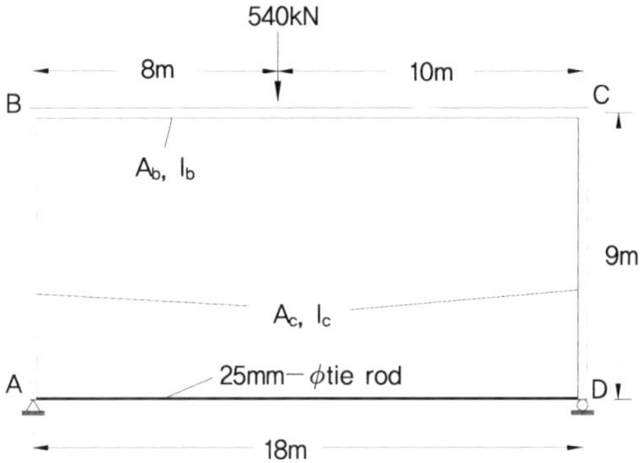

풀 이

➤ 개요

내적 1차 부정정으로 부재의 해석은 에너지법이나 변위일치법 등을 이용하여 풀이할 수 있다. 타이로드의 내력을 T라고 하고 부정정력으로 치환하여 풀이한다.

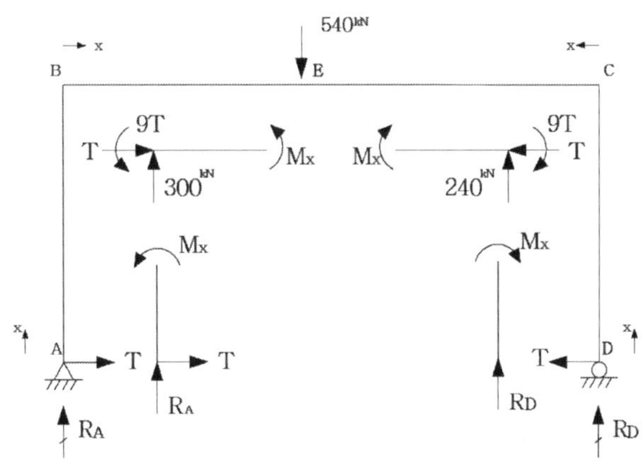

$$R_A = 540 \times \frac{10}{18} = 300^{kN} (\uparrow), \qquad R_D = 540 \times \frac{10}{18} = 240^{kN} (\uparrow)$$

① AB구간 : $M_x = -Tx$, $F_x = 300$ ② CD구간 : $M_x = -Tx$, $F_x = 240$

③ BE구간 : $M_x = 300x - 9T$, $F_x = T$ ④ CE구간 : $M_x = 240x - 9T$, $F_x = T$

➤ **변형에너지**

$$U = \Sigma \int \frac{M^2}{2EI} + \Sigma \frac{F^2 L}{2EA}$$

$$= \frac{1}{2EI_c} \int_0^9 (Tx)^2 dx \times 2^{EA} + \frac{1}{2EI_b}\left[\int_0^8 (300x - 9T)^2 dx + \int_0^{10} (240x - 9T)^2 dx \right.$$

$$+ \frac{300^2 \times 9}{2EA_c} + \frac{240^2 \times 9}{2EA_c} + \frac{T^2 \times 18}{2EA_t}$$

$A_b = 0.024m^2$, $I_b = 1.5 \times 10^{-3} m^4$, $A_c = 0.018m^2$, $I_c = 1.2 \times 10^{-3} m^4$,

$E = 200 \times 10^6 kN/m^2$

$$\frac{\partial U}{\partial T} = 0 \; : \; \frac{486T}{EI_c} + \frac{432}{2EI_b}(3T - 400) + \frac{540}{2EI_b}(3T - 400) + \frac{18T}{EA_t} = 0 \quad \therefore \; T = 91.63^{kN}$$

에너지의 방법 : 정정 구조물

프레임 ABCD에서 자유단 D에 하중 P가 작용할 때, D점의 수평처짐 δ_H, 수직처짐 δ_V를 구하시오(단, 모든 부재의 길이는 L이고 강성은 EI이다).

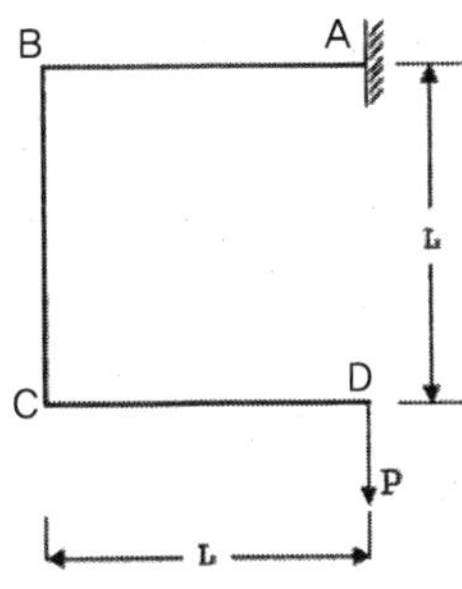

풀 이

▶ 개요

정정 구조물로 처짐산정을 위한 방법 중 Castigliano's 2nd theorem에 따라 산정한다. 단, 처짐량 산정 시 축력과 전단력에 의한 영향은 미소하므로 생략한다.

▶ 외력에 의한 에너지 산정

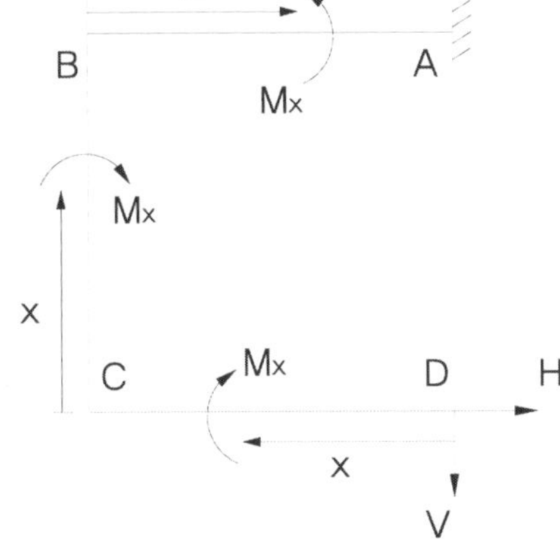

① 부재 CD
$$M_{xV} = -Vx \quad M_{xV,H} = -Vx$$

② 부재 CB
$$M_{xV} = -VL \quad M_{xV,H} = -VL + Hx$$

③ 부재 BA
$$M_{xV} = -Vx \quad M_{xV,H} = -Vx + HL$$

여기서, $V = P$, $H = 0$

➤ **처짐 산정**

$$\delta_V = \frac{1}{EI}\Sigma\int\left(\frac{\partial M_x}{\partial V}\right)M_x dx = \frac{1}{EI}\left[2\int_0^L Vx^2 dx + \int_0^L VL^2 dx\right] = \frac{5VL^3}{3EI} = \frac{5PL^3}{3EI} \ (\downarrow)$$

$$(\because \ V = P)$$

$$\delta_H = \frac{1}{EI}\Sigma\int\left(\frac{\partial M_x}{\partial H}\right)M_x dx = \frac{1}{EI}\left[\int_0^L(-VLx + Hx^2)dx + \int_0^L(-VLx + HL^2)dx\right]$$

$$= \frac{1}{EI}\left[-\frac{1}{2}VL^3 + \frac{1}{3}HL^3 - \frac{1}{2}VL^3 + HL^3\right] = -\frac{PL^3}{EI} \ (\leftarrow)$$

$$(\because \ H = 0, \ominus\text{는 가정한 하중의 반대방향})$$

에너지의 방법 : 처짐

등분포하중 w가 작용하는 지간 l의 캔틸레버보에서 전단처짐 및 굽힘처짐에 대한 방정식을 구하고 자유단의 전단처짐(δ_1)과 굽힘처짐(δ_2)의 비 δ_1/δ_2를 구하시오(단, $l = 200cm$, 재료의 탄성계수비 $E/G = 2.5$이며, 보의 단면은 $I-600 \times 190 \times 16 \times 35$이고 단면적 $A = 224.5cm^2$, 단면2차모멘트 $I = 130,000cm^4$이다).

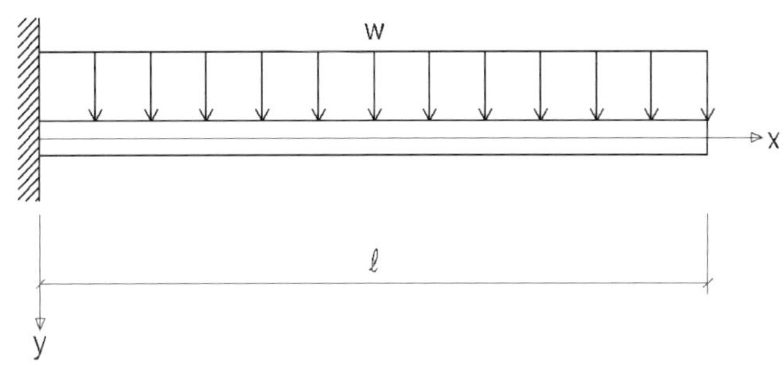

풀 이

▶ 개요

자유단에서의 전단처짐과 굽힘처짐에 대한 비교는 에너지법이나 Castigliano의 제2법칙, 가상일의 원리 등을 이용하여 계산할 수 있다.

▶ 처짐산정

보의 우측 단부에서 P하중 재하 시, 보의 우측 단부에서 x만큼 떨어진 지점에서의 전단력과 휨모멘트는

$$V(x) = wx + P$$
$$M(x) = -\frac{wx^2}{2} - Px$$

1) 전단에 의한 처짐(δ_1)

$$U = \int \frac{\kappa V^2}{2GA} dx$$
$$\delta_1 = \frac{\partial U}{\partial P} = \frac{\kappa}{GA} \int_0^l (wx + P)\ dx = \frac{\kappa}{GA} \int_0^l (wx + 0)\ dx = \kappa \frac{wl^2}{2GA}\ (\downarrow)$$

2) 휨모멘트에 의한 처짐(δ_2)

$$U = \int \frac{M^2}{2EI} dx$$

$$\delta_2 = \frac{\partial U}{\partial P} = \frac{1}{EI} \int_0^l (-\frac{wx^2}{2} - Px)(-x) \ dx = \frac{1}{EI} \int_0^l \frac{wx^3}{2} \ dx = \frac{wl^4}{8EI} \ (\downarrow)$$

3) 전단형상 계수 κ 산정

전단변형률에 의한 변형에너지로부터 유도

$$U = \int_V \frac{\tau\gamma}{2} dV = \int_V \frac{\tau^2}{2G} dV = \int_0^l \left[\int_A \frac{1}{2G} \left(\frac{VQ}{Ib} \right)^2 dA \right] dx = \int_0^l \left[\int_A \left(\frac{Q}{Ib} \right)^2 A dA \right] \frac{V^2}{2GA} dx$$

$$= \int_0^l \kappa \frac{V^2}{2GA} dx$$

$$\therefore \ \kappa = \int_A \left(\frac{Q}{Ib} \right)^2 A dA = \frac{A}{I^2} \int_A \frac{Q^2}{b^2} dA$$

I형 단면에서는 단면적을 복부의 단면적 A_w로 대치하면 $\kappa = 1.0$이다.

4) 전단처짐과 굽힘처짐의 비

$$\therefore \ \frac{\delta_1}{\delta_2} = \kappa \frac{4}{l^2} \left(\frac{EI}{GA} \right) = \kappa \frac{4}{200^2} \times 2.5 \times \left(\frac{130000}{224.5} \right) = 0.14477$$

에너지의 방법

다음의 캔틸레버에 대하여

1) 휨모멘트에 의한 변형에너지(U_m)와 전단력에 의한 변형에너지(U_Q)를 구하고 휨모멘트에 의한 처짐(δ_M)과 전단에 의한 처짐(δ_Q)을 구하라.

2) 전단에 의한 처짐(δ_Q)이 모멘트에 의한 처짐(δ_M)의 10%가 될 때 길이 L_1 및 1%가 될 때의 L_2를 구하라.

3) 위의 결과를 참고하여 캔틸레버의 일반적인 처짐공식 $\dfrac{PL^3}{3EI}$ 의 적용에 대한 의견을 기술하라 (단, 재료의 탄성계수는 E, 전단탄성계수 $G = 0.3E$라고 한다. 횡좌굴의 영향은 없는 것으로 가정).

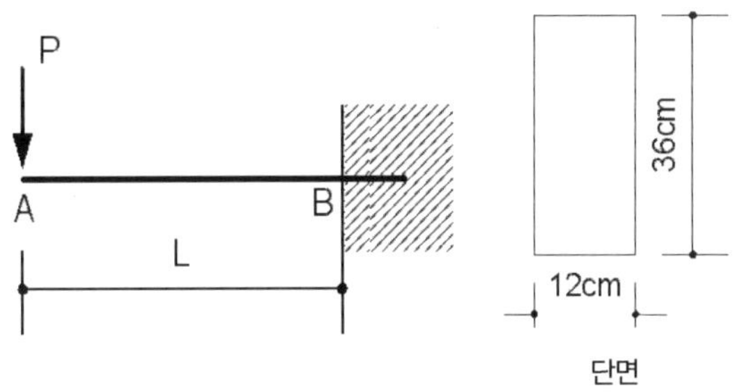

▶ 변형에너지와 처짐 산정

보의 우측 단부에서 P하중 재하 시, 보의 우측 단부에서 x만큼 떨어진 지점에서의 전단력과 휨모멘트는

$$V(x) = P, \; M(x) = -Px$$

1) 전단에 의한 변형에너지(U_Q), 처짐 (δ_1)

$$U_Q = \int \frac{\kappa V^2}{2GA} dx = \kappa \int_0^L \frac{P^2}{2GA} dx = \frac{3P^2 L}{5GA}$$

$$\because \kappa = \int_A \left(\frac{Q}{Ib} \right)^2 A dA = \frac{A}{I^2} \int_A \frac{Q^2}{b^2} dA, \; \kappa = \frac{6}{5} \text{(사각형)}$$

$$\therefore \delta_Q = \frac{\partial U_Q}{\partial P} = \frac{6PL}{5GA} \; (\downarrow)$$

2) 휨모멘트에 의한 변형에너지(U_M), 처짐(δ_2)

$$U_M = \int \frac{M^2}{2EI}dx = \int_0^L \frac{(Px)^2}{2EI}dx = \frac{P^2 L^3}{6EI}$$

$$\therefore \delta_M = \frac{\partial U_M}{\partial P} = \frac{PL^3}{3EI} \ (\downarrow)$$

▶ 단면의 성질

$$I = \frac{bh^3}{12} = 4.67 \times 10^{-4} m^4, \quad A = 0.0432 m^2$$

▶ L_1, L_2 산정

① $\delta_Q = 0.1\delta_M$

$$\frac{6PL_1}{5GA} = 0.1 \times \frac{PL_1^3}{3EI} \qquad \therefore L_1 = 1.138^m$$

② $\delta_Q = 0.01\delta_M$

$$\frac{6PL_2}{5GA} = 0.01 \times \frac{PL_2^3}{3EI} \qquad \therefore L_2 = 3.6^m$$

▶ 일반적인 처짐공식 적용에 대한 의견

보의 길이가 길어질수록 일반적으로 전단에 의한 영향은 미미하게 되며, 일반적으로 보는 전단에 의한 영향을 무시할 정도의 길이를 가지므로 일반적인 처짐공식은 이러한 보에서의 전단에 의한 영향이 미미함을 고려하여 산정되었다.

에너지의 방법

그림과 같은 구조물에 하중 P가 서서히 작용할 경우, 이 구조물의 변형에너지와 공액에너지 (complementary energy)를 구하고 개략적인 힘-변위 관계도를 작성하시오.

단, 구조재료는 선형탄성재료로 강성 EA는 일정하며, 처짐은 미소한 것으로 가정하고 지점 A, B 는 핀 연결이며, C점에서 핀으로 연결되어 있다. 자중은 무시한다.

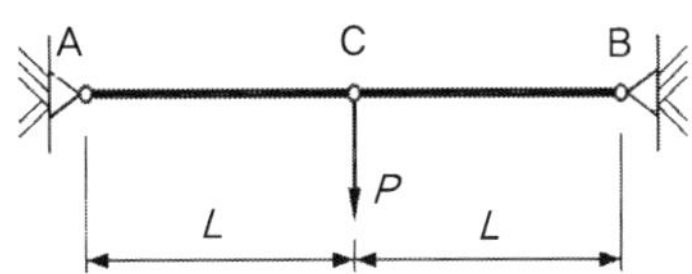

풀 이

▶ 개요

에너지의 방법은 내적 일과 외적 일과의 관계로부터 산출하는 방법으로 일반적으로 최소에너지의 법칙은 평형상태와 관련되며, 선형과 비선형 구조물에 모두 탄성 범위 내에서 적용될 수 있다. 그 림과 같이 비선형성을 보이는 하중과 처짐과의 관계에서 에너지 손실을 무시한다면 하중이 하는 모든 일은 하중이 제거된 후 다시 회복될 수 있도록 보의 내부 에너지로 저장된다. 이때 부재의 변형에 따라 축척되는 내부에너지를 변형에너지(Strain Energy)라고 하며, 하중에 따라 축척되는 내부에너지를 공액에너지(complementary energy) 또는 응력에너지(stress energy)라고 한다.

$$\text{변형에너지 } U = W = \int_0^\delta P_1 d\delta_1, \qquad \text{공액에너지 } U^* = W^* = \int_0^P \delta_1 dP_1$$

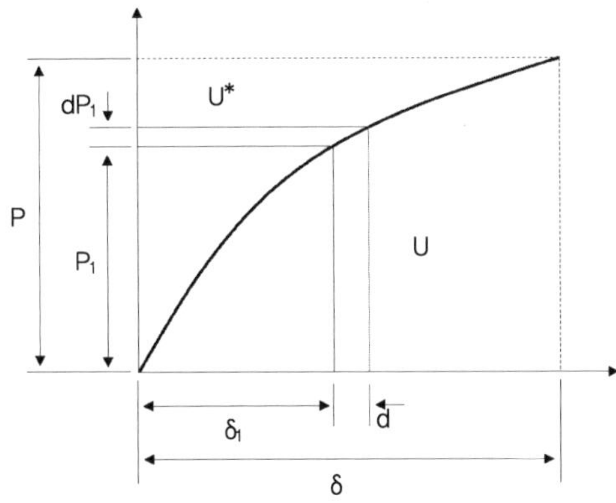

변형에너지는 하중과 처짐 곡선에서 처짐 축 사이의 면적이며, 공액에너지는 하중 축 사이의 면적으로 나타내어진다. 따라서 변형에너지와 공액 에너지 간에는 다음의 식이 성립된다.

$$U + U^* = P\delta$$

➤ 변형에너지와 공액에너지 산정

하중 P에 의해서 C점에서 δ만큼의 변위가 발생했다고 가정하고, AC와 BC부재의 신장량을 Δ, 변화된 길이를 L'라고 정의한다. 이때 처짐 δ는 L에 비해 미소한 것으로 가정한다.

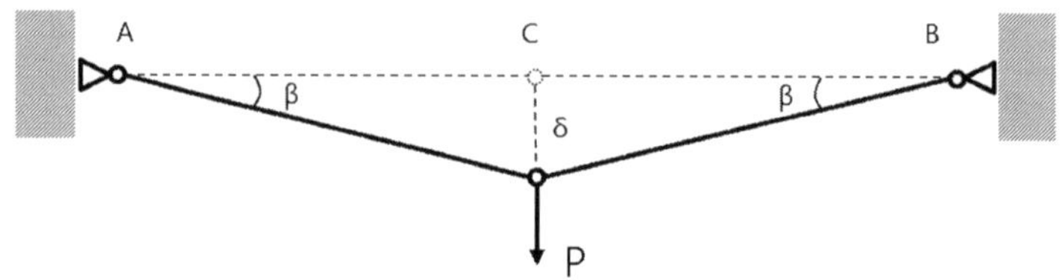

$$L' = L + \Delta = \frac{L}{\cos\beta} = Lsec\beta$$

급수전개에 따라 $\cos\beta = 1 - \frac{\beta^2}{2!} + \frac{\beta^4}{4!} - \cdots, \qquad sec\beta = 1 + \frac{\beta^2}{2!} + \frac{5\beta^4}{4!} + \cdots$

$$L' = L + \Delta = \frac{L}{\cos\beta} = Lsec\beta = L\left(1 + \frac{\beta^2}{2!} + \frac{5\beta^4}{4!} + \cdots\right)$$

$$\therefore \Delta = \frac{L\beta^2}{2}\left(1 + \frac{5\beta^2}{12} + \cdots\right) \simeq \frac{L\beta^2}{2}$$

이때 $\tan\beta \simeq \beta = \dfrac{\delta}{L}$ 이므로 $\therefore \Delta = \dfrac{\delta^2}{2L}$

부재의 장력 $T = \dfrac{P}{2\sin\beta} \simeq \dfrac{P}{2\beta} = \dfrac{PL}{2\delta}$,   부재의 신장 $\Delta = \dfrac{TL}{EA} = \dfrac{PL}{2\delta}\left(\dfrac{L}{EA}\right) = \dfrac{PL^2}{2EA\delta}$

$\Delta = \dfrac{\delta^2}{2L}$ 식으로부터 $\dfrac{\delta^2}{2L} = \dfrac{PL^2}{2EA\delta}$ $\therefore P = \dfrac{EA\delta^3}{L^3}, \; \delta = \sqrt[3]{\dfrac{PL^3}{EA}}$

따라서 부재의 변형에너지 U는

$$\therefore U = \int_0^\delta Pd\delta = \int_0^\delta \left(\frac{EA\delta^3}{L^3}\right)d\delta = \frac{EA\delta^4}{4L^3}$$

부재의 공액에너지 U*는

$$\therefore\ U^* = \int_0^P \delta dP = \int_0^P \left(\sqrt[3]{\frac{PL^3}{EA}} \right) dP = \frac{3P^{4/3}L}{4\sqrt[3]{EA}} = \left(\frac{EA\delta^3}{L^3} \right)^{4/3} \frac{3L}{4\sqrt[3]{EA}} = \frac{3EA\delta^4}{4L^3}$$

▶ 힘과 변위 관계식

앞의 유도식으로부터, $P = \dfrac{EA\delta^3}{L^3}$

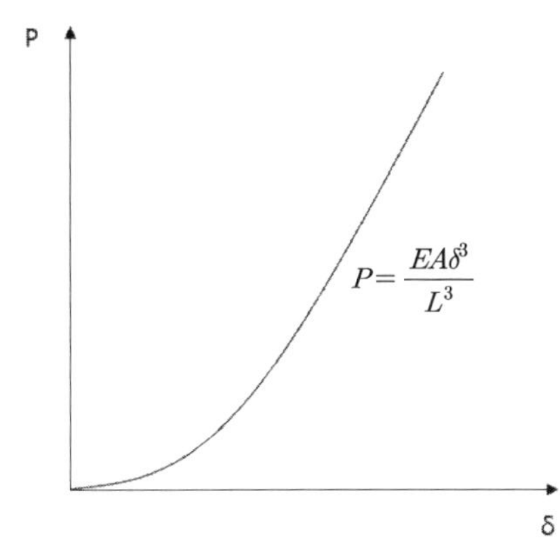

앞서 유도된 공액에너지 U*는 변형에너지 U는 선형 탄성재료이기 때문에 이론적으로 서로 그 값
이 같아야 하나 다르게 나타났다. 이는 실제 유도된 하중과 변위 간에 관계식이 기하학적으로 선
형이 아닌 비선형으로 유도되어 조건에 가정된 선형관계가 맞지 않기 때문에 공액에너지가 보존
되지 않음을 보여준다.

에너지의 방법 : 최소일의 원리

다음 그림과 같이 단순보 ABC를 킹포스트 트러스(king post truss)로 보강하였다. 부재의 단면 및 재료의 성질이 표와 같고, 모든 부재의 안전계수를 SF=2.0이라 할 때, 최대 허용하중(설계하중) P를 구하시오.

부재	단면(mm)	탄성계수(GPa)	항복응력(MPa)
보 ABC	직사각형: b×d = 60 × 160	200	240
부재 ADC	원형단면: 직경 = 15	200	500
부재 BD	직사각형: 50 × 40	12.4	29.6

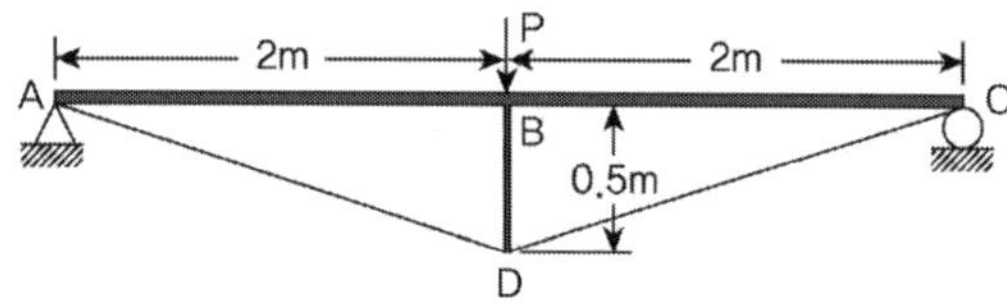

풀 이

▶개요

합성구조물로 내적 1차 부정정 구조이다. 부정정력을 이용하여 최소일의 원리를 이용하거나 변형일치의 방법 또는 매트릭스 해석법 등 다양한 풀이방법을 통해 해석할 수 있다. 각각의 방법에 대해서 풀이해 보도록 한다(보의 축력을 포함해서 해석해본다).

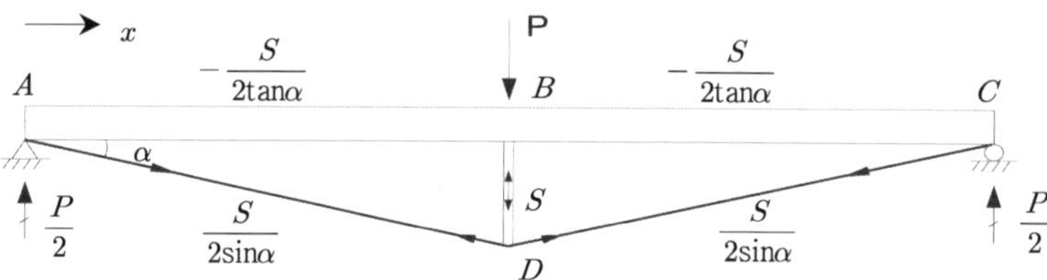

▶단면 상수 산정

$$I_{beam} = \frac{60 \times 160^3}{12} = 20,480,000mm^4, \quad A_{beam} = 9,600mm^2, \quad E_{beam} = 2.0 \times 10^5 MPa$$

$$A_{BD} = 50 \times 40 = 2,000mm^2, \quad E_{BD} = 2.0 \times 10^5 MPa$$

$$A_{cable} = \frac{\pi}{4} \times 15^2 = 176.715mm^2, \quad E_{cable} = 1.24 \times 10^4 MPa$$

$$\tan^{-1}\left(\frac{2.5}{2}\right) = 14.0362°, \quad \tan\alpha = 1.25, \quad \sin\alpha = 0.2425$$

▶ 최소일의 원리 이용

부재 BD의 압축력을 부정정력으로 선택하여 S를 외력으로 가정하면 총 변형에너지는

$$0 \leq x \leq 2^m \quad M_x = \left(\frac{P-S}{2}\right)x$$

$$U = \sum \frac{F^2 L}{2EA} + \sum \int \frac{M^2}{2EI}dx = \left(\frac{F^2 L}{2EA}\right)_{BD} + \left(\frac{F^2 L}{2EA}\right)_{cable} + \left(\frac{F^2 L}{2EA}\right)_{beam} + \left(\int \frac{M^2}{2EI}dx\right)_{beam}$$

$$= \frac{(-S)^2 L_{BD}}{2E_{BD}A_{BD}} + 2\frac{\left(-\dfrac{S}{2\tan\alpha}\right)^2\left(\dfrac{L_{beam}}{2}\right)}{2E_{beam}A_{beam}} + 2\frac{\left(\dfrac{S}{2\sin\alpha}\right)^2\left(\sqrt{2000^2+500^2}\right)}{2E_{cable}A_{cable}} + 2\int_0^{2000} \frac{\left(\left(\dfrac{P-S}{2}\right)x\right)^2}{2E_{beam}I_{beam}}dx$$

최소일의 원리로부터 $\dfrac{\partial U}{\partial S} = 0$ 이므로,

$$\frac{\partial U}{\partial S} = \frac{500S}{E_{BD}A_{BD}} + 2 \times \frac{\dfrac{S}{2\tan\alpha} \times \dfrac{1}{2\tan\alpha} \times 2000}{E_{beam}A_{beam}} + 2 \times \frac{\dfrac{S}{2\sin\alpha} \times \dfrac{1}{2\sin\alpha} \times 2,061}{E_{cable}A_{cable}}$$
$$+ \frac{2}{E_{beam}I_{beam}} \times \int_0^{2000}\left(\frac{P-S}{2}\right)x\left(-\frac{x}{2}\right)dx = 0$$

$$\therefore S = 0.030077P, \quad P = 33.2479S$$

▶ 허용응력 산정

부재	항복응력(MPa)	허용응력(MPa, $S.F=2$)	단면적(mm^2)	허용축력(kN)
보 ABC	240	120	–	–
부재 ADC	500	250	176.715	44.2
부재 BD	29.6	14.8	2,000	29.6

1) 부재 BD기준 작용가능한 하중

$$P_{BD} = S, \quad \sigma_{all} = \frac{S}{A_{BD}} \qquad \therefore S_{all} = \sigma_{all}A_{BD} = 29.6^{kN}$$

$$\therefore P_{all} = 33.2479S = 33.2479 \times 29.6^{kN} = 984.14^{kN}$$

2) 부재 ADC기준 작용가능한 하중

$$P_{cable} = \frac{S}{2\sin\alpha}, \quad \sigma_{all} = \frac{P}{A_{cable}} = \frac{S}{2A_{cable}\sin\alpha}$$

$$\therefore S_{all} = \sigma_{all} \times 2A_{cable}\sin\alpha = 250^{MPa} \times 2 \times 176.715^{mm^2} \times 0.2425 = 21.43^{kN}$$

$$\therefore P_{all} = 33.2479S = 33.2479 \times 21.43^{kN} = 712.5^{kN}$$

3) 보 ABC기준 작용가능한 하중

$$P_{beam} = -\frac{S}{2\tan\alpha}, \quad \frac{P-S}{2} = 16.124S$$

$$\sigma_{all} = -\frac{P_{beam}}{A_{beam}} - \frac{M_{max}}{I_{beam}}y = -\frac{S}{2A_{beam}\tan\alpha} - \frac{(16.124S)\left(\frac{l}{2}\right)}{20,480,000} \times 80 = -0.126S$$

$$\therefore S_{all} = \frac{\sigma_{all}}{125,781} = 952.38^{N}$$

$$\therefore P_{all} = 33.2479S = 33.2479 \times 952.38^{kN} = 31.66^{kN}$$

Govern $\quad P_{all} = 31.66^{kN}$

에너지의 방법 : 최소일의 원리

다음 그림과 같은 양단 고정보의 고정단모멘트 M_{AB}, M_{BA}를 구하시오(단, EI는 일정).

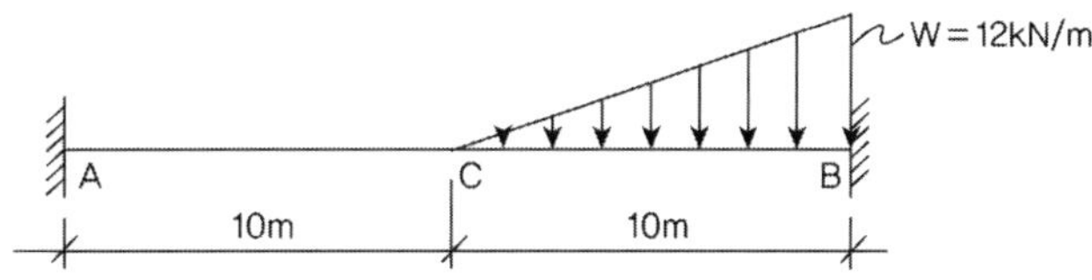

풀 이

▶ 개요

2차 부정정 구조물에 대해서 최소일의 원리 또는 변위일치법을 통해 풀이할 수 있다. 최소일의 원리를 이용하여 풀이한다.

▶ 부정정력 산정

지점 A의 수직반력(R_A)과 휨모멘트(M_A)를 부정정력으로 한다.

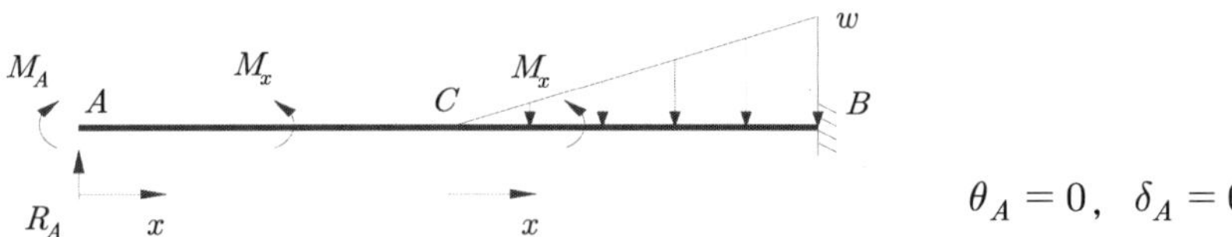

구분	범위	M_x	$\partial M_x / \partial R_A$	$\partial M_x / \partial M_A$
AC	$0 \leq x \leq 10$	$M_x = R_A x + M_A$	x	1
CB	$0 \leq x \leq 10$	$M_x = R_A(x+10) + M_A - \dfrac{1}{2}x\left(\dfrac{w}{10}x\right)\dfrac{x}{3}$	$x+10$	1

▶ 최소일의 원리

1) 변형에너지

$$U = \int \frac{M^2}{2EI}dx = \frac{1}{2EI}\left[\int_0^{10}(R_A x + M_A)^2 dx + \int_0^{10}\left(R_A(x+10) + M_A - \frac{1}{2}x\left(\frac{w}{10}x\right)\frac{x}{3}\right)^2 dx\right]$$

2) 최소일의 원리

$$\frac{\partial U}{\partial R_A} = 5{,}333.33R_A + 400M_A - 18000 = 0 \quad \frac{\partial U}{\partial M_A} = 40M_A + 400R_A - 1000 = 0$$

$$\therefore R_A = 6^{kN} \ (\uparrow), \quad M_A = -35^{kNm} \ (\circlearrowleft) \qquad \therefore V_B = \frac{1}{2} \times 10 \times 12 - 6 = 54^{kN}$$

$$\sum M_A = 0 : -35 + \frac{1}{2} \times 10 \times 23 \times \left(10 + 10 \times \frac{2}{3}\right) - 54 \times 20 + M_B = 0 \quad \therefore M_B = 115^{kNm}$$

에너지의 방법 : 부정정 구조물

그림과 같이 완전탄소성 재료인 양단고정보에 부분등분포하중 w가 작용할 때 최초 항복하중 w_Y를 구하시오.

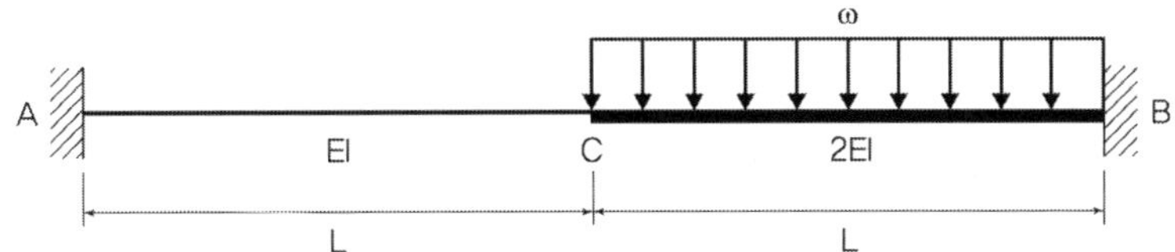

풀 이

▶ 개요

2차 부정정 구조물로 B점의 반력을 모두 부정정력으로 치환해서 에너지법을 이용해 풀이한다.

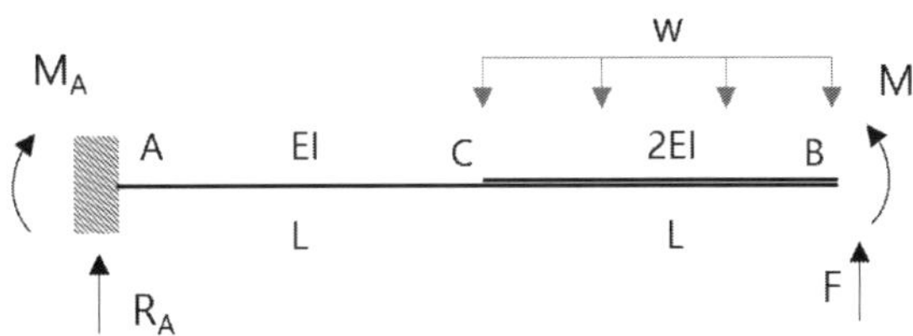

▶ 모멘트 산정

시점으로부터 x 거리만큼 떨어진 지점에서의 모멘트 산정

① BC구간(시점 B) : $M_x = Fx + M - \dfrac{wx^2}{2}$

② CA구간(시점 C) : $M_x = F(x+L) + M - wL\left(x + \dfrac{L}{2}\right)$

▶ 반력 산정

에너지법에 따라

$$U = \frac{1}{2(2EI)} \int_0^L \left(Fx + M - \frac{wx^2}{2}\right)^2 dx + \frac{1}{2EI} \int_0^L \left(F(x+L) + M - wL\left(x + \frac{L}{2}\right)\right)^2 dx$$

$$= \frac{3L^5w^2 - (20L^3M + 15FL^4)w + 60LM^2 + 60FL^2M + 20F^2L^3}{240EI} + \frac{13L^5w^2 - (24L^3M + 38FL^4)w + 12LM^2 + 36FL^2M + 28F^2L^3}{24EI}$$

부정정력 구간의 처짐과 회전각은 0이므로

$$\frac{\partial U}{\partial F} = 0 \; ; \; 120F = 79wL - 84\frac{M}{L} \qquad \cdots (1)$$

$$\frac{\partial U}{\partial M} = 0 \; ; \; 18M = 13wL^2 - 21FL \qquad \cdots (2)$$

(1), (2)식으로부터 $\qquad\qquad \therefore F = \dfrac{5}{6}wL, \quad M = -\dfrac{wL^2}{4}$

▶ 최초 항복하중 w_Y 산정

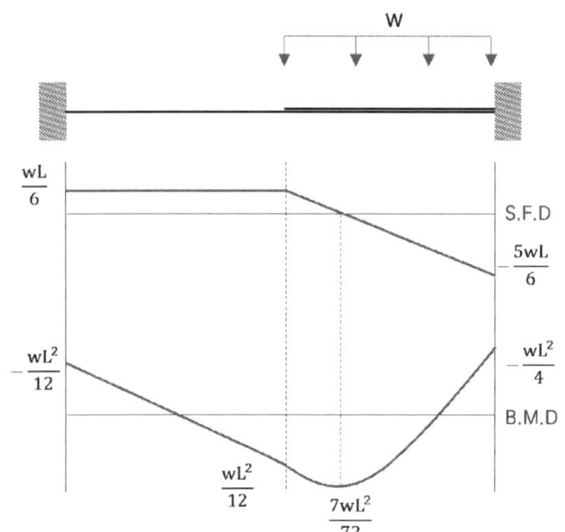

BC구간에서 +최대 모멘트는

$$\frac{\partial M_x}{\partial x} = 0 \; ; \; x = \frac{5}{6}L,$$

$$\therefore M_{x=\frac{5}{6}L} = \frac{7wL^2}{72}$$

따라서,
부재의 최대 모멘트는 B점에서 발생한다.

$$\therefore M_{\max} = \frac{wL^2}{4}$$

부재가 완전탄소성재료이고, 최초 항복하중이 도달될 때의 모멘트 M_y는 $M_y = \sigma_y S$

여기서 $S = \dfrac{I}{y}$

$$M_{\max} = M_y \; ; \; \therefore w_Y = \frac{4\sigma_y S}{L^2}$$

에너지의 방법 : 부정정 구조물

아래 그림과 같은 하중 M_{AB}가 작용하는 부정정보의 A점에서 B점으로의 전달률 C_{AB}와 C점에서의 수직처짐 δ_{CV}를 구하시오.

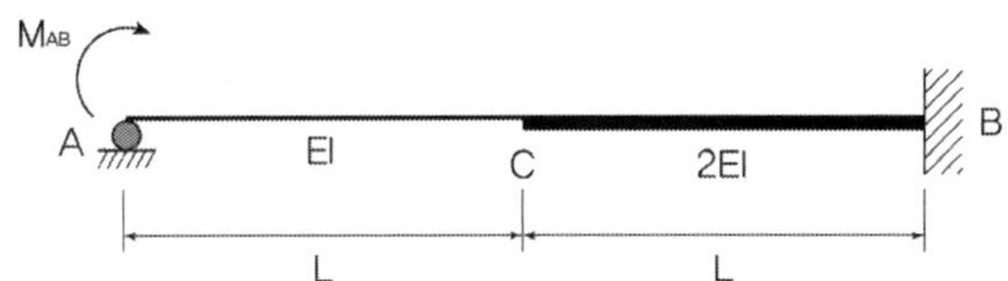

풀 이

▶ 개요

부정정 구조물 A점의 반력을 부정정력으로 변환하여 변위일치법이나 에너지 방법에 의해 풀이한다.

▶ 치환 구조물의 해석을 통한 전달률 산정

① AC 구간(시점 A) : $M_{x1} = Fx + M_{AB}$

② CB 구간(시점 C) :

$$M_{x2} = F(x+L) + M_{AB}$$

에너지의 방법에 따라

$$U = \frac{1}{2EI}\int_0^L (Fx + M_{AB})^2 dx + \frac{1}{2(2EI)}\int_0^L (Fx + FL + M_{AB})^2 dx$$

$$= \frac{1}{2EI}\left(\frac{1}{3}F^2L^3 + FM_{AB}L^2 + M_{AB}^2L\right) + \frac{1}{4EI}\left(\frac{7}{3}F^2L^3 + M_{AB}^2L + 3FML^2\right)$$

A점에서의 처짐은 0이므로,

$$\frac{\partial U}{\partial F} = 0 \; ; \; \therefore F = -\frac{5M}{6L} \quad \rightarrow \quad M_{BA} = F \times 2L - M_{AB} = \frac{2}{3}M_{AB} \qquad \therefore C_{AB} = \frac{2}{3}$$

▶ C점의 수직처짐

C점에 가상의 하중 P를 작용시키면

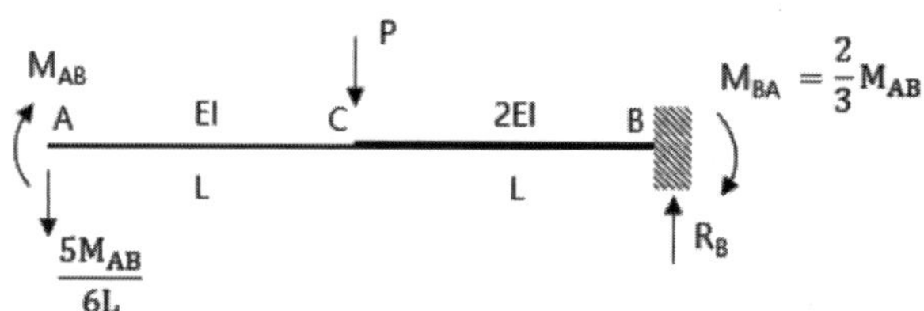

① AC 구간(시점 A) : $M_{x1} = \left(-\dfrac{5M_{AB}}{6L} \right) x + M_{AB}$

② CB 구간(시점 C) : $M_{x2} = \left(-\dfrac{5M_{AB}}{6L} \right)(x + L) - Px + M_{AB}$

에너지의 방법에 따라

$$U = \frac{1}{2EI} \int_0^L M_{x1}^2 \, dx + \frac{1}{4EI} \int_0^L M_{x2}^2 \, dx$$

$$= \frac{1}{2EI} \left(\frac{1}{3} F^2 L^3 + F M_{AB} L^2 + M_{AB}^2 L \right) + \frac{1}{4EI} \left(\frac{7}{3} F^2 L^3 + M_{AB}^2 L + 3 F M L^2 \right)$$

C점에서의 수직처짐은 P=0일 때이므로,

$$\therefore \ \delta_c = \frac{\partial U}{\partial P} \bigg|_{P=0} = \frac{7 M_{AB} L^2}{72 EI}$$

트러스 부재력

그림과 같은 트러스 상현재 BC에 ΔT만큼 온도가 증가하는 경우, 부재 AC의 부재력을 구하시오.

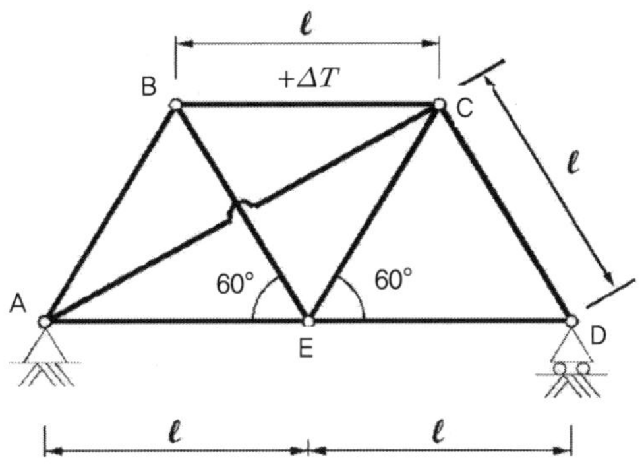

풀 이

➤ 개요

부재수 b=8, 반력성분 r=3, 격점수 j=5   b+r > 2j, 외적으로는 정정이므로 내적으로 1차 부정정 구조물이다. F_{AC}를 부정정력으로 보고 단위하중법(변위일치법)에 의해서 풀이한다.

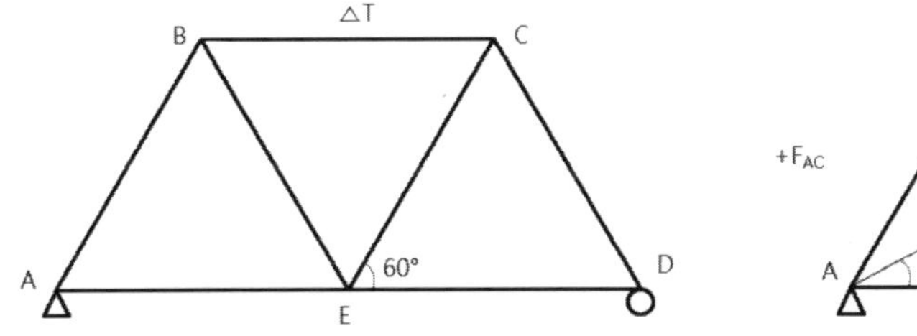
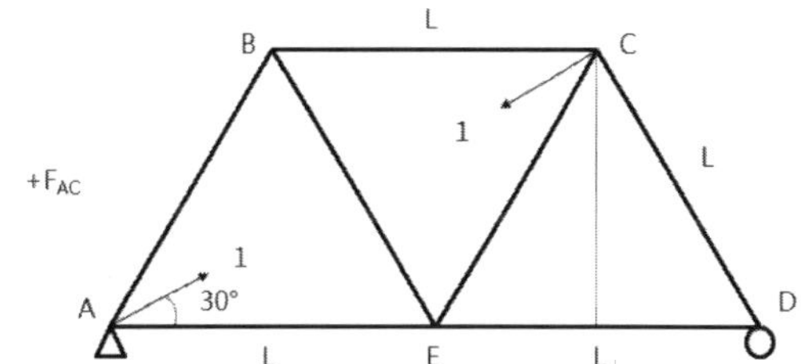

$$\Delta_i = \Delta_T + F_{AC}\delta_{ik} = 0, \qquad \theta = \tan^{-1}(\sqrt{0.75}/1.5) = 30°$$

➤ 부재력 산정

1) 기본 구조물 : $\Delta_T = \alpha\Delta TL$

2) 단위하중 구조물

　　　D점에서 $F_{CD} = F_{DE} = 0$

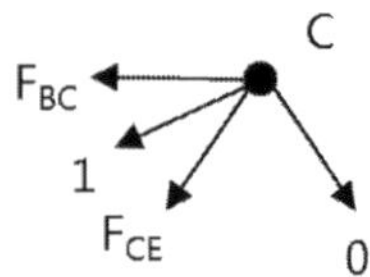

C점에서 $F_{BC} + \cos30° + F_{CE}\cos60° = 0$

$\sin30° + F_{CE}\sin60° = 0$

$$\therefore\ F_{CE} = -0.577,\ F_{BC} = -0.577$$

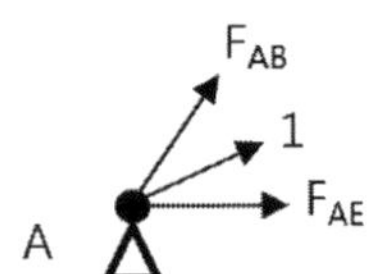

A점에서 $F_{AB}\cos60° + \cos30° + F_{AE} = 0$

$F_{AB}\sin60° + \sin30D° = 0$

$$\therefore\ F_{AB} = -0.577,\ F_{AE} = -0.577$$

B점에서 $-F_{AB}\cos60°G + F_{BE}\cos60° + F_{BC} = 0$

$F_{AB}\sin60° + F_{BE}\sin60° = 0$

$$\therefore\ F_{BE} = 0.577$$

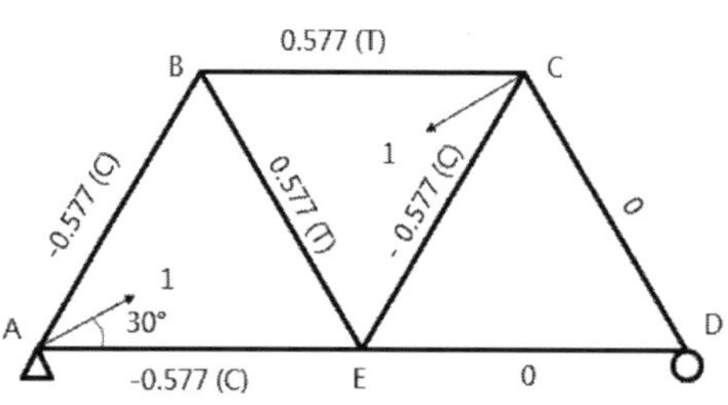

부재	L	f	f^2L	$f\Delta TL$
AB	L	−0.577	0.333L	
AE	L	−0.577	0.333L	
BC	L	0.577	0.333L	$0.577\alpha\,\Delta TL$
BE	L	0.577	0.333L	
CD	L	0	0	
CE	L	−0.577	0.333L	
DE	L	0	0	
AC	1.732L	1	1.732L	
Σ			3.397L	$0.577\alpha\,\Delta TL$

$$\delta_{ik} = \Sigma\frac{f^2L}{EA} = \frac{3.397L}{EA} \qquad \Delta_T = 0.577\alpha\,\Delta TL$$

$$\Delta_T + F_{AC}\delta_{ik} = 0\ ;\qquad \therefore\ F_{AC} = -\frac{\Delta_T}{\delta_{ik}} = -0.1699EA\alpha\Delta T\ \text{(압축)}$$

에너지의 방법 : 스프링 구조

캔틸레버보의 자유단에 스프링 지점이 연결되어 있는 1차 부정정 구조물이다. 보의 휨강성이 EI 이고 스프링상수가 k_s 일 때, Castigliano의 정리(최소일의 방법)를 이용하여 B점의 반력을 구하고 스프링 지점 대신 가동지점일 경우의 반력을 구하시오.

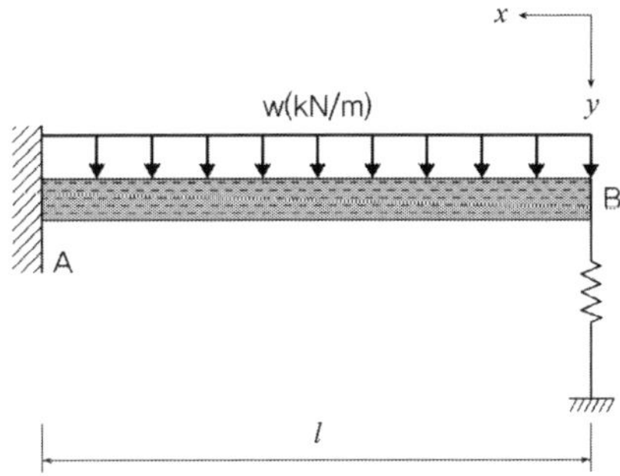

풀 이

➤ 개요

스프링력과 가동지점일 경우의 반력을 X로 치환하여 최소일의 방법으로 반력을 구한다.

➤ 반력 산정

$$M_x = X_1 x - \frac{wx^2}{2}$$

1) 변형에너지 $U = \sum \int \frac{M^2}{EI} dx + \frac{X_1^2}{2k_s} = \sum \int \frac{1}{EI}\left[X_1 x - \frac{wx^2}{2} \right]^2 dx + \frac{X_1^2}{2k_s}$

2) 최소일의 원리

$$\frac{\partial U}{\partial X} = 0 \ ; \ \frac{4X(3EI + 2k_s L^3) - 3wkL^4}{12k_s EI} = 0 \quad \therefore \text{스프링의 반력 } X = \frac{3wk_s L^4}{4(3EI + 2k_s L^3)}$$

3) 가동 지점일 경우의 반력

가동지점일 경우 스프링의 강성이 $\propto$ 이므로, $\therefore$ 가동지점의 반력 $\displaystyle \lim_{k_s \to \infty} X = \frac{3wL^4}{8L^3} = \frac{3wL}{8}$

에너지의 방법 : 스프링 구조

아래 그림과 같이 포물선 등분포하중을 받는 구조물의 A점과 B점에서의 반력을 구하시오.

(단, $k = \dfrac{3EI}{L^3}$)

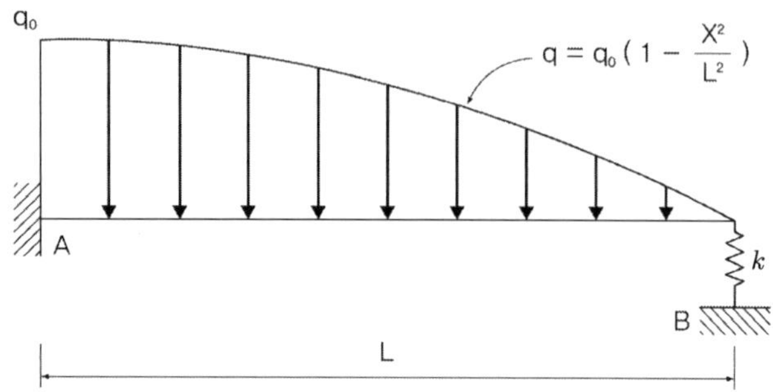

풀 이

> **개요**

스프링력 F를 부정정력으로 치환하여 최소일의 원리에 따라 풀이한다.

> **치환구조물의 반력 산정**

1) 직접 적분 방정식을 이용한 반력 산정

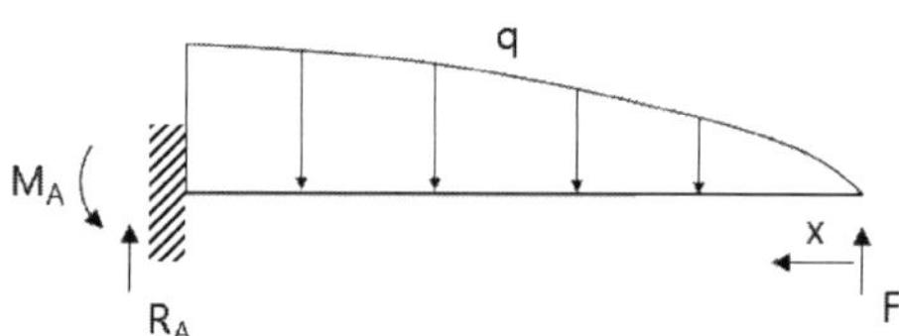

$$R_A = \int_0^L q_0 \left(1 - \frac{x^2}{L^2} \right) dx - F = \frac{2q_0 L}{3} - F$$

$$M_A = \int_0^L qx\,dx - FL = \int_0^L q_0 x \left(1 - \frac{x^2}{L^2} \right) dx - FL = \frac{q_0 L^2}{4} - FL$$

2) 2차 포물선 방정식의 도심 산정공식을 이용한 반력 산정

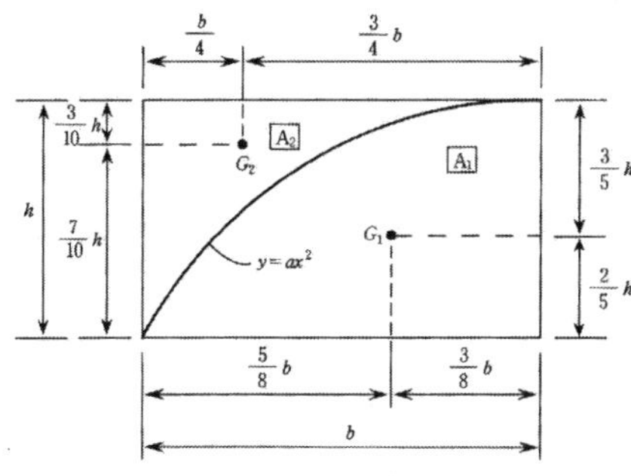

2차 포물선 방정식이므로

$$A_1 = \frac{2}{3}bh, \ A_2 = \frac{1}{3}bh$$

$$R_A = \frac{2}{3} \times L \times q_0 - F = \frac{2}{3}q_0 L - F$$

$$M_A = \frac{2}{3}q_0 L \times \frac{3}{8}L - FL = \frac{q_0 L^2}{4} - FL$$

3) 임의의 점 x에서의 모멘트 산정

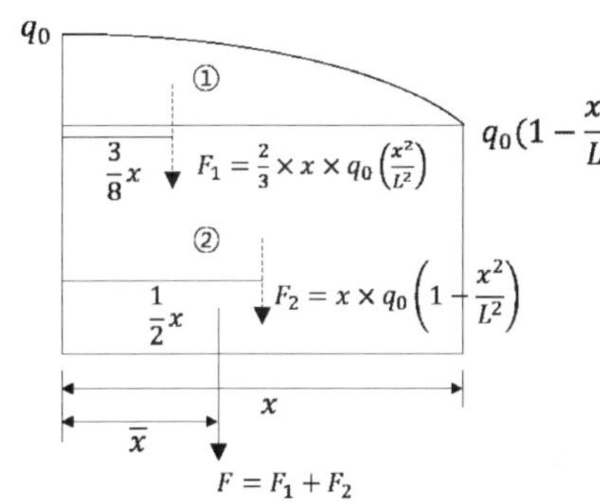

$$F_1 = \frac{2}{3}xq_0\left(\frac{x^2}{L^2}\right) = \frac{2q_0 x^3}{3L^2}$$

$$M_1 = F_1 \times \frac{3}{8}x = \frac{q_0 x^4}{4L^2}$$

$$F_2 = q_0 x\left(1 - \frac{x^2}{L^2}\right)$$

$$M_2 = F_2 \times \frac{x}{2} = \frac{q_0 x^2}{2}\left(1 - \frac{x^2}{L^2}\right)$$

$$\therefore F = F_1 + F_2 = q_0 x - \frac{q_0 x^3}{3L^2}, \qquad \overline{x} = \frac{M_1 + M_2}{F_1 + F_2} = \frac{3(2xL^2 - x^3)}{4(3L^2 - x^2)}$$

A점으로부터 x만큼 떨어진 임의의 점에서의 모멘트는

$$\therefore M_x = R_A x - M_A - F(x - \overline{x})$$

$$= \left(\frac{2q_0 L}{3} - F\right)x - \left(\frac{q_0 L^2}{4} - FL\right) - \left(q_0 x - \frac{q_0 x^3}{3L^2}\right) \times \left(x - \frac{3(2xL^2 - x^3)}{4(3L^2 - x^2)}\right)$$

4) 에너지법에 따른 부정정력 산정

$$U = \Sigma \int \frac{M_x^2}{2EI}dx + \frac{F^2}{2k} = \frac{1}{2EI}\left[\frac{440L^9 q_0 - 4788L^8 q_0 F + 15120F^2 L^7}{45360L^4}\right] + \frac{F^2}{2k}$$

$$\frac{\partial U}{\partial F} = 0 \ ; \ \frac{1}{2EI}\left[\frac{1}{45360}\left(30240L^3 F - 4788q_0 L^4\right)\right] + \frac{FL^3}{3EI} = 0 \qquad \therefore F = \frac{19q_0 L}{240}$$

$$R_B = F = \frac{19q_0 L}{240}$$

$$R_A = \frac{2q_0 L}{3} - F = \frac{2q_0 L}{3} - \frac{19q_0 L}{240} = \frac{47q_0 L}{80}$$

$$M_A = \frac{q_0 L^2}{4} - FL = \frac{q_0 L^2}{4} - \frac{19q_0 L}{240} \times L = \frac{41q_0 L^2}{240}$$

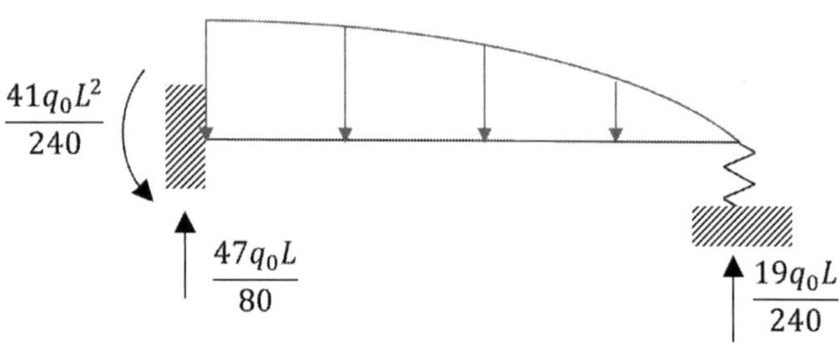

에너지의 방법 : 스프링 구조

다음 그림과 같은 보 ABC가 일정한 휨강성 EI를 가지고 있다. 자유단에 집중하중 P가 작용할 때 지점반력과 전단력도(SFD), 휨모멘트도(BMD)를 구하시오. 단, 스프링계수 $k = \dfrac{48EI}{L^3}$ 이다.

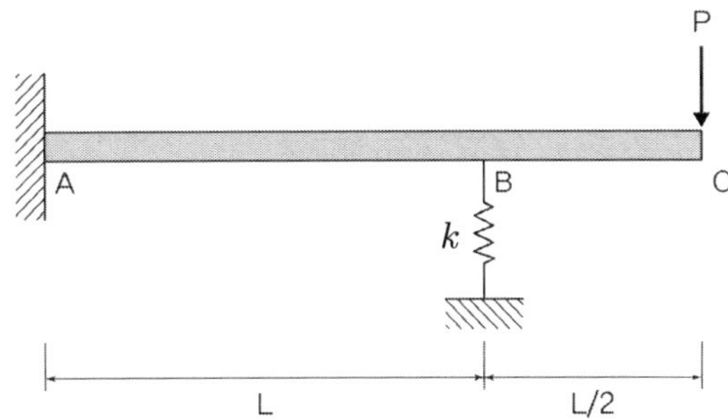

풀 이

▶ 개요

내적 1차 부정정 구조물에 대해서 최소일의 원리 또는 변위일치법을 통해 풀이할 수 있다. 스프링력을 부정정력으로 치환하여 풀이한다.

▶ 최소일의 원리를 이용한 풀이

스프링력 F를 부정정력으로 본다.

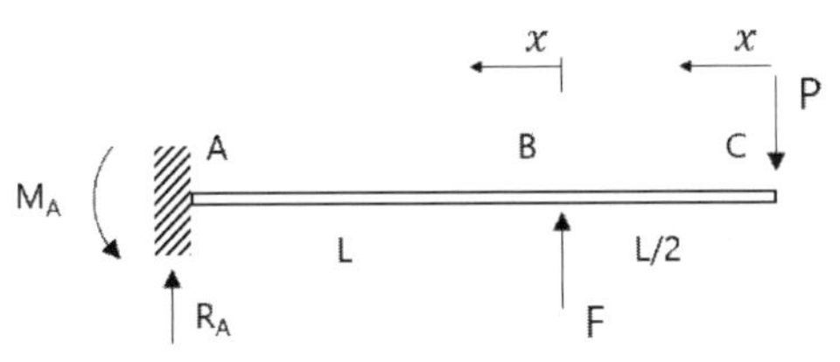

① CB구간($0 \leq x \leq L/2$, 시점 C)
$$M_x = Px$$

② BA구간($0 \leq x \leq L$, 시점 B)
$$M_x = P(x + L/2) - Fx$$

1) 변형에너지 산정

$$U = \Sigma \int \frac{M^2}{2EI}dx + \frac{F^2}{2k}$$

$$= \frac{1}{2EI}\left[\int_0^{L/2} (Px)^2 dx + \int_0^L (P(x+L/2) - Fx)^2 dx \right] + \frac{F^2}{2k}$$

$$= \frac{1}{2EI}\left[\frac{P^2 L^3}{24} + \frac{L^3}{12}(13P^2 - 14FP + 4F^2) \right] + \frac{F^2}{2k}$$

2) 최소일의 원리

$$\frac{\partial U}{\partial F}=0 \ : \quad \frac{1}{2EI}\left[\frac{L^3}{12}(-14P+8F)\right]+\frac{F}{k}=0 \quad \therefore F=\frac{14kPL^3}{8kL^3+24EI}=\frac{28}{17}P$$

> **▶ 지점반력과 전단력도(SFD), 휨모멘트도(BMD)**

$$R_A = P-F=-\frac{11}{17}P(\downarrow)$$

$$M_A = P\left(L+\frac{L}{2}\right)-\frac{28}{17}PL=-\frac{5}{34}PL(시계방향)$$

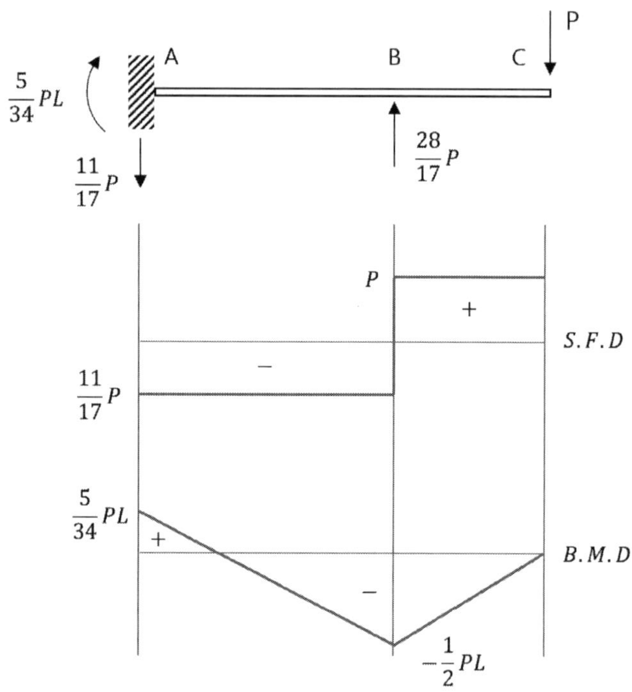

에너지의 방법 : 스프링 구조

하중 P가 그림과 같이 수직으로 작용할 때 A점의 수직처짐(δ)을 구하시오(단, 스프링계수 k, ABC 보의 EI는 일정).

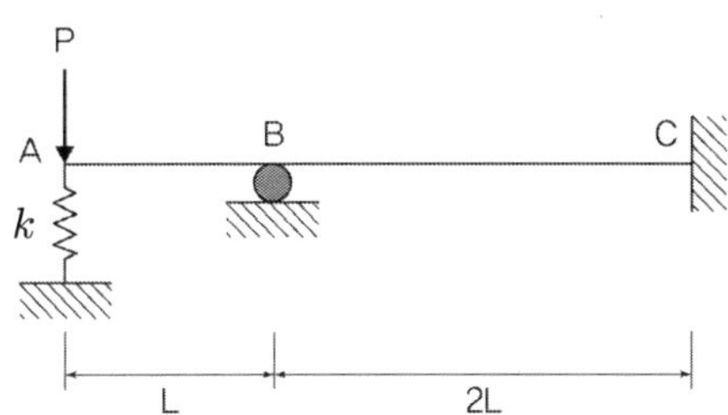

풀 이

▶ 개요

2차 부정정 구조물에 대해서 에너지법 혹은 변위일치법, 매트릭스법을 이용해 풀이할 수 있다. A, B점의 반력을 각각 F_1, F_2의 가상력으로 치환하여 에너지법을 이용해 풀이한다.

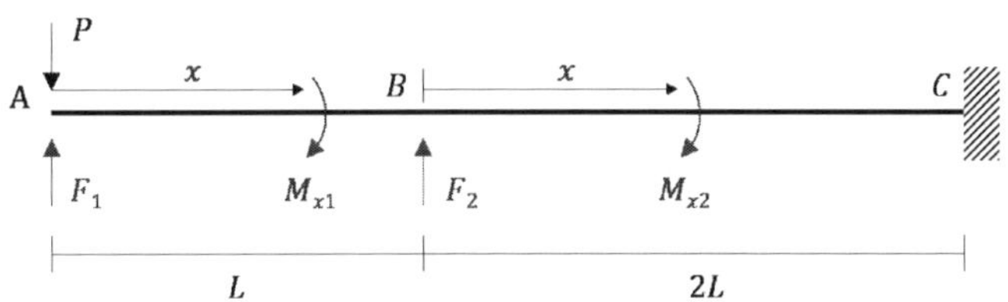

▶ 부정정 구조물의 해석

구간	시점	길이	M_x	$\partial M_x / \partial P$
AB	A	L	$Px - F_1 x$	x
BC	B	2L	$P(L+x) - F_1(L+x) - F_2 x$	$L+x$

1) 부정정 구조물의 변형에너지

$$U = \frac{1}{2EI}\int_0^L M_{x1}^2 + \frac{1}{2EI}\int_0^{2L} M_{x2}^2 + \frac{F_1^2}{2k}$$

$$= \frac{1}{2EI}\left[\int_0^L (Px - F_1 x)^2 dx + \int_0^{2L} (P(L+x) - F_1(L+x) - F_2 x)^2 dx\right] + \frac{F_1^2}{2k}$$

$$\therefore\ U = \frac{L^3}{6EI}\left[27P^2 + 27F_1^2 + 8F_2^2 - 54PF_1 - 28PF_2 + 28F_1F_2\right] + \frac{F_1^2}{2k}$$

2) 반력 산정

최소일의 원리로부터,

$$\frac{\partial U}{\partial F_1} = 0 \ ; \ \frac{L^3}{6EI}(54F_1 - 54P + 28F_2) + \frac{F_1}{k} = 0$$

$$\frac{\partial U}{\partial F_2} = 0 \ ; \ \frac{L^3}{6EI}(16F_2 - 28P + 28F_1) = 0, \qquad 4F_2 - 7P + 7F_1 = 0$$

$$\therefore\ F_1 = \frac{5kL^3P}{6EI + 5kL^3}, \quad F_2 = \frac{21EIP}{2(6EI + 5kL^3)}.$$

▶ A점의 처짐산정

$$\delta_A = \frac{\partial U}{\partial P} = \frac{L^3}{6EI}\left[54P - 54F_1 - 28F_2\right] = \frac{L^3}{6EI} \times \frac{30EIP}{6EI + 5kL^3} = \frac{5PL^3}{6EI + 5kL^3}$$

$$\therefore\ \delta_A = \frac{5PL^3}{6EI + 5kL^3}$$

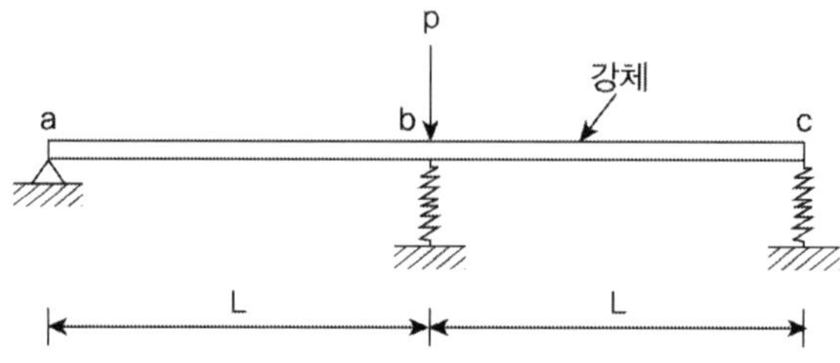

에너지의 방법 : 스프링 구조

그림과 같은 등분포하중을 받는 보에서 A, B, C점에서 같은 반력을 받도록 스프링계수 k를 구하시오(단, EI는 일정).

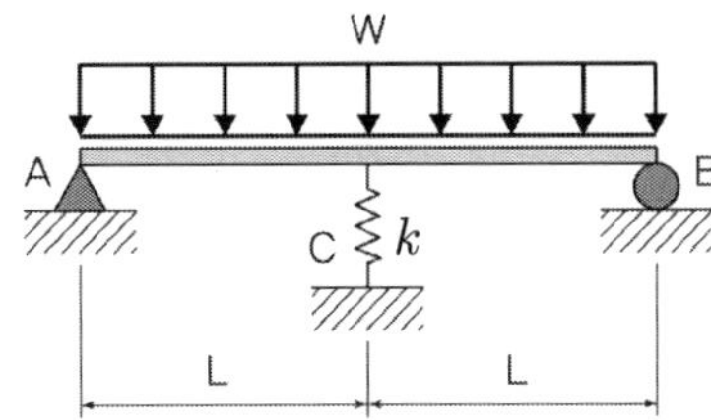

풀 이

▶ 개요

1차 부정정 구조물에 대해서 에너지의 방법(최소일의 원리) 또는 변위일치법을 통해 풀이할 수 있다. 최소일의 원리를 이용하여 풀이한다. 스프링력을 부정정력 F로 치환하여 고려한다.

$$R_A = wL - \frac{F}{2} \ (\uparrow)$$

$$M_x = R_A x - \frac{wx^2}{2} = \left(wL - \frac{F}{2}\right)x - \frac{wx^2}{2}$$

▶ 에너지의 방법

$$U = 2 \times \int_0^L \frac{M^2}{2EI}dx + \frac{F^2}{2k}, \qquad \frac{\partial U}{\partial F} = 0 \ ; \ \therefore F = \frac{5wkL^4}{4(6EI + kL^3)}$$

$$R_A = R_B = F \ ; \ wL - \frac{1}{2}\left(\frac{5wkL^4}{4(6EI + kL^3)}\right) = \frac{5wkL^4}{4(6EI + kL^3)} \quad \therefore k = \frac{48EI}{7L^3}$$

에너지의 방법 : 스프링 구조

다음 그림과 같은 강체(rigid body)에 수직하중 P가 b점에 작용할 때, 지점 a에서의 수직반력을 구하시오(단, b점의 스프링계수는 k이고, c점의 스프링계수는 $2k$이다).

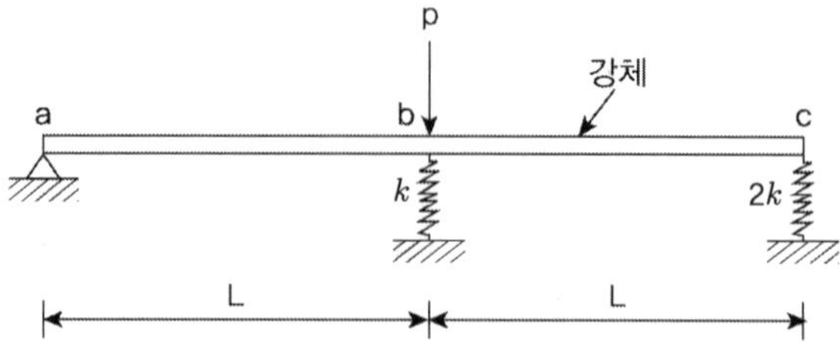

풀 이

▶ 개요

1차 부정정 구조물의 해석을 위하여 에너지의 방법(최소일의 원리)을 이용하여 풀이할 수 있다. 축력과 전단력에 의한 에너지는 무시한다. 구조물이 강체이므로 b점과 c점의 변위는 선형적으로 변화한다고 가정한다. 따라서 b점과 c점의 스프링력의 관계를 얻을 수 있으므로 1차 부정정 구조물에서 정정 구조물로 변경하여 풀이할 수 있다.

▶ 변위관계 정의

구조물이 강체이므로 b점과 c점의 변위는 선형적으로 변화한다고 가정하므로 b점의 변위를 δ라고 하면 c점의 변위는 선형적으로 증가하므로 2δ.

b점의 스프링력 $F_b = k\delta$

c점의 스프링력 $F_c = (2k)(2\delta) = 4k\delta$ $\therefore R_a = P - k\delta - 4k\delta = P - 5k\delta$ --- ①

▶ 평형방정식에 의한 해석

$\sum M_a = 0 \; ; \; PL - F_b L - F_c(2L) = PL - (k\delta)L - (4k\delta)(2L) = 0$ $\therefore P = 9k\delta$ --- ②

①, ②식으로부터,

$\therefore R_a = P - 5k\delta = 9k\delta - 5k\delta = 4k\delta$

$\sum F_y = 0 \; ; \; R_a + F_b + F_c = P$ $\therefore k\delta = \dfrac{1}{9}P$ $\therefore R_a = 4k\delta = \dfrac{4}{9}P$

에너지의 방법 : 최소일의 원리, Castigliano의 제2정리, 스프링 구조

4개의 지점의 반력이 동일하도록 스프링상수 k를 구하시오(EI=일정, ω=단위하중).

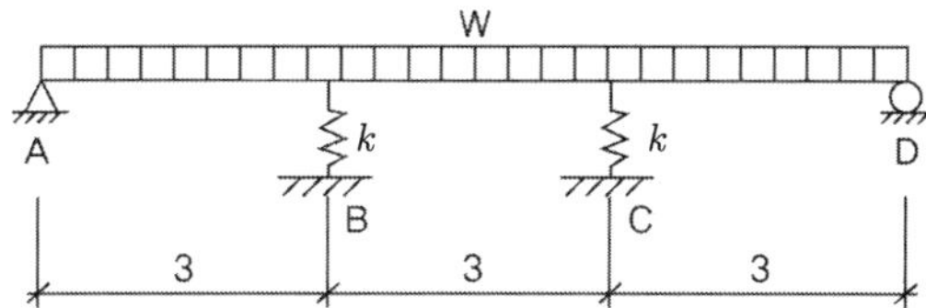

풀 이

▶ 개요

대칭구조물이며 정정 구조물로 볼 수 있다. 주어진 조건에서 4지점의 반력이 동일하다고 했으므로 다음과 같이 볼 수 있다.

$$R_A = R_D = F_B = F_C = \frac{9w}{4}$$

지점 B에서 가상하중 P가 있다고 가정하면, $R_A = \dfrac{9w}{4} - \dfrac{2}{3}P, \quad R_D = \dfrac{9w}{4} - \dfrac{1}{3}P$

구분	범위	M_x	$\partial M_{xi}/\partial P$
AB	$0 \leq x \leq 3$	$M_{x1} = R_A x - \dfrac{wx^2}{2} = \left(\dfrac{9w}{4} - \dfrac{2}{3}P\right)x - \dfrac{wx^2}{2}$	$-\dfrac{2}{3}x$
BC	$0 \leq x \leq 3$	$M_{x2} = R_A(x+3) + (F+P)x - \dfrac{w}{2}(x+3)^2$ $= \left(\dfrac{9w}{4} - \dfrac{2}{3}P\right)(x+3) + \left(\dfrac{9w}{4} + P\right)x - \dfrac{w}{2}(x+3)^2$	$-\dfrac{2}{3}(x+3) + x = \dfrac{1}{3}x - 2$
CD	$0 \leq x \leq 3$	$M_{x3} = R_D x - \dfrac{wx^2}{2} = \left(\dfrac{9w}{4} - \dfrac{1}{3}P\right)x - \dfrac{wx^2}{2}$	$-\dfrac{1}{3}x$

▶ Castigliano의 제2정리

$$\delta_B = \frac{1}{EI}\left[\int_0^3 M_{x1}\left(\frac{\partial M_{x1}}{\partial P}\right)dx + \int_0^3 M_{x2}\left(\frac{\partial M_{x2}}{\partial P}\right)dx + \int_0^3 M_{x3}\left(\frac{\partial M_{x3}}{\partial P}\right)dx\right] + \frac{F}{k} = 0$$

여기서 $P=0$ $\quad \therefore \dfrac{189w}{8EI} = \dfrac{9w}{4k}$ 로부터 $\quad k = \dfrac{2EI}{21}$

에너지의 방법 : 스프링 구조

다음 그림과 같이 단순보 ABCD의 B점에 선형 탄성스프링을 보강하였다. 이때, E점에서의 반력을 구하시오(단, 스프링의 유연도(flexibility) $f = 1/k = 2mm/kN$이며, 보의 휨강도는 AB구간에서 $EI = 30,000kNm^2$, BCD구간에서 2EI이다).

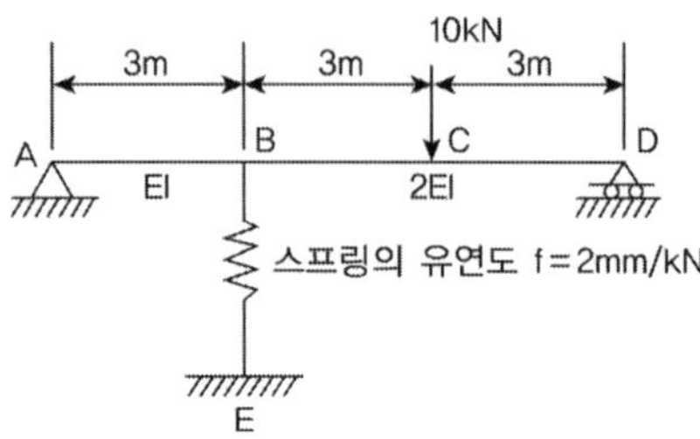

풀 이

▶ 개요

내적 1차 부정정 구조물에 대해서 최소일의 원리 또는 변위일치법을 통해 풀이할 수 있다. 변위일치법의 경우 케이블의 장력을 부정정력으로 하여 B점의 처짐에 대한 적합조건을 이용하여 풀이할 수 있다. 여기서는 최소일의 원리를 이용하여 풀이한다.

$$k = \frac{1}{f} = \frac{1}{2}\left(\frac{kN}{mm}\right) \times \left(\frac{1000mm}{1m}\right) = 500kN/m$$

$$R_A = \frac{1}{9}\left(10 \times 3 - F \times 6\right) = \frac{10}{3} - \frac{2}{3}F$$

$$R_D = \frac{20}{2} - \frac{1}{3}F$$

구간	범위	M_x	$\partial M_x / \partial F$
AB	$0 \leq x \leq 3$	$M_{x1} = R_A x = \left(\dfrac{10}{3} - \dfrac{2}{3}F\right)x$	$-\dfrac{2}{3}x$
DC	$0 \leq x \leq 3$	$M_{x2} = R_D x = \left(\dfrac{20}{3} - \dfrac{1}{3}F\right)x$	$-\dfrac{1}{3}x$
BC	$0 \leq x \leq 3$	$M_{x3} = R_D(x+3) - 10x = \left(\dfrac{20}{3} - \dfrac{1}{3}F\right)(x+3) - 10x$	$-\dfrac{1}{3}(x+3)$

1) 변형에너지

$$U = \Sigma \int \frac{M^2}{2EI} dx + \frac{F^2}{2k} = \frac{1}{2EI} \int_0^3 \left(\left(\frac{10}{3} - \frac{2}{3} F \right) x \right)^2 dx + \frac{1}{2(2EI)} \int_0^3 \left(\left(\frac{20}{3} - \frac{1}{3} F \right) x \right)^2 dx$$

$$+ \frac{1}{2(2EI)} \int_0^3 \left(\left(\frac{20}{3} - \frac{1}{3} F \right)(x+3) - 10x \right)^2 dx + \frac{F^2}{2k}$$

2) 최소일의 원리

$$\frac{\partial U}{\partial F} = 0 \; : \; \frac{8F - 62.5}{EI} - \frac{F}{k} = \frac{8F - 62.5}{30,000} - \frac{F}{500} = 0 \qquad \therefore \; F = 0.919^{kN}$$

에너지의 방법 : 스프링 구조

그림은 연직하중을 받고 있는 원형강관구조물이다. 다음 각 물음에 답하시오. 여기서, 원형 강관의 제원 및 좌표는 아래 표와 같으며, 스프링계수(k)는 2.0 kN/mm이며 강관의 자중은 무시한다.

원형강관의 제원		구 분	좌표(x, y, z) (mm)
단면적(A)	4,500 mm^2	A	(0, 0, 0)
단면2차모멘트(I)	8,000,000 mm^4	B	(1500, 0, 0)
탄성계수(E)	200 GPa	C	(1500, 750, 0)
푸아송비	0.3	D	(1500, 0, −1000)

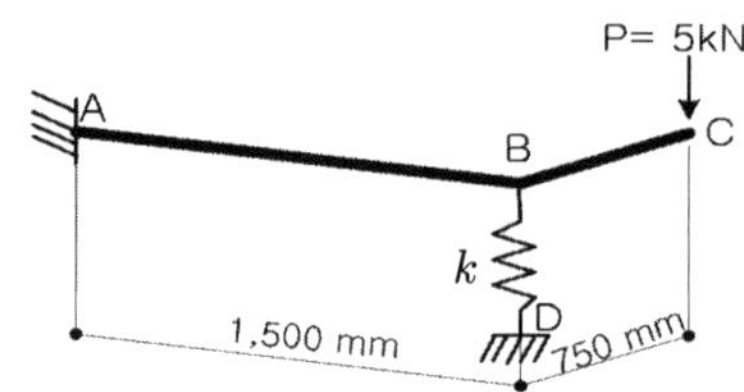

1) 스프링 지점의 반력
2) 하중 재하점의 연직변위

➤ 개요

내적 1차 부정정 구조물에 대해서 최소일의 원리 또는 변위일치법을 통해 풀이할 수 있다. 최소일의 원리를 이용하여 풀이한다. 스프링력을 부정정력 F로 치환하여 고려한다.

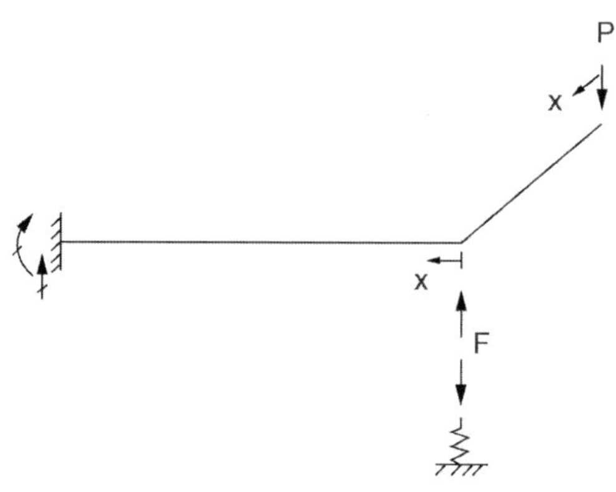

$$G = \frac{E}{2(1+\nu)} = \frac{200}{2(1+0.3)} = 76.923^{GPa}, \quad J = 2I = 16 \times 10^{6mm^4}$$

$$M_{BC} = Px, \ M_{AB} = (P-F)x, \quad T_{AB} = 750P, \quad F = kx$$

▶ 최소일의 원리

$$U = \int \frac{M^2}{2EI}dx + \int \frac{T^2}{2GJ}dx + \sum \frac{1}{2}kx^2 = \frac{1}{2EI}\left[\int_0^{750}(Px)^2dx + \int_0^{1500}((P-F)x)^2dx\right]$$
$$+ \frac{1}{2GJ}\int_0^{1500}(750P)^2dx + \frac{F^2}{2k}$$

$$\frac{\partial U}{\partial F} = 0 \ : \ \frac{1}{EI}\int_0^{1500}(P-F)x(-x)dx + \frac{F}{k} = 0 \qquad \therefore \ \frac{77}{64000}F - \frac{225}{64} = 0$$

$$\therefore \ F = 2922.08^N$$

▶ C점의 처짐

에너지 방정식으로부터,

$$\Delta_C = \frac{\partial U}{\partial P} = \frac{\partial}{\partial P}\left(\frac{1}{2EI}\left[\int_0^{750}(Px)^2dx + \int_0^{1500}((P-F)x)^2dx\right] + \frac{1}{2GJ}\int_0^{1500}(750P)^2dx + \frac{F^2}{2k}\right)$$
$$= \frac{1}{EI}\left[\int_0^{750}Px^2dx + \int_0^{1500}(P-F)x^2dx\right] + \frac{750^2}{GJ}\int_0^{1500}Pdx = 5.328^{mm}\ (\downarrow)$$

Castigliano's 제2법칙으로부터 C점의 작용하중 P에 대해 최소일의 원리를 적용해도 동일하다.

$$\Delta_C = \sum \int \frac{M}{EI}\left(\frac{\partial M}{\partial P}\right)dx + \sum \int \frac{T}{GJ}\left(\frac{\partial T}{\partial P}\right)dx$$
$$= \frac{1}{EI}\left[\int_0^{750}Px^2dx + \int_0^{1500}(P-2922)x^2dx\right] + \frac{1}{GJ}\int_0^{1500}750^2Pdx$$
$$= 5.328^{mm}\ (\downarrow)$$

에너지의 방법 : 스프링 구조

다음 그림과 같은 자중이 20kN/m이고 길이가 90m인 균일단면 보에서 자중에 의한 최대 휨모멘트의 절댓값이 최소가 되기 위한 스프링계수 k를 구하고 이때 보에 작용하는 휨모멘트도를 그리시오. 다만, 보의 휨강성 EI는 $20,000,000\ kNm^2$이다.

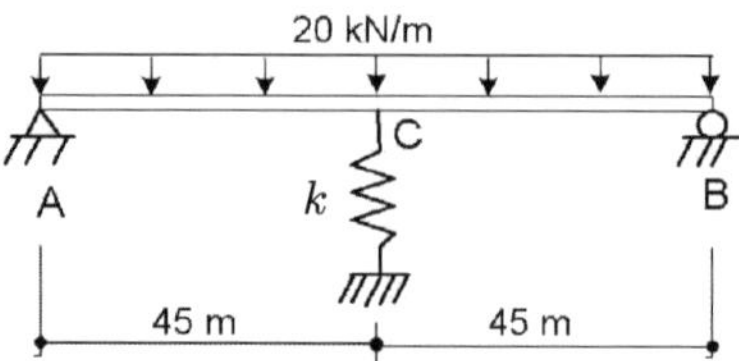

풀 이

▶ 개요

1차 부정정 구조물에 대해서 에너지의 방법(최소일의 원리) 또는 변위일치법을 통해 풀이할 수 있다. 최소일의 원리를 이용하여 풀이한다. 스프링력을 부정정력 F로 치환하여 고려한다.

$$R_A = \frac{wL}{2} - \frac{F}{2}\ (\uparrow)$$

$$M_x = R_A x - \frac{wx^2}{2} = \left(\frac{wL}{2} - \frac{F}{2}\right)x - \frac{wx^2}{2}$$

▶ 에너지의 방법

$$U = 2 \times \int_0^{\frac{L}{2}} \frac{M^2}{2EI}dx + \frac{F^2}{2k}$$

$$\frac{\partial U}{\partial F} = \frac{2}{EI}\int_0^{\frac{L}{2}}\left(\left(\frac{wL}{2} - \frac{F}{2}\right)x - \frac{wx^2}{2}\right)\left(-\frac{x}{2}\right)dx + \frac{F}{k} = 0$$

여기서, $L = 90m,\ w = 20kN/m,\ EI = 20,000,000kNm^2$을 대입하면,

$$\therefore F = \frac{273375k}{243k + 320000}$$

▶ 변위일치법

적합조건 : $\delta_1 - \delta_2 = \delta_3$

δ_1 : 단순보에서 등분포하중에 의한 변위

δ_2 : 부정정력 F에 의한 상향 변위

δ_3 : 스프링의 변위

$$\frac{5wl^4}{384EI} - \frac{Fl^3}{48EI} = \frac{F}{k} \qquad \therefore F = \frac{273375k}{243k + 320000}$$

▶ 최대휨모멘트 절댓값이 최소가 되기 위한 스프링상수 k

1) 정모멘트 최댓값 산정

$$V_x = \frac{1}{2}(wl - F) - wx = 0 \qquad \therefore x = \frac{1}{2w}(wl - F)$$

$$M_{\max 1} = \frac{1}{2}(wl - F)x - \frac{wx^2}{2} = \frac{1}{4w}(wl - F)^2 - \frac{1}{8w}(wl - F)^2 = \frac{1}{8w}(wl - F)^2$$

2) 부모멘트 최댓값 산정

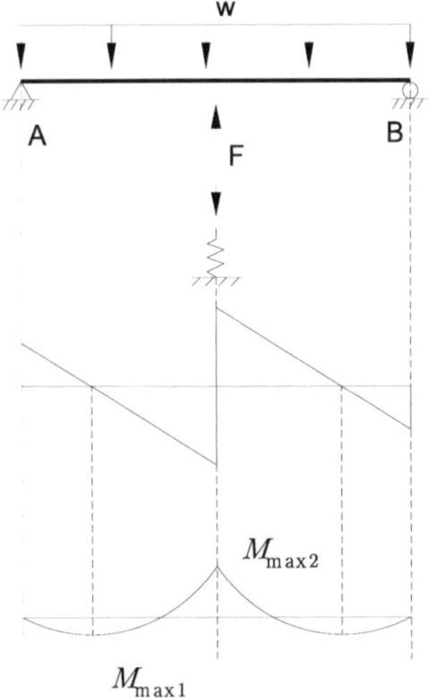

$$M_{\max 2} = \frac{1}{2}(wl - F) \times \frac{l}{2} - \frac{w}{2}\left(\frac{l}{2}\right)^2$$

$$= \frac{l}{4}(wl - F) - \frac{wl^2}{8}$$

절대 휨모멘트가 최소이기 위해서는 정모멘트와 부모멘트가 같아야 하므로,

$$M_{\max 1} = - M_{\max 2} :$$

$$\frac{1}{8w}(wl - F)^2 = -\frac{l}{4}(wl - F) + \frac{wl^2}{8}$$

$$\therefore F = 1{,}054.42^{kN}$$

$F = \dfrac{273375k}{243k + 320000}$ 이므로,   따라서 $k = 19{,}673.2^{kN/m}$

에너지의 방법 : 스프링 구조

그림과 같이 길이 2L인 캔틸레버 보의 중앙에 탄성지점을 설치한 결과 자유단 C에서의 처짐이 원래 처짐의 1/2로 감소되었을 때, 스프링력 및 스프링상수를 구하시오(단, 휨강성 EI는 일정하다).

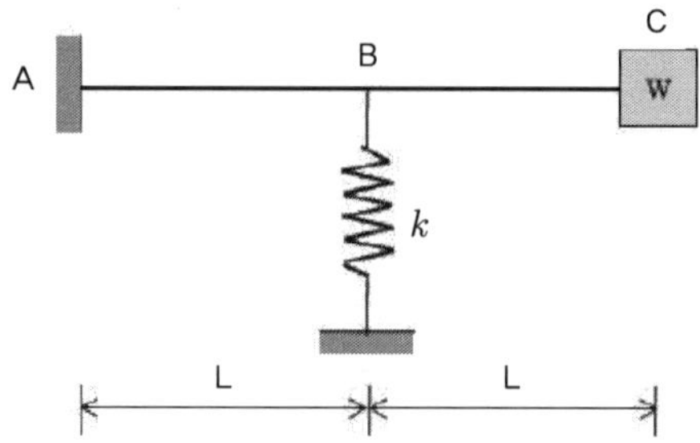

풀 이

➤ 개요

변위일치법(가상일의 원리), 에너지법, 공액보법 등을 이용해서 1차 부정정 구조물을 해석할 수 있다. 스프링력을 F로 치환하여 풀이한다.

➤ 탄성지점 설치 전 C점의 처짐

$$\delta_1 = \frac{W(2L)^3}{3EI} = \frac{8WL^3}{3EI}$$

① 변위일치법(가상일의 원리) $\delta = \dfrac{1}{EI}\displaystyle\int_0^{2L} mMdx = \dfrac{1}{EI}\displaystyle\int_0^{2L} Wx \times xdx = \dfrac{8WL^3}{3EI}$

② 에너지법 $U = \displaystyle\int \dfrac{M^2}{2EI}dx = \displaystyle\int_0^{2L} \dfrac{(Wx)^2}{2EI}dx = \dfrac{8W^2L^3}{6EI}$, $\delta = \dfrac{\partial U}{\partial W} = \dfrac{8WL^3}{3EI}$

➤ 에너지법을 이용한 스프링력 산정

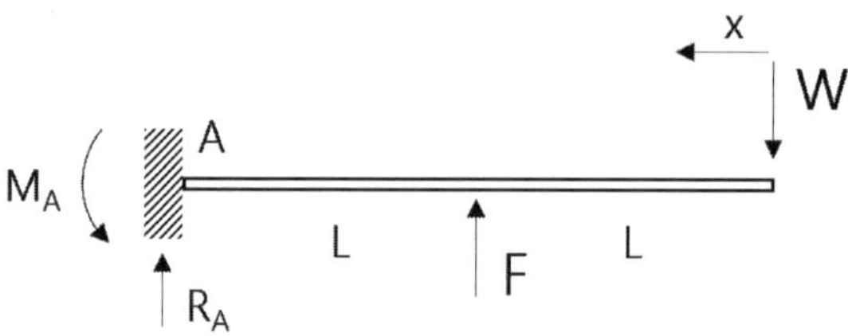

① CB구간(0~L) : $M_x = Wx$

② BA구간(L~2L) : $M_x = Wx - F(x - L) = (W - F)x + FL$

$$U = \int \frac{M^2}{2EI}dx = \frac{1}{2EI}\left[\int_0^L W^2 x^2 dx + \int_L^{2L}((W - F)x + FL)^2 dx\right]$$

$$= \frac{1}{2EI}\left[\frac{F^2 L^3}{3} - \frac{5}{3}WFL^3 + \frac{8}{3}W^2 L^3\right]$$

$$\therefore \delta_2 = \frac{\partial U}{\partial W} = \frac{1}{2EI}\left[-\frac{5}{3}FL^3 + \frac{16}{3}wL^3\right]$$

$$\delta_2 = \frac{1}{2}\delta_1 \ ; \ \frac{1}{2EI}\left[-\frac{5}{3}FL^3 + \frac{16}{3}wL^3\right] = \frac{1}{2} \times \frac{8WL^3}{3EI} \qquad \therefore F = \frac{8}{5}W$$

▶ 에너지법을 이용한 스프링상수 산정

$$U = \frac{1}{2EI}\left[\frac{F^2 L^3}{3} - \frac{5}{3}WFL^3 + \frac{8}{3}W^2 L^3\right]$$

$$\Delta_B = \frac{\partial U}{\partial F} = \frac{1}{2EI}\left[\frac{2}{3}FL^3 - \frac{5}{3}WL^3\right] = \frac{L^3}{2EI}\left[\frac{2}{3} \times \frac{8}{5}W - \frac{5}{3}W\right] = \frac{3WL^3}{10EI}$$

$$\therefore k = \frac{F}{\Delta_B} = \frac{8}{5}W \times \frac{10EI}{3WL^3} = \frac{16EI}{3L^3}$$

에너지의 방법 : 스프링 구조

그림과 같이 3개의 스프링에 의해 지지된 질량 20kN인 균질한 강체 AB에 P=40kN의 강체구슬을 올려 놓으려 한다. 강체구슬이 굴러 떨어지지 않고 봉 AB가 수평하게 될 수 있는 위치(x)를 결정하시오(단 스피링 상수 k_1=2.5kN/mm, k_2=1.5kN/mm, k_3=1.0kN/mm이다).

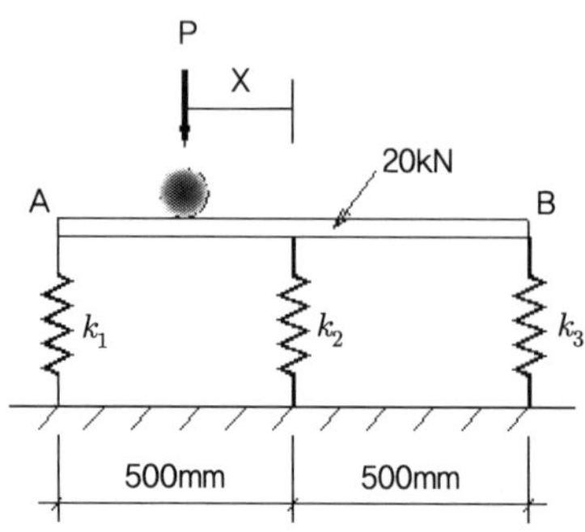

풀 이

▶ 개요

1차 부정정 구조물로 변위일치의 방법이나 에너지법을 이용하여 풀이할 수 있다. 본 문제의 경우 에너지의 방법을 이용할 경우에는 부정정력에 대한 모멘트 산정 등으로 복잡해지므로 간단한 풀이는 변위일치의 방법을 이용하는 것이 편리하다.

▶ 에너지의 방법

F_2를 부정정력 F로 가정하여 풀이한다.

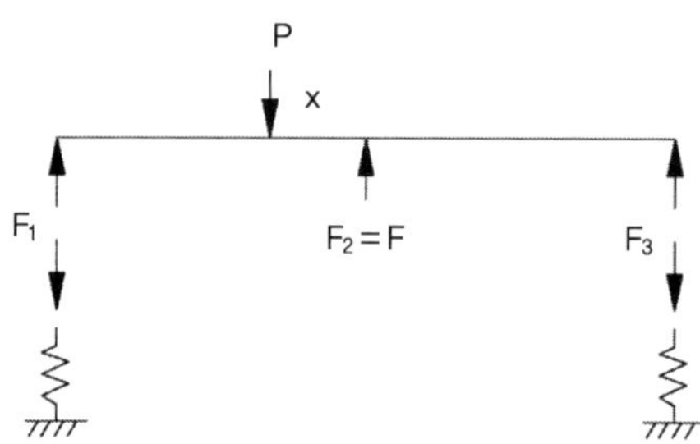

$$F_1 = -\frac{F}{2} + \frac{(500+x)}{1000} \times 40 + 10, \qquad F_2 = -\frac{F}{2} + \frac{500-x}{1000} \times 40 + 10$$

변형에너지 $U = \dfrac{F_1^2}{2k_1} + \dfrac{F_2^2}{2k_2} + \dfrac{F_3^2}{2k_3} = \dfrac{F_1^2}{2k_1} + \dfrac{F^2}{2k_2} + \dfrac{F_3^2}{2k_3}$

최소일의 원리로부터

$$\frac{\partial U}{\partial F} = 0 \; : \; \frac{F_1}{k_1}\left(\frac{\partial F_1}{\partial F}\right) + \frac{F_2}{k_2} + \frac{F_3}{k_{31}}\left(\frac{\partial F_3}{\partial F}\right) = 0, \qquad \frac{1525F + 18x - 31500}{1500} = 0$$

$$\therefore \; F = \frac{31500 - 18x}{1525}, \quad F_1 = \frac{6000 + 14x}{305}, \quad F_3 = \frac{30000 - 52x}{1525}$$

$$\delta_1 = \delta_3 \; : \; \frac{F_1}{k_1} = \frac{F_3}{k_3}, \quad \frac{1}{2.5}\left(\frac{6000 + 14x}{305}\right) = \frac{1}{1}\left(\frac{30000 - 52x}{1525}\right) \qquad \therefore \; x = 225^{mm}$$

에너지의 방법 : 스프링, 합성구조, 케이블교 해석

C점의 모멘트가 1,000kNm이 되게 하는 스프링상수 k의 값을 구하시오.

단, 보의 탄성계수 E_b=50,000MPa, 보의 단면2차모멘트 I_b=$0.50 m^4$, 보의 길이 L=10m, 보의 등분포하중 w=100kN/m이며, 보의 자중과 전단변형은 무시한다.

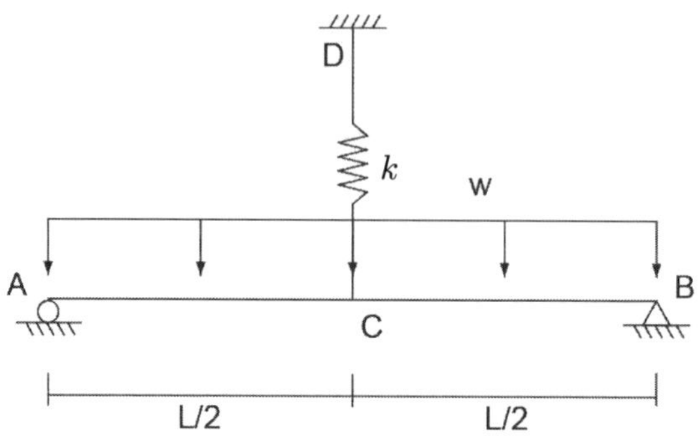

풀 이

▶ 개요

사장교나 현수교와 같은 부정정차수가 높은 구조물에서 초기치 해석하는 방법 중 하중법(Force Method)은 고차부정정구조물인 사장교의 단면력 분포를 설계자가 원하는 단면력의 분포를 갖게 하기 위해서 N개의 부정정구조를 N개의 내력으로 가정하여 정정구조로 전환하여 원하는 단면력의 분포를 얻는 방법이다. 주어진 해석방법은 이러한 원리를 응용하는 방법에 대한 예제이다. 주어진 조건에서 스프링력에 의한 하중을 F로 하여 부정정력으로 치환하고 이로 인해서 발생되는 중앙부 모멘트가 1,000kNm가 되도록 방정식을 산정하여 에너지의 방법을 이용하여 풀이한다.

▶ 부정정력의 해석

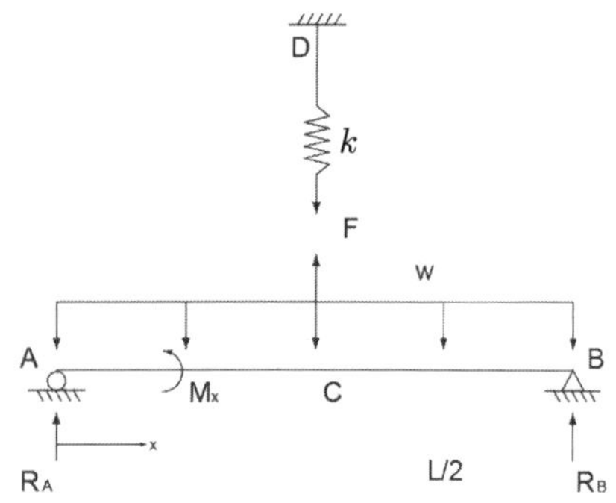

$$R_A = R_B = \frac{wL}{2} - \frac{F}{2} = 500 - \frac{F}{2} (\uparrow)$$

$$M_x = R_A x - \frac{wx^2}{2} = \left(500 - \frac{F}{2}\right)x - 50x^2, \quad \frac{\partial M_x}{\partial F} = \frac{1}{2}x$$

At x=5m, $M_C = 2500 - 2.5F - 1250 = 1,000\,\mathrm{kNm}$

$$\therefore F = 100\,\mathrm{kN}$$

▶ **스프링상수 산정**

에너지법에 따라 $U = \dfrac{1}{2EI}\displaystyle\int_0^L M_x^2\,dx + \sum \dfrac{F^2}{2k}$

$\dfrac{\partial U}{\partial F} = \dfrac{1}{EI}\left[2\times\displaystyle\int_0^5\left(\left(500-\dfrac{F}{2}\right)x-50x^2\right)\left(\dfrac{1}{2}x\right)dx\right] + \dfrac{F}{k} = 0 \quad \therefore\ k = 228,571kN/m$

에너지의 방법 : 스프링, 합성구조, 케이블교 해석

다음은 사장교의 원리를 설명하는 단순 모델이다. 보 중앙에 설치된 케이블의 강성(剛性)을 스프링상수로 치환한 아래 단순보에 등분포하중 w=10kN/m이 재하되고 스프링상수 k값이 아래 조건과 같이 변할 때, 보에 대한 휨모멘트도를 작성하고 k값이 변함에 따라 휨모멘트가 어떻게 변화하는지 설명하시오(단, 보의 EI=7×10⁶kN·m² 이며 자중은 고려하지 않는다).

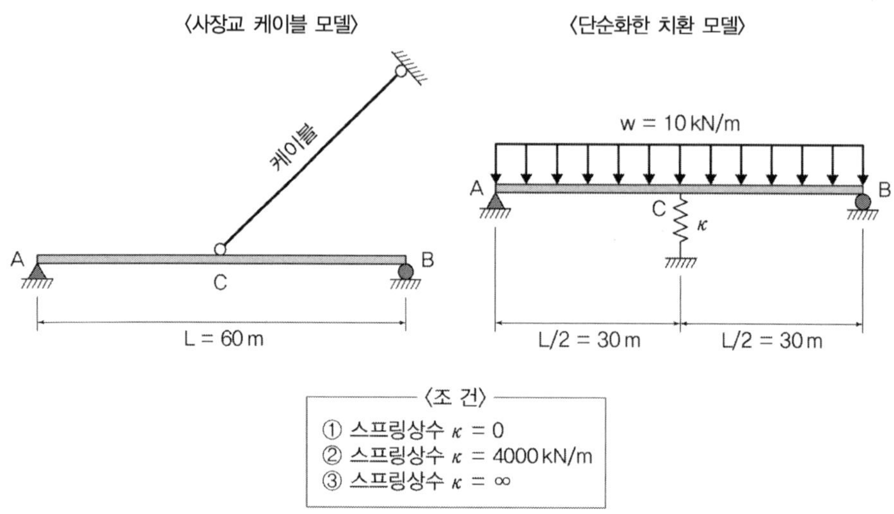

풀 이

▶ 개요

1차 부정정 구조물로 보고 스프링력을 F로 치환해 에너지방법에 따라 풀이한다. 스프링상수의 변화에 따라 휨모멘트의 변화를 확인한다.

▶ 휨모멘트 산정

$$M_x = \left(\frac{wL-F}{2}\right)x - \frac{wx^2}{2}$$

$$U = \frac{2}{2EI}\int_0^{L/2} M_x^2\,dx + \frac{F^2}{2k}$$

1) 에너지법에 의한 풀이

$$U = \frac{1}{EI} \int_0^{L/2} \left(\frac{wL}{2}x - \frac{F}{2}x - \frac{wx^2}{2} \right)^2 dx + \frac{F^2}{2k} = \frac{L^3(8L^2w^2 - 25FLw + 20F^2)}{1920EI} + \frac{F^2}{2k}$$

$$\frac{\partial U}{\partial F} = \frac{1}{EI} \frac{L^3(-25Lw + 40F)}{1920} + \frac{F}{k} = 0 \qquad\qquad \therefore F = \frac{5kwL^4}{8(48EI + kL^3)}$$

2) 변위일치법에 의한 풀이

① 단순보 등분포하중에 의한 중앙지점에서의 처짐 $\delta_1(\downarrow)$ $\qquad \delta_1 = \dfrac{5wL^4}{384EI}$

② 단순보 집중 하중에 의한 중앙지점에서의 처짐 $\delta_2(\uparrow)$ $\qquad \delta_2 = \dfrac{FL^3}{48EI}$

③ 스프링에 하중 F로 인한 처짐 $\delta_3(\uparrow)$ $\qquad \delta_3 = \dfrac{F}{k}$

④ 적합방정식

$$\delta_1 = \delta_2 + \delta_3 \ ; \ \frac{5wL^4}{384EI} = \frac{FL^3}{48EI} + \frac{F}{k} \qquad \therefore F = \frac{5kwL^4}{8(48EI + kL^3)}$$

3) 휨모멘트 산정

여기서, $L = 60\,\text{m}$, $w = 10\text{kN/m}$, EI=$7 \times 10^6 \text{kN} \cdot \text{m}^2$ 이고, $M_x = \left(\dfrac{wL - F}{2} \right)x - \dfrac{wx^2}{2}$

k (kN/m)	F (kN)	R_A (kN)	M_x (kN·m²)
0	0	300	4500
4000	270	165	450
∞	375	112.5	−1125

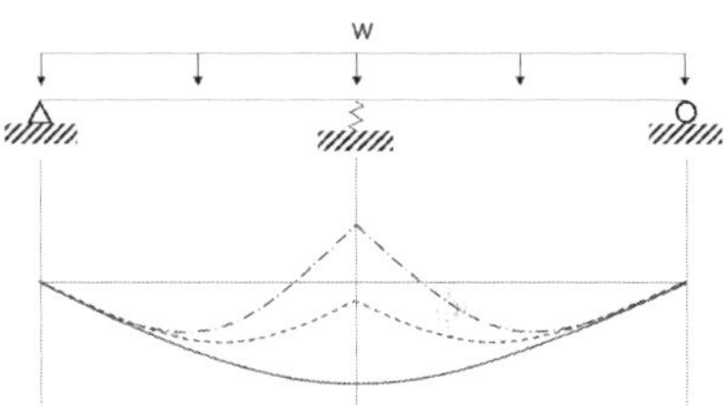

▶ k값에 따른 휨모멘트 변화

사장교에서 cable은 연결부에서 탄성 스프링 지점 역할을 수행한다. 케이블 장력이 도입되기 전에는 탄성 스프링계수 값이 0에 근접한 거동 형상을 보이며 1차 긴장 후에서는 일정한 값의 스프링 지점 역할을 수행하게 되며, 이후 대칭되는 cable과의 장력도입의 평형을 이루면 지점으로서의 역할을 수행하게 된다. 따라서 주어진 조건에서의 k값의 변화에 따라 최대 모멘트가 줄어드는 것과 마찬가지로 사장 케이블의 장력이 도입됨에 따라서 보강형에 발생하는 최대 휨모멘트는 줄어들게 되고 따라서 보강형을 장경견화 또는 슬림한 형식의 단면으로 채택할 수 있도록 한다.

부정정 구조물, 에너지의 방법, 변위일치법

그림과 같이 스프링상수가 k인 탄성스프링으로 지지된 보에 대하여 각 지점의 반력(M_1, F_1, F_2, F_3)과 처짐(δ_2, δ_3)을 구하시오.

$$I = 0.1728m^4,\ E = 21,000MPa,\ k = 13,440kN/m$$

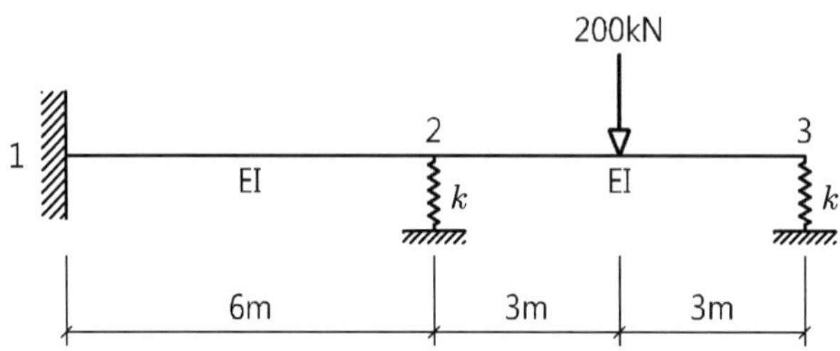

풀 이

▶ 개요

탄성스프링 지지구조로 2차 부정정 구조물이다. 부정정력을 선택하여 변위일치의 방법이나 최소일의 원리를 이용하여 해석할 수 있다.

▶ 최소일의 원리를 이용한 해석

스프링력을 각각 F_2, F_3라고 하면,

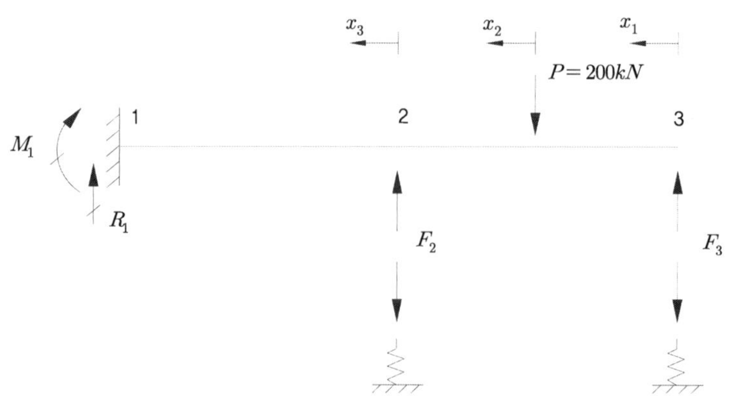

1) 구간별 모멘트 산정

구간	x_i	M_x	$\dfrac{\partial M_x}{\partial F_2}$	$\dfrac{\partial M_x}{\partial F_3}$
3~P	$0 \leq x_1 \leq 3$	$M_x = F_3 x$	0	x
P~2	$0 \leq x_2 \leq 3$	$M_x = F_3(x+3) - Px$	0	$x+3$
2~1	$0 \leq x_2 \leq 6$	$M_x = F_3(x+6) - P(x+3) + F_2 x$	x	$x+6$

2) 변형에너지 및 최소일의 원리

$$U = \Sigma \int \frac{M^2}{2EI}dx + \Sigma \frac{F^2}{2k}$$

$$\frac{\partial U}{\partial F_2} = \frac{\partial}{\partial F_2}\left(\Sigma \int \frac{M^2}{2EI}dx\right) + \frac{F_2}{k} = \Sigma \int \frac{M}{EI}\left(\frac{\partial M}{\partial F_2}\right)dx + \frac{F_2}{k}$$

$$= \frac{72}{EI}F_2 + \frac{180}{EI}F_3 + \frac{F_2}{k} - \frac{25200}{EI} = 0$$

$$\frac{\partial U}{\partial F_3} = \frac{\partial}{\partial F_3}\left(\Sigma \int \frac{M^2}{2EI}dx\right) + \frac{F_3}{k} = \Sigma \int \frac{M}{EI}\left(\frac{\partial M}{\partial F_3}\right)dx + \frac{F_3}{k}$$

$$= \frac{180}{EI}F_2 + \frac{576}{EI}F_3 + \frac{F_3}{k} - \frac{72900}{EI} = 0$$

$$EI = 21,000 \times 10^3 (kN/m^2) \times 0.1728(m^4) = 3.6288 \times 10^6 (kNm^2)$$

$$k = 13,440 kN/m$$

$$\therefore F_2 = 31.904kN, \ F_3 = 79.382kN$$

3) 반력산정

$$\Sigma F_y = 0 : R_1 = 200 - F_2 - F_3 = 88.714kN \ (\uparrow)$$

$$\Sigma M_1 = 0 : M_1 = F_2 \times 6 + F_3 \times 12 - P \times 9 = -655.992kNm \ (\curvearrowleft, \ 반시계방향)$$

4) 처짐산정

$$\delta_2 = \frac{F_2}{k} = 2.374mm, \quad \delta_3 = \frac{F_3}{k} = 5.906mm$$

에너지의 방법 : 스프링 구조, 온도

그림과 같이 2경간 연속교에서 A, B, C 각 지점은 탄성지점으로, D 지점은 강결로 연결되어 있다. +10°C 종방향 온도변화가 발생하였을 때 반력을 산정하시오.

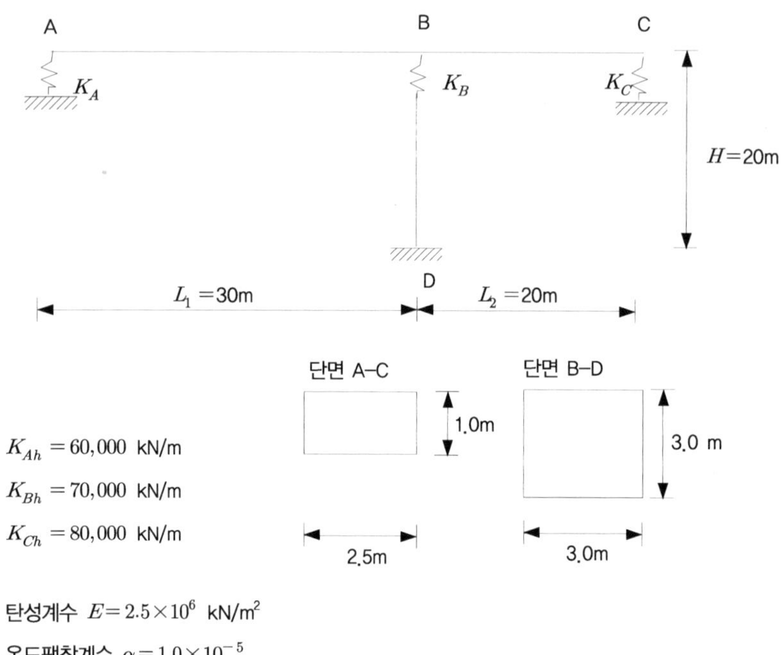

$K_{Ah} = 60,000$ kN/m

$K_{Bh} = 70,000$ kN/m

$K_{Ch} = 80,000$ kN/m

탄성계수 $E = 2.5 \times 10^6$ kN/m²

온도팽창계수 $\alpha = 1.0 \times 10^{-5}$

풀 이

▶ 개요

수평방향의 반력이 3개이고 수평방향으로의 평형방정식은 1개이므로 2차 부정정 구조물이다. 교각과 스프링 B는 하나의 스프링으로 보고 B점과 C점의 스프링력을 부정정력으로 보고 풀이한다.

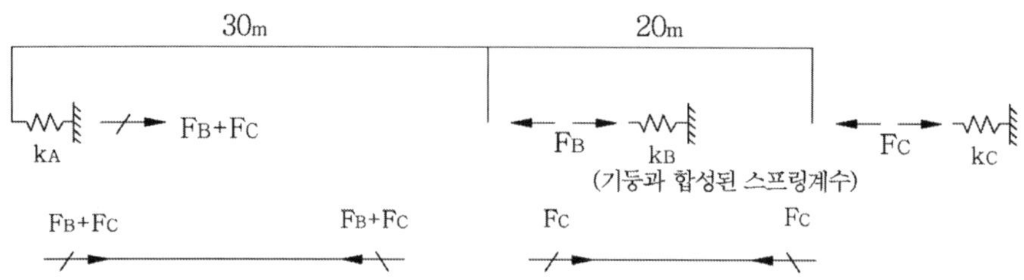

➤ 변형에너지

$$U = U_{beam} + U_{spring} = \Sigma \frac{F^2 L}{2EA} + \Sigma \frac{F^2}{2k}$$

$$= \frac{(F_B + F_C)^2 L_1}{2EA_{beam}} + \frac{F_C^2 L_2}{2EA_{beam}} + \frac{(F_B + F_C)^2}{2k_A} + \frac{F_B^2}{2k_B} + \frac{F_C^2}{2k_C}$$

➤ 최소일의 원리

$$\frac{\partial U}{\partial F_B} = \frac{(F_B + F_C)L_1}{EA_{beam}} + \frac{(F_B + F_C)}{k_A} + \frac{F_B}{k_B} = \alpha \Delta TL_1 \qquad ①$$

$(\because$ 온도에 의한 신장길이는 하중위치에서의 길이 L_1에 비례)

$$\frac{\partial U}{\partial F_C} = \frac{(F_B + F_C)L_1}{EA_{beam}} + \frac{F_C L_2}{EA_{beam}} + \frac{(F_B + F_C)}{k_A} + \frac{F_C}{k_C} = \alpha \Delta T(L_1 + L_2) \qquad ②$$

$(\because$ 온도에 의한 신장길이는 하중위치에서의 길이 $L_1 + L_2$에 비례)

여기서 $A_{beam} = 1.0 \times 2.5 = 2.5m^2$, $\quad I_{column} = \dfrac{3^4}{12} = 6.75m^4$

BD교각은 Fix-Hinge구조이므로 강성 k_{column}은,

$$k_{column} = \frac{3EI_{column}}{L_{column}^3} = 6,328kN/m$$

교각과 K_B스프링은 하중이 동일하고 전체 변위는 각각의 변위의 합과 같은 직렬연결 스프링이므로,

$$\therefore k_B = \frac{K_B k_{column}}{K_B + k_{column}} = 5,803kN/m$$

①, ②식에 상수값을 대입하면,

①식 : $0.194F_B + 0.021F_C = 3$

②식 : $0.000021F_B + 0.000037F_C = \dfrac{1}{200}$

$$\therefore F_B = 0.618kN \, (\leftarrow), \quad F_C = 134.172kN(\leftarrow), \quad F_A = 134.79kN \, (\rightarrow)$$
$$M_D = F_B \times 20 = 12.36kNm \, (\downarrow)$$

에너지의 방법 : 스프링 구조, 온도

그림과 같이 2경간 연속보에서 A, B, C 지점은 탄성지점이고 D지점은 강결로 연결되어 있다. 30°C의 온도가 증가할 경우 각 지점의 반력을 산정하시오.

$$k_A = 40,000kN/m, \ k_B = 30,000kN/m, \ k_C = 20,000kN/m$$

$$E = 2.0 \times 10^7 kN/m^2, \ I = 1.0m^4, \ A = 0.09m^2, \ \alpha = 1.0 \times 10^{-5}/°C$$

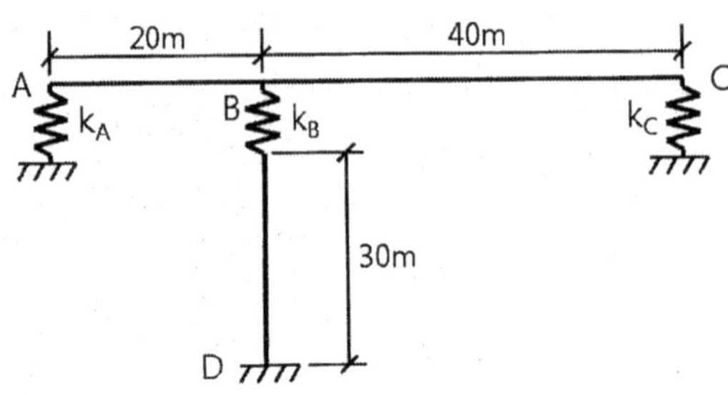

▶ 개요

주어진 문제에서 온도의 변화에 따라 교량의 수평(종)방향으로의 신축이 일어나므로 지점의 스프링이 수평(종)방향 스프링이라고 가정하고 풀이한다. 수평방향으로의 평형방정식은 1개이고 반력은 3개이므로 2차 부정정 구조물로 간주하고 풀이한다.

▶ 유효강성산정

BD교각은 Fix–Hinge구조이므로 강성 k_{column} 은,

$$k_{column} = \frac{3EI_{column}}{L_{column}^3} = \frac{3 \times 2.0 \times 10^7 \times 1.0}{30^3} = 2222.22kN/m$$

교각과 k_B스프링은 하중이 동일하고 전체 변위는 각각의 변위의 합과 같은 직렬연결 스프링이므로,

$$\therefore k_B{}' = \frac{k_B k_{column}}{k_B + k_{column}} = 2068.97kN/m$$

➤ **부정정력 산정 : B점과 C점을 부정정력으로 선택**

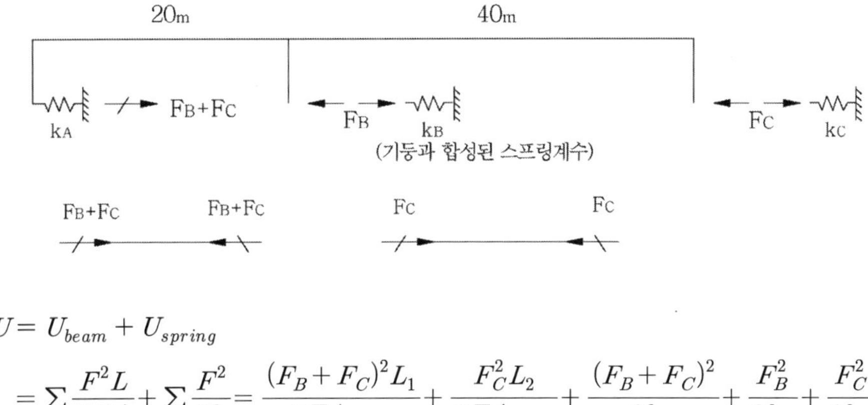

$$U = U_{beam} + U_{spring}$$

$$= \Sigma \frac{F^2 L}{2EA} + \Sigma \frac{F^2}{2k} = \frac{(F_B + F_C)^2 L_1}{2EA_{beam}} + \frac{F_C^2 L_2}{2EA_{beam}} + \frac{(F_B + F_C)^2}{2k_A} + \frac{F_B^2}{2k_B} + \frac{F_C^2}{2k_C}$$

➤ **최소일의 원리**

$$\frac{\partial U}{\partial F_B} = \frac{(F_B + F_C)L_1}{EA_{beam}} + \frac{(F_B + F_C)}{k_A} + \frac{F_B}{k_B{}'} = \alpha \Delta T L_1$$

$$\therefore \frac{(F_B + F_C) \times 20}{2.0 \times 10^7 \times 0.09} + \frac{(F_B + F_C)}{40000} + \frac{F_B}{2068.97} = 1.0 \times 10^{-5} \times 30 \times 20 \qquad ①$$

(∵온도에 의한 신장길이는 하중위치에서의 길이 L_1에 비례)

$$\frac{\partial U}{\partial F_C} = \frac{(F_B + F_C)L_1}{EA_{beam}} + \frac{F_C L_2}{EA_{beam}} + \frac{(F_B + F_C)}{k_A} + \frac{F_C}{k_C} = \alpha \Delta T (L_1 + L_2)$$

$$\therefore \frac{(F_B + F_C) \times 20}{2.0 \times 10^7 \times 0.09} + \frac{F_C \times 40}{2.0 \times 10^7 \times 0.09} + \frac{(F_B + F_C)}{40000} + \frac{F_C}{20000} = 1.0 \times 10^{-5} \times 30(20 + 40) \qquad ②$$

(∵온도에 의한 신장길이는 하중위치에서의 길이 $L_1 + L_2$에 비례)

①, ②식으로부터,

$$\therefore F_B = 0 \ (\leftarrow), \quad F_C = 166.154kN(\leftarrow), \quad F_A = 166.154kN \ (\rightarrow), \quad M_D = F_B \times 30 = 0$$

에너지의 방법 : FCM 온도하중

F.C.M(Free Cantilever Method)공법으로 PSC거더교 가설 중 그림과 같이 주두부에서 양단으로 40m씩 가설이 완료되었을 때 거더 단면의 상연과 하연의 온도가 각각 40°C 및 20°C로 계측되었다. 상, 하연 온도차에 의해 거더의 단부(B점 또는 C점)에 발생하는 연직방향 변위를 산정하시오. (단, 거더의 형고 h는 주두부에서 6.0m, 거더 단부 B점 및 C점에서 2.0m이며 주두부와 단부 사이에서 거더의 형고는 선형으로 변화한다. 거더의 콘크리트 탄성계수 $E = 3.0 \times 10^7 \, \text{kN/m}^2$, 콘크리트의 열팽창계수 $\alpha = 1.0 \times 10^{-5} / °C$)

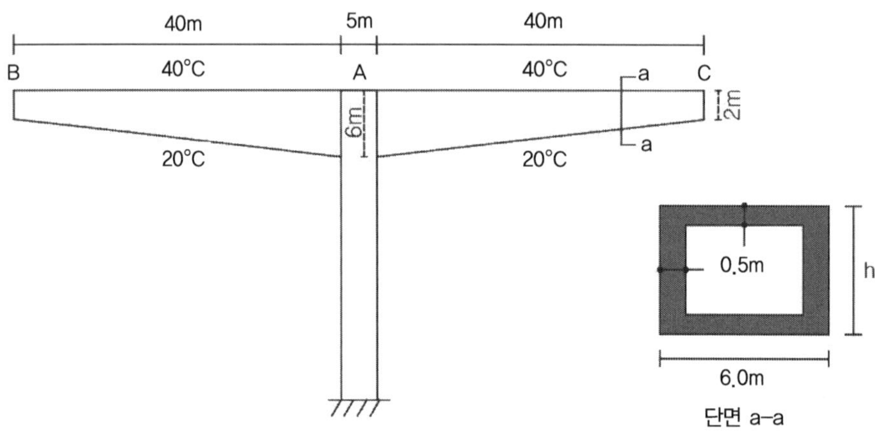

<hr>

풀 이

▶ 개요

대칭구조물이므로 AC구간에 대해서 풀이한다. 변단면 구조물이므로 캔틸레버부 시점부로부터 떨어진 거리를 x라고 하면, x점에서의 단면의 높이 h_x 는

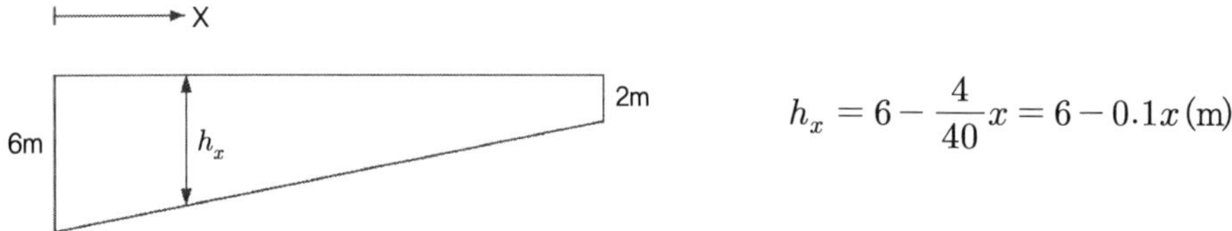

$$h_x = 6 - \frac{4}{40}x = 6 - 0.1x \, (\text{m})$$

단면2차 모멘트 I_x 는

$$I_x = \frac{6 \times h_x^3}{12} - \frac{5 \times (h_x - 1)^3}{12} = \frac{1}{12}\left(6(6 - 0.1x)^3 - 5(5 - 0.1x)^3\right) \, (m^4)$$

$$\text{(모멘트)}\ \frac{dy}{dx} \approx \theta = \frac{\alpha\Delta Tx}{h}, \quad \frac{d^2y}{dx^2} = \frac{M}{EI} = \frac{\alpha\Delta T}{h} \quad \therefore\ M_T = \frac{\alpha\Delta TEI_x}{h_x}$$

Castigliano의 제2정리를 이용한다. 처짐을 구하고자 하는 C점에 하중 P를 작용시키면,

AC부재에 발생되는 모멘트 $M = -M_T - P(40-x) = -\dfrac{\alpha\Delta TEI_x}{h_x} - P(40-x)$

$$\therefore\ M = -\frac{\alpha\Delta TE}{6 - 0.1x} \times \left[\frac{1}{12}\left(6(6-0.1x)^3 - 5(5-0.1x)^3\right)\right] - P(40-x)$$

$$\frac{\partial M}{\partial P} = x - 40$$

$$\Delta_{V_C} = \frac{\partial U}{\partial P} = \int_0^{40} \frac{M}{EI_x}\left(\frac{\partial M}{\partial P}\right)dx = -0.036056m \quad (P=0)$$

$$\therefore\ \Delta_{V_C} = \Delta_{V_B} = 36.056mm \ (\downarrow)$$

부정정 축방향 구조물

아래 그림과 조건하에서 고정단 B점에서의 반력을 구하시오.

〈조건〉 $\alpha = 1.0 \times 10^{-5}/℃$ $\triangle T = 30℃$

$A_1 = 2,000mm^2$ $A_2 = 6,000mm^2$, $E_1 = 200,000MPa$ $E_2 = 30,000MPa$

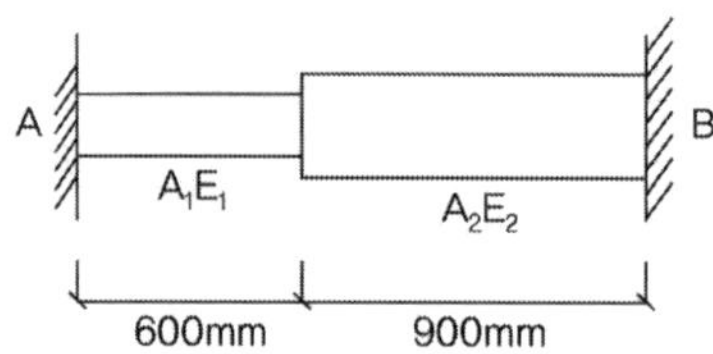

풀 이

▶ 개요

1차 부정정 구조물로 변위일치법이나 에너지 방법에 의해 풀이할 수 있다.

▶ 에너지의 방법에 의한 풀이

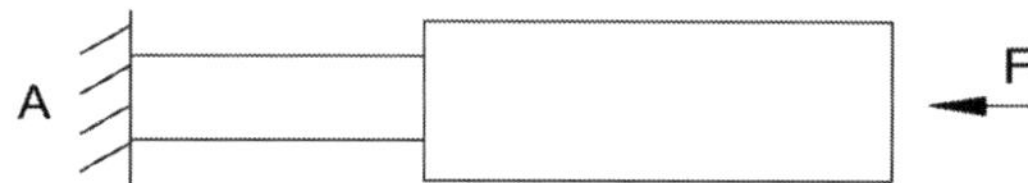

B점의 반력 $R_B = F$를 부정정력으로 가정하여 푼다.

$$U = \Sigma \frac{F^2 L}{2EA} = \frac{F^2 L_1}{2A_1 E_1} + \frac{F^2 L_2}{2A_2 E_2}$$

최소일의 원리에 따라,

$$\frac{\partial U}{\partial F} = \alpha \triangle T(L_1 + L_2) : \frac{FL_1}{A_1 E_1} + \frac{FL_2}{A_2 E_2} = F\left(\frac{L_1}{A_1 E_1} + \frac{L_2}{A_2 E_2}\right) = \alpha \triangle T(L_1 + L_2)$$

(좌변) $F\left(\dfrac{600}{2000 \times 200,000} + \dfrac{900}{6000 \times 30,000}\right) = \dfrac{13}{200,000}F$

(우변) $\alpha \triangle TL = 1.0 \times 10^{-5} \times 30 \times (600 + 900) = 0.45$

$\therefore F = 69.231^{kN}$ (←)

에너지의 방법 : 온도

다음 그림과 같은 구조물에서 온도상승(ΔT) 시 부재의 신장량과 부재 내 응력을 구하시오(단, 부재의 단면적(A), 탄성계수(E) 및 선팽창계수(α)는 일정하며 스프링상수는 k).

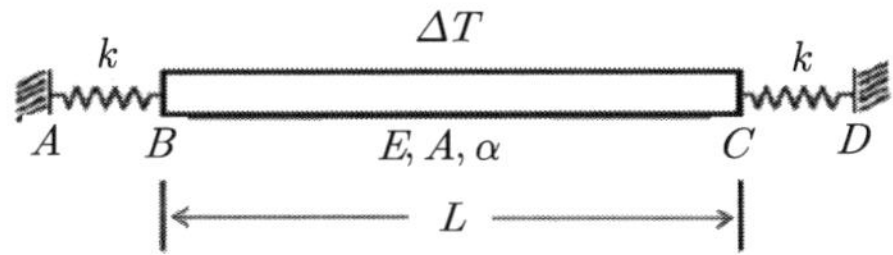

풀 이

▶ 개요

변위일치법이나 에너지 방법에 의해 풀이할 수 있다. 스프링력 F를 부정정력으로 한다.

▶ 에너지법

$$U = \frac{F^2 L}{2EA} + 2 \times \frac{F^2}{2k}$$

최소일에 따라 부정정력 F에 대해 편미분하면 온도에 의한 변화량과 같으므로,

$$\frac{\partial U}{\partial F} = \frac{FL}{EA} + \frac{2F}{k} = \alpha \Delta TL \qquad \therefore \ F = \frac{\alpha \Delta TEAkL}{2EA + kL}$$

부재의 신장량은 스프링에 의한 변위이므로, 양측 스프링에 대한 변위는

$$\delta = 2 \times \frac{F}{k} = \frac{2\alpha \Delta TEAL}{2EA + kL}$$

부재의 응력은 $f = \dfrac{F}{A} = \dfrac{\alpha \Delta TEkL}{2EA + kL}$

▶ 변위일치법

대칭구조물이므로 1/2 모델로 해석한다.

δ_1 : 부정정력 F에 의한 부재의 수축량 $\delta_1 = \dfrac{F(L/2)}{EA}$

δ_2 : 온도 증가에 의한 신장량 $\delta_2 = \alpha \Delta T\left(\dfrac{L}{2}\right)$

δ_3 : 스프링의 신장량 $\delta_3 = \dfrac{F}{k}$

적합조건 : $\delta_3 = \delta_2 - \delta_1$

$$\alpha \Delta T\left(\dfrac{L}{2}\right) - \dfrac{FL}{2EA} = \dfrac{F}{k}$$

$$\therefore F = \dfrac{\alpha \Delta TEAkL}{2EA + kL} \qquad 부재의 \ 신장량 \ 2\delta_3 = 2 \times \dfrac{F}{k} = \dfrac{2\alpha \Delta TEAL}{2EA + kL}$$

에너지의 방법 : 합성구조

그림과 같은 구조물의 B점의 처짐을 구하시오.

단, 각 부재의 탄성계수는 E, 부재 AB의 휨강성은 EI, 부재 BC 및 BD의 단면적은 A이다.

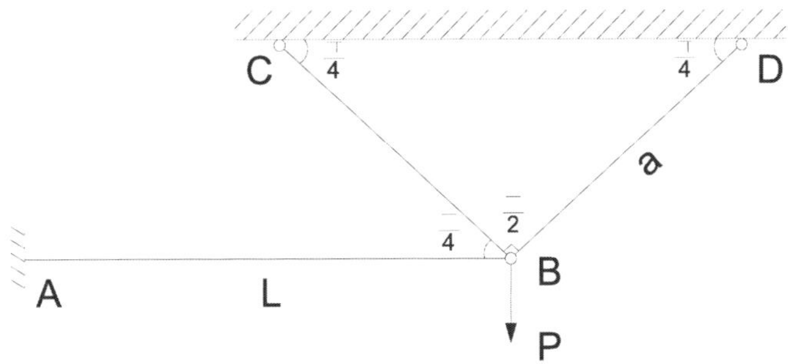

풀 이

> **개요**

변위일치법이나 에너지 방법에 의해 풀이할 수 있다. 트러스의 발생하는 수평력 F를 부정정력으로 한다.

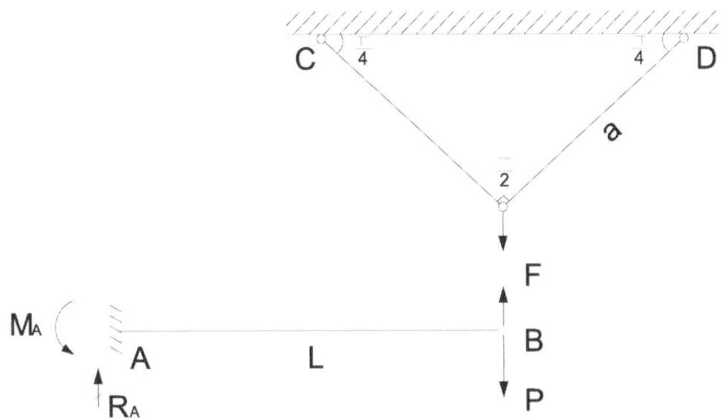

> **부재력 산정**

트러스는 대칭구조물이므로 사재 $F_{BC} = F_{BD}$ $\qquad \therefore F = 2F_{BC}\sin 45° = \sqrt{2}\,F_{BC}$

$P' = P - F$로 치환하면, $M_A = P'L$, $R_A = P'$

A점으로부터 x만큼 떨어진 지점에서의 $M_x = R_A x - M_A = P'x - P'L$

➤ **변형에너지**

$$U = \Sigma \int \frac{M^2}{2EI}dx + \Sigma \frac{F^2 L}{2EA}$$

$$= \frac{1}{2EI}\left[\int_0^L (P'x - P'L)^2 dx\right] + 2 \times \frac{\left(\dfrac{F}{\sqrt{2}}\right)^2 a}{2EA} = \frac{1}{2EI}\left[\int_0^L (P'x - P'L)^2 dx\right] + \frac{F^2 a}{2EA}$$

➤ **최소일의 원리**

$$\frac{\partial U}{\partial F} = \frac{F(AL^3 + 3aI) - PAL^3}{3AEI} = 0 \qquad \therefore F = \frac{PAL^3}{AL^3 + 3aI}$$

➤ **B점의 처짐**

트러스 부재의 처짐과 같으므로

$$\therefore \frac{\partial U}{\partial F} = \frac{\partial}{\partial F}\left(\Sigma \frac{F^2 L}{2EA}\right) = \frac{\partial}{\partial F}\left(\frac{F^2 a}{2EA}\right) = \frac{aF}{EA} = \frac{aPL^3}{E(AL^3 + 3aI)}$$

➤ **변위일치법**

하중 P와 트러스 부재의 F에 의한 보의 처짐을 δ_1 이라 하고, 트러스 부재의 F에 의한 δ_2 라 하면, 적합조건으로부터 $\delta_1 = \delta_2$ 로부터 산정할 수 있다.

에너지의 방법 : 합성구조

아래 캔틸레버보에 집중하중 100kN이 작용했을 때 BC(Cable)부재의 인장력을 구하시오.

BC부재 : $A_1 = 6.83 \text{ cm}^2$, AB부재 : $A_2 = 683 \text{ cm}^2$, $I_2 = 12,800 \text{ cm}^4$

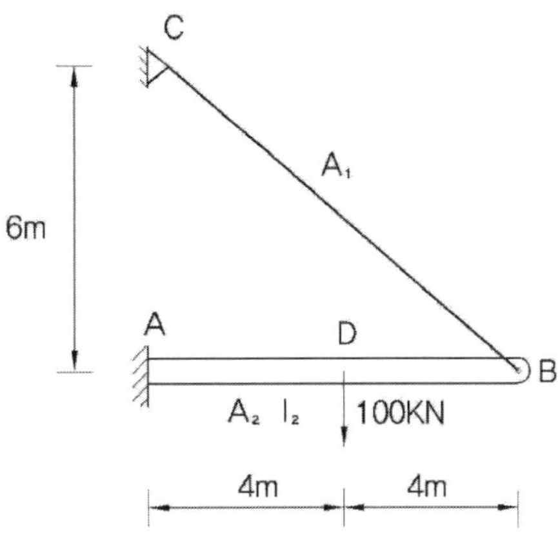

풀 이

▶ 개요

내적 1차 부정정 구조물에 대해서 최소일의 원리 또는 변위일치법을 통해 풀이할 수 있다. 변위일치법의 경우 케이블의 장력을 부정정력으로 하여 B점의 처짐에 대한 적합조건을 이용하여 풀이할 수 있다. 여기서는 최소일의 원리를 이용하여 풀이한다.

▶ 최소일의 원리를 이용한 풀이

케이블의 장력 T를 부정정력으로 본다.

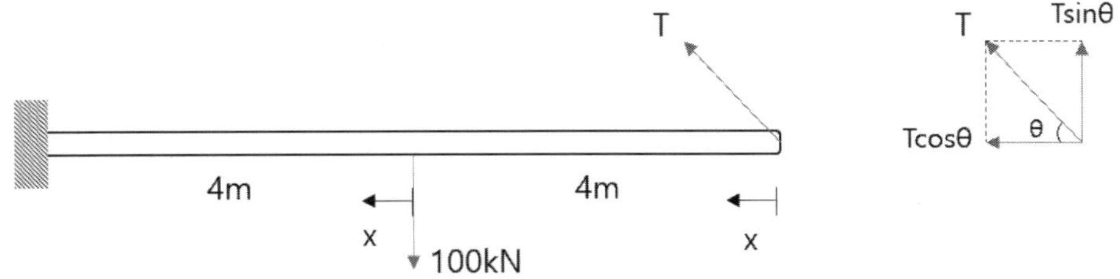

구분	범위	M_x	$\partial M_x / \partial T$
AD	$0 \le x \le 4$	$M_x = Tsin\theta x$	$sin\theta x$
DB	$0 \le x \le 4$	$M_x = Tsin\theta(x+4) - 100x$	$sin\theta(x+x)$

1) 변형에너지 산정

$$U = \Sigma \int \frac{M^2}{2EI}dx + \Sigma \frac{F^2 L}{2EA}$$

$$= \frac{1}{2EI_{beam}}\left[\int_0^4 (Tsin\theta x)^2 dx + \int_0^4 (Tsin\theta(x+4) - 100x)^2 dx\right] + \frac{T^2(10)}{2EA_{cable}}$$

2) 최소일의 원리

$$\frac{\partial U}{\partial T} = 0 \ : \ \frac{10T}{EA_{cable}} + \frac{1}{2EI_{baeam}}\left[\frac{1024}{3}\sin^2\theta T - \frac{32000}{3}\sin\theta\right] = 0$$

$$여기서, \ \sin\theta = \frac{6}{10}, \quad I_{beam} = 1.28 \times 10^{-4}\,\text{m}^4, \quad A_{cable} = 6.83 \times 10^{-4}\,\text{m}^2$$

$$\therefore \ T = 50.54 \text{ kN (인장)}$$

에너지의 방법 : 합성구조

다음 그림과 같은 외팔보의 중앙점 B에 경사케이블을 설치하였다. 주어진 하중에 대한 케이블의 장력을 구하시오(단, 케이블에서 $EA = 12,000kN$, 보에서 $EI = 4,500kNm^2$ 이며, 보의 축력의 영향은 무시한다).

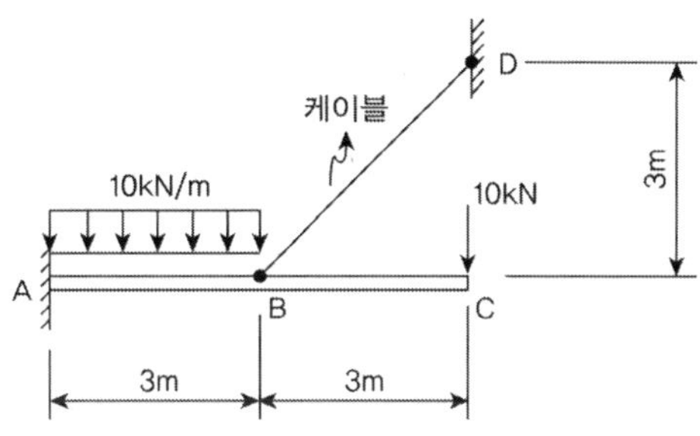

풀 이

▶ 개요

내적 1차 부정정 구조물에 대해서 최소일의 원리 또는 변위일치법을 통해 풀이할 수 있다. 변위일치법의 경우 케이블의 장력을 부정정력으로 하여 B점의 처짐에 대한 적합조건을 이용하여 풀이할 수 있다. 여기서는 최소일의 원리를 이용하여 풀이한다.

▶ 최소일의 원리를 이용한 풀이

케이블의 장력 T를 부정정력으로 본다.

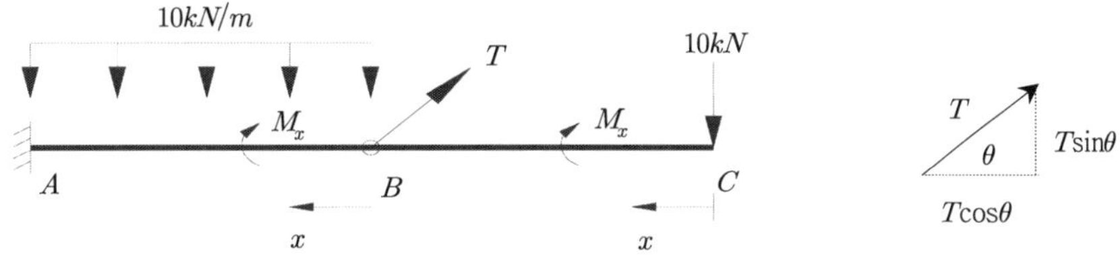

구분	범위	M_x	$\partial M_x / \partial T$
CB	$0 \le x \le 3$	$M_x = -10x$	0
BA	$0 \le x \le 3$	$M_x = -10(x+3) + Tsin\theta x - 5x^2$	$sin\theta x$

1) 변형에너지 산정

$$U = \Sigma \int \frac{M^2}{2EI}dx + \Sigma \frac{F^2 L}{2EA}$$

$$= \frac{1}{2EI_{beam}} \left[\int_0^3 (-10x)^2 dx + \int_0^3 (-10(x+3) + T sin\theta x - 5x^2)^2 dx \right] + \frac{T^2(3\sqrt{2})}{2EA_{cable}}$$

2) 최소일의 원리

$$\frac{\partial U}{\partial T} = 0 \ : \ \frac{3\sqrt{2}\,T}{EA_{cable}} + \frac{1}{2EI_{baeam}}\left[9T - 1305\frac{\sqrt{2}}{4} \right] = 0 \qquad \therefore \ T = 37.8746^{kN} \ (\text{인장})$$

에너지의 방법 : 합성구조

그림과 같은 구조물의 끝단에 하중 P가 작용할 경우에 C점의 변형에너지 및 연직변위(δ_{CV})를 구하시오(단, EI는 일정).

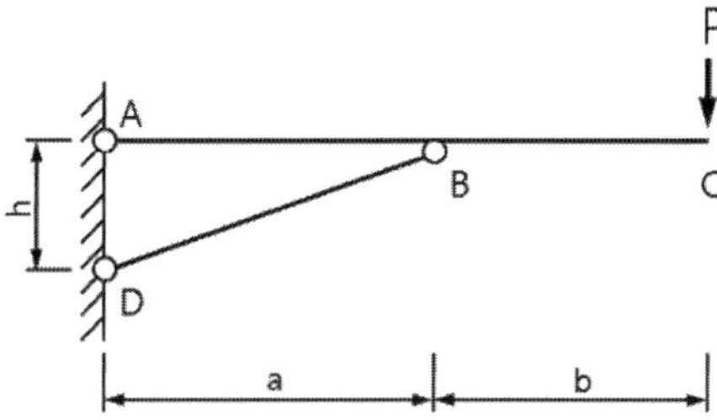

풀 이

▶ 개요

내적 1차 부정정 구조물이며 에너지법에 따라 변형에너지와 연직변위를 산정한다.

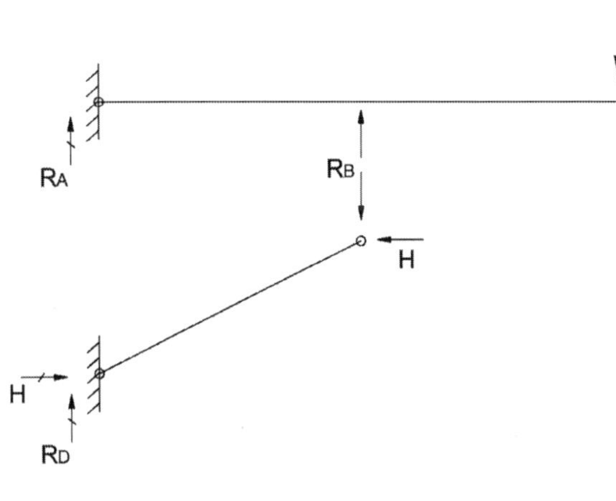

1) ABC부재

$$\sum M_B = 0 \ : \ R_A a + Pb = 0$$

$$\therefore \ R_A = -\frac{b}{a}P \ (\downarrow)$$

$$R_A + R_B = P$$

$$\therefore \ R_B = (1+\frac{b}{a})P \ (\uparrow)$$

2) BD부재

$$R_D = R_B$$

$$\sum M_B = 0 \ :$$

$$H \times h + R_D a + Pb - R_A a = 0$$

$$\therefore \ H_D = \frac{a+b}{h}P \ (\rightarrow)$$

$$\therefore \ F_{BD} = \sqrt{H^2 + R_D^2} = \frac{\sqrt{a^2+h^2}\,(a+b)}{ah}P$$

➤ **에너지법**

1) AB구간(시점A) : $M_x = R_A x = -\dfrac{b}{a}Px$

2) BC구간(시점C) : $M_x = -Px$

3) 변형에너지 산정

$$U = \Sigma \int \frac{M^2}{2EI} + \Sigma \frac{F^2 L}{2EA} = \frac{1}{2EI}\int_0^a \left(\frac{b}{a}P\right)^2 dx + \frac{1}{2EI}\int_0^b (-Px)^2 dx + \frac{F_{BD}^2 L_{BD}}{2EA}$$

$$= \frac{1}{2EI}\int_0^a \left(\frac{b}{a}P\right)^2 dx + \frac{1}{2EI}\int_0^b (-Px)^2 dx + \frac{(a+b)^2 (a^2+h^2)^{\frac{3}{2}} P^2}{2a^2 h^2 EA}$$

$$= \frac{ab^2 P^2 + b^3 P^2}{6EI} + \frac{(a+b)^2 (a^2+h^2)^{\frac{3}{2}} P^2}{2a^2 h^2 EA}$$

4) 연직변위 δ_{CV} 산정

    Castigliano's 2법칙에 따라

$$\therefore \delta_{CV} = \frac{\partial U}{\partial P} = \frac{2(a^2+h^2)^{\frac{3}{2}} bP}{ah^2 EA} + \frac{(a^2+h^2)^{\frac{3}{2}} b^2 P}{a^2 h^2 EA} + \frac{(a^2+h^2)^{\frac{3}{2}} P}{h^2 EA} + \frac{ab^2 P}{3EI} + \frac{b^3 P}{3EI}$$

에너지의 방법 : 합성구조

등분포하중을 받는 단순보의 최대모멘트를 감소시키기 위해 그림과 같이 보의 중앙부에 케이블을 설치하였다. 이때 설치된 케이블은 한쪽이 고정된 캔틸레버에 연결되어 있고 설치된 케이블은 하중이 작용하기 전에 설치를 하였다. 등분포하중 6kN/m이 작용할 때 다음을 구하시오.

1) 케이블에 작용하는 힘(F)
2) 켄틸레버에 작용하는 최대모멘트(M)
3) 단순보에 발생하는 최대모멘트의 발생위치와 최대모멘트를 계산하고 단순보의 SFD, BMD를 작성하라.

	캔틸레버빔(AB)	케이블(AC)	단순보(DE)
단면2차 모멘트	$1519 \times 10^4 \text{mm}^4$	–	–
단면형상	–	$\Phi = 6\text{mm}$	$\square = 100 \times 300\text{mm}$
탄성계수	200GPa	200GPa	10GPa
적용길이(Li)	1.8m	3.0m	6.0m

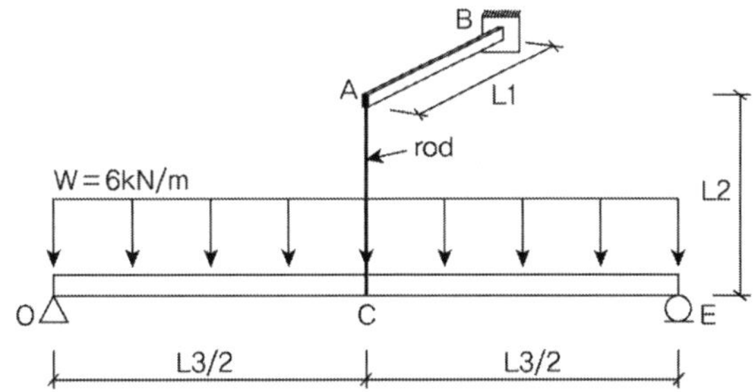

풀 이

➤ 개요

변위일치법이나 에너지 방법에 의해 풀이할 수 있다. 케이블의 발생하는 수평력 F를 부정정력으로 한다.

구간	원점	구간/길이(mm)	M	$\partial M/\partial F$	F	$\partial F/\partial F$
AB	A	0~1800	$-Fx$	$-x$	–	–
DC	D	0~3000	$\left(6 \times \dfrac{6000}{2} - \dfrac{F}{2}\right)x - \dfrac{6}{2}x^2$	$-\dfrac{x}{2}$	–	–
AC		3000	–	–	F	1

➤ **단면의 상수**

$$A_{AC} = \frac{\pi}{4}D^2 = 28.2743mm^2 \qquad I_{DE} = \frac{100 \times 300^3}{12} = 225 \times 10^6 mm^4$$

➤ **에너지의 방법**

$$U = \Sigma \int \frac{M^2}{2EI}dx + \frac{F^2 L}{EA}$$

최소일의 원리로부터 $\dfrac{\partial U}{\partial F} = 0$

$$\int_0^{1800} \frac{(-Fx)(-x)}{200 \times 10^3 \times 1519 \times 10^3}dx + 2\int_0^{3000} \frac{\left((18000 - \frac{F}{2})x - 3x^2\right)\left(-\frac{x}{2}\right)}{10 \times 10^3 \times 225 \times 10^6}dx$$

$$+ \frac{F \times 3000}{200 \times 10^3 \times 28.2743} = 0$$

$$\therefore F = 14.194^{kN} \qquad \therefore M_{AB(\max)} = F \times L = 14.194 \times 1.8 = 25.249^{kNm}$$

➤ **DE부재의 모멘트 산정**

$$R_D = \frac{ql}{2} - \frac{F}{2} = \frac{6 \times 6}{2} - \frac{14.194}{2} = 10.903^{kN}$$

$$V_x = -6x + 10.903 \qquad V_x = 0 \ : \ x = 1.817^m$$

$$\therefore M_{\max} = R_D x - \frac{qx^2}{2} = 9.905^{kNm}$$

$$\therefore M_c = R_D x - \frac{qx^2}{2} = 5.709^{kNm}$$

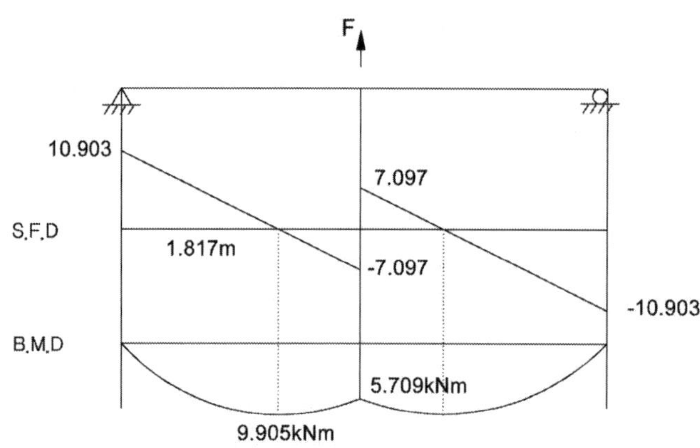

에너지의 방법 : 합성구조

다음 그림과 같은 구조물에서 $M_A = 1.5 M_B$일 때, 스프링계수 k_S값을 구하시오.

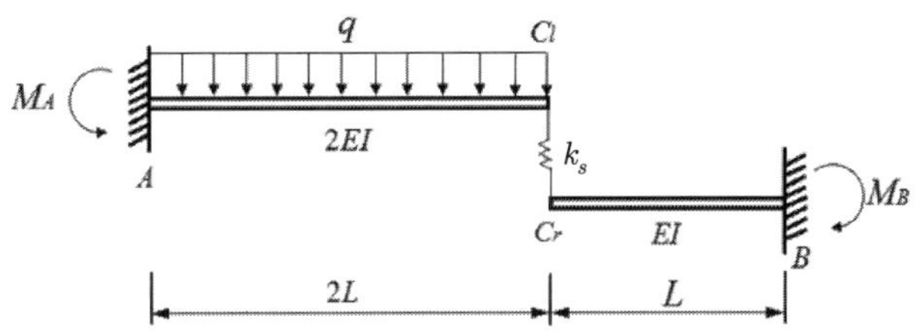

풀 이

▶ 개요

스프링력 F를 부정정력으로 보고 최소일의 원리 또는 변위일치법으로 해석할 수 있다.
($n = 6 + 3 + 0 - 4 \times 2 = 1$ 1차 부정정 구조물)

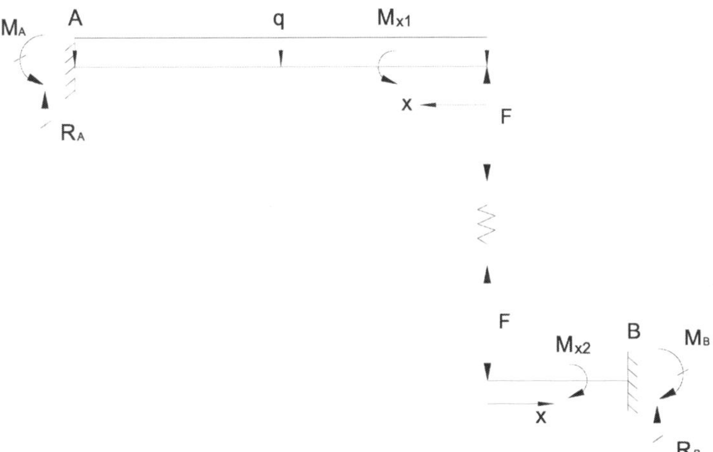

$$M_{x1} = \frac{qx^2}{2} - Fx, \quad M_{x2} = Fx$$

▶ 변형에너지

$$U = U_{beam} + U_{spring} = \Sigma \int \frac{M^2}{2EI}dx + \frac{F^2}{2k}$$

$$= \frac{1}{2(2EI)} \int_0^{2L} \left(\frac{qx^2}{2} - Fx \right)^2 dx + \frac{1}{2EI} \int_0^L (Fx)^2 dx + \frac{F^2}{2k}$$

➤ 최소일의 원리

$$\frac{\partial U}{\partial F} = \frac{1}{2EI} \int_0^{2L} \left(\frac{qx^2}{2} - Fx \right)(-x)dx + \frac{1}{EI} \int_0^L (Fx)(x)dx + \frac{F}{k} = 0$$

$$\frac{4FL^3}{3EI} - \frac{qL^4}{EI} + \frac{FL^3}{3EI} + \frac{F}{k} = 0 \qquad \therefore k = \frac{-3EIF}{L^3(5F - 3qL)}$$

➤ 스프링계수 산정

$$M_A = 2qL^2 - 2FL, \quad M_B = FL$$

주어진 조건에서 $M_A = \dfrac{3}{2}M_B \qquad \therefore F = \dfrac{4}{7}qL$

최소일의 원리로부터 산정한 k에 대입하면, $\quad \therefore k_s = k = \dfrac{12EI}{L^3}$

➤ 변위일치법 개요

AC구조물의 C점에서의 처짐(하중 q, 부정정력 F) : δ_1
스프링구조물의 처짐 : $\delta_2 \, (= F/k_s)$
CB구조물의 C점에서의 처짐(부정정력 F) : δ_3
적합조건 : $\delta_1 - \delta_2 = \delta_3$

에너지의 방법 : 합성구조

다음 그림과 같은 구조물에서 $M_A = 4M_B$일 때, 스프링계수 k_S값을 구하고, C점에서의 처짐 δ_c 및 C′점에서의 처짐 $\delta_c{'}$를 산정하라.

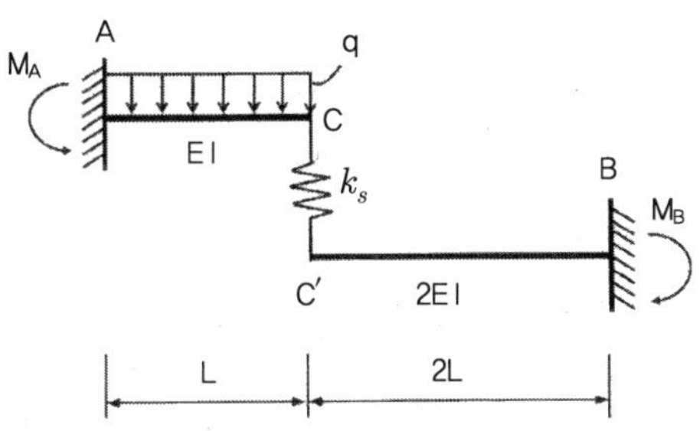

▶ 개요

스프링력 F를 부정정력으로 보고 최소일의 원리 또는 변위일치법으로 해석할 수 있다($n = 6 + 3 + 0 - 4 \times 2 = 1$ 1차 부정정 구조물).

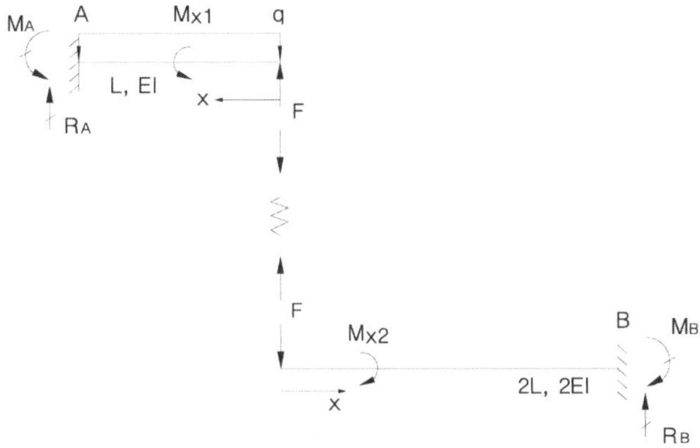

$$M_{x1} = \frac{qx^2}{2} - Fx, \qquad M_{x2} = Fx$$

▶ 변형에너지

$$U = U_{beam} + U_{spring} = \Sigma \int \frac{M^2}{2EI}dx + \frac{F^2}{2k}$$

$$U = \frac{1}{2(EI)}\int_0^L \left(\frac{qx^2}{2} - Fx\right)^2 dx + \frac{1}{2(2EI)}\int_0^{2L}(Fx)^2 dx + \frac{F^2}{2k}$$

▶ 최소일의 원리

$$\frac{\partial U}{\partial F} = \frac{1}{EI}\int_0^L \left(\frac{qx^2}{2} - Fx\right)(-x)dx + \frac{1}{2EI}\int_0^{2L}(Fx)(x)dx + \frac{F}{k} = 0$$

$$\frac{FL^3}{3EI} - \frac{qL^4}{8EI} + \frac{4FL^3}{3EI} + \frac{F}{k} = 0 \qquad \therefore k = \frac{24EIF}{L^3(3qL - 40F)}$$

▶ 스프링계수 산정

$$M_A(x = L) = \frac{qL^2}{2} - FL, \quad M_B(x = 2L) = 2FL$$

주어진 조건에서 $M_A = 4M_B$ $\qquad \therefore F = \frac{1}{18}qL$

최소일의 원리로부터 산정한 k에 대입하면, $\qquad \therefore k_S = k = \frac{12EI}{7L^3}$

▶ 변위일치법 개요

① AC구조물의 C점에서의 처짐(하중 q, 부정정력 F) : δ_c

캔틸레버 구조물의 등분포하중 q에 의한 처짐 : $\delta_1 = \frac{qL^4}{8EI}(\downarrow)$

캔틸레버 구조물의 집중하중 F에 의한 처짐 : $\delta_2 = \frac{FL^3}{3EI} = \frac{L^3}{3EI} \times \frac{1}{18}qL = \frac{qL^4}{54EI}\ (\uparrow)$

$\therefore \delta_c = \frac{qL^4}{8EI} - \frac{qL^4}{54EI} = \frac{23qL^4}{216EI}(\downarrow)$

② 스프링구조물의 처짐 : δ_2

$$\delta_2 = \frac{F}{k_s} = \frac{1}{18}qL \times \frac{7L^3}{12EI} = \frac{7qL^4}{216EI}(\downarrow)$$

③ CB구조물의 부정정력 F에 의한 C′점에서의 처짐 : $\delta_c{}'$

From 적합조건 : $\delta_c{}' = \delta_c - \delta_2 = \frac{16qL^4}{216EI} = \frac{4qL^4}{54EI}$

또는 부정정력 F로 의한 처짐방정식으로부터, $\delta_c{}' = \frac{F(2L)^3}{3(2EI)} = \frac{8L^3}{6EI} \times \frac{1}{18}qL = \frac{4qL^4}{54EI}$

에너지의 방법 : 합성구조

다음 그림과 같은 보–트러스의 혼성 구조물에서 B점에 집중하중이 작용한다. 재료의 탄성계수는 E, 모든 트러스 부재의 단면적은 A, 보 AC의 단면2차 모멘트는 I라고 할 때 다음을 구하라(단, $EI = 5000kN \cdot m^2$, $EA = 1000kN$이며, 집중하중 $P = 20kN$이다).

(1) B점의 연직처짐

(2) 부재 BD 및 부재 BE의 부재력

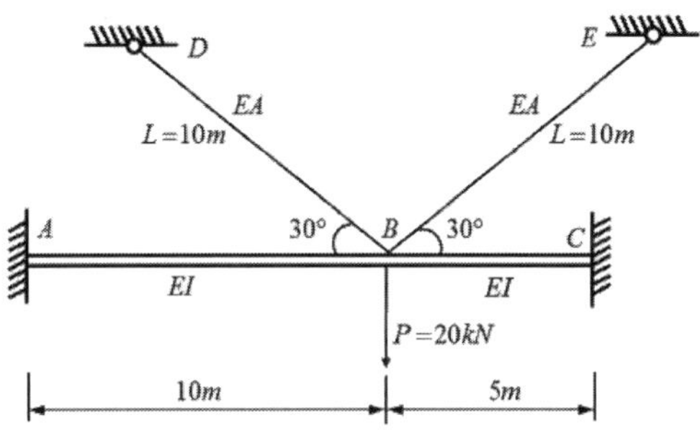

▶ 개요

변위일치법이나 에너지 방법에 의해 풀이할 수 있다. 트러스의 발생하는 수평력 F를 부정정력으로 한다.

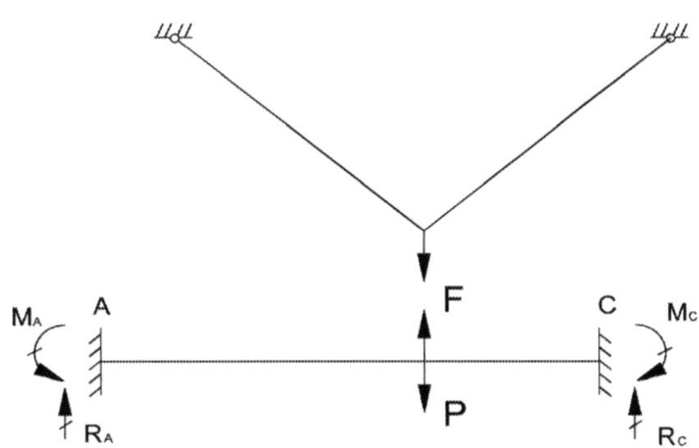

▶ 부재력 산정

트러스는 대칭구조물이므로 사재 $F_{BD} = F_{BE}$

$$F = 2F_{BD}\sin 30^\circ = F_{BD}$$

$P' = P - F$로 치환하고, Fixed End Moment로부터

$$M_A = -\frac{P'ab^2}{L^2} = -\frac{10}{9}P' \ (\downarrow), \qquad M_C = \frac{P'ab^2}{L^2} = \frac{20}{9}P' \ (\downarrow)$$

평형방정식으로부터

$$R_A + R_C = P'$$

$$\sum M_A = 0 : -\frac{10}{9}P' + \frac{20}{9}P' - 15R_C = 0 \qquad \therefore R_C = \frac{20}{27}P', \qquad R_A = \frac{7}{27}P'$$

① 구간 1 : M_{x1} (좌측 A부터 10m까지)

시점 A, $M_{x1} = M_A + R_A x = -\dfrac{10}{9}P' + \dfrac{7}{27}P'x$

② 구간 2 : M_{x2} (좌측 C부터 5m까지)

시점 C, $M_{x2} = -M_C + R_C x = -\dfrac{20}{9}P' + \dfrac{20}{27}P'x$

> **변형에너지**

$$U = \Sigma \int \frac{M^2}{2EI}dx + \Sigma \frac{F^2 L}{2EA}$$

$$= \frac{1}{2EI}\left[\int_0^{10}\left(-\frac{10}{9}P' + \frac{7}{27}P'x\right)^2 dx + \int_0^5\left(-\frac{20}{9}P' + \frac{20}{27}P'x\right)^2 dx + \frac{F^2 L}{EA}\right.$$

$$= \frac{1}{2EI}\left[\int_0^{10}\left(-\frac{10}{9}(20-F) + \frac{7}{27}(20-F)x\right)^2 dx + \int_0^5\left(-\frac{20}{9}(20-F) + \frac{20}{27}(20-F)x\right)^2 dx + \frac{F^2 L}{EA}\right.$$

> **최소일의 원리**

$$\frac{\partial U}{\partial F} = \frac{1}{EI}\left[\int_0^{10}\left(\frac{(20-F)(7x-30)}{27}\right)\left(\frac{(30-7x)}{27}\right)dx\right.$$

$$\left. + \int_0^5\left(-\frac{20(F-20)(x-3)}{27}\right)\left(-\frac{20(x-3)}{27}\right)dx\right] + \frac{2FL}{EA} = 0$$

여기서 $EI = 5000kNm^2$, $EA = 1800kN$, $L = 10^m$를 대입하면

$$\frac{91}{4050}F - \frac{4}{81} = 0 \qquad \therefore F = 2.1978kN$$

➤ **B점의 처짐**

트러스 부재의 처짐과 같으므로

$$\frac{\partial U}{\partial F} = \frac{\partial}{\partial F}\left(\sum \frac{F^2 L}{2EA}\right) = \frac{2FL}{EA} = \frac{2 \times 2.1978 \times 10}{1000} = 0.043956^m = 43.95^{mm}$$

➤ **변위일치법**

하중 P와 트러스 부재의 F에 의한 보의 처짐을 δ_1이라 하고, 트러스 부재의 F에 의한 δ_2라 하면, 적합조건으로부터 $\delta_1 = \delta_2$로부터 산정할 수 있다.

에너지의 방법 : 합성구조

그림과 같은 구조계에서 고정단 A에 발생하는 휨모멘트를 구하시오(단, 보AB의 단면2차모멘트는 I, 기둥 CBD의 단면적은 A, 보와 기둥의 탄성계수는 E로 가정, 보AB상에는 등분포하중 w가 작용하며 보와 기둥의 자중은 무시한다).

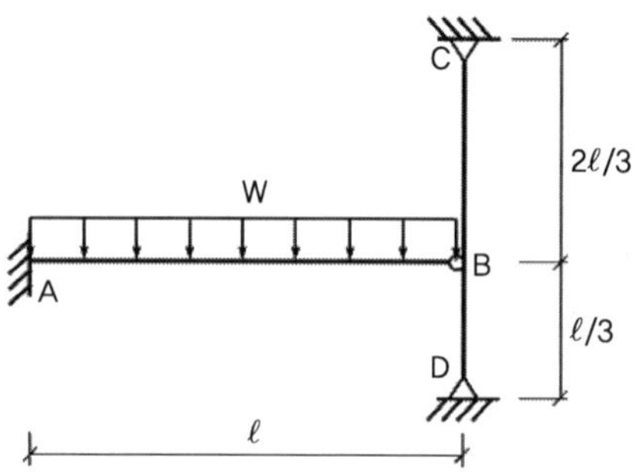

풀 이

▶ 개요

B점이 힌지이므로, 두 구조물을 분리하여 변위일치법을 통해서 반력을 산정하거나 에너지의 방법에 의해서 반력을 산정할 수 있다. 변위일치법을 이용할 경우 R_b를 부정정력(Redundant Force)으로 하고 B점에서의 변위가 구조물 AB와 구조물 CD에서 같다는 것을 이용한다.

▶ 에너지의 방법

1) Modeling

$$k_e = k_1 + k_2 = \frac{EA}{\left(\frac{2}{3}l\right)} + \frac{EA}{\left(\frac{1}{3}l\right)} = \frac{9EA}{2l}$$

2) 최소일의 방법

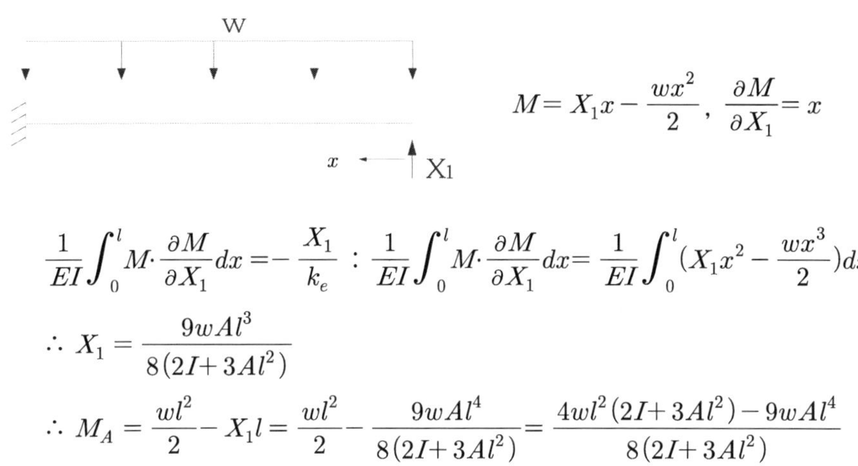

$$M = X_1 x - \frac{wx^2}{2} \; , \; \frac{\partial M}{\partial X_1} = x$$

$$\frac{1}{EI}\int_0^l M \cdot \frac{\partial M}{\partial X_1}dx = -\frac{X_1}{k_e} \; : \; \frac{1}{EI}\int_0^l M \cdot \frac{\partial M}{\partial X_1}dx = \frac{1}{EI}\int_0^l \left(X_1 x^2 - \frac{wx^3}{2}\right)dx$$

$$\therefore X_1 = \frac{9wAl^3}{8(2I + 3Al^2)}$$

$$\therefore M_A = \frac{wl^2}{2} - X_1 l = \frac{wl^2}{2} - \frac{9wAl^4}{8(2I + 3Al^2)} = \frac{4wl^2(2I + 3Al^2) - 9wAl^4}{8(2I + 3Al^2)}$$

$$= \frac{wl^2(8I + 3Al^2)}{8(2I + 3Al^2)} \; (\curvearrowleft)$$

에너지의 방법 : 합성구조

다음 각 보의 지점반력을 구하고 전단력도와 휨모멘트도를 도시하시오(단, 모든 부재의 EI는 일정하고 AB부재와 CD부재는 직각으로 교차하며 E점은 강결구조임).

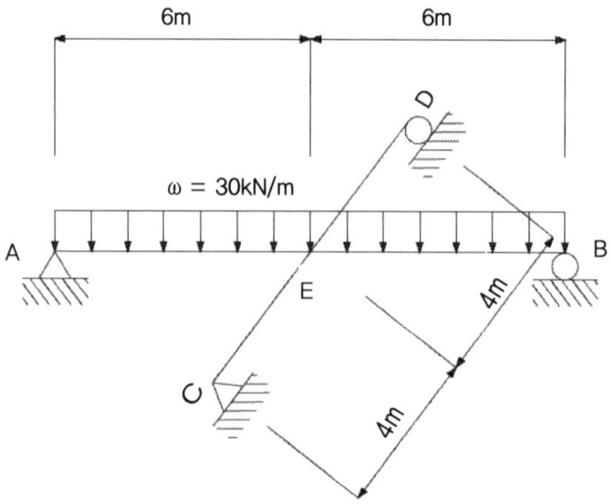

풀 이

➤ 개요

E점에서의 작용력을 부정정력으로 하여 에너지 법칙이나 변위일치법을 이용하여 풀이할 수 있다. 에너지의 방법을 이용해서 풀이한다.

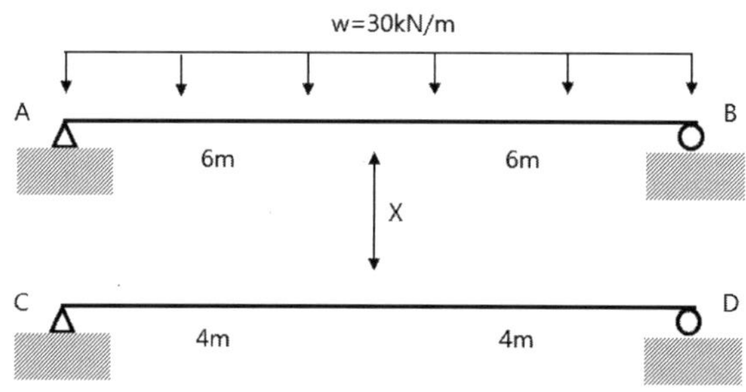

1) AB부재 $R_A = R_B = \dfrac{1}{2}(wL - X)$, $M_x = R_A x - \dfrac{wx^2}{2}$

2) CD부재 $R_C = R_D = \dfrac{X}{2}$, $M_x = R_C x$

➤ 에너지법에 의한 해법

변형에너지

$$U = \Sigma \int \frac{M_x^2}{2EI} dx = 2 \times \left[\int_0^6 \frac{M_x^2}{2EI} dx + \int_0^4 \frac{M_x^2}{2EI} dx \right]$$

$$\frac{\partial U}{\partial X} = \frac{\partial}{\partial X} \left[\int_0^6 \frac{\left(\frac{1}{2}(30 \times 12 - X)x - 15x^2 \right)^2}{EI} dx + \int_0^4 \frac{\left(\frac{X}{2}x \right)^2}{EI} dx \right] = 0$$

$$\therefore \ X = 173.571 \ \text{kN}$$

$$R_A = R_B = \frac{1}{2}(wL - X) = 93.2145 \ \text{kN}(\uparrow), \quad R_C = R_D = \frac{X}{2} = 86.7855 \ \text{kN}(\uparrow)$$

➤ 전단력도와 휨모멘트도

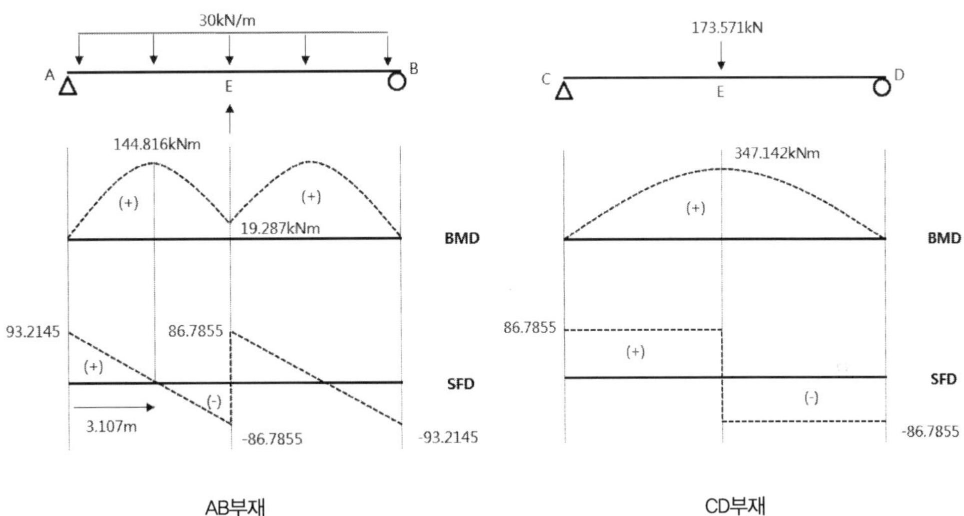

AB부재   CD부재

에너지의 방법 : 휨 변형에너지

집중하중(P)을 받는 길이가 L인 켄틸레버 보에 대한 휨 변형에너지 식을 유도하고 연직으로 200mm 간격의 일단 고정 켄틸레버 보로 설치된 가설발판을 몸무게(W) 700N인 인부가 내려오고 있을 때, 가설발판에 발생하는 최대 휨응력을 구하시오.

〈조건〉

보의 길이는 500mm, 보의 단면은 구형이고 폭 500mm, 높이 50mm이며, 보 재료의 탄성계수 50,000MPa이고 전단변형에 의한 영향은 무시한다.

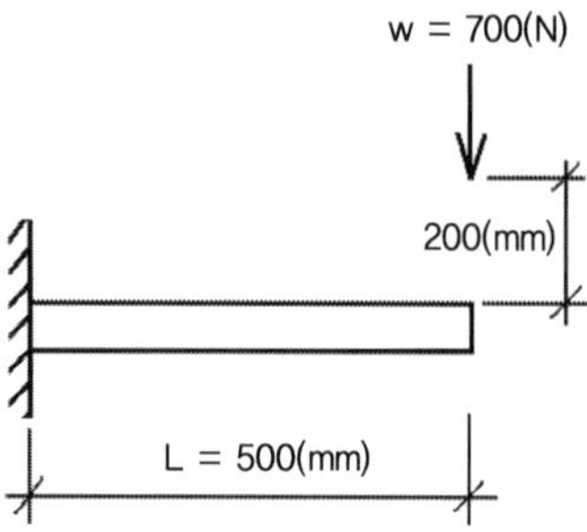

풀 이

> **휨 변형에너지**

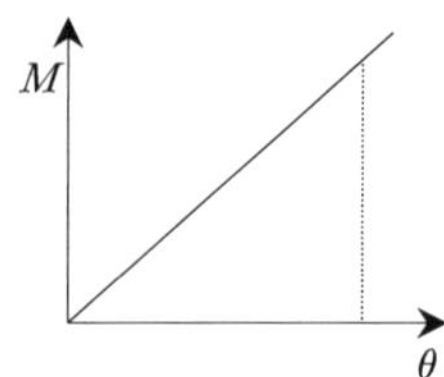

$$\theta = \frac{L}{\rho} = \kappa L = \int \frac{M}{EI} dx$$

$$U = \frac{1}{2} M\theta = \int \frac{M^2}{2EI} dx \left(= \frac{EI}{2} \int \left(\frac{d^2 v}{dx^2}\right)^2 dx\right)$$

> **Cantilever의 휨 변형에너지**

$$M_x = Wx \,(\cup: +)$$

$$\therefore U = \frac{1}{2EI} \int_0^L (Wx)^2 dx = \frac{W^2 L^3}{6EI} \qquad ①$$

여기서, $\delta = \dfrac{WL^3}{3EI}$ 이므로, $\quad W = \dfrac{3EI}{L^3}\delta \qquad ②$

①, ②로부터 $\therefore U = \dfrac{L^3}{6EI} \times \left(\dfrac{3EI}{L^3}\delta\right)^2 = \dfrac{3EI \cdot \delta^2}{2L^3}$

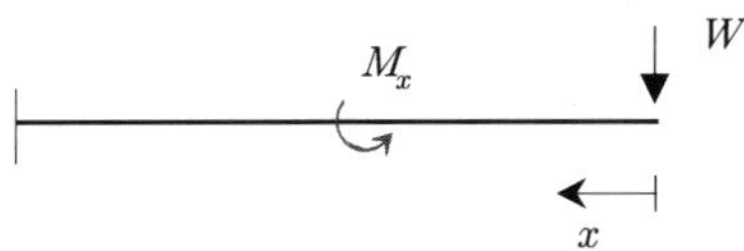

$$U = \frac{1}{2}P\delta = \frac{1}{2}W\delta = \frac{1}{2}\left(\frac{3EI}{L^3}\right)\delta^2 = \frac{3EI \cdot \delta^2}{2L^3}$$

▶ 충격하중에 의한 처짐 δ 산정

$$W(h+\delta) = U = \frac{3EI \cdot \delta^2}{2L^3}\,,\quad \delta^2 - \frac{2WL^3}{3EI}\delta - \frac{2WL^3 h}{3EI} = 0$$

$$\delta_{st} = \frac{WL^3}{3EI}\quad \therefore\ \delta = \delta_{st} + \sqrt{\delta_{st}^2 + 2h\delta_{st}}$$

$$W(h+\delta) = \frac{1}{2}k\delta^2 \left[= \frac{1}{2}\times\left(\frac{3EI}{L^3}\right)\delta^2\right]\quad k\delta^2 - 2W\delta - 2Wh = 0$$

$$\delta = \frac{W + \sqrt{W^2 + 2Whk}}{k} = \frac{WL^3}{3EI} + \sqrt{\left(W^2\left(\frac{L^3}{3EI}\right)^2 + 2Wh\left(\frac{L^3}{3EI}\right)\right)} = \delta_{st} + \sqrt{\delta_{st}^2 + 2h\delta_{st}}$$

$$\delta_{st} = \frac{WL^3}{3EI} = \frac{700^N \times (0.5^m)^3}{3 \times 50,000^{N/m^2} \times 10^6 \times (\frac{1}{12}\times 0.5 \times 0.05^3)^{m^4}} = 0.112mm$$

$$\therefore\ \delta_{max} = 0.112 + \sqrt{0.112^2 + 2 \times 200 \times 0.112} = 6.81mm$$

▶ 충격계수(i) 산정

$$i = \frac{\delta}{\delta_{st}} = 60.8$$

$$M_{st} = W \times L = 350,000^{Nmm}\quad \therefore\ M_{max} = M_{st} \times i = 21,280,000^{Nmm}$$

$$\therefore\ \sigma_{max} = \frac{M_{max}}{I}y = \frac{21280000^{Nmm}}{(\frac{1}{12}\times 500 \times 50^3)^{mm^4}} \times 25^{mm} = 102.14^{N/mm^2} = 102.14^{MPa}$$

에너지의 방법 : 최대응력 산정

다음 그림과 같이 철근 콘크리트 U형 단면을 통해 오니를 이동시킬 때, 단면에 발생하는 최대응력을 구하시오.

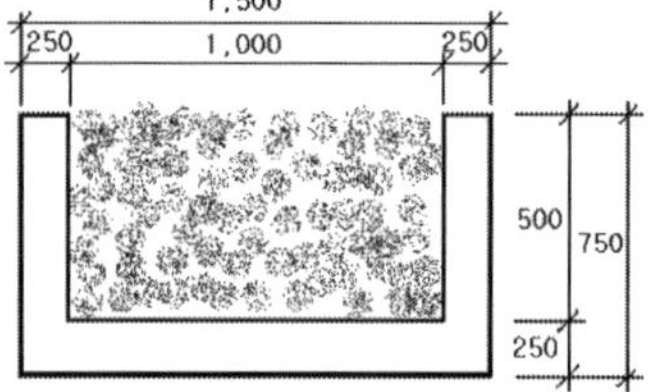

〈조건〉

오니의 자중은 $20kN/m^3$ 로 가정하고 오니의 이동속도는 무시하며, 단면은 단순지지되어 있고 지간장은 7m이다(단, 단위는 mm임).

풀 이

▶ 단면의 성질

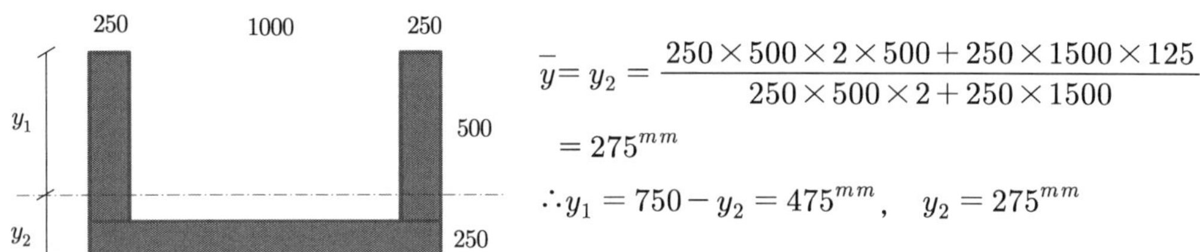

$$\overline{y} = y_2 = \frac{250 \times 500 \times 2 \times 500 + 250 \times 1500 \times 125}{250 \times 500 \times 2 + 250 \times 1500}$$

$$= 275^{mm}$$

$$\therefore y_1 = 750 - y_2 = 475^{mm}, \quad y_2 = 275^{mm}$$

$$I = \frac{1500 \times 250^3}{12} + 1500 \times 250 \times (275 - 125)^2$$

$$+ 2 \times \left(\frac{250 \times 500^3}{12} + 250 \times 500 \times (750 - 275 - 250)^2 \right) = 2.825 \times 10^{10 mm^4}$$

▶ 하중산정

콘크리트의 단위중량을 $2,400^{N/mm^3}$ 이라고 가정하면,

$$w_d = \gamma_c A_c = 2400^{N/mm^3} \times (250 \times 500 \times 2 + 250 \times 1500)^{mm^2} = 1,500^{kN/m}$$

$$w_{오니} = 1 \times 0.5 \times 20 = 10^{kN/m^2}$$

➤ **최대모멘트 및 응력 산정**

$$\therefore M_{\max} = \frac{wl^2}{8} = 9,248.75^{kNm}$$

$$\sigma_{\max} = \frac{M_{\max}}{I} y_{\max}$$

$$= \frac{9248.75^{kNm}}{2.8255 \times 10^{10mm^4}} \times 475^{mm}$$

$$= 155.48^{MPa}$$

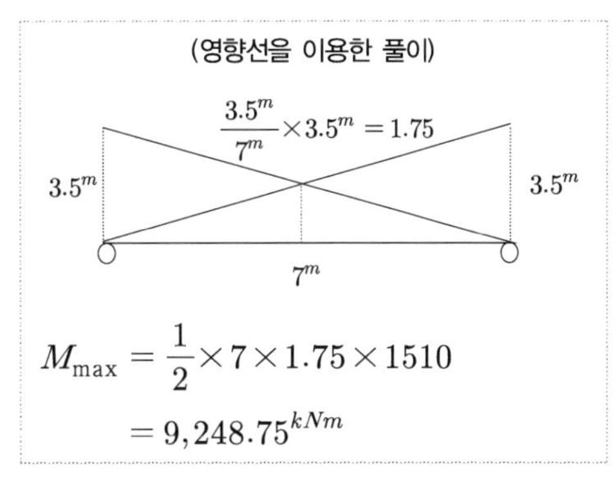

에너지의 방법 : 충격하중

다음 그림과 같은 보(A점은 고정 지점, B는 탄성스프링 지점으로 스프링계수 k=600 kN/m의 C점
에 W=30 kN이 h=0.3 m의 높이에서 낙하할 때, 충격에 의한 C점의 순간최대변위(δ_{max})를 구하
시오(단, $EI = 2 \times 10^3 kNm^2$ 이다).

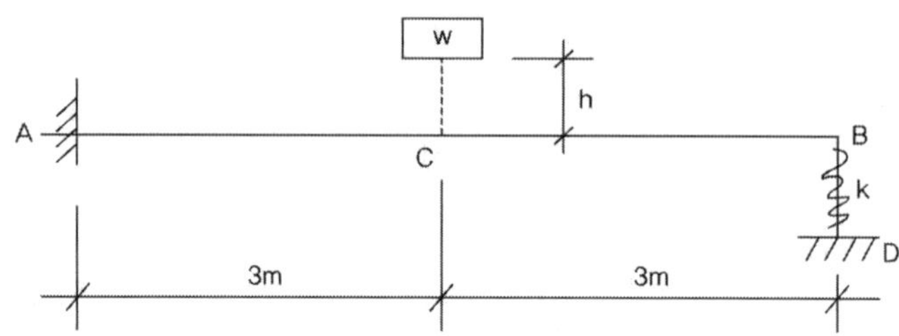

풀 이

▶ 충격계수의 유도

구분	봉의 충격계수	빔의 충격계수
평형식 (위치E=변형E)	$W(h+\delta_{max}) = \dfrac{1}{2}k\delta_{max}^2$	$W(h+\delta_{max}) = \dfrac{1}{2}k\delta_{max}^2$
유도과정	$\delta_{st} = \dfrac{WL}{EA} = \dfrac{W}{k}, \quad k = \dfrac{EA}{L}$ $k\delta_{max}^2 - 2W\delta_{max} - 2Wh = 0$ $\delta_{max}^2 - \dfrac{2WL}{EA}\delta_{max} - \dfrac{2WL}{EA}h = 0$ $\delta_{max}^2 - 2\delta_{st}\delta_{max} - 2\delta_{st}h = 0$ $\therefore \delta_{max} = \delta_{st} + \sqrt{\delta_{st}^2 + 2h\delta_{st}}$ $= \delta_{st}\left(1 + \sqrt{1 + \dfrac{2h}{\delta_{st}}}\right)$	$\delta_{st} = \dfrac{WL^3}{48EI} = \dfrac{W}{k}, \quad k = \dfrac{48EI}{L^3}$ $k\delta_{max}^2 - 2W\delta_{max} - 2Wh = 0$ $\delta_{max}^2 - \dfrac{2W}{k}\delta_{max} - \dfrac{2W}{k}h = 0$ $\delta_{max}^2 - 2\delta_{st}\delta_{max} - 2\delta_{st}h = 0$ $\therefore \delta_{max} = \delta_{st} + \sqrt{\delta_{st}^2 + 2h\delta_{st}}$ $= \delta_{st}\left(1 + \sqrt{1 + \dfrac{2h}{\delta_{st}}}\right)$
충격계수	$i = \dfrac{\delta_{max}}{\delta_{st}} = \left(1 + \sqrt{1 + \dfrac{2h}{\delta_{st}}}\right)$	$i = \dfrac{\delta_{max}}{\delta_{st}} = \left(1 + \sqrt{1 + \dfrac{2h}{\delta_{st}}}\right)$

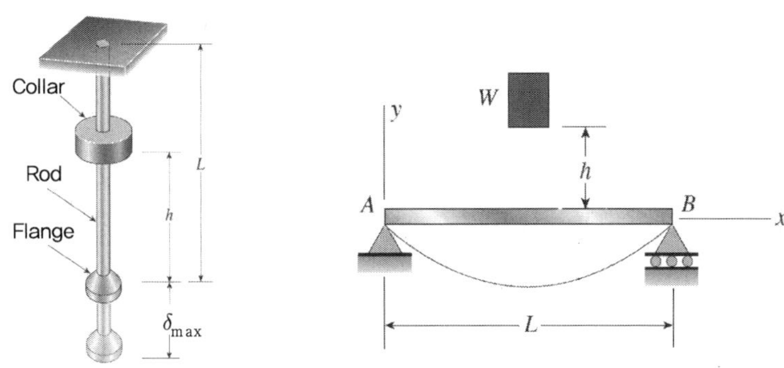

▶ 개요

1차 부정정 구조물에 대해서 최소일의 원리 또는 변위일치법을 통해 풀이할 수 있다. 스프링력을 부정정력으로 보고 에너지방법으로 유도한다.

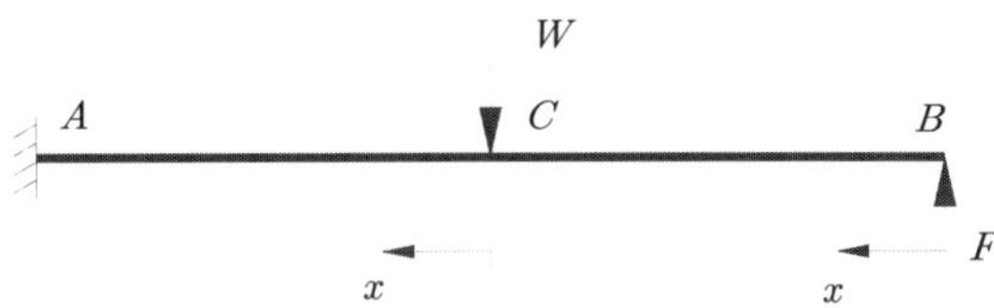

구간	범위	M_x	$\dfrac{\partial M_x}{\partial F}$
BC	$0 \leq x \leq 3$	$M_x = Fx$	x
CA	$0 \leq x \leq 3$	$M_x = F(x+3) - Wx$	$x+3$

▶ 최소일의 원리

1) 변형에너지

$$U = \sum \int \frac{M^2}{2EI}dx + \frac{F^2}{2k} = \frac{1}{2EI}\left[\int_0^3 (Fx)^2 dx + \int_0^3 (F(x+3) - Wx)^2 dx\right] + \frac{F^2}{2k}$$

2) 최소일의 원리

$$\frac{\partial U}{\partial F} = 0 \ : \ \frac{1}{2EI}(144F - 45W) + \frac{F}{k} = 0 \qquad \therefore F = \frac{135}{452}W = \frac{135}{452} \times 30 = 8.96^{kN}$$

▶ C점의 정적 처짐 산정

$$F = \frac{135}{452} W = \frac{135}{452} \times 30 = 8.96^{kN}$$

$$
\begin{aligned}
U &= \frac{1}{2EI}(90F^2 - 45FW + 9W^2) + \frac{F^2}{2k} \\
&= \frac{1}{2EI}\left[90\left(\frac{135}{452}W\right)^2 - 45W\left(\frac{135}{452}W\right) + 9W^2\right] + \frac{1}{2k}\left(\frac{135}{452}W\right)^2
\end{aligned}
$$

$$\delta_{st,c} = \frac{\partial U}{\partial W}\bigg|_{W=30} = 0.0583\,\text{m} \qquad \therefore\ \delta_{\max} = \delta_{st} + \sqrt{\delta_{st}^2 + 2h\delta_{st}} = 0.254\,\text{m}$$

에너지의 방법 : 충격하중

다음 그림과 같이 A점은 고정하중, B점은 스프링계수 k=1000kN/m인 탄성지점인 보의 C점에 W=50kN이 h=0.4m의 높이에서 낙하할 때, 충격에 의한 C점의 순간최대변위 δ_{max}를 구하시오 (단, 휨강성 EI=2×10^3kNm^{2}이다).

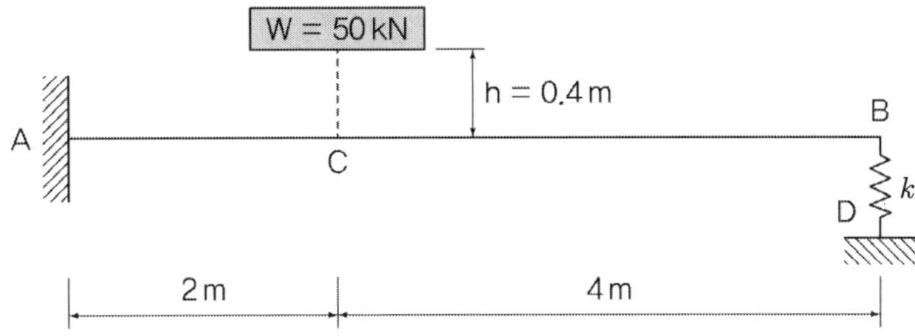

풀 이

▶ 에너지방법을 통한 변위 산정

1차 부정정 구조물에 대해서 최소일의 원리 또는 변위일치법을 통해 풀이할 수 있다. 스프링력을 부정정력으로 보고 에너지방법으로 유도한다.

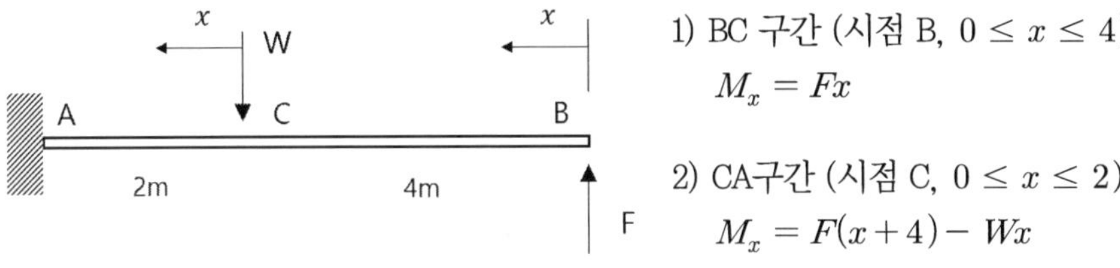

1) BC 구간 (시점 B, $0 \leq x \leq 4$)
$$M_x = Fx$$

2) CA구간 (시점 C, $0 \leq x \leq 2$)
$$M_x = F(x+4) - Wx$$

▶ 최소일의 원리

1) 변형에너지

$$U = \Sigma \int \frac{M^2}{2EI}dx + \frac{F^2}{2k} = \frac{1}{2EI}\left[\int_0^4 (Fx)^2 dx + \int_0^2 (F(x+4) - Wx)^2 dx\right] + \frac{F^2}{2k}$$

$$= \frac{1}{6EI}(216F^2 - 64FW + 8W^2) + \frac{F^2}{2k}$$

2) 최소일의 원리

$$\frac{\partial U}{\partial F} = 0 \ : \ \frac{1}{6EI}(432F - 64W) + \frac{F}{k} = 0$$

$$\therefore \ F = \frac{32kW}{3(72k + EI)} = \frac{32 \times 1000 \times W}{3(72 \times 1000 + 2000)} = \frac{16}{111}W$$

▶ C점의 정적 처짐 산정

$$F = \frac{16}{111}W$$

$$U = \frac{1}{6EI}(216F^2 - 64FW + 8W^2) + \frac{F^2}{2k}$$

$$= \frac{1}{6EI}\left[216\left(\frac{16}{111}W\right)^2 - 64W\left(\frac{16}{111}W\right) + 8W^2\right] + \frac{1}{2k}\left(\frac{16}{111}W\right)^2$$

$$\delta_{st,c} = \frac{\partial U}{\partial W}\ \bigg|_{W=50} = 0.02823\mathrm{m} \qquad\qquad \therefore$$

$$\delta_{\max} = \delta_{st} + \sqrt{\delta_{st}^2 + 2h\delta_{st}} = 0.1811\,\mathrm{m}$$

에너지의 방법 : 충격하중

다음 그림과 같이 고리추가 달린 길이가 L인 봉에 높이 h 위치에서 질량 M인 추를 자유낙하시킬 때 봉이 늘어난 최대길이 $\delta_{\max}$를 구하시오(단 봉이 늘어난 최대길이는 정적처짐(δ_{st})의 항으로 표현하고, 봉의 단면적은 A, 탄성계수는 E).

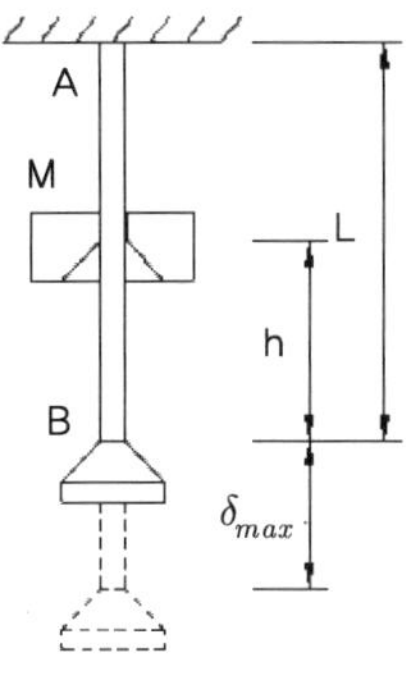

풀 이

▶ 충격계수의 유도

구분	봉의 충격계수
평형식 (위치E=변형E)	$W(h+\delta_{\max}) = \dfrac{1}{2}k\delta_{\max}^2$
유도과정	$\delta_{st} = \dfrac{WL}{EA} = \dfrac{W}{k}, \quad k = \dfrac{EA}{L}$ $k\delta_{\max}^2 - 2W\delta_{\max} - 2Wh = 0$ $\delta_{\max}^2 - \dfrac{2WL}{EA}\delta_{\max} - \dfrac{2WL}{EA}h = 0$ $\delta_{\max}^2 - 2\delta_{st}\delta_{\max} - 2\delta_{st}h = 0$ $\therefore \delta_{\max} = \delta_{st} + \sqrt{\delta_{st}^2 + 2h\delta_{st}}$ $= \delta_{st}\left(1 + \sqrt{1 + \dfrac{2h}{\delta_{st}}}\right)$
충격계수	$i = \dfrac{\delta_{\max}}{\delta_{st}} = \left(1 + \sqrt{1 + \dfrac{2h}{\delta_{st}}}\right)$

에너지의 방법 : 충격하중

단순보의 지간(L=5.0m) 중앙에 중량(W) 5kN이 2.0m의 높이(h)에서 떨어질 때 단순보의 지간 중앙에서의 처짐을 구하시오(조건 : E=200,000MPa, I=200,000,000mm^4).

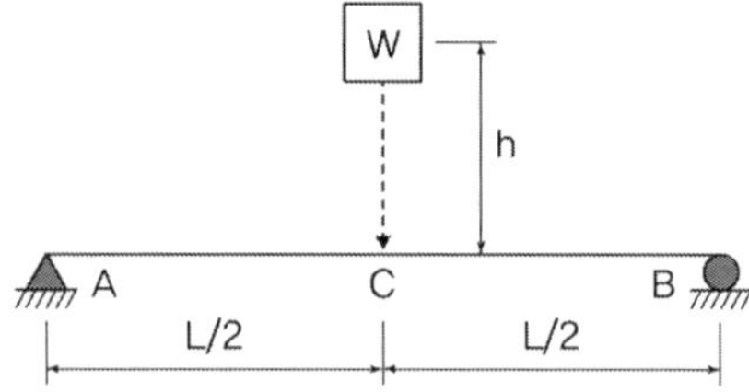

풀 이

▶ 개요

물체의 위치에너지와 변형에너지가 같다고 보고 풀이한다.

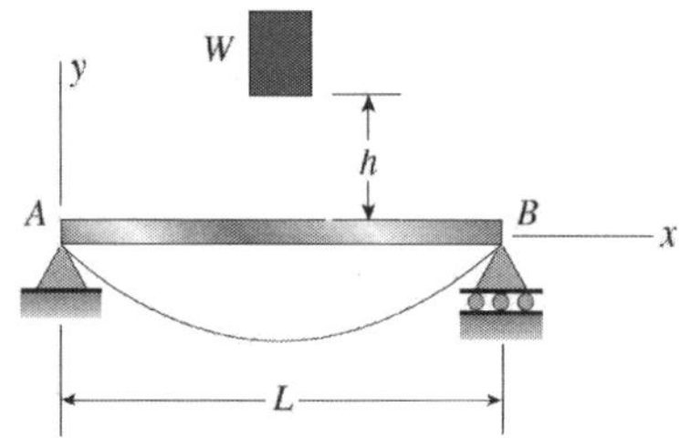

▶ 처짐산정

1) 보의 스프링계수

단순보에서 하중 P에 의한 처짐을 δ라고 하면,

① 변형에너지 활용 $U = \int \dfrac{M^2}{2EI} dx, \quad \delta = \dfrac{\partial U}{\partial P} = \dfrac{PL^3}{48EI} \quad \therefore P = \dfrac{48EI}{L^3}\delta = k\delta, \quad \therefore k = \dfrac{48EI}{L^3}$

② 단위하중법 활용 $\delta = \dfrac{2}{EI}\int_0^{L/2} mM \, dx = \dfrac{PL^3}{48EI} \quad\quad \therefore P = \dfrac{48EI}{L^3}\delta = k\delta, \quad \therefore k = \dfrac{48EI}{L^3}$

2) 보의 위치에너지 $\quad\quad E_p = W(h + \delta_{\max})$

3) 보의 변형에너지 $\quad\quad E_s = \dfrac{1}{2}P\delta_{\max} = \dfrac{1}{2}k\delta_{\max}^2$

$$\therefore W(h + \delta_{\max}) = \frac{1}{2}k\delta_{\max}^2 \ , \qquad k\delta_{\max}^2 - 2W\delta_{\max} - 2Wh = 0$$

W로 인한 정적처짐 δ_{st} 는 $\delta_{st} = \dfrac{WL^3}{48EI} = \dfrac{W}{k}\ ,\qquad \delta_{st} = \dfrac{5,000 \times 5,000^3}{48 \times 200,000 \times 200,000,000} = 0.3255\text{mm}$

$$\delta_{\max}^2 - \frac{2W}{k}\delta_{\max} - \frac{2W}{k}h = 0, \qquad\qquad \delta_{\max}^2 - 2\delta_{st}\delta_{\max} - 2\delta_{st}h = 0$$

$$\therefore\ \delta_{\max} = \delta_{st} + \sqrt{\delta_{st}^2 + 2h\delta_{st}} = \delta_{st}\left(1 + \sqrt{1 + \frac{2h}{\delta_{st}}}\right) = 36.41\text{mm}$$

에너지의 방법 : 충격하중

아래 그림과 같이 봉의 축방향과 단순보 지간 중앙에 연직 방향 낙하물(질량 M, 낙하높이 h)이 각각 자유 낙하될 때, 봉의 최대처짐(δ_{max1})과 단순보 지간 중앙에서의 최대 처짐(δ_{max2})을 각각 유도하고, 동일한 중량(W)이 정적으로 재하되었을 때의 봉의 처짐(δ_{st1}) 및 단순보의 처짐(δ_{st2})과 각각 비교하여 설명하시오(단, 봉의 축강성 EA와 단순보의 휨강성 EI는 일정하다).

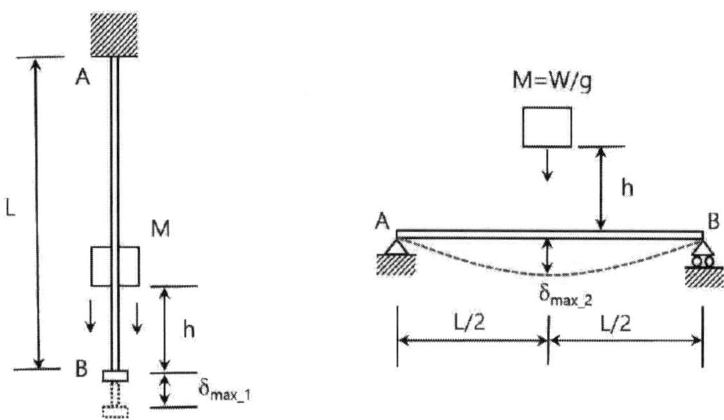

▶ 개요

충격계수를 유도과정을 통해 정적하중과 동적하중의 효과로 인한 처짐량 변화를 보여준다. 동적 하중효과는 에너지의 방법을 통해 위치에너지가 변형에너지로 전환된다고 보고 유도한다.

▶ 강봉

1) 강봉의 정적처짐 δ_{st1}

축방향 부재에 하중 W(=mg)이 작용할 때 정적처짐은 $\delta_{st1} = \dfrac{WL}{EA}$

2) 강봉의 동적처짐 δ_{max1}

봉의 강성 $\dfrac{EA}{L}$ 를 k로 치환하면, $\delta_{st1} = \dfrac{W}{k}$

에너지 보존법칙에 따라 위치에너지는 변형에너지와 같으므로, $W(h + \delta_{max1}) = \dfrac{1}{2}k\delta_{max1}^2$

$$k\delta_{\max 1}^2 - 2W\delta_{\max 1} - 2Wh = 0$$

$$\delta_{\max 1}^2 - \frac{2WL}{EA}\delta_{\max 1} - \frac{2WL}{EA}h = 0 \qquad\qquad \therefore\ \delta_{\max 1}^2 - 2\delta_{st1}\delta_{\max 1} - 2\delta_{st1}h = 0$$

$$\therefore\ \delta_{\max 1} = \delta_{st1} + \sqrt{\delta_{st1}^2 + 2h\delta_{st1}} = \delta_{st1}\left(1 + \sqrt{1 + \frac{2h}{\delta_{st1}}}\right)$$

▶ **단순보**

1) 단순보의 정적처짐 δ_{st2}

   단순보 중앙에 하중 W(=mg)이 작용할 때 정적처짐은 $\delta_{st2} = \dfrac{WL}{48EI}$

2) 단순보의 동적처짐 $\delta_{\max 2}$

   단순보의 강성 $\dfrac{48EI}{L}$ 를 k로 치환하면, $\delta_{st2} = \dfrac{W}{k}$

   에너지 보존법칙에 따라 위치에너지는 변형에너지와 같으므로, $W(h + \delta_{\max 2}) = \dfrac{1}{2}k\delta_{\max 2}^2$

$$k\delta_{\max 2}^2 - 2W\delta_{\max 2} - 2Wh = 0$$

$$\delta_{\max 2}^2 - \frac{2W}{k}\delta_{\max 2} - \frac{2W}{k}h = 0 \qquad\qquad \therefore\ \delta_{\max 2}^2 - 2\delta_{st2}\delta_{\max 2} - 2\delta_{st2}h = 0$$

$$\therefore\ \delta_{\max 2} = \delta_{st2} + \sqrt{\delta_{st2}^2 + 2h\delta_{st2}} = \delta_{st2}\left(1 + \sqrt{1 + \frac{2h}{\delta_{st2}}}\right)$$

에너지의 방법 : 충격하중

고무와셔(rubber washer)가 달려 있는 강봉에서 질량 4 kg의 물체가 1 m의 높이에서 자유낙하할 때 직경 15 mm 강봉에 발생하는 최대응력을 구하시오. 단, 강봉의 탄성계수 E=200 GPa, 고무와셔의 스프링계수 k=4.5 N/mm, 강봉 막대와 물체의 마찰효과는 무시한다.

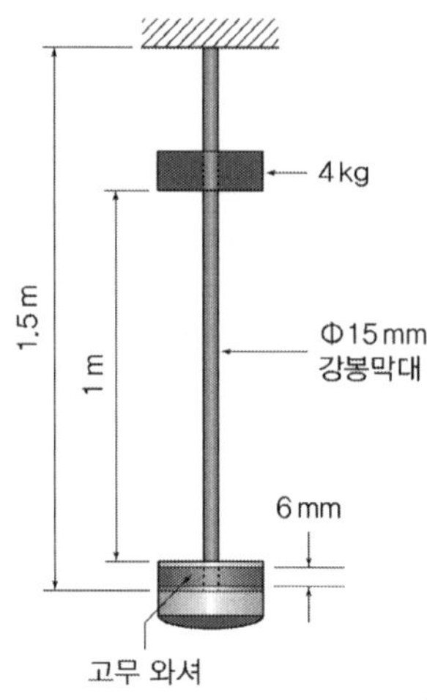

풀 이

➤ 개요

자유낙하로 인해 높이 에너지가 내부 바와 고무에 변형에너지로 전환된다고 가정한다. 중력가속도는 9.81m/s^2으로 가정한다.

➤ 최대응력 산정

질량 4kg의 하중으로 가해질 때 고무 와셔의 정적 변위는 $\delta_{st} = \dfrac{W}{k} = \dfrac{4 \times 9.81}{4.5} = 8.72 \text{mm}$

고무 와셔 두께 6mm 이상의 변형이 발생되므로, 고무에 축적되는 변형에너지는 6mm까지로 본다.

위치에너지 = 변형에너지로부터 $\quad W(h + \delta_{\max} + \delta_r) = \dfrac{1}{2} k_b \delta_{\max}^2 + \dfrac{1}{2} k \delta_r^2$

$$k_b = \frac{EA}{L} = 200 \times 10^3 \times \frac{\pi \times 15^2}{4} \times \frac{1}{1500} = 23{,}561.9 \text{ N/mm}, \quad \delta_{st} =$$

$$4 \times 9.81 \times (1000 + \delta_{\max} + 6) = \frac{1}{2} \times 23{,}561.9 \times \delta_{\max}^2 + \frac{1}{2} \times 4.5 \times 6^2$$

$$\therefore \delta_{\max} = 1.83 \text{mm}, \quad \sigma_{\max} = E\epsilon = 244 \text{MPa}$$

에너지의 방법 : 충격하중

아래 그림과 같은 50m 높이의 강체 구조물이 있다. 중량 1kN의 물체를 한쪽이 A지점에 고정된 케이블 끝단에 묶어 A점에서 자유낙하시킨다. 케이블의 길이는 20m이고 케이블의 스프링계수는 200N/m이며, 케이블 자중은 무시한다.

1) 물체가 지표면에서 가장 가까울 때 지표면까지의 물체의 최소 거리를 구하시오.

2) 케이블에 작용하는 최대 작용력을 구하시오.

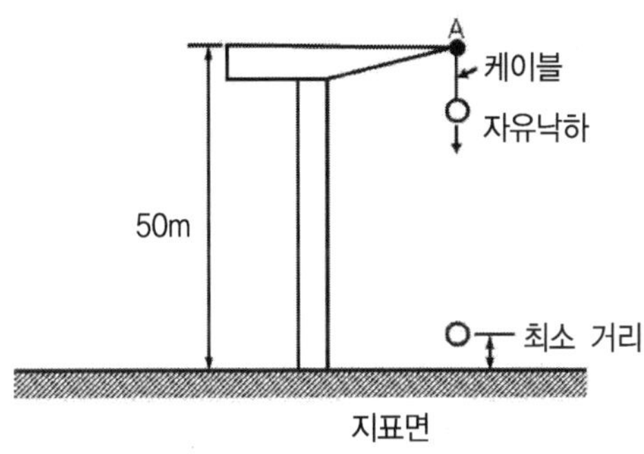

풀 이

▶ **개요**

위치에너지는 변형에너지와 같은 점을 이용해 충격계수를 산정하고 이를 통해 처짐량을 계산한다.

▶ **처짐산정**

$$\delta_{st} = \frac{W}{k} = \frac{1000}{200} = 5\,\mathrm{m}, \quad \therefore \delta_{max} = \delta_{st}\left(1 + \sqrt{1 + \frac{2h}{\delta_{st}}}\right) = 5\left(1 + \sqrt{1 + \frac{2 \times 20}{5}}\right) = 20\,\mathrm{m}$$

$\therefore$ 물체가 지표면에서 가장 가까울 때 지표면까지의 물체의 최소 거리는 50-20-20=10m

▶ **케이블에 작용하는 최대 작용력**

$$\therefore P_{max} = k\delta_{max} = 200 \times 20 = 4000\,N = 4\mathrm{kN}$$

에너지의 방법 : 충격하중

단면이 20×10cm인 보에 무게 W=1kN인 물체가 높이 35cm에서 보 위(지점C)로 떨어질 때 낙하하는 무게 W에 의한 충격계수 및 최대 휨응력을 구하시오(단, 보는 지점 A에서는 힌지로, 지점 B에서는 스프링상수 k=7kN/cm인 스프링으로 지지되어 있고, 보의 탄성계수 E=1,100kN/cm²이다).

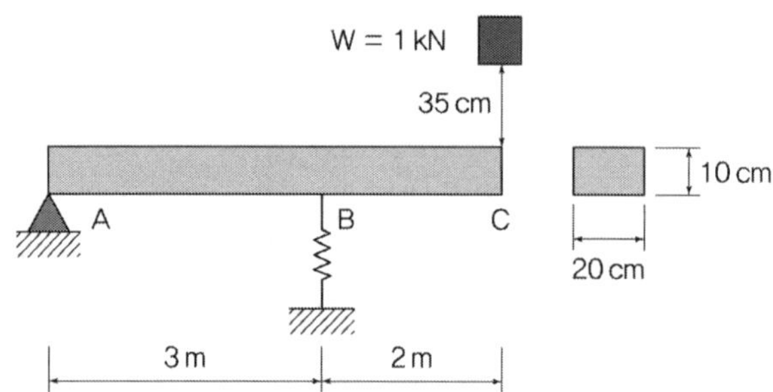

풀 이

▶ 개요

정정 구조물에 대해서 에너지방법으로 풀이한다.

▶ 단면의 상수 산정

$$E=1,100 \text{ kN/cm}^2=11,000,000\text{N/m}^2, \quad I=\frac{bh^3}{12}=\frac{0.2\times0.1^3}{12}=1.67\times10^{-5}\text{ m}^4 \quad \therefore \text{ EI}=183.3\text{Nm}^2$$

▶ 구조물 해석

$$\sum M_A = 0 \; ; \; 5W-3F=0 \quad \therefore F=\frac{5W}{3}$$

① BC : $M_x = -Wx$

② AB : $M_x = F(x-2) - Wx$

$$U = \sum \int \frac{M^2}{2EI}dx + \frac{F^2}{2k} = \frac{1}{2EI}\left[\int_0^2 (Wx)^2 dx + \int_0^3 (W(x+2)-Fx)^2 dx\right] + \frac{F^2}{2k}$$

$$= \frac{1}{2EI}\left[\int_0^2 (Wx)^2 dx + \int_0^3 \left(2W(1-\frac{1}{3}x)\right)^2 dx\right] + \frac{1}{2k}\left(\frac{5}{3}W\right)^2$$

$$= \frac{10}{3EI}W^2 + \frac{25}{18k}W^2 = \left(\frac{10}{3EI} + \frac{25}{18k}\right)W^2$$

$$\delta_c = \frac{\partial U}{\partial W} \ : \ \delta_c = \frac{\partial U}{\partial W} = 2\left(\frac{10}{3EI} + \frac{25}{18k}\right)W = 3.637\,\mathrm{cm}$$

➤ 충격계수와 최대 휨응력

부재의 전체 강성을 k_e 라고 하면, $W = k_e\delta$

$$\therefore \ k_e = \frac{W}{\delta} = \frac{W}{\dfrac{\partial U}{\partial W}} = \frac{1}{2\left(\dfrac{10}{3EI} + \dfrac{25}{18k}\right)} = 27.49\,\mathrm{N/m}$$

$$W(h + \delta_{\max}) = \frac{1}{2}k_e\delta_{\max}^2, \qquad \delta_{\max}^2 - \frac{2W}{k_e}\delta_{\max} - \frac{2W}{k_e}h = 0$$

$$\delta_{\max}^2 - 2\delta_{st}\delta_{\max} - 2\delta_{st}h = 0, \qquad \delta_{\max} = \delta_{st} + \sqrt{\delta_{st}^2 + 2h\delta_{st}} = \delta_{st}\left(1 + \sqrt{1 + \frac{2h}{\delta_{st}}}\right)$$

$$\therefore \ i = \frac{\delta_{\max}}{\delta_{st}} = \left(1 + \sqrt{1 + \frac{2h}{\delta_{st}}}\right) = 5.49$$

등가하중 $\overline{W} = (1 + i)W = 6.49\mathrm{kN}$

B점에서 최대 모멘트가 발생하므로 $M_{\max} = \overline{W} \times 2\,(m) = 12.98\mathrm{kNm}$

$$f_{\max} = \frac{M}{I} \times \frac{h}{2} = 3.894\mathrm{kN/cm}^2$$

에너지의 방법 : 충격에너지

다음 그림과 같이 강재 기둥의 하단을 해저에 고정하고 강재기둥의 유연성을 이용하여 선박의 접안 에너지를 흡수하려고 한다. 선박의 접안에너지(W)는 $5kN{\cdot}m$이며, 접점은 고정점으로부터 9m 위에 있는 자유단일 때 다음을 구하시오(단, 강재기둥의 자중은 무시하고 강재기둥의 탄성계수 $E_s = 2.0 \times 10^5 MPa$, 단면2차모멘트 $I_s = 1.215 \times 10^9 mm^4$, 단면계수 $Z_s = 4.5 \times 10^6 mm^3$ 이다).

(1) 자유단에서의 수평변위(δ)
(2) 강재기둥에 발생하는 최대 휨응력(f_{max})

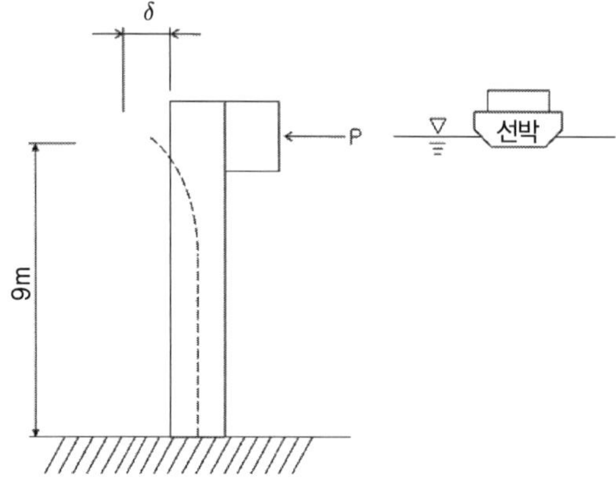

풀 이

➤ 개요

탄성변형에너지 $W = \dfrac{1}{2}P\delta$로부터 하중을 산정할 수 있다. 이 하중을 통해 최대 휨응력을 산정한다.

➤ 자유단에서의 수평변위 산정

캔틸레버 보에서의 수평변위 산정

$$\delta = \frac{PL^3}{3EI}$$

$$W = 5 \times 10^{6\,(Nmm)} = \frac{1}{2}P\delta = \frac{1}{2}P\left(\frac{PL^3}{3EI}\right) = \frac{P^2}{2}\left(\frac{9000^{3\,(mm^3)}}{2 \times 2.0 \times 10^{5\,(N/mm^2)} \times 1.215 \times 10^{9\,(mm^4)}}\right)$$

$$\therefore P = 100,000^{N} = 100^{kN}$$

$$\delta = \frac{PL^3}{3EI} = \frac{100,000 \times 9000^3}{3 \times 2.0 \times 10^5 \times 1.215 \times 10^9} = 100^{mm}$$

➤ **최대 휨응력 산정**

$$f_{\max} = \frac{M}{Z} = \frac{PL}{Z} = \frac{100,000 \times 9000}{4.5 \times 10^6} = 200^{MPa}$$

에너지의 방법 : 충격에너지

그림과 같이 속도 v_0로 움직이고 있는 질량 m인 물체가 균일단면의 휨부재 AB의 중앙점 C에 충격을 가할 때 C점에 작용하는 등가 정하중 P를 구하시오.

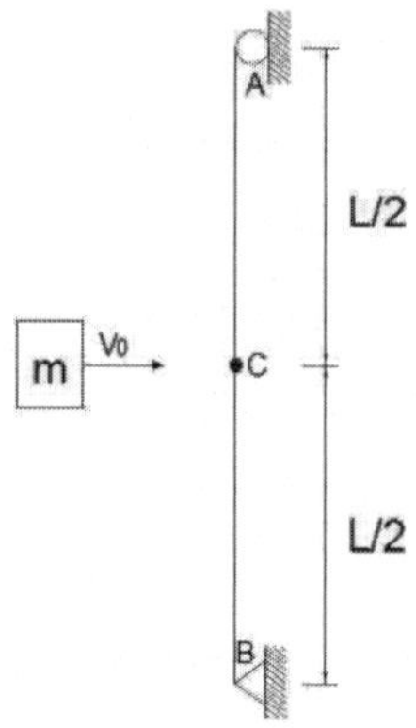

풀 이

➤ 등가 정하중 산정

물체의 운동에너지와 변형에너지가 같다고 보고 풀이한다.

1) 보의 스프링계수

단순보에서 하중 P에 의한 처짐을 δ라고 하면,

① 변형에너지 활용 $U = \int \dfrac{M^2}{2EI} dx, \quad \delta = \dfrac{\partial U}{\partial P} = \dfrac{PL^3}{48EI} \quad \therefore P = \dfrac{48EI}{L^3}\delta = k\delta, \quad \therefore k = \dfrac{48EI}{L^3}$

② 단위하중법 활용 $\delta = \dfrac{2}{EI}\displaystyle\int_0^{L/2} mM \, dx = \dfrac{PL^3}{48EI} \quad \therefore P = \dfrac{48EI}{L^3}\delta = k\delta, \quad \therefore k = \dfrac{48EI}{L^3}$

2) 보의 운동에너지 $\qquad E_k = \dfrac{1}{2}mv_0^2$

3) 보의 변형에너지 $\qquad E_s = \dfrac{1}{2}P\delta = \dfrac{1}{2}k\delta^2 = \dfrac{1}{2}P\left(\dfrac{PL^3}{48EI}\right) = \dfrac{P^2L^3}{96EI}$

$$E_k = E_s : \quad \dfrac{1}{2}mv_0^2 = \dfrac{P^2L^3}{96EI}, \quad P^2 = \dfrac{48mv_0^2 EI}{L^3} \qquad \therefore P = \dfrac{4\sqrt{3mEI}}{L^{3/2}}v_0$$

에너지의 방법 : 충격에너지

다음 그림과 같은 길이(L)인 수평봉 AB의 자유단(A)에 V의 속도로 수평으로 움직이는 질량 m인 블록이 충돌한다. 이때 충격에 의한 봉의 최대 수축량 δ_{max}와 이에 대응하는 충격계수를 구하시오(단, L=1.0m, V=5.0m/sec, m=10.0kg, 봉의 축강성 EA=1.0×10^5N, 중력가속도 g=9.8m/sec^2, A점은 자유단, B점은 고정단이다. 충돌 시의 정적하중은 mg로 가정한다).

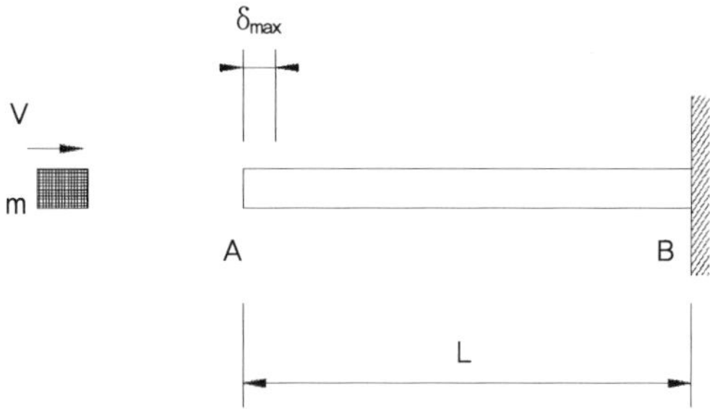

풀 이

▶ 개요

질량 m을 가지고 속도 V로 이동하는 물체가 충격으로 인해서 발생하는 에너지는 가속도의 제곱에 비례한다. 속도 V가 충돌로 인하여 짧은 시간에 속도 0으로 변화되고, 이 속도 변화로 인한 에너지는 모두 충격에너지로 변화한다고 가정하면, 가속도 a=V와 같다고 가정할 수 있다.

▶ 충격에너지

충격에너지 W=$\dfrac{1}{2}ma^2 = \dfrac{1}{2}mV^2$

▶ 정적하중에 의한 변위

정적하중을 P=mg라고 하면, 축방향력에 의한 정적 변위 δ_{st}는

$$\delta_{st} = \frac{PL}{AE} = \frac{mgL}{AE} = \frac{10(kg) \times 9.8(m/s^2) \times 1.0}{1.0 \times 10^5(N)} = 9.8 \times 10^{-4} \ \text{m}$$

▶ 동적하중에 의한 최대변위

봉의 변형에너지는 $U = \dfrac{1}{2}P\delta_{max} = \dfrac{1}{2}k\delta_{max}^2 = \dfrac{EA}{2L}\delta_{max}^2$ ($\because$ 봉의 스프링계수 $k = \dfrac{EA}{L}$)

충격에너지=변형에너지일 때 최대 변위가 발생되므로,

$$W=U : \quad \frac{1}{2}mV^2 = \frac{EA}{2L}\delta_{max}^2 \quad \therefore \ \delta_{max} = \sqrt{\frac{mV^2L}{EA}} = \sqrt{\frac{10\times5^2\times10}{1.0\times10^5}} = 0.05\text{m}$$

▶ 충격계수

$$i = \frac{\delta_{max}}{\delta_{st}} = \frac{0.05}{9.8\times10^{-4}} = 51.02$$

에너지의 방법 : 충격하중

지하철 공사 현장에서 가로보의 지간 중앙에 복공판이 떨어졌을 때 다음을 구하시오.

〈조건〉
- 복공판의 중량(W)은 5.0kN이며, 낙하고(h)는 1.0m이고, 에너지 손실은 무시하며 가로보의 경간장(L)은 5.0m로 단순지지되어 있다.
- 가로보의 규격은 H-300×300×10×15이고 강축으로 설치되었으며, 탄성계수(E)는 200,000MPa이다.

1) 복공판의 최대 낙하속도
2) 가로보 중앙지점에서 처짐
3) 충격하중 및 정하중에 의한 휨응력
4) 충격하중과 정하중에 의한 휨응력의 비

풀 이

▶풀이

1) 복공판의 최대 낙하속도

$$mgh = \frac{1}{2}mv^2 \quad \therefore v = \sqrt{2gh} = 4.427\text{m/s}$$

2) 가로보 중앙지점에서 처짐

$$I = \frac{300^4}{12} - \frac{290 \times 270^3}{12} = 199,327,500\text{mm}^4$$

정적하중으로 인한 처짐 산정 $\quad \delta_{st} = \dfrac{WL^3}{48EI} = 0.327\,\text{mm}$

충격하중에 의한 처짐 산정 $\quad W(h + \delta_{\max}) = \dfrac{1}{2}k\delta_{\max}^2$

$$\delta_{st} = \frac{WL^3}{48EI} = \frac{W}{k}, \quad k = \frac{48EI}{L^3} \qquad \therefore k\delta_{\max}^2 - 2W\delta_{\max} - 2Wh = 0, \ \delta_{\max}^2 - 2\delta_{st}\delta_{\max} - 2\delta_{st}h = 0$$

$$\therefore \delta_{\max} = \delta_{st} + \sqrt{\delta_{st}^2 + 2h\delta_{st}} = \delta_{st}\left(1 + \sqrt{1 + \frac{2h}{\delta_{st}}}\right) = 25.9\,\text{mm}$$

충격계수 $i = \dfrac{\delta_{\max}}{\delta_{st}} = 79.2$

3) 충격하중과 정하중에 의한 휨응력

정적하중으로 인한 최대응력 $\sigma_{st} = \dfrac{M_{st}}{I}y = \dfrac{WL}{4I}y = 4.7\,\mathrm{MPa}$

정적하중으로 인한 최대응력 $\sigma_{max} = i \times \dfrac{M_{st}}{I}y = 372.2\,\mathrm{MPa}$

4) 충격하중과 정하중에 의한 휨응력의 비

$$\dfrac{\sigma_{max}}{\sigma_{st}} = i = 79.2$$

에너지의 방법 : 충격하중

다음 그림과 같이 직사각형의 단면의 내민보 ABC가 있다. C점에 W=750N이 h 높이에서 낙하하려고 한다. 이때 부재가 견딜 수 있는 최대 높이 h를 구하시오(단, 부재의 허용 휨응력은 45MPa이고, 탄성계수 E는 12GPa, C점의 정적처짐은 δ_{st}이고, 최대 처짐은 $\delta_{\max} = \delta_{st} + [(\delta_{st})^2 + 2h\delta_{st}]^{\frac{1}{2}}$ 이다).

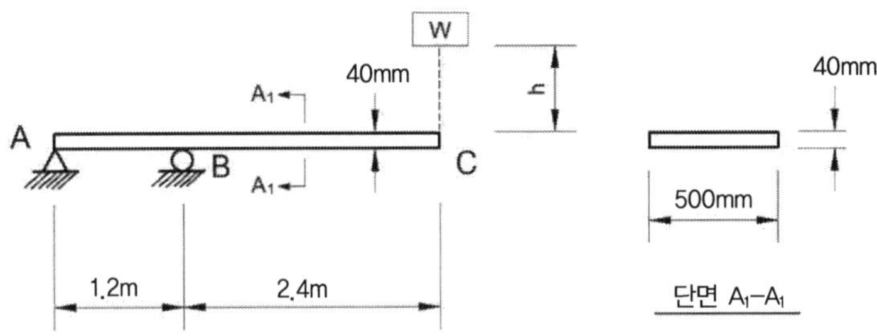

풀 이

▶ 개요

충격하중으로 인한 부재의 최대응력이 부재의 허용응력 이내가 되도록 최대 높이를 산정한다.

▶ 정적 처짐 δ_{st} 산정

$$단면상수\ I = \frac{500 \times 40^3}{12} = 2,666,667 mm^4, \ E = 12 \times 10^3 \ \text{MPa}$$

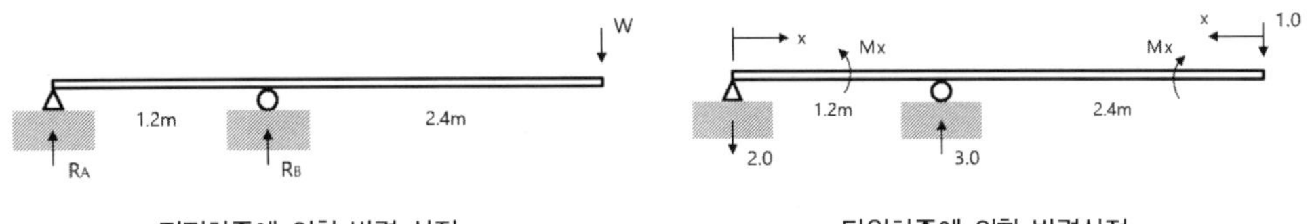

$$\sum F_y = 0 \ ; \ R_A + R_B = W$$
$$\circlearrowright \sum M_A = 0 \ ; \ R_B \times 1.2 - W \times 3.6 = 0 \qquad \therefore R_B = 3W, \ R_A = -2W$$

$$\therefore R_B = 2{,}250\text{N}(\uparrow), \ R_A = 1{,}500\text{N}(\downarrow)$$

가상일의 방법에 따라 정적 처짐을 산정한다.

1) BC구간 : C단부터 떨어진 거리 x에서의 모멘트 m1=x
2) AB구간 : A단부터 떨어진 거리 x에서의 모멘트 m2=2x

$$\delta_{st} = \int_0^{2400} \frac{x \times Wx}{EI} dx + \int_0^{1200} \frac{2x \times R_A x}{EI} dx = 162\text{mm}$$

$$\delta_{\max} = \delta_{st} + \sqrt{[(\delta_{st})^2 + 2h\delta_{st}]} = 162 + \sqrt{162 \times (162 + 2h)} = 162 + 18\sqrt{81 + h}$$

$$i = \frac{\delta_{\max}}{\delta_{st}} = \frac{9 + \sqrt{h + 81}}{9}$$

$$M_{\max} = i \times M_{st} = i \times \frac{(WL)}{I}$$

$$\sigma_{\max} = \frac{M_{\max}}{I} y = i \times \frac{(WL)}{I} \times \frac{40}{2} = \frac{9 + \sqrt{h + 81}}{9} \leq 45MPa \qquad \therefore h \leq 360\,\text{mm}$$

에너지의 방법 : 입체 부정정 해석

그림과 같은 양단 고정보의 B점에 연직집중하중 P가 작용 시 보의 휨모멘트도(BMD), 비틀림모멘트도(TMD), 전단력도(SFD)를 작성하시오(단, 보는 직사각형 단면으로 폭은 b, 높이는 h이며 보의 자중은 무시한다).

〈조건〉

$P = 30kN$, $l = 4.20m$, $h = 85cm$

$b = 25cm$, $\tan\theta = 0.51$

보의 탄성계수 $E = 2.1 \times 10^4 N/mm^2$

보의 전단탄성계수 $G = 0.9 \times 10^4 N/mm^2$

직사각형 단면의 극관성 모멘트 $I_d = 0.36302 \times 10^6 cm^4$

보에 작용하는 비틀림 모멘트 m_t와 B점에 발생하는 휨모멘트 M_B의 관계식 $m_t = M_B \tan\theta$

B점의 처짐각 θ_B와 B점의 비틀림 각 ϕ_B의 관계식 $\theta_B = \phi_B \tan\theta$

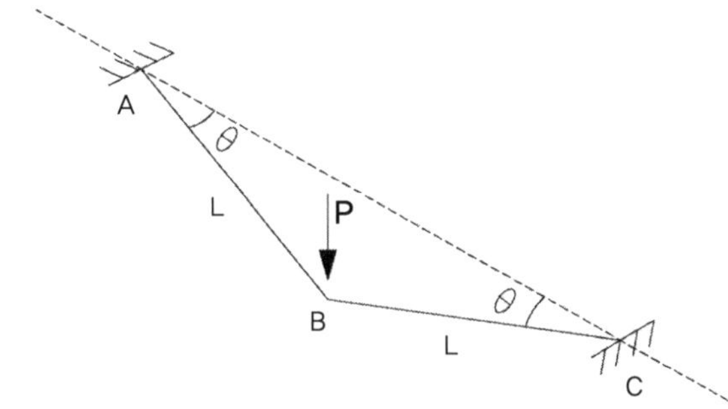

풀 이

➤ 개요 및 단면상수

3차원 2차 부정정 해석, 주어진 구조물은 대칭구조물이므로 반단면 대칭으로 모델하고 주어진 조건식 2가지를 이용한다. 풀이하는 방법은 에너지법에 따라 풀이한다.

850mm

250mm

$$A = 850 \times 250 = 212,500mm^2$$

$$I_x = \frac{bh^3}{12} = 12,794,270,833mm^4 = 1.2794 \times 10^{10} mm^4$$

$$J = I_d = 0.36302 \times 10^6 cm^4 = 3.6302 \times 10^9 mm^4$$

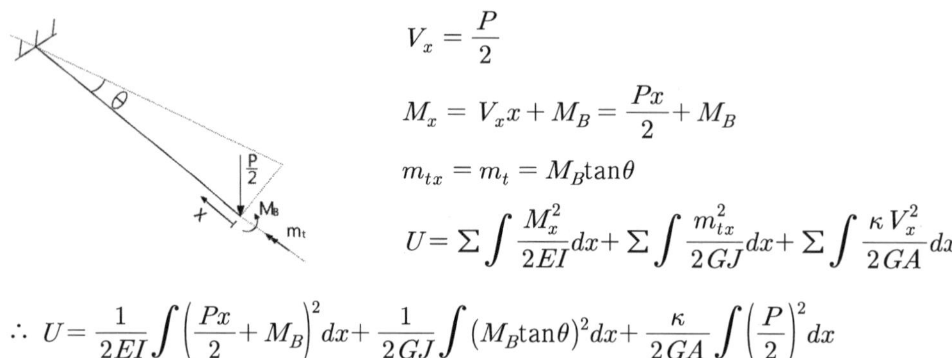

$$V_x = \frac{P}{2}$$

$$M_x = V_x x + M_B = \frac{Px}{2} + M_B$$

$$m_{tx} = m_t = M_B \tan\theta$$

$$U = \Sigma \int \frac{M_x^2}{2EI} dx + \Sigma \int \frac{m_{tx}^2}{2GJ} dx + \Sigma \int \frac{\kappa V_x^2}{2GA} dx$$

$$\therefore U = \frac{1}{2EI} \int \left(\frac{Px}{2} + M_B\right)^2 dx + \frac{1}{2GJ} \int (M_B \tan\theta)^2 dx + \frac{\kappa}{2GA} \int \left(\frac{P}{2}\right)^2 dx$$

➤ 적합조건

주어진 조건으로부터 $\theta_B = \phi_B \tan\theta$

$$\theta_B = \frac{\partial U}{\partial M_B} = \frac{\partial}{\partial M_B}\left[\frac{1}{2EI} \int \left(\frac{Px}{2} + M_B\right)^2 dx + \frac{1}{2GJ} \int (M_B \tan\theta)^2 dx + \frac{\kappa}{2GA} \int \left(\frac{P}{2}\right)^2 dx\right]$$

$$= \frac{\partial}{\partial M_B}\left[\frac{1}{2EI} \int \left(\frac{Px}{2} + M_B\right)^2 dx + \frac{1}{2GJ} \int (M_B \tan\theta)^2 dx\right]$$

$$= \frac{1}{2EI}\left[\frac{PL^2}{2} + 2M_B L\right] + \frac{M_B L \tan^2\theta}{GJ}$$

$$\phi_B = \frac{m_t}{GJ} \quad \therefore \theta_B = \phi_B \tan\theta : \frac{1}{2EI}\left[\frac{PL^2}{2} + 2M_B L\right] + \frac{M_B L \tan^2\theta}{GJ} = \frac{M_B \tan\theta}{GJ}$$

$$P = 30 \times 10^3 N, \ E = 2.1 \times 10^4 N/mm^2, \ G = 0.9 \times 10^4 N/mm^2,$$

$$I_x = 1.2794 \times 10^{10} mm^4, \ J = 3.6302 \times 10^9 mm^4, \ \tan\theta = 0.51 \text{을 대입하면,}$$

$$\therefore M_B = -10.038 kNm, \quad m_t = 5.119 kNm, \quad M_{A(x=L)} = \frac{P}{2}L + M_B = 52.96 kNm$$

➤ SFD, BMD, TMD

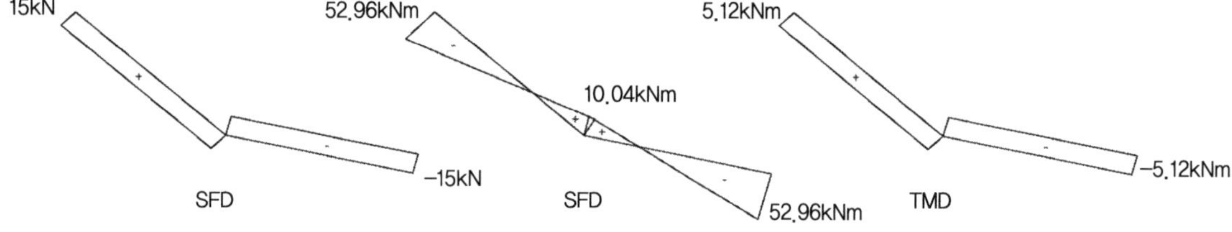

에너지의 방법 : 3차원 처짐

아래 그림과 같이 수평방향으로 30° 꺾인 캔틸레버 끝에 연직하중 P가 작용할 때 끝점의 연직방향(하중 P방향) 처짐 Δ 를 구하시오. 캔틸레버는 외경(外徑)과 내경(內徑)의 중심선(中心線)을 기준으로 직경이 d, 두께가 t인 강관(鋼管)이고 전단탄성계수 G는 종탄성계수 E의 0.4배이다(단, 전단력에 의한 처짐은 고려하지 않는다).

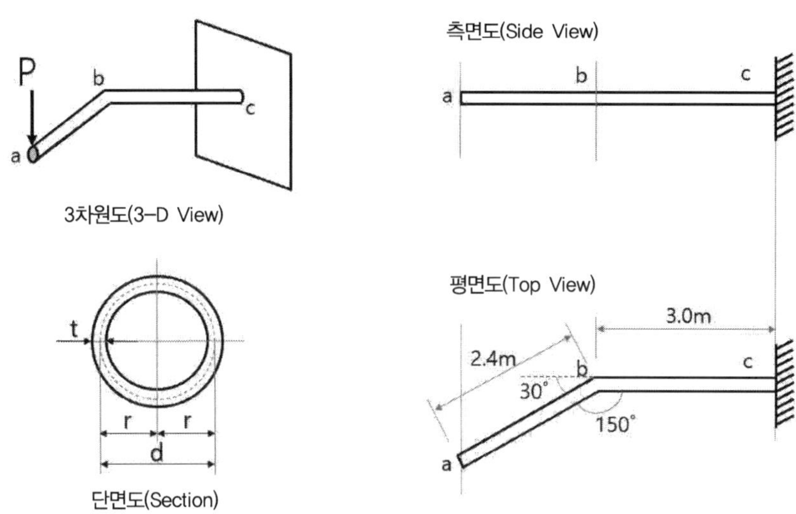

▶ 개요

전단에 의한 처짐은 고려하지 않으므로 에너지법에 따라 모멘트와 비틀림 처짐량을 산정한다.

▶ 단면계수

$$I = \frac{\pi}{64}((d+t)^4 - (d-t)^4) = \frac{\pi}{64}8dt(d^2+t^2) = \frac{\pi dt}{8}(d^2+t^2) \approx \frac{\pi d^3 t}{8} = \pi r^3 t \ (\because t^2 \approx 0)$$

$$J = I_x + I_y = 2I = 2\pi r^3 t$$

▶ 구간별 작용력

① ab 구간 (시점 a) : $M_x = Px, \ \ T_x = 0$

② bc 구간 (시점 b) : $M_x = P(x + 2.4\cos30°) = P(x + 1.2\sqrt{3})$, $T_x = 2.4\sin30 P = 1.2P$

➤ 에너지법에 따른 c점의 처짐

$$U = \frac{1}{2EI}\int_0^{2.4}(Px)^2 dx + \frac{1}{2EI}\int_0^{3.0}\left(P(x+1.2\sqrt{3})\right)^2 dx + \frac{1}{2GJ}\int_0^{3.0}(1.2P)^2 dx$$

$$= \frac{25.3371P^2}{EI} \quad (\because G = 0.4E)$$

$$\therefore \delta_{c,V} = \frac{\partial U}{\partial P} = \frac{50.674P}{EI} = \frac{50.674P}{E(\pi r^3 t)} = \frac{16.13P}{Er^3 t}$$

1) 매트릭스 변위법(평형매트릭스 $[A]$ 활용)

$$[P] = [A][Q] \rightarrow [Q] = [S][e] \rightarrow [e] = [B][d] \ ([B] = [A]^T)$$
$$\rightarrow [P] = [A][S][B][d] = [A][S][A]^T[d]$$

$$[Q] = [Q_0] + [S][A]^T[d]$$

$[A]$: Static Matrix

$[S]$: Element Stiffness Matrix

$[B] = [A]^T$: Deformed Shape Matrix

$[K] = [A][S][A]^T$: Global Stiffness Matrix

① 평형방정식으로부터 Static Matrix $[A]$ 산정

② Element Stiffness Matrix $[S]$ 산정

$$(\text{보, 라멘}) \ [S] = \begin{bmatrix} \dfrac{4EI}{L} & \dfrac{2EI}{L} \\ \dfrac{2EI}{L} & \dfrac{4EI}{L} \end{bmatrix} \qquad (\text{트러스}) \ [S] = \begin{bmatrix} \dfrac{EA}{L} \end{bmatrix}$$

③ Global Stiffness Matrix $[K] = [A][S][A]^T$ 산정

④ Displacement $[d] = [K]^{-1}[P]$ 산정

⑤ Internal Force $[Q] = [Q_0] + [S][A]^T[d]$ 산정

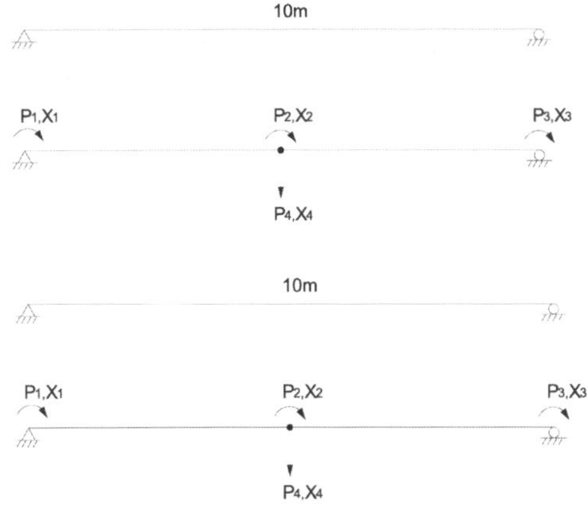

10m 단순보를 2개의 요소로 구분하여 적용 시

$NP(\text{자유도수}) = 4^{EA}$

$NF(\text{독립미지력}) = \text{Element 수} \times 2 = 4$

$NI(\text{부정정차수}) = NP - NI = 0$

From $[P] = [A][Q]$

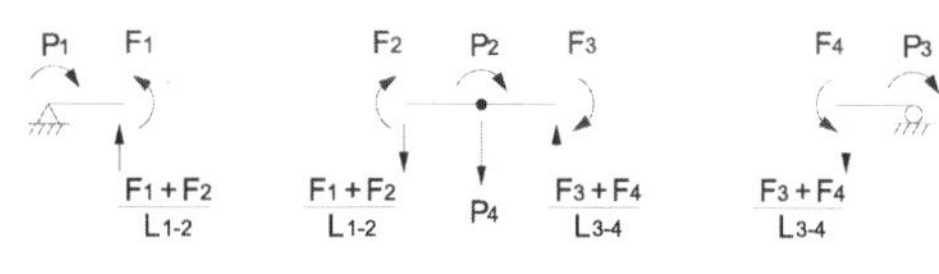

$$
[A] =
\begin{array}{c|cccc}
 & F_1 & F_2 & F_3 & F_4 \\
\hline
P_1 & 1 & & & \\
P_2 & & 1 & 1 & \\
P_3 & & & & 1 \\
P_4 & -\dfrac{1}{L_{1-2}} & -\dfrac{1}{L_{1-2}} & \dfrac{1}{L_{3-4}} & \dfrac{1}{L_{3-4}}
\end{array}
$$

2) 매트릭스 변위법(적합매트릭스 $[B] = [A]^T$ 활용)

Static Matrix $[A]$ 산정 대신 변위법에 따른 $[B] = [A]^T$: Deformed Shape Matrix 산정

변형 매트릭스$[B]$는 단부에서의 탄성곡선의 접선까지 시계방향으로 측정된 단부회전을 절점변위(절점회전과 처짐 포함)로 나타낸다. 트러스에서는 e는 신장의 의미, 보에서는 단부회전을 의미한다.

From $[e] = [B][d]$

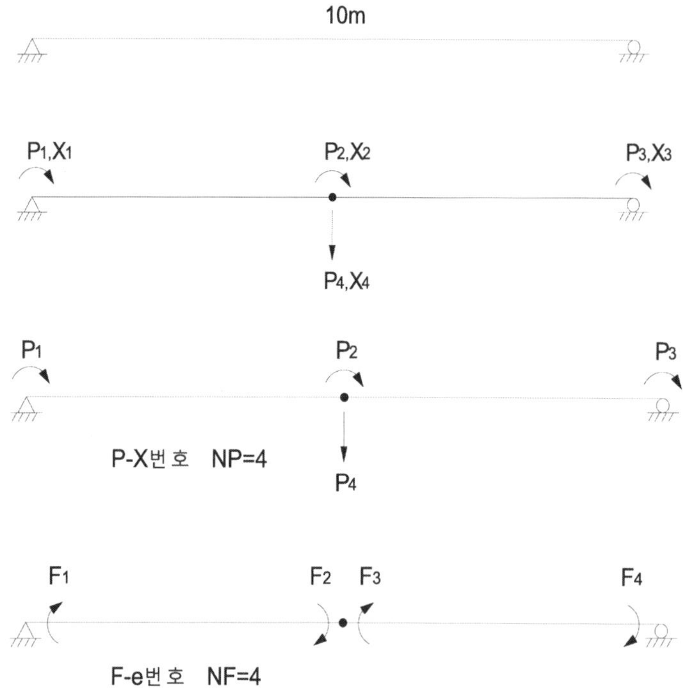

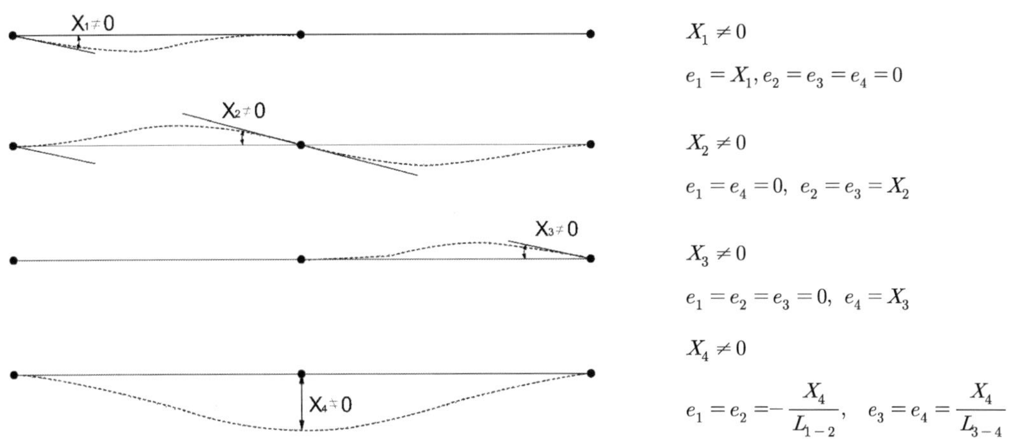

$X_1 \neq 0$

$e_1 = X_1, e_2 = e_3 = e_4 = 0$

$X_2 \neq 0$

$e_1 = e_4 = 0, \ e_2 = e_3 = X_2$

$X_3 \neq 0$

$e_1 = e_2 = e_3 = 0, \ e_4 = X_3$

$X_4 \neq 0$

$e_1 = e_2 = -\dfrac{X_4}{L_{1-2}}, \quad e_3 = e_4 = \dfrac{X_4}{L_{3-4}}$

※ $X_4 \neq 0$일 때 우측 요소의 양단을 연결하는 직선은 본래의 요소축으로부터 X_4/L_{1-2} 만큼 시계방향 회전(+), 좌측요소는 반시계방향 회전(−)

$$[B] = [A]^T =$$

	X_1	X_2	X_3	X_4
e_1	1			$-\dfrac{1}{L_{1-2}}$
$e2$		1		$-\dfrac{1}{L_{1-2}}$
e_3		1		$\dfrac{1}{L_{3-4}}$
e_4			1	$\dfrac{1}{L_{3-4}}$

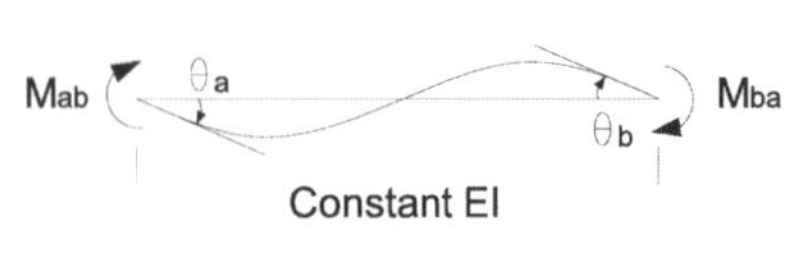

처짐각법으로부터,

$$M_{ab} = 2E\left(\frac{I}{L}\right)(2\theta_a + \theta_b) \quad M_{ba} = 2E\left(\frac{I}{L}\right)(\theta_a + 2\theta_b)$$

$$\therefore \begin{bmatrix} M_{ab} \\ M_{ba} \end{bmatrix} = \begin{bmatrix} \dfrac{4EI}{L} & \dfrac{2EI}{L} \\ \dfrac{2EI}{L} & \dfrac{4EI}{L} \end{bmatrix} \begin{bmatrix} \theta_a \\ \theta_b \end{bmatrix}$$

요소강성행렬의 유도 일반

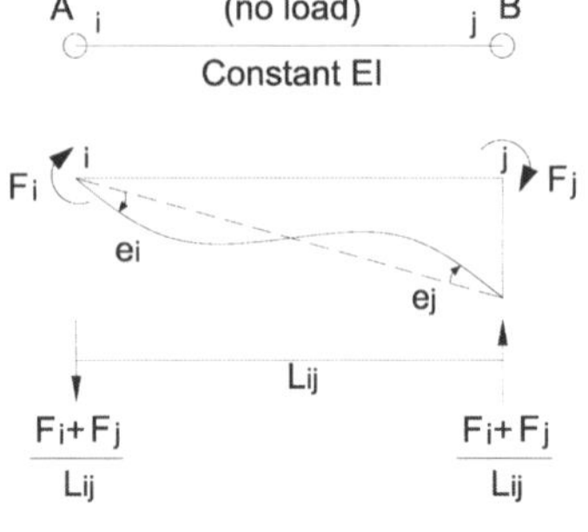

1) 요소양단에 작용하는 시계방향의 모멘트 F_i와 F_j를 양단을 연결하는 직선으로부터 탄성곡선의 접선까지 시계방향으로 측정되는 양단의 회전을 e_i와 e_j로 나타낸다.

2) 공액보로부터

$$e_i = +\frac{F_i L}{3EI} - \frac{F_j L}{6EI} \quad e_j = -\frac{F_i L}{6EI} - \frac{F_j L}{3EI}$$

$$\begin{bmatrix} e_i \\ e_j \end{bmatrix} = \begin{bmatrix} +\dfrac{L}{3EI} & -\dfrac{L}{6EI} \\ -\dfrac{L}{6EI} & +\dfrac{L}{3EI} \end{bmatrix} \begin{bmatrix} F_i \\ F_j \end{bmatrix} \rightarrow \begin{bmatrix} F_i \\ F_j \end{bmatrix} = \begin{bmatrix} \dfrac{4EI}{L} & \dfrac{2EI}{L} \\ \dfrac{2EI}{L} & \dfrac{4EI}{L} \end{bmatrix} \begin{bmatrix} e_i \\ e_j \end{bmatrix}$$

요소강성행렬의 유도 일반

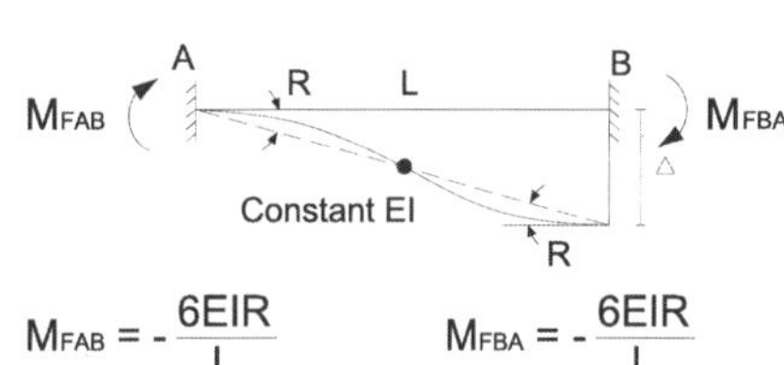

1) 지점침하 시
   처짐각법으로부터,

$$M_A = M_{oA} + \frac{2EI}{L}(2\theta_A + \theta_B - 3R)$$

$$M_{FAB} = -\frac{6EI\Delta}{L^2}, \quad M_{FBA} = -\frac{6EI\Delta}{L^2}$$

2) 부재회전 시
   처짐각법으로부터,

$$M_A = M_{oA} + \frac{2EI}{L}(2\theta_A + \theta_B - 3R)$$

$$M_{FAB} = +\frac{4EI}{L}d\theta, \quad M_{FBA} = +\frac{2EI}{L}d\theta$$

매트릭스 해석법 : 변위법

다음 그림과 같이 단순보 ABC를 킹포스트 트러스(king post truss)로 보강하였다. 부재의 단면 및 재료의 성질이 표와 같고, 모든 부재의 안전계수를 SF=2.0이라 할 때, 최대 허용하중(설계하중) P를 구하시오.

부재	단면(mm)	탄성계수(GPa)	항복응력(MPa)
보 ABC	직사각형: b×d = 60 × 160	200	240
부재 ADC	원형단면: 직경 = 15	200	500
부재 BD	직사각형: 50 × 40	12.4	29.6

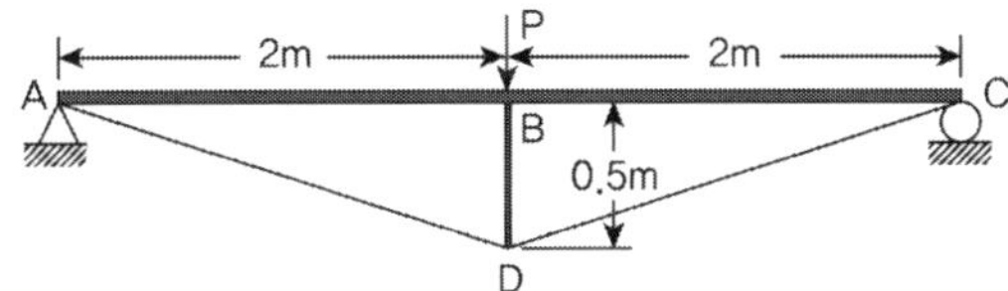

풀 이

매트릭스 해석법에 따른 합성 부정정 구조해석, Intermediate structural analysis by Wang

▶ 외력과 자유도 정의(P–X번호, $NP = 8$)

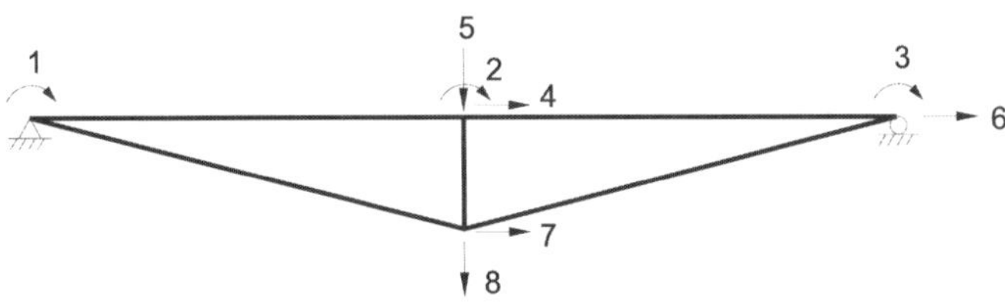

▶ 부재내력 정의(F–e번호, $NF = 9$)

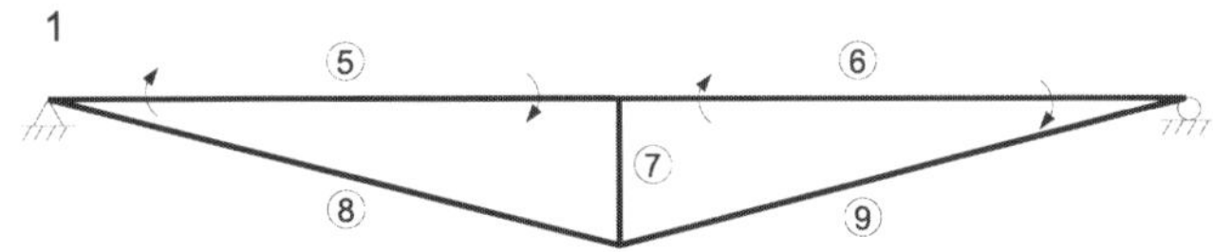

➤ **절점의 자유물체도**

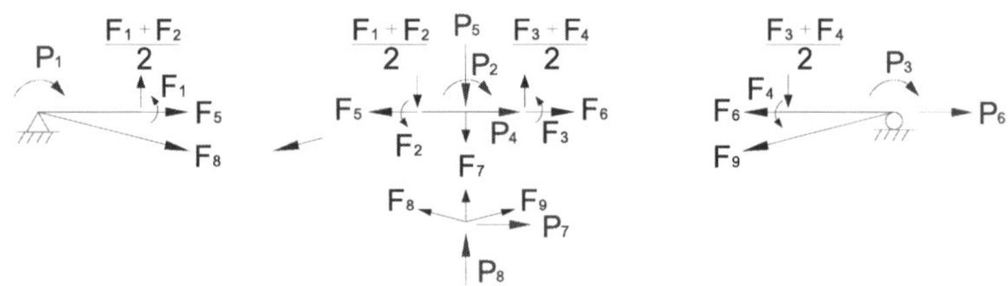

➤ **변위도**

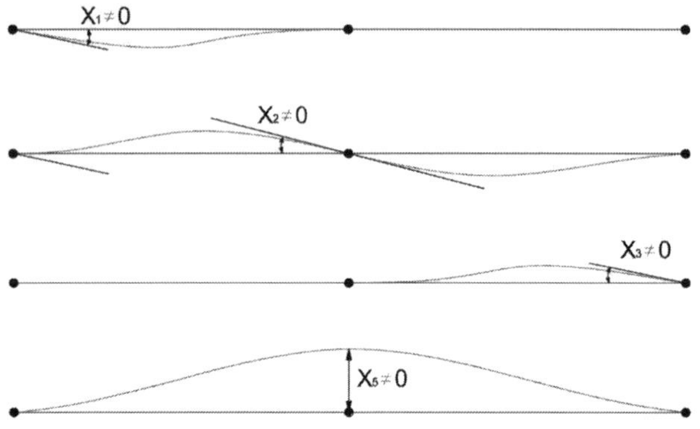

➤ **고정조건력**

$$P_5 = P$$

➤ **Static Matrix and Deformed Shape Matrix**

1) $[A]$ Matrix(Static Matrix)

각 절점에서의 평형방정식으로부터,

P\F	1	2	3	4	5	6	7	8	9
1	+1								
2		+1	+1						
3				+1					
4					+1	−1			
5	+1/2	+1/2	−1/2	−1/2			+1		
6						+1			$+2/\sqrt{4.25}$
7								$+2/\sqrt{4.25}$	$-2/\sqrt{4.25}$
8							−1	$-0.5/\sqrt{4.25}$	$-0.5/\sqrt{4.25}$

2) $[B]$ Matrix(Deformed Shape Matrix, $[B] = [A]^T$)

e \ d	1	2	3	4	5	6	7	8
1	+1				+1/2			
2		+1			+1/2			
3		+1			−1/2			
4			+1		−1/2			
5				+1				
6				−1		+1		
7					+1			−1
8							$+2/\sqrt{4.25}$	$-0.5/\sqrt{4.25}$
9						$+2/\sqrt{4.25}$	$-2/\sqrt{4.25}$	$-0.5/\sqrt{4.25}$

➤ $[S]$ Element Stiffness Matrix

$$S_{11} = S_{22} = S_{33} = S_{44} = \frac{4E_{beam}I_{beam}}{L}, \quad S_{12} = S_{21} = S_{34} = S_{43} = \frac{2E_{beam}I_{beam}}{L}$$

$$S_{55} = S_{66} = \frac{E_{beam}A_{beam}}{L_{beam}}, \quad S_{77} = \frac{E_{BD}A_{BD}}{L_{BD}}, \quad S_{88} = S_{99} = \frac{E_{cable}A_{cabel}}{L_{cable}}$$

F \ e	1	2	3	4	5	6	7	8	9
1	S_{11}	S_{12}							
2	S_{21}	S_{22}							
3			S_{33}	S_{34}					
4			S_{43}	S_{44}					
5					S_{55}				
6						S_{66}			
7							S_{77}		
8								S_{88}	
9									S_{99}

➤ $[P]$ Load Matrix, 부재력 산정

$$[P] = \begin{bmatrix} 0 \\ 0 \\ 0 \\ 0 \\ P \\ 0 \\ 0 \\ 0 \end{bmatrix}$$

$$[P] = [A][S][B]\{d\} = [A][S][A]^T\{d\} = [K]\{d\} \quad \therefore \ [d] = [K]^{-1}[P]$$

$$\therefore \ [F^*] = [F_0] + [S][B][d] = [F_0] + [S][A]^T[d]$$

매트릭스 해석법 : 변위법, 연속보

다음의 보를 매트릭스 변위법으로 해석하라.

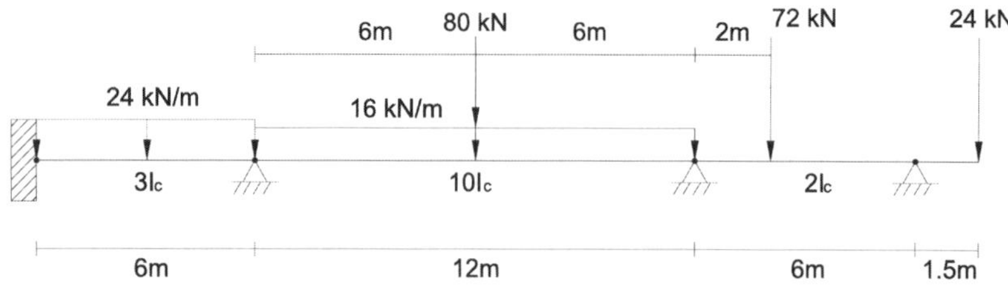

풀 이

▶ 자유도 및 내력

자유도 정의 고정단의 자유도=0, 힌지부 자유도=1(회전변위)

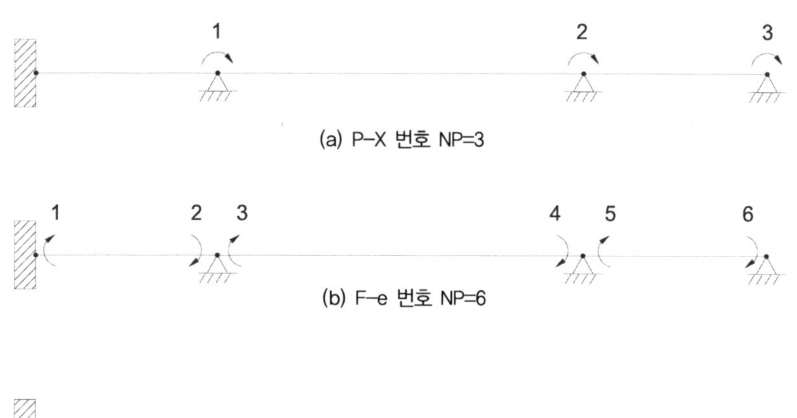

$$C_1 = -\frac{wl^2}{12} = -\frac{24 \times 6^2}{12} = -72, \quad C_2 = -C_1 = 72$$

$$C_3 = -\frac{wl^2}{12} - \frac{Pab^2}{l^2} = -\left(\frac{16 \times 12^2}{12} + \frac{80 \times 6 \times 6^2}{12^2}\right) = -312$$

$$C_4 = -C_3 = 312$$

$$C_5 = -\frac{Pab^2}{l^2} = -\frac{72 \times 2 \times 4^2}{6^2} = -64, \quad C_6 = \frac{Pa^2b}{l^2} = 32$$

단부회전 모멘트$(M) - 24 \times 1.5 = -36$

➤ Static Matrix $[A]$와 하중 $[P]$

$$P_1 = F_2 + F_3, \quad P_2 = F_4 + F_5, \quad P_3 = F_6 \qquad \text{from } [P] = [A][Q]$$

$$[A] = \begin{bmatrix} 0 & +1 & +1 & 0 & 0 & 0 \\ 0 & 0 & 0 & +1 & +1 & 0 \\ 0 & 0 & 0 & 0 & 0 & +1 \end{bmatrix}$$

하중 $[P]$는 절점의 하중항의 합이 zero가 되게 하는 값이므로

$$[P] = \begin{bmatrix} +240 \\ -248 \\ +4 \end{bmatrix}$$

➤ Element Stiffness Matrix $[S]$

$$[S] = EI_c \begin{bmatrix} 2 & 1 & & & & \\ 1 & 2 & & & & \\ & & 10/3 & 5/3 & & \\ & & 5/3 & 10/3 & & \\ & & & & 4/3 & 2/3 \\ & & & & 2/3 & 4/3 \end{bmatrix}$$

➤ Displacement $[d]$

$$[d] = ([A][S][A]^T)^{-1}[P] = \frac{1}{EI_c} \begin{bmatrix} +71.64 \\ -85.25 \\ +45.63 \end{bmatrix}$$

➤ 내력 $[Q]$

$$[Q] = [F^*] + [B][A]^T[d] = \begin{bmatrix} -72 \\ +72 \\ -312 \\ +312 \\ -64 \\ +32 \end{bmatrix} + \begin{bmatrix} +71.64 \\ +143.28 \\ +96.72 \\ -164.77 \\ -83.52 \\ +4.01 \end{bmatrix} = \begin{bmatrix} -0.36 \\ +215.25 \\ -215.28 \\ +147.23 \\ -147.25 \\ +36.01 \end{bmatrix}$$

매트릭스 해석법 : 변위법, 라멘

다음의 라멘을 매트릭스 변위법으로 해석하라.

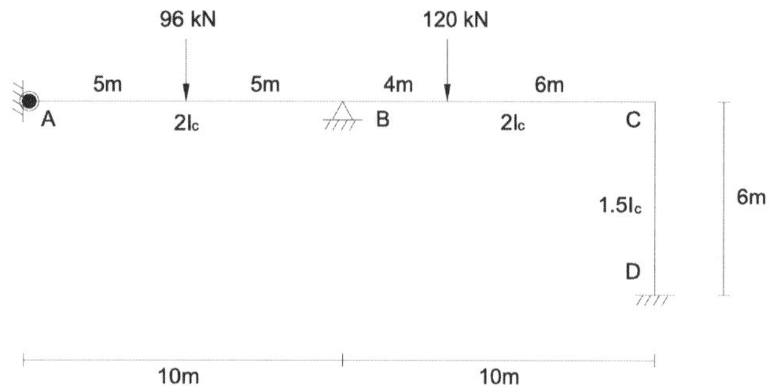

▶ 매트릭스 해석을 위한 정의

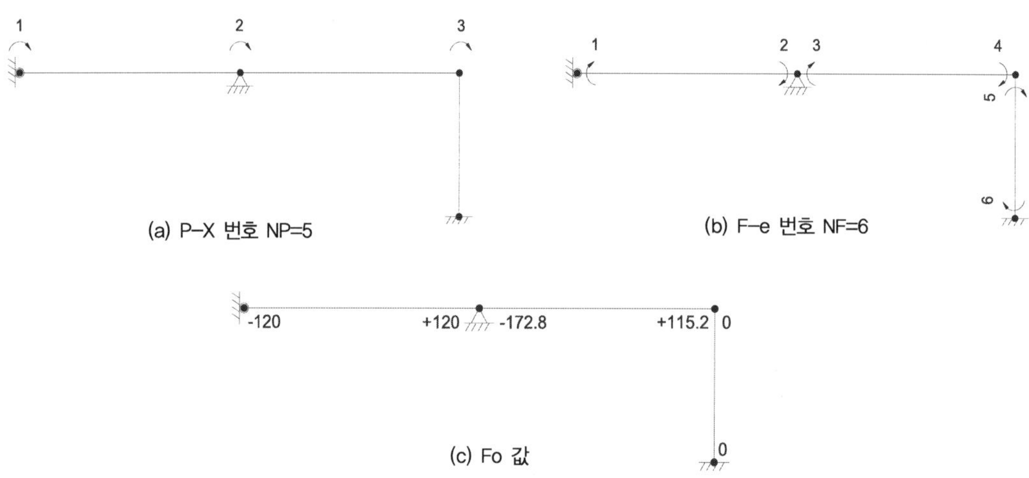

$$C_{AB} = -C_{BA} = -\frac{Pab^2}{l^2} = -\frac{Pl}{8} = -120^{kNm}, \quad C_{BC} = -\frac{Pab^2}{l^2} = -172.8^{kNm},$$

$$C_{CB} = \frac{Pa^2b}{l^2} = 115.2^{kNm}$$

$$[P] = [A][Q] \rightarrow [Q] = [S][e] \rightarrow [e] = [B][d] \ ([B] = [A]^T)$$

$$\therefore [P] = [A][S][B][d] = [A][S][A]^T[d]$$

➤ Deformed Shape Matrix [B]

$$[e] = [B][d]$$

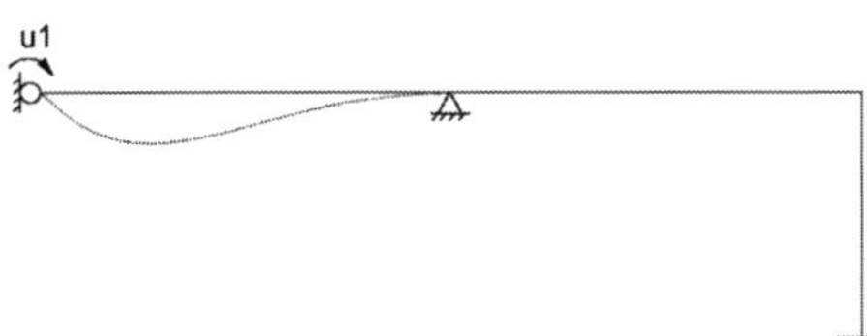

① $u_1 \neq 0 \ \ e_1 = 1$

② $u_2 \neq 0 \ \ e_2 = 1, \ \ e_3 = 1$

③ $u_3 \neq 0 \ \ e_4 = 1, \ \ e_5 = 1$

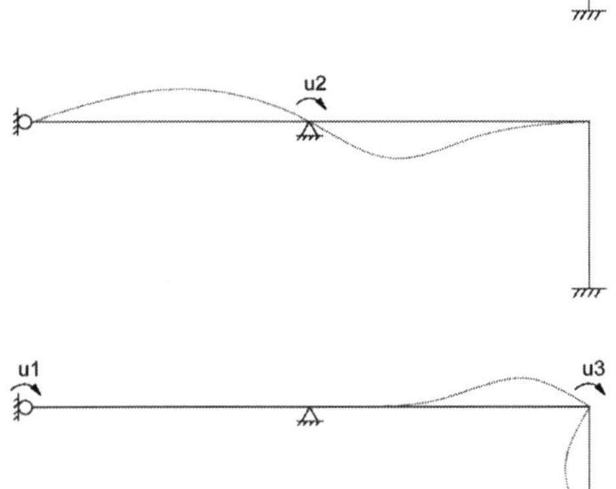

$$[B] =$$

e \ d	1	2	3
1	1		
2		1	
3		1	
4			1
5			1
6			

➤ Static Matrix [A]

$$[P] = [A][Q]$$

$P_1 = Q_1$

$P_2 = Q_2 + Q_3$

$P_3 = Q_4 + Q_5$

$$[A] =$$

P \ Q	1	2	3	4	5	6
1	1					
2		1	1			
3				1	1	

➤ Element Stiffness Matrix [S]

$$[Q] = [S][e]$$

$$[S] = \begin{array}{c|cccccc}
\diagdown{\!}^{e}_{Q} & 1 & 2 & 3 & 4 & 5 & 6 \\
\hline
1 & \dfrac{4E_1I_1}{L_1} & \dfrac{2E_1I_1}{L_1} & & & & \\
2 & \dfrac{2E_1I_1}{L_1} & \dfrac{4E_1I_1}{L_1} & & & & \\
3 & & & \dfrac{4E_2I_2}{L_2} & \dfrac{2E_2I_2}{L_2} & & \\
4 & & & \dfrac{2E_2I_2}{L_2} & \dfrac{4E_2I_2}{L_2} & & \\
5 & & & & & \dfrac{4E_3I_3}{L_3} & \dfrac{2E_3I_3}{L_3} \\
6 & & & & & \dfrac{2E_3I_3}{L_3} & \dfrac{4E_3I_3}{L_3}
\end{array}
= EI\begin{bmatrix} 0.8\,0.4 & & & \\ 0.4\,0.8 & & & \\ & 0.8\,0.4 & & \\ & 0.4\,0.8 & & \\ & & 1.0\,0.5 \\ & & 0.5\,1.0 \end{bmatrix}$$

➤ Stiffness Matrix [K]

$$[K] = [A][S][B] = [A][S][A]^T = EI\begin{bmatrix} 0.8\,0.4 & \\ 0.4\,1.6\,0.4 \\ & 0.4\,1.8 \end{bmatrix}$$

➤ Displacement [d]

$$[d] = [K]^{-1}[P] = [K]^{-1}\begin{bmatrix} 120.0 \\ 52.8 \\ -115.2 \end{bmatrix} = \frac{1}{EI}\begin{bmatrix} 142.98 \\ 14.03 \\ -67.12 \end{bmatrix}$$

➤ 내력

$$[Q^*] = [Q_0] + [S][B][d] = \begin{bmatrix} -120.0 \\ +120.0 \\ -172.8 \\ +115.2 \\ 0 \\ 0 \end{bmatrix} + \begin{bmatrix} 0.8\,0.4 & \\ 0.4\,1.6\,0.4 \\ & 0.4\,1.8 \end{bmatrix}\begin{bmatrix} +142.98 \\ +14.03 \\ -67.12 \end{bmatrix} = \begin{bmatrix} 0 \\ +188.42 \\ -188.42 \\ +67.12 \\ -67.12 \\ -33.56 \end{bmatrix}$$

매트릭스 해석법 : 모멘트–변위관계 유도

단순보의 양단에 모멘트가 작용할 때 모멘트–변위 간의 관계를 $\{M\}_{2\times1}=[K]_{2\times2}\{\theta\}_{2\times1}$ 형태로 유도하시오.

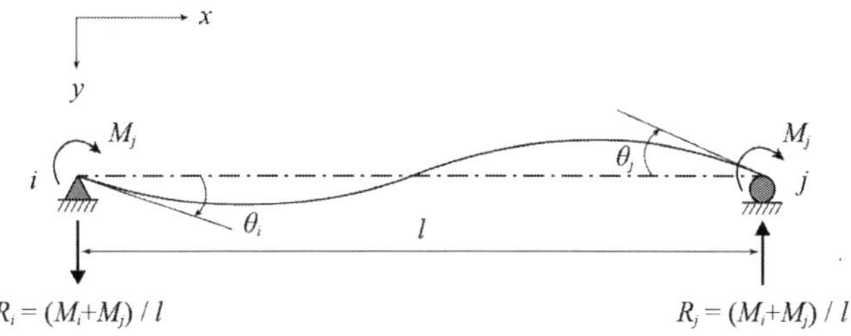

풀 이

> ▶ 개요

부재에 축력, 모멘트, 처짐이 모두 있다고 가정하고, 축방향 변위는 u_A, u_B, 수직변위는 v_A, v_B, 처짐각은 θ_A, θ_B이고 R은 부재 회전각으로 정의한다.

부호규약 : 모멘트, 부재 회전각, 처짐 모두 시계방향 (+)

부재의 회전각 $R_{ij} = \Delta/l$, 상대처짐 $\Delta = \Delta y = v_B - v_A$

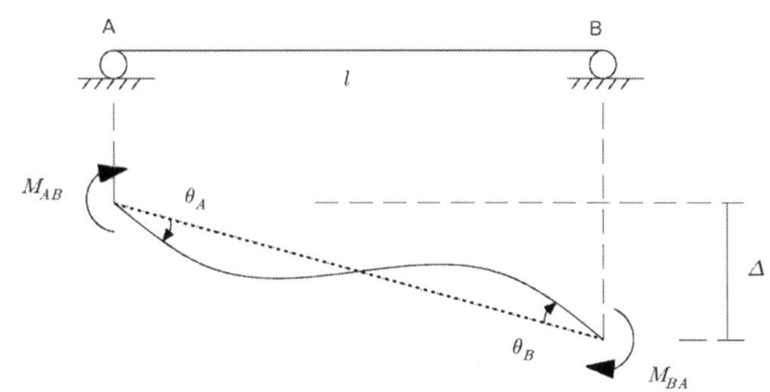

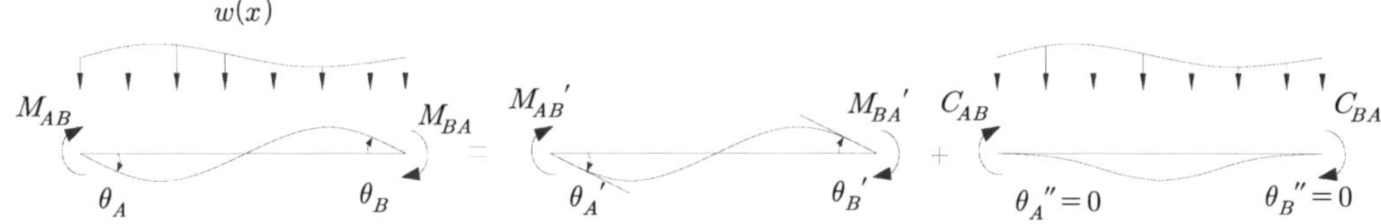

① 힘의 평형방정식 : $M_{AB} = M_{AB}{}' + C_{AB}, \quad M_{BA} = M_{BA}{}' + C_{BA}$

② 적합조건 : $\theta_A = \theta_A{}' + \theta_A{}'' = \theta_A{}', \quad \theta_B = \theta_B{}' + \theta_B{}'' = \theta_B{}'$

▶ 축력과 변위와의 관계

N_{AB}가 작용할 때, $N_{AB} = \dfrac{AE}{L} u_A, \quad N_{BA} = -\dfrac{AE}{L} u_B$

N_{BA}가 작용할 때, $N_{AB} = -\dfrac{AE}{L} u_A, \quad N_{BA} = \dfrac{AE}{L} u_B$

▶ 모멘트, 전단력과 변위와의 관계 산정

① 하중에 의한 모멘트 관계(상대처짐이 없는 경우)

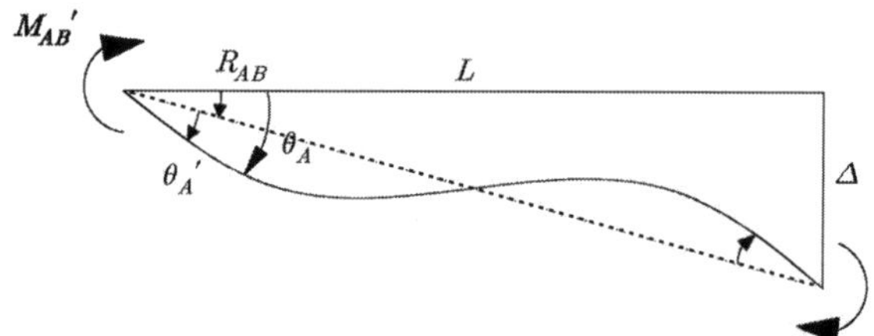

$$\theta_A{}' = V_A{}' = \frac{2}{3}\left(\frac{1}{2}\frac{M_{AB}{}'L}{EI}\right) - \frac{1}{3}\left(\frac{1}{2}\frac{M_{BA}{}'L}{EI}\right)$$

$$= \frac{L}{6EI}(2M_{AB}{}' - M_{BA}{}')$$

$$\theta_B{}' = \frac{L}{6EI}(2M_{BA}{}' - M_{AB}{}')$$

$\theta_A = \theta_A{}', \ \theta_B = \theta_B{}'$ 이므로,

$$\therefore \ M_{AB}{}' = \frac{2EI}{L}(2\theta_A + \theta_B), \quad M_{BA}{}' = \frac{2EI}{L}(2\theta_B + \theta_A)$$

② 상대처짐에 의한 모멘트 관계

상대처짐 Δ가 있을 경우 $R_{AB} = \Delta/L = \dfrac{v_B}{L} - \dfrac{v_A}{L}$

$\theta_A{}' = \theta_A - R_{AB}$ 이므로,

$$M_{AB}{}' = \frac{2EI}{L}(2\theta_A{}' + \theta_B{}') = \frac{2EI}{L}[2(\theta_A - R_{AB}) + (\theta_B - R_{AB})] = \frac{2EI}{L}(2\theta_A + \theta_B - 3R_{AB})$$

$$\therefore M_{AB}{}' = \frac{4EI}{L}\theta_A + \frac{2EI}{L}\theta_B + \frac{6EI}{L^2}v_A - \frac{6EI}{L^2}v_B$$

$$M_{BA}{}' = \frac{2EI}{L}(2\theta_B{}' + \theta_A{}') = \frac{2EI}{L}[2(\theta_B - R_{BA}) + (\theta_A - R_{BA})] = \frac{2EI}{L}(2\theta_B + \theta_A - 3R_{BA})$$

$$\therefore M_{BA}{}' = \frac{2EI}{L}\theta_A + \frac{4EI}{L}\theta_B + \frac{6EI}{L^2}v_A - \frac{6EI}{L^2}v_B$$

$$\therefore Q_{AB} = \frac{1}{L}(M_{AB}{}' + M_{BA}{}') = \frac{6EI}{L^2}\theta_A + \frac{6EI}{L^2}\theta_B + \frac{12EI}{L^3}v_A - \frac{12EI}{L^3}v_B$$

$$\therefore Q_{BA} = \frac{1}{L}(M_{AB}{}' + M_{BA}{}') = \frac{6EI}{L^2}\theta_A + \frac{6EI}{L^2}\theta_B + \frac{12EI}{L^3}v_A - \frac{12EI}{L^3}v_B$$

▶ 강성매트릭스 산정

1) 6×6 매트릭스

$$\therefore [k]_{6\times6} = \begin{array}{c} \\ N_{AB} \\ V_{AB} \\ M_{AB} \\ N_{BA} \\ V_{BA} \\ M_{BA} \end{array} \begin{array}{cccccc} u_A & v_A & \theta_A & u_B & v_B & \theta_B \\ \left[\begin{array}{cccccc} AE/L & 0 & 0 & -AE/L & 0 & 0 \\ 0 & 12EI/L^3 & 6EI/L^2 & 0 & -12EI/L^3 & 6EI/L^2 \\ 0 & 6EI/L^2 & 4EI/L & 0 & -6EI/L^2 & 2EI/L \\ -AE/L & 0 & 0 & AE/L & 0 & 0 \\ 0 & -12EI/L^3 & -6EI/L^2 & 0 & 12EI/L^3 & -6EI/L^2 \\ 0 & 6EI/L^2 & 2EI/L & 0 & -6EI/L^2 & 4EI/L \end{array}\right] \end{array}$$

2) 4×4 매트릭스

$$\therefore [k]_{4\times4} = \begin{array}{c} \\ V_{AB} \\ M_{AB} \\ V_{BA} \\ M_{BA} \end{array} \begin{array}{cccc} v_A & \theta_A & v_B & \theta_B \\ \left[\begin{array}{cccc} 12EI/L^3 & 6EI/L^2 & -12EI/L^3 & 6EI/L^2 \\ 6EI/L^2 & 4EI/L & -6EI/L^2 & 2EI/L \\ -12EI/L^3 & -6EI/L^2 & 12EI/L^3 & -6EI/L^2 \\ 6EI/L^2 & 2EI/L & -6EI/L^2 & 4EI/L \end{array}\right] \end{array}$$

(4×4 행렬은 처짐 등의 경우에 적용)

3) 2×2 매트릭스(요구 답)

$$\therefore [k]_{2\times2} = \begin{array}{c} \\ M_{AB} \\ M_{BA} \end{array} \begin{array}{cc} \theta_A & \theta_B \\ \left[\begin{array}{cc} 4EI/L & 2EI/L \\ 2EI/L & 4EI/L \end{array}\right] \end{array} \qquad \therefore \begin{bmatrix} M_{AB} \\ M_{BA} \end{bmatrix} = \frac{EI}{L}\begin{bmatrix} 4 & 2 \\ 2 & 4 \end{bmatrix}\begin{bmatrix} \theta_A \\ \theta_B \end{bmatrix}$$

(2×2 행렬을 사용할 때는 FEM 등의 하중을 포함하여야 함)

매트릭스 해석법 : 처짐각법에 의한 강성매트릭스 유도

다음의 보에서 처짐각법에 의해 힘과 변위의 관계를 나타내는 6×6 강성매트릭스를 유도하시오
(단, 축방향 변위는 u_A, u_B, 수직변위는 v_A, v_B, 처짐각은 θ_A, θ_B이고 R은 부재회전각이다).

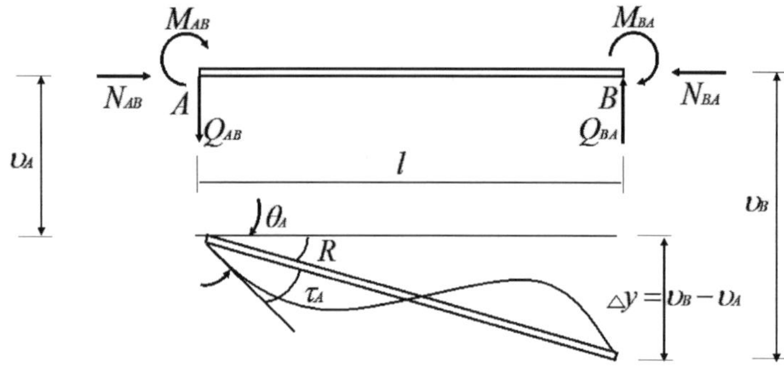

풀 이

▶ 개요 및 부호규약

부호규약 : 모멘트, 부재 회전각, 처짐 모두 시계방향 (+)

부재의 회전각 $R_{ij} = \Delta / l$, 상대처짐 $\Delta = \Delta y = v_B - v_A$

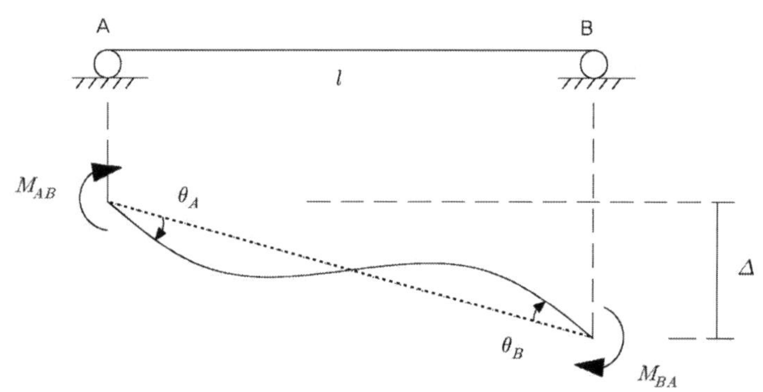

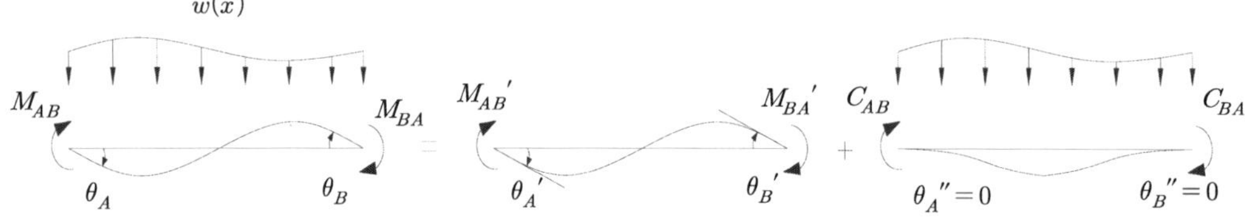

① 힘의 평형방정식 : $M_{AB} = M_{AB}{}' + C_{AB}, \quad M_{BA} = M_{BA}{}' + C_{BA}$

② 적합조건 : $\theta_A = \theta_A{}' + \theta_A{}'' = \theta_A{}', \quad \theta_B = \theta_B{}' + \theta_B{}'' = \theta_B{}'$

▶ 축력과 변위와의 관계

N_{AB}가 작용할 때, $N_{AB} = \dfrac{AE}{L}u_A, \quad N_{BA} = -\dfrac{AE}{L}u_B$

N_{BA}가 작용할 때, $N_{AB} = -\dfrac{AE}{L}u_A, \quad N_{BA} = \dfrac{AE}{L}u_B$

▶ 모멘트, 전단력과 변위와의 관계 산정

① 하중에 의한 모멘트 관계(상대처짐이 없는 경우)

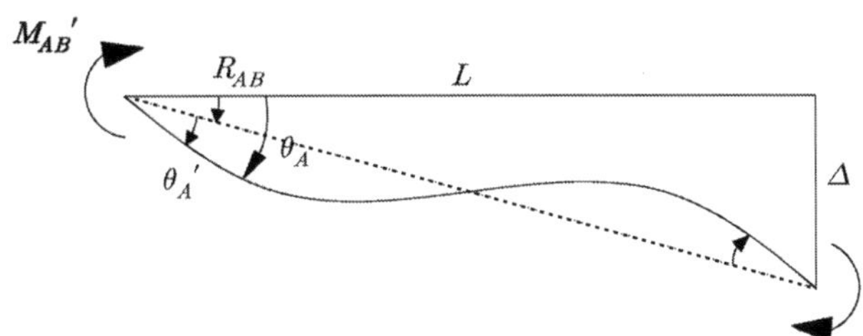

$$\theta_A{}' = V_A{}' = \frac{2}{3}\left(\frac{1}{2}\frac{M_{AB}{}'L}{EI}\right) - \frac{1}{3}\left(\frac{1}{2}\frac{M_{BA}{}'L}{EI}\right)$$

$$= \frac{L}{6EI}(2M_{AB}{}' - M_{BA}{}')$$

$$\theta_B{}' = \frac{L}{6EI}(2M_{BA}{}' - M_{AB}{}')$$

$\theta_A = \theta_A{}', \ \theta_B = \theta_B{}'$이므로,

$$\therefore \ M_{AB}{}' = \frac{2EI}{L}(2\theta_A + \theta_B), \quad M_{BA}{}' = \frac{2EI}{L}(2\theta_B + \theta_A)$$

② 상대처짐에 의한 모멘트 관계

상대처짐 Δ가 있을 경우 $R_{AB} = \Delta/L = \dfrac{v_B}{L} - \dfrac{v_A}{L}$

$\theta_A{}' = \theta_A - R_{AB}$이므로,

$$M_{AB}{}' = \frac{2EI}{L}(2\theta_A{}' + \theta_B{}') = \frac{2EI}{L}[2(\theta_A - R_{AB}) + (\theta_B - R_{AB})] = \frac{2EI}{L}(2\theta_A + \theta_B - 3R_{AB})$$

$$\therefore \ M_{AB}{}' = \frac{4EI}{L}\theta_A + \frac{2EI}{L}\theta_B + \frac{6EI}{L^2}v_A - \frac{6EI}{L^2}v_B$$

$$M_{BA}{}' = \frac{2EI}{L}(2\theta_B{}' + \theta_A{}') = \frac{2EI}{L}[2(\theta_B - R_{BA}) + (\theta_A - R_{BA})] = \frac{2EI}{L}(2\theta_B + \theta_A - 3R_{BA})$$

$$\therefore \ M_{BA}{}' = \frac{2EI}{L}\theta_A + \frac{4EI}{L}\theta_B + \frac{6EI}{L^2}v_A - \frac{6EI}{L^2}v_B$$

$$\therefore \ Q_{AB} = \frac{1}{L}(M_{AB}{}' + M_{BA}{}') = \frac{6EI}{L^2}\theta_A + \frac{6EI}{L^2}\theta_B + \frac{12EI}{L^3}v_A - \frac{12EI}{L^3}v_B$$

$$\therefore \ Q_{BA} = \frac{1}{L}(M_{AB}{}' + M_{BA}{}') = \frac{6EI}{L^2}\theta_A + \frac{6EI}{L^2}\theta_B + \frac{12EI}{L^3}v_A - \frac{12EI}{L^3}v_B$$

➤ 강성매트릭스

1) 6×6 매트릭스

$$\therefore \ [k]_{6\times6} = \begin{array}{c} \\ N_{AB} \\ V_{AB} \\ M_{AB} \\ N_{BA} \\ V_{BA} \\ M_{BA} \end{array}
\begin{array}{cccccc}
u_A & v_A & \theta_A & u_B & v_B & \theta_B \\
\left[\begin{array}{cccccc}
AE/L & 0 & 0 & -AE/L & 0 & 0 \\
0 & 12EI/L^3 & 6EI/L^2 & 0 & -12EI/L^3 & 6EI/L^2 \\
0 & 6EI/L^2 & 4EI/L & 0 & -6EI/L^2 & 2EI/L \\
-AE/L & 0 & 0 & AE/L & 0 & 0 \\
0 & -12EI/L^3 & -6EI/L^2 & 0 & 12EI/L^3 & -6EI/L^2 \\
0 & 6EI/L^2 & 2EI/L & 0 & -6EI/L^2 & 4EI/L
\end{array}\right]
\end{array}$$

2) 4×4 매트릭스

$$\therefore \ [k]_{4\times4} = \begin{array}{c} \\ V_{AB} \\ M_{AB} \\ V_{BA} \\ M_{BA} \end{array}
\begin{array}{cccc}
v_A & \theta_A & v_B & \theta_B \\
\left[\begin{array}{cccc}
12EI/L^3 & 6EI/L^2 & -12EI/L^3 & 6EI/L^2 \\
6EI/L^2 & 4EI/L & -6EI/L^2 & 2EI/L \\
-12EI/L^3 & -6EI/L^2 & 12EI/L^3 & -6EI/L^2 \\
6EI/L^2 & 2EI/L & -6EI/L^2 & 4EI/L
\end{array}\right]
\end{array}$$

(4×4 행렬은 처짐 등의 경우에 적용)

3) 2×2 매트릭스

$$\therefore \ [k]_{2\times2} = \begin{array}{c} \\ M_{AB} \\ M_{BA} \end{array}
\begin{array}{cc}
\theta_A & \theta_B \\
\left[\begin{array}{cc}
4EI/L & 2EI/L \\
2EI/L & 4EI/L
\end{array}\right]
\end{array}$$

(2×2 행렬을 사용할 때는 FEM 등의 하중을 포함하여야 함)

BEAM MEMBER STIFFNESS MATRIX

➤ Axial Force

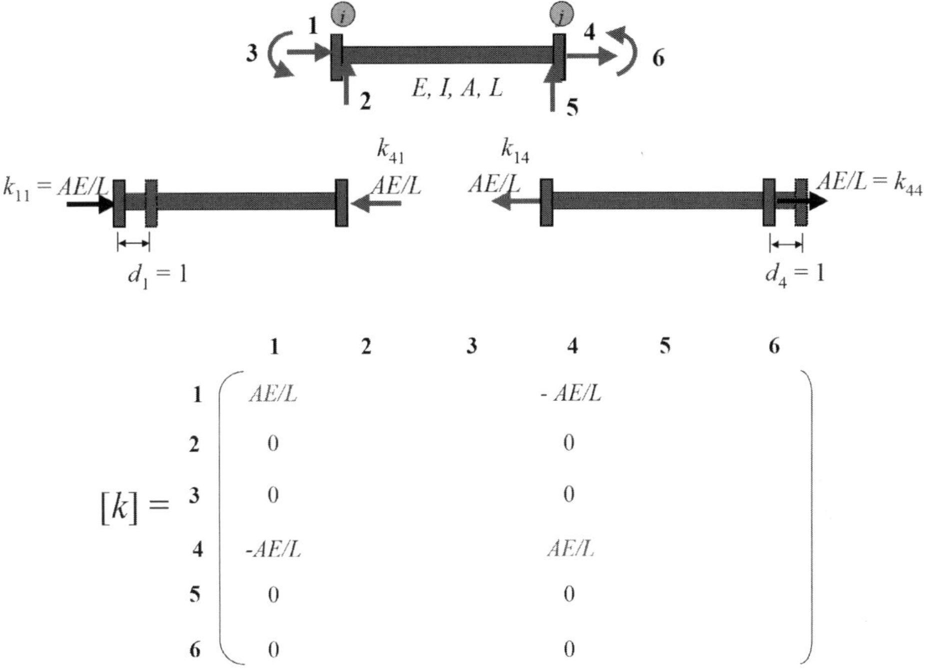

$$
[k] = \begin{array}{c} \\ 1 \\ 2 \\ 3 \\ 4 \\ 5 \\ 6 \end{array}
\begin{array}{cccccc}
1 & 2 & 3 & 4 & 5 & 6 \\
\left(\begin{array}{cccccc}
AE/L & & & -AE/L & & \\
0 & & & 0 & & \\
0 & & & 0 & & \\
-AE/L & & & AE/L & & \\
0 & & & 0 & & \\
0 & & & 0 & &
\end{array}\right)
\end{array}
$$

➤ Shear Force

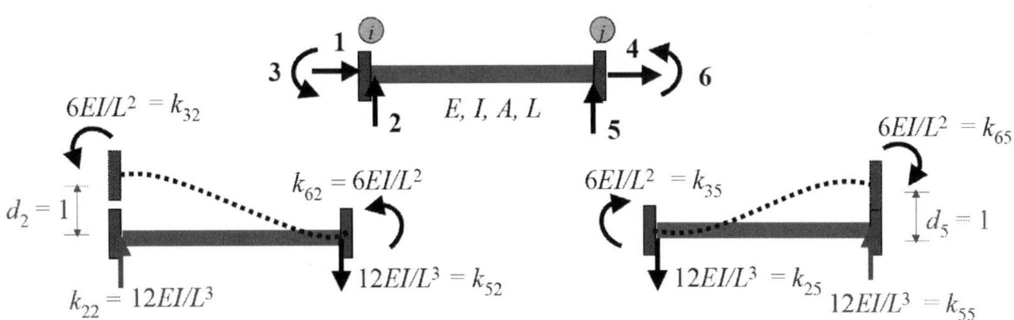

$$[k] = \begin{array}{c|cccccc} & 1 & 2 & 3 & 4 & 5 & 6 \\ \hline 1 & AE/L & 0 & & -AE/L & 0 & \\ 2 & 0 & 12EI/L^3 & & 0 & -12EI/L^3 & \\ 3 & 0 & 6EI/L^2 & & 0 & -6EI/L^2 & \\ 4 & -AE/L & 0 & & AE/L & 0 & \\ 5 & 0 & -12EI/L^3 & & 0 & 12EI/L^3 & \\ 6 & 0 & 6EI/L^2 & & 0 & -6EI/L^2 & \end{array}$$

➤ Bending Moment

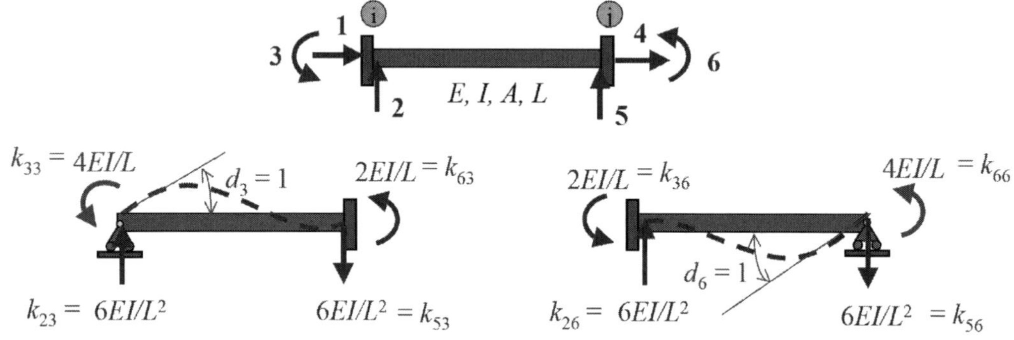

$$[k] = \begin{array}{c|cccccc} & 1 & 2 & 3 & 4 & 5 & 6 \\ \hline 1 & AE/L & 0 & 0 & -AE/L & 0 & 0 \\ 2 & 0 & 12EI/L^3 & 6EI/L^2 & 0 & -12EI/L^3 & 6EI/L^2 \\ 3 & 0 & 6EI/L^2 & 4EI/L & 0 & -6EI/L^2 & 2EI/L \\ 4 & -AE/L & 0 & 0 & AE/L & 0 & 0 \\ 5 & 0 & -12EI/L^3 & -6EI/L^2 & 0 & 12EI/L^3 & -6EI/L^2 \\ 6 & 0 & 6EI/L^2 & 2EI/L & 0 & -6EI/L^2 & 4EI/L \end{array}$$

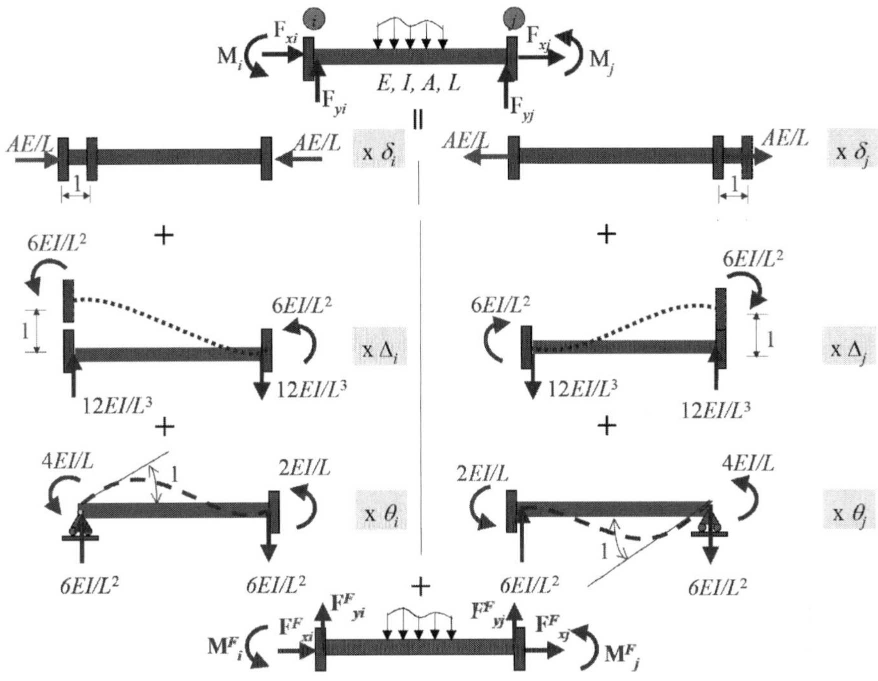

$$F_{xi} = (AE/L)\delta_i + (0)\Delta_i \quad (0)\theta_i + (-AE/L)\delta_j + (0)\Delta_j + (0)\theta_j + F_{xi}^F$$

$$F_{yi} = (0)\delta_i + (12EI/L^3)\Delta_i \quad (6EI/L^2)\theta_i \quad (0)\delta_j \quad (-12EI/L^3)\Delta_j \quad (6EI/L^2)\theta_j \quad F_{yi}^F$$

$$M_{xi} = (0)\delta_i + (6EI/L^2)\Delta_i \quad (4EI/L)\theta_i \quad (0)\delta_j \quad (-6EI/L^2)\Delta_j \quad (2EI/L)\theta_j \quad M_i^F$$

$$F_{xj} = (-AE/L)\delta_i \quad (0)\Delta_i \quad (0)\theta_i \quad (AE/L)\delta_j \quad (0)\Delta_j \quad (0)\theta_j \quad F_{xi}^F$$

$$F_{yj} = (0)\delta_i \quad (-12EI/L^3)\Delta_i \quad (-6EI/L^2)\theta_i \quad (0)\delta_j \quad (0)\Delta_j \quad (-6EI/L^2)\theta_j \quad F_{yj}^F$$

$$M_j = (0)\delta_i \quad (6EI/L^2)\Delta_i \quad (2EI/L)\theta_i \quad (0)\delta_j \quad (-6EI/L^2)\Delta_j \quad (4EI/L)\theta_j \quad M_j^F$$

$$
\begin{bmatrix} F_{xi} \\ F_{yi} \\ M_i \\ F_{xj} \\ F_{yj} \\ M_j \end{bmatrix}
=
\begin{bmatrix}
AE/L & 0 & 0 & -AE/L & 0 & 0 \\
0 & 12EI/L^3 & 6EI/L^2 & 0 & -12EI/L^3 & 6EI/L^2 \\
0 & 6EI/L^2 & 4EI/L & 0 & -6EI/L^2 & 2EI/L \\
-AE/L & 0 & 0 & AE/L & 0 & 0 \\
0 & -12EI/L^3 & -6EI/L^2 & 0 & 12EI/L^3 & -6EI/L^2 \\
0 & 6EI/L^2 & 2EI/L & 0 & -6EI/L^2 & 4EI/L
\end{bmatrix}
\begin{bmatrix} \delta_i \\ \Delta_i \\ \theta_i \\ \delta_j \\ \Delta_j \\ \theta_j \end{bmatrix}
+
\begin{bmatrix} F_{xi}^F \\ F_{yi}^F \\ M_i^F \\ F_{xj}^F \\ F_{yi}^F \\ M_j^F \end{bmatrix}
$$

Stiffness matrix ↓ Fixed-end force matrix

$$[q] = [k][d] + [q^F]$$

End-force matrix   Displacement matrix

매트릭스 해석법 : 변위법, 프레임의 수평변위

그림의 frame에서 C점의 수평변위를 계산하시오. 단, 부재들의 축변형과 전단변형은 무시한다. $E = 2.0 \times 10^5 MPa$, $I = 1.0 \times 10^8 mm^4$ 이다.

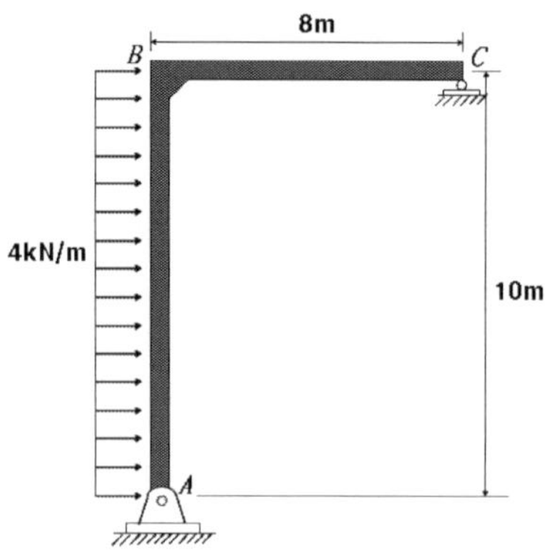

풀 이

▶ 개요

정적구조물인 프레임구조물의 변위산정은 에너지 방법이나 단위하중법에 의하거나 매트릭스 해석법을 통한 방법으로 해석할 수 있다.

▶ 매트릭스 해석법

1) 자유도 및 내력, 하중 정의

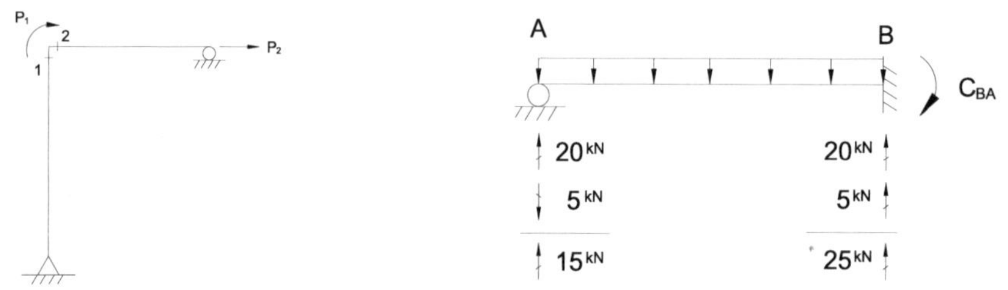

모멘트 분배법으로부터 $C_{BA} = \dfrac{wl^2}{12} + \dfrac{1}{2}\left(\dfrac{wl^2}{12}\right) = 50^{kNm}$

$$\therefore \begin{bmatrix} P_1 \\ P_2 \end{bmatrix} = \begin{bmatrix} -50^{kNm} \\ 25^{kN} \end{bmatrix}$$

2) Static Matrix [A]

$$P_1 = Q_1 + Q_2$$

$$P_2 = -\frac{Q_1}{10}$$

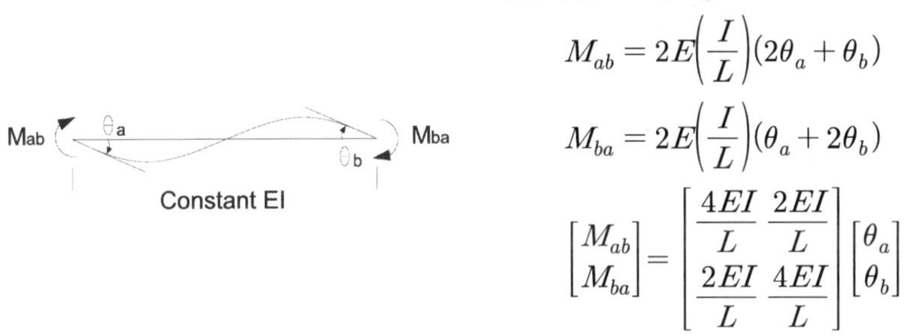

$$\therefore [A] = \begin{bmatrix} 1 & 1 \\ -\dfrac{1}{10} & 0 \end{bmatrix}$$

3) Element stiffness Matrix [S]

처짐각법으로부터,

$$M_{ab} = 2E\left(\frac{I}{L}\right)(2\theta_a + \theta_b)$$

$$M_{ba} = 2E\left(\frac{I}{L}\right)(\theta_a + 2\theta_b)$$

$$\begin{bmatrix} M_{ab} \\ M_{ba} \end{bmatrix} = \begin{bmatrix} \dfrac{4EI}{L} & \dfrac{2EI}{L} \\ \dfrac{2EI}{L} & \dfrac{4EI}{L} \end{bmatrix} \begin{bmatrix} \theta_a \\ \theta_b \end{bmatrix}$$

B'이 힌지인 경우 $M_{ba} = 0 : \theta_B = -\dfrac{1}{2}\theta_A \qquad \therefore M_{ab} = \dfrac{3EI}{L}\theta_A$

$$[Q] = [S][e] \qquad \therefore [S]_i = \left[\frac{3EI}{L}\right]$$

$$\therefore [S] = 3EI\begin{bmatrix} \dfrac{1}{L_1} & 0 \\ 0 & \dfrac{1}{L_2} \end{bmatrix} = 3EI\begin{bmatrix} \dfrac{1}{10} & 0 \\ 0 & \dfrac{1}{8} \end{bmatrix}$$

4) Global Stiffness Matrix

$$[K] = [A][S][A]^T = EI\begin{bmatrix} \dfrac{27}{40} & -\dfrac{3}{100} \\ -\dfrac{3}{100} & \dfrac{3}{1000} \end{bmatrix}$$

$$EI = 2 \times 10^4 kNm^2$$

5) Displacement

$$[d] = [K]^{-1}[P] = \begin{bmatrix} \theta_1 \\ \delta_2 \end{bmatrix} = \begin{bmatrix} 0.02667 \\ 0.6833 \end{bmatrix} \qquad \therefore \delta_{H_C} = 0.6833^m \; (\rightarrow)$$

매트릭스 해석법 : 변위법, 라멘

그림과 같이 타이로드가 설치된 강재 프레임에서 타이로드에 걸리는 인장력 T를 구하시오(단,
$A_b = 24,000mm^2$, $I_b = 1.5 \times 10^9 mm^4$, $E = 200 kN/mm^2$(모든 부재), $A_c = 18,000mm^2$,
$I_c = 1.20 \times 10^9 mm^4$ 이다).

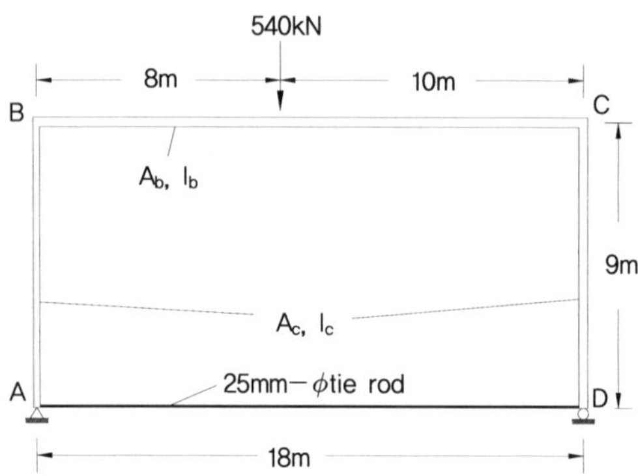

풀 이

▶ 매트릭스 해석법(Intermediate structural analysis, Wang)

$$S_{34} = S_{43} = \frac{2EI_b}{18} = 33,333kNm, \ S_{77} = S_{99} = \frac{EA_c}{9} = \frac{200(18,000)}{9} = 400,000kN/m$$

$$S_{88} = \frac{EA_b}{9} = \frac{200(24,000)}{18} = 266,666kN/m,$$

$$S_{1010} = \frac{EA_r}{18} = \frac{200\pi(12.5)^2}{18} = 5,454.154kN/m$$

1) Static Matrix [A]

$[A]_{9 \times 10} =$

P＼F	1	2	3	4	5	6	7	8	9	10
1	+1									
2		+1	+1							
3				+1	+1					
4						+1				
5	−1/9	−1/9						−1		
6			−1/18	−1/18			+1			
7					−1/9	−1/9		+1		
8			+1/18	+1/18					+1	
9					+1/9	+1/9				+1

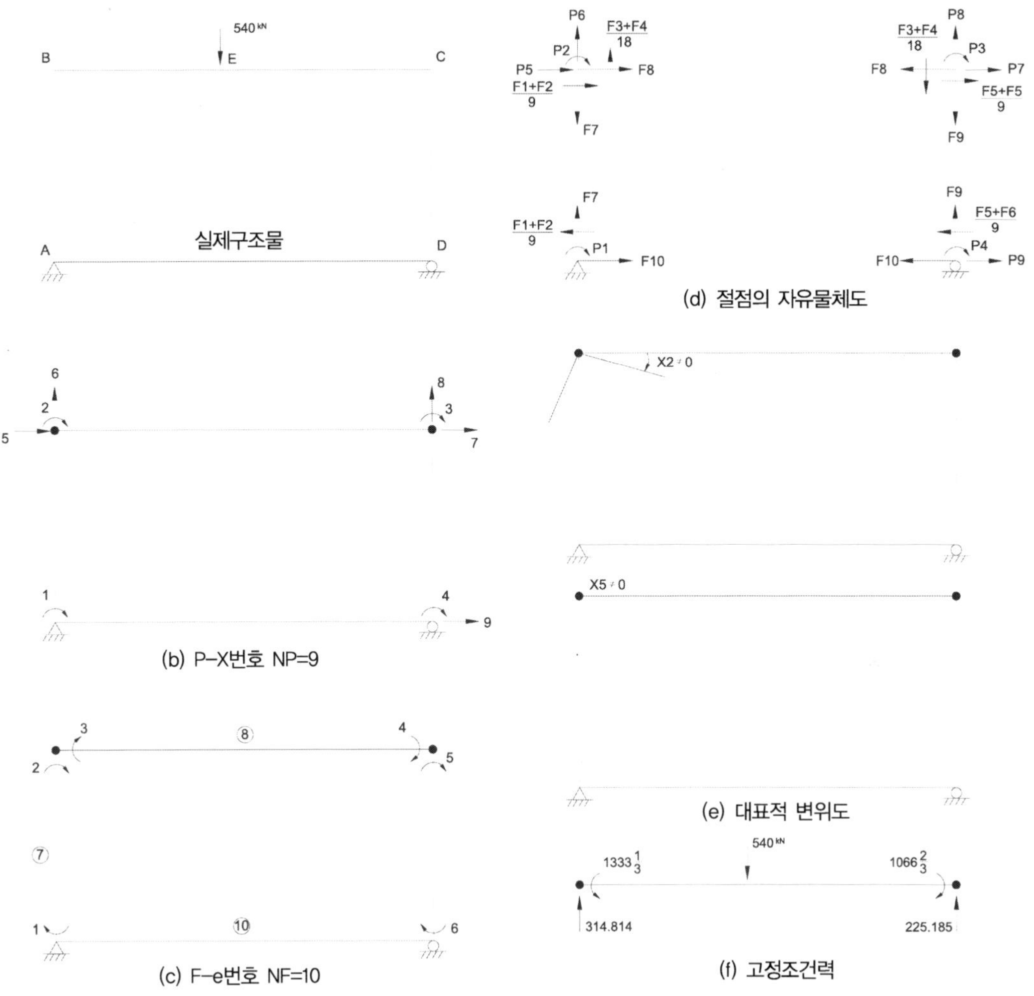

2) Deformed Shape Matrix [B]

$[B]_{10 \times 9} =$

e \ X	1	2	3	4	5	6	7	8	9
1	+1				−1/9				
2		+1			−1/9				
3		+1				−1/18		+1/18	
4			+1			−1/18		+1/18	
5			+1				−1/9		+1/9
6				+1			−1/9		+1/9
7						+1			
8					−1		+1		
9								+1	
10									+1

3) Element Stiffness Matrix [S]

$[S]_{10\times10} =$

F \ e	1	2	3	4	5	6	7	8	9	10
1	S_{11}	S_{12}								
2	S_{21}	S_{22}								
3			S_{33}	S_{34}						
4			S_{43}	S_{44}						
5					S_{55}	S_{56}				
6					S_{65}	S_{66}				
7							S_{77}			
8								S_{88}		
9									S_{99}	
10										S_{1010}

4) Load [P]

$[P]_{9\times1} =$

P \ LC	1
1	0
2	1333.333
3	−1066.66
4	0
5	0
6	−314.814
7	0
8	−225.185
9	0

5) displacement $[d] = ([A][S][A]^{T})^{-1}[P]$

6) 부재내력 $[F^{*}] = [F_0] + [S][B][d]$

$[d]_{9\times1} =$

d \ LC	1
1	-2.8766×10^{-3}
2	$+12.5855\times10^{-3}$
3	-9.9355×10^{-3}
4	$+5.5266\times10^{-3}$
5	$+20.4966\times10^{-3}$
6	-0.75×10^{-3}
7	$+20.153\times10^{-3}$
8	-0.6×10^{-3}
9	-16.7996×10^{-3}

$[F^{*}]_{10\times1} =$

d \ LC	1
1	0
2	+824.649
3	−824.649
4	+824.649
5	−824.649
6	0
7	−300
8	−91.628
9	−240
10	+91.628

매트릭스 해석법 : 변위법, 트러스

다음 그림과 같은 트러스의 부재력을 변형일치방법에 의하여 구하시오(단, 점C는 힌지, 점A는 롤러, 탄성계수(E)와 단면적(A)는 모든 부재에서 동일).

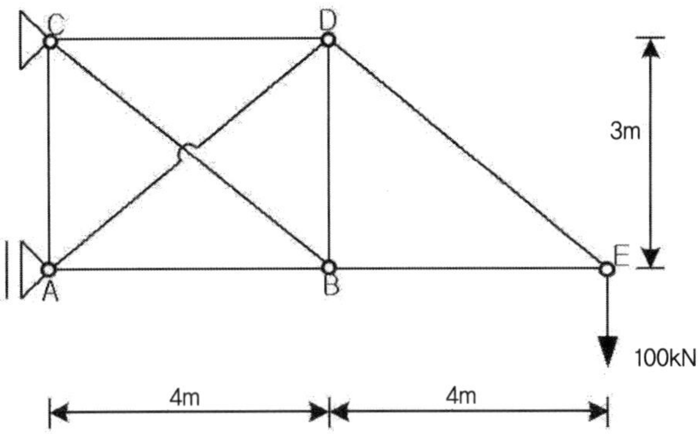

풀 이

> **별해(매트릭스 해석)**

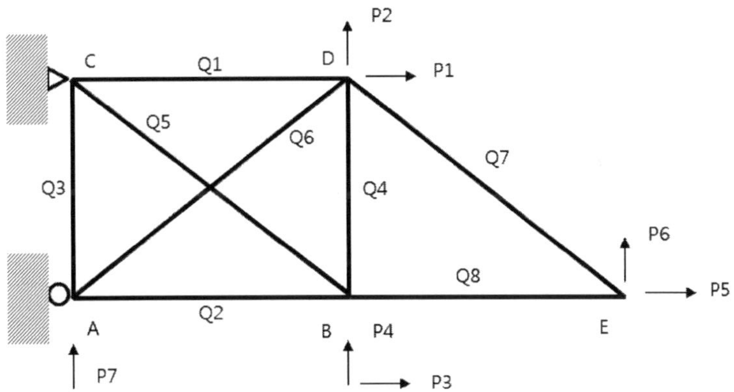

1) Static Matrix A 산정 [P]=[A][Q]

$$P_1 = Q_1 + \frac{4}{5}Q_6 - \frac{4}{5}Q_7, \quad P_2 = Q_4 + \frac{3}{5}Q_6 + \frac{3}{5}Q_7, \quad P_3 = Q_2 + \frac{4}{5}Q_5 - Q_8,$$

$$P_4 = -Q_4 - \frac{3}{5}Q_5, \quad P_5 = \frac{4}{5}Q_7 + Q_8, \quad P_6 = -\frac{3}{5}Q_7, \quad P_7 = -Q_3 - \frac{3}{5}Q_6$$

$$[A]_{7 \times 8} = \begin{bmatrix} 1 & 0 & 0 & 0 & 0 & \dfrac{4}{5} & -\dfrac{4}{5} & 0 \\[2mm] 0 & 0 & 0 & 1 & 0 & \dfrac{3}{5} & \dfrac{3}{5} & 0 \\[2mm] 0 & 1 & 0 & 0 & \dfrac{4}{5} & 0 & 0 & -1 \\[2mm] 0 & 0 & 0 & -1 & -\dfrac{3}{5} & 0 & 0 & 0 \\[2mm] 0 & 0 & 0 & 0 & 0 & 0 & \dfrac{4}{5} & 1 \\[2mm] 0 & 0 & 0 & 0 & 0 & 0 & -\dfrac{3}{5} & 0 \\[2mm] 0 & 0 & -1 & 0 & 0 & -\dfrac{3}{5} & 0 & 0 \end{bmatrix}$$

2) Element stiffness Matrix [Q]=[S][e]

$$[S]_{8 \times 8} = EA \begin{bmatrix} \dfrac{1}{4} & & & & & & & \\[2mm] & \dfrac{1}{4} & & & & & & \\[2mm] & & \dfrac{1}{3} & & & & & \\[2mm] & & & \dfrac{1}{3} & & & & \\[2mm] & & & & \dfrac{1}{5} & & & \\[2mm] & & & & & \dfrac{1}{5} & & \\[2mm] & & & & & & \dfrac{1}{5} & \\[2mm] & & & & & & & \dfrac{1}{4} \end{bmatrix}$$

3) Load Matrix [P]

$$[P]_{8 \times 1} = \begin{bmatrix} 0 \\ 0 \\ 0 \\ 0 \\ 0 \\ -100 \\ 0 \\ 0 \end{bmatrix} \text{(kN)}$$

4) Global stiffness Matrix $[K]_{7x7}=[A]_{7x8}[S]_{8x8}[A]^{T}_{8x7}$

5) Displacement $[d]_{7\times1}=[K]^{-1}{}_{7\times7}[P]_{7\times1}$

6) 부재력 $[Q]=[S][e]$

$$[F] = [S][e] = [S][A]^{T}[d] = \begin{bmatrix} 200 \\ -200 \\ 50 \\ -50 \\ 83.33 \\ -83.33 \\ 166.67 \\ -133.33 \end{bmatrix} \ (\text{kN})$$

매트릭스 해석법 : 변위법, 부정정 라멘

다음 그림과 같은 구조물의 반력을 구하고 휨모멘트도를 그리시오(단, 모든 부재의 EI는 일정).

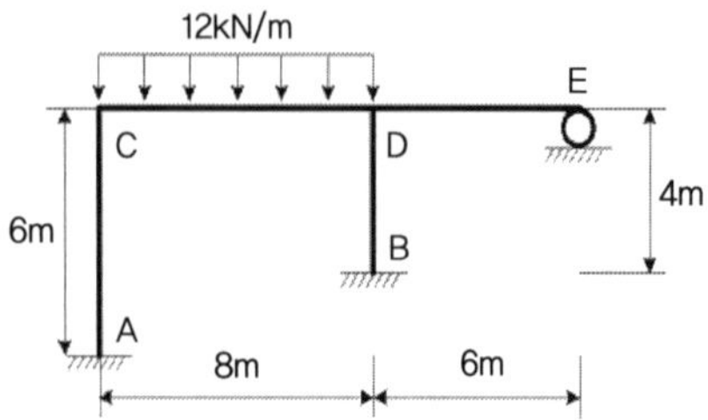

풀 이

▶ 부정정 차수 산정

$$n = r + m + s - 2k = 7 + 4 + 3 - 2 \times 5 = 4 \qquad \therefore \ 4차 \ 부정정 \ 구조물$$

▶ 자유도 및 내력

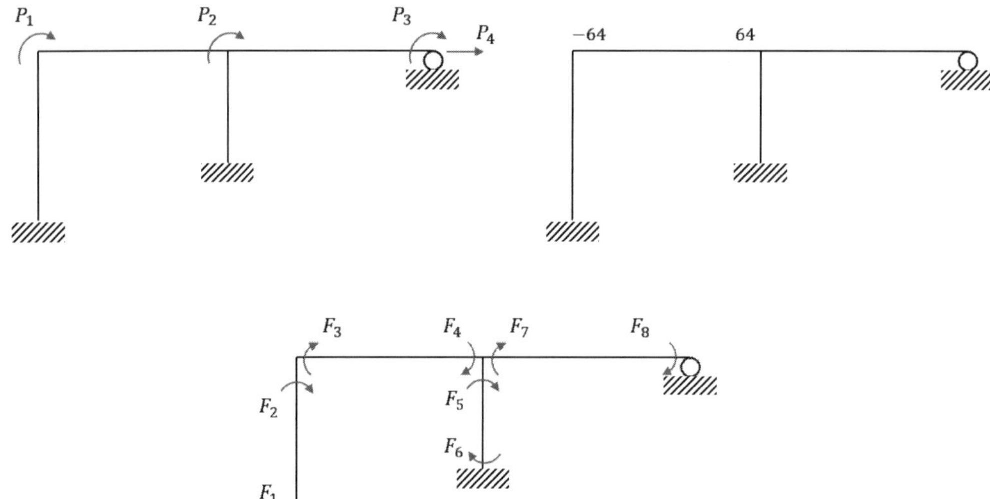

NP(자유도수) = 4

NF(독립미지력수) = 8 $\quad NI = NF - NP = 4 \qquad \therefore \ 4차 \ 부정정 \ 구조물$

➤ **Static Matrix** $[A]$**와 하중** $[P]$

$$P_1 = F_2 + F_3, \quad P_2 = F_4 + F_5 + F_7, \quad P_3 = F_8, \quad P_4 = -\frac{1}{L_1}(F_1 + F_2) - \frac{1}{L_2}(F_5 + F_6)$$

$$\text{from } [P] = [A][Q] \qquad [A] = \begin{bmatrix} 0 & 1 & 1 & 0 & 0 & 0 & 0 & 0 \\ 0 & 0 & 0 & 1 & 1 & 0 & 1 & 0 \\ 0 & 0 & 0 & 0 & 0 & 0 & 0 & 1 \\ -\dfrac{1}{6} & -\dfrac{1}{6} & 0 & 0 & -\dfrac{1}{4} & -\dfrac{1}{4} & 0 & 0 \end{bmatrix} (4 \times 8)$$

하중 $[P]$는 절점의 하중항의 합이 zero가 되게 하는 값이므로

$$[P] = \begin{bmatrix} 64 \\ -64 \\ 0 \\ 0 \end{bmatrix} (4 \times 1)$$

➤ **Element Stiffness Matrix** $[S]$

$$[S] = EI \begin{bmatrix} 4/6 & 2/6 & & & & & & \\ 2/6 & 4/6 & & & & & & \\ & & 4/8 & 2/8 & & & & \\ & & 2/8 & 4/8 & & & & \\ & & & & 1 & 1/2 & & \\ & & & & 1/2 & 1 & & \\ & & & & & & 4/6 & 2/6 \\ & & & & & & 2/6 & 4/6 \end{bmatrix} (8 \times 8)$$

➤ **Displacement** $[d]$ $[(4 \times 8) \times (8 \times 8) \times (8 \times 4)] \times (4 \times 1) = (4 \times 1)$

$$[d] = ([A][S][A]^T)^{-1}[P] = \frac{1}{EI} \begin{bmatrix} 60.5109 \\ -44.7211 \\ 22.3605 \\ -27.505 \end{bmatrix}$$

➤ **내력** $[Q]$

$$[Q] = [F^*] + [S][A]^T[d] = \begin{bmatrix} 0 \\ 0 \\ -64 \\ 64 \\ 0 \\ 0 \\ 0 \\ 0 \end{bmatrix} + \begin{bmatrix} 24.7545 \\ 44.9248 \\ 19.0752 \\ -7.23279 \\ -34.4067 \\ -12.0462 \\ -22.3605 \\ 0 \end{bmatrix} = \begin{bmatrix} 24.7545 \\ 44.9248 \\ -44.9248 \\ 56.7672 \\ -34.4067 \\ -12.0462 \\ -22.3605 \\ 0 \end{bmatrix}$$

➤ 반력 산정

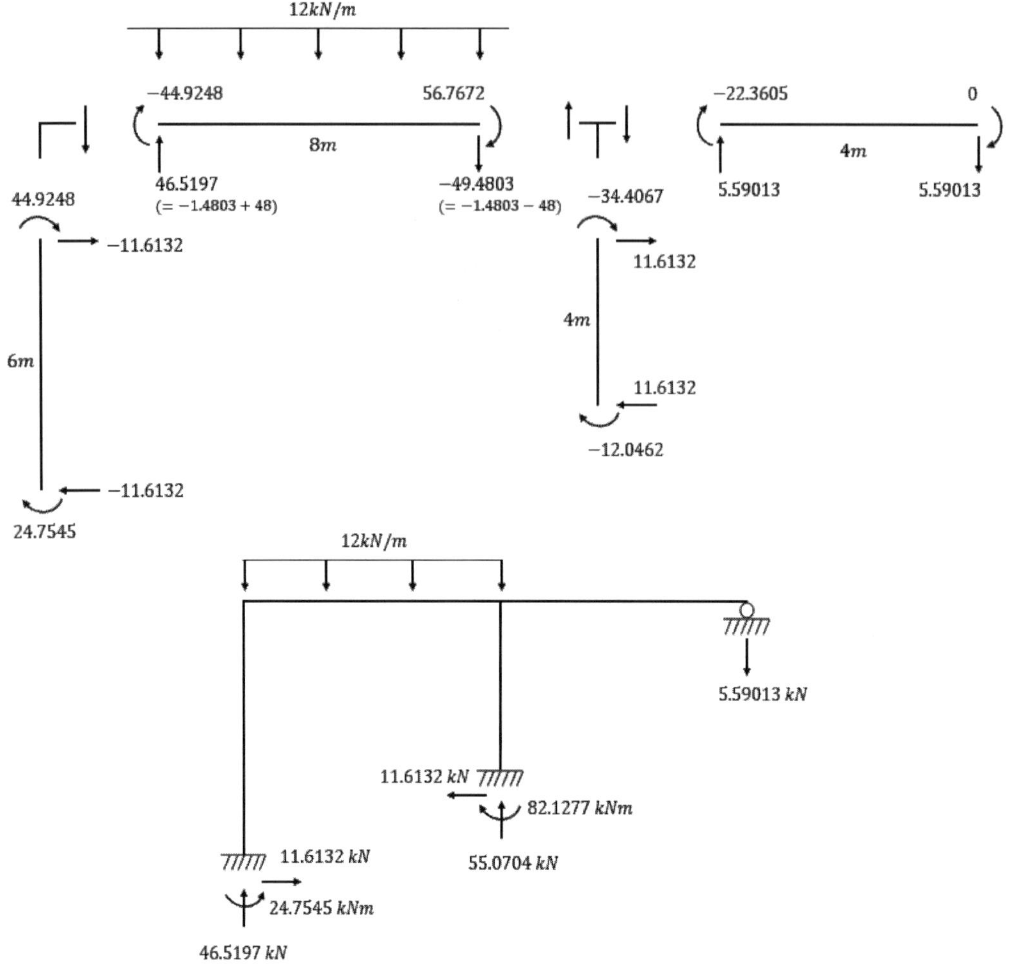

12kN/m
−44.9248
56.7672
8m
46.5197
(= −1.4803 + 48)
−49.4803
(= −1.4803 − 48)
44.9248
−11.6132
6m
−11.6132
24.7545
−34.4067
11.6132
4m
11.6132
−12.0462
−22.3605
0
4m
5.59013
5.59013
12kN/m
5.59013 kN
11.6132 kN
82.1277 kNm
55.0704 kN
11.6132 kN
24.7545 kNm
46.5197 kN

기둥 및 안정성 해석

05 기둥 및 안정성 해석

01 기둥의 탄성 좌굴방정식

1. 미분방정식

1) Euler 공식

TIP | Euler 좌굴방정식의 가정사항 |

① 부재의 단부는 단순지지되어 있다. 하단부는 이동하지 못하는 힌지이고 상단부는 회전에 자유롭고 수직방향으로는 이동가능하나 수평방향으로는 이동하지 못한다.
② 부재는 일직선으로 되어 있고 하중은 부재의 중심선에 재하된다.
③ 부재는 후크의 법칙에 따른다.
④ 부재의 변형은 미소한 변위로 거동되기 때문에 곡률 식 $y''/[1+(y')^2]^{3/2}$ 에서 $(y')^2$은 무시될 수 있으므로 곡률식은 y''에 관한 식으로 표현할 수 있다.

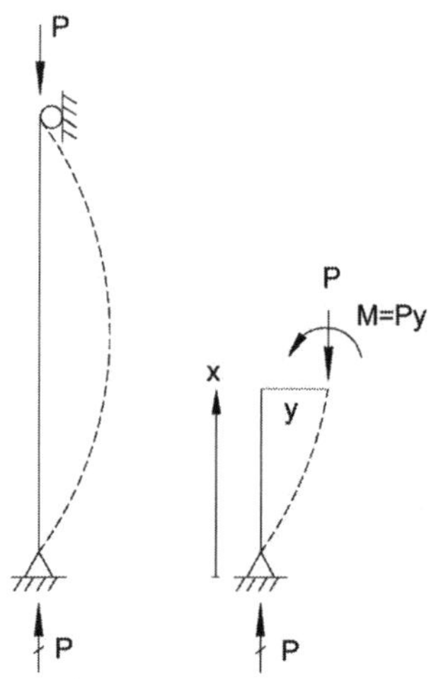

$$EIy'' = -M = -Py, \quad EIy'' + Py = 0, \quad y'' + \frac{P}{EI}y = 0$$

$$\therefore \ y'' + k^2 y = 0, \quad \text{when } k^2 = \frac{P}{EI}$$

여기서, 이계도 미분방정식의 해는 일반해(General solution)와 특수해(particular solution)로 구분해서 구하며, 방정식의 오른쪽이 0으로 표현되는 이계도 미분방정식에서는 일반해만으로 만족한다. 일반해의 형태는 다음과 같다.

General Solution $y = A\cos kx + B\sin kx$

① 일반해(General solution)

$y'' + ay' + by = 0$의 형태에서 2차방정식 형태로 변형하여 해를 먼저 구한다.

$\rightarrow x^2 + ax + b = 0$의 해 : $(x - \lambda_1)(x - \lambda_2) = 0 \qquad \therefore x = \lambda_1, \lambda_2$

이때의 일반해는 다음과 같이 표현할 수 있다 $\qquad \therefore y_h = Ae^{\lambda_1 x} + Be^{-\lambda_2 x}$

여기서, $e^{ix} = \cos x + i\sin x, \quad e^{-ix} = \cos x - i\sin x$로 표현할 수 있다.

Euler의 좌굴방정식에 적용하면,

$y'' + k^2 y = 0$의 식으로부터 $x^2 + ax + b = 0$의 해는 $x = \pm ki$

$$\therefore y = Ae^{kix} + Be^{-kix} = A(\cos kx + i\sin kx) + B(\cos kx - i\sin kx)$$
$$= (A + B)\cos kx + i(A - B)\sin kx = A'\cos kx + B'\sin kx$$

결국, Euler의 좌굴방정식은 $y_h = A\cos kx + B\sin kx$의 해를 갖는다.

② 특수해(Particular solution)

$y'' + ay' + by = f(x)$의 형태를 갖는 이계도 미분방정식에 적용한다. 이때의 해는 일반해+특수해로 표현되며, 일반해는 $y'' + ay' + by = 0$의 형태로 놓고 ①에서 구한 방식과 동일하게 구한다. 특수해는 $f(x)$의 형태에 따라서 구분해서 산정하며, (1) $f(x)$가 상수일 경우, (2) $f(x)$가 싸인이나 코사인 함수일 경우, (3) 다차방정식 함수일 경우 등으로 구분해서 적용한다. 좌굴방정식에서 주로 사용되는 (1)과 (2)의 경우에는 다음과 같다.

(1) $f(x) = \alpha$(상수)

$\quad y'' + ay' + by = \alpha, \; y = y_h + y_p,$

$\quad y_h = A\cos kx + B\sin kx, \quad y_p = \dfrac{\alpha}{b}$

(2) $f(x) = \sin\alpha x, \cos\alpha x$

$\quad y'' + ay' + by = \alpha, \quad y = y_h + y_p$

$\quad y_h = A\cos kx + B\sin kx, \quad y_p = C\sin\alpha x + D\cos\alpha x$

(3) $f(x)$의 형태에 따른 특수해

$f(x)$	p(상수)	$p + qx$	$p + qx + rx^2$	pe^{kx}	$p\cos\alpha x + q\sin\alpha x$
y_p	C	C+Dx	C+Dx+Ex^2	Ce^{kx}	C$\cos\alpha x$+D$\sin\alpha x$

2. 기둥의 탄성 좌굴방정식 – 힌지와 롤러 경계조건의 경우(Buckling Equation, Hinge – Roller)

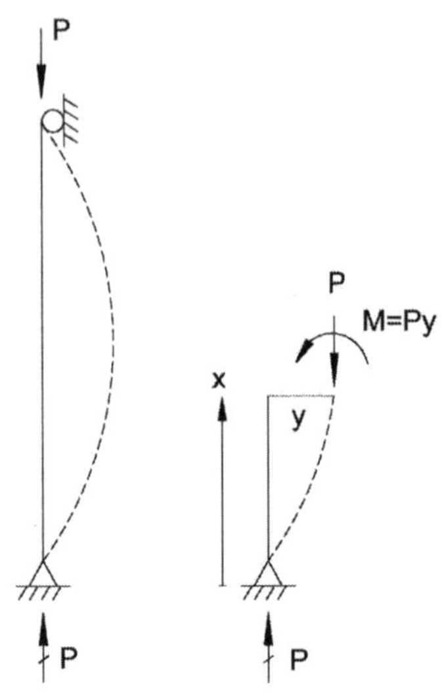

$$EIy'' = - M = - Py, \quad EIy'' + Py = 0, \quad y'' + \frac{P}{EI}y = 0$$

General Solution $y = A\cos kx + B\sin kx$, $k^2 = \dfrac{P}{EI}$

From B.C

① $x = 0, \ y = 0 : A = 0$

② $x = L, \ y = 0 : B\sin kL = 0 \quad \therefore kL = n\pi$

$$k^2 = \frac{P}{EI} = \frac{n^2\pi^2}{L^2}, \text{ if } n = 1 \qquad \therefore P_{cr} = \frac{\pi^2 EI}{L^2}$$

3. 기둥의 탄성 좌굴방정식 – 고정과 자유단 경계조건의 경우(Buckling Equation, Fixed – free)

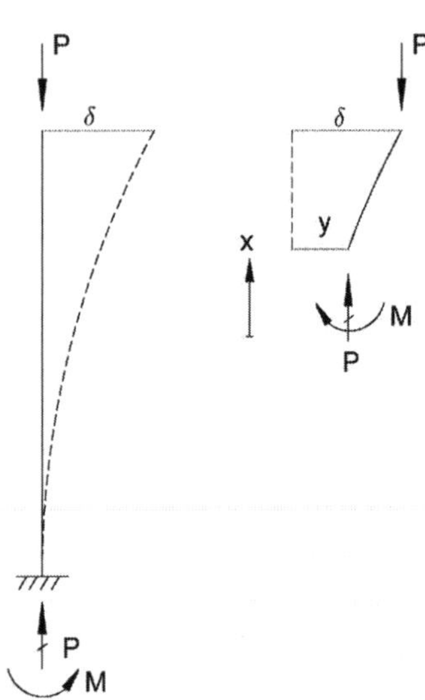

$$M = - P(\delta - y)$$

$$EIy'' = - M = P(\delta - y), \quad y'' + \frac{P}{EI}y = \frac{P}{EI}\delta, \quad k^2 = \frac{P}{EI}$$

General(Homogeneous) Solution $y_h = A\cos kx + B\sin kx$

Particular Solution $y_p = \delta$

$$y = y_h + y_p = A\cos kx + B\sin kx + \delta$$

From B.C

① $x = 0, \ y = 0 : A = -\delta$

② $x = 0, \ y' = 0 : Bk = 0, \therefore B = 0$

③ $x = L, \ y = \delta : -\delta\cos kL + \delta = \delta, \cos kL = 0, kl = \dfrac{n\pi}{2}$

$$k^2 = \frac{P}{EI} = \frac{n^2\pi^2}{2L^2}, \text{if } n = 1 \qquad \therefore P_{cr} = \frac{\pi^2 EI}{4L^2} = \frac{\pi^2 EI}{(2L)^2}$$

4. 기둥의 탄성 좌굴방정식 - 고정과 고정 경계조건의 경우(Buckling Equation, Fixed - fixed)

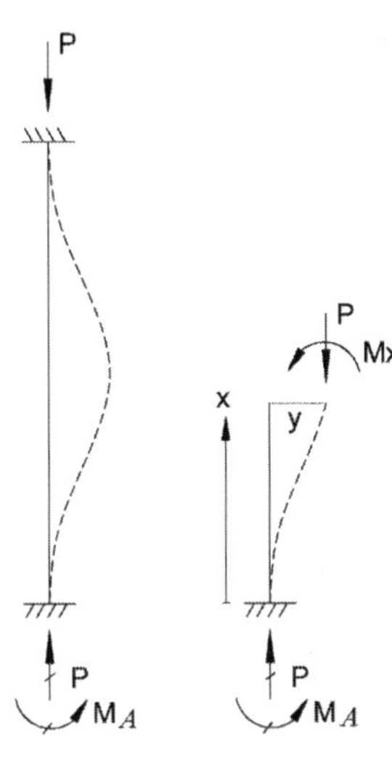

$$M_x = Py - M_A$$

$$EIy'' = -Py + M_A, \quad y'' + \frac{P}{EI}y = \frac{P}{EI}\frac{M_A}{P}, \quad k^2 = \frac{P}{EI}$$

General(Homogeneous) Solution $y_h = A\cos kx + B\sin kx$

Particular Solution $y_p = \dfrac{M_A}{P}$

$$y = y_h + y_p = A\cos kx + B\sin kx + \frac{M_A}{P}$$

From B.C ① $x=0,\ y=0 : A = -\dfrac{M_A}{P}$

② $x=0,\ y'=0 : Bk=0, \therefore B=0$

③ $x=L,\ y=0 : \cos kL=1,\ kl=2n\pi$

$$k^2 = \frac{P}{EI} = \frac{4n^2\pi^2}{L^2}, \text{ if } n=1 \quad \therefore P_{cr} = \frac{4\pi^2 EI}{L^2} = \frac{\pi^2 EI}{(0.5L)^2}$$

5. 기둥의 탄성 좌굴방정식 - 고정과 힌지 경계조건의 경우(Buckling Equation, Fixed - hinge)

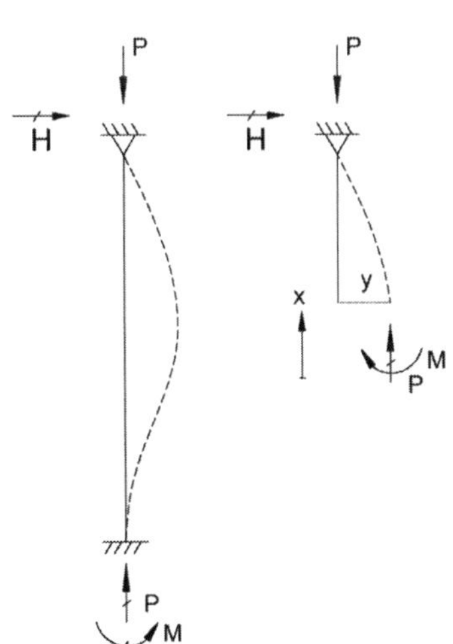

$$M_x = Py - H(L-x)$$
$$EIy'' = -M = -Py + H(L-x)$$
$$y'' + \frac{P}{EI}y = \frac{P}{EI}\frac{H}{P}(L-x), \ k^2 = \frac{P}{EI}$$

General(Homogeneous) Solution $y_h = A\cos kx + B\sin kx$

Particular Solution $y_p = \dfrac{H}{P}(L-x)$

$$y = y_h + y_p = A\cos kx + B\sin kx + \frac{H}{P}(L-x)$$

From B.C

① $x=0,\ y=0 : A = -\dfrac{HL}{P}$

② $x=0,\ y'=0 : Bk = \dfrac{H}{P}, \therefore B = \dfrac{H}{Pk}$

③ $x=L,\ y=0 : -\dfrac{HL}{P}\cos kL + \dfrac{H}{Pk}\sin kL = 0$

$$\tan kL = kL, \ k^2 = \frac{P}{EI} = \frac{(4.49)^2}{L^2}, \quad \therefore P_{cr} \fallingdotseq \frac{2\pi^2 EI}{L^2} = \frac{\pi^2 EI}{(0.7L)^2}$$

6. 기둥의 탄성 좌굴방정식 – 탄성 구속된 경우(Buckling Equation, Elastically restrained end)

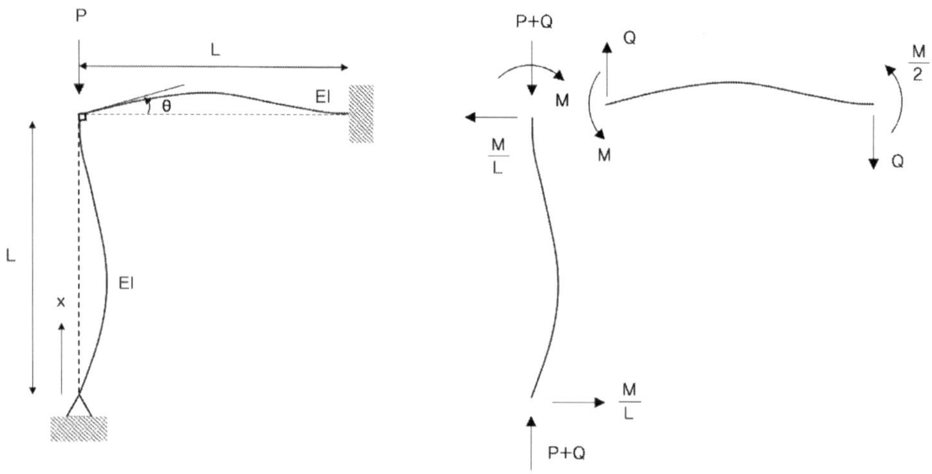

$$M_x = Py - \frac{M}{L}x, \qquad EIy'' + Py = \frac{Mx}{L}, \qquad y'' + k^2y = \frac{M}{EI}\frac{x}{L}$$

General(Homogeneous) Solution $y_h = A\sin kx + B\cos kx$

Particular Solution $y_p = \dfrac{M}{P}\dfrac{x}{L}$

$$\therefore y = A\sin kx + B\cos kx + \frac{M}{P}\frac{x}{L}$$

From B.C

① $x = 0,\ y = 0\ :\ B = 0$

② $x = L,\ y = 0\ :\ A = -\dfrac{M}{P}\dfrac{1}{\sin kL},\qquad \therefore y = \dfrac{M}{P}\left(\dfrac{x}{L} - \dfrac{\sin kx}{\sin kL}\right)$

③ $x = L,\ y' = \theta\ :\ y' = \dfrac{M}{kEI}\left(\dfrac{1}{kL} - \dfrac{1}{\tan kL}\right)$

From slope–deflection eq.(처짐각법) $M = \dfrac{2EI}{L}(2\theta) \quad \therefore \theta = \dfrac{ML}{4EI}$

$$y' = \theta\ ;\ \frac{ML}{4EI} = \frac{M}{kEI}\left(\frac{1}{kL} - \frac{1}{\tan kL}\right) \quad \therefore \tan kL = \frac{4kL}{(kL)^2 + 4},\quad kL = 3.83$$

$$\therefore P_{cr} = \frac{14.7EI}{L^2}$$

7. 기둥의 탄성 좌굴 방정식 일반 해와 유효길이

$$P_{cr} = \frac{\pi^2 EI}{(kL)^2}, \quad P_y = Af_y, \quad r^2 = \frac{I}{A} \quad \therefore P_{cr} = \frac{\pi^2 EI}{\lambda^2}, \quad \lambda_c = \frac{kL}{r}\sqrt{\frac{f_y}{\pi^2 E}}$$

	(a)	(b)	(c)	(d)	(e)	(f)
좌굴 형상	0.5L	0.7L	L	L	2L	2L
이론적 K값	0.50	0.70	1.00	1.00	2.00	2.00
설계적용값	0.65	0.80	1.20	1.00	2.10	2.00

※ 경계 : ▨ 회전고정, 이동고정 ▽ 회전자유, 이동고정, ⬜ 회전고정, 이동자유 ○ 회전자유, 이동자유

1. 기둥에 초기 변형이 있는 경우(Initially bent columns)

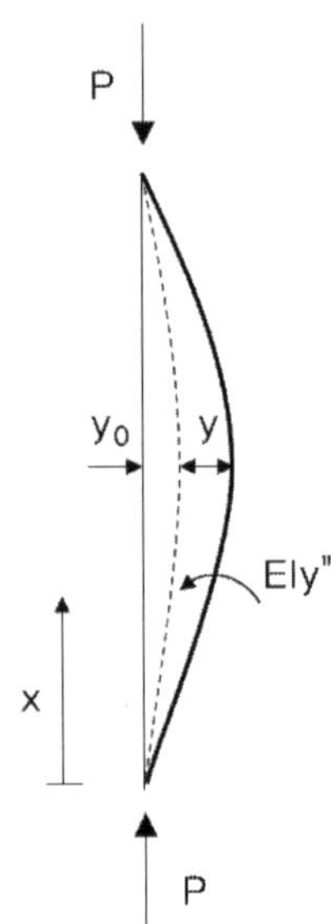

초기 변형형상 $y_0 = a\sin\dfrac{\pi x}{L}$ 이라고 가정

$$M_x = -EIy''$$

$$EIy'' + P(y_0 + y) = 0, \quad k^2 = \frac{P}{EI}$$

$$y'' + k^2 y = -k^2 a\sin\frac{\pi x}{L}$$

General(Homogeneous) Solution $y_h = A\sin kx + B\cos kx$

Particular Solution $y_p = C\sin\dfrac{\pi x}{L} + D\cos\dfrac{\pi x}{L}$

$$C = \frac{a}{(\pi^2/k^2 L^2) - 1}, \quad D = 0 \quad or \quad P = \frac{\pi^2 EI}{L^2}$$

$P = \dfrac{\pi^2 EI}{L^2}$ 값은 본 좌굴에 해당 없으므로,

$\alpha = \dfrac{P}{P_{cr}}$ 이라고 하면, $C = \dfrac{a}{(1/\alpha - 1)} = \dfrac{a\alpha}{1-\alpha}$

$\therefore y_p = \dfrac{a\alpha}{1-\alpha}\sin\dfrac{\pi x}{L}$ $\qquad\qquad \therefore y = y_h + y_p = A\sin kx + B\cos kx + \dfrac{a\alpha}{1-\alpha}\sin\dfrac{\pi x}{L}$

From B.C

① $x = 0, \ y = 0 : B = 0$

② $x = L, \ y = 0 : A\sin kL = 0, \qquad \therefore A = 0$

$\qquad \therefore y = \dfrac{a\alpha}{1-\alpha}\sin\dfrac{\pi x}{L}$

최종 변형은 $y_T = y_0 + y = \left(1 + \dfrac{\alpha}{1-\alpha}\right)a\sin\dfrac{\pi x}{L} = \dfrac{a}{1-\alpha}\sin\dfrac{\pi x}{L}$

중앙에서의 처짐값을 δ 라고 하면, $\delta = \dfrac{a}{1-\alpha} = \dfrac{a}{1-(P/P_{cr})}$

2. 기둥 작용 하중에 편심이 있는 경우(Buckling Equation, Scant formula)

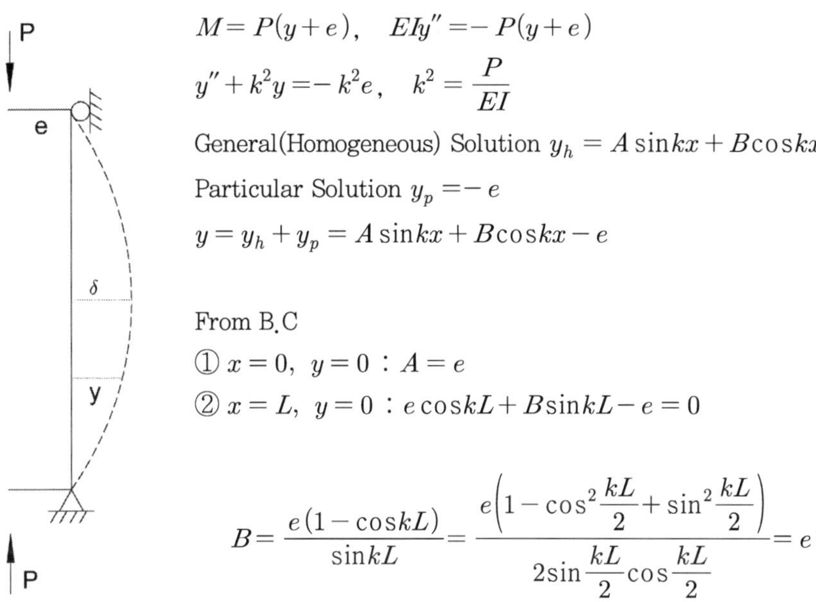

$$M = P(y + e), \quad EIy'' = -P(y + e)$$

$$y'' + k^2 y = -k^2 e, \quad k^2 = \frac{P}{EI}$$

General(Homogeneous) Solution $y_h = A\sin kx + B\cos kx$

Particular Solution $y_p = -e$

$$y = y_h + y_p = A\sin kx + B\cos kx - e$$

From B.C

① $x = 0, \ y = 0 : A = e$

② $x = L, \ y = 0 : e\cos kL + B\sin kL - e = 0$

$$B = \frac{e(1 - \cos kL)}{\sin kL} = \frac{e\left(1 - \cos^2\dfrac{kL}{2} + \sin^2\dfrac{kL}{2}\right)}{2\sin\dfrac{kL}{2}\cos\dfrac{kL}{2}} = e\tan\frac{kL}{2}$$

$$\therefore \ y = e\cos kx + e\tan\frac{kL}{2}\sin kx - e$$

$x = \dfrac{L}{2}$ 일 때,

$$\delta = e\cos\frac{kL}{2} + e\tan\frac{kL}{2}\sin\frac{kL}{2} - e = e\left[\frac{\cos^2\dfrac{kL}{2} + \sin^2\dfrac{kL}{2}}{\cos\dfrac{kL}{2}} - 1\right] = e\left[\sec\frac{kL}{2} - 1\right]$$

$$\therefore \ M_{\max} = P(\delta + e) = Pe\sec\frac{kL}{2}$$

$$\therefore \ f_{\max} = \frac{P}{A} + \frac{M}{I}c = \frac{P}{A} + \frac{Pe\sec\dfrac{kL}{2}}{I}c = \frac{P}{A}\left[1 + \frac{ec}{r^2}\sec\frac{kL}{2}\right]$$

(여기서 c는 중립축에서 단부까지의 거리)

하중이 편심으로 작용하거나, 초기 변형이 있는 경우에는 불완전한 탄성 거동을 하게 된다 (Imperfect column behavior simulated by ① Eccentricity by loading, ② initial crookedness).

03 비탄성 좌굴

실제 부재는 제작상의 결함, 초기변형, 잔류응력, 지점조건, 하중의 편심에 따라 강도의 변화가 존재하며 실제 부재에서 이러한 요건으로 인하여 좌굴강도가 저하되게 된다. 이로 인해 압축부재는 세장비가 클 경우 재료의 파괴보다는 좌굴로 인한 파괴의 안정성의 문제가 더 크다.

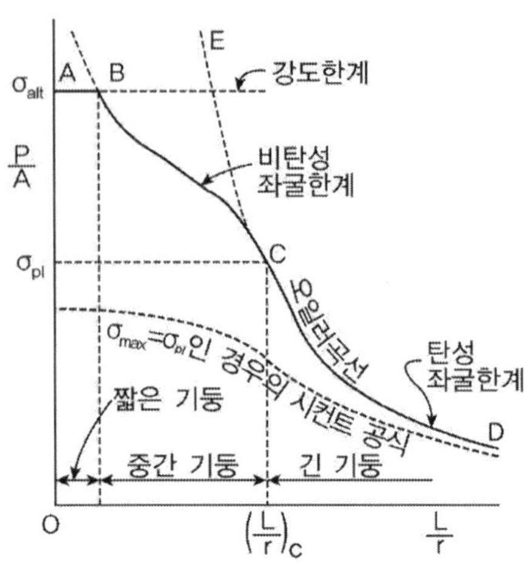

기둥의 좌굴은 탄성 좌굴과 비탄성 좌굴로 구분할 수 있으며 일반적으로 Euler의 좌굴응력이 재료의 비례한계에 도달할 때를 기준으로 구분한다.

- AB(단주) : 재료의 항복, 파쇄에 의한 파괴
- BC(중간주) : 비탄성 좌굴에 의한 파괴, 임계하중은 오일러하중보다 작다.

$$\sigma_{cr}{}' = \frac{P_{cr}}{A} = \frac{\pi^2 E_t}{(L/r)^2} \ \text{(접선탄성계수 적용)}$$

- CD(장주) : 오일러 법칙에 따른다.

$$\sigma_{cr} = \frac{P_{cr}}{A} = \frac{\pi^2 E}{(L/r)^2} , \ \lambda_c = \left(\frac{L}{r}\right)_c = \sqrt{\frac{\pi^2 E}{\sigma_{pl}}}$$

1) 탄성과 비탄성 좌굴

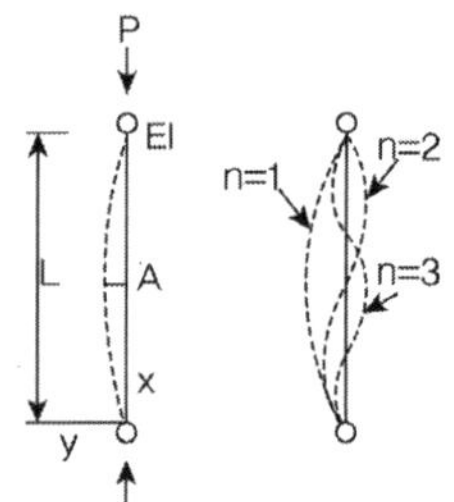

부재가 세장한 경우 저항할 수 있는 하중은 작고 따라서 부재에 생기는 압축응력도가 탄성범위 내에서 좌굴이 발생한다. 이와 같은 좌굴을 탄성 좌굴이라고 하고 탄성 좌굴하중은 오일러가 중심압축력을 받는 부재의 좌굴미분방정식으로부터 구하였다.

$$\frac{d^2 y}{dx^2} + \frac{P_{cr}y}{EI} = 0 \quad \therefore P_{cr} = \frac{\pi^2 EI}{L^2}$$

오일러의 탄성 좌굴은 강재가 탄성범위 내에 있을 때 성립되며 축하중이 증가하여 기둥의 응력이 탄성범위를 벗어나면 그대로 적용할 수 없으며 이러한 불안정한 현상을 비탄성 좌굴(inelastic buckling)이라고 한다. 압축재는 세장비의 크기에 따라서 탄성 좌굴 또는 비탄성 좌굴이 발생하며 그 세장비를 한계세장비라고 한다.

2) 비탄성 좌굴 이론

① 등가계수이론(감소계수이론, Reduced Modulus theory) : 기둥의 횡변위가 생기지 않고 단면 내에 압축응력이 균등하게 분포하면서 등가계수하중[그림(a)의 B점]에 도달하고 이 점에 도달

하자마자 횡변위에 의한 응력변화가 일어나서 단면 내의 응력이 증가하는 부분과 감소하는 부분에서 서로 상이한 탄성계수 E와 E_t가 존재한다는 이론이다.

② 접선계수이론(Tangent Modulus theory) : 하중이 그림(a)의 A점에 도달하여 휨변형 발생 시 응력증감영역에서 동일한 접선계수 E_t가 존재한다는 이론이다.

③ Shanley의 이론 : 접선계수하중(P_t)와 감소계수하중(P_r)은 P_{cr}보다 작은 값이므로 기둥이 오일러 좌굴과 유사한 방법으로 비탄성 좌굴을 일으키는 것은 불가능하며, 처진 모양이 하중변화 없이 갑자기 발생하는 중립평형 대신 계속 증가하는 축하중을 가진 기둥을 고려해야 한다는 이론, 이 경우 중립평형대신 하중–처짐 사이 명확한 관계를 가지는 기둥을 고려하여 해석해야 한다. Shanley의 이론은 비탄성 좌굴의 정설로 입증되고 있으나 계산상의 실용적인 이유로 안전율을 고려하여 접선계수 하중이 많이 적용되고 있다.

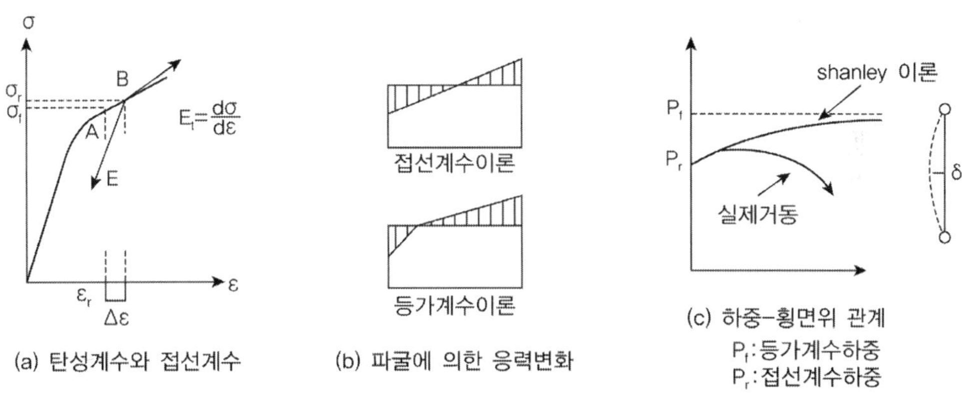

TIP |비탄성 좌굴|

중간길이 기둥에서 Euler하중에 도달하기 이전에 응력이 비례한도에 도달함으로 인해 탄성 좌굴 이론과 다른 별도의 비탄성 좌굴 이론이 필요하게 되었다. 비탄성 좌굴 이론은 Shanley의 이론이 주로 정설로 입증되고 있으나 안정성이나 계산상의 편리성을 고려하여 접선계수 이론이 주로 적용된다.

① 접선계수 이론 : 비례한도 위의 점에서 재료의 탄성계수를 접선계수로 적용($E_t = d\sigma/d\epsilon$)

② 감소계수(등가계수) 이론 : 부재의 위치에 따라 탄성계수를 다르게 적용되므로(압축측은 E_t, 인장측은 E), 등가의 탄성계수(E_r)로 적용

$$E_r = \frac{4EE_t}{(\sqrt{E}+\sqrt{E_t})^2} \text{ (직사각형)}, \quad E_r = \frac{2EE_t}{E+E_t} \text{ (Wide Flange 보)}$$

③ Shanley 이론 : 처진 모양이 하중변화 없이 갑자기 발생하는 중립평형 대신 계속 증가하는 축하중을 가진 기중을 고려하여 중립평형대신 하중–처짐 사이 명확한 관계를 가지는 기둥을 고려하여 해석

안정론

치수가 동일한 두 개의 판(한 변의 길이 = a)을 그림과 같이 겹쳐진 상태(상하판은 부착상태가 아님)로 점 O의 바깥쪽으로 밀어내려고 한다. 이때 판이 추락하지 않고 점 O으로부터 밀어낼 수 있는 최대 y를 구하시오.

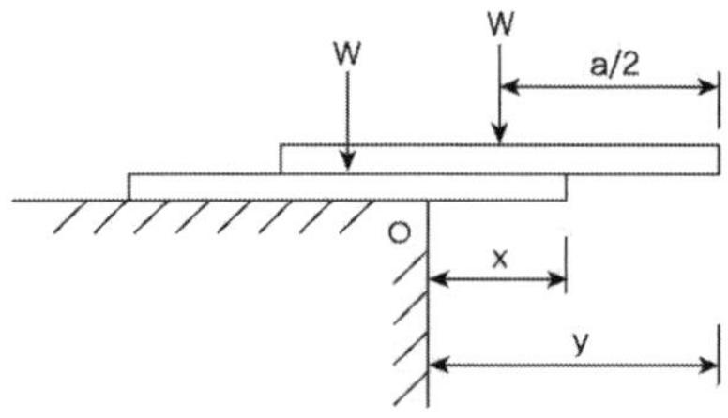

풀 이

▶ 개요

구조물의 안정성(Stability) 확보를 위한 위치를 산정하기 위한 문제로 전도모멘트와 저항모멘트가 동일한 점의 위치를 산정한다.

TIP | Stability Equilibrium |

Equilibrium의 종류 : 안정(Stable), 불안정(Unstable), 중립(Neutral)으로 구분한다.

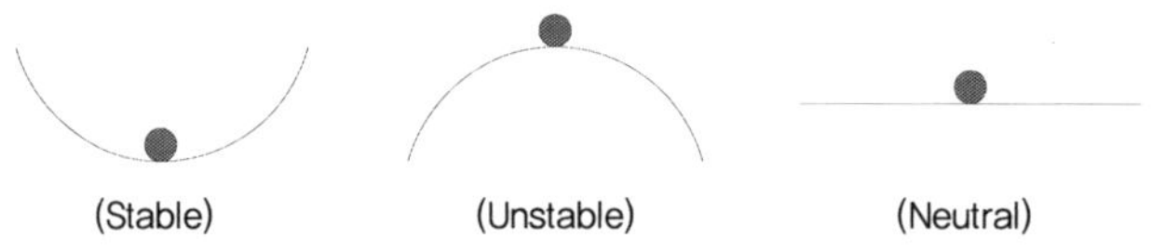

1) $0 \leq x \leq a/2$인 경우 : $\sum M = 0 : (a/2 - x) \times W - (y - a/2) \times W \geq 0$ $\qquad \therefore x + y \leq a$

2) $0 \leq y - x \leq a/2$인 경우 : $\sum M = 0 : (a/2 - x) \times W - (y - a/2) \times W \geq 0$ $\quad \therefore x + y = a$

3) 두 경우로부터 y_{max} 는

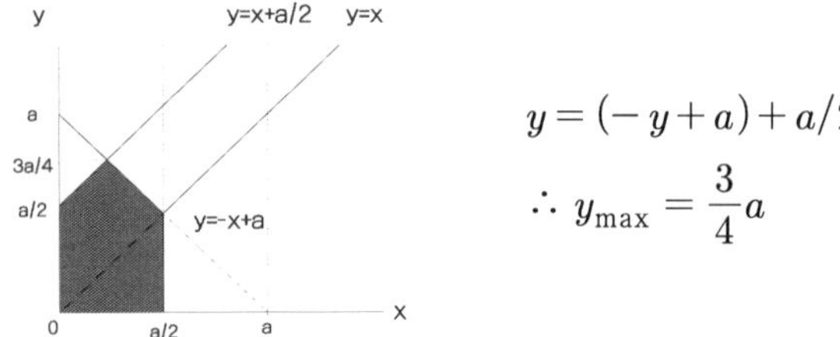

$$y = (-y + a) + a/2$$

$$\therefore y_{max} = \frac{3}{4}a$$

좌굴해석(Secant 공식)

편심축하중을 받는 기둥의 처짐곡선방정식을 유도하고 하중–처짐도 및 기둥중앙에서 발생하는 최대처짐을 구하시오(기둥의 양단은 단순지지, 단면도심과 축하중작용 편심거리는 e이다).

풀 이

▶ Secant 공식의 유도

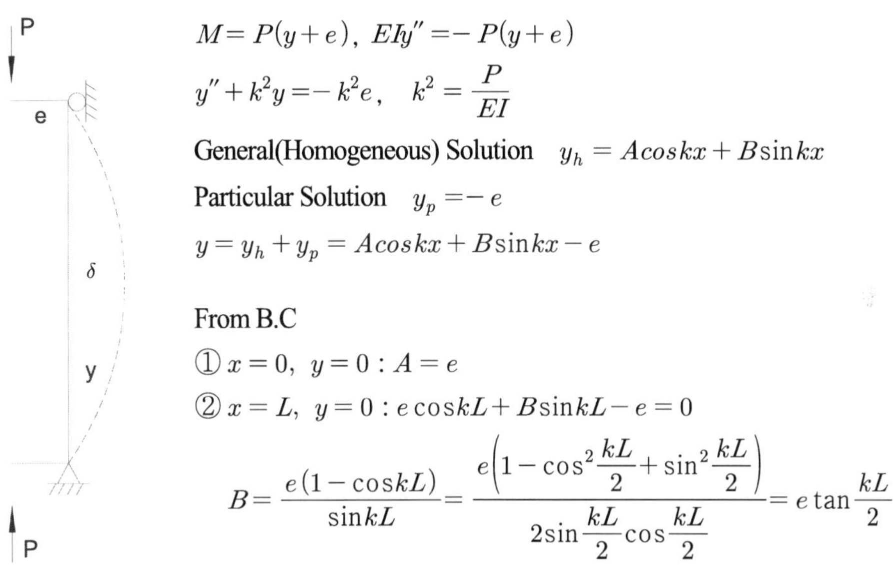

$$M = P(y+e), \quad EIy'' = -P(y+e)$$

$$y'' + k^2 y = -k^2 e, \quad k^2 = \frac{P}{EI}$$

General(Homogeneous) Solution $\quad y_h = A\cos kx + B\sin kx$

Particular Solution $\quad y_p = -e$

$$y = y_h + y_p = A\cos kx + B\sin kx - e$$

From B.C

① $x = 0, \ y = 0 : A = e$

② $x = L, \ y = 0 : e\cos kL + B\sin kL - e = 0$

$$B = \frac{e(1-\cos kL)}{\sin kL} = \frac{e\left(1 - \cos^2\frac{kL}{2} + \sin^2\frac{kL}{2}\right)}{2\sin\frac{kL}{2}\cos\frac{kL}{2}} = e\tan\frac{kL}{2}$$

$$\therefore \ y = e\cos kx + e\tan\frac{kL}{2}\sin kx - e$$

$x = \dfrac{L}{2}$ 일 때,

$$\delta = e\cos\frac{kL}{2} + e\tan\frac{kL}{2}\sin\frac{kL}{2} - e = e\left[\frac{\cos^2\frac{kL}{2} + \sin^2\frac{kL}{2}}{\cos\frac{kL}{2}} - 1\right] = e\left[\sec\frac{kL}{2} - 1\right]$$

$$\therefore \ M_{\max} = P(\delta + e) = Pe\sec\frac{kL}{2}$$

$$\therefore \ f_{\max} = \frac{P}{A} + \frac{M}{I}c = \frac{P}{A} + \frac{Pe\sec\frac{kL}{2}}{I}c = \frac{P}{A}\left[1 + \frac{ec}{r^2}\sec\frac{kL}{2}\right]$$

(여기서 c는 중립축에서 단부까지의 거리)

초기변형이 있는 기둥의 좌굴

아래 그림과 같은 초기처짐을 갖는 단순지지된 기둥에 압축력 P가 재하된다. 초기처짐의 크기에 따른 압축력과 지간 중앙에서의 최대처짐과의 관계식을 도출하고, 거동 특성에 대하여 설명하시오(단, 초기처짐 $y_0(x) = \delta_0 \sin\dfrac{\pi x}{L}$ 으로 가정하고, 휨강성(EI)은 일정하다).

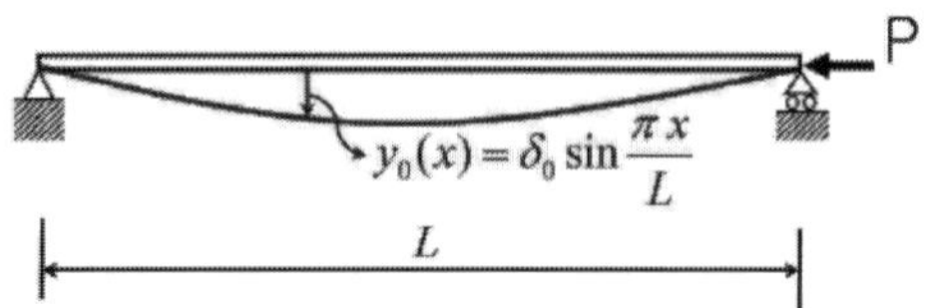

풀 이

▶ 좌굴방정식 산정

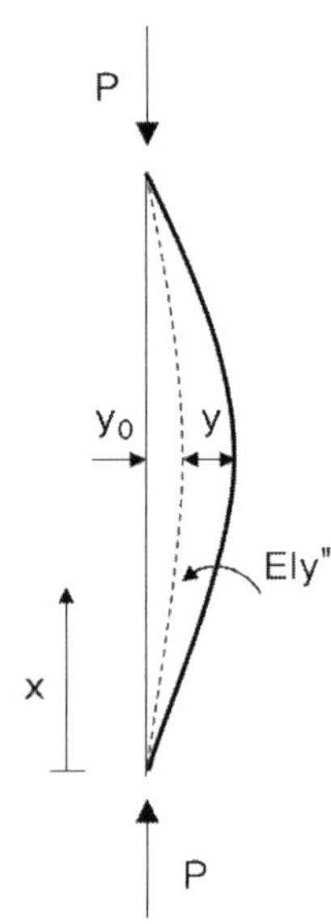

초기 변형형상 $y_0 = \delta_0 \sin\dfrac{\pi x}{L}$ 이라고 가정

$$M_x = -EIy''$$

$$EIy'' + P(y_0 + y) = 0, \quad k^2 = \frac{P}{EI}$$

$$y'' + k^2 y = -k^2 \delta_0 \sin\frac{\pi x}{L}$$

General(Homogeneous) Solution $y_h = A\sin kx + B\cos kx$

Particular Solution $y_p = C\sin\dfrac{\pi x}{L} + D\cos\dfrac{\pi x}{L}$

$$C = \frac{\delta_0}{(\pi^2/k^2 L^2) - 1}, \quad D = 0 \ \text{ or } \ P = \frac{\pi^2 EI}{L^2}$$

$P = \dfrac{\pi^2 EI}{L^2}$ 값은 본 좌굴에 해당 없으므로,

$\alpha = \dfrac{P}{P_{cr}}$ 이라고 하면, $C = \dfrac{\delta_0}{(1/\alpha - 1)} = \dfrac{\delta_0 \alpha}{1 - \alpha}$

$\therefore y_p = \dfrac{\delta_0 \alpha}{1 - \alpha}\sin\dfrac{\pi x}{L}$ $\qquad \therefore y = y_h + y_p = A\sin kx + B\cos kx + \dfrac{\delta_0 \alpha}{1 - \alpha}\sin\dfrac{\pi x}{L}$

From B.C

① $x = 0, \ y = 0 \ : \ B = 0$

② $x = L, \ y = 0 \ : \ A \sin kL = 0, \qquad \therefore \ A = 0$

$$\therefore \ y = \frac{\delta_0 \alpha}{1 - \alpha} \sin \frac{\pi x}{L}$$

최종 변형은 $y_T = y_0 + y = \left(1 + \dfrac{\alpha}{1 - \alpha}\right)\delta_0 \sin \dfrac{\pi x}{L} = \dfrac{\delta_0}{1 - \alpha} \sin \dfrac{\pi x}{L}$

중앙에서의 처짐값을 δ라고 하면, $\delta = \dfrac{\delta_0}{1 - \alpha} = \dfrac{\delta_0}{1 - (P/P_{cr})} \qquad \therefore \ P = \left(1 - \dfrac{\delta_0}{\delta}\right)\dfrac{\pi^2 EI}{L^2}$

▶ 초기처짐을 갖는 기둥의 거동특성

Euler의 좌굴 방정식과는 달리 실제 부재는 제작상의 결함, 초기 변형, 잔류응력, 지점조건, 하중의 편심에 따라 강도의 변화가 존재하며 실제 부재에서 이러한 요건으로 인하여 좌굴강도가 저하되게 된다. 주어진 조건에서와 같이 초기처짐을 가지는 기둥은 탄성좌굴(Euler 좌굴)에 비해 좌굴강도가 감소하는 불완전한 탄성좌굴(imperfect column behavior)의 특성을 가진다.

탄성구속된 기둥의 좌굴방정식

그림과 같이 기둥의 A지점은 힌지로, C지점은 고정단으로 지지된 뼈대구조의 탄성 좌굴하중
(P_{cr})을 구하시오(단, 모든 부재의 길이 : L, 모든 부재의 휨강성 : EI, 축방향 변형과 전단변형
효과는 무시).

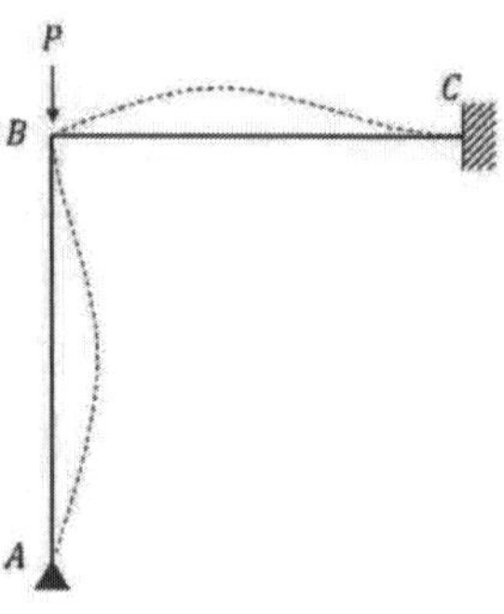

풀 이

▶ 개요

탄성구속된 기둥의 좌굴방정식(Buckling Equation, Elastically restrained end)을 산정한다.

▶ 처짐형상을 통한 좌굴방정식 산정

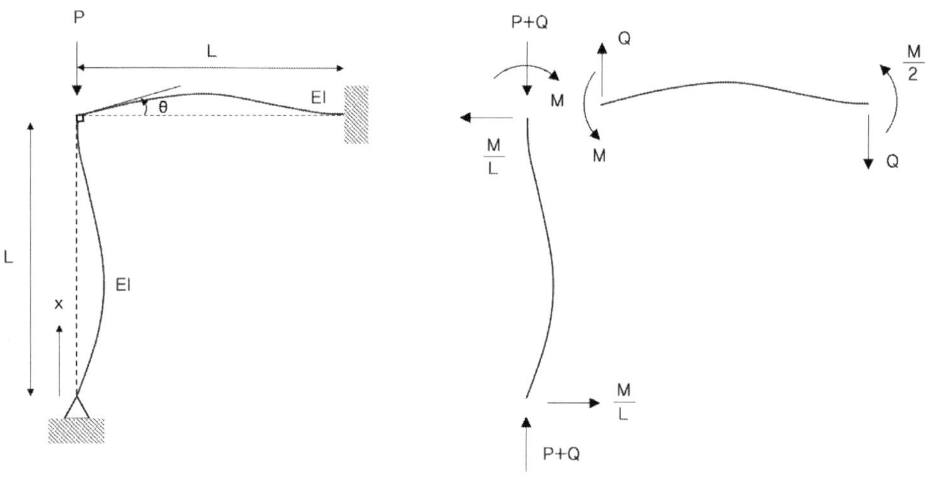

가정된 처짐형상으로부터 힘과 모멘트의 관계식은 $\quad M_x = Py - \dfrac{M}{L}x$

모멘트 M과 처짐과의 관계로부터 $M = -EIy''$ 과 같으므로

$$EIy'' + Py = \frac{Mx}{L}, \qquad y'' + k^2 y = \frac{M}{EI}\frac{x}{L}$$

이계도 미분방정식의 해는 일반해와 특수해로 구분되며, 각각의 해는 다음과 같이 쓸 수 있다.

General(Homogeneous) Solution $y_h = A\sin kx + B\cos kx$

Particular Solution $\quad y_P = C + Dx$ 이므로 $\quad y_p{}' = D, \quad y_P{}'' = 0 \quad \therefore y_p = \dfrac{M}{P}\dfrac{x}{L}$

$$\therefore y = y_h + y_P = A\sin kx + B\cos kx + \frac{M}{P}\frac{x}{L}$$

경계조건으로부터 상수값을 산정하면,

① $x = 0, \ y = 0 \ : \ B = 0$

② $x = L, \ y = 0 \ : \ A = -\dfrac{M}{P}\dfrac{1}{\sin kL}, \qquad \therefore y = \dfrac{M}{P}\left(\dfrac{x}{L} - \dfrac{\sin kx}{\sin kL}\right)$

③ $x = L, \ y' = \theta \ : \ y' = \dfrac{M}{kEI}\left(\dfrac{1}{kL} - \dfrac{1}{\tan kL}\right)$

From slope-deflection eq. (처짐각법)

BC부재에서의 모멘트와 처짐각과의 관계(처짐각법)로부터, $\quad M = \dfrac{2EI}{L}(2\theta) \quad \therefore \theta = \dfrac{ML}{4EI}$

B점에서 직각을 이루고 있으므로 BC부재의 처짐각과 AB부재의 처짐은 같으므로 ③식으로부터

$$y' = \theta \ ; \ \frac{ML}{4EI} = \frac{M}{kEI}\left(\frac{1}{kL} - \frac{1}{\tan kL}\right) \quad \therefore \tan kL = \frac{4kL}{(kL)^2 + 4}, \quad kL = 3.83$$

$$\therefore P_{cr} = \frac{14.7EI}{L^2}$$

Elastically restrained ends

다음 그림과 같은 뼈대 구조물의 임계하중(P_{cr})을 구하시오.

단, 모든 부재의 EI는 일정하고 각 부재의 길이는 L로 동일하다.

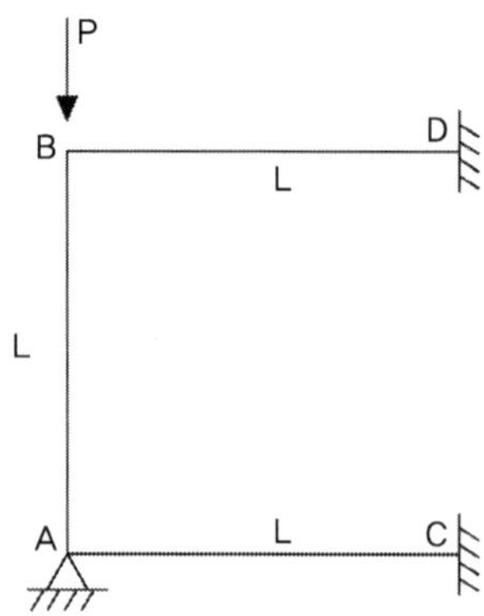

풀 이

▶ 자유물체도 및 미분방정식 유도

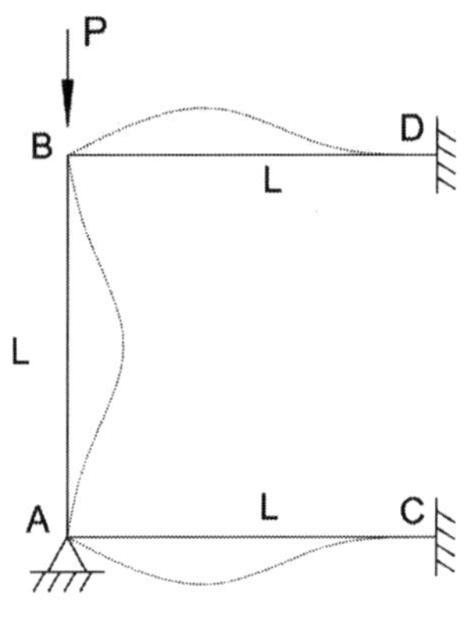

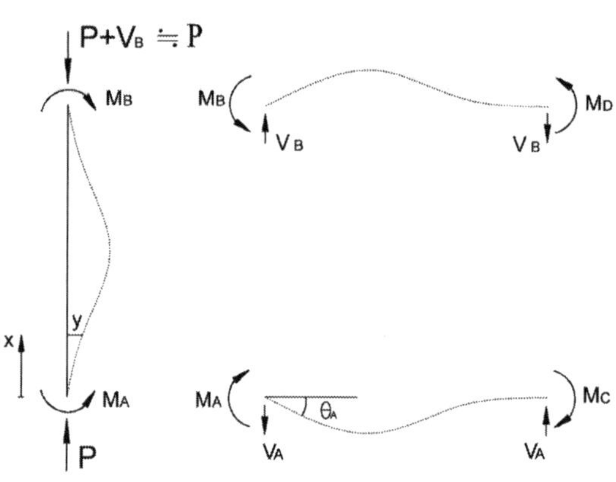

$$M_x = Py - M_A, \qquad EIy'' = -M = -Py + M_A$$

$$y'' + k^2 y = \frac{M_A}{EI}, \quad k^2 = \frac{P}{EI}$$

$$\therefore y = A\cos kx + B\sin kx + \frac{M_A}{P}$$

From B.C

① $x = 0$, $y = 0$: $A + \dfrac{M_A}{P} = 0$ $\qquad\qquad \therefore A = -\dfrac{M_A}{P}$

② $x = L$, $y = 0$: $-\dfrac{M_A}{P}\cos kL + B\sin kL + \dfrac{M_A}{P} = 0$ $\qquad \therefore B = \dfrac{1}{\sin kL}\dfrac{M_A}{P}(\cos kL - 1)$

③ $x = 0$, $y' = \theta_A$: $y' = -Ak\sin kx + Bk\cos kx$, $\quad y'_{x=0} = \dfrac{k}{\sin kL}\dfrac{M_A}{P}(\cos kL - 1)$

처짐각법으로부터 $M_A = 2E\left(\dfrac{I}{L}\right)(2\theta_A)$ $\qquad \therefore \theta_A = \dfrac{M_A L}{4EI}$

$\therefore y'_{x=0} = \dfrac{k}{\sin kL}\dfrac{M_A}{P}(\cos kL - 1) = \theta_A = \dfrac{M_A L}{4EI}$

$kL\sin kL - 4\cos kL + 4 = 0$ $\qquad\qquad \therefore (kL)_{\min} = 4.578$

$\therefore P_{cr} = \dfrac{20.96 EI}{L^2} = \dfrac{\pi^2 EI}{l_u^2}$, $l_u = 0.686L$

기둥의 좌굴

단면이 axb이고, 길이 L인 기둥이 xz평면에서는 고정-힌지이고 yz평면에서는 상단이 자유일 때 다음 사항을 구하시오.

1) 구속조건을 만족하는 기둥의 단면비(a/b)를 구하시오.

2) 1)의 결과를 이용하여 기둥의 길이 L=5m, 재료의 탄성계수 E=210,000MPa, 축하중 P=100kN, 안전율=2.0일 때 단면의 크기를 구하시오.

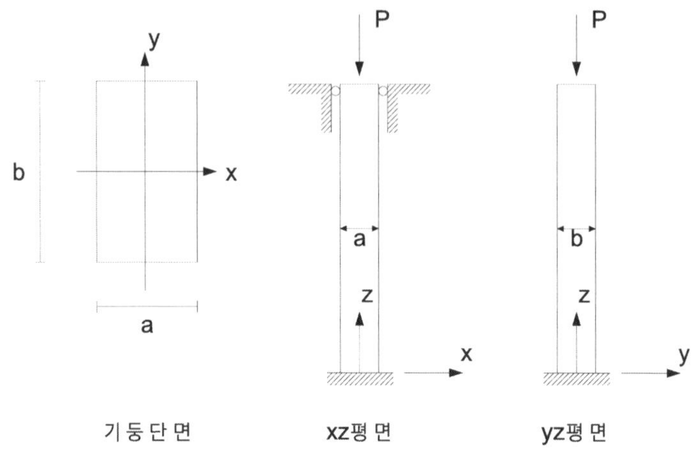

풀 이

▶ 개요

축방향 부재의 구속조건에 따른 좌굴하중 산정에 관련된 문제로 구속조건에 따른 좌굴하중을 산정해서 xz단면과 yz단면에서의 좌굴하중이 동일할 수 있도록 하는 단면비를 산정하고 이 결과를 이용하여 주어진 조건에 따른 단면의 크기를 결정하도록 한다.

▶ 기둥의 단면비(a/b) 산정

1) 단면 2차모멘트 산정

$$I_x = \frac{ab^3}{12}, \quad I_y = \frac{ba^3}{12}$$

2) 좌굴하중 산정

$$P_1 = \frac{\pi^2 EI_y}{(k_1 L)^2} \quad P_2 = \frac{\pi^2 EI_x}{(k_2 L)^2} \quad k_1 = 0.7, \; k_2 = 2.0$$

3) 기둥의 단면비(a/b)

$$\frac{\pi^2 E}{(0.7L)^2} \times \frac{ba^3}{12} = \frac{\pi^2 E}{(2L)^2} \times \frac{ab^3}{12} \qquad \therefore \frac{a}{b} = \frac{7}{20}$$

▶ 조건에 따른 기둥의 크기 결정

L=5m, E=210,000MPa, 축하중 P=100kN

$$P = \frac{P_{cr}}{2} = \frac{\pi^2 EI_x}{(2L)^2} = \frac{\pi^2 E}{(2L)^2} \times \frac{7}{20 \times 12} b^4$$

$$\therefore b=134.87mm, \ a=47.20mm$$

좌굴하중

다음 그림과 같은 구조물에서 기둥 BD가 좌굴하기 위한 하중 P의 크기를 구하시오. 단, 구조물의 탄성계수는 E, 보 ABC의 횡좌굴은 기둥 BD가 좌굴할 때까지는 발생하지 않고 응력은 탄성상태를 유지하는 것으로 한다.

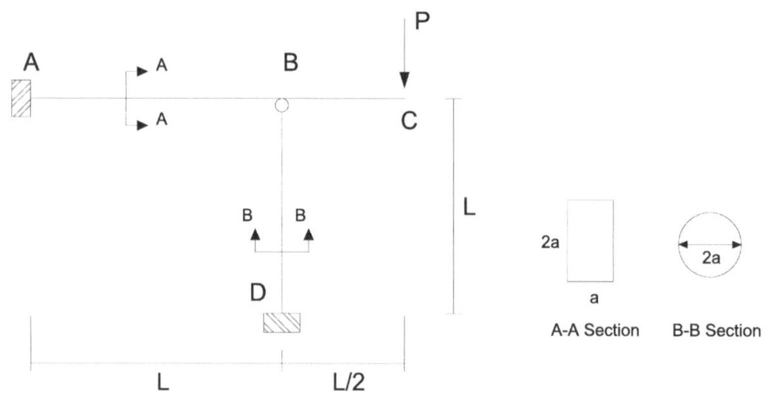

풀 이

➤ 개요

1차 부정정 구조물 BD에 작용하는 하중을 X로 하여 부정정 구조물로 풀이한다. 부정정 구조물은 에너지법을 이용하여 풀이한다.

➤ 에너지법에 의한 부정정력 산정

1) 보 ABC 구간

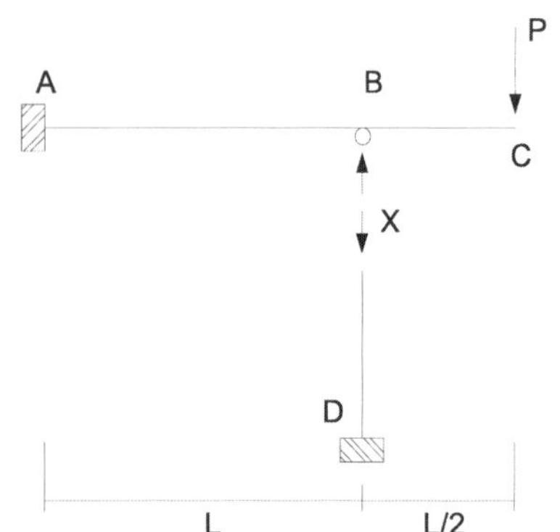

① BC 구간 : C점으로부터의 거리 x

$$M_1 = Px, \quad \frac{\partial M_1}{\partial X} = 0 \quad (0 \leq x \leq L/2)$$

② BA 구간 : C점으로부터의 거리 x

$$M_2 = Px - X(x - L/2), \quad \frac{\partial M_2}{\partial X} = -x$$

$$(L/2 \leq x \leq 3L/2)$$

2) 기둥 BD 구간

$$I_c = \frac{\pi(2a)^4}{64} = \frac{\pi a^4}{4}, \ A_c = \pi a^2$$

기둥BD는 축방향 구조물로 스프링 구조물로 본다. $k_c = \dfrac{A_c E}{L} = \dfrac{\pi a^2 E}{L}$

3) 에너지 방정식

$$I_b = \frac{a \times (2a)^3}{12} = \frac{2}{3}a^4, \quad U = \Sigma \int \frac{M^2}{2EI}dx + \frac{X^2}{2k}$$

최소일의 원리에 따라서

$$\frac{\partial U}{\partial X} = \int_0^{L/2} \frac{M_1}{EI_b}\frac{\partial M_1}{\partial X}dx + \int_{L/2}^{3L/2} \frac{M_2}{EI_b}\frac{\partial M_2}{\partial X}dx + \frac{\partial}{\partial X}\left(\frac{X^2}{2k}\right) = 0$$

$$\int_{L/2}^{3L/2} \frac{(Px - X(x - L/2))}{EI_b}(-x)dx + \frac{XL}{A_c E} = 0 \qquad \therefore X = \frac{7\pi PL^2}{8a^2 + 4\pi L^2}$$

▶ 좌굴하중 산정

지점조건이 fix-hinge조건이므로

$$P_{cr} = X = \frac{\pi^2 EI_c}{(0.7L)^2} = \frac{\pi PL^2}{2a^2 + \pi L^2}, \qquad \therefore P = \frac{2.877\pi^2 Ea^4(2a^2 + \pi L^2)}{L^4}$$

좌굴하중

아래 그림과 같이 수평봉 AB가 기둥 CD에 의해 지지되어 있고, 이 강재 기둥 단면의 제원은 45mm×45mm이다. 기둥의 안전계수를 3.0이라 가정할 때 허용하중 P_{ca}의 값을 구하시오(단, 모든 부재의 탄성계수 E는 200×10^3MPa이다).

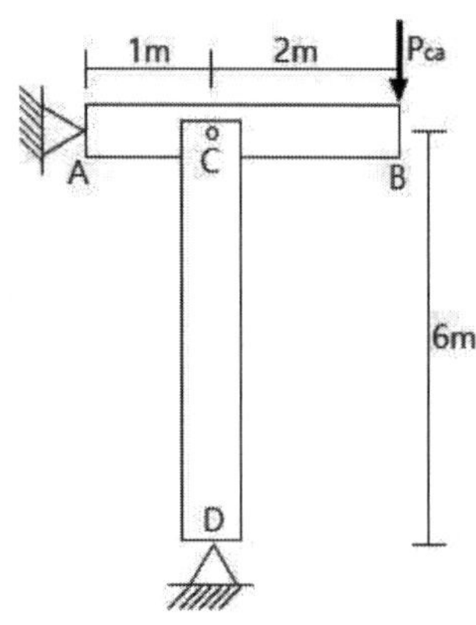

풀 이

▶ 단면계수 및 하중 산정

1) 단면계수

$$I = \frac{bh^3}{12} = \frac{45^4}{12} = 341,718.75\,\text{mm}^4$$

2) 하중산정

$$\sum M_A = 0 \ ; \ P_{CD} = 3P_{ca}$$

▶ 좌굴하중 산정

힌지-힌지 조건이므로 CD기둥의 좌굴하중 P_{cr}은

$$P_{cr} = \frac{\pi^2 EI}{L^2} \geq 3(P_{CD}) = 9P_{ca}$$

$$\therefore P_{ca} = \frac{1}{9} \times \frac{\pi^2 \times 200 \times 10^3 \times 341,718.75}{6000^2} \times 10^{-3} = 2.082\ \text{kN}$$

좌굴하중

그림과 같이 수평봉이 기둥 AB와 CD에 의해 지지되어 있다. 각 기둥의 상단은 수평봉과 핀으로 연결되었고, A점은 힌지, D점은 고정단으로 지지되어 있다. 두 기둥의 단면은 정사각형 (150mm×150mm) 충실단면이며, 탄성계수 E=200GPa일 때 하중 P의 임계하중(Pcr)을 구하시오.

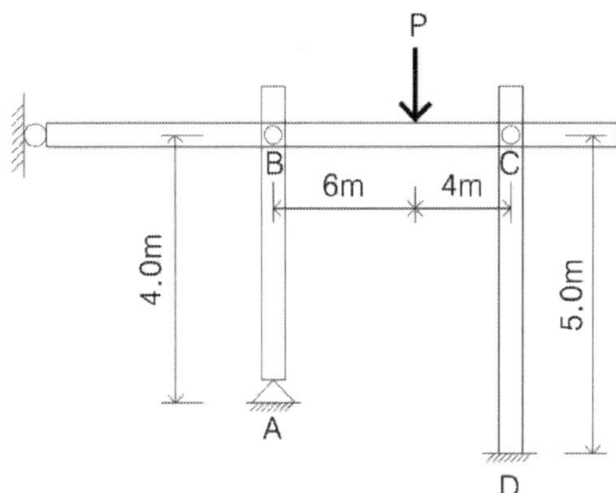

풀 이

▶ 단면계수 산정

$$I = \frac{bh^3}{12} = 42,187,500 \text{mm}^4, \; E = 200\text{GPa} \quad \therefore \; EI = 8,437.5 \text{ kNm}^2$$

▶ 기둥별 좌굴하중

① AB기둥 : 힌지–힌지 조건이므로 $P_{cr} = \dfrac{\pi^2 EI}{L^2} = 5,204.67$ kN

② CD기둥 : 고정–힌지 조건이므로 $P_{cr} = \dfrac{\pi^2 EI}{(0.7L)^2} = 6,797.94$ kN

▶ 임계하중

$$P_{AB} = \frac{4}{10}P, \; P_{CD} = \frac{6}{10}P\text{이므로,}$$

① AB기둥 $\dfrac{4}{10}P = P_{cr}$; $P = 13,011.68$ kN ② CD기둥 $\dfrac{6}{10}P = P_{cr}$; $P = 11,329.903$ kN

따라서, 구조물의 임계하중 $P_{CR} = 11,329.9$ kN

기둥의 허용응력

비례한도 f_{pl}=220MPa, 항복강도 f_y=280MPa, 탄성계수 E=2×105MPa인 구조용강으로 길이 10m, 단면 300mm×200mm의 직사각형 기둥을 만들고, 하단은 고정지점이며 상단은 핀연결지점으로 하였다. 안전계수 FS=2.0이라 할 때, 기둥이 장주인지를 판단하고, 허용압축하중을 오일러 공식을 사용하여 구하시오.

풀 이

▶ 단면의 성질

$$A = 200 \times 300 = 60,000mm^2$$

$$I_x = \frac{200 \times 300^3}{12} = 4.5 \times 10^8 mm^4, \quad r_x = \sqrt{\frac{I_x}{A}} = 86.6^{mm}$$

$$I_y = \frac{300 \times 200^3}{12} = 2.0 \times 10^8 mm^4, \quad r_y = \sqrt{\frac{I_y}{A}} = 57.73^{mm}$$

세장비는 $\lambda = \dfrac{kl}{r_{\min}}$ 으로부터, 힌지-고정연결이므로 $k = 0.7$, $r_{\min} = r_y$

$$\lambda = \frac{kl}{r_{\min}} = \frac{0.7 \times 10}{0.5773} = 121.25$$

▶ 장주 판단 및 허용압축하중 산정

1) 한계세장비

한계세장비(λ_c)는 f_{cr}이 f_y와 같을 때의 세장비이며, 안전율을 고려하면

$$f_{cr} = \frac{\pi^2 E}{\lambda_c^2} = \frac{f_y}{S.F} \quad \therefore \lambda_c = \pi \sqrt{\frac{2E}{f_y}} = 118.74$$

$\therefore \lambda_c < \lambda$ 이므로 장주다.

2) 허용압축하중 산정

$$f_{cr} = \frac{\pi^2 E}{\lambda^2} = \frac{\pi^2 \times 2.0 \times 10^5}{121.25^2} = 134.25^{MPa}$$

$$f_{ba} = \frac{f_{cr}}{S.F} = 67.125^{MPa} \quad \therefore P_{all} = f_{ba} \times A = 4027.7^{kN}$$

비선형(경계조건)

견고한 강판(rigid steel plate)을 그림과 같이 각각 100mm×100mm의 정사각형 단면을 갖고 있는 3개의 등간격 콘크리트 기둥으로 지지하려고 한다. 강판의 중심에 작용하는 하중 P가 작용하기 전에 중앙의 기둥이 양측에 있는 기둥보다 0.5 mm 더 짧게 시공되어 있다. 이때 안전하게 작용할 수 있는 하중 P의 최댓값을 구하시오(단, 콘크리트 기둥의 허용압축응력 $f_{ca} = 60MPa$, 콘크리트 탄성계수 $E_c = 27,000MPa$이다).

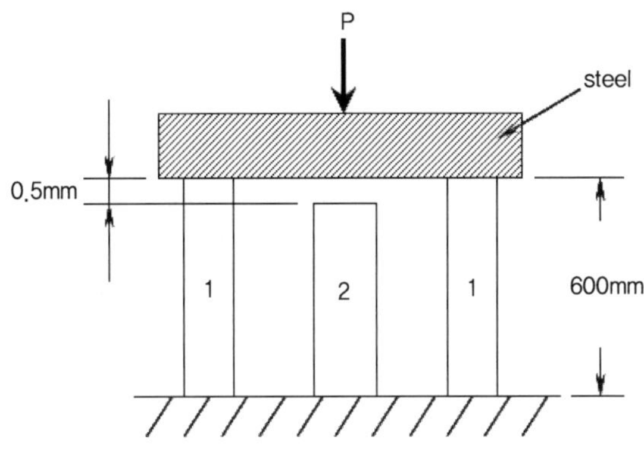

풀 이

▶ 단면의 성질

$$A = 100 \times 100 = 10^4 mm^2$$

▶ 처짐이 0.5mm 발생할 때의 하중 P_1

$$\delta = \frac{P_1 L}{EA} = 0.5 \quad \therefore P_1 = \frac{2 \times 10^4 \times 27000 \times 0.5}{600} = 450^{kN}, \; f = \frac{P}{A} = 22.5^{MPa} < f_{ca}$$

▶ 부재의 허용하중

$$P_{all} = f_{ca} \times A = 60 \times 2 \times 10^4 = 1200^{kN}$$

▶ 0.5mm 변위 발생 후 허용하중 산정($450^{kN} < P < 1200^{kN}$인 경우)

$$f = 22.5 + \frac{P_{all} - 450}{3 \times 10^4} = f_{ca} (= 60^{MPa}) \quad \therefore P_{all} = 1575^{kN}$$

【 별해 】

➤ 시공오차로 인한 응력

시공오차를 $s = 0.5mm$ 라고 하면

$$f = E\epsilon = E\left(\frac{s}{L}\right) = 27000 \times \frac{0.5}{600} = 22.5^{MPa} < f_{ca}$$

➤ 변위와 하중관계

1번 기둥에 작용하는 하중을 P_1, 2번 기둥에 작용하는 하중을 P_2 라고 하고 외곽 기둥에서 발생하는 변위와 내부기둥에서 발생하는 변위를 δ_1, δ_2 라고 하면,

평형방정식으로부터 $P = 2P_1 + P_2$

적합조건으로부터 $\delta_1 = \delta_2 + s$

$$\therefore \frac{P_1 L_1}{EA} = \frac{P_2 L_2}{EA} + s$$

$L_1 = 600^{mm}$, $L_2 = 599.5^{mm}$, $P_1 = f_{ca}A \ (\because P_1 > P_2)$

$\therefore P_1 L_1 - (P - 2P_1)L_2 = EAs$

$$f_{ca}A \times 600 - (P - 2f_{ca}A) \times 599.5 = 27000 \times 10^4 \times 0.5 \qquad \therefore P = 1575.3^{kN}$$

좌굴하중

그림과 같이 자중을 무시할 수 있는 수평 강체봉 BC를 두 개의 강철 장주로 지지한 구조물이 있다. B단을 지지한 기둥은 직경 25mm의 원형 단면봉이고, C단을 지지한 기둥은 25mm×25mm의 정사각형 단면봉이다.

1) 집중하중 Q_{cr}이 최댓값이 되게 하는 x의 값

2) 집중하중 Q_{cr}의 최댓값

   - 강재의 탄성계수 $E_s = 2.1 \times 10^5 MPa$
   - $L_1 = 1.2m, L_2 = 1.5m, L = 0.9m$
   - A는 고정, B, C, D는 힌지지점

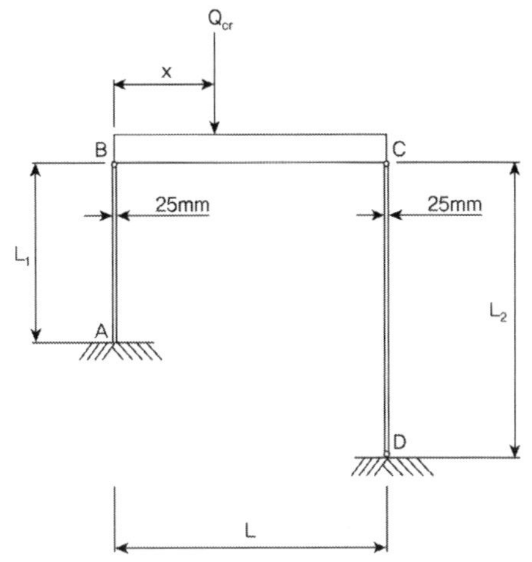

풀 이

▶ I(단면2차 모멘트) 산정

$$I_{AB} = \frac{\pi}{64} \times 25^4 = 19,174.76mm^4, \quad I_{CD} = \frac{25 \times 25^3}{12} = 32,552.08mm^4$$

▶ 반력산정

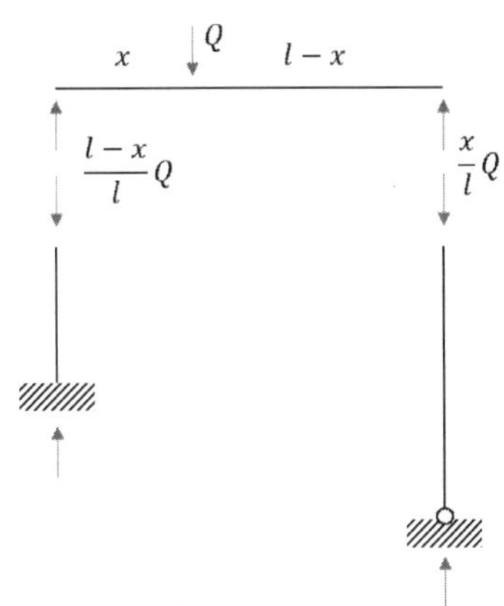

$$P_{AB} = \frac{l-x}{l}\,Q, \quad P_{CD} = \frac{x}{l}\,Q, \quad k_{AB} = 2.0\,(\text{fix-hinge}), \quad k_{CD} = 1.0\,(\text{hinge-hinge})$$

$$\therefore \ P_{cr(AB)} = \frac{\pi^2 EI}{(k_{AB}\times l)^2} = 6{,}571.08N, \quad P_{cr(CD)} = \frac{\pi^2 EI}{(k_{CD}\times l)^2} = 28{,}557.88N$$

➤ x값 산정

$$P_{AB} = P_{cr(AB)} \ : \ Q_1 = \frac{900}{900-x}\times 6{,}571.08$$

$$P_{CD} = P_{cr(CD)} \ : \ Q_2 = \frac{900}{x}\times 28{,}557.88$$

두 기둥의 좌굴한곗값이 같을 때($Q_1 = Q_2$ 일 때) 최댓값을 가지므로, $\therefore \ x = 731.6mm$

➤ Q_{cr} 최댓값

$$\therefore \ Q_{cr} = Q_1 = Q_2 = \frac{900}{731.6}\times 28{,}557.88 = 35.1kN$$

좌굴

그림과 같은 단면을 가진 양단 핀 기둥(장주)의 오일러 좌굴하중과 좌굴응력을 구하시오.

단, H−200×200×8×12의 A=6,353mm², I_x=4.72×10⁷ mm⁴, I_y=1.60×10⁷ mm⁴

    H−150×100×6×9의 A=2,684mm², I_x=1.02×10⁷ mm⁴, I_y=0.151×10⁷ mm⁴

기둥의 길이 L=10m, 강재의 탄성계수 E=210GPa이다.

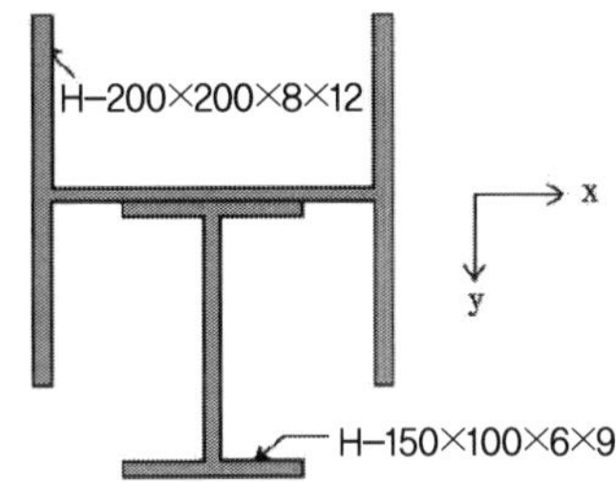

풀 이

▶ 합성단면의 단면상수 산정

1) 도심 : 단면의 상단으로부터 도심까지 거리를 y_c라고 하면,

$$y_c = \frac{6353 \times 100 + 2684 \times (100 + 8/2 + 150/2)}{6353 + 2684} = 123.463\text{mm}$$

2) 단면2차 모멘트

$$I_y = I_{y1(강축)} + I_{y2(약축)} = 4.72 \times 10^7 + 0.151 \times 10^7 = 4.871 \times 10^7 \text{mm}^4 \quad (\because 대칭\ 구조)$$

$$I_y = I_{x1(약축)} + I_{x2(강축)} + A_1 \times (123.463 - 100)^2 + A_2 \times (123.463 - 100 - 8/2 - 150/2)^2$$
$$= 1.60 \times 10^7 + 1.02 \times 10^7 + 6353 \times 23.463^2 + 2684 \times 55.537^2 = 3.798 \times 10^7 \text{mm}^4$$

▶ 좌굴하중 및 응력 산정

I_y가 약축이므로

$$\therefore P_{cr} = \frac{\pi^2 E I_y}{(kL)^2} = 787.093\text{kN}, \qquad \therefore \sigma_{cr} = \frac{P_{cr}}{\Sigma A} = 87.1\text{MPa}$$

구조물 해석

그림과 같은 구조에서 기둥 BC의 길이 L=3.7m일 때, 좌굴에 의해 B점에 횡 변위가 발생하지 않도록 하기 위한 허용가능 최대수평하중 H_{max} 를 결정하시오. 단, 허용응력은 다음 근사공식을 사용한다. $\sigma_{allow} = \dfrac{\sigma_Y}{2}\left(1 - 0.5 \times \left(\dfrac{\lambda}{\lambda_c}\right)^2\right)$, E=200,000MPa, σ_Y=350MPa

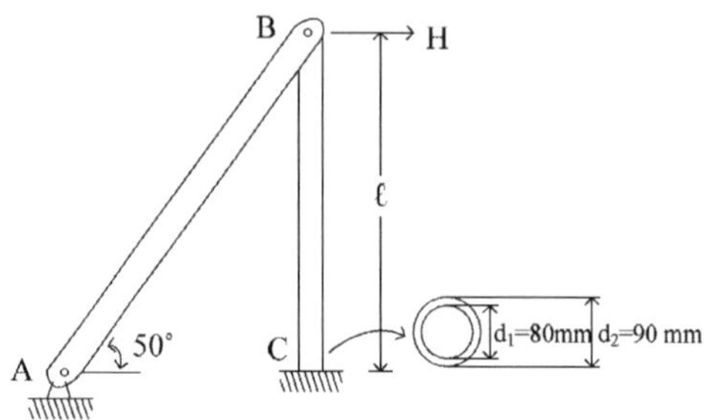

풀 이

▶ 개요

기둥의 허용응력을 기준으로 가능한 최대 수평하중을 산정한다.

▶ 최대수평하중 산정

1) 단면계수

$$A = \frac{\pi}{4}\left(90^2 - 80^2\right) = 1,335.18\text{mm}^2$$

$$I = \frac{\pi}{64}\left(90^4 - 80^4\right) = 1.21 \times 10^6 \text{mm}^4$$

2) 부재력

B점에서의 수평·수직의 합력은 0으로부터,

$$F_{AB} = \frac{H}{\cos 50} = 1.556H \text{ (T)}, \quad F_{BC} = H\tan 50 = 1.192H \text{ (C)}$$

3) 기둥의 세장비

$$r = \sqrt{\frac{I}{A}} = 30.104 \quad \therefore \lambda = \frac{l_e}{r} = \frac{0.7l}{r} = 86.035$$

4) 한계세장비

한계세장비(λ_c)는 σ_{cr}이 σ_y와 같을 때의 세장비이며, 도로교설계기준(2008) 압축부재의 안전율 1.77을 고려하면,

$$\sigma_{cr} = \frac{\pi^2 E}{\lambda_c^2} = \frac{\sigma_y}{S.F} \quad \therefore \ \lambda_c = \pi \sqrt{\frac{1.77E}{\sigma_y}} = 99.912$$

5) 허용응력 산정

$$\sigma_{allow} = \frac{\sigma_Y}{2}\left(1 - 0.5 \times \left(\frac{\lambda}{\lambda_c}\right)^2\right) = 110.12 \ \text{MPa}$$

6) 최대수평하중 산정

$$\frac{F_{BC}}{A} \leq \sigma_a = 110.12\text{kN}, \quad 1.192\text{H} \leq 147.030 \ \text{kN} \quad \therefore \ \text{H} \leq 123.347 \ \text{kN}$$

부재의 좌굴하중과 비교

$$F_{BC} = P_{cr} = \frac{\pi^2 EI}{l_e^2} = \frac{\pi^2 \times 200000 \times 1.21 \times 10^6}{(0.7 \times 3700)^2} = 356.054\text{kN}, \quad \text{H} \leq 298.703 \ \text{kN} \ \ \text{O.K}$$

$$\therefore \ H_{\max} = 123.347 \ \text{kN}$$

1. 단순보에서 압축력과 중앙 집중하중을 받는 경우

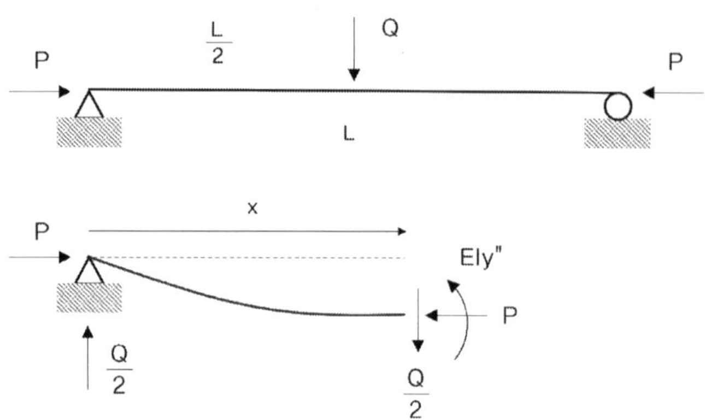

$$M = \frac{Qx}{2} + Py, \quad EIy'' + Py = -\frac{Qx}{2}, \quad y'' + k^2 y = -\frac{Q}{2EI}x$$

General(Homogeneous) Solution $y_h = A\sin kx + B\cos kx$

Particular Solution $y_p = -\dfrac{Qx}{2P}$

$$\therefore y = A\sin kx + B\cos kx - \frac{Qx}{2P}$$

From B.C

① $x = 0, \ y = 0 \ : \ B = 0$

② $x = \dfrac{L}{2}, \ y' = 0 \ : \ A = \dfrac{Q}{2kP}\dfrac{1}{\cos(kL)}, \qquad \therefore y = \dfrac{Q}{2kP}\left(\dfrac{\sin kx}{\cos(kL/2)} - kx\right)$

③ $x = \dfrac{L}{2}, \ y = \delta \ : \ \delta = \dfrac{Q}{2kP}\left(\dfrac{\sin(kL/2)}{\cos(kL/2)} - \dfrac{kL}{2}\right) = \dfrac{Q}{2kP}(\tan u - u), \ \text{ where } u = \dfrac{kL}{2}$

$$\delta = \frac{QL^3}{48EI}\frac{24EI}{kPL^3}(\tan u - u) = \frac{QL^3}{48EI}\frac{3}{(kL/2)^3}(\tan u - u) = \frac{QL^3}{48EI}\frac{3(\tan u - u)}{u^3}$$

여기서, 하중 Q로 인한 보의 정적 처짐은 $\delta_0 = \dfrac{QL^3}{48EI}$ 이므로, $\therefore \delta = \delta_0 \dfrac{3(\tan u - u)}{u^3}$

복소수 함수의 급수전개(power series of expansion)를 이용해 단순화시키면

$$\tan u = u + \frac{u^3}{3} + \frac{2}{15}u^5 + \frac{17}{105}u^7 + \cdots \qquad \therefore \delta = \delta_0\left(1 + \frac{2}{5}u^2 + \frac{17}{105}u^4 + \cdots\right)$$

$$u^2 = \left(\frac{kL}{2}\right)^2 = \frac{P}{EI}\frac{L^2}{4} = \left(\frac{L^2}{\pi^2 EI}\right) \times \frac{\pi^2 P}{4} = \frac{\pi^2}{4}\frac{P}{P_{cr}} = 2.46\frac{P}{P_{cr}}$$

$$\therefore \delta = \delta_0\left(1 + 0.984\frac{P}{P_{cr}} + 0.998\left(\frac{P}{P_{cr}}\right)^2 + \cdots\right) \approx \delta_0\left(1 + \frac{P}{P_{cr}} + \left(\frac{P}{P_{cr}}\right)^2 + \cdots\right)$$

$$= \delta_0\frac{1}{1 - (P/P_{cr})}$$

이때, 중앙에서의 최대 모멘트는 $M_{\max} = \dfrac{QL}{4} + P\delta$로 표현될 수 있으므로,

$$M_{\max} = \frac{QL}{4} + \frac{PQL^3}{48EI}\frac{1}{1 - (P/P_{cr})} = \frac{QL}{4}\left(1 + \frac{PL^2}{12EI}\frac{1}{1 - (P/P_{cr})}\right)$$

$$= \frac{QL}{4}\left(1 + 0.82\frac{P}{P_{cr}}\frac{1}{1 - (P/P_{cr})}\right) = \frac{QL}{4}\frac{1 - (0.18P/P_{cr})}{1 - (P/P_{cr})}$$

$$= M_0\frac{1 - (0.18P/P_{cr})}{1 - (P/P_{cr})}, \quad 여기서\ M_0 = \frac{QL}{4}\ (집중하중\ 단순보의\ 최대\ 모멘트)$$

2. 단순보에서 압축력과 등분포하중을 받는 경우

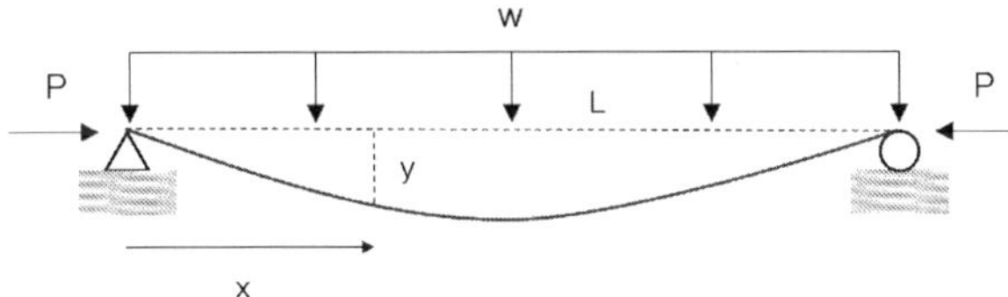

$$M = Py - \frac{w}{2}x^2 + \frac{wL}{2}x, \quad EIy'' + Py = \frac{w}{2}x^2 - \frac{wL}{2}x, \quad y'' + k^2y = \frac{w}{2EI}x^2 - \frac{wL}{2EI}x$$

General(Homogeneous) Solution $y_h = A\sin kx + B\cos kx$

Particular Solution $y_p = Cx^2 + Dx + E$

$$y' = 2Cx + D,\ y'' = 2C \quad \therefore Ck^2 = \frac{w}{2EI},\ Dk^2 = -\frac{wL}{2EI},\ 2C + Dk^2 = 0$$

$$\therefore C = \frac{w}{2EIk^2},\ D = -\frac{wL}{2EIk^2},\ E = -\frac{2C}{k^2} = -\frac{w}{EIk^4}$$

$$\therefore\ y_p = \frac{w}{2EIk^2}x^2 - \frac{wL}{2EIk^2}x - \frac{w}{EIk^4}$$

$$y = y_h + y_p = A\sin kx + B\cos kx + \frac{w}{2EIk^2}x^2 - \frac{wL}{2EIk^2}x - \frac{w}{EIk^4}$$

From B.C

① $x = 0,\ y = 0\ :\ B = \dfrac{w}{EIk^4}$

② $x = \dfrac{L}{2},\ y' = 0\ :\ A = \dfrac{w}{EIk^4}\tan\dfrac{kL}{2}$

$$\therefore\ y = \frac{w}{EIk^4}\left(\tan\frac{kL}{2}\sin kx + \cos kx - 1\right) - \frac{w}{2EIk^2}x(L-x)$$

$u = \dfrac{kL}{2}$ 라고 치환하면,

$$y = \frac{wL^4}{16EIu^4}\left(\tan u\sin\frac{2ux}{L} + \cos\frac{2ux}{L} - 1\right) - \frac{wL^2}{8EIu^2}x(L-x)$$

$$\therefore\ M = -EIy'' = \frac{wL^2}{4u^2}\left(\tan u\sin\frac{2ux}{L} + \cos\frac{2ux}{L} - 1\right)$$

$$y_{\max} = y\left(\frac{L}{2}\right) = \frac{wL^4}{16EIu^4}\left(\frac{1-\cos u}{\cos u}\right) - \frac{wL^4}{32EIu^2} = \frac{5wL^4}{384EI}\left(\frac{12(2\sec u - u^2 - 2)}{5u^4}\right)$$

$$= \delta_0\left(\frac{12(2\sec u - u^2 - 2)}{5u^4}\right)$$

복소수 함수의 급수전개(power series of expansion)를 이용해 단순화시키면

$$\sec u = 1 + \frac{1}{2}u^2 + \frac{5}{24}u^4 + \frac{61}{720}u^6 + \cdots \qquad \therefore\ y = \delta_0(1 + 0.4067u^2 + 0.1649u^4 + \cdots)$$

$$u^2 = \left(\frac{kL}{2}\right)^2 = \frac{P}{EI}\frac{L^2}{4} = \left(\frac{L^2}{\pi^2 EI}\right)\times\frac{\pi^2 P}{4} = \frac{\pi^2}{4}\frac{P}{P_{cr}} = 2.46\frac{P}{P_{cr}}$$

$$\therefore\ y_{\max} = \delta_0\left[1 + 1.003\left(\frac{P}{P_{cr}}\right) + 1.004\left(\frac{P}{P_{cr}}\right)^2 + \cdots\right] \approx \delta_0\left[1 + \left(\frac{P}{P_{cr}}\right) + \left(\frac{P}{P_{cr}}\right)^2 + \cdots\right]$$

$$= \delta\left[\frac{1}{1 - P/P_{cr}}\right]$$

$$M_{\max} = M\left(\frac{L}{2}\right) = \frac{wL^2}{4u^2}\left[\sec u - 1\right] = \frac{wL^2}{8}\left[\frac{2(\sec u - 1)}{u^2}\right] = M_0\left[\frac{2(\sec u - 1)}{u^2}\right]$$

또는, $M_{\max} = M_0 + Py_{\max} = M_0\left[1 + 0.4167u^2 + 0.1694u^4 + 0.06870u^6 + \cdots\right]$

$$= M_0\left[1 + 1.028\left(\frac{P}{P_{cr}}\right) + 1.031\left(\frac{P}{P_{cr}}\right)^2 + 1.032\left(\frac{P}{P_{cr}}\right)^3 + \cdots\right]$$

$$= M_0\left(1 + \left[1.028\left(\frac{P}{P_{cr}}\right)\right]\left[1 + 1.003\left(\frac{P}{P_{cr}}\right) + 1.004\left(\frac{P}{P_{cr}}\right)^2 + \cdots\right]\right)$$

$$\approx M_0\left(1 + \left[1.028\left(\frac{P}{P_{cr}}\right)\right]\left[1 + \left(\frac{P}{P_{cr}}\right) + \left(\frac{P}{P_{cr}}\right)^2 + \cdots\right]\right)$$

$$= M_0\left(1 + \left[1.028\left(\frac{P}{P_{cr}}\right)\right]\left[\frac{1}{1 - P/P_{cr}}\right]\right)$$

$$= M_0\frac{1 + 0.028P/P_{cr}}{1 - P/P_{cr}}$$

$$\approx M_0\frac{1}{1 - P/P_{cr}}$$

【 에너지 방법을 이용한 풀이, Rayleigh-Ritz Method 】

보가 휨에 의해서 저장되는 Strain Energy $\quad U = \dfrac{EI}{2}\displaystyle\int_0^L (y'')^2 dx$

외부 하중에 의한 Potential Energy $\quad V = -w\displaystyle\int_0^L y\,dx - \frac{P}{2}\int_0^L (y')^2 dx$

$\therefore\ U + V = \dfrac{EI}{2}\displaystyle\int_0^L (y'')^2 dx - w\int_0^L y\,dx - \frac{P}{2}\int_0^L (y')^2 dx$

이때 처짐곡선(y)을 $y = \delta\sin\dfrac{\pi x}{L}$ 로 가정하면,

$$U + V = \frac{EI\delta^2\pi^4}{2L^4}\int_0^L \sin^2\frac{\pi x}{L}dx - w\delta\int_0^L \sin\frac{\pi x}{L}dx - \frac{P\delta^2\pi^2}{2L^2}\int_0^L \cos^2\frac{\pi x}{L}dx$$

여기서, $\displaystyle\int_0^L \sin^2\frac{\pi x}{L}dx = \int_0^L \cos^2\frac{\pi x}{L}dx = \frac{L}{2}$, $\displaystyle\int_0^L \sin\frac{\pi x}{L}dx = \frac{2L}{\pi}$ 이므로

$\therefore\ U + V = \dfrac{EI}{4}\dfrac{\delta^2\pi^4}{L^3} - \dfrac{2w\delta L}{\pi} - \dfrac{P\delta^2\pi^2}{4L}$

$$\frac{\partial(U + V)}{\partial\delta} = 0 : \frac{EI\delta\pi^4}{2L^3} - \frac{2wL}{\pi} - \frac{P\delta\pi^2}{2L} = 0$$

$$\therefore\ \delta = \frac{4wL^4}{\pi}\frac{1}{EI\pi^4 - P\pi^2L^2} = \frac{5wL^4}{384EI}\frac{1536}{5\pi}\frac{1}{EI\pi^4 - P\pi^2L^2}$$

$$= \frac{5wL^4}{384EI}\frac{1536}{5\pi^5}\frac{1}{1-(P/P_{cr})} \approx \frac{5wL^4}{384EI}\frac{1}{1-(P/P_{cr})} = \delta_0\frac{1}{1-(P/P_{cr})}$$

$$(\because 등분포하중\ w로\ 인한\ 보의\ 정적\ 처짐은\ \delta_0 = \frac{5wL^4}{384EI})$$

이때, 중앙에서의 최대 모멘트는 $M_{\max} = \dfrac{wL^2}{8} + P\delta$로 표현될 수 있으므로,

$$M_{\max} = \frac{wL^2}{8} + \frac{5PwL^4}{384EI}\frac{1}{1-(P/P_{cr})} = \frac{wL^2}{8}\left(1 + \frac{5PL^2}{48EI}\frac{1}{1-(P/P_{cr})}\right)$$

$$= \frac{wL^2}{8}\left(1 + 1.03\frac{P}{P_{cr}}\frac{1}{1-(P/P_{cr})}\right) = \frac{wL^2}{8}\frac{1+(0.03P/P_{cr})}{1-(P/P_{cr})}$$

$$= M_0\frac{1+(0.03P/P_{cr})}{1-(P/P_{cr})}, \quad 여기서\ M_0 = \frac{wL^2}{8}\ (등분포하중\ 단순보의\ 최대\ 모멘트)$$

3. 단순보에서 압축력과 단부 휨모멘트를 받는 경우

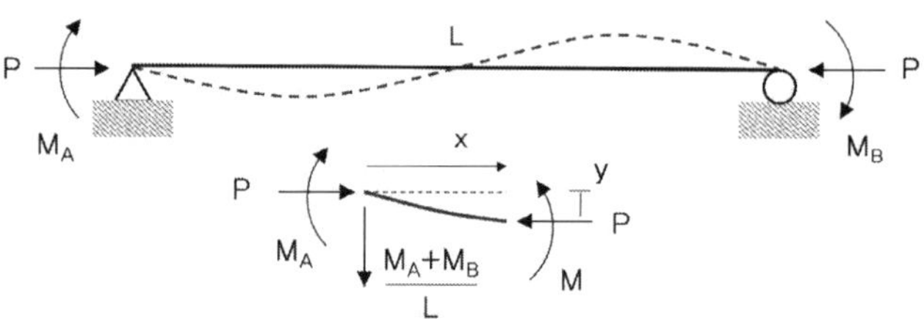

$$M = M_A + Py - \frac{M_A + M_B}{L}x, \quad EIy'' + P_y = \frac{M_A + M_B}{L}x - M_A$$

$$y'' + k^2y = \frac{M_A + M_B}{LEI}x - \frac{M_A}{EI}$$

General(Homogeneous) Solution $y_h = A\sin kx + B\cos kx$

Particular Solution $y_p = \dfrac{M_A + M_B}{LEIk^2}x - \dfrac{M_A}{EIk^2}$

$$y = y_h + y_p = A\sin kx + B\cos kx + \frac{M_A + M_B}{LEIk^2}x - \frac{M_A}{EIk^2}$$

From B.C　　　① $x=0,\ y=0\ :\ B=\dfrac{M_A}{EIk^2}$

　　　　　　　② $x=L,\ y=0\ :\ A=-\dfrac{1}{EIk^2\sin kL}(M_A\cos kL+M_B)$

$$\therefore\ y=-\frac{M_A\cos kL+M_B}{EIk^2\sin kL}\sin kx+\frac{M_A}{EIk^2}\cos kx+\frac{M_A+M_B}{LEIk^2}x-\frac{M_A}{EIk^2}$$

$$y'=-\frac{M_A\cos kL+M_B}{EIk\sin kL}\cos kx-\frac{M_A}{EIk}\sin kx+\frac{M_A+M_B}{LEIk^2}$$

$$y''=\frac{M_A\cos kL+M_B}{EI\sin kL}\sin kx-\frac{M_A}{EI}\cos kx$$

$$y'''=\frac{k(M_A\cos kL+M_B)}{EI\sin kL}\cos kx+\frac{kM_A}{EI}\sin kx$$

$M_{\max}$에서 전단력 $V(=EIy''')$=0이므로,　$\tan kx=-\dfrac{(M_A\cos kL+M_B)}{M_A\sin kL}$

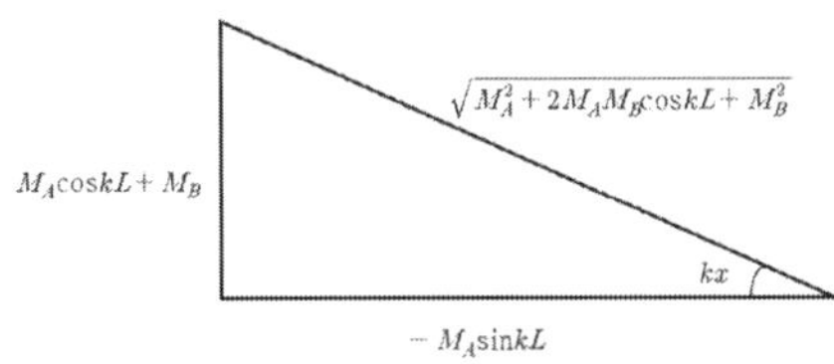

$$\sin kx=\frac{(M_A\cos kL+M_B)}{\sqrt{M_A^2+2M_AM_B\cos kL+M_B^2}}$$

$$\cos kx=-\frac{M_A\sin kL}{\sqrt{M_A^2+2M_AM_B\cos kL+M_B^2}}$$

$0\le kx\le kL(=\pi\sqrt{P/P_{cr}})\le\pi\ \ \rightarrow\sin kx\ge0,\ \cos kx\le0$

$$M=EIy''=EI\left(\frac{M_A\cos kL+M_B}{EI\sin kL}\sin kx-\frac{M_A}{EI}\cos kx\right)=\frac{M_A\cos kL+M_B}{\sin kL}\sin kx-M_A\cos kx$$

$$\therefore\ M_{\max}=\frac{-(M_A\cos kL+M_B)^2}{\sin kL\sqrt{M_A^2+2M_AM_B\cos kL+M_B^2}}-\frac{M_A^2\sin kL}{\sqrt{M_A^2+2M_AM_B\cos kL+M_B^2}}$$

$$=-\frac{\sqrt{M_A^2+2M_AM_B\cos kL+M_B^2}}{\sin kL}$$

$$\therefore\ M_{\max}=-M_B\left[\sqrt{\frac{(M_A/M_B)^2+2(M_A/M_B)\cos kL+1}{\sin^2 kL}}\right]$$

만약, $M=M_A=M_B$이면,　$\therefore\ M_{\max}=-M\sqrt{\dfrac{2(1-\cos kL)}{\sin^2 kL}}$

처짐곡선식

다음 그림과 같이 균일한 휨강성(EI)을 갖고 있는 보-기둥(beam-column)이 단순지지되어 있다. 양단에서 압축하중 P와 B점에서 모멘트 M_0를 받고 있다. 이때 $P < P_{cr}$ 인 조건하에서 처짐곡선식 y=f(x)를 구하시오(단, E는 재료의 탄성계수, I는 단면2차 모멘트, l은 지간이다).

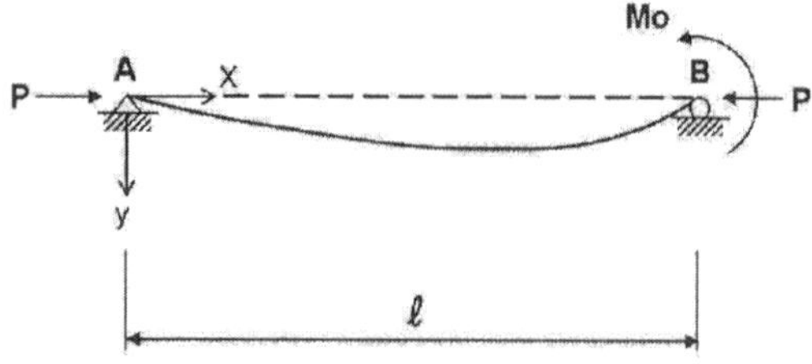

풀 이

▶ 개요

Bifurcation이 없이 주어진 조건과 같은 구조물에서 좌굴방정식을 산정하기 위해서는 미분방정식에서 유도하는 방법과 처짐곡선을 가정하여 풀이하는 방법(Rayleigh-Ritz Method)을 이용할 수 있으며, 한 단에만 모멘트가 재하되므로 일정한 처짐곡선을 가정하기 어려우므로 미분방정식을 통해 유도하는 방법을 이용한다.

▶ 반력산정

$$R_A = \frac{M_0}{l}(\uparrow), \qquad R_B = \frac{M_0}{l}(\downarrow)$$

▶ 구간별 모멘트 및 지배방정식 산정

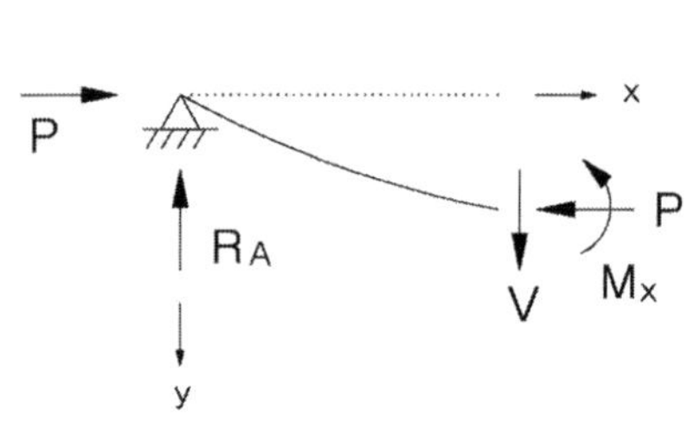

$$M_x = Py + R_A x = Py + \frac{M_0}{l}x$$

$$M_x = -EIy''$$

$$\therefore y'' + \frac{P}{EI}y = -\frac{M_0}{EIl}x, \quad k^2 = \frac{P}{EI}$$

$$y'' + k^2 y = -\frac{k^2 M_0}{Pl}x$$

$$\therefore y_1 = y_h + y_p = A\sin kx + B\cos kx - \frac{M_0}{Pl}x$$

➤ **경계조건**

$$y(x=0)=0 \qquad \therefore B=0$$

$$y(x=L)=0 \qquad \therefore A=\frac{M_0}{P\sin kl}$$

$$\therefore y=\frac{M_0}{P\sin kl}\sin kx-\frac{M_0}{Pl}x=\frac{M_0}{P}\left(\frac{\sin kx}{\sin kl}-\frac{x}{l}\right)$$

보-기둥의 안정성 검토

압축력 P와 지간 중앙점에 횡하중 Q를 받는 단순지지된 보-기둥에서 외력과 지간중앙점의 변위 (δ)와의 관계식을 유도하고, 힘-변위 거동에 대하여 설명하시오(단, 부재의 휨강성 EI는 일정하다).

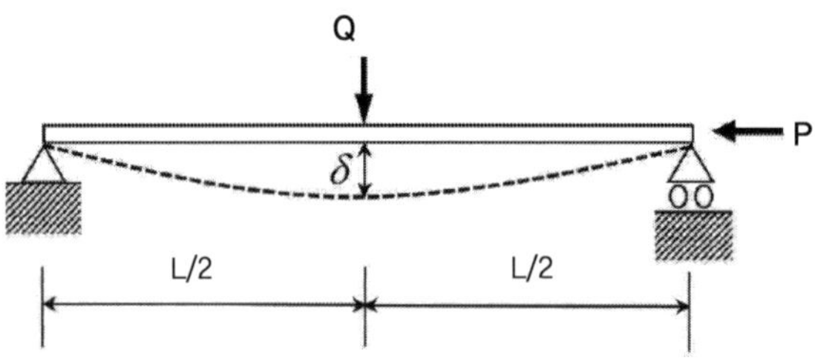

풀 이

▶ 휨과 압축력을 받는 보의 좌굴방정식 유도

1) 무한급수를 이용한 해석방법

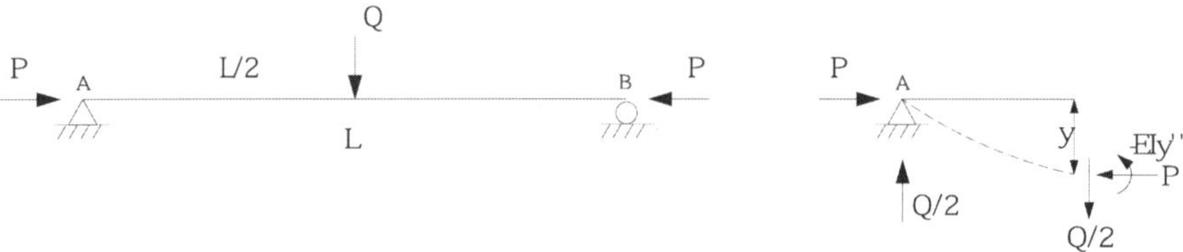

$$M_x = Py + \frac{Qx}{2}, \quad EIy'' = -M_x = -\left(Py + \frac{Q}{2}x\right)$$

$$EIy'' + Py = -\frac{Q}{2}x, \quad k^2 = \frac{P}{EI}$$

$$y'' + k^2 y = -\frac{Q}{2EI}x = -k^2\frac{Q}{2P}x$$

$$\therefore y = A\cos kx + B\sin kx - \frac{Qx}{2P} \quad \rightarrow \quad y' = -Ak\sin kx + Bk\cos kx - \frac{Q}{2P}$$

From B.C

$$x = 0, \ y = 0 \quad : A = 0$$

$$x = \frac{l}{2}, \ y' = 0 : Bk\cos\frac{kl}{2} - \frac{Q}{2P} = 0, \quad B = \frac{Q}{2Pk}\frac{1}{\cos\left(\dfrac{kl}{2}\right)}$$

$$\therefore \ y = \frac{Q}{2Pk}\frac{1}{\cos\left(\dfrac{kl}{2}\right)}\sin kx - \frac{Qx}{2P} = \frac{Q}{2kP}\left[\frac{\sin kx}{\cos\left(\dfrac{kl}{2}\right)} - kx\right]$$

$$\delta_{y=\frac{l}{2}} = \frac{Q}{2kP}\left(\tan\frac{kl}{2} - \frac{kl}{2}\right) \tag{1}$$

$$\delta_0 = \frac{Ql^3}{48EI} \ \text{이므로}, \ \delta = \frac{Ql^3}{48EI}\frac{24EI}{kPl^3}\left(\tan\frac{kl}{2} - \frac{kl}{2}\right) = \frac{Ql^3}{48EI}\frac{3}{\left(\dfrac{kl}{2}\right)^3}\left(\tan\frac{kl}{2} - \frac{kl}{2}\right)$$

$$\text{Let } u = \frac{kl}{2}, \ \delta_0 = \frac{Ql^3}{48EI}$$

$$\therefore \ \delta = \delta_0 \circ \frac{3(\tan u - u)}{u^3}, \quad \text{여기서 } u^2 = \left(\frac{kl}{2}\right)^2 = \frac{P}{EI}\left(\frac{l}{2}\right)^2 = \frac{P}{\dfrac{\pi^2 EI}{l^2}}\frac{\pi^2}{4} = 2.46\frac{P}{P_{cr}}$$

$\tan u$의 무한급수 전개는

$$\tan u = u + \frac{u^3}{3} + \frac{2}{15}u^5 + \frac{17}{315}u^7 + \cdots$$

$$\therefore \ \delta = \delta_0\left(1 + \frac{2}{5}u^2 + \frac{17}{315}u^4 + \cdots\right) = \delta_0\left(1 + 0.984\frac{P}{P_{cr}} + 0.998\left(\frac{P}{P_{cr}}\right)^2 + \cdots\right)$$

$$\approx \delta_0\left(1 + \frac{P}{P_{cr}} + \left(\frac{P}{P_{cr}}\right)^2 + \cdots\right) = \delta_0 \cdot \frac{1}{1 - \left(\dfrac{P}{P_{cr}}\right)}$$

2) 처짐형상 가정을 통한 해석방법

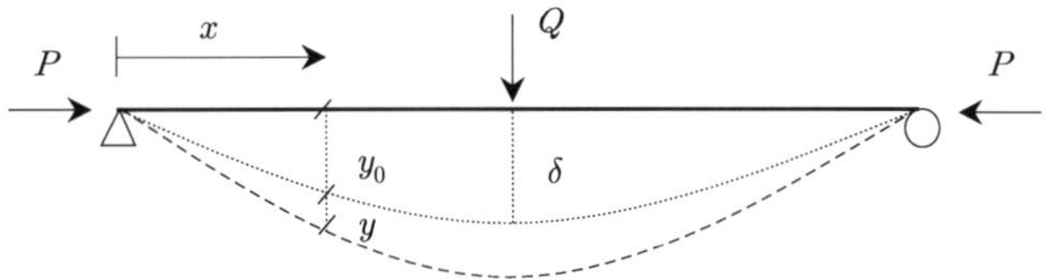

하중 Q에 의한 처짐곡선을 다음과 같이 가정

$$y_0 = \delta_0\sin\left(\frac{\pi x}{L}\right)$$

x 위치에서의 모멘트는 $EIy'' = -M = -P(y + y_0)$

$$y'' + k^2 y = -k^2 y_0 = -k^2 \delta_0 \sin\left(\frac{\pi x}{L}\right)$$

따라서 $y_p = A\sin\dfrac{\pi x}{L} + B\cos\dfrac{\pi x}{L}$ 이므로,

$$y_p{}' = A\left(\frac{\pi}{L}\right)\cos\frac{\pi x}{L} - B\left(\frac{\pi}{L}\right)\sin\frac{\pi x}{L} \, , \; y_p{}'' = -A\left(\frac{\pi}{L}\right)^2\sin\frac{\pi x}{L} - B\left(\frac{\pi}{L}\right)^2\cos\frac{\pi x}{L}$$

정리하면,

$$\left[-A\left(\frac{\pi}{L}\right)^2 + Ak^2 + k^2\delta_0\right]\sin\frac{\pi x}{L} + \left[-B\left(\frac{\pi}{L}\right)^2 + Bk^2\right]\cos\frac{\pi x}{L} = 0$$

여기서, $k^2 = \left(\dfrac{\pi}{L}\right)^2$ 이면 $P_{cr} = \dfrac{\pi^2 EI}{L^2}$ 으로 무의미한 해이므로 $k^2 \neq \left(\dfrac{\pi}{L}\right)^2$, $B = 0$

$$-A\left[\left(\frac{\pi}{L}\right)^2 + k^2\right] + k^2\delta_0 = 0$$

$$\therefore \; A = -\frac{k^2\delta_0}{k^2 - \left(\dfrac{\pi}{L}\right)^2} = \frac{\dfrac{P}{EI}\delta_0}{\dfrac{P}{EI} - \left(\dfrac{\pi}{L}\right)^2} = -\frac{\delta_0}{1 - \dfrac{P_{cr}}{P}} = \frac{\delta_0}{\dfrac{P_{cr}}{P} - 1}$$

$$\therefore \; y = \left(\frac{\delta_0}{\dfrac{P_{cr}}{P} - 1}\right)\sin\frac{\pi x}{L} = \delta_0 \cdot \frac{1}{1 - \left(\dfrac{P}{P_{cr}}\right)}\sin\frac{\pi x}{L}$$

따라서 $x = \dfrac{L}{2}$ 일 때 처짐은 δ 이므로 $\quad \therefore \; \delta = \delta_0 \cdot \dfrac{1}{1 - \left(\dfrac{P}{P_{cr}}\right)}$

축력과 휨에 의한 처짐

다음 그림과 같은 동일한 EI값을 갖는 보가 있다.

(1) 양단이 핀으로 지지되어 있고 $P < P_{cr} = \pi EI/l^2$ 인 조건에서 중앙점의 처짐을 구하라.

(2) 보의 단면이 폭 30cm, 높이 50cm인 직사각형단면으로 가정하고 지간은 $l = 3m$ 이며, $E = 210,000 MPa$, $P = 5kN$, $Q = 20kN$일 때 축력 P가 없는 경우에 중앙점의 처짐 δ_1과 축력 P가 작용하는 경우에 중앙점의 처짐 δ_2를 구하여 비교하시오.

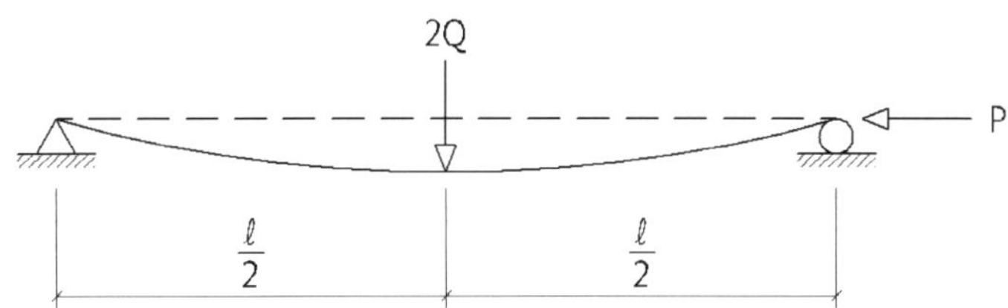

풀 이

▶ 휨과 압축력을 받는 보의 좌굴방정식 유도

1) 무한급수를 이용한 해석방법

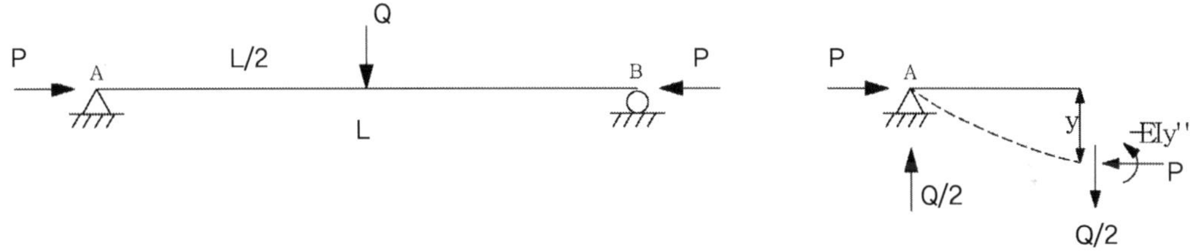

$$M_x = Py + \frac{Qx}{2}, \quad EIy'' = -M_x = -\left(Py + \frac{Q}{2}x\right)$$

$$EIy'' + Py = -\frac{Q}{2}x, \quad k^2 = \frac{P}{EI}$$

$$y'' + k^2 y = -\frac{Q}{2EI}x = -k^2\frac{Q}{2P}x$$

$$\therefore y = A\cos kx + B\sin kx - \frac{Qx}{2P} \quad \rightarrow \quad y' = -Ak\sin kx + Bk\cos kx - \frac{Q}{2P}$$

From B.C

$$x = 0, \ y = 0 \ : \ A = 0$$

$$x = \frac{l}{2}, \ y' = 0 \ : \ Bk\cos\frac{kl}{2} - \frac{Q}{2P} = 0, \quad B = \frac{Q}{2Pk}\frac{1}{\cos\left(\dfrac{kl}{2}\right)}$$

$$\therefore \ y = \frac{Q}{2Pk}\frac{1}{\cos\left(\dfrac{kl}{2}\right)}\sin kx - \frac{Qx}{2P} = \frac{Q}{2kP}\left[\frac{\sin kx}{\cos\left(\dfrac{kl}{2}\right)} - kx\right]$$

$$\delta_{y=\frac{l}{2}} = \frac{Q}{2kP}\left(\tan\frac{kl}{2} - \frac{kl}{2}\right) \tag{1}$$

$$\delta_0 = \frac{Ql^3}{48EI} \text{이므로,} \ \delta = \frac{Ql^3}{48EI}\frac{24EI}{kPl^3}\left(\tan\frac{kl}{2} - \frac{kl}{2}\right) = \frac{Ql^3}{48EI}\frac{3}{\left(\dfrac{kl}{2}\right)^3}\left(\tan\frac{kl}{2} - \frac{kl}{2}\right)$$

$$\text{Let } u = \frac{kl}{2}, \ \delta_0 = \frac{Ql^3}{48EI}$$

$$\therefore \ \delta = \delta_0 \circ \frac{3(\tan u - u)}{u^3}, \quad \text{여기서 } u^2 = \left(\frac{kl}{2}\right)^2 = \frac{P}{EI}\left(\frac{l}{2}\right)^2 = \frac{P}{\dfrac{\pi^2 EI}{l^2}}\frac{\pi^2}{4} = 2.46\frac{P}{P_{cr}}$$

$\tan u$의 무한급수 전개는

$$\tan u = u + \frac{u^3}{3} + \frac{2}{15}u^5 + \frac{17}{315}u^7 + \cdots$$

$$\therefore \ \delta = \delta_0\left(1 + \frac{2}{5}u^2 + \frac{17}{315}u^4 + \cdots\right) = \delta_0\left(1 + 0.984\frac{P}{P_{cr}} + 0.998\left(\frac{P}{P_{cr}}\right)^2 + \cdots\right)$$

$$\approx \delta_0\left(1 + \frac{P}{P_{cr}} + \left(\frac{P}{P_{cr}}\right)^2 + \cdots\right) = \delta_0 \cdot \frac{1}{1 - \left(\dfrac{P}{P_{cr}}\right)}$$

2) 처짐형상 가정을 통한 해석방법

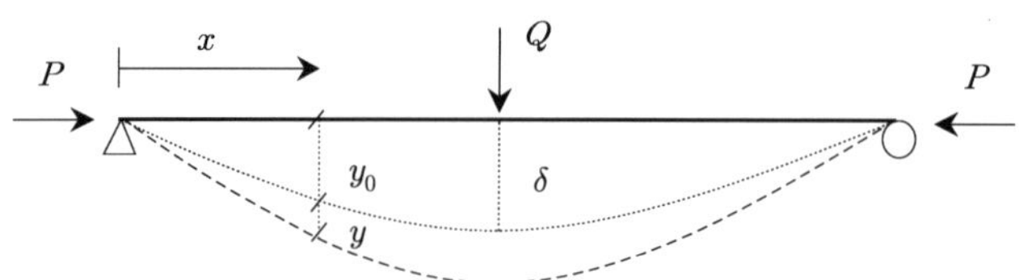

하중 Q에 의한 처짐곡선을 다음과 같이 가정

$$y_0 = \delta_0\sin\left(\frac{\pi x}{L}\right)$$

x 위치에서의 모멘트는 $EIy'' = -M = -P(y + y_0)$

$$y'' + k^2 y = -k^2 y_0 = -k^2 \delta_0 \sin\left(\frac{\pi x}{L}\right)$$

따라서 $y_p = A\sin\dfrac{\pi x}{L} + B\cos\dfrac{\pi x}{L}$ 이므로,

$$y_p{}' = A\left(\frac{\pi}{L}\right)\cos\frac{\pi x}{L} - B\left(\frac{\pi}{L}\right)\sin\frac{\pi x}{L}, \ y_p{}'' = -A\left(\frac{\pi}{L}\right)^2\sin\frac{\pi x}{L} - B\left(\frac{\pi}{L}\right)^2\cos\frac{\pi x}{L}$$

정리하면,

$$\left[-A\left(\frac{\pi}{L}\right)^2 + Ak^2 + k^2\delta_0\right]\sin\frac{\pi x}{L} + \left[-B\left(\frac{\pi}{L}\right)^2 + Bk^2\right]\cos\frac{\pi x}{L} = 0$$

여기서, $k^2 = \left(\dfrac{\pi}{L}\right)^2$ 이면 $P_{cr} = \dfrac{\pi^2 EI}{L^2}$ 으로 무의미한 해이므로 $k^2 \neq \left(\dfrac{\pi}{L}\right)^2$, $B = 0$

$$-A\left[\left(\frac{\pi}{L}\right)^2 + k^2\right] + k^2\delta_0 = 0$$

$$\therefore A = -\frac{k^2\delta_0}{k^2 - \left(\dfrac{\pi}{L}\right)^2} = \frac{\dfrac{P}{EI}\delta_0}{\dfrac{P}{EI} - \left(\dfrac{\pi}{L}\right)^2} = -\frac{\delta_0}{1 - \dfrac{P_{cr}}{P}} = \frac{\delta_0}{\dfrac{P_{cr}}{P} - 1}$$

$$\therefore y = \left(\frac{\delta_0}{\dfrac{P_{cr}}{P} - 1}\right)\sin\frac{\pi x}{L} = \delta_0 \cdot \frac{1}{1 - \left(\dfrac{P}{P_{cr}}\right)}\sin\frac{\pi x}{L}$$

$$M = P(y + \delta_0) = P\left(\frac{\delta_0}{\dfrac{P_{cr}}{P} - 1} + \delta_0\right)\sin\frac{\pi x}{L} = P\delta_0\left(\frac{\dfrac{P_{cr}}{P}}{\dfrac{P_{cr}}{P} - 1}\right)\sin\frac{\pi x}{L}$$

$$= P\delta_0\left(\frac{1}{1 - \dfrac{P_{cr}}{P}}\right)\sin\frac{\pi x}{L}$$

$$\therefore M_{\max\left(x = \frac{L}{2}\right)} = P\delta_0\left(\frac{1}{1 - \dfrac{P_{cr}}{P}}\right)$$

▶ **양단이 핀으로 지지되어 있고 $P < P_{cr} = \pi EI/l^2$ 인 조건에서 중앙점의 처짐**

주어진 조건에서 집중하중이 $2Q$ 이므로 $\ \ \therefore \delta_{y = \frac{l}{2}} = \dfrac{(2Q)}{2kP}\left(\tan\dfrac{kl}{2} - \dfrac{kl}{2}\right) = \dfrac{Q}{kP}\left(\tan\dfrac{kl}{2} - \dfrac{kl}{2}\right)$

➤**축력 P가 없는 경우에 중앙점의 처짐 δ_1과 축력 P가 작용하는 경우에 중앙점의 처짐 δ_2**

1) 축력 P가 없는 경우

$$I = \frac{bh^3}{12} = \frac{300 \times 500^3}{12} = 3,125,000,000mm^4$$

$$\delta_1 = \frac{(2Q)l^3}{48EI} = \frac{Ql^3}{24EI} = \frac{20 \times 10^3 \times 3000^3}{24 \times 210000 \times 3125000000} = 0.0342^{mm}$$

2) 축력 P가 작용하는 경우

$$k = \sqrt{\frac{P}{EI}} = \sqrt{\frac{5,000}{210,000 \times 3,125,000,000}} = 2.76 \times 10^{-6}$$

$$\delta_2 = \frac{Q}{kP}\left(\tan\frac{kl}{2} - \frac{kl}{2}\right)$$

$$= \frac{20,000}{2.76 \times 10^{-6} \times 5,000}\left(\tan\left(\frac{2.76 \times 10^{-6} \times 3000}{2}\right) - \left(\frac{2.76 \times 10^{-6} \times 3000}{2}\right)\right)$$

$$= 0.03428^{mm}$$

➤**두 처짐의 비교**

1에서 유도한 바와 같이 축력과 휨모멘트가 동시에 작용하는 경우 휨만 작용하는 경우에 비해서 처짐값이 커지게 되고 그로 인한 2차 응력을 유발한다. 설계기준에서는 이러한 이유로 축력과 모멘트가 동시에 작용하는 구조물에서는 $P-\Delta$ 효과를 직접적으로 고려하거나 MMF(모멘트 확대계수)를 고려하여 설계하도록 하고 있다.

$$\delta_2 = \delta_1 \times \frac{1}{1 - \left(\frac{P}{P_{cr}}\right)}, \quad M_{\max\left(x = \frac{L}{2}\right)} = P\delta_1 \times \frac{1}{1 - \left(\frac{P_{cr}}{P}\right)}, \quad MMF = \frac{1}{1 - \left(\frac{P_{cr}}{P}\right)}$$

축력과 휨에 의한 처짐과 처짐각

다음 보–기둥의 처짐 및 처짐각의 곡선식을 유도하라(EI는 일정).

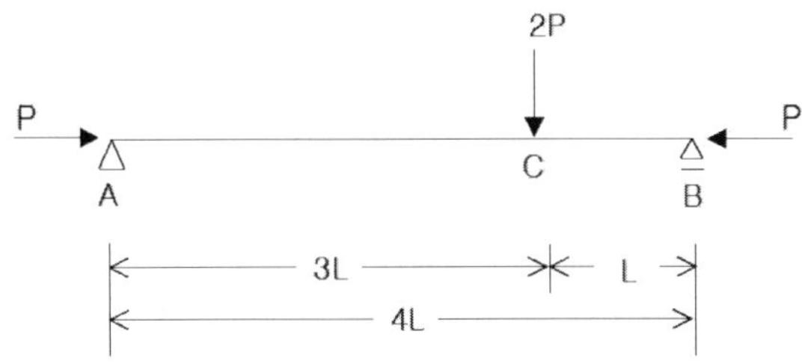

풀 이

▶ **휨과 압축력을 받는 보의 좌굴방정식 유도**

$$R_A = 2P \times \frac{1}{4} = \frac{P}{2}\,(\uparrow), \qquad R_B = 2P \times \frac{3}{4} = \frac{3P}{2}\,(\uparrow)$$

▶ **구간별 모멘트 및 지배방정식 산정**

1) AC 구간(시점A, $0 \leq x \leq 3L$)

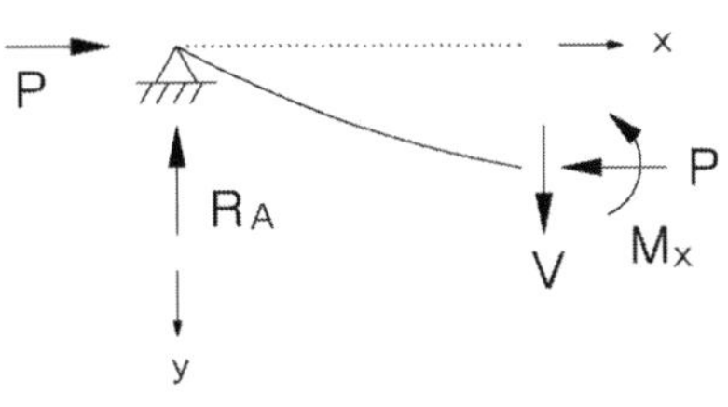

$$M_x = -Py - R_A x$$
$$M_x = -EIy''$$
$$\therefore y'' + \frac{P}{EI}y = -\frac{P}{2}x, \qquad k^2 = \frac{P}{EI}$$
$$y'' + k^2 y = -\frac{k^2}{2}x$$
$$\therefore y_1 = y_h + y_p = A\sin kx + B\cos kx - \frac{1}{2}x$$

2) BC 구간(시점B, $0 \leq x \leq L$)

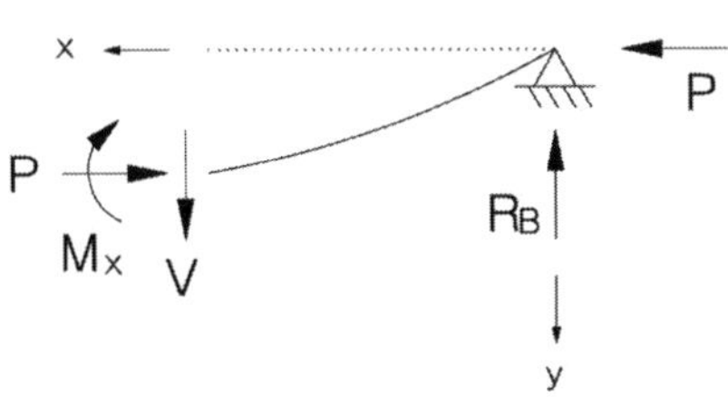

$$M_x = -Py - R_B x$$
$$M_x = -EIy''$$
$$\therefore y'' + \frac{P}{EI}y = -\frac{3P}{2}x,\ k^2 = \frac{P}{EI}$$
$$y'' + k^2 y = -\frac{3k^2}{2}x$$

$$\therefore \; y_2 = y_h + y_p = C\sin kx + D\cos kx - \frac{3}{2}x$$

▶ 경계조건

$$y_1(x=0)=0 \qquad\qquad \therefore \; B=0$$
$$y_2(x=0)=0 \qquad\qquad \therefore \; D=0$$
$$y_1(x=3L)=y_2(x=L) \;:\; A\sin(3kL)-\frac{3L}{2}=C\sin(kL)-\frac{3L}{2}$$
$$\therefore \; A\sin(3kL)-C\sin(kL)=0$$
$$y_1{}'(x=3L)=y_2{}'(x=L) \;:\; Ak\cos(3kL)-\frac{1}{2}=Ck\cos(kL)-\frac{3}{2}$$
$$\therefore Ak\cos(3kL)+Ck\cos(kL)=2$$

연립방정식으로부터,
$$\therefore \; A=\frac{2\sin(kL)}{k\sin(4kL)}, \qquad C=\frac{2\sin(3kL)}{k\sin(4kL)}$$

▶ 처짐 및 처짐각 곡선식

1) 처짐 곡선식

$$y_1=\frac{2\sin(kL)}{k\sin(4kL)}\sin kx-\frac{1}{2}x \quad (\text{시점A, } 0\le x\le 3L)$$
$$y_2=\frac{2\sin(3kL)}{k\sin(4kL)}\sin kx-\frac{3}{2}x \quad (\text{시점B, } 0\le x\le L)$$

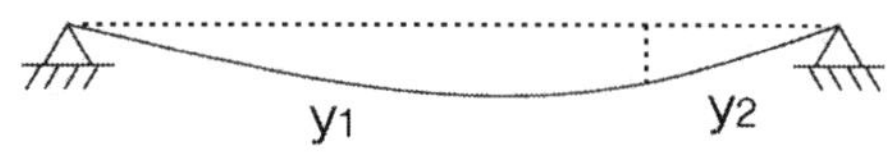

2) 처짐각 곡선식

$$y_1{}'=\frac{2\sin(kL)}{k\sin(4kL)}\cos kx-\frac{1}{2} \quad (\text{시점A, } 0\le x\le 3L)$$
$$y_2{}'=\frac{2\sin(3kL)}{k\sin(4kL)}\cos kx-\frac{3}{2} \quad (\text{시점B, } 0\le x\le L)$$

좌굴 하중

그림과 같이 휨강성 EI가 일정하고, 한쪽 단부가 고정인 외팔 기둥의 자유단에 스프링상수가 c인
스프링으로 탄성지지된 기둥의 좌굴 하중을 산정하시오.

(단, 기둥의 휨강성, 스프링상수, 기둥 길이와의 조건식은 $10EI = cL^3$이며, 좌굴조건식을 만족
하는 값은 아래 표를 참조하시오.)

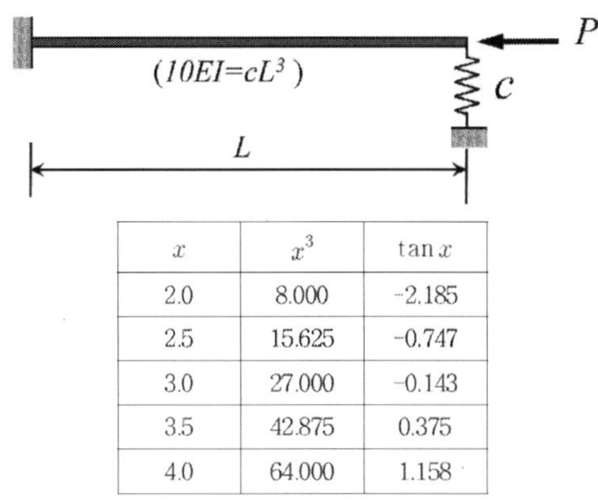

x	x^3	$\tan x$
2.0	8.000	-2.185
2.5	15.625	-0.747
3.0	27.000	-0.143
3.5	42.875	0.375
4.0	64.000	1.158

풀 이

> **개요**

고정단과 스프링으로 지지된 기둥의 좌굴형상을 아래와 같이 가정하고, 가정된 좌굴형상의 2계도
미분방정식의 해를 구한다. 미분방정식의 해로부터 좌굴 하중을 산정한다.

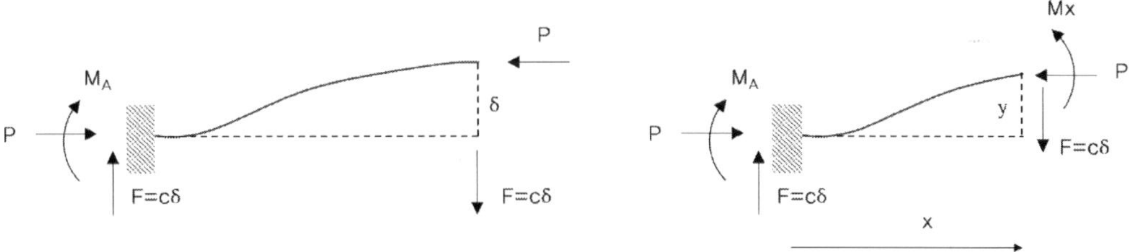

> **좌굴방정식 산정**

$EIy'' = -M$의 관계로부터 지점으로부터 x점 위치에 떨어진 위치에서의 좌굴방정식은,

$$EIy'' + Py = M_A + Fx, \quad y'' + k^2 y = \frac{M_A}{EI} + \frac{F}{EI}x, \quad \text{where } k^2 = \frac{P}{EI}$$

미분방정식의 일반해(general/homogenous solution, y_h)와 특수해(particular equaion, y_p)를 산정하고 미분방정식의 해를 구한다.

① 일반해 : $y_h = A\sin kx + B\cos kx$

② 특수해 : $y_p = Cx + D$

$$y_p{}' = C, \ y_p{}'' = 0 \ \text{이므로,} \quad y'' + k^2 y = \frac{M_A}{EI} + \frac{F}{EI}x \ \text{에 대입하면,}$$

$$k^2 C = \frac{F}{EI}, \ k^2 D = \frac{M_A}{EI} \qquad \therefore \ C = \frac{F}{P}, \ D = \frac{M_A}{P}$$

③ 좌굴방정식

$$\therefore \ y = y_h + y_p = A\sin kx + B\cos kx + \frac{F}{P}x + \frac{M_A}{P}$$

④ 경계조건(B.C)으로부터

  (1) 지점에서의 y값은 0이므로 $y = 0$ at $x = 0$ $\qquad \therefore \ B + \frac{M_A}{P} = 0$

  (2) 지점에서의 회전각은 0이므로 $y' = 0$ at $x = 0$ $\qquad \therefore \ Ak + \frac{F}{P} = 0$

$$A = -\frac{M_A}{P}, \ B = -\frac{F}{Pk}, \qquad \therefore \ y = -\frac{F}{Pk}\sin kx - \frac{M_A}{P}\cos kx + \frac{F}{P}x + \frac{M_A}{P}$$

▶ 좌굴하중 산정

$x = L$에서의 처짐 $y = \delta$라고 하면, 산정된 좌굴방정식으로부터,

$$\delta = -\frac{F}{Pk}\sin kL - \frac{M_A}{P}\cos kL + \frac{FL}{P} + \frac{M_A}{P}$$

여기서 $M_A = P\delta - FL$이므로,

$$\delta = -\frac{F}{Pk}\sin kL - \left(\frac{P\delta - FL}{P}\right)\cos kL + \frac{FL}{P} + \left(\frac{P\delta - FL}{P}\right)$$

$$\therefore \ \delta = \frac{FL}{P} - \frac{F}{Pk}\tan kL$$

이때, 스프링과 처짐 간의 관계로부터 $\delta = \frac{F}{c}, \quad \frac{F}{c} = \frac{FL}{P} - \frac{F}{Pk}\tan kL$

$$\therefore \ \frac{Pk}{c} = kL - \tan kL$$

여기서 $c = \dfrac{10EI}{L^3}$이므로,

$$\therefore \ \frac{(kL)^3}{10} = kL - \tan kL \ \rightarrow \ kL = 3.155 \qquad \therefore \ P_{cr} = 9.95\frac{EI}{L^2}$$

모멘트 증가계수

그림과 같이 보 부재의 휨모멘트를 유발하는 등분포하중 w가 작용할 때, 보 부재의 압축단면력 P에 의한 모멘트 증가계수를 구하시오(단, 보 부재의 압축단면력은 보 부재 오일러 좌굴하중의 25% 크기로 작용한다).

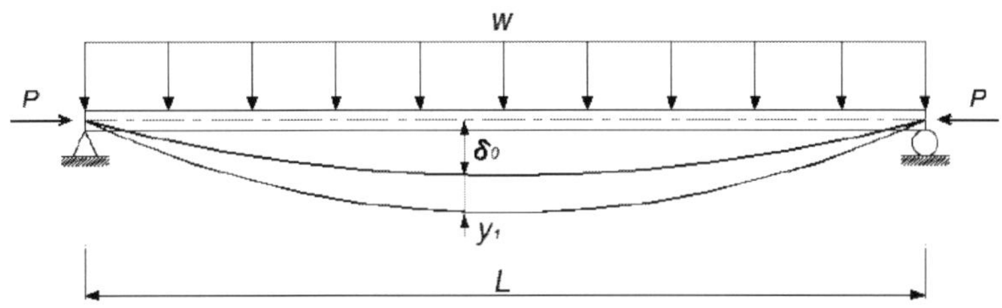

풀 이

▶ 개요

휨과 압축응력을 받는 보의 좌굴방정식 유도는 2계도 미분방정식을 직접 해석하거나, 처짐형상 가정을 통해 해석하는 방법을 이용해서 풀이할 수 있다.

▶ 처짐형상 가정을 통한 해석방법

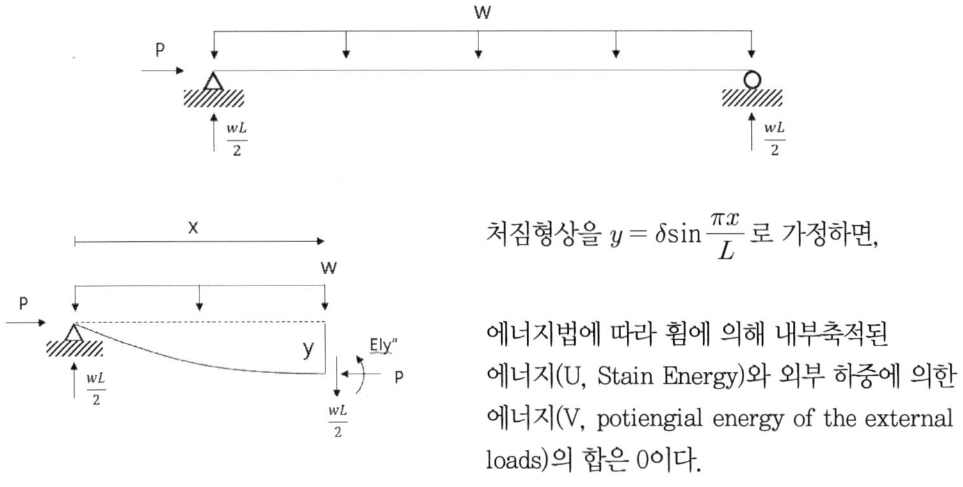

처짐형상을 $y = \delta \sin \dfrac{\pi x}{L}$ 로 가정하면,

에너지법에 따라 휨에 의해 내부축적된 에너지(U, Stain Energy)와 외부 하중에 의한 에너지(V, potiengial energy of the external loads)의 합은 0이다.

1) Strain Energy stored in the member as it bends

$$U = \frac{EI}{2} \int_0^L (y'')^2 dx = \frac{EI\delta^2 \pi^4}{2L^4} \int_0^L \sin^2 \frac{\pi x}{L} dx$$

2) Potential Energy of the external loads

$$V = -w \int_0^L y\, dx - \frac{P}{2} \int_0^L (y')^2 dx = w\delta \int_0^L \sin \frac{\pi x}{L} dx - \frac{P\delta^2 \pi^2}{2L^2} \int_0^L \cos^2 \frac{\pi x}{L} dx$$

$$\therefore U + V = \frac{EI\delta^2 \pi^4}{2L^4} \int_0^L \sin^2 \frac{\pi x}{L} dx + w\delta \int_0^L \sin \frac{\pi x}{L} dx - \frac{P\delta^2 \pi^2}{2L^2} \int_0^L \cos^2 \frac{\pi x}{L} dx$$

여기서, $\displaystyle \int_0^L \sin^2 \frac{\pi x}{L} dx = \int_0^L \cos^2 \frac{\pi x}{L} dx = \frac{L}{2}$, $\displaystyle \int_0^L \sin \frac{\pi x}{L} dx = \frac{2L}{\pi}$ 이므로

3) 모멘트 증가계수

$$U + V = \frac{EI}{4} \frac{\delta^2 \pi^4}{L^3} - \frac{2w\delta L}{\pi} - \frac{P\delta^2 \pi^2}{4L}$$

$$\frac{\partial (U+V)}{\partial \delta} = 0 \; ; \; \frac{EI\delta \pi^4}{2L^3} - \frac{2wL}{\pi} - \frac{P\delta \pi^2}{2L} \qquad \therefore \delta = \frac{4wL^4}{\pi} \frac{1}{EI\pi^4 - P\pi^2 L^2}$$

$$\therefore \delta = \frac{5wL^4}{384EI} \frac{1536EI}{5\pi} \frac{1}{EI\pi^4 - P\pi^2 L^2} = \frac{5wL^4}{384EI} \frac{1536}{5\pi^5} \frac{1}{1 - \dfrac{P}{\dfrac{\pi^2 EI}{L^2}}}$$

$$= \frac{5wL^4}{384EI} \frac{1536}{5\pi^5} \frac{1}{1 - \dfrac{P}{P_{cr}}} \approx \frac{5wL^4}{384EI} \frac{1}{1 - \dfrac{P}{P_{cr}}} = \delta_0 \times \frac{1}{1 - \dfrac{P}{P_{cr}}} \qquad (\because P_{cr} = \frac{\pi^2 EI}{L^2})$$

$$M_{\max} = \frac{wL^2}{8} + P\delta = \frac{wL^2}{8} + \frac{5PwL^4}{384EI} \frac{1}{1 - P/P_{cr}} = \frac{wL^2}{8} \left[1 + \frac{5PL^2}{48EI} \frac{1}{1 - P/P_{cr}} \right]$$

$$= \frac{wL^2}{8} \left[1 + 1.03 \frac{P}{P_{cr}} \frac{1}{1 - P/P_{cr}} \right] = M_0 \left[1 + 1.03 \frac{P}{P_{cr}} \frac{1}{1 - P/P_{cr}} \right]$$

$$\therefore 모멘트\ 증가계수 = 1 + 1.03 \frac{P}{P_{cr}} \frac{1}{1 - P/P_{cr}} = 1 + 1.03 \times 0.25 \times \frac{1}{(1 - 0.25)} = 1.34$$

▶ 2계도 미분방정식 풀이를 통한 해석방법

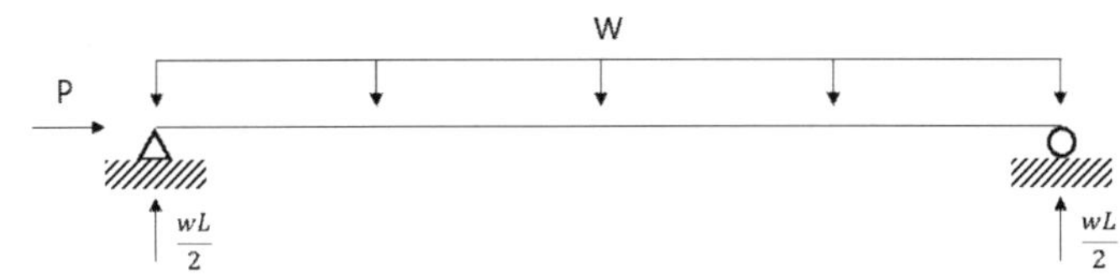

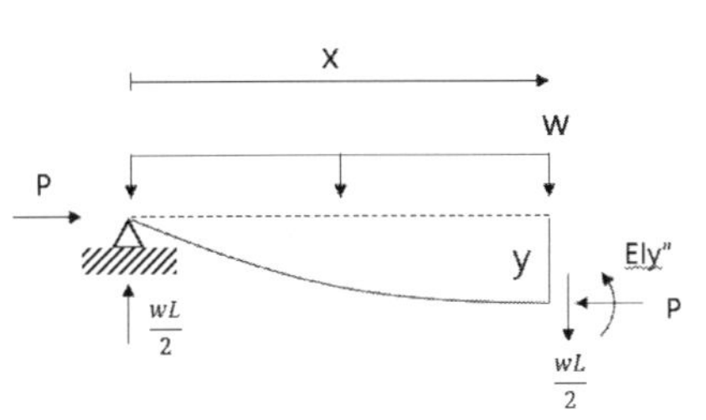

$$M_x = Py + \frac{wL}{2}x - \frac{wx^2}{2}$$

$$EIy'' = -M_x = -\left(Py + \frac{wL}{2}x - \frac{wx^2}{2}\right)$$

$$\therefore\ EIy'' + Py = \frac{wx^2}{2} - \frac{wL}{2}x$$

$$y'' + k^2 y = \frac{w}{2EI}x^2 - \frac{wL}{2EI}x, \quad k^2 = \frac{P}{EI}$$

2계도 미분방정식의 해는 조화해(제차해, Homogeneous solution, y_h)와 특수해(particular solution, y_p)를 가지므로,

$$y = y_h + y_p \qquad \cdots ①$$

1) Homogeneous solution

$y'' + k^2 y = 0$ 에서 일반적인 조화해는 $\quad y_h = A\sin kx + B\cos kx \qquad \cdots ②$

2) Particular solution

$y'' + k^2 y = \dfrac{w}{2EI}x^2 - \dfrac{wL}{2EI}x$ 에서 일반적인 특수해는 $\quad y_p = C_1 x^2 + C_2 x + C_3$

$$\therefore\ y_p{'} = 2C_1 x + C_2, \quad y_p{''} = 2C_1$$

$$y_p{''} + k^2 y_p = 2C_1 + k^2(C_1 x^2 + C_2 x + C_3) = (C_1 k^2)x^2 + (C_2 k^2)x + (2C_1 + C_3 k^2)$$

$$(C_1 k^2)x^2 + (C_2 k^2)x + (2C_1 + C_3 k^2) = \frac{w}{2EI}x^2 - \frac{wL}{2EI}x$$

$$\therefore C_1 k^2 = \frac{w}{2EI}, \quad C_2 k^2 = -\frac{wL}{2EI}, \quad 2C_1 + C_3 k^2 = 0$$

$$\therefore C_1 = \frac{w}{2EIk^2}, \quad C_2 = -\frac{wL}{2EIk^2}, \quad C_3 = -\frac{2C_1}{k^2} = -\frac{w}{EIk^4}$$

$$\therefore y_p = \frac{w}{2EIk^2}x^2 - \frac{wL}{2EIk^2}x - \frac{w}{EIk^4} \quad \cdots ③$$

①, ②, ③으로부터,

$$\therefore y = y_h + y_p = A\sin kx + B\cos kx + \frac{w}{2EIk^2}x^2 - \frac{wL}{2EIk^2}x - \frac{w}{EIk^4}$$

3) 방정식 해

경계조건(Boundary Condition)으로부터, $y(0) = 0$, $y'\left(\dfrac{L}{2}\right) = 0$

$$\therefore B = \frac{w}{EIk^4}, \quad A = \frac{w}{EIk^4}\tan\frac{kL}{2}$$

$$\therefore y = \frac{w}{EIk^4}\left[\tan\frac{kL}{2}\sin kx + \cos kx - 1\right] - \frac{w}{2EIk^2}x(L-x)$$

$u = \dfrac{kL}{2}$ 치환하면,

$$y = \frac{wL^4}{16EI}u^4\left[\tan u\sin\frac{2ux}{L} + \cos\frac{2ux}{L} - 1\right] - \frac{wL^2}{8EIu^2}x(L-x)$$

4) 모멘트 증가계수

$$y_{\max} = y\left(\frac{L}{2}\right) = \frac{wL^4}{16EIu^4}\left[\frac{1-\cos u}{\cos u}\right] - \frac{wL^4}{32EIu^2}$$

$$= \frac{5wL^4}{384EI}\left[\frac{12(2\sec u - u^2 - 2)}{5u^4}\right] = y_0\left[\frac{12(2\sec u - u^2 - 2)}{5u^4}\right]$$

$\sec u$의 무한급수 전개는

$$\sec u = u + \frac{1}{2}u^2 + \frac{5}{24}u^4 + \frac{61}{720}u^6 + \frac{277}{8064}u^8 + \cdots$$

$$\therefore y_{\max} = y_0\left(1 + 0.4067u^2 + 0.1649u^4 + \cdots\right)$$

$$u = \frac{kL}{2} = \frac{L}{2}\sqrt{\frac{P}{EI}} = \frac{\pi}{2}\sqrt{\frac{P}{P_{cr}}} , \quad P_{cr} = \frac{\pi^2 EI}{L^2}$$

$$\therefore y_{\max} = y_0\left[1 + 1.003\left(\frac{P}{P_{cr}}\right) + 1.004\left(\frac{P}{P_{cr}}\right)^2 + \cdots\right] \approx y_0\left[1 + \left(\frac{P}{P_{cr}}\right) + \left(\frac{P}{P_{cr}}\right)^2 + \cdots\right]$$

$$= y_0\left[\frac{1}{1 - \left(\dfrac{P}{P_{cr}}\right)}\right]$$

$$M = -EIy'' = \frac{wL^2}{4u^2}\left[\tan u \sin\frac{2ux}{L} + \cos\frac{2ux}{L} - 1\right]$$

$$M_{\max} = M_{x=L/2} = \frac{wL^2}{4u^2}(\sec u - 1) = \frac{wL^2}{8}\left[\frac{2(\sec u - 1)}{u^2}\right] = M_0\left[\frac{2(\sec u - 1)}{u^2}\right]$$

$$(\text{or } M_{\max} = M_0 + Py_{\max})$$

$$M_{\max} = M_0\left[1 + 0.4167u^2 + 0.1694u^4 + 0.06870u^6 + \cdots\right]$$

$$\because u = \frac{kL}{2} = \frac{L}{2}\sqrt{\frac{P}{EI}} = \frac{\pi}{2}\sqrt{\frac{P}{P_{cr}}}$$

$$\therefore M_{\max} = M_0\left[1 + 1.028\left(\frac{P}{P_{cr}}\right) + 1.031\left(\frac{P}{P_{cr}}\right)^2 + 1.032\left(\frac{P}{P_{cr}}\right)^3 + \cdots\right]$$

$$= M_0\left[1 + \left(1.028\left(\frac{P}{P_{cr}}\right)\right)\left(1 + 1.03\left(\frac{P}{P_{cr}}\right) + 1.004\left(\frac{P}{P_{cr}}\right)^2 + \cdots\right)\right]$$

$$\approx M_0\left[1 + \left(1.028\left(\frac{P}{P_{cr}}\right)\right)\left(1 + \left(\frac{P}{P_{cr}}\right) + \left(\frac{P}{P_{cr}}\right)^2 + \cdots\right)\right]$$

$$= M_0\left[1 + \left(1.028\left(\frac{P}{P_{cr}}\right)\right)\left(\frac{1}{1 - \left(\dfrac{P}{P_{cr}}\right)}\right)\right] = M_0\left[\frac{1 + 0.028(P/P_{cr})}{1 - (P/P_{cr})}\right]$$

$$\approx M_0\left[\frac{1}{1 - P/P_{cr}}\right]$$

$$\therefore \text{모멘트 증가계수} = \frac{1 + 0.028(P/P_{cr})}{1 - (P/P_{cr})} = \frac{1}{1 - P/P_{cr}} = 1.34$$

1. Sway prevented case : Hinge

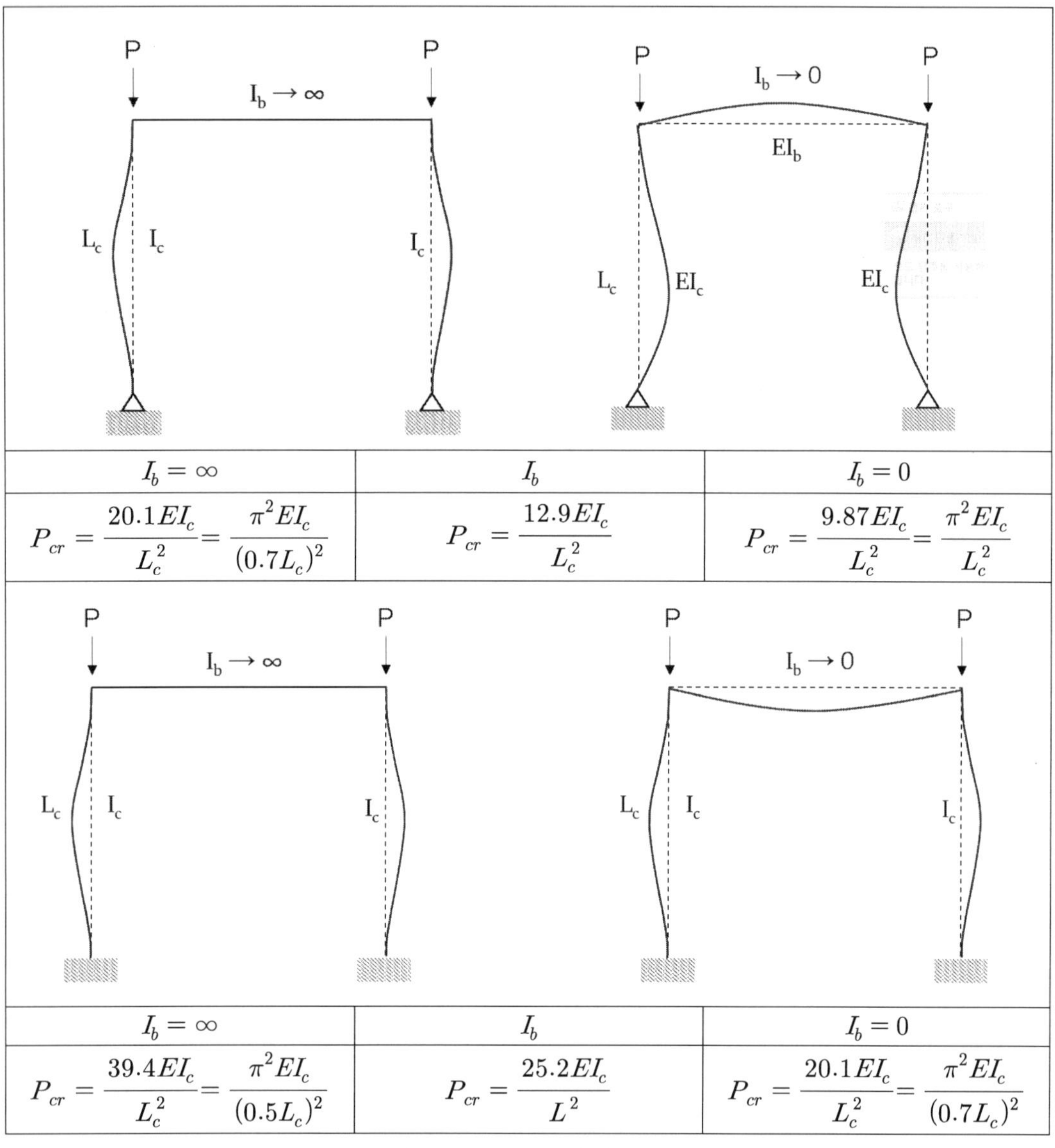

$I_b = \infty$	I_b	$I_b = 0$
$P_{cr} = \dfrac{20.1EI_c}{L_c^2} = \dfrac{\pi^2 EI_c}{(0.7L_c)^2}$	$P_{cr} = \dfrac{12.9EI_c}{L_c^2}$	$P_{cr} = \dfrac{9.87EI_c}{L_c^2} = \dfrac{\pi^2 EI_c}{L_c^2}$

$I_b = \infty$	I_b	$I_b = 0$
$P_{cr} = \dfrac{39.4EI_c}{L_c^2} = \dfrac{\pi^2 EI_c}{(0.5L_c)^2}$	$P_{cr} = \dfrac{25.2EI_c}{L^2}$	$P_{cr} = \dfrac{20.1EI_c}{L_c^2} = \dfrac{\pi^2 EI_c}{(0.7L_c)^2}$

Side—sway permitted case

보의 강성이 ∞일 경우에는 fix 조건, 강성이 0일 때는 hinge 조건의 좌굴방정식과 같다. 중간 강성을 가질 때는 다음과 같이 산정한다.

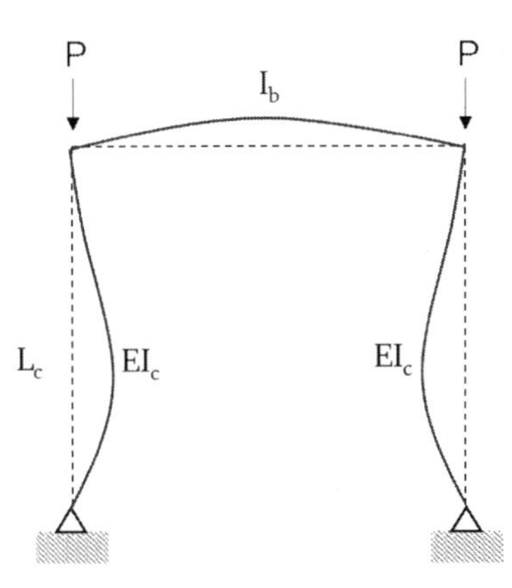 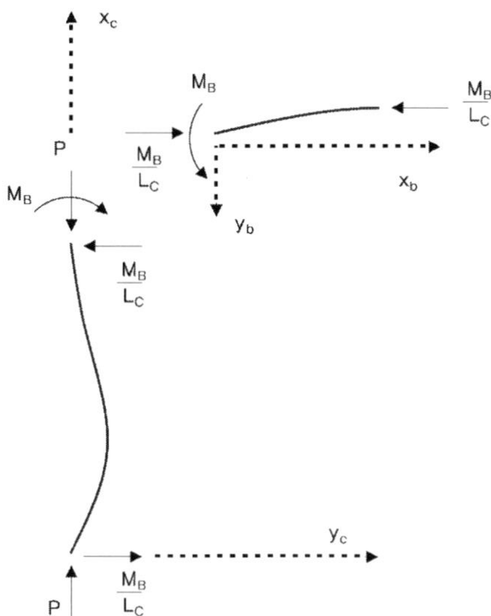

1) 기둥의 좌굴방정식

$$EI_c y_c'' + P y_c = \frac{M_B}{L_C} x \qquad y_c'' + k_c^2 y_c = \frac{M_B}{EI_c}\frac{x}{L_c} \quad \text{where } k_c = \frac{P}{EI_c}$$

General(Homogeneous) Solution $y_h = A\sin k_c x + B\cos k_c x$

Particular Solution $y_p = Cx + D$

$$y'' = 0 \quad \therefore C = \frac{M_B}{PL_c}$$

$$\therefore y_c = y_h + y_p = A\sin k_c x + B\cos k_c x + \frac{M_B}{PL_c}x$$

From B.C on column

① $x = 0,\ y_c = 0 : B = 0$

② $x = L_c,\ y_c = 0 : A = -\dfrac{M_B}{P\sin k_c L_c}$

$$\therefore y_c = \frac{M_B}{P}\left(\frac{x_c}{L_c} - \frac{\sin k_c x_c}{\sin k_c L_c}\right)$$

$$\rightarrow y'_c = \frac{M_B}{P}\left(\frac{1}{L_c} - \frac{k_c\cos k_c x_c}{\sin k_c L_c}\right),\ y'_c \big|_{x = L_c} = \frac{M_B}{P}\left(\frac{1}{L_c} - \frac{k_c}{\tan k_c L_c}\right)$$

2) 보의 처짐방정식

$$EI_b y_b'' = M_B \quad y_b'' = \frac{M_B}{EI_b} \qquad \therefore \; y_b = Cx_b + D + \frac{M_B}{EI_b}\frac{x_b^2}{2}$$

From B.C on beam

① $x = 0, \; y_c = 0 \; : \; D = 0$

② $x = L_c, \; y_c = 0 \; : \; C = -\dfrac{M_B L_b}{2EI_b}$

$$\therefore \; y_b = -\frac{M_B}{2EI_b}(L_b x_b - x_b^2) \; \rightarrow \; y'_b = -\frac{M_B}{2EI_b}(L_b - 2x_b), \; y'_b \big|_{x_b=0} = -\frac{M_B L_b}{2EI_b}$$

3) joint 적합방정식

$$y'_c(L_c) = y'_b(0) \; : \; \frac{M_B}{P}\left(\frac{1}{L_c} - \frac{k_c}{\tan k_c L_c}\right) = -\frac{M_B L_b}{2EI_b} \quad \therefore \left(\frac{k_b^2 L_b}{2} + \frac{1}{L_c} - \frac{k_c}{\tan k_c L_c}\right)M_B = 0$$

$$\therefore \; k_b^2 L_b L_c \tan k_c L_c + 2\tan k_c L_c - 2k_c L_c = 0$$

if $L_b = L_c = L, \; k_b = k_c = k \quad \therefore \; (kL)^2 \tan kL + 2\tan kL - 2kL = 0 \quad \therefore \; kL = 3.59$

$$\therefore \; P_{cr} = 3.59^2 \frac{EI}{L^2} = 12.9\frac{EI}{L^2}$$

2. Sway prevented case : Fixed

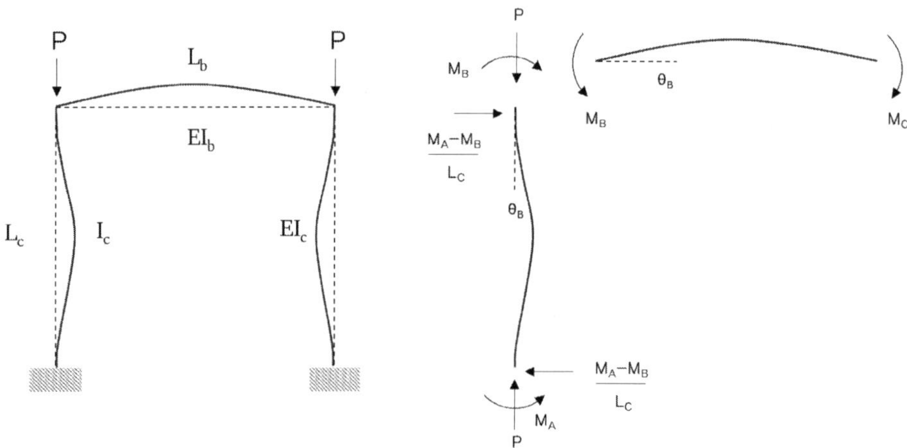

1) 기둥의 좌굴방정식

$$EI_c y_c'' + P y_c = M_A - (M_A - M_B)\frac{x}{L_c} \quad y_c'' + k_c^2 y_c = \frac{M_A}{EI_c}\left(1 - \frac{x}{L_c}\right) + \frac{M_B}{EI_c}\left(\frac{x}{L_c}\right)$$

General(Homogeneous) Solution $y_h = A\sin k_c x + B\cos k_c x$

Particular Solution $y_p = Cx + D = \dfrac{M_A}{P}\left(1 - \dfrac{x}{L_c}\right) + \dfrac{M_B}{P}\left(\dfrac{x}{L_c}\right)$

$$\therefore \; y_c = y_h + y_p = A\sin k_c x + B\cos k_c x + \frac{M_A}{P}\left(1 - \frac{x}{L_c}\right) + \frac{M_B}{P}\left(\frac{x}{L_c}\right)$$

From B.C on column

① $x = 0, \; y_c = 0 \; : \; B = -\dfrac{M_A}{P}$

② $x = 0, \; y'_c = 0 \; : \; A = \dfrac{M_A - M_B}{k_c P L_c}$

$$\therefore \; y_c = \frac{M_A}{P}\left(\frac{1}{k_c L_c}\sin k_c x - \cos k_c x + 1 - \frac{x}{L_c}\right) + \frac{M_B}{P}\left(\frac{x}{L_c} - \frac{1}{k_c}L_c\sin k_c x\right)$$

③ $x = L_c, \; y_c = 0$

$$\therefore \; M_A(\sin k_c L_c - k_c L_c \cos k_c L_c) + M_B(k_c L_c - \sin k_c L_c) = 0 \qquad \cdots (1)$$

2) 처짐각법으로부터 보의 관계식

$$M_B = \frac{2EI_b}{L_b}(2\theta_B + \theta_C), \; \theta_B = -\theta_C \quad \therefore \; M_B = \frac{2EI_b}{L_b}\theta_B, \; \theta_B = \frac{M_B L_b}{2EI_b}$$

3) joint 적합방정식

$y'_c(L_c) = -\theta_B :$

$$\frac{M_B L_b}{2EI_b} = -\frac{M_A}{P}\left(\frac{1}{L_c}\cos k_c L_c - k_c\sin k_c L_c - \frac{1}{L_c}\right) - \frac{M_B}{P}\left(\frac{1}{L_c} - \frac{1}{L_c}\cos k_c L_c\right)$$

$$M_A(\cos k_c L_c + k_c L_c \sin k_c L_c - 1) + M_B\left(1 - \cos k_c L_c + \frac{I_c L_c k_c^2 L_b}{2I_b}\right) = 0 \qquad \cdots (2)$$

(1), (2)식으로부터, $2 - 2\cos k_c L_c - k_c L_c \sin k_c L_c + \dfrac{L_b I_c k_c}{2I_b}(\sin k_c L_c - k_c L_c \cos k_c L_c) = 0$

$I = I_c = I_b$이고, $L = L_c = L_b$일 경우 $kL\sin kL + 4\cos kL + (kL)^2\cos kL = 4$

$$\therefore \; kL = 5.02, \; P_{cr} = \frac{25.2EI}{L^2}$$

3. Sway permitted case : Hinge

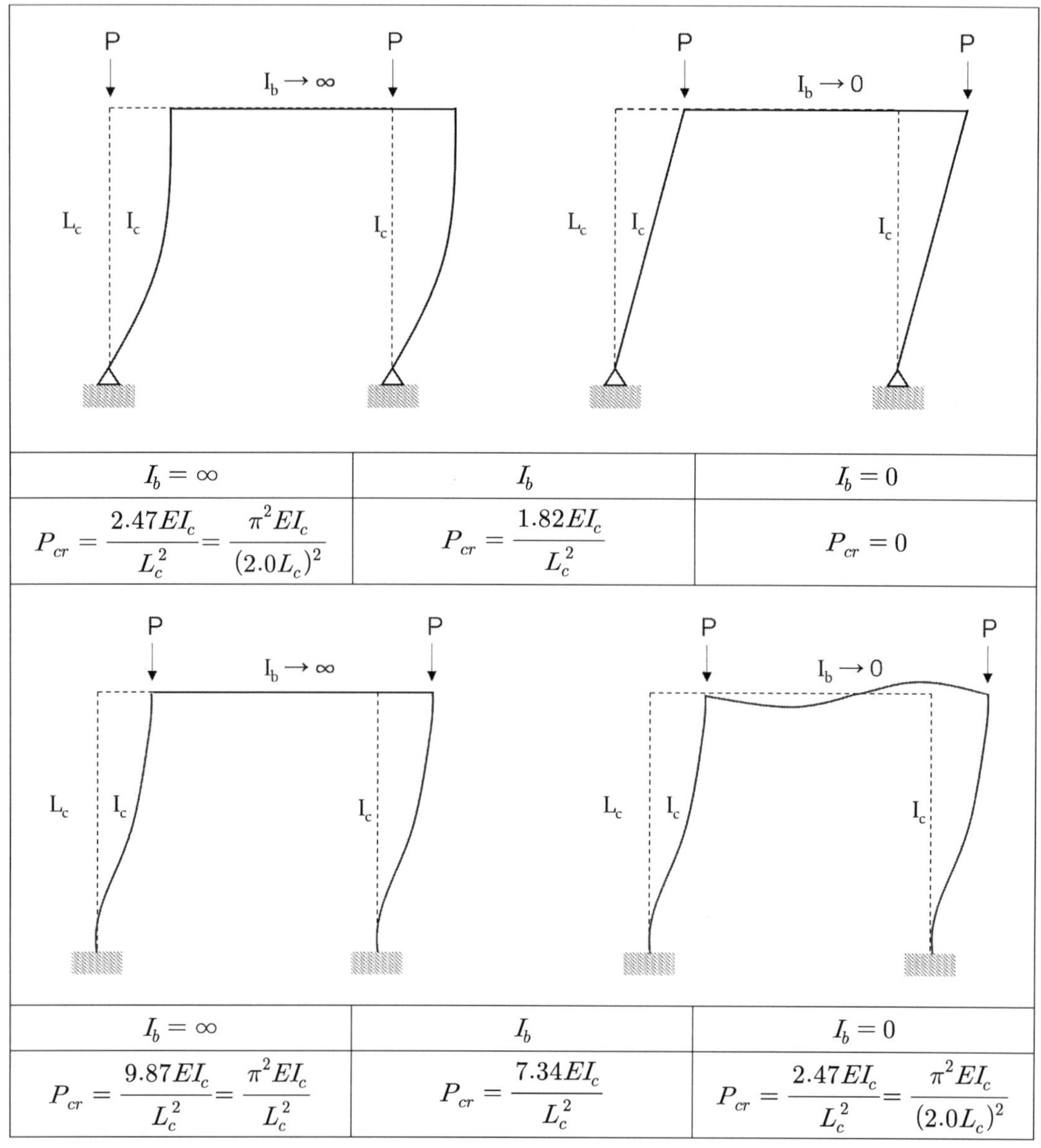

$I_b = \infty$	I_b	$I_b = 0$
$P_{cr} = \dfrac{2.47EI_c}{L_c^2} = \dfrac{\pi^2 EI_c}{(2.0L_c)^2}$	$P_{cr} = \dfrac{1.82EI_c}{L_c^2}$	$P_{cr} = 0$
$I_b = \infty$	I_b	$I_b = 0$
$P_{cr} = \dfrac{9.87EI_c}{L_c^2} = \dfrac{\pi^2 EI_c}{L_c^2}$	$P_{cr} = \dfrac{7.34EI_c}{L_c^2}$	$P_{cr} = \dfrac{2.47EI_c}{L_c^2} = \dfrac{\pi^2 EI_c}{(2.0L_c)^2}$

Sidesway permitted

보의 강성이 ∞일 경우에는 fix 조건, 강성이 0일 때는 hinge 조건으로 δ만큼의 변형이 발생한 좌굴 방정식과 같다. 중간 강성을 가질 때는 다음과 같이 산정한다.

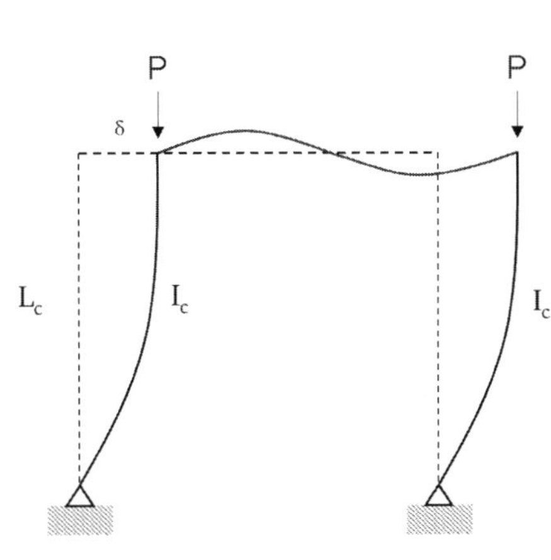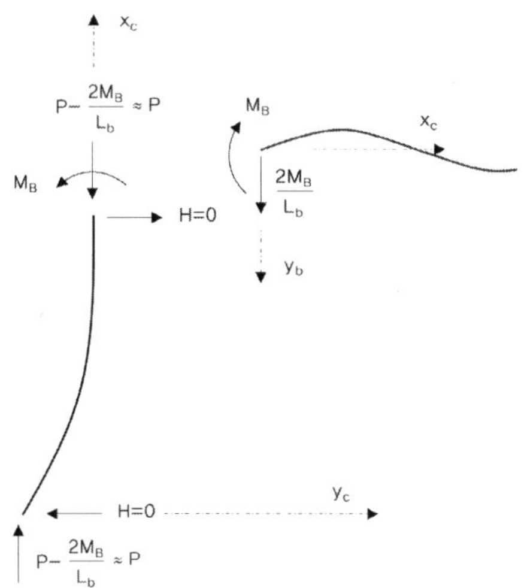

1) 기둥의 좌굴방정식

$$EI_c y_c'' + Py_c = 0 \quad y_c'' + k_c^2 y_c = 0 \quad \text{where } k_c = \frac{P}{EI_c}$$

General(Homogeneous) Solution $y_h = A\sin k_c x + B\cos k_c x$

From B.C on column

① $x = 0, \ y_c = 0 : B = 0$

② $x = L_c, \ y_c = \delta : A = \dfrac{\delta}{\sin k_c L_c}$

$$\therefore \ y_c = \frac{\delta}{\sin k_c L_c}\sin k_c x = \frac{M_B}{P\sin k_c L_c}\sin k_c x \quad \text{여기서, } M_B = P\delta \ \therefore \ \delta = \frac{M_B}{P}$$

$$\rightarrow \ y'_c = \frac{k_c M_B}{P\sin k_c L_c}\cos k_c x, \quad y'_c \,|\,_{x=L_c} = \frac{k_c M_B}{P\tan k_c L_c}$$

2) 보의 처짐방정식

$$EI_b y_b'' = 2\frac{M_B}{L_b}x_b - M_B \quad y_b'' = \frac{M_B}{EI_b}\left(\frac{2x_b}{L_b} - 1\right)$$

$$\therefore \ y_b = Cx_b + D + \frac{M_B}{EI_b}\left(\frac{x_b^3}{3L_b} - \frac{x_b^2}{2}\right)$$

From B.C on beam

① $x = 0, \ y_c = 0 \ : \ D = 0$

② $x = \dfrac{L_c}{2}, \ y_c = 0 \ : \ C = \dfrac{M_B L_b}{6EI_b}$

$$\therefore \ y_b = \dfrac{M_B L_b}{6EI_b} x_b + \dfrac{M_B}{EI_b}\left(\dfrac{x_b^3}{3L_b} - \dfrac{x_b^2}{2}\right)$$

$$\rightarrow \ y'_b = \dfrac{M_B L_b}{6EI_b} + \dfrac{M_B}{EI_b}\left(\dfrac{x_b^2}{L_b} - x_b\right), \ \ y'_b \mid_{x_b = 0} = \dfrac{M_B L_b}{6EI_b}$$

3) joint 적합방정식

$$y'_c(L_c) = y'_b(0) \ : \ \dfrac{k_c M_B}{P \tan k_c L_c} = \dfrac{M_B L_b}{6EI_b} \quad \therefore \ \left(\dfrac{k_c}{P \tan k_c L_c} - \dfrac{L_b}{6EI_b}\right)M_B = 0$$

$$\therefore \ 6k_c L_c - k_b^2 L_b L_c \tan k k_c L_c = 0$$

if $L_b = L_c = L, \ k_b = k_c = k \quad \therefore \ 6kL - (kL)^2 \tan kL = 0 \quad \therefore \ kL = 1.35$

$$\therefore \ P_{cr} = 1.35^2 \dfrac{EI}{L^2} = 1.82 \dfrac{EI}{L^2}$$

4. Sway permitted case : Fixed

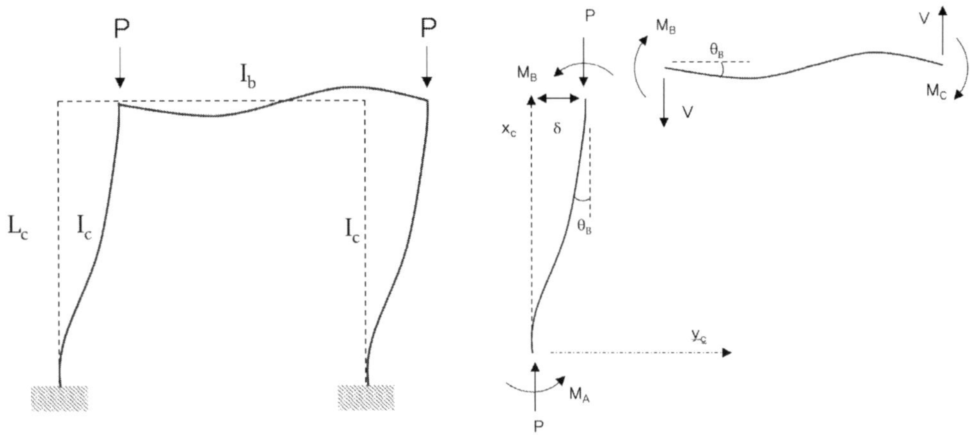

1) 기둥의 좌굴방정식

$$EI_c y_c{''} + Py_c = M_A \quad y_c{''} + k_c^2 y_c = \frac{M_A}{EI_c} \quad \text{where } k_c = \frac{P}{EI_c}$$

General(Homogeneous) Solution $y_h = A\sin k_c x + B\cos k_c x$

Particular Solution $y_p = \dfrac{M_A}{P}$

From B.C on column

① $x = 0, \; y_c = 0 \; : \; B = -\dfrac{M_A}{P}$

② $x = 0, \; y'_c = 0 \; : \; A = 0$

$$\therefore \; y = \frac{M_A}{P}(1 - \cos k_c x)$$

③ $x = L_c, \; y_c = \delta \; : \; \delta = \dfrac{M_A}{P}(1 - \cos k_c L_c)$

여기서, $\delta = \dfrac{M_A + M_B}{P}$ 이므로, $\quad M_A \cos k_c L_c + M_B = 0 \qquad \cdots \text{(1)}$

2) 보의 처짐방정식

$$M_B = \frac{2EI_b}{L_b}(2\theta_B + \theta_C), \;\; \theta_B = \theta_C \text{이므로}, \;\; \therefore \; M_B = \frac{6EI_b}{L_b}\theta_B \qquad \cdots \text{(2)}$$

3) joint 적합방정식

$$y'_c(L_c) = y'_b(0) \ : \ \frac{M_A}{k_c EI_c}\sin k_c L_c = \frac{M_B L_b}{6EI_b} \quad \therefore \ \frac{\tan k_c L_c}{k_c L_c} = -\frac{I_c L_b}{6I_b L_c}$$

$$I = I_c = I_b \text{이고, } L = L_c = L_b \text{일 경우} \quad \frac{\tan kL}{kL} = \frac{1}{6}$$

$$\therefore \ kL = 2.71 \quad P_{cr} = 2.71^2\frac{EI}{L^2} = \frac{7.34EI}{L^2}$$

프레임의 좌굴

아래 그림과 같이 기둥 하단부가 힌지로 지지된 뼈대구조가 횡방향 변위가 발생하면서 좌굴이 되는 경우의 좌굴하중을 구하시오.
(단, 모든 부재의 길이와 휨강성은 각각 L과 EI로 일정하며, 부재의 축방향 변형과 전단 변형 효과는 무시한다.)

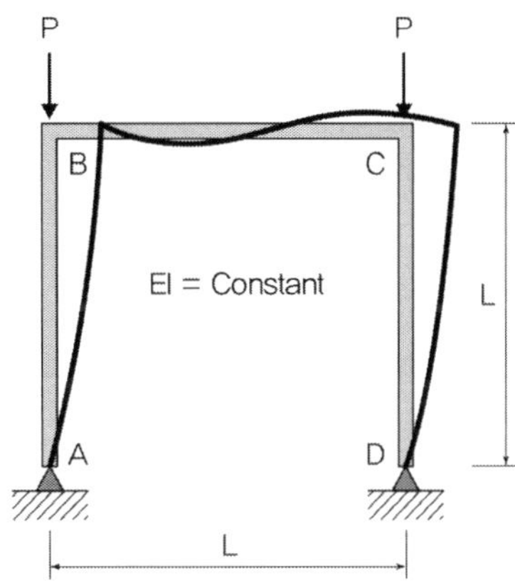

풀 이

➤ 개요

프레임구조물의 횡변위(sway) δ가 발생할 때 좌굴방정식을 산정하는 경우이다.

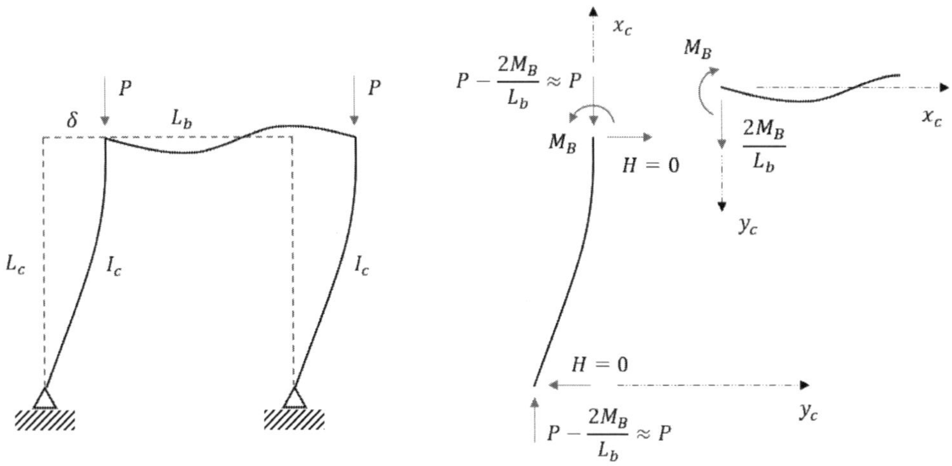

▶ 좌굴방정식 산정

1) 기둥의 좌굴방정식

$$EI_c y_c'' + P y_c = 0 \quad y_c'' + k_c^2 y_c = 0 \quad \text{where } k_c = \frac{P}{EI_c}$$

General(Homogeneous) Solution $y_h = A\sin k_c x + B\cos k_c x$

From B.C on column　① $x = 0,\ y_c = 0 : B = 0,$　② $x = L_c,\ y_c = \delta : A = \dfrac{\delta}{\sin k_c L_c}$

$$\therefore y_c = \frac{\delta}{\sin k_c L_c}\sin k_c x = \frac{M_B}{P\sin k_c L_c}\sin k_c x \quad \text{여기서, } M_B = P\delta \ \therefore\ \delta = \frac{M_B}{P}$$

$$\rightarrow y_c' = \frac{k_c M_B}{P\sin k_c L_c}\cos k_c x, \quad y_c'\,|_{\,x=L_c} = \frac{k_c M_B}{P\tan k_c L_c}$$

2) 보의 처짐방정식

$$EI_b y_b'' = 2\frac{M_B}{L_b}x_b - M_B \quad y_b'' = \frac{M_B}{EI_b}\left(\frac{2x_b}{L_b}-1\right) \quad \therefore y_b = Cx_b + D + \frac{M_B}{EI_b}\left(\frac{x_b^3}{3L_b}-\frac{x_b^2}{2}\right)$$

From B.C on beam

① $x = 0,\ y_c = 0 : D = 0$

② $x = \dfrac{L_c}{2},\ y_c = 0 : C = \dfrac{M_B L_b}{6EI_b}$

$$\therefore y_b = \frac{M_B L_b}{6EI_b}x_b + \frac{M_B}{EI_b}\left(\frac{x_b^3}{3L_b}-\frac{x_b^2}{2}\right)$$

$$\rightarrow y_b' = \frac{M_B L_b}{6EI_b} + \frac{M_B}{EI_b}\left(\frac{x_b^2}{L_b}-x_b\right), \quad y_b'\,|_{\,x_b=0} = \frac{M_B L_b}{6EI_b}$$

3) joint 적합방정식

$$y_c'(L_c) = y_b'(0) : \frac{k_c M_B}{P\tan k_c L_c} = \frac{M_B L_b}{6EI_b} \quad \therefore \left(\frac{k_c}{P\tan k_c L_c}-\frac{L_b}{6EI_b}\right)M_B = 0$$

$$\therefore 6k_c L_c - k_b^2 L_b L_c \tan k k_c L_c = 0$$

if $L_b = L_c = L,\ k_b = k_c = k \quad \therefore 6kL - (kL)^2\tan kL = 0 \quad \therefore kL = 1.35$

$$\therefore P_{cr} = 1.35^2\frac{EI}{L^2} = 1.82\frac{EI}{L^2}$$

프레임의 좌굴 : sway permitted case, fixed

그림과 같이 기둥 상단부에서 압축력 P를 받고 하단부가 고정단으로 지지된 뼈대 구조가 있다. 기둥 상부에 횡방향 변위가 발생하면서 좌굴이 되는 경우, 좌굴하중을 구하시오(단, 모든 부재의 길이와 휨강성은 각각 L과 EI로 일정하며, 부재의 축방향 변형과 전단변형 효과는 무시한다).

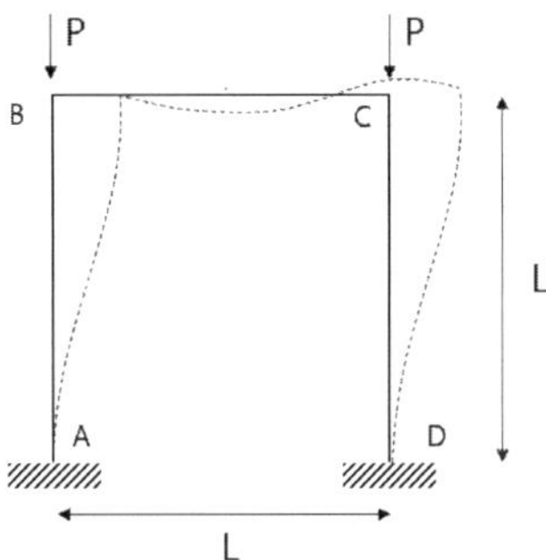

풀 이

▶ 개요

프레임구조물의 횡변위(sway) δ가 발생할 때 좌굴방정식을 산정하는 경우이다.

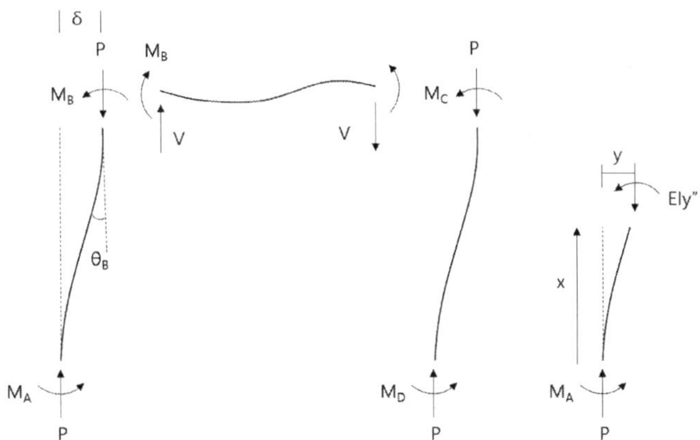

1) 기둥의 좌굴방정식

$$M = EIy'', \quad M_A - Py = EIy'', \quad y'' + k^2 y = \frac{M_A}{EI} \ \text{where} \ k^2 = \frac{P}{EI}$$

General(Homogeneous) Solution $y_h = A \sin k_c x + B \cos k_c x$

Particular Solution $y_p = \dfrac{M_A}{P}$

$$\therefore \ y = y_h + y_p = A \sin kx + B \cos kx + \frac{M_A}{P}$$

From B.C on column

① $x = 0, \ y_c = 0 : B = -\dfrac{M_A}{P}$

② $x = 0, \ y'_c = 0 : A = 0 \qquad \therefore \ y = \dfrac{M_A}{P}(1 - \cos k_c x)$

③ $x = L_c, \ y_c = \delta : \delta = \dfrac{M_A}{P}(1 - \cos k_c L_c)$

여기서, $\delta = \dfrac{M_A + M_B}{P}$ 이므로, $M_A \cos k_c L_c + M_B = 0 \qquad \cdots \ (1)$

2) 보의 처짐방정식

$$M_B = \frac{2EI_b}{L_b}(2\theta_B + \theta_C), \quad \theta_B = \theta_C \text{이므로}, \quad \therefore \ M_B = \frac{6EI_b}{L_b}\theta_B \qquad \cdots \ (2)$$

3) joint 적합방정식

$$y'_c(L_c) = y'_b(0) : \frac{M_A}{k_c EI_c}\sin k_c L_c = \frac{M_B L_b}{6EI_b} \quad \therefore \ \frac{\tan k_c L_c}{k_c L_c} = -\frac{I_c L_b}{6 I_b L_c}$$

$I = I_c = I_b$ 이고, $L = L_c = L_b$ 일 경우 $\dfrac{\tan kL}{kL} = \dfrac{1}{6}$

$$\therefore \ kL = 2.71, \qquad \therefore \ P_{cr} = 2.71^2 \frac{EI}{L^2} = \frac{7.34EI}{L^2}$$

Sway permitted frame buckling : fix and hinge

아래 그림과 같은 기둥의 하단부 A, D가 각각 고정단과 회전단으로 지지되어 있고 휨강성(EI)이
일정한 프레임에서 기둥 상단의 횡변위가 발생하는 경우에 대한 좌굴하중(P)을 구하시오.

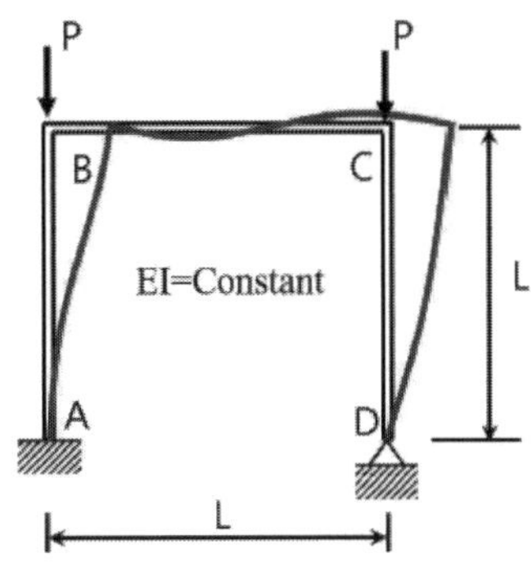

풀 이

▶ 개요

횡방향 변위가 발생할 때 고정단과 힌지를 가지는 프레임의 좌굴에 관한 문제로, 좌굴방정식을
산정하고 그에 따른 좌굴하중을 산정한다.

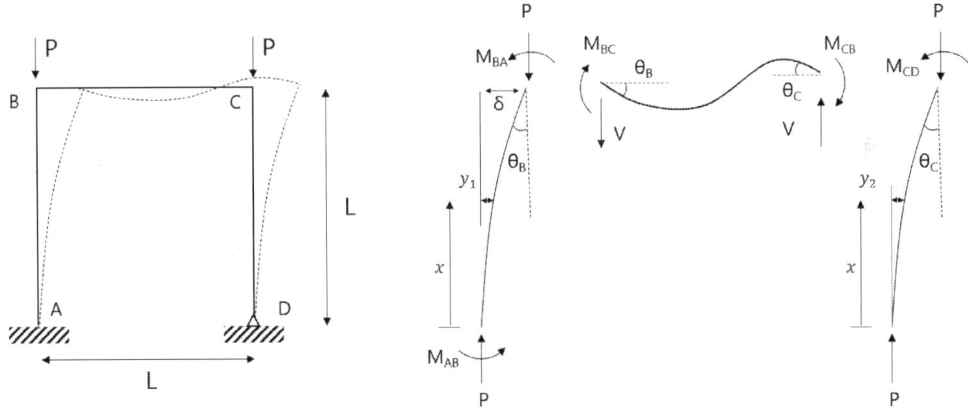

▶ 좌굴방정식 산정

1) 고정단 AB

평형방정식으로부터 $y_1'' + k^2 y_1 = \dfrac{M_{AB}}{EI}$, $k^2 = \dfrac{P}{EI}$

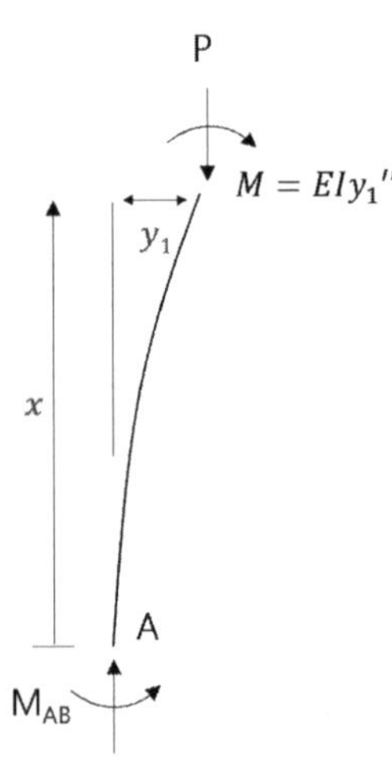

이 식의 일반해는 $\quad y_1 = A\sin kx + B\cos kx + \dfrac{M_{AB}}{P}$

From B.C

$\quad\textcircled{1}\ y_1 = 0\ |_{x=0} : B + \dfrac{M_{AB}}{P} = 0, \qquad \therefore B = -\dfrac{M_{AB}}{P}$

$\quad\textcircled{2}\ y'_1 = 0\ |_{x=0} : Ak = 0, \quad \therefore A = 0$

$\qquad \therefore y_1 = \dfrac{M_{AB}}{P}(1 - \cos kx)$

$\qquad \therefore x = L$일 때 $y_1 = \delta = \dfrac{M_{AB}}{P}(1 - \cos kL)$

부재의 모멘트 평형조건에 의해서 $\delta = \dfrac{M_{AB} + M_{BA}}{P}$ 이므로, $\quad M_{AB}\cos kL + M_{BA} = 0$

또한, 보의 처짐각법에서 $M_{BC} = \dfrac{2EI}{L}(2\theta_B + \theta_c)$

절점 B에서 θ_B와 $x = L$일 때 $y_1{}'$은 같아야 하므로 $\theta_B = k\dfrac{M_{AB}}{P}\sin kL$ $\therefore M_{AB} = \dfrac{P\theta_B}{k\sin kL}$

$M_{BA} = M_{BC}$이므로, $M_{AB}\cos kL + M_{BA} = 0$; $\dfrac{P\theta_B}{k\sin kL}\cos kL + \dfrac{2EI}{L}(2\theta_B + \theta_c) = 0$

2) 힌지단 CD

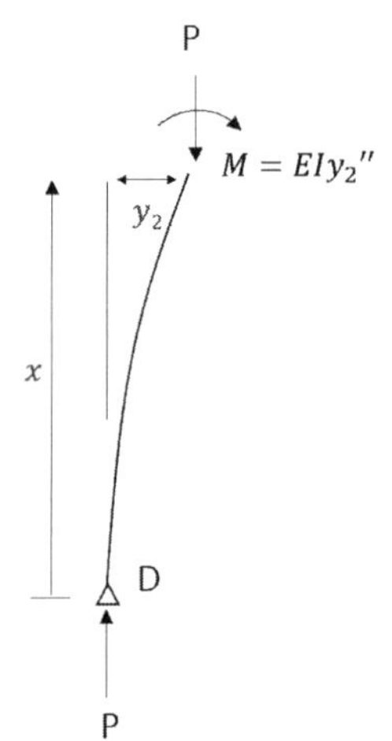

평형방정식으로부터 $\quad y_2{}'' + k^2 y_2 = 0, \quad k^2 = \dfrac{P}{EI}$

이 식의 일반해는 $\quad y_2 = A\sin kx + B\cos kx$

From B.C

$\quad\textcircled{1}\ y_2 = 0\ |_{x=0} : B = 0$

$\quad\textcircled{2}\ y_2 = \delta\ |_{x=L} : A\sin kL = \delta, \quad \therefore A = \dfrac{\delta}{\sin kL}$

$\qquad \therefore y_2 = \dfrac{\delta}{\sin kL}\sin kx$

부재의 모멘트 평형조건에 의해서 $\delta = \dfrac{M_{CD}}{P}$ 이므로, 처짐방정식은 다음과 같다.

$$\therefore \; y_2 = \frac{M_{CD}}{P}\frac{\sin kx}{\sin kL}$$

$x = L$에서 $y_2' = \theta_C$이므로 $\quad \dfrac{M_{CD}}{P}\dfrac{\cos kL}{\sin kL} = \theta_C \qquad \therefore \; M_{CD} = \theta_c \dfrac{P\sin kL}{\cos kL}$

또한, 보의 처짐각법에서 $M_{CD} = \dfrac{2EI}{L}(2\theta_C + \theta_B)$ $\qquad \therefore \; \dfrac{P\theta_c \sin kL}{\cos kL} = \dfrac{2EI}{L}(2\theta_C + \theta_B)$

1)에서 산정된 $\dfrac{P\theta_B}{k\sin kL}\cos kL + \dfrac{2EI}{L}(2\theta_B + \theta_c) = 0$와 $\dfrac{P\theta_c \sin kL}{\cos kL} = \dfrac{2EI}{L}(2\theta_C + \theta_B)$ 로부터,

연립해 풀면 가장 작은 $kL = 1.2$ $\qquad \therefore \; P = 1.2^2\dfrac{EI}{L^2} = 1.44\dfrac{EI}{L^2}$

강체의 임계하중

다음 그림과 같이 강체(rigid body)구조물에 수직하중이 작용할 때 구조물의 임계하중(Critical load) P_{cr}을 구하시오(단, k는 스프링계수이고, k_θ는 회전스프링계수이다).

풀 이

▶ 개요

Bifurcation Method 가정을 통해서 임계하중을 산정토록 한다. 스프링 지점의 변위를 Δ로 가정하였을 때 평형조건을 이용한다.

▶ 평형방정식 및 임계하중

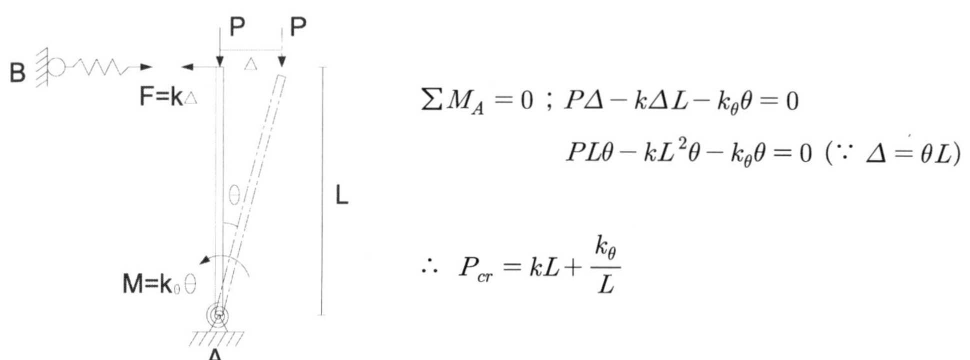

$$\sum M_A = 0 \; ; \; P\Delta - k\Delta L - k_\theta \theta = 0$$

$$PL\theta - kL^2\theta - k_\theta\theta = 0 \; (\because \Delta = \theta L)$$

$$\therefore \; P_{cr} = kL + \frac{k_\theta}{L}$$

좌굴하중

아래 그림과 같이 고정단 A점을 갖는 길이 L인 변형체 AB와 길이 L/2인 강체 BC로 구성된 기둥이 축하중을 받고 있다. 변형체 AB는 탄성계수 E와 단면 2차모멘트 I를 갖는다(단 δ와 θ는 각각 B점의 수평변위와 회전각을 나타내며 기둥의 자중은 무시한다).

1) 자유물체도를 그리고 미분방정식을 유도하여 구간 AB에 대한 임의의 x위치에서 수평변위 $v(x)$의 일반해를 구하라.

2) 경계조건을 적용하여 특성방정식을 도출하고 탄성좌굴하중을 구하라.

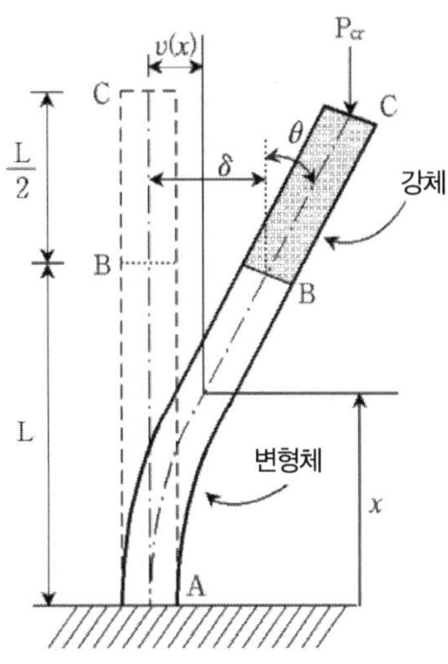

▶ 자유물체도 및 미분방정식 유도

BC구간은 강체이므로 회전각의 변화가 없이 유지된다. 다만 모멘트 팔길이의 증가분에 대해서만 고려한다.

$$M_x = -P\left(\delta + \frac{L\theta}{2} - y\right)$$

$$EIy'' = -M = -P\left(\delta + \frac{L\theta}{2} - y\right), \quad k^2 = \frac{P}{EI}$$

$$y'' + k^2 y = k^2\left(\delta + \frac{L\theta}{2}\right) \quad \rightarrow \quad y = A\cos kx + B\sin kx + \left(\delta + \frac{L\theta}{2}\right)$$

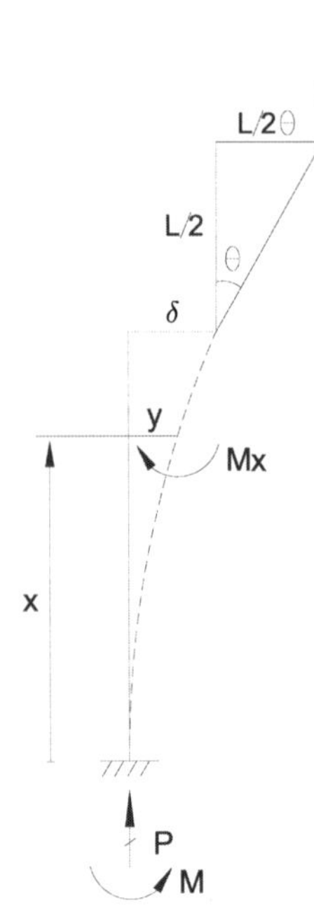

From B.C

① $x = 0,\ y = 0\ :\ A + \left(\delta + \dfrac{L\theta}{2}\right) = 0,\quad \therefore A = -\left(\delta + \dfrac{L\theta}{2}\right)$

② $x = 0,\ y' = 0\ :\ B = 0$

③ $x = L,\ y = \delta\ :\ \delta = \left(\delta + \dfrac{L\theta}{2}\right)(1 - \cos kL)$ \qquad (1)

④ $x = L,\ y' = \theta\ :$

$$\left(\delta + \dfrac{L\theta}{2}\right)k\sin kL = \theta,\quad \left(1 - \dfrac{kL}{2}\sin kL\right)\theta = \delta k\sin kL$$

$$\therefore \theta = \dfrac{\delta k\sin kL}{1 - \dfrac{kL}{2}\sin kL} = \dfrac{2\delta k\sin kL}{2 - kL\sin kL} \qquad (2)$$

$$\therefore v(x) = y = \left(\delta + \dfrac{L\theta}{2}\right)(1 - \cos kx)$$

▶ 특성방정식과 좌굴하중 산정

(1), (2)로부터

$$\dfrac{L\theta}{2}(1 - \cos kL) = \delta\cos kL,\quad \dfrac{L}{2}\left(\dfrac{2\delta k\sin kL}{2 - kL\sin kL}\right)(1 - \cos kL) = \delta\cos kL$$

$$\therefore k = \dfrac{2\cos kL}{L\sin kL},\quad kL = 2\cot kL \qquad \therefore kL = 1.0768$$

$$\therefore P_{cr} = 1.159\dfrac{EI}{L^2}$$

좌굴해석

다음과 같이 이상화된 기둥의 C점에 축방향 하중 P가 작용하고 있다. A, B, C는 모두 핀(pin)으로 연결되어 있고, A점에 회전강성 β를 갖는 스프링을 설치하였다(단, 스프링은 선형탄성거동을 하며 변위와 회전각은 작다고 가정한다).

1) 이때의 좌굴하중을 구하시오.

2) B점과 C점에 A점과 동일한 스프링 강성 β를 갖는 스프링을 설치하였을 때 좌굴하중을 구하시오.

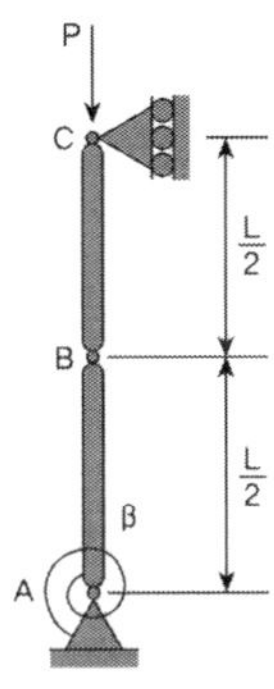

풀 이

> 개요

Bifurcation 좌굴하중 산정방법은 평형조건식을 이용하거나 에너지 방법으로 풀이할 수 있다.

> 평형조건식을 이용한 풀이

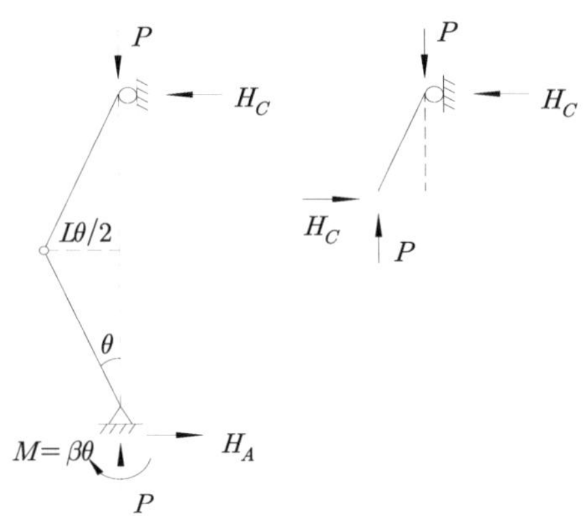

1) 좌굴하중 산정

$$\sum M_A = 0 : H_C L = M$$

$$\therefore H_C = H_A = \frac{\beta\theta}{L}$$

Rigid Body Pin연결이므로, $\overline{BC}$ 부재에서

$$\sum M_B = 0 : P\left(\frac{L\theta}{2}\right) - H_C\left(\frac{L}{2}\right) = 0$$

$$\therefore P_{cr} = H_c \times \frac{1}{\theta} = \frac{\beta}{L}$$

2) A, B, C점에 스프링 설치 시

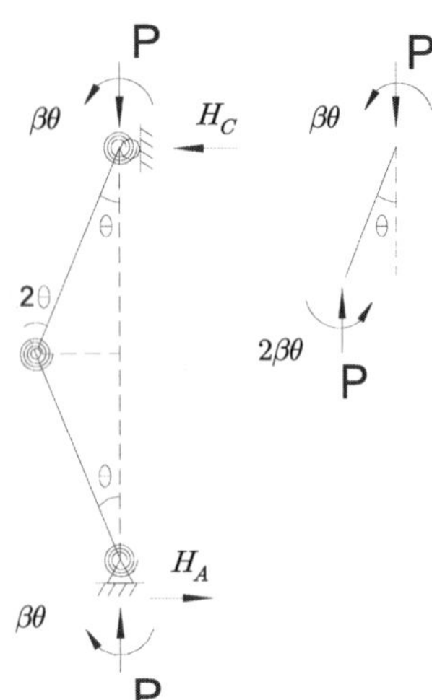

$$\sum M_A = 0 \ : \ H_C = H_A = 0$$

$\overline{BC}$에서

$$\sum M_B = 0 \ : \ P\frac{L\theta}{2} - \beta\theta - 2\beta\theta = 0$$

$$\therefore P_{cr} = 3\beta\theta\frac{2}{L\theta} = \frac{6\beta}{L}$$

➤ 에너지 방법 풀이

1) A점에만 스프링이 있는 경우

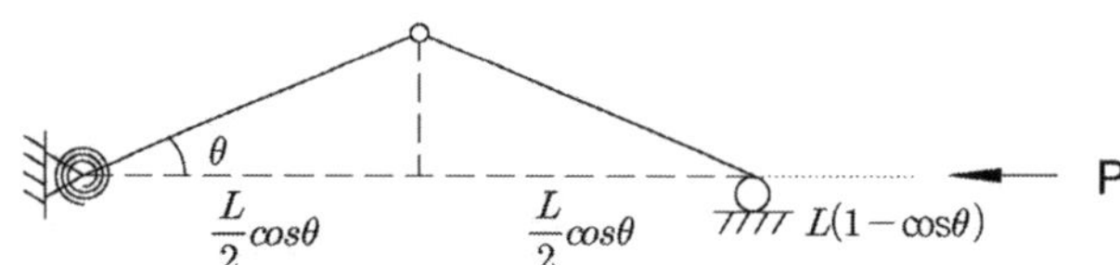

Strain Energy $\qquad U = \frac{1}{2}\beta\theta^2$

Potential Energy $\qquad V = -PL(1-\cos\theta)$

$$\frac{\partial}{\partial\theta}(U+V) = 0 \ : \ \beta\theta - PL\sin\theta = 0 \qquad \therefore P_{cr} = \frac{\beta\theta}{L\sin\theta} \fallingdotseq \frac{\beta}{L} \ \ (\text{미소변형 시 } \sin\theta \fallingdotseq \theta)$$

2) A, B, C점에 스프링 설치 시

Strain Energy $\qquad U = \frac{1}{2}\beta\theta_A^2 + \frac{1}{2}\beta\theta_B^2 + \frac{1}{2}\beta\theta_C^2 = 3\beta\theta^2 \ \ (\because \theta_A = \theta_C = \theta, \ \theta_B = 2\theta)$

Potential Energy $\qquad V = -PL(1-\cos\theta)$

$$\frac{\partial}{\partial\theta}(U+V) = 0 \ : \ 6\beta\theta - PL\sin\theta = 0 \qquad \therefore P_{cr} = \frac{6\beta\theta}{L\sin\theta} \fallingdotseq \frac{6\beta}{L} \ \ (\text{미소변형 시 } \sin\theta \fallingdotseq \theta)$$

좌굴해석

그림과 같은 구조물에서 좌굴하중 P_{cr} 을 구하고 안정성(Stability)을 설명하시오(단, 외력은 P, β는 스프링상수, l은 기둥의 길이, θ는 변형 전과 후의 사잇각임).

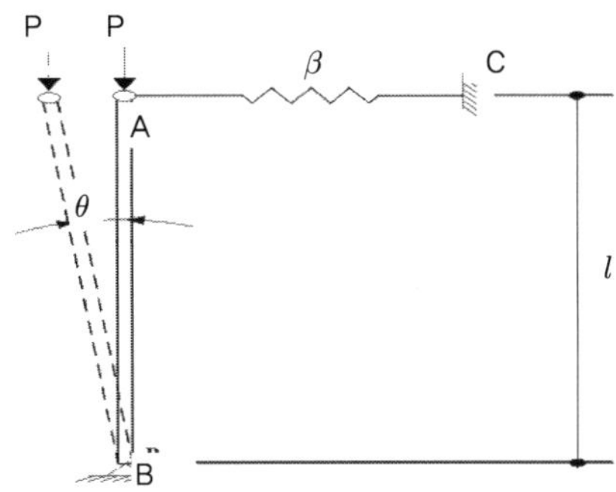

풀 이

▶ 자유물체도

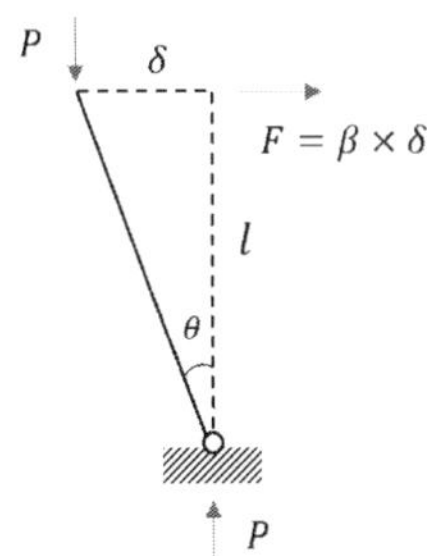

$$\sum M_B = 0 \; : \; \delta = l\theta, \; F = \beta \times \delta$$
$$P \times \delta = F \times l, \; P \times (l\theta) = (\beta l\theta) \times l$$
$$\therefore \; P_{cr} = \beta l$$

▶ Stability

1) $\beta = 0$: $P_{cr} = 0$ 불안정 구조물

2) $\beta = \infty$: $\delta = 0$이며, 스프링이 지점 역할을 하므로, $P_{cr} = \dfrac{\pi^2 EI}{l^2}$ 안정 구조물

3) $0 < \beta < \infty$: 스프링상수값 β값과 하중 P에 따라 안정성이 달라져 축하중이 P_{cr} 보다 작을 경우 스프링 모멘트의 효과가 우세하여 구조물이 미소한 변위를 일으킨 후 수직위치로 돌아가나 축하중 이 P_{cr} 보다 크면 축하중 효과가 우세하여 구조물에 좌굴이 발생한다.

　– $P < P_{cr}$: 구조물 안정,　$P = P_{cr}$: 구조물 중립평형,　$P < P_{cr}$: 구조물 불안정

좌굴해석

그림과 같은 크레인의 붐을 E=200,000MPa, $f_y = 300\,Mpa$인 강재로 만들고자 한다. 여기서 붐 단면의 크기는 폭이 120mm이고, 높이는 200mm인 직사각형이다.

1) 붐의 좌굴하중으로 저항할 수 있는 인상중량 W를 인상각 $\theta = 30°$와 $60°$에 대하여 각각 구하시오(단, 붐의 양단 경계조건은 hinge로 가정, 휨은 무시).

2) 상기와 같이 분석된 인상각별 인상중량 분석결과에 대한 고찰내용을 설명하시오.

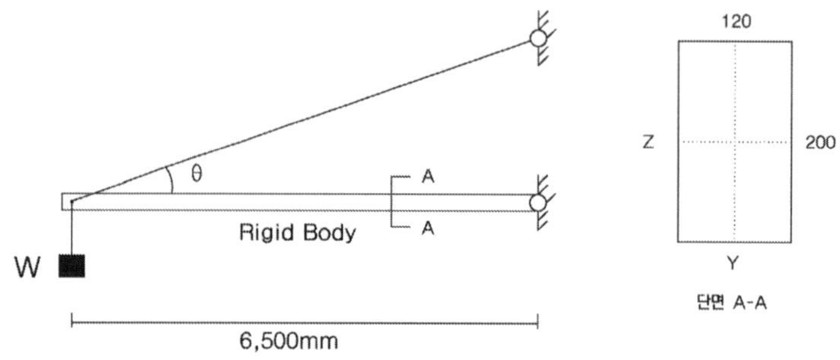

풀 이

▶ 개요

붐은 강체이므로 붐 자체의 변형은 없다고 가정한다. 붐과 연결된 케이블이 신장되어 그로 인한 처짐으로 각변화가 발생하나 이때의 각변화는 미미하므로 무시한다. 케이블의 제원은 없으므로 케이블의 단면적을 A_c, 탄성계수를 E_c로 가정한다.

▶ 단면상수 산정

1) $A = 120 \times 200 = 24,000mm^2$

2) $I = \dfrac{bh^3}{12} = \dfrac{120 \times 200^3}{12} = 8 \times 10^7 mm^4$

▶ 부재력 산정

$$\sum F_y = 0 : T\sin\theta = W \qquad \therefore T = \frac{W}{\sin\theta} \ (인장)$$

$$\sum F_x = 0 : T\cos\theta + F = 0 \qquad \therefore F = -\frac{W}{\tan\theta} \ (압축)$$

➤ 좌굴하중 산정

상부 케이블이 인장력 T로 신장된 길이를 δ라고 가정하고 케이블의 강성계수를 k라고 하면,

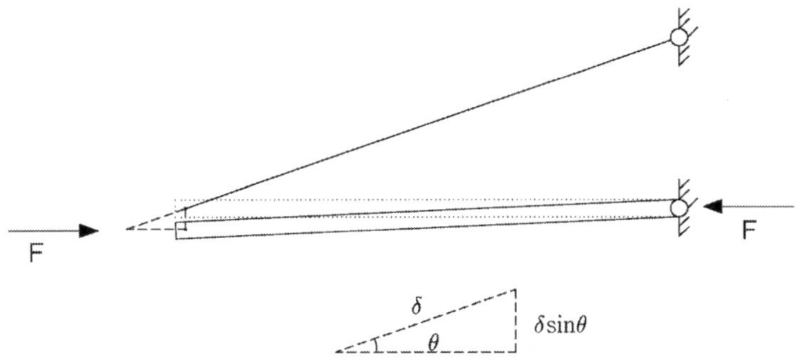

인장력 T의 수직방향 분력은 $T\sin\theta$이므로, 힌지에서의 모멘트 평형을 고려하면,

$$\sum M_{hinge} = 0 \ : \ F \times \delta\sin\theta = T\sin\theta \times L$$

케이블의 강성계수를 k로 가정했으므로 $\delta = \dfrac{T}{k}$

$$\therefore \ F_{cr} = \frac{TL}{\delta} = kL$$

작용하중에 대해 정리하면,

$$\frac{W}{\tan\theta} = kL \qquad \therefore \ W_{cr} = kL\tan\theta$$

TIP │붐의 Rigid Body 거동을 무시할 경우│

문제에 주어진 조건에서 케이블의 신장을 무시하고 붐 자체가 좌굴된다고 가정하면,

$$F = -\frac{W}{\tan\theta}$$

1) 붐대의 좌굴하중 산정

단부 힌지 조건이므로 $P_{cr} = \dfrac{\pi^2 EI}{L^2} = \dfrac{\pi^2 \times 2.0 \times 10^5 \times 8 \times 10^7}{6500^2} = 3737.6kN$

① $\theta = 30°$: $P_{cr} = F = \dfrac{W}{\tan\theta}$　$\therefore \ W = 2157.91kN$

② $\theta = 60°$: $P_{cr} = F = \dfrac{W}{\tan\theta}$　$\therefore \ W = 6473.72kN$

➤ **인상각에 따른 인상하중**

1) $\theta = 30°$ $L_c = \dfrac{L}{\cos\theta}$

$$k = \frac{A_c E_c}{L_c} = \frac{A_c E_c \cos\theta}{L} \qquad W_{cr} = \frac{A_c E_c \cos\theta}{L} \times L\tan\theta = A_c E_c \sin\theta = 0.5 A_c E_c$$

2) $\theta = 60°$

$$W_{cr} = A_c E_c \sin\theta = 0.866 A_c E_c$$

여기서 A_c, E_c는 케이블의 단면적과 탄성계수

➤ **인상각별 인상중량에 대한 고찰**

붐이 강체로 가정하여 휨에 대한 변형이 없다고 보고, 인상되는 속도가 거의 미미하여 동적효과가 없다고 가정할 때 인상각이 클수록 케이블로의 하중분배 효과가 커지므로 인상중량에 대한 효율이 더 증가된다. 따라서 구조물의 안정성의 확보를 위해서는 인상각을 최대로 하는 것이 바람직하다.

좌굴하중

그림과 같은 구조물에서 케이블 부재 BC에 의하여 지지된 AB부재의 축방향 좌굴에 대한 안전율이 3.0인 경우, 재하 가능한 최대하중 W를 구하시오(단, B점의 수직처짐과 부재의 압축파괴는 무시하고, AB부재의 탄성계수(E)=2.1×10^5MPa, 유효좌굴길이계수(K)=1.0으로 가정한다).

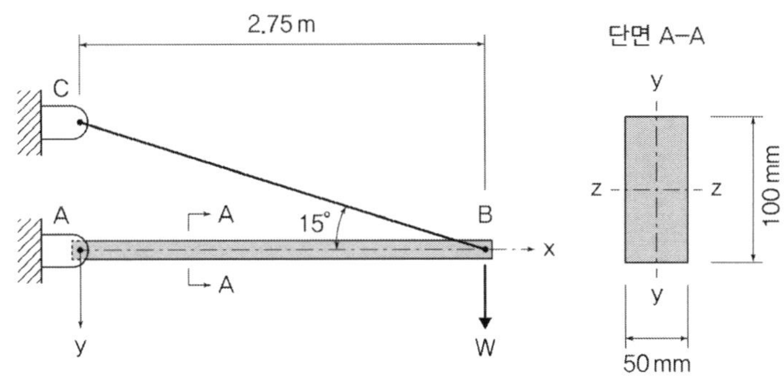

풀 이

▶ 개요

붐은 강체이므로 붐 자체의 변형은 없다고 가정한다. 붐과 연결된 케이블이 신장되어 그로 인한 처짐으로 각변화가 발생하나 이때의 각변화는 미미하므로 무시한다.

▶ 단면계수 산정

1) 단면적 $\qquad A = 50 \times 100 = 5,000\,\text{mm}^2$

2) 단면 2차 모멘트

$$\text{(강축)}\ I_z = \frac{50 \times 100^3}{12} = 4,166,666.67\,\text{mm}^4 \qquad \text{(약축)}\ I_y = \frac{100 \times 50^3}{12} = 1,041,666.67\,\text{mm}^4$$

▶ 부재력 산정

$$\sum F_y = 0 : T\sin\theta = W \qquad\qquad \therefore\ T = \frac{W}{\sin\theta} = 1.414W\ \text{(인장)}$$

$$\sum F_x = 0 : T\cos\theta + F = 0 \qquad\qquad \therefore\ F = -\frac{W}{\tan\theta} = 3.732W\ \text{(압축)}$$

▶ 좌굴하중 산정

W로 인해 발생하는 모멘트는 무시하고 풀이한다. 약축으로 좌굴이 발생한다고 가정한다.

힌지-힌지 조건(k=1.0)이므로,

$$P_{cr} = \frac{\pi^2 EI_y}{L^2} = \frac{\pi^2 \times 2.1 \times 10^5 \times 1,041,666.67}{2750^2} \times 10^{-3} = 285.48 \text{ kN}$$

$F = -\dfrac{W}{\tan\theta}$ 이고 안전율이 3.0이므로

$$\frac{P_{cr}}{3} = F = \frac{W}{\tan\theta} \qquad \therefore W = \frac{P_{cr}\tan\theta}{3} = 25.5 \text{ kN}$$

참고 |W로 인한 모멘트를 고려할 경우의 처짐방정식과 모멘트 산정 |

단부에서 W로 인한 모멘트를 M_o 라고 보면 다음과 같은 보-기둥으로 거동하게 된다고 가정할 수 있다.

① 반력 $R_A = \dfrac{M_0}{l}(\uparrow), \qquad R_B = \dfrac{M_0}{l}(\downarrow)$

② 지배방정식 산정

$$M_x = Py + R_A x = Py + \frac{M_0}{l}x, \qquad M_x = -EIy'', \qquad \therefore y'' + \frac{P}{EI}y = -\frac{M_0}{EIl}x, \qquad k^2 = \frac{P}{EI}$$

$$y'' + k^2 y = -\frac{k^2 M_0}{Pl}x, \qquad \therefore y_1 = y_h + y_p = A\sin kx + B\cos kx - \frac{M_0}{Pl}x$$

③ 경계조건으로부터

(1) $y(x=0) = 0 \quad \therefore B = 0$ (2) $y(x=L) = 0 \quad \therefore A = \dfrac{M_0}{P\sin kl}$

$$\therefore y = \frac{M_0}{P\sin kl}\sin kx - \frac{M_0}{Pl}x = \frac{M_0}{P}\left(\frac{\sin kx}{\sin kl} - \frac{x}{l}\right) \qquad \rightarrow y'' \text{를 찾아서 } M = EIy'' \text{에 대입한다.}$$

1. Rigid Bar Supported by a Translational spring(Structural Stability, W.F Chen)

1) Bifurcational Approach

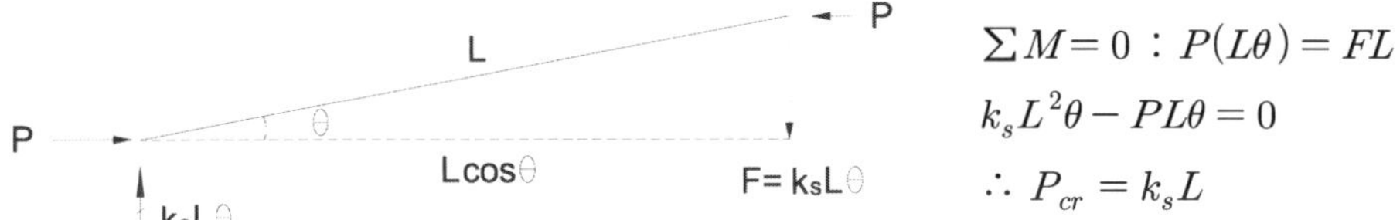

$$\sum M = 0 : P(L\theta) = FL$$

$$k_s L^2 \theta - PL\theta = 0$$

$$\therefore P_{cr} = k_s L$$

2) Energy Approach

① Strain energy stored in structural spring

$$U_{spring} = \frac{1}{2}k_s x^2 = \frac{1}{2}k_s (L\theta)^2$$

② Potential Energy of the system

$$V = -P \times \delta = -P \times (L - L\cos\theta) = -PL(1-\cos\theta)$$

③ Total Potential Energy

$$\Pi = U + V = \frac{1}{2}k_s (L\theta)^2 - PL(1-\cos\theta)$$

$$\frac{\partial \Pi}{\partial \theta} = k_s L^2 \theta - PL\sin\theta = 0$$

if small θ $(\sin\theta \approx \theta)$: $k_s L^2 \theta - PL\theta = 0,\qquad \therefore P_{cr} = k_s L$

안정성 검토$(\dfrac{\partial^2 \Pi}{\partial \theta^2} = k_s L^2 - PL)$

$P < P_{cr}$ $(\dfrac{\partial^2 \Pi}{\partial \theta^2} > 0)$: Stable $\qquad\qquad P > P_{cr}$ $(\dfrac{\partial^2 \Pi}{\partial \theta^2} < 0)$: Unstable

2. Two Bar System(Structural Stability, W.F Chen)

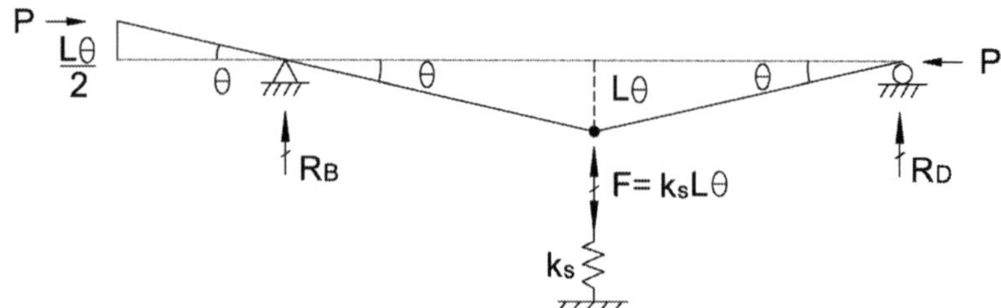

1) Bifurcational Approach

$$\sum M_B = 0 \,:\, P\!\left(\frac{L\theta}{2}\right) - k_s L\theta \times L - R_D(2L) = 0 \qquad \therefore R_D = \frac{P\theta - 2k_s L\theta}{4}$$

$$\sum M_C(\text{우측}) = 0 \,:\, R_D L + PL\theta = 0, \quad \frac{5}{4}P\theta - \frac{1}{2}k_s L\theta = 0 \qquad \therefore P_{cr} = \frac{2}{5}k_s L$$

2) Energy Approach

① Strain energy stored in structural spring

$$U_{spring} = \frac{1}{2}k_s x^2 = \frac{1}{2}k_s (L\theta)^2$$

② Potential Energy of the system

$$V = -P\left[L(1-\cos\theta) + L(1-\cos\theta) + \frac{1}{2}L(1-\cos\theta)\right] = -\frac{5}{2}PL(1-\cos\theta)$$

③ Total Potential Energy

$$\Pi = U + V = \frac{1}{2}k_s (L\theta)^2 - \frac{5}{2}PL(1-\cos\theta)$$

$$\frac{\partial \Pi}{\partial \theta} = k_s L^2\theta - \frac{5}{2}PL\sin\theta = 0$$

if small θ $(\sin\theta \approx \theta)$: $k_s L^2\theta - \frac{5}{2}PL\theta = 0 \qquad \therefore P_{cr} = \frac{2}{5}k_s L$

3. Three Bar System(Structural Stability, W.F Chen)

1) Bifurcational Approach

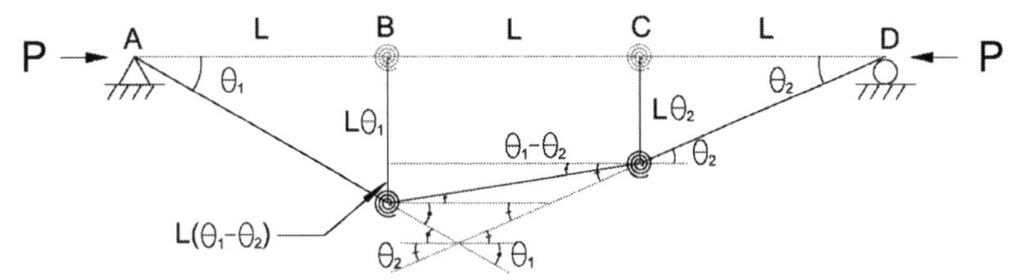

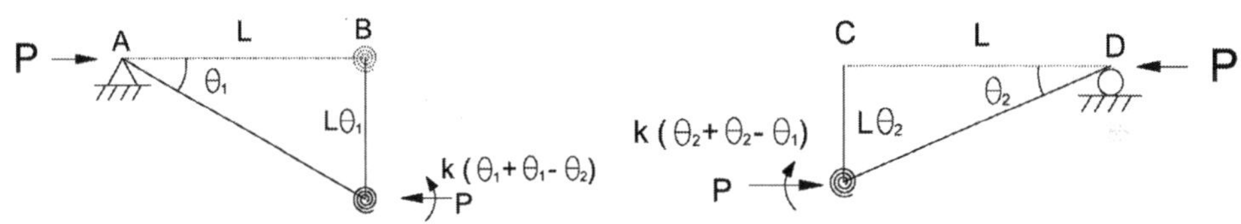

$$k_s(2\theta_1 - \theta_2) - PL\theta_1 = 0 \qquad k_s(2\theta_2 - \theta_1) - PL\theta_2 = 0$$

$$\begin{bmatrix} 2k_s - PL & -k_s \\ -k_s & 2k_s - PL \end{bmatrix} \begin{bmatrix} \theta_1 \\ \theta_2 \end{bmatrix} = \begin{bmatrix} 0 \\ 0 \end{bmatrix}$$

$$\therefore |\det| = (2k_s - PL)^2 - k_s^2 = 0 \qquad \therefore P = \frac{k_s}{L}, \quad \frac{3k_s}{L}, \qquad \therefore P_{cr} = \frac{k_s}{L}$$

① 1st Mode

$$P_{cr} = \frac{k_s}{L}, \quad \begin{bmatrix} \theta_1 \\ \theta_2 \end{bmatrix} = \begin{bmatrix} 1 \\ 1 \end{bmatrix}$$

② 2nd Mode

$$P_{cr} = \frac{3k_s}{L}, \quad \begin{bmatrix} \theta_1 \\ \theta_2 \end{bmatrix} = \begin{bmatrix} 1 \\ -1 \end{bmatrix}$$

2) Energy Approach

① Strain energy stored in structural spring

$$U_{spring} = \Sigma \frac{1}{2} k_s x^2 = \frac{1}{2} k_s (2\theta_1 - \theta_2)^2 + \frac{1}{2} k_s (2\theta_2 - \theta_1)^2$$

② Potential Energy of the system

$$V = -P\left[L(1-\cos\theta_1) + L(1-\cos\theta_2) + L(1-\cos(\theta_1 - \theta_2))\right]$$

③ Total Potential Energy

$$\Pi = U + V$$

$$= \frac{1}{2} k_s (2\theta_1 - \theta_2)^2 + \frac{1}{2} k_s (2\theta_2 - \theta_1)^2 - PL\left[(1-\cos\theta_1) + (1-\cos\theta_2) + (1-\cos(\theta_1 - \theta_2))\right]$$

$$\frac{\partial \Pi}{\partial \theta_1} = 2k_s(2\theta_1 - \theta_2) - k_s(2\theta_2 - \theta_1) - PL[\sin\theta_1 + \sin(\theta_1 - \theta_2)] = 0$$

$$\frac{\partial \Pi}{\partial \theta_2} = -k_s(2\theta_1 - \theta_2) + 2k_s(2\theta_2 - \theta_1) - PL[\sin\theta_2 - \sin(\theta_1 - \theta_2)] = 0$$

if small θ $(\sin\theta \approx \theta)$

$$\begin{bmatrix} 5k_s - 2PL & -4k_s + PL \\ -4k_s + PL & 5k_s - 2PL \end{bmatrix} \begin{bmatrix} \theta_1 \\ \theta_2 \end{bmatrix} = \begin{bmatrix} 0 \\ 0 \end{bmatrix}$$

$$\therefore |\det| = (5k_s - 2PL)^2 - (-4k_s + PL)^2 = 0 \quad \therefore P = \frac{k_s}{L}, \quad \frac{3k_s}{L} \quad \therefore P_{cr} = \frac{k_s}{L}$$

4. Structural Stability Energy Method(Chajes)

1) Axial shortening

$$U = \frac{P^2 L}{2AE}, \qquad \Delta_a = \frac{PL}{AE}$$

$$W = \frac{1}{2} P\Delta_a = \frac{P^2 L}{2AE} = U$$

2) Bending shortening

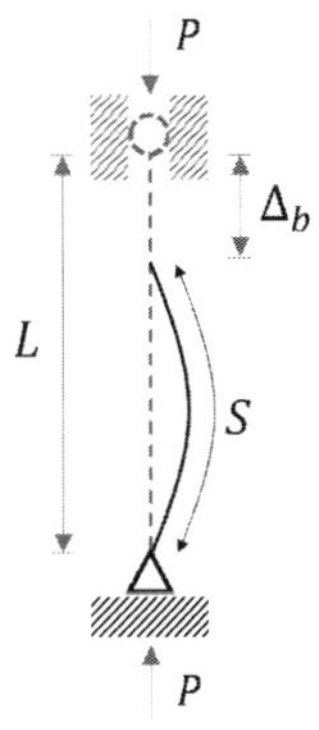

$$ds^2 = dx^2 + dy^2 \quad ds = \sqrt{dx^2 + dy^2} = dx\sqrt{1 + \left(\frac{dy}{dx}\right)^2}$$

$$ds - dx = dx\left[\sqrt{1 + \left(\frac{dy}{dx}\right)^2} - 1\right]$$

여기서, $\sqrt{1 + t} = 1 + \dfrac{t}{2} - \dfrac{t^2}{8} + \dfrac{t^3}{16} - \cdots \approx 1 + \dfrac{t}{2}$ $(t \ll 1)$

$$\therefore \ ds - dx \approx \frac{1}{2}\left(\frac{dy}{dx}\right)^2 dx$$

$$\Delta_b = S - L = \int_0^L (ds - dx) = \int_0^L \frac{1}{2}\left(\frac{dy}{dx}\right)^2 dx$$

$$\Delta U = \frac{EI}{2}\int_0^L (y'')^2 dx \ \left(\because EIy'' = -M, \ \Delta U = \frac{1}{2EI}\int_0^L M^2 dx = \frac{EI}{2}\int_0^L (y'')^2 dx\right)$$

$$\Delta W = P\Delta_b = \frac{P}{2} \times \int_0^L (y')^2 dx$$

Assume suitable function of deflection $y = A\sin\dfrac{\pi x}{l}$

$$\Delta U = \frac{A^2 EI\pi^4}{2L^4}\int_0^L \sin^2\frac{\pi x}{L} dx = \frac{A^2 EI\pi^4}{4L^3} \qquad \because \int_0^L \sin^2\frac{\pi x}{L} dx = \frac{L}{2}$$

$$\Delta W = \frac{A^2 P\pi^2}{2L^2}\int_0^L \cos^2\frac{\pi x}{L} dx = \frac{A^2 P\pi^2}{4L} \qquad \because \int_0^L \cos^2\frac{\pi x}{L} dx = \frac{L}{2}$$

$$\Delta U = \Delta W : \frac{A^2 EI\pi^4}{4L^3} = \frac{A^2 P\pi^2}{4L} \qquad \therefore P_{cr} = \frac{\pi^2 EI}{L^2}$$

5. Rayleigh–Ritz Method

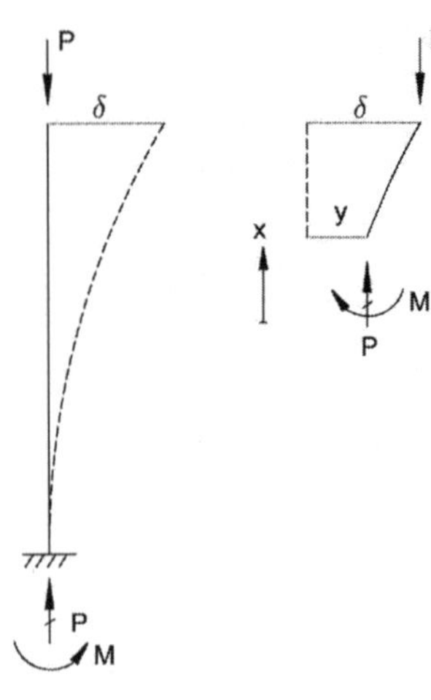

① Assume the deflection curve of the member

$$y = a + bx + cx^2$$

B.C $x = 0,\ y = 0 \quad \therefore\ a = 0$

$x = 0,\ y' = 0 \quad \therefore\ b = 0 \quad y = cx^2$

② Strain Energy

$$U = \frac{EI}{2}\int_0^L (y'')^2 dx = \frac{EI}{2}\int_0^L 4c^2 dx = 2EIc^2 L$$

③ Potential Energy

$$V = -\frac{P}{2}\int_0^L (y')^2 dx = -\frac{P}{2}\int_0^L 4c^2 x^2 dx = -\frac{2}{3}Pc^2 L^3$$

$$U + V = 2EIc^2 L - \frac{2}{3}Pc^2 L^3$$

$$\delta(U+V) = 0 : \frac{\partial(U+V)}{\partial c} = 4EIcL - \frac{4}{3}PcL^3 = 0 \qquad \therefore\ P_{cr} = \frac{3EI}{L^2}$$

정해 $P_{cr} = \dfrac{\pi^2 EI}{4L^2} = 2.467\dfrac{EI}{L^2}$ 로 정확한 해와 다소 차이가 있다. 보다 정확한 해를 산정하기

위해서는 고차 방정식으로 가정한다.

CF. | Assume the deflection curve of the member $y = cx^2 + dx^3$ |

$$y' = 2cx + 3dx^2,\ y'' = 2c + 6dx$$

$$U = \frac{EI}{2}\int_0^L (y'')^2 dx = \frac{EI}{2}\int_0^L (2c + 6dx)^2 dx = 2EIL(c^2 + 3cdL + 3d^2 L^2)$$

$$V = -\frac{P}{2}\int_0^L (y')^2 dx = -\frac{P}{2}\int_0^L (2cx + 3dx^2)^2 dx = -\frac{PL^3}{30}(20c^2 + 45cdL + 27d^2 L^2)$$

$$\frac{\partial(U+V)}{\partial c} = 2EIL(2c + 3dL) - \frac{PL^3}{30}(40c + 45dL) = 0$$

$$\frac{\partial(U+V)}{\partial d} = 2EIL(3cL - 6dL^2) - \frac{PL^3}{30}(45cL + 54dL^2) = 0,\ \text{Let } \alpha = \frac{PL^2}{EI}$$

$$\therefore\ (24 - 8\alpha)c + L(36 - 9\alpha)d = 0,\ (20 - 5\alpha)c + L(40 - 6\alpha)d = 0$$

$$|\det| = L(24 - 8\alpha)(40 - 6\alpha) - L(36 - 9\alpha)(20 - 5\alpha) = 0$$

$$\therefore\ \alpha = 2.49,\ \therefore\ P_{cr} = 2.49\frac{EI}{L^2}$$

좌굴하중, Rayleigh-Ritz Method

다음 변단면의 좌굴하중을 계산하시오(단, $y = \mathrm{a}\sin\dfrac{\pi x}{L}$ 로 가정하라).

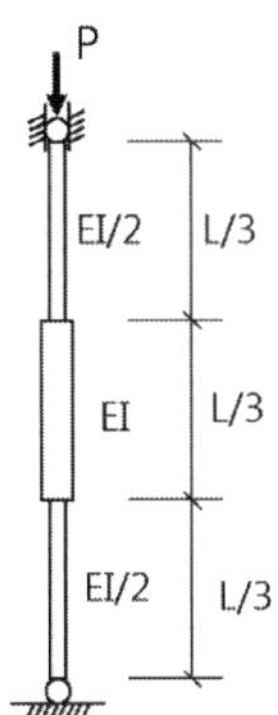

풀 이

> 에너지법, Rayleigh-Ritz Method

$$y = \mathrm{a}\sin\frac{\pi x}{L}, \quad y' = a\frac{\pi}{L}\cos\frac{\pi x}{L}, \quad y'' = -a\left(\frac{\pi}{L}\right)^2\sin\frac{\pi x}{L}$$

1) Strain Energy

$$U = \sum \frac{EI}{2}\int (y'')^2 dx = \frac{EI}{4}\int_0^{L/3}(y'')^2 dx + \frac{EI}{2}\int_{L/3}^{2L/3}(y'')^2 dx + \frac{EI}{4}\int_{2L/3}^{L}(y'')^2 dx$$

$$= \frac{EI}{4}a^2\left(\frac{\pi}{L}\right)^4\left[\int_0^{L/3}\sin^2\frac{\pi x}{L}dx + 2\int_{L/3}^{2L/3}\sin^2\frac{\pi x}{L}dx + \int_{2L/3}^{L}\sin^2\frac{\pi x}{L}dx\right]$$

$$= \frac{EIa^2\pi^3}{48L^3}(8\pi + 3\sqrt{3})$$

2) Potential Energy

$$V = -\frac{P}{2}\int (y')^2 dx = -\frac{P}{2}\left(a\frac{\pi}{L}\right)^2\int_0^L\cos^2\frac{\pi x}{L}dx = -\frac{Pa^2\pi^2}{4L}$$

$$\therefore U + V = \frac{EIa^2\pi^3}{48L^3}(8\pi + 3\sqrt{3}) - \frac{Pa^2\pi^2}{4L}$$

$$\therefore \frac{\partial(U+V)}{\partial a} = 0 \ : \ \frac{EI\pi^3}{24L^3}(8\pi + 3\sqrt{3}) - \frac{P\pi^2}{2L} = 0 \quad \therefore P_{cr} = \frac{\pi EI}{12L^2}(8\pi + 3\sqrt{3}) = \frac{7.94EI}{L^2}$$

좌굴하중, Rayleigh-Ritz Method

아래 그림과 같은 두 변단면 기둥의 좌굴하중을 Rayleigh-Ritz method로 구하고 좌굴하중의 비 $(P_{cr,a}/P_{cr,b})$를 구하시오. 단, 변위 함수는 $y = a\sin\dfrac{\pi x}{L}$ 로 가정

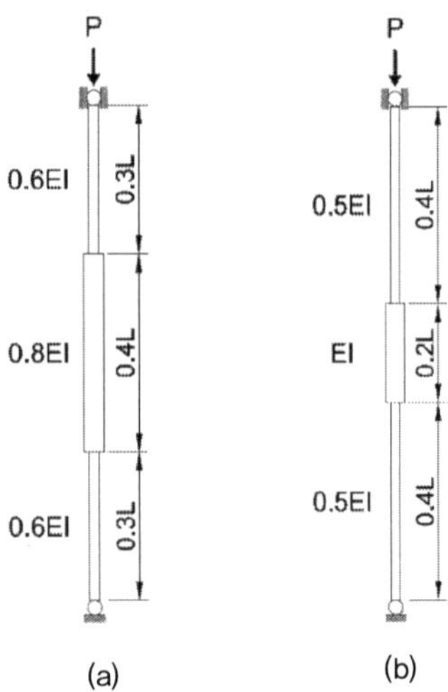

풀 이

➤ 에너지법, Rayleigh-Ritz Method

$$y = a\sin\frac{\pi x}{L}, \quad y' = a\frac{\pi}{L}\cos\frac{\pi x}{L}, \quad y'' = -a\left(\frac{\pi}{L}\right)^2\sin\frac{\pi x}{L}$$

➤ (a) 구조물의 좌굴하중

1) Strain Energy

$$U = \sum \frac{E_i I_i}{2}\int (y'')^2 dx = \frac{0.6EI}{2}\int_0^{0.3L}(y'')^2 dx + \frac{0.8EI}{2}\int_{0.3L}^{0.7L}(y'')^2 dx + \frac{0.6EI}{2}\int_{0.7L}^{L}(y'')^2 dx$$

$$= \frac{EI}{10}a^2\left(\frac{\pi}{L}\right)^4\left[3\int_0^{0.3L}\sin^2\frac{\pi x}{L}dx + 4\int_{0.3L}^{0.7L}\sin^2\frac{\pi x}{L}dx + 3\int_{0.7L}^{L}\sin^2\frac{\pi x}{L}dx\right]$$

$$= \frac{EI}{40}a^2\left(\frac{\pi}{L}\right)^4\left[\frac{L}{20\pi}\left(9\pi - 15\sin\left(\frac{3\pi}{5}\right)\right) + \frac{L}{5\pi}\left(5\sin\left(\frac{3\pi}{5}\right) - 5\sin\left(\frac{7\pi}{5}\right) + 4\pi\right) + \frac{L}{20\pi}\left(15\sin\left(\frac{7\pi}{5}\right) + 9\pi\right)\right]$$

$$= \frac{EIa^2\pi^3}{800L^3}(38\pi + 9.51)$$

2) Potential Energy

$$V = -\frac{P}{2}\int (y')^2 dx = -\frac{P}{2}\left(a\frac{\pi}{L}\right)^2 \int_0^L \cos^2\frac{\pi x}{L}\,dx = -\frac{Pa^2\pi^2}{4L}$$

$$\therefore\ U + V = \frac{EIa^2\pi^3}{800L^3}(38\pi + 9.51) - \frac{Pa^2\pi^2}{4L}$$

$$\therefore\ \frac{\partial(U+V)}{\partial a} = 0\ :\ \frac{EI\pi^3}{400L^3}(38\pi + 9.51) - \frac{P\pi^2}{2L} = 0$$

$$\therefore\ P_{cr,a} = \frac{\pi EI}{200L^2}(38\pi + 9.51) = 0.64\frac{\pi EI}{L^2}$$

$$\sin^2 x + \cos^2 x = 1$$

$$\cos 2x = \cos^2 x - \sin^2 x = 2\cos^2 x - 1 = 1 - 2\sin^2 x \quad \therefore\ \sin^2 x = \frac{1 - \cos 2x}{2},\ \cos^2 x = \frac{1 + \cos 2x}{2}$$

$$\int \sin^2 x\,dx = \int \frac{1 - \cos 2x}{2}\,xdx = \frac{1}{2}\left(x - \frac{1}{2}\sin 2x\right) + C$$

$$\int \cos^2 x\,dx = \int \frac{1 + \cos 2x}{2}\,xdx = \frac{1}{2}\left(x + \frac{1}{2}\sin 2x\right) + C$$

▶ (b) 구조물의 좌굴하중

1) Strain Energy

$$U = \sum \frac{E_i I_i}{2}\int (y'')^2 dx = \frac{0.5EI}{2}\int_0^{0.4L}(y'')^2 dx + \frac{EI}{2}\int_{0.4L}^{0.6L}(y'')^2 dx + \frac{0.5EI}{2}\int_{0.6L}^{L}(y'')^2 dx$$

$$= \frac{EI}{40}a^2\left(\frac{\pi}{L}\right)^4\left[5\int_0^{0.4L}\sin^2\frac{\pi x}{L}\,dx + \int_{0.4L}^{0.6L}\sin^2\frac{\pi x}{L}\,dx + 5\int_{0.6L}^{L}\sin^2\frac{\pi x}{L}\,dx\right]$$

$$= \frac{EI}{40}a^2\left(\frac{\pi}{L}\right)^4\left[\frac{L}{4\pi}\left(4\pi - 5\sin\left(\frac{4\pi}{5}\right)\right) + \frac{L}{20\pi}\left(5\sin\left(\frac{4\pi}{5}\right) - 5\sin\left(\frac{6\pi}{5}\right) + 2\pi\right) + \frac{L}{4\pi}\left(5\sin\left(\frac{6\pi}{5}\right) + 4\pi\right)\right]$$

$$= \frac{EIa^2\pi^3}{800L^3}(44\pi - 23.511)$$

2) Potential Energy

$$V = -\frac{P}{2}\int (y')^2 dx = -\frac{P}{2}\left(a\frac{\pi}{L}\right)^2\int_0^L \cos^2\frac{\pi x}{L}\,dx = -\frac{Pa^2\pi^2}{4L}$$

$$\therefore\ U + V = \frac{EIa^2\pi^3}{800L^3}(44\pi - 23.511) - \frac{Pa^2\pi^2}{4L}$$

$$\therefore \frac{\partial(U+V)}{\partial a} = 0 \ : \ \frac{EI\pi^3}{400L^3}(44\pi - 23.511) - \frac{P\pi^2}{2L} = 0$$

$$\therefore P_{cr,b} = \frac{\pi EI}{200L^2}(44\pi - 23.511) = 0.57\frac{\pi EI}{L^2}$$

$$\therefore P_{cr,a}/P_{cr,b} = 1.12$$

좌굴해석

그림과 같이 지지된 일정한 단면의 압축재가 축방향 하중에 의해서 좌굴이 발생하여 축방향으로
λ만큼의 수직변위가 발생한 경우 수직변위 λ를 구하시오(단, 압축력에 의해 부재의 길이가 줄어
드는 것은 무시하며 EI는 일정하다).

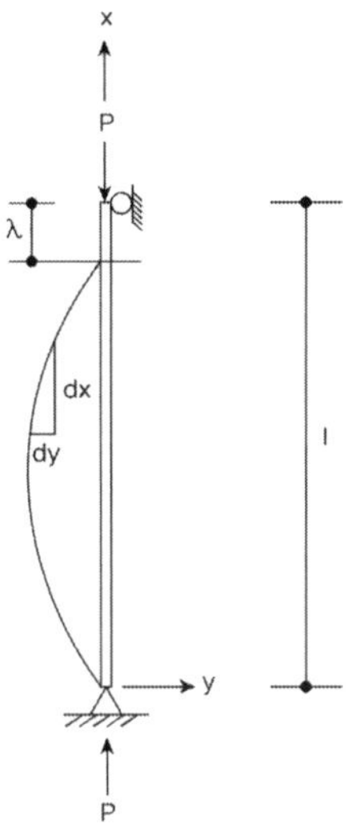

풀 이

➤ 개요

압축부재의 좌굴로 인한 축방향 변위산정에 관한 문제로 좌굴로 인해 직선에서 곡선으로의 변형
으로 축방향으로의 축소 변위가 발생하므로 압축부재의 처짐방정식으로부터 변위량을 산정한다.

➤ 처짐방정식 산정

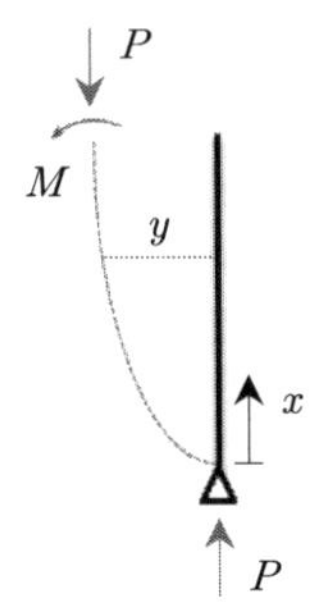

$$EIy'' = - M = - Py$$
$$y'' + k^2 y = 0 \; : \; y = A\cos kx + B\sin kx$$
From B.C
$$x = 0, \; y = 0 \; : \; A = 0$$
$$x = l, \; y = 0 \; : \; B\sin kl = 0, \; kl = n\pi \, (n = 1)$$
$$\therefore \; y = B\sin\frac{\pi x}{l}, \quad y' = \frac{\pi B}{l}\cos\frac{\pi x}{l}$$

➤ **Stability Energy Method**

1) Axial shortening

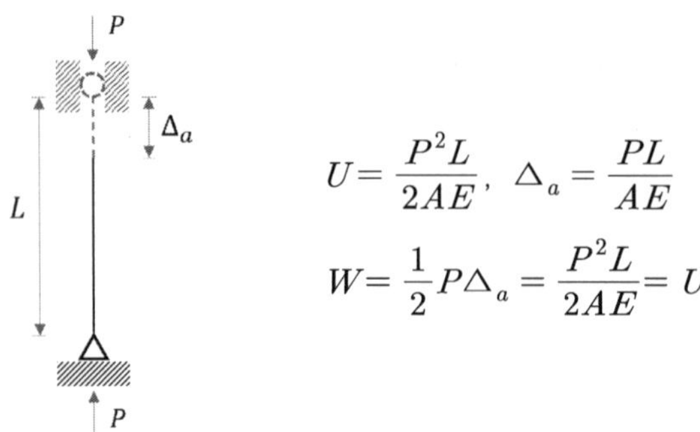

$$U = \frac{P^2 L}{2AE}, \quad \triangle_a = \frac{PL}{AE}$$

$$W = \frac{1}{2} P \triangle_a = \frac{P^2 L}{2AE} = U$$

2) Bending shortening

$$ds^2 = dx^2 + dy^2 \quad ds = \sqrt{dx^2 + dy^2} = dx\sqrt{1 + (\frac{dy}{dx})^2}$$

$$ds - dx = dx\left[\sqrt{1 + \left(\frac{dy}{dx}\right)^2} - 1\right]$$

여기서, $\sqrt{1+t} = 1 + \dfrac{t}{2} - \dfrac{t^2}{8} + \dfrac{t^3}{16} - ... \approx 1 + \dfrac{t}{2}$ $(t \ll 1)$

$$\therefore \ ds - dx \approx \frac{1}{2}\left(\frac{dy}{dx}\right)^2 dx$$

$$\triangle_b = S - L = \int_0^L (ds - dx) = \int_0^L \frac{1}{2}\left(\frac{dy}{dx}\right)^2 dx$$

➤ **수직변위 λ 산정**

$$\lambda = \int_0^L \frac{1}{2}\left(\frac{dy}{dx}\right)^2 dx = \int_0^L \frac{1}{2}(y')^2 dx = \int_0^L \frac{1}{2}\left(\frac{\pi B}{l}\cos\frac{\pi x}{l}\right)^2 dx = \frac{\pi^2 B^2}{2l^2}\int_0^L\left(\cos\frac{\pi x}{l}\right)^2 dx$$

$$\left(\because \int_0^L \cos^2 x \, dx = \int_0^L \frac{1 - \cos 2x}{2} dx = \left[\frac{1}{2}x - \frac{\sin 2x}{4}\right]_0^L\right)$$

$$\therefore \lambda = \frac{\pi^2 B^2}{2L^2}\left[\frac{1}{2}L - \frac{1}{4}\sin 2\pi + \frac{1}{4}\sin 0\right] = \frac{\pi^2 B^2}{4L}$$

(여기서 B는 처짐곡선식을 $y = B \sin\dfrac{\pi x}{l}$ 라고 가정했을 때의 곡선의 상수값)

좌굴해석

그림과 같이 단순지지된 강체 막대가 C점과 D점에서 선형스프링으로 지지되어 있으며 압축력 P
를 받고 있다. C점과 D점은 내부힌지이며 연결된 스프링의 강성은 각각 k, $2k$이다. 모든 계산상
의 유효숫자는 3자리로 한다.

1) 좌굴특성방정식을 구하라.

2) 발생 가능한 모든 좌굴하중을 산정하라.

3) 각 좌굴하중에 적합한 상대좌굴모드벡터를 구하고 좌굴모드형상을 그려라.

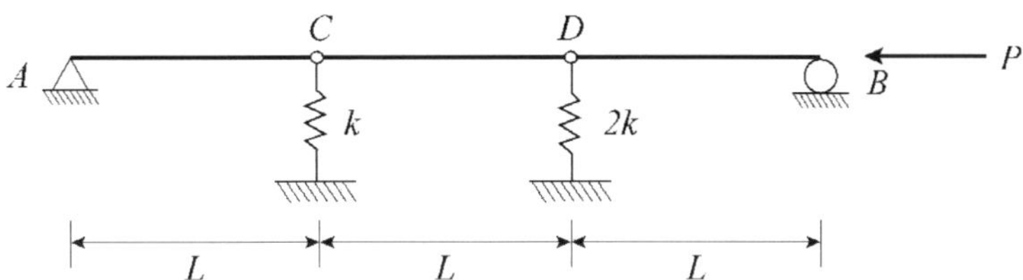

풀 이

> **개요**

Energy Approach에 따라 특성방정식을 유도한다.

> **Energy Approach**

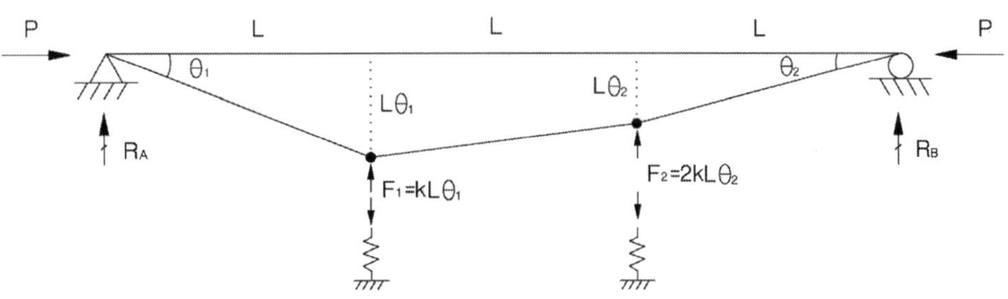

① Strain energy stored in structural sprin

$$U_{spring} = \sum \frac{1}{2}kx^2 = \frac{1}{2}k(L\theta_1)^2 + \frac{1}{2}2k(L\theta_2)^2 = \frac{1}{2}kL^2(\theta_1^2 + 2\theta_2^2)$$

② Potential Energy of the system

$$V = -P[L(1-\cos\theta_1) + L(1-\cos\theta_2) + L(1-\cos(\theta_1-\theta_2))]$$
$$= -PL[3 - \cos\theta_1 - \cos\theta_2 - \cos(\theta_1-\theta_2)]$$

③ Total Potential Energy

$$\Pi = U + V = \frac{1}{2}kL^2(\theta_1^2 + 2\theta_2^2) - PL[3 - \cos\theta_1 - \cos\theta_2 - \cos(\theta_1-\theta_2)]$$

if small θ $(\sin\theta \approx \theta)$

$$\frac{\partial \Pi}{\partial \theta_1} = (kL^2 - 2PL)\theta_1 + PL\theta_2 = 0$$

$$\frac{\partial \Pi}{\partial \theta_2} = PL\theta_1 + (2kL^2 - 2PL)\theta_2 = 0$$

$$\therefore \begin{bmatrix} kL^2 - 2PL & PL \\ PL & 2kL^2 - 2PL \end{bmatrix} \begin{bmatrix} \theta_1 \\ \theta_2 \end{bmatrix} = \begin{bmatrix} 0 \\ 0 \end{bmatrix}$$

$$\therefore |\det| = (kL^2 - 2PL)(2kL^2 - 2PL) - (PL)^2 = 0$$

$$\therefore P_{cr} = \left(1 + \frac{\sqrt{3}}{3}\right)kL, \quad \left(1 - \frac{\sqrt{3}}{3}\right)kL$$

▶ Buckling Mode

① $P_{cr} = \left(1 - \dfrac{\sqrt{3}}{3}\right)kL \qquad \therefore \begin{bmatrix} \theta_{11} \\ \theta_{21} \end{bmatrix} = \begin{bmatrix} 1 \\ -0.366 \end{bmatrix}$

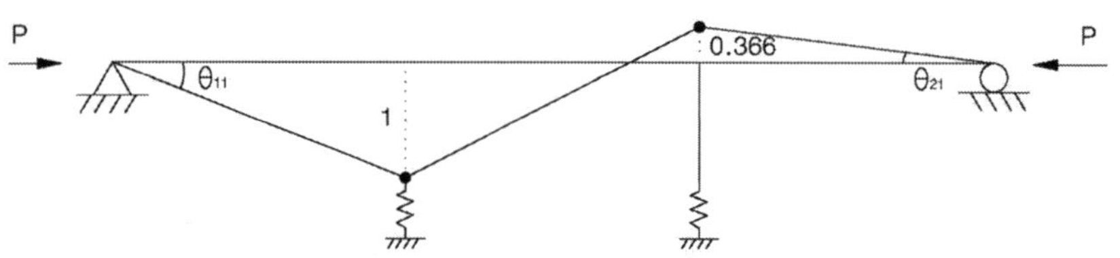

② $P_{cr} = \left(1 + \dfrac{\sqrt{3}}{3}\right)kL \qquad \therefore \begin{bmatrix} \theta_{11} \\ \theta_{21} \end{bmatrix} = \begin{bmatrix} 1 \\ 1.366 \end{bmatrix}$

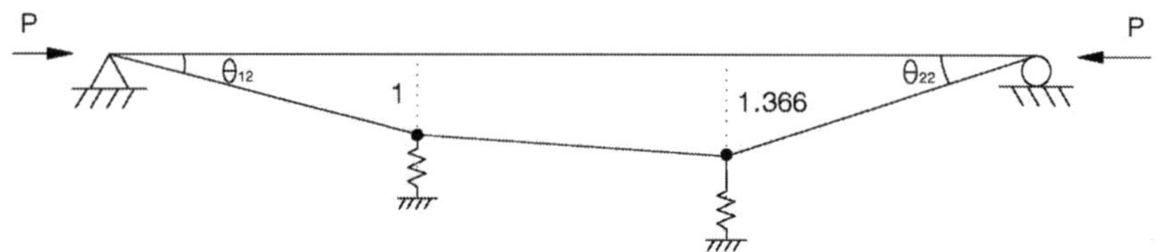

케이블, 아치, 트러스

케이블, 아치, 트러스

01 케이블

1. 케이블의 일반정리 [84회]

【 **기출유형 ①** 】 케이블의 일반정리와 집중하중 작용 시 최대장력을 구하는 식을 유도하시오.

$$Hy_m = M_m$$

『케이블의 수평장력과 높이를 곱한 값은 대등한 단순보의 모멘트와 같다.』

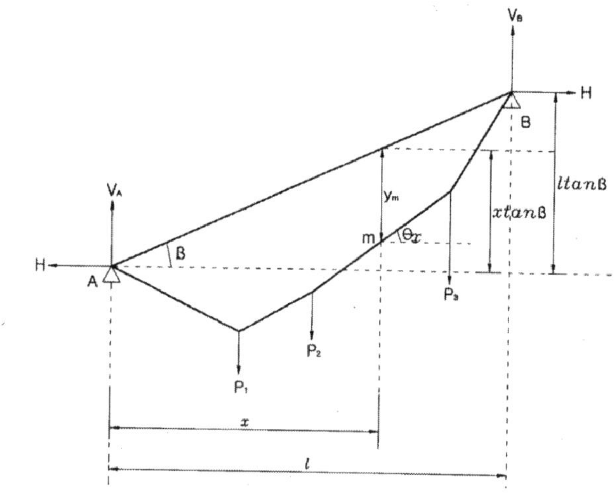

1) 케이블

P_i가 A 점으로부터 떨어진 거리를 x_i 라고 하면,

$$\sum V = 0 \ : \ P_1 + P_2 + P_3 = V_A + V_B$$

$$\sum M_B = 0 \ : \ H(L\tan\beta) + V_A L - \sum_{i=1}^{3} P_i(L - x_i) = 0$$

$$\therefore \ V_A = \frac{1}{L}\sum_{i=1}^{3} P_i(L - x_i) - H\tan\beta$$

$$\sum M_m = 0\,(\text{좌측}) \ : \ H(x\tan\beta - y_m) + V_A x - M_p = 0$$

두 식으로부터

$$H(x\tan\beta - y_m) + \frac{x}{L}\sum_{i=1}^{3} P_i(L - x_i) - Hx\tan\beta - M_p = 0$$

$$\therefore \ Hy_m = \frac{x}{L}\sum_{i=1}^{3} P_i(L - x_i) - M_p$$

2) 단순보

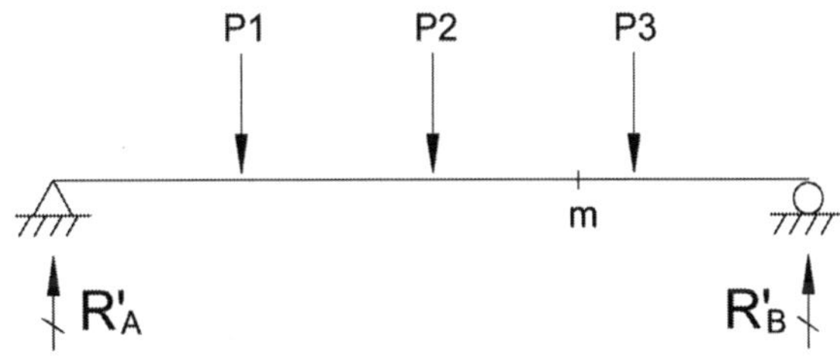

$$\sum V' = 0 \ : \ P_1 + P_2 + P_3 = R_A{}' + R_B{}'$$

$$\sum M_B{}' = 0 \ : \ R_A{}' = \frac{1}{L}\sum_{i=1}^{3} P_i(L - x_i)$$

$$\therefore \ \text{임의점} \ M_m = R_A x - M_p = Hy_m$$

따라서 수직하중을 받는 케이블의 임의의 한 점 m 에서 케이블 내력의 수평성분 H와 그 점에서 케이블 현까지의 수직거리 y_m 을 곱한 값은 같은 하중을 지지하는 단순보에서의 점 m 의 모멘트 M_m 과 같다.

2. 케이블 관련 역학적 공식

케이블의 경우 케이블 현의 경사에 따라서 케이블 곡선길이(S)나 신장량(ΔS)이 조금씩 차이가
난다. 일반적으로 케이블과 관련된 식은 다음과 같이 산정한다.

1) 케이블의 장력

$$T_{\max} = \sqrt{H^2 + V^2} \ \ \text{(양단에서의 반력값 } V \text{ 중 가장 큰 값으로 적용한다.)}$$

2) 케이블의 곡선길이

① 케이블 현이 수평인 경우

$$S = L\left(1 + \frac{8}{3}n^2\right), \ \ n = \frac{h}{L} \ : \text{세그비}$$

② 케이블 현이 β만큼 경사진 경우

$$S' = L'\left(1 + \frac{8}{3}n'^2\right), \ \ h' = h\cos\beta, \ \ L' = \frac{L}{\cos\beta}, \ \ n' = \frac{h'}{L'} = n\cos^2\beta$$

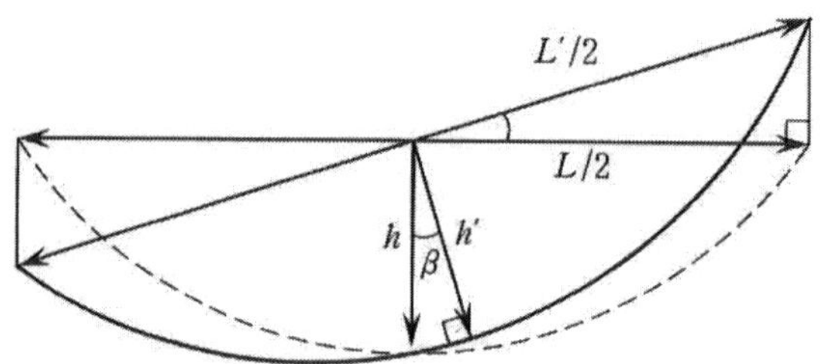

3) 케이블의 신장량

$$\Delta S = \frac{HL}{AE}\left(1 + \frac{16}{3}n^2 + \tan^2\beta\right)$$

02 Buckling of Rings, curved bars and arches(Theory of elastic stability, Timoshenko)

1. Bending of a Thin curved bar with a circular axis

그림과 같이 곡선바 AB가 곡률을 가지고 휘어져 있는 경우를 생각해보면, 최초 회전반경 R인 바에서 곡률이 ρ로 변경된 경우에 대하여 다음과 같은 관계가 성립된다.

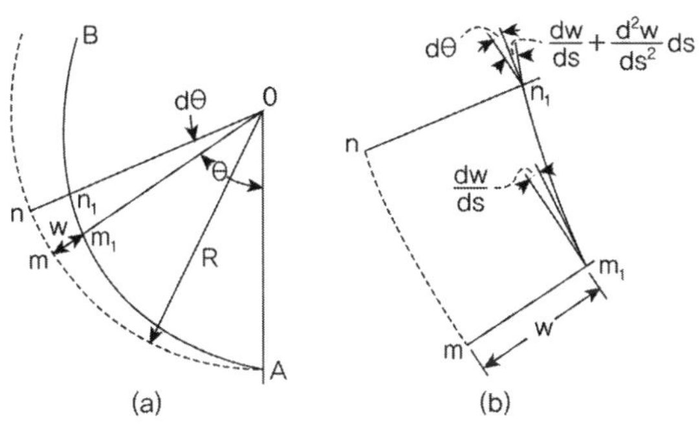

$$EI\left(\frac{1}{\rho}-\frac{1}{R}\right)=-M, \quad ds=Rd\theta, \quad \frac{d\theta}{ds}=\frac{1}{R}$$

$$\frac{1}{\rho}=\frac{d\theta+\Delta d\theta}{ds+\Delta ds} \quad \text{(여기서 } d\theta+\Delta d\theta,\ ds+\Delta ds \text{는 } m_1 n_1 \text{의 법선 단면 간의 각과 거리)}$$

n_1의 법선각($\frac{dw}{ds}+\frac{d^2w}{ds^2}ds$)과 m_1의 법선각($\frac{dw}{ds}$)으로부터 $\quad\therefore \Delta d\theta=-\frac{dw}{ds}=\frac{d^2w}{ds^2}ds$

$\frac{dw}{ds}$의 각이 미소하고, 길이 $m_1 n_1$을 $(R-w)d\theta$이므로

$$\therefore \Delta ds=-wd\theta=-\frac{wds}{R}$$

$$\therefore \frac{1}{\rho}=\frac{d\theta+(d^2w/ds^2)ds}{ds(1-w/R)} \fallingdotseq \frac{1}{R}\left(1+\frac{w}{R}\right)+\frac{d^2w}{ds^2}$$

$EI\left(\frac{1}{\rho}-\frac{1}{R}\right)=-M$으로부터,

$$\therefore \frac{d^2w}{ds^2}+\frac{w}{R^2}=-\frac{M}{EI}, \text{ 또는 } \frac{d^2w}{d\theta^2}+w=-\frac{MR^2}{EI}$$

(Differential Equation for the deflection curve of a thin bar with a circular center line)

1) Ring Beam

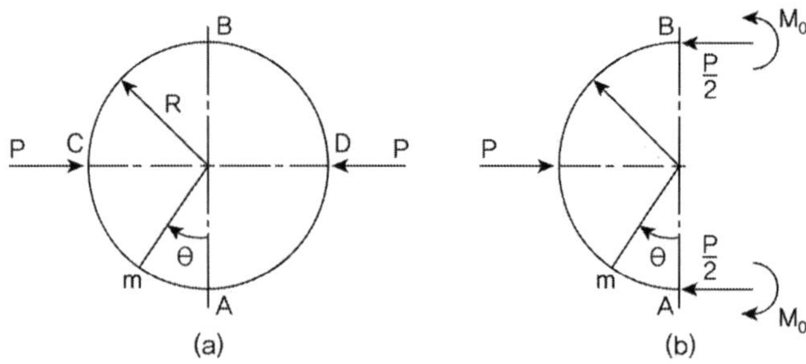

반경 R이고 하중 P에 의해서 작용하고 있는 Ring인 경우, 임의점 m에서의 모멘트는

$$M = M_0 + \frac{PR}{2}(1 - \cos\theta)$$

Differential Equation for the deflection curve bar로부터

$$\frac{d^2w}{d\theta^2} + w = -\frac{M_0R^2}{EI} - \frac{PR^3}{2EI}(1 - \cos\theta)$$

General Solution

$$w = A_1\sin\theta + A_2\cos\theta - \frac{M_0R^2}{EI} - \frac{PR^3}{2EI} + \frac{PR^3}{4EI}\theta\sin\theta$$

From B.C

$$\theta = 0, \quad \frac{\pi}{2}\text{에서 } \frac{dw}{d\theta} = 0 \qquad \therefore A_1 = 0, \ A_2 = \frac{PR^3}{4EI}$$

M_0는 Castigliano's theorem으로부터 산정할 수 있다.

$$U = \int_0^{2\pi} \frac{M^2 Rd\theta}{2EI} = \frac{2R}{EI}\int_0^{\frac{\pi}{2}} M^2 d\theta$$

$$\frac{\partial U}{\partial M_0} = 0 : \frac{2R}{EI}\int_0^{\frac{\pi}{2}} 2M\frac{\partial M}{\partial M_0}d\theta = 0 \qquad \therefore M_0 = \frac{PR}{2}\left(\frac{2}{\pi} - 1\right)$$

$$\therefore w = \frac{PR^3}{4EI}\left(\cos\theta + \theta\sin\theta - \frac{4}{\pi}\right) \qquad \left(w_{\theta=0} = -\frac{PR^3}{4EI}\left(\frac{4}{\pi} - 1\right), \quad w_{\theta=\pi/2} = \frac{PR^3}{4EI}\left(\frac{\pi}{2} - \frac{4}{\pi}\right)\right)$$

2) Buckling of Circular Rings and Tubes under Uniform external Pressure

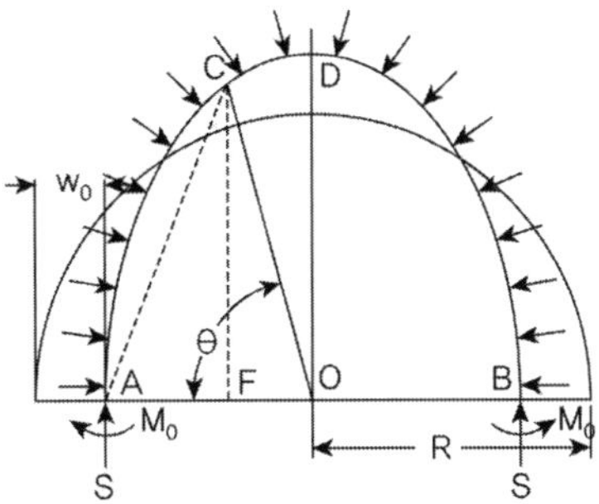

점선의 반원 구조체가 등분포하중에 의해서 실선과 같이 변화하였을 때, 축방향 하중을 S라고 하고 단부 A, B에 작용하는 모멘트를 M_0, 등분포하중 w_0에 의해서 작용하는 법선 등분포하중을 q라고 하면,

$$S = q(R - w_0) = q\overline{AO}$$

임의점 C에서의 모멘트 M은

$$M = M_0 + q\overline{AO} \times \overline{AF} - \frac{q}{2}\overline{AC^2}$$

삼각형 ACO에서

$$\overline{OC^2} = \overline{AC^2} + \overline{AO^2} - 2\overline{AO}\,\overline{AF} \qquad \therefore \; \frac{1}{2}\overline{AC^2} - \overline{AO}\,\overline{AF} = \frac{1}{2}(\overline{OC^2} - \overline{AO^2})$$

$$\therefore \; M = M_0 - \frac{1}{2}q(\overline{OC^2} - \overline{AO^2})$$

여기서, $\overline{AO} = R - w_0$, $\overline{OC} = R - w$이고 w_0, w의 2차는 무시한다면,

$$M = M_0 - qR(w_0 - w)$$

Differential Equation for the deflection curve bar로부터

$$\frac{d^2 w}{d\theta^2} + w = -\frac{R^2}{EI}(M_0 - qR(w_0 - w))$$

다시 표현하면,

$$\frac{d^2 w}{d\theta^2} + w\left(1 + \frac{qR^3}{EI}\right) = \frac{-M_0 R^2 + qR^3 w_0}{EI}, \quad \text{let } k^2 = 1 + \frac{qR^3}{EI}$$

$$w = A_1 \sin k\theta + A_2 \cos k\theta + \frac{-M_0 R^2 + qR^3 w_0}{EI + qR^3}$$

From B.C

$$\left(\frac{dw}{d\theta}\right)_{\theta=0} = 0 \ : \ A_1 = 0$$

$$\left(\frac{dw}{d\theta}\right)_{\theta=\frac{\pi}{2}} = 0 \ : \ \sin\frac{k\pi}{2} = 0 \qquad \therefore \ \frac{k\pi}{2} = \pi, \ k = 2$$

$$\therefore \ q_{cr} = \frac{3EI}{R^3}$$

2. Buckling of a Uniformly Compressed circular Arch

1) hinge arch

등분포하중 q을 받고 있는 양단 힌지인 아치의 경우

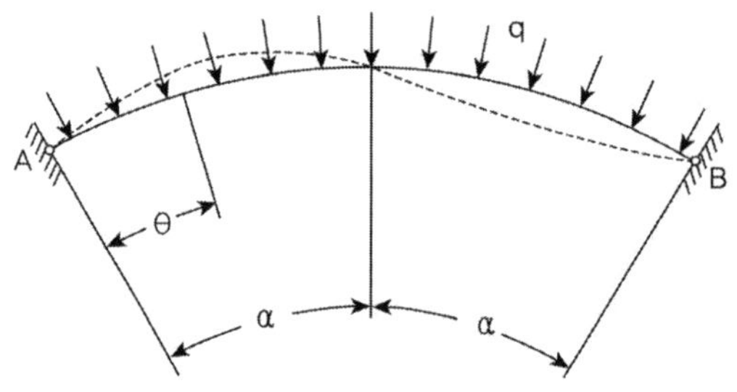

Differential Equation for the deflection curve bar로부터

$$\frac{d^2 w}{d\theta^2} + w = -\frac{R^2 S w}{EI} \ , \ S = qR \ : \ 축방향 \ 압축력, \ w는 \ 중심축 \ 방향 \ 변위$$

$$k^2 = 1 + \frac{qR^3}{EI} \qquad \therefore \ \frac{d^2 w}{d\theta^2} + k^2 w = 0 \qquad \text{General Solution } w = A\sin k\theta + B\cos k\theta$$

From B.C

$$\theta = 0 \ : \ B = 0$$

$$\theta = 2\alpha \ : \ \sin 2\alpha k = 0 \qquad \therefore \ k = \frac{\pi}{\alpha}$$

$$\therefore \ q_{cr} = \frac{EI}{R^3}\left(\frac{\pi^2}{\alpha^2} - 1\right)$$

여기서 E 대신에 $E/(1-\nu^2)$과 $I=\dfrac{h^3}{12}$로 표현하면,

$$\therefore \; q_{cr} = \frac{Eh^3}{12(1-\nu^2)R^3}\left(\frac{\pi^2}{\alpha^2}-1\right)$$

2) Fixed arch

고정 아치가 점선과 같이 좌굴된다고 가정하면, 중앙의 C점에서는 좌굴 후 축방향 하중 S와 전단하중 Q가 발생하게 된다.

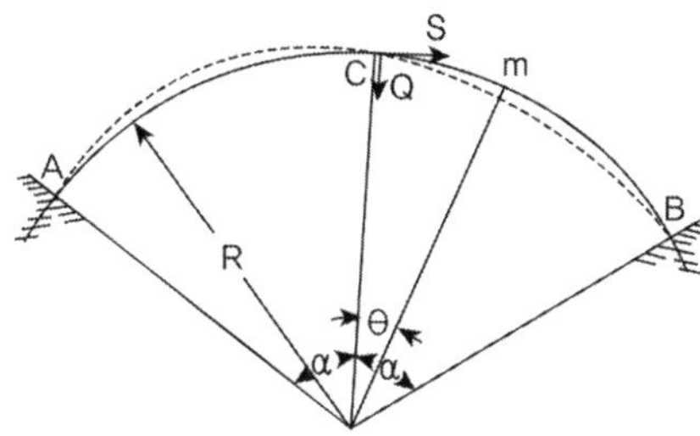

임의점에서의 모멘트는 $M = Sw - QR\sin\theta$

Differential Equation for the deflection curve bar로부터

$$\frac{d^2w}{d\theta^2} + w = -\frac{R^2}{EI}(Sw - QR\sin\theta)$$

$$\frac{d^2w}{d\theta^2} + k^2 w = \frac{QR^3\sin\theta}{EI}$$

$$w = A\sin k\theta + B\cos k\theta + \frac{QR^3\sin\theta}{(k^2-1)EI}$$

From B.C

$$\theta = 0 \;:\; w = \frac{d^2w}{d\theta^2} = 0 \quad \therefore\; B = 0$$

$$\theta = \alpha \;:\; w = \frac{dw}{d\theta} = 0 \quad \therefore\; A\sin k\alpha + \frac{QR^3\sin\alpha}{(k^2-1)EI} = 0,\; Ak\cos k\alpha + \frac{QR^3\cos\alpha}{(k^2-1)EI} = 0$$

$$\therefore\; \sin k\alpha\cos\alpha - k\sin\alpha\cos k\alpha = 0,\; k\tan\alpha \times \cot k\alpha = 1$$

α	30°	60°	90°	120°	150°	180°
k	8.621	4.375	3	2.364	2.066	2

$$\therefore\ q_{cr} = \frac{EI}{R^3}(k^2 - 1)$$

$\therefore$ 일반적으로 아치의 경우 좌굴하중을 다음과 같이 표현한다.

$$q_{cr} = \gamma_1 \frac{EI}{R^3} = \gamma_2 \frac{EI}{l^3} \ \ \text{(교량편 아치의 좌굴편 참조)}$$

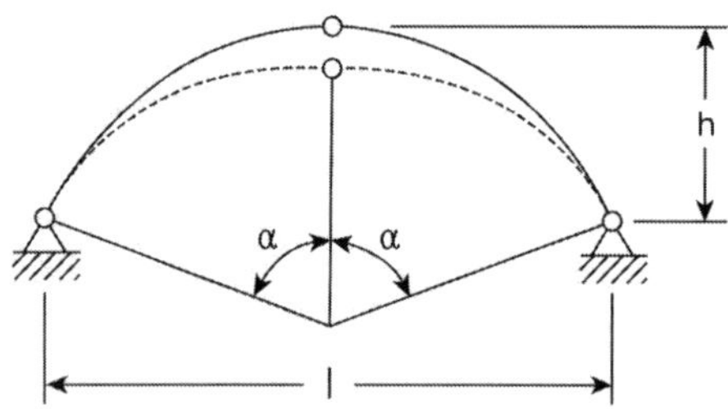

3. 아치의 방정식

일반적으로 아치리브의 축선은 2차 포물선, 원곡선을 사용한다.

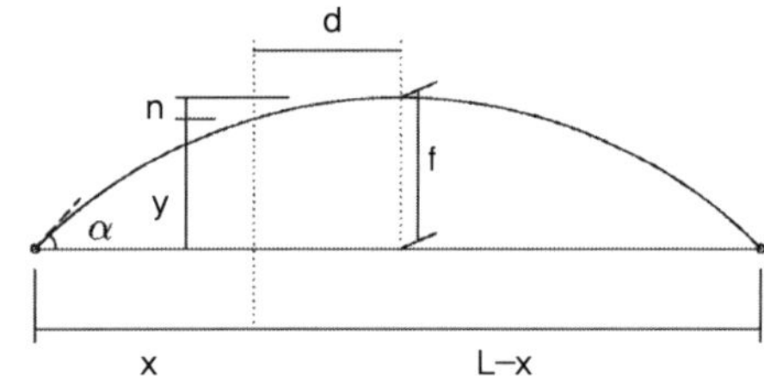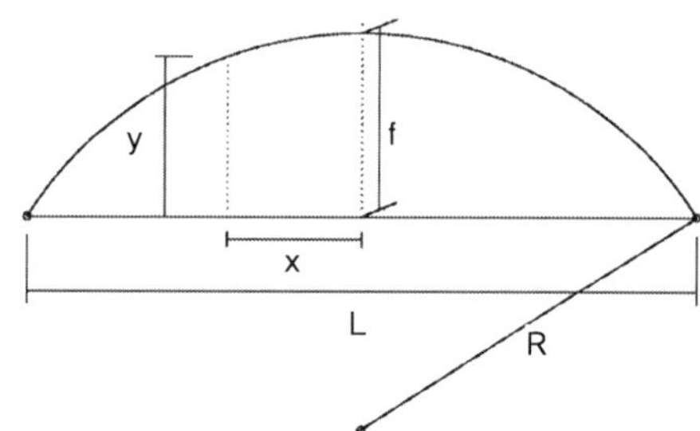

$$\text{2차 포물선} : y = \frac{4f}{L^2}(Lx - x^2)$$

$$\text{원곡선} : R = \frac{L^2 + 4f^2}{8f}$$

아치의 좌굴은 면내와 면외좌굴로 나뉘며 자세한 내용은 교량편 아치의 좌굴 참조.

03 트러스

트러스는 3개 이상의 직선부재가 마찰 없이 힌지로 연결되어 삼각형 형상으로 만든 구조물을 말한다.

1. 트러스의 가정사항

1) 각 부재는 직선재이며, 부재의 중심축은 절점에서 만난다.

2) 각 부재의 절점은 마찰이 없는 핀으로 결합되어 있다.

3) 하중과 반력은 트러스의 격점에서만 작용하며 트러스와 동일평면 상에 있다.

4) 부재에서 축력만 발생한다.

5) 각 부재의 변형은 무시한다.

> **TIP** |**트러스의 2차 응력 대처방안**| 교량편 참조
>
> ① 트러스의 격점은 강결의 영향으로 인한 2차 응력이 가능한 한 작게 되도록 설계하여야 하며, 이를 위해서는 주 트러스 부재의 부재높이는 부재 길이의 1/10보다 작게 하는 것이 좋다.
> ② 편심이 발생되지 않도록 주의, 또는 편심이 최소화되도록 부재의 폭을 최소화
> ③ 격점의 강성(Gusset Plate)으로 인한 영향을 최소화할 수 있도록 Compact하게 설계
> ④ 일반적으로 부재의 2차 응력의 값은 무시할 정도로 작지만, 2차 응력으로 인한 영향이 무시할 수 없을 정도일 경우에는 2차 응력을 고려한 부재의 응력검토를 수행하도록 하여야 한다.

2. 절점법

지점반력을 구한 후 미지의 부재력이 2개 이하인 절점에서 힘의 평형조건을 적용하여 부재력을 구하는 방법으로, 모멘트에 대한 평형조건을 사용할 수 없으므로 미지 부재력이 2개 이하인 절점에서만 사용할 수 있다.

3. 단면법

단면법은 임의의 부재를 절단하여 모든 외력이 절단된 부재의 내력과 평형이 된다는 평형조건식으로부터 부재력을 구하는 방법으로, 미지의 부재력이 평형조건식 수인 3개 이내가 되도록 절단하여야 한다.

4. 트러스의 영부재 판별법

"0" 부재는 변형방지 및 소성 시 저항을 위해 사용된다.

1) 2부재에 하중이 없는 경우

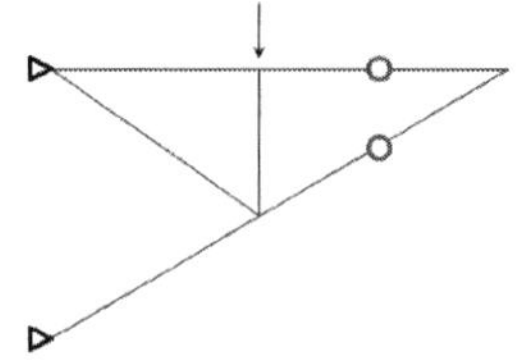

2) 하중이 한 부재에 나란한 경우

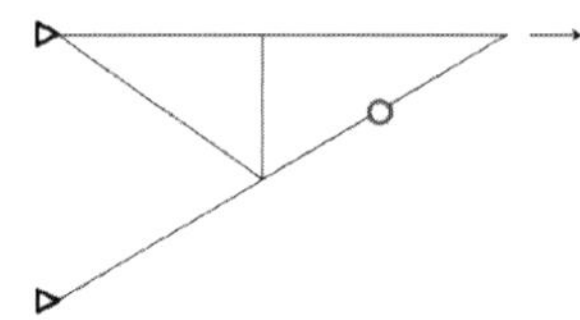

3) 3부재에 2부재가 나란한 경우(단, 하중이 없는 경우)

4) 하중작용점과 두 지점을 잇는 가장 큰 삼각형

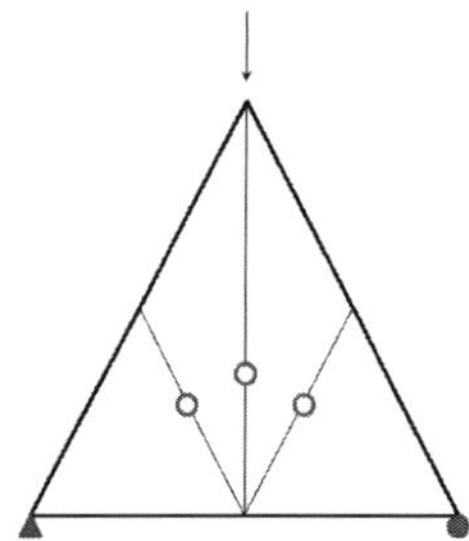

5. 정정 트러스의 처짐산정

정정 트러스의 처짐산정은 일반적으로 이용하는 에너지의 방법(가상일의 원리, 카스티글리아노의
정리 등)이나 매트릭스 해석법 등을 이용하여 산정할 수 있으며, 기하학적 형상을 이용하여 처짐
량을 산정하는 Willot Diagram을 이용할 수도 있다.

1) Willot Diagram

처짐의 기하학적 형상을 이용하여 풀이한다.

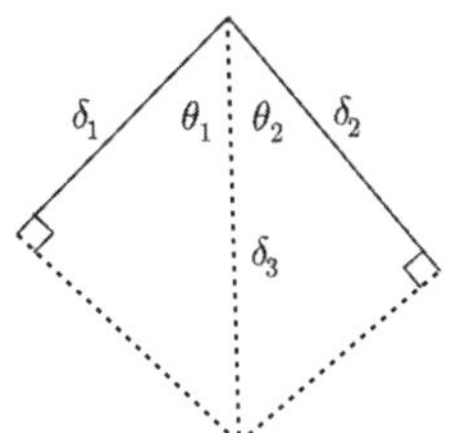

$$\delta_1 = \frac{F_1 L_1}{A_1 E_1}, \quad \delta_2 = \frac{F_2 L_2}{A_2 E_2}$$

$$\therefore \ \delta_3 = \frac{\delta_1}{\cos\theta_1} = \frac{\delta_2}{\cos\theta_2}$$

6. 부정정 트러스

부정정 트러스의 경우에는 먼저 부정정 트러스의 부정정력을 산정하고 에너지의 방법이나 변위
일치법을 이용하여 풀이할 수 있다. 트러스의 경우 부재가 많은 경우에는 주로 가상일의 원리를
이용한 변위 일치법을 많이 사용하는데 이 경우에는 부재의 온도변화나 지점침하가 발생하였을
경우에 임의의 절점의 변위나 부재력을 산정하기가 가장 수월한 풀이방법이다.

1) 부정정의 판별

트러스 : $n = r + m - 2k$

여기서, n : 부정정 차수 r : 반력의 수

      m : 부재의 수 s : 강절점의 수

      k : 절점의 수(내부힌지, 자유단 포함)

2) 단위하중법

$$\Delta_i = \Delta_{ik} + X\delta_{ik}, \qquad \Delta_{ik} : \text{기본구조물의 처짐}$$

① 외력에 의한 처짐 : $\Delta_{iO} = \sum \dfrac{FfL}{AE}$

② 온도에 의한 처짐 : $\Delta_{iT} = \sum (\alpha \Delta TL)f$

③ 침하에 의한 처짐 : $\Delta_{iS} + W_R = 0$

　　W_R : i 점에 단위하중이 작용한 기본구조물에서 각 지점의 반력 성분에 지점침하량을 곱한 값
　　　들의 합

④ 오차에 의한 처짐 : $\Delta_{iE} = \sum f(\Delta L)$, $\Delta_L = \dfrac{Fl}{EA}$

　　X: 과잉력　　　　　　　δ_{ik} : 단위하중에 의한 처짐

케이블 : 현수교 해석

아래 그림과 같이 거더 중앙에 힌지(Hinge)가 설치된 정정(靜定) 현수교에서 D'점에 집중하중 80 kN이 작용할 때 전체 지점(A, B, A', B')의 반력을 구하고 거더에 대한 전단력도와 휨모멘트도를 작성하시오(단, 자중은 고려하지 않는다).

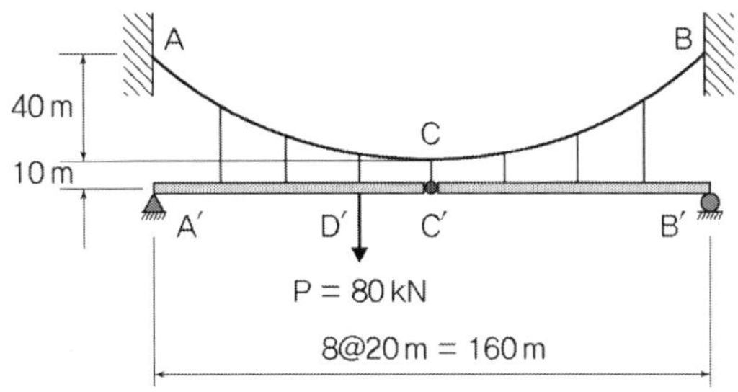

풀 이

▶ 평형방정식

케이블의 장력은 서로 동일하다고 가정하였고 동일한 평균 장력을 T로 하여 검토한다.

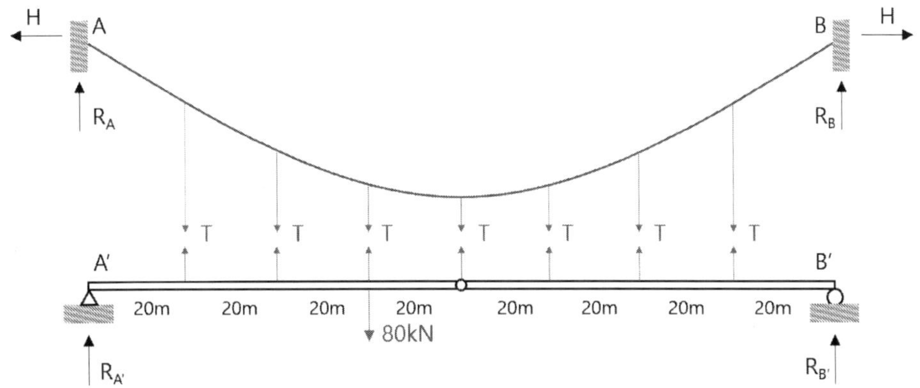

▶ 구조계 해석

1) 전체구조계

$$\sum M_B' = 0 \; ; \; 160 \times (R_A + R_A') - 100 \times 80 = 0 \quad \therefore \; R_A + R_A' = 50 \; \text{kN} \qquad \cdots (1)$$

$$H_A = H_B = H$$

$$R_A + R_B + R_A' + R_B' = 80 \, \text{kN}$$

2) 보 구조계

$$\Sigma F_y = 0 \; ; \; R_A{}' + R_B{}' - 7T = 80 \text{ kN}$$

$$\Sigma M_C{}' = 0(좌측) \; ; \; 80R_A{}' + T(3 \times 20 + 2 \times 20 + 1 \times 20) - 80 \times 20 = 0$$

$$\therefore 2R_A{}' + 3T = 40 \qquad \qquad \cdots (2)$$

3) 케이블 구조계

$$R_A + R_B = 7T, \quad 장력 \text{ T는 동일하므로 } R_A = R_B$$

$$\therefore R_A = R_B = \frac{7}{2}T \qquad \qquad \cdots (3)$$

$$(1), \ (3)으로부터 \ R_A{}' = 50 - \frac{7}{2}T \qquad \qquad \cdots (4)$$

$$(4), \ (2)로부터 \ 2\left(50 - \frac{7}{2}T\right) + 3T = 40$$

$$\therefore \ T = 15 \text{ kN}, \ R_A{}' = -2.5 \text{ kN}(\downarrow), \ R_A = R_B = 52.5 \text{ kN}(\uparrow), \ R_B{}' = -22.5 \text{ kN}(\downarrow)$$

➤ 거더의 전단력도와 휨모멘트도

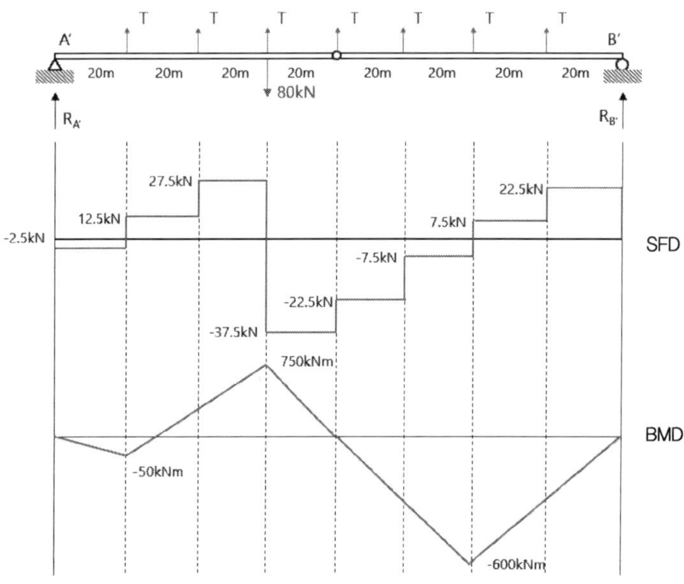

현수교 해석

아래 그림과 같은 타정식 대칭형 1주탑 현수교에 등분포하중 w가 작용할 때 주 케이블의 최대인
장력 $T_{\max}$, L/2위치에서의 처짐(sag) h, 주탑에 작용하는 축력 P를 구하시오.

〈조건〉

(1) 지점 a와 b에서 주케이블의 형상은 수평선에 접한다고 가정하여 수직반력은 무시한다.

(2) 케이블의 자중은 무시한다.

(3) 보강형은 무응력 상태로 가정한다.

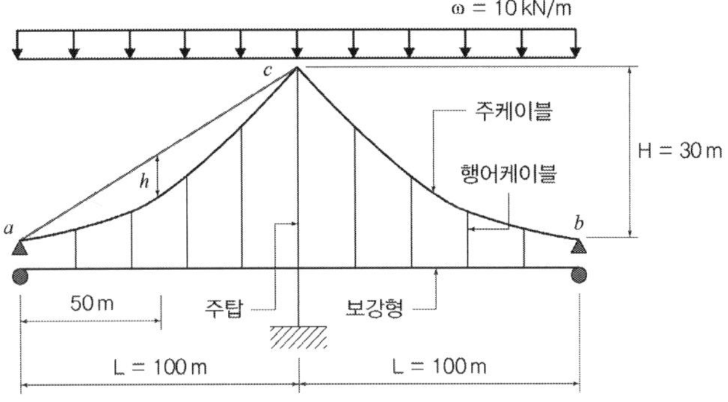

풀 이

➤ 개요

대칭구조물이므로 ac구간에 대해 해석한다.

➤ 구조물 해석

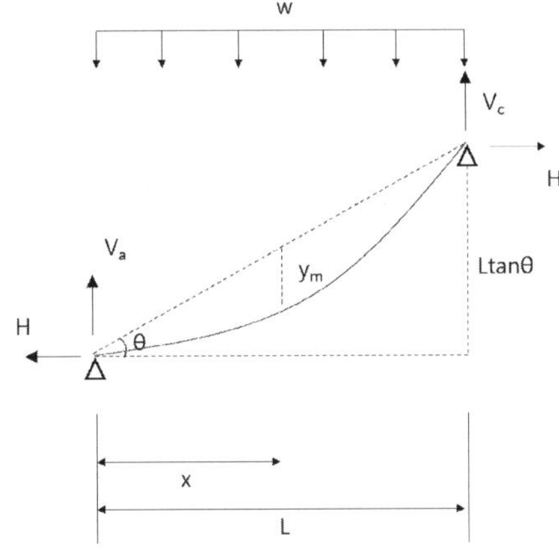

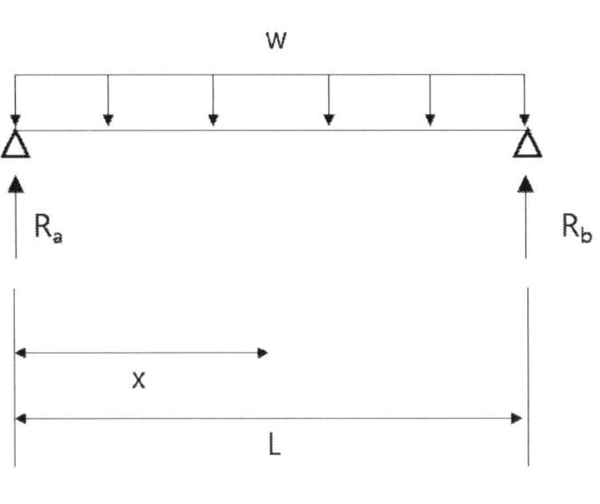

주어진 조건에서 $V_a = 0$이므로, $V_c = 10 \times 100 = 1,000$ kN

$$\sum M_a = 0 \ ; \ V_c \times 100 - H \times 30 - 10 \times 100 \times 50 = 0 \qquad \therefore H = \frac{5000}{3} \text{ kN}$$

1) 주탑에서 작용하는 축력

대칭구조물이므로 $P = 2V_c = 2,000$ kN

2) 주케이블의 최대장력

수직반력이 존재하는 c점에서 최대장력이 발생하므로

$$\therefore T_{\max} = \sqrt{V_c^2 + H^2} = 1,943.65 \text{ kN}$$

3) L/2위치에서의 처짐(sag) h

케이블의 일반정리로부터, $\quad Hy_m = M_m$

$L/2$에서의 모멘트 $M_m = \dfrac{wL^2}{8} = \dfrac{10 \times 100^2}{8} = 12,500$ kNm

$$\therefore h = y_m = \frac{M_m}{H} = \frac{12500}{5000} \times 3 = 7.5 \text{ m}$$

케이블 해석

그림과 같이 높은 기둥이 케이블을 지지하고 있고 기둥의 수평변위는 없다. 이 경우에
(1) A점과 F점의 반력을 구하시오.
(2) 케이블의 최대장력을 구하시오.
(3) 케이블의 총 길이를 구하시오.

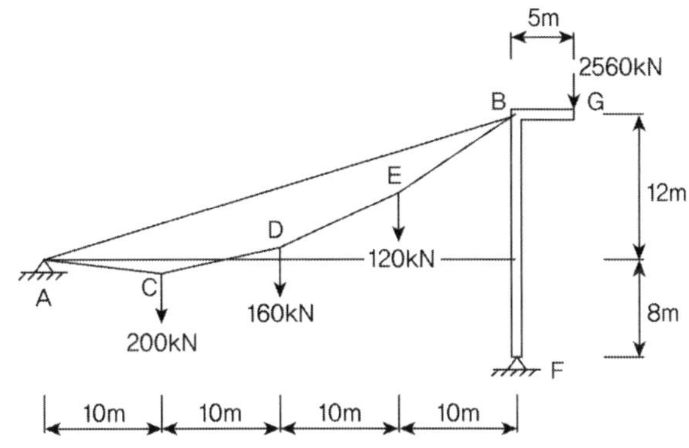

풀 이

> **자유물체도**

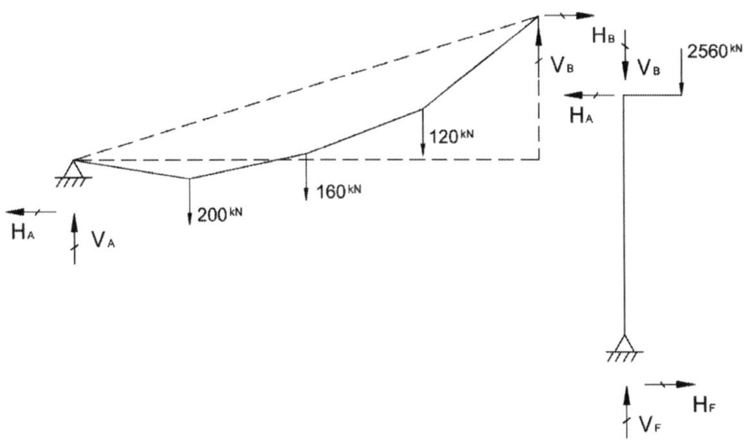

1) 전체 구조계

$$\sum H = 0 \ : \ H_A = H_F$$
$$\sum V = 0 \ : \ V_A + V_F = 3040^{kN}$$

$$\sum M_A = 0 : 200 \times 10 + 160 \times 20 + 120 \times 30 + 2560 \times 45 = 8H_F + 40V_F$$
$$\therefore 8H_F + 40V_F = 124000$$

2) 케이블 구조체

$$\sum H = 0 : H_A = H_B$$
$$\sum V = 0 : V_A + V_B = 480$$

3) 프레임 구조체

$$\sum M_F = 0 : 20H_B - 2560 \times 5 = 0$$
$$\therefore H_B = 640^{kN}(\rightarrow), \qquad H_F = 640^{kN}(\rightarrow), \qquad H_A = 640^{kN}(\leftarrow)$$
$$V_F = 2972^{kN}(\uparrow), \quad V_A = 68^{kN}(\uparrow), \qquad V_B = 412^{kN}(\uparrow)$$

▶ 케이블 장력 산정

수평력 H는 동일하고 수직반력이 가장 큰 B점에서 케이블의 장력이 가장 크므로,

$$T_{\max} = \sqrt{H^2 + V_B^2} = \sqrt{640^2 + 412^2} = 761.147^{kN}$$

▶ 케이블의 길이 산정

케이블의 일반정리로부터

$$Hy_m = M_m$$

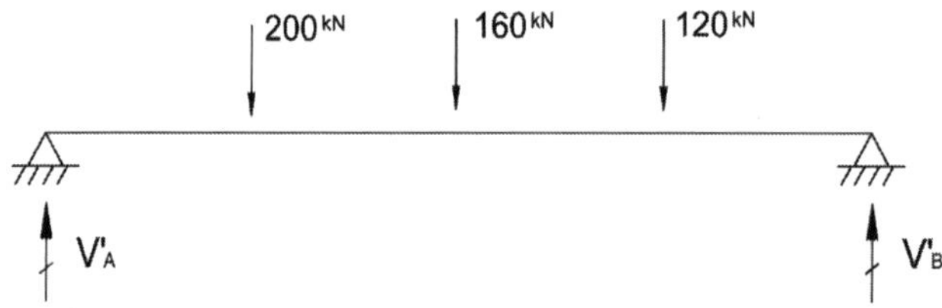

$$V_A{}' = 260^{kN}, \quad V_B{}' = 220^{kN}$$

1) C점 $\quad y_m = (260 \times 10)/640 = 4.0625^m$

2) D점 $\quad y_m = (260 \times 20 - 200 \times 10)/640 = 5.0^m$

3) E점 $y_m = (220 \times 10)/640 = 3.4375^m$

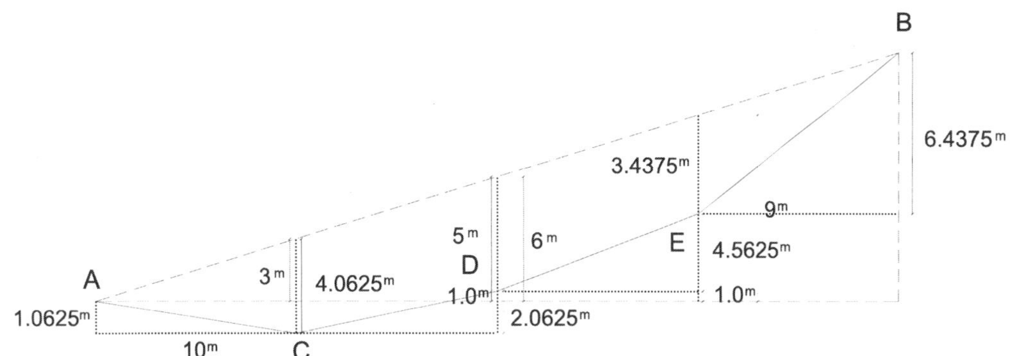

① $\overline{AC} = \sqrt{10^2 + 1.0625^2} = 10.0563^m$ ② $\overline{CD} = \sqrt{10^2 + 2.0625^2} = 10.2105^m$

③ $\overline{DE} = \sqrt{10^2 + 4.5625^2} = 10.9917^m$ ④ $\overline{EB} = \sqrt{10^2 + 6.4375^2} = 11.8929^m$

$\therefore L = 43.1514^m$

케이블

다음과 같은 3힌지의 보 지지 케이블 구조에 대하여 다음 사항을 구하시오. 단, 보의 강성 EI는 전 구간에서 일정하고, 보와 케이블을 연결하는 행거는 모두 동일한 장력을 받는 것으로 가정한다.

1) 각 행거(Hanger)의 장력 T와 지점반력 V_a, V_b

2) 케이블의 수평력 H_A, H_B

3) 케이블의 지점반력 R_A, R_B

4) 최대장력 T_{max}

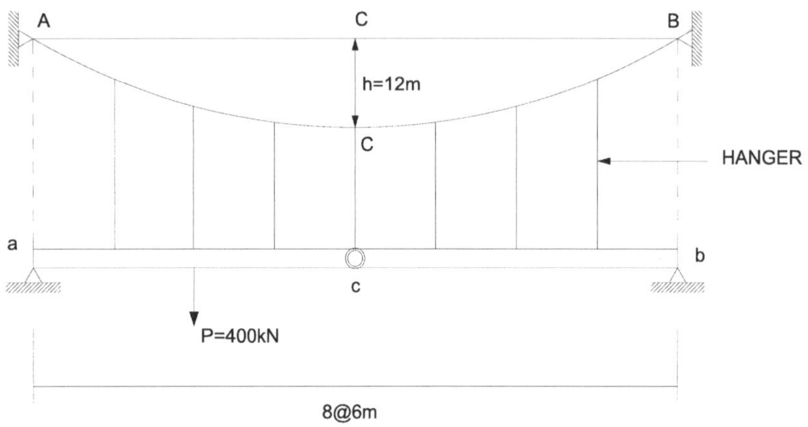

➤ 평형방정식

케이블의 장력은 서로 동일하다고 가정하였으므로 장력을 T로 가정하여 검토한다.

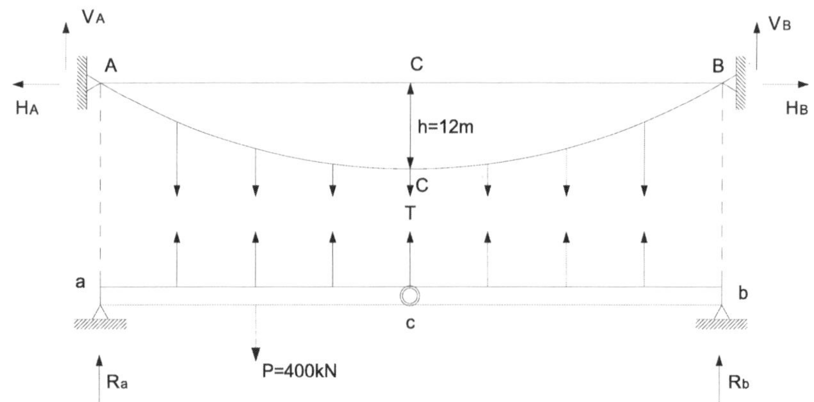

전체구조계에서

$$\sum M_b = 0 \; ; \; 48 \times (V_A + R_a) - 36 \times 400 = 0 \quad \therefore \; V_A + R_a = 300 \ kN \; -- \; ①$$

$$H_A = H_B = H$$

$$V_A + V_B + R_a + R_b = 400 \, kN$$

ab구조계에서

$$\sum F_y = 0 \; ; \; R_a + R_b - 7T = 400$$

$$\sum M_c = 0 \, (좌측) \; ; \; 24R_a + T(3 \times 6 + 2 \times 6 + 1 \times 6) - 400 \times 12 = 0$$

$$\therefore \; 2R_a + 3T = 400 \; -- \; ②$$

케이블 구조계에서

$$V_A + V_B = 7T, \; V_A = V_B (장력 \ T는 \ 동일하므로)$$

$$\therefore \; V_A = V_B = \frac{7}{2}T \; -- \; ③$$

①, ③으로부터 $R_a = 300 - \dfrac{7}{2}T \; -- \; ④$

④, ②로부터 $600 - 7T + 3T = 400$

$$\therefore \; T = 50 \ kN, \; R_a = 125 \ kN(\uparrow), \; V_A = V_B = 175 \, kN(\uparrow), \; R_b = -75 \, kN(\downarrow)$$

케이블 일반정리로부터 등가의 단순보의 반력은

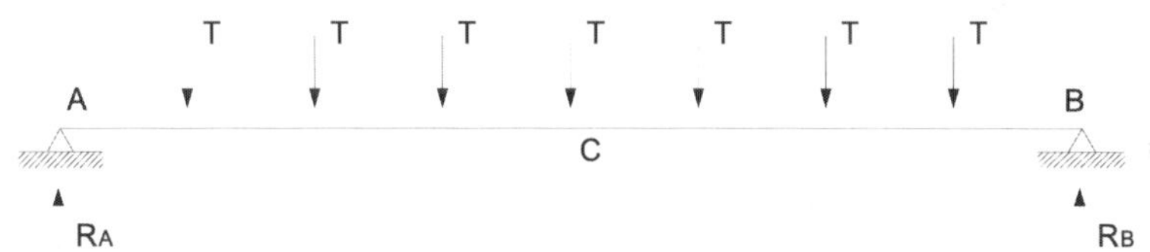

$$R_A = R_B = 3.5T = 175 \ kN$$

$$M_C = 24R_A - (18 + 12 + 6)T = 2400$$

$$Hy_m = M_m \ \text{으로부터} \ \frac{M_m}{y_m} = H \quad \therefore \; H = 200 \ kN$$

$$\therefore \; T_{max} = \sqrt{H^2 + V^2} = 265.75 \ kN$$

케이블 해석, 현수교의 특징

중앙 경간장 200m, 케이블 간격 40m, f/L=1/10인 2차원 타정식 현수교에 대하여 고정하중에 대한 행어와 케이블의 장력을 구하고, f/L비(수하비)가 감소할 때 발생하는 경제적 효과에 대하여 설명하시오(단, 중앙지간에만 행어 존재, 보강형 중량 q=1kN/m, 백스테이 각도 = 45°).

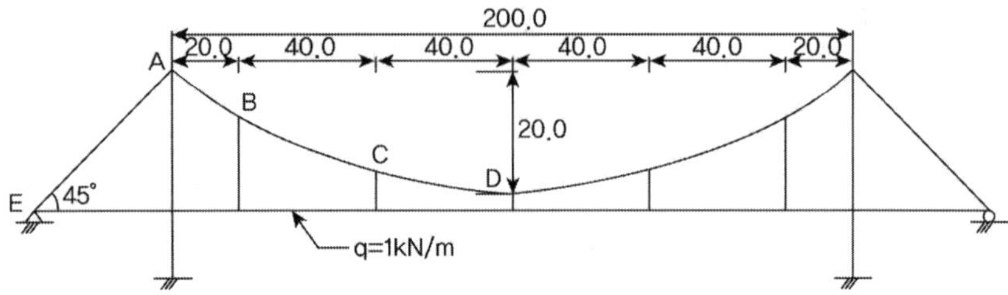

풀 이

➤ 개요

주탑에서 보강형이 지지되는 연속교 형식이라고 가정한다. 현수교의 특성상 고정하중은 행어와 케이블에 의해서만 지지된다고 가정하며 행어의 장력은 동일하다고 가정한다.

➤ 케이블과 행어의 장력 산정

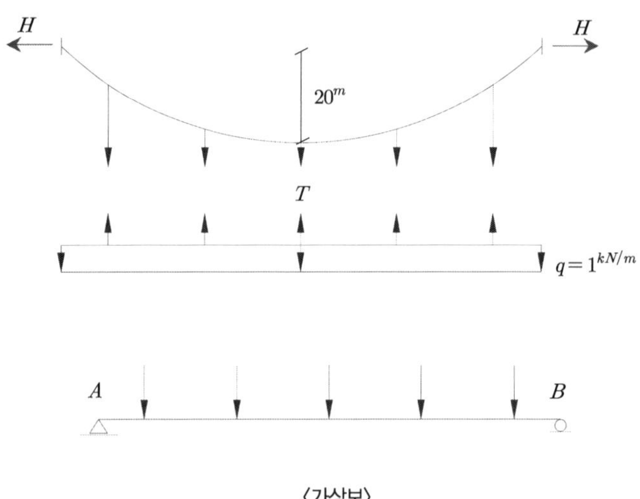

〈가상보〉

가상보에서 $R_A = R_B = 2.5\,T,\qquad M_{middle} = 2.5\,T \times 100 - 80\,T - 40\,T = 130\,T$

케이블의 일반정리로부터, $H \cdot y_m = M_m \ :\ H \times 20^m = 130\,T \qquad \therefore H = \dfrac{13}{2}\,T$

▶ 보강형의 단면력 산정

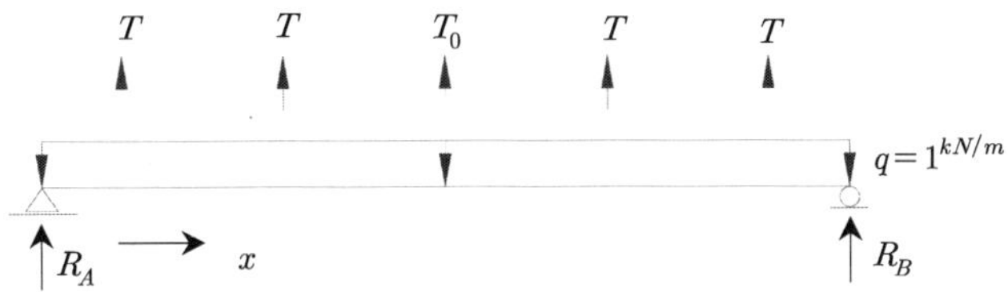

$$R_A = R_B = \frac{1}{2}(200 - 4\,T - T_0)$$

1) $0 < x < 20$

$$M_1 = R_A x - \frac{1}{2}x^2 = \frac{x}{2}(200 - 4\,T - T_0) - \frac{1}{2}x^2$$

2) $20 < x < 60$

$$M_2 = R_A x - \frac{1}{2}x^2 + T(x-20) = \frac{x}{2}(200 - 4\,T - T_0) - \frac{1}{2}x^2 + T(x-20)$$

3) $60 < x < 100$

$$M_3 = R_A x - \frac{1}{2}x^2 + T(x-20) + T(x-60) = \frac{x}{2}(200 - 4\,T - T_0) - \frac{1}{2}x^2 + T(x-20) + T(x-60)$$

▶ 행어의 장력 산정

현수교의 행어장력에 의해 보강형이 평형을 유지하기 위해서 중앙점의 처짐을 "0"이라고 하면, Castigliano의 2nd 정리에 따라서,

$$U = \sum \frac{M^2 L}{2EI}, \qquad \frac{\partial U}{\partial T_o} = \frac{1}{EI}\sum \int M \frac{\partial M}{\partial T_o}\,dx = 0 \ :$$

$$\int_0^{20}\left(\frac{x}{2}(200-4\,T-T_0) - \frac{1}{2}x^2\right)\left(\frac{x}{2}\right)dx + \int_{20}^{60}\left(\frac{x}{2}(200-4\,T-T_0) - \frac{1}{2}x^2 + T(x-20)\right)\left(\frac{x}{2}\right)dx$$

$$+ \int_{60}^{100}\left(\frac{x}{2}(200-4\,T-T_0) - \frac{1}{2}x^2 + T(x-20) + T(x-60)\right)\left(\frac{x}{2}\right)dx = 0$$

$$\therefore T = 39.358^{kN}, \qquad H = \frac{13}{2}\,T = 255.83^{kN}$$

➤ 주 케이블의 장력

$$F\cos 45° = H :$$

주 케이블의 장력은 $F = 361.79^{kN}$

➤ 수하비(f/L)에 따른 경제적 효과

f/l 감소 → 탑고 감소 → 공사비 감소 → 시공성 우수, 케이블 장력은 증가

지간장(L)이 일정하고 새그의 높이(f)가 줄어들수록 수하비는 감소한다. 수하비가 감소할수록 케이블의 일반정리로부터 발생하는 수평력(H)의 크기는 증가하게 된다($H = wl^2/8f$, f가 작을수록 H값은 증가).

일반적으로 보강거더의 강성 EI가 클수록 보강거도로 전단되는 응력이 커지며 케이블 수평장력 H가 작을수록 보강거더의 응력이 커진다. 케이블 수평장력 H는 고정하중 w에 비례하며, 새그 f에는 반비례한다. 장대현수교에서는 활하중에 비해 고정하중의 크기가 크기 때문에 케이블의 수평장력의 대부분은 고정하중 재하 시의 장력으로 보아도 좋다. 새그 f와 고정하중 강도 w에 의해 결정되는 케이블 수평장력은 현수교 강성을 지배하는 가장 중요한 인자이며 새그 f를 작게 하는 것이 강성을 높이는 데 있어 효과적이다. 중앙경간장에 대한 새그의 비율, 즉 세그비(수하율, f/L)는 설계상 중요한 기준으로 대부분의 현수교에서는 $f/L = 1/9\sim1/12$를 취하고 있다.

- 주케이블의 수평력: $H_w = \dfrac{w_c L_c^2}{8 f_c}$

- 측경간의 수평력: $H_{w,side} = \dfrac{w_s L_s^2}{8 f_s}$

- 위 두 식에서 수평력은 주탑에서 동일하므로, $f_s = f_c \dfrac{w_s}{w_c} \times \dfrac{L_s^2}{L_c^2}$

∴ 수하비(f/L)는 작을수록 보강형이 부담하는 강성이 작아져서 보강형에 경제적인 설계가 가능하나, 반대로 케이블에 발생하는 장력이 커져서 케이블의 단면을 증대시키는 등의 보안이 필요하다. 따라서 적절한 수하비의 선택에 의해 경제적인 단면의 선택이 가능하며, 일반적으로 강성이 큰 콘크리트 보강형을 사용할 경우 수하비를 크게 하고 강성이 작은 강구조물의 경우 수하비를 작게 적용한다.

케이블의 처짐

다음과 같이 케이블(cable)로 지지된 2경간 연속보에서 다음을 구하시오(단, 케이블 및 보의 자중은 무시하고 보의 EI는 일정하다. 케이블 지지점의 수평반력은 400kN이며, 연속보 전구간에 25kN/m의 등분포하중이 작용한다. 단면의 위치는 A점으로부터의 거리로 표시한다).

1) 부(−)의 최대 휨모멘트 값과 작용 단면의 위치
2) 정(+)의 최대 휨모멘트 값과 작용 단면의 위치

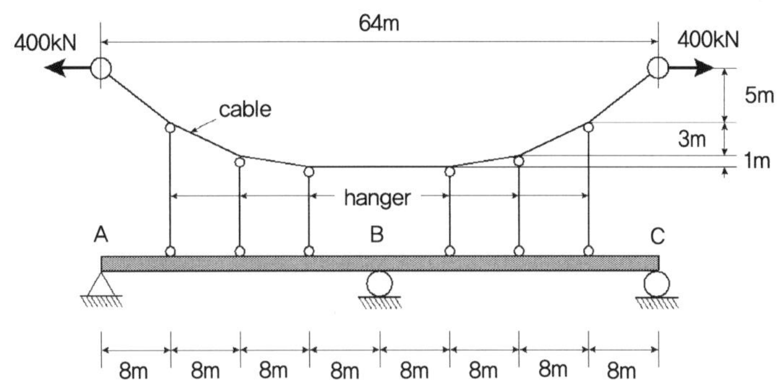

풀 이

▶ 개요

대칭구조물로 케이블은 내적 부정정 구조물이다. 케이블의 장력은 서로 다르므로 각 장력을 T_1, T_2, T_3의 부정정력으로 치환하여 검토한다.

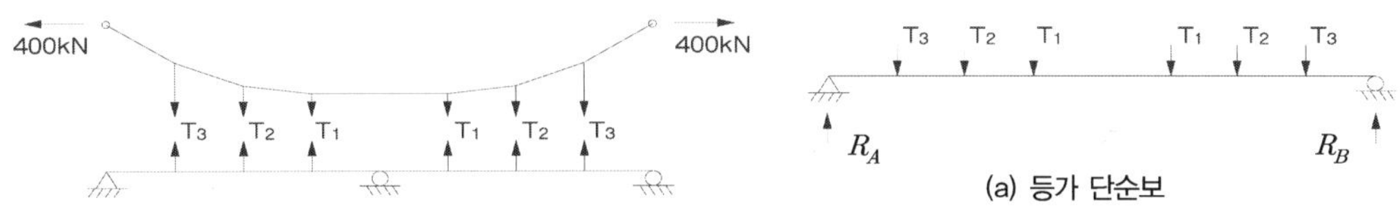

▶ 케이블 내력 산정

케이블 일반정리로부터 등가의 단순보의 반력은

$$R_A = R_B = T_1 + T_2 + T_3$$
$$M_3 = R_A \times 8 = 8(T_1 + T_2 + T_3)$$

$$Hy_m = M_m \text{으로부터} \quad \frac{M_m}{y_m} = H \qquad \therefore \ \frac{8}{5}(T_1 + T_2 + T_3) = 400^{kN} \qquad ①$$

$$M_2 = R_A \times 16 - T_3 \times 8 = 8(2T_1 + 2T_2 + T_3) \quad \therefore \ \frac{8}{8}(2T_1 + 2T_2 + T_3) = 400^{kN} \quad ②$$

$$M_1 = R_A \times 24 - T_3 \times 16 - T_2 \times 8 = 8(3T_1 + 2T_2 + T_3)$$

$$\therefore \ \frac{8}{9}(3T_1 + 2T_2 + T_3) = 400^{kN} \qquad ③$$

$$\therefore \ T_1 = 50^{kN}, \ T_2 = 100^{kN}, \ T_3 = 100^{kN}$$

➤ 연속보

대칭구조물이므로 반단면만 해석한다. 케이블 내력을 외력으로 작용시키면,

1) AB구간 $(0 \leq x \leq 8)$ $\qquad M_{x1} = V_A x - \dfrac{25}{2}x^2$

2) DE구간 $(8 \leq x \leq 16)$ $\qquad M_{x2} = V_A x - \dfrac{25}{2}x^2 + 100(x-8)$

3) EF구간 $(16 \leq x \leq 24)$

$$M_{x3} = V_A x - \frac{25}{2}x^2 + 100(x-8) + 100(x-16) = V_A x - \frac{25}{2}x^2 + 100(2x-24)$$

4) FB구간 $(24 \leq x \leq 32)$

$$M_{x4} = V_A x - \frac{25}{2}x^2 + 100(x-8) + 100(x-16) + 50(x-24)$$

$$= V_A x - \frac{25}{2}x^2 + 100\left(\frac{5}{2}x - 36\right)$$

최소일의 원리로부터

$$U = \frac{1}{2EI}\left[\int_0^8 M_{x1}^2\,dx + \int_8^{16} M_{x2}^2\,dx + \int_{16}^{24} M_{x1}^2\,dx + \int_{24}^{36} M_{x1}^2\,dx\right]$$

$$\frac{\partial U}{\partial V_A} = 0 \ : \ \frac{\partial}{\partial V_A}\left[\frac{1}{2EI}\left(10922.7\,V_A^2 - 4.39 \times 10^6\,V_A + 4.632 \times 10^8\right)\right] = 0$$

$$\therefore \ V_A = 201.17^{kN} \ (\uparrow)$$

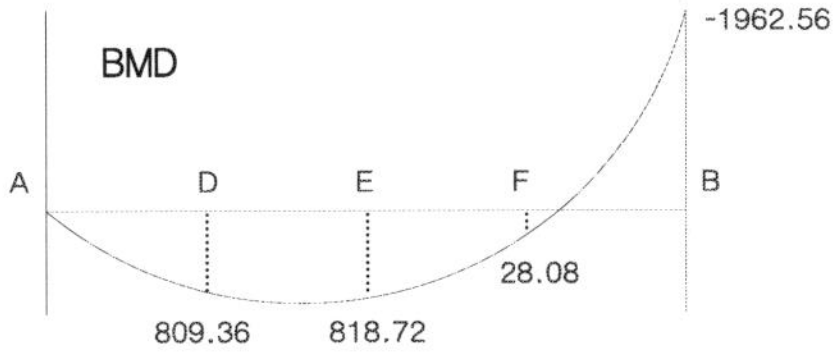

$$M_{x1} = -12.5x^2 + 201.17x \ (0 \le x \le 8)$$

$$M_{x2} = -12.5x^2 + 301.17x - 800 \ (8 \le x \le 16)$$

$$M_{x1} = -12.5x^2 + 401.17x - 2400 \ (16 \le x \le 24)$$

$$M_{x1} = -12.5x^2 + 451.17x - 3600 \ (24 \le x \le 32)$$

$$\therefore M_{\min} = -1,962.56kNm \ (\text{B점}, \ x = 32m)$$

$$\frac{\partial M_{x2}}{\partial x} = 0 \qquad \therefore x = 12.05m, \quad M_{\max} = 1,014.08kNm \ (x = 12.05m)$$

구조물 해석

총 무게가 2 kN인 케이블 AC에 무게가 수평방향으로 일정하게 분포된다고 할 때, 케이블의 Sag h와 A점 및 C점의 처짐각을 구하시오. 단, BC부재는 강체 거동을 하는 것으로 가정한다.

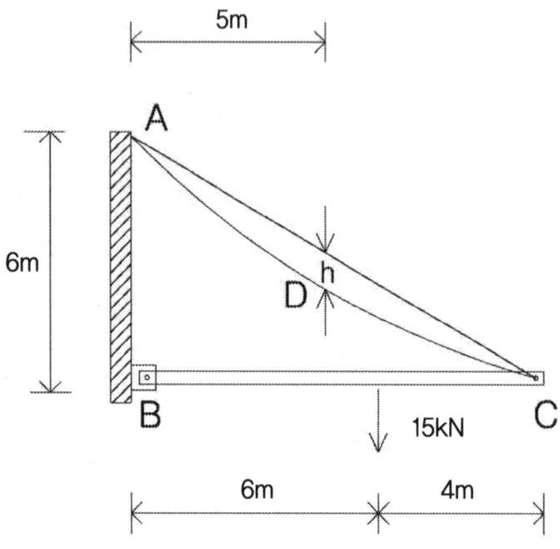

풀 이

▶ 반력 및 sag 산정

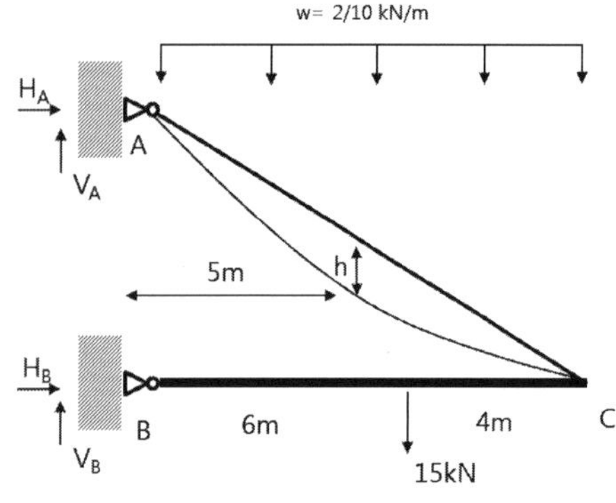

$$\Sigma M_B = 0 \; ;$$

$$H_A \times 6 + 0.2 \times 10 \times 5 + 15 \times 6 = 0$$

$$\therefore \; H_A = -16.67 \text{ kN } (\leftarrow)$$

케이블 일반정리 $Hy_m = M_m$ 으로부터,

$$16.67h = \frac{0.2 \times 10^2}{8} \qquad \therefore \; h = 0.15m$$

➤ 처짐각 산정

처짐각 산정을 위해 케이블 곡선을 케이블의 현수방정식(Catenary Equation)으로부터 유도된 포물선 케이블 방정식을 이용한다.

$$\text{Catenary Equation} : y = \frac{T_0}{w}\cosh\left(\frac{w}{T_0}x + C_1\right) + C_2$$

$$\text{포물선 케이블 방정식} \quad y = -\frac{w}{2T_0}x(L-x) + \frac{y_1 - y_2}{L}x + y_0 = -\frac{w}{2H}x^2 + C_1 x + C_2$$

$T_0 = H = 16.67 \text{ kN}, \ w = 0.2$

B.C x=0, y=0 $\therefore C_2 = 0$

　　　x=-10, y=6 $\therefore C_1 = -0.51$

$\therefore y = -0.006x^2 - 0.51x, \quad y' = -0.012x - 0.51$

$y'_{x=-10} = -0.63 \text{ rad} \qquad \therefore \theta_A = \frac{180}{\pi} \times 0.63 = 36.1°$

$y'_{x=0} = -0.51 \text{ rad} \qquad \therefore \theta_B = \frac{180}{\pi} \times 0.51 = 29.2°$

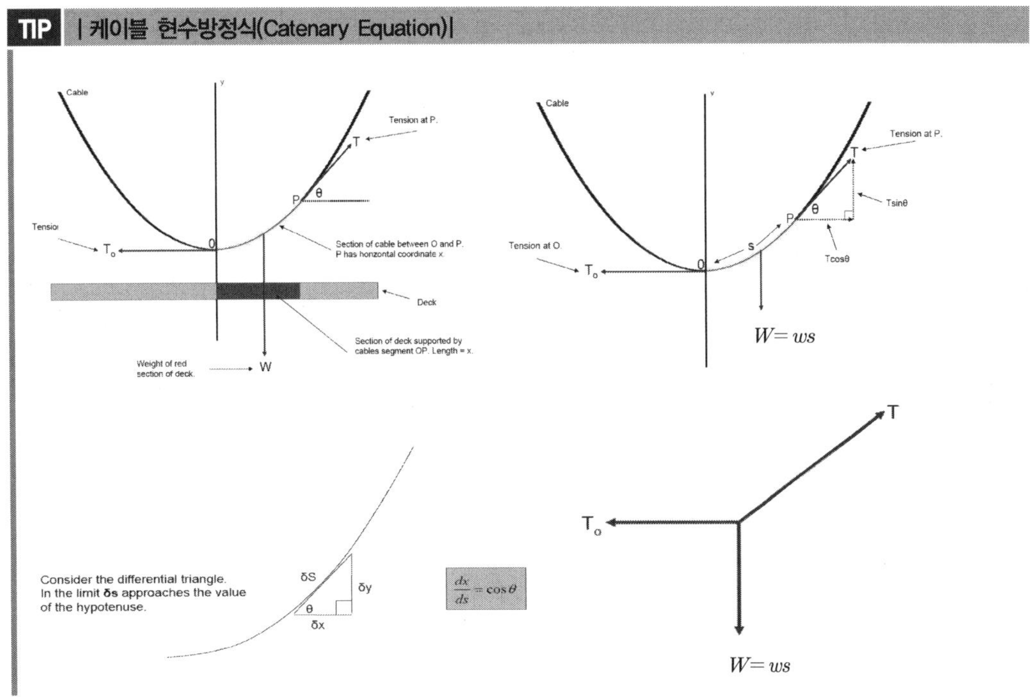

① $\dfrac{ds}{d\theta} = \dfrac{T_0}{w}\sec^2\theta$

$$\dfrac{dx}{d\theta} = \dfrac{ds}{d\theta}\times\dfrac{dx}{ds} = \dfrac{T_0}{w}\sec^2\theta\times\cos\theta = \dfrac{T_0}{w}\sec\theta, \quad \dfrac{dy}{d\theta} = \dfrac{ds}{d\theta}\times\dfrac{dy}{ds} = \dfrac{T_0}{w}\sec^2\theta\times\sin\theta = \dfrac{T_0}{w}\sec\theta\tan\theta$$

② $s = \dfrac{T_0}{w}\tan\theta = \dfrac{T_0}{w}\dfrac{dy}{dx}$ $\qquad\qquad \therefore\ \dfrac{ds}{dx} = \dfrac{T_0}{w}\dfrac{d^2y}{dx^2}$ $\qquad$ (1)

$ds^2 = dx^2 + dy^2$ $\qquad\qquad\qquad \therefore\ \dfrac{ds}{dx} = \sqrt{1+\left(\dfrac{dy}{dx}\right)^2}$ $\qquad$ (2)

(1)과 (2)에서 $\quad \dfrac{T_0}{w}\dfrac{d^2y}{dx^2} = \sqrt{1+\left(\dfrac{dy}{dx}\right)^2} \qquad$ Let $\quad y' = \dfrac{dy}{dx}$

$$\dfrac{T_0}{w}\dfrac{dy'}{dx} = \sqrt{1+(y')^2} \qquad dy' = \dfrac{w}{T_0}\sqrt{1+(y')^2}\,dx \qquad \int \dfrac{w}{T_0}dx = \int \dfrac{dy'}{\sqrt{1+(y')^2}}$$

여기서, $\displaystyle\int \dfrac{du}{\sqrt{1+u^2}} = \sinh^{-1}u$ 이므로 $\dfrac{w}{T_0}x = \sinh^{-1}(y') + C \quad \therefore\ y' = \sinh\left(\dfrac{w}{T_0}x + C\right)$

$\therefore$ Catenary Equation : $y = \dfrac{T_0}{w}\cosh\left(\dfrac{w}{T_0}x + C_1\right) + C_2$

③ 현수선 케이블(Catenary Curve)의 평형 : 케이블만이 늘어진 형상에서 보강형을 가설한 때에 설계 시의 계획한 형상이 얻어지도록 하여야 한다. 이때 케이블의 자중은 케이블 길이 방향으로 일정하다고 가정할 수 있고 미소구간에 대한 연직방향의 평형은 케이블의 위치로부터 다음과 같은 현수곡선으로 표현된다.

$$y = \dfrac{T_0}{w}\cosh\left(\dfrac{w}{T_0}x + C_1\right) + C_2 \qquad \text{B.C } x=0,\ y'=0 \to C_1 = 0$$

④ 포물선 케이블의 평형 : 보강형의 가설이 완료되어 보강형이 강성을 갖는 시점에서 케이블에 적용하는 고정하중은 케이블 자중 이외에 케이블 밴드, 행어, 보강형, 포장 등이며 이 고정하중은 케이블 자중에 비하여 매우 크다. 또한 현수교 고정하중은 한 경간 내에서 등분포한다고 가정할 수 있다. 이 경우 완성 시에 케이블에 재하되는 고정하중 w는 각 경간 내에서는 수평하중으로 일정하다. 이는 보강형의 길이방향으로 일정하며 케이블의 미소요소의 평형은 완성 시 케이블 장력의 수평성분을 T_o라고 하면

$$T_0\left(\dfrac{dy}{dx} + \dfrac{d^2y}{dx^2}dx\right) - wd - T_0\dfrac{dy}{dx} = 0 \qquad y = -\dfrac{w}{2T_0}x(L-x) + \dfrac{y_1-y_2}{L}x + y_0$$

부정정 구조물 해석(최소일의 원리, 변형일치법)

아래 그림과 같이 케이블에 매달려 있는 보에 집중하중 6kN이 작용할 때, 이 케이블에 발생하는 인장력 T와 늘음량 Δ를 구하시오(단, 케이블은 직경 12mm의 강봉이며, 길이는 12m, 탄성계수 E는 200×10^3MPa, 보의 단면 2차 모멘트 I는 160×10^{-6}m^4, 탄성계수 E는 200×10^3MPa이다).

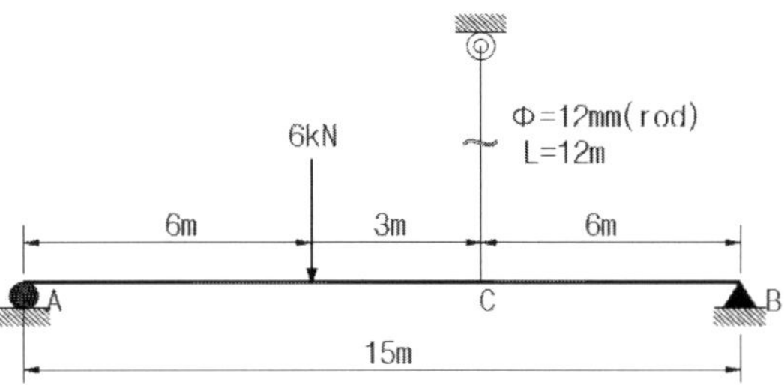

풀 이

➤ 개요

내적 1차 부정정 구조물에 대해서 최소일의 원리 또는 변위일치법, 단위하중법 등을 통해 풀이할 수 있다. 이때 케이블의 장력을 부정정력으로 하여 B점의 처짐에 대한 적합조건을 이용하여 풀이한다.

➤ 부정정 구조물 해석

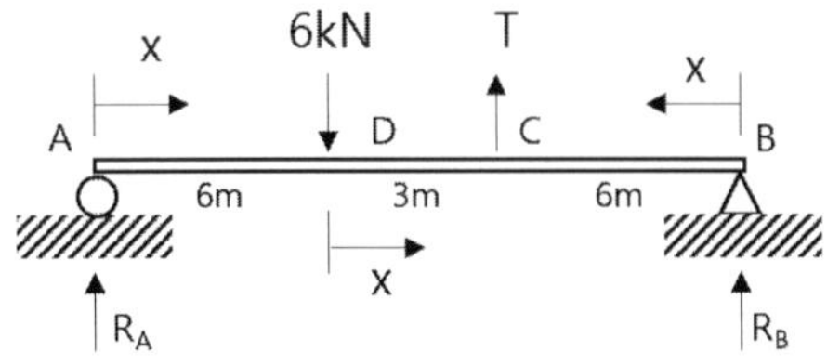

$$R_A = \frac{1}{15}(6 \times 9 - 6T) = \frac{1}{5}(18 - 2T)$$

$$R_D = 6 - T - R_A = \frac{1}{5}(12 - 3T)$$

$$r_A = \frac{6}{15} = \frac{2}{5}, \quad r_B = \frac{9}{15} = \frac{3}{5}$$

구간	범위	M_x	m_x
AD	$0 \leq x_1 \leq 6$	$M_{x1} = R_A x = \dfrac{1}{5}(18 - 2T)x$	$r_A x$
DC	$0 \leq x_2 \leq 3$	$M_{x3} = R_A(x+6) - 6x = \dfrac{1}{5}(18 - 2T)(x+6) - 6x$	$r_A(x+6)$
CB	$0 \leq x_3 \leq 6$	$M_{x2} = R_B x = \dfrac{1}{5}(12 - 3T)x$	$r_B x$

▶ 단위하중법을 이용한 적합방정식 활용

1) 부정정력 작용점에서의 처짐산정

$$\delta_c = \sum \frac{1}{EI} \int M_x m_x dx$$

$$= \frac{1}{EI}\left[\int_0^6 (R_A x)(r_A x)dx + \int_0^3 ((R_A - 6)x + 6R_A)(r_A(x+6))dx + \int_0^6 (R_B x)(r_B x)dx \right]$$

$$= \frac{1}{EI}\left[\frac{144(18 - 2T)}{25} + \frac{4(999 - 171T)}{25} + \frac{216(18 - 3T)}{25} \right]$$

$$= \frac{1}{25EI}\left[10476 - 1620T \right]$$

2) 부정정력으로 인한 케이블의 처짐

$$A = \frac{1}{4}\pi d^2 = 1.131 \times 10^{-4} \text{m}^2$$

$$k = \frac{AE}{L} = \frac{1.131 \times 10^{-4} \times 200 \times 10^3}{12} = 1.8849 \ \text{kN/m}$$

$$EI = 200 \times 10^3 \times 160 \times 10^{-6} = 32 \ \text{kNm}^2$$

$$\delta_{cable} = \frac{TL}{AE} = \frac{T}{k}$$

$$\therefore \ \delta_c = \delta_{cable} \ ; \ \frac{1}{25EI}[10476 - 1620T] = \frac{T}{k} \quad \therefore T = \frac{10476k}{25EI + 1620k} = 5.124 \ \text{kN}$$

$$\Delta = \delta_{cable} = \frac{T}{k} = 2.718\text{m}$$

▶ 최소일의 원리

$$U = \sum \int \frac{M^2}{2EI}dx + \frac{T^2}{2k} \ \text{로부터,} \quad \frac{\partial U}{\partial T} = 0 \text{의 조건으로 긴장력을 구한다.}$$

아치해석 : 최소일의 원리

그림과 같이 서로 반대방향인 하중 P가 작용하는 반경 R인 Ring 구조에서 임의의 점 x의 휨모멘트식을 유도하고, BMD(Bending Moment Diagram)를 작도하시오(단, Ring의 두께는 일정함).

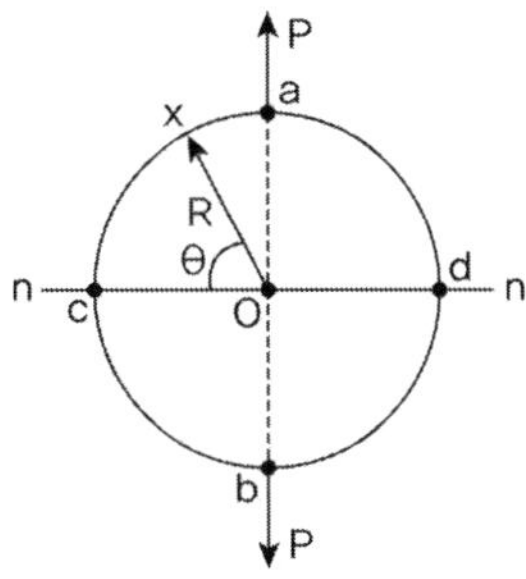

풀 이

▶ 개요

대칭구조물에 대해서 n-n단면을 기준으로 반단면 해석 시 c, d점에서의 회전변위가 0임을 이용하여 풀이할 수 있다. 최소일의 원리를 이용하여 풀이한다.

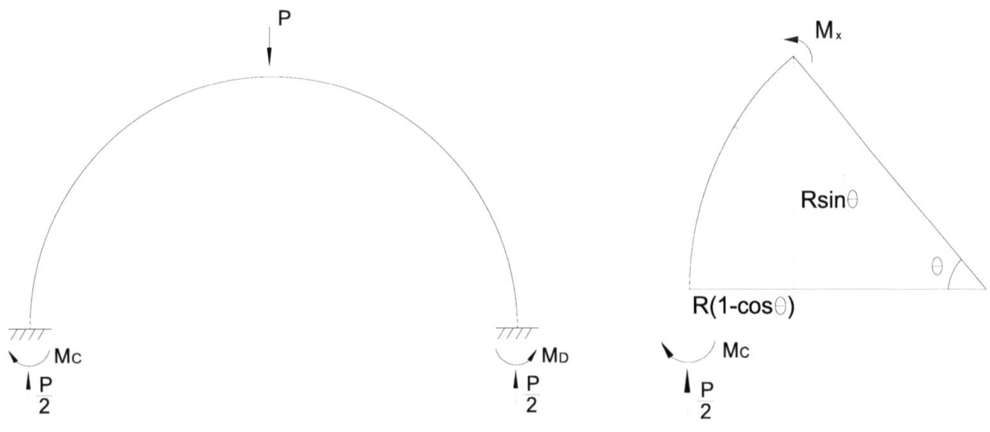

$$ds = Rd\theta, \quad M_x = M_C - \frac{P}{2} \times R(1-\cos\theta), \quad \frac{\partial M_x}{\partial M_C} = 1$$

➤ **변형에너지**

$$U = \int_L \frac{M^2}{2EI} ds = 2 \times \int_0^{\frac{\pi}{2}} \frac{1}{2EI}\left(M_C - \frac{P}{2} \times R(1-\cos\theta)\right)^2 R d\theta$$

➤ **최소일의 원리로부터**

$$\frac{\partial U}{\partial M_C} = 0 \; : \; 2\pi M_C - P(\pi-2)R = 0 \qquad \therefore M_C = \frac{PR(\pi-2)}{2\pi}$$

➤ M_x

$$M_x = M_C - \frac{P}{2} \times R(1-\cos\theta) = \frac{PR}{2}\left[\cos\theta - \frac{2}{\pi}\right]$$

$$\therefore \theta = 0, \; M_x = 0.182PR$$

$$\theta = 45° \; M_x = 0.0352PR$$

$$\theta = 90° \; M_x = -0.318PR$$

$$M_x = 0 \; \theta = 50.46°$$

➤ BMD

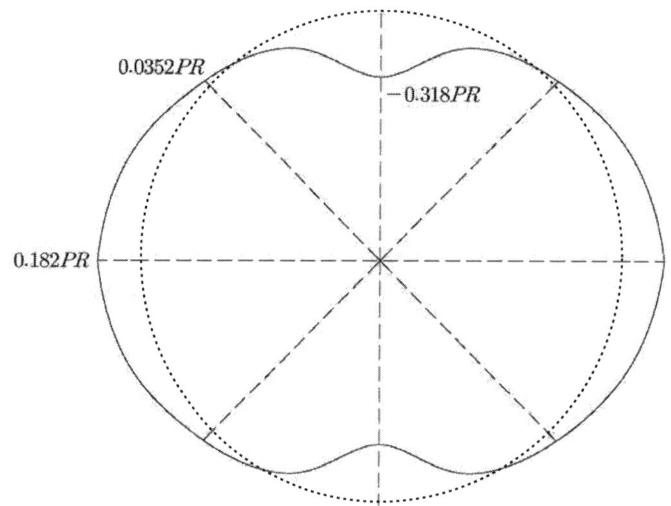

아치해석

다음 그림과 같은 반경이 a인 원호 AB의 C점상에 집중하중 P 작용 시 BMD, SFD, AFD를 작성하라(A, B는 힌지, C는 게르버 힌지로 가정).

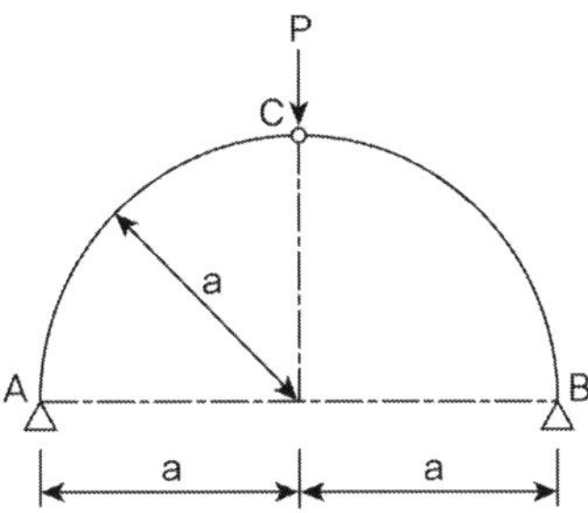

풀 이

▶ 개요

게르버 힌지로 구성된 정정 아치구조물이다.

▶ 반력 산정

$$\sum F_y = 0 \; : \; R_A = R_B = \frac{P}{2} \; (\uparrow)$$

$$\sum F_x = 0 \; : \; H_A = - H_B = H \; (\rightarrow)$$

$$\sum M_c = 0 \,(\text{좌측}) \; : \; \frac{P}{2} \times a - H_A \times a = 0 \quad \therefore H_A = \frac{P}{2} (\rightarrow), \; H_B = - \frac{P}{2} (\leftarrow)$$

▶ 단면력 산정

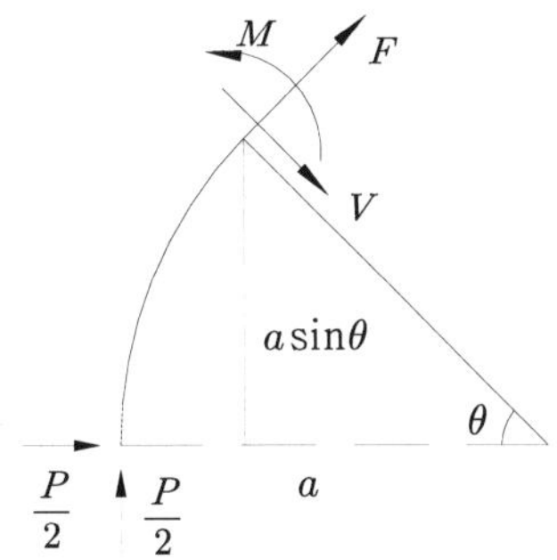

$$V = \frac{P}{2}\sin\theta - \frac{P}{2}\cos\theta = \frac{P}{2}(\sin\theta - \cos\theta)$$

$$F = -\frac{P}{2}\sin\theta - \frac{P}{2}\cos\theta = -\frac{P}{2}(\sin\theta + \cos\theta)$$

$$M = \frac{P}{2}(a - a\cos\theta) - \frac{P}{2}a\sin\theta = \frac{Pa}{2}(1 - \cos\theta - \sin\theta)$$

▶ 단면력도의 작성

구분	$\theta = 0$	$\theta = 45°$	$\theta = 90°$
V	$-\dfrac{P}{2}$	0	$\dfrac{P}{2}$
F	$-\dfrac{P}{2}$	$-0.707P$	$-\dfrac{P}{2}$
M	0	$-0.207Pa$	0

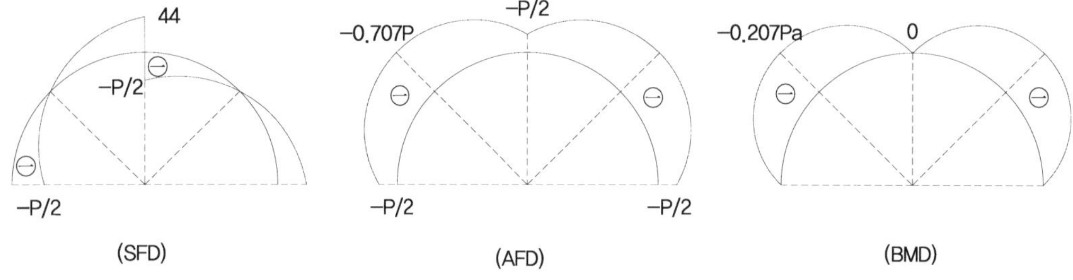

아치해석 : 부정정력 산정, 에너지의 방법

다음 그림과 같이 2차 포물선을 갖는 2-hinge Arch의 휨모멘트 도를 작성하시오(단, 부재의 탄성계수는 E, 단면2차 모멘트는 I로 한다).

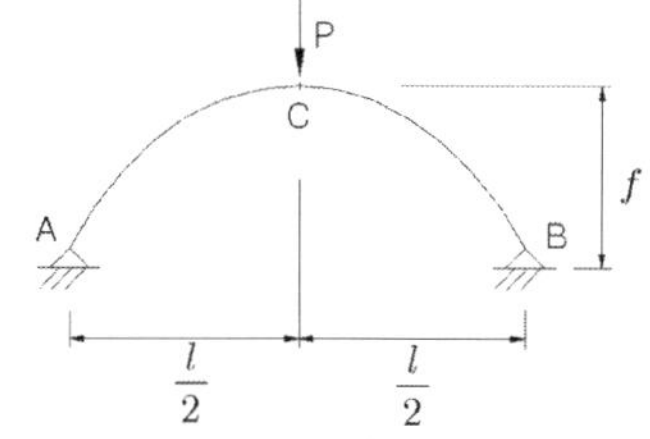

풀 이

▶ 개요

아치의 포물선 방정식을 산정하여 부재력을 구한다. 수평반력이 동일하므로 1차 부정정 구조물이며, 포물선 방정식은 $y = ax^2 + bx + c$로 가정한다.

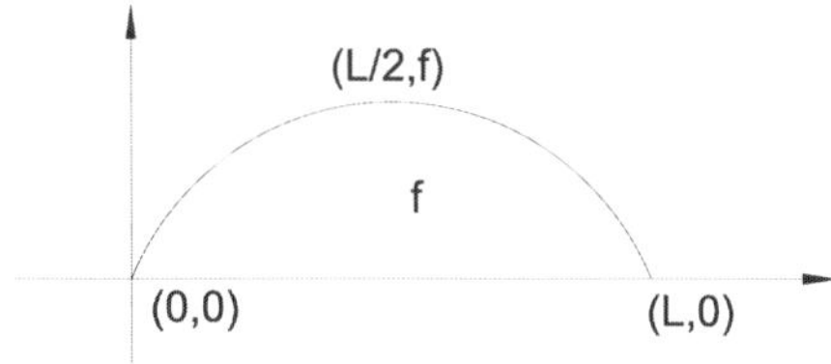

$$x = 0, \quad y = c = 0$$

$$x = L, \quad y = aL^2 + bL = 0 \qquad \therefore \ b = -aL$$

$$x = \frac{L}{2}, \quad y = a\left(\frac{L}{2}\right)^2 + b\left(\frac{L}{2}\right) = a\left(\frac{L}{2}\right)^2 - aL\left(\frac{L}{2}\right) = f \qquad \therefore \ a = -\frac{4f}{L^2}, \ b = \frac{4f}{L}$$

$$\therefore \ y = -\frac{4f}{L^2}x^2 + \frac{4f}{L}x$$

▶ 부정정력 산정

수평반력 H를 부정정력으로 보고 에너지법에 따라 부정정력을 산정한다.

$$M_x = \frac{P}{2}x - Hy = \frac{P}{2}x - H\left(-\frac{4f}{L^2}x^2 + \frac{4f}{L}x\right)$$

휨모멘트에 의한 변형에너지는 (축력의 영향은 무시)

$$U = 2 \times \frac{1}{2EI}\int_0^{\frac{L}{2}} M_x^2\, dx = \frac{1}{EI}\int_0^{\frac{L}{2}}\left[\frac{P}{2}x - H\left(-\frac{4f}{L^2}x^2 + \frac{4f}{L}x\right)\right]^2 dx$$

최소일의 원리로부터 $\dfrac{\partial U}{\partial H}=0$

$$\frac{\partial U}{\partial H}=\frac{2}{EI}\int_{0}^{\frac{L}{2}}\left(\frac{P}{2}x-H\left(-\frac{4f}{L^2}x^2+\frac{4f}{L}x\right)\right)\left(\frac{4f}{L^2}x^2-\frac{4f}{L}x\right)dx=0,$$

$$\frac{fL}{480}(128fH-25PL)=0 \qquad \therefore H=\frac{25PL}{128f}$$

➤ 휨모멘트 산정

$$M_x=\frac{P}{2}x-Hy=\frac{P}{2}x-H\left(-\frac{4f}{L^2}x^2+\frac{4f}{L}x\right)$$

$$x=\frac{L}{4}\ :\quad M_{x=\frac{L}{4}}=-\frac{11PL}{512}=-0.021484PL$$

$$x=\frac{L}{2}\ :\quad M_{x=\frac{L}{2}}=\frac{7PL}{128}=0.05469PL$$

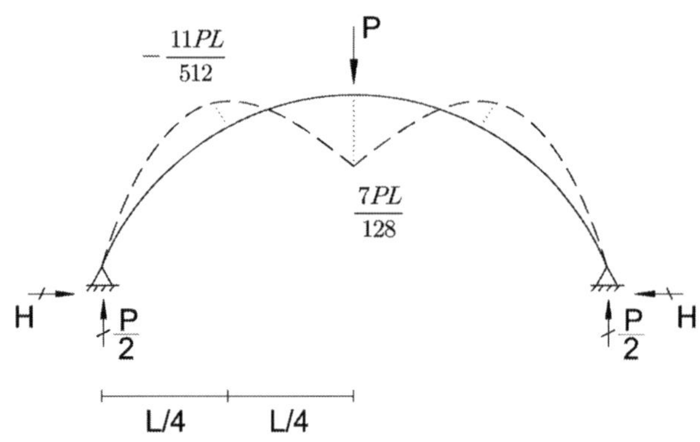

아치해석 : 내력

그림과 같은 포물선 아치가 등분포하중을 받을 때 단면 내에서 전단력과 휨모멘트가 발생하지 않음을 증명하라.

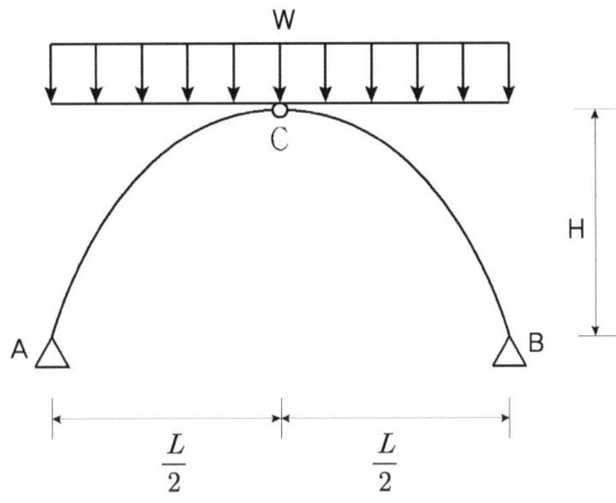

풀 이

▶ 개요

아치의 포물선 방정식을 산정하여 부재력을 구한다. 수평반력이 동일하므로 1차 부정정 구조물이며, 포물선 방정식은 $y = ax^2$로 가정한다.

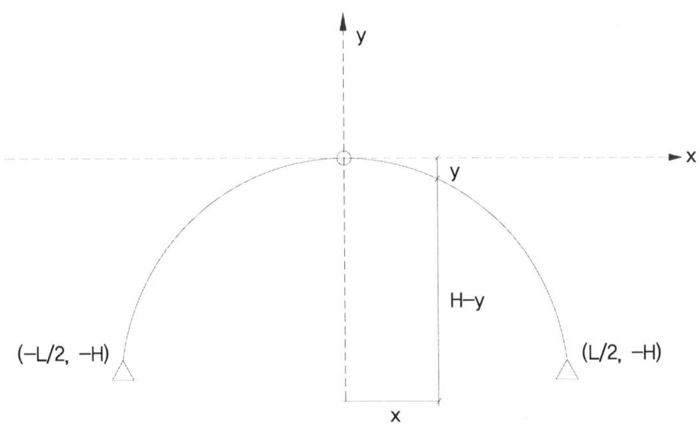

$$x = L/2, \quad y = \frac{aL^2}{4} = -H \qquad \therefore b = -\frac{4H}{L^2} \qquad \therefore y = -\frac{4H}{L^2}x^2$$

$$\sum F_y = 0 \; : \; R_A = R_B = \frac{wL}{2} \, (\uparrow)$$

$$\sum F_x = 0 \; : \; H_A = - H_B$$

$$\sum M_C = 0 \; : \; R_A \times \frac{L}{2} - H_A \times H - \frac{wL}{2} \times \frac{L}{4} = 0 \quad \therefore H_A = \frac{wL^2}{8H} \, (\rightarrow), \; H_B = - \frac{wL^2}{8H} \, (\leftarrow)$$

▶ 임의의 점에서의 전단력과 휨모멘트 산정

C점으로부터 x만큼 거리에 떨어진 임의의 점 $D\left(x, \; -\dfrac{4H}{L^2}x^2\right)$에서의 휨모멘트는

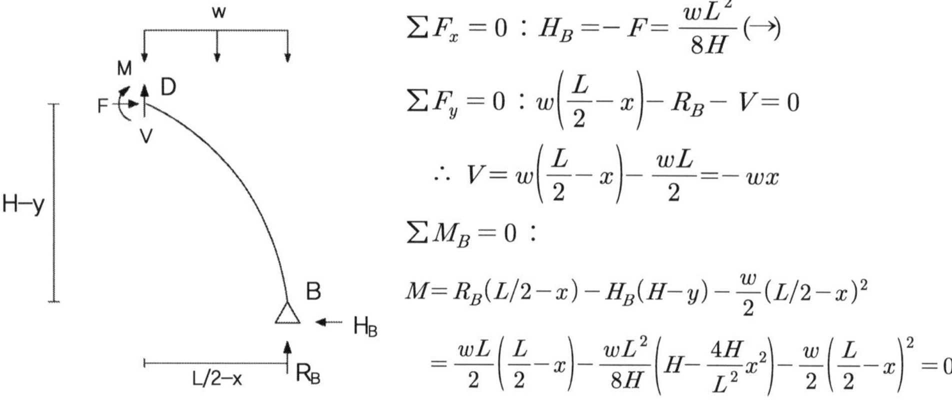

$$\sum F_x = 0 \; : \; H_B = - F = \frac{wL^2}{8H} \, (\rightarrow)$$

$$\sum F_y = 0 \; : \; w\left(\frac{L}{2} - x\right) - R_B - V = 0$$

$$\therefore V = w\left(\frac{L}{2} - x\right) - \frac{wL}{2} = - wx$$

$$\sum M_B = 0 \; :$$

$$M = R_B(L/2 - x) - H_B(H - y) - \frac{w}{2}(L/2 - x)^2$$

$$= \frac{wL}{2}\left(\frac{L}{2} - x\right) - \frac{wL^2}{8H}\left(H - \frac{4H}{L^2}x^2\right) - \frac{w}{2}\left(\frac{L}{2} - x\right)^2 = 0$$

D점에서의 기울기 $\tan\theta \approx \theta = |y'| = \dfrac{8H}{L^2}x$

전단력
$$V' = V\cos\theta + F\sin\theta = \cos\theta(V + F\tan\theta)$$

$$= \cos\theta\left(- wx + \frac{wL^2}{8H} \times \frac{8H}{L^2}x\right) = 0$$

$\therefore$ 임의의 점에서의 전단력과 모멘트는 모두 0이다.

아치해석 : 포물선과 원호 아치

그림과 같이 동일한 등분포하중을 받는 3힌지 포물선 아치와 원호 아치에서 D점의 단면력을 각각 구하고, 두 구조형식의 구조적 특성을 비교하여 설명하시오.

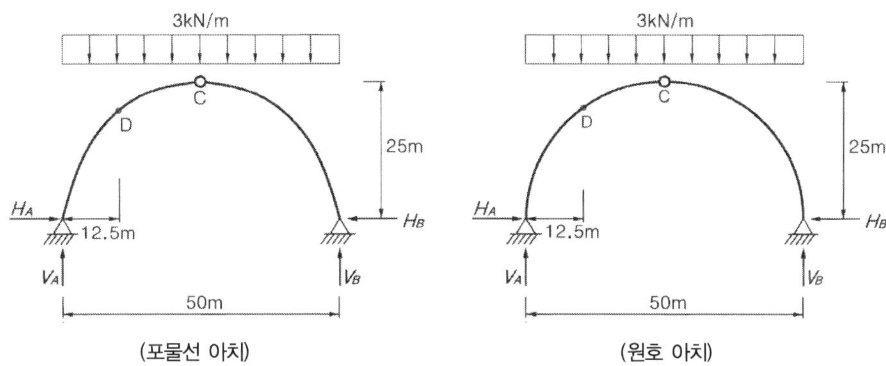

풀 이

➤ 단면력 산정 : 포물선 아치

일반적으로 사용되는 포물선 아치는 2차 방정식 곡선으로 가정한다. 대칭 구조이므로 $y = ax^2$로 가정한다.

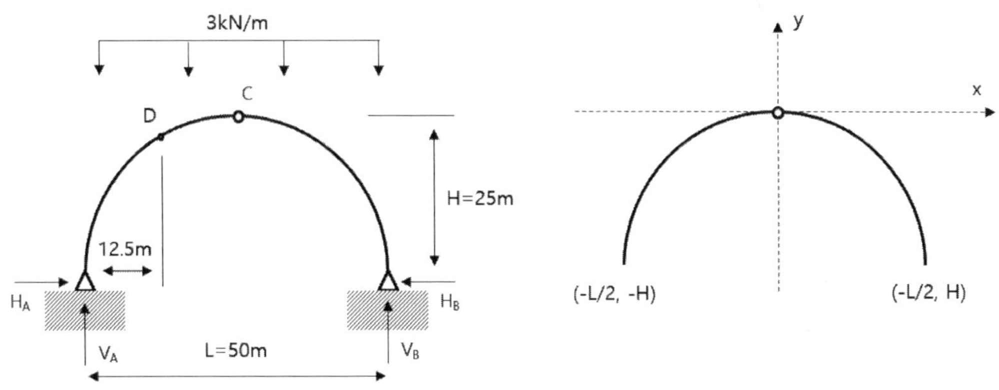

$$x = L/2, \; y = \frac{aL^2}{4} = -H \qquad \therefore b = -\frac{4H}{L^2} \qquad \therefore y = -\frac{4H}{L^2}x^2$$

1) 반력 산정

$$\Sigma F_y = 0 \ : \ V_A = V_B = \frac{wL}{2} = 75\text{kN}(\uparrow)$$

$$\Sigma F_x = 0 \ : \ H_A = - H_B$$

$$\Sigma M_C = 0 \ : \ V_A \times \frac{L}{2} - H_A \times H - \frac{wL}{2} \times \frac{L}{4} = 0$$

$$\therefore \ H_A = \frac{wL^2}{8H} = 37.5\text{kN} \ (\rightarrow), \quad H_B = - \frac{wL^2}{8H} = -37.5\text{kN} \ (\leftarrow)$$

2) D점에서의 단면력

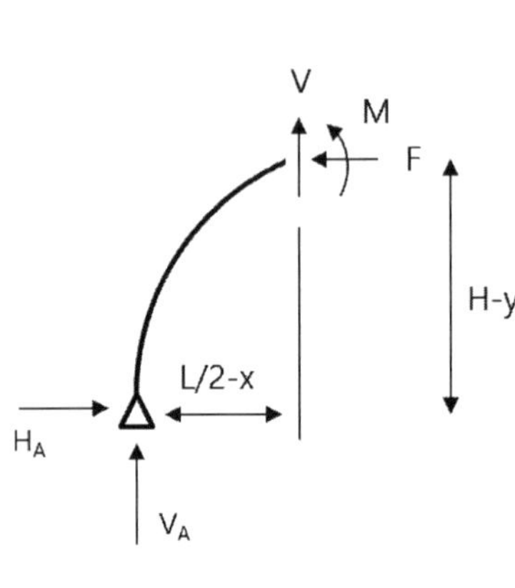

$$\Sigma F_x = 0 \ : \ H_A = - F = \frac{wL^2}{8H}$$

$$\Sigma F_y = 0 \ : \ w\left(\frac{L}{2} - x\right) - V_A - V = 0$$

$$\therefore \ V = w\left(\frac{L}{2} - x\right) - \frac{wL}{2} = - wx$$

원점에서 x만큼 떨어진 점에서 $\Sigma M_x = 0$ 으로부터,

$$M = V_A\left(\frac{L}{2} - x\right) - H_A(H - y) - \frac{w}{2}\left(\frac{L}{2} - x\right)^2$$

$$= \frac{wL}{2}\left(\frac{L}{2} - x\right) - \frac{wL^2}{8H}\left(H - \frac{4H}{L^2}x^2\right) - \frac{w}{2}\left(\frac{L}{2} - x\right)^2 \ \therefore \ M=0$$

2차방정식에서 기울기는 $\tan\theta \approx \theta = |y'| = \dfrac{8H}{L^2}x$

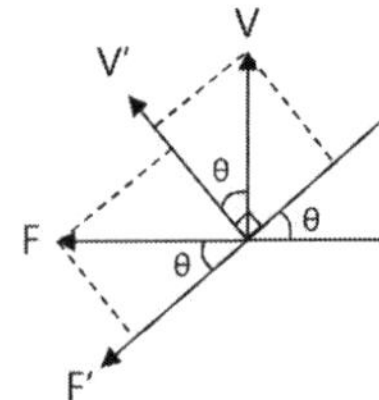

전단력
$$V' = V\cos\theta + F\sin\theta = \cos\theta(V + F\tan\theta)$$

$$= \cos\theta\left(- wx + \frac{wL^2}{8H} \times \frac{8H}{L^2}x\right) = 0$$

$\therefore$ 임의의 점에서의 전단력과 모멘트는 모두 0이다.

$$축력 \ \ F' = - V\sin\theta + F\cos\theta = \cos\theta(F - V\tan\theta) = \cos\theta\left(\frac{wL^2}{8H} + \frac{8wH}{L^2}x^2\right)$$

$$여기서 \ H = \frac{L}{2} 이므로 \ F' = \cos\theta\left(\frac{wL}{4} + \frac{4w}{L}x^2\right),$$

D점에서 $x = -\dfrac{L}{4}$ 이므로 기울기는 $\tan\theta \approx \theta = |y'| = \dfrac{8H}{L^2}x = 1$

$$\therefore F = \frac{wL}{2}\cos\theta = 40.523\text{kN}$$

➤ 단면력 산정 : 원호 아치

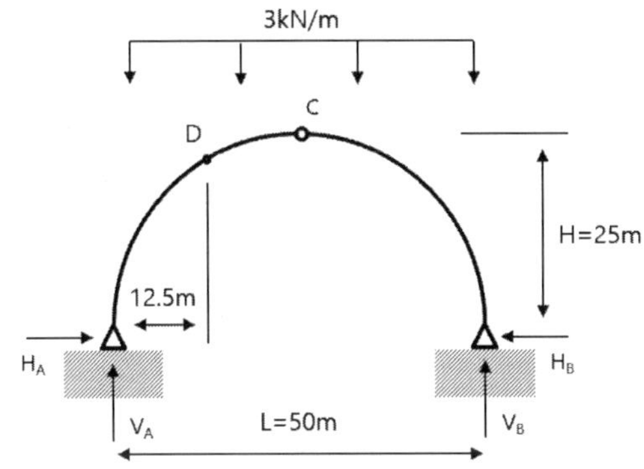

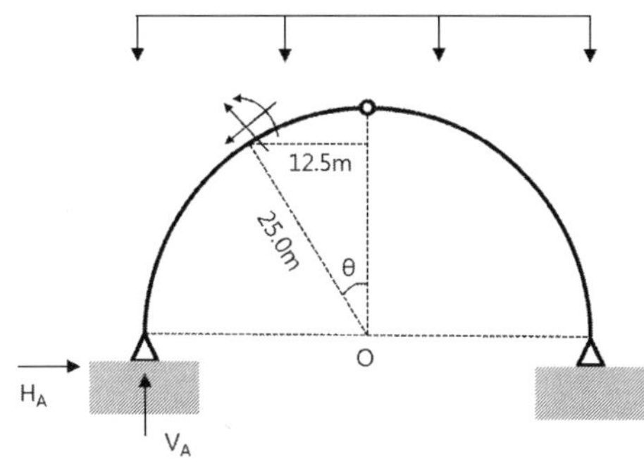

1) 반력 산정

$$\sum F_y = 0 \ : \ V_A = V_B = \frac{wL}{2}$$

$$\sum F_x = 0 \ : \ H_A = - H_B$$

$$\sum M_C = 0 \ : \ V_A \times \frac{L}{2} - H_A \times \frac{L}{2} - \frac{wL}{2} \times \frac{L}{4} = 0 \qquad \therefore H_A = \frac{wL}{4}, \ \ H_B = - \frac{wL}{4}$$

2) D점에서의 단면력

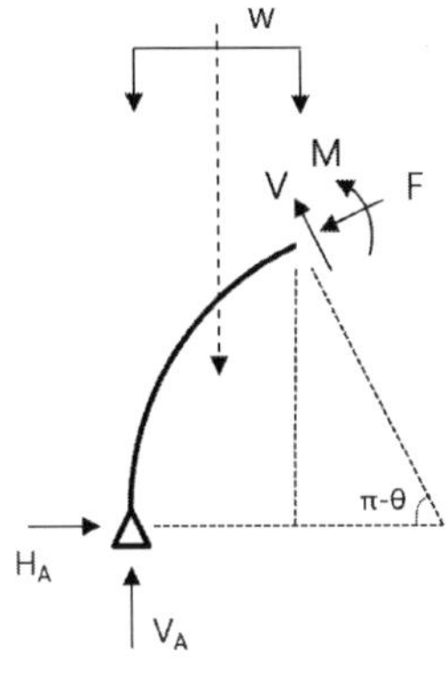

$$\sin\theta = \frac{1}{2} \quad \therefore \theta = 30°$$

D점에서의 모멘트 합력으로부터

$$M_D = V_A \times \frac{L}{4} - H_A \times \frac{\sqrt{3}}{4}L - \frac{wL}{4} \times \frac{L}{8} = \left(\frac{3 - 2\sqrt{3}}{32} \right)wL^2$$

$$\therefore M_D = - 108.774 kNm(\downarrow)$$

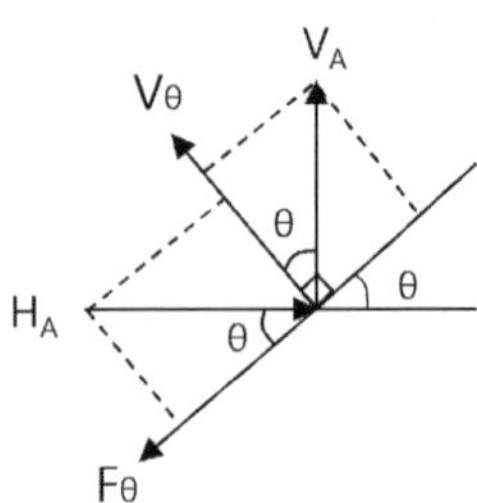

$$\sum F_x = 0 : F_\theta = H_A\cos\theta + V_A\sin\theta$$

$$\sum F_y = 0 : V_\theta = H_A\sin\theta - V_A\cos\theta$$

$$\sin\theta = \frac{1}{2} \ , \ \cos\theta = \frac{\sqrt{3}}{2}$$

$$\therefore \ F_\theta = 69.976\text{kN(C)}, \ V_\theta = -46.2019\text{kN}$$

➤ 두 구조물의 구조적 특성 비교

아치는 수직으로 작용한 외력 때문에 양단의 지점에서 중앙으로 향하는 비교적 큰 수평반력을 발생시키고 이 수평반력은 각 단면에서의 휨모멘트를 현저하게 감소시키며 전단력도 감소시키는 역할을 한다. 이 때문에 아치에서는 부재의 단면력은 주로 축방향 압축력이라고 생각하는 아치구조의 특성이다.

그러나 아치 부재의 축선의 형상에 따라 모멘트와 전단력, 축력이 다르게 나타났으며, 특히 2차 포물선 아치가 수평길이에 수직 등분포하중을 전 길이에 받을 경우에는 각 단면력은 축방향 압축력만 발생하며, 원호에 비해 2차 포물선 아치가 더 효율적으로 외력에 저항하는 구조임을 알 수 있다.

아치해석 : 부정정 구조물

그림과 같이 등분포하중 w=1.5kN/m를 받고 있는 1차 부정정 원호 아치에서 x=5m인 B점의 휨모멘트 M_B, 전단력 S_B, 축력 H_B를 구하시오(단, EI는 일정하고 휨모멘트에 의한 변위만을 고려한다).

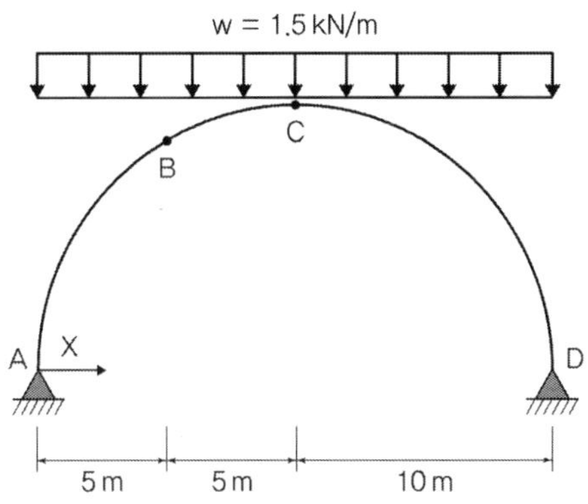

풀 이

➤ 개요

대칭 구조물으로 수평력 H를 부정정력으로 보고 에너지법에 따라 부정정력을 산정한다.

➤ 부정정력 산정

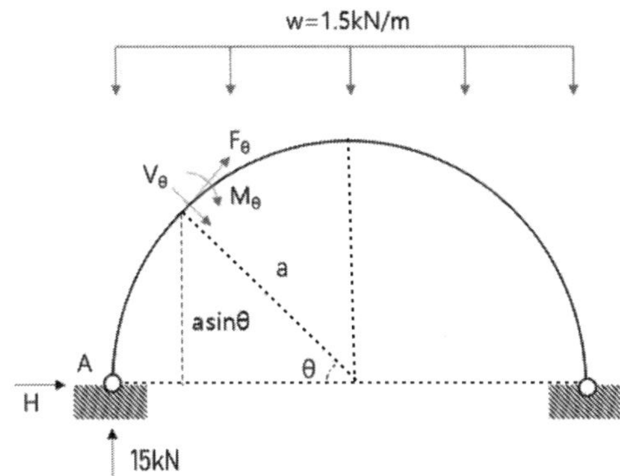

$$M_\theta = H \times 10\sin\theta - 15 \times 10(1-\cos\theta) + \frac{wa^2}{2}(1-\cos\theta)^2$$

휨모멘트에 의한 변형에너지는 축력의 영향을 무시하면,

$$U = 2 \times \frac{1}{2EI} \int_0^{\frac{\pi}{2}} M_x^2\, dx = \frac{1}{EI} \int_0^{\frac{\pi}{2}} \left[10H\sin\theta - 150(1-\cos\theta) + \frac{150}{2}(1-\cos\theta)^2 \right]^2 d\theta$$

$$\therefore\; U = \frac{1}{EI} \left[\frac{400\pi H^2 - 16000H + 16875\pi}{16} \right]$$

최소일의 원리로부터 $\dfrac{\partial U}{\partial H} = 0$

$$\frac{\partial U}{\partial H} = 0 \; ; \;\; 800\pi H - 16000 = 0 \quad \therefore\; H = \frac{20}{\pi} = 6.3662 \text{ kN}$$

▶ B점의 휨모멘트, 전단력, 축력

B점에서 $\theta = 60°$

$$M_\theta = H \times 10\sin\theta - 15 \times 10(1-\cos\theta) + \frac{wa^2}{2}(1-\cos\theta)^2$$

$$= \frac{20}{\pi} \times 10 \times \sin60° - 15 \times 10(1-\cos60°) + \frac{1.5 \times 10^2}{2}(1-\cos30°)^2$$

$$= -1.1171 \text{ kNm} \qquad\qquad \therefore\; M_B = 1.1171 \text{ kNm}(\,\cdot\,)$$

$$\sum F_x = 0 \,:\, F_\theta \sin\theta + V_\theta \cos\theta = -H$$

$$\sum F_y = 0 \,:\, F_\theta \cos\theta - V_\theta \sin\theta + 15 - 1.5 \times 5 = 0$$

$$\therefore\; F_\theta = F_B = -9.263 \text{ kN (압축)}, \quad V_\theta = V_B = 3.312 \text{ kN } (\uparrow \oplus \downarrow)$$

아치해석

부재의 단면이 일정한 2힌지 원호아치에서 C점의 전단력 및 휨모멘트를 구하고 휨모멘트도를 작성하시오.

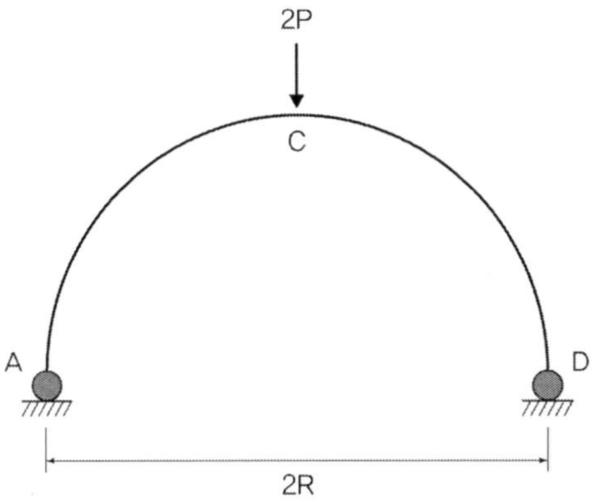

풀 이

▶ 단면력 산정

대칭 구조물로 반력은 P 수평력 H를 부정정력으로 보고 에너지법에 따라 부정정력을 산정한다.

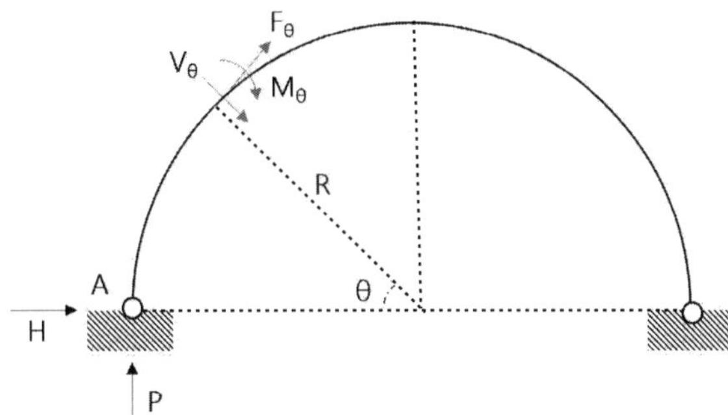

$$M_\theta = HR\sin\theta - PR(1-\cos\theta)$$

휨모멘트에 의한 변형에너지는 축력의 영향을 무시하면,

$$U = 2 \times \frac{1}{2EI}\int_0^{\frac{\pi}{2}} M_x^2\,dx = \frac{1}{EI}\int_0^{\frac{\pi}{2}} [HR\sin\theta - PR(1-\cos\theta)]^2\,d\theta$$

$$\therefore\ U = \frac{1}{EI}\left[\frac{R^2}{4}(\pi H^2 - 4HP - (3\pi - 8)P^2)\right]$$

최소일의 원리로부터 $\dfrac{\partial U}{\partial H} = 0$

$$\frac{\partial U}{\partial H} = \frac{R^2}{2}(H\pi - 2P) = 0, \quad \therefore\ H = \frac{2P}{\pi}$$

$$\sum F_x = 0\ :\ F_\theta \sin\theta + V_\theta \cos\theta = -H$$
$$\sum F_y = 0\ :\ F_\theta \cos\theta - V_\theta \sin\theta = -P$$

$$\therefore\ V_\theta = \frac{P(\pi\sin\theta - 2\cos\theta)}{\pi}, \quad F_\theta = \frac{-P(\pi\cos\theta + 2\sin\theta)}{\pi}$$
$$\therefore\ M_\theta = HR\sin\theta - PR(1 - \cos\theta) = \frac{2PR}{\pi}\sin\theta - PR(1 - \cos\theta),$$
$$(M_\theta = 0\ :\ \theta = 0°, \quad 64.96°)$$

▶ C점의 전단력과 휨모멘트

$$\therefore\ \theta = 90°:\ V_\theta = P,\ F_\theta = -\frac{2P}{\pi},\ M_\theta = \frac{2PR}{\pi} - PR = PR\left(\frac{2}{\pi} - 1\right) = -0.3634PR$$

▶ 휨모멘트도

$$\frac{\partial M_\theta}{\partial \theta} = 0\ :\ \frac{2PR}{\pi}\cos\theta - PR\sin\theta = 0,\ \tan\theta = \frac{2}{\pi} \qquad \therefore\ \theta = 32.48°$$

$$M_{\theta = 32.48°} = \frac{2PR}{\pi}\sin\theta - PR(1 - \cos\theta) = 0.1854PR$$

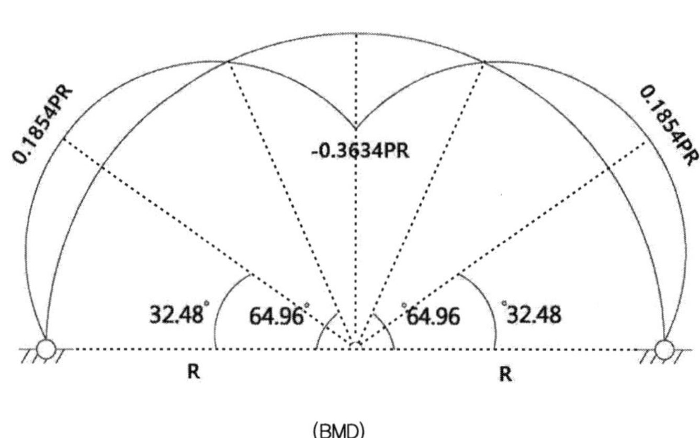

(BMD)

아치해석 : 부정정 구조물

그림과 같은 반지름 a인 반원형 아치에서 양단 힌지조건인 경우 원호아치 AB의 중앙 C점에 집중하중 P가 작용할 때, 원호아치 AC구간 임의점(x, y)의 휨모멘트, 전단력, 축력을 산정하여 휨모멘트도, 전단력도 및 축력도를 작도하시오(단, 원호아치의 휨강성은 EI로 일정함).

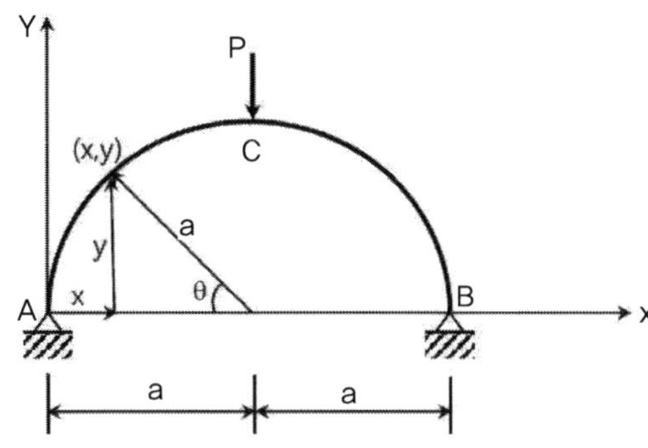

풀 이

> **▶ 개요**

대칭 구조물로 수평력 H를 부정정력으로 보고 에너지법에 따라 부정정력을 산정한다.

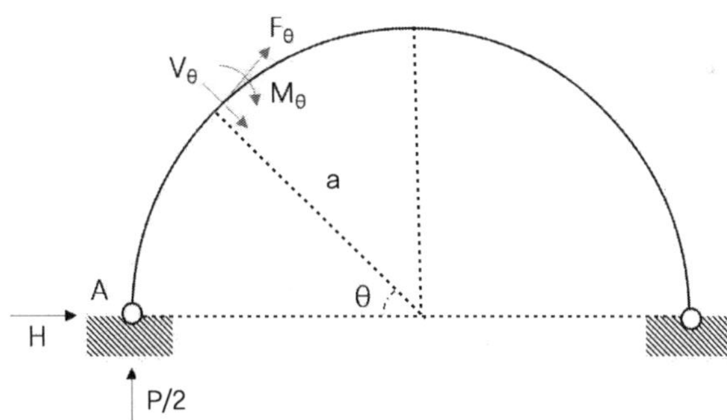

$$M_\theta = Ha\sin\theta - \frac{Pa}{2}(1-\cos\theta)$$

휨모멘트에 의한 변형에너지는 축력의 영향을 무시하면,

$$U = 2 \times \frac{1}{2EI} \int_0^{\frac{\pi}{2}} M_x^2 \, dx = \frac{1}{EI} \int_0^{\frac{\pi}{2}} \left[Ha\sin\theta - \frac{Pa}{2}(1-\cos\theta) \right]^2 d\theta$$

$$\therefore \; U = \frac{1}{EI} \left[\frac{a^2}{4}\left(\pi H^2 - 2HP - (3\pi - 8)\left(\frac{P}{2}\right)^2 \right) \right]$$

최소일의 원리로부터 $\dfrac{\partial U}{\partial H} = 0$

$$\frac{\partial U}{\partial H} = \frac{a^2}{2}(H\pi - P) = 0, \quad \therefore \; H = \frac{P}{\pi}$$

$$\sum F_x = 0 \; : \; F_\theta \sin\theta + V_\theta \cos\theta = -H$$

$$\sum F_y = 0 \; : \; F_\theta \cos\theta - V_\theta \sin\theta = -\frac{P}{2}$$

$$\therefore \; V_\theta = \frac{P(\pi\sin\theta - 2\cos\theta)}{2\pi}, \quad F_\theta = \frac{-P(\pi\cos\theta + 2\sin\theta)}{2\pi}$$

$$\therefore \; M_\theta = Ha\sin\theta - \frac{Pa}{2}(1-\cos\theta) = \frac{Pa}{\pi}\sin\theta - \frac{Pa}{2}(1-\cos\theta)$$

➤ 단면력도의 작성

구분	$\theta = 0$	$\theta = 30°$	$\theta = 45°$	$\theta = 60°$	$\theta = 90°$
V	$-0.3183P$	$-0.0257P$	$0.1285P$	$0.2739P$	$0.5000P$
F	$-0.5000P$	$-0.5922P$	$-0.5786P$	$-0.5257P$	$-0.3183P$
M	0	$0.0922Pa$	$0.0786Pa$	$0.0257Pa$	$-0.1817Pa$

$$\frac{\partial M_\theta}{\partial \theta} = 0 \; : \; \tan\theta = \frac{2}{\pi} \qquad \therefore \; \theta = 32.48° \quad M_{\max} = 0.0927Pa$$

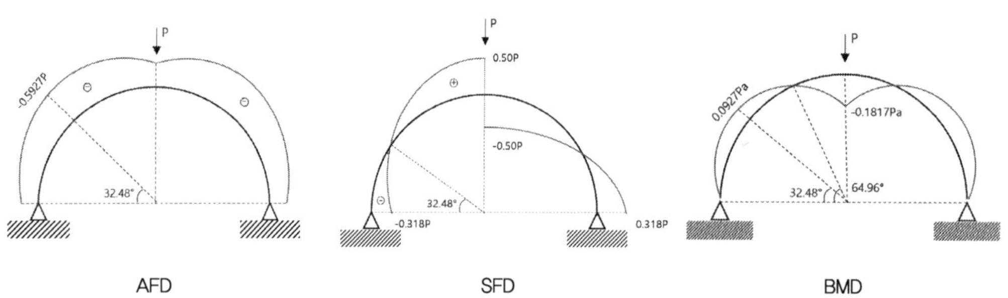

아치해석 : 처짐

아래 그림과 같이 반지름이 R인 사분원호형(四分圓弧形) 캔틸레버보 자유단 A에 연직하중 P를 작용시킬 때 자유단의 연직변위 δ_v와 수평변위 δ_h의 비(比) δ_v/δ_h를 구하시오(단, 보의 EI는 동일하며 굽힘변형만을 고려하고, 다음 삼각함수 공식을 참고하시오).

$$2배각 공식 : \sin2\theta = 2\sin\theta\cos\theta, \cos2\theta = 1 - 2\sin^2\theta$$

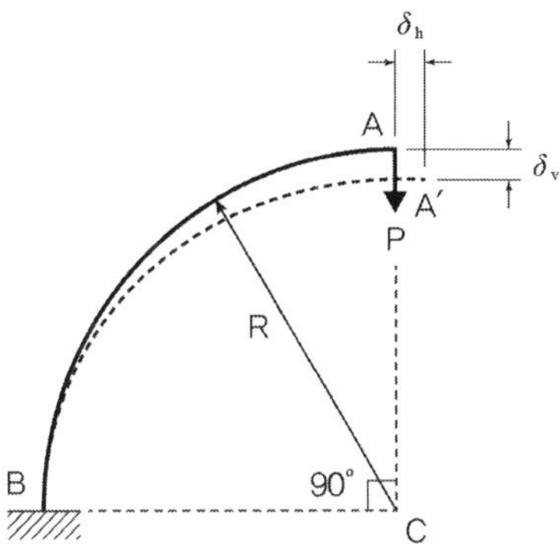

풀 이

➤ 개요

에너지의 방법 또는 Castigliano의 제2정리를 이용해 풀이한다.

➤ 에너지 방법 : Castigliano의 제2정리 이용

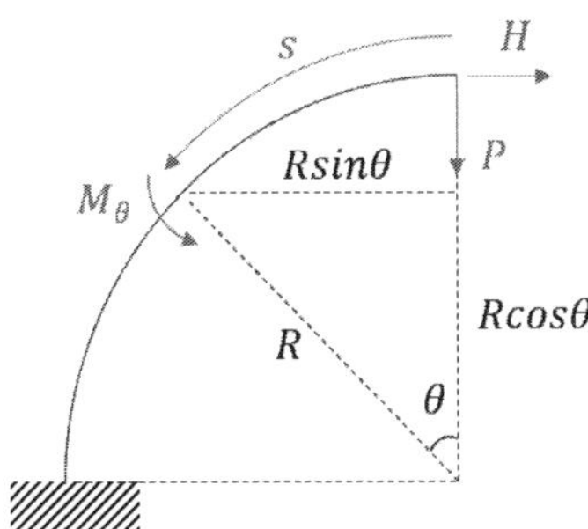

$$ds = Rd\theta$$

$$M_\theta = PR\sin\theta + HR(1 - \cos\theta)$$

$$\frac{\partial M_\theta}{\partial P} = R\sin\theta, \quad \frac{\partial M_\theta}{\partial H} = R(1 - \cos\theta)$$

1) 연직변위 δ_v

$$\delta_v = \frac{1}{EI}\int_0^{\frac{\pi}{2}} M_\theta \frac{\partial M_\theta}{\partial P} ds = \frac{1}{EI}\int_0^{\frac{\pi}{2}} (PRsin\theta + HR(1-\cos\theta))Rsin\theta ds$$

$$= \frac{1}{EI}\int_0^{\frac{\pi}{2}} (PRsin\theta + HR(1-\cos\theta))Rsin\theta(Rd\theta)$$

$$= \frac{R^3}{EI}\int_0^{\frac{\pi}{2}} (P\sin\theta + H - H\cos\theta)\sin\theta d\theta$$

$$= \frac{R^3}{EI}\int_0^{\frac{\pi}{2}} (P\sin^2\theta + H\sin\theta - H\cos\theta\sin\theta)d\theta$$

$$= \frac{R^3}{EI}\int_0^{\frac{\pi}{2}} \left(\frac{P(1-\cos2\theta)}{2} + H\sin\theta - \frac{H}{2}\sin2\theta\right)d\theta$$

$$= \frac{R^3}{EI}\left[P\left(\frac{\theta}{2} - \frac{1}{4}\sin2\theta\right) - H\cos\theta + \frac{H}{4}\cos2\theta\right]_0^{\frac{\pi}{2}} = \frac{R^3}{EI}\left(\frac{\pi}{4}P + \frac{H}{2}\right) = \frac{PR^3\pi}{4EI} \ (\because H=0)$$

2) 수평변위 δ_h

$$\delta_h = \frac{1}{EI}\int_0^{\frac{\pi}{2}} M_\theta \frac{\partial M_\theta}{\partial H} ds = \frac{1}{EI}\int_0^{\frac{\pi}{2}} (PRsin\theta + HR(1-\cos\theta))R(1-\cos\theta)ds$$

$$= \frac{R^3}{EI}\int_0^{\frac{\pi}{2}} (P\sin\theta + H - H\cos\theta)(1-\cos\theta)d\theta$$

$$= \frac{R^3}{EI}\int_0^{\frac{\pi}{2}} \left(P\sin\theta - \frac{P}{2}\sin2\theta + H - 2H\cos\theta + H\cos^2\theta\right)d\theta$$

$$= \frac{R^3}{EI}\int_0^{\frac{\pi}{2}} \left(P\sin\theta - \frac{P}{2}\sin2\theta + H - 2H\cos\theta + \frac{H(1+\cos2\theta)}{2}\right)d\theta$$

$$= \frac{R^3}{EI}\left[-P\cos\theta + \frac{P}{4}\cos2\theta + \frac{3}{2}H\theta - 2H\sin\theta + \frac{H}{4}\sin2\theta\right]_0^{\frac{\pi}{2}}$$

$$= \frac{PR^3}{2EI} \ (\because H=0)$$

3) 연직과 수평변위 비

$$\therefore \frac{\delta_v}{\delta_h} = \frac{\pi}{2}$$

아치해석

A점의 수직처짐 δ_{AV}와 수평처짐 δ_{AH}의 크기가 같을 때, 각도 α값을 구하시오(단, AB부재의 휨 강성은 EI로 일정하다).

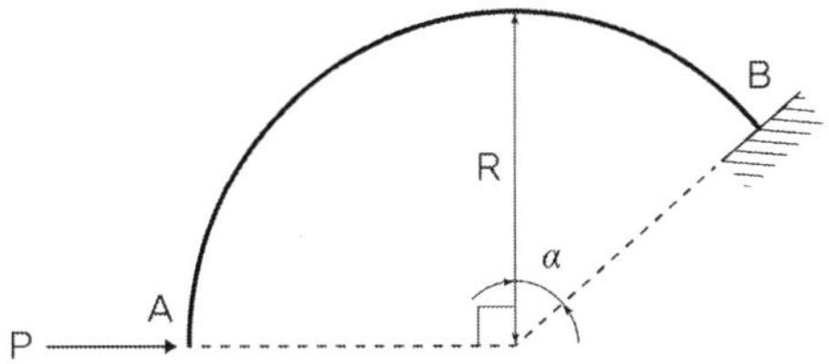

풀 이

▶ 개요

변위일치법(가상일의 원리), 에너지법 등을 이용해서 해석할 수 있다.

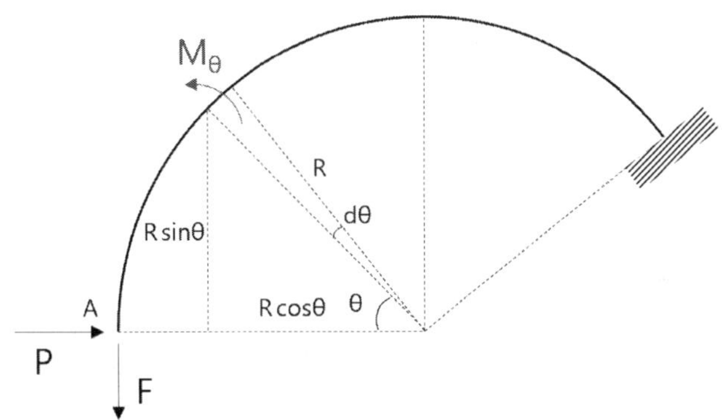

$$M_\theta = PR\sin\theta + FR(1 - \cos\theta), \ ds = Rd\theta$$

▶ 수평변위 산정

$$\frac{\partial M_\theta}{\partial P} = R\sin\theta$$

$$\Delta_H = \frac{1}{EI}\int M_\theta \frac{\partial M_\theta}{\partial P}ds = \frac{1}{EI}\int_0^{\frac{\pi}{2}+\alpha}\left(PR^2\sin^2\theta + FR^2\sin\theta(1-\cos\theta)\right)Rd\theta$$

$$= \frac{1}{EI}\int_0^{\frac{\pi}{2}+\alpha} PR^3\sin^2\theta\, d\theta = \frac{PR^3}{EI}\int_0^{\frac{\pi}{2}+\alpha}\frac{1-\cos 2\theta}{2}\, d\theta$$

$$= \frac{PR^3}{EI}\left[\frac{\pi}{4}+\frac{\alpha}{2}-\frac{1}{4}\sin\left(\pi+2\alpha\right)\right] = \frac{PR^3}{4EI}\left(\pi+2\alpha+\sin\left(2\alpha\right)\right)$$

➤ 수직변위 산정

$$\frac{\partial M_\theta}{\partial F} = R(1-\cos\theta)$$

$$\Delta_V = \frac{1}{EI}\int M_\theta\frac{\partial M_\theta}{\partial F}ds = \frac{1}{EI}\int_0^{\frac{\pi}{2}+\alpha}\left[PR^2\sin\theta(1-\cos\theta)+FR^2(1-\cos\theta)^2\right]Rd\theta$$

$$= \frac{1}{EI}\int_0^{\frac{\pi}{2}+\alpha} PR^3\sin\theta(1-\cos\theta)d\theta = \frac{PR^3}{EI}\int_0^{\frac{\pi}{2}+\alpha}(\sin\theta-\sin\theta\cos\theta)d\theta$$

$$= \frac{PR^3}{EI}\int_0^{\frac{\pi}{2}+\alpha}(\sin\theta-\frac{1}{2}\sin 2\theta)d\theta = \frac{PR^3}{EI}\left[-\cos\left(\frac{\pi}{2}+\alpha\right)+\frac{1}{4}\cos(\pi+2\alpha)+1-\frac{1}{4}\right]$$

$$= \frac{PR^3}{EI}\left[\sin(\alpha)-\frac{1}{4}\cos(2\alpha)+\frac{3}{4}\right] = \frac{PR^3}{4EI}\left[4\sin(\alpha)-(1-2\sin^2\alpha)+3\right]$$

$$= \frac{PR^3}{4EI}\left[2\sin^2\alpha+4\sin(\alpha)+2\right]$$

➤ α 산정

$$\Delta_H = \Delta_V \; ; \; \pi+2\alpha+\sin\left(2\alpha\right) = 2\sin^2\alpha+4\sin(\alpha)+2$$

$$\alpha = -1.5707,\ 0.7439,\ 2.1913, \quad \therefore\ \alpha = 0.7439\ \text{rad}\ \left(\because\ 0<\alpha<\frac{\pi}{2}\right)$$

아치해석 : 최소일의 원리, Castigliano의 제2정리

다음 구조물의 BMD를 그리시오(EI=$30,000kNm^2$).

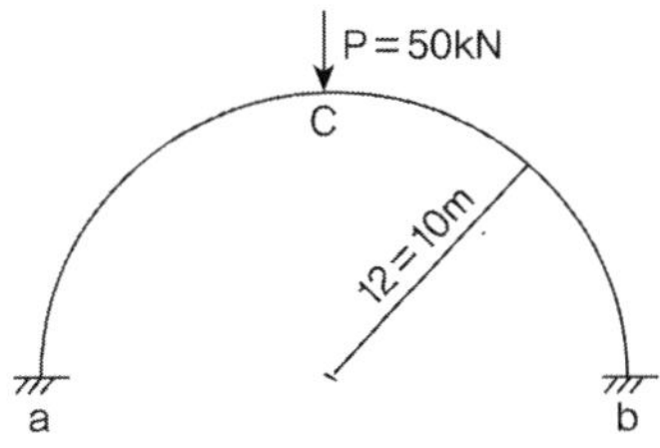

풀 이

▶ **개요**

대칭구조물이며 2차 부정정 구조물에 대해서 최소일의 원리 또는 변위일치법을 통해 풀이할 수 있다. 최소일의 원리를 이용하여 풀이한다.

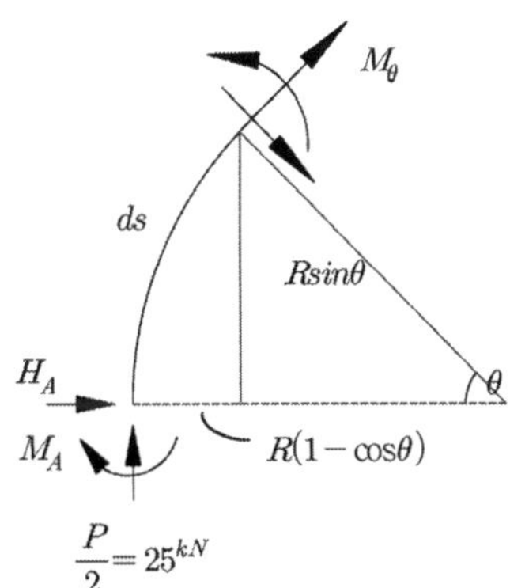

적합조건 : $\delta_A = 0,\ \theta_A = 0$

$$M_\theta = \frac{P}{2}R(1-\cos\theta) - H_A R\sin\theta + M_A$$

$$ds = Rd\theta$$

$$\therefore \frac{\partial M_\theta}{\partial H_A} = -R\sin\theta, \qquad \frac{\partial M_\theta}{\partial M_A} = 1$$

▶ **최소일의 원리 또는 Castigliano의 제2정리**

1) 변형에너지

$$U = \Sigma \int \frac{M^2}{2EI}ds = 0$$

2) 최소일의 원리

$$\frac{\partial U}{\partial H_A} = \frac{1}{EI}\int M_\theta\left(\frac{\partial M_\theta}{\partial H_A}\right)ds$$

$$= \frac{1}{EI}\int_0^{\frac{\pi}{2}}\left(\frac{P}{2}R(1-\cos\theta)-H_A R\sin\theta + M_A\right)(-R\sin\theta)R d\theta = 0$$

$$\therefore\ 125 - \frac{10\pi}{4}H_A + M_A = 0$$

$$\frac{\partial U}{\partial M_A} = \frac{1}{EI}\int M_\theta\left(\frac{\partial M_\theta}{\partial M_A}\right)ds = \frac{1}{EI}\int_0^{\frac{\pi}{2}}\left(\frac{P}{2}R(1-\cos\theta)-H_A R\sin\theta + M_A\right)R d\theta = 0$$

$$\therefore\ 125\left(\frac{\pi}{2}-1\right) - 10H_A + \frac{\pi}{2}M_A = 0$$

두 식으로부터,

$$H_A = 22.96^{kN}\ (\rightarrow), \quad M_A = 55.3^{kNm}\ (\cup)$$

$$M_\theta = \frac{P}{2}R(1-\cos\theta)-H_A R\sin\theta + M_A = 305.3 - 250\cos\theta - 229.6\sin\theta$$

➤ BMD

$$\theta = 0 : M_\theta = 55.3^{kNm}$$

$$\theta = 45° : M_\theta = -33.83^{kNm}$$

$$\theta = 90° : M_\theta = 75.7^{kNm}$$

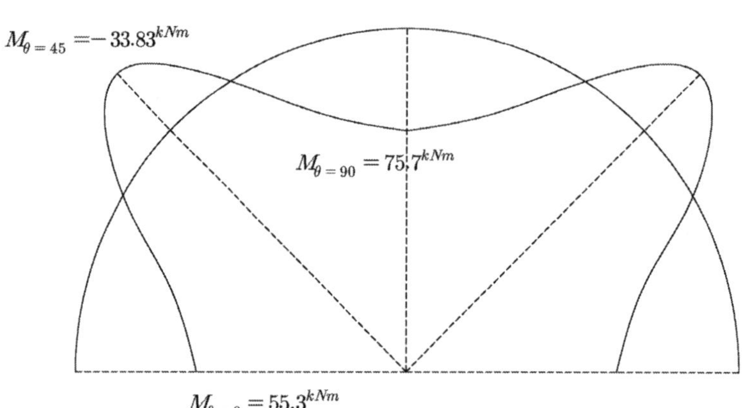

트러스 : 영부재

트러스 구조에서 영부재(Zero force member)에 대하여 기술하고 다음 (1), (2)트러스에서 영부재를 표시하시오.

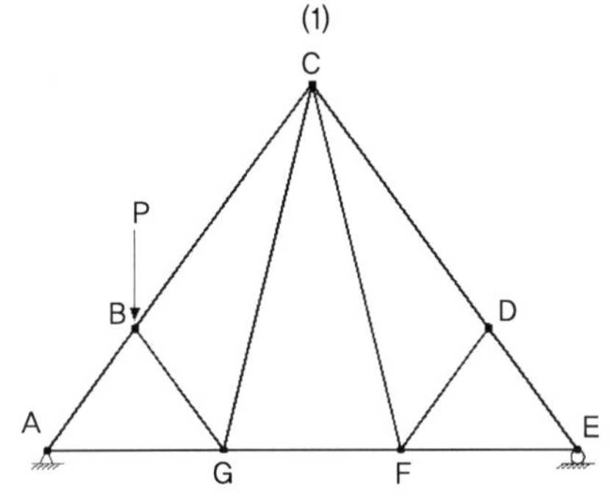

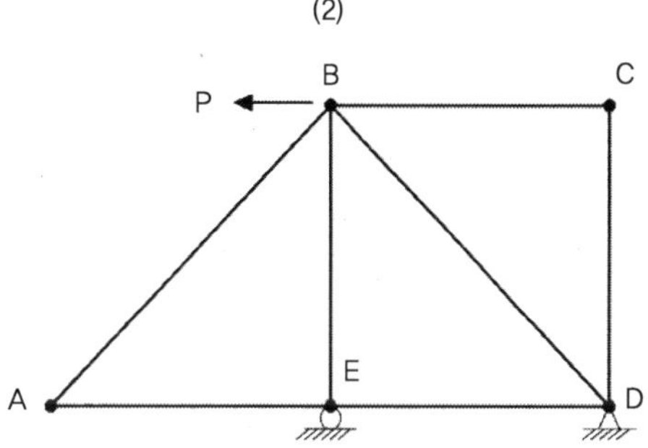

풀 이

1. 트러스의 "0"부재 판별법

1) 2부재에 하중이 없는 경우

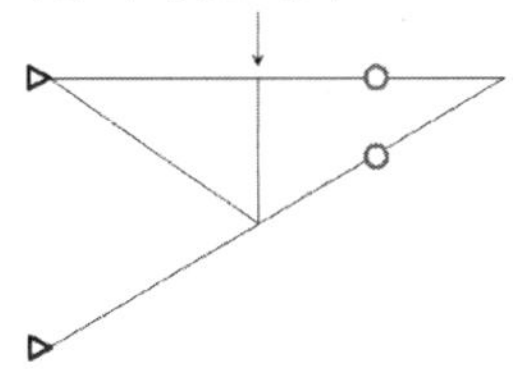

2) 하중이 한 부재에 나란한 경우

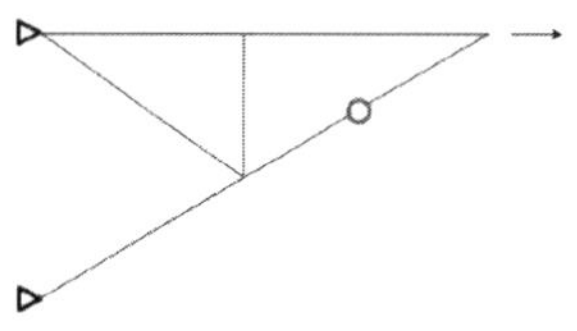

3) 3부재에 2부재가 나란한 경우
   (단 하중이 없는 경우)

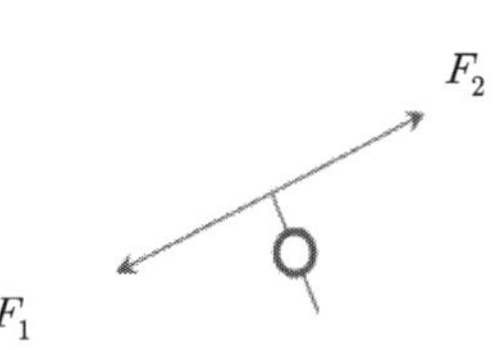

4) 하중작용점과 두 지점을 잇는 가장 큰 삼각형

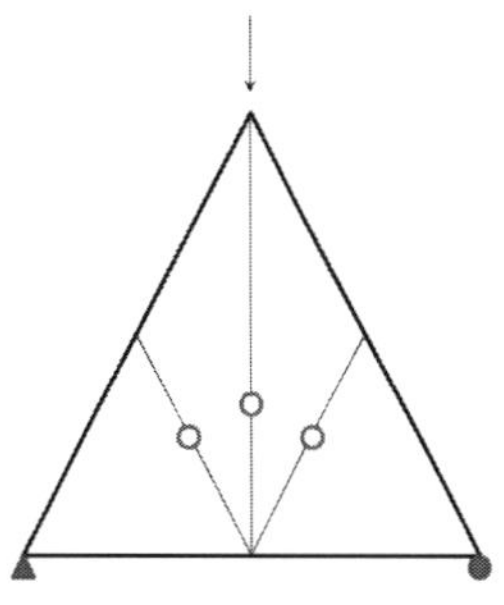

2. 영부재

1) 부재

① D점의 3부재 중 2부재가 나란하므로 DF부재는 영부재
② F점의 3부재 중 2부재가 나란하므로 CF부재는 영부재

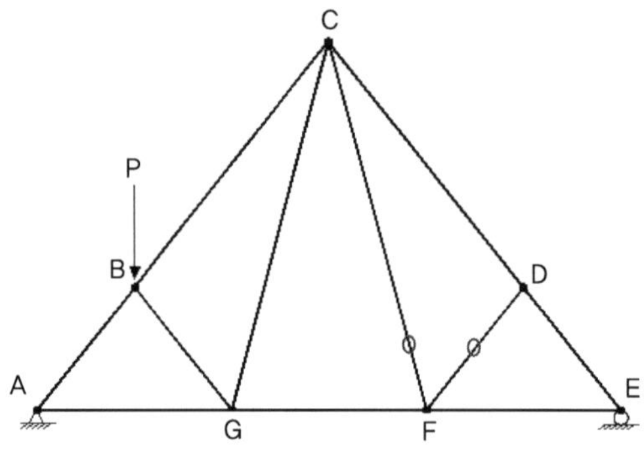

2) 부재

① 2부재에 하중이 없는 경우 : AB, AE
② 한부재와 하중이 나란한 경우 : BD

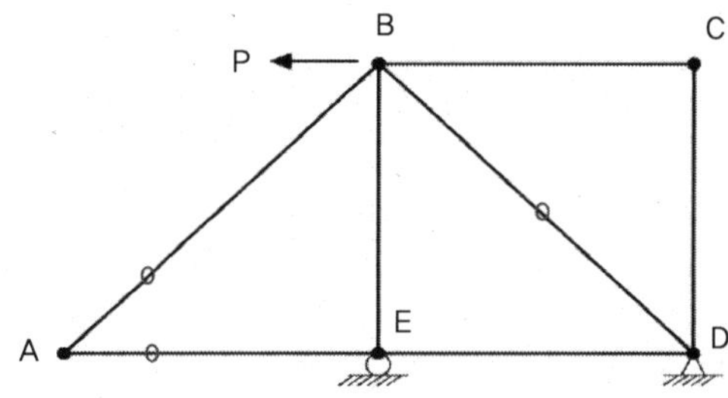

트러스 : 단위하중법

그림과 같은 트러스에서 지점 a에서 5mm 아래로, 지점 b에서 10mm 위로, 지점 c에서 15mm 아래로 지점변위가 일어났을 때 각각의 부재력을 구하시오(E=200,000MPa, 외부하중은 없으며 괄호 안은 cm^2).

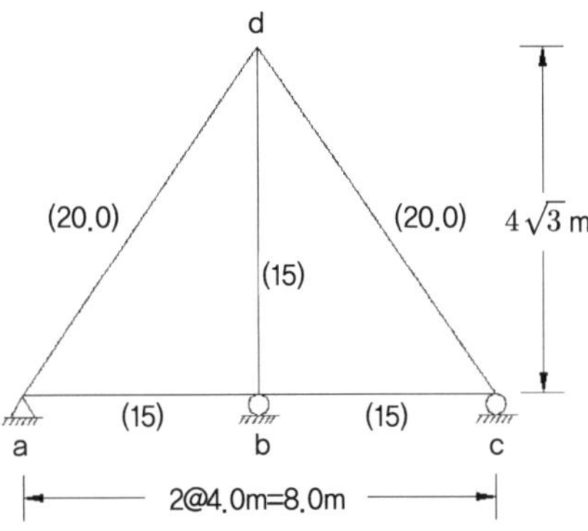

풀 이

▶ 개요

1차 부정정 구조물에 대해서 R_b를 부정정력으로 보고 단위하중법(변위일치법)에 의해서 풀이한다.

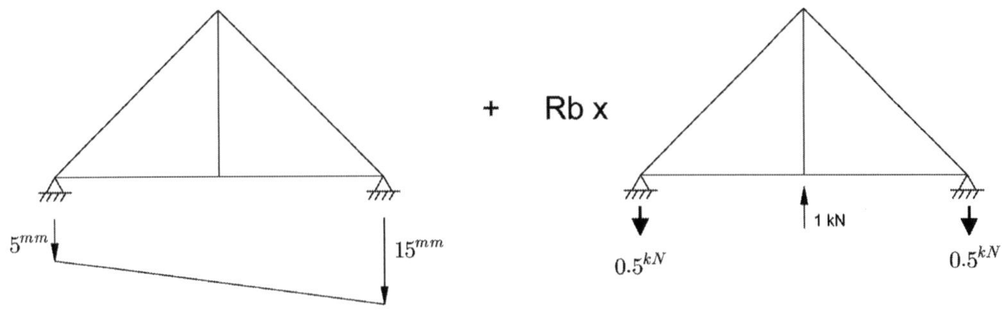

$$\Delta_i = \Delta_{ik} + X\delta_{ik} = 10^{mm}$$

Δ_{ik} : 기본구조물의 처짐

침하에 의한 처짐 : $\Delta_{iS} + W_R = 0$

W_R : i점에 단위하중이 작용한 기본구조물에서 각 지점의 반력 성분에 지점침하량을 곱한 값들의 합

▶ B점의 지점 침하량 Δ_{iS}

(1) $\Delta_{bS} + W_R = 0$

$\Delta_{bS} = -0.5^{kN} \times -5^{mm} - 0.5^{kN} \times -15^{mm} = 10^{mm}$

▶ δ_{bb}의 산정

$$F_{ad} = 0.5/\sin 60° = 0.5774, \qquad F_{ab} = -F_{ad}\cos 60° = -0.2887$$

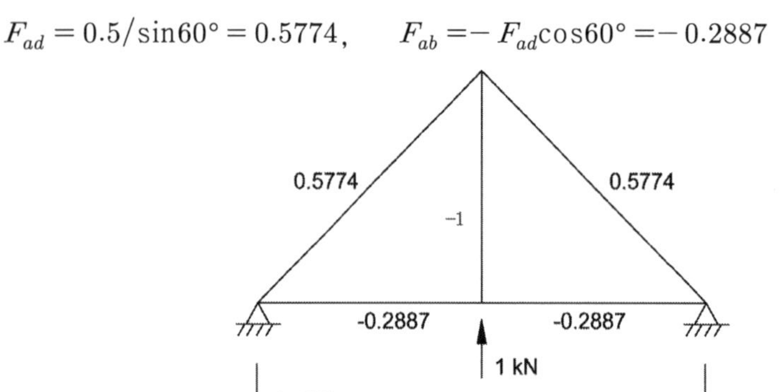

구분	$L(mm)$	$A(mm^2)$	$f_b(kN)$	$\dfrac{f_b^2 L}{A}$	$F = f_i \times R_b$(kN)
ab	4000	1500	-0.2887	0.2223	-149.4
bc	4000	1500	-0.2887	0.2223	-149.4
ad	8000	2000	0.5774	1.3336	298.3
cd	8000	2000	0.5774	1.3336	298.3
bd	$4000\sqrt{3}$	1500	-1	$8/\sqrt{3}$	-517
계				7.7304	$-$

$$\therefore \ \delta_{bb} = \Sigma \frac{f_b^2 L}{AE} = \frac{7.7304}{E}$$

▶ 반력 R_b의 산정

$$\Delta_b = \Delta_{bS} + R_b \delta_{bb} = 10^{mm} \ (상방향 +)$$

$$-10 + R_b \frac{7.7304}{E} = 10 \qquad \therefore \ R_b = 517^{kN} \ (\uparrow)$$

▶ 부재력 산정

각 부재의 부재력은 다음과 같이 산정되며, 이때 외력에 의한 부재력 $F_0 = 0$이므로 위의 표와 같이 산정된다.

$$F = F_0 + f_i \times R_b$$

정정 트러스 해석

다음과 같은 정정트러스의 절점 D에 연직하중 P가 작용할 때 각 부재별 축력을 구하시오.

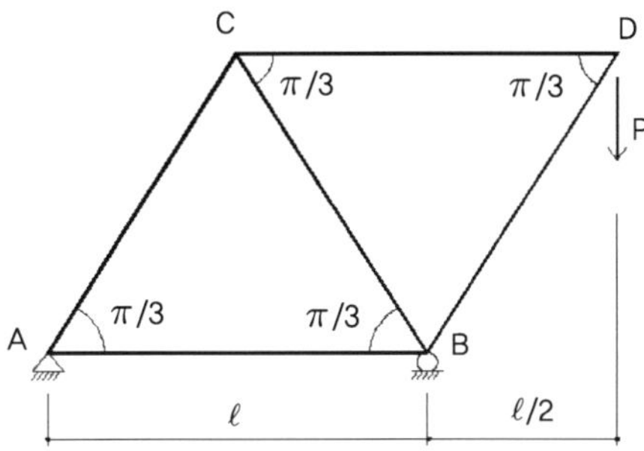

풀 이

▶ 개요

정정 트러스의 구조해석은 주로 절점법과 단면법이 주로 사용되며 본 구조물에서는 정정 트러스로 절점법을 이용하여 해석을 한다.

▶ 반력 산정

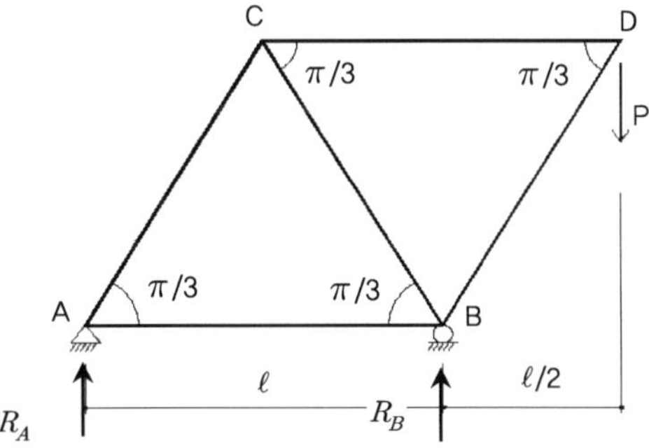

$$P \times (l + \frac{l}{2}) - R_B \times l = 0$$

$$\therefore R_B = \frac{3}{2}P \ (\uparrow), \quad R_A = \frac{1}{2}P(\downarrow)$$

➤ **부재력 산정**

1) at point A

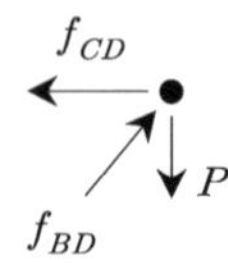

$$f_{AC}\sin 60° = \frac{1}{2}P \qquad \therefore f_{AC} = 0.433P \text{ (T)}$$

$$f_{AB} = f_{AC}\cos 60° \qquad \therefore f_{AB} = 0.2165P \text{ (C)}$$

2) at point D

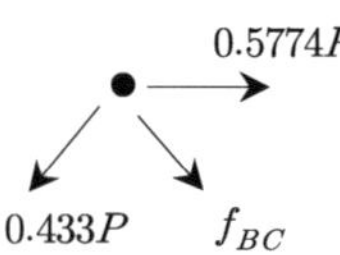

$$f_{BD}\sin 60° = P \qquad \therefore f_{BD} = 1.1547P \text{ (C)}$$

$$f_{CD} = f_{BD}\cos 60° \qquad \therefore f_{CD} = 0.5775P \text{ (T)}$$

3) at point C

$$f_{BC}\cos 60° + 0.5774P = 0.4339P \cdot \cos 60°$$

$$\therefore f_{BC} = 0.7218P \text{ (C)}$$

➤ **각 부재별 축력**

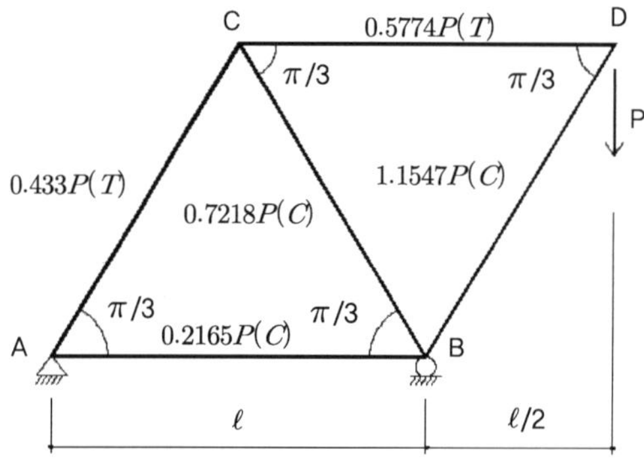

사장교 케이블교량 단면해석, 트러스

케이블 교량의 횡방향 설계에서 그림과 같은 박스단면 내에 경사부재를 설치하고자 한다(케이블 지지 대상하중 – 박스의 자중 1000kN). 이면식 케이블 배치 형상과 일면식 케이블 배치 형상의 단면 내 하중흐름을 구성하고 각각의 경우에 해당되는 경사 부재의 단면력을 산정하시오.

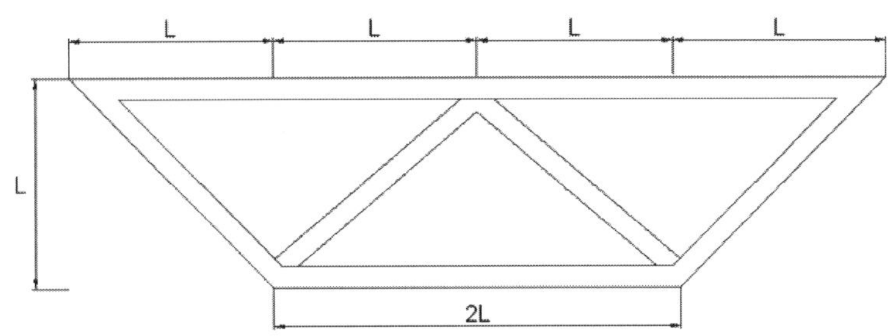

풀 이

▶ 지지형식에 따른 특징

1) 1면지지 케이블 교량

1면지지 케이블 교량은 일반적으로 미관이 우수하나 지지면수가 1면으로 되어 있어 비틀림 구속력이 작은 것이 특징이다. 1면지지 형식은 현재 4차로 교량까지 적용되었으며, 6차로 이상의 교량 적용 시에는 1면지지로 인하여 케이블이 커져야 하는 단점과 비틀림 구속을 위한 방법이 필요하다.

2) 2면지지 케이블 교량

1면지지 케이블 교량에 비하여 비틀림에 대한 저항성이 케이블의 단면력 분배를 통하여 효율적으로 저항이 가능한 것이 특징이다. 일반적으로 4차로 이상의 교량형식에서 적용되는 방식으로 케이블의 단면력이 작아 케이블 배치가 효율적이고, 1면지지 형식에 비해 비틀림 강성이 크다.

▶ 1면지지 형식의 하중흐름

1면지지 케이블이 단면에 중앙에 위치한다고 가정한다. 박스 단면의 자중은 케이블에 의해서 전체 지지되는 것으로 가정한다. 구조체는 트러스 구조체로 가정한다.

$$F_{AB} = F_{BC}, \ F_{BD} = F_{BE}$$

1) point A
$$F_{AD} = F_{CE} = 0, \ F_{AB} = F_{BC} = 0$$

2) point B
$$2F_{BD} \times \cos45° = 1000kN \ \therefore \ F_{BD} = 707.107kN(\text{T})$$

3) point D
$$F_{DE} = F_{BD} \times \cos45° = 500kN(\text{C})$$

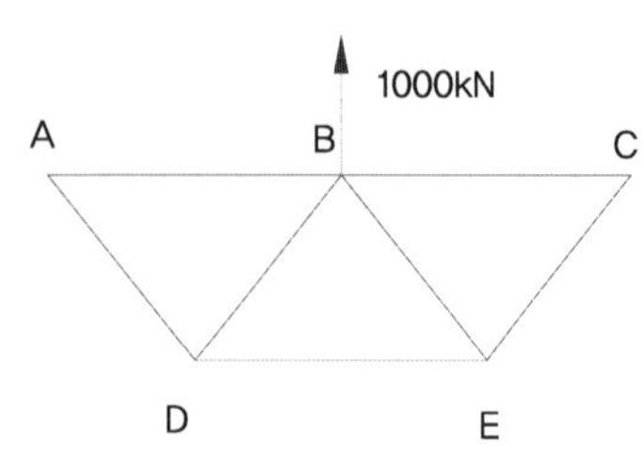

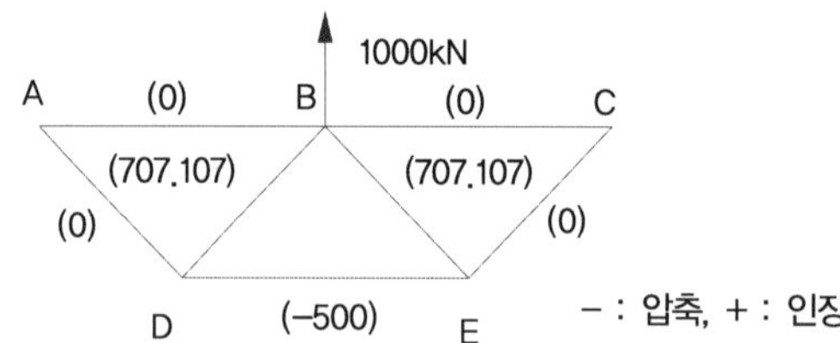

➤ 2면지지 형식의 하중흐름

2면지지 케이블이 단면에 양 끝단에 위치한다고 가정한다. 박스 단면의 자중은 케이블에 의해서 전체 지지되는 것으로 가정한다. 구조체는 트러스 구조체로 가정한다.

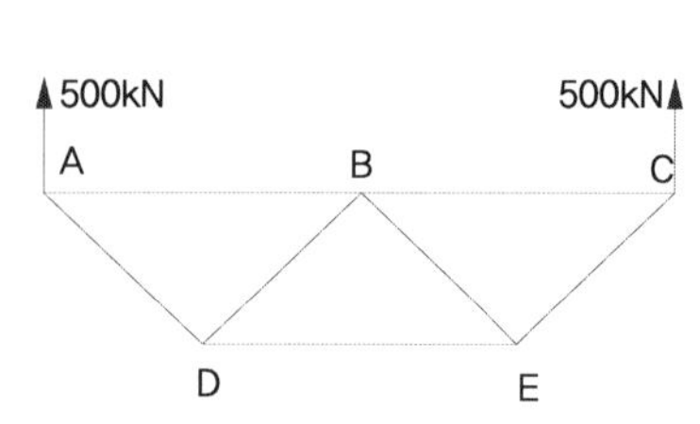

1) point A
$$F_{AD} \times \sin45 = 500,$$
$$\therefore \ F_{AD} = F_{CE} = 707.107kN(\text{T})$$
$$F_{CE} = F_{AB} = F_{AD} \times \cos45 = 500kN(\text{C})$$

2) point B
$$F_{AB} = F_{BC}, \ \ \therefore F_{BD} = F_{BE} = 0$$

3) point D
$$F_{DE} = F_{AD} \times \cos45 = 500kN(\text{C})$$

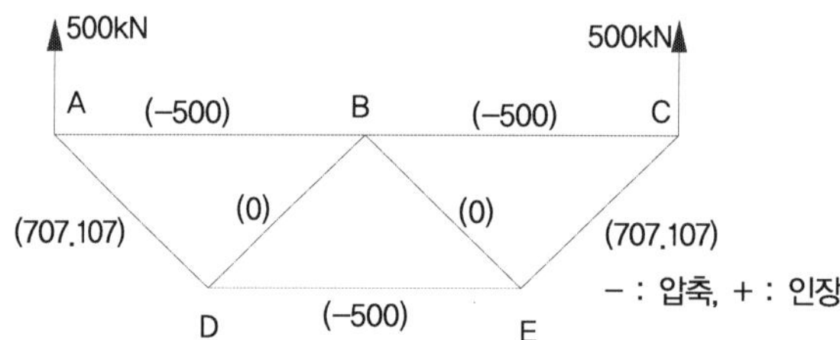

트러스의 수평변위

트러스 구조물에서 $\dfrac{EA}{kL} = \dfrac{9}{8}\dfrac{EA}{kL}$ 일 때, B점의 수평변위를 $\dfrac{FL}{EA}$ 에 관한 식으로 나타내시오(단, 트러스 부재의 EA는 일정, k는 스프링 강성이다).

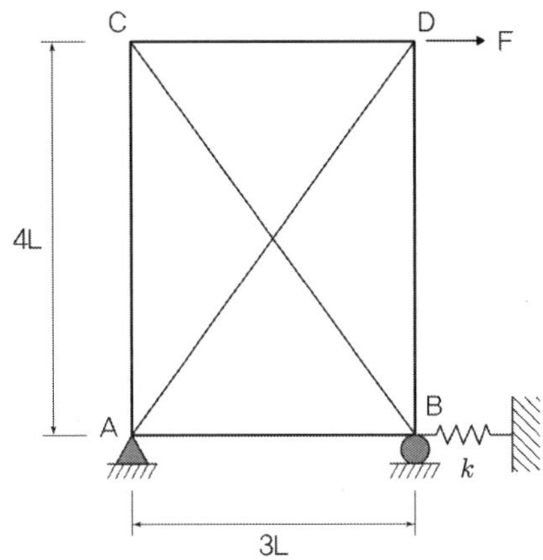

풀 이

▶ 개요

부정정 트러스의 해석은 응력법에 의한 부정정력 치환을 통한 해석방법과 매트릭스 해석법을 이용하는 방법으로 풀이할 수 있다.

▶ 변위법에 의한 부정정 트러스 매트릭스 구조물의 해석

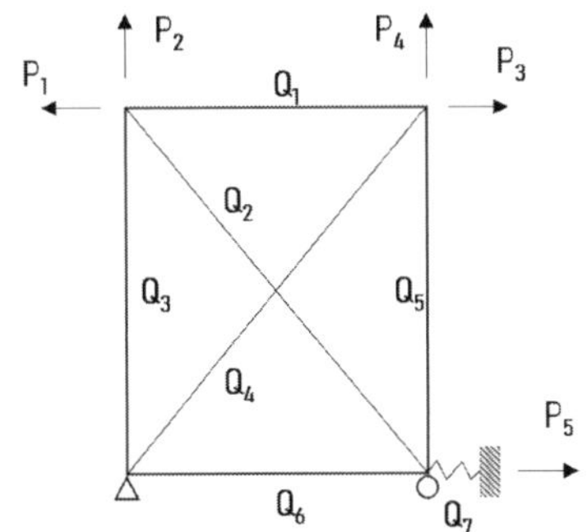

1) Load Matrix [P]

$$[P]_{5 \times 1} = \begin{bmatrix} 0 \\ 0 \\ F \\ 0 \\ 0 \end{bmatrix}$$

2) Static Matrix [P]=[A][F]

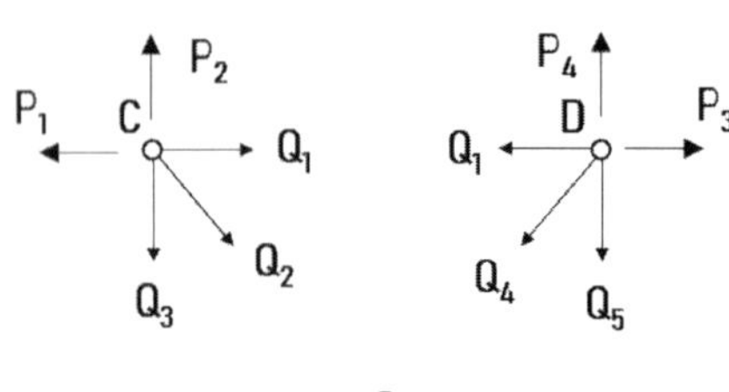

$$P_1 = Q_1 + \frac{3}{5}Q_2$$

$$P_2 = \frac{4}{5}Q_2 + Q_3$$

$$P_3 = Q_1 + \frac{3}{5}Q_4$$

$$P_4 = \frac{4}{5}Q_4 + Q_5$$

$$P_5 = \frac{3}{5}Q_2 + Q_6 - Q_7$$

$$[A]_{5\times7} = \begin{bmatrix} 1 & \frac{3}{5} & 0 & 0 & 0 & 0 & 0 \\ 0 & \frac{4}{5} & 1 & 0 & 0 & 0 & 0 \\ 1 & 0 & 0 & \frac{3}{5} & 0 & 0 & 0 \\ 0 & 0 & 0 & \frac{4}{5} & 1 & 0 & 0 \\ 0 & \frac{3}{5} & 0 & 0 & 0 & 1 & -1 \end{bmatrix}$$

3) Element stiffness Matrix [F]=[S][e]

$$[S]_{7\times7} = \frac{EA}{L} \begin{bmatrix} \frac{1}{3} & & & & & & \\ & \frac{1}{5} & & & & & \\ & & \frac{1}{4} & & & & \\ & & & \frac{1}{5} & & & \\ & & & & \frac{1}{4} & & \\ & & & & & \frac{1}{3} & \\ & & & & & & \frac{8}{9} \end{bmatrix}$$

4) Global stiffness Matrix

$$[K]_{5x5}=[A]_{5x7}[S]_{7x7}[A]^{T}_{7x5}$$

5) Displacement $[d]_{5x1}=[K]^{-1}{}_{5x5}[P]_{5x1}$

$$[d] = [K]^{-1}[P] = \frac{FL}{EA} \begin{bmatrix} -10 \\ 22/9 \\ 91/8 \\ -26/8 \\ 3/8 \end{bmatrix}$$

$$\therefore \delta_B = \frac{3FL}{8EA}$$

부정정 트러스

다음 그림과 같은 트러스에서 다음을 구하시오(단, 부재의 탄성계수 E=205GPa, 각 부재의 단면적 A=5,000mm²이다).

1) 절점 A의 반력 및 절점 D의 반력   2) 절점 B의 수평변위

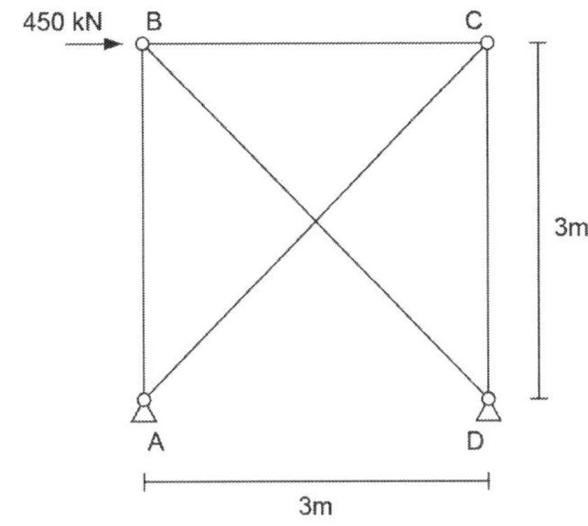

풀 이

▶ 개요

부정정 트러스의 해석은 응력법에 의한 부정정력 치환을 통한 해석방법과 매트릭스 해석법을 이용하는 방법으로 풀이할 수 있다. 반력수(r)는 4개, 부재수(m)는 5개, 강절점의 수(s)는 0, 절점의 수(k)는 4개이므로, 트러스의 부정정차수($n = r + m - 2k$)는 1차 부정정 구조물이다.

▶ 응력법에 의한 부정정 트러스 구조물의 해석

응력법에 의한 부정정 트러스 구조물의 해석을 위하여 D점의 수평력을 부정정력으로 치환하여 해석한다.

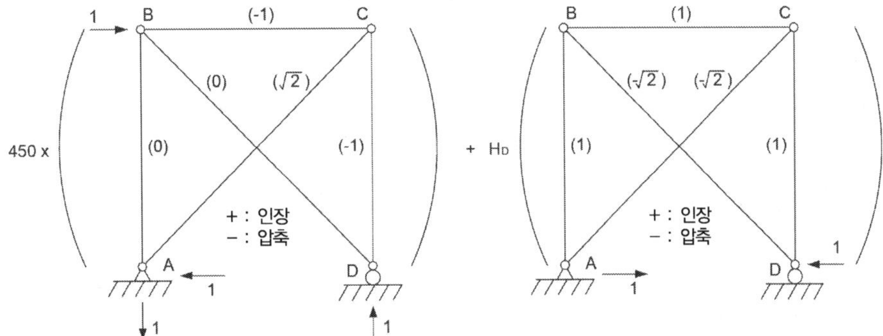

부재	길이(L, m)	f_1	f_2	$f_1 f_2 L$	$f_2^2 L$
AB	3	0	1	0	3
BC	3	-1	1	-3	3
CD	3	-1	1	-3	3
AC	$3\sqrt{2}$	$\sqrt{2}$	$-\sqrt{2}$	$-6\sqrt{2}$	$6\sqrt{2}$
BD	$3\sqrt{2}$	0	$-\sqrt{2}$	0	$6\sqrt{2}$
합계	$-$	$-$	$-$	-14.4853	25.9706

적합조건으로부터,

$$450 \times \sum \frac{f_1 f_2 L}{EA} + H_D \times \sum \frac{f_2^2 L}{EA} = 0 \qquad \therefore H_D = 251kN \ (\leftarrow)$$

평형조건으로부터,

$$\therefore H_A = 450 - 251 = 199kN \ (\leftarrow)$$

$$\sum M_A = 0 \ ; \ R_A = -450kN \ (\downarrow), \quad R_D = 450kN \ (\uparrow)$$

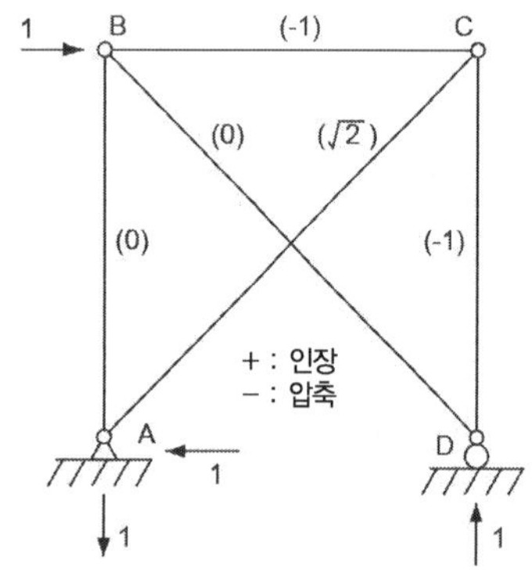

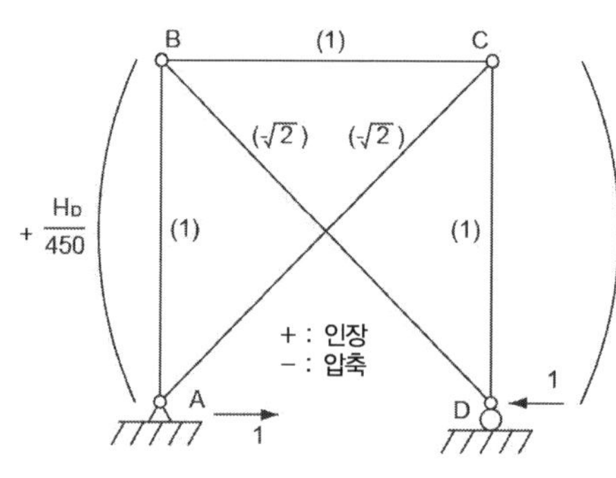

부재	길이(L, m)	f_1	f_2	$f_1 + \dfrac{251}{450} f_2$	$\left(f_1 + \dfrac{251}{450} f_2\right)^2 L$
AB	3	0	1	0.5578	0.9333
BC	3	-1	1	-0.4422	0.5867
CD	3	-1	1	-0.4422	0.5897
AC	$3\sqrt{2}$	$\sqrt{2}$	$-\sqrt{2}$	0.6253	1.6594
BD	$3\sqrt{2}$	0	$-\sqrt{2}$	-0.7888	2.6400
합계	$-$	$-$	$-$	-0.4901	6.4060

$$\therefore \Delta_{HB} = 450 \times \sum \frac{\left(f_1 + \dfrac{251}{450} f_2\right)^2 L}{EA} = 0.002812m$$

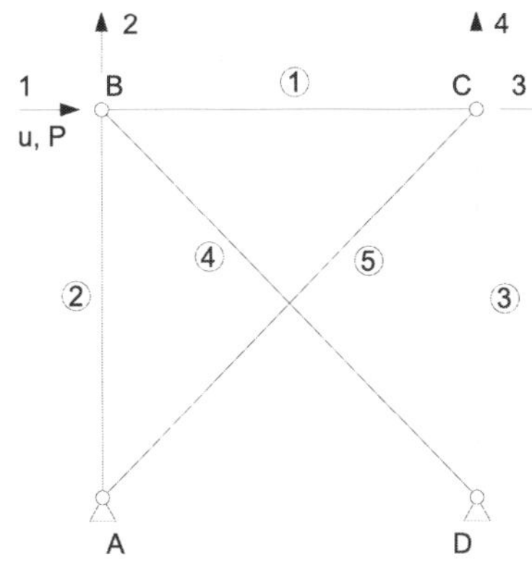

1) Load Matrix [P]

$$[P]_{4\times1} = \begin{bmatrix} 450 \\ 0 \\ 0 \\ 0 \end{bmatrix} \text{(kN)}$$

2) Static Matrix [P]=[A][F]

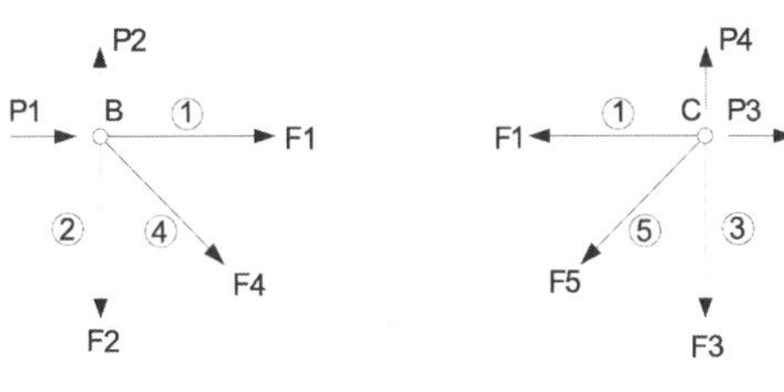

$$P_1 = -F_1 - \frac{F_4}{\sqrt{2}}, \quad P_2 = F_2 + \frac{F_4}{\sqrt{2}}$$

$$P_3 = F_1 + \frac{F_5}{\sqrt{2}}, \quad P_4 = F_3 + \frac{F_5}{\sqrt{2}}$$

$$[A]_{4\times5} = \begin{bmatrix} -1 & 0 & 0 & -\dfrac{1}{\sqrt{2}} & 0 \\ 0 & 1 & 0 & \dfrac{1}{\sqrt{2}} & 0 \\ 1 & 0 & 0 & 0 & \dfrac{1}{\sqrt{2}} \\ 0 & 0 & 1 & 0 & \dfrac{1}{\sqrt{2}} \end{bmatrix}$$

3) Element stiffness Matrix [F]=[S][e]

$$E = 2.05 \times 10^8 kN/m^2, \ A = 5 \times 10^{-3} m^2, \ \text{L=3m}$$

$$[S]_{5\times5} = \frac{EA}{L} \begin{bmatrix} 1 & & & & \\ & 1 & & & \\ & & 1 & & \\ & & & \dfrac{1}{\sqrt{2}} & \\ & & & & \dfrac{1}{\sqrt{2}} \end{bmatrix}$$

4) Global stiffness Matrix $[K]_{4x4}=[A]_{4x5}[S]_{5x5}[A]^T_{5x4}$

5) Displacement $[d]_{4x1}=[K]^{-1}_{4x4}[P]_{4x1}$

$$[d] = [K]^{-1}[P] = \begin{bmatrix} 0.00281 \\ 0.00073 \\ 0.00223 \\ -0.00058 \end{bmatrix}(m) \quad \therefore \ \Delta_{HB} = 0.00281m$$

6) 부재력 $[F]=[S][e]$

$$[F] = [S][e] = [S][A]^T[d] = \begin{bmatrix} -199 \\ 251 \\ -199 \\ -355 \\ 281.4 \end{bmatrix}$$

7) 반력과 변위 산정

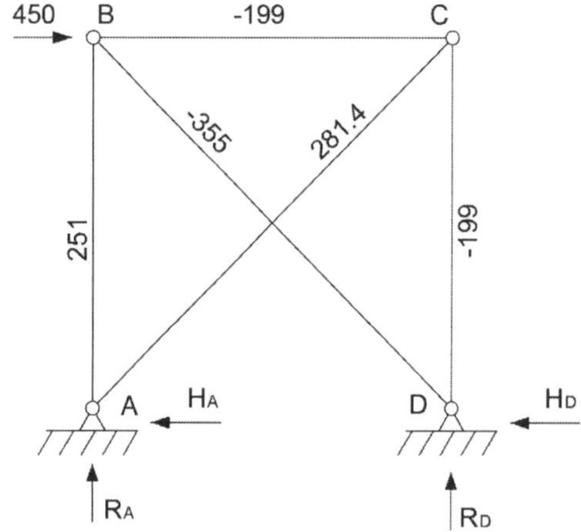

POINT A $\qquad R_A = -F_2 - \dfrac{1}{\sqrt{2}}F_5 \qquad \therefore R_A = -450kN(\downarrow)$

$\qquad\qquad\qquad H_A = \dfrac{1}{\sqrt{2}}F_5 \qquad\qquad \therefore H_A = 199kN \ (\leftarrow)$

POINT D $\qquad R_D = F_3 + \dfrac{1}{\sqrt{2}}F_4 \qquad \therefore R_D = 450kN(\uparrow)$

$\qquad\qquad\qquad H_D = \dfrac{1}{\sqrt{2}}F_4 \qquad\qquad \therefore H_D = 251kN \ (\leftarrow)$

트러스의 등가 휨강성

다음 그림과 같이 수평재들의 축강성이 EA인 트러스구조물에서 수직하중 P에 대한 등가 휨강성 (EI)을 구하시오.

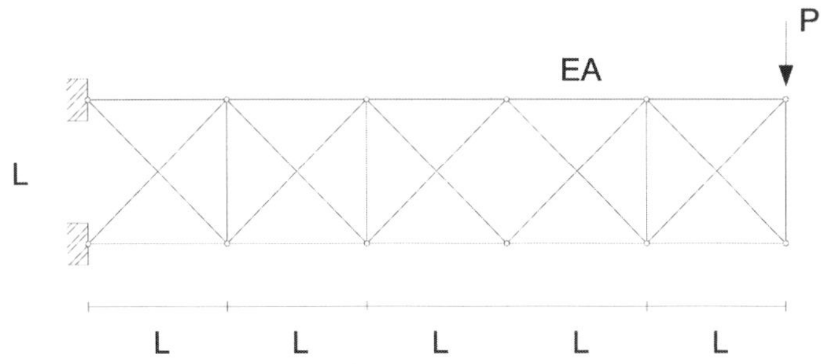

풀 이

▶ 개요

주어진 트러스 구조물의 처짐량산정과 단일보로 가정 시 보부재의 휨강성이 동일하다고 보고 등가 휨강성(EI)을 산정한다. 반력수(r)는 4개, 부재수(m)는 25개, 절점의 수(k)는 12개이므로, 트러스의 부정정차수($n = r + m - 2k$)는 5차 부정정 구조물이다.

▶ 변위법에 의한 부정정 트러스 매트릭스 구조물의 해석

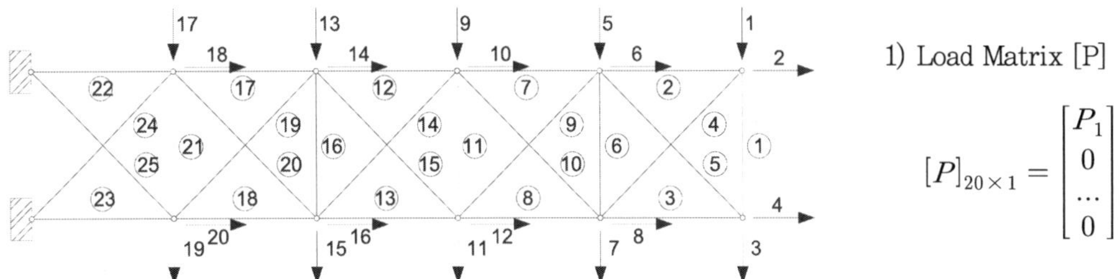

1) Load Matrix [P]

$$[P]_{20 \times 1} = \begin{bmatrix} P_1 \\ 0 \\ \cdots \\ 0 \end{bmatrix}$$

2) Static Matrix [P]=[A][F]

$$P_1 = -F_1 - \frac{F_4}{\sqrt{2}}, \quad P_2 = F_2 + \frac{F_4}{\sqrt{2}}, \quad P_3 = F_1 + \frac{F_5}{\sqrt{2}}, \quad P_4 = F_3 + \frac{F_5}{\sqrt{2}}$$

$$P_5 = -\frac{F_5}{\sqrt{2}} - F_6 - \frac{F_9}{\sqrt{2}}, \quad P_6 = -F_2 - \frac{F_5}{\sqrt{2}} + F_7 + \frac{F_9}{\sqrt{2}}, \quad P_7 = \frac{F_4}{\sqrt{2}} + F_6 + \frac{F_{10}}{\sqrt{2}},$$

$$P_8 = -F_3 - \frac{F_4}{\sqrt{2}} + F_8 + \frac{F_{10}}{\sqrt{2}}, \quad P_9 = -\frac{F_{10}}{\sqrt{2}} - F_{11} - \frac{F_{14}}{\sqrt{2}}, \quad P_{10} = -F_7 - \frac{F_{10}}{\sqrt{2}} + F_{12} + \frac{F_{14}}{\sqrt{2}},$$

$$P_{11} = \frac{F_9}{\sqrt{2}} + F_{11} + \frac{F_{15}}{\sqrt{2}}, \quad P_{12} = -F_8 - \frac{F_9}{\sqrt{2}} + F_{13} + \frac{F_{15}}{\sqrt{2}}, \quad \ldots$$

$[A]=$

1	2	3	4	5	6	7	8	9	10	11	12	13	14	15	16	17	18	19	20	21	22	23	24	25	
-1			$\frac{-1}{\sqrt{2}}$																						1
	1		$\frac{1}{\sqrt{2}}$																						2
1				$\frac{1}{\sqrt{2}}$																					3
		1		$\frac{1}{\sqrt{2}}$																					4
				$\frac{-1}{\sqrt{2}}$	-1			$\frac{-1}{\sqrt{2}}$																	5
	-1			$\frac{-1}{\sqrt{2}}$		1		$\frac{1}{\sqrt{2}}$																	6
			$\frac{1}{\sqrt{2}}$		1				$\frac{1}{\sqrt{2}}$																7
		-1	$\frac{-1}{\sqrt{2}}$				1		$\frac{1}{\sqrt{2}}$																8
									$\frac{-1}{\sqrt{2}}$	-1			$\frac{-1}{\sqrt{2}}$												9
						-1			$\frac{-1}{\sqrt{2}}$		1		$\frac{1}{\sqrt{2}}$												10
								$\frac{1}{\sqrt{2}}$		1				$\frac{1}{\sqrt{2}}$											11
							-1	$\frac{-1}{\sqrt{2}}$				1		$\frac{1}{\sqrt{2}}$											12
														$\frac{-1}{\sqrt{2}}$	-1			$\frac{-1}{\sqrt{2}}$							13
											-1			$\frac{-1}{\sqrt{2}}$		1		$\frac{1}{\sqrt{2}}$							14
													$\frac{1}{\sqrt{2}}$		1				$\frac{1}{\sqrt{2}}$						15
												-1	$\frac{-1}{\sqrt{2}}$				1		$\frac{1}{\sqrt{2}}$						16
																			$\frac{-1}{\sqrt{2}}$	-1			$\frac{-1}{\sqrt{2}}$		17
																-1			$\frac{-1}{\sqrt{2}}$		1		$\frac{1}{\sqrt{2}}$		18
																		$\frac{1}{\sqrt{2}}$		1				$\frac{1}{\sqrt{2}}$	19
																	-1	$\frac{-1}{\sqrt{2}}$				1		$\frac{1}{\sqrt{2}}$	20

3) Element stiffness Matrix [F]=[S][e]

$$[S]=\frac{EA}{L}\begin{bmatrix}
1 & & & & & & & & & & & & & & & & & & & & & & & & \\
 & 1 & & & & & & & & & & & & & & & & & & & & & & & \\
 & & 1 & & & & & & & & & & & & & & & & & & & & & & \\
 & & & \frac{1}{\sqrt{2}} & & & & & & & & & & & & & & & & & & & & & \\
 & & & & \frac{1}{\sqrt{2}} & & & & & & & & & & & & & & & & & & & & \\
 & & & & & 1 & & & & & & & & & & & & & & & & & & & \\
 & & & & & & 1 & & & & & & & & & & & & & & & & & & \\
 & & & & & & & 1 & & & & & & & & & & & & & & & & & \\
 & & & & & & & & \frac{1}{\sqrt{2}} & & & & & & & & & & & & & & & & \\
 & & & & & & & & & \frac{1}{\sqrt{2}} & & & & & & & & & & & & & & & \\
 & & & & & & & & & & 1 & & & & & & & & & & & & & & \\
 & & & & & & & & & & & 1 & & & & & & & & & & & & & \\
 & & & & & & & & & & & & 1 & & & & & & & & & & & & \\
 & & & & & & & & & & & & & \frac{1}{\sqrt{2}} & & & & & & & & & & & \\
 & & & & & & & & & & & & & & \frac{1}{\sqrt{2}} & & & & & & & & & & \\
 & & & & & & & & & & & & & & & 1 & & & & & & & & & \\
 & & & & & & & & & & & & & & & & 1 & & & & & & & & \\
 & & & & & & & & & & & & & & & & & 1 & & & & & & & \\
 & & & & & & & & & & & & & & & & & & \frac{1}{\sqrt{2}} & & & & & & \\
 & & & & & & & & & & & & & & & & & & & \frac{1}{\sqrt{2}} & & & & & \\
 & & & & & & & & & & & & & & & & & & & & 1 & & & & \\
 & & & & & & & & & & & & & & & & & & & & & 1 & & & \\
 & & & & & & & & & & & & & & & & & & & & & & 1 & & \\
 & & & & & & & & & & & & & & & & & & & & & & & \frac{1}{\sqrt{2}} & \\
 & & & & & & & & & & & & & & & & & & & & & & & & \frac{1}{\sqrt{2}}
\end{bmatrix}$$

4) Global stiffness Matrix $[K]_{20\times20}=[A]_{20\times25}[S]_{25\times25}[A]^T_{25\times20}$

5) Displacement $[d]_{20\times1}=[K]^{-1}_{20\times20}[P]_{20\times1}$

$$[d] = [K]^{-1}[P] = \frac{PL}{EA}\begin{bmatrix} 89.79 \\ 12.547 \\ 89.374 \\ -12.45 \\ 63.633 \\ 11.995 \\ 63.680 \\ -12.00 \\ 39.745 \\ 10.500 \\ 39.740 \\ -10.49 \\ 19.828 \\ 7.999 \\ 19.828 \\ -8.00 \\ 5.914 \\ 4.500 \\ 5.914 \\ -4.49 \end{bmatrix} \qquad \therefore \Delta_1 = 89.79\frac{PL}{EA}$$

6) 등가 휨강성(EI) 산정

집중하중 P가 작용할 때 캔틸레버 보의 단부 처짐 $\Delta_1{}' = \dfrac{P(5L)^3}{3EI}$ 이므로,

$$\Delta_1 = \Delta_1{}' \;;\; \frac{P(5L)^3}{3EI} = 89.79\frac{PL}{EA}$$

$$\therefore EI = 0.464L^2EA$$

트러스의 부재력과 처짐

그림의 트러스에서 다음을 구하시오. 단, 모든 부재의 EA/L = 20 MN/m이다.

1) BC부재의 부재력

2) 절점B의 연직변위

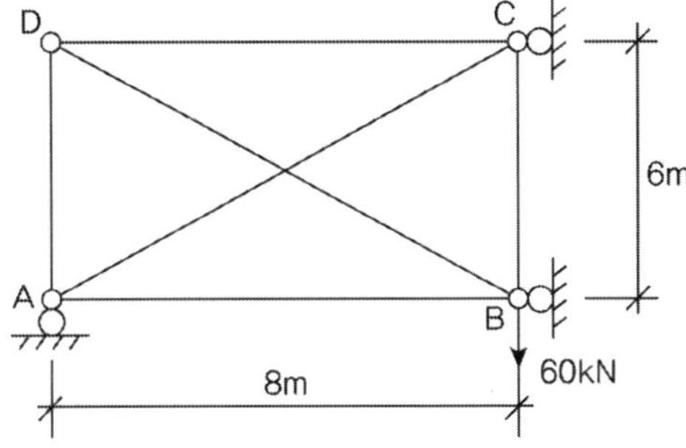

풀 이

▶ 개요

트러스의 해석은 단위하중법을 이용하는 방법과 매트릭스 해석법을 이용하는 방법으로 풀이할 수 있다. 본 문제에 대해서는 매트릭스 변위법을 통해 풀이하도록 한다.

▶ 자유도 및 부재력 정의

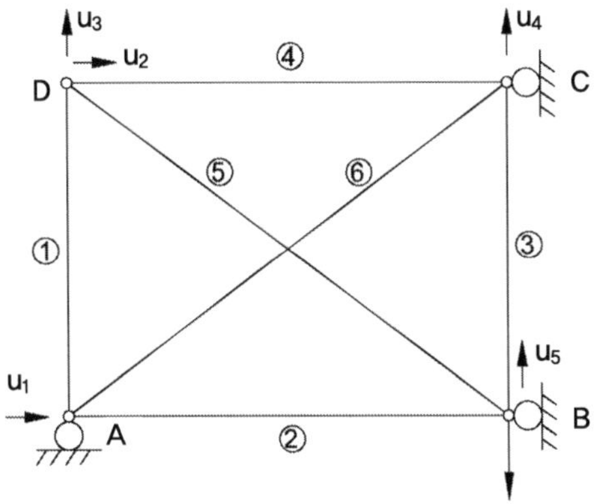

1) Load Matrix [P]

$$[P] = \begin{bmatrix} 0 \\ 0 \\ 0 \\ 0 \\ -60 \end{bmatrix}$$

2) Static Matrix [P]=[A][F]

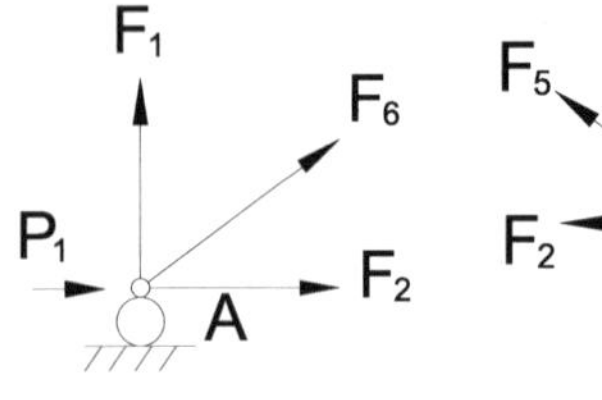

$$P_1 = -F_2 - \frac{8}{10}F_6 \qquad P_5 = -F_3 - \frac{6}{10}F_5 \qquad P_4 = F_3 + \frac{6}{10}F_6$$

$$P_2 = -F_4 - \frac{8}{10}F_5$$

$$P_3 = F_1 + \frac{6}{10}F_5$$

$$[A] = \begin{bmatrix} 0 & -1 & 0 & 0 & 0 & -\dfrac{8}{10} \\[2mm] 0 & 0 & 0 & -1 & -\dfrac{8}{10} & 0 \\[2mm] 1 & 0 & 0 & 0 & \dfrac{6}{10} & 0 \\[2mm] 0 & 0 & 1 & 0 & 0 & \dfrac{6}{10} \\[2mm] 0 & 0 & -1 & 0 & -\dfrac{6}{10} & 0 \end{bmatrix}$$

3) Element stiffness Matrix [F]=[S][e]

$$[S] = \frac{EA}{L} \begin{bmatrix} 1 & & & & & \\ & 1 & & & & \\ & & 1 & & & \\ & & & 1 & & \\ & & & & 1 & \\ & & & & & 1 \end{bmatrix}$$

4) Global stiffness Matrix [K]=[A][S][A]T

5) Displacement [d]=[K]−1[P]

$$[d] = [K]^{-1}[P] = \begin{bmatrix} -2 \\ 2 \\ -1.5 \\ -6.83 \\ -8.33 \end{bmatrix} (mm)$$

6) 부재력 [F]=[S][e]

$$[F] = [S][e] = [S][A]^T[d] = \begin{bmatrix} -30 \\ 40 \\ 30 \\ -40 \\ 50 \\ -50 \end{bmatrix}$$

$$\therefore F_{BC} = F_3 = 30kN(T), \quad \Delta_B = 8.33^{mm}(\downarrow)$$

트러스 부재력과 변위

다음 구조물에서 최소일의 원리를 이용하여 모든 부재력을 구하고, 가상일의 원리를 이용하여 C점의 수직변위(v_c)와 수평변위(u_c)를 구하시오. 단, 모든 부재의 축방향 강성은 EA.

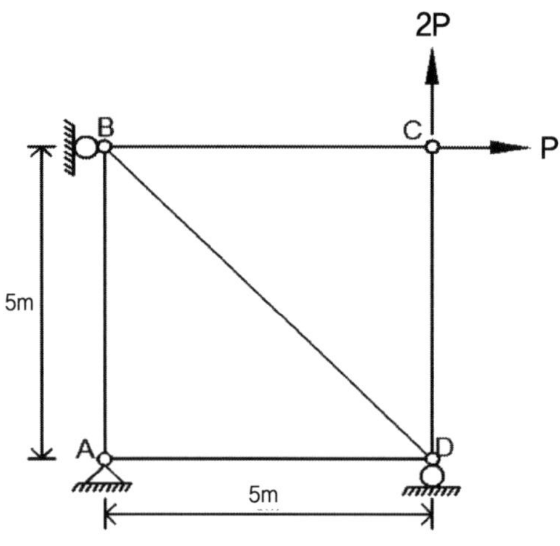

풀 이

➤ 개요

C점에서 작용하는 하중을 P1, P2로 하고 가상일의 원리를 이용하여 풀이한다.

➤ 구조물 해석

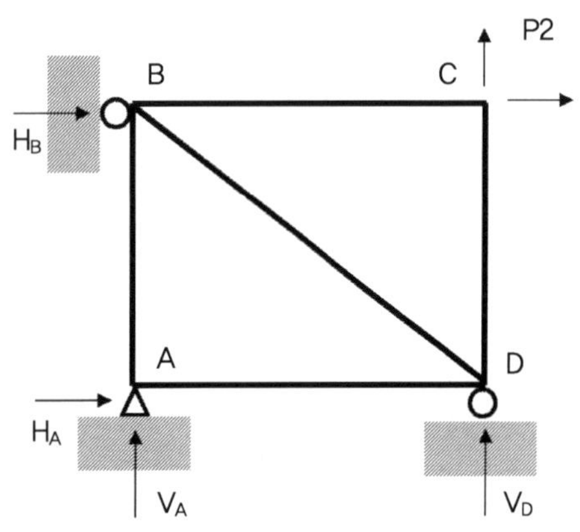

$$\sum V = 0 : V_A + V_D + P_2 = 0$$

$$\sum H = 0 ; H_A + H_B + P_1 = 0$$

$$\sum M_A = 0 ; 5H_B + 5P_1 - 5P_2 - 5V_D = 0$$

$$\therefore V_D = H_B + P_1 - P_2$$
$$V_A = -H_B - P_1$$
$$H_A = -H_B - P_1$$

A점에서 $F_{AB} = -V_A = H_B + P_1$, $F_{AD} = -H_A = H_B + P_1$

C점에서 $F_{BC} = P_1$, $F_{CD} = P_2$

B점에서 $F_{BD} = \dfrac{1}{\cos 45°} F_{AB} = \sqrt{2}\, F_{AB} = -\sqrt{2}\,(H_B + P_1)$

부재	L	F	$\dfrac{\partial F}{\partial H_B}$	$\dfrac{\partial F}{\partial P_1}$	$\dfrac{\partial F}{\partial P_2}$	$F\left(\dfrac{\partial F}{\partial H_B}\right)L$	$F\left(\dfrac{\partial F}{\partial P_1}\right)L$	$F\left(\dfrac{\partial F}{\partial P_2}\right)L$
AB	5	$H_B + P_1$	1	1	0	$5(H_B + P_1)$	$5(H_B + P_1)$	0
BC	5	P_1	0	1	0	0	$5P_1$	0
CD	5	P_2	0	0	1	0	0	$5P_2$
AD	5	$H_B + P_1$	1	1	0	$5(H_B + P_1)$	$5(H_B + P_1)$	0
BD	$5\sqrt{2}$	$-\sqrt{2}(H_B + P_1)$	$-\sqrt{2}$	$-\sqrt{2}$	0	$-10\sqrt{2}(H_B + P_1)$	$-10\sqrt{2}(H_B + P_1)$	0

$$\delta_B = 0 \; ; \; \sum \frac{FL}{EA}\left(\frac{\partial F}{\partial H_B}\right) = 0 \quad \therefore \; H_B = -P_1$$

$$\therefore \; F_{AB} = 0, \; F_{AD} = 0, \; F_{BC} = P_1 = P, \; F_{CD} = P_2 = 2P, \; F_{BD} = 0$$

▶ 처짐 산정

1) 수직 처짐

$$\therefore \; v_C = \sum \frac{FL}{EA}\left(\frac{\partial F}{\partial P_2}\right) = \frac{5P_2}{EA} = \frac{10P}{EA}\,(\uparrow)$$

2) 수평 처짐

$$\therefore \; u_C = \sum \frac{FL}{EA}\left(\frac{\partial F}{\partial P_1}\right) = \frac{5P_1}{EA} = \frac{5P}{EA}\,(\rightarrow)$$

트러스

다음 그림과 같은 트러스 구조물의 탄성변형에너지를 구하시오(단, P=100kN, 모든 부재의 탄성
계수(E)는 70GPa, 모든 부재의 단면적(A)은 1000mm²이다).

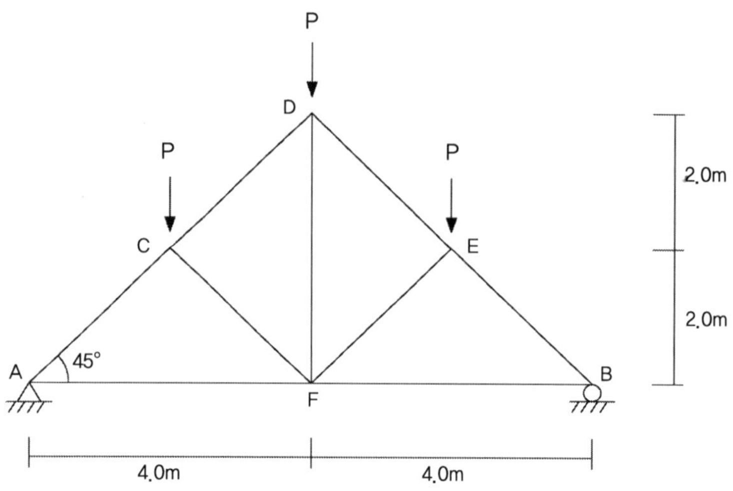

풀 이

▶ 개요

트러스와 같은 축방향 부재의 탄성변형에너지를 다음의 식으로 산정하기 위해서는 각 부재에 발
생하는 부재력을 산정하여야 한다.

$$U = \sum \frac{P^2 L}{2EA}$$

▶ 부재력 산정

대칭구조물이므로 A, B의 반력은 각각 $R_A = R_B = \dfrac{3P}{2}$

절점법에 따라 각 부재의 부재력 산정

1) At point A

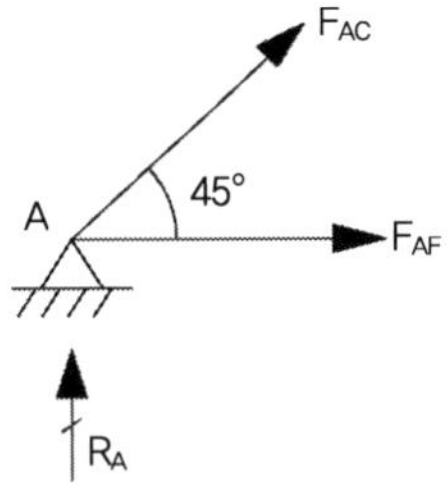

$$F_{AC} = -\frac{R_A}{\sin 45°} = -\frac{3\sqrt{2}}{2}P \ \ (\text{C: 압축})$$

$$F_{AF} = -F_{AC}\cos 45° = \frac{3P}{2} \ \ (\text{T : 인장})$$

2) At point C

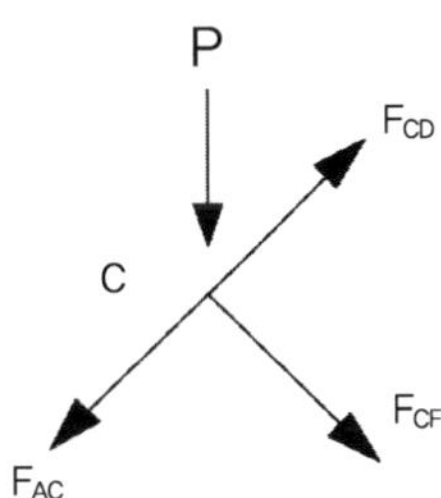

$$\sum F_y = 0 :$$
$$F_{CD}\sin 45° - F_{CF}\sin 45° - F_{AC}\sin 45° - P = 0$$

$$\sum F_x = 0 :$$
$$F_{CD}\cos 45° + F_{CF}\cos 45° = F_{AC}\cos 45°$$

$$F_{AC} = -\frac{3\sqrt{2}}{2}P \text{이므로}$$

$$\therefore F_{CD} = -\sqrt{2}\,P \ (\text{C: 압축}), \quad F_{CF} = -\frac{\sqrt{2}}{2}P \ (\text{C: 압축})$$

3) At point D

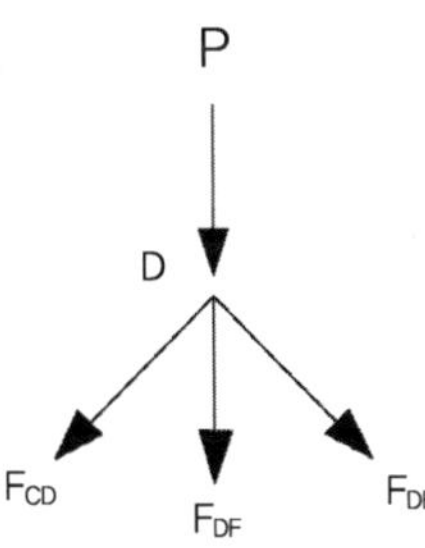

$$\sum F_x = 0 : F_{CD} = F_{DE} = -\sqrt{2}\,P \ (\text{C: 압축})$$
$$\sum F_y = 0 : P + F_{CD}\sin 45° + F_{DE}\sin 45° + F_{DF} = 0$$

$$\therefore F_{DF} = P \ (\text{T: 인장})$$

부재	부재력(F)	부재길이(L)	$\sum \dfrac{F^2 L}{2EA}$
AC(BE)	$-\dfrac{3\sqrt{2}}{2}P$	$2\sqrt{2}$	$\dfrac{9\sqrt{2}\,P^2}{2EA}$
AF(BF)	$\dfrac{3P}{2}$	4	$\dfrac{9P^2}{2EA}$
CF(EF)	$-\dfrac{\sqrt{2}}{2}P$	$2\sqrt{2}$	$\dfrac{\sqrt{2}\,P^2}{2EA}$
CD(DE)	$-\sqrt{2}\,P$	$2\sqrt{2}$	$\dfrac{4\sqrt{2}\,P^2}{2EA}$
DF	P	4	$\dfrac{4P^2}{2EA}$
계			$\dfrac{(11+14\sqrt{2})P^2}{EA}$

$$\therefore \ U = \sum \frac{F^2 L}{2EA} = \frac{(11+14\sqrt{2})P^2}{EA} = \frac{(11+14\sqrt{2}) \times 10^3 \times (100 \times 10^3)^2}{70 \times 10^3 \times 10^3}$$

$$= 4.399 \times 10^6 \, Nmm = 4.399 kNm$$

트러스의 처짐

다음 트러스의 C점의 수직처짐과 B점의 수평변위를 구하시오(단, d_1, d_2 부재의 단면적은 5,000 mm^2, 그 외 부재는 10,000mm^2, 각 부재의 $E = 8.0kN/mm^2$).

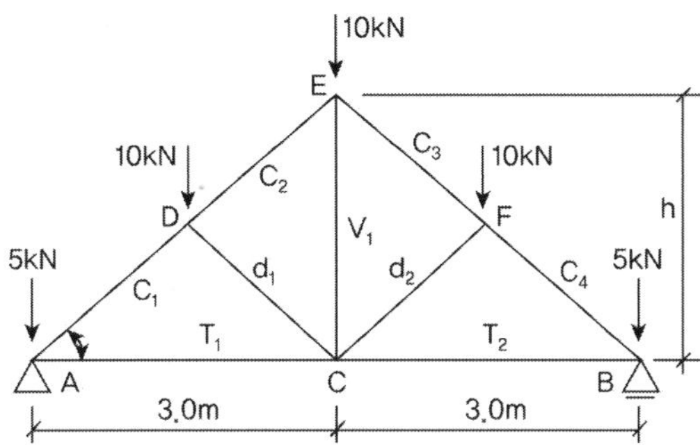

풀 이

➤ 개요

트러스구조의 처짐을 산정하기 위해서 에너지법 중 단위하중법을 이용하거나 매트릭스 해석법 등을 이용하여 해석할 수 있다. 두 점의 변위를 동시에 산정하기 위해서 매트릭스 해석법을 이용한다. 대칭구조물이므로 1/2단면으로 모델화한다. 다만, B점의 수평변위 산정을 위해 반단면 모델 시 힌지로 모델하고 V_1부재에서 단면적과 하중은 1/2로 한다.

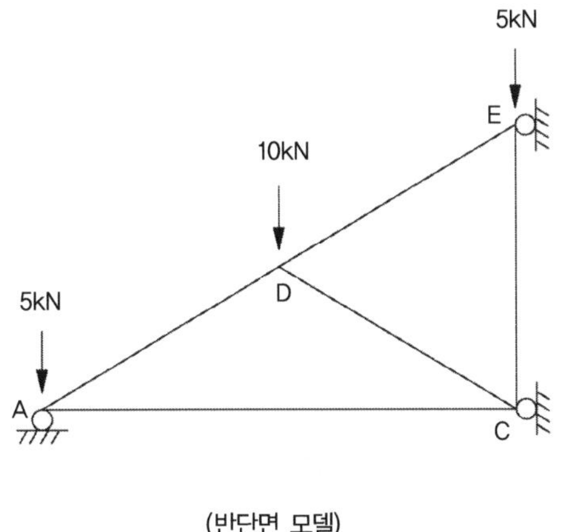

(반단면 모델)

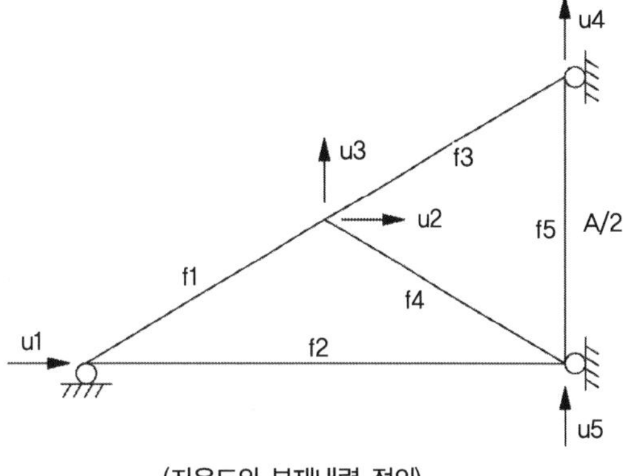

(자유도와 부재내력 정의)

▶ 외력산정(u_i방향을 +로 한다)

$$[P] = \begin{bmatrix} P_1 \\ P_2 \\ P_3 \\ P_4 \\ P_5 \end{bmatrix} = \begin{bmatrix} 0 \\ 0 \\ -10 \\ -5 \\ 0 \end{bmatrix}$$

▶ Static Matrix

① Point A(B)

$$P_1 + f_1\frac{\sqrt{3}}{2} + f_2 = 0 \qquad \therefore P_1 = -\frac{\sqrt{3}}{2}f_1 - f_2$$

② Point D(F)

$$\sum F_x = 0 : \frac{\sqrt{3}}{2}f_1 = P_2 + \frac{\sqrt{3}}{2}f_3 + \frac{\sqrt{3}}{2}f_4 \qquad \therefore P_2 = \frac{\sqrt{3}}{2}f_1 - \frac{\sqrt{3}}{2}f_3 - \frac{\sqrt{3}}{2}f_4$$

$$\sum F_y = 0 : P_3 + \frac{1}{2}f_3 = \frac{1}{2}f_1 + \frac{1}{2}f_4 \qquad \therefore P_3 = \frac{1}{2}f_1 - \frac{1}{2}f_3 + \frac{1}{2}f_4$$

③ Point E

$$\therefore P_4 = \frac{1}{2}f_3 + f_5$$

④ Point C

$$P_5 + f_5 + \frac{1}{2}f_4 = 0 \qquad \therefore P_5 = -\frac{1}{2}f_4 - f_5$$

$$\therefore [A] = \begin{bmatrix} -\dfrac{\sqrt{3}}{2} & -1 & 0 & 0 & 0 \\ \dfrac{\sqrt{3}}{2} & 0 & -\dfrac{\sqrt{3}}{2} & -\dfrac{\sqrt{3}}{2} & 0 \\ \dfrac{1}{2} & 0 & -\dfrac{1}{2} & \dfrac{1}{2} & 0 \\ 0 & 0 & \dfrac{1}{2} & 0 & 1 \\ 0 & 0 & 0 & -\dfrac{1}{2} & -1 \end{bmatrix}$$

➤ Element Stiffness Matrix

$$EA_1 = 8 \times 10000 = 80,000kN = 2EA, \ EA_2 = 8 \times 5000 = 40,000kN = EA$$

트러스 부재의 $[S]_i = \dfrac{EA_i}{L_i}$ 이므로

$$S_1 = S_3 = \frac{EA_1}{\sqrt{3}}, \ S_2 = \frac{EA_1}{3}$$

$$S_4 = \frac{EA_2}{\sqrt{3}}, \ S_5 = E\left(\frac{A_1}{2}\right) \times \frac{1}{\sqrt{3}} = \frac{EA_1}{2\sqrt{3}}$$

$$\therefore \ [S] = EA \begin{bmatrix} \dfrac{2}{\sqrt{3}} & 0 & 0 & 0 & 0 \\ 0 & \dfrac{2}{3} & 0 & 0 & 0 \\ 0 & 0 & \dfrac{2}{\sqrt{3}} & 0 & 0 \\ 0 & 0 & 0 & \dfrac{1}{\sqrt{3}} & 0 \\ 0 & 0 & 0 & 0 & \dfrac{1}{\sqrt{3}} \end{bmatrix}$$

➤ Global Stiffness Matrix

$$[K] = [A][S][A]^T$$

➤ Displacement

$$[d] = [K]^{-1}[P] = \begin{bmatrix} u_1 \\ u_2 \\ u_3 \\ u_4 \\ u_5 \end{bmatrix} = \begin{bmatrix} -0.009743 \\ 0.005625 \\ -0.039608 \\ -0.038526 \\ -0.040691 \end{bmatrix}$$

$$\therefore \delta_{cv} = 40.691mm \ (\downarrow), \quad \delta_{bh} = 9.743mm \,(\rightarrow)$$

트러스 부재력

다음 그림과 같은 트러스의 부재력을 변형일치방법에 의하여 구하시오(단, 점C는 힌지, 점A는 롤러, 탄성계수(E)와 단면적(A)는 모든 부재에서 동일).

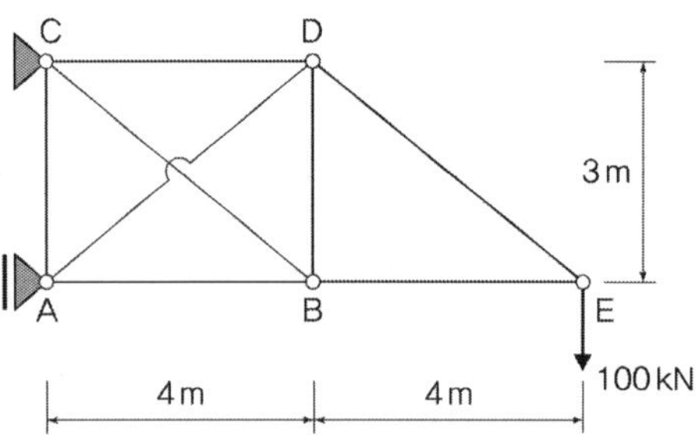

풀 이

▶ 개요

부재수 b=8, 반력성분 r=3, 격점수 j=5   b+r>2j, 외적으로는 정정이므로 내적으로 1차 부정정 구조물이다. F_{AD}를 부정정력으로 보고 단위하중법(변위일치법)에 의해서 풀이한다.

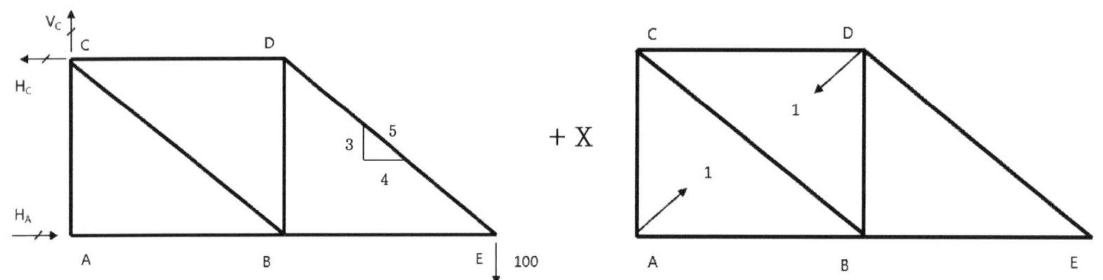

$$\curvearrowright \sum M_C = 0 \; ; \; 100 \times 8 - H_A \times 3 = 0 \quad \therefore \; H_A = 266.667 \text{ kN } (\rightarrow), \; H_C = 266.667 \text{ kN } (\leftarrow)$$

$$\sum V = 0 \; ; \; V_C = 100 \text{ kN } (\uparrow)$$

▶ 부재력 산정

1) 기본 구조물 : 절점법에 따라 부재력 산정(T : 인장, C : 압축)

① 점 E : $F_{ED} \times \dfrac{3}{5} = 100 \quad \therefore \; F_{ED} = 166.667 \,(\text{T}), \quad F_{EB} = - F_{ED} \times \dfrac{4}{5} = -133.333 \,(\text{C})$

② 점 D : $F_{DB} = - F_{ED} \times \dfrac{3}{5} = -100 \,(\text{C}), \; F_{DC} = F_{ED} \times \dfrac{4}{5} = 133.333 \,(\text{T})$

③ 점 B : $F_{BC} = -F_{DB} \times \dfrac{5}{3} = 166.667\,(\text{T})$, $F_{BA} = -F_{BC} \times \dfrac{4}{5} = -266.667\,(\text{C})$

④ 점 A : $F_{AC} = 0$

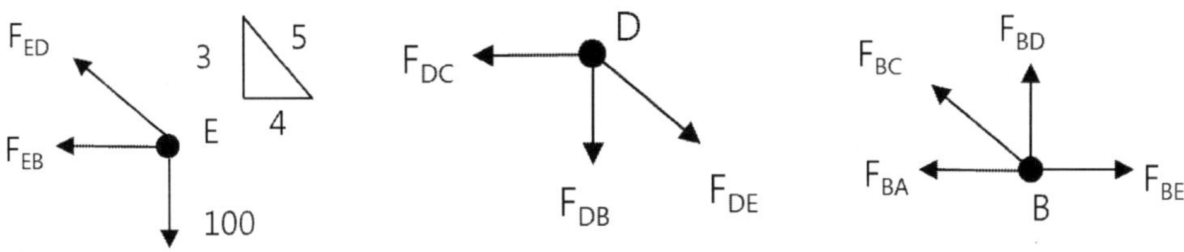

2) 단위하중 구조물 : 절점법에 따라 부재력 산정

① 점 E : $f_{ED} = f_{EB} = 0$

② 점 D : $f_{DC} = -0.8\,(\text{C})$, $f_{DB} = -0.6\,(\text{C})$

③ 점 B : $f_{BC} = 1\,(\text{T})$, $f_{BA} = -0.8\,(\text{C})$

④ 점 A : $f_{AC} = -0.6\,(\text{C})$

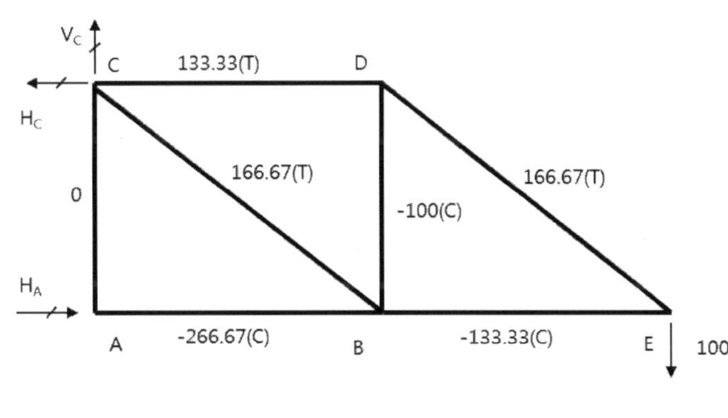

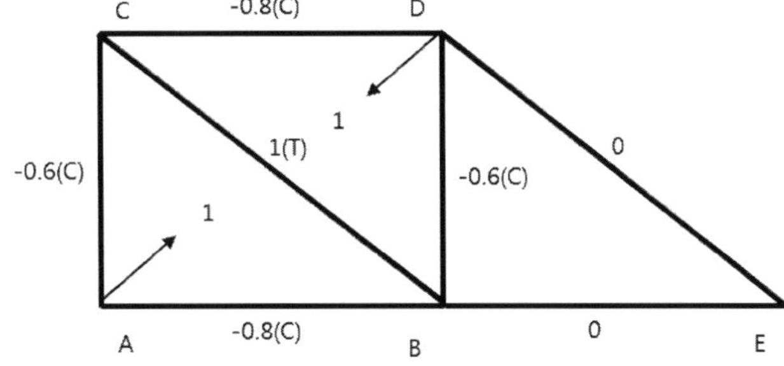

$$\Delta_i = \Delta_{ik} + X\delta_{ik} = 0$$

$$\therefore \ X = -\frac{\Delta_{ik}}{\delta_{ik}} = -\frac{\sum \dfrac{F_0 f L}{EA}}{\sum \dfrac{f^2 L}{EA}} = -\frac{\sum F_0 f L}{\sum f^2 L} = -83.33 \ \text{kN}$$

부재	L(m)	F_0	f	$F_0 f L$	$f^2 L$	$F = F_0 + Xf$ (kN)
AB	4	−266.67	−0.8	853.344	2.56	−200
AC	3	0	−0.6	0	1.08	50
BC	5	166.67	1.0	833.35	5	83.33
BD	3	−100	−0.6	180	1.08	−50
BE	4	−133.33	0	0	0	−133.33
CD	4	133.33	−0.8	−426.656	2.56	200
DE	5	166.67	0	0	0	166.67
AD	5	−	1	−	5	−83.33
Σ				1440.038	17.28	

트러스의 좌굴하중

그림과 같은 단순 핀 연결 트러스의 압축재 최소좌굴하중 P_{cr}을 구하시오(단, 모든 부재의 탄성계수는 E이고, 충실원형부재의 단면 직경은 d이다).

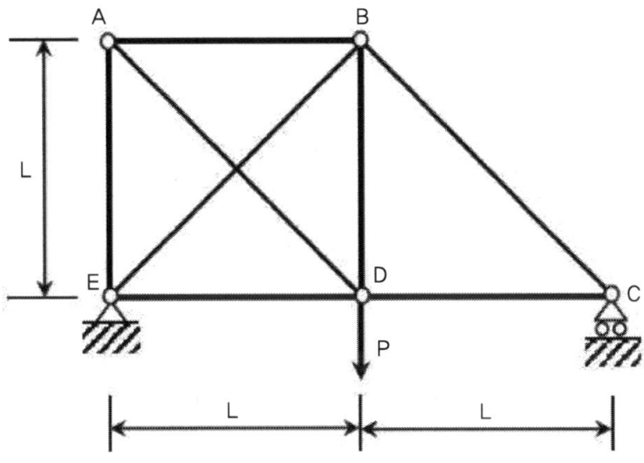

풀 이

➤ 개요

부재수 b=8, 반력성분 r=3, 격점수 j=5 b+r>2j, 외적으로는 정정이므로 내적으로 1차 부정정 구조물이다. F_{BE}를 부정정력으로 보고 단위하중법(변위일치법)에 의해서 풀이한다.

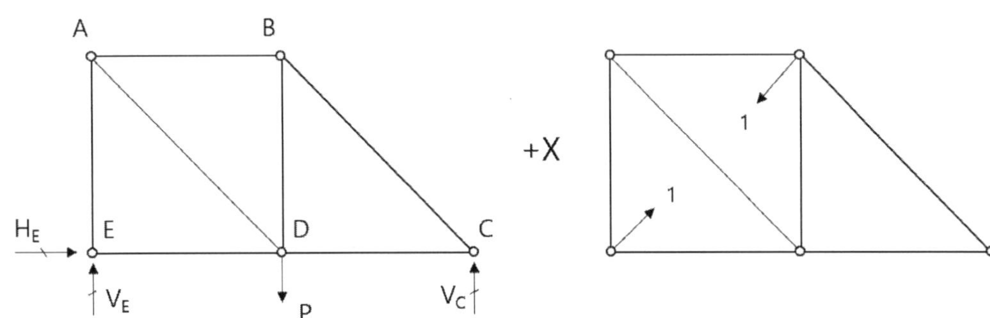

$$\sum M_E = 0 : PL - 2LV_C = 0 \quad \therefore V_C = \frac{P}{2} \ (\uparrow)$$

$$\sum V = 0 : V_C + V_E = P \quad V_E = \frac{P}{2} \ (\uparrow) \qquad\qquad \sum H = 0 : H_E = 0$$

➤ 부재력 산정

1) 기본 구조물 : 절점법에 따라 부재력 산정(T : 인장, C : 압축)

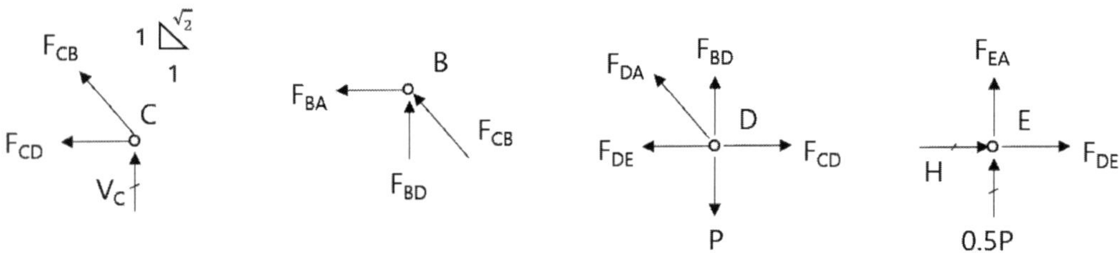

① 점 C : $\dfrac{F_{CB}}{\sqrt{2}} = -V_C = -\dfrac{P}{2}$ $\therefore F_{CB} = -\dfrac{\sqrt{2}}{2}P(\text{C}),\ F_{CD} = -\dfrac{1}{\sqrt{2}}F_{CB} = \dfrac{1}{2}P(\text{T})$

② 점 B : $F_{BA} = -\dfrac{F_{CB}}{\sqrt{2}} = \dfrac{1}{\sqrt{2}}\left(\dfrac{\sqrt{2}}{2}P\right) = -\dfrac{1}{2}P(\text{C}),\ F_{BD} = \dfrac{1}{2}P(\text{T})$

③ 점 D : $\dfrac{1}{2}P + \dfrac{1}{\sqrt{2}}F_{DA} = P,\ F_{DA} = \dfrac{\sqrt{2}}{2}P(\text{T}),\ F_{DE} + \dfrac{F_{DA}}{\sqrt{2}} = \dfrac{1}{2P},\ F_{DE} = 0$

④ 점 E : $F_{EA} = -\dfrac{1}{2}P(\text{C})$

2) 단위하중 구조물 : 절점법에 따라 부재력 산정

① 점 C : $f_{CB} = f_{CD} = 0$

② 점 B : $f_{BD} = f_{BA} = -\dfrac{1}{\sqrt{2}}\,(\text{C})$

③ 점 D : $f_{DA} = 1\,(\text{T}),\ f_{DE} = -\dfrac{1}{\sqrt{2}}\,(\text{C})$

④ 점 A : $f_{EA} = -\dfrac{1}{\sqrt{2}}\,(\text{C})$

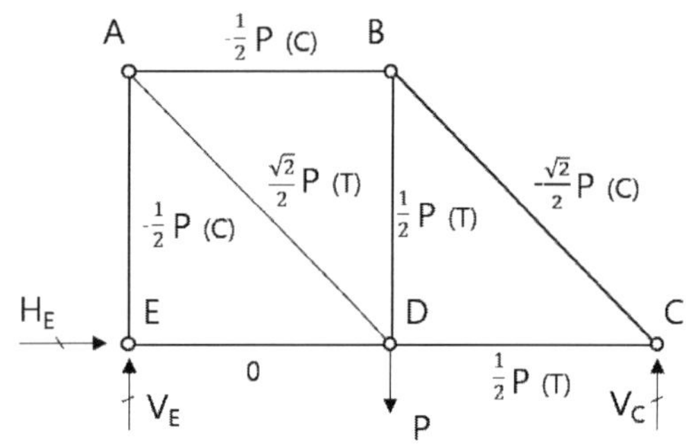

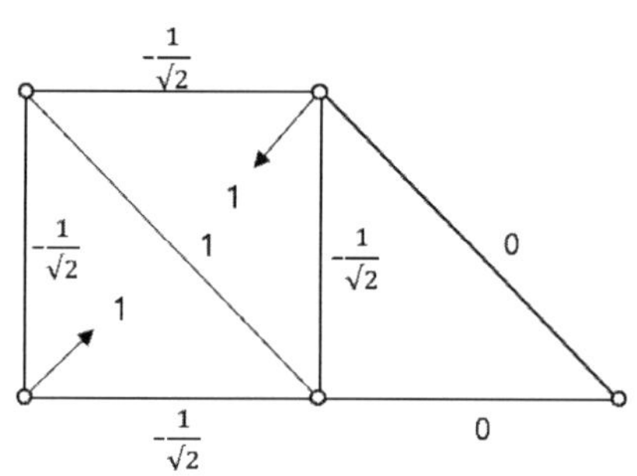

$$\Delta_i = \Delta_{ik} + X\delta_{ik} = 0$$

$$\therefore X = -\frac{\Delta_{ik}}{\delta_{ik}} = -\frac{\sum \dfrac{F_0 f L}{EA}}{\sum \dfrac{f^2 L}{EA}} = -\frac{\sum F_0 f L}{\sum f^2 L} = -\frac{2\sqrt{2}+1}{4(2+\sqrt{2})}P = -0.2803P$$

부재	L	F_0	f	F_0fL	f^2L	F=F_0+Xf (kN)
AB	L	$-\dfrac{1}{2}P$	$-\dfrac{1}{\sqrt{2}}$	$\dfrac{1}{2\sqrt{2}}$PL	$\dfrac{1}{2}$L	$-0.3018P$ (C)
AD	$\sqrt{2}$ L	$\dfrac{\sqrt{2}}{2}P$	1	PL	$\sqrt{2}$ L	$0.4268P$ (T)
AE	L	$-\dfrac{1}{2}P$	$-\dfrac{1}{\sqrt{2}}$	$\dfrac{1}{2\sqrt{2}}$PL	$\dfrac{1}{2}$L	$-0.3018P$ (C)
BC	$\sqrt{2}$ L	$-\dfrac{\sqrt{2}}{2}P$	0	0	0	$-0.7071P$ (C)
BD	L	$\dfrac{1}{2}P$	$-\dfrac{1}{\sqrt{2}}$	$-\dfrac{1}{2\sqrt{2}}$PL	$\dfrac{1}{2}$L	$0.6982P$ (T)
CD	L	$\dfrac{1}{2}P$	0	0	0	$0.5000P$ (T)
DE	L	0	$-\dfrac{1}{\sqrt{2}}$	0	$\dfrac{1}{2}$L	$0.1982P$ (T)
BE	$\sqrt{2}$ L	−	1	−	$\sqrt{2}$ L	$-0.2803P$ (C)
Σ				$\left(1+\dfrac{1}{2\sqrt{2}}\right)$PL	$(2+2\sqrt{2})$L	

▶ 최소 좌굴하중 산정

최대 부재력이 발생하는 단면은 BC부재로 단면력은 $0.707P(=\dfrac{P}{\sqrt{2}})$이다.

$I = \dfrac{\pi d^4}{64}$, 탄성계수 E, 단순 핀연결부재의 $k = 1.0$

$$P_{cr} = \frac{\pi^2 EI}{(kl)^2} = \frac{\pi^2 E}{(\sqrt{2}L)^2}\frac{\pi d^4}{64} = \frac{\pi^3 Ed}{128L^2}, \qquad \frac{P}{\sqrt{2}} = P_{cr}, \qquad \therefore P = \frac{\sqrt{2}\,\pi^3 Ed}{128L^2}$$

트러스 절점법

다음 그림과 같은 트러스 구조물의 DF부재력을 구하시오.

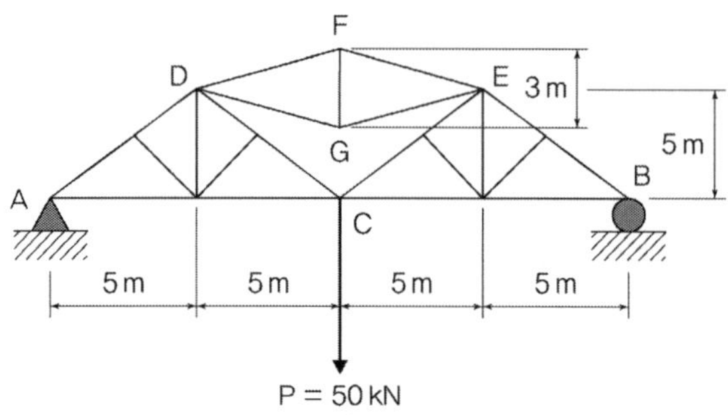

풀 이

▶ 개요

정정 구조물이므로 절점법을 이용한다.

▶ 부재력 산정

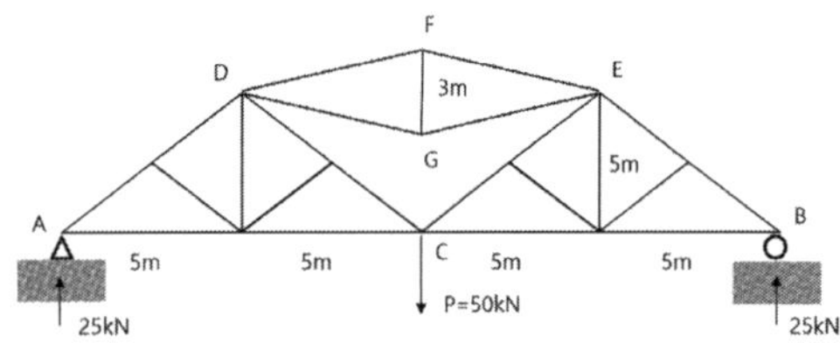

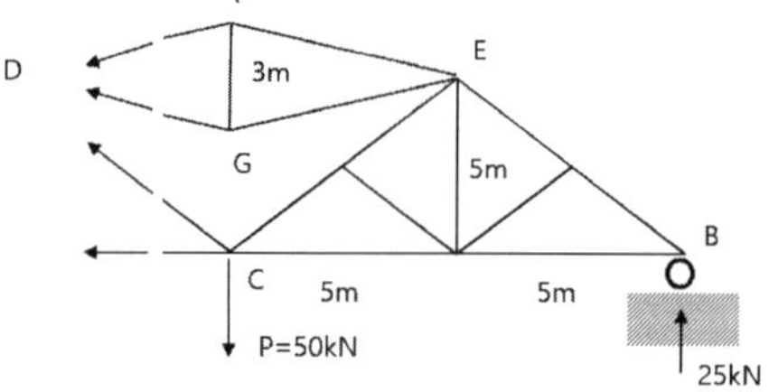

$$\sum M_D = 0 \ ; \ F_{CA} \times 5 + 50 \times 5 - 25 \times 15 = 0 \quad \therefore F_{CA} = 25 \text{ kN(T)}$$

C점에서 수직, 수평 합력은 0 이므로,

$$F_{CD} = F_{CE}, \ \frac{1}{\sqrt{2}}(F_{CD} + F_{CE}) = 50 \quad \therefore F_{CD} = F_{CE} = 25\sqrt{2} \text{ kN(T)}$$

왼쪽 트러스에서 수직, 수평 합력은 0 이므로,

$$\sum F_x = 0 \ ; \ F_{DF}\left(\frac{5}{\sqrt{5^2 + 1.5^2}}\right) + F_{DG}\left(\frac{5}{\sqrt{5^2 + 1.5^2}}\right) + 25\sqrt{2} \times \left(\frac{1}{\sqrt{2}}\right) + 25 = 0$$

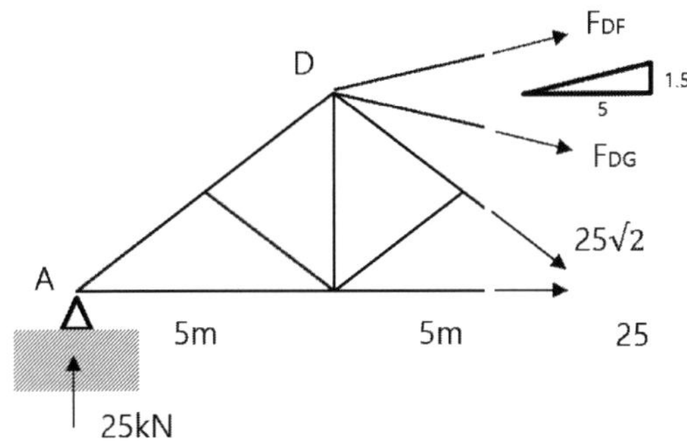

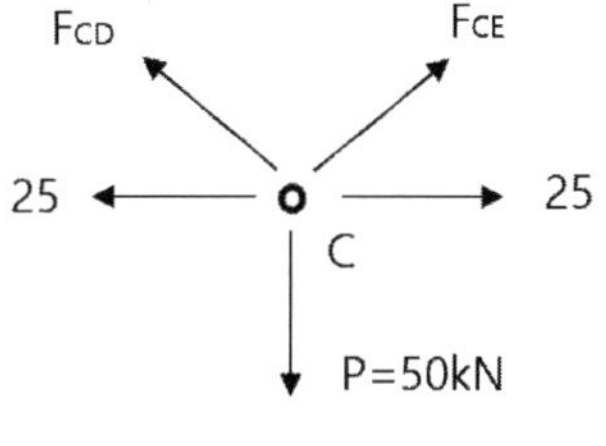

$$\sum F_y = 0 \ ; \ F_{DF}\left(\frac{1.5}{\sqrt{5^2+1.5^2}}\right) - F_{DG}\left(\frac{1.5}{\sqrt{5^2+1.5^2}}\right) - 25\sqrt{2}\times\left(\frac{1}{\sqrt{2}}\right) + 25 = 0$$

$$\therefore F_{DF} = F_{DG} = -26.1 \text{ kN (C)}$$

트러스 절점법

그림과 같은 트러스 구조물의 DG 부재력을 구하시오.

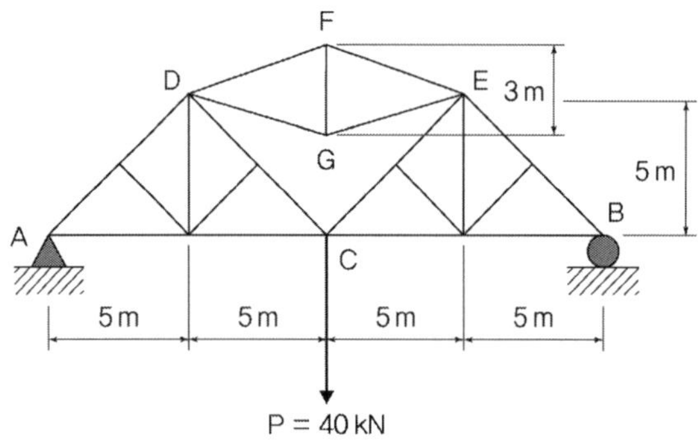

풀 이

➤ 개요

정정 구조물이므로 절점법을 이용한다.

➤ 부재력 산정

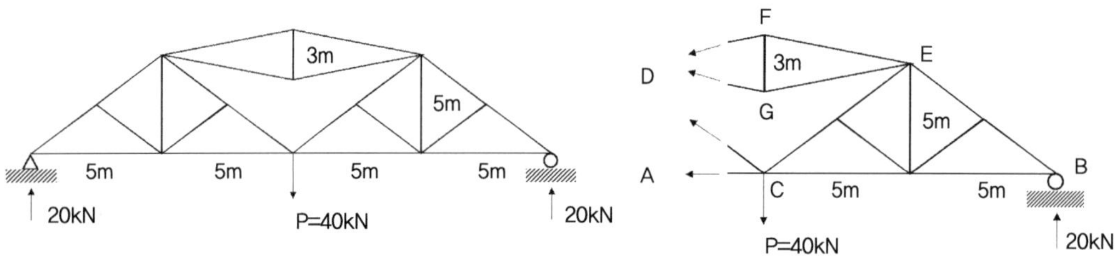

$$\sum M_D = 0 \ ; \ F_{CA} \times 5 + 40 \times 5 - 20 \times 15 = 0 \qquad \therefore \ F_{CA} = 20 \ \text{kN(T)}$$

C점에서 수직, 수평 합력은 0이므로,

$$F_{CD} = F_{CE}, \ \frac{1}{\sqrt{2}}(F_{CD} + F_{CE}) = 40 \quad \therefore \ F_{CD} = F_{CE} = 20\sqrt{2} \ \text{kN(T)}$$

왼쪽 트러스에서 수직, 수평 합력은 0이므로,

$$\sum F_x = 0 \ ; \ F_{DF}\left(\frac{5}{\sqrt{5^2+1.5^2}}\right) + F_{DG}\left(\frac{5}{\sqrt{5^2+1.5^2}}\right) + 20\sqrt{2}\times\left(\frac{1}{\sqrt{2}}\right) + 20 = 0$$

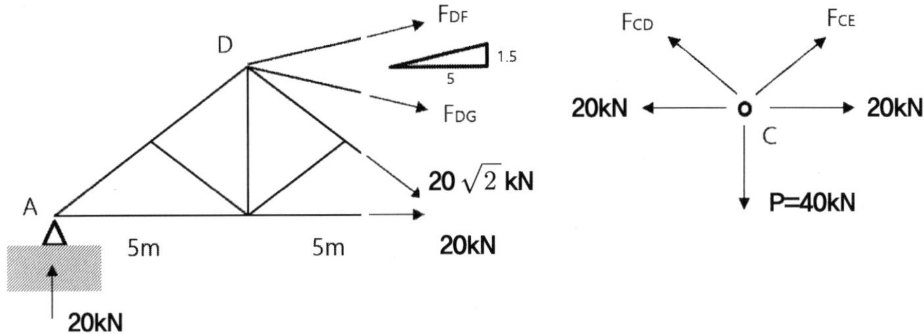

$$\sum F_y = 0 \ ; \ F_{DF}\left(\frac{1.5}{\sqrt{5^2+1.5^2}}\right) - F_{DG}\left(\frac{1.5}{\sqrt{5^2+1.5^2}}\right) - 20\sqrt{2}\times\left(\frac{1}{\sqrt{2}}\right) + 20 = 0$$

$$\therefore \ F_{DF} = F_{DG} = -20.88 \ \text{kN (C)}$$

입체트러스

다음 그림과 같은 입체트러스의 부재력을 구하시오(a는 홈 속의 롤러, b는 구지점, c는 구—소켓이다).

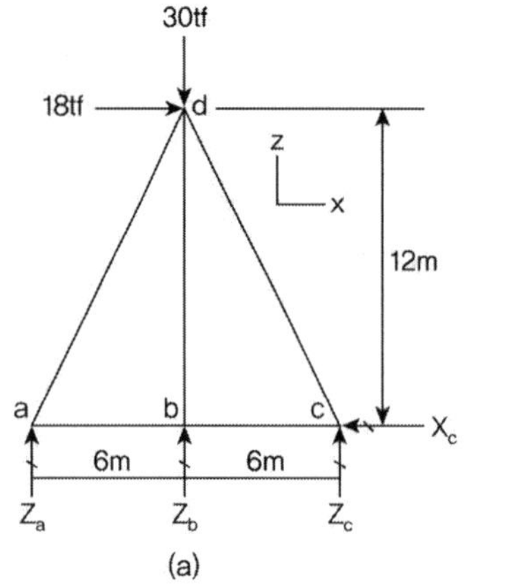
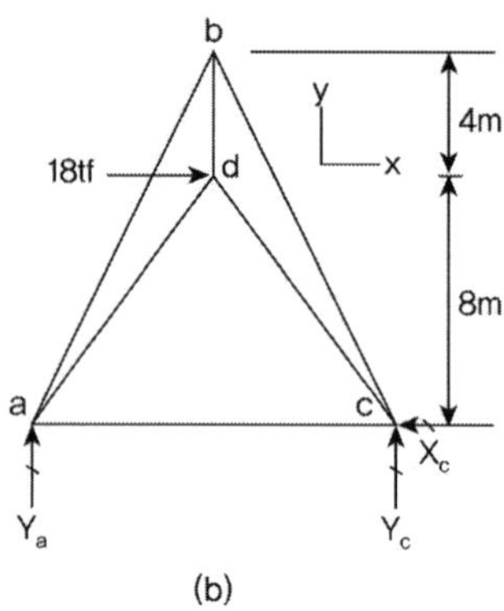

풀 이

▶ 개요

정정 트러스이므로 평형방정식을 이용하여 풀이한다.

$$3j = b + r \ : \ 3 \times 12 = 6 + 6$$

▶ 반력 산정

1) 선 ac에 대해서 $\sum M_x = 0$ 으로부터

$$30 \times 8 - 12 \times Z_b = 0 \qquad \therefore \ Z_b = 20 tonf \ (\uparrow)$$

2) Y_a 작용선에 관해서 $\sum M_y = 0$ 으로부터

$$18 \times 12 + 30 \times 6 - 20 \times 6 - 12 Z_c = 0 \qquad \therefore \ Z_c = 23 tonf \ (\uparrow)$$

3) $\sum F_z = 0 \ : \ Z_a + 20 + 23 - 30 = 0 \qquad \therefore \ Z_a = -13 tonf \ (\downarrow)$

4) Z_c 의 작용선에 관하여 $\sum M_z = 0$ 으로부터

$$18 \times 8 + 12 Y_a = 0 \qquad \therefore \ Y_a = -12 tonf (\downarrow)$$

5) $\sum F_y = 0 : -12 + Y_c = 0 \qquad \therefore Y_c = 12 tonf (\uparrow)$

6) $\sum F_x = 0 : 18 - X_c = 0 \qquad \therefore X_c = 18 tonf (\leftarrow)$

▶ 트러스의 부재력 산정

1) 부재 ad

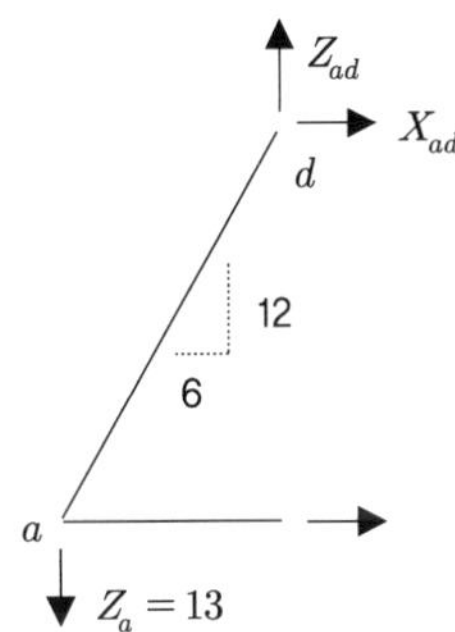

$$X_{ad} = Z_{ad}\left(\frac{l_x}{l_z}\right) = 13\left(\frac{6}{12}\right) = +6.5$$

$$Y_{ad} = Z_{ad}\left(\frac{l_y}{l_z}\right) = 13\left(\frac{8}{12}\right) = +8.67$$

$$\therefore F_{ad} = \sqrt{X_{ad}^2 + Y_{ad}^2 + Z_{ad}^2} = 16.92^{tonf} \text{ (T)}$$

2) 부재 ab와 부재 ac

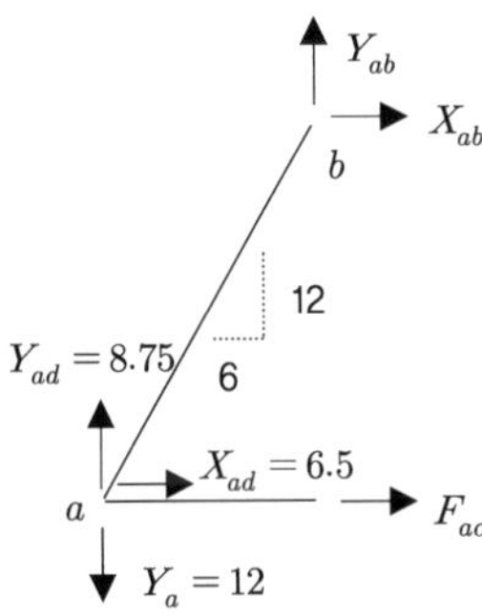

격점 a를 고립시키면

$$\sum F_y = 0 : Y_{ab} + 8.67 = 12 \qquad \therefore Y_{ab} = 3.33$$

$$X_{ab} = Y_{ab}\left(\frac{l_x}{l_y}\right) = 3.33\left(\frac{6}{12}\right) = +1.67, \ Z_{ab} = 0$$

$$\therefore F_{ab} = \sqrt{X_{ab}^2 + Y_{ab}^2 + Z_{ab}^2} = 3.73^{tonf} \text{ (T)}$$

$$\sum F_x = 0 : F_{ac} + X_{ab} + X_{ad} = 0 \quad \therefore F_{ac} = -8.17^{tonf} \text{ (C)}$$

3) 부재 cd

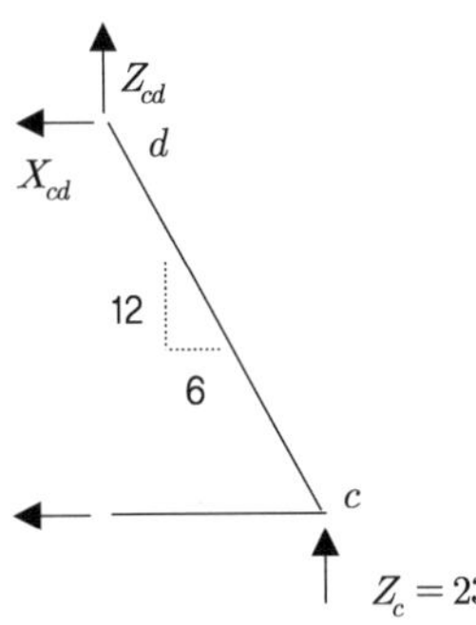

xz평면에서 격점 c를 고립시키면 cd만 z 성분을 갖는다.

$$Z_{cd} = -Z_c = -23^{tonf} \text{ (C)}$$

$$X_{cd} = Z_{cd}\left(\frac{l_x}{l_z}\right) = -23\left(\frac{6}{12}\right) = -11.5 \text{ (C)}$$

$$Y_{cd} = Z_{cd}\left(\frac{l_y}{l_z}\right) = -23\left(\frac{8}{12}\right) = -15.33 \text{ (C)}$$

$$\therefore F_{cd} = \sqrt{X_{cd}^2 + Y_{cd}^2 + Z_{cd}^2} = 29.94^{tonf} \text{ (C)}$$

4) 부재 cb

xy평면에서 격점 c를 고립시키면

$$\Sigma F_x = 0 \ : \ X_{cb} = 11.5 + 8.17 - 18 = 1.67$$

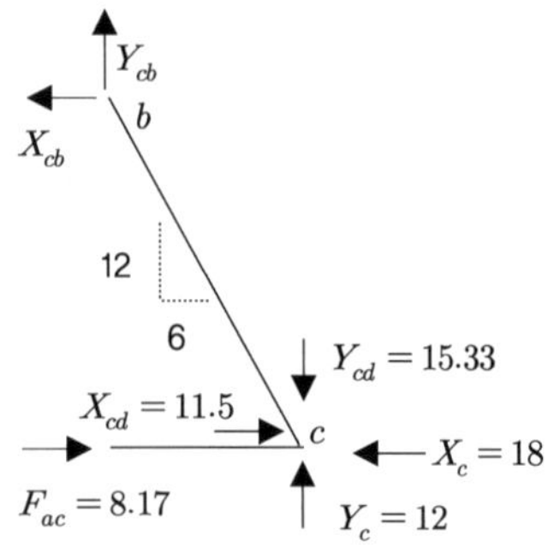

$$Y_{cb} = X_{cb}\left(\frac{l_y}{l_x}\right) = 1.67\left(\frac{12}{6}\right) = 3.33$$

$$Z_{cb} = X_{cb}\left(\frac{l_z}{l_x}\right) = 1.67\left(\frac{0}{6}\right) = 0$$

$$\therefore \ F_{cb} = \sqrt{X_{ab}^2 + Y_{ab}^2 + Z_{ab}^2} = 3.73^{tonf} \ \text{(T)}$$

5) 부재 bd

격점 b를 고립시키면

$$Z_{bd} = - Z_b = - 20 \ \text{(C)}$$

$$X_{bd} = Z_{bd}\left(\frac{l_x}{l_z}\right) = - 20 \times 0 = 0, \ \ Y_{bd} = Z_{bd}\left(\frac{l_y}{l_z}\right) = - 20\left(\frac{4}{12}\right) = - 6.67 \ \text{(C)}$$

$$\therefore \ F_{bd} = \sqrt{X_{bd}^2 + Y_{bd}^2 + Z_{bd}^2} = 21.08^{tonf} \ \text{(C)}$$

트러스 : 가시설

다음과 같은 교량 상부 슬래브 캔틸레버부의 가설동바리에 대하여 사재에 발생되는 응력을 구하시오. 단, 가설동바리의 자중은 무시하고, 콘크리트 슬래브 단위중량은 25kN/m³이며 수평재에 등분포하게 작용한다고 가정한다. 수평재와 수직재 및 사재는 강재(SS400) L-60×60×5이고, 부재들은 한 개의 M20볼트로 연결되어 0.9m간격으로 설치되었으며, 슬래브 거푸집은 t=2mm인 강재이다.

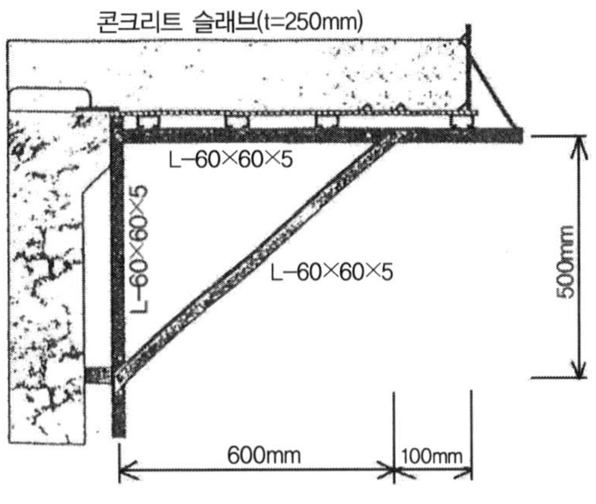

➤ 개요

가설동바리에 작용하는 하중은 콘크리트 슬래브의 자중만을 고려한다. 기타 작업하중 등은 별도로 고려하지 않는 것으로 가정한다.

➤ 구조물 단순화 해석

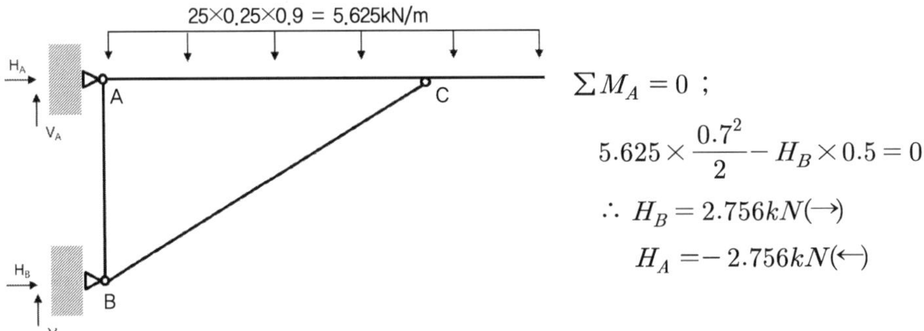

$$\sum M_A = 0 \; ;$$

$$5.625 \times \frac{0.7^2}{2} - H_B \times 0.5 = 0$$

$$\therefore \; H_B = 2.756kN(\rightarrow)$$

$$H_A = -2.756kN(\leftarrow)$$

B점에서

$$H_B + F_{BC} \times \frac{600}{\sqrt{600^2 + 500^2}} = 0 \qquad \therefore F_{BC} = -3.588\text{kN(C)}$$

➤ 사재 응력 산출

$$A = 60 \times 5 + 55 \times 5 = 575 \text{ mm}^2 \qquad\qquad \therefore \sigma_{BC} = \frac{F_{BC}}{A} = 6.240\text{MPa(C)}$$

부정정 트러스

아래 그림과 같은 트러스에서 D점에 P1, P2의 하중이 작용할 때 $\triangle 1$, $\triangle 2$를 구하시오(단, 부재의 EA는 일정하다).

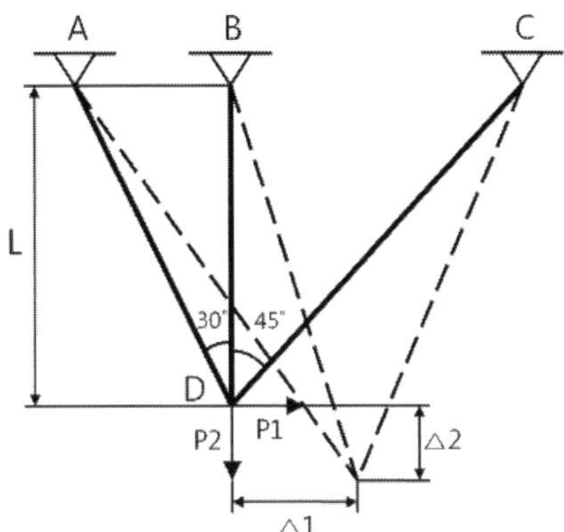

풀 이

▶ 개요

부정정 트러스 구조물의 해석은 에너지 방법을 이용한 최소일의 원리, 변위일치법, Willot Diagram, 매트릭스 해석법 등을 활용하여 산정할 수 있다.

▶ 에너지의 방법

1) 평형방정식

BD부재의 축력을 부정정력으로 선택 $F_{BD} = X$

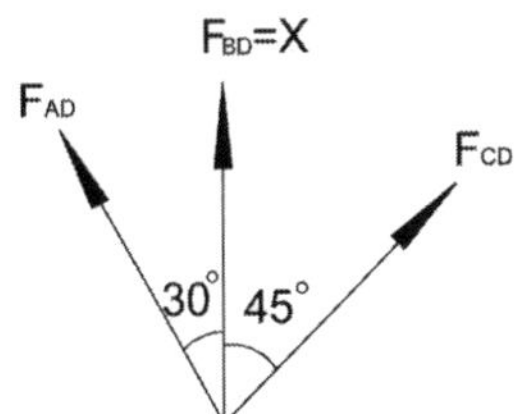

$$\sum F_x = 0 \;:\; F_{AD}\sin30° - F_{DC}\sin45° = P_1$$
$$\sum F_y = 0 \;:\; X + F_{AD}\cos30° + F_{DC}\cos45° = P_2$$

$$\therefore \; F_{AD} = -0.7321(X - P_1 - P_2)$$
$$F_{DC} = -0.5176X - 0.8966P_1 + 0.5176P_2$$

2) 변형에너지
$$U = \sum \frac{F^2 L}{2EA} = \frac{F_{AD}^2 L_{AD}}{2EA} + \frac{X^2 L_{BD}}{2EA} + \frac{F_{CD}^2 L_{CD}}{2EA}$$

$$= \frac{0.3094L(X - P_1 - P_2)^2}{EA} + \frac{X^2 L}{2EA} + \frac{0.1895(X + 1.732(P_1 - 0.577P_2))^2}{EA}$$

3) 최소일의 원리

$$\frac{\partial U}{\partial X} = 0 : \quad \therefore X = -0.01879(P_1 - 26.58P_2)$$

4) 변위 산정

$$U = \frac{L}{EA}(0.877P_1^2 - 0.0188P_1P_2 + 0.2497P_2^2)$$

$$\therefore \Delta_1 = \frac{\partial U}{\partial P_1} = \frac{L}{EA}(1.7549P_1 - 0.01879P_2)$$

$$\Delta_2 = \frac{\partial U}{\partial P_2} = \frac{L}{EA}(0.499P_2 - 0.01879P_1)$$

➤ 매트릭스 해석법

1) 평형방정식([P]=[A][Q])

$$\begin{bmatrix} P_1 \\ P_2 \end{bmatrix} = \begin{bmatrix} \sin30° & 0 & -\sin45° \\ \cos30° & 1 & \cos45° \end{bmatrix} \begin{bmatrix} F_{AD} \\ F_{BD} \\ F_{CD} \end{bmatrix} \quad \therefore [A] = \begin{bmatrix} \sin30° & 0 & -\sin45° \\ \cos30° & 1 & \cos45° \end{bmatrix}$$

2) Element stiffness matrix([Q]=[S][e])

트러스 구조물의 강도 매트릭스는 $\left[\dfrac{EA}{L}\right]$, $L_{AD} = \dfrac{L}{\cos30°}$, $L_{CD} = \dfrac{L}{\cos45°}$

$$[S] = \frac{EA}{L}\begin{bmatrix} \cos30° & 0 & 0 \\ 0 & 1 & 0 \\ 0 & 0 & \cos45° \end{bmatrix}$$

3) Global stiffness matrix([K]=[A][S][A]T)

$$[K] = \frac{EA}{L}\begin{bmatrix} 0.57 & 0.0214 \\ 0.0214 & 2.003 \end{bmatrix}$$

4) Displacement([d]=[K]−1[P])

$$\begin{bmatrix} \Delta_1 \\ \Delta_2 \end{bmatrix} = \frac{L}{EA}\begin{bmatrix} 1.7549 & -0.01879 \\ -0.01879 & 0.499 \end{bmatrix}\begin{bmatrix} P_1 \\ P_2 \end{bmatrix}$$

비선형 트러스의 처짐

두 개의 동일한 부재 AB와 BC가 그림 (a)에서와 같이 연직하중 P를 지지하고 있다. 부재의 단면적(A)은 $0.0015m^2$인 알루미늄 합금이며, 그림 (b)와 같은 응력-변형률의 관계를 나타내고 있다. 이때 하중 P가 각각 45kN, 108kN, 180kN 작용할 때 절점 B의 연직변위(δ_b)를 구하시오.

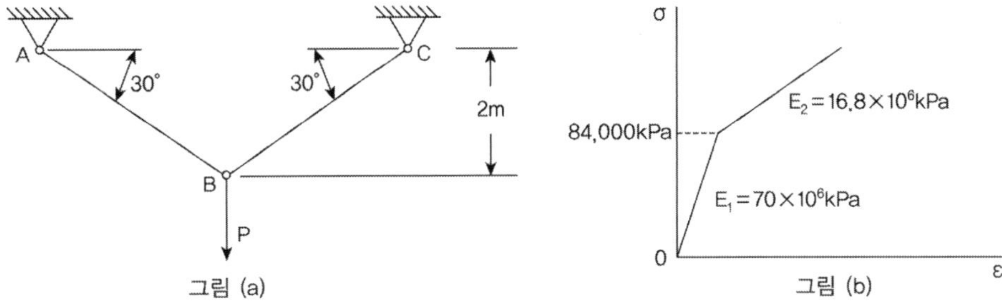

풀 이

▶ 개요

정정 트러스 구조물의 비선형 해석에 관한 문제로 하중과 부재력 간의 관계를 먼저 산정한 후 응력-변형률 관계로부터 변위를 산정한다.

▶ Willot Diagram에 의한 기하학적 풀이

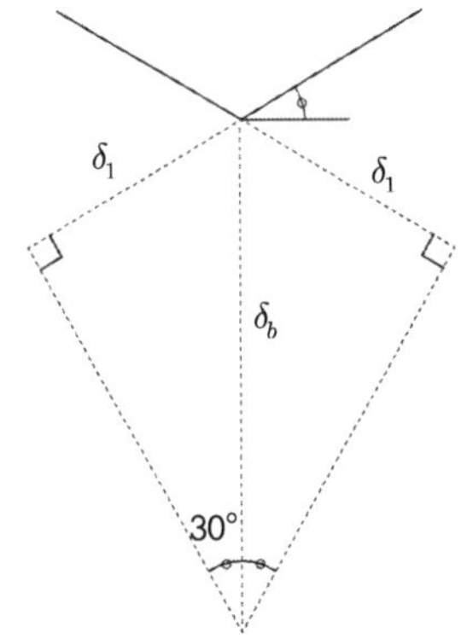

부재 AB, BC의 부재력은 같으므로 F라고 하면,
$$\sum F_y = 0 : 2F\sin30° - P = 0 \qquad \therefore F = P$$

Willot Diagram으로부터,

$$\delta_b = \frac{\delta_1}{\sin30°} = 2\delta_1$$

▶ 탄성한계 검토

부재 AB, BC의 단면적은 $0.0015m^2$이므로 탄성계수 E_1이 적용되는 탄성한계에서의 하중은
$$F = P = 84000 \times 10^3 \,(N/m^2) \times 0.0015\,(m^2) = 126\,(kN) \ , \quad \epsilon_{pl} = \sigma_{pl}/E_1 = 0.0012$$

부재 AB, BC의 단면적은 $0.0015m^2$이고, 길이 $L_1 = 4m$

1) $P = 45kN$일 때의 변위

부재가 탄성계수 E_1 범위 내에서 거동하므로

$$\delta_{1(P=45)} = \frac{FL}{AE} = \frac{45 \times 10^3 (N) \times 4 (m)}{0.0015 (m^2) \times 70 \times 10^6 \times 10^3 (N/m^2)} = 0.001714m = 1.714mm$$

$$\therefore \delta_b = 2\delta_1 = 3.428mm$$

2) $P = 108kN$일 때의 변위

부재가 탄성계수 E_1 범위 내에서 거동하므로

$$\delta_{1(P=108)} = \frac{FL}{AE} = \frac{108 \times 10^3 (N) \times 4 (m)}{0.0015 (m^2) \times 70 \times 10^6 \times 10^3 (N/m^2)} = 0.004114m = 4.114mm$$

$$\text{또는 } \delta_{1(P=108)} = \delta_{1(P=45)} \times \frac{108}{45} = 4.114mm \qquad \therefore \delta_b = 2\delta_1 = 8.228mm$$

3) $P = 180kN$일 때의 변위

부재가 탄성계수 E_1 이상이므로 탄성계수 E_1과 E_2 거동과 분리하여 산정한다.

$$\delta_{1(P=180)} = \epsilon \times L_1$$

$$\epsilon = 0.0012 + \frac{(180 - 126) \times 10^3 (N))}{0.0015 (m^2) \times 16.8 \times 10^6 \times 10^3 (N/m^2)} = 0.003343$$

$$\delta_{1(P=180)} = \epsilon \times L_1 = 13.371mm \qquad \therefore \delta_b = 2\delta_1 = 26.743mm$$

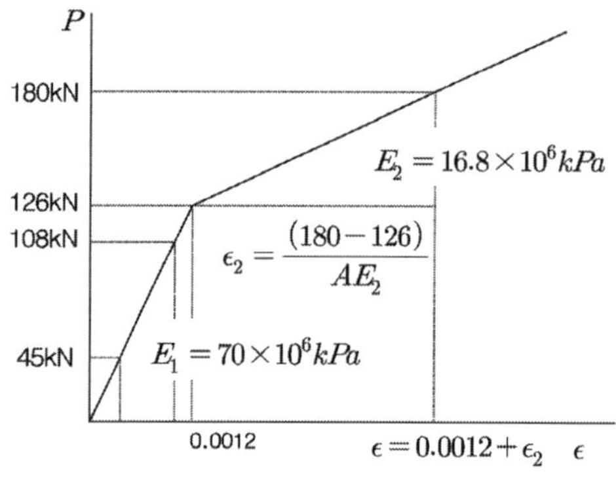

비선형 트러스 처짐

그림의 구조물은 비탄성재료특성을 가진다. 절점 O에서의 수직처짐을 구하라.

$$P = 100kN, \ A = 32cm^2$$

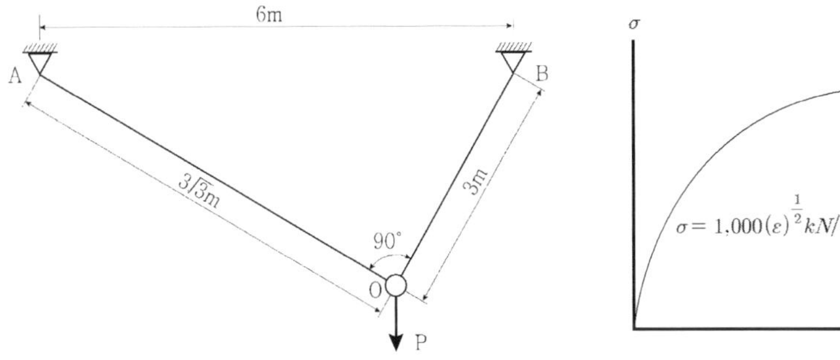

풀 이

➤ 개요

비대칭 비선형 트러스의 처짐을 산정하기 위해서 에너지법을 이용하여 풀이한다. 주어진 재료의 비대칭 특성이 응력과 변형률의 관계이므로 에너지 밀도를 이용한 공액에너지법이나 변형에너지법을 통해서 산정할 수 있고, 공액에너지법을 이용할 경우 Crotti-engesser정리를 이용할 수 있으며, 변형에너지법을 사용할 경우 Castigliano의 1정리를 이용할 수 있다.

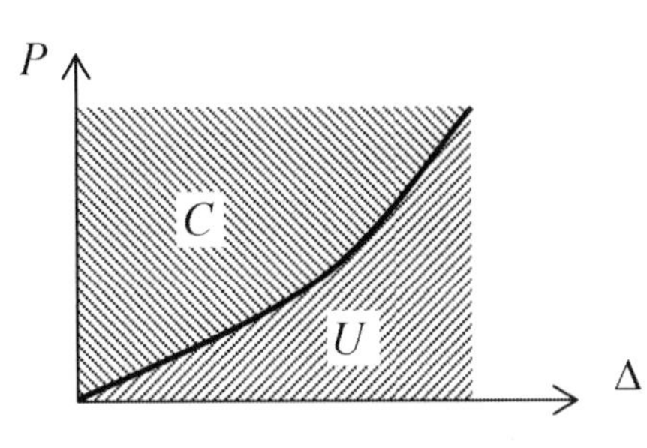

변형에너지(Strain Energy)

$$U = \int_0^{\Delta_1} P_1 d\Delta_1 + \int_0^{\Delta_2} P_2 d\Delta_2 + \dots + \int_0^{\Delta_n} P_n d\Delta_n$$

$$\frac{\partial U}{\partial \Delta_j} = P_j \ ; \text{ Castigliano의 1정리}$$

공액에너지(Complementary energy)

$$C = \int_0^{P_1} \Delta_1 dP_1 + \int_0^{P_2} \Delta_2 dP_2 + \dots + \int_0^{P_n} \Delta_n dP_n$$

$$\frac{\partial C}{\partial P_j} = \Delta_j \ ; \text{ Crotti-engesser 정리}$$

➤ **공액에너지법을 이용한 풀이**

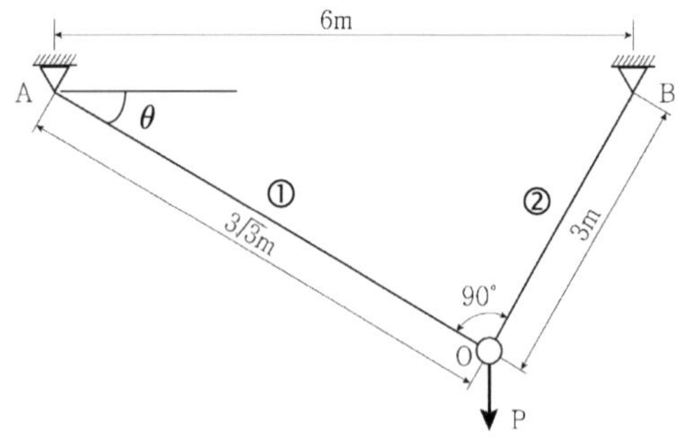

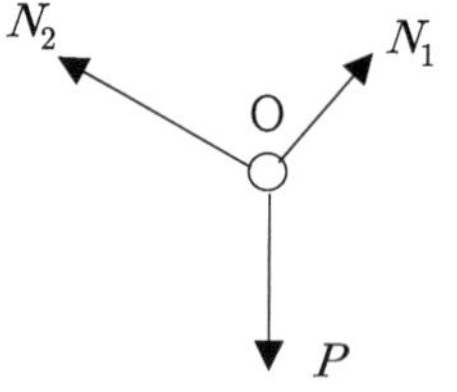

$$\sin\theta = \frac{1}{2}, \ \cos\theta = \frac{\sqrt{3}}{2}$$

1. 평형방정식

$$N_1\sin\theta + N_2\cos\theta = P, \quad N_1\cos\theta = N_2\sin\theta$$

$$\therefore \ N_1 = \frac{P}{2}, \quad N_2 = \frac{\sqrt{3}}{2}P \qquad \therefore \ \sigma_1 = \frac{N_1}{A} = \frac{P}{2A}, \quad \sigma_2 = \frac{\sqrt{3}\,P}{2A}$$

2. 응력과 변형률과의 관계

$$\epsilon = \left(\frac{\sigma}{1000}\right)^2$$

3. 공액에너지(C)의 산정

$$C_1 = AL \times \int_0^{\sigma_1} \epsilon_1 d\sigma_1 = 300\sqrt{3} \times A \times \int_0^{\sigma_1} \left(\frac{\sigma_1}{1000}\right)^2 d\sigma_1 = \frac{\sqrt{3}\,P^3}{80000A^2}$$

$$C_2 = AL \times \int_0^{\sigma_2} \epsilon_2 d\sigma_2 = 300 \times A \times \int_0^{\sigma_2} \left(\frac{\sigma_2}{1000}\right)^2 d\sigma_2 = \frac{3\sqrt{3}\,P^3}{80000A^2}$$

$$\therefore C = C_1 + C_2 = \frac{\sqrt{3}\,P^3}{20000A^2}$$

4. 수직처짐(δ_V) 산정

Crotti-engesser 정리로부터 $\ \delta_V = \dfrac{\partial C}{\partial P} = \dfrac{3\sqrt{3}\,P^2}{20000A^2}$

여기서 $P = 100kN, \ A = 25cm$ 이므로, $\quad \therefore \ \delta_v = 0.002537\,cm \ (\downarrow)$

1. 부재의 신장량 및 변형률 산정

   O점의 수직방향의 변위를 각각 D라고 하고 AO부재를 ①부재, BO부재를 ②부재라고 가정한다.

   ①, ②부재의 수직변위 D의 변위로 인해 신장된 양은 인장량을 +라고 가정하면 다음과 같다.

   $$\delta_① = D\sin\theta \qquad \delta_② = D\cos\theta$$

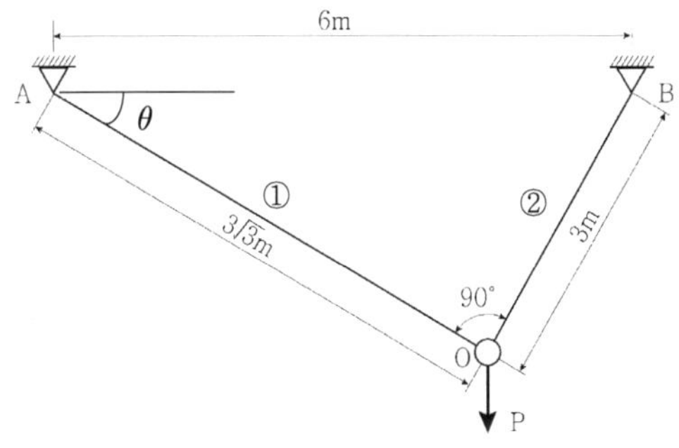

$$\epsilon_1 = \delta_① / L_① = \frac{D\sin\theta}{300\sqrt{3}} = \frac{1}{300\sqrt{3}}\left[\frac{1}{2}D\right], \quad \epsilon_2 = \delta_② / L_② = \frac{D\cos\theta}{300} = \frac{1}{300}\left[\frac{\sqrt{3}}{2}D\right]$$

2. 각 부재의 변형밀도에너지와 변형에너지 산정

   주어진 응력과 변형률과의 비선형관계에서 $\sigma = B\sqrt{\epsilon}\ (B = 1000)$이라고 하면,

   변형 밀도 에너지는 $u = \displaystyle\int_0^\epsilon \sigma d\epsilon$ 으로 표현되므로,

   $$u_① = \int_0^{\epsilon_1} \sigma_1 d\epsilon_1 = B\int_0^{\epsilon_1} \sqrt{\epsilon_1}\, d\epsilon_1 = \frac{\sqrt{2}}{162}B(\sqrt{3}\,D)^{3/2}$$

   $$u_② = \int_0^{\epsilon_2} \sigma_2 d\epsilon_2 = B\int_0^{\epsilon_2} \sqrt{\epsilon_2}\, d\epsilon_2 = \frac{\sqrt{6}}{54}B(\sqrt{3}\,D)^{3/2}$$

   전체 변형밀도 에너지는 $u = u_① + u_②$

   변형에너지는

   $$U = \sum u_i A_i L_i = u_① \times (32) \times (3\sqrt{3} \times 100) + u_② \times (32) \times (3 \times 100)$$

3. 변위 산정

   Castigliano의 제1정리에 따라서

   $$P = \frac{\partial U}{\partial D} \ ; \quad \frac{800\sqrt{2}\,(\sqrt{3}\,D)^{1/2}}{3} + 800\sqrt{2}\,(\sqrt{3}\,D)^{1/2} = 100 \qquad \therefore D = \delta_v = 0.002537\,\text{cm}\ (\downarrow)$$

➤ **변형에너지법을 이용한 풀이(수직 · 수평변위를 모두 고려한 경우)**

1. 부재의 신장량 및 변형률 산정

   O점의 수직, 수평방향의 변위를 각각 D_1, D_2라고 하고 AO부재를 ①부재, BO부재를 ②부재라고 가정한다.

   ①, ②부재의 D_1, D_2의 변위로 인해 신장된 양은 인장량을 +라고 가정하면 다음과 같다.

   $$\delta_① = D_1\sin\theta + D_2\cos\theta \qquad \delta_② = D_1\cos\theta + D_2\sin\theta$$

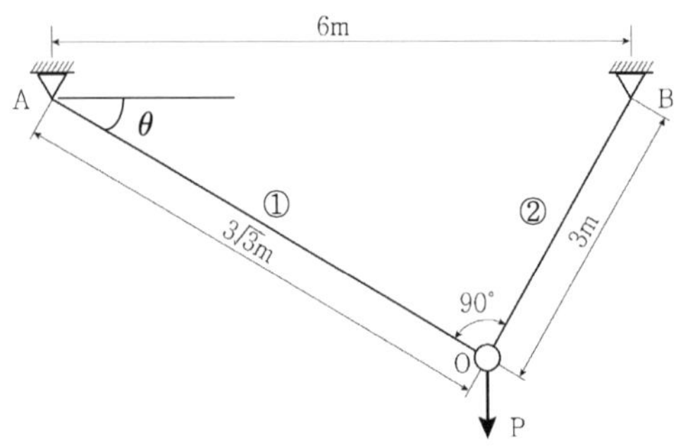

$$\epsilon_1 = \delta_① / L_① = \frac{D_1\sin\theta + D_2\cos\theta}{300\sqrt{3}} = \frac{1}{300\sqrt{3}}\left[\frac{1}{2}D_1 + \frac{\sqrt{3}}{2}D_2\right] = \frac{1}{\sqrt{3}L}\left[\frac{1}{2}D_1 + \frac{\sqrt{3}}{2}D_2\right]$$

$$\epsilon_2 = \delta_② / L_② = \frac{D_1\cos\theta - D_2\sin\theta}{300} = \frac{1}{300}\left[\frac{\sqrt{3}}{2}D_1 - \frac{1}{2}D_2\right] = \frac{1}{L}\left[\frac{\sqrt{3}}{2}D_1 - \frac{1}{2}D_2\right], \quad L = 300$$

2. 각 부재의 변형밀도에너지와 변형에너지 산정

   주어진 응력과 변형률과의 비선형관계에서 $\sigma = B\sqrt{\epsilon}\ (B = 1000)$이라고 하면,

   변형 밀도 에너지는 $u = \displaystyle\int_0^\epsilon \sigma d\epsilon$ 으로 표현되므로,

   $$u_① = \int_0^{\epsilon_1} \sigma_1 d\epsilon_1 = B\int_0^{\epsilon_1} \sqrt{\epsilon_1}\, d\epsilon_1 = \frac{\sqrt{2}}{162} B(\sqrt{3}D_1 + 3D_2)^{3/2}$$

   $$u_② = \int_0^{\epsilon_2} \sigma_2 d\epsilon_2 = B\int_0^{\epsilon_2} \sqrt{\epsilon_2}\, d\epsilon_2 = \frac{\sqrt{6}}{54} B(\sqrt{3}D_1 - D_2)^{3/2}$$

   전체 변형밀도 에너지는 $u = u_① + u_②$

   변형에너지는

   $$U = \sum u_i A_i L_i = u_① \times (32) \times (3\sqrt{3} \times 100) + u_② \times (32) \times (300)$$

3. 변위 산정

   Castigliano의 제1정리에 따라서

$$P_1 = \frac{\partial U}{\partial D_1} = P \ ; \quad \frac{800\sqrt{2}\,(\sqrt{3}\,D_1 + 3D_2)^{1/2}}{3} + 800\sqrt{2}\,(\sqrt{3}\,D_1 - D_2)^{1/2} = 100$$

$$\therefore\ \frac{800\sqrt{2}\,(\sqrt{3}\,D_1 + 3D_2)^{1/2}}{3} + \frac{800\sqrt{2}}{\sqrt[4]{3}}\,(3D_1 - \sqrt{3}\,D_2)^{1/2} = 100$$

$$P_2 = \frac{\partial U}{\partial D_2} = 0 \ ; \quad \frac{800\sqrt{6}\,(\sqrt{3}\,D_1 + 3D_2)^{1/2}}{3} + \frac{800\sqrt{2}\,(\sqrt{3}\,D_2 - 3D_1)}{9(\sqrt{3}\,D_1 - D_2)^{1/2}} - \frac{1600(6\sqrt{3}\,D_1 - 6D_2)^{1/2}}{9} = 0$$

$$\therefore\ \frac{800\sqrt{6}\,(\sqrt{3}\,D_1 + 3D_2)^{1/2}}{3} + \frac{800\sqrt{2}\,(\sqrt{3}\,D_2 - 3D_1)}{\dfrac{9}{\sqrt[4]{3}}\,(3D_1 - \sqrt{3}\,D_2)^{1/2}} - \frac{1600\sqrt{6}\,(3D_1 - \sqrt{3}\,D_2)^{1/2}}{9\sqrt[4]{3}} = 0$$

두 식으로부터 $A = \sqrt{3}\,D_1 + 3D_2$, $B = 3D_1 - \sqrt{3}\,D_2$로 치환하면,

$$\frac{800\sqrt{2}}{3}\sqrt{A} + \frac{800\sqrt{2}}{\sqrt[4]{3}}\sqrt{B} = 100, \quad 800\frac{\sqrt{6}}{3}\sqrt{A} + 800\sqrt{2}\,\frac{\sqrt[4]{3}}{9}\,\frac{(-B)}{\sqrt{B}} - \frac{1600\sqrt{6}}{9\sqrt[4]{3}}\sqrt{B} = 0$$

$$\therefore\ A = \sqrt{3}\,D_1 + 3D_2 = \frac{9\sqrt{3}}{2048}, \quad B = 3D_1 - \sqrt{3}\,D_2 = \frac{9}{2048}$$

$$\therefore\ D_1 = \delta_v = 0.002537\,\mathrm{cm}\ (\downarrow), \quad D_2 = \delta_h = 0$$

비선형 트러스

그림과 같이 미소변형 거동을 하는 트러스 구조물에 수직하중 P가 C점에 작용하고 있다. 모든 트러스 부재의 단면적은 $400mm^2$이고 재료의 응력 변형률의 관계는 그림과 같다. 이때 집중하중 P와 C점의 수직처짐 δ의 관계를 구하시오.

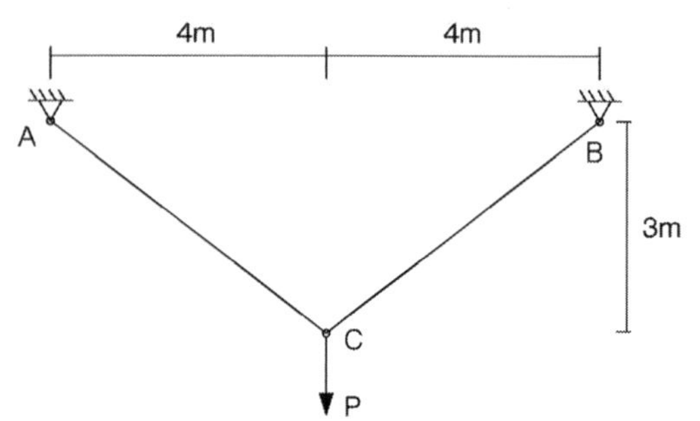

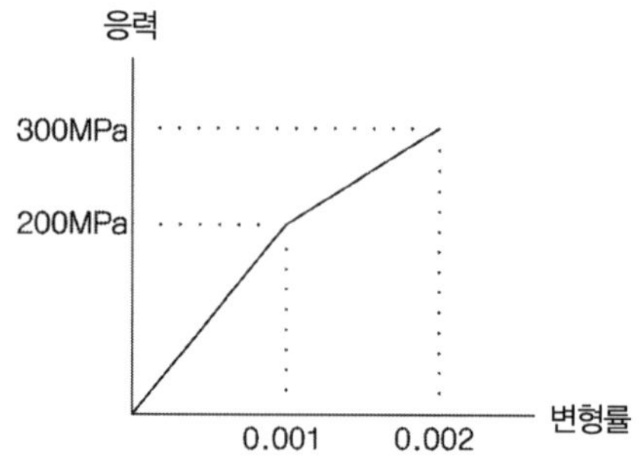

풀 이

▶ 개요

정정 트러스 구조물의 비선형 해석에 관한 문제로 하중과 부재력 간의 관계를 먼저 산정한 후 응력-변형률 관계로부터 변위를 산정한다.

▶ Willot Diagram에 의한 기하학적 풀이

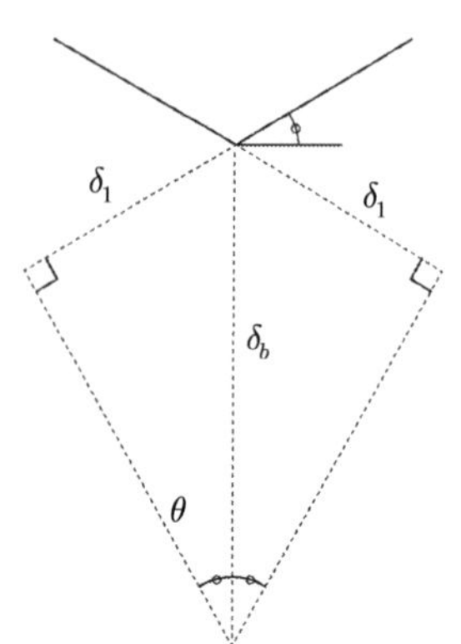

부재 AC, BC의 부재력은 같으므로 F라고 하면,

$$\sum F_y = 0 : 2F\sin\theta - P = 0 \qquad \therefore F = \frac{5}{6}P$$

Willot Diagram으로부터,

$$\delta_c = \frac{\delta_1}{\sin\theta} = \frac{5}{3}\delta_1$$

➤ 탄성한계 검토

그래프로부터 $E_1 = 200,000 MPa$, $E_2 = 100,000 MPa$

부재 AB, BC의 단면적은 $400 mm^2$이므로 탄성계수 E_1이 적용되는 탄성한계에서의 하중은

$$P = \frac{6}{5}F = \frac{6}{5} \times 200 \times 400 = 96kN, \quad F_1 = \frac{5}{6} \times P = 80kN$$

➤ 하중별 변위 산정

부재 AC, BC의 단면적은 $400 mm^2$이고, 길이 $L_1 = 5m$

1) 부재가 탄성계수 E_1 적용범위에서 거동할 때

$$\delta_{1(P=96^{kN})} = \frac{F_1 L}{A E_1} = \frac{80 \times 10^3 (N) \times 5 \times 10^3 (mm)}{400 (m^2) \times 2 \times 10^5 (N/m^2)} = 5mm$$

(또는 $\delta_1 = \epsilon L = 0.001 \times 5000 = 5mm$)

$$\therefore \delta_c = \frac{5}{3} \delta_1 = 8.33mm$$

2) 부재가 탄성계수 $E_1 \sim E_2$ 적용범위에서 거동할 때

$$\sigma = 300MPa \text{일 때}, \quad P = \frac{6}{5}F = \frac{6}{5} \times 300 \times 400 = 144kN, \quad F_2 = \frac{5}{6} \times P = 120kN$$

$$\delta_{1(P=144)} = \frac{F_1 L}{A E_1} + \frac{(F_2 - F_1)L}{A E_2} = 5 + \frac{40 \times 10^3 (N) \times 5 \times 10^3 (mm)}{400 (m^2) \times 1 \times 10^5 (N/m^2)} = 10^{mm}$$

(또는 $\delta_1 = \epsilon L = 0.002 \times 5000 = 10mm$)

$$\therefore \delta_c = \frac{5}{3} \delta_1 = 16.77mm$$

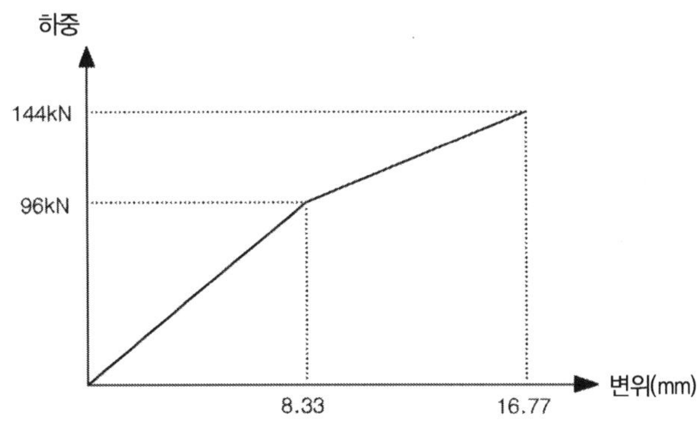

트러스 해석

그림과 같은 트러스에서 D점에 하중 P가 작용할 때 항복하중 P_y를 구하시오. 단, 탄성계수 E는 일정, 부재 AD 및 CD의 단면적은 A, 부재 BD의 단면적은 2A, 항복응력은 f_y이다.

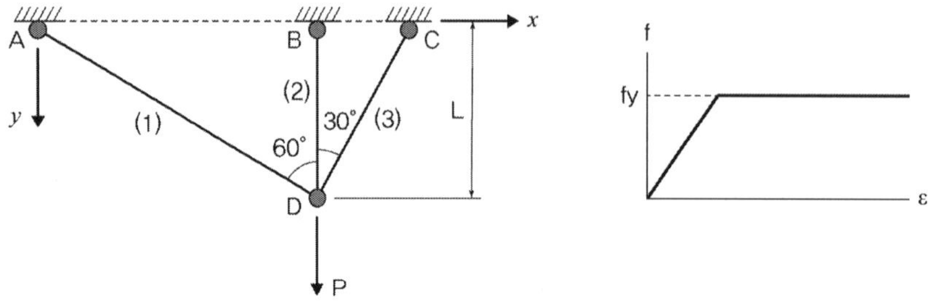

풀 이

▶ 개요

부정정 트러스 구조물의 해석은 에너지 방법을 이용한 최소일의 원리, 변위일치법, Willot Diagram, 매트릭스 해석법 등을 활용하여 산정할 수 있다. BD의 내력을 부정정력 F로 하여 에너지방법을 이용한다.

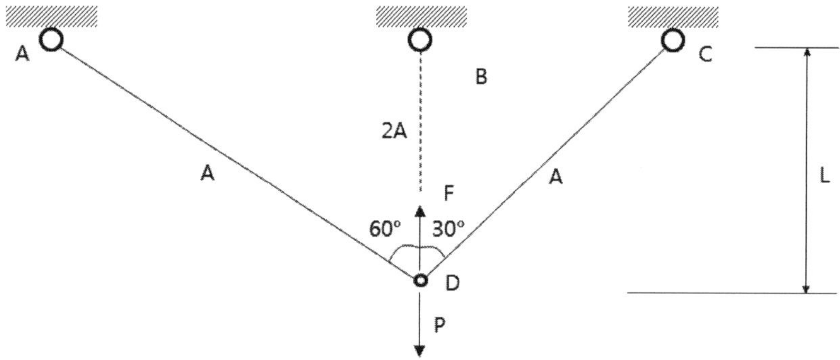

▶ 에너지의 방법에 따른 해석

1) 평형방정식

  BD부재의 축력을 부정정력으로 선택 $F_{BD} = F$

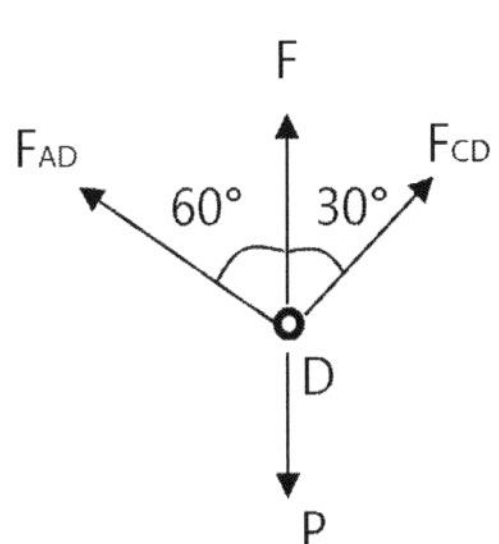

$$\sum F_x = 0 : F_{AD}\sin 60° = F_{DC}\sin 30° \quad \therefore F_{DC} = \sqrt{3}\,F_{AD}$$

$$\sum F_y = 0 : F + F_{AD}\cos 60° + F_{DC}\cos 30° = P$$

$$\therefore F_{AD} = \frac{1}{2}(P - F), \quad F_{DC} = \frac{\sqrt{3}}{2}(P - F)$$

2) 변형에너지

$$L_{AD} = 2L, \quad L_{CD} = \frac{2}{\sqrt{3}}L$$

$$U = \sum \frac{F^2 L}{2EA} = \frac{F_{AD}^2 L_{AD}}{2EA} + \frac{F^2 L_{BD}}{2E(2A)} + \frac{F_{CD}^2 L_{CD}}{2EA}$$

3) 최소일의 원리

$$\frac{\partial U}{\partial F} = 0 : \quad \therefore F = F_{BD} = 0.732051P, \quad F_{AD} = 0.133975P, \quad F_{DC} = 0.232051P$$

▶ 항복하중 산정

$$\sigma_{AD} = \frac{F_{AD}}{A} = 0.133975\frac{P}{A}, \quad \sigma_{BD} = \frac{F_{BD}}{2A} = 0.366026\frac{P}{A}, \quad \sigma_{CD} = \frac{F_{CD}}{A} = 0.232051\frac{P}{A}$$

$$\therefore f_y = \sigma_{BD} = 0.366026\frac{P}{A} \text{이므로}, \quad \therefore P_y = 2.7321 f_y A$$

트러스 변위법 해석

아래 그림과 같은 트러스 구조의 부재력을 매트릭스(Matrix) 변위법(變位法)에 의해 구하고, 그 전개과정을 설명하시오(단, 부재의 EA는 일정하다).

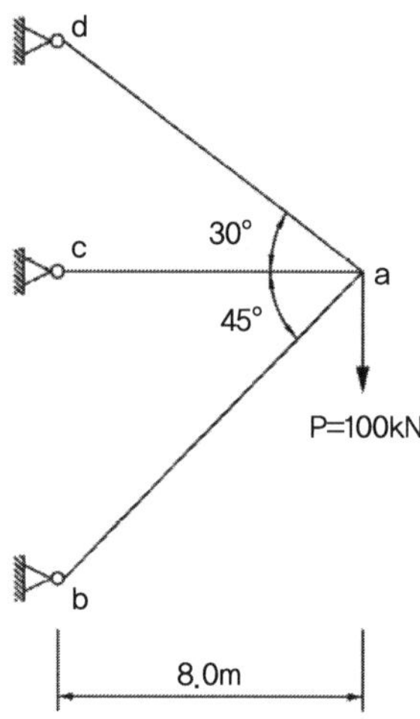

풀 이

▶ 개요

변위법(강성도법)은 격점변위를 미지수로 택한 후 평형조건, 힘-변형관계식 및 적합조건을 적용하여 구조물의 격점변위, 부재력 및 반력 등을 구하는 방법이다.

① 평형조건 $[P] = [A][Q]$, $\qquad$ $[A]$: Static Matrix(평형 Matrix)

② 힘-변형관계식 $[Q] = [S][e]$ $\qquad$ $[S]$: Element Stiffness Matrix(부재강도 Matrix)

$$(\text{보, 라멘}) \ [S] = \begin{bmatrix} \dfrac{4EI}{L} & \dfrac{2EI}{L} \\ \dfrac{2EI}{L} & \dfrac{4EI}{L} \end{bmatrix} \qquad (\text{트러스}) \ [S] = \begin{bmatrix} \dfrac{EA}{L} \end{bmatrix}$$

③ 적합조건 $[e] = [B][d]$ $\quad$ $[B] = [A]^T$: Deformed Shape Matrix(적합 Matrix)

$$[P] = [A][Q] \rightarrow [Q] = [S][e] \rightarrow [e] = [B][d] \ ([B] = [A]^T)$$
$$\rightarrow [P] = [A][S][B][d] = [A][S][A]^T[d]$$

④ Global Stiffness Matrix $[K] = [A][S][A]^T$ 산정

⑤ Displacement $[d] = [K]^{-1}[P]$ 산정

⑥ Internal Force $[Q] = [Q_0] + [S][A]^T[d]$ 산정

▶ 자유도 및 부재력 정의

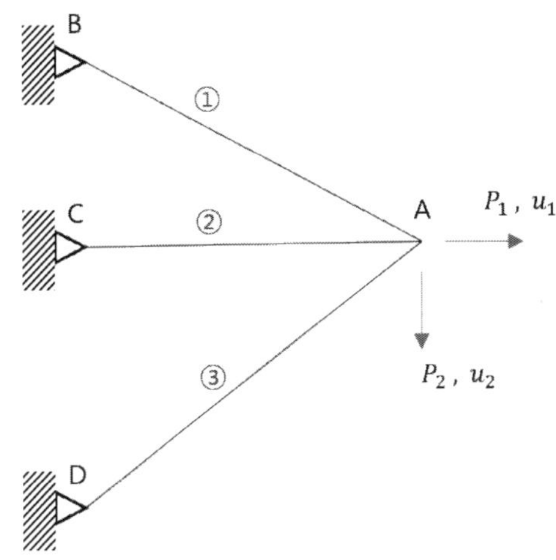

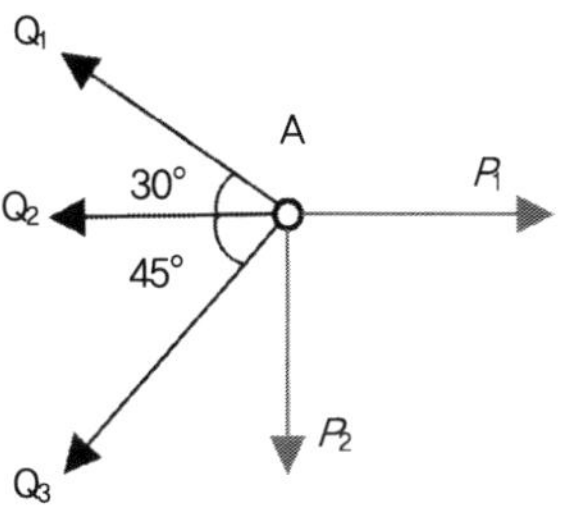

▶ 변위법을 이용한 구조물 해석

1) Load Matrix [P]

$$[P]_{2\times1} = \begin{bmatrix} 0 \\ 100 \end{bmatrix} \text{ (kN)}$$

2) Static Matrix [P]=[A][Q]

$$P_1 = Q_1\cos30° + Q_2 + Q_3\cos45°$$
$$P_2 = Q_1\sin30 - Q_3\sin45$$

$$\begin{bmatrix} P_1 \\ P_2 \end{bmatrix} = \begin{bmatrix} \cos30 & 1 & \cos45 \\ \sin30 & 0 & \sin45 \end{bmatrix}\begin{bmatrix} Q_1 \\ Q_2 \\ Q_3 \end{bmatrix}$$

$$\therefore [A]_{2\times3} = \begin{bmatrix} \sqrt{3}/2 & 1 & 1/\sqrt{2} \\ 1/2 & 0 & -1/\sqrt{2} \end{bmatrix}$$

3) Element stiffness Matrix [Q]=[S][e]

$$L_1 = 16/\sqrt{3} , \quad L_2 = 8, \quad L_3 = 8\sqrt{2}$$

$$\therefore [S]_{3\times 3} = EA \begin{bmatrix} \sqrt{3}/16 & & \\ & 1/8 & \\ & & 1/8\sqrt{2} \end{bmatrix}$$

4) Global stiffness Matrix $[K]_{2\times2}=[A]_{2\times3}[S]_{3\times3}[A]^{T}_{3\times2}$

$$[K]_{2\times 2} = EA \begin{bmatrix} 0.2504 & 0.00261 \\ 0.00261 & 0.0712 \end{bmatrix}$$

5) Displacement $[d]_{4\times1}=[K]^{-1}{}_{2\times2}[P]_{2\times1}$

$$[d] = [K]^{-1}[P] = \frac{1}{EA}\begin{bmatrix} -15.03 \\ 1403.93 \end{bmatrix}$$

6) 부재력 [Q]=[S][e]

$$\therefore [Q] = [S][e] = [S][A]^{T}[d] = \begin{bmatrix} 74.58 \\ -1.88 \\ -88.68 \end{bmatrix} \text{ kN}$$

트러스 탄성변위

다음 구조계의 B에 집중하중 P가 작용 시 B점의 수직 탄성변위를 구하시오(단, 전체부재의 탄성
계수는 E, 부재 AB의 휨강성은 EI, 부재 BC, BD의 단면적은 A로 가정).

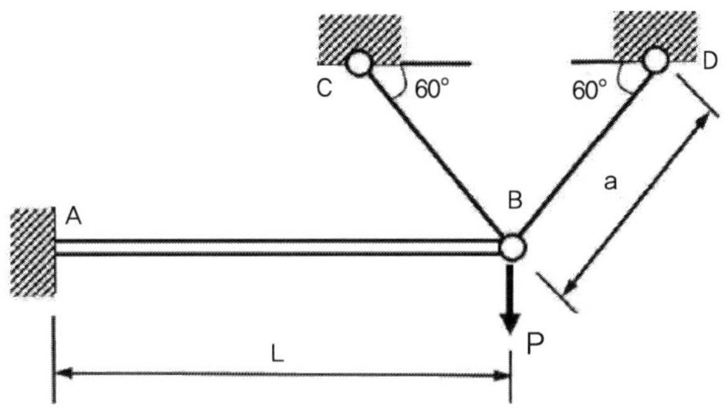

풀 이

▶ 개요

트러스의 축력 F_c를 부정정력으로 하고 단위하중법을 이용한 변위일치법이나 에너지 방법에 의
해 풀이할 수 있다.

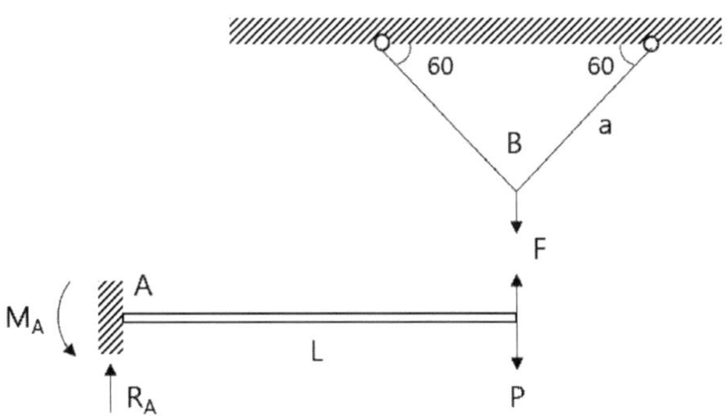

▶ 부재력 산정

트러스는 대칭구조물이므로 사재 축력은 같다.　　　$\therefore\ F = 2X\sin 60° = \sqrt{3}\,X$

$P' = P - F$로 치환하면, $M_A = P'L,\ R_A = P'$

A점으로부터 x만큼 떨어진 지점에서의 $M_x = R_A x - M_A = P'x - P'L$

➤ **단위하중법을 이용한 풀이**

보의 처짐을 δ_1 이라 하고, 트러스 부재의 F에 의한 δ_2라 하면

$$\delta_1 = \frac{P'L^3}{3EI}, \quad \delta_2 = \sum \frac{Xx}{EA}L = \frac{2}{EA} \times \left(\frac{F}{\sqrt{3}} \times \frac{1}{\sqrt{3}} \right) \times a = \frac{2aF}{3EA}$$

$$\delta_1 = \delta_2, \ P' = P - F \ ; \ \frac{(P-F)L^3}{3EI} = \frac{2aF}{3EA} \quad \therefore F = \frac{AL^3 P}{2aI + AL^3}$$

$$\therefore \delta = \delta_2 = \frac{2aF}{3EA} = \frac{2a}{3EA} \times \frac{AL^3}{2aI + AL^3} = \frac{2aL^3}{3E(2aI + AL^3)}$$

➤ **변형에너지를 이용한 풀이**

$$U = \sum \int \frac{M^2}{2EI}dx + \sum \frac{X^2 L}{2EA}$$

$$= \frac{1}{2EI} \left[\int_0^L (P'x - P'L)^2 dx \right] + 2 \times \frac{\left(\frac{F}{\sqrt{3}} \right)^2 a}{2EA} = \frac{1}{2EI} \left[\int_0^L (P'x - P'L)^2 dx \right] + \frac{F^2 a}{3EA}$$

$$= \frac{(P-F)^2}{2EI} \left[\int_0^L (x - L)^2 dx \right] + \frac{F^2 a}{3EA} = \frac{(P-F)^2}{2EI} \times \frac{L^3}{3} + \frac{F^2 a}{3EA}$$

$$\frac{\partial U}{\partial F} = \frac{F(AL^3 + 2aI) - AL^3 P}{3EAI} = 0 \quad \therefore F = \frac{AL^3 P}{2aI + AL^3}$$

$$\therefore \delta = \delta_2 = \frac{\partial U_c}{\partial F} = \frac{\partial}{\partial F} \left(\sum \frac{\left(\frac{F}{\sqrt{3}} \right)^2 L}{2EA} \right) = \frac{\partial}{\partial F} \left(\frac{\left(\frac{F}{\sqrt{3}} \right)^2 a}{EA} \right) = \frac{2aF}{3EA} = \frac{2aL^3}{3E(2aI + AL^3)}$$

Chapter 07

영향선

영향선

01 영향선의 정의

단위하중으로 인한 임의 점의 단면력이나 처짐값의 크기를 그 단위하중이 작용하는 위치마다 종거로 나타낸 선을 말하며, 활하중 재하로 인한 임의점의 단면력이나 처짐의 최댓값을 알기 위해서 영향선을 이용한다.

02 정정 구조물의 영향선의 작도

1) 지점반력의 영향선

실제의 하중으로 인한 지점반력을 영향선을 이용하여 구할 때는 다음과 같이 한다.

① 크기 P인 하나의 집중하중이 단순보 위를 이동할 때에는 영향선의 종거 y를 P배함으로써 지점반력을 산정한다.

$$A_y = P \times y_1, \quad C_y = P \times y_2$$

② 여러 개의 집중하중이 작용할 때에는 각각의 하중과 종거를 합산하여 산정한다.

$$R_A = P_1 y_1 + P_2 y_2 + P_3 y_3 = \sum Py$$

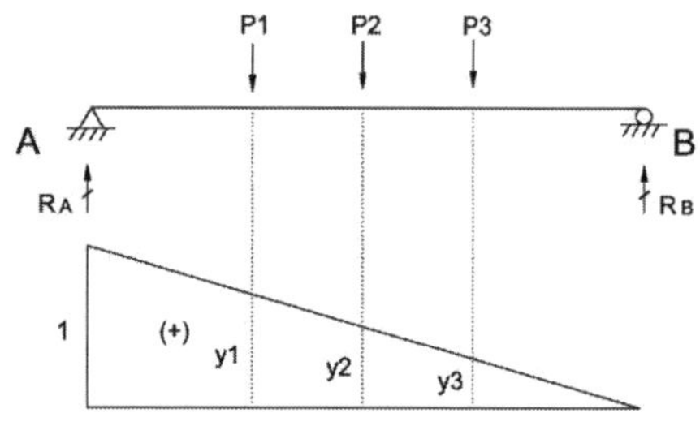

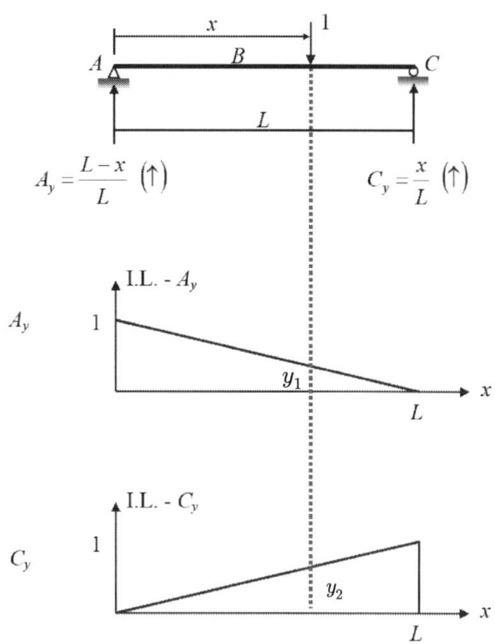

③ 등분포하중 w가 이동해서 하중이 실렸을 때에는 영향선의 면적과 등분포하중을 곱하여 산정한다.

$$R_A = \int_a^b (wdx)y = w\int_a^b wdx = wA$$

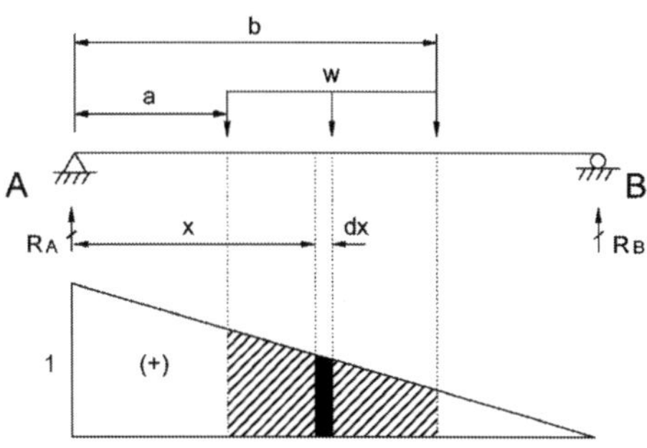

2) 모멘트와 전단력의 영향선

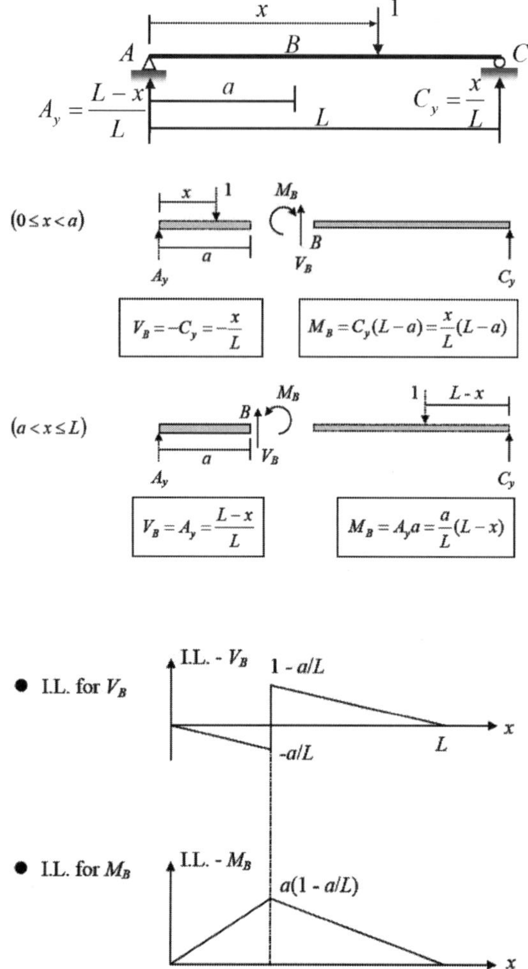

① 임의의 단면 B에서의 전단력은 하중($P=1$)이 단면의 오른쪽에 있을 때에는 $V_B = A_y$이므로 V_B의 영향선은 A_y의 영향선과 같다.

② 하중이 단면 B의 왼쪽에 있을 때에는 $V_B = -C_y$이므로 V_B의 영향선은 C_y의 영향선과 같고 부호는 (−)이다.

③ 모멘트에 의한 영향선은 하중의 위치에 따른 모멘트를 산정할 수 있다. 정정 구조물의 경우에는 다음과 같이 모멘트 산정 위치를 이용하여 휨모멘트의 영향선을 작도할 수 있다.

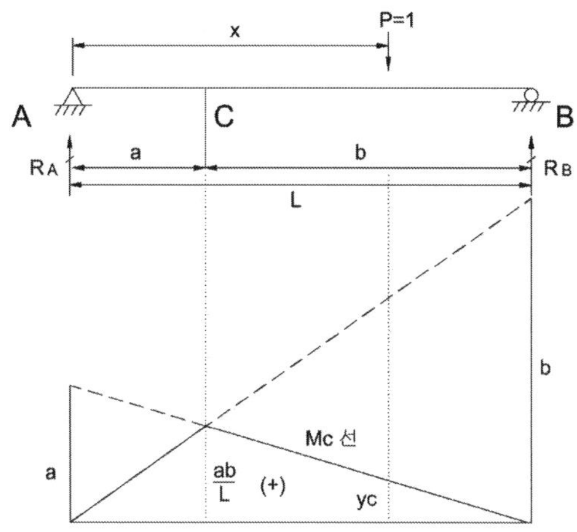

03 가상변위의 원리와 영향선(Muller-Breslau's principal)

1) 가상변위의 원리

힘의 평형을 이루고 있는 구조계에 가상의 힘에 의해 가상의 변위가 발생했다고 하면, 가상의 힘에 의해 한 일과 구조계에 작용하고 있던 외력이 한 일의 합은 0이다.

2) 가상일의 원리에 의한 영향선 그리기

그림과 같은 내민보에서 지점 A에 가상의 힘 R_A를 가하여 가상의 변위 δ가 발생하였다면 이때 외력이 작용하고 있는 위치에서의 변위는 w라 할 때, 가상일은 다음과 같다.

$$R_A \delta = Pw$$

여기서, $\delta = 1$, $P = 1$이라고 하면,

지점반력 $R_A = w$

전단력 $V_B = w$

모멘트 $M_b = w$가 된다.

∴ 구하고자 하는 반력 또는 단면력에 대응하는 가상의 단위변위를 주면 이때의 보의 변형형상이 바로 대응하는 영향선이 된다.

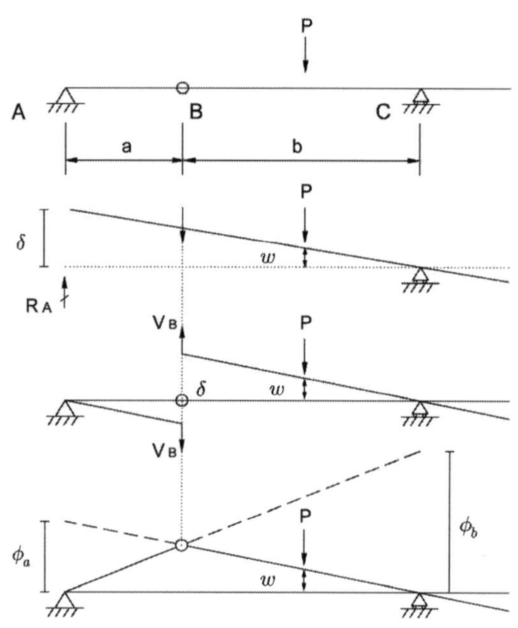

04 내부 힌지 영향선

내부힌지는 분해하여 두 개의 구조물로 구분하여 산정한다.

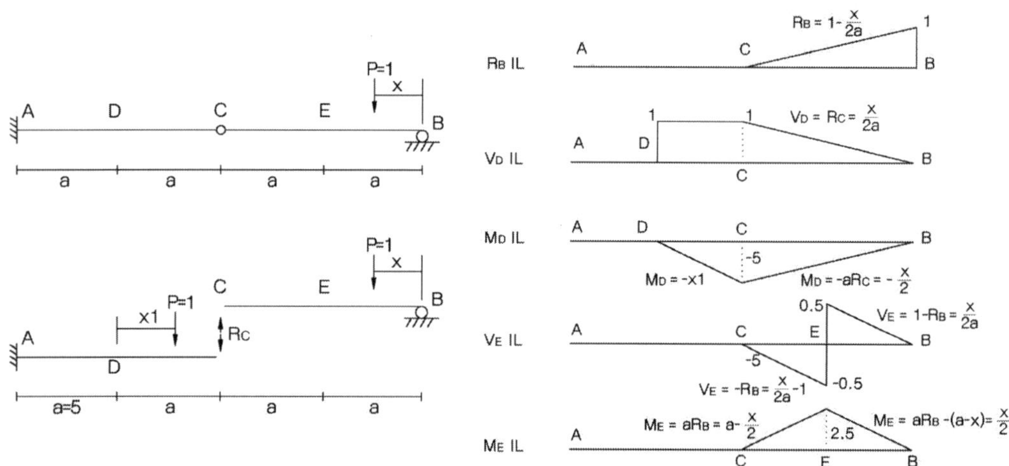

05 간접하중(바닥틀에서 주 거더의 영향선)

하중의 위치를 이동하면서 구하고자 하는 부재력을 산정한다.

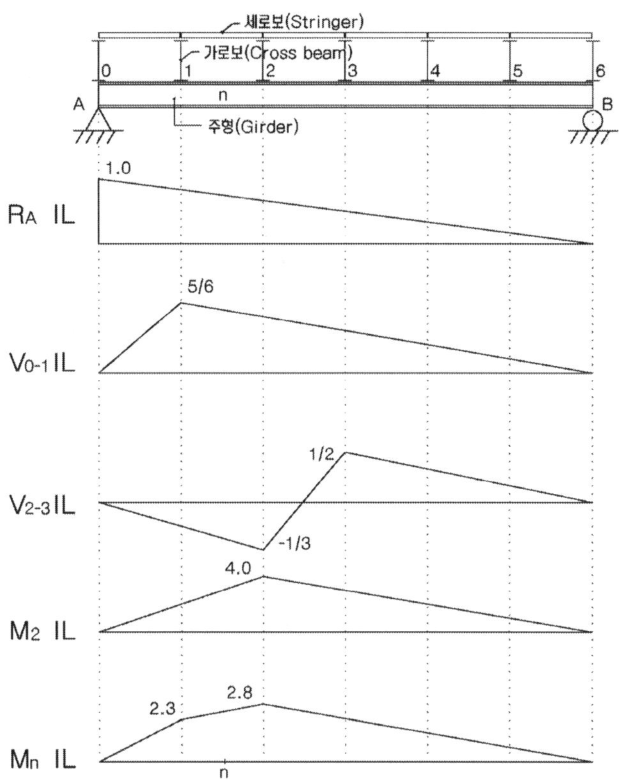

06 트러스의 영향선

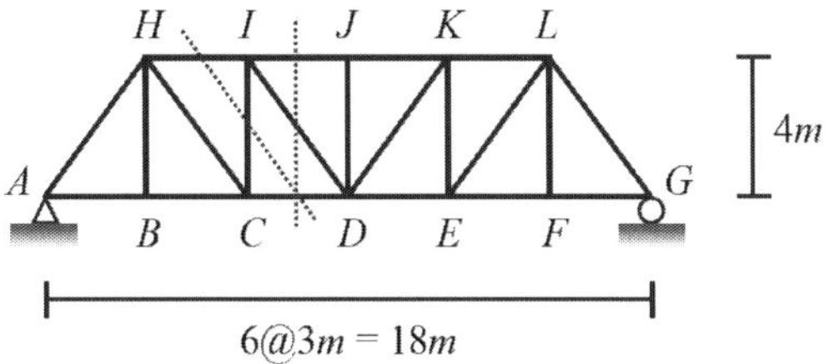

1) 반력의 영향선 : 보의 영향선 산정방법과 동일하다.

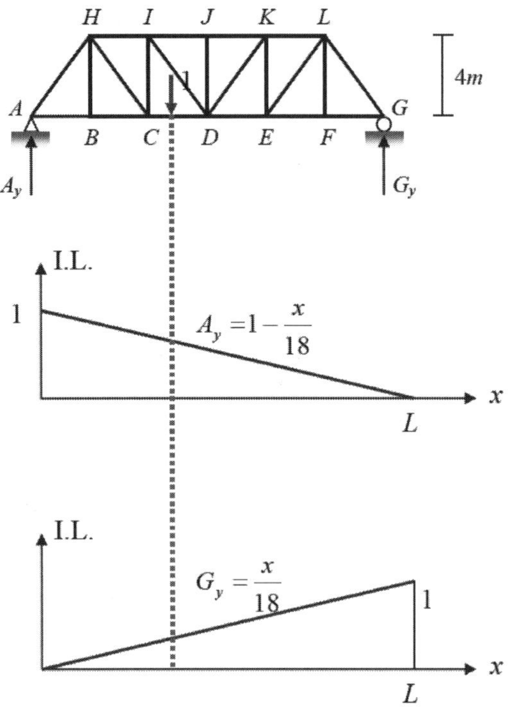

2) 트러스 부재의 영향선

단면법을 이용해서 단위하중이 위치하지 않는 부분의 자유물체도를 통해서 부재의 반력을 평형방정식으로부터 유도한다(트러스의 하중은 절점에만 재하한다).

IL of F_{CD}

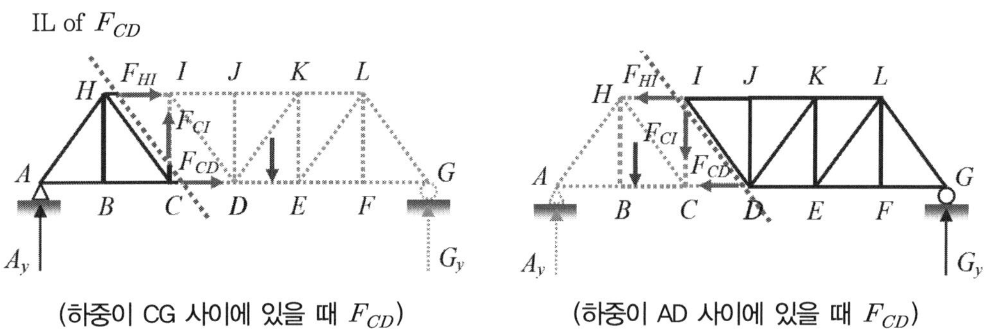

(하중이 CG 사이에 있을 때 F_{CD})　　　　(하중이 AD 사이에 있을 때 F_{CD})

① 단위하중이 AC에 있을 경우($0 \leq x \leq 6m$)

$$\sum M_I = 0 : 12G_y - 4F_{CD} = 0 \ \therefore \ F_{CD} = 3G_y = 3 \times \frac{x}{18}$$

② 단위하중이 DG에 있을 경우($9 \le x \le 18m$)

$$\sum M_I = 0 \; : \; -6A_y + 4F_{CD} = 0 \;\; \therefore \; F_{CD} = \frac{6}{4}A_y = \frac{3}{2}\left(1 - \frac{x}{18}\right)$$

③ 단위하중이 CD에 있을 때($6m \le x \le 9m$)

　②의 경우에서 산정할 수도 있으며, 정정 구조물의 내력 영향선이 직선으로 이루어져야 한다는 사실을 이용해서 유추해서 산정할 수도 있다.

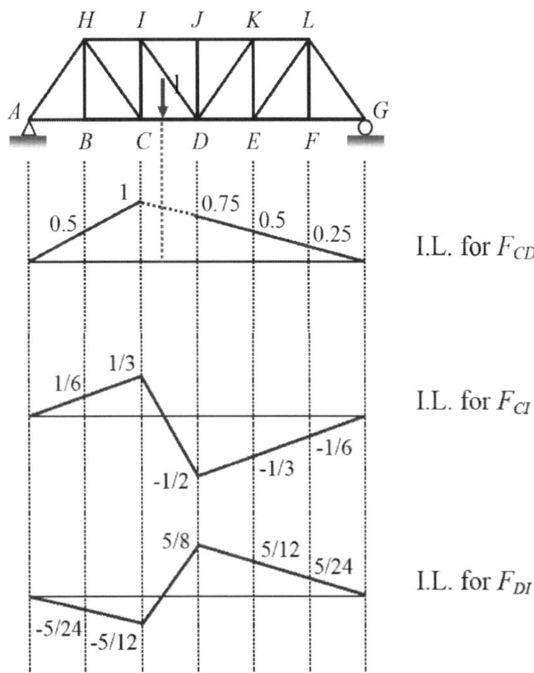

TIP ｜영향선 작성법｜

① 반력의 영향선은 구하고자 하는 지점의 종거가 1이 되는 삼각형이다(상대편 지점의 종거는 0).

② 전단력의 영향선은 구하고자 하는 점을 중심으로 양쪽지점의 종거가 −1과 1이 되도록 교차한다.

③ 모멘트의 영향선은 구하는 점까지의 거리가 같은 쪽 지점의 종거가 되도록 교차시킨다.

④ 연속보에서는 영향선이 계속 연장된다.

⑤ 게르버보에서는 게르버 위치에서 영향선의 기울기가 바뀐다.

부정정 구조물의 영향선은 일반적으로 부정정 구조물 해석법(변위일치법, 에너지의 방법, 3연모멘트법, 처짐각법, 모멘트 분배법, 매트릭스법 등)을 이용하여 산정하여 풀이할 수 있는데 통상 정량적 영향선을 파악하고자 할 때에는 Muller-Breslau의 원리가 주로 사용된다.

1) Müller-Breslau의 원리 유도

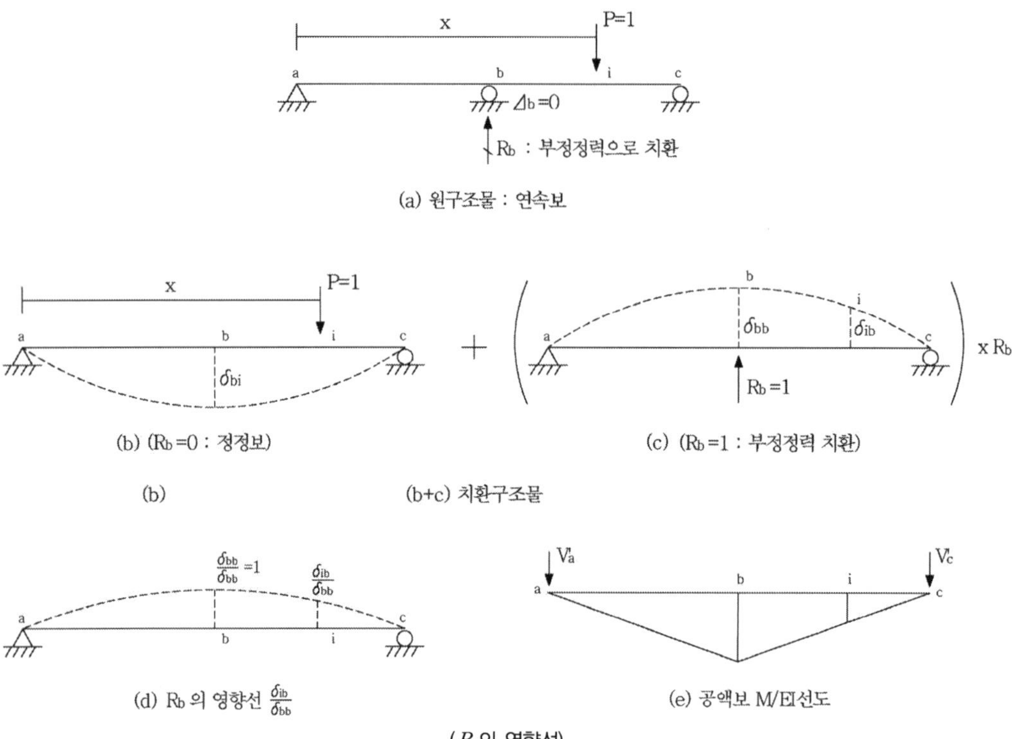

(R_b의 영향선)

위 그림에 있는 1차 부정정보에서 변위일치의 방법을 이용하여 R_b에 대한 영향선을 작성하기로 한다. 위 그림의 (a)에서 ac 사이의 임의의 점 i에 이동 단위하중이 작용할 때의 R_b의 값이 바로 R_b의 영향선에서 i점의 종거가 된다. 그림 (a)는 (b)에 (c)의 R_b배를 겹친 것과 같기 때문에 지점 b에서의 다음과 같은 관계가 성립하여야 한다.

$$\Delta_b = 0 \text{이어야 하므로, } \delta_{bi} \downarrow \ = \ R_b^\uparrow \ \delta_{bb}^\uparrow, \text{ 따라서, } R_b^\uparrow \ = \ \frac{\delta_{bi} \downarrow}{\delta_{bb} \uparrow}$$

위 식은 바로 i점에 단위하중이 놓였을 때의 R_b의 값이며, R_b의 영향선에서 점 i의 종거가 된다.

여기서, δ_{bb}는 그림 (c)에서 계산하며, δ_{bi}는 x의 여러 값에 대하여 그림 (b)로부터 계산되어야 하는 값이다. ac 사이에는 i점이 무한히 많으므로 단위하중의 위치에 따라 계산하여야 할 δ_{bi}의 값도 무한히 많아지게 된다. 이러한 귀찮은 과정을 피하기 위해서는 Maxwell의 상반처짐의 법칙이 크게 도움이 된다. 즉, Maxwell의 상반처짐의 법칙에 의하면 $\delta_{bi}=\delta_{ib}$이므로 위 식을 다음과 같이 쓸 수 있다.

$$R_b{\uparrow} = \frac{\delta_{ib}\downarrow}{\delta_{bb}\uparrow}$$

여기서, R_b와 δ_{bb}는 동일방향이고, δ_{bi}는 이동단위하중과 동일방향이며, δ_{ib}는 δ_{bi}와 반대방향이다. 그리고 δ_{bb}나 δ_{ib}는 위 그림의 (c)의 공액보인 그림 (e) 하나에서 모두 함께 계산된다. 일반적으로 공액보법으로 계산하면 편리하다.

위의 식에서 $\delta_{bb}=1$이라고 하면, $\delta_{ib}\uparrow$ 는 바로 점 i에 P=1이 작용할 때의 R_b의 값, 즉, R_b의 영향선에서의 점 i의 종거가 된다. 그러므로 위 그림 (c)에서 $\delta_{bb}=1$로 만든 것이 그림 (d)이며, 이 그림 (d)야말로 바로 R_b의 영향선이다. 따라서 R_b의 영향선은 지점 b를 제거하고 $\delta_{bb}=1$을 R_b방향으로 발생시켰을 때의 구조물의 처진 모양과 똑같다고 할 수 있다.

2) Müller-Breslau의 원리

① 구조물의 어느 한 응력요소(반력, 전단력, 휨모멘트, 부재력, 또는 처짐)에 대한 영향선의 종거는, 구조물에서 그 응력요소에 대응하는 구속을 제거하고 그 점에 응력요소에 대응하는 단위변위를 일으켰을 때의 처짐곡선의 종거와 같다.

② 이는 어느 특정 기능(반력, 전단력, 휨모멘트, 부재력, 또는 처짐)의 영향선은, 그 기능이 단위변위만큼 움직였을 때 구조물이 처진 모양과 같다.

③ 앞 그림의 (d)가 바로 R_b의 영향선이며 Müller-Breslau의 원리와 일치한다. 그림 (d)와 (e)만으로 R_b의 영향선을 작도하는 과정을 Müller-Breslau의 원리를 이용하는 방법이라고 할 수 있다. 이 방법은 부정정보, 라멘, 그리고 트러스의 영향선 작도에 모두 이용할 수 있다.

④ 2차 또는 그 이상의 부정정 구조물의 영향선을 작도할 때는 한 부정정력을 제거하여도 기본 구조물은 역시 부정정이다. 그러나 이 부정정인 기본 구조물을 변위일치의 방법이나 모멘트 분배법 등으로 미리 풀어야 한다.

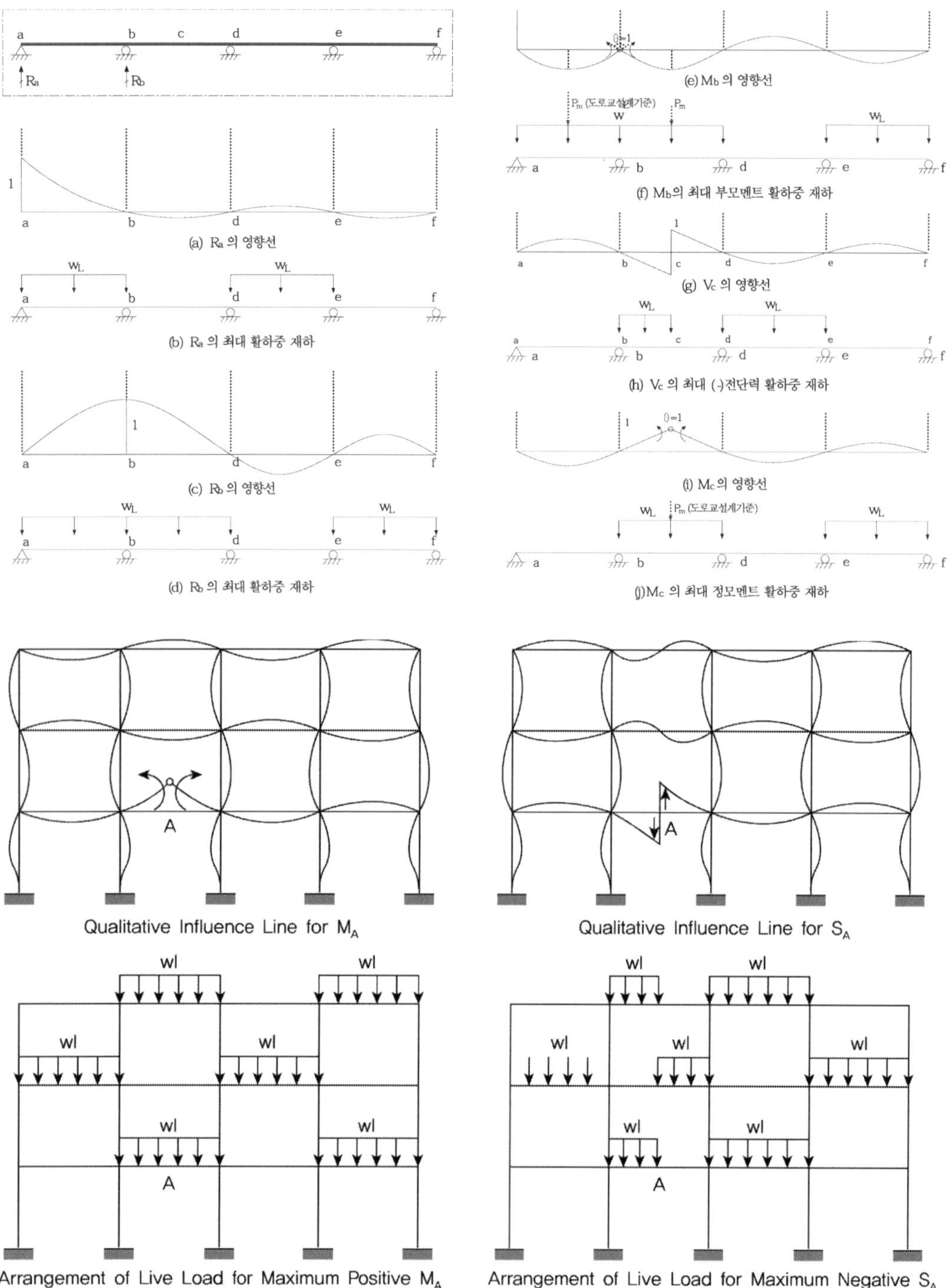

a b c d e f
Ra
Rb
1
a b d e f
(a) Ra 의 영향선
wL wL
a b d e f
(b) Ra 의 최대 활하중 재하
1
a b d e f
(c) Rb 의 영향선
wL wL
a b d e f
(d) Rb 의 최대 활하중 재하
θ=1
(e) Mb 의 영향선
Pm (도로교설계기준) Pm
w wL
a b d e f
(f) Mb의 최대 부모멘트 활하중 재하
1
a b c d e f
(g) Vc 의 영향선
wL wL
a b c d e f
(h) Vc 의 최대 (-)전단력 활하중 재하
1 θ=1
(i) Mc 의 영향선
wL Pm (도로교설계기준) wL
a b d e f
(j)Mc 의 최대 정모멘트 활하중 재하
A
Qualitative Influence Line for MA
A
Qualitative Influence Line for SA
wl wl
wl wl
wl wl
A
Arrangement of Live Load for Maximum Positive MA
wl wl
wl wl wl
wl wl
A
Arrangement of Live Load for Maximum Negative SA

영향선 : 2경간 연속, 작성방법

등간격의 2경간 연속보에서 연속지점부 반력의 영향선을 그리시오(단, 부재 단면 E와 I는 일정하다).

풀 이

▶ 개요

부정정 구조물의 영향선은 일반적으로 부정정 구조물 해석법(변위일치법, 에너지의 방법, 3연모멘트법, 처짐각법, 모멘트 분배법, 매트릭스법 등)을 이용하여 산정하여 풀이할 수 있는데 통상 정량적 영향선을 파악하고자 할 때에는 Muller–Breslau의 원리가 주로 사용된다.

▶ 2경간 연속보 연속지점부 반력의 영향선

1차 부정정보에서 변위일치의 방법을 이용하여 R_b에 대한 영향선을 작성한다.

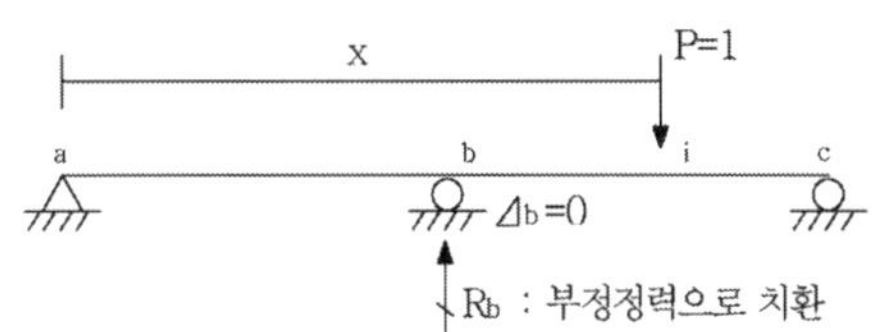

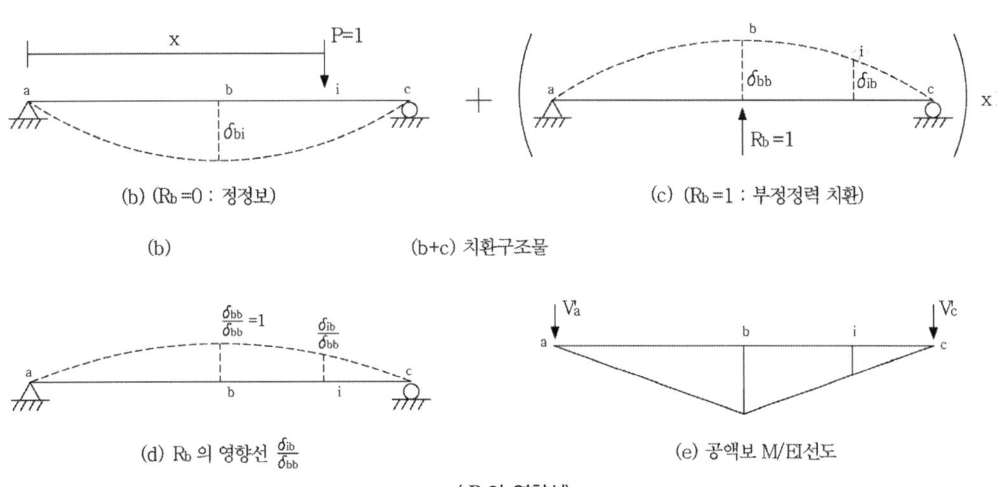

(R_b의 영향선)

앞 그림의 (a)에서 ac 사이의 임의의 점 i에 이동 단위하중이 작용할 때의 R_b의 값이 바로 R_b의 영향선에서 i점의 종거가 된다. 그림 (a)는 (b)에 (c)의 R_b배를 겹친 것과 같기 때문에 지점 b에서의 다음과 같은 관계가 성립하여야 한다.

$$\Delta_b = 0 \text{이어야 하므로}, \quad \delta_{bi} \downarrow \; = \; R_b^\uparrow \, \delta_{bb}^{\uparrow}, \text{ 따라서, } R_b^\uparrow \; = \; \frac{\delta_{bi} \downarrow}{\delta_{bb} \uparrow}$$

Maxwell의 상반처짐의 법칙에 의하면 $\delta_{bi} = \delta_{ib}$이므로 위 식을 다음과 같이 쓸 수 있다.

$$R_b^\uparrow \; = \; \frac{\delta_{ib} \downarrow}{\delta_{bb} \uparrow}$$

여기서, R_b와 δ_{bb}는 동일방향이고, δ_{bi}는 이동단위하중과 동일방향이며, δ_{ib}는 δ_{bi}와 반대방향이다. 그리고 δ_{bb}나 δ_{ib}는 위 그림의 (c)의 공액보인 그림 (e) 하나에서 모두 함께 계산된다.

위의 식에서 $\delta_{bb}=1$이라고 하면, $\delta_{ib}\uparrow$는 바로 점 i에 P=1이 작용할 때의 R_b의 값, 즉, R_b의 영향선에서의 점 i의 종거가 된다. 그러므로 위 그림 (c)에서 $\delta_{bb}=1$로 만든 것이 그림 (d)이며, 이 그림 (d)가 R_b의 영향선이다.

따라서 R_b의 영향선은 지점 b를 제거하고 $\delta_{bb}=1$을 R_b방향으로 발생시켰을 때의 구조물의 처진 모양과 똑같다고 할 수 있다.

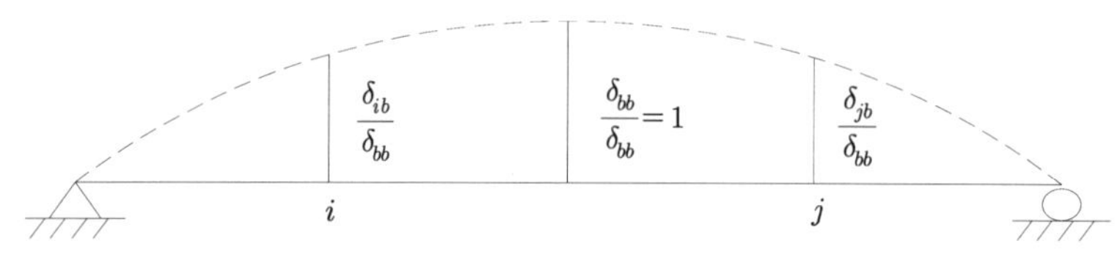

R_b의 영향선

영향선 : 절대 최대 휨모멘트

그림에서 자동차 하중이 B에서 A방향으로 진행할 때의 절대 최대 휨모멘트와 하중재하 위치

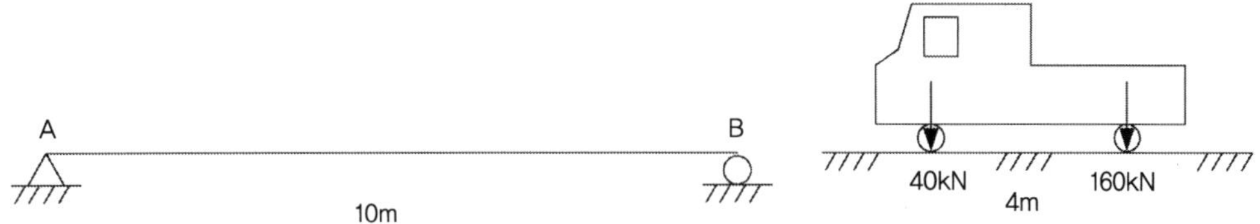

풀 이

➤ 개요

이동하중에 의해 생길 수 있는 최대 모멘트를 절대 최대 모멘트라고 하며, 발생 위치는 이동하중의 합력과 가까운 쪽 하중과의 중점이 보의 중앙과 일치할 때 가까운 하중 밑에서 발생한다.

➤ 하중의 재하위치와 이동하중에 의한 최대 모멘트 산정

$$40x = 160(4-x) \quad \therefore \ x = 3.2^m$$

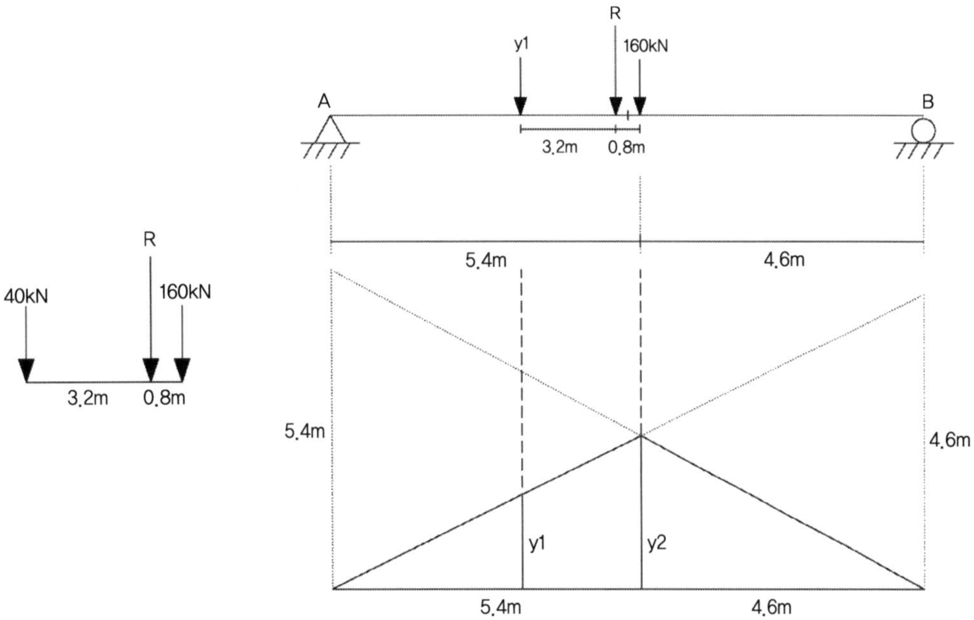

이동하중에 의한 최대 휨모멘트 산정을 위하여 160^{kN}과 합력 R의 중점과 보의 중점을 일치시키고, 가장 가까운 하중인 160^{kN}이 작용하는 점인 B점으로부터 $(5-0.4)=4.6^{m}$ 떨어진 지점에서 최대 모멘트가 발생하므로, 이 점에서의 모멘트에 대한 영향선을 산정하면,

$$y_1 = \frac{4.6}{10} \times (5-3.6) = 0.644, \quad y_2 = \frac{4.6}{10} \times 5.4 = 2.484$$

$$\therefore M_{\max} = 40 \times 0.644 + 160 \times 2.484 = 423.2^{kNm}$$

영향선 : 트러스와 내부힌지

다음 그림과 같은 보(DH)-트러스의 혼성 구조물에서, 집중하중군 P1-P2-P3가 H에서 A로 이동한다. 재료의 탄성계수는 E, 모든 트러스 부재의 단면적은 a, 보 DH의 단면 2차모멘트는 I라 할 때, 다음을 구하시오.

(1) 부재 CE의 부재력의 영향선 및 이동하중에 의한 최대 부재력과 하중 위치
(2) 단면 K의 휨 모멘트의 영향선 및 이동하중에 의한 최대 모멘트와 하중 위치

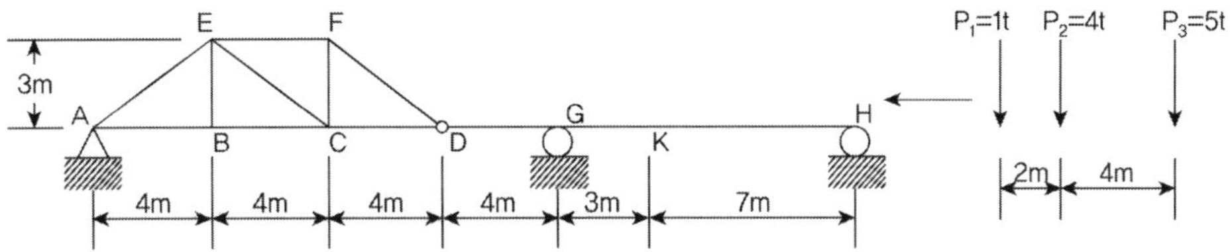

풀 이

▶ 구조물의 분리

내부 힌지인 D점을 기준으로 구조물을 분리하면, 트러스 구조물과 내민보로 구분할 수 있다.

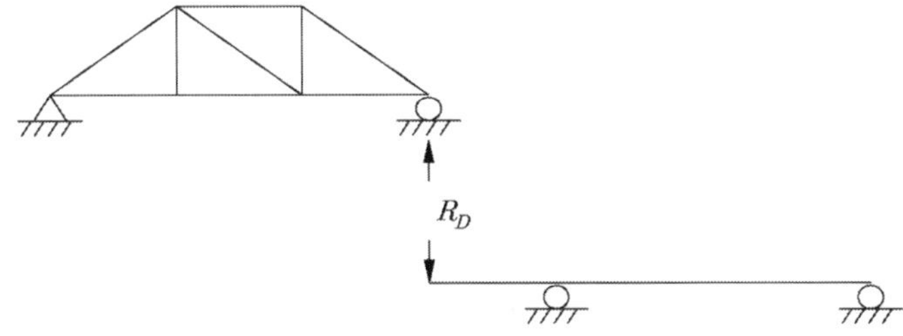

▶ 단위하중에 의한 부재력 산정(단면법, 절단법) : 부재 CE의 영향선

1) 단위하중이 C점 재하 시

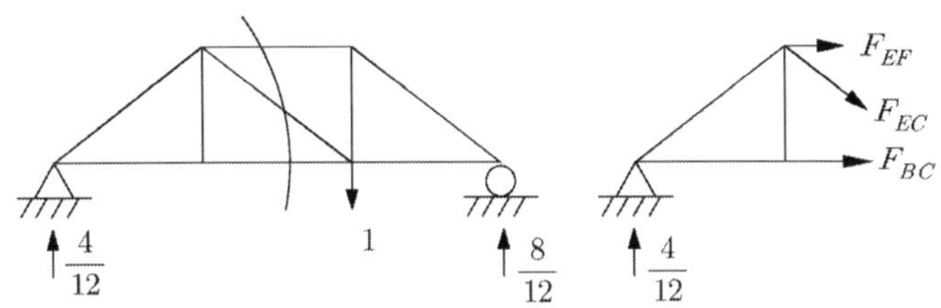

$$\sum F_y = 0 \ : \ F_{CE} \times \frac{3}{5} = \frac{4}{12}$$

$$\therefore \ F_{CE} = \frac{5}{9} \ (\text{T})$$

2) 단위하중이 B점 재하 시

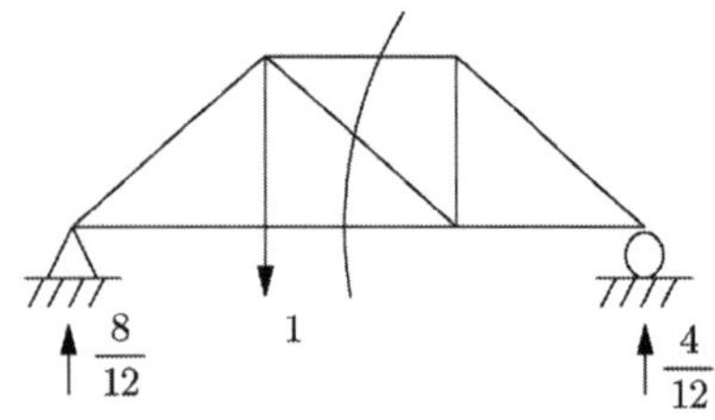

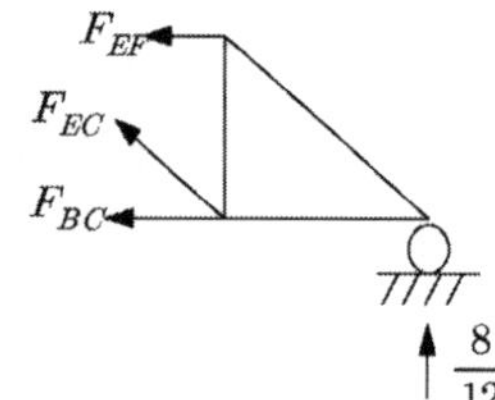

$$\Sigma F_y = 0 \;:\; F_{CE} \times \frac{3}{5} = -\frac{4}{12}$$

$$\therefore \; F_{CE} = -\frac{5}{9} \;\text{(C)}$$

3) 단위하중이 DH에 재하 시

$$F_{CE} = 0$$

4) IL of CE

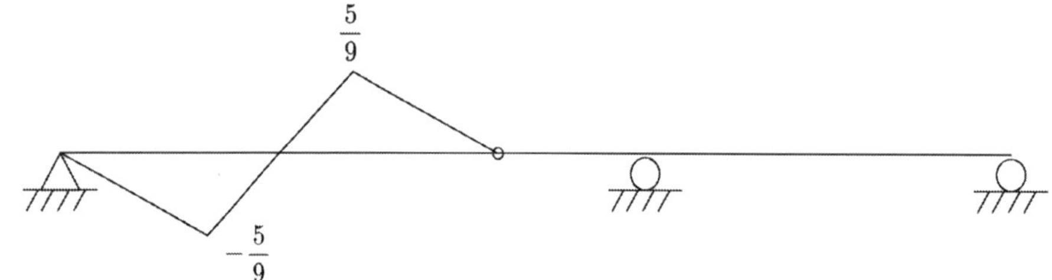

▶ **부재 CE의 최대 부재력 산정**

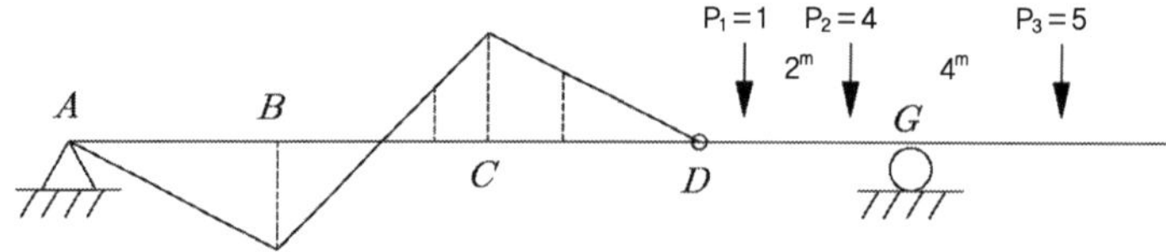

1) P_1이 C에 위치한 경우

$$F_{CE} = \frac{5}{9} + 4 \times \frac{5}{18} = \frac{5}{3} = 1.67^t$$

2) P_2이 C에 위치한 경우

$$F_{CE} = 0 \times 1 + \frac{5}{9} \times 4 + 0 \times 5 = \frac{20}{9} = 2.22^t$$

3) P_3이 C에 위치한 경우

$$F_{CE} = \frac{5}{9} \times 5 - \frac{5}{9} \times 4 - 1 \times \frac{5}{18} = \frac{5}{18} = 0.278^t$$

4) P_3이 B에 위치한 경우

$$F_{CE} = -\frac{5}{9} \times 5 = -\frac{25}{9} = -2.78^t$$

5) 하중의 중심이 C에 위치한 경우

합력점의 위치를 P_1에서 x만큼 떨어져 있다고 하면, $x = \dfrac{4 \times 2 + 5 \times 6}{10} = 3.8^m$

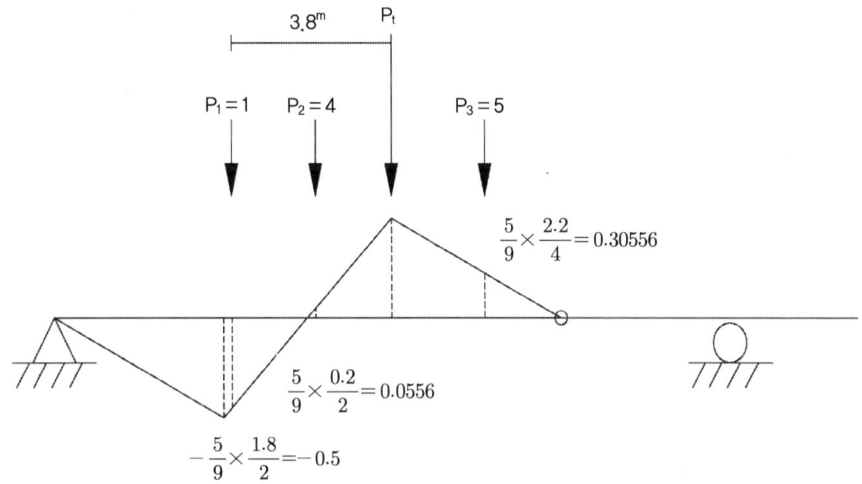

$$F_{CE} = 1 \times (-0.5) + 4 \times 0.0556 + 5 \times (0.30556) = 1.25^t$$

∴ 최대부재력 $F_{CE} = 2.78^t$ (C)

▶ 단면 K의 휨모멘트 영향선

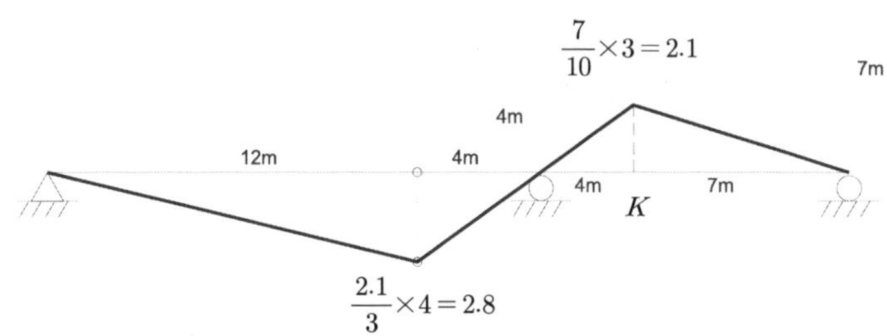

➤ **최대하중 산정**

1) P_2이 K에 위치한 경우

$$M = 1 \times \frac{1}{3} \times 2.1 + 4 \times 2.1 + \frac{3}{7} \times 2.1 \times 5 = 13.6^{tm}$$

2) P_3이 D에 위치한 경우

$$M = -\left(1 \times \frac{6}{12} \times 2.8 + 4 \times \frac{8}{12} \times 2.8 + 2.8 \times 5\right) = -22.86^{tm}$$

영향선 : 부정정, 종거

아래 그림과 같은 지간 30m 등지간 3경간 연속보에서 지점 B의 휨모멘트(M_B)에 대한 영향선의 종거를 각 지간 중앙점 1, 2, 3 위치에 대하여 구하시오(단, 보의 EI는 일정하다).

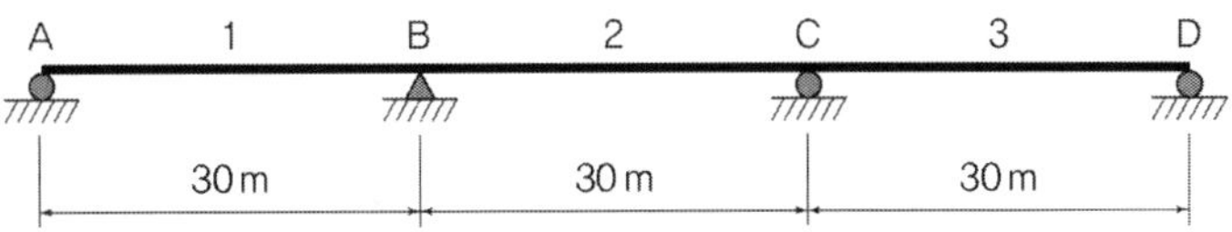

풀 이

➤ 개요

부정정 구조물의 영향선 해석은 Müller–Brelsau의 원리를 이용하거나 변위일치법, 기타 부정정 해석방법에 따라 해석할 수 있다. 3경간 연속보에서의 해석방법은 3연 모멘트법을 통해서 해석하는 방식이 가장 편리하므로 3연 모멘트법을 이용하여 풀이한다.

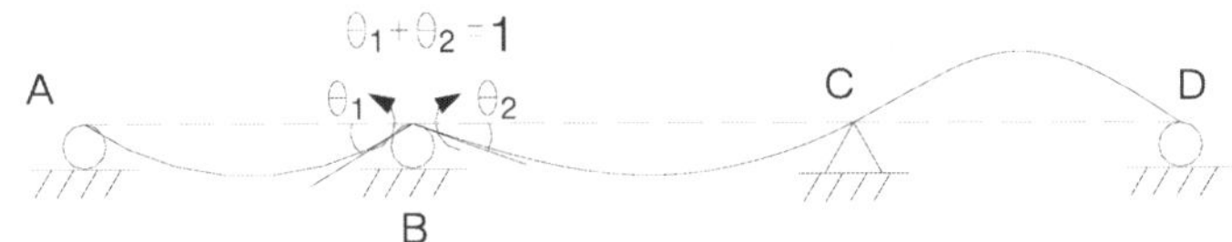

(Müller–Brelsau의 원리에 의한 M_B의 영향선)

➤ 영향선

1) 하중이 AB구간에 있을 경우

① ABC구간

$$2M_B(30+30) + M_C(30) = -\frac{x(30-x)(30+x)}{30}$$

$$\therefore 120M_B + 30M_C = \frac{x(x-30)(x+30)}{30}$$

② BCD구간

$$30M_B + 2M_C(30+30) = 0 \qquad \therefore \ 30M_B + 120M_C = 0$$

$$\therefore \ M_B = \frac{x(x^2-900)}{3375}, \quad M_C = \frac{-x(x^2-900)}{13500}$$

$$\text{Find } M_B(\max) : \frac{\partial M_B}{\partial x} = \frac{3x^2-900}{3375} = 0 \qquad \therefore \ x = 10\sqrt{3} \ (\because x > 0)$$

$$\therefore \ M_{B(\max)} = -3.079 \ (x = 10\sqrt{3} = 17.321m)$$

2) 하중이 BC구간에 있을 경우

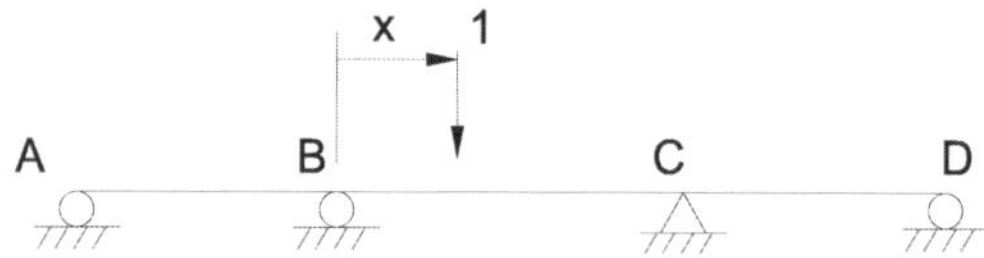

① ABC구간

$$2M_B(30+30) + M_C(30) = -\frac{x(30-x)(60-x)}{30}$$

② BCD구간

$$M_B(30) + 2M_C(30+30) = -\frac{x(30-x)(30+x)}{30}$$

$$\therefore \ M_B = -\frac{x(x^2-72x+1260)}{2700}, \quad M_C = \frac{x(5x^2-90x-1800)}{13500}$$

$$\text{Find } M_B(\max) : \frac{\partial M_B}{\partial x} = -\frac{3x^2-144x+1260}{2700} = 0 \quad \therefore \ x = 11.51 \ (\because x \leq 30)$$

$$\therefore \ M_{B(\max)} = -2.403 \ (x = 11.51)$$

3) 하중이 DC구간에 있을 경우

대칭구조물이므로 1)의 경우의 M_C와 같다.

$$M_B = \frac{-x(x^2-900)}{13500}$$

Find $M_B(\max)$: $\dfrac{\partial M_B}{\partial x} = -\dfrac{3x^2 - 900}{13500} = 0$ $\therefore x = 10\sqrt{3}$ $(\because x > 0)$

$\therefore M_{B(\max)} = 0.77$ $(x = 10\sqrt{3} = 17.321m)$

▶ 각 지간 중앙에서의 영향선 종거

1) 1지간 중앙 : $M_B = \dfrac{15(15^2 - 900)}{3375} = -3.0$

2) 2지간 중앙 : $M_B = -\dfrac{15(15^2 - 72 \times 15 + 1260)}{2700} = -2.25$

3) 3지간 중앙 : $M_B = \dfrac{-15(15^2 - 900)}{13500} = 0.75$

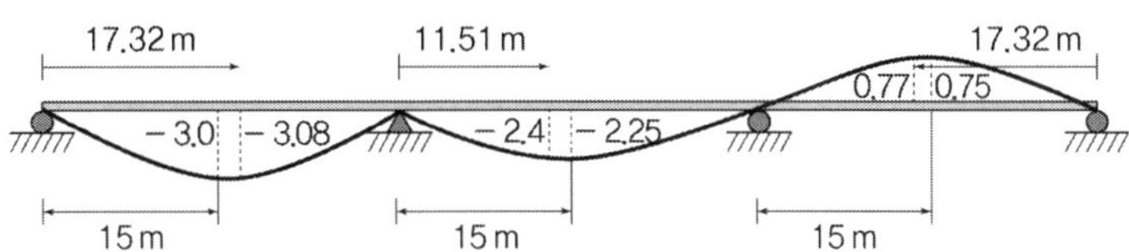

영향선 : 부정정, 종거

아래 2경간 연속보 중앙지점 B의 모멘트에 대한 영향선을 작성하여 경간의 4등분점인 1~3의 영향선 종거값을 구하고, KL-510 표준차로하중이 지날 때 지점 B에 발생하는 최대 휨모멘트를 구하시오. 단, 보의 EI값은 동일하고 활하중의 재하차로는 1차로이며, 충격은 고려하지 않는다.

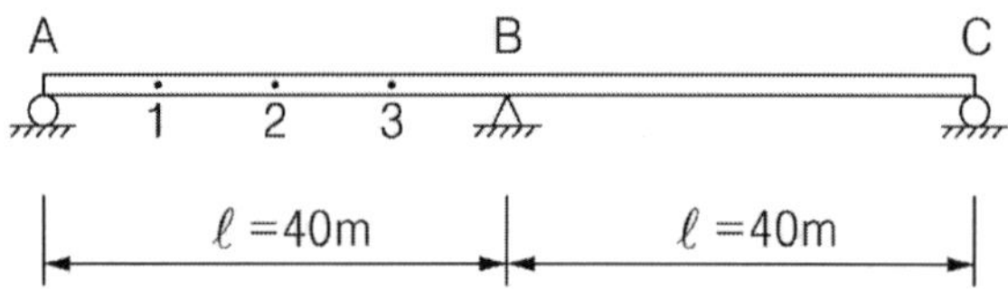

풀 이

▶ **개요**

부정정 구조물의 영향선은 일반적으로 부정정 구조물 해석법(변위일치법, 에너지의 방법, 3연모멘트법, 처짐각법, 모멘트 분배법, 매트릭스법 등)을 이용하여 산정하여 풀이할 수 있는데 통상 정량적 영향선을 파악하고자 할 때에는 Müller-Breslau의 원리가 주로 사용된다. 3경간 연속보에서의 해석방법은 3연 모멘트법을 통해서 해석하는 방식이 가장 편리하므로 3연 모멘트법을 이용하여 풀이한다.

▶ **영향선**

1) 하중이 AB구간에 있을 경우

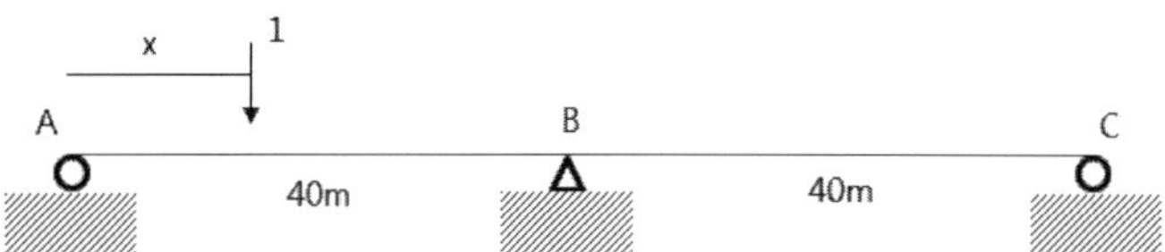

$$2M_B(40+40) = -\frac{x(40-x)(40+x)}{40} \qquad \therefore M_B = \frac{x}{6400}(x-40)(x+40)$$

$$\text{Find } M_B(\max) : \frac{\partial M_B}{\partial x} = 0 \qquad \therefore x = 23.094 \,(\because x > 0)$$

$$\therefore M_{B(\max)} = -3.849 \,(x = 23.094)$$

2) 하중이 BC구간에 있을 경우

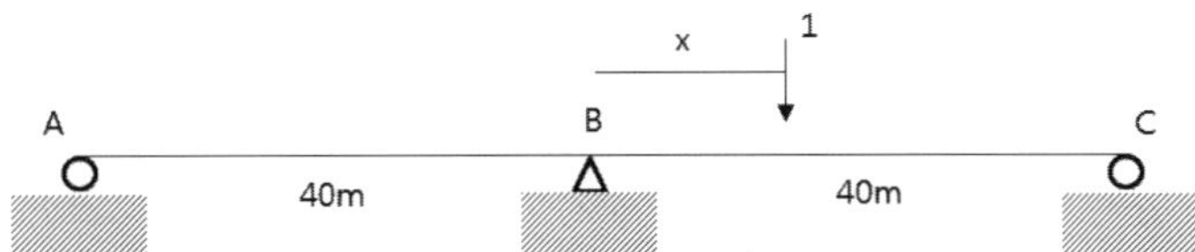

$$2M_B(40+40) = -\frac{x(40-x)(80-x)}{40} \qquad \therefore M_B = \frac{x}{6400}(x-40)(80-x)$$

$$\text{Find } M_B(\max) : \frac{\partial M_B}{\partial x} = 0 \qquad \therefore x = 16.906 \ (\because 0 \le x \le 40)$$

$$\therefore M_{B(\max)} = -3.849 \ (x = 16.906)$$

3) 영향선 종거와 최대 휨모멘트

영향선 종거 $M_{B(x=10)} = -2.34, \ M_{B(x=20)} = -3.75, \ M_{B(x=30)} = -3.28$

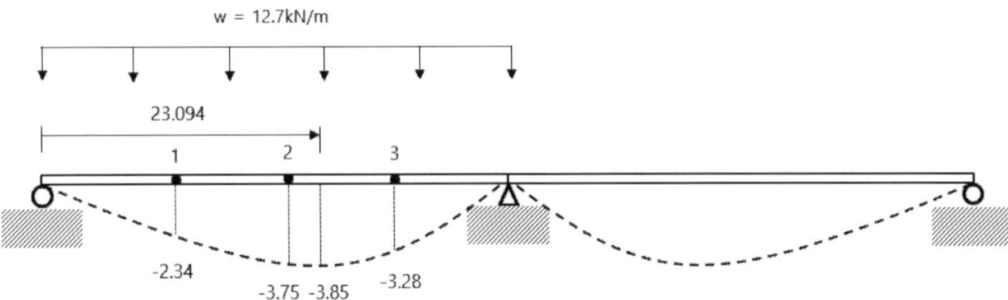

여기서, KL-510 표준차로하중(w)은 지간장 60m 이하에서 균등하게 분포되는 하중으로 고려하도록 하고 있으므로, 지점 B에 발생하는 최대 휨모멘트는

$$\therefore M_{B,\max_{IL}} = w \times \int_{0}^{40} M_B(x) = 1270\text{kNm}$$

영향선 : 부정정

다음 2경간 연속보에서 B지점의 수직반력에 대한 영향선을 구하시오(단, EI는 일정하다).

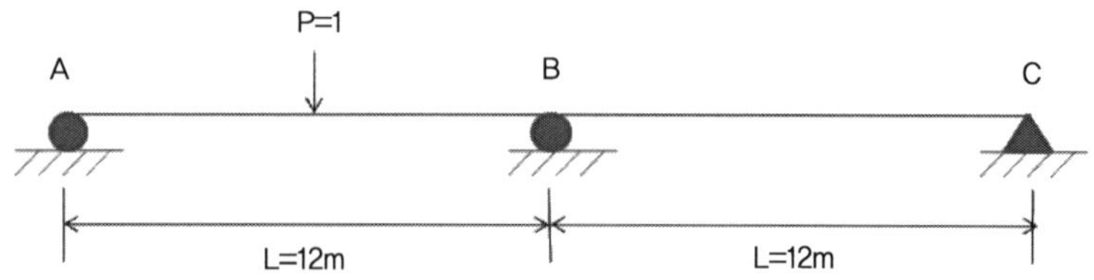

풀 이

▶ 개요

1차 부정정 구조물에 대해서 Müller–Breaslau의 원리를 이용하거나 변위일치법, 3연모멘트법 등을 사용하여 풀이할 수 있다. Müller–Breaslau의 원리를 이용한 방법에 따라 풀이해본다(3연모멘트를 이용한 풀이방법은 94회 3-5 풀이 참조).

▶ Müller–Breaslau의 영향선

Müller–Breaslau의 원리에 따라 수직반력 R_B를 제거하고 단위변위 1만큼의 변위 발생 시 종거는 다음과 같이 변화한다.

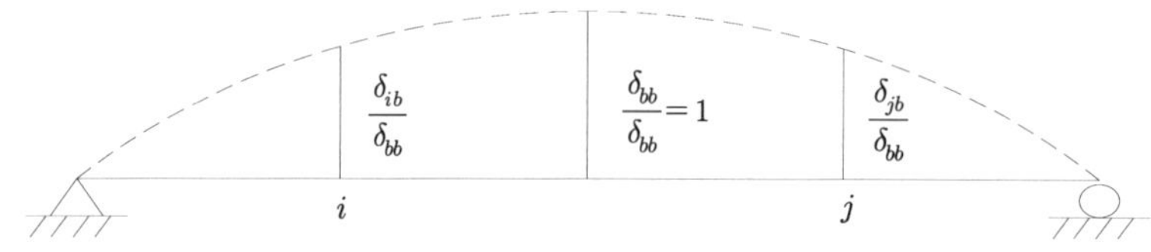

공액보로부터,

$$R_A{}' = R_C{}' = \frac{1}{2}(2L) \times \frac{L}{2} \times L \times \frac{1}{2L} = \frac{L^2}{4}$$

$$\therefore \delta_{bb} = \frac{M_B{}'}{EI} = \frac{1}{EI}\left(R_A \times L - \frac{1}{2} \times L \times \frac{L}{2} \times \frac{L}{3}\right) = \frac{L^3}{6EI}$$

$$\therefore \delta_{ib} = \frac{M_{ib}{}'}{EI} = \frac{1}{EI}\left(R_A x - \frac{1}{2} \times x \times \frac{x}{2} \times \frac{x}{3}\right) = \frac{x}{12EI}(3L^2 - x^2)$$

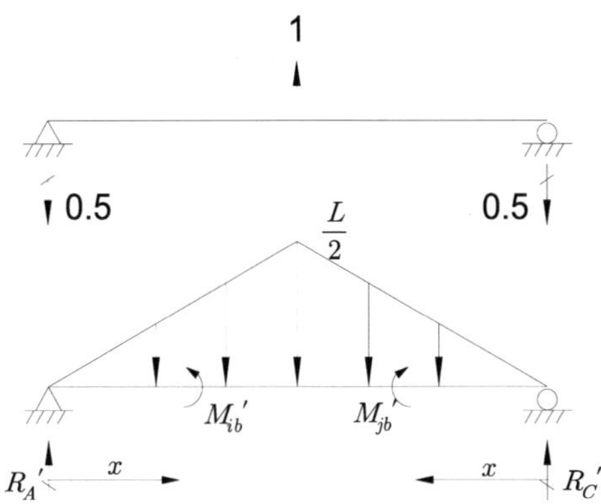

(대칭구조물) $\delta_{jb} = \delta_{ib}$

$$\therefore \frac{\delta_{ib}}{\delta_{bb}} = \frac{\delta_{jb}}{\delta_{bb}} = \frac{x}{12EI}(3L^2 - x^2) \times \frac{6EI}{L^3} = \frac{x}{2L^3}(3L^2 - x^2) = \frac{x}{3456}(432 - x^2)$$

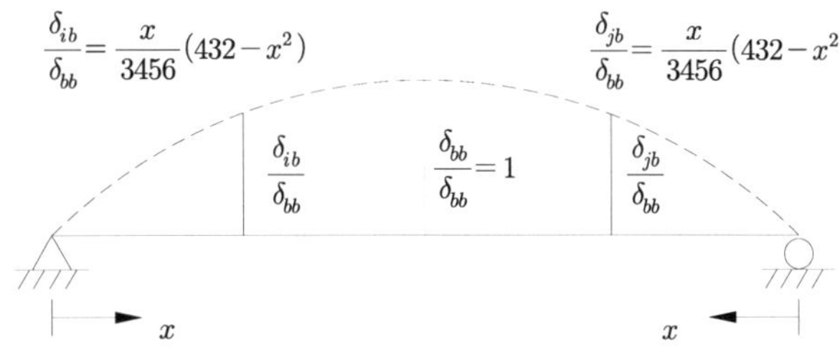

영향선 : 부정정

아래 그림과 같은 보에서 지점 A에서의 수직반력에 대한 영향선의 식 y(x)를 유도하고, B점과 C점의 종거를 구하시오.

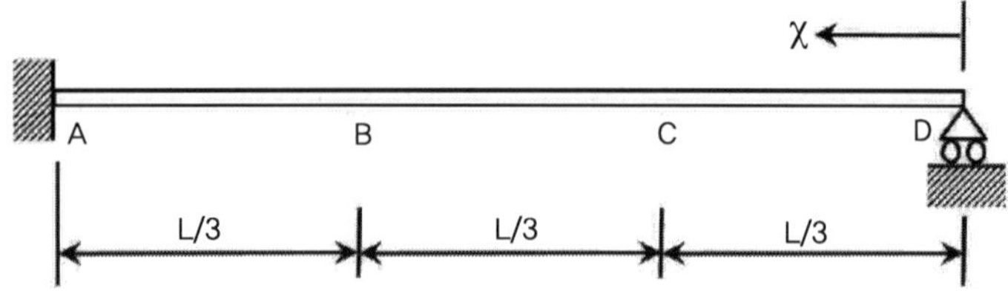

풀 이

▶ 개요

부정정 구조물의 영향선은 일반적으로 부정정 구조물 해석법(변위일치법, 에너지의 방법, 3연모멘트법, 처짐각법, 모멘트 분배법, 매트릭스법 등)을 이용하여 산정하여 풀이할 수 있는데 통상 정량적 영향선을 파악하고자 할 때에는 Muller-Breslau의 원리가 주로 사용된다. 주어진 문제에서 A점의 수직반력에 대한 구속점을 제거하고 Δ_{aa} 만큼의 변위가 발생했을 때의 처짐곡선이 A점의 수직반력에 의한 영향선의 모양과 같다.

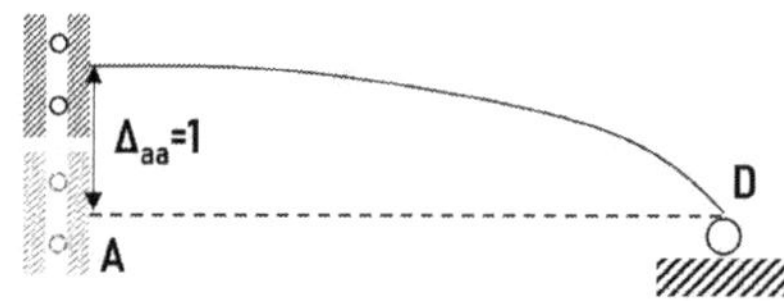

▶ 모멘트 분배법을 이용한 R_A 의 영향선

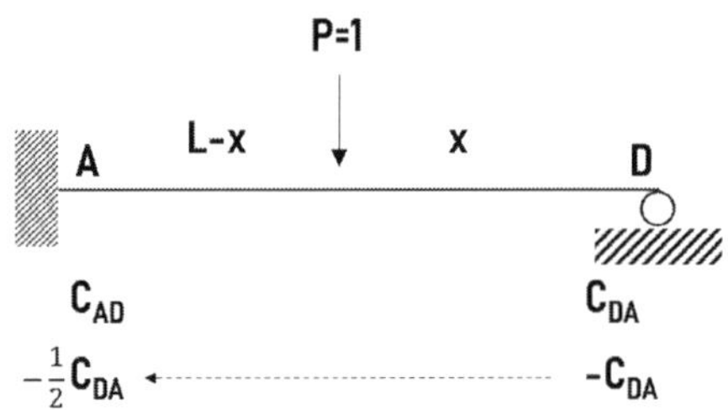
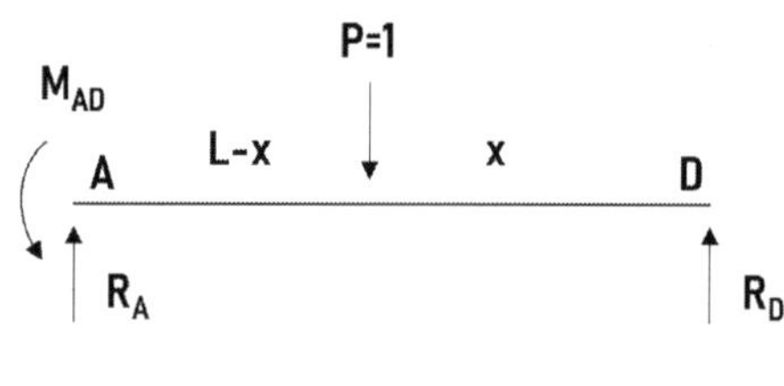

$$M_{AD} = C_{DA} - \frac{1}{2}C_{AD} = \frac{1}{L^2}(1)x^2(L-x) - \frac{1}{2}\left[-\frac{1}{L^2}(1)(x)(L-x)^2\right]$$

$$= \frac{x}{2L^2}(L^2 - x^2)$$

앞의 우측 그림에서

$$\sum M_A = 0 : R_D = \frac{1}{L}(L - x - M_{AD}) = \frac{1}{L}(L-x) - \frac{x}{2L^3}(L^2 - x^2)$$

$$= \frac{(L-x)^2(2L-x)}{2L^3}$$

$$\sum F = 0 : R_A = 1 - R_D \qquad \therefore R_A = 1 - \frac{(L-x)^2(2L-x)}{2L^3}$$

① B점에서 R_A의 종거 $\qquad\qquad x = \dfrac{2L}{3}$ 일 때 $R_A = \dfrac{25}{27}$

② C점에서 R_A의 종거 $\qquad\qquad x = \dfrac{L}{3}$ 일 때 $R_A = \dfrac{17}{27}$

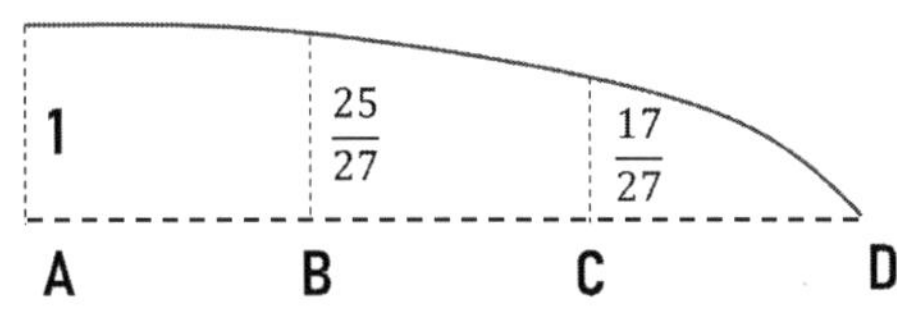

R_A의 영향선과 종거

영향선 : 부정정

B점의 휨모멘트의 영향선 값을 10m 간격으로 구하시오.

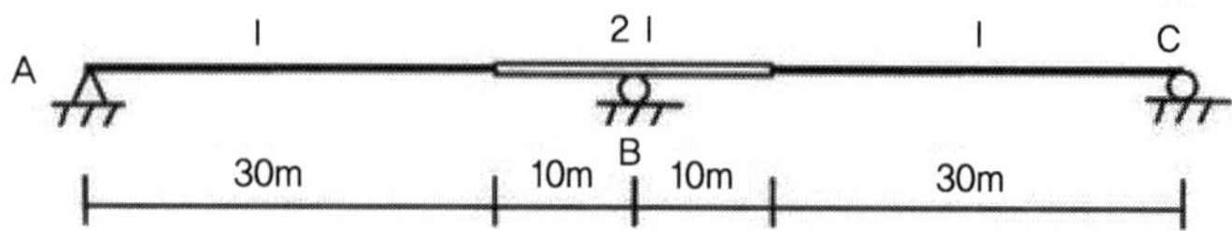

풀 이

> **개요**

Müller–Breslau의 원리로부터 B점의 휨모멘트 영향선의 개략적인 형상은 다음과 같다. 영향선의
종거는 강성이 변경되는 것을 고려하기 위해서 모멘트 면적법을 이용한다.

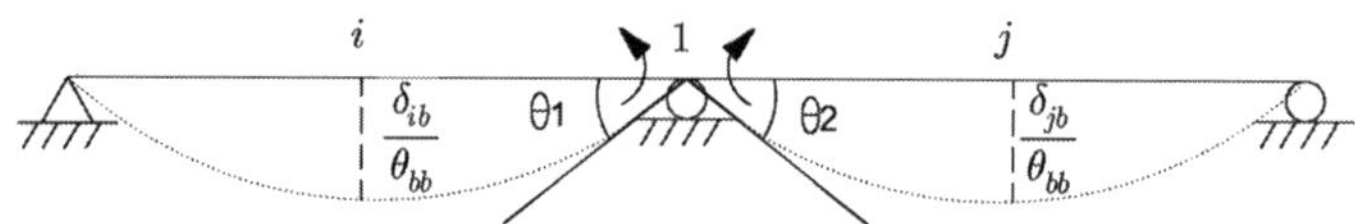

> **영향선 종거**

1) θ_{bb} 산정

단위하중(모멘트)로 인하여 발생하는 종거산정을 위해 공액보로 치환하면,

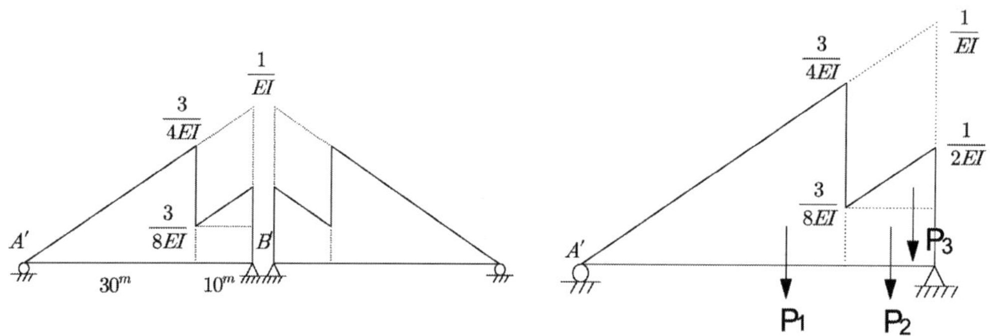

$$P_1 = \frac{1}{2} \times 30 \times \frac{3}{4EI} = \frac{45}{4EI}, \quad P_2 = 10 \times \frac{3}{8EI} = \frac{15}{4EI}, \quad P_3 = \frac{1}{2} \times 10 \left(\frac{1}{2EI} - \frac{3}{8EI} \right) = \frac{5}{8EI}$$

$$\sum M_{A'} = 0 : P_1 \times \frac{2}{3} \times 30 + P_2 \times 35 + P_3 \times \left(30 + \frac{2}{3} \times 10\right) - V_B' \times 40 = 0$$

$$\therefore \ V_B' = \theta_1 = \theta_2 = \frac{9.479}{EI}, \ \theta_{bb} = 2\theta_1 = \frac{18.958}{EI} \ \left(V_A' = \frac{6.1458}{EI}\right)$$

2) $\delta_{ib}, \ \delta_{jb}$ 산정

$$① \ M_{x=10}' = V_A' \times 10 - \left(\frac{1}{2} \times 10 \times \frac{1}{4EI}\right) \times \left(\frac{1}{3} \times 10\right) = \frac{57.29}{EI}$$

$$② \ M_{x=20}' = V_A' \times 20 - \left(\frac{1}{2} \times 20 \times \frac{2}{4EI}\right) \times \left(\frac{1}{3} \times 20\right) = \frac{89.58}{EI}$$

$$③ \ M_{x=30}' = V_A' \times 30 - \left(\frac{1}{2} \times 30 \times \frac{3}{4EI}\right) \times \left(\frac{1}{3} \times 30\right) = \frac{71.875}{EI}$$

$$\therefore \left(\frac{\delta_{ib}}{\theta_{bb}}\right)_{x=10} = 3.02, \ \left(\frac{\delta_{ib}}{\theta_{bb}}\right)_{x=20} = 4.73, \ \left(\frac{\delta_{ib}}{\theta_{bb}}\right)_{x=30} = 3.79$$

3) 영향선

대칭구조물이므로 M_B의 영향선은

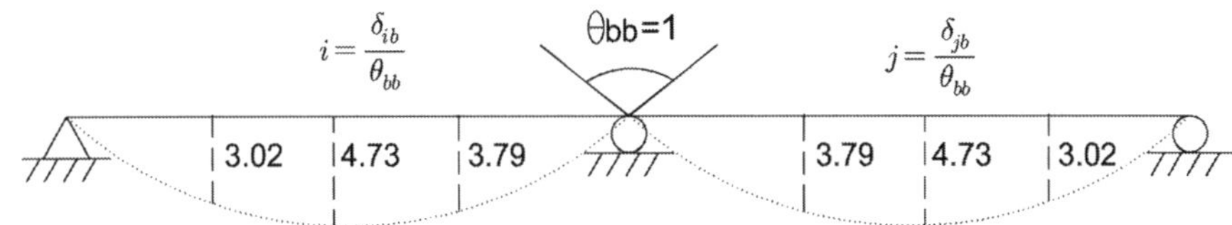

영향선 : 부정정

그림과 같은 4경간 연속보에서 C점의 휨모멘트를 구하시오. 단, 보의 휨강성은 EI로 일정하다.

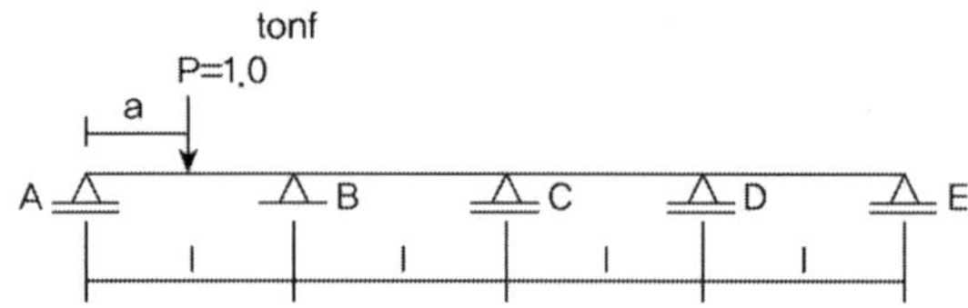

풀 이

➤ 개요

Müller–Breslau의 원리로부터 C점의 휨모멘트 영향선의 개략적인 형상은 다음과 같다.

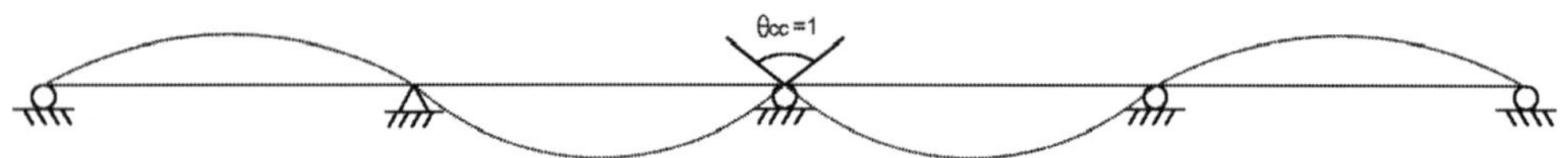

➤ 다경간 연속보의 영향선

3연 모멘트법을 이용하여 산정한다.

1) AB(또는 DE)구간에 하중 $P=1$ 재하 시

① ABC구간 : $2M_B(2L) + M_C L = -\dfrac{a(L^2 - a^2)}{L}$, $M_C = -\dfrac{a(L^2 - a^2)}{L^2} - 4M_B$

② BCD구간 : $M_B L + 2M_C(2L) + M_D L = 0$

③ CDE구간 : $M_C L + 2M_D(2L) = 0$, $M_C = -4M_D$

$$\therefore\ M_B = -\frac{15}{4}M_C, \quad M_C = \frac{a(L^2 - a^2)}{14L^3}$$

2) BC(또는 CD)구간에 하중 $P=1$ 재하 시

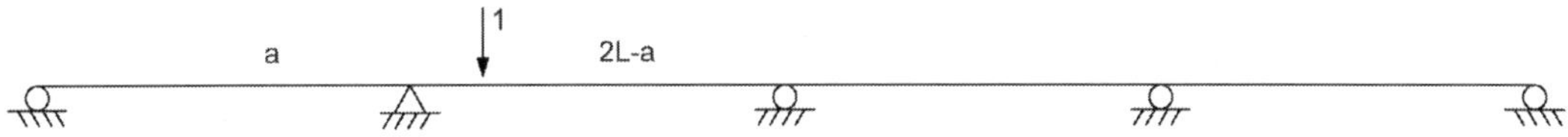

① ABC구간 : $2M_B(2L) + M_C L = -\dfrac{(a-L)(2L-a)(3L-a)}{L}$

② BCD구간 : $M_B L + 2M_C(2L) + M_D L = -\dfrac{a(a-L)(2L-a)}{L}$

③ CDE구간 : $M_C L + 2M_D(2L) = 0$

$$\begin{bmatrix} 4 & 1 & 0 \\ 1 & 4 & 1 \\ 0 & 1 & 4 \end{bmatrix}\begin{bmatrix} M_B \\ M_C \\ M_D \end{bmatrix} = \begin{bmatrix} -\dfrac{(a-L)(2L-a)(3L-a)}{L} \\ -\dfrac{a(a-L)(2L-a)}{L} \\ 0 \end{bmatrix}$$

$$\therefore\ M_C = \dfrac{0.357L(a-2L)(a-L)(a-0.6L)}{L^2}$$

영향선 : 부정정

다음 구조물의 B점의 반력에 대한 영향선을 작도하시오. EI는 일정하고, AB의 중점과 B점과 C점에서의 종거들을 산정하시오.

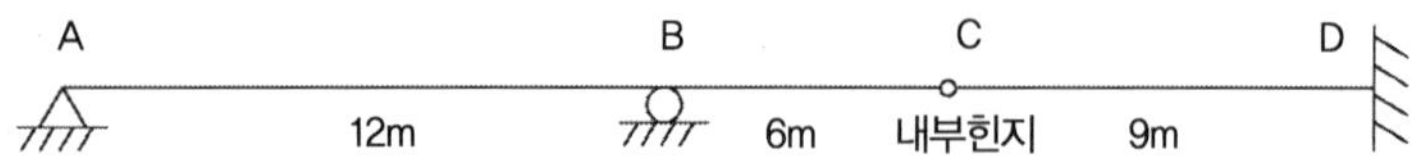

풀 이

▶ 개요

수평력을 제외하고 1차 부정정구조이며 Müller–Breslau의 원리로부터 B점의 휨모멘트 영향선의 개략적인 형상은 다음과 같다.

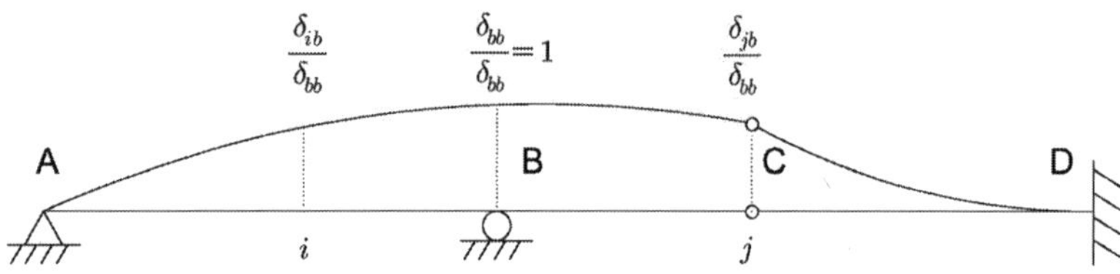

▶ 영향선 작성

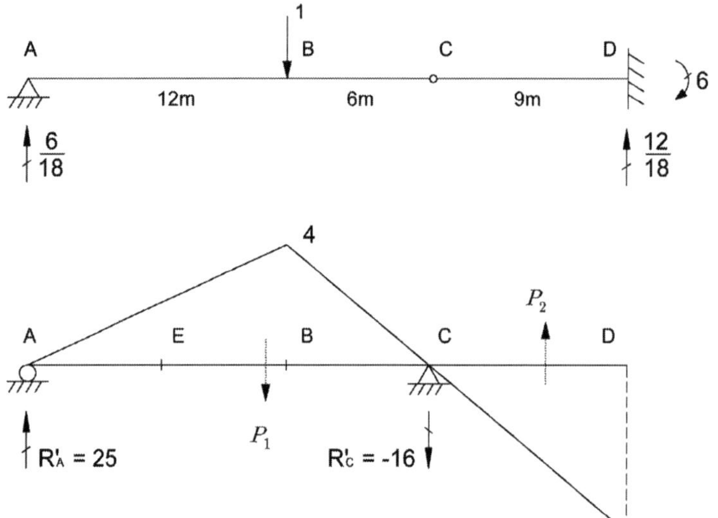

$$P_1 = \frac{1}{2} \times 4 \times 18 = 36, \quad P_2 = \frac{1}{2} \times 9 \times 6 = 27$$

$$\Sigma M_A{'} = 0 : \ 36 \times \frac{1}{3}(18 + 12) - 18R_c{'} - 27\left(\frac{2}{3} \times 9 + 18\right) = 0$$

$$\therefore \ R_C{'} = -16(\downarrow), \ R_A{'} = 25(\uparrow)$$

$$\delta_{bb} = \frac{M_b{'}}{EI} = \frac{1}{EI}\left(R_A{'} \times 12 - \frac{1}{2} \times 4 \times 12 \times \frac{12}{3}\right) = \frac{204}{EI}$$

$$\delta_{Eb} = \frac{M_E{'}}{EI} = \frac{1}{EI}\left(R_A{'} \times 6 - \frac{1}{2} \times 2 \times 6 \times \frac{6}{3}\right) = \frac{138}{EI}$$

$$\delta_{cb} = \frac{M_c{'}}{EI} = \frac{1}{EI}\left(27 \times \frac{2}{3} \times 9\right) = \frac{162}{EI}$$

$$\therefore \ \frac{\delta_{Eb}}{\delta_{bb}} = 0.6765, \ \frac{\delta_{cb}}{\delta_{bb}} = 0.7941$$

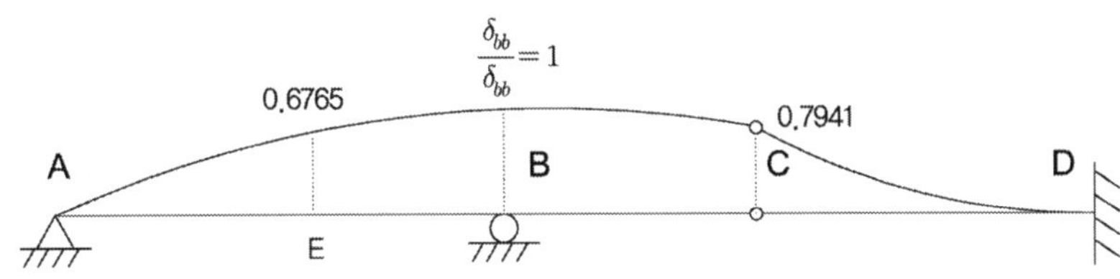

영향선 : 부정정, 라멘, 매트릭스 해석

거더 ABC에만 재하되는 뼈대에 3kg/m의 균일분포 하중이 작용할 때 D지점의 수평반력의 최대치를 결정하시오. 단, EI는 일정하다.

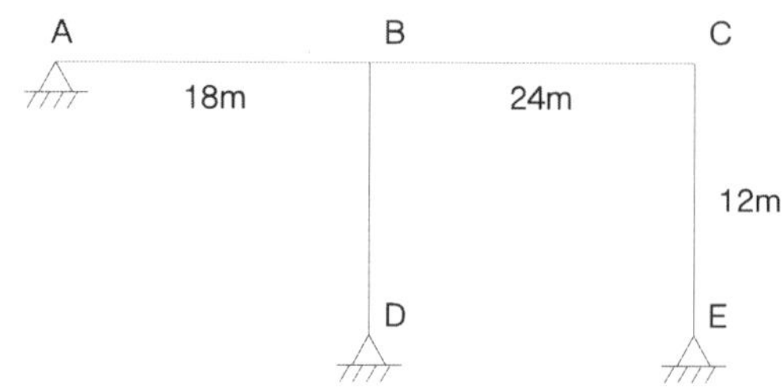

풀 이

➤ 개요

$$n = r + m + s - 2k = 6 + 4 + 4 - 2 \times 5 = 4$$

4차 부정정 구조물에 대해서 매트릭스 해석법에 따라 풀이한다. H_D를 부정정력으로 선택하여 영향선을 작도하고 최대치를 결정한다.

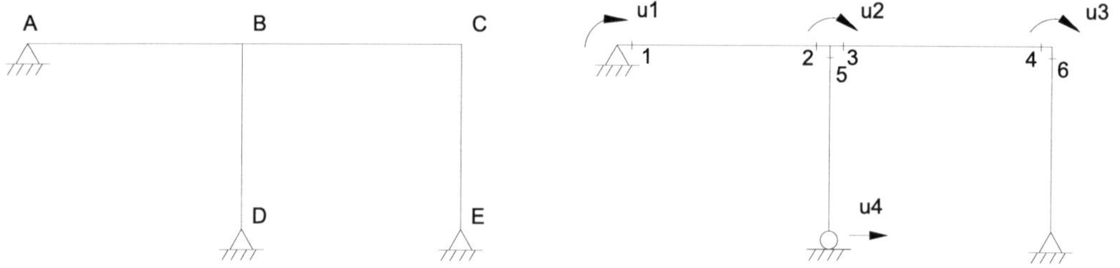

➤ 매트릭스 해석법

1) 하중항 $[P] = \begin{bmatrix} 0 \\ 0 \\ 0 \\ 1 \end{bmatrix}$

2) 적합매트릭스 [B]

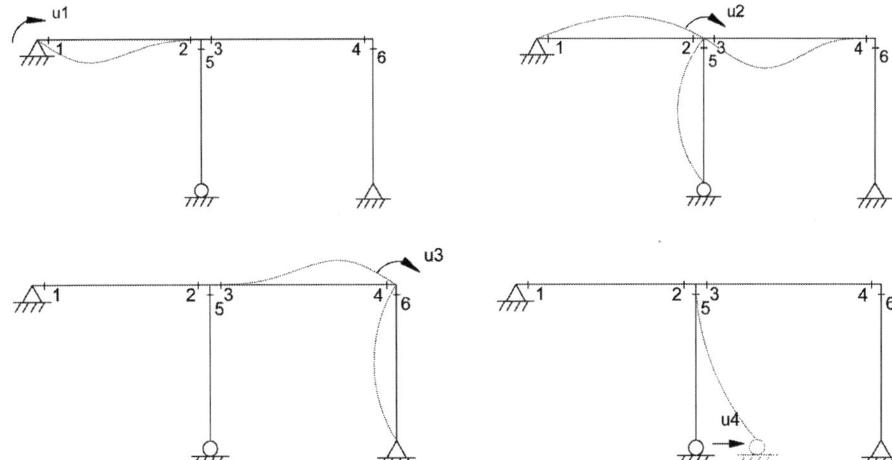

$$
[B] = \begin{bmatrix}
1 & 0 & 0 & 0 \\
0 & 1 & 0 & 0 \\
0 & 1 & 0 & 0 \\
0 & 0 & 1 & 0 \\
0 & 1 & 0 & -\dfrac{1}{12} \\
0 & 0 & 1 & 0
\end{bmatrix}
$$

3) Element stiffness matrix

$$
[S] = EI \begin{bmatrix}
4/18 & 2/18 & & & & \\
2/18 & 4/18 & & & & \\
& & 4/24 & 2/24 & & \\
& & 2/24 & 4/24 & & \\
& & & & 3/12 & \\
& & & & & 3/12
\end{bmatrix}
$$

4) Displacement

$$
[d] = \left([B]^T[S][B]\right)^{-1}[P] = \begin{bmatrix} d_1 \\ d_2 \\ d_3 \\ d_4 \end{bmatrix} = \frac{1}{EI} \begin{bmatrix} -18.9474 \\ 37.8947 \\ -7.5789 \\ 1030.74 \end{bmatrix}
$$

5) 영향선

$$\frac{[d]}{d_4} = \begin{bmatrix} -0.018382 \\ 0.036765 \\ -0.00735 \\ 1 \end{bmatrix}$$

① AB구간

영향선을 $y = Ax^3 + Bx^2 + Cx + D$로 가정하면

$$y(0) = D = 0$$
$$y'(0) = C = -0.018382$$
$$y(18) = 18^3 A + 18^2 B + 18C = 0$$
$$y'(18) = 3 \times 18^2 A + 2 \times 18B + C = 0.036765 \qquad \therefore A = 0.00005674,\ B = 0$$
$$\therefore y_1 = 0.000057x^3 - 0.018382x$$

② BC구간

$$y(0) = D = 0$$
$$y'(0) = C = 0.036765$$
$$y(24) = 24^3 A + 24^2 B + 24C = 0$$
$$y'(24) = 3 \times 24^2 A + 2 \times 24B + C = -0.00735 \quad \therefore A = 0.00005106,\ B = -0.002757$$
$$\therefore y_2 = 0.000051x^3 - 0.002757x^2 + 0.036765x$$

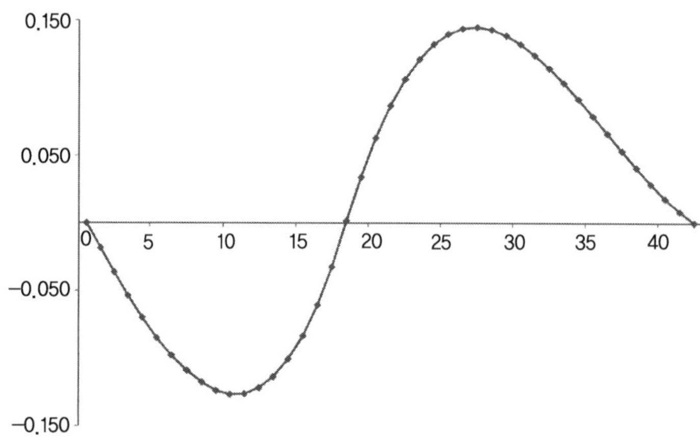

$$A_{AB} = \int_0^{18} y_1\,dx = -1.489, \qquad A_{BC} = \int_0^{24} y_2\,dx = 2.118$$

$$\therefore H_{\max} = w \times A_{BC} = 6.354kgf \ (\rightarrow)$$

영향선 : 부정정

그림과 같은 구조물에서 A점과 B점의 수직반력에 대한 영향선을 구하시오(단, EI는 일정하고 $0 < k < \infty$ 임).

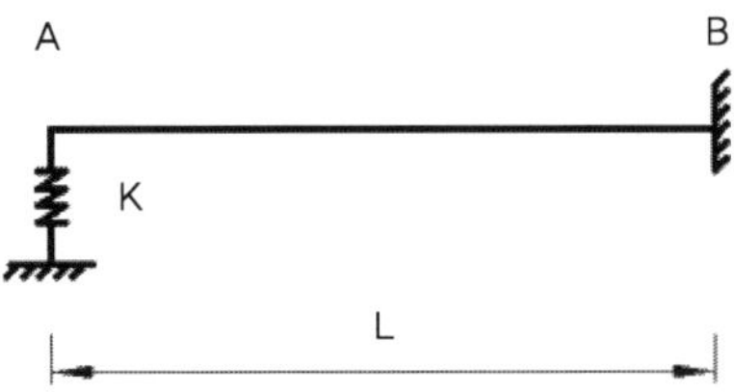

풀 이

▶ 개요

1차부정정 구조물로 변위일치법이나 최소일의 원리를 이용하여 풀이할 수 있다. 스프링의 축력 F 를 부정정력으로 가정하여 풀이한다. 단위하중이 위치하는 점의 거리를 A로부터 x만큼 떨어져 있다고 가정하고, 이때 A점으로부터 a만큼 떨어진 지점의 모멘트를 구분하여 산정하도록 한다.

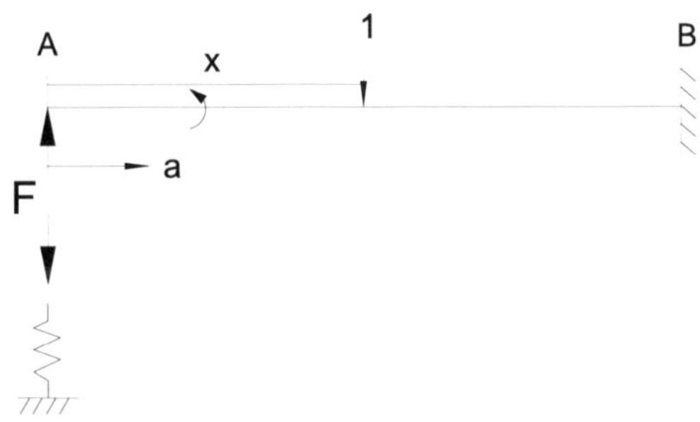

① $0 \leq a < x : M_1 = Fa$ ② $x \leq a \leq L : M_2 = Fa - 1(x - a)$

▶ 에너지법에 의한 풀이

1) 변형에너지

$$U = \Sigma \int \frac{M^2}{2EI} + \frac{F^2}{2k}$$

2) 최소일의 법칙

$$\frac{\partial U}{\partial F} = 0 \ : \ \frac{1}{EI}\left[\int_0^x Fa^2 da + \int_x^L (Fa - x + a)a\,da\right] + \frac{F}{k} = 0$$

$$\therefore \ F = R_A = -\frac{k(x^3 - 3L^2 x + 2L^3)}{2(3EI + kL^3)}, \quad R_B = 1 - R_A = \frac{kx^3 - 3kL^2 x + 2(3EI + 2kL^3)}{2(3EI + kL^3)}$$

▶ 변위일치법에 의한 풀이

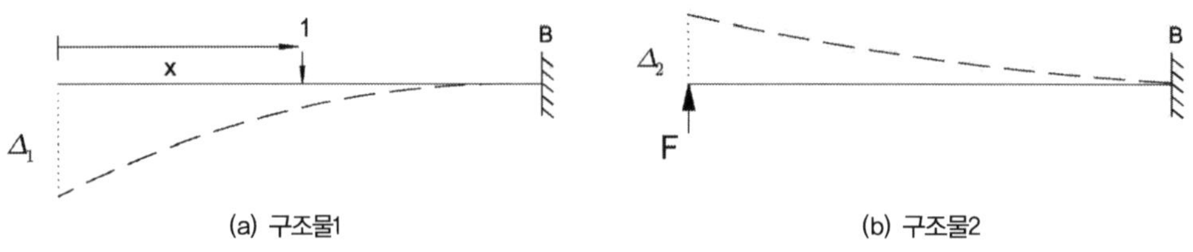

(a) 구조물1   (b) 구조물2

1) 구조물 1

Δ_1 : 스프링을 제거한 구조물에 A점으로부터 x만큼 떨어진 지점에서 1재하 시 A점의 변위공액
보로부터

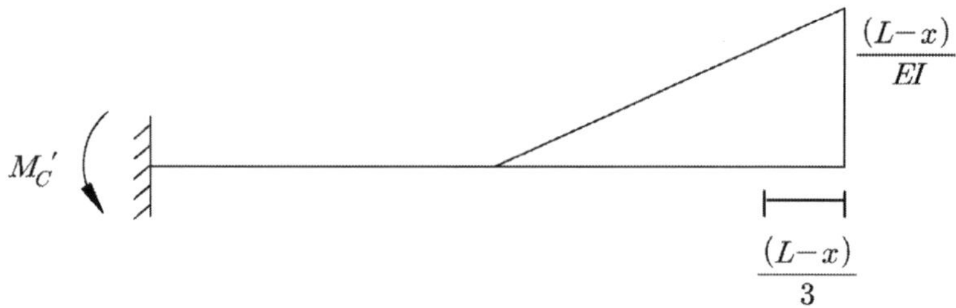

$$\Delta_1 = M_C' = \frac{1}{2}(L - x) \times \frac{(L - x)}{EI} \times \left(L - \frac{1}{3}(L - x)\right) = \frac{1}{6EI}(L - x)^2(2L + x) \ (\downarrow)$$

2) 구조물 2 $\qquad\qquad \Delta_2 = -\frac{FL^3}{3EI} \ (\uparrow)$

3) 스프링의 변위 $\qquad\qquad \Delta_3 = \frac{F}{k}$

$\therefore$ 적합조건으로부터 $\quad \Delta_1 + \Delta_2 = \Delta_3, \qquad \frac{1}{6EI}(L - x)^2(2L + x) - \frac{FL^3}{3EI} = \frac{F}{k}$

$$\therefore \ F = -\frac{k(x^3 - 3L^2 x + 2L^3)}{2(3EI + kL^3)}$$

영향선 : 부정정, 스프링력

다음 그림과 같은 2경간 연속교에서 중각교각(BD부재)의 축방향강성($0 \leq K \leq \infty$)이 K일 때 다음의 3가지 경우의 지점(B)의 수직반력(R_B)에 대한 영향선을 작성하시오(단, 상부거더의 EI는 일정하고 D점의 수평반력과 모멘트반력은 무시한다).

1) $K = \infty$일 때   2) $K = 0$일 때   3) 임의의 값 K일 때

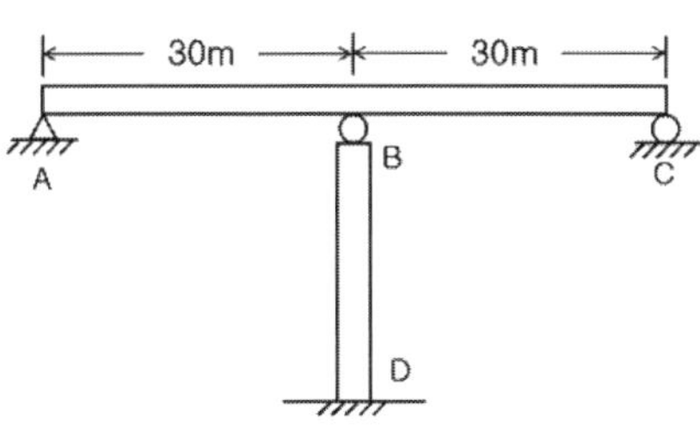

풀 이

▶ 개요

1차 부정정 문제로 변위일치의 방법이나 에너지법에 의해 풀이할 수 있다. 지점 B를 스프링으로 보고 산정한다.

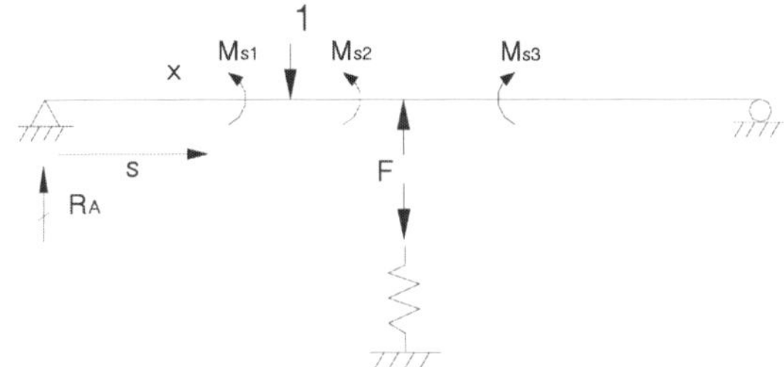

1) 단위하중이 AB구간에 있을 때

$$R_A = \frac{60 - x}{60} - \frac{F}{2}, \quad R_B = \frac{x}{60} - \frac{F}{2}$$

2) 단위하중이 BC구간에 있을 때

$$R_A = \frac{x}{60} - \frac{F}{2}, \quad R_B = \frac{60 - x}{60} - \frac{F}{2}$$

▶ 에너지의 방법

1) 단위하중이 AB구간에 있을 때

① AB구간(시점A, $0 \leq s < x$) : $M_{s1} = R_A s = \left(\dfrac{60 - x}{60} - \dfrac{F}{2} \right) s$

② AB구간(시점A, $x \leq s < 30$) : $M_{s2} = R_A s - 1(s - x) = \left(\dfrac{60 - x}{60} - \dfrac{F}{2} \right) s - (s - x)$

③ BC구간(시점B) : $M_{s3} = R_B s = \left(\dfrac{x}{60} - \dfrac{F}{2}\right)s$

$$U = \frac{1}{2EI}\left[\int_0^x M_{s1}^2\,ds + \int_x^{30} M_{s2}^2\,ds + \int_0^{30} M_{s3}^2\,ds\right] + \frac{F^2}{2k}$$

$$= \frac{1}{2EI}\left[\int_0^x \left(\frac{60-x}{60} - \frac{F}{2}\right)^2 s^2\,ds + \int_x^{30}\left(\left(\frac{60-x}{60} - \frac{F}{2}\right)s - (s-x)\right)^2\,ds\right.$$

$$\left. + \int_0^{30}\left(\frac{x}{60} - \frac{F}{2}\right)^2 s^2\,dx\right] + \frac{F^2}{2k}$$

$$\frac{\partial U}{\partial F} = 0 \;:\; \frac{\partial U}{\partial F} = \frac{12F(EI + 4500k) + kx(x^2 - 2700)}{12EIk} = 0$$

$$\therefore F = -\frac{kx(x^2 - 2700)}{12(4500k + EI)}$$

2) 단위하중이 BC구간에 있을 때

　AB구간과 대칭이다.

3) K값에 따른 R_B의 영향선

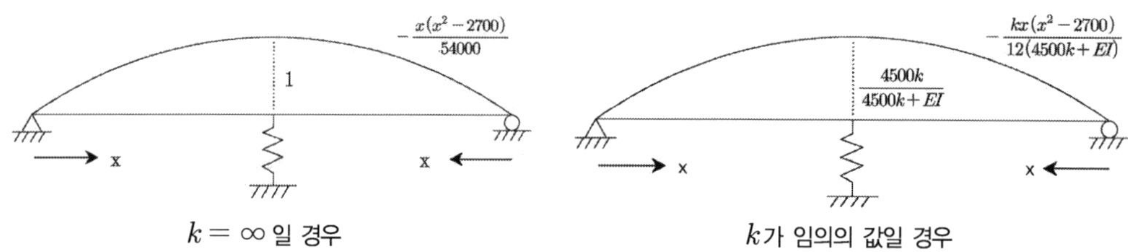

① $k = \infty$ 일 경우 : R_B는 지점의 역할을 수행하므로,

$$\lim_{k\to\infty} F(x) = \lim_{k\to\infty}\left(-\frac{kx(x^2-2700)}{12(4500k+EI)}\right) = -\frac{x(x^2-2700)}{54000}$$

② $k = 0$일 경우 : R_B가 없는 AC의 단순보의 역할을 수행하므로 영향선이 없다.

$$\lim_{k\to 0} F(x) = 0$$

③ k가 임의의 값일 경우 : ①, ②의 중간적 역할을 수행하며, k값에 따라 영향선이 달라진다.

$$F = -\frac{kx(x^2-2700)}{12(4500k+EI)}$$

영향선 : 부정정, 이동하중

그림과 같이 외부강선으로 긴장력을 도입하여 보강된 단순지지 강재 거더교에 이동하중이 지날 때 거더 중앙부의 상하연응력을 구하시오(단 사용강재는 H-600×300×12×20이고 수직 strut은 강체로 가정하며 강선의 자중은 무시하고 치수의 단위는 mm이다).

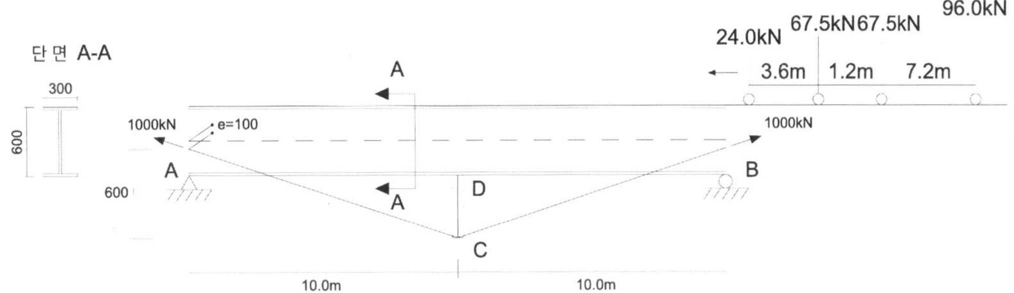

풀 이

▶ 개요

외부 긴장재로 긴장된 구조물의 이동하중에 의한 최대 모멘트를 산정하는 문제이다.

▶ 부재의 단면 상수

$$I_x = \frac{300 \times 600^3}{12} - \frac{(300-12)(600-40)^3}{12} = 1,185,216,000 mm^4$$

$$A = 20 \times 300 \times 2 + 12 \times 560 = 18,720 mm^2$$

▶ 이동하중에 의한 최대 모멘트 산정

이동하중에 의해 생길 수 있는 최대 모멘트를 절대최대 모멘트라고 하며, 발생 위치는 이동하중의 합력과 가까운 쪽 하중과의 중점이 보의 중앙과 일치할 때 가까운 하중 밑에서 발생한다.

$$255x = 67.5 \times 3.6 + 67.5 \times 4.8 + 96 \times 12 \qquad \therefore x = 6.741^m$$

이동하중에 의한 최대 휨모멘트 산정을 위하여 67.5kN과 합력 R의 중점과 보의 중점을 일치시키고, 가장 가까운 하중인 67.5kN이 작용하는 점인 A점으로부터 9.03m 떨어진 지점에서 최대 모멘트가 발생하나, 주어진 문제에서는 지간 중앙에서의 모멘트를 산정하도록 하였으므로 지간 중앙에서의 영향선을 산정하면 다음의 그림과 같다.

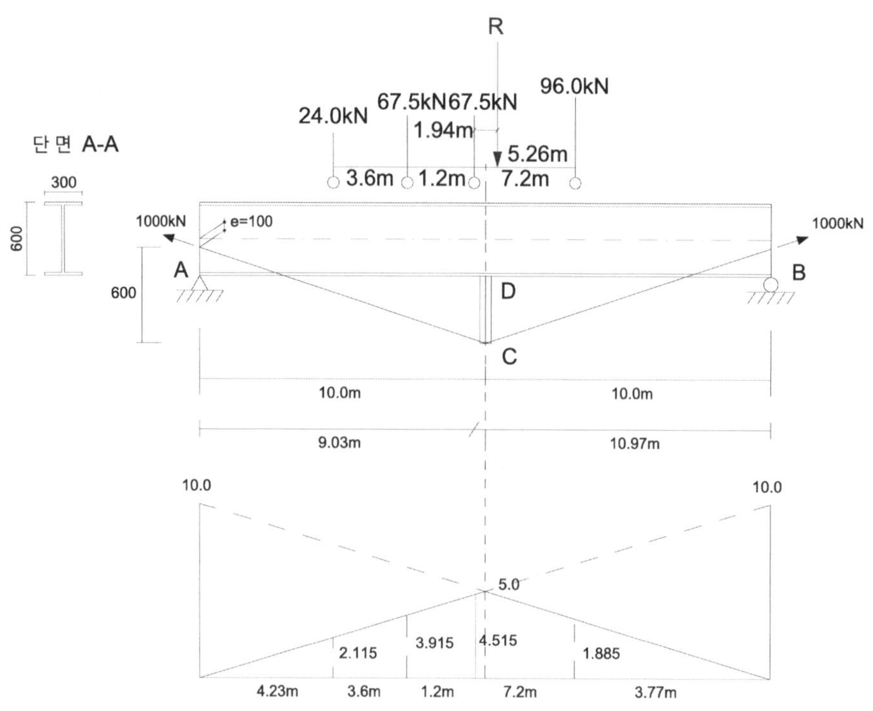

이동하중으로 인한 보의 중앙에서의 최대 모멘트는

$$\therefore M_{\max(cen)} = 24\times2.115 + 67.5\times3.915 + 67.5\times4.515 + 96\times1.885 = 800.745^{kNm}$$

▶ 긴장재의 인장력에 의한 중앙부 모멘트와 축력

자중의 영향을 무시한다고 가정하고 외부 긴장재로 인해 구조물에 발생하는 하중은 다음과 같이 단부 편심량(e=100mm)을 모멘트로 치환하여 분리할 수 있다.

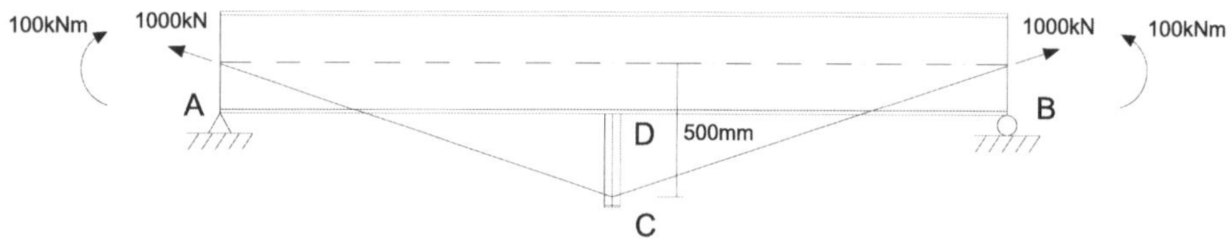

1) PS력에 의한 축력 $T = P\cos\theta \fallingdotseq P$
2) 단부의 편심(e=100mm)으로 인한 모멘트 $M_{e1} = 1000\times0.1 = 100$ kNm
3) 중앙부의 편심(e=500mm)으로 인한 모멘트 $M_{e2} = 1000\times0.5 = 500$ kNm

➤ 지간 중앙에서의 상하연 응력 산정

$$f_{t,b} = \frac{P}{A} \pm \frac{M_{e1}}{I}y \mp \frac{M_{e2}}{I}y \pm \frac{M}{I}y$$

$$= \frac{1000 \times 10^3}{18,720} \pm \frac{100 \times 10^6 \times 300}{1185216000} \mp \frac{500 \times 10^6 \times 300}{1185216000} \pm \frac{800.745 \times 10^6}{1185216000} \times 300$$

$$= 53.42 \pm 25.31 \mp 126.56 \pm 243.22$$

$$= 195.39 \text{ MPa(압축)}, \quad -88.55 \text{ MPa(인장)}$$

$$\therefore \ f_t = 195.39 MPa(\text{C}), \ f_b = -88.55 MPa(\text{T})$$

영향선 : 이동하중

다음의 양단 지지된 강재 거더에 그림과 같이 긴장력을 도입하고 이동하중을 재하할 때, 지간 중앙에서 상하연의 최대 응력을 구하시오(단, 단위가 표기되지 않은 치수의 단위는 mm임).

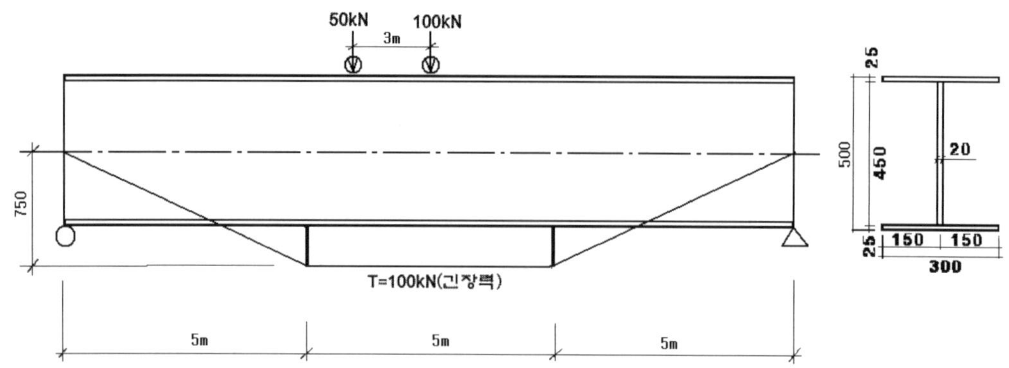

풀 이

➤ 개요

외부 긴장재로 긴장된 구조물의 이동하중에 의한 최대 모멘트를 산정하는 문제이다.

➤ 부재의 단면 상수

$$I_x = \frac{300 \times 500^3}{12} - \frac{(300-20)(500-50)^3}{12} = 998,750,000 mm^4$$

$$A = 25 \times 300 \times 2 + 20 \times 450 = 24,000 mm^2$$

➤ 이동하중에 의한 최대 모멘트 산정

이동하중에 의해 생길 수 있는 최대 모멘트를 절대최대 모멘트라고 하며, 발생 위치는 이동하중의 합력과 가까운 쪽 하중과의 중점이 보의 중앙과 일치할 때 가까운 하중 밑에서 발생한다.

$$50x = 100(3-x) \quad \therefore \quad x = 2^m$$

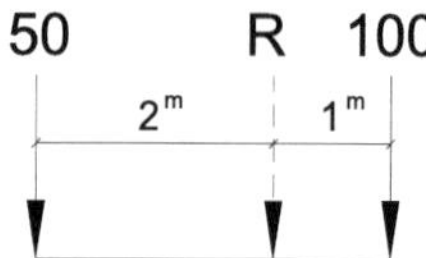

이동하중에 의한 최대 휨모멘트 산정을 위하여 100^{kN}과 합력 R의 중점과 보의 중점을 일치시키고, 가장 가까운 하중인 100^{kN}이 작용하는 점인 B점으로부터 7^m 떨어진 지점에서 최대 모멘트가 발생하므로, 이 점에서의 모멘트에 대한 영향선을 산정하면,

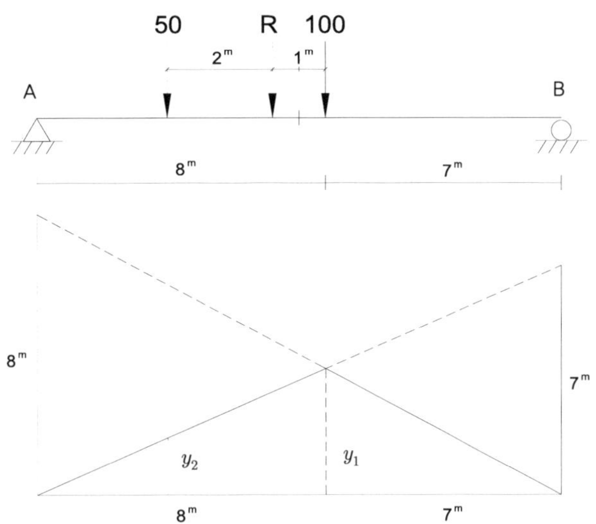

$$y_1 = \frac{7}{15} \times 8 = 3.73, \quad y_2 = \frac{7}{15} \times 5 = 2.33 \quad \therefore M_{\max} = 50 \times 2.33 + 100 \times 3.73 = 490^{kNm}$$

그러나 문제에서 지간 중앙에서의 상하연 최대 응력을 산정토록 하였으므로 지간 중앙에 대한 휨모멘트 영향선에 대해 최대 모멘트를 산정하면 $y_1 = 3.75^m$, $y_2 = 2.25^m$ 이므로

$$\therefore M_{\max} = 50 \times 2.25 + 100 \times 3.75 = 487.5^{kNm}$$

▶ 긴장재의 인장력에 의한 하중

자중의 영향을 무시한다고 가정하고 외부 긴장재로 인해 구조물에 발생하는 하중은 다음과 같이 분리할 수 있다.

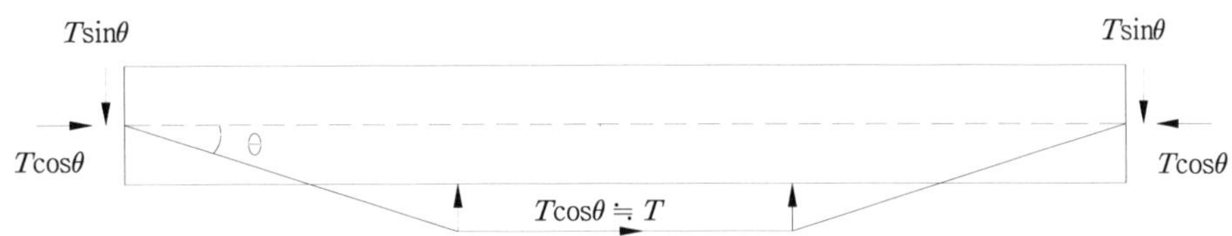

이때 긴장력 $T\cos\theta \fallingdotseq T$로 주어졌으므로 $\theta \approx 0$이라면, $T\sin\theta = 0$으로 볼 수 있다. 따라서 지

간 중앙에서는 외부 긴장재로 인해 Te 만큼의 휨모멘트가 발생한다.

▶ 지간 중앙에서의 상하연 응력 산정

$$f_{t,b} = \frac{T}{A} \mp \frac{Te}{I}y \pm \frac{M}{I}y = \frac{100 \times 10^3}{24,000} \mp \frac{100 \times 10^3 \times 750}{998,750,000} \times 250 \pm \frac{487.5 \times 10^6}{998,750,000} \times 250$$

$$\therefore f_t = -99.09^{MPa}(\text{T}), \ f_b = 107.421^{MPa}(\text{C})$$

영향선 : 이동하중

아래 그림과 같은 양단 지지된 강재거더에 긴장력을 도입하고 이동하중을 재하할 때 자중을 고려하여 지간 중앙에서의 상·하연 최대 응력을 구하시오.

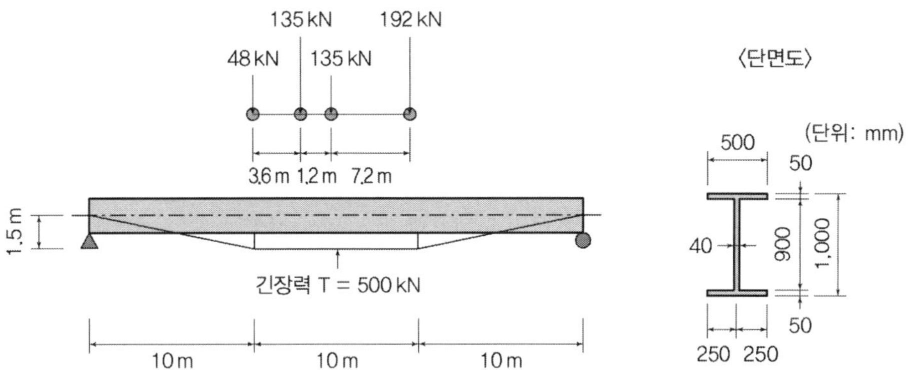

풀 이

▶ 개요

외부 긴장재로 긴장된 구조물의 이동하중에 의한 최대 모멘트를 산정하는 문제이다.

▶ 부재의 단면 상수

$$I_x = \frac{500 \times 1000^3}{12} - \frac{(500-40)(1000-100)^3}{12} = 13,721,666,667 \text{mm}^4$$

$$A = 50 \times 500 \times 2 + 40 \times 900 = 86,000 \text{mm}^2$$

▶ 이동하중에 의한 최대 모멘트 산정

이동하중에 의해 생길 수 있는 최대 모멘트를 절대최대 모멘트라고 하며, 발생 위치는 이동하중의 합력과 가까운 쪽 하중과의 중점이 보의 중앙과 일치할 때 가까운 하중 밑에서 발생한다.

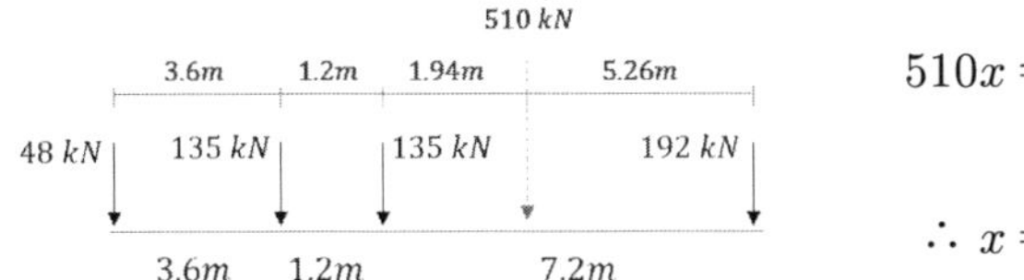

$$510x = 135 \times 3.6 + 135 \times 4.8 + 192 \times 12$$

$$\therefore x = 6.741^m$$

이동하중에 의한 최대 휨모멘트 산정을 위하여 135kN과 합력 R(510kN)의 중점과 보의 중점을 일치시키고, 가장 가까운 하중인 135kN이 작용하는 점인 B점으로부터 15.97m 떨어진 지점에서 최대 모멘트가 발생한다.

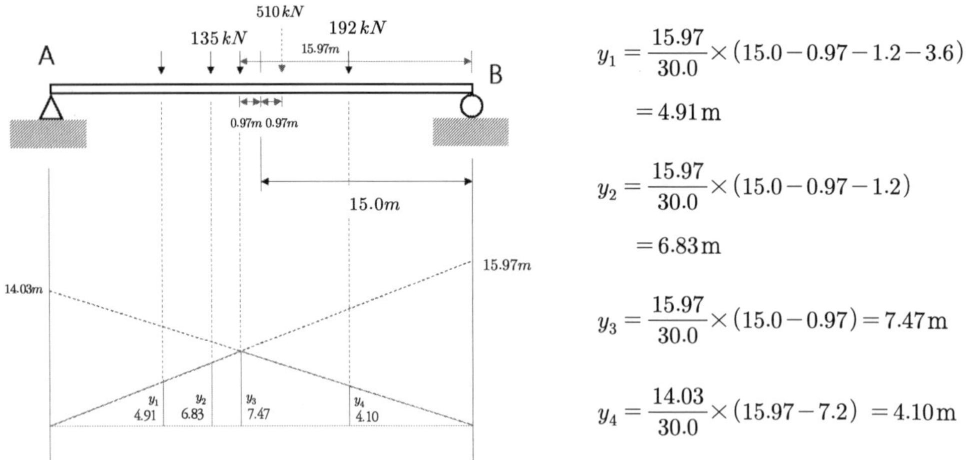

$$y_1 = \frac{15.97}{30.0} \times (15.0 - 0.97 - 1.2 - 3.6)$$
$$= 4.91\,\text{m}$$

$$y_2 = \frac{15.97}{30.0} \times (15.0 - 0.97 - 1.2)$$
$$= 6.83\,\text{m}$$

$$y_3 = \frac{15.97}{30.0} \times (15.0 - 0.97) = 7.47\,\text{m}$$

$$y_4 = \frac{14.03}{30.0} \times (15.97 - 7.2) = 4.10\,\text{m}$$

$$\therefore M_{\text{max}} = 48 \times 4.91 + 135 \times 6.83 + 135 \times 7.47 + 192 \times 4.10 = 2,953.38\ \text{kNm}$$

그러나 주어진 문제에서는 지간 중앙에서 모멘트 영향선에 대해 최대 모멘트를 산정하도록 하였으므로

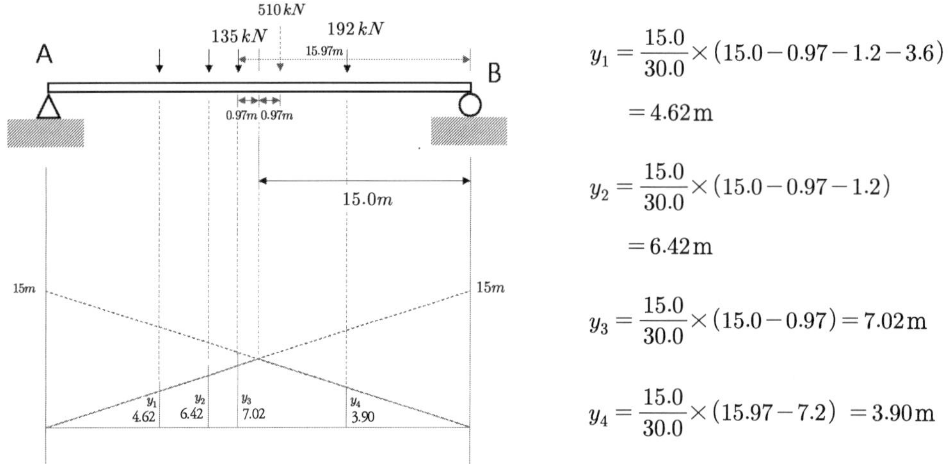

$$y_1 = \frac{15.0}{30.0} \times (15.0 - 0.97 - 1.2 - 3.6)$$
$$= 4.62\,\text{m}$$

$$y_2 = \frac{15.0}{30.0} \times (15.0 - 0.97 - 1.2)$$
$$= 6.42\,\text{m}$$

$$y_3 = \frac{15.0}{30.0} \times (15.0 - 0.97) = 7.02\,\text{m}$$

$$y_4 = \frac{15.0}{30.0} \times (15.97 - 7.2) = 3.90\,\text{m}$$

$$\therefore M_{\text{max}} = 48 \times 4.62 + 135 \times 6.42 + 135 \times 7.02 + 192 \times 3.90 = 2,783.37\text{kNm}$$

➤ 긴장재의 인장력에 의한 하중

자중의 영향을 무시한다고 가정하고 외부 긴장재로 인해 구조물에 발생하는 하중은 다음과 같이 분리할 수 있다.

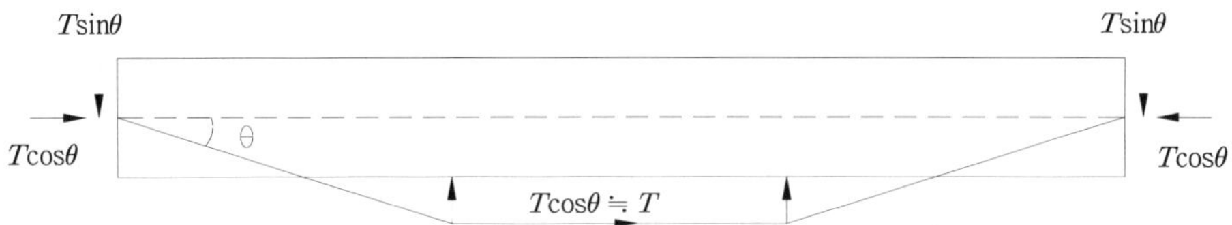

이때 긴장력 $T\cos\theta \fallingdotseq T$로 주어졌으므로 $\theta \approx 0$이라면, $T\sin\theta = 0$으로 볼 수 있다. 따라서 지간 중앙에서는 외부 긴장재로 인해 Te만큼의 휨모멘트가 발생한다.

➤ 지간 중앙에서의 상하연 응력 산정

$$f_{t,b} = \frac{T}{A} \mp \frac{Te}{I}y \pm \frac{M}{I}y = \frac{500 \times 10^3}{86,000} \mp \frac{500 \times 10^3 \times 1500}{13,721,666,667} \times 500 \pm \frac{2,783.37 \times 10^6}{13,721,666,667} \times 500$$

$$\therefore f_t = -68.28\,\text{MPa(T)}, \quad f_b = 79.91\,\text{MPa(C)}$$

영향선 : 아치, 이동하중

그림과 같은 3힌지 아치(three hinged arch)에 등분포 활하중(1 tonf/m)이 이동할 때 수평력(H), D점에서의 전단력(Vd), 축력(Nd)에 대한 영향선을 작도하고 이 영향선에서 H, Vd, Nd의 최댓값을 구하시오. 그리고 3힌지 아치교의 가설 채택조건 및 단점을 간단히 기술하시오.

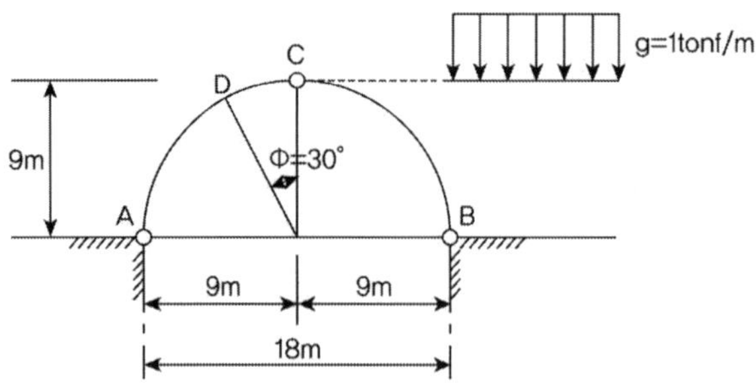

풀 이

▶ 아치의 영향선 산정

단위하중 1의 위치에 따라 변화하는 구간에 따라 영향선의 종거를 산정한다.

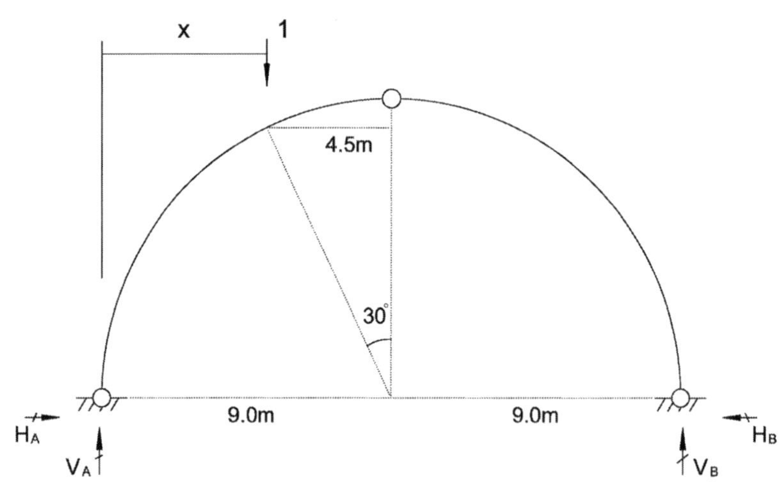

$$V_A + V_B = 1, \quad H_A = H_B$$

$$\sum M_A = 0 : 18V_B = x \qquad \therefore V_B = \frac{x}{18}, \quad V_A = \frac{18-x}{18}$$

1) H_A

$\textcircled{1}$ $0 \leq x \leq 9$ $\sum M_C = 0 : 9V_B = 9H_B$ $\qquad \therefore H_B = H_A = \dfrac{x}{18}$

$\textcircled{2}$ $9 \leq x \leq 18$ $\sum M_C = 0 : 9V_A = 9H_A$ $\qquad \therefore H_A = H_B = \dfrac{18-x}{18}$

2) V_d, N_d

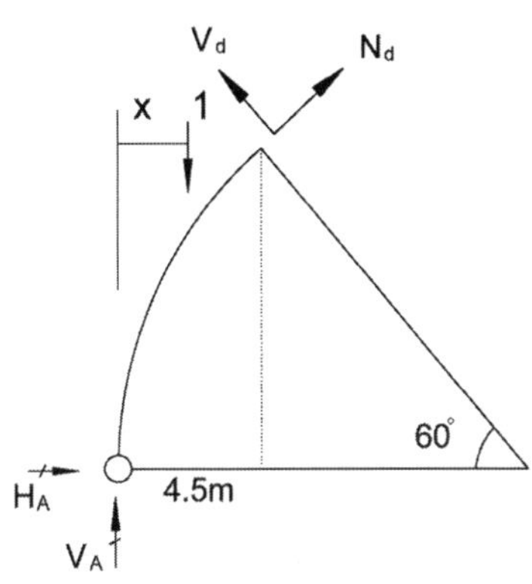

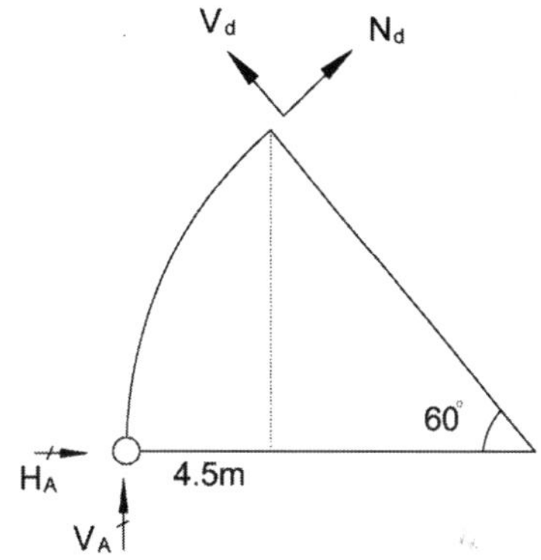

$\textcircled{1}$ $0 \leq x \leq 4.5$

$$V_A + V_d\sin 60° + N_d\cos 60° = 1 - \frac{18-x}{18} = -\frac{x}{18}$$

$$V_d\cos 60° - N_d\sin 60° - H_A = 0, \quad V_d\cos 60° - N_d\sin 60° = \frac{x}{18}$$

$$\begin{bmatrix} \sin 60° & \cos 60° \\ \cos 60° & -\sin 60° \end{bmatrix}\begin{bmatrix} V_d \\ N_d \end{bmatrix} = \begin{bmatrix} -\dfrac{x}{18} \\ \dfrac{x}{18} \end{bmatrix} \quad \therefore \begin{bmatrix} V_d \\ N_d \end{bmatrix} = \begin{bmatrix} \dfrac{x}{36}(1-\sqrt{3}) \\ -\dfrac{x}{36}(1+\sqrt{3}) \end{bmatrix}$$

$\textcircled{2}$ $4.5 \leq x \leq 9.0$

$$V_d\sin 60° + N_d\cos 60° = -V_A$$
$$V_d\cos 60° - N_d\sin 60° = H$$

$$\therefore \begin{bmatrix} V_d \\ N_d \end{bmatrix} = \begin{bmatrix} \dfrac{x}{36}(1+\sqrt{3}) - \dfrac{\sqrt{3}}{2} \\ \dfrac{x}{36}(1-\sqrt{3}) - \dfrac{1}{2} \end{bmatrix}$$

③ $9.0 \leq x \leq 18$

$$\begin{bmatrix} \sin60° & \cos60° \\ \cos60° & -\sin60° \end{bmatrix} \begin{bmatrix} V_d \\ N_d \end{bmatrix} = \begin{bmatrix} 1 - \dfrac{x}{18} \\ 1 - \dfrac{x}{18} \end{bmatrix} \qquad \therefore \begin{bmatrix} V_d \\ N_d \end{bmatrix} = \begin{bmatrix} \dfrac{1 + \sqrt{3}}{2}\left(1 - \dfrac{x}{18}\right) \\ \dfrac{1 - \sqrt{3}}{2}\left(1 - \dfrac{x}{18}\right) \end{bmatrix}$$

▶ 아치의 영향선

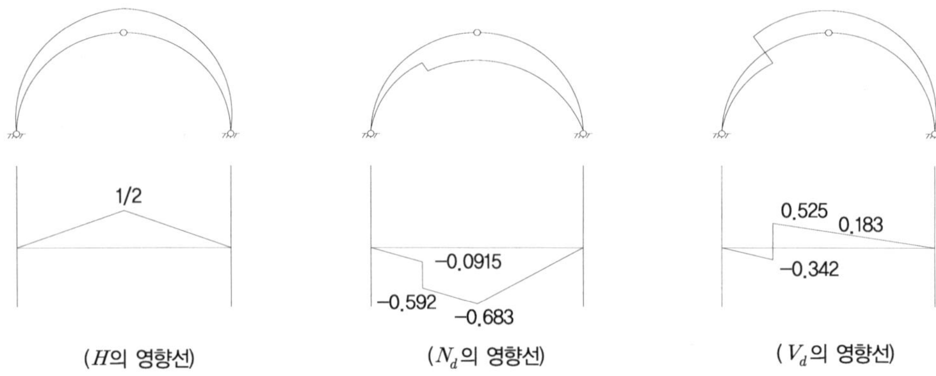

$$\therefore H_{\max} = \left[\frac{1}{2} \times 18 \times \frac{1}{2}\right] \times 1^{tonf/m} = 4.5^{tonf}$$

$$N_{d(\max)} = \left[\frac{1}{2}(-0.0915) \times 4.5 + \frac{1}{2}(-0.592 - 0.683)\right.$$

$$\left. \times 4.5 + \frac{1}{2}(-0.683) \times (-9)\right] \times 1 = -6.148^{tonf}$$

$$V_{d(\max)} = \left[\frac{1}{2}(0.525 + 0.183) \times 4.5 + \frac{1}{2} \times 0.183 \times 9\right] \times 1^{tonf/m} = 2.417^{tonf}$$

영향선 : 부정정, 이동하중

아래 그림과 같은 DL-24하중이 작용하는 연속보에서 지점 B의 정(+), 부(-) 최대 휨모멘트를 구하기 위한 영향선, 종거 및 하중재하위치를 구하시오.

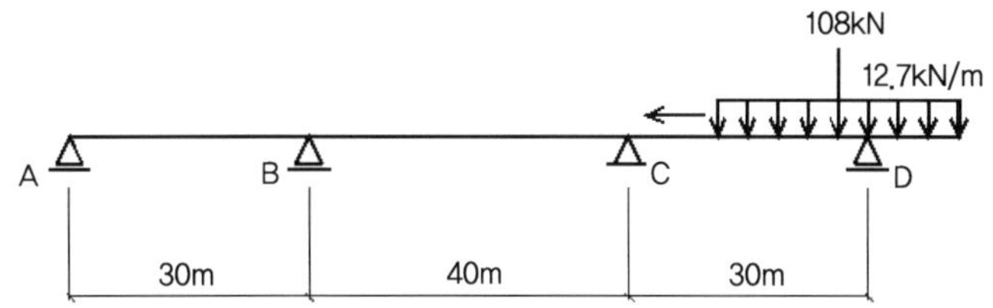

풀 이

▶ 개요

부정정 구조물의 영향선 해석은 Müller-Brelsau의 원리를 이용하거나 변위일치법, 기타 부정정 해석방법에 따라 해석할 수 있다. 3경간 연속보에서의 해석방법은 3연 모멘트법을 통해서 해석하는 방식이 가장 편리하므로 3연 모멘트법을 이용하여 풀이한다.

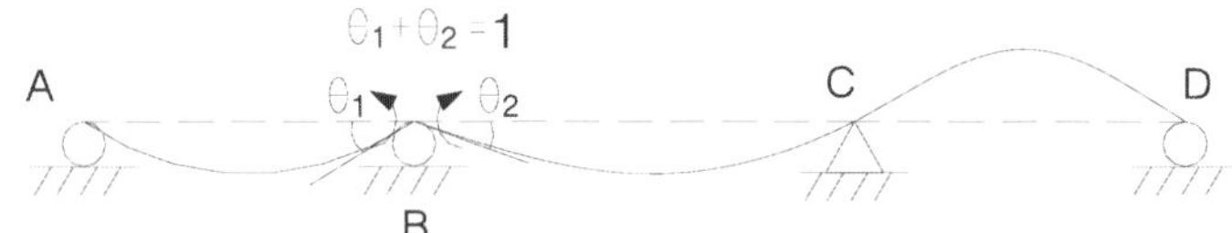

(Müller-Brelsau의 원리에 의한 M_B의 영향선)

▶ 영향선

1) 하중이 AB구간에 있을 경우

$$2M_B(30+40) + M_C(40) = -\frac{x(30-x)(30+x)}{30}$$

$$\therefore 140M_B + 40M_C = \frac{x(x-30)(x+30)}{30}$$

$$40M_B + 2M_C(40+30) = 0 \quad \therefore \ 40M_B + 140M_C = 0$$

$$\therefore \ M_B = \frac{7x(x^2-900)}{27000}, \ M_C = \frac{-x(x^2-900)}{13500}$$

Find $M_B(\max)$: $\dfrac{\partial M_B}{\partial x} = \dfrac{7x^2}{9000} - \dfrac{7}{30} = 0 \qquad \therefore \ x = 10\sqrt{3} \ (\because \ x > 0)$

$$\therefore \ M_{B(\max)} = -2.694 \ (x = 10\sqrt{3} = 17.321m)$$

2) 하중이 BC구간에 있을 경우

$$2M_B(30+40) + M_C(40) = -\frac{x(40-x)(80-x)}{40}$$

$$M_B(40) + 2M_C(40+30) = -\frac{x(40-x)(40+x)}{40}$$

$$\therefore \ M_B = -\frac{x(3x^2-280x+6400)}{12000}, \ M_C = \frac{x(3x^2-80x-1600)}{12000}$$

Find $M_B(\max)$: $\dfrac{\partial M_B}{\partial x} = -\dfrac{3x^2}{4000} + \dfrac{7x}{150} - \dfrac{8}{15} = 0 \quad \therefore \ x = 15.086 \ (\because \ x \leq 40)$

$$\therefore \ M_{B(\max)} = -3.594 \ (x = 15.086m)$$

3) 하중이 DC구간에 있을 경우

대칭구조물이므로 1)의 경우의 M_C와 같다.

$$\therefore \ M_B = \frac{-x(x^2-900)}{13500}$$

Find $M_B(\max)$: $\dfrac{\partial M_B}{\partial x} = -\dfrac{x^2}{4500} - \dfrac{1}{15} = 0 \quad \therefore \ x = 17.3205 \ (\because \ x > 0)$

$$\therefore \ M_{B(\max)} = -2.694 \ (x = 10\sqrt{3} = 17.321m)$$

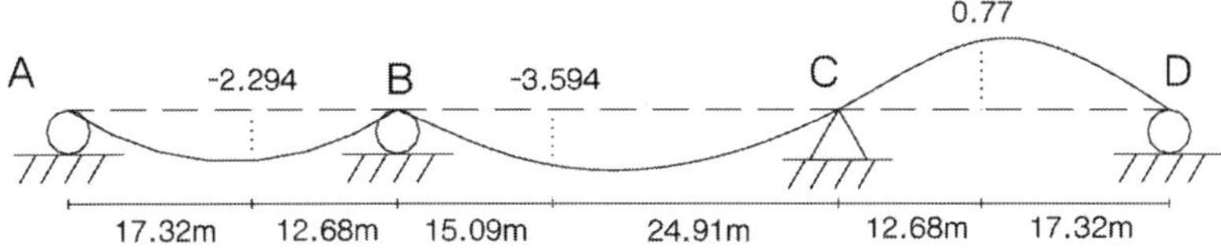

➤ 최대 모멘트 재하

1) 최대 부모멘트

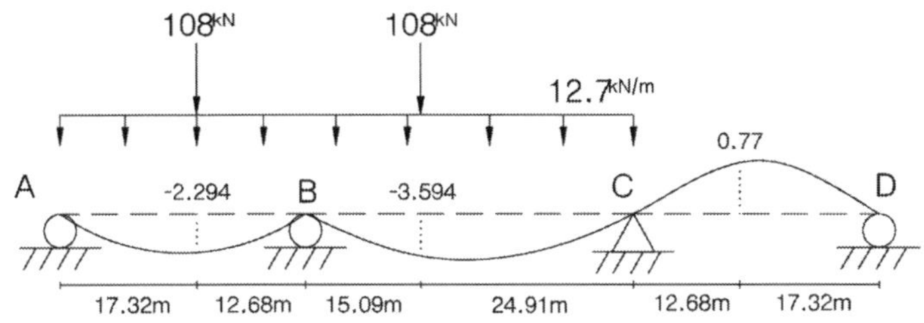

$$M_{B_{\max}} = \Sigma P_m y_{\max} + w \int_A M_{B(inf\ line)} dx$$

$$=- 108 \times (2.694 + 3.594)$$

$$+ 12.7 \times \left[\int_0^{30} \frac{7x(x^2 - 900)}{27000} dx + \int_0^{40} - \frac{x(3x^2 - 280x + 6400)}{12000} dx \right]$$

$$=- 2,474.74^{kNm}$$

2) 최대 정모멘트

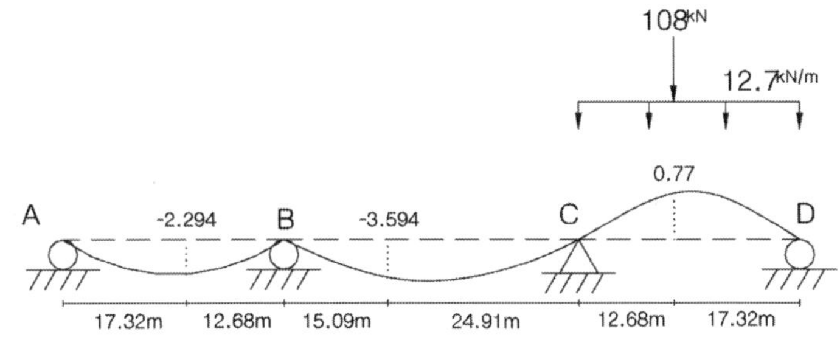

$$M_{B_{\max}} = \Sigma P_m y_{\max} + w \int_A M_{B(inf\ line)} dx$$

$$= 108 \times 0.77 + 12.7 \times \int_0^{30} \frac{- x(x^2 - 900)}{13500} dx = 273.66^{kNm}$$

REFERENCE

1	구조역학	양창현, 청문각, 2007
2	Mechanics of material	Timoshenko & Gere
3	Examples in structural analysis	William M.C. Mckenzie
4	Intermediate structural analysis	C.K. Wang
5	Structural stability : theory and implementation	Wai-Fah Chen
6	Principles of structural stability theory	Alexander Chajes
7	Theory of elastic stability	Timoshenko & Gere
8	Structural stability : theory and implementation	W.F. Chen

 토목구조기술사 합격 바이블 1권_재료 및 구조역학

저자 소개

안시준

• 학력 및 경력

고려대학교 토목환경공학과 학사

고려대학교 구조공학 공학석사

The University of Sheffield 도시공학 공학석사

토목구조기술사(99회, 2013년)

• 활동 조직 및 단체

행정안전부 재난안전관리본부 과학기술서기관

한국토지주택공사 과장

국토교통부 중앙건설기술심의위원

해양수산부 설계심의분과위원

충청남도 · 대전광역시 · 경상북도 · 인천광역시 지방건설기술심의위원

국가철도공단 설계심의분과위원 · 기술자문위원

한국수자원공사 · 경기주택도시공사 기술심의위원 등

최성진

• 학력 및 경력

고려대학교 토목공학과 학사

한양대학교 공학대학원 첨단건설구조 공학석사

토목구조기술사(57회, 1999년)

• 활동 조직 및 단체

한국토지주택공사 신도시계획처장

국토교통부 중앙건설기술심의위원

한국토지주택공사 기술심사평가위원

대한토목학회 편집위원 · 평위원

부산지방국토관리청 기술자문위원

서울시설공단 · 한국수자원공사 · 한국철도공사 기술자문위원

국토안전원 국토안전자문위원

국토교통과학기술진흥원 건설신기술 심사위원 등

토목구조기술사 합격 바이블 1권 제3판

재료 및 구조역학

1판 발행 2014년 9월 5일
2판 발행 2017년 2월 1일
3판 발행 2026년 1월 26일

지 은 이 안시준, 최성진
펴 낸 이 김성배
펴 낸 곳 (주)에이퍼브프레스

책임편집 신은미
디 자 인 윤지환
제　　작 김문갑

출판등록 제25100-2021-000115호(2021년 9월 3일)
주　　소 (04626) 서울특별시 중구 필동로8길 43(예장동 1-151)
전　　화 02-2274-3666(대표) | **팩스** 02-2274-4666
홈페이지 www.apub.kr

I S B N 979-11-94599-15-9 (94530)
　　　　　 979-11-94599-14-2 (세트)